Mathematik für Ingenieurwissenschaften: Vertiefung

Harald Schmid

Mathematik für Ingenieurwissenschaften: Vertiefung

Von Funktionen mehrerer Variablen über Differentialgleichungen bis zur Stochastik

2. Auflage

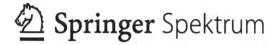 Springer Spektrum

Harald Schmid
Maschinenbau/Umwelttechnik
Ostbayerische Technische Hochschule
Amberg-Weiden
Amberg, Deutschland

ISBN 978-3-662-65525-2   ISBN 978-3-662-65526-9   (eBook)
https://doi.org/10.1007/978-3-662-65526-9

Die Deutsche Nationalbibliothek verzeichnet diese Publikation in der Deutschen Nationalbibliografie; detaillierte bibliografische Daten sind im Internet über http://dnb.d-nb.de abrufbar.

Ursprünglich erschienen unter dem Titel „Höhere Technomathematik"

Planung/Lektorat: Nikoo Azarm
Springer Spektrum ist ein Imprint der eingetragenen Gesellschaft Springer-Verlag GmbH, DE und ist ein Teil von Springer Nature.
Die Anschrift der Gesellschaft ist: Heidelberger Platz 3, 14197 Berlin, Germany

Vorwort

Die Ingenieurmathematik, auch Technomathematik genannt, ist ein Teilgebiet der angewandten Mathematik. Hier werden rechnerische Verfahren entwickelt, die man zum Lösen von mathematischen Problemen aus den Bereichen Maschinenbau, Elektrotechnik und den angrenzenden Gebieten (Informatik, Mechatronik usw.) braucht. Aber die Mathematik ist viel mehr als nur ein Rechenhilfsmittel: Sie ermöglicht uns, die grundlegenden Zusammenhänge in den Naturwissenschaften zu verstehen, und sie ist die gemeinsame Sprache im Bereich der Ingenieurwissenschaften. Aus diesen Gründen gibt es kaum einen technischen Studiengang, der auf Lehrveranstaltungen zur Ingenieurmathematik verzichten kann.

Die Bücher „Mathematik für Ingenieurwissenschaften: Grundlagen und Vertiefung" entstanden im Rahmen einer dreisemestrigen Vorlesung für die Bachelorstudiengänge der Fakultät Maschinenbau/Umwelttechnik an der Ostbayerischen Technischen Hochschule OTH Amberg-Weiden. Die Vorlesung „Mathematik für Ingenieure" wurde begleitet von einem Mathematik-Brückenkurs und ergänzt durch zwei Wahlfächer, „Angewandte Analysis" und „Stochastische Prozesse". Inhaltlich decken die beiden Bände den Stoff der Mathematik-Grundausbildung an einer Hochschule für angewandte Wissenschaften oder Technischen Universität in einem Umfang von etwa drei bis vier Semestern ab. Das Ziel ist es, die gebräuchlichen mathematischen Werkzeuge für den angehenden Ingenieur bereitzustellen. Ein Mathematik-Lehrbuch sollte aber nicht einfach nur eine Auflistung von Rezepten sein – dafür gibt es die Formelsammlungen. Doch manchmal findet man dort nicht die gewünschte Antwort auf eine mathematische Fragestellung. In einem solchen Fall ist man gezwungen, eigene Lösungsstrategien zu entwickeln, was Erfahrung und Geschick im Umgang mit den vorhandenen Rechenwerkzeugen voraussetzt. Dabei ist es sicherlich hilfreich, wenn man bei den bekannten Verfahren den Leitgedanken herausgearbeitet hat. Aus diesem Grund werden, so weit dies der Raum zulässt, alle mathematischen Formeln und Aussagen begründet oder zumindest plausibel gemacht. Auf den Begriff „Beweis" wollen wir in der Regel aber verzichten, da eine mathematisch strenge Beweisführung den Rahmen sprengen würde und für unsere Zwecke nicht zielführend ist. Dennoch dürften die beiden Bücher nicht nur für Ingenieurstudiengänge, sondern auch für Studierende der Mathematik, der Physik oder anderer Naturwissenschaften sowie für Lehramtsstudierende aufgrund des anwendungsbezogenen Zugangs zur Mathematik interessant sein.

Ein roter Faden, der sich durch den gesamten Text zieht, ist das Lösen von Gleichungen. Viele Probleme aus dem Ingenieurbereich lassen sich als algebraische Gleichungen, lineare Gleichungssysteme, trigonometrische Gleichungen oder Differentialgleichungen formulieren. Jeder Gleichungstyp führt zu einem neuen mathematischen Teilgebiet: algebraische Gleichungen zu den komplexen Zahlen, Exponentialgleichungen zu den Logarithmen, lineare Gleichungssysteme zu den Matrizen und Determinanten, und das Lösen einer Differentialgleichung zur Integration. Dabei stellt sich heraus, dass ein gutes mathematisches Konzept in ganz unterschiedlichen Bereichen erfolgreich angewandt werden kann. So lassen sich etwa Matrizen nicht nur zur Darstellung linearer Gleichungssysteme verwenden, sondern auch bei der Beschreibung linearer Abbildungen in der Geometrie, zur Interpretation komplexer Zahlen, bei der Extremstellenberechnung von Funktionen mit mehreren Veränderlichen oder zur Lösung von Differentialgleichungssystemen nutzbringend einsetzen. Komplexe Zahlen werden beispielsweise in der Wechselstromrechnung, bei der Integration rationaler Funktionen oder zum Lösen einer Schwingungsdifferentialgleichung gebraucht. Ein weiterer Schwerpunkt ist die Integralrechnung. Ausgehend vom Problem, den Inhalt einer krummlinig begrenzten Fläche zu ermitteln, zeigt sich schon bald, dass man das bestimmte Integral auch zur Berechnung vieler anderer geometrischer, physikalischer oder technischer Größen verwenden kann, etwa der Bogenlänge einer Kurve, dem Volumen und Schwerpunkt eines Körpers, der Arbeit in einem Kraftfeld uvm. Motiviert durch die Berechnung solcher Größen aus Geometrie und Physik werden dann auch besondere Integralarten wie z. B. das Kurven- oder Flächenintegral eingeführt.

Der Band „Mathematik für Ingenieurwissenschaften: Vertiefung" befasst sich mit mathematischen Konzepten und Werkzeugen, die über die sogenannte „Schulmathematik" hinausgehen. Dazu gehören u. a. Funktionen mit mehreren Veränderlichen (partielle Ableitungen und mehrdimensionale Integrale), Vektoranalysis (Kurvenintegrale und Vektorfelder), gewöhnliche und partielle Differentialgleichungen, Reihenentwicklungen sowie stochastische Prozesse. Es wird vorausgesetzt, dass der Leser mit der Mathematik aus der Oberstufe vertraut ist und insbesondere die Vektor- und Matrizenrechnung, das Rechnen mit komplexen Zahlen sowie die Differential- und Integralrechnung für Funktionen in einer Veränderlichen beherrscht. Diese Themen werden u. a. im Band „Mathematik für Ingenieurwissenschaften: Grundlagen" ausführlich behandelt. Zur Illustration der Zusammenhänge gibt es eine Vielzahl an Abbildungen, und den theoretischen Grundlagen werden zahlreiche Rechen- und Anwendungsbeispiele zur Seite gestellt. Ähnlich wie die praktische Ausbildung im Ingenieurstudium sind Übungsaufgaben unverzichtbar zum Verständnis der Mathematik. Jedes Kapitel enthält deshalb noch einen Abschnitt mit Aufgaben, deren ausführliche Lösungen am Ende des jeweiligen Bandes nachgeschlagen werden können, sodass sich beide Bücher auch gut zum Selbststudium eignen.

Der hier vorliegende Band „Mathematik für Ingenieurwissenschaften: Vertiefung" ist eine überarbeitete und erweiterte Fassung des Buchs „Höhere Technomathematik". Das Thema „Rechnen mit dem Computer", das eine wichtige Rolle im Ingenieurbereich spielt, nimmt nun insgesamt einen etwas größeren Raum ein. Darüber hinaus wurden noch einige Übungsaufgaben und Anwendungsbeispiele ergänzt.

An dieser Stelle möchte ich mich bei meinen Studierenden sowie bei allen Leserinnen und Lesern bedanken, die auf Schreibfehler in der früheren Auflage hingewiesen haben und Anregungen zur Weiterentwicklung des Lehrbuchs gaben. Dem Springer-Verlag, insbesondere Frau Nikoo Azarm, Frau Barbara Lühker und nicht zuletzt Herrn Dr. Andreas Rüdinger, danke ich für die sehr angenehme und konstruktive Zusammenarbeit.

Amberg, im Mai 2022   Harald Schmid

Inhaltsverzeichnis

Kapitel 1

Partielle Ableitungen

1.1 Funktionen mit zwei Veränderlichen

1.1.1 Überblick

In der Schulmathematik und auch in den Grundlagenvorlesungen zur Analysis befasst man sich hauptsächlich mit Funktionen, die nur von einer Veränderlichen abhängen, also z. B. durch eine explizite Funktionsvorschrift $y = f(x)$ mit $x \in D \subset \mathbb{R}$ gegeben sind. Der Graph von f erzeugt hier eine Linie in der (x, y)-Ebene. Wir betrachten nun Funktionen mit zwei voneinander unabhängigen Veränderlichen

$$z = f(x, y), \quad (x, y) \in D$$

und einem Definitionsbereich $D \subset \mathbb{R}^2$ aus der (x, y)-Ebene. Geometrisch bedeutet das: Wir ordnen im dreidimensionalen kartesischen Koordinatensystem einem Punkt $(x, y) \in D$ durch die Funktion f eine z-Koordinate zu. Die Gesamtheit aller dieser Punkte (x, y, z) bildet dann eine *Fläche* im Raum $\mathbb{R}^3$.

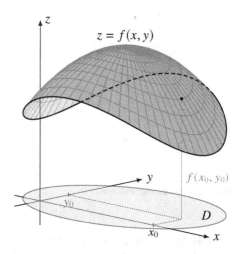

Abb. 1.1 Der Graph einer Funktion $z = f(x, y)$ mit zwei Veränderlichen ist eine Fläche im Raum $\mathbb{R}^3$

Beispiel 1. Eine Funktion der Form $z = c + a\,x + b\,y$ beschreibt allgemein eine Ebene im Raum mit der Steigung a in x-Richtung und der Steigung b in y-Richtung sowie dem Funktionswert c bei $(x, y) = (0, 0)$. Abb. 1.2 zeigt speziell die Ebene mit der Koordinatendarstellung $z = 1 + x + \frac{1}{2}\,y$.

© Springer-Verlag GmbH Deutschland, ein Teil von Springer Nature 2022
H. Schmid, *Mathematik für Ingenieurwissenschaften: Vertiefung*,
https://doi.org/10.1007/978-3-662-65526-9_1

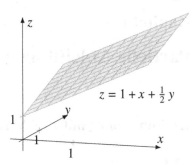

Abb. 1.2 Darstellung einer
Ebene in Koordinatenform

Beispiel 2. Die Fläche mit der Funktionsgleichung

$$z = x^2 + y^2, \quad (x, y) \in \mathbb{R}^2$$

nennt man *Rotationsparaboloid*, vgl. Abb. 1.3a. Sie entsteht durch Rotation der Parabel $z = x^2$ um die z-Achse. Die Funktion

$$z = x^2 - y^2, \quad (x, y) \in \mathbb{R}^2$$

wiederum erzeugt ein *hyperbolisches Paraboloid*, welches auch Sattelfläche genannt wird (siehe Abb. 1.3b).

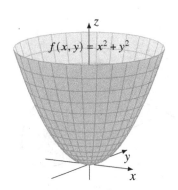

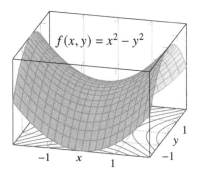

Abb. 1.3a Rotationsparaboloid   **Abb. 1.3b** Hyperbolisches Paraboloid

Beispiel 3. Die graphische Darstellung der Funktion $z = \sqrt{r^2 - x^2 - y^2}$ für alle Punkte $(x, y) \in \mathbb{R}^2$ mit $x^2 + y^2 \leq r^2$ ergibt die Oberfläche einer Halbkugel mit dem vorgegebenen Radius $r > 0$. Der Definitionsbereich D dieser Funktion ist eine Kreisscheibe um O mit dem Radius r in der (x, y)-Ebene.

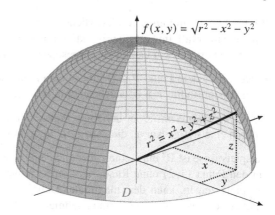

Abb. 1.4 Halbkugel

1.1.2 Gebiete in $\mathbb{R}^2$

Bei der Festlegung einer Funktion $z = f(x, y)$ spielt der Definitionsbereich D eine wichtige Rolle. In den Beispielen 1 und 2 aus dem vorigen Abschnitt waren die Funktionen auf der gesamten (x, y)-Ebene definiert ($D = \mathbb{R}^2$), während bei der Halbkugel aus Beispiel 3 der Definitionsbereich ein Kreis um den Ursprung $O = (0, 0)$ mit dem Radius r ist. Betrachten wir als weiteres Beispiel die Funktion

$$f(x, y) = \frac{1}{\ln(1 - x^2 - y^2)}$$

Hier muss das Argument von ln positiv sein: $1 - x^2 - y^2 > 0$ bzw. $x^2 + y^2 < 1$, und der Nenner darf nicht Null werden: $1 - x^2 - y^2 \neq 1$ bzw. $x^2 + y^2 \neq 0$. Beide Bedingungen zusammen ergeben $0 < x^2 + y^2 < 1$, und der maximale Definitionsbereich von f ist demnach eine „punktierte" offene Kreisscheibe um den Ursprung mit dem Radius 1 ohne Rand und ohne den Punkt O.

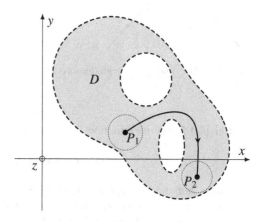

Abb. 1.5 Ein Gebiet $D \subset \mathbb{R}^2$ enthält zu jedem Punkt $P \in D$ auch eine ganze Kreisscheibe um P, und zwei Punkte lassen sich stets durch eine stetige Kurve in D miteinander verbinden

Bei Funktionen mit *einer* Veränderlichen $y = f(x)$ ist der Definitionsbereich häufig ein (offenes) Intervall. Im Fall einer Funktion $z = f(x, y)$ mit zwei Veränderlichen $(x, y) \in D$ wird für D oftmals ein Gebiet vorausgesetzt. Ein *Gebiet D* in $\mathbb{R}^2$ ist

• *offen*: Zu jedem Punkt $P \in D$ gibt es eine kleine Kreisscheibe mit dem Mittelpunkt P und einem Radius $r > 0$, welche ebenfalls noch vollständig in D liegt.

• *zusammenhängend*: Zwei beliebige Punkte $P_1 \in D$ und $P_2 \in D$ lassen sich immer durch eine stetige Kurve, die ganz in D liegt, miteinander verbinden.

Beispielsweise ist $\mathbb{R}^2$ ein Gebiet, aber auch eine offene Kreisscheibe um O, ein Kreisring um den Punkt $(1, 2)$ ohne Rand, oder eine Menge wie in Abb. 1.5. Wie die folgenden Beispiele zeigen, kann der (maximale) Definitionsbereich einer Funktion $z = f(x, y)$ durchaus eine komplizierte Form annehmen.

Beispiel 1. Der maximale Definitionsbereich der Funktion

$$f(x, y) = \sqrt{4 - x^2 + y^2}$$

ist die Menge der Punkte $(x, y) \in \mathbb{R}^2$ mit $4 - x^2 + y^2 \geq 0$ bzw. $\frac{1}{4}x^2 - \frac{1}{4}y^2 \leq 1$. Hierbei handelt es sich um den in Abb. 1.6a grau eingezeichneten Bereich D zwischen den beiden Hyperbelästen, welche die Gleichung $\frac{1}{4}x^2 - \frac{1}{4}y^2 = 1$ erfüllen. Dieser Bereich ist zusammenhängend, aber nicht offen, da es zu den Punkten am Rand (also auf einem der Hyperbeläste) keine Kreisscheibe gibt, die komplett in der Menge D liegt.

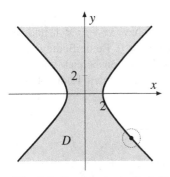

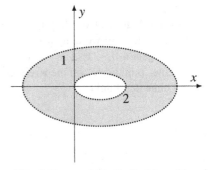

Abb. 1.6a Der maximale Definitionsbereich von $f(x, y) = \sqrt{4 - x^2 + y^2}$

Abb. 1.6b ... und für die Funktion $f(x, y) = \operatorname{artanh}\left(\frac{1}{4}x^2 - \frac{1}{2}x + y^2 - 1\right)$

Beispiel 2. Bei der Funktion

$$f(x, y) = \operatorname{artanh}\left(\tfrac{1}{4}x^2 - \tfrac{1}{2}x + y^2 - 1\right)$$

dürfen nur die Wertepaare $(x, y) \in \mathbb{R}^2$ eingesetzt werden, für die das Argument $\frac{1}{4}x^2 - \frac{1}{2}x + y^2 - 1$ im Intervall $]-1, 1[$ ($=$ Definitionsbereich von artanh) liegt, und das ist der elliptische Ring in Abb. 1.6b. Dieser Bereich ist offen und zusammenhängend, also ein Gebiet in $\mathbb{R}^2$.

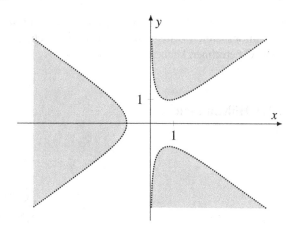

Abb. 1.7 Der maximale Definitionsbereich von $f(x, y) = \ln(x^3 - 2xy^2 + 1)$

Beispiel 3. Der maximale Definitionsbereich der Funktion

$$f(x, y) = \ln(x^3 - 2xy^2 + 1)$$

ist in Abb. 1.7 dargestellt. Diese Menge ist kein Gebiet – sie ist zwar offen, zerfällt jedoch in drei getrennte Bereiche, die nicht zusammenhängen.

Bei den vorangegangenen Beispielen erhält man als Definitionsbereich ein Gebiet, indem man ggf. die Randkurve entfernt und/oder die Funktion auf eine zusammenhängende Teilmenge einschränkt. Lässt man z. B. die Hyperbeläste in Abb. 1.6a weg und nimmt man bei Abb. 1.7 nur den Teilbereich im I. Quadranten, dann ergibt sich jeweils ein Gebiet.

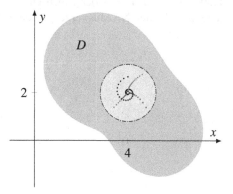

Abb. 1.8 In einem Gebiet können wir uns einem Punkt, hier: $P = (4, 2)$, aus verschiedenen Richtungen annähern

Sofern nichts über den Definitionsbereich $D \subset \mathbb{R}^2$ einer Funktion ausgesagt wird, gehen wir im Folgenden davon aus, dass D ein Gebiet ist, also offen und zusammenhängend ist. Dann liegt mit einem Punkt $(x_0, y_0) \in D$ auch eine ganze Kreisscheibe um (x_0, y_0) in D, und wir können uns diesem Punkt aus einer beliebigen Richtung annähern (siehe Abb. 1.8), sodass wir z. B. bei der Berechnung der Ableitung nicht auf den Definitionsbereich achten müssen. Außerdem lassen sich in einem Gebiet zwei Punkte A und B immer auch durch eine stetige Kurve C miteinander verbinden, wobei diese Kurve ganz im Definitionsbereich D liegt und wir dann (im nächsten Kapitel) das Kurvenintegral von f längs C berechnen können.

1.1.3 Höhenlinien

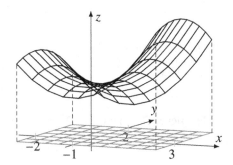

Abb. 1.9 Klassisches Drahtgittermodell einer Funktion
$z = f(x, y)$ über einem
rechteckigen Gitter

Eine häufig verwendete Methode zur graphischen Darstellungen einer Funktion $z = f(x, y)$ ist das *Drahtgittermodell*. Hierbei werden Funktionswerte z_k an ausgewählten Stellen $(x_k, y_k) \in D$ berechnet und die Punkte (x_k, y_k, z_k) durch Linien miteinander verbunden. Diese Art der Darstellung findet man vorwiegend bei 3D-Funktionsplottern, wobei als Definitionsbereich D meist ein Rechteck in der (x, y)-Ebene festzulegen ist (siehe Abb. 1.9). Eine weitere Möglichkeit zur Veranschaulichung einer Fläche $z = f(x, y)$ sind Höhenlinien. Die *Höhenlinie* von f zum Niveau $c \in \mathbb{R}$ ist die Menge aller Punkte $(x, y) \in D$ mit der Eigenschaft $f(x, y) = c$. Mehrere dieser Höhenlinien (zu unterschiedlichen Niveaus) erzeugen dann ein Höhenprofil wie in Abb. 1.10.

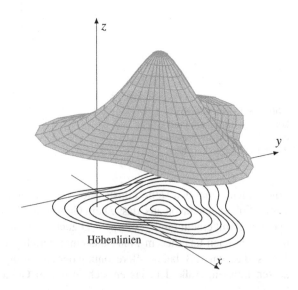

Abb. 1.10 Höhenprofil einer
Funktion $z = f(x, y)$

Beispielsweise erhalten wir die Höhenlinie des Rotationsparaboloids $z = x^2 + y^2$ zum Niveau $c = 4$ aus der Gleichung

$$x^2 + y^2 = 4 \quad \Longrightarrow \quad y = \pm\sqrt{4 - x^2} \quad \text{für} \quad x \in [-2, 2]$$

deren Lösungsmenge einem Kreis in der (x, y)-Ebene um O mit dem Radius $r = 2$ entspricht. Höhenlinien lassen sich zumeist nur durch die implizite Funktionsvorschrift $f(x, y) = c$ beschreiben, da diese in der Regel nicht nach x oder y aufgelöst werden kann. Höhenlinien erzeugen i. Allg. auch relativ komplizierte Kurven in der (x, y)-Ebene. Abb. 1.11 zeigt die Höhenlinien der Funktion $z = 2 + \sin x \cdot \sin y$ im quadratischen Definitionsbereich $D = [-\pi, \pi] \times [-\pi, \pi]$.

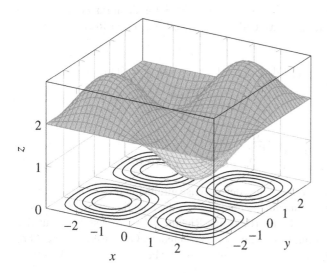

Abb. 1.11 Höhenlinien der Funktion $z = 2 + \sin x \cdot \sin y$

Höhenlinien, auch Niveau- oder Isolinien genannt, verwendet man beispielsweise bei Landkarten (Isohypsen = Linien gleicher Höhe), bei Wetterkarten (Isobaren = Linien mit gleichem Luftdruck) oder in der Thermodynamik (Isothermen = Linien gleicher Temperatur, z. B. im p-V-Diagramm).

1.1.4 Stetigkeit

Eine Funktion $y = f(x)$, die nur von einer Variable $x \in D \subset \mathbb{R}$ abhängt, nennt man stetig an der Stelle $x_0 \in D$, falls für eine beliebige Folge (x_n) aus D mit $x_n \to x_0$ für $n \to \infty$ auch die Funktionswerte $f(x_n)$ gegen den Funktionswert $f(x_0)$ konvergieren. Diese Aussage ist gleichbedeutend mit $\lim_{x \to x_0} f(x) = f(x_0)$. Wir wollen den Begriff „Stetigkeit" auf eine Funktion $z = f(x, y)$ mit zwei Veränderlichen übertragen. Hierbei ist zu beachten, dass wir uns in der (x, y)-Ebene einer Stelle $(x_0, y_0) \in \mathbb{R}^2$ aus ganz unterschiedlichen Richtungen annähern können.

Eine Funktion $z = f(x, y)$ heißt *stetig* an der Stelle $(x_0, y_0) \in D \subset \mathbb{R}^2$, falls für zwei beliebige Folgen $(x_n), (y_n)$ mit $x_n \to x_0, y_n \to y_0$ und $(x_n, y_n) \in D$ die Werte $f(x_n, y_n)$ für $n \to \infty$ gegen $f(x_0, y_0)$ konvergieren: $\lim_{n \to \infty} f(x_n, y_n) = f(x_0, y_0)$.

Mit anderen Worten: Nähert sich (x, y) der Stelle (x_0, y_0) aus einer *beliebigen* Richtung, dann müssen die Funktionswerte $f(x, y)$ gegen den Funktionswert $f(x_0, y_0)$ gehen. Man schreibt dafür auch $\lim_{(x,y) \to (x_0, y_0)} f(x, y) = f(x_0, y_0)$. Falls f an jeder Stelle (x_0, y_0) aus dem Definitionsbereich $D \subset \mathbb{R}^2$ stetig, dann nennt man $f : D \longrightarrow \mathbb{R}$ eine *stetige Funktion*.

Beispiel 1. Die Funktion $f(x, y) = 1 + x^3 + 4 x y^2$ ist stetig, denn für zwei beliebige Folgen (x_n) und (y_n) mit $x_n \to x_0$ und $y_n \to y_0$ gilt nach den Rechenregeln für Grenzwerte

$$f(x_n, y_n) = 1 + x_n^3 + 4 x_n y_n^2 \to 1 + x_0^3 + 4 x_0 y_0^2 = f(x_0, y_0)$$

Beispiel 2. Die Funktion

$$f(x, y) = \begin{cases} \frac{x^2 - y^2}{x^2 + y^2}, & \text{falls } (x, y) \neq (0, 0) \\ 0, & \text{falls } (x, y) = (0, 0) \end{cases}$$

ist an der Stelle $(0, 0)$ nicht stetig. Längs der x-Achse gilt nämlich $f(x, 0) = 1$ für $x \neq 0$, während wir entlang der Winkelhalbierenden $y = x$ die Funktionswerte $f(x, x) = 0$ erhalten. Nähern wir uns der Stelle $(0, 0)$ aus Richtung der x-Achse bzw. auf der Winkelhalbierenden $y = x$ an, so erhalten wir verschiedene Grenzwerte (siehe Abb. 1.12). Beispielsweise gilt $f(\frac{1}{n}, 0) = 1 \to 1$ für $n \to \infty$, aber $f(-\frac{1}{n}, -\frac{1}{n}) = 0 \to 0$.

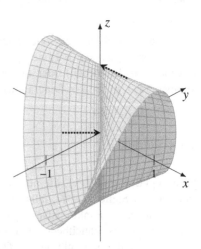

Abb. 1.12 Die Funktion $z = f(x, y)$ aus Beispiel 2 ist im Punkt $(0, 0)$ nicht stetig

Man kann den Begriff Stetigkeit auch mithilfe von Ortsvektoren formulieren. Für eine Folge $(\vec{r}_n)$ von Vektoren schreibt man $\lim_{n \to \infty} \vec{r}_n = \vec{r}_0$, falls $|\vec{r}_n - \vec{r}_0| \to 0$ für $n \to \infty$ gilt. Zerlegt man diese Vektoren in ihre Komponenten

$$\vec{r}_n = \begin{pmatrix} x_n \\ y_n \end{pmatrix} \quad \text{und} \quad \vec{r}_0 = \begin{pmatrix} x_0 \\ y_0 \end{pmatrix}$$

dann ist $|\vec{r}_n - \vec{r}_0| \to 0$ gleichbedeutend mit $x_n \to x_0$ und $y_n \to y_0$ für $n \to \infty$. Eine Zahl $A \in \mathbb{R}$ heißt Grenzwert von f bei (x_0, y_0), falls $\lim_{n \to \infty} f(\vec{r}_n) = A$ für *jede* Folge $(\vec{r}_n)$ mit $\lim_{n \to \infty} \vec{r}_n = \vec{r}_0$ gilt. Hierbei bezeichnet $\vec{r}_0$ den Ortsvektor von (x_0, y_0). Die Funktion $z = f(x, y)$ ist dann stetig bei (x_0, y_0) bzw. $\vec{r}_0$, falls $\lim_{\vec{r} \to \vec{r}_0} f(\vec{r}) = f(\vec{r}_0)$ erfüllt ist.

1.2 Partielle Ableitungen erster Ordnung

1.2.1 Die Tangentialebene

Am Anfang der Differentialrechnung stand das Tangentenproblem für eine Funktion $y = f(x)$ mit einer Veränderlichen. Der Funktionsgraph von f sollte an der Stelle x_0 durch eine Gerade $f(x_0) + a\,(x - x_0)$ angenähert werden. Die Berechnung der noch unbekannten Tangentensteigung führte uns zur Ableitung $a = f'(x_0)$. Im Fall einer Funktion mit zwei Veränderlichen $f : D \longrightarrow \mathbb{R}$ auf einem Gebiet $D \subset \mathbb{R}^2$ wollen wir nun eine Ebene finden, welche die von f erzeugte Fläche an einer Stelle $(x_0, y_0) \in D$ berührt. Diese Ebene wird *Tangentialebene* genannt. Sie hat allgemein die Form

$$z = c + a\,(x - x_0) + b\,(y - y_0)$$

mit einer Höhe c bei (x_0, y_0) und zwei Steigungswerten a und b in x- bzw. y-Richtung, die noch zu ermitteln sind.

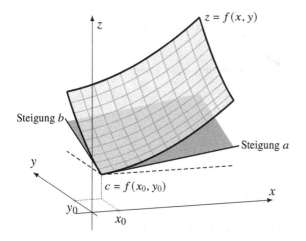

Abb. 1.13 Steigungen der Tangentialebene in x- und y-Richtung

Eine Größe können wir sofort angeben: Da die Tangentialebene durch den Punkt auf der Fläche verlaufen soll, muss $c = f(x_0, y_0)$ gelten, vgl. Abb. 1.13. Zur Bestimmung der Steigung a halten wir die Koordinate $y = y_0$ fest. Entlang dieser Linie parallel zur x-Achse ergibt sich eine *Schnittkurve* $z = f(x, y_0)$, die nur noch von x abhängt. Setzen wir andererseits $y = y_0$ in die Tangentialebene ein, dann erhalten wir eine Gerade $z = f(x_0, y_0) + a\,(x - x_0)$, welche die Tangente an die Schnittkurve $f(x, y_0)$ im Punkt x_0 sein muss, und demnach ist

$$a = \frac{\mathrm{d}}{\mathrm{d}x} f(x, y_0)\Big|_{x=x_0}$$

Ebenso erhalten wir die Steigung b in y-Richtung, indem wir uns auf der Fläche entlang der Koordinatenlinie $x = x_0$ bewegen. Aus der Tangentialebene schneiden wir die Gerade $z = f(x_0, y_0) + b(y - y_0)$ aus, welche zugleich die Tangente an die Schnittkurve $z = f(x_0, y)$ ist und die Steigung

$$b = \frac{\mathrm{d}}{\mathrm{d}y} f(x_0, y)\Big|_{y=y_0}$$

hat. Die Ableitungen der Schnittkurven $z = f(x, y)$ für konstante Werte $y = y_0$ bzw. $x = x_0$ erhalten eigene Bezeichnungen. Sie werden *partielle Ableitungen* von f nach x bzw. y genannt, und man notiert sie in der Form

$$f_x(x_0, y_0) = \frac{\partial f}{\partial x}(x_0, y_0) := \frac{\mathrm{d}}{\mathrm{d}x} f(x, y_0)\Big|_{x=x_0}$$

$$f_y(x_0, y_0) = \frac{\partial f}{\partial y}(x_0, y_0) := \frac{\mathrm{d}}{\mathrm{d}y} f(x_0, y)\Big|_{y=y_0}$$

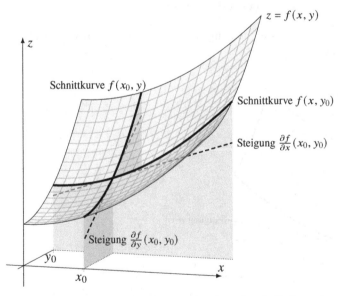

Abb. 1.14 Partielle Ableitungen von $z = f(x, y)$ an einer Stelle (x_0, y_0)

Kurzum: Die zwei partiellen Ableitungen einer Funktion sind die Tangentensteigungen in Richtung der beiden Koordinatenachsen, vgl. Abb. 1.14. Anstelle von d verwendet man das (vermutlich 1786 von Adrien-Marie Legendre eingeführte) Symbol ∂, um speziell auf eine partielle Ableitung hinzuweisen. Die Gleichung der Tangentialebene zu $z = f(x, y)$ im Punkt (x_0, y_0) lautet dann

$$z = f(x_0, y_0) + f_x(x_0, y_0) \cdot (x - x_0) + f_y(x_0, y_0) \cdot (y - y_0)$$

Beispiel: Zu berechnen ist die Tangentialebene der Funktion $f(x, y) = 1 + x^2 + y^2$ im Punkt $(x_0, y_0) = (1, 2)$. Wir brauchen zunächst den Funktionswert

$$f(1, 2) = 1 + 1^2 + 2^2 = 6$$

Die Schnittkurve $f(x, 2) = 5 + x^2$ bei konstanter Koordinate $y = 2$ hat die Tangentensteigung

$$f_x(1, 2) = \frac{d}{dx}(5 + x^2)\Big|_{x=1} = 2x\Big|_{x=1} = 2$$

Die Schnittkurve für $x = 1$ ist $f(1, y) = 2 + y^2$ mit der Tangentensteigung

$$f_y(1, 2) = \frac{d}{dy}(2 + y^2)\Big|_{y=2} = 2y\Big|_{y=2} = 4$$

Damit ist $z = 6 + 2(x - 1) + 4(y - 2)$ die gesuchte Tangentialebene an das Rotationsparaboloid im Punkt $(1, 2)$, siehe Abb. 1.15.

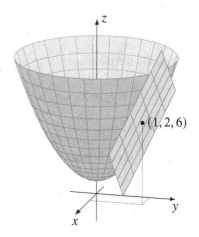

Abb. 1.15 Tangentialebene
am Rotationsparaboloid

In der Praxis berechnet man für eine Funktion $z = f(x, y)$ die partielle Ableitung nach x, indem man y wie eine Konstante behandelt und f nur nach x ableitet. Gleichermaßen erhält man die partielle Ableitung nach y, indem man x als Konstante betrachtet und f nach y differenziert. Anschließend kann man die Funktionen $f_x(x, y)$ bzw. $f_y(x, y)$ ggf. an einer Stelle (x_0, y_0) auswerten.

Beispiel 1. Die Funktion $f(x,y) = 1 + x^2 + y^2$ hat die partiellen Ableitungen

$$f_x(x,y) = 0 + 2x + 0 = 2x, \quad f_y(x,y) = 0 + 0 + 2y = 2y$$

Somit ist $f_x(1,2) = 2 \cdot 1 = 2$ und $f_y(1,2) = 2 \cdot 2 = 4$. Dieses Resultat haben wir bereits durch Ableitung der Schnittkurven bei $(1,2)$ erhalten.

Beispiel 2. Im Fall $f(x,y) = x \cdot y^2 + 3y \cdot e^{1-x}$ sind die partiellen Ableitungen

$$f_x(x,y) = 1 \cdot y^2 - 3y \cdot e^{1-x} \quad \text{und} \quad f_y(x,y) = x \cdot 2y + 3 \cdot e^{1-x}$$

Speziell im Punkt $(x_0, y_0) = (1,-1)$ ergeben sich dann die Werte

$$f(1,-1) = -2, \quad f_x(1,-1) = 4, \quad f_y(1,-1) = 1$$

und die Gleichung der Tangentialebene in $(1,-1)$ lautet

$$z = -2 + 4 \cdot (x-1) + 1 \cdot (y+1) = -5 + 4x + y$$

Beispiel 3. Für die Funktion $f(x,y) = 2xy + y^3 + \sin xy$ ist

$$\frac{\partial f}{\partial x} = f_x = 2y + y\cos xy, \quad \frac{\partial f}{\partial y} = f_y = 2x + 3y^2 + x\cos xy$$

Im Übrigen ist die Notation der partiellen Ableitungen den jeweiligen Bezeichnungen der Veränderlichen anzupassen. Beispielsweise sind im Fall

$$g(u,v) = u^2 \sin v + 3v + 2e^{uv}$$

die partiellen Ableitungen

$$\frac{\partial g}{\partial u} = g_u = 2u\sin v + 2ve^{uv} \quad \text{und} \quad \frac{\partial g}{\partial v} = g_v = u^2\cos v + 3 + 2ue^{uv}$$

1.2.2 Der Gradientenvektor

Eine Funktion $z = f(x,y)$ hat zwei partielle Ableitungen $f_x = \frac{\partial f}{\partial x}$ und $f_y = \frac{\partial f}{\partial y}$. Diese kann man zu einem Vektor zusammenfassen, welcher

$$\textbf{Gradient} \quad \nabla f = \operatorname{grad} f := \begin{pmatrix} f_x \\ f_y \end{pmatrix}$$

oder Gradientenvektor von f genannt wird (∇f ist eine alternative Schreibweise für $\operatorname{grad} f$ und wird „Nabla f" ausgesprochen). Genauer gesagt ist der Gradient von f eine Vektorfunktion, da die Komponenten von $\operatorname{grad} f$ selbst wieder von (x,y) abhängen.

Beispiel 1. Für das Rotationsparaboloid $f(x, y) = 1 + x^2 + y^2$ gilt

$$\frac{\partial f}{\partial x} = 2x, \quad \frac{\partial f}{\partial y} = 2y \quad \Longrightarrow \quad (\nabla f)(x, y) = (\operatorname{grad} f)(x, y) = \begin{pmatrix} 2x \\ 2y \end{pmatrix}$$

Der Gradientenvektor von f im Punkt $(x_0, y_0) = (-1, 2)$ ist dann

$$(\nabla f)(-1, 2) = (\operatorname{grad} f)(-1, 2) = \begin{pmatrix} -2 \\ 4 \end{pmatrix}$$

Beispiel 2. Die Funktion $f(x, y) = x^2 \sin y$ hat die partiellen Ableitungen

$$f_x = 2x \sin y, \quad f_y = x^2 \cos y \quad \Longrightarrow \quad \operatorname{grad} f = \begin{pmatrix} 2x \sin y \\ x^2 \cos y \end{pmatrix}$$

Speziell bei $(x_0, y_0) = (1, \pi)$ ist der Gradient von f der Vektor

$$(\operatorname{grad} f)(1, \pi) = \begin{pmatrix} 0 \\ -1 \end{pmatrix}$$

Mithilfe des Gradientenvektors und des Skalarprodukts können wir die Gleichung der Tangentialebene von f im Punkt (x_0, y_0) etwas einfacher formulieren:

$$z = f(x_0, y_0) + f_x(x_0, y_0) \cdot (x - x_0) + f_y(x_0, y_0) \cdot (y - y_0)$$
$$= f(x_0, y_0) + (\operatorname{grad} f)(x_0, y_0) \cdot \begin{pmatrix} x - x_0 \\ y - y_0 \end{pmatrix}$$

Für $(x, y) \approx (x_0, y_0)$ ist die Tangentialebene eine gute Näherung der Funktion, sodass

$$f(x, y) - f(x_0, y_0) \approx (\operatorname{grad} f)(x_0, y_0) \cdot \begin{pmatrix} x - x_0 \\ y - y_0 \end{pmatrix}$$

gilt. Bezeichnen wir die Funktionsänderung mit $\Delta f = f(x, y) - f(x_0, y_0)$ und den Differenzvektor von (x_0, y_0) nach (x, y) mit

$$\Delta \vec{r} = \begin{pmatrix} x - x_0 \\ y - y_0 \end{pmatrix} = \begin{pmatrix} \Delta x \\ \Delta y \end{pmatrix}$$

dann können wir die Funktionsänderung auch mit der

Näherungsformel $\Delta f \approx (\operatorname{grad} f)(x_0, y_0) \cdot \Delta \vec{r}$

abschätzen. Diese Näherung für die Funktionsänderung

$$\Delta f \approx (\operatorname{grad} f)(x_0, y_0) \cdot \begin{pmatrix} \Delta x \\ \Delta y \end{pmatrix} = \frac{\partial f}{\partial x}(x_0, y_0) \cdot \Delta x + \frac{\partial f}{\partial y}(x_0, y_0) \cdot \Delta y$$

ist umso genauer, je kleiner die Koordinatenänderungen Δx und Δy sind. In der Physik und Technik bezeichnet man diesen Zusammenhang als

$$\textbf{totales Differential} \quad \mathrm{d}f = \frac{\partial f}{\partial x}\,\mathrm{d}x + \frac{\partial f}{\partial y}\,\mathrm{d}y$$

Beispiel: Wie verändert sich der Funktionswert $f(x, y) = x^2 + y^2$ beim Übergang vom Punkt $(x_0, y_0) = (2, 1)$ nach $(x, y) = (1{,}9, 1{,}05)$? Hier ist $\Delta x = -0{,}1$ und $\Delta y = 0{,}05$. Aus

$$\operatorname{grad} f = \begin{pmatrix} 2\,x \\ 2\,y \end{pmatrix} \quad \Longrightarrow \quad (\operatorname{grad} f)(2, 1) = \begin{pmatrix} 4 \\ 2 \end{pmatrix}$$

ergibt sich näherungsweise

$$\Delta f \approx \begin{pmatrix} 4 \\ 2 \end{pmatrix} \cdot \begin{pmatrix} -0{,}1 \\ 0{,}05 \end{pmatrix} = -0{,}3$$

Zum Vergleich: Die tatsächliche Funktionsdifferenz ist

$$\Delta f = f(1{,}9, 1{,}05) - f(2, 1) = -0{,}2875$$

Alternativ kann man zuerst auch das totale Differential berechnen:

$$f(x, y) = x^2 + y^2 \quad \Longrightarrow \quad \mathrm{d}f = 2\,x\,\mathrm{d}x + 2\,y\,\mathrm{d}y$$

welches an der Stelle $(x, y) = (2, 1)$ die gesuchte Näherung liefert:

$$\Delta f \approx 4\,\Delta x + 2\,\Delta y = 4 \cdot (-0{,}1) + 2 \cdot 0{,}05 = -0{,}3$$

Anwendung: Fehlerfortpflanzung

In der Praxis kann man eine Größe oftmals nicht direkt messen. Sie wird dann in einer Messeinrichtung aus einer oder mehreren leicht zu bestimmenden Werten mithilfe einer Formel berechnet (z. B. beim Widerstandsthermometer oder bei der barometrischen Höhenmessung). Aufgrund von Messfehlern oder physikalischen Einflüssen sind die Eingangsgrößen in der Regel mit Fehlern behaftet, und diese wirken sich natürlich auf die zu berechnende Größe aus. Diesen Effekt nennt man *Fehlerfortpflanzung*. Der Fehler bei der Berechnung lässt sich mithilfe des Gradienten abschätzen. Als Beispiel soll die Dichte ρ von trockener Luft aus der Temperatur T und dem Luftdruck p errechnet werden. Grundlage dafür ist die thermische Zustandsgleichung idealer Gase

$$\frac{p}{\rho \cdot T} = 287 \,\tfrac{\mathrm{J}}{\mathrm{kg\,K}} \quad \text{(Gaskonstante)}$$

welche den Zusammenhang (bei weggelassenen Einheiten)

$$\rho(T, p) = \frac{p}{287 \cdot T} \quad \text{mit} \quad \frac{\partial \rho}{\partial T} = -\frac{p}{287 \cdot T^2} \quad \text{und} \quad \frac{\partial \rho}{\partial p} = \frac{1}{287 \cdot T}$$

liefert. Führt man die Messung bei $T_0 = 273$ K (bzw. $0°$C) und $p_0 = 101325$ Pa (Luftdruck am Erdboden) durch, so ergibt sich der Wert

$$\rho(T_0, p_0) = \frac{101325}{287 \cdot 273} = 1,2932 \; \tfrac{\text{kg}}{\text{m}^3}$$

Ändert sich die Temperatur um den Wert ΔT und der Luftdruck um Δp, dann lässt sich die Dichteänderung näherungsweise mit der folgenden einfachen Formel abschätzen:

$$\Delta\rho \approx \frac{\partial\rho}{\partial T}(T_0, p_0) \cdot \Delta T + \frac{\partial\rho}{\partial p}(T_0, p_0) \cdot \Delta p$$

$$= -4{,}737 \cdot 10^{-3} \cdot \Delta T + 1{,}2763 \cdot 10^{-5} \cdot \Delta p$$

Falls die Messung bei einer Temperaturschwankung von $|\Delta T| \leq 1$ K und einer Druckschwankung von $|\Delta p| \leq 200$ Pa durchgeführt wurde, dann ergibt sich eine „Unsicherheit" bei der Dichte, die wir mit

$$|\Delta\rho| \leq 4{,}737 \cdot 10^{-3} \cdot |\Delta T| + 1{,}2763 \cdot 10^{-5} \cdot |\Delta p|$$

$$\leq 4{,}737 \cdot 10^{-3} \cdot 1 + 1{,}2763 \cdot 10^{-5} \cdot 200 = 0{,}0073$$

abschätzen können (Achtung: Wir müssen hier den positiven Vorfaktor 4,737 nehmen, da ΔT auch negativ sein kann). Das Messergebnis lässt sich nun – einschließlich der Unsicherheiten – in der Form $\rho = 1{,}2932 \pm 0{,}0073$ kg/m^3 angegeben. Obige Formel zeigt insbesondere auch, welchen Einfluss die Größenänderungen ΔT und Δp auf den Fehler $\Delta\rho$ haben: Eine Temperaturerhöhung um 0,5 K ergibt ungefähr die gleiche Dichteänderung wie eine Druckverminderung um 200 Pa.

Geometrische Eigenschaften des Gradienten

Aus der Näherungsformel für Δf und den Eigenschaften des Skalarprodukts lassen sich gewisse geometrische Eigenschaften des Gradienten ableiten. Für das Skalarprodukt zweier Vektoren $\vec{a}$ und $\vec{b}$ gibt es eine algebraische und eine geometrische Darstellung

$$\vec{a} \cdot \vec{b} = \begin{pmatrix} a_1 \\ a_2 \end{pmatrix} \cdot \begin{pmatrix} b_1 \\ b_2 \end{pmatrix} = a_1 \cdot b_1 + a_2 \cdot b_2 = |\vec{a}| \cdot |\vec{b}| \cdot \cos \sphericalangle(\vec{a}, \vec{b})$$

Das Skalarprodukt nimmt seinen Maximalwert $|\vec{a}| \cdot |\vec{b}|$ für $\cos \sphericalangle(\vec{a}, \vec{b}) = 1$ bzw. $\sphericalangle(\vec{a}, \vec{b}) = 0°$ an, falls also $\vec{a}$ und $\vec{b}$ die gleiche Richtung haben. Für $\sphericalangle(\vec{a}, \vec{b}) = 180°$ wird das Skalarprodukt $\vec{a} \cdot \vec{b} = -|\vec{a}| \cdot |\vec{b}|$ minimal. Im Fall $\sphericalangle(\vec{a}, \vec{b}) = \pm 90°$ ist das Skalarprodukt gleich Null. Verwenden wir dieses Resultat bei der Näherungsformel für Δf, dann ergeben sich folgende Aussagen: Die Funktionsänderung Δf ist maximal, falls $\Delta\vec{r}$ die gleiche Richtung hat wie $(\mathrm{grad}\, f)(x_0, y_0)$. Falls dagegen $\Delta\vec{r}$ senkrecht auf dem Vektor $(\mathrm{grad}\, f)(x_0, y_0)$ steht, dann ist das Skalarprodukt gleich Null und somit auch die Funktionsänderung $\Delta f = 0$, sodass sich der Funktionswert in dieser Richtung nicht ändert. Wir können diese beiden Aussagen auch wie folgt interpretieren: $(\mathrm{grad}\, f)(x_0, y_0)$ ist ein Vektor, der ausgehend vom Punkt (x_0, y_0) die Richtung der maximalen Änderung von f

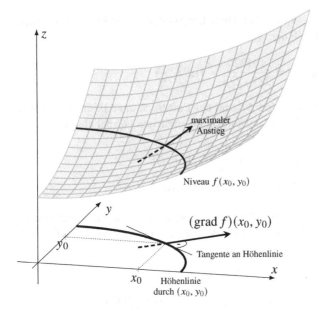

Abb. 1.16 Geometrische Eigenschaften des Gradienten

anzeigt, und in der Richtung senkrecht zu $(\text{grad } f)(x_0, y_0)$ bleibt f konstant (vgl. Abb. 1.16). Das wiederum bedeutet:

Der Vektor $(\nabla f)(x_0, y_0)$ gibt in der (x, y)-Ebene die Richtung des maximalen Funktionsanstiegs an und ist zugleich ein Normalenvektor zur Höhenlinie von f durch den Punkt (x_0, y_0).

Man kann den Gradienten nutzen, um das „Höhenprofil" einer Funktion $f(x, y)$ zu untersuchen.

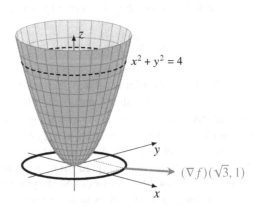

Abb. 1.17 Gradientenvektor zum Rotationsparaboloid

Beispiel 1. Die Höhenlinie zu $z = x^2 + y^2$ durch den Punkt $(\sqrt{3}, 1)$ ist ein Kreis um den Ursprung mit dem Radius 2. Der Gradient in diesem Punkt ist der Vektor

$$(\nabla f)(\sqrt{3}, 1) = (\operatorname{grad} f)(\sqrt{3}, 1) = \begin{pmatrix} 2\sqrt{3} \\ 2 \end{pmatrix}$$

senkrecht zur Höhenlinie durch $(\sqrt{3}, 1)$ zum Niveau $c = 4$, siehe Abb. 1.17.

Beispiel 2. Dem Höhenprofil in Abb. 1.18 liegt die Funktion

$$f(x, y) = \tfrac{1}{2} x^2 - (x + 2) \cdot y + \tfrac{1}{3} y^3, \quad (x, y) \in \mathbb{R}^2$$

zugrunde. Sie hat im Punkt $(1, 0)$ den Gradientenvektor

$$f_x = x - y, \quad f_y = -x - 2 + y^2 \quad \Longrightarrow \quad (\nabla f)(1, 0) = \begin{pmatrix} f_x(1, 0) \\ f_y(1, 0) \end{pmatrix} = \begin{pmatrix} 1 \\ -3 \end{pmatrix}$$

Dieser gibt die Richtung der größten Funktionsänderung an und steht senkrecht auf der Höhenlinie durch den Punkt $(1, 0)$ mit dem Niveau $c = f(1, 0) = \tfrac{1}{2}$. Durch Drehung um 90° erhalten wir einen Tangentenvektor zur Höhenlinie:

$$R(90°) \cdot (\nabla f)(1, 0) = \begin{pmatrix} 3 \\ 1 \end{pmatrix}$$

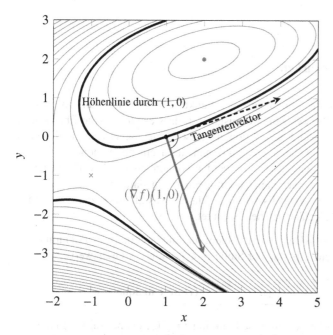

Abb. 1.18 Gradient zu $f(x, y) = \tfrac{1}{2} x^2 - (x + 2) \cdot y + \tfrac{1}{3} y^3$ bei $(1, 0)$

Die hier gefundenen Eigenschaften des Gradienten lassen sich auch „geologisch" bestätigen. Der topographische Kartenausschnitt in Abb. 1.19 zeigt eine gebirgige Landschaft mit Höhenlinien und mit mehreren kleinen Bächen. Da das Wasser in Richtung des steilsten Abstiegs fließt, folgen die Bäche im Wesentlichen dem Gradienten, und sie verlaufen deshalb meist senkrecht zu den Höhenlinien.

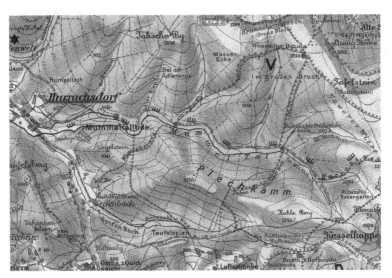

Abb. 1.19 Ausschnitt aus „Meinhold's Wintersportkarte vom Riesengebirge" (Entwurf und Zeichnung: P. Winkler; Verlag von C. C. Meinhold & Söhne, Dresden um 1930; gemeinfrei auf Wikimedia Commons)

1.2.3 Totale Differenzierbarkeit

Bei der Berechnung der Tangentialebene einer Funktion $z = f(x, y)$ an einer Stelle $(x_0, y_0) \in D$ haben wir stillschweigend vorausgesetzt, dass es eine solche Ebene auch gibt. Für die in der Praxis auftretenden Funktionen mit zwei (oder mehr) Veränderlichen ist dies in der Regel der Fall. Es gibt aber auch Funktionen, die an einer oder mehreren Stellen nicht durch eine Tangentialebene angenähert werden können, also nicht differenzierbar sind. Die Existenz der beiden partiellen Ableitungen reicht dafür nicht aus, wie ein nachfolgendes Beispiel zeigen wird! Es bleibt zu klären, was „Differenzierbarkeit" für eine Funktion mit mehreren Veränderlichen bedeutet.

Dazu blicken wir zurück auf das Tangentenproblem für eine Funktion $y = f(x)$ mit einer Veränderlichen. f ist differenzierbar an der Stelle $x_0 \in D$, falls der Grenzwert

$$f'(x_0) = \lim_{\Delta x \to 0} \frac{f(x_0 + \Delta x) - f(x_0)}{\Delta x} \quad \text{(Differentialquotient)}$$

existiert. Lässt sich diese Definition auf eine Funktion $z = f(x, y)$ übertragen? In diesem Fall wäre die Stelle $x_0 \in \mathbb{R}$ durch einen Ortsvektor $\vec{r}_0 \in \mathbb{R}^2$ und die Differenz $\Delta x = x - x_0$

durch einen Differenzvektor $\Delta \vec{r} = \vec{r} - \vec{r}_0$ zu ersetzen. Jedoch ist ein Differenzenquotient der Form

$$\frac{f(\vec{r}_0 + \Delta \vec{r}) - f(\vec{r}_0)}{\Delta \vec{r}} = \dots ?$$

nicht definiert, da man nicht durch einen Vektor $\Delta \vec{r}$ teilen kann. Wir wollen deshalb die Differenzierbarkeit von $y = f(x)$ bei $x_0 \in D$ etwas umformulieren: f hat bei x_0 die Tangentensteigung a, falls

$$0 = \lim_{\Delta x \to 0} \frac{f(x_0 + \Delta x) - f(x_0)}{\Delta x} - a \quad \text{bzw.}$$

$$0 = \lim_{\Delta x \to 0} \frac{f(x_0 + \Delta x) - f(x_0) - a \cdot \Delta x}{\Delta x}$$

gilt. Im letzten Grenzwert dürfen wir den Bruch auch durch seinen Betrag ersetzen, da der Quotient unabhängig vom Vorzeichen gegen 0 gehen muss. Eine Funktion $y = f(x)$ ist dann an der Stelle $x_0 \in D$ differenzierbar mit der Ableitung $f'(x_0) = a$, wenn

$$\lim_{\Delta x \to 0} \frac{|f(x_0 + \Delta x) - f(x_0) - a \cdot \Delta x|}{|\Delta x|} = 0$$

erfüllt ist, und diese Definition der Ableitung können wir unmittelbar auf Funktionen mit zwei Veränderlichen übertragen. Dazu ersetzen wir den Ableitungswert $a \in \mathbb{R}$ durch einen Vektor $\vec{a}$, den Abstand Δx durch den Differenzvektor $\Delta \vec{r}$ und das Produkt $a \cdot \Delta x$ durch das Skalarprodukt $\vec{a} \cdot \Delta \vec{r}$.

Eine Funktion $z = f(x, y)$ ist bei $(x_0, y_0) \in D \subset \mathbb{R}^2$ *total differenzierbar*, falls es einen Vektor $\vec{a}$ gibt, sodass

$$\lim_{\Delta \vec{r} \to \vec{o}} \frac{|f(\vec{r}_0 + \Delta \vec{r}) - f(\vec{r}_0) - \vec{a} \cdot \Delta \vec{r}|}{|\Delta \vec{r}|} = 0$$

gilt, wobei $\vec{r}_0$ den Ortsvektor zu (x_0, y_0) bezeichnet. Der Vektor $f'(x_0, y_0) := \vec{a}$ heißt *totale Ableitung* der Funktion f bei (x_0, y_0).

Zur Berechnung der Komponenten von $\vec{a}$ können wir spezielle Differenzvektoren für $\Delta \vec{r}$ einsetzen. Zunächst wählen wir $\Delta \vec{r}$ parallel zur x-Achse:

$$\Delta \vec{r} = \begin{pmatrix} \Delta x \\ 0 \end{pmatrix} \implies \vec{a} \cdot \Delta \vec{r} = \begin{pmatrix} a_1 \\ a_2 \end{pmatrix} \cdot \begin{pmatrix} \Delta x \\ 0 \end{pmatrix} = a_1 \cdot \Delta x$$

wobei dann $\Delta \vec{r} \to \vec{o}$ dem Grenzwert $\Delta x \to 0$ entspricht und

$$\lim_{\Delta x \to 0} \frac{|f(x_0 + \Delta x, y_0) - f(x_0, y_0) - a_1 \cdot \Delta x|}{|\Delta x|} = 0$$

gelten muss. Diese Zeile besagt aber zugleich, dass a_1 die Ableitung der Funktion $f(x, y_0)$ bei $x = x_0$ ist, also die Ableitung der Schnittkurve von f bei konstanter y-Koordinate $y = y_0$, sodass $a_1 = f_x(x_0, y_0)$ gilt. Nehmen wir stattdessen einen Differenzvektor $\Delta \vec{r}$

parallel zur y-Achse, so ergibt eine ähnliche Rechnung $a_2 = f_y(x_0, y_0)$. Insgesamt ist dann $\vec{a} = (\text{grad } f)(x_0, y_0)$ der Gradientenvektor von f bei (x_0, y_0). Zusammenfassend notieren wir:

> Ist f total differenzierbar bei (x_0, y_0), dann gilt $f'(x_0, y_0) = (\nabla f)(x_0, y_0)$.

Beispiel 1. Die Funktion $f(x, y) = 3 + x^2 + y^2$ ist total differenzierbar, und sie besitzt die totale Ableitung

$$\vec{a} = f'(x_0, y_0) = (\nabla f)(x_0, y_0) = \begin{pmatrix} 2x_0 \\ 2y_0 \end{pmatrix}$$

denn für einen beliebigen Differenzvektor $\Delta \vec{r} = \begin{pmatrix} \Delta x \\ \Delta y \end{pmatrix}$ gilt

$$\begin{aligned}
f(\vec{r}_0 + \Delta \vec{r}) &= 3 + (x_0 + \Delta x)^2 + (y_0 + \Delta y)^2 \\
&= (3 + x_0^2 + y_0^2) + (2 x_0 \cdot \Delta x + 2 y_0 \cdot \Delta y) + (\Delta x^2 + \Delta y^2) \\
&= f(\vec{r}_0) + \vec{a} \cdot \Delta \vec{r} + |\Delta \vec{r}|^2
\end{aligned}$$

und folglich ist

$$\lim_{\Delta \vec{r} \to \vec{o}} \frac{|f(\vec{r}_0 + \Delta \vec{r}) - f(\vec{r}_0) - \vec{a} \cdot \Delta \vec{r}|}{|\Delta \vec{r}|} = \lim_{\Delta \vec{r} \to \vec{o}} \frac{|\Delta \vec{r}|^2}{|\Delta \vec{r}|} = \lim_{\Delta \vec{r} \to \vec{o}} |\Delta \vec{r}| = 0$$

Beispiel 2. Die Funktion

$$f(x, y) = \begin{cases} \dfrac{4 x^2 y - y^3}{x^2 + y^2}, & \text{falls } (x, y) \neq (0, 0) \\ 0, & \text{falls } (x, y) = (0, 0) \end{cases}$$

ist an der Stelle $(0, 0)$ nicht total differenzierbar, obwohl die partiellen Ableitungen nach x und y existieren. Die Schnittkurve bei $y \equiv 0$ ist $f(x, 0) = 0$, sodass $f_x(0, 0) = 0$ gilt. Für $x \equiv 0$ erhalten wir die Schnittkurve $f(0, y) = -y$, welche die partielle Ableitung $f_y(0, 0) = -1$ ergibt. Falls f bei $(0, 0)$ differenzierbar wäre, dann müsste die totale Ableitung der Gradient

$$\vec{a} = \begin{pmatrix} f_x(0, 0) \\ f_y(0, 0) \end{pmatrix} = \begin{pmatrix} 0 \\ -1 \end{pmatrix}$$

sein. Nehmen wir nun für eine (kleine) Zahl $t > 0$ speziell den Differenzvektor

$$\Delta \vec{r} = \begin{pmatrix} 3 t \\ 4 t \end{pmatrix} \quad \Longrightarrow \quad |\Delta \vec{r}| = 5 t \quad \text{und} \quad \vec{a} \cdot \Delta \vec{r} = -4 t$$

dann gilt an der Stelle $(x_0, y_0) = (0, 0)$

$$f(\vec{r}_0 + \Delta\vec{r}) - f(\vec{r}_0) - \vec{a}\cdot\Delta\vec{r} = f(0+3t, 0+4t) - f(0,0) - \vec{a}\cdot\Delta\vec{r}$$

$$= \frac{4\cdot(3t)^2\cdot 4t - (4t)^3}{(3t)^2 + (4t)^2} - 0 + 4t = 7{,}2\,t$$

und somit ist

$$\lim_{\Delta\vec{r}\to\vec{o}} \frac{|f(\vec{r}_0+\Delta\vec{r}) - f(\vec{r}_0) - \vec{a}\cdot\Delta\vec{r}|}{|\Delta\vec{r}|} = \lim_{t\to 0}\frac{7{,}2\,t}{5t} = 1{,}44 \neq 0$$

Falls f differenzierbar sein soll, dann müsste dieser Grenzwert gleich Null sein – Widerspruch! Also kann f bei $(0,0)$ nicht total differenzierbar sein. Demnach gibt es auch keine Tangentialebene, die den Funktionsgraph von f an der Stelle $(0,0)$ berührt. Die Funktion ist in Abb. 1.20 graphisch dargestellt, wobei die dort eingezeichnete Ebene durch O nicht tangential zur *gesamten* Fläche verläuft.

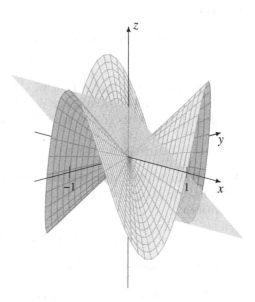

Abb. 1.20 Die Funktion $z = f(x, y)$ aus Beispiel 2 ist bei $(0,0)$ nicht total differenzierbar

Eine total differenzierbare Funktion ist insbesondere auch partiell differenzierbar nach x und y. Die Umkehrung gilt allerdings nicht, wie man an der Funktion in Beispiel 2 sieht. Die obigen Beispiele zeigen auch, dass der Nachweis der totalen Differenzierbarkeit (bzw. der Existenz einer Tangentialebene) mithilfe des Grenzwerts $\lim_{\Delta\vec{r}\to\vec{o}}\ldots$ sehr aufwändig sein kann. In der Praxis nutzt man für diese Aufgabe ein einfacheres Kriterium, und das besagt:

Falls die Funktion $z = f(x, y)$ nach x und y partiell differenzierbar ist und die beiden partiellen Ableitungen f_x, f_y stetige Funktionen sind, dann ist $z = f(x, y)$ total differenzierbar, und die (totale) Ableitung ist $f' = \nabla f = \operatorname{grad} f$.

Beispiel: Die Funktion $f(x, y) = x^2 \sin y$ hat die partiellen Ableitungen $f_x = 2x \sin y$ und $f_y = x^2 \cos y$. Diese sind stetige Funktionen auf dem Definitionsbereich $\mathbb{R}^2$, da sie aus stetigen elementaren Funktionen zusammengesetzt sind. Folglich ist f eine total differenzierbare Funktion mit der Ableitung

$$f'(x, y) = (\operatorname{grad} f)(x, y) = \begin{pmatrix} 2x \sin y \\ x^2 \cos y \end{pmatrix}$$

Zur Begründung obiger Aussage über die Differenzierbarkeit brauchen wir den Mittelwertsatz der Differentialrechnung, den wir auf die Differenz der Funktionswerte

$$f(\vec{r}_0 + \Delta\vec{r}) - f(\vec{r}_0) = f(x_0 + \Delta x, y_0 + \Delta y) - f(x_0, y_0)$$

anwenden. Dazu subtrahieren wir $f(x_0, y_0 + \Delta y)$ auf der rechten Seite und addieren diesen Ausdruck gleich wieder:

$$f(\vec{r}_0 + \Delta\vec{r}) - f(\vec{r}_0) = f(x_0 + \Delta x, y_0 + \Delta y) - f(x_0, y_0 + \Delta y)$$
$$+ f(x_0, y + \Delta y) - f(x_0, y_0)$$

Nun ist $f(x_0 + \Delta x, y_0 + \Delta y) - f(x_0, y_0 + \Delta y)$ die Differenz der Funktionswerte von $f(x, y_0 + \Delta y)$ bei fester y-Koordinate $y_0 + \Delta y$ an den Stellen $x = x_0 + \Delta x$ und $x = x_0$. Nach dem Mittelwertsatz gibt es eine Stelle $x_1 \in [x_0, x_0 + \Delta x]$, sodass

$$f(x_0 + \Delta x, y_0 + \Delta y) - f(x_0, y_0 + \Delta y) = f_x(x_1, y_0 + \Delta y) \cdot \Delta x$$

Ebenso können wir den Mittelwertsatz – diesmal in y-Richtung – auf die Differenz der Funktionswerte $f(x_0, y_0 + \Delta y) - f(x_0, y_0)$ bei konstanter x-Koordinate $x = x_0$ anwenden. Wir erhalten

$$f(x_0, y_0 + \Delta y) - f(x_0, y_0) = f_y(x_0, y_1) \cdot \Delta y$$

für eine Zwischenstelle $y_1 \in [y_0, y_0 + \Delta y]$ und somit

$$f(\vec{r}_0 + \Delta\vec{r}) - f(\vec{r}_0) = f_x(x_1, y_0 + \Delta y) \cdot \Delta x + f_y(x_0, y_1) \cdot \Delta y$$

Subtrahieren wir $(\nabla f)(x_0, y_0) \cdot \Delta\vec{r} = f_x(x_0, y_0) \cdot \Delta x + f_y(x_0, y_0) \cdot \Delta y$, dann ergibt sich

$$\frac{|f(\vec{r}_0 + \Delta\vec{r}) - f(\vec{r}_0) - (\nabla f)(x_0, y_0) \cdot \Delta\vec{r}|}{|\Delta\vec{r}|}$$
$$= |f_x(x_1, y_0 + \Delta y) - f_x(x_0, y_0)| \cdot \frac{\Delta x}{|\Delta\vec{r}|} + |f_y(x_0, y_1) - f_y(x_0, y_0)| \cdot \frac{\Delta y}{|\Delta\vec{r}|}$$

Für $\Delta x \to 0$ bzw. $\Delta y \to 0$ gehen die Zwischenstellen $x_1 \in [x_0, x_0 + \Delta x]$ bzw. $y_1 \in [y_0, y_0 + \Delta y]$ in die Koordinaten x_0 bzw. y_0 über. Da f_x und f_y stetige Funktionen sind, gilt auch $f_x(x_1, y_0 + \Delta y) \to f_x(x_0, y_0)$ sowie $f_y(x_0, y_1) \to f_y(x_0, y_0)$ für $\Delta x \to 0$ und $\Delta y \to 0$. Darüber hinaus sind die Faktoren

$$\frac{\Delta x}{|\Delta \vec{r}|} = \frac{|\Delta x|}{\sqrt{(\Delta x)^2 + (\Delta y)^2}} \leq 1 \quad \text{und} \quad \frac{\Delta y}{|\Delta \vec{r}|} = \frac{|\Delta y|}{\sqrt{(\Delta x)^2 + (\Delta y)^2}} \leq 1$$

beide beschränkt, sodass wir schließlich das gewünschte Resultat erhalten:

$$\lim_{\Delta \vec{r} \to \vec{o}} \frac{|f(\vec{r}_0 + \Delta \vec{r}) - f(\vec{r}_0) - (\nabla f)(x_0, y_0) \cdot \Delta \vec{r}|}{|\Delta \vec{r}|} = 0$$

1.2.4 Lokale Extremstellen

Eine Funktion $f : D \longrightarrow \mathbb{R}$ auf einem Gebiet $D \subset \mathbb{R}$ hat an der Stelle $(x_0, y_0) \in D$ ein *lokales Maximum*, falls $f(x, y) \leq f(x_0, y_0)$ für alle (x, y) in einer Umgebung von $(x_0, y_0) \in D$ gilt, also z. B. in einer kleinen Kreisscheibe um den Punkt (x_0, y_0). Ist dagegen $f(x, y) \geq f(x_0, y_0)$ für alle (x, y) in der Nähe von (x_0, y_0), dann befindet sich dort ein *lokales Minimum*. So wie bei der Kurvendiskussion einer Funktion $y = f(x)$ kann man auch die lokalen Extremstellen einer Fläche rechnerisch ermitteln, und zwar mithilfe der partiellen Ableitungen, also dem Gradientenvektor. Achtung: Wir wollen uns hier und im Folgenden auf die Berechnung *lokaler Extremstellen* beschränken. Möchte man die *globalen Extremstellen* einer Funktion $z = f(x, y)$ finden, wobei in diesem Fall die Funktion auch noch in den Randpunkten von D definiert sein soll, dann muss man zusätzlich die Funktionswerte am Rand des Definitionsbereichs mit den Werten von f in den lokalen Extremstellen vergleichen (so wie im Fall einer Funktion, die nur von einer Variablen abhängt).

Bei einer lokalen Extremstelle (x_0, y_0), egal ob Minimum oder Maximum, haben auch die Schnittkurven $z = f(x, y_0)$ und $z = f(x_0, y)$ jeweils eine lokale Extremstelle bei $x = x_0$ bzw. $y = y_0$, und daher gilt

$$\frac{\partial f}{\partial x}(x_0, y_0) = \frac{\mathrm{d}}{\mathrm{d}x} f(x, y_0) \Big|_{x=x_0} = 0$$

$$\frac{\partial f}{\partial y}(x_0, y_0) = \frac{\mathrm{d}}{\mathrm{d}y} f(x_0, y) \Big|_{y=y_0} = 0$$

Im Punkt (x_0, y_0) müssen also beide partiellen Ableitungen von f gleich Null sein, und insbesondere muss dort die Tangentialebene von f parallel zur (x, y)-Ebene verlaufen. Eine ähnliche Bedingung erhielten wir bereits für die lokalen Extremstellen einer Funktion $y = f(x)$: hier muss $f'(x_0) = 0$ gelten bzw. die Tangente parallel zur x-Achse sein. Wir notieren:

Ist (x_0, y_0) eine lokale Extremstelle von $f(x, y)$, dann gilt $(\nabla f)(x_0, y_0) = \vec{o}$

Diese Aussage kann man zur Berechnung der Extremstellen einer Funktion $z = f(x, y)$ verwenden. Hierzu müssen wir das (i. Allg. nichtlineare) Gleichungssystem

$$(1) \quad f_x(x_0, y_0) = 0$$
$$(2) \quad f_y(x_0, y_0) = 0$$

mit den Unbekannten x_0 und y_0 lösen. Die gefundenen Wertepaare (x_0, y_0) sind dann jeweils die Koordinaten einer Stelle mit horizontaler Tangentialebene, und das ist entweder eine lokale Extremstelle von f oder aber ein Sattelpunkt. Ob es sich tatsächlich um eine Extremstelle handelt und welcher Art die Extremstelle ist, lässt sich z. B. mit den partiellen Ableitungen zweiter Ordnung von f bei (x_0, y_0) ermitteln. Diese werden wir im nächsten Abschnitt behandeln.

Beispiel 1. Im Fall $f(x, y) = x^2 + y^2$ lautet das Gleichungssystem

$$f_x = 2x = 0 \quad \text{und} \quad f_y = 2y = 0$$

und daher ist der Punkt $(0, 0)$ die einzige mögliche lokale Extremstelle von f. Wegen $f(0, 0) = 0$ und $x^2 + y^2 > 0$ für $(x, y) \neq (0, 0)$ befindet sich im Ursprung tatsächlich ein lokales (und sogar globales) Minimum der Funktion f, wie man auch in Abb. 1.3 sehen kann.

Beispiel 2. Gesucht sind die lokalen Extremstellen der Funktion

$$f(x, y) = \frac{x + y}{2 + x^2 + y^2}$$

Wir berechnen zuerst die partiellen Ableitungen mit der Quotientenregel

$$\frac{\partial f}{\partial x} = \frac{1 \cdot (2 + x^2 + y^2) - (x + y) \cdot 2x}{(2 + x^2 + y^2)^2} = \frac{2 - x^2 - 2xy + y^2}{(2 + x^2 + y^2)^2}$$

$$\frac{\partial f}{\partial y} = \frac{1 \cdot (2 + x^2 + y^2) - (x + y) \cdot 2y}{(2 + x^2 + y^2)^2} = \frac{2 + x^2 - 2xy - y^2}{(2 + x^2 + y^2)^2}$$

und bestimmen dann die gemeinsamen Nullstellen von $\frac{\partial f}{\partial x}$ und $\frac{\partial f}{\partial y}$, wobei wir jeweils nur die Zähler betrachten müssen:

$$(1) \quad 2 - x^2 - 2xy + y^2 = 0$$
$$(2) \quad 2 + x^2 - 2xy - y^2 = 0$$

Dieses nichtlineare Gleichungssystem lässt sich durch die Zeilenumformungen

$$(1) + (2) \quad 4 - 4xy = 0$$
$$(2) - (1) \quad 2x^2 - 2y^2 = 0$$

nochmals vereinfachen. Aus der oberen Gleichung erhalten wir $y = \frac{1}{x}$, und Einsetzen in die untere Gleichung ergibt

$$2x^2 - 2\frac{1}{x^2} = 0 \quad \Longrightarrow \quad x^4 = 1 \quad \Longrightarrow \quad x = \pm 1$$

Die gemeinsamen Nullstellen der partiellen Ableitungen sind die Punkte $(-1, -1)$ und $(1, 1)$ in der (x, y)-Ebene, und das sind zugleich auch die einzigen möglichen Extremstellen von f. Der Funktionsgraph in Abb. 1.21 zeigt, dass f bei $(-1, -1)$ ein lokales Minimum und bei $(1, 1)$ ein lokales Maximum besitzt.

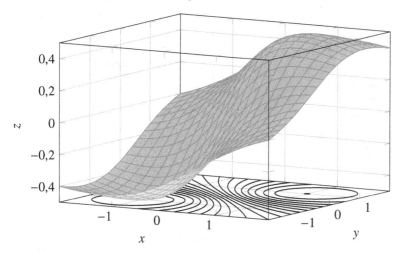

Abb. 1.21 Die Funktion $f(x, y) = \frac{x+y}{2+x^2+y^2}$

1.2.5 Die mehrdimensionale Kettenregel

In den Anwendungen, speziell in der Physik oder im Bereich der Technischen Mechanik, treten oftmals Funktionen der Form

$$g(t) = f(x(t), y(t)), \quad t \in D \subset \mathbb{R}$$

auf, wobei in der Funktionsgleichung $z = f(x, y)$ die beiden Veränderlichen $x = x(t)$ und $y = y(t)$ selbst wieder von einer Variablen t abhängen. Beispielsweise sind bei der Bewegung auf einer Kreisbahn die Koordinaten x und y nicht unabhängig voneinander: Für einen fest vorgegebenen Radius $r > 0$ und eine Winkelgeschwindigkeit ω gilt $x(t) = r \cos \omega t$ und $y(t) = r \sin \omega t$ mit der Zeit $t \in \mathbb{R}$ als Parameter.

Allgemein wertet man im Fall $g(t) = f(x(t), y(t))$ die Funktion f entlang einer Kurve in der (x, y)-Ebene mit der Parameterdarstellung

$$x = x(t), \quad y = y(t), \quad t \in [a, b]$$

aus, und zusammen mit der Koordinate $z = g(t)$ ergibt sich eine Raumkurve innerhalb der Fläche $z = f(x, y)$, siehe Abb. 1.22a. Bezeichnet $\vec{r}(t)$ die Ortsvektoren der Kurvenpunkte für die Parameterwerte $t \in [a, b]$, dann ist im (t, z)-Koordinatensystem

$$g(t) = f(x(t), y(t)) = f(\vec{r}(t)), \quad t \in [a, b]$$

eine reellwertige Funktion $g : [a, b] \longrightarrow \mathbb{R}$ (vgl. Abb. 1.22b), welche sich auch als Verkettung (Hintereinanderausführung) der Funktionen f und $\vec{r}$ schreiben lässt:

$$g(t) = f(\vec{r}(t)) = (f \circ \vec{r})(t), \quad t \in [a, b]$$

Wir wollen im Folgenden die Ableitung $g'(t_0)$ von g an einer Stelle $t_0 \in D$ berechnen.

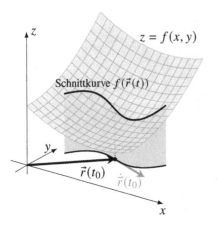

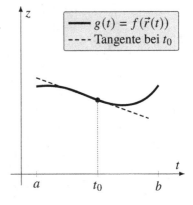

Abb. 1.22a Die Schnittkurve längs $\vec{r}(t)$ ...   **Abb. 1.22b** im (t, z)-Koordinatensystem

Dazu bilden wir die Differenz der Funktionswerte

$$g(t_0 + \Delta t) - g(t_0) = f(\vec{r}(t_0 + \Delta t)) - f(\vec{r}(t_0)) = \Delta f$$

welche der Änderung von f beim Übergang vom Punkt $\vec{r}(t_0)$ nach $\vec{r}(t_0 + \Delta t)$ mit dem Differenzvektor $\Delta \vec{r}$ entspricht. Diesen Differenzvektor können wir näherungsweise mit dem Tangentenvektor $\dot{\vec{r}}(t_0)$ berechnen:

$$\Delta \vec{r} = \vec{r}(t_0 + \Delta t) - \vec{r}(t_0) \approx \Delta t \cdot \dot{\vec{r}}(t_0)$$

und die Näherungsformel für die Funktionsänderung $\Delta f \approx (\operatorname{grad} f)(\vec{r}(t_0)) \cdot \Delta \vec{r}$ ergibt

$$g(t_0 + \Delta t) - g(t_0) = \Delta f \approx \Delta t \cdot (\operatorname{grad} f)(\vec{r}(t_0)) \cdot \dot{\vec{r}}(t_0) \quad | : \Delta t$$

$$\implies \quad \frac{g(t_0 + \Delta t) - g(t_0)}{\Delta t} \approx (\operatorname{grad} f)(\vec{r}(t_0)) \cdot \dot{\vec{r}}(t_0)$$

Die Näherung wird für betragsmäßig kleiner werdende Δt immer genauer. Auf der linken Seite steht der Differenzenquotient von g, und beim Grenzübergang $\Delta t \to 0$ erhalten wir schließlich die gesuchte Ableitung

$$g'(t_0) = \lim_{\Delta t \to 0} \frac{g(t_0 + \Delta t) - g(t_0)}{\Delta t} = (\operatorname{grad} f)(\vec{r}(t_0)) \cdot \dot{\vec{r}}(t_0)$$

Dieses Resultat lässt sich auch als Ableitungsregel

$$\frac{\mathrm{d}}{\mathrm{d}t} f(\vec{r}(t)) = (\operatorname{grad} f)(\vec{r}(t)) \cdot \dot{\vec{r}}(t) = (\nabla f)(\vec{r}(t)) \cdot \dot{\vec{r}}(t)$$

formulieren, welche nach Auswertung des Skalarprodukts alternativ in der Form

$$g'(t) = f_x(x(t), y(t)) \cdot \dot{x}(t) + f_y(x(t), y(t)) \cdot \dot{y}(t)$$

notiert werden kann, und das ist die *verallgemeinerte Kettenregel* oder

Mehrdimensionale Kettenregel: Ist $z = f(x, y)$ eine differenzierbare Funktion auf $\mathbb{R}^2$ und sind $x = x(t)$, $y = y(t)$ mit $t \in [a, b]$ zwei differenzierbare Koordinatenfunktionen, dann hat $g(t) := f(x(t), y(t))$ die Ableitung

$$g'(t) = f_x(x(t), y(t)) \cdot \dot{x}(t) + f_y(x(t), y(t)) \cdot \dot{y}(t)$$

Die mehrdimensionale (bzw. verallgemeinerte) Kettenregel ergibt sich übrigens auch rein formal, indem man das totale Differential df durch dt teilt:

$$df = \frac{\partial f}{\partial x} \cdot dx + \frac{\partial f}{\partial y} \cdot dy \quad \Longrightarrow \quad g' = \frac{df}{dt} = \frac{\partial f}{\partial x} \cdot \frac{dx}{dt} + \frac{\partial f}{\partial y} \cdot \frac{dy}{dt}$$

Fassen wir die partiellen Ableitungen im Gradientenvektor und die Ableitungen der Koordinatenfunktionen im Tangentenvektor zusammen:

$$\nabla f = \operatorname{grad} f = \begin{pmatrix} \frac{\partial f}{\partial x} \\ \frac{\partial f}{\partial y} \end{pmatrix} \quad \text{und} \quad \dot{\vec{r}}(t) = \begin{pmatrix} \dot{x}(t) \\ \dot{y}(t) \end{pmatrix} = \begin{pmatrix} \frac{dx}{dt} \\ \frac{dy}{dt} \end{pmatrix}$$

dann können wir obiges Resultat auch wieder kompakt mit dem Skalarprodukt

$$g'(t) = \frac{d}{dt} f(\vec{r}(t)) = (\nabla f)(\vec{r}(t)) \cdot \dot{\vec{r}}(t)$$

schreiben. In dieser prägnanten Fassung zeigt sich eine große Ähnlichkeit zur „eindimensionalen" Kettenregel $\frac{d}{dt} f(r(t)) = f'(r(t)) \cdot r'(t)$. Bei mehreren Veränderlichen müssen wir die Ableitung f' durch den Gradienten ∇f ersetzen und beim „Nachdifferenzieren" das Skalarprodukt mit dem Tangentenvektor bilden.

Beispiel 1. Gegeben ist die Funktion (Fläche) $z = f(x, y) = 1 - x^3 + x y^2$ über der (x, y)-Ebene sowie der Einheitskreis in der Parameterform

$$x(t) = \cos t, \quad y(t) = \sin t, \quad t \in [0, 2\pi]$$

(siehe Abb. 1.23). Wir berechnen die Ableitung der Funktion $g(t) = f(x(t), y(t))$ mit der mehrdimensionalen Kettenregel:

$$\operatorname{grad} f = \begin{pmatrix} y^2 - 3 x^2 \\ 2 x y \end{pmatrix}, \quad \dot{\vec{r}}(t) = \begin{pmatrix} -\sin t \\ \cos t \end{pmatrix}$$

$$g'(t) = (\sin^2 t - 3 \cos^2 t) \cdot (-\sin t) + 2 \cos t \sin t \cdot \cos t = 5 \sin t \cos^2 t - \sin^3 t$$

Man kann dieses Ergebnis auch durch Einsetzen und Auswerten der Funktion $g(t)$ bestätigen:

$$g(t) = 1 - (\cos t)^3 + \cos t \cdot (\sin t)^2 = 1 - \cos^3 t + \cos t \sin^2 t$$

$$g'(t) = -3 \cdot \cos^2 t \cdot (-\sin t) + (-\sin t) \sin^2 t + \cos t \cdot 2 \sin t \cos t$$

$$= 5 \sin t \cos^2 t - \sin^3 t$$

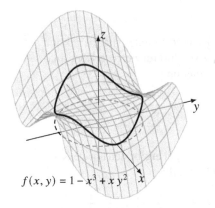

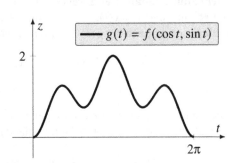

Abb. 1.23 Die reelle Funktion $g(t) = f(\cos t, \sin t)$ mit $t \in [0, 2\pi]$ auf der rechten Seite gibt die Funktionswerte $z = f(x, y) = 1 - x^3 + x\,y^2$ entlang dem Einheitskreis in der (x, y)-Ebene wieder.

Beispiel 2. Für eine differenzierbare Kurve in Parameterform

$$\vec{r}(t) = \begin{pmatrix} x(t) \\ y(t) \end{pmatrix}, \quad t \in [a, b]$$

berechnet man den Abstand $r(t)$ der Kurvenpunkte $(x(t), y(t))$ vom Ursprung O mit der Formel

$$r(t) = |\vec{r}(t)| = \sqrt{x(t)^2 + y(t)^2}, \quad t \in [a, b]$$

Wir können diese Abstandsfunktion auch in der Form $r(t) = f(x(t), y(t))$ mit $f(x, y) = \sqrt{x^2 + y^2}$ schreiben, wobei

$$\operatorname{grad} f = \begin{pmatrix} \dfrac{x}{\sqrt{x^2+y^2}} \\ \dfrac{y}{\sqrt{x^2+y^2}} \end{pmatrix} = \frac{1}{\sqrt{x^2+y^2}} \begin{pmatrix} x \\ y \end{pmatrix}$$

Die Ableitung der Abstandsfunktion ergibt sich dann aus der Kettenregel:

$$r'(t) = \frac{1}{\sqrt{x(t)^2+y(t)^2}} \begin{pmatrix} x(t) \\ y(t) \end{pmatrix} \cdot \begin{pmatrix} \dot{x}(t) \\ \dot{y}(t) \end{pmatrix} = \frac{1}{r(t)} \vec{r}(t) \cdot \dot{\vec{r}}(t)$$

Ist speziell $\vec{r}(t)$ die Parameterdarstellung einer *Höhenlinie* von f zum Niveau $c \in \mathbb{R}$, dann ist $g(t) = f(\vec{r}(t)) \equiv c$ eine *konstante* Funktion. Folglich gilt $g'(t) = 0$ für alle t, und das bedeutet $(\nabla f)(\vec{r}(t)) \cdot \dot{\vec{r}}(t) = 0$. Dieses Ergebnis bestätigt nochmals die bereits bekannte geometrische Eigenschaft des Gradienten: $(\nabla f)(\vec{r}(t))$ steht in jedem Kurvenpunkt $\vec{r}(t)$ einer Höhenlinie senkrecht auf dem Tangentenvektor $\dot{\vec{r}}(t)$, und daher ist $(\nabla f)(\vec{r}(t))$ ein Normalenvektor zur Höhenlinie von f durch $\vec{r}(t)$.

Abschließend soll noch eine Variante der mehrdimensionalen Kettenregel für zwei Veränderliche erwähnt werden, bei der die Koordinatenfunktionen selbst wieder von zwei Variablen abhängen. Diese besagt:

Ist $z = f(x, y)$ eine differenzierbare Funktion auf $\mathbb{R}^2$ und sind $x = x(u, v)$, $y = y(u, v)$ zwei differenzierbare Koordinatenfunktionen, welche von den Parametern $u, v \in \mathbb{R}$ abhängen, dann ist auch

$$g(u, v) := f(x(u, v), y(u, v)), \quad (u, v) \in \mathbb{R}^2$$

eine Funktion mit zwei Veränderlichen, und die partiellen Ableitungen sind

$$\frac{\partial g}{\partial u}(u, v) = \frac{\partial f}{\partial x}(x(u, v), y(u, v)) \cdot \frac{\partial x}{\partial u}(u, v) + \frac{\partial f}{\partial y}(x(u, v), y(u, v)) \cdot \frac{\partial y}{\partial u}(u, v)$$

$$\frac{\partial g}{\partial v}(u, v) = \frac{\partial f}{\partial x}(x(u, v), y(u, v)) \cdot \frac{\partial x}{\partial v}(u, v) + \frac{\partial f}{\partial y}(x(u, v), y(u, v)) \cdot \frac{\partial y}{\partial v}(u, v)$$

1.2.6 Richtungsableitungen

Zur Berechnung der Tangentialebene mit ihren Steigungen in x- und y-Richtung haben wir die von einer differenzierbaren Funktion $z = f(x, y)$ erzeugte Fläche entlang der Koordinatenlinien $y = y_0$ bzw. $x = x_0$ „aufgeschnitten". Die partiellen Ableitungen $f_x(x_0, y_0)$ und $f_y(x_0, y_0)$ sind dann die Ableitungen der Schnittkurven von $f(x, y_0)$ bei $x = x_0$ bzw. von $f(x_0, y)$ im Punkt $y = y_0$. Wir können allerdings auch die Schnittkurve längs einer *beliebigen* differenzierbaren Kurve in der (x, y)-Ebene mit der Parameterdarstellung $x = x(t)$, $y = y(t)$ und den Ortsvektoren $\vec{r}(t)$ für $t \in [a, b]$ bilden. Diese Schnittkurve mit der Funktionsgleichung $g(t) := f(\vec{r}(t))$ ist eine reellwertige Funktion $g : [a, b] \longrightarrow \mathbb{R}$, und sie hat gemäß der mehrdimensionalen Kettenregel die Ableitung $g'(t) = \frac{\mathrm{d}}{\mathrm{d}t} f(\vec{r}(t)) = (\mathrm{grad}\, f)(\vec{r}(t)) \cdot \dot{\vec{r}}(t)$.

Wählen wir nun speziell eine Gerade $\vec{r}(t) = \vec{r}_0 + t \cdot \vec{a}$ mit dem Stützpunkt $\vec{r}_0$ und einem beliebigen Richtungsvektor $\vec{a} \neq \vec{o}$ durch den Punkt (x_0, y_0), dann ist dieser Richtungsvektor $\vec{a} = \dot{\vec{r}}(0)$ zugleich der Tangentenvektor, und

$$\frac{\mathrm{d}}{\mathrm{d}t} f(\vec{r}_0 + t \cdot \vec{a}) \Big|_{t=0} = (\mathrm{grad}\, f)(x_0, y_0) \cdot \vec{a}$$

die Ableitung der Schnittkurve $g(t) := f(\vec{r}_0 + t \cdot \vec{a})$ an der Stelle $t = 0$. Dieser Wert heißt *Richtungsableitung* von f bei (x_0, y_0) in Richtung $\vec{a}$ und wird mit

$$\frac{\partial f}{\partial \vec{a}}(x_0, y_0) := (\mathrm{grad}\, f)(x_0, y_0) \cdot \vec{a}$$

bezeichnet. Eine alternative Schreibweise ist $\nabla_{\vec{a}} f$ anstelle von $\frac{\partial f}{\partial \vec{a}}$. Die Richtungsableitung ist ein Maß für die Funktionsänderung, falls man sich ausgehend von einem Punkt (x_0, y_0) in eine bestimmte Richtung $\vec{a}$ bewegt, siehe Abb. 1.24.

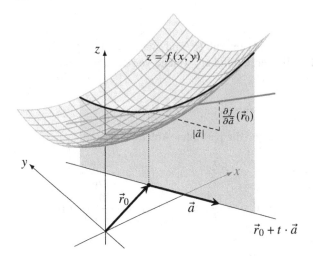

Abb. 1.24 Die Richtungsableitung ist die Tangentensteigung der Schnittkurve zu $f(x, y)$ über der Geraden $\vec{r}_0 + t\,\vec{a}$ im Punkt $\vec{r}_0$: Bewegt man sich ausgehend von $\vec{r}_0$ entlang dem Vektor $\vec{a}$, also auf der Geraden bis $t = 1$, dann steigt die Tangente der Schnittkurve um den Wert $(\nabla_{\vec{a}} f)(\vec{r}_0)$ an.

Beispiel 1. Wir berechnen die Ableitung der Funktion $f(x, y) = x^2 + y^2$ an der Stelle $(1, -2)$ in Richtung des Vektors

$$\vec{a} = \begin{pmatrix} 3 \\ 1 \end{pmatrix}: \quad \text{grad } f = \begin{pmatrix} 2x \\ 2y \end{pmatrix} \quad \Longrightarrow \quad \frac{\partial f}{\partial \vec{a}}(1, -2) = \begin{pmatrix} 2 \\ -4 \end{pmatrix} \cdot \begin{pmatrix} 3 \\ 1 \end{pmatrix} = 2$$

Wir können diesen Wert auch direkt als Steigung der Schnittkurve erhalten. Die Gerade durch $(1, -2)$ in Richtung $\vec{a}$ hat die Punkt-Richtungs-Form

$$\vec{r}(t) = \begin{pmatrix} 1 \\ -2 \end{pmatrix} + t \cdot \begin{pmatrix} 3 \\ 1 \end{pmatrix}$$

und somit die Parameterdarstellung $x(t) = 1 + 3\,t$, $y(t) = -2 + t$ für $t \in \mathbb{R}$. Hieraus ergibt sich die Schnittkurve

$$g(t) = f(\vec{r}(t)) = (1 + 3\,t)^2 + (-2 + t)^2 = 10\,t^2 + 2\,t + 5$$

mit der Ableitung $g'(t) = 20\,t + 2$ bzw. $g'(0) = 2$.

Beispiel 2. Die Ableitungen in Richtung der Einheitsvektoren $\vec{e}_1$ und $\vec{e}_2$ sind genau die partiellen Ableitungen von f nach x bzw. y, denn

$$\frac{\partial f}{\partial \vec{e}_1} = \text{grad } f \cdot \vec{e}_1 = \begin{pmatrix} f_x \\ f_y \end{pmatrix} \cdot \begin{pmatrix} 1 \\ 0 \end{pmatrix} = f_x = \frac{\partial f}{\partial x}$$

$$\frac{\partial f}{\partial \vec{e}_2} = \text{grad } f \cdot \vec{e}_2 = \begin{pmatrix} f_x \\ f_y \end{pmatrix} \cdot \begin{pmatrix} 0 \\ 1 \end{pmatrix} = f_y = \frac{\partial f}{\partial y}$$

1.2.7 Extrema unter Nebenbedingungen

Ist $z = f(x, y)$ eine differenzierbare Funktion auf einem Gebiet $D \subset \mathbb{R}^2$, dann führt uns das Gleichungssystem $(\operatorname{grad} f)(x_0, y_0) = 0$ zu den lokalen Extremstellen von f. Wie aber findet man die Maximal- und Minimalwerte der Funktion f, falls zusätzlich noch eine *Nebenbedingung* erfüllt sein soll? Eine solche Nebenbedingung ist z. B. durch eine Gleichung der Form $g(x, y) \equiv c$ mit einer Funktion $g(x, y)$ und einer Konstante $c \in \mathbb{R}$ gegeben.

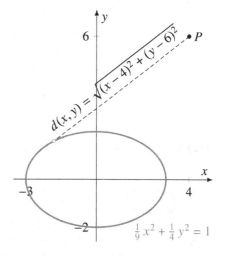

Abb. 1.25 Gesucht sind die Punkte auf der Ellipse mit dem kleinsten und größten Abstand von P

Beispiel 1. Welche Punkte auf der Ellipse um O mit den Halbachsen $a = 3$ in x-Richtung und $b = 2$ in y-Richtung haben vom Punkt $P = (4, 6)$ den kleinsten bzw. größten Abstand? Die Ellipse wird beschrieben durch die Gleichung

$$\frac{x^2}{a^2} + \frac{y^2}{b^2} = 1, \quad \text{hier:} \quad \frac{x^2}{3^2} + \frac{y^2}{2^2} = 1$$

Für die Punkte auf der Ellipse sind die Extremwerte des Abstands $d(x, y) = \sqrt{(x-4)^2 + (y-6)^2}$ vom Punkt P gesucht, vgl. Abb. 1.25. Anstelle von $d(x, y)$ können wir auch das Quadrat des Abstands $f(x, y) = d(x, y)^2$ minimieren oder maximieren. Das Problem lässt sich dann wie folgt formulieren: Zu bestimmen sind die Extrema der Funktion $f(x, y) = (x - 4)^2 + (y - 6)^2$ unter der Nebenbedingung $\frac{1}{9} x^2 + \frac{1}{4} y^2 = 1$.

Beispiel 2. Gesucht ist das Maximum von $f(x, y) = 6 + 2 x - 3 y$ unter der Nebenbedingung $x^2 - 2 x + 4 y^2 = 3$. Letztere können wir auch in der Form

$$\frac{(x - 1)^2}{2^2} + \frac{y^2}{1^2} = 1$$

notieren. Diese Gleichung beschreibt eine Ellipse um den Punkt $(1, 0)$ mit der Halbachse $a = 2$ in x-Richtung und der Halbachse $b = 1$ in y-Richtung. Wir suchen also denjenigen Punkt P auf der Ellipse, der die höchste z-Koordinate auf der Ebene $z = 6 + 2x - 3y$ hat, siehe Abb. 1.26.

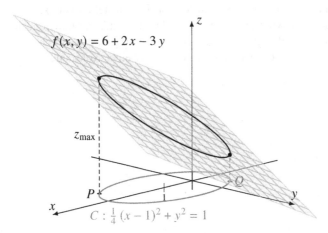

Abb. 1.26 Über die Ellipse C hat die Ebene $z = 6 + 2x - 3y$ bei P die maximale z-Koordinate

Beispiel 3. Welches Rechteck mit den Seiten x und y hat bei fest vorgegebenem Flächeninhalt $A = 4$ den kleinsten Umfang? Hierbei ist das Minimum der Funktion $f(x, y) = 2x + 2y$ (Umfang) unter der Nebenbedingung $x \cdot y = 4$ (fester Inhalt) zu ermitteln. In Kurzform lautet die Extremwertaufgabe: Zu bestimmen ist das Minimum von $f(x, y) = 2x + 2y$ unter der Nebenbedingung $g(x, y) := x \cdot y = 4$.

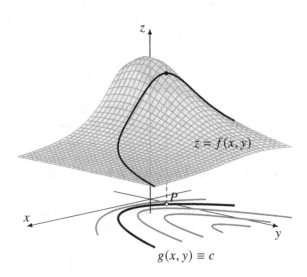

Abb. 1.27 Der Punkt P markiert das Maximum der Funktion $z = f(x, y)$ unter der Nebenbedingung $g(x, y) \equiv c$

Eine Nebenbedingung der Form $g(x, y) \equiv c$ entspricht graphisch der Höhenlinie der Funktion $g(x, y)$ zum Niveau $c \in \mathbb{R}$, siehe Abb. 1.27. Die Punkte in $\mathbb{R}^2$, welche diese implizite Funktionsgleichung erfüllen, liegen auf einer mehr oder weniger komplizierten Kurve in der (x, y)-Ebene, wie die folgenden Beispiele zeigen:

- $a\,x + b\,y = c$ erzeugt für $a^2 + b^2 \neq 0$ eine *Gerade* in $\mathbb{R}^2$.

- $a^2 x^2 + b^2 y^2 = c^2$ ergibt im Fall $a, b, c \neq 0$ eine *Ellipse*.

- $a^2 x^2 - b^2 y^2 = c^2$ entspricht für $a, b, c \neq 0$ einer *Hyperbel*.

- $(x^2 + y^2)^2 - 2\,a^2(x^2 - y^2) = 0$ mit $a \neq 0$ ist eine *Lemniskate*.

Häufig kann man die Extremstellen einer Funktion $z = f(x, y)$ mit $g(x, y) \equiv c$ finden, indem man z. B. die Nebenbedingung nach y auflöst, und diese Funktion $y = y(x)$ in $f(x, y)$ einsetzt. Falls dies möglich ist, reduziert sich das Problem auf eine Extremwertberechnung für die Funktion $z = f(x, y(x))$, die nur noch von einer Variable (hier: x) abhängt.

> In **Beispiel 3** lässt sich das Maximum von $f(x, y) = 2x + 2y$ unter der Nebenbedingung $x \cdot y = 4$ berechnen, indem wir den Flächeninhalt nach y auflösen und diesen Ausdruck $y = y(x)$ in die Formel für den Umfang $u = 2x + 2y$ einsetzen:
>
> $$x \cdot y = 4 \quad \Longrightarrow \quad y = \frac{4}{x} \quad \Longrightarrow \quad u(x) = 2x + \frac{8}{x}, \quad u'(x) = 2 - \frac{8}{x^2}$$
>
> Die einzige Nullstelle der Ableitung $u'(x)$ ist bei $x = 2$ (die negative Lösung $x = -2$ ergibt kein Rechteck), und die Nebenbedingung liefert den Wert $y = \frac{4}{2} = 2$. Das gesuchte Rechteck ist demnach ein Quadrat mit der Seitenlänge $x = y = 2$.

Auch in Beispiel 1 könnten wir die Nebenbedingung $\frac{1}{9} x^2 + \frac{1}{4} y^2 = 1$ z. B. nach y auflösen und in $f(x, y) = (x - 4)^2 + (y - 6)^2$ einsetzen. Allerdings führt dies wegen

$$y(x) = \pm 2\sqrt{1 - \tfrac{1}{9} x^2} \quad \Longrightarrow \quad f(x, y) = (x - 4)^2 + \left(\pm 2\sqrt{1 - \tfrac{1}{9} x^2} - 6\right)^2$$

zu einem ziemlich komplizierten Ausdruck mit Fallunterscheidung beim Vorzeichen. Es gibt jedoch ein Kriterium, mit dem sich die Berechnung der Extremstellen unter einer Nebenbedingung in vielen Fällen vereinfachen lässt:

Sind $f, g : D \longrightarrow \mathbb{R}$ zwei differenzierbare Funktionen auf einem Gebiet $D \subset \mathbb{R}^2$ und ist (x_0, y_0) eine lokale Extremstelle der Funktion $f(x, y)$ unter der Nebenbedingung $g(x, y) \equiv c$, dann gibt es im Fall $(\nabla f)(x_0, y_0) \neq \vec{o}$ und $(\nabla g)(x_0, y_0) \neq \vec{o}$ eine Zahl $\lambda \neq 0$ mit

$$(\nabla f)(x_0, y_0) = \lambda \cdot (\nabla g)(x_0, y_0)$$

Der Faktor λ wird auch als *Lagrange-Multiplikator* bezeichnet (benannt nach Joseph-Louis Lagrange 1736 - 1813). Zur Begründung dieser Aussage nehmen wir an, dass sich die Höhenlinie $g(x, y) \equiv c$ in Parameterform

$$C : \quad \vec{r}(t) = \begin{pmatrix} x(t) \\ y(t) \end{pmatrix}, \quad t \in \,]a, b[$$

mit differenzierbaren Koordinatenfunktionen darstellen lässt. Falls nun $z = f(x, y)$ auf der Kurve C ein lokales Extremum bei $(x_0, y_0) = (x(t_0), y(t_0))$ hat, dann besitzt die Funktion $z(t) = f(x(t), y(t))$ eine lokale Extremstelle bei $t_0 \in {]a, b[}$, sodass $\dot{z}(t_0) = 0$ erfüllt sein muss. Gemäß der Kettenregel gilt

$$\dot{z}(t_0) = f_x(x(t_0), y(t_0)) \cdot \dot{x}(t_0) + f_y(x(t_0), y(t_0)) \cdot \dot{y}(t_0) = (\nabla f)(x_0, y_0) \cdot \dot{\vec{r}}(t_0)$$

wobei $\dot{\vec{r}}(t_0)$ der Tangentenvektor an die Kurve C ist. Aus obiger Zeile und $\dot{z}(t_0) = 0$ folgt, dass $(\nabla f)(x_0, y_0)$ und $\dot{\vec{r}}(t_0)$ orthogonal sind. Bekanntlich steht aber auch der Gradientenvektor $(\nabla g)(x_0, y_0)$ senkrecht auf der Höhenlinie von g und somit auf $\dot{\vec{r}}(t_0)$. Demnach müssen $(\nabla f)(x_0, y_0)$ und $(\nabla g)(x_0, y_0)$ kollinear sein, und das bedeutet: $(\nabla f)(x_0, y_0) = \lambda \cdot (\nabla g)(x_0, y_0)$ mit einem Skalar $\lambda \in \mathbb{R} \setminus \{0\}$.

Beispiel 1. Gesucht ist der Punkt (x, y) auf der Ellipse um O mit den Halbachsen $a = 3$ und $b = 2$, der von $P = (4, 6)$ den kleinsten Abstand hat. Dieser Punkt ist das Minimum von $f(x, y) = (x - 4)^2 + (y - 6)^2$ unter der Nebenbedingung $g(x, y) = 1$ mit $g(x, y) := \frac{1}{9} x^2 + \frac{1}{4} y^2$. Aus

$$(\operatorname{grad} f)(x, y) = \lambda \cdot (\operatorname{grad} g)(x, y) \quad \Longrightarrow \quad \begin{pmatrix} 2(x - 4) \\ 2(y - 6) \end{pmatrix} = \lambda \cdot \begin{pmatrix} \frac{2}{9} x \\ \frac{1}{2} y \end{pmatrix}$$

mit dem noch unbekannten Lagrange-Multiplikator $\lambda \in \mathbb{R} \setminus \{0\}$ erhalten wir

$$(1) \qquad 2x - 8 = \tfrac{2}{9} \lambda x \quad \Longrightarrow \quad x = \tfrac{36}{9 - \lambda}$$

$$(2) \qquad 2y - 12 = \tfrac{1}{2} \lambda y \quad \Longrightarrow \quad y = \tfrac{24}{4 - \lambda}$$

Zusätzlich muss die Nebenbedingung für (x, y) erfüllt sein, und das bedeutet

$$1 = \tfrac{1}{9} x^2 + \tfrac{1}{4} y^2 = \tfrac{1}{9} \left(\tfrac{36}{9 - \lambda} \right)^2 + \tfrac{1}{4} \left(\tfrac{24}{4 - \lambda} \right)^2 = \tfrac{144}{(9 - \lambda)^2} + \tfrac{144}{(4 - \lambda)^2}$$

$$(9 - \lambda)^2 \cdot (4 - \lambda)^2 = 144 \cdot (4 - \lambda)^2 + 144 \cdot (9 - \lambda)^2$$

$$\lambda^4 - 26 \lambda^3 - 47 \lambda^2 + 2808 \lambda - 12672 = 0$$

Diese quartische Gleichung hat genau zwei reelle Lösungen $\lambda_1 = -11$ und $\lambda_2 = 24$ (die Polynomdivision durch $(\lambda + 11)(\lambda - 24)$ führt auf die quadratische Gleichung $\lambda^2 - 13\lambda + 48 = 0$ ohne weitere reelle Nullstellen). Damit erhalten wir zwei mögliche Extremstellen: $\lambda_1 = -11$ ergibt $x_1 = \frac{9}{5}$ und $y_1 = \frac{8}{5}$, während $\lambda_2 = 24$ die Koordinaten $x_2 = -\frac{12}{5}$, $y_2 = -\frac{6}{5}$ liefert. Gemäß Abb. 1.28 hat P von der Ellipse den kleinsten Abstand bei $A = (1{,}8, 1{,}6)$ und den größten Abstand im Punkt $B = (-2{,}4, -1{,}2)$.

Beispiel 2. Zu berechnen ist das Maximum von $f(x, y) = 1 + 2x - 3y$ unter der Nebenbedingung $g(x, y) = 3$, wobei $g(x, y) := x^2 - 2x + 4y^2$. Der Ansatz

$$(\operatorname{grad} f)(x, y) = \lambda \cdot (\operatorname{grad} g)(x, y) \quad \Longrightarrow \quad \begin{pmatrix} 2 \\ -3 \end{pmatrix} = \lambda \cdot \begin{pmatrix} 2x - 2 \\ 8y \end{pmatrix}$$

mit dem Lagrange-Multiplikator $\lambda \neq 0$ ergibt die Koordinaten

$$(1) \quad 2\lambda x - 2\lambda = 2 \quad \Longrightarrow \quad x = \frac{\lambda+1}{\lambda}$$

$$(2) \qquad 8\lambda y = -3 \quad \Longrightarrow \quad y = -\frac{3}{8\lambda}$$

wobei zusätzlich noch die Nebenbedingung erfüllt sein muss:

$$3 = x^2 - 2x + 4y^2 = \left(\frac{\lambda+1}{\lambda}\right)^2 - 2 \cdot \frac{\lambda+1}{\lambda} + 4 \cdot \frac{9}{64\lambda^2} = \frac{25-16\lambda^2}{16\lambda^2} \quad \Longrightarrow \quad \lambda = \pm\frac{5}{8}$$

Setzen wir diese Lösungen in die Formeln (1), (2) ein, dann erhalten wir für $\lambda = \frac{5}{8}$ den Punkt $P = (2,6, -0,6)$ mit dem Maximalwert $z_{max} = 13$, und $\lambda = -\frac{5}{8}$ ergibt den Punkt $Q = (-0,6, 0,6)$ auf der Ellipse mit der kleinsten z-Koordinate (siehe Abb. 1.26).

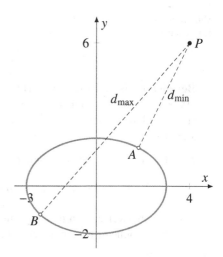

Abb. 1.28 Der minimale Abstand von P zur Ellipse ist $d_{min} \approx 4{,}92$, der maximale Abstand $d_{max} \approx 9{,}63$

Mit dem Lagrange-Multiplikator haben wir eine Methode gefunden, mit der wir die *möglichen Lagen* der lokalen Extremstellen unter einer Nebenbedingung berechnen können. Die *Art* der Extremstelle ergibt sich dann z. B. aus einer Skizze, aus geometrischen bzw. physikalischen Überlegungen oder durch Auswertung höherer Ableitungen.

1.2.8 Das mehrdimensionale Newton-Verfahren

Ein nichtlineares Gleichungssystem für n Unbekannte $x_1, x_2, \ldots, x_n$ hat allgemein die Form

$$(1) \quad f_1(x_1, x_2, \ldots, x_n) = 0$$

$$(2) \quad f_2(x_1, x_2, \ldots, x_n) = 0$$

$$\ldots$$

$$(m) \quad f_m(x_1, x_2, \ldots, x_n) = 0$$

mit m Zeilen und Funktionen f_1 bis f_m, welche u. a. Produkte mit Unbekannten, höhere Potenzen von Unbekannten oder elementare Funktionen wie etwa trigonometrische Funktionen bzw. Exponentialfunktionen in den Unbekannten enthalten dürfen. Solche nichtlinearen Gleichungssysteme treten oftmals bei der Extremstellenberechnung von Funktionen mit mehreren Veränderlichen auf, aber auch bei vermeintlich einfachen Problemen aus der Praxis, wie das folgende Beispiel zeigt.

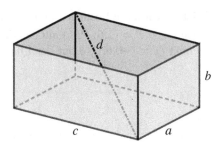

Abb. 1.29 Ein Quader mit den Seiten a, b, c und der Diagonale d

Beispiel 1. Es soll eine quaderförmige Kiste mit dem Volumen $V = 30\,\ell$ (bzw. $30000\,\text{cm}^3$), der Oberfläche $A = 6200\,\text{cm}^2$ und der Raumdiagonale $d = 60\,\text{cm}$ hergestellt werden. Zu berechnen sind die Seiten a, b, c sowie die Summe der drei Seiten $s := a + b + c$.

Mit den (noch unbekannten) Seiten a, b, c des Quaders gilt

$$V = a \cdot b \cdot c, \quad A = 2\,(a\,b + b\,c + c\,a), \quad d^2 = a^2 + b^2 + c^2$$

Erstaunlicherweise kann man die Summe der Seiten allein aus den Werten A und d berechnen, ohne dass man die einzelnen Längen kennt. Es gilt nämlich

$$s^2 = (a + b + c)^2 = a^2 + b^2 + c^2 + 2\,a\,b + 2\,b\,c + 2\,a\,c$$
$$= d^2 + A = 60^2 + 6200 = 9800$$

Die Berechnung von a, b, c allerdings führt auf ein nichtlineares Gleichungssystem mit drei Zeilen für drei Unbekannte:

$$(1) \quad 0 = f_1(a, b, c) := a\,b\,c - 30000$$
$$(2) \quad 0 = f_2(a, b, c) := 2\,(a\,b + b\,c + c\,a) - 6200$$
$$(3) \quad 0 = f_3(a, b, c) := a^2 + b^2 + c^2 - 3600$$

Wir kommen später auf die Lösung dieses Gleichungssystems zurück.

Nichtlineare Gleichungssysteme lassen sich nur selten analytisch (= formelmäßig) lösen. Manchmal kann man durch Auflösen nach einer Unbekannten und Einsetzen in die übrigen Gleichungen die Anzahl der Variablen reduzieren, wobei aber die Ausdrücke sehr kompliziert werden können. So wie im Fall einer Gleichung $f(x) = 0$ mit einer Unbekannten arbeitet man in der Praxis auch bei mehreren Unbekannten häufig mit Iterationsverfahren, welche die Gleichungen nur näherungsweise lösen, allerdings mit beliebig hoher Genauigkeit. Ein häufig verwendetes Iterationsverfahren ist das Newton-Verfahren. Blicken wir kurz auf den eindimensionalen Fall zurück: Zur Nullstellenberechnung einer Funktion $y = f(x)$ mit *einer* Veränderlichen $x \in D \subset \mathbb{R}$ nähert man f an einem Startpunkt x_0 durch die Tangente an:

$$f(x) \approx f(x_0) + f'(x_0) \cdot (x - x_0) \quad \text{für} \quad x \approx x_0$$

Nun berechnet man anstatt der Nullstelle von f die Nullstelle x_1 der Tangente bei x_0 aus der linearen Gleichung

$$f(x_0) + f'(x_0) \cdot (x_1 - x_0) = 0 \quad \Longrightarrow \quad x_1 = x_0 - \frac{f(x_0)}{f'(x_0)}$$

Wir nehmen dann x_1 als neuen Näherungswert und wiederholen die Rechnung. Hieraus ergibt sich das bekannte Newton-Iterationsverfahren zur schrittweisen Verbesserung des Näherungswerts

$$x_{n+1} = x_n - \frac{f(x_n)}{f'(x_n)} \quad \text{mit} \quad n = 0, 1, 2, 3, \dots$$

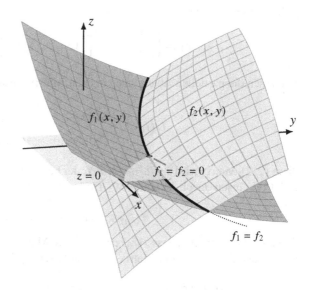

Abb. 1.30 Die graphische Darstellung zweier Flächen $z = f_1(x, y)$ und $z = f_2(x, y)$ mit ihrem gemeinsamen Nullpunkt $f_1 = f_2 = 0$

Nach dem gleichen Schema wollen wir nun ein System mit zwei Gleichungen für zwei Unbekannte näherungsweise lösen. Dieses hat allgemein die Form

$$(1) \quad f_1(x, y) = 0$$
$$(2) \quad f_2(x, y) = 0$$

Abb. 1.30 zeigt eine graphische Veranschaulichung des Problems. Beim Gleichungssystem (1) – (2) suchen wir die gemeinsamen Nullstellen der beiden Funktionen bzw.

Flächen $z = f_1(x, y)$ und $z = f_2(x, y)$, also diejenigen Punkte in der (x, y)-Ebene, an denen *beide* Funktionen den Wert $z = 0$ annehmen.

Falls f_1 und f_2 differenzierbar sind, dann können wir die Funktionen an einem Punkt (x_0, y_0) durch ihre Tangentialebenen annähern:

$$f_1(x, y) \approx f_1(x_0, y_0) + \frac{\partial f_1}{\partial x}(x_0, y_0) \cdot (x - x_0) + \frac{\partial f_1}{\partial y}(x_0, y_0) \cdot (y - y_0)$$

$$f_2(x, y) \approx f_2(x_0, y_0) + \frac{\partial f_2}{\partial x}(x_0, y_0) \cdot (x - x_0) + \frac{\partial f_2}{\partial y}(x_0, y_0) \cdot (y - y_0)$$

und anstelle von (1) – (2) das lineare Gleichungssystem

$$(1')\quad f_1(x_0, y_0) + \frac{\partial f_1}{\partial x}(x_0, y_0) \cdot (x - x_0) + \frac{\partial f_1}{\partial y}(x_0, y_0) \cdot (y - y_0) = 0$$

$$(2')\quad f_2(x_0, y_0) + \frac{\partial f_2}{\partial x}(x_0, y_0) \cdot (x - x_0) + \frac{\partial f_2}{\partial y}(x_0, y_0) \cdot (y - y_0) = 0$$

lösen. Wir ersetzen also die Funktionen durch ihre Tangentialebenen am Startpunkt (x_0, y_0) und nehmen den gemeinsamen Schnittpunkt der beiden Tangentialebenen mit der Ebene $z = 0$ als neue Näherung für die Nullstelle. Zur Vereinfachung der Rechnung bilden wir die Vektoren

$$\vec{r}_0 := \begin{pmatrix} x_0 \\ y_0 \end{pmatrix}, \quad \vec{r} := \begin{pmatrix} x \\ y \end{pmatrix}, \quad f(\vec{r}) := \begin{pmatrix} f_1(x, y) \\ f_2(x, y) \end{pmatrix}$$

und fassen die partiellen Ableitungen in einer Matrix zusammen:

$$J_f(\vec{r}_0) := \begin{pmatrix} \frac{\partial f_1}{\partial x}(x_0, y_0) & \frac{\partial f_1}{\partial y}(x_0, y_0) \\ \frac{\partial f_2}{\partial x}(x_0, y_0) & \frac{\partial f_2}{\partial y}(x_0, y_0) \end{pmatrix}$$

Diese $(2, 2)$-Matrix wird als *Jacobi-Matrix* der Funktionen f_1 und f_2 bezeichnet (benannt nach Carl Gustav Jacob Jacobi 1804 - 1851). Damit lässt sich das LGS (1') – (2') in der Form

$$f(\vec{r}_0) + J_f(\vec{r}_0) \cdot (\vec{r} - \vec{r}_0) = \vec{o}$$

notieren. Vorausgesetzt, dass $J(\vec{r}_0)$ eine reguläre Matrix ist, können wir diese Gleichung mithilfe der inversen Jacobi-Matrix nach $\vec{r}$ auflösen:

$$J_f(\vec{r}_0) \cdot (\vec{r} - \vec{r}_0) = -f(\vec{r}_0) \quad \Longrightarrow \quad \vec{r} - \vec{r}_0 = -J_f(\vec{r}_0)^{-1} \cdot f(\vec{r}_0)$$

Hieraus ergibt sich als Lösung des *linearisierten* Gleichungssystems (1') – (2') der Vektor

$$\begin{pmatrix} x_1 \\ y_1 \end{pmatrix} = \vec{r}_1 = \vec{r}_0 - J_f(\vec{r}_0)^{-1} \cdot f(\vec{r}_0)$$

dessen Komponenten x_1 und y_1 eine i. Allg. bessere Näherung der gesuchten Nullstelle liefern. Wiederholen wir die Rechnung mit dem Vektor $\vec{r}_1$, dann erhalten wir in der Regel einen noch besseren Näherungsvektor. Die Iterationsvorschrift zur schrittweisen

Verbesserung der Näherungswerte lautet also

$$\vec{r}_{n+1} = \vec{r}_n - J_f(\vec{r}_n)^{-1} \cdot f(\vec{r}_n) \quad \text{für} \quad n = 0, 1, 2, 3, \ldots$$

Das hier angegebene Iterationsverfahren ist eine direkte Verallgemeinerung des Newton-Verfahrens auf eine Vektorfunktion $f : D \longrightarrow \mathbb{R}^2$ mit zwei Veränderlichen $(x, y) \in D \subset \mathbb{R}^2$. Bei der Iterationsvorschrift übernimmt die Jacobi-Matrix die Rolle der Ableitung, und deren Inverse entspricht dem *Kehrwert* der Ableitung, wobei wir hier (wie bei der Matrixmultiplikation üblich) auf die Reihenfolge der Faktoren achten müssen.

Wir testen das Newton-Verfahren zunächst an einem einfachen Beispiel, und zwar einem quadratischen Gleichungssystem mit zwei Unbekannten:

Beispiel 2. Zu lösen ist das nichtlineare Gleichungssystem

$$(1) \quad x^2 + y^2 - 4x - 4y + 4 = 0$$

$$(2) \quad 6y - x^2 - y^2 - 2x - 1 = 0$$

Die linken Seiten in (1) – (2) sind die Funktionen

$$f_1(x, y) = x^2 + y^2 - 4x - 4y + 4 \quad \text{und} \quad f_2(x, y) = 6y - x^2 - y^2 - 2x - 1$$

mit der Jacobi-Matrix

$$J_f(x, y) = \begin{pmatrix} 2x - 4 & 2y - 4 \\ -2x - 2 & 6 - 2y \end{pmatrix}$$

Als Näherungswerte für die gesuchte Lösung nehmen wir $x_0 = \frac{4}{5}$ und $y_0 = \frac{3}{5}$. Dann ist $f_1\left(\frac{4}{5}, \frac{3}{5}\right) = -\frac{3}{5}$ und $f_2\left(\frac{4}{5}, \frac{3}{5}\right) = 0$. An der Stelle $(x_0, y_0) = \left(\frac{4}{5}, \frac{3}{5}\right)$ erhalten wir die Jacobi-Matrix

$$J_f\left(\tfrac{4}{5}, \tfrac{3}{5}\right) = \begin{pmatrix} -\frac{12}{5} & -\frac{14}{5} \\ -\frac{18}{5} & \frac{24}{5} \end{pmatrix} \quad \Longrightarrow \quad \det J_f\left(\tfrac{4}{5}, \tfrac{3}{5}\right) = -\frac{108}{5}$$

deren Inverse wir mit der Formel

$$J_f\left(\tfrac{4}{5}, \tfrac{3}{5}\right)^{-1} = \frac{1}{\det J_f\left(\tfrac{4}{5}, \tfrac{3}{5}\right)} \cdot \begin{pmatrix} \frac{24}{5} & \frac{14}{5} \\ \frac{18}{5} & -\frac{12}{5} \end{pmatrix} = \begin{pmatrix} -\frac{2}{9} & -\frac{7}{54} \\ -\frac{1}{6} & \frac{1}{9} \end{pmatrix}$$

berechnen können. Hieraus ergibt sich der verbesserte Näherungsvektor

$$\begin{pmatrix} x_1 \\ y_1 \end{pmatrix} = \begin{pmatrix} \frac{4}{5} \\ \frac{3}{5} \end{pmatrix} - J_f\left(\tfrac{4}{5}, \tfrac{3}{5}\right)^{-1} \cdot \begin{pmatrix} f_1\left(\frac{4}{5}, \frac{3}{5}\right) \\ f_2\left(\frac{4}{5}, \frac{3}{5}\right) \end{pmatrix} = \begin{pmatrix} \frac{4}{5} \\ \frac{3}{5} \end{pmatrix} - \begin{pmatrix} -\frac{2}{9} & -\frac{7}{54} \\ -\frac{1}{6} & \frac{1}{9} \end{pmatrix} \cdot \begin{pmatrix} -\frac{3}{5} \\ 0 \end{pmatrix} = \begin{pmatrix} \frac{2}{3} \\ \frac{1}{2} \end{pmatrix}$$

Wiederholt man die Rechnung mit der jeweils neu berechneten Stellen, dann ergeben sich die folgenden Werte (die Ergebnisse wurden jeweils auf sieben Nachkommastellen gerundet):

n	x_n	y_n
0	0,8	0,6
1	0,66666667	0,5
2	0,66904762	0,50714286
3	0,66905250	0,50715749
4	0,66905250	0,50715749

Da sich die Zahlen x_n und y_n ab $n = 3$ nicht mehr ändern, liefern die Werte $x = 0,66905250$ und $y = 0,50715749$ eine auf acht Nachkommastellen genaue Lösung des nichtlinearen Gleichungssystems.

Wie eingangs bereits erwähnt wurde, treten nichtlineare Gleichungssysteme häufig im Zusammenhang mit der Extremstellenberechnung von Funktionen mit zwei oder mehr Variablen auf. Dazu betrachten wir das

Beispiel 3. Gesucht sind die lokalen Extremstellen der Funktion

$$f(x, y) := x \sin y + y \cos x, \quad (x, y) \in [0, 2\pi] \times [0, 2\pi]$$

Zu diesem Zweck müssen wir das nichtlineare Gleichungssystem

$$0 = f_1(x, y) := \frac{\partial f}{\partial x} = \sin y - y \sin x$$

$$0 = f_2(x, y) := \frac{\partial f}{\partial y} = x \cos y + \cos x$$

lösen. Die Jacobi-Matrix hierfür lautet

$$J_f(x, y) = \begin{pmatrix} \frac{\partial f_1}{\partial x} & \frac{\partial f_1}{\partial y} \\ \frac{\partial f_2}{\partial x} & \frac{\partial f_2}{\partial y} \end{pmatrix} = \begin{pmatrix} -y \cos x & \cos y - \sin x \\ \cos y - \sin x & -x \sin y \end{pmatrix}$$

Eine genauere Betrachtung des Graphen von $z = f(x, y)$ in Abb. 1.31 zeigt, dass sich das globale Minimum in der Nähe der Stelle $(x_0, y_0) = (\pi, 5)$ befindet. Die Berechnung der Funktionswerte ergibt $f_1(\pi, 5) = \sin 5 = -0,95892\ldots$ sowie $f_2(\pi, 5) = \pi \cos 5 - 1 = -0,10884\ldots$, und die Jacobi-Matrix an der Stelle $(x_0, y_0) = (\pi, 5)$ ist

$$J_f(\pi, 5) = \begin{pmatrix} 5 & \cos 5 \\ \cos 5 & -\pi \sin 5 \end{pmatrix} \quad \text{mit} \quad \det J_f(\pi, 5) = -5\pi \sin 5 - \cos^2 \pi$$

Die Formel für die inverse $(2, 2)$-Matrix liefert

$$\implies J_f(\pi, 5)^{-1} = \frac{1}{5\pi \sin 5 + \cos^2 \pi} \begin{pmatrix} \pi \sin 5 & \cos 5 \\ \cos 5 & -\pi \sin 5 \end{pmatrix}$$

und hieraus erhalten wir schließlich den verbesserten Lösungsvektor

$$\begin{pmatrix} x_1 \\ y_1 \end{pmatrix} = \begin{pmatrix} \pi \\ 5 \end{pmatrix} - J_f(\pi, 5)^{-1} \cdot \begin{pmatrix} f_1(\pi, 5) \\ f_2(\pi, 5) \end{pmatrix} = \begin{pmatrix} 3,33033788 \\ 4,99150319 \end{pmatrix}$$

Die Komponenten wurden auf acht Nachkommastellen gerundet. Führt man die Rechnung fort, so ergeben sich die – ebenfalls auf acht Nachkommastellen gerundeten – Werte

n	x_n	y_n
0	π	5
1	3,33033788	4,99150319
2	3,33352222	5,01125779
3	3,33346811	5,01130303
4	3,33346811	5,01130303

Nachdem sich x_n und y_n ab $n = 3$ nicht mehr ändern, sind $x = 3{,}33346811$ und $y = 5{,}01130303$ auf acht Nachkommastellen genau die Koordinaten des globalen Minimums von f.

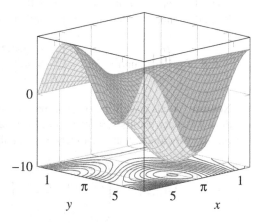

Abb. 1.31 Graph der Funktion $z = x \sin y + y \cos x$ über dem Quadrat $[0, 2\pi] \times [0, 2\pi]$ in der (x, y)-Ebene mit einem lokalen Minimum in der Nähe von $(x_0, y_0) = (\pi, 5)$

Das Newton-Verfahren lässt sich relativ einfach auch auf ein System mit n Gleichungen und n Unbekannten $x_1, \ldots, x_n$ übertragen. Zu lösen sei das (i. Allg. nichtlineare) Gleichungssystem

$$(1) \quad f_1(x_1, x_2, \ldots, x_n) = 0$$
$$(2) \quad f_2(x_1, x_2, \ldots, x_n) = 0$$
$$\vdots$$
$$(n) \quad f_n(x_1, x_2, \ldots, x_n) = 0$$

wobei wir voraussetzen wollen, dass die Funktionen $f_1, \ldots f_n$ nach allen Variablen partiell differenzierbar sind. Fassen wir die Unbekannten zu einem Vektor $\vec{r}$ und die linken Seiten der Gleichungen zu einer Vektorfunktion $f(\vec{r})$ zusammen, sodass also

$$\vec{r} = \begin{pmatrix} x_1 \\ \vdots \\ x_n \end{pmatrix} \quad \text{und} \quad f(\vec{r}) = \begin{pmatrix} f_1(x_1, x_2, \ldots, x_n) \\ \vdots \\ f_n(x_1, x_2, \ldots, x_n) \end{pmatrix}$$

gilt, dann können wir das nichtlineare Gleichungssystem auch kurz in der Form $f(\vec{r}) = \vec{o}$ notieren. Mithilfe der Jacobi-Matrix

$$J_f(\vec{r}) := \begin{pmatrix} \frac{\partial f_1}{\partial x_1}(x_1, \ldots, x_n) & \cdots & \frac{\partial f_1}{\partial x_n}(x_1, \ldots, x_n) \\ \vdots & & \vdots \\ \frac{\partial f_n}{\partial x_1}(x_1, \ldots, x_n) & \cdots & \frac{\partial f_n}{\partial x_n}(x_1, \ldots, x_n) \end{pmatrix}$$

wird nun, ausgehend von einem Startvektor $\vec{r}_0$, mit der Iterationsvorschrift

$$\boxed{\vec{r}_{n+1} = \vec{r}_n - J_f(\vec{r}_n)^{-1} \cdot f(\vec{r}_n) \quad \text{für} \quad n = 0, 1, 2, 3, \ldots}$$

eine Folge von Vektoren $\vec{r}_1, \vec{r}_2, \vec{r}_3, \ldots$ berechnet, die sich der gesuchten Nullstelle $\vec{r}$ immer weiter annähern, sofern der Startvektor $\vec{r}_0$ hinreichend nahe bei $\vec{r}$ liegt, die Einträge von f hinreichend glatte Funktionen sind und die Jacobi-Matrizen $J_f(\vec{r}_n)$ alle regulär sind.

Beispiel: Wir wollen das eingangs gestellte Problem mit der quaderförmigen Kiste lösen, bei der das Volumen $V = 30000\,\text{cm}^3$, die Oberfläche $A = 6200\,\text{cm}^2$ und die Raumdiagonale $d = 60\,\text{cm}$ betragen sollen. Die Vektorgleichung lautet $f(\vec{r}) = \vec{o}$ mit

$$\vec{r} = \begin{pmatrix} a \\ b \\ c \end{pmatrix} \quad \text{und} \quad f(\vec{r}) = \begin{pmatrix} f_1(a, b, c) \\ f_2(a, b, c) \\ f_3(a, b, c) \end{pmatrix} := \begin{pmatrix} a\,b\,c - 30000 \\ 2\,(a\,b + b\,c + c\,a) - 6200 \\ a^2 + b^2 + c^2 - 3600 \end{pmatrix}$$

Nehmen wir als erste Näherung die Seiten $a = 50$, $b = 30$ und $c = 20$ an, dann gilt für diesen Quader bereits $V = 30000$ und $A = 6200$, aber $d = \sqrt{3800} = 61{,}644\ldots \neq 60$. Für das Newton-Verfahren brauchen wir zunächst die Jacobi-Matrix

$$J_f(a, b, c) = \begin{pmatrix} \frac{\partial f_1}{\partial a} & \frac{\partial f_1}{\partial b} & \frac{\partial f_1}{\partial c} \\ \frac{\partial f_2}{\partial a} & \frac{\partial f_2}{\partial b} & \frac{\partial f_2}{\partial c} \\ \frac{\partial f_3}{\partial a} & \frac{\partial f_3}{\partial b} & \frac{\partial f_3}{\partial c} \end{pmatrix} = \begin{pmatrix} b\,c & a\,c & a\,b \\ 2\,(b+c) & 2\,(a+c) & 2\,(a+b) \\ 2\,a & 2\,b & 2\,c \end{pmatrix}$$

An der Stelle $(a, b, c) = (50, 30, 20)$ gilt dann

$$\vec{r}_0 = \begin{pmatrix} 50 \\ 30 \\ 20 \end{pmatrix}, \quad f(\vec{r}_0) = \begin{pmatrix} 0 \\ 0 \\ 200 \end{pmatrix}, \quad J(\vec{r}_0) = \begin{pmatrix} 600 & 1000 & 1500 \\ 100 & 140 & 160 \\ 100 & 60 & 40 \end{pmatrix}$$

Die Berechnung des nächsten Näherungswerts ergibt

$$\vec{r}_1 = \vec{r}_0 - J_f(\vec{r}_0)^{-1} \cdot f(\vec{r}_0)$$

$$= \begin{pmatrix} 50 \\ 30 \\ 20 \end{pmatrix} - \begin{pmatrix} \frac{1}{600} & -\frac{1}{48} & \frac{1}{48} \\ -\frac{1}{200} & \frac{21}{400} & -\frac{9}{400} \\ \frac{1}{300} & -\frac{2}{75} & \frac{1}{150} \end{pmatrix} \cdot \begin{pmatrix} 0 \\ 0 \\ 200 \end{pmatrix} = \begin{pmatrix} \frac{275}{6} \\ \frac{69}{2} \\ \frac{56}{3} \end{pmatrix} = \begin{pmatrix} 45{,}833\ldots \\ 34{,}5 \\ 18{,}666\ldots \end{pmatrix}$$

Wiederholt man die Rechnung mit diesen verbesserten Werten, dann liefert

n	a_n	b_n	c_n
0	50	30	20
1	45,83333	34,50000	18,66667
2	44,51136	35,53033	18,95327
3	44,34147	35,70505	18,94843
4	44,33807	35,70843	18,94845
5	44,33807	35,70843	18,94845

bei einer Genauigkeit von fünf Nachkommastellen die Seiten

$$a = 44{,}33807, \quad b = 35{,}70843, \quad c = 18{,}94845$$

Da die Berechnung der Inversen bei größeren Matrizen aufwändig ist und man beim Newton-Verfahren pro Iterationsschritt im Wesentlichen nur ein LGS lösen muss, geht man in der Praxis etwas anders vor: Ausgehend von einem Startvektor oder verbesserten Vektor $\vec{r}_n$ löst man zunächst das LGS $J_f(\vec{r}_n) \cdot \vec{x}_n = -f(\vec{r}_n)$ beispielsweise mit dem Gauß-Jordan-Verfahren, und berechnet dann den nächsten Vektor mit der Formel $\vec{r}_{n+1} = \vec{r}_n + \vec{x}_n$.

Anwendungsbeispiel: Elastische Aufhängung

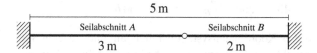

Abb. 1.32 Elastisches Seil ohne Belastung

Ein elastisches Seil mit dem Elastizitätsmodul $E = 10\,\text{N}/\text{mm}^2$ und der konstanten Querschnittsfläche $F = 12\,\text{mm}^2$ wird durch eine Masse m mit der Gewichtskraft $30\,\text{N}$ nach unten gezogen. Der Punkt, an dem die Masse aufgehängt wird, teilt das *unbelastete* Seil mit der Länge $5\,\text{m}$ im Verhältnis $3 : 2$, siehe Abb. 1.32.

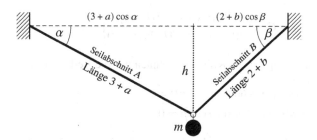

Abb. 1.33 Elastisches Seil mit angehängter Masse

Zu berechnen ist der Durchhang h des Seils gemäß Abb. 1.33 auf drei Nachkommastellen genau. Hierfür brauchen wir neben der Gewichtskraft zunächst die Federkonstanten der beiden Seilabschnitte A links und B rechts von m. Für ein unbelastetes Seil der Länge ℓ gilt $D = \frac{E \cdot F}{\ell}$, und die beiden Seilabschnitte haben die Längen 3 m bzw. 2 m, sodass

$$D_A = \frac{10 \, \text{N/mm}^2 \cdot 12 \, \text{mm}^2}{3 \, \text{m}} = 40 \, \tfrac{\text{N}}{\text{m}}$$

$$D_B = \frac{10 \, \text{N/mm}^2 \cdot 12 \, \text{mm}^2}{2 \, \text{m}} = 60 \, \tfrac{\text{N}}{\text{m}}$$

gilt. Die Seilabschnitte A und B werden durch das Gewicht unterschiedlich gedehnt. Wir bezeichnen mit a bzw. b die noch unbekannten Dehnungen der Seilabschnitte und mit α bzw. β ihre ebenfalls noch unbekannten Auslenkwinkel zur gedachten Linie des unbelasteten Seils. Im allgemeinen Dreieck in Abb. 1.33 müssen dann die folgenden zwei geometrischen Bedingungen erfüllt sein:

(1) $(3 + a) \sin \alpha = (2 + b) \sin \beta = h$

(2) $(3 + a) \cos \alpha + (2 + b) \cos \beta = 5$

Hinzu kommt als weitere Bedingung das Kräftegleichgewicht: Da sich die Masse m in Ruhe befindet, muss die Summe aller angreifenden Kräfte gleich $\vec{o}$ sein. Die Federkräfte in Richtung der Seilabschnitte A bzw. B sind nach dem Hookschen Gesetz betragsmäßig proportional zur Ausdehnung, sodass (ohne Einheiten)

$$|\vec{F}_A| = D_A \cdot a = 40 \, a \quad \text{und} \quad |\vec{F}_B| = D_B \cdot b = 60 \, b$$

gilt. Denken wir uns ein kartesisches Koordinatensystem parallel zum unbelasteten Seil mit dem Ursprung im Aufhängepunkt, dann können wir die Kräfte wie folgt in Komponenten zerlegen:

$$\vec{F}_A = |\vec{F}_A| \cdot \begin{pmatrix} -\cos \alpha \\ \sin \alpha \end{pmatrix} = \begin{pmatrix} -40 \, a \cos \alpha \\ 40 \, a \sin \alpha \end{pmatrix}, \quad \vec{F}_B = |\vec{F}_B| \cdot \begin{pmatrix} \cos \beta \\ \sin \beta \end{pmatrix} = \begin{pmatrix} 60 \, b \cos \beta \\ 60 \, b \sin \beta \end{pmatrix}$$

Zusammen mit der Gewichtskraft $\vec{G} = \begin{pmatrix} 0 \\ 30 \end{pmatrix}$ muss dann

$$\begin{pmatrix} 0 \\ 0 \end{pmatrix} = \vec{o} = \vec{F}_A + \vec{F}_B + \vec{G} = \begin{pmatrix} -40 \, a \cos \alpha + 60 \, b \cos \beta \\ 40 \, a \sin \alpha + 60 \, b \sin \beta - 30 \end{pmatrix}$$

erfüllt sein. Aus dieser Bilanzgleichung für die Kräfte entnehmen wir die Bedingungen

(3) $40 \, a \sin \alpha + 60 \, b \sin \beta - 30 = 0$

(4) $-40 \, a \cos \alpha + 60 \, b \cos \beta = 0$

Teilen wir die beiden Gleichungen (3) – (4) durch 10, dann erhalten wir zusammen mit den Bedingungen (1) – (2) das nichtlineare Gleichungssystem

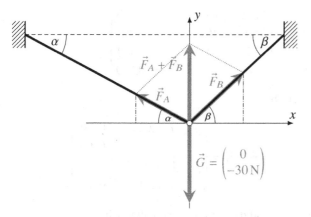

Abb. 1.34 Kräfte am elastischen Seil

$$
\begin{aligned}
(1)\quad & (3+a)\sin\alpha - (2+b)\sin\beta = 0\\
(2)\quad & (3+a)\cos\alpha + (2+b)\cos\beta - 5 = 0\\
(3)\quad & 4a\sin\alpha + 6b\sin\beta - 3 = 0\\
(4)\quad & 4a\cos\alpha - 6b\cos\beta = 0
\end{aligned}
$$

für die Unbekannten a, b (Seildehnungen) und α, β (Auslenkwinkel). Wir lösen dieses System näherungsweise mit den Newton-Verfahren. Dazu sammeln wir die linken Seiten in der Vektorfunktion

$$
f(a,b,\alpha,\beta) := \begin{pmatrix} (3+a)\sin\alpha - (2+b)\sin\beta \\ (3+a)\cos\alpha + (2+b)\cos\beta - 5 \\ 4a\sin\alpha + 6b\sin\beta - 3 \\ 4a\cos\alpha - 6b\cos\beta \end{pmatrix}
$$

und bilden die Jacobi-Matrix

$$
J_f(a,b,\alpha,\beta) = \begin{pmatrix} \sin\alpha & -\sin\beta & (3+a)\cos\alpha & -(2+b)\cos\beta \\ \cos\alpha & \cos\beta & -(3+a)\sin\alpha & -(2+b)\sin\beta \\ 4\sin\alpha & 6\sin\beta & 4a\cos\alpha & 6b\cos\beta \\ 4\cos\alpha & -6\cos\beta & -4a\sin\alpha & 6b\sin\beta \end{pmatrix}
$$

Wir wählen als Startwerte bzw. erste Näherungen für die gesuchten Größen die Werte $a_0 = b_0 \approx \frac{1}{2}$, $\alpha_0 = \frac{\pi}{6}$ (bzw. 30°) sowie $\beta_0 = \frac{\pi}{4}$ (= 45°). Dann gilt

$$
f\left(\tfrac{1}{2},\tfrac{1}{2},\tfrac{\pi}{6},\tfrac{\pi}{4}\right) = \begin{pmatrix} -0{,}018 \\ -0{,}201 \\ 0{,}121 \\ -0{,}389 \end{pmatrix}, \quad J_f\left(\tfrac{1}{2},\tfrac{1}{2},\tfrac{\pi}{6},\tfrac{\pi}{4}\right) = \begin{pmatrix} 0{,}500 & -0{,}707 & 3{,}031 & -1{,}768 \\ 0{,}866 & 0{,}707 & -1{,}750 & -1{,}768 \\ 2{,}000 & 4{,}243 & 1{,}732 & 2{,}121 \\ 3{,}464 & -4{,}243 & -1{,}000 & 2{,}121 \end{pmatrix}
$$

wobei hier alle Dezimalzahlen auf 3 Nachkommastellen gerundet angegeben sind. Die Lösung des LGS $J_f\left(\tfrac{1}{2},\tfrac{1}{2},\tfrac{\pi}{6},\tfrac{\pi}{4}\right) \cdot \vec{x}_0 = -f\left(\tfrac{1}{2},\tfrac{1}{2},\tfrac{\pi}{6},\tfrac{\pi}{4}\right)$ bzw.

$$\begin{pmatrix} 0,500 & -0,707 & 3,031 & -1,768 \\ 0,866 & 0,707 & -1,750 & -1,768 \\ 2,000 & 4,243 & 1,732 & 2,121 \\ 3,464 & -4,243 & -1,000 & 2,121 \end{pmatrix} \cdot \vec{x}_0 = \begin{pmatrix} 0,018 \\ 0,201 \\ -0,121 \\ 0,389 \end{pmatrix}$$

mit dem Gauß-Jordan-Verfahren ergibt

$$\vec{x}_0 = \begin{pmatrix} 0,088 \\ -0,032 \\ -0,041 \\ 0,043 \end{pmatrix} \quad \Longrightarrow \quad \vec{r}_1 = \vec{r}_0 + \vec{x}_0 = \begin{pmatrix} \frac{1}{2} \\ \frac{1}{2} \\ \frac{\pi}{6} \\ \frac{\pi}{4} \end{pmatrix} + \begin{pmatrix} 0,088 \\ -0,032 \\ -0,041 \\ 0,043 \end{pmatrix} = \begin{pmatrix} 0,588 \\ 0,468 \\ 0,483 \\ 0,743 \end{pmatrix}$$

Wiederholen wir die Rechnung mit $\vec{r}_1$ und dann mit $\vec{r}_2$, so erhalten wir

$$\vec{r}_2 = \begin{pmatrix} 0,588 \\ 0,471 \\ 0,483 \\ 0,741 \end{pmatrix}, \quad \vec{r}_3 = \begin{pmatrix} 0,588 \\ 0,471 \\ 0,483 \\ 0,741 \end{pmatrix}, \quad \vec{r}_4 = \begin{pmatrix} 0,588 \\ 0,471 \\ 0,483 \\ 0,741 \end{pmatrix}, \quad \cdots$$

Da sich die Komponenten nicht mehr ändern, ist

$$a = 0,588, \quad b = 0,471, \quad \alpha = 0,483 \; \hat{=} \; 27,7°, \quad \beta = 0,741 \; \hat{=} \; 42,5°$$

Für den gesuchten Durchhang ergibt sich dann auf drei Nachkommastellen genau $h = (3 + a)\sin a = 3,588 \cdot \sin 27,7° \approx 1,67\,\text{m}$.

1.3 Partielle Ableitungen zweiter Ordnung

Bei einer Funktion $z = f(x, y)$ sind die partiellen Ableitungen $f_x(x, y)$ und $f_y(x, y)$ selbst wieder Funktionen in zwei Veränderlichen. Falls auch diese Funktionen differenzierbar sind, dann kann man zu f_x und f_y erneut die partiellen Ableitungen nach x und y bilden. Man erhält dann insgesamt *vier* partielle Ableitungen 2. Ordnung

$$(f_x)_x = \frac{\partial f_x}{\partial x}, \quad (f_x)_y = \frac{\partial f_x}{\partial y}, \quad (f_y)_x = \frac{\partial f_y}{\partial x}, \quad (f_y)_y = \frac{\partial f_y}{\partial y}$$

welche auch in der folgenden Form notiert werden:

$$f_{xx} = \frac{\partial^2 f}{\partial x^2}, \quad f_{xy} = \frac{\partial^2 f}{\partial y\,\partial x}, \quad f_{yx} = \frac{\partial^2 f}{\partial x\,\partial y}, \quad f_{yy} = \frac{\partial^2 f}{\partial y^2}$$

Beispiel 1. Für die Funktion $f(x, y) = x^2 \sin y$ gilt

$$f_x = 2x \sin y \quad \text{und} \quad f_y = x^2 \cos y$$

Die zweiten partiellen Ableitungen von f sind dann

$$f_{xx} = 2\sin y, \quad f_{xy} = 2x\cos y, \quad f_{yx} = 2x\cos y, \quad f_{yy} = -x^2\sin y$$

Beispiel 2. $f(x, y) = x\,y - y^3 \cdot e^x$ hat die partiellen Ableitungen 1. Ordnung

$$\frac{\partial f}{\partial x} = y - y^3\,e^x, \quad \frac{\partial f}{\partial y} = x - 3\,y^2\,e^x$$

und die partiellen Ableitungen zweiter Ordnung

$$\frac{\partial^2 f}{\partial x^2} = -y^3\,e^x, \quad \frac{\partial^2 f}{\partial y\,\partial x} = 1 - 3\,y^2\,e^x, \quad \frac{\partial^2 f}{\partial x\,\partial y} = 1 - 3\,y^2\,e^x, \quad \frac{\partial^2 f}{\partial y^2} = -6\,y\,e^x$$

In diesen Beispielen sind jeweils die „gemischten" partiellen Ableitungen f_{xy} und f_{yx} gleich. Dies ist kein Zufall, sondern eine allgemeingültige Aussage: Für eine beliebige zweimal stetig differenzierbare Funktion $z = f(x, y)$ gilt der

> **Satz von Schwarz**: $f_{xy} = f_{yx}$

Mit anderen Worten: Bei den gemischten partiellen Ableitungen zweiter Ordnung spielt die Reihenfolge der Veränderlichen, nach denen differenziert wird, keine Rolle. Eine Begründung dieser – keinesfalls trivialen – Aussage wird in Abschnitt 1.3.3 nachgeliefert.

Die partiellen Ableitungen zweiter (und höherer) Ordnung sind selbstverständlich auch an die Bezeichnungen der Variablen anzupassen.

Beispiel: Im Fall der Funktion $w = f(u, v) = u^3 - 2\,u\,v + \sin u \cdot e^v$ ist

$$\frac{\partial f}{\partial u} = f_u = 3\,u^2 - 2\,v + \cos u \cdot e^v \quad \text{und} \quad \frac{\partial f}{\partial v} = f_v = -2\,u + \sin u \cdot e^v$$

Die zweiten partiellen Ableitungen von $f(u, v)$ sind dann

$$\frac{\partial^2 f}{\partial u^2} = 6\,u - \sin u \cdot e^v, \quad \frac{\partial^2 f}{\partial v\,\partial u} = -2 + \cos u \cdot e^v = f_{uv}, \quad f_{vv} = \sin u \cdot e^v$$

1.3.1 Die Hesse-Matrix

Ähnlich wie man die ersten partiellen Ableitungen in einem Vektor (= Gradient) zusammenfasst, so gruppiert man auch die vier partiellen Ableitungen zweiter Ordnung. Diese werden aber nicht in einen Vektor, sondern in eine $(2, 2)$-Matrix eingetragen, und zwar in die nach Otto Hesse (1811 - 1874) benannte

> **Hesse-Matrix** $\quad H_f(x, y) = \begin{pmatrix} f_{xx} & f_{yx} \\ f_{xy} & f_{yy} \end{pmatrix}$

Aus dem Satz von Schwarz $f_{xy} = f_{yx}$ folgt, dass die Hesse-Matrix $H_f(x, y)$ für alle Werte $(x, y) \in D$ stets symmetrisch ist: $H_f(x, y) = H_f(x, y)^{\mathrm{T}}$.

Beispiel: Die Hesse-Matrix der Funktion $f(x, y) = x^2 \sin y$ ist

$$H_f(x, y) = \begin{pmatrix} 2 \sin y & 2x \cos y \\ 2x \cos y & -x^2 \sin y \end{pmatrix}$$

und speziell an der Stelle $(x, y) = (1, \pi)$ haben wir

$$H_f(1, \pi) = \begin{pmatrix} 2 \sin \pi & 2 \cos \pi \\ 2 \cos \pi & -\sin \pi \end{pmatrix} = \begin{pmatrix} 0 & -2 \\ -2 & 0 \end{pmatrix}$$

Im Folgenden wollen wir die Hesse-Matrix verwenden, um die lokalen Extremstellen einer Funktion $z = f(x, y)$ zu klassifizieren, nachdem wir die möglichen Extremstellen mit der Bedingung (bzw. dem Gleichungssystem) $(\nabla f)(x, y) = \vec{o}$ bereits lokalisiert haben. Hierzu sind einige vorbereitende Schritte nötig. Zunächst können wir mithilfe der Hesse-Matrix die zweite Ableitung einer Schnittkurve berechnen:

Ist $\vec{r}_0$ der Ortsvektor eines Punkts $(x_0, y_0) \in D$ und $\vec{a} \neq \vec{o}$ ein beliebiger Richtungsvektor, dann hat die Schnittkurve $g(t) = f(\vec{r}_0 + t \cdot \vec{a})$ durch $\vec{r}_0$ in Richtung $\vec{a}$ bei (x_0, y_0) die Ableitungen

$$g'(0) = (\nabla f)(x_0, y_0) \cdot \vec{a}, \quad g''(0) = \vec{a}^{\mathrm{T}} \cdot H_f(x_0, y_0) \cdot \vec{a}$$

Zur Begründung dieser Formeln bilden wir zunächst die erste Ableitung, indem wir die Kettenregel auf $g(t) = f(\vec{r}(t))$ mit $\vec{r}(t) = \vec{r}_0 + t \cdot \vec{a}$ anwenden. Der Tangentenvektor an die Gerade $\vec{r}(t)$ ist der Richtungsvektor $\vec{a}$, also

$$\dot{\vec{r}}(t) = \vec{a} = \begin{pmatrix} a_1 \\ a_2 \end{pmatrix} \implies g'(t) = (\mathrm{grad}\, f)(\vec{r}(t)) \cdot \vec{a} = a_1 \cdot f_x(\vec{r}(t)) + a_2 \cdot f_y(\vec{r}(t))$$

Zur Berechnung der zweiten Ableitung von g müssen wir erneut die Kettenregel anwenden, und zwar diesmal auf die Funktionen $f_x(\vec{r}(t))$ und $f_y(\vec{r}(t))$:

$$\begin{aligned} g''(t) &= a_1 \cdot (\mathrm{grad}\, f_x)(\vec{r}(t)) \cdot \vec{a} + a_2 \cdot (\mathrm{grad}\, f_y)(\vec{r}(t)) \cdot \vec{a} \\ &= a_1 \cdot \left(a_1 \cdot f_{xx}(\vec{r}(t)) + a_2 \cdot f_{xy}(\vec{r}(t)) \right) + a_2 \cdot \left(a_1 \cdot f_{yx}(\vec{r}(t)) + a_2 \cdot f_{yy}(\vec{r}(t)) \right) \\ &= \begin{pmatrix} a_1 & a_2 \end{pmatrix} \cdot \begin{pmatrix} f_{xx}(\vec{r}(t)) & f_{xy}(\vec{r}(t)) \\ f_{yx}(\vec{r}(t)) & f_{yy}(\vec{r}(t)) \end{pmatrix} \cdot \begin{pmatrix} a_1 \\ a_2 \end{pmatrix} = \vec{a}^{\mathrm{T}} \cdot H_f(\vec{r}(t)) \cdot \vec{a} \end{aligned}$$

Setzen wir $t = 0$ ein, dann ist $\vec{r}(0) = \vec{r}_0$ der Ortsvektor zum Punkt (x_0, y_0), und wir erhalten die oben genannten Formeln für die Ableitungen.

So wie bei der Kurvendiskussion von $y = f(x)$ im Fall $f'(x_0) = 0$ die zweite Ableitung $f''(x_0)$ über Maximum und Minimum entscheidet, kann man die Hesse-Matrix nutzen, um die Art der Extremstellen einer Funktion $z = f(x, y)$ zu ermitteln. Bei einer Funktion mit zwei Veränderlichen lautet das Kriterium wie folgt:

Ist $(\operatorname{grad} f)(x_0, y_0) = \vec{o}$ und sind *alle* Eigenwerte von $H_f(x_0, y_0)$ positiv (negativ), dann hat f bei (x_0, y_0) ein *lokales Minimum (Maximum)*. Hat die Hesse-Matrix $H_f(x_0, y_0)$ sowohl positive als auch negative Eigenwerte, dann ist bei (x_0, y_0) ein *Sattelpunkt*.

Zum Nachweis dieser Aussage nehmen wir an, dass $\vec{r}_0$ den Ortsvektor der potentiellen Extremstelle $(x_0, y_0) \in D$ bezeichnet sowie $\vec{a} \neq \vec{o}$ ein beliebiger Richtungsvektor ist. Die Schnittkurve $g(t) = f(\vec{r}_0 + t \cdot \vec{a})$ durch $\vec{r}_0$ in Richtung $\vec{a}$ hat die Ableitungen

$$g'(0) = (\operatorname{grad} f)(x_0, y_0) \cdot \vec{a} \quad \text{und} \quad g''(0) = \vec{a}^{\mathrm{T}} \cdot H_f(x_0, y_0) \cdot \vec{a}$$

Wegen $(\operatorname{grad} f)(x_0, y_0) = \vec{o}$ gilt dann insbesondere $g'(0) = 0$. Da die $(2, 2)$-Matrix $A = H_f(x_0, y_0)$ symmetrisch ist, besitzt sie nach dem Spektralsatz für symmetrische Matrizen zwei reelle Eigenwerte λ_1 und λ_2. Hierzu wiederum gibt es Eigenvektoren $\vec{x}_1$ und $\vec{x}_2$ mit

$$A \cdot \vec{x}_k = \lambda_k \cdot \vec{x}_k, \quad |\vec{x}_k| = 1 \quad \text{und} \quad \vec{x}_1 \perp \vec{x}_2$$

sodass wir den Vektor $\vec{a}$ auch als Linearkombination von $\vec{x}_1$ und $\vec{x}_2$ schreiben können: $\vec{a} = u \cdot \vec{x}_1 + v \cdot \vec{x}_2$ mit gewissen Zahlen $u, v \in \mathbb{R}$. Setzen wir $\vec{a}$ in $g''(0)$ ein, dann ist

$$
\begin{aligned}
g''(0) = \vec{a}^{\mathrm{T}} \cdot A \cdot \vec{a} &= (u \cdot \vec{x}_1 + v \cdot \vec{x}_2)^{\mathrm{T}} \cdot A \cdot (u \cdot \vec{x}_1 + v \cdot \vec{x}_2) \\
&= (u \cdot \vec{x}_1^{\mathrm{T}} + v \cdot \vec{x}_2^{\mathrm{T}}) \cdot (u \cdot A\vec{x}_1 + v \cdot A\vec{x}_2) \\
&= (u \cdot \vec{x}_1^{\mathrm{T}} + v \cdot \vec{x}_2^{\mathrm{T}}) \cdot (u \cdot \lambda_1 \vec{x}_1 + v \cdot \lambda_2 \vec{x}_2) \\
&= \lambda_1 u^2 \cdot \vec{x}_1^{\mathrm{T}} \cdot x_1 + \lambda_2 u v \cdot \vec{x}_1^{\mathrm{T}} \cdot \vec{x}_2 + \lambda_1 v u \cdot \vec{x}_2^{\mathrm{T}} \cdot \vec{x}_1 + \lambda_2 v^2 \cdot \vec{x}_2^{\mathrm{T}} \cdot x_2
\end{aligned}
$$

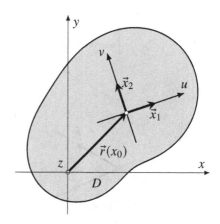

Abb. 1.35 Von den Eigenvektoren der Hesse-Matrix erzeugtes Koordinatensystem

Die Eigenvektoren $\vec{x}_1$ und $\vec{x}_2$ haben die Länge 1 und sind orthogonal zueinander: $\vec{x}_k^T \cdot \vec{x}_k = |\vec{x}_k|^2 = 1$ und $\vec{x}_k^T \cdot \vec{x}_\ell = \vec{x}_k \cdot \vec{x}_\ell = 0$ für $k \neq \ell$. Übrig bleibt also nur

$$g''(0) = \lambda_1 u^2 + \lambda_2 v^2$$

wobei u und v wegen $\vec{a} \neq \vec{o}$ nicht gleichzeitig null sind.

Im Fall, dass beide Eigenwerte λ_1 und λ_2 positiv sind, gilt $g'(0) = 0$ und $g''(0) > 0$, sodass *jede* Schnittkurve $g(t) = f(\vec{r}_0 + t \cdot \vec{a})$ bei $t = 0$ ein lokales Minimum hat. Daher muss f im Punkt (x_0, y_0) ein lokales Minimum besitzen. Falls λ_1 und λ_2 beide negativ sind, dann hat jede Schnittkurve $g(t)$ bei $t = 0$ und somit auch f in (x_0, y_0) ein lokales Maximum. Sind dagegen λ_1 und λ_2 Eigenwerte mit unterschiedlichem Vorzeichen und gilt z. B. $\lambda_2 < 0 < \lambda_1$, dann besitzt die Schnittkurve in Richtung $\vec{x}_1$ ein lokales Minimum und in Richtung $\vec{x}_2$ ein lokales Maximum, sodass f bei (x_0, y_0) einen Sattelpunkt besitzt.

Das lokale Verhalten von f lässt sich in einem Koordinatensystem gemäß Abb. 1.35 mit dem Ursprung bei (x_0, y_0) und den Koordinatenachsen u in Richtung $\vec{x}_1$ bzw. v in Richtung $\vec{x}_2$ veranschaulichen. Indem wir für einen betragsmäßig kleinen Wert $t \in \mathbb{R}$, also für $t \cdot \vec{a} \approx \vec{o}$, die Schnittkurve durch die Schmiegeparabel annähern, ergibt sich

$$f(\vec{r}_0 + t \cdot \vec{a}) = g(t) \approx g(0) + g'(0)(t - 0) + \tfrac{1}{2} g''(0)(t - 0)^2$$

Mit den bereits berechneten Werten $g'(0) = 0$ sowie $g''(0) = \lambda_1 u^2 + \lambda_2 v^2$ ist f in den neuen Koordinaten (u, v) näherungsweise die Funktion

$$f(u, v) \approx f(x_0, y_0) + \tfrac{1}{2} t^2 \lambda_1 \cdot u^2 + \tfrac{1}{2} t^2 \lambda_2 \cdot v^2$$

In der Nähe des Punkts (x_0, y_0) sieht dann f lokal aus wie ein elliptisches bzw. hyperbolisches Paraboloid. Hierbei handelt es sich um relativ einfache Flächen, siehe Abb. 1.36, bei denen die Vorzeichen der Werte λ_1 und λ_2 über Sattelpunkt oder Extremstelle entscheiden.

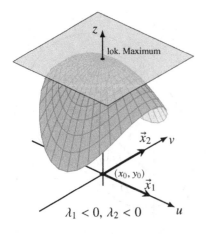

Abb. 1.36a Negative Eigenwerte

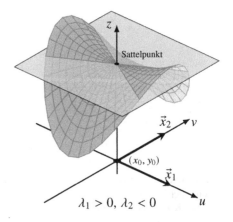

Abb. 1.36b Unterschiedliches Vorzeichen

Als Resultat der vorangegangenen Überlegungen können wir nun ein erstes „praxistaug-
liches" Kriterium zur Bestimmung der Extremstellen notieren: Wir müssen nur die Nullstellen des Gradienten finden und die Eigenwerte der Hesse-Matrix begutachten.

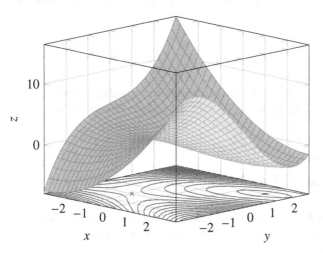

Abb. 1.37 Die Funktion $f(x, y) = \frac{1}{2} x^2 - (x + 2) \cdot y + \frac{1}{3} y^3$

Beispiel 1. Wir bestimmen für die Funktion

$$f(x, y) = \tfrac{1}{2} x^2 - (x + 2) \cdot y + \tfrac{1}{3} y^3, \quad (x, y) \in \mathbb{R}^2$$

in Abb. 1.37 die Lage und Art der lokalen Extremstelle(n) sowie ggf. die Sattelpunkte.
Dazu berechnen wir zuerst die partiellen Ableitungen 1. Ordnung

$$f_x = x - y, \quad f_y = -x - 2 + y^2$$

Die Extremstellen und Sattelpunkte erhalten wir aus dem Gleichungssystem

$$\begin{aligned}
&(1) \quad 0 = f_x = x - y \\
&(2) \quad 0 = f_y = y^2 - x - 2
\end{aligned}$$

Aus (1) folgt $y = x$, und Einsetzen in (2) ergibt die quadratische Gleichung

$$x^2 - x - 2 = 0 \quad \Longrightarrow \quad x_1 = -1, \quad x_2 = 2$$

Daher sind $(-1, -1)$ und $(2, 2)$ die einzigen möglichen Extremstellen von f. Die Art
der Extremstellen ergibt sich aus der Hesse-Matrix

$$f_{xx} = 1, \quad f_{xy} = -1 = f_{yx}, \quad f_{yy} = 2y \quad \Longrightarrow \quad H_f(x, y) = \begin{pmatrix} 1 & -1 \\ -1 & 2y \end{pmatrix}$$

die wir an den Stellen $(-1, -1)$ und $(2, 2)$ auswerten müssen:

$$H_f(-1,-1) = \begin{pmatrix} 1 & -1 \\ -1 & -2 \end{pmatrix} \quad \text{und} \quad H_f(2,2) = \begin{pmatrix} 1 & -1 \\ -1 & 4 \end{pmatrix}$$

Die Eigenwerte der Hesse-Matrix an der Stelle $(x, y) = (-1, -1)$ sind die Nullstellen des charakteristischen Polynoms

$$0 = \begin{vmatrix} 1-\lambda & -1 \\ -1 & -2-\lambda \end{vmatrix} = \lambda^2 + \lambda - 3 \quad \Longrightarrow \quad \lambda_{1/2} = \frac{-1 \pm \sqrt{13}}{2}$$

Die beiden Eigenwerte haben unterschiedliches Vorzeichen, und daher ist bei $(-1, -1)$ ein Sattelpunkt von f. An der Stelle $(x, y) = (2, 2)$ sind die Eigenwerte der Hesse-Matrix

$$0 = \begin{vmatrix} 1-\lambda & -1 \\ -1 & 4-\lambda \end{vmatrix} = \lambda^2 - 5\lambda + 3 \quad \Longrightarrow \quad \lambda_{1/2} = \frac{5 \pm \sqrt{13}}{2}$$

allesamt positiv, und daher hat die Funktion bei $(2, 2)$ ein lokales Minimum.

Beispiel 2. Unter allen Quadern mit den Seiten $a, b, c > 0$ und dem fest vorgegebenen Volumen $V = 8$ suchen wir denjenigen mit der kleinsten Oberfläche $F = 2 \cdot (a\,b + b\,c + c\,a)$. Aus

$$V = a \cdot b \cdot c = 8 \quad \Longrightarrow \quad c = \frac{8}{a\,b}$$

erhalten wir für die Oberfläche eine Funktion in zwei Veränderlichen

$$F(a,b) = 2 \cdot \left(a \cdot b + b \cdot \frac{8}{a\,b} + \frac{8}{a\,b} \cdot a \right) = 2\,a\,b + \frac{16}{a} + \frac{16}{b}$$

Die möglichen Extremstellen ergeben sich aus dem Gleichungssystem

$$(1) \quad 0 = \frac{\partial F}{\partial a} = 2\,b - \frac{16}{a^2}$$
$$(2) \quad 0 = \frac{\partial F}{\partial b} = 2\,a - \frac{16}{b^2}$$

Aus (1) folgt $b = \frac{8}{a^2}$, und dieser Wert, eingesetzt in (2), liefert die Gleichung

$$0 = 2\,a - \frac{16}{\frac{64}{a^4}} = 2\,a - \tfrac{1}{4}\,a^4 \quad \Longrightarrow \quad a^4 = 8\,a$$

mit den Lösungen $a = 0$ und $a = 2$. Da $a = 0$ keinen „echten" Quader ergibt, bleibt nur $a = 2$ und damit $b = \frac{8}{2^2} = 2$ sowie $c = \frac{8}{2 \cdot 2} = 2$. Die Hesse-Matrix

$$H_F(a,b) = \begin{pmatrix} \frac{\partial^2 F}{\partial a^2} & \frac{\partial^2 F}{\partial a\,\partial b} \\ \frac{\partial^2 F}{\partial b\,\partial a} & \frac{\partial^2 F}{\partial b^2} \end{pmatrix} = \begin{pmatrix} \frac{32}{a^3} & 2 \\ 2 & \frac{32}{b^3} \end{pmatrix}$$

hat an der Stelle $(a, b) = (2, 2)$ die Einträge

$$H_F(2,2) = \begin{pmatrix} 4 & 2 \\ 2 & 4 \end{pmatrix}$$

und die Eigenwerte $\lambda_1 = 2$ sowie $\lambda_2 = 6$ (Übung!), die beide positiv sind. Damit hat die Oberfläche $F(a, b)$ ein (lokales) Minimum bei $a = b = c = 2$, und das bedeutet: Der Quader mit dem Volumen $V = 8$ und der kleinsten Oberfläche ist ein Würfel mit der Kantenlänge $a = b = c = 2$.

Eine symmetrische Matrix A, bei der alle Eigenwerte positiv (negativ) sind, nennt man *positiv (negativ) definit*. Hat A sowohl positive als auch negative Eigenwerte, dann heißt die Matrix *indefinit*. Das Kriterium zur Identifikation lokaler Extremstellen kann man mit diesen Bezeichnungen auch wie folgt formulieren: Gilt $(\operatorname{grad} f)(x_0, y_0) = \vec{o}$ und ist $H_f(x_0, y_0)$ positiv (negativ) definit, dann hat f bei (x_0, y_0) ein lokales Minimum (Maximum). Ist dagegen $H_f(x_0, y_0)$ indefinit, dann ist bei (x_0, y_0) ein Sattelpunkt.

Wir wollen abschließend ein Kriterium angeben, welches die Art der Extremstellen auch *ohne Berechnung der Eigenwerte* von $H_f(x_0, y_0)$ liefert. Dafür ist nochmals ein kleiner Exkurs in die Welt der Matrizen nötig. Bei einer symmetrischen $(2, 2)$-Matrix sind die beiden reellen Eigenwerte λ_1 und λ_2 die Nullstellen des charakteristischen Polynoms

$$A = \begin{pmatrix} a & b \\ b & c \end{pmatrix} \quad \Longrightarrow \quad p_A(\lambda) = \begin{vmatrix} a - \lambda & b \\ b & c - \lambda \end{vmatrix} = \lambda^2 - (a + c) \cdot \lambda + a\,c - b^2$$

und nach dem Satz von Vieta gilt

$$\lambda_1 \cdot \lambda_2 = a\,c - b^2 = \det A, \qquad \lambda_1 + \lambda_2 = a + c \quad \text{(Spur von } A\text{)}$$

Hieraus lassen sich Aussagen über das Vorzeichen der Eigenwerte ableiten. Die Zahlen λ_1 und λ_2 haben verschiedene Vorzeichen genau dann, wenn das Produkt $\det A = \lambda_1 \cdot \lambda_2$ negativ ist, und bei gleichem Vorzeichen der Eigenwerte ist $\det A$ positiv. Liegt der Fall $\det A > 0$ vor, dann müssen a und c wegen

$$\det A = a\,c - b^2 \quad \Longrightarrow \quad a \cdot c = b^2 + \det A > 0$$

ebenfalls das gleiche Vorzeichen haben. Im Fall $a < 0$ gilt also auch $c < 0$ und folglich

$$\lambda_1 \cdot \lambda_2 = \det A > 0, \quad \lambda_1 + \lambda_2 = a + c < 0$$

sodass die beiden Eigenwerte von A negativ sein müssen. Ebenso folgt aus $a > 0$, dass beide Eigenwerte positiv sind. Zusammenfassend notieren wir:

Eine symmetrische $(2, 2)$-Matrix $A = \begin{pmatrix} a & b \\ b & c \end{pmatrix}$ hat im Fall

- $\det A > 0$ und $a > 0$ nur positive Eigenwerte

- $\det A > 0$ und $a < 0$ nur negative Eigenwerte

- $\det A < 0$ einen positiven und einen negativen Eigenwert

Mit dieser Aussage, dem sog. *Hauptminoren-Kriterium*, lässt sich die Art der Definitheit einer Matrix auch ohne Kenntnis der Eigenwerte ermitteln. Übertragen wir das Kriterium auf die symmetrische $(2, 2)$-Hesse-Matrix, dann erhalten wir das folgende Resultat:

Ist $(\nabla f)(x_0, y_0) = \vec{o}$, dann hat $z = f(x, y)$ an der Stelle (x_0, y_0) im Fall

- $\det H_f(x_0, y_0) > 0$ und $f_{xx}(x_0, y_0) > 0$ ein lokales Minimum
- $\det H_f(x_0, y_0) > 0$ und $f_{xx}(x_0, y_0) < 0$ ein lokales Maximum
- $\det H_f(x_0, y_0) < 0$ einen Sattelpunkt

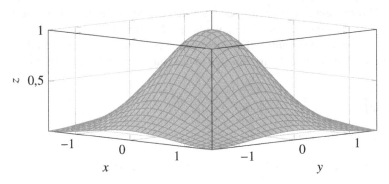

Abb. 1.38 Die Funktion $f(x, y) = e^{-(x^2+y^2)}$

Beispiel 1. Für die Funktion $f(x, y) = e^{-(x^2+y^2)}$ liefert

$$f_x = -2\,x\,e^{-(x^2+y^2)} = 0, \qquad f_y = -2\,y\,e^{-(x^2+y^2)} = 0$$

wegen $e^{-(x^2+y^2)} \neq 0$ einzig den Punkt $(x, y) = (0, 0)$ als mögliche Extremstelle. Setzen wir diese Koordinaten in die zweiten partiellen Ableitungen

$$f_{xx} = (-2 + 4\,x^2)\,e^{-(x^2+y^2)}$$
$$f_{xy} = 4\,x\,y\,e^{-(x^2+y^2)} = f_{yx}$$
$$f_{yy} = (-2 + 4\,y^2)\,e^{-(x^2+y^2)}$$

ein, dann erhalten wir die Einträge

$$f_{xx}(0,0) = -2, \quad f_{xy}(0,0) = f_{yx}(0,0) = 0, \quad f_{yy}(0,0) = -2$$

der Hesse-Matrix $H_f(0, 0)$ mit der Determinante

$$\det H_f(0,0) = \det \begin{pmatrix} -2 & 0 \\ 0 & -2 \end{pmatrix} = 4$$

Wegen $f_{xx}(0,0) < 0$ und $\det H_f(0,0) > 0$ hat f bei $(0,0)$ ein lokales Maximum.

Beispiel 2. Im Fall der Funktion $f(x,y) = x^3 - 2xy + y^2 - 2x + 2y$ ergibt

$$(1) \quad 0 = f_x = \quad 3x^2 - 2y - 2 \quad \Longrightarrow \quad y = \tfrac{3}{2}x^2 - 1$$
$$(2) \quad 0 = f_y = -2x + 2y + 2 = -2x + 3x^2 = x(3x - 2)$$

die beiden Punkte $(x_1, y_1) = (0, -1)$ und $(x_2, y_2) = (\tfrac{2}{3}, -\tfrac{1}{3})$ als mögliche Extremstellen. Mit $f_{xx} = 6x$, $f_{xy} = f_{yx} = -2$ und $f_{yy} = 2$ erhalten wir

$$\det H_f(0, -1) = \begin{vmatrix} 0 & -2 \\ -2 & 2 \end{vmatrix} = -4 \quad \text{und} \quad \det H_f(\tfrac{2}{3}, -\tfrac{1}{3}) = \begin{vmatrix} 4 & -2 \\ -2 & 2 \end{vmatrix} = 4$$

Somit hat f bei $(0, -1)$ einen *Sattelpunkt*, während aus $\det H_f(\tfrac{2}{3}, -\tfrac{1}{3}) > 0$ und $f_{xx}(\tfrac{2}{3}, -\tfrac{1}{3}) = 4 > 0$ folgt, dass bei $(\tfrac{2}{3}, -\tfrac{1}{3})$ ein *lokales Minimum* ist.

1.3.2 Ableitungen höherer Ordnung

In den bisherigen Beispielen erhielten wir aus der Bedingung $(\operatorname{grad} f)(x,y) = \vec{o}$ jeweils nur *isolierte* Stellen $(x_0, y_0) \in \mathbb{R}^2$, an denen die Hesse-Matrix $H_f(x_0, y_0)$ auch nur Eigenwerte ungleich Null hatte, sodass man mit den obigen Kriterien (Vorzeichen der Eigenwerte bzw. Hauptminoren) die Art der Extremstelle ermitteln konnte. Nicht selten tritt jedoch der Fall auf, dass $(\operatorname{grad} f)(x,y) = \vec{o}$ auf einer ganzen Kurve in der (x,y)-Ebene gilt, oder dass Eigenwerte von $H_f(x_0, y_0)$ gleich Null sind.

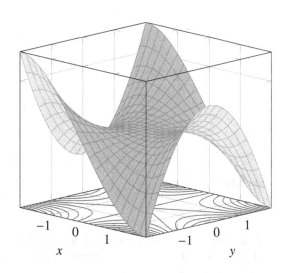

Abb. 1.39 Ein „Affensattel"

Beispiel 1. Die Funktion $z = f(x,y) = x^3 - 3xy^2$ besitzt lediglich an der Stelle $(0,0)$ eine horizontale Tangentialebene mit $(\operatorname{grad} f)(x,y) = \vec{o}$, denn aus

$$0 = f_x = 3x^2 - 3y^2 \quad \Longrightarrow \quad y = \pm x$$
$$0 = f_y = -6xy = \mp 6x^2 \quad \Longrightarrow \quad x = 0$$

erhalten wir $x = y = 0$. Die zweiten partiellen Ableitungen von f sind

$$f_{xx} = 6x, \quad f_{xy} = -6y = f_{yx}, \quad f_{yy} = -6x$$

sodass die Hesse-Matrix an der Stelle $(0,0)$ die Nullmatrix ist: $H_f(0,0) = O$. Insbesondere sind dann auch alle Eigenwerte von $H_f(0,0)$ gleich Null, sodass eine Klassifizierung dieser Extremstelle mit unseren bisherigen Mitteln nicht möglich ist. Tatsächlich hat f bei $(0,0)$ einen Sattelpunkt der besonderen Art, welcher als „Affensattel" bezeichnet wird (siehe Abb. 1.39).

Beispiel 2. Die Funktion $z = f(x,y) = x^2$ beschreibt einen sogenannten „parabolischen Zylinder". Die Bedingung

$$\operatorname{grad} f = \begin{pmatrix} 2x \\ 0 \end{pmatrix} = \begin{pmatrix} 0 \\ 0 \end{pmatrix} \quad \Longrightarrow \quad x = 0$$

ergibt die y-Achse als Ort der möglichen Extremstellen. Tatsächlich nimmt f den minimalen Funktionswert 0 auf der gesamten y-Achse an, vgl. Abb. 1.40. Die Hesse-Matrix

$$H_f = \begin{pmatrix} 2 & 0 \\ 0 & 0 \end{pmatrix}$$

ist hier konstant und hat die Eigenwerte $\lambda_1 = 2$ und $\lambda_2 = 0$.

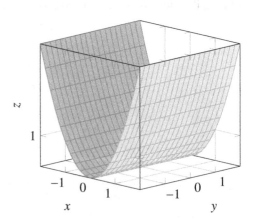

Abb. 1.40 Parabolischer
Zylinder

Solche „extremen" Situationen wie in den obigen Beispielen erfordern eine weitergehende Untersuchung der Funktion, und hierzu braucht man in der Regel partielle Ableitungen 3. oder höherer Ordnung, wie z. B.

$$f_{xxx} = \frac{\partial^3 f}{\partial x^3}, \quad f_{xxy} = \frac{\partial^3 f}{\partial y\,\partial x^2}, \quad f_{xyx} = \frac{\partial^3 f}{\partial x\,\partial y\,\partial x} \quad \text{usw.}$$

Eine Funktion $z = f(x, y)$ besitzt 8 partielle Ableitungen dritter Ordnung, 16 partielle Ableitungen vierter Ordnung und allgemein 2^n partielle Ableitungen der Ordnung n. Falls die Funktion $f : D \longrightarrow \mathbb{R}$ auf einem Gebiet $D \subset \mathbb{R}^2$ hinreichend oft differenzierbar ist, dann kann man den Satz von Schwarz anwenden und erhält beispielsweise

$$f_{xxy} = f_{xyx} = f_{yxx}$$

In diesem Fall bleiben von den 2^n möglichen partiellen Ableitungen n-ter Ordnung maximal $n + 1$ unterschiedliche Funktionen übrig, und so gibt es dann höchstens 5 (statt 16) verschiedene partielle Ableitungen 4. Ordnung, siehe Aufgabe 1.15.

An einer Stelle $(x_0, y_0) \in D$ ist der Funktionswert $f(x_0, y_0)$ ein Skalar, der Gradient $(\text{grad} f)(x_0, y_0)$ ein Vektor und $H_f(x_0, y_0)$ eine Matrix. Diese Größen lassen sich in einem Zahlenschema jeweils als Punkt (Skalar), Strecke (Vektor) oder Quadrat (Matrix) darstellen. Setzt man diese Reihe konsequent fort, dann sind die 8 partiellen Ableitungen dritter Ordnung in einen „Zahlenwürfel" einzutragen:

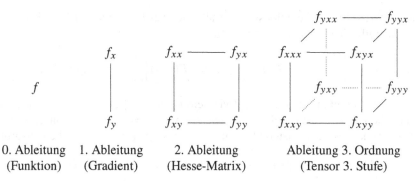

0. Ableitung   1. Ableitung   2. Ableitung   Ableitung 3. Ordnung
(Funktion)   (Gradient)   (Hesse-Matrix) (Tensor 3. Stufe)

Ein solches Gebilde bezeichnet man auch als *Tensor 3. Stufe*, und allgemein bilden die partiellen Ableitungen n-ter Ordnung einen *Tensor* der Stufe n mit 2^n Einträgen. Eine quadratische Matrix ist dann ein Tensor 2. Stufe, ein Spaltenvektor ein Tensor 1. Stufe und ein Skalar (= Zahl) ein Tensor der Stufe 0. Wir werden uns hier nicht weiter mit Tensoren und Ableitungen höherer Ordnung befassen. Wie man mit diesen mathematischen Objekten arbeitet, wird in der *Tensorrechnung* genauer beschrieben.

1.3.3 Der Satz von Schwarz

Dass die Reihenfolge der Variablen, nach denen differenziert wird, bei den gemischten partiellen Ableitungen 2. Ordnung keine Rolle spielt, ist ein sehr nützliches Resultat. Es wird nicht nur für theoretische Überlegungen wie etwa bei der Symmetrie der Hesse-Matrix verwendet, sondern hat auch eine praktische Bedeutung: Wegen $f_{yx} = f_{xy}$ kann man auf die Berechnung der gemischten partiellen Ableitung f_{yx} verzichten, falls f_{xy} bereits bekannt ist. Allgemein lautet der

Satz von Schwarz: Ist f zweimal partiell nach x und y differenzierbar und sind die gemischten partiellen Ableitungen f_{xy} und f_{yx} beide stetig, dann gilt

$$f_{xy} = f_{yx}$$

Die Aussage über die Vertauschbarkeit der gemischten partiellen Ableitungen zweiter Ordnung ist keineswegs trivial. Sie wurde erstmals von Hermann Amandus Schwarz (1843 - 1921) bewiesen. Aufgrund seiner theoretischen und praktischen Bedeutung wollen wir hier den Satz von Schwarz begründen, und dazu müssen wir den Mittelwertsatz der Differentialrechnung mehrmals anwenden. Zur Vereinfachung der Rechnung nutzen wir die Schreibweise

$$F(x, y)\Big|_{x=a}^{x=b} := F(b, y) - F(a, y) \quad \text{bzw.} \quad F(x, y)\Big|_{y=a}^{y=b} := F(x, b) - F(x, a)$$

für die Differenz zweier Funktionswerte. Halten wir bei $F(x, y)$ jeweils eine Koordinate fest, dann ergibt sich aus dem Mittelwertsatz

$$F(x, y)\Big|_{x=a}^{x=b} = F_x(\tilde{x}, y)(b - a) \quad \text{und} \quad F(x, y)\Big|_{y=a}^{y=b} = F_y(x, \tilde{y})(b - a)$$

mit partiellen Ableitungen von F an Zwischenstellen $\tilde{x} \in [a, b]$ bzw. $\tilde{y} \in [a, b]$. Für eine Funktion $z = f(x, y)$ wollen wir nun $f_{xy}(x_0, y_0) = f_{yx}(x_0, y_0)$ an einer Stelle $(x_0, y_0) \in D$ nachweisen. Dazu bilden wir für einen kleinen Wert $h > 0$ die Hilfsgröße

$$A(h) := f(x_0 + h, y_0 + h) - f(x_0 + h, y_0) - f(x_0, y_0 + h) + f(x_0, y_0)$$

Wir können $A(h)$ als Differenz von Funktionswerten

$$A(h) = (f(x, y_0 + h) - f(x, y_0))\Big|_{x=x_0}^{x=x_0+h}$$

an verschiedenen x-Stellen darstellen, sodass nach dem Mittelwertsatz

$$A(h) = \frac{\partial}{\partial x}\left(f(x, y_0 + h) - f(x, y_0)\right)\Big|_{x=x_1} \cdot (x_0 + h - x_0)$$
$$= h \cdot (f_x(x_1, y_0 + h) - f_x(x_1, y_0))$$

mit einer Zwischenstelle $x_1 \in [x_0, x_0 + h]$ gilt. Dieses Resultat lässt sich wieder als Differenz von Funktionswerten bei $x = x_1$ an verschiedenen y-Koordinaten schreiben, und der Mittelwertsatz ergibt

$$A(h) = h \cdot f_x(x_1, y)\Big|_{y=y_0}^{y=y_0+h} = h \cdot \frac{\partial f_x}{\partial y}(x_1, y)\Big|_{y=y_1} \cdot (y_0 + h - y_0) = h^2 \cdot f_{xy}(x_1, y_1)$$

mit einer Zwischenstelle $y_1 \in [y_0, y_0 + h]$. Nun lässt sich der Ausdruck $A(h)$ von Anfang an auch in einer zweiten Form als Differenz von Funktionswerten schreiben, wobei eine ähnliche Rechnung wie oben

$$A(h) = (f(x_0 + h, y) - f(x_0, y)) \Big|_{y=y_0}^{y=y_0+h}$$

$$= \frac{\partial}{\partial y} (f(x_0 + h, y) - f(x_0, y)) \Big|_{y=y_2} \cdot (y_0 + h - y_0)$$

$$= h \cdot (f_y(x_0 + h, y_2) - f_y(x_0, y_2)) = h \cdot f_y(x, y_2) \Big|_{x=x_0}^{x=x_0+h}$$

$$= h \cdot \frac{\partial f_y}{\partial x}(x, y_2) \Big|_{x=x_2} \cdot (x_0 + h - x_0) = h^2 \cdot f_{yx}(x_2, y_2)$$

an (anderen) Zwischenstellen $x_2 \in [x_0, x_0 + h]$ und $y_2 \in [y_0, y_0 + h]$ ergibt. Insgesamt erhalten wir dann

$$A(h) = h^2 \cdot f_{xy}(x_1, y_1) = h^2 \cdot f_{yx}(x_2, y_2) \quad \Longrightarrow \quad f_{xy}(x_1, y_1) = f_{yx}(x_2, y_2)$$

Für $h \to 0$ müssen aber auch die Zwischenstellen x_1, x_2 in $[x_0, x_0 + h]$ bzw. y_1, y_2 in $[y_0, y_0 + h]$ gegen die gleichen Koordinaten x_0 bzw. y_0 konvergieren. Da die Funktionen f_{xy} und f_{yx} beide stetig sind, ergibt sich: $f_{xy}(x_0, y_0) = f_{yx}(x_0, y_0)$.

1.4 Ausblick: mehrere Veränderliche

Die bisherigen Ergebnisse für Funktionen $f(x, y)$ kann man unmittelbar auf Funktionen mit mehr als zwei Veränderlicher übertragen. Funktionen mit drei Veränderlichen sind beispielsweise die Temperaturverteilung im Raum, der Luftdruck in der Atmosphäre, oder z. B. die Funktion

$$f(x, y, z) = x\, y^3 e^z + \sin(x^2 + z^2), \quad (x, y, z) \in \mathbb{R}^3$$

Man berechnet die partiellen Ableitungen nach einer Veränderlichen, indem man jeweils die übrigen Veränderlichen als Konstanten behandelt, also

$$f_x = y^3 e^z + \cos(x^2 + z^2) \cdot 2x, \quad f_y = 3 x\, y^2 e^z, \quad f_z = x\, y^3 e^z + \cos(x^2 + z^2) \cdot 2z$$

Der Gradientenvektor hat in diesem Fall drei Komponenten

$$\operatorname{grad} f = \begin{pmatrix} f_x \\ f_y \\ f_z \end{pmatrix}$$

und es gibt insgesamt 9 partielle Ableitungen zweiter Ordnung wie z. B.

$$f_{xz} = y^3 e^z - \sin(x^2 + z^2) \cdot 2x \cdot 2z, \quad f_{yy} = 6 x\, y\, e^z,$$

$$f_{zx} = y^3 e^z - \sin(x^2 + z^2) \cdot 2z \cdot 2x \quad \text{usw.}$$

die in der $(3, 3)$-Hesse-Matrix zusammengefasst werden:

$$H_f = \begin{pmatrix} f_{xx} & f_{yx} & f_{zx} \\ f_{xy} & f_{yy} & f_{zy} \\ f_{xz} & f_{yz} & f_{zz} \end{pmatrix}$$

Auch bei mehreren Veränderlichen darf man die Reihenfolge der Differentiation in den gemischten Ableitungen vertauschen: $f_{xy} = f_{yx}$, $f_{xz} = f_{zx}$ und $f_{yz} = f_{zy}$, sodass also H_f wieder eine symmetrische Matrix ist.

Die verallgemeinerte Kettenregel lässt sich ebenfalls auf Funktionen mit mehr als zwei Veränderlichen erweitern: Ist $w = f(x, y, z)$ eine differenzierbare Funktion mit drei Variablen $x = x(t)$, $y = y(t)$ und $z = z(t)$, welche differenzierbar von einem Parameter t abhängen, dann gilt

$$\frac{\mathrm{d}}{\mathrm{d}t} f(x(t), y(t), z(t)) = (\mathrm{grad}\, f)(x(t), y(t), z(t)) \cdot \begin{pmatrix} \dot{x}(t) \\ \dot{y}(t) \\ \dot{z}(t) \end{pmatrix} = (\nabla f)(\vec{r}(t)) \cdot \dot{\vec{r}}(t)$$

Die Aussagen über den Gradienten und über die Extremstellen einer Funktion $z = f(x, y)$ gelten sinngemäß auch für Funktionen von drei oder mehr Veränderlichen. So ist der Gradient stets ein Normalenvektor zu den *Niveauflächen* (= Flächen konstanter Funktionswerte), und er zeigt in die Richtung des maximalen Funktionsanstiegs, siehe Abb. 1.41. Bei einer lokalen Extremstelle muss $(\mathrm{grad}\, f)(x_0, y_0, z_0) = \vec{o}$ erfüllt sein. Die Eigenwerte der Hesse-Matrix entscheiden dann über die Art der Extremstelle: Sind alle Eigenwerte positiv, dann liegt ein lokales Minimum vor, und im Fall, dass alle Eigenwerte negativ sind, ist bei (x_0, y_0, z_0) ein lokales Maximum.

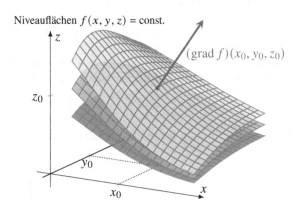

Niveauflächen $f(x, y, z) = \text{const.}$

$(\mathrm{grad}\, f)(x_0, y_0, z_0)$

Abb. 1.41 Niveauflächen einer Funktion $f(x, y, z)$

Diese kleine Übersicht zeigt: Sobald man den Schritt von einer auf zwei Variablen durchgeführt hat, gibt es bei mehr als zwei Veränderlichen kaum noch konzeptionelle Neuerungen – allein die Gradienten und Matrizen haben mehr Einträge!

1.5 Flächen in Parameterdarstellung

Der Übergang von der Funktionsdarstellung $y = f(x)$ zur Parameterform mit zwei Koordinatenfunktionen $x = x(t)$ und $y = y(t)$ ermöglichte uns die Beschreibung komplizierter Kurven in der Ebene. Gleiches gilt für Flächen im Raum: Auch hier kann man durch eine Parameterdarstellung sehr komplizierte Gebilde erzeugen. Allerdings braucht man jetzt zwei Parameter u und v aus einem Parameterbereich $D \subset \mathbb{R}^2$ sowie drei Koordinatenfunktionen, und allgemein hat dann eine Fläche in Parameterdarstellung die Form

$$x = x(u, v), \quad y = y(u, v), \quad z = z(u, v) \quad \text{mit} \quad (u, v) \in D$$

Alternativ kann man eine Fläche in Parameterdarstellung auch als (Vektor-)Funktion mit zwei Veränderlichen auffassen:

$$\vec{r} : D \longrightarrow \mathbb{R}^3, \quad (u, v) \longmapsto \vec{r}(u, v) = \begin{pmatrix} x(u, v) \\ y(u, v) \\ z(u, v) \end{pmatrix}$$

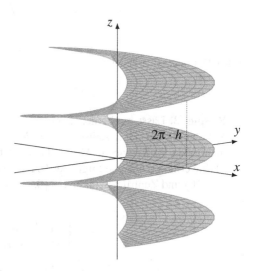

Abb. 1.42 Eine Schraubenfläche mit Ganghöhe $h > 0$

Beispiel 1. Indem wir bei einer Helix (Schraubenlinie) mit der Ganghöhe h den Radius $r = v$ variieren, erhalten wir die in Abb. 1.42 dargestellte *Schraubenfläche*

$$x(u, v) = v \cos u, \quad y(u, v) = v \sin u, \quad z(u, v) = h \cdot u$$

mit den Parameterwerten $(u, v) \in \mathbb{R} \times [0, \infty[$.

Beispiel 2. Eine Kugel in $\mathbb{R}^3$ um den Ursprung O mit dem Radius r kann man ebenfalls durch zwei Parameter beschreiben. Die Position eines Punkts P auf der Kugeloberfläche ist, so wie bei einem Globus, durch einen „Längengrad" $u \in [0, 2\pi]$ in der (x, y)-Ebene und einen „Breitengrad" $v \in [-\frac{\pi}{2}, \frac{\pi}{2}]$ senkrecht zur (x, y)-Ebene festgelegt, siehe Abb. 1.43. Mit den beiden Winkelwerten u und v im Bogenmaß können wir die räumlichen Koordinaten des Kugelpunkts P wie folgt berechnen:

$$x(u,v) = r \cos u \cos v, \quad y(u,v) = r \sin u \cos v, \quad z(u,v) = r \sin v$$

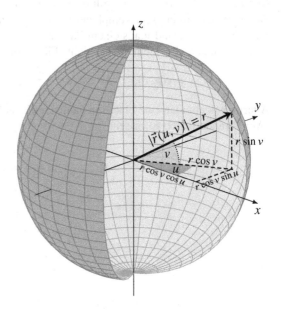

Abb. 1.43 Parameterdarstellung
einer Kugel

Beispiel 3. Lässt man einen Kreis mit dem Radius r in der (x,z)-Ebene und dem Mittelpunkt auf der x-Achse bei $x = R > r$ um die z-Achse rotieren, dann erzeugt man einen *Torus* wie in Abb. 1.44. Eine Parameterdarstellung $\vec{r} = \vec{r}(u,v)$ dieser Fläche erhalten wir wie folgt: Der Kreis in der (x,z)-Ebene mit dem Mittelpunkt bei $(R,0,0)$ und Zentrumswinkel $u \in [0,2\pi]$ wird beschrieben durch die Ortsvektoren

$$\vec{r}(u) = \begin{pmatrix} R \\ 0 \\ 0 \end{pmatrix} + \begin{pmatrix} r \cos u \\ 0 \\ r \sin u \end{pmatrix} = \begin{pmatrix} R + r \cos u \\ 0 \\ r \sin u \end{pmatrix}$$

Die Drehmatrix in $\mathbb{R}^3$ um die z-Achse zum Drehwinkel $v \in [0,2\pi]$ hat die Form

$$A(v) = \begin{pmatrix} \cos v & -\sin v & 0 \\ \sin v & \cos v & 0 \\ 0 & 0 & 1 \end{pmatrix}$$

Die z-Koordinate wird dabei nicht verändert. Der Torus entsteht dann durch Drehung des Kreises $\vec{r}(u)$ mit dem Winkel v um die z-Achse, sodass

$$\vec{r}(u,v) = A(v) \cdot \vec{r}(u) = \begin{pmatrix} (R + r \cos u) \cos v \\ (R + r \cos u) \sin v \\ r \sin u \end{pmatrix}, \quad (u,v) \in [0,2\pi] \times [0,2\pi]$$

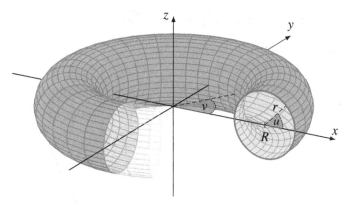

Abb. 1.44 Ein Torus mit den Radien R (Mittelkreis) und r

In der Praxis spielen Rotationsflächen eine wichtige Rolle. Eine solche Fläche wird beispielsweise durch Drehung einer Kurve $z = f(x)$, $x \in [a, b]$ mit $0 \leq a < b$ um die z-Achse erzeugt, siehe Abb. 1.45. Mit dem Parameter $u = x \in [a, b]$ und dem Drehwinkel $v \in [0, 2\pi]$ können wir diese Rotationsfläche allgemein in der Form

$$\vec{r}(u, v) = A(v) \cdot \begin{pmatrix} u \\ 0 \\ f(u) \end{pmatrix} = \begin{pmatrix} u \cdot \cos v \\ u \cdot \sin v \\ f(u) \end{pmatrix}, \quad (u, v) \in [a, b] \times [0, 2\pi]$$

beschreiben, wobei $A(v)$ wie im letzten Beispiel (Torus) die Drehmatrix zum Winkel v um die z-Achse ist.

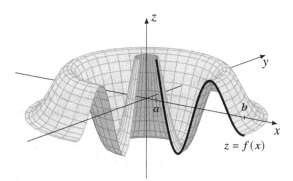

Abb. 1.45 Rotationsfläche um die z-Achse

Beispiel: Die Drehung der Parabel $z = x^2$, $x \in [0, \infty[$ um die z-Achse ergibt das Rotationsparaboloid in Abb. 1.46 mit der Parameterdarstellung

$$\vec{r}(u, v) = \begin{pmatrix} x(u, v) \\ y(u, v) \\ z(u, v) \end{pmatrix} = \begin{pmatrix} u \cos v \\ u \sin v \\ u^2 \end{pmatrix}, \quad (u, v) \in [0, \infty[\times [0, 2\pi]$$

Für die Punkte (x, y, z) auf dieser Fläche gilt

$$x^2 + y^2 = u^2 \cos^2 v + u^2 \sin^2 v = u^2 (\cos^2 v + \sin^2 v) = u^2 = z$$

oder kurz $z = x^2 + y^2$ für $(x, y) \in \mathbb{R}^2$.

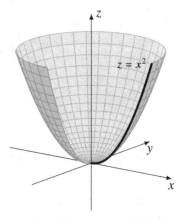

Abb. 1.46 Rotationsparaboloid

Tangentialebene und Normalenvektor

Wir wollen nun die Tangentialebene einer Fläche in Parameterdarstellung $\vec{r}(u, v)$ bestimmen. Halten wir den Parameter $v = v_0$ fest, dann erzeugen die Ortsvektoren $\vec{r}(u, v_0)$ mit dem noch freien Parameter u eine Kurve im Raum, welche auf der Fläche durch den Punkt $\vec{r}(u_0, v_0)$ verläuft. Der Tangentenvektor dieser Raumkurve im Punkt $\vec{r}(u_0, v_0)$ ist

$$\vec{r}_u(u_0, v_0) := \frac{\mathrm{d}}{\mathrm{d}u} \vec{r}(u, v_0) \Big|_{u=u_0} = \begin{pmatrix} \frac{\mathrm{d}}{\mathrm{d}u} x(u, v_0) \big|_{u=u_0} \\ \frac{\mathrm{d}}{\mathrm{d}u} y(u, v_0) \big|_{u=u_0} \\ \frac{\mathrm{d}}{\mathrm{d}u} z(u, v_0) \big|_{u=u_0} \end{pmatrix}$$

Die Komponenten des Tangentenvektors $\vec{r}_u(u_0, v_0)$ sind demnach die Ableitungen der Koordinatenfunktionen nach der Veränderlichen u bei konstantem Parameter $v = v_0$, also die partiellen Ableitungen der Koordinatenfunktionen nach u:

$$\vec{r}_u(u_0, v_0) = \begin{pmatrix} x_u(u_0, v_0) \\ y_u(u_0, v_0) \\ z_u(u_0, v_0) \end{pmatrix} = \begin{pmatrix} \frac{\partial x}{\partial u}(u_0, v_0) \\ \frac{\partial y}{\partial u}(u_0, v_0) \\ \frac{\partial z}{\partial u}(u_0, v_0) \end{pmatrix}$$

Lassen wir umgekehrt $u = u_0$ konstant, dann erzeugen die Ortsvektoren $\vec{r}(u_0, v)$ mit dem Parameter v eine weitere Raumkurve auf der Fläche durch den gegebenen Punkt mit dem Tangentenvektor

$$\vec{r}_v(u_0, v_0) = \begin{pmatrix} x_v(u_0, v_0) \\ y_v(u_0, v_0) \\ z_v(u_0, v_0) \end{pmatrix} = \begin{pmatrix} \frac{\partial x}{\partial v}(u_0, v_0) \\ \frac{\partial y}{\partial v}(u_0, v_0) \\ \frac{\partial z}{\partial v}(u_0, v_0) \end{pmatrix}$$

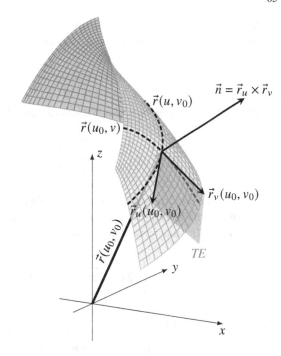

Abb. 1.47 Tangentialebene
an eine Fläche in Parameterdarstellung

Die beiden Tangentenvektoren $\vec{r}_u(u_0, v_0)$ und $\vec{r}_v(u_0, v_0)$ wiederum spannen die Tangentialebene zur Fläche $\vec{r}(u, v)$ im Punkt $\vec{r}(u_0, v_0)$ auf, und diese hat dann die Punkt-Richtungs-Form (vgl. Abb. 1.47)

$$TE \; : \; \vec{r}(u_0, v_0) + \lambda_1 \cdot \vec{r}_u(u_0, v_0) + \lambda_2 \cdot \vec{r}_v(u_0, v_0)$$

Schließlich können wir auch noch einen Normalenvektor zur Fläche $\vec{r}(u, v)$ im Punkt $\vec{r}(u_0, v_0)$ berechnen. Das Vektorprodukt der beiden Tangentenvektoren

$$\vec{n}(u_0, v_0) := \vec{r}_u(u_0, v_0) \times \vec{r}_v(u_0, v_0)$$

steht senkrecht auf der Tangentialebene und somit auch senkrecht auf der Fläche. Zusammenfassend notieren wir:

Eine Fläche mit der Parameterdarstellung

$$\vec{r}(u, v) = \begin{pmatrix} x(u, v) \\ y(u, v) \\ z(u, v) \end{pmatrix}, \quad (u, v) \in D \subset \mathbb{R}^2$$

hat für die Parameterwerte (u_0, v_0) im Punkt $\vec{r}(u_0, v_0)$ die *Tangentialebene*

$$TE \; : \; \vec{r}(u_0, v_0) + \lambda_1 \cdot \vec{r}_u(u_0, v_0) + \lambda_2 \cdot \vec{r}_v(u_0, v_0)$$

und den *Normalenvektor* $\vec{n}(u_0, v_0) := \vec{r}_u(u_0, v_0) \times \vec{r}_v(u_0, v_0)$.

In der Praxis braucht man oftmals einen Einheitsvektor senkrecht zur Fläche. Einen solchen *Normaleneinheitsvektor* $\vec{N}(u, v)$ erhält man durch Normierung von $\vec{n}(u, v)$:

$$\vec{N}(u, v) := \frac{1}{|\vec{n}(u, v)|} \cdot \vec{n}(u, v) \cdot$$

Beispiel 1. Die Kugel um O mit Radius 2 kann durch die Parameterdarstellung

$$\vec{r}(u, v) = \begin{pmatrix} 2\cos u \cos v \\ 2\sin u \cos v \\ 2\sin v \end{pmatrix}, \quad (u, v) \in [0, 2\pi] \times [-\tfrac{\pi}{2}, \tfrac{\pi}{2}]$$

beschrieben werden. Mit den partiellen Ableitungen der Koordinatenfunktionen nach u bzw. v erhalten wir die Tangentenvektoren $\vec{r}_u$ längs eines Breitengrads $v = $ const bzw. $\vec{r}_v$ in Richtung eines Längengrads $u = $ const:

$$\vec{r}_u = \begin{pmatrix} -2\sin u \cos v \\ 2\cos u \cos v \\ 0 \end{pmatrix} \quad \text{und} \quad \vec{r}_v = \begin{pmatrix} -2\cos u \sin v \\ -2\sin u \sin v \\ 2\cos v \end{pmatrix}$$

sowie den Normalenvektor

$$\vec{n} = \vec{r}_u \times \vec{r}_v = \begin{pmatrix} 4\cos u \cos^2 v \\ 4\sin u \cos^2 v \\ 4(\sin^2 u + \cos^2 u)\sin v \cos v \end{pmatrix} = 2\cos v \cdot \begin{pmatrix} 2\cos u \cos v \\ 2\sin u \cos v \\ 2\sin v \end{pmatrix}$$

Bei der Kugel hat also der Normalenvektor $\vec{n}(u, v) = 2\cos v \cdot \vec{r}(u, v)$ stets die gleiche Richtung wie der Ortsvektor zum Punkt auf der Kugelfläche. Wegen $|\vec{r}(u, v)| = 2$ (Kugelradius) hat der hier berechnete Normalenvektor die Länge

$$|\vec{n}| = 2\cos v \cdot |\vec{r}| = 2\cos v \cdot 2 = 4\cos v$$

Durch Normierung dieses Vektors erhalten wir den Normaleneinheitsvektor

$$\vec{N}(u, v) = \frac{1}{|\vec{n}(u, v)|} \cdot \vec{n}(u, v) = \frac{1}{4\cos v} \cdot 2\cos v \cdot \vec{r}(u, v) = \tfrac{1}{2}\vec{r}(u, v)$$

Setzen wir speziell die Parameterwerte $(u_0, v_0) = (\tfrac{\pi}{2}, \tfrac{\pi}{3})$ ein, dann sind im Punkt

$$\vec{r}(\tfrac{\pi}{2}, \tfrac{\pi}{3}) = \begin{pmatrix} 2\cos\tfrac{\pi}{2}\cos\tfrac{\pi}{3} \\ 2\sin\tfrac{\pi}{2}\cos\tfrac{\pi}{3} \\ 2\sin\tfrac{\pi}{3} \end{pmatrix} = \begin{pmatrix} 0 \\ 1 \\ \sqrt{3} \end{pmatrix}$$

auf der Kugel die beiden Tangentenvektoren gegeben durch

$$\vec{r}_u(\tfrac{\pi}{2}, \tfrac{\pi}{3}) = \begin{pmatrix} -2\sin\tfrac{\pi}{2}\cos\tfrac{\pi}{3} \\ 2\cos\tfrac{\pi}{2}\cos\tfrac{\pi}{3} \\ 0 \end{pmatrix} = \begin{pmatrix} -1 \\ 0 \\ 0 \end{pmatrix}, \quad \vec{r}_v(\tfrac{\pi}{2}, \tfrac{\pi}{3}) = \begin{pmatrix} -2\cos\tfrac{\pi}{2}\sin\tfrac{\pi}{3} \\ -2\sin\tfrac{\pi}{2}\sin\tfrac{\pi}{3} \\ 2\cos\tfrac{\pi}{3} \end{pmatrix} = \begin{pmatrix} 0 \\ -\sqrt{3} \\ 1 \end{pmatrix}$$

Die Gleichung der Tangentialebene im Kugelpunkt $(0, 1, \sqrt{3})$ lautet somit

$$TE : \begin{pmatrix} 0 \\ 1 \\ \sqrt{3} \end{pmatrix} + \lambda_1 \cdot \begin{pmatrix} -1 \\ 0 \\ 0 \end{pmatrix} + \lambda_2 \cdot \begin{pmatrix} 0 \\ -\sqrt{3} \\ 1 \end{pmatrix}$$

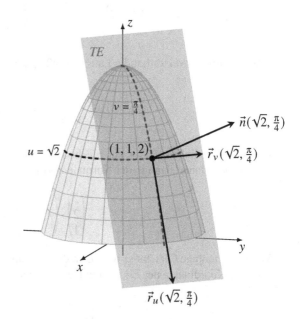

Abb. 1.48 Tangentialebene und Normalenvektor im Punkt $(1, 1, 2)$ zum Rotationsparaboloid $z = 4 - x^2 - y^2$

Beispiel 2. Bei Drehung der Parabel $z = 4 - x^2$ um die z-Achse entsteht als Rotationsfläche ein Paraboloid, welches durch die Parameterdarstellung

$$x(u, v) = u \cos v, \quad y(u, v) = u \sin v, \quad z(u, v) = 4 - u^2$$

oder kurz

$$\vec{r}(u, v) = \begin{pmatrix} u \cos v \\ u \sin v \\ 4 - u^2 \end{pmatrix}, \quad (u, v) \in [0, \infty[\times [0, 2\pi]$$

beschrieben werden kann. Die Parameter $(u_0, v_0) = (\sqrt{2}, \frac{\pi}{4})$ liefern den Punkt $(1, 1, 2)$ auf der Fläche, und wir wollen dort die Tangentialebene berechnen (siehe Abb. 1.48). Dazu bilden wir mit den Tangentenvektoren

$$\vec{r}_u(u, v) = \begin{pmatrix} \cos v \\ \sin v \\ -2u \end{pmatrix} \implies \vec{r}_u(\sqrt{2}, \tfrac{\pi}{4}) = \begin{pmatrix} \frac{1}{2}\sqrt{2} \\ \frac{1}{2}\sqrt{2} \\ -2\sqrt{2} \end{pmatrix}$$

und

$$\vec{r}_v(u,v) = \begin{pmatrix} -u\sin v \\ u\cos v \\ 0 \end{pmatrix} \quad \Longrightarrow \quad \vec{r}_v(\sqrt{2},\tfrac{\pi}{4}) = \begin{pmatrix} -1 \\ 1 \\ 0 \end{pmatrix}$$

den Normalenvektor bei $(u_0, v_0) = (\sqrt{2}, \tfrac{\pi}{4})$:

$$\vec{n}(\sqrt{2},\tfrac{\pi}{4}) = \vec{r}_u(\sqrt{2},\tfrac{\pi}{4}) \times \vec{r}_v(\sqrt{2},\tfrac{\pi}{4}) = \begin{pmatrix} \tfrac{1}{2}\sqrt{2} \\ \tfrac{1}{2}\sqrt{2} \\ -2\sqrt{2} \end{pmatrix} \times \begin{pmatrix} -1 \\ 1 \\ 0 \end{pmatrix} = \begin{pmatrix} 2\sqrt{2} \\ 2\sqrt{2} \\ \sqrt{2} \end{pmatrix}$$

Dieser Normalenvektor hat die Länge $|\vec{n}(\sqrt{2},\tfrac{\pi}{4})| = 3\sqrt{2}$, und somit ist

$$\vec{N}(\sqrt{2},\tfrac{\pi}{4}) = \frac{1}{3\sqrt{2}} \cdot \vec{n}(\sqrt{2},\tfrac{\pi}{4}) = \tfrac{1}{3}\begin{pmatrix} 2 \\ 2 \\ 1 \end{pmatrix}$$

der Normaleneinheitsvektor zur Fläche im Punkt $(1,1,2)$. Die Gleichung der Tangentialebene lautet dann in der Normalenform

$$TE \ : \ \tfrac{1}{3}\begin{pmatrix} 2 \\ 2 \\ 1 \end{pmatrix} \cdot \left(\vec{r} - \begin{pmatrix} 1 \\ 1 \\ 2 \end{pmatrix} \right) = 0$$

Wir können obige Gleichung für TE in die Koordinatenform umwandeln, indem wir für $\vec{r}$ die Koordinaten der Ebenenpunkte einsetzen:

$$0 = \tfrac{1}{3}\begin{pmatrix} 2 \\ 2 \\ -1 \end{pmatrix} \cdot \begin{pmatrix} x-1 \\ y-1 \\ z-2 \end{pmatrix} = \tfrac{2}{3}(x-1) + \tfrac{2}{3}(y-1) + \tfrac{1}{3}(z-2)$$

Lösen wir diese Gleichung nach z auf, dann ergibt sich die Tangentialebene in der Koordinatenform

$$z = 2 - 2\,(x-1) - 2\,(y-1)$$

Man kann das Ergebnis von Beispiel 2 übrigens auch auf einem ganz anderen Weg erhalten. Das Rotationsparaboloid wird beschrieben durch die Funktion $f(x,y) = 4 - x^2 - y^2$ mit den partiellen Ableitungen $f_x = -2x$ und $f_y = -2y$. Die Gleichung der Tangentialebene an der Stelle $x_0 = x(\sqrt{2},\tfrac{\pi}{4}) = 1$ und $y_0 = y(\sqrt{2},\tfrac{\pi}{4}) = 1$ ist demnach

$$z = f(1,1) + f_x(1,1) \cdot (x-1) + f_y(1,1) \cdot (y-1)$$
$$= 2 - 2\,(x-1) - 2\,(y-1)$$

1.6 Ableitung komplexer Funktionen

1.6.1 Komplexe Funktionen

Wir haben uns eingehend mit der Ableitung reellwertiger Funktionen $f : D \longrightarrow \mathbb{R}$ auf einem Definitionsbereich $D \subset \mathbb{R}$ oder $D \subset \mathbb{R}^2$ befasst. Wir wollen nun *komplexe Funktionen* $f : G \longrightarrow \mathbb{C}$ betrachten, bei denen sowohl der Definitionsbereich $G \subset \mathbb{C}$ als auch der Wertebereich aus komplexen Zahlen besteht. Für solche Funktionen verwendet man auch die verkürzte Schreibweise $w = f(z)$, $z \in G \subset \mathbb{C}$.

Beispiel 1. Für die Funktion $w = f(z) = z^2$ mit $z \in \mathbb{C}$ ist

$$f(4\,\mathrm{i}) = (4\,\mathrm{i})^2 = -16, \quad f(2\,\mathrm{e}^{\mathrm{i}\frac{\pi}{6}}) = 4\,\mathrm{e}^{\mathrm{i}\frac{\pi}{3}}$$
$$f(2 - 3\,\mathrm{i}) = (2 - 3\,\mathrm{i})^2 = -5 - 12\,\mathrm{i} \quad \text{usw.}$$

Beispiel 2. Die komplexe Exponentialfunktion $f(z) = \mathrm{e}^z$ ist ebenfalls für alle $z \in \mathbb{C}$ definiert, und sie liefert z. B. die Funktionswerte $f(\mathrm{i}\,\pi) = \mathrm{e}^{\mathrm{i}\pi} = -1$ oder

$$f(1 + 2\,\mathrm{i}) = \mathrm{e}^{1+2\,\mathrm{i}} = \mathrm{e}^1 \cdot \mathrm{e}^{2\,\mathrm{i}} = \mathrm{e} \cdot (\cos 2 + \mathrm{i}\sin 2) \approx -1{,}1312 + 2{,}4717\,\mathrm{i}$$

Beispiel 3. Der maximale Definitionsbereich einer gebrochen-rationalen komplexen Funktion mit einem Nennerpolynom vom Grad n hat nach dem Fundamentalsatz der Algebra maximal n Definitionslücken in $\mathbb{C}$. Beispielsweise ist

$$f(z) = \frac{z^2 + \mathrm{i}\,z - 2 + 3\,\mathrm{i}}{z^3 - z^2 + 3\,z + 5} = \frac{P(z)}{Q(z)}, \quad z \in \mathbb{C} \setminus \{-1, 1 - 2\,\mathrm{i}, 1 + 2\,\mathrm{i}\}$$

an den drei komplexen Nullstellen von $Q(z) = z^3 - z^2 + 3\,z + 5$ nicht definiert.

Der Graph einer *reellen* Funktion wie z. B. $y = x^2$ mit $x \in \mathbb{R}$ ist eine Kurve (hier: die Normalparabel) im zweidimensionalen kartesischen Koordinatensystem $\mathbb{R}^2$. Eine reelle Funktion mit zwei Veränderlichen wie etwa $z = x^2 + y^2$ für $(x, y) \in \mathbb{R}^2$ lässt sich graphisch durch eine Fläche im Raum $\mathbb{R}^3$ beschreiben. Wie aber kann man eine *komplexe* Funktion $w = f(z)$ graphisch darstellen? Der Definitionsbereich G ist eine Teilmenge der *Gaußschen Zahlenebene* (GZE), welche mit $\mathbb{R}^2$ identifiziert werden kann, wobei die Punkte aus G durch f wieder in die Gaußsche Zahlenebene abgebildet werden. Somit lässt sich selbst eine einfache komplexe Funktion wie beispielsweise $w = z^2$ für $z \in \mathbb{C}$ nicht mehr als Kurve oder Fläche veranschaulichen. Zum Darstellen und Differenzieren komplexer Funktionen braucht man einen kleinen Trick. Wir zerlegen eine Funktion $w = f(z)$ für $z = x + \mathrm{i}\,y \in G$ in ihren Real- und Imaginärteil:

$$u(x, y) := \operatorname{Re} f(x + \mathrm{i}\,y) \quad \text{und} \quad v(x, y) := \operatorname{Im} f(x + \mathrm{i}\,y) \quad \text{für} \quad (x, y) \in G$$

Hierbei ist die Menge $D = \{(x, y) \in \mathbb{R}^2 \,|\, x + \mathrm{i}\,y \in G\} \subset \mathbb{R}^2$ das kartesische Pendant zum Definitionsbereich $G \subset \mathbb{C}$, d. h., die Punkte und komplexen Zeiger aus der GZE werden in Punkte bzw. Ortsvektoren im kartesischen Koordinatensystem übersetzt. Damit gilt

$$f(x + \mathrm{i}\, y) = u(x, y) + \mathrm{i}\, v(x, y) \quad \text{für} \quad z = x + \mathrm{i}\, y \in G \quad \text{bzw.} \quad (x, y) \in D$$

wobei $u, v : D \longrightarrow \mathbb{R}$ jetzt zwei reellwertige Funktionen in jeweils zwei reellen Veränderlichen sind.

Beispiel 1. Die quadratische Funktion $f(z) = z^2$ liefert für $z = x + \mathrm{i}\, y$ den komplexen Wert

$$w = z^2 = x^2 + 2 \cdot x \cdot \mathrm{i}\, y + (\mathrm{i}\, y)^2 = x^2 - y^2 + \mathrm{i} \cdot 2xy = u(x, y) + \mathrm{i}\, v(x, y)$$

mit $u(x, y) = x^2 - y^2$ und $v(x, y) = 2xy$.

Beispiel 2. Für die Funktion $w = f(z) = \mathrm{e}^z$ und ein Argument $z = x + \mathrm{i}\, y \in \mathbb{C}$ gilt gemäß der Eulerschen Formel

$$f(z) = \mathrm{e}^{x+\mathrm{i}y} = \mathrm{e}^x \cdot \mathrm{e}^{\mathrm{i}y} = \mathrm{e}^x \cos y + \mathrm{i}\, \mathrm{e}^x \sin y = u(x, y) + \mathrm{i}\, v(x, y)$$

mit $u(x, y) = \mathrm{e}^x \cos y$ sowie $v(x, y) = \mathrm{e}^x \sin y$ für $(x, y) \in \mathbb{R}^2$.

Beispiel 3. Die komplexe Sinusfunktion $f(z) = \sin z$ lässt sich wie folgt zerlegen:

$$
\begin{aligned}
\sin z &= \frac{\mathrm{e}^{\mathrm{i}z} - \mathrm{e}^{-\mathrm{i}z}}{2\mathrm{i}} = \frac{\mathrm{e}^{\mathrm{i}(x+\mathrm{i}y)} - \mathrm{e}^{-\mathrm{i}(x+\mathrm{i}y)}}{2\mathrm{i}} = \frac{\mathrm{e}^{-y+\mathrm{i}x} - \mathrm{e}^{y-\mathrm{i}x}}{2\mathrm{i}} \\
&= -\tfrac{\mathrm{i}}{2} \left(\mathrm{e}^{-y}(\cos x + \mathrm{i} \sin x) - \mathrm{e}^{y}(\cos x - \mathrm{i} \sin x) \right) \\
&= \sin x \cdot \frac{\mathrm{e}^{y} + \mathrm{e}^{-y}}{2} + \mathrm{i} \cos x \cdot \frac{\mathrm{e}^{y} - \mathrm{e}^{-y}}{2} = \sin x \cdot \cosh y + \mathrm{i} \cos x \sinh y
\end{aligned}
$$

Damit ist $\sin(x + \mathrm{i}\, y) = u(x, y) + \mathrm{i}\, v(x, y)$, wobei $u(x, y) = \sin x \cosh y$ und $v(x, y) = \cos x \sinh y$.

Beispiel 4. Die Inversion $w = f(z) = \frac{1}{z}$ einer komplexen Zahl $z \in \mathbb{C} \setminus \{0\}$ kann man folgendermaßen berechnen:

$$f(x + \mathrm{i}\, y) = \frac{1}{x + \mathrm{i}\, y} = \frac{x - \mathrm{i}\, y}{(x + \mathrm{i}\, y)(x - \mathrm{i}\, y)} = \underbrace{\frac{x}{x^2 + y^2}}_{u(x,y)} + \mathrm{i} \cdot \underbrace{\frac{-y}{x^2 + y^2}}_{v(x,y)}$$

Halten wir bei einer komplexen Zahl $z = x + \mathrm{i}\, y$ entweder den Realteil $x = x_0$ oder den Imaginärteil $y = y_0$ fest, dann entsteht ein Gitter in der GZE so wie in Abb. 1.49. Dort sind die Werte $z = x_0 + \mathrm{i}\, y$ und $z = x + \mathrm{i}\, y_0$ mit $x, y \in [0, 2]$ und den Konstanten $x_0, y_0 \in \{\frac{1}{5}, \frac{2}{5}, \dots, 2\}$ eingezeichnet. Wir können uns ein Bild von der komplexen Funktion $w = f(z)$ machen, indem wir die Wirkung von f auf ein solches Gitter betrachten. Die Gitterlinien werden nämlich durch die Funktion $f(z)$ auf i. Allg. krumme Kurven in der GZE abgebildet. Bei einem konstanten Realteil $x = x_0$ und dem variablen Imaginärteil y als „Parameter" erhalten wir eine Kurve in der GZE mit der Parameterdarstellung

$$y \longmapsto f(x_0, y) \triangleq \begin{pmatrix} u(x_0, y) \\ v(x_0, y) \end{pmatrix}$$

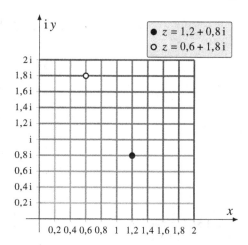

Abb. 1.49 Ein Gitter in der Gaußschen Zahlenebene (GZE)

und ebenso wird eine Linie mit dem konstanten Imaginärteil $y = y_0$ auf die Kurve

$$x \longmapsto f(x, y_0) \triangleq \begin{pmatrix} u(x, y_0) \\ v(x, y_0) \end{pmatrix}$$

mit dem Parameter x abgebildet. Für die Funktionen $w = z^2$ und $w = \sin z$ sind die Bilder des Gitters aus Abb. 1.49 in den Abb. 1.50 bzw. 1.51 zu sehen.

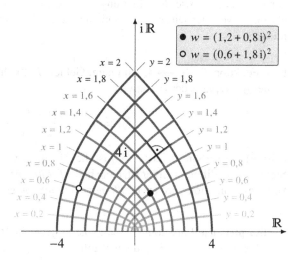

Abb. 1.50 Das Gitter aus Abb. 1.49 wird bei Anwendung der Funktion $f(z) = z^2$ auf Parabelbögen abgebildet, die sich alle im rechten Winkel schneiden

In den beiden graphischen Darstellungen lässt sich eine Gemeinsamkeit beobachten: Obwohl die Gitterlinien gekrümmt sind, schneiden sie sich augenscheinlich immer unter einem rechten Winkel, so wie die ursprünglichen Linien im Quadrat. Dies ist kein Zufall: Wir wollen im Folgenden nachweisen, dass eine *differenzierbare* komplexe Funktion stets auch *winkeltreu* ist. Dazu müssen wir aber erst klären, wie man die Ableitung einer komplexen Funktion berechnet.

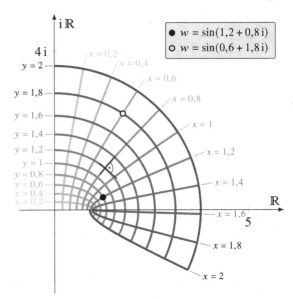

Abb. 1.51 Die Funktion $f(z) = \sin z$ bildet das Gitter aus Abb. 1.49 auf Ellipsen- und Hyperbelbögen ab, die sich wie in Abb. 1.50 rechtwinklig schneiden

1.6.2 Holomorphe Funktionen

Die Ableitung einer komplexen Funktion $f : G \longrightarrow \mathbb{C}$ an einer Stelle $z_0 \in G$ ist formal genauso definiert wie die Ableitung einer reellen Funktion, mit dem Unterschied, dass der Grenzwert der Differenzenquotienten auch für komplexe Zahlen $z \to z_0$ existieren muss.

Eine Funktion $f : G \longrightarrow \mathbb{C}$ auf einem Gebiet $G \subset \mathbb{C}$ heißt *differenzierbar* an der Stelle $z_0 \in G$, falls der Grenzwert

$$f'(z_0) := \lim_{z \to z_0} \frac{f(z) - f(z_0)}{z - z_0}$$

existiert. Dieser Grenzwert $f'(z_0)$ ist die *Ableitung* von f bei z_0. Falls f an jeder Stelle $z_0 \in G$ differenzierbar ist, dann heißt f *differenzierbar*. Eine differenzierbare komplexe Funktion wird auch *holomorphe Funktion* genannt.

Beispiel: Die Funktion $f(z) = z^3$ ist an jeder Stelle $z_0 \in \mathbb{C}$ differenzierbar mit der Ableitung $f'(z_0) = 3\,z_0^2$, denn es gilt

$$f'(z_0) = \lim_{z \to z_0} \frac{z^3 - z_0^3}{z - z_0} = \lim_{z \to z_0} \frac{(z - z_0) \cdot (z^2 + z \cdot z_0 + z_0^2)}{z - z_0}$$
$$= \lim_{z \to z_0} z^2 + z \cdot z_0 + z_0^2 = z_0^2 + z_0 \cdot z_0 + z_0^2 = 3\,z_0^2$$

Somit hat die Funktion $f(z) = z^3$ für $z \in \mathbb{C}$ die Ableitung $f'(z) = 3\,z^2$, welche auch formal mit der Ableitung der reellen Funktion $f(x) = x^3$ übereinstimmt.

Die Berechnung von $f'(z_0)$ an einer Stelle $z_0 = x_0 + i\,y_0$ mithilfe des Differenzenquotienten ist sehr unpraktisch und in $\mathbb{C}$ noch aufwändiger durchzuführen als in $\mathbb{R}$. Es gibt jedoch eine einfachere Möglichkeit, die komplexe Ableitung zu ermitteln. Dazu nutzen wir die Zerlegung in Real- und Imaginärteil:

$$f(x + i\,y) = u(x, y) + i\,v(x, y) \quad \text{für} \quad z = x + i\,y \in G \quad \text{bzw.} \quad (x, y) \in D$$

und bestimmen $f'(z_0)$ mittels der (partiellen) Ableitungen von $u(x, y)$ bzw. $v(x, y)$ an der Stelle (x_0, y_0). Wir setzen voraus, dass die Funktion $f : G \longrightarrow \mathbb{C}$ bei $z_0 \in G$ differenzierbar ist. Da $G \subset \mathbb{C}$ ein Gebiet ist, können wir uns der Stelle $z_0 = x_0 + i\,y_0$ mit $z = x + i\,y \to z_0$ aus ganz unterschiedlichen Richtungen nähern (so wie in Abb. 1.8). Halten wir zunächst den Imaginärteil $y = y_0$ fest, dann gilt für $x \to x_0$

$$
\begin{aligned}
f'(z_0) &= \lim_{x \to x_0} \frac{f(x + i\,y_0) - f(x_0 + i\,y_0)}{(x + i\,y_0) - (x_0 + i\,y_0)} \\
&= \lim_{x \to x_0} \frac{u(x, y_0) - u(x_0, y_0)}{x - x_0} + i \cdot \frac{v(x, y_0) - v(x_0, y_0)}{x - x_0} \\
&= u_x(x_0, y_0) + i\,v_x(x_0, y_0)
\end{aligned}
$$

Ebenso können wir uns bei konstantem Realteil $z = x_0 + i\,y$ mit $y \to y_0$ der Stelle z_0 annähern. Wegen $\frac{1}{i} = -i$ gilt dann

$$
\begin{aligned}
f'(z_0) &= \lim_{y \to y_0} \frac{f(x_0 + i\,y) - f(x_0 + i\,y_0)}{(x_0 + i\,y) - (x_0 + i\,y_0)} \\
&= \lim_{y \to y_0} \frac{u(x_0, y) - u(x_0, y_0)}{i\,(y - y_0)} + i \cdot \frac{v(x_0, y) - v(x_0, y_0)}{i\,(y - y_0)} \\
&= \lim_{y \to y_0} \frac{v(x_0, y) - v(x_0, y_0)}{y - y_0} - i \cdot \frac{u(x_0, y) - u(x_0, y_0)}{y - y_0} \\
&= v_y(x_0, y_0) - i\,u_y(x_0, y_0)
\end{aligned}
$$

Fassen wir diese Ergebnisse zusammen, dann ergibt sich die folgende Aussage:

Ist $f : G \longrightarrow \mathbb{C}$ eine differenzierbare Funktion auf einem Gebiet $G \subset \mathbb{C}$ mit $f(z) = f(x + i\,y) = u(x, y) + i\,v(x, y)$, dann gilt

$$f'(z) = u_x(x, y) + i\,v_x(x, y) = v_y(x, y) - i\,u_y(x, y)$$

Offensichtlich lässt sich $f'(z)$ durch partielle Ableitungen sowohl nach x als auch nach y berechnen. Da die beiden Formeln für $f'(z)$ das gleiche Resultat liefern müssen, können die partiellen Ableitungen des Realteils $u = u(x, y)$ und des Imaginärteils $v = v(x, y)$ einer holomorphen Funktion nicht unabhängig voneinander sein: Es muss $u_x = v_y$ und $v_x = -u_y$ gelten. Diese Beziehungen nennt man *Cauchy-Riemannsche Differentialgleichungen*. Sie sind benannt nach Bernhard Riemann (1826 - 1866) und Augustin-Louis Cauchy (1789 - 1857), wobei der französische Mathematiker Cauchy auch als Begründer der „komplexen Funktionentheorie" gilt. Wir notieren:

Ist $f : G \longrightarrow \mathbb{C}$ eine differenzierbare Funktion auf einem Gebiet $G \subset \mathbb{C}$ mit $f(z) = f(x + \mathrm{i}\, y) = u(x, y) + \mathrm{i}\, v(x, y)$, dann erfüllen $u(x, y) = \mathrm{Re}\, f(x + \mathrm{i}\, y)$ und $v(x, y) = \mathrm{Im}\, f(x + \mathrm{i}\, y)$ die **Cauchy-Riemannschen Differentialgleichungen**

$$\frac{\partial u}{\partial x} = \frac{\partial v}{\partial y} \quad \text{und} \quad \frac{\partial v}{\partial x} = -\frac{\partial u}{\partial y}$$

Umgekehrt kann man auch zeigen, dass zwei total differenzierbare Funktionen $u = u(x, y)$ und $v = v(x, y)$, welche die Cauchy-Riemannschen Differentialgleichungen erfüllen, eine differenzierbare Funktion $f(x + \mathrm{i}\, y) = u(x, y) + \mathrm{i}\, v(x, y)$ erzeugen.

Sind $u = u(x, y)$ und $v = v(x, y)$ zwei total differenzierbare reelle Funktionen auf einem Gebiet $D \subset \mathbb{R}^2$ und gilt $u_x = v_y$ sowie $v_x = -u_y$, dann ist die Funktion $f(x + \mathrm{i}\, y) = u(x, y) + \mathrm{i}\, v(x, y)$ auf dem Gebiet $G = \{x + \mathrm{i}\, y \,|\, (x, y) \in D\} \subset \mathbb{C}$ komplex differenzierbar, und für alle $z = x + \mathrm{i}\, y \in G$ gilt

$$f'(z) = u_x(x, y) + \mathrm{i}\, v_x(x, y) = v_y(x, y) - \mathrm{i}\, u_y(x, y)$$

Zum Nachweis dieses Kriteriums müssen wir zeigen, dass für einen beliebigen Punkt $z_0 = x_0 + \mathrm{i}\, y_0 \in G$ und für den Wert

$$a := u_x(x_0, y_0) + \mathrm{i}\, v_x(x_0, y_0) = v_y(x_0, y_0) - \mathrm{i}\, u_y(x_0, y_0)$$

die folgende Grenzwertformel erfüllt ist:

$$a = \lim_{z \to z_0} \frac{f(z) - f(z_0)}{z - z_0} \quad \text{bzw.} \quad \lim_{z \to z_0} \frac{f(z) - f(z_0) - a\,(z - z_0)}{z - z_0} = 0$$

Bezeichnen wir mit $\vec{r}_0$ den Ortsvektor von (x_0, y_0) und setzen wir

$$a = u_x(\vec{r}_0) + \mathrm{i}\, v_x(\vec{r}_0) = v_y(\vec{r}_0) - \mathrm{i}\, u_y(\vec{r}_0)$$

sowie $z = x + \mathrm{i}\, y$ in den letztgenannten Grenzwert ein, dann gilt

$$
\begin{aligned}
a\,(z - z_0) &= a \cdot (x - x_0) + a \cdot \mathrm{i}\,(y - y_0) \\
&= (u_x(\vec{r}_0) + \mathrm{i}\, v_x(\vec{r}_0)) \cdot (x - x_0) + (v_y(\vec{r}_0) - \mathrm{i}\, u_y(\vec{r}_0)) \cdot \mathrm{i}\,(y - y_0) \\
&= (u_x(\vec{r}_0) \cdot \Delta x + u_y(\vec{r}_0) \cdot \Delta y) + \mathrm{i}\,(v_x(\vec{r}_0) \cdot \Delta x + v_y(\vec{r}_0) \cdot \Delta y) \\
&= u'(\vec{r}_0) \cdot \Delta \vec{r} + \mathrm{i}\, v'(\vec{r}_0) \cdot \Delta \vec{r}
\end{aligned}
$$

mit den Vektoren

$$u'(\vec{r}_0) = \begin{pmatrix} u_x(\vec{r}_0) \\ u_y(\vec{r}_0) \end{pmatrix}, \quad v'(\vec{r}_0) = \begin{pmatrix} v_x(\vec{r}_0) \\ v_y(\vec{r}_0) \end{pmatrix} \quad \text{und} \quad \Delta \vec{r} = \begin{pmatrix} \Delta x \\ \Delta y \end{pmatrix} := \begin{pmatrix} x - x_0 \\ y - y_0 \end{pmatrix}$$

Nun können wir mit $\Delta z = z - z_0$ den Ausdruck im Grenzwert wie folgt zerlegen:

$$\frac{f(z) - f(z_0) - a\,(z - z_0)}{z - z_0} = \frac{u(\vec{r}) - u(\vec{r}_0) - u'(\vec{r}_0) \cdot \Delta\vec{r}}{\Delta z} + \mathrm{i}\,\frac{v(\vec{r}) - v(\vec{r}_0) - v'(\vec{r}_0) \cdot \Delta\vec{r}}{\Delta z}$$

Hierbei ist $|\Delta z| = \sqrt{\Delta x^2 + \Delta y^2} = |\Delta\vec{r}|$, und es gilt $\vec{r} \to \vec{r}_0$ bzw. $\Delta\vec{r} \to \vec{o}$ für $z \to z_0$. Aufgrund der totalen Differenzierbarkeit von u und v ist zudem

$$\lim_{\Delta\vec{r} \to \vec{o}} \frac{|u(\vec{r}) - u(\vec{r}_0) - u'(\vec{r}_0) \cdot \Delta\vec{r}|}{|\Delta\vec{r}|} = \lim_{\Delta\vec{r} \to \vec{o}} \frac{|v(\vec{r}) - v(\vec{r}_0) - v'(\vec{r}_0) \cdot \Delta\vec{r}|}{|\Delta\vec{r}|} = 0$$

erfüllt, sodass schließlich auch $\frac{f(z) - f(z_0) - a(z - z_0)}{z - z_0}$ für $z \to z_0$ gegen 0 geht.

Die obigen Aussagen mit den Cauchy-Riemann-Differentialgleichungen kann man sowohl zum Nachweis der Differenzierbarkeit als auch zur Berechnung der Ableitung gewisser elementarer komplexer Funktionen verwenden.

Beispiel 1. Die Funktion $f(z) = z^3$ lässt sich zerlegen in

$$f(x + \mathrm{i}\,y) = (x + \mathrm{i}\,y)^3 = (x^3 - 3\,x\,y^2) + \mathrm{i} \cdot (3\,x^2\,y - y^3)$$

mit $u(x, y) = x^3 - 3\,x\,y^2$ und $v(x, y) = 3\,x^2\,y - y^3$, wobei wegen

$$\frac{\partial u}{\partial x} = 3\,x^2 - 3\,y^2 = \frac{\partial v}{\partial y} \quad \text{und} \quad \frac{\partial v}{\partial x} = 6\,x\,y = -\frac{\partial u}{\partial y}$$

die Cauchy-Riemann-Differentialgleichungen erfüllt sind. Die Ableitung ist

$$f'(z) = \frac{\partial u}{\partial x} + \mathrm{i}\,\frac{\partial v}{\partial x} = 3\,x^2 - 3\,y^2 + \mathrm{i} \cdot 6\,x\,y = 3\,(x + \mathrm{i}\,y)^2 = 3\,z^2$$

Ebenso kann man zeigen, dass jede komplexe Potenzfunktion $f(z) = z^n$ für $n \in \mathbb{N}$ differenzierbar ist mit der Ableitung $f'(z) = n\,z^{n-1}$ (siehe Aufgabe 1.17).

Beispiel 2. Die komplexe Exponentialfunktion $f(z) = \mathrm{e}^z$ kann man zerlegen in

$$f(x + \mathrm{i}\,y) = \mathrm{e}^{x+\mathrm{i}y} = \mathrm{e}^x \cdot \mathrm{e}^{\mathrm{i}y} = \mathrm{e}^x \cos y + \mathrm{i}\,\mathrm{e}^x \sin y = u(x, y) + \mathrm{i}\,v(x, y)$$

mit $u(x, y) = \mathrm{e}^x \cos y$ und $v(x, y) = \mathrm{e}^x \sin y$ für $(x, y) \in \mathbb{R}^2$. Hier gilt

$$\frac{\partial u}{\partial x} = \mathrm{e}^x \cos y = \frac{\partial v}{\partial y} \quad \text{und} \quad \frac{\partial u}{\partial y} = -\mathrm{e}^x \sin y = -\frac{\partial v}{\partial x}$$

Aus

$$f'(x + \mathrm{i}\,y) = u_x + \mathrm{i}\,v_x = \mathrm{e}^x \cos y + \mathrm{i}\,\mathrm{e}^x \sin y = \mathrm{e}^{x+\mathrm{i}y}$$

ergibt sich dann (wie im Reellen) die Ableitung $f'(z) = \mathrm{e}^z$.

Beispiel 3. Die komplexe Sinusfunktion $f(z) = \sin z$ können wir in der Form

$$\sin z = \sin(x + \mathrm{i}\,y) = \sin x \cdot \cosh y + \mathrm{i}\cos x \sinh y = u(x, y) + \mathrm{i}\,v(x, y)$$

mit $u(x, y) = \sin x \cosh y$ und $v(x, y) = \cos x \sinh y$ darstellen. Die Cauchy-Riemann-Differentialgleichungen sind wegen

$$\frac{\partial u}{\partial x} = \cos x \cosh y = \frac{\partial v}{\partial y} \quad \text{und} \quad \frac{\partial u}{\partial y} = \sin x \sinh y = -\frac{\partial v}{\partial x}$$

erfüllt, und die Ableitung von $f(z) = \sin z$ ist $f'(z) = \cos z$, denn es gilt

$$f'(z) = \frac{\partial u}{\partial x} + \mathrm{i}\,\frac{\partial v}{\partial x} = \cos x \cosh y - \mathrm{i} \sin x \sinh y = \cos(x + \mathrm{i}\,y)$$

wobei wir zuletzt noch die Zerlegung von $\cos z = \cos(x + \mathrm{i}\,y)$ in den Real- und Imaginärteil benutzt haben (siehe Aufgabe 1.18).

Beispiel 4. Die Funktion $f(z) = \bar{z}$ ist in keinem Punkt $z_0 \in \mathbb{C}$ differenzierbar, denn hier ist $f(x + \mathrm{i}\,y) = x - \mathrm{i}\,y = u(x, y) + \mathrm{i}\,v(x, y)$ mit $u(x, y) = x$ und $v(x, y) = -y$, wobei wegen

$$u_x = 1, \quad v_y = -1 \quad \Longrightarrow \quad u_x \neq v_y$$

die Cauchy-Riemannschen Differentialgleichungen nirgends in $\mathbb{C}$ erfüllt sind!

Die Ableitung einer komplexen Funktion ist wie die Ableitung im Reellen ein Grenzwert von Differenzenquotienten. Da sich alle aus der Differentialrechnung bekannten Ableitungsregeln (Ketten-, Produkt- und Quotientenregel) auf Rechenregeln für Grenzwerte zurückführen lassen, bleiben diese auch für komplexe Funktionen gültig. Mit den Ableitungsregeln und den bereits berechneten Ableitungen der elementaren Funktionen z^n, e^z und $\sin z$ können wir nun auch kompliziertere komplexe Funktionen differenzieren.

Beispiel 1. Die Ableitung eines Polynoms ergibt wieder ein Polynom, z. B.

$$P(z) = z^5 + (1 - 3\,\mathrm{i})\,z^2 + 4\,\mathrm{i} \quad \Longrightarrow \quad P'(z) = 5\,z^4 + (2 - 6\,\mathrm{i})\,z$$

Beispiel 2. Rationale Funktionen werden mit der Quotientenregel differenziert:

$$R(z) = \frac{z^2 - 3\,\mathrm{i}}{z} \quad \Longrightarrow \quad R'(z) = \frac{2\,z \cdot z - (z^2 - 3\,\mathrm{i}) \cdot 1}{z^2} = 1 + \frac{3\,\mathrm{i}}{z^2}$$

Beispiel 3. Den Hauptwert des komplexen Logarithmus $w = \operatorname{Ln} z$ können wir ableiten, indem wir $\mathrm{e}^{\operatorname{Ln} z} = z$ mit der Kettenregel differenzieren:

$$1 = (z)' = \left(\mathrm{e}^{\operatorname{Ln} z}\right)' = \mathrm{e}^{\operatorname{Ln} z} \cdot (\operatorname{Ln} z)' = z \cdot (\operatorname{Ln} z)' \quad \Longrightarrow \quad (\operatorname{Ln} z)' = \tfrac{1}{z}$$

Hierbei ist zu beachten, dass $w = \operatorname{Ln} z$ zwar für $z \in \mathbb{C} \setminus \{0\}$ definiert ist, aber nur auf $\mathbb{C} \setminus]-\infty, 0]$ eine holomorphe Funktion ergibt. Entlang der negativen reellen Achse ist $w = \operatorname{Ln} z$ nicht mal stetig. Die Ursache dafür ist die Mehrdeutigkeit des komplexen Logarithmus. Beispielsweise konvergiert $z = \mathrm{e}^{\pm\mathrm{i}\varphi}$ für $\varphi \to \pi$ gegen $z_0 = \mathrm{e}^{\pm\mathrm{i}\pi} = -1$, während sich $\operatorname{Ln} z = \pm\mathrm{i}\varphi \to \pm\mathrm{i}\,\pi$ abhängig vom Vorzeichen zwei unterschiedlichen Werten annähert. Somit ist auch der Grenzwert $\lim_{z \to -1} \operatorname{Ln} z$ nicht (eindeutig) definiert.

1.6.3 Konforme Abbildungen

Abschließend kehren wir zurück zur Behauptung, dass jede holomorphe Funktion ein rechteckiges Gitter auf ein krummliniges, aber rechtwinkliges Gitternetz abbildet.

Ist $f : G \longrightarrow \mathbb{C}$ eine differenzierbare Funktion auf einem Gebiet $G \subset \mathbb{C}$ mit $f(z) = f(x + i\,y) = u(x, y) + i\,v(x, y)$, dann schneiden sich die Kurven mit den Parameterdarstellungen

$$\vec{r}(x) = \begin{pmatrix} u(x, y_0) \\ v(x, y_0) \end{pmatrix} \quad \text{und} \quad \vec{s}(y) = \begin{pmatrix} u(x_0, y) \\ v(x_0, y) \end{pmatrix}$$

in jedem Punkt $(x_0, y_0) \in G$ im rechten Winkel.

Zur Begründung dieser Aussage bilden wir die Tangentenvektoren

$$\vec{r}_x(x_0) = \begin{pmatrix} u_x(x_0, y_0) \\ v_x(x_0, y_0) \end{pmatrix} \quad \text{und} \quad \vec{s}_y(y_0) = \begin{pmatrix} u_y(x_0, y_0) \\ v_y(x_0, y_0) \end{pmatrix}$$

und berechnen ihr Skalarprodukt. Gemäß den Cauchy-Riemannschen Differentialgleichungen $u_x = v_y$ und $v_x = -u_y$ ist

$$\vec{r}_x(x_0) \cdot \vec{s}_y(y_0) = \begin{pmatrix} v_y(x_0, y_0) \\ -u_y(x_0, y_0) \end{pmatrix} \cdot \begin{pmatrix} u_y(x_0, y_0) \\ v_y(x_0, y_0) \end{pmatrix}$$

$$= v_y(x_0, y_0) \cdot u_y(x_0, y_0) - u_y(x_0, y_0) \cdot v_y(x_0, y_0) = 0$$

sodass $\vec{r}_x(x_0) \perp \vec{s}_y(y_0)$ für alle Punkte $(x_0, y_0) \in G$ gilt. Dies bedeutet aber, dass die zueinander rechtwinkligen Gitterlinien mit $x = x_0$ und $y = y_0$ durch die holomorphe (= komplex-differenzierbare) Funktion $f : G \longrightarrow \mathbb{C}$ auf Kurven abgebildet werden, bei denen die rechten Winkel in den Schnittpunkten erhalten bleiben. Genau diesen Effekt haben wir in den Abb. 1.50 und 1.51 beobachtet. Man kann sogar noch allgemeiner zeigen, dass eine holomorphe Funktion f winkeltreu ist: Zwei Strecken in G, welche sich im Winkel α schneiden, werden durch f auf zwei sich im Winkel α schneidende Bögen abgebildet. Eine winkeltreue Abbildung wird auch *konforme Abbildung* genannt, und wir können unser Resultat wie folgt zusammenfassen:

Holomorphe Funktionen sind konforme (= winkeltreue) Abbildungen

Konforme Abbildungen nutzt man in den Natur- und Ingenieurwissenschaften u. a. zur Erzeugung krummliniger rechtwinkliger Koordinatensysteme, zur Beschreibung elektrischer Feldlinien oder zur Untersuchung der Stromlinien einer Flüssigkeit.

Anwendungen in der Fluidmechanik

Wir betrachten hier als spezielles Anwendungsbeispiel eine *ebene Potentialströmung* um einen kreisförmigen Zylinder mit dem Mittelpunkt bei $(-0,2, 0,35)$ und dem Radius $1,25$

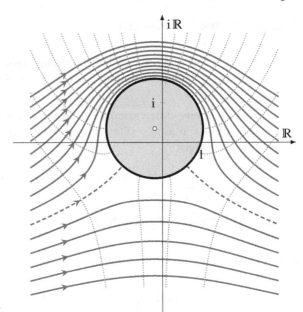

Abb. 1.52 Potentialströmung einer idealen Flüssigkeit um einen Zylinder im Querschnitt mit den Stromlinien (in Pfeilrichtung), den Äquipotentiallinien (gepunktet) und der Staupunkt-Stromlinie (gestrichelt), welche die Umströmungsrichtung teilt und am Zylinder endet

(siehe Abb. 1.52). Der Zylinder wird von einer Flüssigkeit parallel zur horizontalen Achse umströmt, wobei das Fluid zusätzlich in Rotation um den Zylinder versetzt wird, sodass die Parallelströmung noch von einer Wirbelströmung überlagert wird. Wir gehen davon aus, dass sich die Strömungsverhältnisse senkrecht zur (x, y)-Ebene (also in z-Richtung) nicht ändern. Außerdem nehmen wir an, dass es sich um eine *ideale Flüssigkeit* handelt, welche reibungsfrei und inkompressibel ist. Bei der graphischen Darstellung in Abb. 1.52 wurde die (x, y)-Ebene durch die Gaußsche Zahlenebene ersetzt, und in diesem Fall lässt sich die Strömung mit nur einer einzigen komplexen Funktion mathematisch beschreiben, nämlich mit

$$F(z) = v_\infty(z - z_0) + \frac{v_\infty R^2}{z - z_0} - \frac{\mathrm{i}\,\Gamma}{2\,\pi} \cdot \mathrm{Ln}(z - z_0)$$

Hierbei ist $z_0 = -0{,}2 + 0{,}35\,\mathrm{i}$ der Mittelpunkt des kreisförmigen Querschnitts in der komplexen Ebene und $R = 1{,}25$ der Kreisradius. Die Größe v_∞ ist die Geschwindigkeit der (Parallel-)Strömung weit entfernt vom Zylinder, und der reelle Wert Γ wird *Zirkulation* der Strömung genannt. Zerlegt man die Funktion $F(z)$ in Real- und Imaginärteil: $F(x + \mathrm{i}\,y) = \Phi(x, y) + \mathrm{i}\,\Psi(x, y)$, dann bilden die Kurven mit $\Psi(x, y) \equiv \mathrm{const}$ die in Abb. 1.52 mit einem Pfeil eingezeichneten Stromlinien, entlang denen sich die Teilchen des Fluids bewegen. Die gepunkteten Äquipotentiallinien entsprechen den Kurven mit $\Phi(x, y) \equiv \mathrm{const}$ und verlaufen immer senkrecht zu den Stromlinien.

Zur Begründung dieser Aussagen müssen wir die Eigenschaften holomorpher Funktionen mit elementaren Grundlagen aus der Strömungslehre kombinieren. $w = F(z)$ setzt sich zusammen aus einer rationalen Funktion und dem komplexen Logarithmus; beide Funktionen sind auf dem Gebiet $G = \{z \in \mathbb{C} \mid z - z_0 \notin\,]-\infty, 0]\}$ komplex differenzierbar, und folglich ist auch $F(z)$ holomorph auf G. Für das Vektorfeld

$$\vec{v}(x,y) = \begin{pmatrix} v_1(x,y) \\ v_2(x,y) \end{pmatrix} := \begin{pmatrix} \Phi_x \\ \Phi_y \end{pmatrix} = (\text{grad}\,\Phi)(x,y)$$

gilt dann nach Cauchy-Riemann $\Phi_x = \Psi_y$ sowie $\Phi_y = -\Psi_x$, und zusammen mit dem Satz von Schwarz ergibt sich

$$\text{div}\,\vec{v} := \frac{\partial v_1}{\partial x} + \frac{\partial v_2}{\partial y} = \frac{\partial \Phi_x}{\partial x} + \frac{\partial \Phi_y}{\partial y} = \frac{\partial \Psi_y}{\partial x} - \frac{\partial \Psi_x}{\partial y} = \Psi_{yx} - \Psi_{xy} \equiv 0$$

Folglich erfüllen die Komponenten von $\vec{v}(x,y)$ die Bedingung $(\text{div}\,\vec{v})(x,y) \equiv 0$, welche auch *Kontinuitätsgleichung* genannt wird. Der Ausdruck $\text{div}\,\vec{v}$ heißt *Divergenz* des Vektorfelds $\vec{v}(x,y)$ und wird in Kapitel 5, Abschnitt 5.1.5 noch etwas ausführlicher vorgestellt. Aus der Fluidmechanik entnehmen wir: Ein Vektorfeld $\vec{v}(x,y)$, welches der Kontinuitätsgleichung genügt, entspricht dem Geschwindigkeitsfeld einer idealen Flüssigkeit, wobei die Funktion $\Phi(x,y)$ mit $\vec{v}(x,y) = (\text{grad}\,\Phi)(x,y)$ das *Potential* dieser Strömung ist. Die „Höhenlinien" von $\Phi(x,y)$ mit konstantem Potential werden deshalb auch *Äquipotentiallinien* genannt. Weiter gilt

$$\vec{v}(x,y) \cdot (\text{grad}\,\Psi)(x,y) = \begin{pmatrix} \Phi_x \\ \Phi_y \end{pmatrix} \cdot \begin{pmatrix} \Psi_x \\ \Psi_y \end{pmatrix} = \begin{pmatrix} \Psi_y \\ -\Psi_x \end{pmatrix} \cdot \begin{pmatrix} \Psi_x \\ \Psi_y \end{pmatrix} = 0$$

Der Geschwindigkeitsvektor $\vec{v}(x,y)$ eines Teilchens im Punkt (x,y) steht also senkrecht auf dem Gradientenvektor $(\text{grad}\,\Psi)(x,y)$ und ist somit ein Tangentenvektor zur Höhenlinie von Ψ durch diesen Punkt. Da der Geschwindigkeitsvektor auch die Bewegungsrichtung festlegt, müssen die Teilchen in der Flüssigkeit den Niveaulinien von $\Phi(x,y)$ folgen. Somit sind die Kurven mit $\Psi(x,y) \equiv \text{const}$ zugleich die Stromlinien des Fluids.

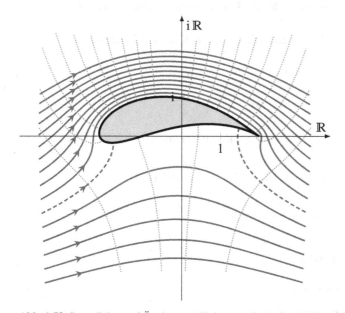

Abb. 1.53 Stromlinien und Äquipotentiallinien um ein *Joukowski-Tragflächenprofil*

Wenden wir schließlich noch die sogenannte **Kutta-Joukowski-Transformation**

$$J(z) = z + \frac{1}{z}, \quad z \in \mathbb{C} \setminus \{0\}$$

auf die Kreisscheibe und die Linien in Abb. 1.52 an, dann ergibt sich das in Abb. 1.53 dargestellte Tragflächenprofil mitsamt Strömungslinien (in Pfeilrichtung), Äquipotentiallinien (gepunktet) und Staupunkt-Stromlinien (gestrichelt). Diese Transformation ist benannt nach Martin Wilhelm Kutta (1867 - 1944) und Nikolai Jegorowitsch Joukowski (1847 - 1921). Sie spielt in der Strömungslehre eine wichtige Rolle, da sowohl das Tragflächenprofil als auch die dazugehörige Geschwindigkeits- und Druckverteilung mit einer relativ einfachen Funktion berechnet werden können.

Aufgaben zu Kapitel 1

Aufgabe 1.1. Geben Sie für die Funktion

$$f(x, y) = \ln\left(4 - \sqrt{25 - x^2 - y^2}\right)$$

den maximalen Definitionsbereich $D \subset \mathbb{R}^2$ an und skizzieren Sie dieses Gebiet.

Aufgabe 1.2. Bestimmen Sie den maximalen Definitionsbereich D der Funktion

$$f(x, y) = \sqrt{9(x - 1) - 4y^2}$$

und fertigen Sie eine Skizze von $D \subset \mathbb{R}^2$ an. Handelt es sich hierbei um ein Gebiet?

Aufgabe 1.3. Bestimmen und skizzieren Sie die Höhenlinien der Funktionen

$$\text{a)} \quad f(x, y) = x \cdot y \qquad \text{b)} \quad f(x, y) = \frac{y}{x^2 + 1}$$

jeweils zu den Niveaus $c \in \{-2, -1, 0, 1, 2\}$.

Aufgabe 1.4. Berechnen Sie die Tangentialebene zur Funktion

$$f(x, y) = \frac{x^3}{y + 3} \quad \text{im Punkt} \quad (x_0, y_0) = (2, 1)$$

Aufgabe 1.5. Berechnen Sie für die Funktionen

a) $f(x, y) = 1 + 3x^2 - 5y + xy^4$

b) $f(x, y) = x^5 \sin y + y^2 e^{3x - y}$

c) $f(x, y) = (x - y)^3 + \ln(x^2 + y^4)$

jeweils die partiellen Ableitungen nach x und y.

Aufgabe 1.6. In einem Experiment soll die Dichte von Eisen bestimmt werden. Hierzu steht eine Kugel aus Eisen mit dem Durchmesser $a = 9\,\text{cm}$ und der Masse $m = 3\,\text{kg}$ zur Verfügung. Allgemein lässt sich dann die Dichte einer Kugel mit dem Durchmesser a und der Masse m aus der Formel

$$\rho = \frac{6\,m}{\pi\,a^3}$$

ermitteln (warum?). Allerdings ist die Messung mit Fehlern behaftet: der Durchmesser kann um $|\Delta a| \leq 0{,}1\,\text{mm}$ und die Masse um $|\Delta m| \leq 5\,\text{g}$ variieren. Geben Sie eine Näherungsformel für den Fehler $\Delta\rho$ in Abhängigkeit von den Messungenauigkeiten Δa und Δm an. In welchem Bereich liegt demnach die Dichte von Eisen (in Gramm pro Kubikzentimeter)?

Aufgabe 1.7. Ermitteln Sie für die Funktionen

a) $f(x, y) = (x + 3\,y^2)\,e^x, \quad (x, y) \in \mathbb{R}^2$

b) $f(x, y) = (2 + y^2) \cdot (2 - \cos x), \quad (x, y) \in \mathbb{R}^2$

c) $f(x, y) = 1 + \dfrac{3\,y^2 - 1}{x^4 + 2}, \quad (x, y) \in \mathbb{R}^2$

jeweils $(\nabla f)(0, 1)$ sowie die möglichen Lagen der lokalen Extremstellen.

Aufgabe 1.8. Gegeben sind $f(x, y) = xy \cdot (x^2 + y^2)$ und die Koordinatenfunktionen

$$x(t) = 2\cos t, \quad y(t) = 2\sin t, \quad t \in [0, 2\pi] \quad \text{(Kreis um } O \text{ mit Radius 2)}$$

Berechnen Sie die Ableitung $g'(t)$ der Funktion $g(t) := f(x(t), y(t))$

a) mit der mehrdimensionalen Kettenregel

b) durch Einsetzen der Koordinatenfunktionen in f und Ableiten nach t

Vergleichen Sie die Ergebnisse und zeigen Sie, dass beide Wege zum gleichen Ziel führen!

Aufgabe 1.9. Berechnen Sie für die Funktion

$$f(x, y) = x^3 - 2\,x\,y + 1$$

die Richtungsableitung

$$\frac{\partial f}{\partial \vec{a}}(-1, 3) \quad \text{in Richtung des Vektors} \quad \vec{a} = \begin{pmatrix} 2 \\ 1 \end{pmatrix}$$

Aufgabe 1.10. Berechnen Sie das Minimum von $f(x, y) = 4\,x^2 - 2\,y + y^2 + 3$ unter der Nebenbedingung $y^2 - 2\,x = 1$

a) durch Auflösen der Nebenbedingung nach einer der beiden Variablen

b) mithilfe eines Lagrange-Multiplikators λ

Aufgabe 1.11. Welcher Punkt Q auf dem Kreis mit dem Mittelpunkt $M = (2, -3)$ und dem Radius $r = 5$ hat von $P = (8, 5)$ den größten Abstand? Berechnen Sie die Koordinaten von Q mithilfe eines Lagrange-Multiplikators. *Hinweis*: Maximieren Sie das Quadrat des Abstands $f(x, y) = d(x, y)^2 = (x - 8)^2 + (y - 5)^2$ von P zum Kreis, der beschrieben wird durch die Gleichung (siehe Abb. 1.54)

$$(x - 2)^2 + (y + 3)^2 = 5^2$$

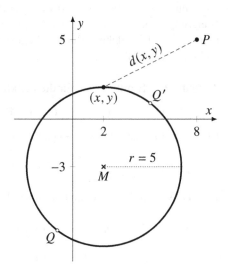

Abb. 1.54 Gesucht ist der Kreispunkt Q mit dem maximalen Abstand von $P = (8, 5)$

Aufgabe 1.12. Berechnen Sie die ersten und zweiten partiellen Ableitungen zu

a) $f(x, y) = e^x \cdot \sin y$

b) $f(x, y) = \sin x + \cosh y$

c) $f(x, y) = x^3 \cos y$

d) $f(x, y) = y^2 + \ln x + e^{xy}$

Geben Sie zusätzlich bei c) und d) jeweils den Gradientenvektor grad f und die Hesse-Matrix H_f an der Stelle $(x_0, y_0) = (1, 0)$ an!

Aufgabe 1.13. Bestimmen Sie für die Funktion

$$f(x, y) = 3x^2 + 2x(y - 2) + y^2, \quad (x, y) \in \mathbb{R}^2$$

den Gradienten, die Hesse-Matrix sowie die Lage und Art der Extremstellen.

Aufgabe 1.14. Bestimmen Sie für die Funktion

$$f(x, y) = xy - \tfrac{2}{3}x^3 - \tfrac{1}{4}y^2 - 1, \quad (x, y) \in \mathbb{R}^2$$

a) die Richtung der maximalen Funktionsänderung im Punkt $(0, 1)$.

b) die Lage und Art der Extremstellen sowie ggf. die Sattelpunkte.

Aufgabe 1.15. Vorausgesetzt, dass man die Reihenfolge partieller Ableitungen bei der Funktion $z = f(x, y)$ vertauschen darf (Satz von Schwarz): Welche partiellen Ableitungen *dritter* und *vierter* Ordnung von f stimmen überein?

Aufgabe 1.16. Berechnen Sie für die Schraubenfläche (Abb. 1.42)

$$x(u, v) = v \cos u, \quad y(u, v) = v \sin u, \quad z(u, v) = 2 \cdot u$$

mit $(u, v) \in [0, 2\pi] \times [0, \infty[$ und der Ganghöhe $h = 2$

a) die Tangentialebene im Punkt zu den Parameterwerten $(u, v) = (\pi, 2)$

b) den Normaleneinheitsvektor allgemein für die Parameterwerte (u, v)

Aufgabe 1.17. Überprüfen Sie für $z = x + \mathrm{i}\, y$ rechnerisch die Zerlegung

$$z^4 = (x^4 - 6x^2y^2 + y^4) + \mathrm{i} \cdot (4x^3\, y - 4x\, y^3)$$

in Real- und Imaginärteil, und begründen Sie damit die Ableitung $f'(z) = 4\, z^3$.

Aufgabe 1.18. Die komplexe Kosinusfunktion ist definiert durch

$$\cos z := \frac{\mathrm{e}^{\mathrm{i} z} + \mathrm{e}^{-\mathrm{i} z}}{2} \quad \text{für} \quad z = x + \mathrm{i}\, y \in \mathbb{C}$$

a) Zeigen Sie: $\cos(x + \mathrm{i}\, y) = \cos x \cosh y + \mathrm{i} \sin x \sinh y$

b) Die Ableitung von $f(z) = \cos z$ ist $f'(z) = -\sin z$

Aufgabe 1.19. Zeigen Sie, dass die Funktion

$$f(x, y) = 1 + 2x\, y \quad \text{bei} \quad (x_0, y_0) = (1, 2)$$

bei $(x_0, y_0) = (1, 2)$ total differenzierbar ist, und berechnen Sie die Ableitung $f'(1, 2)$.

Tipp: Nutzen Sie beim Nachweis der Differenzierbarkeit die binomische Ungleichung $|\Delta x \cdot \Delta y| \leq \frac{1}{2} (\Delta x^2 + \Delta y^2)$

Kapitel 2

Mehrdimensionale Integrale I

Das bestimmte Integral einer reellen Funktion $y = f(x)$ für *eine* Variable x auf einem *Intervall* $[a, b]$ ergab sich aus dem Problem, den Inhalt der von f begrenzten Fläche zu ermitteln. Die Grundidee des Integrierens, nämlich ein gekrümmtes Objekt aus vielen kleinen „geraden" Objekten zusammenzusetzen, führt uns zur Bogenlänge einer Kurve, dem Volumen eines Rotationskörpers usw. Letztlich ist aber immer ein bestimmtes Integral über einem Intervall zu berechnen. Dieses Kapitel befasst sich mit verschiedenen Verallgemeinerungen des Integralbegriffs, bei denen das Integrationsintervall durch eine gekrümmte Kurve C oder durch einen Bereich B in der (x, y)-Ebene ersetzt wird. Beginnen wollen wir jedoch mit Integralen, deren Integrand von einem Parameter abhängt, und das sind die

2.1 Parameterintegrale

Ein Parameterintegral ist ein bestimmtes Integral der Form

$$F(t) = \int_a^b f(x, t)\, dx, \quad t \in D \subset \mathbb{R}$$

mit festen Integrationsgrenzen $a < b$ und einer stetigen Funktion f, welche neben $x \in [a, b]$ zusätzlich noch von einem Parameter $t \in D$ abhängt. Der Integralwert hängt dann ebenfalls von t ab und definiert somit eine reelle Funktion $F : D \longrightarrow \mathbb{R}$.

Beispiel: Die Funktionswerte des Parameterintegrals

$$F(t) = \int_0^1 x^t\, dx, \quad t \in\,]-1, \infty[$$

lassen sich direkt berechnen. Für einen Parameterwert $t > -1$ gilt

$$F(t) = \int_0^1 x^t\, dx = \frac{1}{1+t} x^{t+1} \Big|_{x=0}^{x=1} = \frac{1}{1+t} 1^{t+1} - \frac{1}{1+t} 0^{t+1} = \frac{1}{1+t}$$

Anders als in obigem Beispiel kann man ein Parameterintegral für gewöhnlich nicht durch einen geschlossenen Funktionsausdruck (so wie $F(t) = \frac{1}{1+t}$) ersetzen, denn in der Regel ist keine Formel für die Stammfunktion bekannt. Bei einer Funktion, die durch ein Parameterintegral gegeben ist, lässt sich aber die Ableitung auch wieder als Parameterintegral darstellen. Es gilt die

© Springer-Verlag GmbH Deutschland, ein Teil von Springer Nature 2022
H. Schmid, *Mathematik für Ingenieurwissenschaften: Vertiefung*,
https://doi.org/10.1007/978-3-662-65526-9_2

Leibniz-Regel: Ist $f(x, t)$ partiell nach t differenzierbar und $\frac{\partial f}{\partial t}$ stetig, dann besitzt das Parameterintegral die Ableitung

$$F(t) = \int_a^b f(x, t)\, dx \quad \Longrightarrow \quad F'(t) = \int_a^b \frac{\partial f}{\partial t}(x, t)\, dx$$

Zur Begründung dieser Formel bildet man den Differenzenquotienten

$$\frac{F(t + \Delta t) - F(t)}{\Delta t} = \int_a^b \frac{f(x, t + \Delta t) - f(x, t)}{\Delta t}\, dx$$

wobei die linke Seite für $\Delta t \to 0$ in die Ableitung $F'(t)$ und der Integrand auf der rechten Seite in die partielle Ableitung $\frac{\partial f}{\partial t}$ übergeht.

Beispiel: Das Parameterintegral

$$F(t) = \int_0^1 x^t\, dx = \frac{1}{1 + t}, \quad t \in\,]-1, \infty[$$

kann man mit der Leibniz-Regel nach t ableiten:

$$F'(t) = \int_0^1 \frac{\partial}{\partial t} x^t\, dx = \int_0^1 x^t \ln x\, dx$$

Berechnet man die Ableitung von $F(t) = \frac{1}{1+t}$ direkt, so ergibt sich

$$F'(t) = -\frac{1}{(1 + t)^2}$$

Da beide Rechnungen zum gleichen Ergebnis führen müssen, erhalten wir

$$\int_0^1 x^t \ln x\, dx = -\frac{1}{(1 + t)^2} \quad \text{für} \quad t \in\,]-1, \infty[$$

In vielen Anwendungen ist $a = -\infty$ und/oder $b = \infty$. In diesem Fall spricht man von einem *uneigentlichen Parameterintegral*. Zahlreiche höhere Funktionen der Mathematik, die bei der Beschreibung physikalischer oder technischer Vorgänge benötigt werden, sind als Parameterintegrale definiert. Als Beispiele sollen hier die Besselfunktionen sowie die Gammafunktion kurz vorgestellt werden.

Die **Besselfunktion** der Ordnung $n \in \mathbb{N}$ ist das Parameterintegral

$$J_n(t) := \frac{1}{\pi} \int_0^\pi \cos\left(t \sin x - n x\right) dx, \quad t \in [0, \infty[$$

Besselfunktionen werden auch *Zylinderfunktionen* genannt, und sie beschreiben u. a. die Schwingungen einer kreisförmigen Membran, die Ausbreitung von Wasserwellen in einem runden Behälter oder die Lichtbeugung an einer Kreisblende. Die Funktionswerte $J_n(t)$ lassen sich nur für einzelne Werte t durch Integration exakt berechnen, so z. B. im Fall $t = 0$

$$J_0(0) = \frac{1}{\pi} \int_0^\pi \cos(0 \cdot \sin x - 0 \cdot x)\,\mathrm{d}x = \frac{1}{\pi} \int_0^\pi 1\,\mathrm{d}x = 1 \quad \text{oder}$$

$$J_2(0) = \frac{1}{\pi} \int_0^\pi \cos(0 \cdot \sin x - 2 \cdot x)\,\mathrm{d}x = \frac{1}{\pi} \int_0^\pi \cos 2x\,\mathrm{d}x = \frac{1}{2\pi} \sin 2x \Big|_0^\pi = 0$$

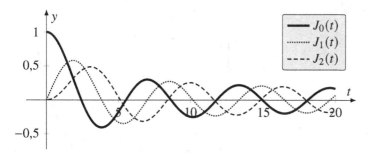

Abb. 2.1 Besselfunktionen der Ordnung $n = 0, 1, 2$

Die Ableitungen der Besselfunktionen kann man mit der Leibniz-Regel wieder als Parameterintegrale darstellen, und beispielsweise gilt für $n = 0$

$$J_0(t) = \frac{1}{\pi} \int_0^\pi \cos(t \sin x)\,\mathrm{d}x \quad \Longrightarrow \quad J_0'(t) = \frac{1}{\pi} \int_0^\pi \frac{\partial}{\partial t} \cos(t \sin x)\,\mathrm{d}x$$

Auf diese Weise erhält man

$$J_0'(t) = -\frac{1}{\pi} \int_0^\pi \sin(t \sin x) \cdot \sin x\,\mathrm{d}x$$

$$J_0''(t) = -\frac{1}{\pi} \int_0^\pi \cos(t \sin x) \cdot \sin^2 x\,\mathrm{d}x$$

usw. Die Besselfunktionen sind in speziellen Tafelwerken tabelliert. Sie besitzen auch einige wichtige Eigenschaften, von denen wir hier nur die Gleichung

$$t^2 \cdot J_n''(t) + t \cdot J_n'(t) + (t^2 - n^2)\,J_n(t) = 0$$

notieren und im Fall $n = 0$ auch nachweisen wollen. Für die Besselfunktionen nullter Ordnung ergibt sich mit den oben berechneten Ableitungen für ein $t \geq 0$

$$t^2 \cdot J_0''(t) + t \cdot J_0'(t) + t^2 \cdot J_0(t)$$

$$= \frac{1}{\pi} \int_0^\pi \cos(t \sin x) \cdot \underbrace{(t^2 - t^2 \sin^2 x)}_{t^2 \cos^2 x} - \sin(t \sin x) \cdot t \sin x \, dx$$

$$= \frac{1}{\pi} \int_0^\pi \cos(t \sin x) \cdot t \cos x \cdot t \cos x + \sin(t \sin x) \cdot (-t \sin x) \, dx$$

$$= \frac{1}{\pi} \int_0^\pi \frac{\partial}{\partial x} \big(\sin(t \sin x) \cdot t \cos x \big) \, dx = \frac{1}{\pi} \cdot \sin(t \sin x) \cdot t \cos x \Big|_{x=0}^{x=\pi}$$

$$= \frac{1}{\pi} \cdot \sin(t \sin \pi) \cdot t \cos \pi - \frac{1}{\pi} \cdot \sin(t \sin 0) \cdot t \cos 0 = 0$$

wegen $\sin \pi = \sin 0 = 0$. Wir kommen in Kapitel 6, Abschnitt 6.2 nochmal auf die Besselfunktionen zurück!

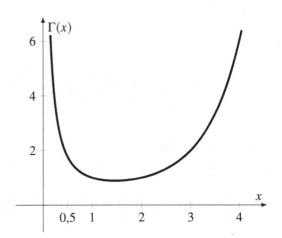

Abb. 2.2 Graphische Darstellung der Gamma-Funktion

Ein wichtiges Beispiel für ein *uneigentliches* Parameterintegral ist die

Gammafunktion $\Gamma(t) := \displaystyle\int_0^\infty x^{t-1} e^{-x} \, dx$ für $t > 0$

Im Fall $t = 1$ erhalten wir beispielsweise den Wert

$$\Gamma(1) = \int_0^\infty x^0 e^{-x} \, dx = \int_0^\infty e^{-x} \, dx = -e^{-x} \Big|_0^{x \to \infty}$$

$$= \lim_{x \to \infty} -e^{-x} - (-1) = 0 + 1 = 1$$

Partielle Integration mit $f(x) = x^t$ und $g(x) = e^{-x}$ wiederum ergibt für $t > 0$

$$\Gamma(t+1) = \int_0^\infty x^t e^{-x} \, dx = -x^t e^{-x} \Big|_0^{x \to \infty} - \int_0^\infty t \, x^{t-1} (-e^{-x}) \, dt$$

$$= (0 - 0) + t \cdot \int_0^\infty x^{t-1} e^{-x} \, dt = t \cdot \Gamma(t)$$

Hieraus folgt dann

$$\Gamma(2) = 1 \cdot \Gamma(1) = 1, \quad \Gamma(3) = 2 \cdot \Gamma(2) = 2 \cdot 1, \quad \Gamma(4) = 3 \cdot \Gamma(3) = 3 \cdot 2 \cdot 1$$

oder allgemein $\Gamma(n + 1) = n!$ für alle $n \in \mathbb{N}$, sodass z. B.

$$\int_0^\infty x^4 e^{-x} \, dx = \Gamma(5) = 4! = 24$$

gilt. Die Gamma-Funktion ist demnach eine Fortsetzung der Fakultät auf die gesamte Menge der positiven reellen Zahlen. Allerdings ist die Berechnung von $\Gamma(t)$ für Argumente $t \notin \mathbb{N}$ schwierig, da in diesem Fall keine Stammfunktion zu $x^{t-1} e^{-x}$ angegeben werden kann. Beispielsweise ist

$$\Gamma(0{,}5) = \int_0^\infty x^{-0{,}5} e^{-x} \, dx = \int_0^\infty \frac{1}{\sqrt{x}} e^{-x} \, dx$$

Mit der Substitution

$$u = \sqrt{x}, \quad \frac{du}{dx} = \frac{1}{2\sqrt{x}} \quad \Longrightarrow \quad dx = 2\sqrt{x} \, du$$

erhalten wir das sogenannte *Gaußsche Fehlerintegral*

$$\Gamma(0{,}5) = \int_0^\infty \frac{1}{\sqrt{x}} e^{-u^2} \cdot 2\sqrt{x} \, du = 2 \int_0^\infty e^{-u^2} \, du = \int_{-\infty}^\infty e^{-u^2} \, du$$

Obwohl sich e^{-u^2} nicht elementar integrieren lässt, da die Stammfunktion nicht mit elementaren Funktionen darstellbar ist, kann man mit einem Trick (siehe Abschnitt 2.3.4) dennoch den exakten Wert des uneigentlichen Integrals auf der rechten Seite bestimmen. Es gilt

$$\Gamma(\tfrac{1}{2}) = \int_{-\infty}^\infty e^{-u^2} \, du = \sqrt{\pi} = 1{,}7724538\ldots$$

2.2 Kurvenintegrale

2.2.1 Skalare Kurvenintegrale

Gegeben ist eine stetige Funktion $z = f(x, y)$ auf einem Gebiet $D \subset \mathbb{R}^2$ in der (x, y)-Ebene sowie eine Kurve C mit der Parameterdarstellung

$$C: \quad \vec{r}(t) = \begin{pmatrix} x(t) \\ y(t) \end{pmatrix}, \quad t \in [a, b]$$

welche vollständig in D liegen soll. Eine solche Kurve heißt *glatt*, falls die Koordinatenfunktionen $x = x(t)$ und $y = y(t)$ von $\vec{r}(t)$ stetig differenzierbar sind und $\dot{\vec{r}}(t) \neq \vec{o}$ für alle $t \in]a, b[$ gilt. Interpretiert man C als Bahnkurve eines Teilchens mit dem Ortsvektor

$\vec{r}(t)$ und der Geschwindigkeit $\dot{\vec{r}}(t)$ zur Zeit t, dann hält das Teilchen beim Durchlaufen einer glatten Kurve an keiner Stelle an und wechselt auch nicht abrupt die Richtung. Falls nicht anders vereinbart, gehen wir im Folgenden immer von einem glatten Weg C aus. Jedem Kurvenpunkt $\vec{r}(t)$ mit $t \in [a, b]$ können wir dann einen Funktionswert $z(t) = f(\vec{r}(t)) = f(x(t), y(t))$ zuordnen, und der zugehörige Funktionsgraph ist eine Kurve im Raum, welche genau senkrecht über C verläuft, vgl. Abb. 2.3.

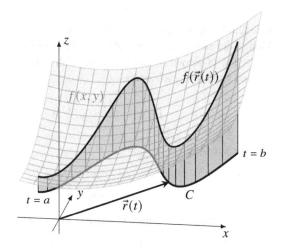

Abb. 2.3 Fläche unter einer Raumkurve

Wir setzen zunächst $f \geq 0$ voraus und stellen die Frage: Welcher Flächeninhalt wird von $f(\vec{r}(t))$ über der Kurve C eingeschlossen? Ähnlich wie beim Flächenproblem, das uns im Band „Mathematik für Ingenieurwissenschaften: Grundlagen" zum bestimmten Integral geführt hat, wollen wir auch hier diese Fläche durch viele schmale Rechtecke annähern.

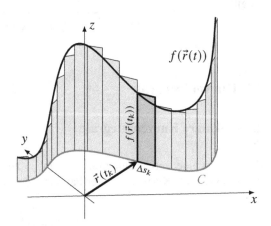

Abb. 2.4 Zerlegungssumme beim skalaren Kurvenintegral

Dazu unterteilen wir den Parameterbereich in n Teilintervalle $a = t_0 < t_1 < \ldots < t_n = b$ mit den Abständen $\Delta t_k = t_{k+1} - t_k$ $(k = 0, \ldots, n - 1)$ und nähern die Kurve durch kleine Strecken von $(x(t_k), y(t_k))$ nach $(x(t_{k+1}), y(t_{k+1}))$ mit den Längen

$$\Delta s_k = \sqrt{(x(t_{k+1}) - x(t_k))^2 + (y(t_{k+1}) - y(t_k))^2} \approx \sqrt{\dot{x}(t_k)^2 + \dot{y}(t_k)^2} \cdot \Delta t_k$$

an. Schließlich wollen wir noch annehmen, dass die Funktionswerte längs Δs_k näherungsweise konstant gleich dem Funktionswert bei $(x(t_k), y(t_k))$ sind, siehe Abb. 2.4. Die einzelnen Rechtecke haben den Inhalt

$$f(x(t_k), y(t_k)) \cdot \Delta s_k \approx f(x(t_k), y(t_k)) \cdot \sqrt{\dot{x}(t_k)^2 + \dot{y}(t_k)^2} \cdot \Delta t_k$$

und die gesuchte Fläche ist dann für kleine Δs_k näherungsweise die Summe

$$\sum_{k=0}^{n-1} f(x(t_k), y(t_k)) \cdot \Delta s_k \approx \sum_{k=0}^{n-1} f(x(t_k), y(t_k)) \cdot \sqrt{\dot{x}(t_k)^2 + \dot{y}(t_k)} \cdot \Delta t_k$$

Bei gleichmäßiger Verfeinerung ($n \to \infty$ bzw. $\Delta s_k \to 0$) geht diese Zerlegungssumme über in das bestimmte Integral

$$\int_a^b f(x(t), y(t)) \cdot \sqrt{\dot{x}(t)^2 + \dot{y}(t)^2} \, dt$$

Der Ausdruck $ds = \sqrt{\dot{x}(t)^2 + \dot{y}(t)^2} \, dt$ wird auch *infinitesimales Bogenelement* genannt. Damit kann man das obige Integral formal mit

$$\int_C f(x, y) \, ds$$

abkürzen. Lassen wir schließlich noch die (bei der Interpretation als Flächeninhalt erforderliche) Einschränkung $f \geq 0$ fallen, dann ergibt sich die folgende Definition:

Das **skalare Kurvenintegral** einer stetigen Funktion $z = f(x, y)$ für $(x, y) \in D$ längs einer glatten Kurve C im Gebiet $D \subset \mathbb{R}^2$ mit der Parameterdarstellung

$$C: \quad x = x(t), \quad y = y(t), \quad t \in [a, b]$$

und stetig differenzierbaren Koordinatenfunktionen ist das bestimmte Integral

$$\int_C f(x, y) \, ds := \int_a^b f(x(t), y(t)) \cdot \sqrt{\dot{x}(t)^2 + \dot{y}(t)^2} \, dt$$

Ist speziell $f(x, y) \equiv 1$, dann liefert das skalare Kurvenintegral die Länge von C:

$$L = \int_a^b \sqrt{\dot{x}(t)^2 + \dot{y}(t)^2} \, dt = \int_C 1 \, ds$$

Das hier definierte Kurvenintegral für eine reellwertige (= skalare) Funktion $f(x, y)$ wird auch Kurvenintegral 1. Art oder skalares Kurvenintegral genannt – im Unterschied zum vektoriellen Kurvenintegral, welches im nächsten Abschnitt eingeführt wird.

Beispiel 1. Zu berechnen ist das Kurvenintegral von $f(x, y) = \sqrt{x^2 + y^2}$ längs der logarithmischen Spirale

$$C: \quad x(t) = e^{-t} \cos 7t, \quad y(t) = e^{-t} \sin 7t, \quad t \in [0, \pi]$$

Dieser Wert ist zugleich der Inhalt der in Abb. 2.5a gezeigten Fläche. Zur Berechnung des Kurvenintegrals brauchen wir

$$\dot{x}(t) = -e^{-t} \cos 7t - 7 e^{-t} \sin 7t$$
$$\dot{y}(t) = -e^{-t} \sin 7t + 7 e^{-t} \cos 7t$$

und erhalten dann mit

$$f(x(t), y(t)) = \sqrt{x(t)^2 + y(t)^2} = e^{-t} \quad \text{und} \quad \sqrt{\dot{x}(t)^2 + \dot{y}(t)^2} = \sqrt{50\, e^{-2t}}$$

den Integralwert

$$\int_C \sqrt{x^2 + y^2}\, ds = \int_0^\pi \sqrt{x(t)^2 + y(t)^2} \cdot \sqrt{\dot{x}(t)^2 + \dot{y}(t)} \, dt = \int_0^\pi e^{-t} \cdot \sqrt{50}\, e^{-t} \, dt$$
$$= -\frac{\sqrt{50}}{2} e^{-2t} \Big|_0^\pi = \frac{\sqrt{50}}{2}(1 - e^{-2\pi}) \approx 3{,}53$$

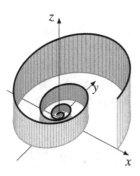

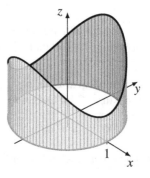

Abb. 2.5a Spiralförmig aufgewickelte Fläche

Abb. 2.5b Nach oben krummlinig begrenzte Mantelfläche

Beispiel 2. Wir wollen die in Abb. 2.5b gezeigte Mantelfläche M des nach oben durch die Funktion $f(x, y) = 2 - x^2 + y^2$ begrenzten Zylinders über dem Kreis um O mit Radius 1 berechnen. Für den Einheitskreis wählen wir die Parameterdarstellung

$$C: \quad x(t) = \cos t, \quad y(t) = \sin t, \quad t \in [0, 2\pi]$$

Die gesuchte Mantelfläche ist das Kurvenintegral

$$M = \int_C f(x, y) \, ds = \int_0^{2\pi} f(\cos t, \sin t) \cdot \sqrt{\dot{x}(t)^2 + \dot{y}(t)^2} \, dt$$

$$= \int_0^{2\pi} (2 - \cos^2 t + \sin^2 t) \cdot \sqrt{(-\sin t)^2 + (\cos t)^2} \, dt$$

Der Wurzelausdruck ist konstant gleich 1, und es gilt $\cos^2 t - \sin^2 t = \cos 2t$, sodass letztlich

$$M = \int_0^{2\pi} (2 - \cos 2t) \cdot 1 \, dt = \left(2t - \tfrac{1}{2}\sin 2t\right) \Big|_0^{2\pi} = 4\pi$$

Anwendungsbeispiel: Die Tautochronie der Zykloide

Ein Körper mit der Masse m bewege sich, ausgehend von der Höhe $y = h$, auf einer Zykloidenbahn unter dem Einfluss der Schwerkraft bis zum Scheitelpunkt $x = \pi$. Diese Situation liegt z. B. beim Zykloidenpendel vor. Wir wollen nachweisen, dass die dafür benötigte Durchlaufzeit T unabhängig von der Ausgangshöhe h ist. Die Zykloide ist demnach eine Kurve gleicher Fallzeit, und sie wird deshalb auch *Tautochrone* genannt (griech.: tauto = dasselbe, chronos = Zeit).

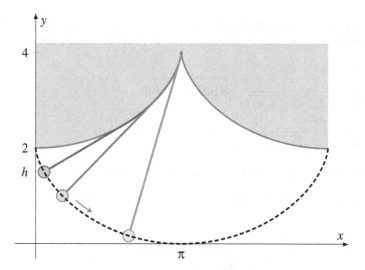

Abb. 2.6 Bewegung eines Zykloidenpendels (die Masse am Faden folgt der Abwickelkurve des Zykloidenprofils, und das ist wieder eine Zykloide)

Zunächst beschreiben wir die Zykloidenbahn durch die Parameterdarstellung

$$C: \quad x(u) = u - \sin u, \quad y(u) = 1 + \cos u, \quad u \in [a, \pi]$$

wobei wir den Parameter u verwenden, da wir mit t die Zeit bezeichnen wollen. Der Anfangsparameter $u = a$ ist so zu bestimmen, dass $y(a) = h$ die Anfangshöhe ist:

$$h = 1 + \cos a \quad \Longrightarrow \quad a = \arccos(h - 1)$$

Nun berechnen wir die Geschwindigkeit des Körpers in Abhängigkeit von seiner momentanen Höhe y. Dazu nutzen wir den Energieerhaltungssatz $E_{\text{kin}} = E_{\text{pot}}$, also

$$\tfrac{1}{2} m v^2 = m g (h - y) \quad \Longrightarrow \quad v = \sqrt{2 g \cdot (h - y)}$$

mit der Erdbeschleunigung g. Bezeichnet $s(t)$ die auf der Zykloidenbahn zurückgelegte Strecke (Bogenlänge) bis zum Zeitpunkt t, dann ist andererseits die Momentangeschwindigkeit

$$v = \frac{\Delta s}{\Delta t} \quad \Longrightarrow \quad \Delta t \approx \tfrac{1}{v} \cdot \Delta s$$

wobei Δs ein kleines Wegstück (Bogenelement) auf der Zykloide ist, welches in der Zeit Δt durchlaufen wird. Zur Berechnung der Gesamtzeit müssen wir diese Zeitspannen Δt aufsummieren:

$$T \approx \sum \Delta t \approx \sum \tfrac{1}{v} \cdot \Delta s$$

Für $\Delta s \to 0$ werden die Bogenelemente immer kleiner und nähern die Zykloide immer besser an, sodass der Grenzübergang die exakte Fallzeit

$$T = \int_C \frac{1}{v} \, \mathrm{d}s = \int_C \frac{1}{\sqrt{2 g \cdot (h - y)}} \, \mathrm{d}s$$

ergibt. Auf der rechten Seite steht das skalare Kurvenintegral von $\frac{1}{v}$ längs des Zykloidenbogens C, welches sich durch Einsetzen der Parameterform in ein bestimmtes Integral umformen lässt:

$$T = \int_a^\pi \frac{1}{\sqrt{2 g \cdot (h - y(u))}} \cdot \sqrt{\dot{x}(u)^2 + \dot{y}(u)^2} \, \mathrm{d}u$$

$$= \frac{1}{\sqrt{g}} \cdot \int_a^\pi \frac{1}{\sqrt{2 h - 2 (1 + \cos u)}} \cdot \sqrt{2 (1 - \cos u)} \, \mathrm{d}u$$

Zur Berechnung dieses Integrals brauchen wir die Halbwinkelformeln

$$1 + \cos u = 2 \cos^2 \tfrac{u}{2} \quad \text{und} \quad 1 - \cos u = 2 \sin^2 \tfrac{u}{2}$$

sodass

$$T = \frac{1}{\sqrt{g}} \cdot \int_a^\pi \frac{1}{\sqrt{2 h - 4 \cos^2 \tfrac{u}{2}}} \cdot 2 \sin \tfrac{u}{2} \, \mathrm{d}u$$

und wir verwenden die Substitution $z = 2 \cos \tfrac{u}{2}$ mit $\frac{\mathrm{d}z}{\mathrm{d}u} = -\sin \tfrac{u}{2}$:

$$T = \frac{1}{\sqrt{g}} \cdot \int_{z(a)}^{z(\pi)} \frac{-2}{\sqrt{2 h - z^2}} \, \mathrm{d}z$$

Hierbei ist $z(\pi) = 2 \cos \tfrac{\pi}{2} = 0$ und

$$z(a) = 2\cos\frac{a}{2} = 2\sqrt{\frac{1+\cos a}{2}} = 2\sqrt{\frac{h}{2}} = \sqrt{2h}$$

Insgesamt erhalten wir für die Fallzeit das bestimmte Integral

$$T = \frac{1}{\sqrt{g}} \cdot \int_{\sqrt{2h}}^{0} \frac{-2}{\sqrt{h-z^2}}\,dz = \frac{2}{\sqrt{g}} \cdot \int_{0}^{\sqrt{2h}} \frac{1}{\sqrt{2\,h-z^2}}\,dz$$

Nun lässt sich auch eine Stammfunktion finden und das Integral berechnen:

$$T = \frac{2}{\sqrt{g}} \cdot \arcsin\frac{z}{\sqrt{2h}}\bigg|_{0}^{\sqrt{2h}} = \frac{2}{\sqrt{g}} \cdot (\arcsin 1 - \arcsin 0) = \frac{\pi}{\sqrt{g}}$$

Dieser Wert für die Laufzeit T ist tatsächlich unabhängig von der Ausgangshöhe h!

2.2.2 Vektorielle Kurvenintegrale

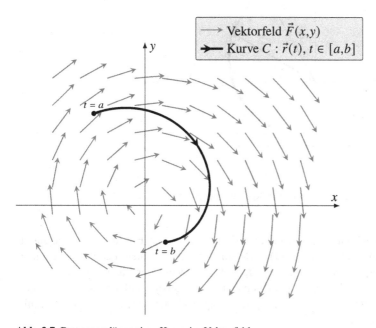

Abb. 2.7 Bewegung längs einer Kurve im Vektorfeld

Das vektorielle Kurvenintegral hat seine Wurzeln in der Physik, und zwar in der Fragestellung: Wie berechnet man die Arbeit, wenn man sich in einem ortsabhängigen Kraftfeld (z. B. Schwerefeld, Magnetfeld oder Strömungsfeld) entlang einer gekrümmten Kurve bewegt? Verschiebt man einen Körper mit konstanter Kraft $\vec{F}$ (= Vektor) entlang einem geraden Wegstück $\vec{s}$ (= Vektor), so ist bekanntlich die verrichtete Arbeit das Skalarprodukt $W = \vec{F} \cdot \vec{s}$. Allgemeiner soll nun die Verschiebung *längs einer Kurve C* in der

(x, y)-Ebene mit der Parameterdarstellung

$$C: \quad x = x(t), \quad y = y(t), \quad t \in [a, b]$$

erfolgen und zugleich die Kraft *ortsabhängig* sein, also ein Kraftfeld (Vektorfeld)

$$\vec{F} = \vec{F}(x, y) = \begin{pmatrix} F_1(x, y) \\ F_2(x, y) \end{pmatrix}$$

vorliegen, wobei wir voraussetzen wollen, dass die Kurve C glatt ist und die Komponenten von $\vec{F}(x, y)$ stetige Funktionen sind (siehe Abb. 2.7). Wie berechnet man in diesem Fall die verrichtete Arbeit?

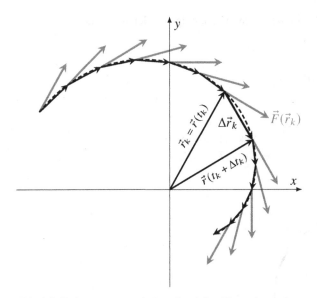

Abb. 2.8 Zerlegungssumme beim vektoriellen Kurvenintegral

So wie bei der Berechnung der Bogenlänge (bzw. wie bei der Einführung des skalaren Kurvenintegrals im letzten Abschnitt) zerlegen wir den Parameterbereich $[a, b]$ in n kleine Teilintervalle $a = t_0 < t_1 < \ldots < t_n = b$ mit jeweils der Länge $\Delta t_k = t_{k+1} - t_k$ für $k = 0, \ldots, n - 1$. Zwischen zwei benachbarten Punkten auf der Kurve mit den Ortsvektoren $\vec{r}_k = \vec{r}(t_k)$ und $\vec{r}_{k+1} = \vec{r}(t_{k+1})$ bewegt sich der Körper nahezu geradlinig mit dem Richtungsvektor

$$\Delta \vec{r}_k = \vec{r}_{k+1} - \vec{r}_k = \Delta t_k \cdot \frac{1}{\Delta t_k} \left(\vec{r}(t_k + \Delta t_k) - \vec{r}(t_k) \right) \approx \Delta t_k \cdot \dot{\vec{r}}(t_k)$$

wobei $\dot{\vec{r}}(t)$ den Tangentenvektor an die Kurve C bezeichnet. Entlang der Verschiebung $\Delta \vec{r}_k$ wirkt die nahezu konstante Kraft $\vec{F}(\vec{r}_k)$, und daher wird die Arbeit

$$\Delta W_k \approx \vec{F}(\vec{r}_k) \cdot \Delta \vec{r}_k = \vec{F}(x(t_k), y(t_k)) \cdot \begin{pmatrix} \dot{x}(t_k) \\ \dot{y}(t_k) \end{pmatrix} \Delta t_k$$

verrichtet, vgl. Abb. 2.8. Die gesamte Arbeit ist dann näherungsweise die Summe

$$W \approx \sum_{k=0}^{n-1} \vec{F}(\vec{r}_k) \cdot \Delta\vec{r}_k \approx \sum_{k=0}^{n-1} \vec{F}(x(t_k), y(t_k)) \cdot \begin{pmatrix} \dot{x}(t_k) \\ \dot{y}(t_k) \end{pmatrix} \Delta t_k$$

Bei gleichmäßiger Verfeinerung der Zerlegung ($n \to \infty$) erhalten wir die Formel

$$W = \int_a^b \vec{F}(x(t), y(t)) \cdot \begin{pmatrix} \dot{x}(t) \\ \dot{y}(t) \end{pmatrix} dt$$

Hierbei können wir den Kurvenpunkt $(x(t), y(t))$ auch durch seinen Ortsvektor $\vec{r}(t)$ ersetzen, und

$$\begin{pmatrix} \dot{x}(t) \\ \dot{y}(t) \end{pmatrix} = \dot{\vec{r}}(t) = \frac{d\vec{r}}{dt}(t)$$

ist der Tangentenvektor der Kurve im Punkt $(x(t), y(t))$, sodass wir das Integral in der etwas kompakteren Form

$$W = \int_a^b \vec{F}(\vec{r}(t)) \cdot \dot{\vec{r}}(t) \, dt$$

notieren können. Verwenden wir noch die formale Abkürzung $\dot{\vec{r}} \, dt = \frac{d\vec{r}}{dt} \, dt = d\vec{r}$, dann lässt sich das Integral in der verkürzten Schreibweise

$$W = \int_C \vec{F}(\vec{r}) \cdot d\vec{r}$$

darstellen. Dieser Ausdruck wird in der Physik als Arbeitsintegral des Kraftfelds längs des Weges C bezeichnet.

Löst man sich von diesem physikalischen Hintergrund, indem man anstelle eines Kraftfelds auch ein beliebiges „Vektorfeld" zulässt, dann gelangen wir zum Begriff des Kurvenintegrals eines Vektorfelds $\vec{F}(\vec{r}) = \vec{F}(x, y)$ längs der Kurve C:

$$\int_C \vec{F}(\vec{r}) \cdot d\vec{r} \quad \text{bzw.} \quad \int_C \vec{F}(x, y) \cdot d\vec{r}$$

Es symbolisiert eine Summe von Skalarprodukten $\vec{F}(\vec{r}) \cdot d\vec{r}$ ortsabhängiger Vektoren $\vec{F}(\vec{r})$ mit infinitesimal kleinen Wegen $d\vec{r}$ entlang der Kurve C. Für die konkrete Berechnung eines Kurvenintegrals braucht man jedoch eine Parameterdarstellung der Kurve, sodass man es auf ein bestimmtes Integral umschreiben kann. Wir fassen zusammen:

Das **Kurvenintegral** eines Vektorfelds $\vec{F} = \vec{F}(x, y)$ für $(x, y) \in D \subset \mathbb{R}^2$ längs einer glatten Kurve C in D mit der Parameterdarstellung $x = x(t)$, $y = y(t)$, $t \in [a, b]$ und stetig differenzierbaren Koordinatenfunktionen ist das bestimmte Integral

$$\int_C \vec{F}(\vec{r}) \cdot d\vec{r} = \int_a^b \vec{F}(x(t), y(t)) \cdot \begin{pmatrix} \dot{x}(t) \\ \dot{y}(t) \end{pmatrix} dt$$

Das hier vorgestellte Kurvenintegral für Vektorfelder wird auch *vektorielles Kurvenintegral* oder Kurvenintegral 2. Art genannt (im Gegensatz zum Kurvenintegral 1. Art = skalares Kurvenintegral). Anstelle von Kurvenintegral verwendet man auch die Begriffe *Linienintegral* oder *Wegintegral*. Es gibt noch eine besondere Schreibweise:

Entlang einer *geschlossenen Kurve C* notiert man das Integral als **Ringintegral**

$$\oint_C \vec{F}(\vec{r}) \cdot d\vec{r}$$

Das Ringintegral wird gelegentlich auch als *Umlaufintegral* bezeichnet.

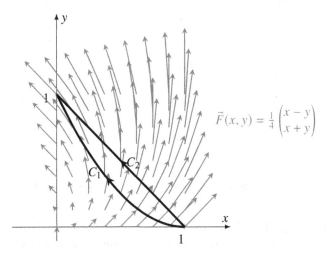

Abb. 2.9 Unterschiedliche Wege von $(1, 0)$ nach $(0, 1)$

Beispiel 1. Gegeben ist das Vektorfeld

$$\vec{F}(x, y) = \tfrac{1}{4}\begin{pmatrix} x - y \\ x + y \end{pmatrix}, \quad (x, y) \in \mathbb{R}^2$$

in der (x, y)-Ebene. Wir bewegen uns auf zwei unterschiedlichen Kurven vom Punkt $(1, 0)$ zum Punkt $(0, 1)$ gemäß Abb. 2.9, und zwar einmal auf dem Parabelbogen mit der Parameterdarstellung

$$C_1: \quad x(t) = 1 - t, \quad y(t) = t^2, \quad t \in [0, 1]$$

und dann noch auf dem geraden Weg

$$C_2: \quad x(t) = 1 - t, \quad y(t) = t, \quad t \in [0, 1]$$

Wir wollen jeweils das Kurvenintegral von $\vec{F}$ längs dieser Wege berechnen:

$$\int_{C_1} \vec{F}(\vec{r}) \cdot d\vec{r} = \int_0^1 \frac{1}{4}\begin{pmatrix} x(t) - y(t) \\ x(t) + y(t) \end{pmatrix} \cdot \begin{pmatrix} \dot{x}(t) \\ \dot{y}(t) \end{pmatrix} dt = \int_0^1 \frac{1}{4}\begin{pmatrix} 1 - t - t^2 \\ 1 - t + t^2 \end{pmatrix} \cdot \begin{pmatrix} -1 \\ 2t \end{pmatrix} dt$$

$$= \int_0^1 \frac{1}{4}(1 - t - t^2) \cdot (-1) + \frac{1}{4}(1 - t + t^2) \cdot 2t \, dt$$

$$= \int_0^1 \frac{1}{4}(2t^3 - t^2 + 3t - 1) \, dt = \frac{1}{4}\left(\frac{1}{2}t^4 - \frac{1}{3}t^3 + \frac{3}{2}t^2 - t\right)\Big|_0^1 = \frac{1}{6}$$

und

$$\int_{C_2} \vec{F}(\vec{r}) \cdot d\vec{r} = \int_0^1 \frac{1}{4}\begin{pmatrix} x(t) - y(t) \\ x(t) + y(t) \end{pmatrix} \cdot \begin{pmatrix} \dot{x}(t) \\ \dot{y}(t) \end{pmatrix} dt = \int_0^1 \frac{1}{4}\begin{pmatrix} 1 - t - t \\ 1 - t + t \end{pmatrix} \cdot \begin{pmatrix} -1 \\ 1 \end{pmatrix} dt$$

$$= \int_0^1 \frac{1}{4}(1 - 2t) \cdot (-1) + \frac{1}{4} \cdot 1 \, dt = \int_0^1 \frac{1}{2}t \, dt = \frac{1}{4}t^2\Big|_0^1 = \frac{1}{4}$$

Dieses Beispiel zeigt auch, dass ein Kurvenintegral i. Allg. von der Wahl des Wegs abhängt.

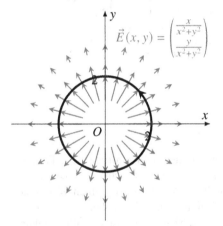

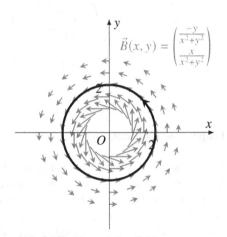

Abb. 2.10a Elektrisches Feld   **Abb. 2.10b** Magnetisches Feld

Beispiel 2. In der (x, y)-Ebene sind die Vektorfelder

$$\vec{E}(x, y) = \begin{pmatrix} \frac{x}{x^2+y^2} \\ \frac{y}{x^2+y^2} \end{pmatrix} \quad \text{und} \quad \vec{B}(x, y) = \begin{pmatrix} \frac{-y}{x^2+y^2} \\ \frac{x}{x^2+y^2} \end{pmatrix}$$

für $(x, y) \in \mathbb{R}^2 \setminus (0, 0)$ gegeben. Beide Felder haben ein physikalisches Vorbild: Denkt man sich einen (unendlich langen) Draht durch den Ursprung O senkrecht zur (x, y)-Ebene, dann entspricht $\vec{E}(x, y)$ dem elektrischen Feld des Drahts, falls dieser eine Ladung trägt (Abb. 2.10a), und $\vec{B}(x, y)$ dem Magnetfeld, falls der Draht von einem Strom durchflossen wird (Abb. 2.10b). Die Felder selbst sind im Punkt O nicht definiert.

Wir berechnen die Kurvenintegrale von $\vec{E}$ und $\vec{B}$ längs eines Kreises C um O mit dem Radius $r = 2$, welcher die Parameterdarstellung

$$C: \quad x(t) = 2\cos t, \quad y(t) = 2\sin t, \quad t \in [0, 2\pi]$$

besitzt. Hierbei handelt es sich um eine geschlossene Kurve, sodass wir die Kurvenintegrale auch als Ringintegrale notieren dürfen. Da C stets senkrecht zum Vektorfeld $\vec{E}(x, y)$ verläuft, erwarten wir $\oint_C \vec{E}(\vec{r}) \cdot d\vec{r} = 0$, während $\oint_C \vec{B}(\vec{r}) \cdot d\vec{r}$ einen positiven Wert liefern sollte, weil wir uns stets in Richtung der Vektoren $\vec{B}(x, y)$ bewegen. Diese Vermutungen lassen sich durch Rechnung bestätigen. Es ist $\dot{x}(t) = -2\sin t$, $\dot{y}(t) = 2\cos t$ und $x(t)^2 + y(t)^2 = 4\cos^2 t + 4\sin^2 t = 4$, sodass

$$\oint_C \vec{E}(\vec{r}) \cdot d\vec{r} = \int_0^{2\pi} \begin{pmatrix} \frac{x(t)}{x(t)^2+y(t)^2} \\ \frac{y(t)}{x(t)^2+y(t)^2} \end{pmatrix} \cdot \begin{pmatrix} \dot{x}(t) \\ \dot{y}(t) \end{pmatrix} dt = \int_0^{2\pi} \begin{pmatrix} \frac{2\cos t}{4} \\ \frac{2\sin t}{4} \end{pmatrix} \cdot \begin{pmatrix} -2\sin t \\ 2\cos t \end{pmatrix} dt$$

$$= \int_0^{2\pi} \tfrac{1}{2}\cos t \cdot (-2\sin t) + \tfrac{1}{2}\sin t \cdot 2\cos t \, dt = \int_0^{2\pi} 0 \, dt = 0$$

$$\oint_C \vec{B}(\vec{r}) \cdot d\vec{r} = \int_0^{2\pi} \begin{pmatrix} \frac{-y(t)}{x(t)^2+y(t)^2} \\ \frac{x(t)}{x(t)^2+y(t)^2} \end{pmatrix} \cdot \begin{pmatrix} \dot{x}(t) \\ \dot{y}(t) \end{pmatrix} dt = \int_0^{2\pi} \begin{pmatrix} \frac{-2\sin t}{4} \\ \frac{2\cos t}{4} \end{pmatrix} \cdot \begin{pmatrix} -2\sin t \\ 2\cos t \end{pmatrix} dt$$

$$= \int_0^{2\pi} \sin^2 t + \cos^2 t \, dt = \int_0^{2\pi} 1 \, dt = 2\pi$$

Umparametrisierung

Bei den bisherigen Beispielen haben wir die Kurve C durch eine vorgegebene Parameterdarstellung $x = x(t)$, $y = y(t)$ bzw. durch $\vec{r}(t)$ für $t \in [a, b]$ beschrieben. Durchläuft t den Parameterbereich $[a, b]$, dann hinterlassen die Ortsvektoren $\vec{r}(t)$ einen Weg in der (x, y)-Ebene vom Anfangspunkt $A = \vec{r}(a)$ zum Endpunkt $B = \vec{r}(b)$, aber der Parameter t selbst ist in diesem Abbild nicht mehr ersichtlich. Insbesondere lässt sich allein anhand des Weges nicht feststellen, wie „schnell" die Kurve durchlaufen wird, falls z. B. t als Zeit interpretiert wird. Tatsächlich kann man einen Weg C mal schneller und mal langsamer durchschreiten, um von A nach B zu gelangen. Mathematisch bedeutet das: Ein und dieselbe Kurve C kann durch unterschiedliche Parameterdarstellungen erzeugt werden.

Beispiel 1. Die Strecke C von $A = (0, 1)$ nach $B = (1, 0)$ ist der Graph der Funktion $y = 1 - x$ für $x \in [0, 1]$. Alternativ können wir dieses Geradenstück durch

$$\vec{r}(t) = \begin{pmatrix} x(t) \\ y(t) \end{pmatrix} = \begin{pmatrix} t^2 \\ 1 - t^2 \end{pmatrix}, \quad t \in [0, 1]$$

beschreiben, denn für die Koordinaten gilt $1 - x(t) = 1 - t^2 = y(t)$ entsprechend dem Zusammenhang $y = 1 - x$. Darüber hinaus liefert $t = 0$ den Anfangspunkt $(0, 1)$ und $t = 1$ den Endpunkt $(1, 0)$. Schließlich lässt sich C auch durch die Parameterform

$$\vec{s}(u) = \begin{pmatrix} x(u) \\ y(u) \end{pmatrix} = \begin{pmatrix} \sin^2 u \\ \cos^2 u \end{pmatrix}, \quad u \in [0, \tfrac{\pi}{2}]$$

darstellen: Wieder gilt $1 - x(u) = 1 - \sin^2 u = \cos^2 u = y(u)$ bzw. $y = 1 - x$, wobei der Parameterwert $u = 0$ den Punkt A und $u = \tfrac{\pi}{2}$ den Punkt B ergibt.

Beispiel 2. Der Kreis um O mit dem Radius r kann bekanntlich mit

$$\vec{r}(t) = \begin{pmatrix} x(t) \\ y(t) \end{pmatrix} = \begin{pmatrix} r \cos t \\ r \sin t \end{pmatrix}, \quad t \in [0, 2\pi]$$

in Parameterform dargestellt werden, wobei t den Winkel zur positiven x-Achse (im Bogenmaß) bezeichnet. Wir können den Kreis auch in halber Zeit $u = \tfrac{1}{2} t$ mit der doppelten Winkelgeschwindigkeit $\omega = 2$ durchlaufen, sodass

$$\vec{s}(u) = \begin{pmatrix} x(u) \\ y(u) \end{pmatrix} = \begin{pmatrix} r \cos 2u \\ r \sin 2u \end{pmatrix}, \quad u \in [0, \pi]$$

ebenfalls eine Parameterdarstellung für den Kreis um O mit dem Radius r ist.

Nun stellt sich die Frage, ob die Wahl der Parameterform von C einen Einfluss auf den Wert des Kurvenintegrals $\int_C \vec{F}(\vec{r}) \cdot \mathrm{d}\vec{r}$ hat. Nehmen wir an, dass die Kurve C durch zwei verschiedene Parameterdarstellungen mit den Ortsvektoren $\vec{r}(t)$, $t \in [a, b]$ und mit $\vec{s}(u)$, $u \in [\alpha, \beta]$ beschrieben werden kann, wobei C jeweils vom Anfangspunkt $A = \vec{r}(a) = \vec{s}(\alpha)$ zum Endpunkt $B = \vec{r}(b) = \vec{s}(\beta)$ durchlaufen werden soll. Das Problem lautet dann: Liefern die bestimmten Integrale

$$\int_C \vec{F}(\vec{r}) \cdot \mathrm{d}\vec{r} = \int_a^b \vec{F}(\vec{r}(t)) \cdot \dot{\vec{r}}(t) \, \mathrm{d}t \quad \text{und} \quad \int_C \vec{F}(\vec{s}) \cdot \mathrm{d}\vec{s} = \int_\alpha^\beta \vec{F}(\vec{s}(u)) \cdot \dot{\vec{s}}(u) \, \mathrm{d}u$$

den gleichen Wert? Zu jedem Kurvenpunkt $\vec{r}(t)$ mit $t \in [a, b]$ gibt es einen Parameter $u \in [\alpha, \beta]$, sodass $\vec{r}(t) = \vec{s}(u)$ gilt. Wir können also jedem Parameter $t \in [a, b]$ einen Parameter $u = u(t) \in [\alpha, \beta]$ zuordnen, welcher den gleichen Kurvenpunkt ergibt: $\vec{r}(t) = \vec{s}(u(t))$. Falls diese Zuordnung eindeutig und umkehrbar ist, also zu jedem Parameter $t \in [a, b]$ genau ein Parameter $u \in [\alpha, \beta]$ mit $\vec{s}(u(t)) = \vec{r}(t)$ gehört, dann erhält man eine Funktion $u = u(t)$, welche *Umparametrisierung* genannt wird. Wegen

$$\vec{s}(u(a)) = \vec{r}(a) = A = \vec{s}(\alpha) \quad \text{und} \quad \vec{s}(u(b)) = \vec{r}(b) = B = \vec{s}(\beta)$$

gilt dann insbesondere $u(a) = \alpha$ und $u(b) = \beta$. Wir wollen zusätzlich voraussetzen, dass diese Funktion $u = u(t)$ differenzierbar ist. Aus der Kettenregel folgt dann

$$\frac{\mathrm{d}\vec{r}}{\mathrm{d}t}(t) = \frac{\mathrm{d}}{\mathrm{d}t} \vec{s}(u(t)) = u'(t) \cdot \frac{\mathrm{d}\vec{s}}{\mathrm{d}u}(u(t))$$

und damit ergibt sich aus der Substitutionsregel

$$\int_C \vec{F}(\vec{r}) \cdot \mathrm{d}\vec{r} = \int_a^b \vec{F}(\vec{r}(t)) \cdot \frac{\mathrm{d}\vec{r}}{\mathrm{d}t}(t)\,\mathrm{d}t = \int_a^b \vec{F}(\vec{s}(u(t))) \cdot \frac{\mathrm{d}\vec{s}}{\mathrm{d}u}(u(t)) \cdot u'(t)\,\mathrm{d}t$$

$$= \int_{u(a)}^{u(b)} \vec{F}(\vec{s}(u)) \cdot \frac{\mathrm{d}\vec{s}}{\mathrm{d}u}(u)\,\mathrm{d}u = \int_\alpha^\beta \vec{F}(\vec{s}(u)) \cdot \frac{\mathrm{d}\vec{s}}{\mathrm{d}u}(u)\,\mathrm{d}u$$

$$= \int_C \vec{F}(\vec{s}) \cdot \mathrm{d}\vec{s}$$

Die Berechnung des Kurvenintegrals liefert also den gleichen Wert, unabhängig von der Parametrisierung. Als Ergebnis notieren wir:

Das Kurvenintegral eines Vektorfelds $\vec{F} = \vec{F}(x, y)$ längs einer glatten Kurve C mit dem Anfangspunkt A und dem Endpunkt B ist unabhängig von der Wahl der Parameterdarstellung von C.

Diese Aussage ist in der Praxis sehr nützlich, denn oftmals kann man für eine Kurve C eine Parameterdarstellung finden, mit der sich ein Kurvenintegral einfacher berechnen lässt.

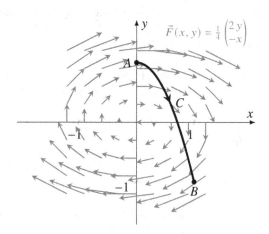

Abb. 2.11 Parabelbogen C von A nach B im „Wirbelfeld" $\vec{F}(x, y)$

Beispiel: Das Kurvenintegral des Vektorfelds (vgl. Abb. 2.11)

$$\vec{F}(x, y) = \tfrac{1}{4}\begin{pmatrix} 2y \\ -x \end{pmatrix}$$

entlang der Kurve mit der Parameterdarstellung

$$C: \quad x(t) = \sin\tfrac{t}{2}, \quad y(t) = \cos t, \quad t \in [0, \pi]$$

berechnen wir mit

$$\int_C \vec{F}(\vec{r}) \cdot d\vec{r} = \int_0^\pi \frac{1}{4} \begin{pmatrix} 2\,y(t) \\ -x(t) \end{pmatrix} \cdot \begin{pmatrix} \dot{x}(t) \\ \dot{y}(t) \end{pmatrix} dt = \int_0^\pi \frac{1}{4} \begin{pmatrix} 2\cos t \\ -\sin\frac{t}{2} \end{pmatrix} \cdot \begin{pmatrix} \frac{1}{2}\cos\frac{t}{2} \\ -\sin t \end{pmatrix} dt$$

$$= \int_0^\pi \frac{1}{4} \left(\cos t \cdot \cos\frac{t}{2} + \sin t \cdot \sin\frac{t}{2} \right) dt$$

Mithilfe des Additionstheorems $\cos(\alpha - \beta) = \cos\alpha \cos\beta + \sin\alpha \sin\beta$ können wir den Integranden wie folgt vereinfachen:

$$\int_C \vec{F}(\vec{r}) \cdot d\vec{r} = \int_0^\pi \frac{1}{4}\cos(t - \tfrac{t}{2})\, dt = \int_0^\pi \frac{1}{4}\cos\tfrac{t}{2}\, dt = \tfrac{1}{2}\sin\tfrac{t}{2} \Big|_0^\pi = \tfrac{1}{2}$$

Das Kurvenintegral lässt sich aber auch einfacher berechnen. Die Kurve C ist ein Parabelbogen vom Anfangspunkt $A = (0, 1)$ zum Endpunkt $B = (1, -1)$. Für die Punkte auf der Kurve gilt nämlich nach der Formel für den doppelten Winkel

$$y(t) = \cos t = \cos(2 \cdot \tfrac{t}{2}) = 1 - 2\sin^2\tfrac{t}{2} = 1 - 2 \cdot x(t)^2$$

oder kurz: $y = 1 - 2x^2$ für $x \in [0, 1]$. Mit dem Parameter $u = x$ können wir C alternativ auch in der Form

$$C: \quad x(u) = u, \quad y(u) = 1 - 2u^2, \quad u \in [0, 1]$$

darstellen und das Kurvenintegral ohne Additionstheorem berechnen:

$$\int_C \vec{F}(\vec{r}) \cdot d\vec{r} = \int_0^1 \frac{1}{4} \begin{pmatrix} 2\,y(u) \\ -x(u) \end{pmatrix} \cdot \begin{pmatrix} \dot{x}(u) \\ \dot{y}(u) \end{pmatrix} du = \int_0^1 \frac{1}{4} \begin{pmatrix} 2 - 4u^2 \\ -u \end{pmatrix} \cdot \begin{pmatrix} 1 \\ -4u \end{pmatrix} du$$

$$= \int_0^1 \frac{1}{4}\left(2 - 4u^2 + (-u) \cdot (-4u)\right) du = \int_0^1 \frac{1}{2}\, du = \tfrac{1}{2} u \Big|_0^1 = \tfrac{1}{2}$$

Eigenschaften des Kurvenintegrals

Für eine gegebene Kurve C ist das Kurvenintegral unabhängig von der gewählten Parameterdarstellung, jedoch hängt der Wert des Kurvenintegrals vom Verlauf des Weges C ab. Entlang zweier unterschiedlicher Wege, auch bei solchen mit gleichem Anfangs- und Endpunkt, ergibt das Kurvenintegral i. Allg. verschiedene Werte.

Man bezeichnet mit $-C$ die Kurve, welche den gleichen Weg wie C (von A nach B) erzeugt, aber in *entgegengesetzter Richtung* (von B nach A) durchlaufen wird, siehe Abb. 2.12a. Ersetzt man die Kurve C durch $-C$, dann ändert das Kurvenintegral sein Vorzeichen:

$$\int_{-C} \vec{F}(\vec{r}) \cdot d\vec{r} = -\int_C \vec{F}(\vec{r}) \cdot d\vec{r}$$

Für eine Kurve C_1 vom Anfangspunkt A_1 zum Endpunkt B_1 und eine weitere Kurve C_2 vom Anfangspunkt $A_2 = B_1$ zum Endpunkt B_2 notiert man mit $C := C_1 + C_2$ die Kurve, welche zunächst von A_1 längs C_1 nach $B_1 = A_2$ verläuft und anschließend

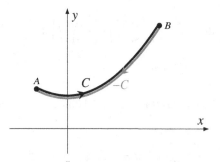

Abb. 2.12a Änderung der Richtung

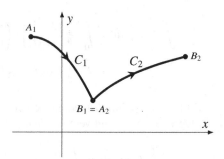

Abb. 2.12b Zusammensetzung zweier Kurven

entlang C_2 nach B_2 führt, vgl. Abb. 2.12b. In diesem Fall ist das Kurvenintegral über die zusammengesetzte Kurve C die Summe

$$\int_{C_1+C_2} \vec{F}(\vec{r}) \cdot d\vec{r} = \int_{C_1} \vec{F}(\vec{r}) \cdot d\vec{r} + \int_{C_2} \vec{F}(\vec{r}) \cdot d\vec{r}$$

Man berechnet also die Kurvenintegrale längs der beiden Wege und addiert die Werte. Entsprechend geht man vor, wenn sich C aus drei oder mehr Wegstücken zusammensetzt.

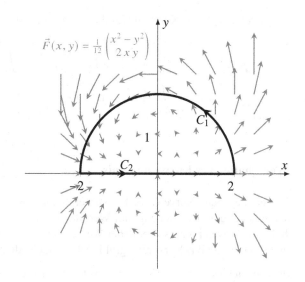

$$\vec{F}(x,y) = \frac{1}{12}\begin{pmatrix} x^2 - y^2 \\ 2xy \end{pmatrix}$$

Abb. 2.13 Die geschlossene Kurve $C = C_1 + C_2$ setzt sich zusammen aus dem Halbkreis C_1 und der Strecke C_2

Beispiel 1. Wir durchlaufen vom Punkt $(2,0)$ aus zunächst den Halbkreis C_1 um den Ursprung O mit Radius 2, also

$$C_1: \quad x(t) = 2\cos t, \quad y(t) = 2\sin t, \quad t \in [0, \pi]$$

und kehren dann auf geradem Weg C_2 von $(-2,0)$ zurück zum Ausgangspunkt:

$$C_2: \quad x(t) = t, \quad y(t) = 0, \quad t \in [-2, 2]$$

Für die geschlossene Kurve $C = C_1 + C_2$ in Abb. 2.13 soll das Umlaufintegral

$$\oint_C \tfrac{1}{12} \begin{pmatrix} x^2 - y^2 \\ 2xy \end{pmatrix} \cdot d\vec{r}$$

berechnet werden. Dazu bestimmen wir die Integrale längs C_1 und C_2:

$$\int_{C_1} \tfrac{1}{12} \begin{pmatrix} x^2 - y^2 \\ 2xy \end{pmatrix} \cdot d\vec{r} = \int_0^\pi \tfrac{1}{12} \begin{pmatrix} 4\cos^2 t - 4\sin^2 t \\ 2 \cdot 2\cos t \cdot 2\sin t \end{pmatrix} \cdot \begin{pmatrix} -2\sin t \\ 2\cos t \end{pmatrix} dt$$

$$= \tfrac{8}{12} \int_0^\pi (\sin^2 t + \cos^2 t)\sin t \, dt = \tfrac{2}{3} \int_0^\pi \sin t \, dt = \tfrac{4}{3}$$

$$\int_{C_2} \tfrac{1}{12} \begin{pmatrix} x^2 - y^2 \\ 2xy \end{pmatrix} \cdot d\vec{r} = \int_{-2}^2 \tfrac{1}{12} \begin{pmatrix} t^2 - 0^2 \\ 2 \cdot t \cdot 0 \end{pmatrix} \cdot \begin{pmatrix} 1 \\ 0 \end{pmatrix} dt = \tfrac{1}{12} \int_{-2}^2 t^2 \, dt = \tfrac{4}{9}$$

In Summe ergibt sich dann für das Umlaufintegral der Wert

$$\oint_C \tfrac{1}{12} \begin{pmatrix} x^2 - y^2 \\ 2xy \end{pmatrix} \cdot d\vec{r} = \tfrac{4}{3} + \tfrac{4}{9} = \tfrac{16}{9}$$

Durchlaufen wir die Kurve C in umgekehrter Richtung, also im Uhrzeigersinn, dann ist

$$\oint_{-C} \tfrac{1}{12} \begin{pmatrix} x^2 - y^2 \\ 2xy \end{pmatrix} \cdot d\vec{r} = -\tfrac{16}{9}$$

Beispiel 2. Längs des Parabelbogens vom Anfangspunkt $A = (0, 1)$ zum Endpunkt $B = (1, -1)$ mit der Parameterform

$$C: \quad x(t) = t, \quad y(t) = 1 - 2t^2, \quad t \in [0, 1]$$

haben wir bereits das folgende Kurvenintegral berechnet (siehe Abb. 2.11):

$$\int_C \tfrac{1}{4} \begin{pmatrix} 2y \\ -x \end{pmatrix} \cdot d\vec{r} = \tfrac{1}{2} \quad \Longrightarrow \quad \int_{-C} \tfrac{1}{4} \begin{pmatrix} 2y \\ -x \end{pmatrix} \cdot d\vec{r} = -\tfrac{1}{2}$$

Hier ist die Kurve $-C$ der Parabelbogen von B nach A, und dieser lässt sich z. B. durch die Parameterdarstellung

$$-C: \quad x(t) = 1 - t, \quad y(t) = 1 - 2(1 - t)^2 = -1 + 4t - 2t^2, \quad t \in [0, 1]$$

beschreiben, sodass wir das Kurvenintegral längs $-C$ auch direkt berechnen können:

$$\int_{-C} \vec{F}(\vec{r}) \cdot d\vec{r} = \int_0^1 \tfrac{1}{4} \begin{pmatrix} -2 + 8t - 4t^2 \\ -1 + t \end{pmatrix} \cdot \begin{pmatrix} -1 \\ 4 - 4t \end{pmatrix} dt = \int_0^1 -\tfrac{1}{2} \, dt = -\tfrac{1}{2}$$

Bisher war bei der Berechnung des Kurvenintegrals vorausgesetzt, dass die Kurve C glatt ist, also von einer stetig differenzierbaren Vektorfunktion $\vec{r} : [a, b] \longrightarrow \mathbb{R}^2$ mit $\vec{r}(t) \neq \vec{o}$ für alle $t \in \,]a, b[$ erzeugt wird. Mit obiger Summenregel können wir die Definition des Kurvenintegrals auch auf allgemeinere Kurven ausdehnen. Eine Kurve C

heißt *stückweise glatt*, falls sie sich aus endlich vielen glatten Teilkurven zusammensetzt: $C = C_1 + C_2 + \ldots + C_n$. In diesem Fall definiert man

$$\int_C \vec{F}(\vec{r}) \cdot \mathrm{d}\vec{r} := \int_{C_1} \vec{F}(\vec{r}) \cdot \mathrm{d}\vec{r} + \ldots + \int_{C_n} \vec{F}(\vec{r}) \cdot \mathrm{d}\vec{r}$$

Abschließend soll noch auf eine alternative Schreibweise für das Kurvenintegral hingewiesen werden. In der Komponentendarstellung gilt rein formal

$$\vec{F}(\vec{r}) \cdot \mathrm{d}\vec{r} = \begin{pmatrix} F_1(x,y) \\ F_2(x,y) \end{pmatrix} \cdot \begin{pmatrix} \mathrm{d}x \\ \mathrm{d}y \end{pmatrix} = F_1(x,y)\,\mathrm{d}x + F_2(x,y)\,\mathrm{d}y$$

und das ist die Grundlage für die folgende Notation des Kurvenintegrals:

$$\int_C F_1(x,y)\,\mathrm{d}x + F_2(x,y)\,\mathrm{d}y := \int_C \begin{pmatrix} F_1(x,y) \\ F_2(x,y) \end{pmatrix} \cdot \mathrm{d}\vec{r}$$

welche in der technischen Fachliteratur noch häufig anzutreffen ist.

Beispiel: Zu berechnen ist das Kurvenintegral $\int_C x^2 + y^2 \,\mathrm{d}x - 2xy\,\mathrm{d}y$ längs des Halbkreises um O mit Radius 1 von $(1,0)$ nach $(-1,0)$. Dazu wählen wir für den Halbkreis C eine geeignete Parameterdarstellung, z. B.

$$C: \quad x(t) = \cos t, \quad y(t) = \sin t, \quad t \in [0, \pi]$$

und übersetzen das Kurvenintegral Schritt für Schritt in ein bestimmtes Integral:

$$\int_C x^2 + y^2 \,\mathrm{d}x - 2xy\,\mathrm{d}y = \int_C \begin{pmatrix} x^2 + y^2 \\ -2xy \end{pmatrix} \cdot \begin{pmatrix} \mathrm{d}x \\ \mathrm{d}y \end{pmatrix} = \int_C \begin{pmatrix} x^2 + y^2 \\ -2xy \end{pmatrix} \cdot \mathrm{d}\vec{r}$$

$$= \int_0^\pi \begin{pmatrix} x(t)^2 + y(t)^2 \\ -2x(t)\,y(t) \end{pmatrix} \cdot \begin{pmatrix} \dot{x}(t) \\ \dot{y}(t) \end{pmatrix} \mathrm{d}t = \int_0^\pi \begin{pmatrix} \cos^2 t + \sin^2 t \\ -2\cos t \sin t \end{pmatrix} \cdot \begin{pmatrix} -\sin t \\ \cos t \end{pmatrix} \mathrm{d}t$$

$$= \int_0^\pi -\sin t - 2\cos^2 t \sin t \,\mathrm{d}t = \cos t + \tfrac{2}{3}\cos^3 t \Big|_0^\pi = -\tfrac{10}{3}$$

2.2.3 Das Potential eines Vektorfelds

Eine reelle Funktion $f(x,y)$ mit zwei Veränderlichen heißt *Potential* eines Vektorfelds $\vec{F}(x,y)$, falls

$$\vec{F}(x,y) = (\operatorname{grad} f)(x,y) = \begin{pmatrix} \frac{\partial f}{\partial x} \\ \frac{\partial f}{\partial y} \end{pmatrix} = \begin{pmatrix} f_x \\ f_y \end{pmatrix}$$

gilt. Nicht jedes Vektorfeld besitzt ein Potential, wie wir später noch feststellen werden, aber wenn es eine solche Funktion gibt, dann können wir die folgende einfache Formel zur Berechnung des Kurvenintegrals nutzen:

Ist $\vec{F}(x, y) = \operatorname{grad} f(x, y)$ ein Vektorfeld mit dem Potential $f(x, y)$ und C eine glatte Kurve mit dem Anfangspunkt A und dem Endpunkt B, dann gilt

$$\int_C \vec{F}(\vec{r}) \cdot d\vec{r} = f(B) - f(A) =: f(x, y) \Big|_A^B$$

Zur Begründung dieser Formel brauchen wir eine (beliebige) stetig differenzierbare Parameterdarstellung $x = x(t)$, $y = y(t)$, $t \in [a, b]$ der Kurve C. Definieren wir

$$g(t) := f(x(t), y(t)), \quad t \in [a, b]$$

dann gilt gemäß der mehrdimensionalen Kettenregel (vgl. siehe Kapitel 1, Abschnitt 1.2.5)

$$g'(t) = (\operatorname{grad} f)(x(t), y(t)) \cdot \begin{pmatrix} \dot{x}(t) \\ \dot{y}(t) \end{pmatrix} = \vec{F}(\vec{r}(t)) \cdot \dot{\vec{r}}(t)$$

Nach dem Hauptsatz der Differential- und Integralrechnung (HDI) hat das Kurvenintegral den Wert

$$\int_C \vec{F}(\vec{r}) \cdot d\vec{r} = \int_a^b \vec{F}(\vec{r}(t)) \cdot \dot{\vec{r}}(t) \, dt = \int_a^b g'(t) \, dt = g(t) \Big|_{t=a}^{t=b}$$
$$= g(b) - g(a) = f(x(b), y(b)) - f(x(a), y(a))$$

Hierbei ist $A = (x(a), y(a))$ der Anfangspunkt und $B = (x(b), y(b))$ der Endpunkt der Kurve C, sodass wir das Ergebnis auch in der Form $f(B) - f(A)$ notieren können.

Beispiel 1. Das Kraftfeld

$$\vec{F}(x, y) = \begin{pmatrix} \frac{x}{x^2+y^2} \\ \frac{y}{x^2+y^2} \end{pmatrix}$$

hat das Potential $f(x, y) = \frac{1}{2} \ln(x^2 + y^2)$, denn

$$f_x = \frac{1}{2} \cdot \frac{1}{x^2 + y^2} \cdot 2x = \frac{x}{x^2 + y^2} \quad \text{und} \quad f_y = \frac{1}{2} \cdot \frac{1}{x^2 + y^2} \cdot 2y = \frac{y}{x^2 + y^2}$$

Entlang einer beliebigen (differenzierbaren) Kurve C von $(1, 1)$ bis $(2, 4)$ ist dann

$$\int_C \vec{F}(\vec{r}) \cdot d\vec{r} = f(2, 4) - f(1, 1)$$
$$= \frac{1}{2} \ln(2^2 + 4^2) - \frac{1}{2} \ln(1 + 1) = \frac{1}{2} \ln 20 - \frac{1}{2} \ln 2 = \ln \sqrt{10}$$

Ein Vektorfeld (Kraftfeld), das ein Potential besitzt, nennt man *konservatives Vektorfeld*. Das Potential $f(x, y)$ ist dann eine Art „Stammfunktion" zum Vektorfeld $\vec{F}(x, y)$, und die obige Formel kann man als Verallgemeinerung des HDI auf Kurvenintegrale auffassen. Im konservativen Vektorfeld hängt insbesondere $\int_C \vec{F}(\vec{r}) \cdot d\vec{r}$ nur noch vom Anfangs- und

Endpunkt der Kurve C ab, nicht aber vom Verlauf der Kurve dazwischen. Man sagt in diesem Fall: Das Kurvenintegral ist *wegunabhängig*.

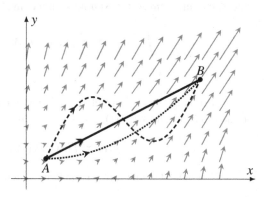

Abb. 2.14 Verschiedene Wege von A nach B

Bei einer geschlossenen Kurve fallen Anfangs- und Endpunkt zusammen, sodass

$$\oint_C \vec{F}(\vec{r}) \cdot d\vec{r} = f(A) - f(A) = 0, \quad \text{und das bedeutet:}$$

> In einem konservativen Vektorfeld hat ein Ringintegral stets den Wert 0.

Wie lässt sich nun aber feststellen, ob ein Vektorfeld $\vec{F}(x, y)$ konservativ ist? Und wie bestimmt man in diesem Fall das Potential $f(x, y)$? Die erste Frage kann man relativ leicht beantworten. Für ein konservatives Vektorfeld mit den Komponenten

$$\vec{F}(x, y) = \begin{pmatrix} F_1(x, y) \\ F_2(x, y) \end{pmatrix}$$

muss die sogenannte

> **Integrabilitätsbedingung**: $\dfrac{\partial F_1}{\partial y} = \dfrac{\partial F_2}{\partial x}$

erfüllt sein. Hat nämlich $\vec{F}(x, y)$ ein Potential $f(x, y)$, dann folgt aus dem Satz von Schwarz über die Vertauschbarkeit der partiellen Ableitungen

$$\begin{pmatrix} F_1(x, y) \\ F_2(x, y) \end{pmatrix} = \begin{pmatrix} f_x \\ f_y \end{pmatrix} \quad \Longrightarrow \quad \frac{\partial F_1}{\partial y} = f_{xy} = f_{yx} = \frac{\partial F_2}{\partial x}$$

Beispiel 2. Das Vektorfeld

$$\vec{F}(x, y) = \tfrac{1}{4} \begin{pmatrix} x - y \\ x + y \end{pmatrix}, \quad (x, y) \in \mathbb{R}^2$$

kann nicht konservativ sein, denn wegen

$$\frac{\partial F_1}{\partial y} = \frac{\partial}{\partial y} \frac{x - y}{4} = -\frac{1}{4} \quad \text{und} \quad \frac{\partial F_2}{\partial x} = \frac{\partial}{\partial x} \frac{x + y}{4} = +\frac{1}{4}$$

ist die Integrabilitätsbedingung verletzt. Somit besitzt dieses Vektorfeld auch kein Potential! Wir haben dieses Resultat auch schon auf einem anderen Weg erhalten: Das Integral von $\vec{F}(x, y)$ längs zweier verschiedener Kurven (Strecke bzw. Parabelbogen) von $(1, 0)$ nach $(0, 1)$ lieferte unterschiedliche Werte und ist deshalb *wegabhängig*.

Falls ein Vektorfeld die Integrabilitätsbedingung erfüllt, kann man versuchen, ein Potential zu bestimmen. Wie das funktioniert, zeigt das folgende

Beispiel 3. Gegeben ist das Vektorfeld

$$\vec{F}(x, y) = \begin{pmatrix} 1 + 2xy \\ x^2 + 3y^2 \end{pmatrix}$$

Die Integrabilitätsbedingung ist erfüllt, denn

$$\frac{\partial}{\partial y}(1 + 2xy) = 2x \quad \text{und} \quad \frac{\partial}{\partial x}(x^2 + 3y^2) = 2x$$

Das gesuchte Potential f hat die partiellen Ableitungen

$$f_x = 1 + 2xy \quad \text{und} \quad f_y = x^2 + 3y^2$$

Wir integrieren zunächst die erste Gleichung nach x, wobei wir beim Aufsuchen der Stammfunktion die Variable y als Konstante behandeln:

$$f_x = 1 + 2xy \quad \Longrightarrow \quad f(x, y) = x + x^2y + c(y)$$

Die „Integrationskonstante" c darf hier eine beliebige differenzierbare Funktion von y sein, da diese bei der partiellen Ableitung nach x wegfällt! Die Funktion $c(y)$ erhalten wir dann aus der zweiten Bedingung für die partielle Ableitung nach y:

$$x^2 + 3y^2 = f_y = 0 + x^2 + c'(y) \quad \Longrightarrow \quad c'(y) = 3y^2$$

Somit gilt $c(y) = y^3 + C$, und das gesuchte Potential ist $f(x, y) = x + x^2y + y^3 + C$, wobei C eine beliebige reelle Konstante sein darf. Alternativ können wir zuerst auch die zweite Gleichung $f_y = x^2 + 3y^2$ nach y integrieren:

$$f_y = x^2 + 3y^2 \quad \Longrightarrow \quad f(x, y) = x^2y + y^3 + c(x)$$

mit einer noch unbekannten Funktion $c(x)$, welche beim partiellen Ableiten nach y verschwindet. Diese bestimmen wir anschließend mit der partiellen Ableitung von f nach x:

$$1 + 2xy = f_x = 2xy + 0 + c'(x) \quad \Longrightarrow \quad c'(x) = 1$$

ergibt $c(x) = x + C$ und wie zuvor das Potential $f(x, y) = x^2y + y^3 + x + C$ mit einer beliebigen Konstante $C \in \mathbb{R}$.

Die im Beispiel vorgestellte Methode zur Berechnung des Potentials lässt sich ganz allgemein auf ein Vektorfeld

$$\vec{F}(x, y) = \begin{pmatrix} F_1(x, y) \\ F_2(x, y) \end{pmatrix}$$

anwenden, welches die Integrabilitätsbedingung erfüllt. Sobald wir (durch Integration nach x bei konstantem y) eine zweimal differenzierbare Funktion $g(x, y)$ mit $g_x = F_1$ gefunden haben, ergibt die Integrabilitätsbedingung zusammen mit dem Satz von Schwarz

$$\frac{\partial F_2}{\partial x} = \frac{\partial F_1}{\partial y} = g_{xy} = g_{yx} \implies \frac{\partial}{\partial x}(F_2 - g_y) = \frac{\partial F_2}{\partial x} - g_{yx} \equiv 0$$

sodass $F_2 - g_y$ nur noch von y abhängen kann: $F_2(x, y) - g_y(x, y) = c(y)$. Falls nun $h(y)$ eine Stammfunktion zu $c(y)$ ist, also $h'(y) = c(y)$ gilt, dann ist $f(x, y) = g(x, y) + h(y) + C$ mit einer beliebigen Konstante $C \in \mathbb{R}$ ein Potential zu $\vec{F}(x, y)$, denn

$$f_x = g_x + 0 + 0 = F_1 \quad \text{und} \quad f_y = g_y + h'(y) + 0 = g_y + c(y) = F_2$$

Es bleibt noch die Frage, ob die Integrabilitätsbedingung bereits die Existenz eines Potentials garantiert. Die Antwort lautet: Nein! Selbst wenn ein Vektorfeld die Integrabilitätsbedingung erfüllt, muss es kein Potential zu $\vec{F}(x, y)$ geben. Eine wichtige Rolle spielt nämlich auch die Form des Definitionsbereichs D, wie das folgende Beispiel zeigt.

Beispiel 4. Das Vektorfeld

$$\vec{F}(x, y) = \begin{pmatrix} \frac{y}{x^2+y^2} \\ \frac{-x}{x^2+y^2} \end{pmatrix}, \quad (x, y) \in D = \mathbb{R}^2 \setminus \{(0, 0)\}$$

erfüllt zwar die Integrabilitätsbedingung, denn es gilt

$$\frac{\partial}{\partial y}\left(\frac{y}{x^2+y^2}\right) = \frac{x^2 - y^2}{(x^2+y^2)^2} = \frac{\partial}{\partial x}\left(\frac{-x}{x^2+y^2}\right)$$

und dennoch kann $\vec{F}(x, y)$ kein Potential besitzen, denn längs des Einheitskreises

$$C: \quad x(t) = \cos t, \quad y(t) = \sin t, \quad t \in [0, 2\pi]$$

ist der Wert des Kurvenintegrals

$$\oint_C \vec{F}(\vec{r}) \cdot d\vec{r} = \int_0^{2\pi} \begin{pmatrix} \frac{y(t)}{x(t)^2+y(t)^2} \\ \frac{-x(t)}{x(t)^2+y(t)^2} \end{pmatrix} \cdot \begin{pmatrix} \dot{x}(t) \\ \dot{y}(t) \end{pmatrix} dt = \int_0^{2\pi} \begin{pmatrix} \frac{\sin t}{1} \\ \frac{-\cos t}{1} \end{pmatrix} \cdot \begin{pmatrix} -\sin t \\ \cos t \end{pmatrix} dt$$

$$= \int_0^{2\pi} -\sin^2 t - \cos^2 t \, dt = \int_0^{2\pi} -1 \, dt = -2\pi \neq 0$$

Versucht man, mit obiger Ansatzmethode ein Potential zu finden, dann müssen wir zunächst $F_1(x, y) = \frac{y}{x^2+y^2}$ nach x integrieren (wobei wir y als Konstante behandeln):

$$f_x = \frac{y}{x^2+y^2} \implies f(x, y) = \int \frac{y}{x^2+y^2} \, dx = \arctan \frac{x}{y} + c(y)$$

Für die partiellen Ableitung von f nach y erhalten wir

$$f_y = \frac{\partial}{\partial y}\left(\arctan \tfrac{x}{y} + c(y)\right) = \frac{1}{\left(\tfrac{x}{y}\right)^2 + 1} \cdot \left(-\tfrac{x}{y^2}\right) + c'(y) = \frac{-x}{x^2 + y^2} + c'(y)$$

Wählen wir speziell $c(y) \equiv 0$, dann ist neben $f_x = F_1$ auch $f_y = F_2$ erfüllt, und wir haben mit $f(x, y) = \arctan \tfrac{x}{y}$ vermeintlich ein Potential gefunden. Tatsächlich ist die hier berechnete Funktion $f(x, y)$ für $y = 0$ nicht definiert und somit auch kein Potential von $\vec{F}(x, y)$ auf dem *gesamten* Definitionsbereich $D = \mathbb{R}^2 \setminus \{(0, 0)\}$. Schränken wir aber den Definitionsbereich auf die obere Halbebene ein, dann ist

$$f(x, y) = \arctan \tfrac{x}{y}$$

tatsächlich ein Potential zu $\vec{F}(x, y)$ auf dem verkleinerten Definitionsbereich $D_1 = \{(x, y) \in \mathbb{R}^2 \mid y > 0\}$. Ebenso lässt sich für die rechte Halbebene $D_2 = \{(x, y) \in \mathbb{R}^2 \mid x > 0\}$ ein Potential des Vektorfelds angeben: $f(x, y) = -\arctan \tfrac{y}{x}$ erfüllt

$$f_x = -\frac{1}{\left(\tfrac{y}{x}\right)^2 + 1} \cdot \left(-\tfrac{y}{x^2}\right) = \frac{y}{x^2 + y^2} \quad \text{und} \quad f_y = -\frac{1}{\left(\tfrac{y}{x}\right)^2 + 1} \cdot \tfrac{1}{x} = \frac{-x}{x^2 + y^2}$$

Insbesondere muss dann ein Kurvenintegral längs einer geschlossenen Kurve, welche vollständig in der oberen oder rechten Halbebene liegt, stets den Wert 0 haben. Dagegen kann, wie wir bereits gesehen haben, ein Ringintegral in $\mathbb{R}^2 \setminus \{(0, 0)\}$ auch ungleich Null sein.

Allgemein lässt sich zeigen: Ist D ein einfach zusammenhängendes Gebiet (ohne „Löcher") und sind die Integrabilitätsbedingungen erfüllt, dann besitzt die Funktion $f(x, y)$ ein Potential.

2.2.4 Kurvenintegrale und Feldlinien

Wie wir bereits in Abschnitt 2.2.1 festgelegt haben, sind bei einer *glatten Kurve C* mit den Ortsvektoren $\vec{r}(t), t \in [a, b]$ die Koordinatenfunktionen stetig differenzierbar, und es gilt $\dot{\vec{r}}(t) \neq \vec{o}$ für alle $t \in]a, b[$. Eine solche glatte Kurve C heißt *Feldlinie* des Vektorfelds $\vec{F}$, falls $\vec{F}(\vec{r}(t)) \neq \vec{o}$ gilt und $\vec{F}(\vec{r}(t))$ für alle Parameterwerte $t \in]a, b[$ die gleiche Richtung hat wie der Tangentenvektor $\dot{\vec{r}}(t)$. Eine Feldlinie verläuft also stets tangential zu den Feldvektoren, vgl. Abb. 2.15.

Das Kurvenintegral des Vektorfeld $\vec{F} = \vec{F}(\vec{r})$ längs einer Feldlinie können wir wegen

$$\vec{F}(\vec{r}(t)) \parallel \dot{\vec{r}}(t) \quad \Longrightarrow \quad \vec{F}(\vec{r}(t)) \cdot \dot{\vec{r}}(t) = |\vec{F}(\vec{r}(t))| \cdot |\dot{\vec{r}}(t)|$$

und $|\dot{\vec{r}}(t)| = \sqrt{\dot{x}(t)^2 + \dot{y}(t)^2}$ wie folgt berechnen:

$$\int_C \vec{F}(\vec{r}) \cdot d\vec{r} = \int_a^b \vec{F}(\vec{r}(t)) \cdot \dot{\vec{r}}(t) \, dt = \int_a^b |\vec{F}(\vec{r}(t))| \cdot \sqrt{\dot{x}(t)^2 + \dot{y}(t)^2} \, dt$$

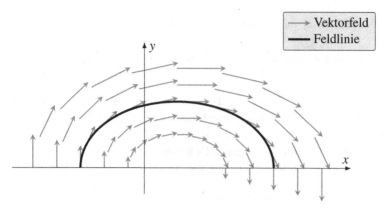

Abb. 2.15 Vektorfeld mit Feldlinien

Das Integral auf der rechten Seite ist aber genau das skalare Kurvenintegral von $|\vec{F}(x, y)|$ längs C, und damit gilt:

> Für eine Feldlinie C des Vektorfelds $\vec{F}(x, y)$ ist $\int_C \vec{F}(\vec{r}) \cdot d\vec{r} = \int_C |\vec{F}(\vec{r})|\, ds$

Insbesondere ist dann das Kurvenintegral längs einer Feldlinie immer ein positiver Wert, da $|\vec{F}(x, y)| > 0$ für alle Punkte auf C gilt. Dies gilt insbesondere auch für eine geschlossene Feldlinie. In einem konservativen Vektorfeld müsste aber $\oint_C \vec{F}(\vec{r}) \cdot d\vec{r} = 0$ sein. Wir folgern daher:

> In einem konservativen Vektorfeld gibt es keine geschlossenen Feldlinien.

Umgekehrt liefert uns diese Aussage einen geometrische Hinweis darauf, dass ein Vektorfeld nicht konservativ sein kann: Gibt es geschlossene Feldlinien, dann besitzt ein Vektorfeld kein Potential!

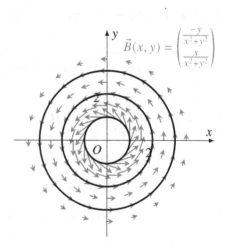

$$\vec{B}(x, y) = \begin{pmatrix} \frac{-y}{x^2+y^2} \\ \frac{x}{x^2+y^2} \end{pmatrix}$$

Abb. 2.16 Magnetische Feldlinien

Beispiel 1. Die Feldlinien des Magnetfelds $\vec{B}(x, y)$ eines stromdurchflossenen Leiters senkrecht zur (x, y)-Ebene sind konzentrische Kreise um den Ursprung mit dem Radius $a > 0$, vgl. Abb. 2.16, denn für alle $t \in [0, 2\pi]$ sind wegen

$$\vec{r}(t) = \begin{pmatrix} a\cos t \\ a\sin t \end{pmatrix} \quad \text{und} \quad \vec{B}(\vec{r}(t)) = \begin{pmatrix} -\frac{a\sin t}{a^2} \\ \frac{a\cos t}{a^2} \end{pmatrix} = \frac{1}{a^2}\begin{pmatrix} -a\sin t \\ a\cos t \end{pmatrix} = \frac{1}{a^2}\,\dot{\vec{r}}(t)$$

auf einem solchen Kreis die Feld- und Tangentenvektoren parallel. Aufgrund der geschlossenen Feldlinien kann $\vec{B}(x, y)$ kein Potential besitzen.

Beispiel 2. Das Vektorfeld $\vec{G}(x, y)$ in Abb. 2.17 ist ebenfalls nicht konservativ, da es geschlossene Feldlinien besitzt. Das sind Ellipsen um den Mittelpunkt $(1, 0)$ mit den Halbmessern $a = \sqrt{2}\,b$ und $b > 0$, denn in der Parameterform

$$\vec{r}(t) = \begin{pmatrix} x(t) \\ y(t) \end{pmatrix} = \begin{pmatrix} 1 + \sqrt{2}\,b\cos t \\ b\sin t \end{pmatrix}, \quad t \in [0, 2\pi]$$

sind die Tangentenvektoren Vielfache der Feldvektoren wegen

$$\dot{\vec{r}}(t) = \begin{pmatrix} -\sqrt{2}\,b\sin t \\ b\cos t \end{pmatrix} = -2\sqrt{2}\cdot\frac{1}{4}\begin{pmatrix} 2b\sin t \\ -\sqrt{2}\,b\cos t \end{pmatrix} = -\sqrt{8}\cdot\vec{G}(\vec{r}(t))$$

Feldlinien kann man auch berechnen, aber dazu muss man eine Differentialgleichung lösen. Wir kommen auf dieses Problem in Kapitel 3 zurück.

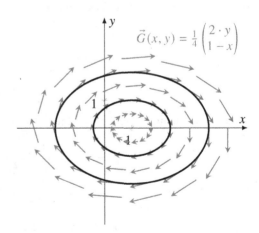

Abb. 2.17 Vektorfeld mit geschlossenen Feldlinien

2.2.5 Kurvenintegrale im Raum

Das Kurvenintegral kann man auch für ein räumliches Vektorfeld

$$\vec{F}(x,y,z) = \begin{pmatrix} F_1(x,y,z) \\ F_2(x,y,z) \\ F_3(x,y,z) \end{pmatrix}$$

längs einer Raumkurve C mit der Parameterdarstellung

$$C: \quad x = x(t), \quad y = y(t), \quad z = z(t), \quad t \in [a,b]$$

definieren. Dazu müssen wir im Integranden beim Skalarprodukt die dritte Komponente berücksichtigen:

$$\int_C \vec{F}(\vec{r}) \cdot d\vec{r} := \int_a^b \vec{F}(x(t), y(t), z(t)) \cdot \begin{pmatrix} \dot{x}(t) \\ \dot{y}(t) \\ \dot{z}(t) \end{pmatrix} dt$$

Alle Eigenschaften des ebenen Kurvenintegrals lassen sich im Wesentliche auf räumliche Kurvenintegrale übertragen. Gibt es eine (skalare) Funktion $f(x,y,z)$ mit

$$\vec{F}(x,y,z) = \begin{pmatrix} f_x \\ f_y \\ f_z \end{pmatrix} = \text{grad } f$$

dann nennt man $\vec{F}$ *konservatives Vektorfeld*, und f heißt *Potential* zu $\vec{F}$. In diesem Fall lässt sich das Kurvenintegral von $\vec{F}$ längs C wieder durch die einfache Formel

$$\int_C \vec{F}(\vec{r}) \cdot d\vec{r} = f(B) - f(A) =: f(x,y,z) \Big|_A^B$$

berechnen, wobei A der Anfangspunkt und B der Endpunkt der Kurve C ist.

Beispiel: Das Kraftfeld

$$\vec{F}(x,y) = \begin{pmatrix} \frac{x}{x^2+y^2+z^2} \\ \frac{y}{x^2+y^2+z^2} \\ \frac{z}{x^2+y^2+z^2} \end{pmatrix}$$

hat das Potential $f(x,y,z) = \frac{1}{2} \ln(x^2 + y^2 + z^2) = \ln \sqrt{x^2 + y^2 + z^2}$, denn

$$f_x = \frac{1}{2} \cdot \frac{1}{x^2 + y^2 + z^2} \cdot 2x = \frac{x}{x^2 + y^2 + z^2}$$

$$f_y = \frac{1}{2} \cdot \frac{1}{x^2 + y^2 + z^2} \cdot 2y = \frac{y}{x^2 + y^2 + z^2}$$

$$f_z = \frac{1}{2} \cdot \frac{1}{x^2 + y^2 + z^2} \cdot 2z = \frac{z}{x^2 + y^2 + z^2}$$

Entlang einer beliebigen glatten Kurve C vom Punkt $A = (1,0,0)$ nach $B = (2,2,1)$ ist

$$\int_C \vec{F}(\vec{r}) \cdot d\vec{r} = f(2,2,1) - f(1,0,0) = \ln \sqrt{2^2 + 2^2 + 1^2} - \ln 1 = \ln 3$$

Kurvenintegrale und Potentiale haben zahlreiche Anwendungen in der Physik. Beispielsweise sind Gravitationsfelder konservativ, und die Differenz $f(B) - f(A)$ der Potentialwerte entspricht der *potentiellen Energie*. Konkret besagt das Newtonsche Gravitationsgesetz: Befindet sich eine Masse M im Koordinatenursprung O, dann wirkt auf einen Körper mit der Masse m am Ort $\vec{r}$ die Gravitationskraft

$$\vec{F}(x, y, z) = -\frac{G \cdot M \cdot m}{|\vec{r}|^3} \cdot \vec{r} = -\frac{G M m}{\left(\sqrt{x^2 + y^2 + z^2}\right)^3} \cdot \begin{pmatrix} x \\ y \\ z \end{pmatrix}$$

in Richtung Massenzentrum O, wobei G die Gravitationskonstante bezeichnet. Dieses Schwerefeld hat ein Potential (Übung!)

$$f(x, y, z) = \frac{G M m}{\sqrt{x^2 + y^2 + z^2}} = \frac{G M m}{|\vec{r}|}$$

und die Arbeit im Gravitationsfeld ist demnach wegunabhängig. Folglich spielt es aus physikalischer Sicht (und bei Vernachlässigung von Reibungskräften) keine Rolle, wie man z. B. einen Berggipfel vom Fuß aus erreicht: Die Arbeit ist auf allen Wegen gleich groß! Statische elektrische Felder sind ebenfalls konservativ: $\vec{E} = \text{grad } U$. Die Potentialdifferenz $U(B) - U(A)$ entspricht dann der *elektrischen Spannung* zwischen den beiden Punkten A und B. Im Gegensatz dazu besitzen magnetische Felder i. Allg. geschlossene Feldlinien; sie sind demnach nicht konservativ, d. h., es gibt kein „magnetisches Potential".

2.3 Flächenintegrale

Wir haben das bestimmte Integral bereits auch zur Berechnung von Rauminhalten verwendet – allerdings nur für Rotationskörper. Wir wollen nun das Volumen eines Körpers ermitteln, welcher in z-Richtung von einer stetigen Funktion $z = f(x, y)$ in zwei Veränderlichen über einem Bereich $B \subset \mathbb{R}^2$ in der (x, y)-Ebene begrenzt wird. Die Form des Bereichs B spielt dabei eine wichtige Rolle. Wir beginnen mit dem einfachen (aber in der Praxis doch wichtigen) Fall, dass B ein Rechteck ist, und betrachten anschließend noch etwas kompliziertere Bereiche.

2.3.1 Rechteckige Bereiche

Gegeben ist eine (stetige) Funktion $f : B \longrightarrow \mathbb{R}$ über einem rechteckigen Bereich

$$B = [a, b] \times [c, d] := \{(x, y) \in \mathbb{R}^2 \mid x \in [a, b] \text{ und } y \in [c, d]\}$$

in der (x, y)-Ebene. Wir nehmen zunächst $f \geq 0$ an. Die von $z = f(x, y)$ über dem Rechteck $B = [a, b] \times [c, d]$ erzeugte Fläche begrenzt einen Körper, dessen Volumen berechnet werden soll. Auch für dieses Problem finden wir die passende Formel durch eine Zerlegungssumme. Wir wählen im x-Intervall $[a, b]$ insgesamt $n + 1$ Stützstellen $a = x_0 < x_1 < \ldots < x_n = b$ mit den Abständen $\Delta x_k = x_{k+1} - x_k$ $(k = 0, \ldots, n - 1)$ und schneiden die Funktion f bei $x = x_k$ parallel zur y-Achse. Die Funktion $z = f(x_k, y)$ mit $y \in [c, d]$ ist dann die Schnittkurve bei x_k, und sie begrenzt eine Fläche mit dem Inhalt

$$A(x_k) = \int_c^d f(x_k, y) \, dy$$

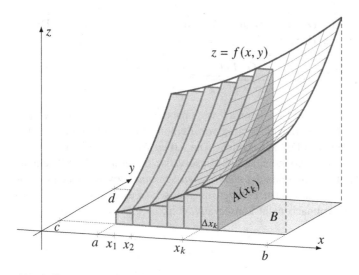

Abb. 2.18 Zerlegung eines Körpers in Scheiben parallel zur y-z-Ebene

Diese wiederum bildet die Grundfläche einer Scheibe mit der Höhe Δx_k und dem Volumen $\Delta V_k = A(x_k) \cdot \Delta x_k$, siehe Abb. 2.18. Die Summe dieser Scheibenvolumen ist dann eine Näherung für das Gesamtvolumen des Körpers:

$$V \approx \sum_{k=0}^{n-1} \Delta V_k = \sum_{k=0}^{n-1} A(x_k) \cdot \Delta x_k$$

welche für kleiner werdende Abstände Δx_k immer genauer wird. Bezeichnen wir allgemein mit

$$A(x) = \int_c^d f(x, y) \, dy, \quad x \in [a, b]$$

den Flächeninhalt unter der Schnittkurve $f(x, y)$ für $y \in [c, d]$ bei fester x-Koordinate, dann ist $\sum_{k=0}^{n-1} A(x_k) \cdot \Delta x_k$ die Zerlegungssumme der Funktion $A : [a, b] \longrightarrow \mathbb{R}$. Bei gleichmäßiger Verfeinerung $n \to \infty$ der Zerlegung geht der Näherungswert über in den exakten Wert

$$V = \int_a^b A(x)\,dx = \overbrace{\int_a^b \underbrace{\left(\int_c^d f(x,y)\,dy \right)}_{\text{inneres Integral}} dx}^{\text{äußeres Integral}}$$

Bei der Volumenberechnung sind demnach zwei Integrale zu berechnen. Im *inneren Integral* ist y die Integrationsvariable und x wie eine Konstante zu behandeln. Der Integralwert hängt von x ab, ist also eine Funktion von x, welche den Integranden für das *äußere Integral* bildet. Praktischerweise berechnet man ein solches Doppelintegral in der Reihenfolge

$$A(x) = \int_c^d f(x,y)\,dy \quad \text{für} \quad x \in [a,b] \quad \Longrightarrow \quad V = \int_a^b A(x)\,dx$$

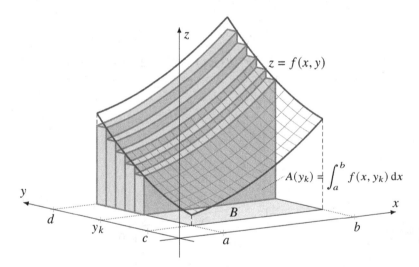

Abb. 2.19 Zerlegung eines Körpers in Scheiben parallel zur x-z-Ebene

Bei der Volumenberechnung können wir das Volumen alternativ auch durch Schnitte an Zwischenstellen y_k parallel zur x-Achse mit der Grundfläche

$$A(y_k) = \int_a^b f(x,y_k)\,dx$$

annähern, siehe Abb. 2.19. Die Zerlegungssumme

$$V \approx \sum_{k=0}^{n-1} \left(\int_a^b f(x,y_k)\,dx \right) \Delta y_k$$

geht dann bei gleichmäßiger Verfeinerung über in das Doppelintegral

$$V = \int_c^d \left(\int_a^b f(x,y)\,dx \right) dy$$

Hier wird im inneren Integral nach x integriert (mit y als Konstante), und der von y abhängige Integralwert anschließend nochmals aufintegriert. Solche Doppelintegrale werden auch Bereichs- oder Flächenintegrale genannt, und hierfür gibt es eine eigene Schreibweise. Allgemein definiert man:

Das **Flächenintegral** einer stetigen Funktion $f : B \longrightarrow \mathbb{R}$ über einem rechteckigen Bereich $B = [a,b] \times [c,d]$ in der (x,y)-Ebene berechnet man mit

$$\iint_B f(x,y)\,dA = \int_a^b \left(\int_c^d f(x,y)\,dy \right) dx = \int_c^d \left(\int_a^b f(x,y)\,dx \right) dy$$

wobei man die Reihenfolge der Variablen bei der Integration vertauschen darf.

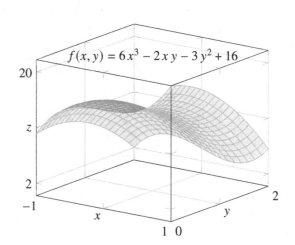

Abb. 2.20 Funktion über dem Rechteck $B = [-1, 1] \times [0, 2]$

Beispiel 1. Welches Volumen wird von der Funktion (siehe Abb. 2.20)

$$f(x,y) = 6x^3 - 2xy - 3y^2 + 16$$

über dem Rechteck $B = [-1,1] \times [0,2]$ (also $x \in [-1,1]$ und $y \in [0,2]$) begrenzt?

$$V = \iint_B f(x,y)\,dA = \int_{-1}^1 \left(\int_0^2 6x^3 - 2xy - 3y^2 + 16 \, dy \right) dx$$

Wir berechnen zuerst das innere Integral, bei dem wir x als Konstante verarbeiten:

$$A(x) = \int_0^2 6x^3 - 2xy - 3y^2 + 16 \, dy$$

$$= 6x^3 y - xy^2 - y^3 + 16y \Big|_{y=0}^{y=2} = 12x^3 - 4x + 24$$

Das äußere Integral liefert dann das gesuchte Volumen:

$$V = \int_{-1}^{1} A(x)\, dx = \int_{-1}^{1} 12x^3 - 4x + 24\, dx = 3x^4 - 2x^2 + 24x \Big|_{-1}^{1} = 48$$

Bei Vertauschung der Integrationsreihenfolge erhalten wir das gleiche Resultat

$$V = \int_{0}^{2} \left(\int_{-1}^{1} 6x^3 - 2xy - 3y^2 + 16\, dx \right) dy$$

$$= \int_{0}^{2} \left(\tfrac{3}{2}x^4 - x^2 y - 3xy^2 + 16x \Big|_{x=-1}^{x=1} \right) dy$$

$$= \int_{0}^{2} -6y^2 + 32\, dy = -2y^3 + 32y \Big|_{y=0}^{y=2} = 48$$

Beispiel 2. Die geschickte Wahl der Integrationsreihenfolge erleichtert manchmal die Berechnung des Doppelintegrals. Für die Funktion $f(x, y) = e^y \cos(x + y)$ auf dem Rechteck $B = [0, \pi] \times [0, 1]$ ist es günstig, innen mit dem Integral nach dx zu beginnen:

$$\iint_{B} e^y \cos(x+y)\, dA = \int_{0}^{1} \left(\int_{0}^{\pi} e^y \cos(x+y)\, dx \right) dy = \int_{0}^{1} \left(e^y \sin(x+y) \Big|_{x=0}^{x=\pi} \right) dy$$

$$= \int_{0}^{1} e^y \sin(\pi + y) - e^y \sin y\, dy = \int_{0}^{1} -2e^y \sin y\, dy$$

$$= e^y (\cos y - \sin y) \Big|_{y=0}^{y=1} = e\,(\cos 1 - \sin 1) - 1$$

wobei wir $\sin(\pi + y) = -\sin y$ zur Vereinfachung des Integranden benutzt haben.

2.3.2 Normalbereiche

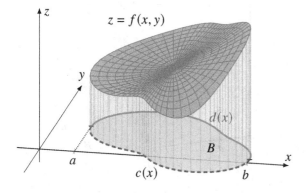

Abb. 2.21 Eine Funktion $f(x, y)$ über dem Normalbereich B

Ist der Bereich B in der (x, y)-Ebene kein Rechteck, sondern ein krummlinig berandetes Gebiet, so muss man bei der Berechnung der Schnittflächen im inneren Integral die Begrenzungskurven von B berücksichtigen. Wir setzen im Folgenden voraus, dass B ein sogenannter *Normalbereich* ist, siehe Abb. 2.22, der in y-Richtung von zwei stetigen Funktionen $c, d : [a, b] \longrightarrow \mathbb{R}$ mit $c(x) \leq d(x)$ für $x \in [a, b]$ und in x-Richtung von den stetigen Funktionen $a, b : [c, d] \longrightarrow \mathbb{R}$ mit $a(y) \leq b(y)$ für $y \in [c, d]$ begrenzt wird:

$$B = \left\{ (x, y) \in \mathbb{R}^2 \mid x \in [a, b] \text{ und } c(x) \leq y \leq d(x) \right\}$$
$$= \left\{ (x, y) \in \mathbb{R}^2 \mid y \in [c, d] \text{ und } a(y) \leq x \leq b(y) \right\}$$

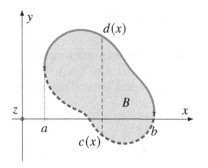

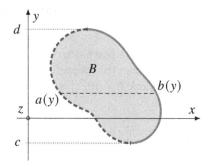

Abb. 2.22a Begrenzung in y-Richtung   **Abb. 2.22b** ... und in x-Richtung

Wir nehmen zunächst an, dass $f(x, y) \geq 0$ für alle $(x, y) \in B$ gilt, und wir wollen das Volumen des Körpers berechnen, der von oben durch die Fläche $f(x, y)$ und von unten durch den Bereich B begrenzt wird, vgl. Abb. 2.21. Dazu zerlegen wir den Körper wie in Abb. 2.23 in sehr dünne Scheiben parallel zur (y, z)-Ebene mit sehr kleinen Höhen Δx in x-Richtung und summieren dann deren Rauminhalte.

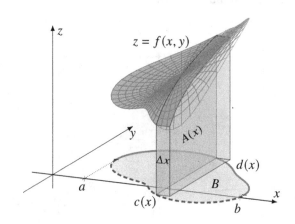

Abb. 2.23 Scheiben parallel zur (y, z)-Ebene

Schneiden wir den Körper bei $x \in [a, b]$ parallel zur y-Achse auf, dann erhalten wir eine Schnittfläche wie in Abb. 2.24 mit dem Flächeninhalt

$$A(x) = \int_{c(x)}^{d(x)} f(x, y) \, dy$$

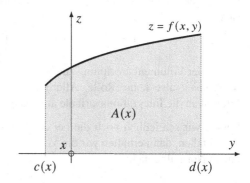

Abb. 2.24 Schnittfläche bei festem $x \in [a, b]$

Nun setzen wir den Körper aus den Scheiben mit den Grundflächen $A(x)$ und den Höhen Δx zusammen. Eine solche Scheibe hat das Volumen $A(x) \cdot \Delta x$, und in Summe ist dann $V \approx \sum A(x) \cdot \Delta x$. Bei gleichmäßiger Verfeinerung der Zerlegung $\Delta x \to 0$ geht die Summe in ein Integral über, das den exakten Volumenwert

$$V = \int_a^b A(x) \, dx = \int_a^b \left(\int_{c(x)}^{d(x)} f(x, y) \, dy \right) dx$$

liefert. Bei diesem „Doppelintegral" auf der rechten Seite wird innen nach y integriert, wobei man x als Konstante behandelt. Dieser Integralwert ist dann eine Funktion von x, welche anschließend von $x = a$ bis $x = b$ aufintegriert wird.

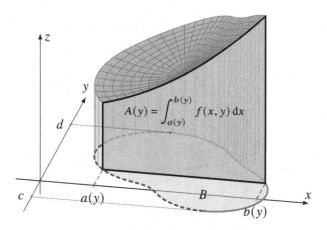

Abb. 2.25 Schnittfläche bei festem $y \in [c, d]$

Anstatt den Körper bei konstantem x in y-Richtung aufzuschneiden, können wir die Schnittfläche auch bei $y \in [c, d]$ parallel zur x-Achse bilden, siehe Abb. 2.25. Diese hat den Flächeninhalt

$$A(y) = \int_{a(y)}^{b(y)} f(x, y)\, \mathrm{d}x$$

und bildet die Grundfläche einer dünnen Scheibe mit der Höhe Δy. Nach dem Aufsummieren der Scheibenvolumen $A(y) \cdot \Delta y$ und gleichmäßiger Verfeinerung $\Delta y \to 0$ ergibt sich

$$V = \int_c^d A(y)\, \mathrm{d}y = \int_c^d \left(\int_{a(y)}^{b(y)} f(x, y)\, \mathrm{d}x \right) \mathrm{d}y$$

Ob bei der Volumenberechnung zuerst nach y und dann nach x oder umgekehrt integriert wird, spielt also keine Rolle. Allerdings müssen die Integrationsgrenzen im inneren Integral an die Integrationsvariable angepasst werden.

Lassen wir schließlich noch die bei der Volumenberechnung gemachte Einschränkung $f \geq 0$ fallen, dann erhalten wir die Vorschrift zur Berechnung des Flächenintegrals über einem Normalbereich:

Ist $f : B \longrightarrow \mathbb{R}$ eine stetige Funktion auf dem Normalbereich

$$B = \left\{ (x, y) \in \mathbb{R}^2 \mid x \in [a, b] \text{ und } c(x) \leq y \leq d(x) \right\}$$
$$= \left\{ (x, y) \in \mathbb{R}^2 \mid y \in [c, d] \text{ und } a(y) \leq x \leq b(y) \right\}$$

dann ist das **Flächenintegral** von f über B wie folgt definiert:

$$\iint_B f(x, y)\, \mathrm{d}A := \int_a^b \left(\int_{c(x)}^{d(x)} f(x, y)\, \mathrm{d}y \right) \mathrm{d}x = \int_c^d \left(\int_{a(y)}^{b(y)} f(x, y)\, \mathrm{d}x \right) \mathrm{d}y$$

Die Reihenfolge der Variablen bei der Integration ist frei wählbar.

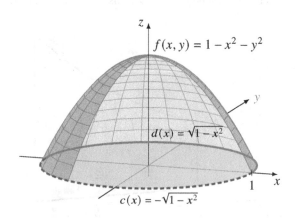

$$f(x, y) = 1 - x^2 - y^2$$

$$d(x) = \sqrt{1 - x^2}$$

$$c(x) = -\sqrt{1 - x^2}$$

Abb. 2.26 Rotationsparaboloid

Beispiel 1. Wir berechnen das Volumen des Paraboloids $f(x, y) = 1 - x^2 - y^2$ über der Kreisscheibe um $O = (0, 0)$ mit Radius 1 in der (x, y)-Ebene, vgl. Abb. 2.26. Die Kreisscheibe wird begrenzt durch die beiden Halbkreise oberhalb und unterhalb der x-Achse, also

$$c(x) = -\sqrt{1 - x^2}, \quad d(x) = \sqrt{1 - x^2}, \quad x \in [-1, 1]$$

Das Volumen des Paraboloids ermitteln wir mit dem Doppelintegral

$$V = \int_{-1}^{1} \left(\int_{-\sqrt{1-x^2}}^{\sqrt{1-x^2}} 1 - x^2 - y^2 \, dy \right) dx$$

$$= \int_{-1}^{1} \left(y - x^2 y - \tfrac{1}{3} y^3 \right) \Big|_{y=-\sqrt{1-x^2}}^{y=\sqrt{1-x^2}} dx = \int_{-1}^{1} \tfrac{4}{3} \left(\sqrt{1 - x^2} \right)^3 dx$$

$$= \tfrac{1}{6} \cdot \left(x \sqrt{1 - x^2} \cdot (5 - 2x^2) + 3 \arcsin x \right) \Big|_{-1}^{1} = \tfrac{1}{6} \cdot 3\pi = \tfrac{\pi}{2}$$

wobei die Stammfunktion in der letzten Zeile aus einer Integraltafel entnommen wurde (die Berechnung ist relativ aufwändig: Nach der Substitution $u = \sin x$ ergibt sich das unbestimmte Integral $\int \tfrac{4}{3} \cos^4 u \, du$, welches durch mehrfache partielle Integration bestimmt werden kann). Wir haben genau dieses Ergebnis bereits auf einem anderen Weg erhalten, und zwar als Volumen des Rotationskörpers zu $f(x) = \sqrt{x}, x \in [0, 1]$.

Beispiel 2. Für die Funktion $f(x, y) = \frac{x+1}{y^2}$, welche auf dem Normalbereich

$$B = \left\{ (x, y) \in \mathbb{R}^2 \mid x \in [1, 4] \text{ und } 1 \leq y \leq \sqrt{x} \right\}$$

$$= \left\{ (x, y) \in \mathbb{R}^2 \mid y \in [1, 2] \text{ und } y^2 \leq x \leq 4 \right\}$$

definiert ist (siehe Abb. 2.27a), wollen wir das Flächenintegral berechnen. Dazu integrieren wir innen nach x und im äußeren Integral nach y:

$$\iint_B \frac{x+1}{y^2} \, dA = \int_1^2 \left(\int_{y^2}^4 \frac{x+1}{y^2} \, dx \right) dy$$

Das innere Integral (dort ist y als Konstante zu behandeln) ergibt

$$\int_{y^2}^4 \frac{x+1}{y^2} \, dx = \int_{y^2}^4 \frac{1}{y^2} \cdot x + \frac{1}{y^2} \, dx = \left(\frac{1}{2y^2} \cdot x^2 + \frac{1}{y^2} \cdot x \right) \Big|_{x=y^2}^{x=4}$$

$$= \left(\frac{8}{y^2} + \frac{4}{y^2} \right) - \left(\frac{1}{2} y^2 + 1 \right) = \frac{12}{y^2} - \frac{1}{2} y^2 - 1$$

und für das Flächenintegral erhalten wir dann den Wert:

$$\iint_B \frac{x+1}{y^2} \, dA = \int_1^2 \frac{12}{y^2} - \frac{1}{2} y^2 - 1 \, dy = \left(-\frac{12}{y} - \frac{1}{6} y^3 - y \right) \Big|_1^2 = \frac{23}{6}$$

Alternativ können wir das Flächenintegral auch zuerst nach y und dann nach x integrieren, wobei wir die Grenzen entsprechend anpassen müssen:

$$\iint_B \frac{x+1}{y^2}\,\mathrm{d}A = \int_1^4 \left(\int_1^{\sqrt{x}} \frac{x+1}{y^2}\,\mathrm{d}y \right) \mathrm{d}x = \int_1^4 \left(-\frac{x+1}{y} \Big|_{y=1}^{y=\sqrt{x}} \right) \mathrm{d}x$$

$$= \int_1^4 \left(-\sqrt{x} - \frac{1}{\sqrt{x}} + x + 1 \right) \mathrm{d}x$$

$$= -\tfrac{2}{3} x^{3/2} - 2 x^{1/2} + \tfrac{1}{2} x^2 + x \Big|_{x=1}^{x=4} = \tfrac{23}{6}$$

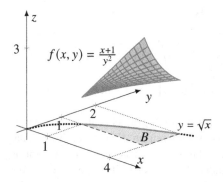

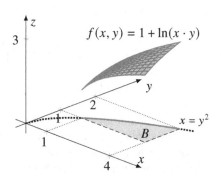

Abb. 2.27a Die Funktion aus Beispiel 2   **Abb. 2.27b** ... und f aus Beispiel 3

Beispiel 3. Die Funktion $f(x, y) = 1 + \ln(x \cdot y)$ in Abb. 2.27b ist ebenfalls definiert auf dem Normalbereich

$$B = \left\{ (x, y) \in \mathbb{R}^2 \mid x \in [1, 4] \text{ und } 1 \le y \le \sqrt{x} \right\}$$
$$= \left\{ (x, y) \in \mathbb{R}^2 \mid y \in [1, 2] \text{ und } y^2 \le x \le 4 \right\}$$

Zur Berechnung des Flächenintegrals integrieren wir zuerst (innen) nach x und dann (im äußeren Integral) nach y:

$$\iint_B 1 + \ln(x \cdot y)\,\mathrm{d}A = \int_1^2 \left(\int_{y^2}^4 1 + \ln(x \cdot y)\,\mathrm{d}x \right) \mathrm{d}y$$

Für das innere Integral erhalten wir

$$\int_{y^2}^4 1 + \ln(x \cdot y)\,\mathrm{d}x = \int_{y^2}^4 1 + \ln x + \ln y\,\mathrm{d}x = (x \ln x + x \ln y) \Big|_{x=y^2}^{x=4}$$
$$= 4 \ln 4 + 4 \ln y - y^2 \ln y^2 - y^2 \ln y$$
$$= 4 \ln 4 + (4 - 3 y^2) \cdot \ln y$$

wobei wir $\ln y^2 = 2 \ln y$ verwendet haben. Die Berechnung des äußeren Integrals erfolgt u. a. mit partieller Integration:

$$\iint_B 1 + \ln(x \cdot y)\, dA = \int_1^2 4\ln 4 + (4 - 3\,y^2) \cdot \ln y\, dy$$

$$= 4\ln 4 \cdot y\,\Big|_1^2 + (4\,y - y^3)\ln y\,\Big|_1^2 - \int_1^2 (4\,y - y^3) \cdot \tfrac{1}{y}\, dy$$

$$= (8\ln 4 - 4\ln 4) + (0\ln 2 - 3\ln 1) - (4\,y - \tfrac{1}{3}\,y^3)\,\Big|_1^2$$

$$= 4\ln 4 - \tfrac{5}{3} \approx 3{,}88$$

2.3.3 Krummlinige Koordinaten

Eine Menge B in der (x, y)-Ebene, die sich *nicht* nach links und rechts sowie nach oben und unten durch jeweils zwei stetige Funktionen begrenzen lässt, ist kein Normalbereich. Oftmals kann man einen solchen Bereich B durch *krummlinige Koordinaten* beschreiben. Wir nehmen im Folgenden an, dass es stetig differenzierbare Koordinatenfunktionen

$$x = x(u, v), \quad y = y(u, v) \quad \text{mit} \quad u \in [a, b] \quad \text{und} \quad v \in [c, d]$$

gibt, welche die Punkte (Ortsvektoren) des Bereichs $B \subset \mathbb{R}^2$ wie folgt festlegen:

$$B = \left\{ \vec{r}(u, v) = \begin{pmatrix} x(u, v) \\ y(u, v) \end{pmatrix} \,\Big|\, (u, v) \in [a, b] \times [c, d] \right\}$$

Wählen wir im Parameterintervall $[a, b]$ die Stützwerte $a = u_0 < u_1 < u_2 < \ldots < u_m = b$ und in $[c, d]$ die Stützstellen $c = v_0 < v_1 < v_2 < \ldots < v_n = d$, dann bilden die Kurven

$$\vec{r}(u, v_j) = \begin{pmatrix} x(u, v_j) \\ y(u, v_j) \end{pmatrix}, \quad u \in [a, b] \quad \text{und} \quad \vec{r}(u_i, v) = \begin{pmatrix} x(u_i, v) \\ y(u_i, v) \end{pmatrix}, \quad v \in [c, d]$$

für $i = 0, \ldots, m$ und $j = 0, \ldots, n$ ein Netz aus krummlinigen Koordinatenlinien in B, siehe Abb. 2.28. Diese zerlegen den Bereich näherungsweise in kleine Parallelogramme mit den Flächen ΔA_{ij} für $i = 0, \ldots, m$ und $j = 0, \ldots, n$. Ein solches Parallelogramm wird am Punkt P_{ij} mit den Koordinaten $x(u_i, v_j)$ und $y(u_i, v_j)$ von den Vektoren

$$\Delta \vec{u}_{ij} = \vec{r}(u_i + \Delta u_i, v_j) - \vec{r}(u_i, v_j) \approx \Delta u_i \cdot \frac{\partial \vec{r}}{\partial u}(u_i, v_j) = \Delta u_i \begin{pmatrix} \frac{\partial x}{\partial u}(u_i, v_j) \\ \frac{\partial y}{\partial u}(u_i, v_j) \end{pmatrix}$$

$$\Delta \vec{v}_{ij} = \vec{r}(u_i, v_j + \Delta v_j) - \vec{r}(u_i, v_j) \approx \Delta v_j \cdot \frac{\partial \vec{r}}{\partial v}(u_i, v_j) = \Delta v_j \begin{pmatrix} \frac{\partial x}{\partial v}(u_i, v_j) \\ \frac{\partial y}{\partial v}(u_i, v_j) \end{pmatrix}$$

aufgespannt. Die Fläche eines solchen Parallelogramms berechnet man am einfachsten mit der Formel

$$\Delta A_{ij} = \left| \det\left(\Delta \vec{u}_{ij} \ \ \Delta \vec{v}_{ij}\right) \right| \approx \left| \det \begin{pmatrix} \frac{\partial x}{\partial u}(u_i, v_j) & \frac{\partial x}{\partial v}(u_i, v_j) \\ \frac{\partial y}{\partial u}(u_i, v_j) & \frac{\partial y}{\partial v}(u_i, v_j) \end{pmatrix} \right| \cdot \Delta u_i\, \Delta v_j$$

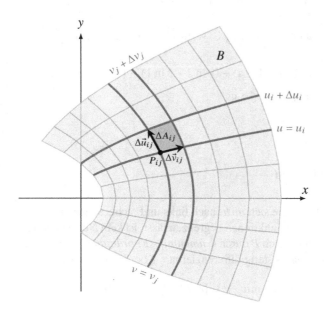

Abb. 2.28 Ein Bereich B mit krummlinigen Koordinatenlinien

Die Matrix auf der rechten Seite hat eine eigene Notation. Ist allgemein

$$\vec{r}(u, v) = \begin{pmatrix} x(u, v) \\ y(u, v) \end{pmatrix} : D \longrightarrow \mathbb{R}^2 \quad \text{mit} \quad D \subset \mathbb{R}^2$$

eine Vektorfunktion mit zwei Veränderlichen $(u, v) \in D \subset \mathbb{R}^2$ und differenzierbaren Komponentenfunktionen, dann ist die sogenannte

$$\textbf{Funktionalmatrix} \quad D_{\vec{r}}(u, v) = \frac{\partial(x, y)}{\partial(u, v)} := \begin{pmatrix} \frac{\partial x}{\partial u} & \frac{\partial x}{\partial v} \\ \frac{\partial y}{\partial u} & \frac{\partial y}{\partial v} \end{pmatrix}$$

von $\vec{r}(u, v)$ eine $(2, 2)$-Matrixfunktion bestehend aus den partiellen Ableitungen der Komponenten $x = x(u, v)$ und $y = y(u, v)$, welche selbst wieder von den Parametern (u, v) abhängt. Die Determinante der Funktionalmatrix bezeichnet man als

$$\textbf{Funktionaldeterminante} \quad \det \frac{\partial(x, y)}{\partial(u, v)} = \begin{vmatrix} \frac{\partial x}{\partial u} & \frac{\partial x}{\partial v} \\ \frac{\partial y}{\partial u} & \frac{\partial y}{\partial v} \end{vmatrix}$$

Hierbei handelt es sich um eine reellwertige Funktion in den Veränderlichen u und v. Die Funktionalmatrix wird auch *Jacobi-Matrix* genannt (siehe auch Kapitel 1, Abschnitt 1.2.8), und die Funktionaldeterminante dementsprechend als *Jacobi-Determinante* der Funktion $\vec{r}(u, v)$ bezeichnet.

Beispiel 1. Zu den Koordinatenfunktionen

$$x(u,v) = \tfrac{1}{2}(u^2 - v^2), \quad y(u,v) = uv, \quad (u,v) \in \mathbb{R} \times [0, \infty[$$

gehören die Funktionalmatrix und Funktionaldeterminante

$$\frac{\partial(x,y)}{\partial(u,v)} = \begin{pmatrix} u & -v \\ v & u \end{pmatrix} \quad \Longrightarrow \quad \det \frac{\partial(x,y)}{\partial(u,v)} = u^2 + v^2$$

Hält man jeweils einen der Parameter $u \neq 0$ oder $v > 0$ fest, dann sind die Koordinatenlinien Parabeln in der (x,y)-Ebene, und daher werden diese Koordinaten auch *parabolische Koordinaten* genannt, siehe Abb. 2.29 (dort sind exemplarisch die Koordinatenlinien für $u = 2$ und $v = 1$ eingezeichnet). In einem beliebigen Punkt $(x,y) \neq (0,0)$ mit $x = x(u,v)$ und $y = y(u,v)$ stehen die Tangentenvektoren

$$\frac{\partial \vec{r}}{\partial u} = \begin{pmatrix} u \\ v \end{pmatrix} \quad \text{und} \quad \frac{\partial \vec{r}}{\partial v} = \begin{pmatrix} -v \\ u \end{pmatrix}$$

der Koordinatenlinien wegen $\frac{\partial \vec{r}}{\partial u} \cdot \frac{\partial \vec{r}}{\partial v} = 0$ immer senkrecht aufeinander. Zwei Koordinatenlinien schneiden sich also stets unter einem Winkel von $90°$. Krummlinige Koordinaten mit dieser Eigenschaft heißen *orthogonale Koordinaten*. Im Fall der parabolischen Koordinaten erhält man dieses Resultat übrigens auch auf einem ganz anderen Weg: Die Koordinatenfunktionen entsprechen wegen

$$x(u,v) = \operatorname{Re} \tfrac{1}{2}(u + \mathrm{i}\,v)^2 \quad \text{und} \quad y(u,v) = \operatorname{Im} \tfrac{1}{2}(u + \mathrm{i}\,v)^2$$

dem Real- bzw. Imaginärteil der holomorphen Funktion $f(z) = \tfrac{1}{2}z^2$, und diese bildet bekanntlich einen rechteckigen Bereich $(u,v) \in \mathbb{R} \times [0, \infty[$ auf ein krummliniges, aber rechtwinkliges Gitternetz ab (siehe Kapitel 1, Abschnitt 1.6.3).

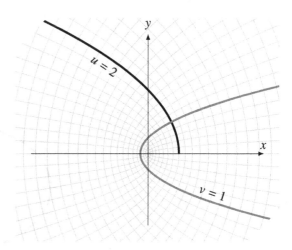

Abb. 2.29 Parabolische Koordinaten

Beispiel 2. Für zwei fest vorgegebene Werte $a > 0$ und $b > 0$ bezeichnet man

$$x(u, v) = a\, u \cos v, \quad y(u, v) = b\, u \sin v, \quad (u, v) \in [0, \infty[\times[0, 2\pi[$$

als *elliptische Koordinaten*. Die Koordinatenlinien für $u = $ const sind hier Ellipsen mit den Halbachsen $a\, u$ und $b\, u$, während die Koordinatenlinien für $v = $ const Halbgeraden beginnend im Ursprung sind. Abb. 2.30 zeigt die elliptischen Koordinaten speziell im Fall $a = 3$ und $b = 2$, wobei die Koordinatenlinien für $u = 2$ und $v = \frac{\pi}{3}$ hervorgehoben sind. Die Funktionalmatrix ist allgemein

$$\frac{\partial(x, y)}{\partial(u, v)} = \begin{pmatrix} a \cos v & -a\, u \sin v \\ b \sin v & b\, u \cos v \end{pmatrix}$$

und die Funktionaldeterminante (Jacobi-Determinante) hat den Wert

$$\det \frac{\partial(x, y)}{\partial(u, v)} = a\, b\, u \cos^2 v + a\, b\, u \sin^2 v = a\, b\, u$$

Beispiel 3. Im Fall $a = b = 1$ werden die elliptischen Koordinaten aus Beispiel 2 zu *Polarkoordinaten*

$$x(r; \varphi) = r \cos \varphi, \quad y(r; \varphi) = r \sin \varphi$$

mit $r \in [0, \infty[$ und $\varphi \in [0, 2\pi[$. Die Jacobi-Matrix lautet dann

$$\frac{\partial(x, y)}{\partial(r; \varphi)} = \begin{pmatrix} \cos \varphi & -r \sin \varphi \\ \sin \varphi & r \cos \varphi \end{pmatrix}$$

und für die Funktionaldeterminante erhalten wir

$$\det \frac{\partial(x, y)}{\partial(r; \varphi)} = \cos \varphi \cdot r \cos \varphi - \sin \varphi \cdot (-r \sin \varphi) = r \cos^2 \varphi + r \sin^2 \varphi = r$$

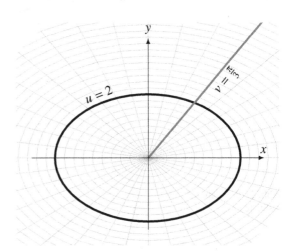

Abb. 2.30 Elliptische Koordinaten

Eine Funktion $f : B \longrightarrow \mathbb{R}$ über dem Bereich B lässt sich mit den Koordinaten (u, v) in der Form $z = f(u, v)$ beschreiben. Falls die Funktion noch in der Form $z = f(x, y)$ gegeben ist, dann kann man f mit den Koordinatenfunktionen $x = x(u, v)$ und $y = y(u, v)$ auf die Veränderlichen u und v umschreiben.

Beispiel: Wir wollen das Rotationsparaboloid $f : \mathbb{R}^2 \longrightarrow \mathbb{R}$ mit $z = f(x, y) = x^2 + y^2$ in unterschiedlichen krummlinigen Koordinaten darstellen.

(1) In den parabolischen Koordinaten

$$x(u, v) = \tfrac{1}{2} (u^2 - v^2), \quad y(u, v) = u\,v, \quad (u, v) \in \mathbb{R} \times [0, \infty[$$

lautet die Funktionsgleichung $f(u, v) = \tfrac{1}{4} (u^2 + v^2)^2$, denn hier gilt

$$z = x^2 + y^2 = \tfrac{1}{4} (u^2 - v^2)^2 + (u\,v)^2 = \tfrac{1}{4} u^4 + \tfrac{1}{2} u^2 v^2 + \tfrac{1}{4} v^4 = \tfrac{1}{4} (u^2 + v^2)^2$$

(2) In Polarkoordinaten

$$x(r; \varphi) = r \cos \varphi, \quad y(r; \varphi) = r \sin \varphi, \quad (r; \varphi) \in [0, \infty[\times [0, 2\pi[$$

ergibt sich aus dem trigonometrischen Pythagoras

$$z = x^2 + y^2 = r^2 \cos^2 \varphi + r^2 \sin^2 \varphi = r^2$$

Somit hat die Funktion hier die einfache Form $z = f(r; \varphi) = r^2$.

Hat man für den Bereich B eine geeignete Parameterdarstellung mit den Koordinatenfunktionen $x = x(u, v)$, $y = y(u, v)$ gewählt und die Funktion $z = f(x, y)$ auf die Koordinaten (u, v) umgeschrieben, dann lässt sich auch das Flächenintegral von f über B mithilfe dieser Koordinaten und ihrer Funktionaldeterminante berechnen.

Für eine stetige Funktion $f : B \longrightarrow \mathbb{R}$ auf einem Bereich B in Parameterform

$$B = \left\{ \vec{r}(u, v) = \begin{pmatrix} x(u, v) \\ y(u, v) \end{pmatrix} \,\middle|\, (u, v) \in [a, b] \times [c, d] \right\}$$

mit stetig differenzierbaren Koordinatenfunktionen $x = x(u, v)$, $y = y(u, v)$ und der Funktionaldeterminante $\det \frac{\partial(x, y)}{\partial(u, v)}$ gilt

$$\iint_B f(x, y)\, dA = \int_c^d \left(\int_a^b f(u, v) \cdot \left| \det \frac{\partial(x, y)}{\partial(u, v)} \right| du \right) dv$$

$$= \int_a^b \left(\int_c^d f(u, v) \cdot \left| \det \frac{\partial(x, y)}{\partial(u, v)} \right| dv \right) du$$

Zur Begründung dieser Formel nehmen wir $f \geq 0$ an und zerlegen den Bereich B wie eingangs beschrieben im (u, v)-Koordinatengitter in kleine Parallelogramme mit dem

Flächeninhalt

$$\Delta A_{ij} \approx \left| \det \begin{pmatrix} \frac{\partial x}{\partial u}(u_i, v_j) & \frac{\partial x}{\partial v}(u_i, v_j) \\ \frac{\partial y}{\partial u}(u_i, v_j) & \frac{\partial y}{\partial v}(u_i, v_j) \end{pmatrix} \right| \cdot \Delta u_i \, \Delta v_j = \Phi(u_i, v_j) \, \Delta u_i \, \Delta v_j$$

wobei wir hier und im Folgenden die Abkürzung

$$\Phi(u, v) := \left| \det \frac{\partial(x, y)}{\partial(u, v)} \right| = \left| \begin{matrix} \frac{\partial x}{\partial u} & \frac{\partial x}{\partial v} \\ \frac{\partial y}{\partial u} & \frac{\partial y}{\partial v} \end{matrix} \right|$$

für den Betrag der Funktionaldeterminante (Jacobi-Determinante) verwenden wollen. Das Flächenintegral ist dann das Volumen des von f über B begrenzten Körpers. Wir können diesen Körper durch Parallelotope (Spate) mit der Grundfläche ΔA_{ij} und der Höhe $f(u_i, v_j)$ annähern, vgl. Abb. 2.31. Für das Volumen erhalten wir zunächst die Näherung

$$V \approx \sum_{j=0}^{n} \sum_{i=0}^{m} f(u_i, v_j) \cdot \Delta A_{ij} = \sum_{j=0}^{n} \left(\sum_{i=0}^{m} f(u_i, v_j) \cdot \Phi(u_i, v_j) \, \Delta u_i \right) \Delta v_j$$

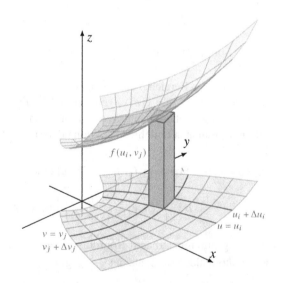

Abb. 2.31 Integration in krummlinigen Koordinaten

Bei gleichmäßiger Verfeinerung der Zerlegung $\Delta u_i \to 0$ für $m \to \infty$ geht die innere Summe über in das Integral

$$\lim_{m \to \infty} \sum_{i=0}^{m} f(u_i, v_j) \cdot \Phi(u_i, v_j) \, \Delta u_i = A(v_j) \quad \text{mit} \quad A(v) := \int_{a}^{b} f(u, v) \cdot \Phi(u, v) \, du$$

und bei gleichmäßiger Verfeinerung der Zerlegung $\Delta v_j \to 0$ für $n \to \infty$ liefert

$$V \approx \sum_{j=0}^{n} A(v_j)\, \Delta v_j \quad \underset{n\to\infty}{\Longrightarrow} \quad V = \int_{c}^{d} A(v)\, \mathrm{d}v = \int_{c}^{d} \left(\int_{a}^{b} f(u,v) \cdot \Phi(u,v)\, \mathrm{d}u \right) \mathrm{d}v$$

das exakte Volumen. Nachdem es keine Rolle spielt, ob wir in der Näherung

$$V \approx \sum_{j=0}^{n} \left(\sum_{i=0}^{m} f(u_i, v_j) \cdot \Phi(u_i, v_j)\, \Delta u_i \right) \Delta v_j = \sum_{i=0}^{m} \left(\sum_{j=0}^{n} f(u_i, v_j) \cdot \Phi(u_i, v_j)\, \Delta v_j \right) \Delta u_i$$

zuerst nach i und dann nach j oder umgekehrt summieren, dürfen wir letztlich auch die Reihenfolge der Integration nach den Veränderlichen u und v vertauschen, wobei wir die Grenzen im inneren und äußeren Integral entsprechend anpassen müssen.

Beispiel 1. Das Volumen des Rotationsparaboloids über der Einheitskreisscheibe (siehe Abb. 2.26) lässt sich sehr komfortabel in Polarkoordinaten

$$x(r; \varphi) = r \cos \varphi, \quad y(r; \varphi) = r \sin \varphi, \quad (r; \varphi) \in [0,1] \times [0, 2\pi]$$

berechnen, denn hier ist $f(r; \varphi) = 1 - r^2$ und $\det \frac{\partial(x,y)}{\partial(r;\varphi)} = r$, also

$$V = \int_{0}^{2\pi} \left(\int_{0}^{1} (1 - r^2) \cdot r\, \mathrm{d}r \right) \mathrm{d}\varphi = \int_{0}^{2\pi} \frac{1}{2} r - \frac{1}{4} r^2 \Big|_{r=0}^{r=1} \mathrm{d}\varphi$$

$$= \int_{0}^{2\pi} \frac{1}{4}\, \mathrm{d}\varphi = \frac{1}{4}\, \varphi \Big|_{0}^{2\pi} = \frac{\pi}{2}$$

Beispiel 2. Ein allgemeines Ellipsoid (siehe Abb. 2.32) mit den Halbachsen $a > 0$ in x-Richtung, $b > 0$ in y-Richtung und $c > 0$ in Richtung z wird beschrieben durch die Gleichung

$$\frac{x^2}{a^2} + \frac{y^2}{b^2} + \frac{z^2}{c^2} \leq 1$$

Wir wollen das Volumen V eines solchen Ellipsoids berechnen und können uns aus Symmetriegründen auf den oberen Halbraum $z \geq 0$ beschränken. Dieses *halbe* Ellipsoid wird über der elliptischen Scheibe B in der (x, y)-Ebene mit den Halbachsen a und b nach oben begrenzt durch die Funktion

$$f(x,y) = z = c\sqrt{1 - \frac{x^2}{a^2} - \frac{y^2}{b^2}} \quad \Longrightarrow \quad V = 2 \cdot \iint_{B} c\sqrt{1 - \frac{x^2}{a^2} - \frac{y^2}{b^2}}\, \mathrm{d}A$$

Wir können den Bereich B der Form entsprechend mit elliptische Koordinaten

$$x(u,v) = a\, u \cos v, \quad y(u,v) = b\, u \sin v, \quad (u,v) \in [0,1] \times [0, 2\pi]$$

beschreiben. Zusammen mit der Funktionaldeterminante $\det \frac{\partial(x,y)}{\partial(u,v)} = a\, b\, u$ und

$$f(u,v) = c\sqrt{1 - \frac{x(u,v)^2}{a^2} - \frac{y(u,v)^2}{b^2}} = c\sqrt{1 - u^2}$$

ergibt sich

$$V = 2 \iint_B f(u,v) \cdot \left| \det \frac{\partial(x,y)}{\partial(u,v)} \right| dA = 2 \int_0^{2\pi} \left(\int_0^1 c \sqrt{1-u^2} \cdot a\, b\, u\, du \right) dv$$

$$= a\, b\, c \int_0^{2\pi} \left(\int_0^1 2u \sqrt{1-u^2}\, du \right) dv = a\, b\, c \int_0^{2\pi} \left. -\tfrac{2}{3}(1-u^2)^{\frac{3}{2}} \right|_{u=0}^{u=1} dv$$

$$= a\, b\, c \int_0^{2\pi} \tfrac{2}{3}\, dv = \tfrac{4}{3}\, a\, b\, c\, \pi$$

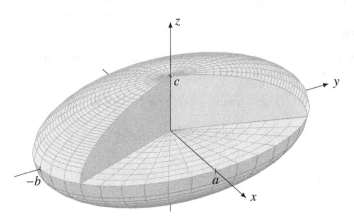

Abb. 2.32 Ein allgemeines Ellipsoid

Zum Abschluss wollen wir noch das Volumen eines sogenannten *Vivianischen Körpers* berechnen. Hierbei handelt es sich um den zylindrischen „Bohrkern" aus der Halbkugel um O mit Radius 2 über der Kreisscheibe B mit Radius 1 um $(1,0)$ in der (x,y)-Ebene, siehe Abb. 2.33a. Wir beschreiben zunächst die Grundfläche B mit den Koordinatenfunktionen (vgl. Abb. 2.33b)

$$x(u,v) = u(1+\cos v), \quad y(u,v) = u \sin v, \quad (u,v) \in [0,1] \times [0,2\pi]$$

Den Parameterwerten (u,v) wird dann auf der Halbkugel ein Punkt mit der Höhe

$$f(u,v) = z = \sqrt{2^2 - x(u,v)^2 - y(u,v)^2}$$

$$= \sqrt{4 - u^2(1 + 2\cos v + \cos^2 v + \sin^2 v)} = \sqrt{4 - 2u^2(1+\cos v)}$$

zugeordnet, und die Funktionaldeterminante der hier verwendeten Koordinaten ist

$$\frac{\partial(x,y)}{\partial(u,v)} = \begin{pmatrix} \frac{\partial x}{\partial u} & \frac{\partial x}{\partial v} \\ \frac{\partial y}{\partial u} & \frac{\partial y}{\partial v} \end{pmatrix} = \begin{pmatrix} 1+\cos v & -u\sin v \\ \sin v & u\cos v \end{pmatrix}$$

$$\implies \quad \det \frac{\partial(x,y)}{\partial(u,v)} = u\cos v + u\cos^2 v + u\sin^2 v = u(1+\cos v)$$

Das Volumen berechnen wir mit dem Flächenintegral, wobei wir beim inneren Integral (nach du) die Substitutionsregel verwenden, während das äußere Integral (nach dv) zuerst mithilfe eines Additionstheorems umgeformt und anschließend die Stammfunktion aus einer Integraltafel entnommen wird:

$$V = \iint_B f(x, y)\, \mathrm{d}A = \int_0^{2\pi} \left(\int_0^1 \sqrt{4 - 2\,u^2(1 + \cos v)} \cdot u\,(1 + \cos v)\, \mathrm{d}u \right) \mathrm{d}v$$

$$= \int_0^{2\pi} -\tfrac{1}{6}\left(4 - 2\,u^2(1 + \cos v)\right)^{\frac{3}{2}} \Big|_{u=0}^{u=1} \mathrm{d}v$$

$$= \int_0^{2\pi} \tfrac{4}{3} - \tfrac{1}{6}(2 - 2\cos v)^{\frac{3}{2}}\, \mathrm{d}v = \int_0^{2\pi} \tfrac{4}{3}\,(1 - \sin^3 \tfrac{v}{2})\, \mathrm{d}v$$

$$= \tfrac{4}{3}\,v + 2\cos \tfrac{v}{2} - \tfrac{2}{9}\cos \tfrac{3v}{2} \Big|_0^{2\pi} = \tfrac{8\pi}{3} - \tfrac{32}{9} \approx 4{,}822$$

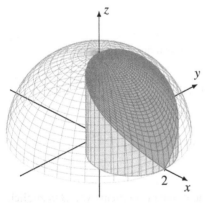

Abb. 2.33a Der zylindrische Bohrkern aus der Halbkugel längs der Mittelachse bis zum Rand heißt Vivianischer Körper

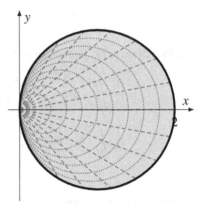

Abb. 2.33b Der Integrationsbereich unseres Vivianischen Körpers mit den Koordinatenlinien u = const (Kreise) und v = const (Strecken)

2.3.4 Anwendungen des Flächenintegrals

Das Flächenintegral hat zahlreiche Anwendungen in Geometrie, Physik und Technik. Wie eingangs schon ausgeführt wurde, hat im Fall $f(x, y) \geq 0$ der von $f(x, y)$ über dem Bereich B begrenzte Körper das Volumen

$$V = \iint_B f(x, y)\, \mathrm{d}A$$

Setzen wir hier speziell die konstante Funktion $f(x, y) \equiv 1$ ein, dann handelt es sich um einen zylindrischen Körper mit der Grundfläche B, sodass auch $V = 1 \cdot A = A$ gilt, wobei

A der Flächeninhalt von B ist. In diesem Fall ergibt also das Flächenintegral

$$A = \iint_B 1\, dA$$

genau den Flächeninhalt des Bereichs B. Auch die Schwerpunktkoordinaten (x_S, y_S) des Bereichs B lassen sich über das Flächenintegral berechnen:

$$x_S = \frac{1}{A} \cdot \iint_B x\, dA, \quad y_S = \frac{1}{A} \cdot \iint_B y\, dA$$

Beispiel: Wir berechnen den Schwerpunkt des Parabelsegments, welches für $x \in [0, b]$ von oben und unten durch $-\sqrt{x} \leq y \leq \sqrt{x}$ begrenzt wird. Der Flächeninhalt dieses Normalbereichs ist

$$A = \iint_B 1\, dA = \int_0^b \left(\int_{-\sqrt{x}}^{\sqrt{x}} 1\, dy \right) dx = \int_0^b y \Big|_{y=-\sqrt{x}}^{y=\sqrt{x}} dx$$

$$= \int_0^b 2\sqrt{x}\, dx = \frac{4}{3} x^{\frac{3}{2}} \Big|_{x=0}^{x=b} = \frac{4}{3} b^{\frac{3}{2}}$$

und der Schwerpunkt liegt wegen der Symmetrie genau auf der x-Achse bei

$$x_S = \frac{1}{A} \iint_B x\, dA = \frac{1}{A} \int_0^b \left(\int_{-\sqrt{x}}^{\sqrt{x}} x\, dy \right) dx = \frac{1}{A} \int_0^b xy \Big|_{y=-\sqrt{x}}^{y=\sqrt{x}} dx$$

$$= \frac{1}{A} \int_0^b 2x^{\frac{3}{2}}\, dx = \frac{4}{5A} x^{\frac{5}{2}} \Big|_{x=0}^{x=b} = \frac{4 b^{\frac{5}{2}}}{5A} = \frac{4 b^{\frac{5}{2}}}{5 \cdot \frac{4}{3} b^{\frac{3}{2}}} = \frac{3}{5} b$$

Schließlich kann man mit Doppelintegral die Flächenträgheitsmomente von B bezüglich der Koordinatenachsen bzw. das radiale Flächenträgheitsmoment bestimmen:

$$I_x = \iint_B x^2\, dA, \quad I_y = \iint_B y^2\, dA, \quad I_r = \iint_B x^2 + y^2\, dA$$

Diese Formeln werden beispielsweise in der technischen Mechanik häufiger benötigt.

Wir wollen im Folgenden das Flächenintegral noch für einen ganz anderen Zweck nutzen. Uneigentliche Integrale lassen sich in manchen Fällen auch dann *exakt* berechnen, wenn keine Stammfunktion angegeben werden kann. Für die Berechnung solcher Integrale muss man allerdings mathematische Tricks anwenden. Häufig nutzt man einen Umweg über das Flächenintegral. Als Beispiele wollen wir das Gaußsche Fehlerintegral und das Dirichlet-Integral bestimmen.

Das Gaußsche Fehlerintegral

$$\int_{-\infty}^{\infty} e^{-x^2}\, dx = \sqrt{\pi}$$

ist die Fläche zwischen der Gaußschen Glockenkurve $g(x) = e^{-x^2}$, $x \in \mathbb{R}$, und der x-Achse, siehe Abb. 2.34. Es spielt u. a. in der Statistik bei der Normalverteilung eine wichtige Rolle (siehe Kapitel 7, Abschnitt 7.4.1).

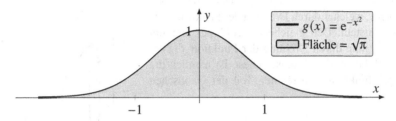

Abb. 2.34 Die Gaußsche Glockenkurve

Eine geschlossene Formel für die Stammfunktion zu e^{-x^2} lässt sich nicht angeben, aber den Integralwert kann man dennoch berechnen. Anstatt der Fläche zwischen $g(x)$ und der x-Achse bestimmen wir das Volumen des Körpers, welcher von der Funktion $g(x, y) = e^{-(x^2+y^2)}$ über der gesamten (x, y)-Ebene begrenzt wird, also (siehe Abb. 2.35)

$$V = \iint_{\mathbb{R}^2} e^{-(x^2+y^2)}\, dA = \int_{-\infty}^{\infty} \left(\int_{-\infty}^{\infty} e^{-x^2} \cdot e^{-y^2}\, dy \right) dx$$

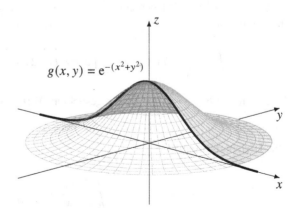

Abb. 2.35 Drehung der Gauß-Glockenkurve um die z-Achse

Den Faktor e^{-x^2} im inneren Integral können wir, da dort nur nach y integriert wird, als konstanten Faktor ausklammern. Mit der Abkürzung

$$A = \int_{-\infty}^{\infty} e^{-x^2}\, dx = \int_{-\infty}^{\infty} e^{-y^2}\, dy$$

ergibt sich dann für das Volumen der Wert

$$V = \int_{-\infty}^{\infty} \left(e^{-x^2} \cdot \int_{-\infty}^{\infty} e^{-y^2}\, dy \right) dx = \int_{-\infty}^{\infty} e^{-x^2} \cdot A\, dx = A \cdot \int_{-\infty}^{\infty} e^{-x^2}\, dx = A \cdot A$$

Sobald wir das Volumen V kennen, haben wir auch den Wert $A = \sqrt{V}$ gefunden.

Der von $g(x, y) = e^{-(x^2+y^2)}$ begrenzte Körper ist zugleich auch der Rotationskörper, welcher durch Drehung der Funktion e^{-x^2} um die z-Achse entsteht. Den gleichen Drehkörper, nur um 90° gekippt, erhält man durch Drehung der Funktion $f(x) = \sqrt{-\ln x}$ für $x \in]0, 1]$ um die x-Achse. Diese ist nämlich die genau die Umkehrfunktion zum rechten Teil der Gaußschen Glockenkurve wegen

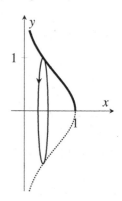

$$y = e^{-x^2}, \quad x \geq 0 \quad \Longleftrightarrow \quad x = \sqrt{-\ln y}, \quad y \in]0, 1]$$

Das Volumen eines Rotationskörpers um die x-Achse ergibt sich aus der Formel

$$V = \pi \int_0^1 f(x)^2\, dx = \pi \int_0^1 -\ln x\, dx$$

$$= \pi\, (x - x \ln x) \Big|_{x \to 0}^{1} = \pi - 0 = \pi$$

Abb. 2.36 Rotationskörper zu $f(x) = \sqrt{-\ln x}$

Alternativ kann man das Volumen unter $f(x, y) = e^{-(x^2+y^2)}$ über der gesamten (x, y)-Ebene auch als Flächenintegral der Funktion $f(r; \varphi) = e^{-r^2}$ mit den Polarkoordinaten $(r; \varphi) \in [0, \infty[\times [0, 2\pi]$ berechnen. Die Funktionaldeterminante lautet $\det \frac{\partial(x,y)}{\partial(r;\varphi)} = r$, und somit gilt

$$V = \int_0^{\infty} \left(\int_0^{2\pi} f(r; \varphi) \cdot r\, d\varphi \right) dr = \int_0^{\infty} 2\pi r\, e^{-r^2}\, dr = -\pi e^{-r^2} \Big|_0^{r \to \infty} = \pi$$

Insgesamt ergibt $A = \sqrt{V} = \sqrt{\pi}$ den gesuchten Wert für das Gauß-Fehlerintegral.

Das Dirichlet-Integral

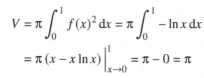

$$\int_0^{\infty} \frac{\sin x}{x}\, dx = \frac{\pi}{2}$$

Auch die Funktion $\frac{\sin x}{x}$ ist nicht elementar integrierbar, d. h., eine Stammfunktion lässt sich nicht mit elementaren Funktionen angeben. Dennoch können wir den genauen Wert des uneigentlichen Integrals ermitteln, indem wir beim Doppelintegral für die Funktion $f(x, y) = e^{-xy} \sin x$ auf dem Bereich $B =]0, \infty[\times]0, \infty[$ die Integrationsreihenfolge vertauschen. Das funktioniert so:

$$\iint_B e^{-xy} \sin y \, dA = \int_0^\infty \left(\int_0^\infty e^{-xy} \sin x \, dy \right) dx = \int_0^\infty -\tfrac{1}{x} e^{-xy} \sin x \, \Big|_{y \to 0}^{y \to \infty} dx$$

$$= \int_0^\infty 0 + \tfrac{1}{x} e^0 \sin x \, dx = \int_0^\infty \frac{\sin x}{x} \, dx$$

ist das gesuchte uneigentliche Integral, welches sich auch auf folgendem Weg bestimmen lässt (die Stammfunktion im inneren Integral entnehmen wir einer Integraltafel):

$$\iint_B e^{-xy} \sin y \, dA = \int_0^\infty \left(\int_0^\infty e^{-xy} \sin x \, dx \right) dy$$

$$= \int_0^\infty -e^{-xy} \cdot \frac{y \sin x + \cos x}{1 + y^2} \, \Big|_{x \to 0}^{x \to \infty} dx$$

$$= \int_0^\infty 0 - \left(-e^0 \cdot \frac{0 + \cos 0}{1 + y^2} \right) dy = \int_0^\infty \frac{1}{1 + y^2} \, dy$$

$$= \arctan y \, \Big|_0^{y \to \infty} = \tfrac{\pi}{2} - 0 = \tfrac{\pi}{2}$$

Aufgaben zu Kapitel 2

Aufgabe 2.1. Das uneigentliche Parameterintegral

$$F(t) := \int_1^\infty x^t \, dx$$

definiert eine reelle Funktion $F(t)$.

a) Zeigen Sie: Der maximale Definitionsbereich von F, also die Menge aller $t \in \mathbb{R}$, für die das Integral existiert, ist das Intervall $D =] - \infty, -1 [$.

b) Ermitteln Sie für die Werte $t \in D$ eine Formel für den Integralwert $F(t)$.

c) Geben Sie die Ableitung $F'(t)$ wieder als Parameterintegral an und begründen Sie damit

$$\int_1^\infty x^t \ln x \, dx = \frac{1}{(t + 1)^2} \quad \text{für} \quad t < -1$$

Aufgabe 2.2. Wir definieren eine Funktion $y(t)$ durch das Parameterintegral

$$y(t) := \int_0^1 e^{tx} \, dx, \quad t \in \mathbb{R}$$

a) Geben Sie mit der Leibniz-Regel die Ableitungen $y'(t)$ und $y''(t)$ wieder als Parameterintegrale an!

b) Begründen Sie mit dem Resultat aus a)

$$t \cdot y''(t) + (2 - t) \cdot y'(t) - y(t) = \int_0^1 e^{tx} \left(t \left(x^2 - x \right) + 2x - 1 \right) dx$$

c) Überprüfen Sie mit einer Rechnung

$$e^{tx} \left(t \left(x^2 - x \right) + 2x - 1 \right) = \frac{\partial}{\partial x} e^{tx} \left(x^2 - x \right)$$

d) Zeigen Sie mit b) und c), dass $y(t)$ die folgende (Differential-)Gleichung erfüllt:

$$t \cdot y''(t) + (2 - t) \cdot y'(t) - y(t) = 0$$

e) Bestimmen Sie den exakten Integralwert $y(t)$ für alle $t \in \mathbb{R}$.

Aufgabe 2.3. Berechnen Sie die in Abb. 2.37 gezeigte Mantelfläche M des nach oben durch $f(x, y) = 1 + y e^{-x}$ begrenzten Zylinders über dem Kreis C in der (x, y)-Ebene mit dem Radius 1 und dem Mittelpunkt bei $(1, 0)$.

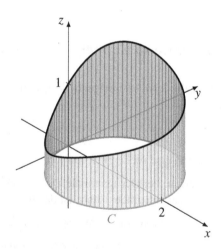

Abb. 2.37 Mantelfläche unter $f(x, y) = 1 + y e^{-x}$ über dem Kreis C

Anleitung: Bestimmen Sie zuerst eine Parameterdarstellung für den Kreis C, und ermitteln Sie dann die Mantelfläche mit dem skalaren Kurvenintegral

$$M = \oint_C 1 + y e^{-x} \, ds$$

Aufgabe 2.4. In der (x, y)-Ebene sind die beiden Vektorfelder

$$\vec{F}(x, y) = \begin{pmatrix} 2x \\ 4y \end{pmatrix} \quad \text{und} \quad \vec{G}(x, y) = \begin{pmatrix} y \\ -x \end{pmatrix}$$

gegeben. Berechnen Sie die Kurvenintegrale $\int_C \vec{F}(\vec{r}) \cdot d\vec{r}$ und $\int_C \vec{G}(\vec{r}) \cdot d\vec{r}$

a) längs des Geradenstücks von $(1, 0)$ nach $(0, 1)$ mit der Parameterdarstellung

$$C: \quad x(t) = 1 - t, \quad y(t) = t, \quad t \in [0, 1]$$

b) längs des Kreisbogens von $(1, 0)$ nach $(0, 1)$ mit der Parameterdarstellung

$$C: \quad x(t) = \cos t, \quad y(t) = \sin t, \quad t \in [0, \tfrac{\pi}{2}]$$

c) Welches der beiden Vektorfelder $\vec{F}$ oder $\vec{G}$ ist sicher *nicht* konservativ? Geben Sie für das andere Vektorfeld ein Potential an!

Aufgabe 2.5. Gegeben ist die Funktion

$$f(x, y) = \tfrac{1}{6} (x^2 - 3) \, y, \quad (x, y) \in \mathbb{R}^2$$

und hierzu das Vektorfeld $\vec{F}(x, y) = \operatorname{grad} f(x, y)$ sowie die in Abb. 2.38 dargestellte „Kurve" C, also die Strecke von $(1, 1)$ nach $(2, 0)$. Gesucht ist der Wert des Kurvenintegrals

$$W = \int_C \vec{F}(\vec{r}) \cdot d\vec{r}$$

a) Geben Sie die Komponenten des Vektorfelds $\vec{F}(x, y)$ an.

b) Finden Sie eine passende Parameterdarstellung für die Kurve C.

c) Bestimmen Sie W über die Parameterform und ein bestimmtes Integral.

d) Ermitteln Sie den Wert W des Kurvenintegrals mithilfe des Potentials $f(x, y)$.

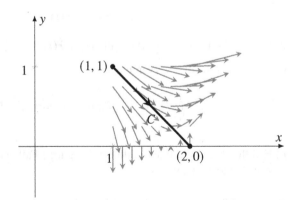

Abb. 2.38 Strecke von $(1, 1)$ nach $(2, 0)$ im Gradientenfeld $\vec{F}(x, y) = \operatorname{grad} \tfrac{1}{6} (x^2 - 3) \, y$

Aufgabe 2.6. Gegeben ist das Vektorfeld

$$\vec{F}(x, y) = \tfrac{1}{2} \begin{pmatrix} y - 1 \\ 1 - x \end{pmatrix}$$

a) Berechnen Sie das Kurvenintegral von $\vec{F}(x, y)$ entlang dem Parabelbogen $y = 2x - x^2$ für $x \in [0, 2]$ von $A = (0, 0)$ nach $B = (2, 0)$, siehe Abb. 2.39.

b) Wie ändert sich der Wert des Kurvenintegrals, wenn man diesen Bogen in *entgegengesetzter* Richtung von B nach A durchläuft?

c) Bestimmen Sie für $\vec{F}(x, y)$ und für den Kreis K um den Ursprung mit Radius 2, welcher entgegen dem Uhrzeigersinn durchlaufen wird, das Kurvenintegral

$$\oint_K \vec{F}(\vec{r}) \cdot d\vec{r}$$

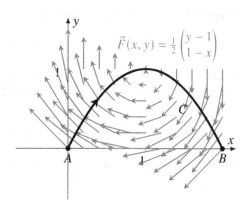

Abb. 2.39 Parabelbogen im Vektorfeld $\vec{F}(x, y)$

Aufgabe 2.7. Gegeben ist die Kurve C mit der Parameterdarstellung

$$C: \quad x(t) = e^t, \quad y(t) = e^{-t}, \quad t \in [0, 2]$$

a) Für welche Parameterwerte t gilt $\vec{r}(t) \perp \dot{\vec{r}}(t)$?

b) Berechnen Sie das Kurvenintegral

$$\int_C \vec{F}(\vec{r}) \cdot d\vec{r} \quad \text{für das Vektorfeld} \quad \vec{F}(x, y) = \begin{pmatrix} 2xy \\ x^2 \end{pmatrix}$$

c) Erfüllt $\vec{F}(x, y)$ die Integrabilitätsbedingung? Falls ja, geben Sie ein Potential $f(x, y)$ zum Vektorfeld an!

Aufgabe 2.8. Gegeben sind ein Vektorfeld und eine Kurve (vgl. Abb. 2.40)

$$\vec{F}(x, y) := \frac{1}{2} \begin{pmatrix} y \\ 1 - x \end{pmatrix}, \quad C: \quad \vec{r}(t) = \begin{pmatrix} 1 + \sin t \\ \cos t \end{pmatrix}, \quad t \in [0, 2\pi]$$

a) Berechnen Sie das Kurvenintegral $\oint_C \vec{F}(\vec{r}) \cdot d\vec{r}$

b) Zeigen Sie, dass $\dot{\vec{r}}(t)$ und $\vec{F}(\vec{r}(t))$ für alle $t \in [0, 2\pi]$ die gleiche Richtung haben. Was ist dann C für eine Kurve in Bezug auf das Vektorfeld $\vec{F}(x, y)$?

c) Geben Sie mindestens zwei verschiedene Gründe dafür an, dass $\vec{F}(x, y)$ *kein* konservatives Vektorfeld sein kann!

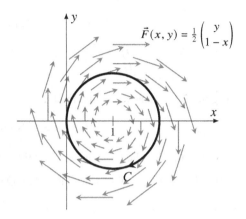

$$\vec{F}(x, y) = \tfrac{1}{2}\begin{pmatrix} y \\ 1 - x \end{pmatrix}$$

Abb. 2.40 Kurve und Vektorfeld aus Aufgabe 2.8

Aufgabe 2.9.

a) Gesucht ist das Volumen V des Körpers, der von $f(x, y) = e^{2x} \sin y$ über dem Rechteck $B = [0, 1] \times [0, \pi]$ in der (x, y)-Ebene eingeschlossen wird, siehe Abb. 2.41a. Berechnen Sie dazu den Wert des Flächenintegrals

$$V = \iint_B e^{2x} \sin y \, dA$$

b) Welches Volumen wird von der Funktion in Abb. 2.41b, also

$$f(x, y) = 2 + 3 \sin x \sin y$$

über dem Quadrat $B = [0, \pi] \times [0, \pi]$ in der (x, y)-Ebene begrenzt?

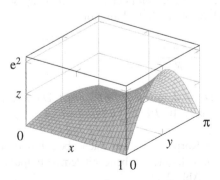

Abb. 2.41a $f(x, y) = e^{2x} \sin y$

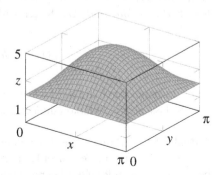

Abb. 2.41b $f(x, y) = 2 + 3 \sin x \sin y$

Aufgabe 2.10. Berechnen Sie die folgenden Bereichsintegrale auf jeweils zwei unterschiedlichen Wegen, indem Sie bei der Integration innen und außen die Reihenfolge der Variablen vertauschen:

a) $\iint_B x + y \, (e^x - 1) \, dA,$ $\qquad B = [0, 1] \times [0, 2]$

b) $\iint_B (1 - 6 y^2) \cdot (3 - \sin x) \, dA,$ $\qquad B = [0, \pi] \times [-1, 1]$

c) $\iint_B \dfrac{3 y^2 - 1}{x^2 + 1} \, dA,$ $\qquad B = [0, 1] \times [0, 1]$

Aufgabe 2.11. Gegeben ist die Funktion

$$f(x, y) = x^2 + y^2 e^x \quad \text{auf} \quad \mathbb{R}^2$$

a) Bestimmen Sie die Lage und Art der Extremstellen von $f(x, y)$.

b) Welches Volumen wird von f über dem Quadrat $B = [0, 1] \times [0, 1]$ eingeschlossen?

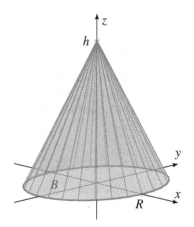

Abb. 2.42 Kegel mit dem Radius R und der Höhe h

Aufgabe 2.12. Bestimmen Sie das Volumen eines Kegels mit der Höhe $h > 0$ und dem Radius $R > 0$. *Anleitung*: Der Kegel wird nach oben durch die Funktion

$$f(x, y) = h \cdot \left(1 - \frac{\sqrt{x^2 + y^2}}{R} \right)$$

und nach unten durch die Kreisscheibe B um O mit dem Radius R begrenzt. Die Kreisscheibe lässt sich in Polarkoordinaten durch $(r; \varphi) \in [0, R] \times [0, 2\pi]$ darstellen.

Aufgabe 2.13. Ermitteln Sie das Volumen des Körpers, welcher nach oben durch die Funktion $f(x, y) = 1 + y \, e^{-x}$ über Kreisscheibe B in der (x, y)-Ebene mit dem Mittelpunkt bei $(1, 0)$ und dem Radius 1 begrenzt wird (vgl. Abb. 2.43).

Hinweis: Die Kreisscheibe B kann durch die krummlinigen Koordinaten

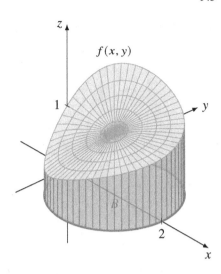

Abb. 2.43 Zylindrischer
Körper unter der Funktion
$f(x, y) = 1 + y\,\mathrm{e}^{-x}$ über der
Kreisscheibe B

$$B: \quad x(u, v) = 1 + u \cos v, \quad y(u, v) = u \sin v, \quad (u, v) \in [0, 1] \times [0, 2\pi]$$

beschrieben werden. Berechnen Sie zuerst die Funktionaldeterminante und anschließend
das Flächenintegral

$$V = \iint_B 1 + y\,\mathrm{e}^{-x}\,\mathrm{d}A$$

Aufgabe 2.14. Bestimmen Sie das Volumen des abgeschrägten Zylinders, welcher von
der Funktion

$$f(x, y) = 1 - x$$

über der Kreisscheibe B um O mit dem Radius 1 begrenzt wird, siehe Abb. 2.44.

Tipp: Der Integrationsbereich kann am einfachsten mit

$$B: \quad x = r \cos \varphi, \quad y = r \sin \varphi, \quad (r; \varphi) \in [0, 1] \times [0, 2\pi]$$

beschrieben werden, sodass sich auch das Flächenintegral $V = \iint_B 1 - x\,\mathrm{d}A$ am bequemsten in Polarkoordinaten berechnen lässt.

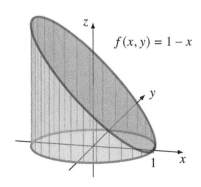

Abb. 2.44 Abgeschrägter Zylinder über dem Einheitskreis

Kapitel 3
Differentialgleichungen I

3.1 Grundbegriffe und erste Beispiele

3.1.1 Was ist eine Differentialgleichung (DGl)?

Bei den Gleichungen, die uns bisher begegnet sind, waren stets Zahlenwerte gesucht. So wird etwa eine algebraische Gleichung n-ten Grades $a_n x^n + \ldots + a_1 x + a_0 = 0$ mit gegebenen Koeffizienten $a_0, a_1, \ldots, a_n \in \mathbb{R}$ von Werten $x \in \mathbb{R}$ oder $x \in \mathbb{C}$ gelöst. Weitere Beispiele für Bestimmungsgleichungen mit unbekannten Zahlen sind trigonometrische Gleichungen, Exponentialgleichungen oder lineare Gleichungssysteme. Im Gegensatz dazu ist eine *gewöhnliche Differentialgleichung* der Ordnung n (Abkürzung: DGl n-ter Ordnung) eine Gleichung für eine *unbekannte Funktion*, die neben dem Argument, z. B. x, und der gesuchten Funktion $y = y(x)$ auch noch die Ableitungen von y bis zur Ordnung n enthält[1].

Beispiel 1.
$$y'''(x) - \sin x \cdot y(x)^5 = 2\,\mathrm{e}^x \cdot y'(x)$$
ist eine DGl 3. Ordnung, da die unbekannte Funktion $y(x)$ zusammen mit der dritten Ableitung $y'''(x)$ auftritt, aber keine höheren Ableitungen von y vorkommen. Bei einer Differentialgleichung lässt man das Argument x nach $y(x)$ meist weg, und man schreibt kurz:
$$y''' - \sin x \cdot y^5 = 2\,\mathrm{e}^x \cdot y'$$
Eine DGl kann auch mit einer anderen Veränderlichen formuliert werden, z. B.
$$u''' - \sin t \cdot u^5 = 2\,\mathrm{e}^t \cdot u'$$

Beispiel 2. Die Differentialgleichung
$$x \cdot (y')^2 - 2\,y\,y' + 4x = 0$$
hat die Ordnung 1, da sie die gesuchte Funktion y und ihre Ableitung y' enthält. Eine Lösung dieser DGl ist die Funktion $y(x) = x^2 + 1$, denn mit $y'(x) = 2x$ gilt
$$x \cdot (y')^2 - 2\,y\,y' + 4x = x \cdot (2x)^2 - 2 \cdot (x^2 + 1) \cdot 2x + 4x = 0$$
Eine andere Lösung ist $y(x) = 2x$, da auch diese Funktion die Gleichung
$$x \cdot (y')^2 - 2\,y\,y' + 4x = x \cdot 2^2 - 2 \cdot 2x \cdot 2 + 4x = 0$$

---

[1] Eine andere, häufig anzutreffende Abkürzung ist ODE (von engl. *ordinary differential equation*).

© Springer-Verlag GmbH Deutschland, ein Teil von Springer Nature 2022
H. Schmid, *Mathematik für Ingenieurwissenschaften: Vertiefung*,
https://doi.org/10.1007/978-3-662-65526-9_3

erfüllt. Bei einer DGl darf man also keine eindeutige Lösung erwarten!

Beispiel 3.

$$y'' - 2\tan x \cdot y' + 3y = 0$$

ist eine Differentialgleichung zweiter Ordnung, da sie Ableitungen der gesuchten Funktion bis zur Ordnung 2 enthält. Jede Funktion der Form $y(x) = C \cdot \sin x$ mit einer beliebigen Konstante $C \in \mathbb{R}$ ist eine Lösung dieser DGl, denn

$$y'' - 2\tan x \cdot y' + 3y = (-C\sin x) - 2\tan x \cdot C\cos x + 3C\sin x$$

$$= -C\sin x - 2\frac{\sin x}{\cos x} \cdot C\cos x + 3C\sin x = 0$$

Beispiel 4. Bei

$$y'y'' - yy'' + 6xy' - 6xy = 0$$

handelt es sich ebenfalls um eine DGl 2. Ordnung, denn y'' ist die höchste Ableitung der unbekannten Funktion in der Gleichung. Durch Ausklammern auf der linken Seite

$$(y' - y) \cdot (y'' + 6x) = 0 \quad \Longrightarrow \quad y' - y = 0 \quad \text{oder} \quad y'' + 6x = 0$$

„zerfällt" sie in zwei einfachere DGlen, sodass entweder $y' = y$ oder $y'' = -6x$ erfüllt sein muss. Lösungen sind dann beispielsweise die Funktionen $y(x) = e^x$ oder $y(x) = -x^3$.

Hinweis: Bei einer DGl ist ... = 0 mit „konstant gleich Null" oder „identisch Nullfunktion" zu übersetzen. Um hervorzuheben, dass auf der rechten Seite eine konstante Funktion und nicht nur ein Zahlenwert steht, verwendet man gelegentlich das Symbol $\equiv$, z. B.

$$y'' - 2\tan x \cdot y' + 3y \equiv 0$$

3.1.2 Beispiele aus Physik und Technik

Viele Naturgesetze sind als Gleichungen formuliert, die neben der Zeit t auch noch zeitabhängige physikalische Größen und deren Ableitungen enthalten. So werden etwa dynamische Prozesse durch die Newtonschen Axiome der Mechanik beschrieben, welche die Zeit t, den Ort $y(t)$, die Beschleunigung $a(t) = y''(t)$ und evtl. noch zeitabhängige Kräfte $F(t)$ in Beziehung setzen.

Ein typisches Beispiel aus der Mechanik ist der *harmonische Oszillator*. An einer Feder mit der Federkonstante D hängt eine Masse m, welche sich zum Zeitpunkt $t = 0$ an der Position $y(0)$ außerhalb der Ruhelage befindet, vgl. Abb. 3.1. Durch die Federkraft wird die Masse beschleunigt und gerät in Schwingungen. Die Auslenkung $y(t)$ zur Zeit t lässt sich mit einer Differentialgleichung beschreiben. Nach dem Hookschen Gesetz ist die rücktreibende Kraft $F(t) = -D\,y(t)$ proportional zur Auslenkung und dieser entgegengerichtet. Andererseits ist $F(t) = m \cdot y''(t)$ nach dem Newtonschen Axiom „Kraft = Masse × Beschleunigung". Hieraus ergibt sich eine Differentialgleichung 2.

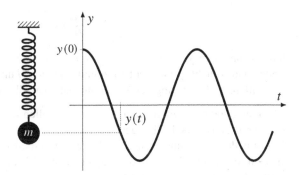

Abb. 3.1 Das ungedämpfte Federpendel ist ein harmonischer Oszillator

Ordnung für die Auslenkung $y(t)$, nämlich

$$m \cdot y''(t) = -D \cdot y(t) \quad \text{bzw.} \quad y'' + \tfrac{D}{m} y = 0$$

Auch die Schwingung eines Pendels der Länge ℓ wird durch eine DGl 2. Ordnung

$$\varphi'' = -\tfrac{g}{\ell} \sin \varphi$$

beschrieben, wobei g die Erdbeschleunigung bezeichnet. Sie liefert den Auslenkwinkel $\varphi = \varphi(t)$ in Abhängigkeit von der Zeit t (siehe Abb. 3.14).

Während das Newton-Axiom zahlreiche DGlen zweiter Ordnung in der Mechanik produziert, sind letztlich die Maxwell-Gleichungen „verantwortlich" für viele Differentialgleichungen in der Elektrotechnik. So ist etwa die in einer Spule induzierte Spannung proportional zur Stromänderung: $U(t) = L \cdot I'(t)$ (Induktionsgesetz). In einer Reihenschaltung aus einem ohmschen Widerstand R und einer Spule mit der Induktivität L bei einer angelegten Wechselspannung $U_0 \sin(\omega t)$ ergibt sich dann für den Strom $I(t)$ in Abhängigkeit von der Zeit t eine DGl 1. Ordnung

$$L \cdot I'(t) + R \cdot I(t) = U_0 \cdot \sin(\omega t)$$

Doch nicht nur dynamische Prozesse, sondern auch statische Gleichgewichte werden oftmals durch Differentialgleichungen beschrieben. Die Biegelinie eines schwach gebogenen Balkens (vgl. Abb. 3.2) mit gleichmäßiger Streckenlast q ergibt sich etwa aus der Gleichung

$$y'''' = -b \quad \text{mit} \quad b = \frac{q}{E\,I}$$

Hierbei ist E das Elastizitätsmodul des Balkens und I das Flächenmoment des Querschnitts. Es handelt sich um eine sehr einfache DGl 4. Ordnung. Falls auf den homogenen Balken mit konstantem Querschnitt keine Streckenlast, sondern eine Druckkraft F in axialer Richtung wirkt, dann spricht man von einem *Knickstab*, und die Biegelinie eines solchen elastischen Stabs erfüllt bei kleiner Durchbiegung die DGl 2. Ordnung (siehe Abb. 3.26 und Abb. 3.27)

$$y'' + \frac{F}{E\,I} \cdot y = 0$$

Die *Kettenlinie* (vgl. Abb. 3.18) wiederum ergibt sich aus der Differentialgleichung

$$y'' = \frac{g\,\rho}{H} \cdot \sqrt{1 + (y')^2}$$

Ihre Lösung $y = y(x)$ liefert die Form einer dünnen, frei hängenden, nicht-dehnbaren Kette mit der Dichte ρ und der Horizontalspannung H unter dem Einfluss der Schwerkraft. Die Differentialgleichung der Kettenlinie ist ebenfalls eine DGl 2. Ordnung.

Alle hier genannten Differentialgleichungen wollen wir im Folgenden lösen. Dabei stellt sich heraus, dass eine DGl in der Regel *unendlich viele* Lösungen besitzt. Dieser Sachverhalt ist in der Praxis unerwünscht: Wird eine physikalische oder technische Fragestellung als DGl formuliert, dann soll die mathematische Lösung möglichst nur eine *einzige* Antwort liefern. Das bedeutet aber, dass man neben der eigentlichen (Differential-)Gleichung noch zusätzliche Bedingungen braucht.

3.1.3 Anfangs- und Randbedingungen

Bevor wir uns mit den Lösungsverfahren für Differentialgleichungen befassen, sollen zuerst anhand einfacher Beispiele die Eigenarten dieses Gleichungstyps aufgezeigt werden. Eine einfache Differentialgleichung 1. Ordnung kennen wir bereits:

$$y'(x) = f(x)$$

Die allgemeine Lösung dieser DGl ist das unbestimmte Integral

$$y(x) = \int f(x)\,dx + C$$

mit einer beliebigen Konstante $C \in \mathbb{R}$. Eine sehr einfache DGl 2. Ordnung ist

$$y''(x) = 0$$

die wir mittels zweifacher Integration lösen können:

$$y'(x) = C_1 \quad \Longrightarrow \quad y(x) = C_1 \cdot x + C_2$$

Hier sind C_1 und C_2 zwei beliebige, voneinander unabhängige Integrationskonstanten, und die allgemeine Lösung ist somit eine *beliebige* Gerade in der (x, y)-Ebene. Diese beiden Ergebnisse lassen sich auch auf kompliziertere Differentialgleichungen übertragen. Wir notieren die folgenden typischen

Eigenschaften einer DGl: Eine Differentialgleichung löst man durch einmaliges oder mehrfaches Integrieren. Die Lösungen nennt man deshalb auch *Integrale* der Differentialgleichung. Die allgemeine Lösung einer DGl n-ter Ordnung ist nicht eindeutig – sie enthält n freie, voneinander unabhängige „Integrationskonstanten" $C_1, C_2, \ldots, C_n$.

Um eine spezielle Lösung einer DGl n-ter Ordnung zu erhalten, braucht man also mindestens noch n weitere Bedingungen. Man unterscheidet dabei zwischen Anfangs- und Randbedingungen. Bei einer *Anfangsbedingung* werden der Funktionswert und die Ableitungen $y(a)$, $y'(a)$, ..., $y^{(n-1)}(a)$ bis zur Ordnung $n - 1$ an *einer* Stelle $x = a$ vorgegeben. Das sind insgesamt n Werte, denen dann n Gleichungen für die zu bestimmenden n Konstanten entsprechen. Dagegen sind bei einer *Randbedingung* mindestens n Funktionswerte und/oder Ableitungen an *mehreren* verschiedenen Stellen festgelegt, z. B. bei $x = 0$ und $x = 1$. Unterschiedliche Anfangs- bzw. Randbedingungen liefern i. Allg. auch verschiedene Lösungen, wie die folgenden Beispiele zeigen.

Beispiel 1. Die allgemeine Lösung der DGl $y'' = 0$ finden wir durch zweifache Integration, also $y(x) = C_1 \cdot x + C_2$. Eine Lösung zur Anfangsbedingung $y(1) = 0$ und $y'(1) = 2$ muss zusätzlich noch die Gleichungen

$$0 = y(1) = C_1 \cdot 1 + C_2 \quad \text{und} \quad 2 = y'(1) = C_1$$

erfüllen, und daraus ergeben sich die Werte $C_1 = 2$ und $C_2 = -2$. Die gesuchte spezielle Lösung lautet also $y(x) = 2x - 2$. Bei einer Lösung zur Randbedingung $y(0) = 1$ und $y(2) = 3$ werden die freien Konstanten durch

$$1 = y(0) = C_2 \quad \text{und} \quad 3 = y(2) = C_1 \cdot 2 + C_2$$

festgelegt, sodass also $C_1 = C_2 = 1$ gilt. In diesem Fall ist $y(x) = x + 1$ die spezielle Lösung.

Beispiel 2. Die *Biegelinie* $y(x)$ eines Balkens mit konstanter Streckenlast q wird durch eine DGl 4. Ordnung

$$y'''' = -b$$

beschrieben. Welche Form hat ein Balken, der bei $x = 0$ und $x = 1$ waagrecht auf gleicher Höhe $y = 0$ eingespannt ist? Wir haben neben der DGl noch die vier Randbedingungen

$$y(0) = y'(0) = 0, \quad y(1) = y'(1) = 0$$

zu berücksichtigen. Die allgemeine Lösung der DGl ergibt sich durch viermaliges Integrieren:

$$y''' = -b \cdot x + C_1$$
$$y'' = -\tfrac{b}{2} x^2 + C_1 x + C_2$$
$$y' = -\tfrac{b}{6} x^3 + \tfrac{1}{2} C_1 x^2 + C_2 x + C_3$$
$$y = -\tfrac{b}{24} x^4 + \tfrac{1}{6} C_1 x^3 + \tfrac{1}{2} C_2 x^2 + C_3 x + C_4$$

Aus den Bedingungen $y(0) = y'(0) = 0$ folgt $C_3 = C_4 = 0$ und

$$y(x) = -\tfrac{b}{24} x^4 + \tfrac{1}{6} C_1 x^3 + \tfrac{1}{2} C_2 x^2$$

Die beiden anderen Konstanten erhalten wir aus den Bedingungen

$$0 = y'(1) = -\tfrac{b}{6} + \tfrac{1}{2} C_1 + C_2 \quad \Longrightarrow \quad C_2 = \tfrac{b}{6} - \tfrac{1}{2} C_1$$

$$0 = y(1) = -\tfrac{b}{24} + \tfrac{1}{6} C_1 + \tfrac{1}{2} \left(\tfrac{b}{6} - \tfrac{1}{2} C_1\right) \quad \Longrightarrow \quad C_1 = \tfrac{b}{2}$$

Die spezielle Lösung zu den gegebenen Randbedingungen lautet

$$y(x) = -\tfrac{b}{24} x^4 + \tfrac{b}{12} x^3 - \tfrac{b}{24} x^2 = -\tfrac{b}{24} x^2 (x - 1)^2$$

Wir ändern nun die Problemstellung und fragen: Welche Form hat ein Balken, der nur bei $x = 0$ fest und waagrecht eingespannt ist? Die Randbedingungen bei $x = 1$ ergeben sich jetzt aus physikalischen Nebenbedingungen, nämlich dass das Biegemoment bzw. die Querkraft/Scherspannung bei $x = 1$ verschwindet:

$$y(0) = y'(0) = 0, \quad y''(1) = y'''(1) = 0$$

Die Bedingungen $y(0) = y'(0) = 0$ liefern $C_3 = C_4 = 0$, und aus den Gleichungen

$$0 = y'''(1) = -b + C_2 \quad \Longrightarrow \quad C_1 = b$$

$$0 = y''(1) = -\tfrac{b}{2} + C_1 + C_2 \quad \Longrightarrow \quad C_2 = -\tfrac{b}{2}$$

erhalten wir schließlich die spezielle Lösung

$$y(x) = -\tfrac{b}{24} x^4 + \tfrac{1}{6} b x^3 - \tfrac{1}{4} b x^2 = -\frac{b}{24} x^2 (x^2 - 4x + 6)$$

Die beiden Lösungen sind in Abb. 3.2 veranschaulicht.

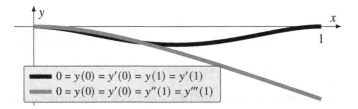

Abb. 3.2 Biegelinien zu unterschiedlichen Randbedingungen

Eine Differentialgleichung zusammen mit Anfangsbedingungen nennt man Anfangswertproblem. Entsprechend ist ein Randwertproblem eine DGl, bei der zusätzlich noch eine oder mehrere Randbedingungen gegeben sind.

Bei der Arbeit mit Differentialgleichungen verwendet man verschiedene Lösungsbegriffe. Falls in der Lösung einer DGl n-ter Ordnung noch n unbestimmte Konstanten auftreten, dann spricht man von der *allgemeinen Lösung*. Werden die Konstanten durch Anfangs- oder Randbedingungen festgelegt, so ergibt sich eine *spezielle Lösung* der DGl. Wählt man dagegen aus der Lösungsgesamtheit eine einzelne, aber beliebige Funktion aus (ohne Anfangs- bzw. Randbedingungen), dann spricht man von einer *partikulären Lösung*. Bei gewissen Differentialgleichungen gibt es auch *singuläre Lösungen*, die nicht in der allgemeinen Lösung enthalten sind.

3.2 Differentialgleichungen 1. Ordnung

Wie die Beispiele aus dem vorigen Abschnitt zeigen, gibt es ganz unterschiedliche Arten von Differentialgleichungen, und zu deren Lösung werden wir auch individuelle Verfahren anwenden müssen. Zudem werden wir feststellen, dass die Lösung einer DGl mit steigender Ordnung immer komplizierter wird. Wir wollen uns zunächst mit Differentialgleichungen 1. Ordnung befassen, welche man ganz allgemein in der (impliziten) Form $F(x, y, y') = 0$ notieren kann. Lässt sich diese Gleichung nach y' auflösen, dann erhalten wir die DGl 1. Ordnung in expliziter Form

$$y' = f(x, y)$$

Bereits dieser „einfachste" Typ einer DGl kann in der Regel nicht analytisch gelöst werden, da ein geeignetes Verfahren (noch) nicht bekannt ist. Es gibt aber gewisse Klassen von Differentialgleichungen, die sich prinzipiell immer lösen lassen. Dazu gehören die Differentialgleichungen mit getrennten Variablen und die linearen Differentialgleichungen. Beide Typen spielen auch in der Praxis eine wichtige Rolle.

3.2.1 Lösung durch Variablentrennung

Eine Differentialgleichung 1. Ordnung der Gestalt

$$y' = f(x) \cdot g(y)$$

mit stetigen Funktionen f und $g \not\equiv 0$ nennt man *DGl mit getrennten Variablen*. Für diesen Differentialgleichungstyp gibt es ein Lösungsverfahren. Hierbei verwendet man anstatt y' die Notation $\frac{dy}{dx}$ für die Ableitung, sodass also

$$\frac{dy}{dx} = f(x) \cdot g(y)$$

gelten soll. Der Differentialquotient $\frac{dy}{dx}$ wird nun wie ein gewöhnlicher Bruch verarbeitet. Mit diesem Trick können wir die Variablen x und y wie folgt trennen:

$$\frac{1}{g(y)} \, dy = f(x) \, dx$$

Die Differentialausdrücke auf beiden Seiten enthalten jetzt jeweils nur eine Variable x bzw. y. Indem wir das Integralzeichen voranstellen, berechnen wir auf beiden Seiten die Stammfunktionen

$$\int \frac{1}{g(y)} \, dy + C_1 = \int f(x) \, dx + C_2$$

Wir bezeichnen die unbestimmten Integrale mit $G(y)$ bzw. $F(x)$ und erhalten $G(y) + C_1 = F(x) + C_2$. Fassen wir die Integrationskonstanten C_1, C_2 zu einer einzigen (freien) Konstante $C = C_2 - C_1$ zusammen, dann ergibt sich $G(y) = F(x) + C$. Schließlich müssen wir diese Gleichung noch nach y auflösen:

$$y(x) = G^{-1}\left(F(x) + C\right)$$

Damit haben wir die allgemeine Lösung der DGl gefunden.

Aus mathematischer Sicht ist das Auftrennen des Differentialquotienten $\frac{dy}{dx}$ wie in obigem Verfahren eigentlich nicht zulässig. Dass man auf diese Weise aber tatsächlich die allgemeine Lösung erhält, kann man durch Einsetzen in die DGl bestätigen. Differenzieren wir die beiden Seiten in $G(y(x)) = F(x) + C$ nach x, so ist gemäß der Kettenregel

$$G'(y(x)) \cdot y'(x) = F'(x) \quad \Longrightarrow \quad \frac{1}{g(y(x))} \cdot y'(x) = f(x)$$

also $y'(x) = f(x) \cdot g(y(x))$ oder kurz $y' = f(x) \cdot g(y)$ erfüllt.

Beispiel 1.
$$y' = 2x \cdot (1 + y^2)$$

Bei dieser Differentialgleichung können wir die Variablen wie folgt trennen:

$$\frac{dy}{dx} = 2x \cdot (1 + y^2) \quad \Longrightarrow \quad \frac{1}{1 + y^2}\,dy = 2x\,dx$$

Berechnen wir die Stammfunktionen auf beiden Seiten, dann ist

$$\int \frac{dy}{1 + y^2} = \int 2x\,dx + C \quad \Longrightarrow \quad \arctan y = x^2 + C$$

mit einer beliebigen Konstante C. Auflösen nach y liefert die allgemeine Lösung $y(x) = \tan(x^2 + C)$ mit der freien Konstante $C \in \mathbb{R}$. Wir wollen hier noch die Probe machen. Wegen $\tan' = 1 + \tan^2$ gilt nach der Kettenregel

$$y'(x) = \left(1 + \tan^2(x^2 + C)\right) \cdot 2x = \left(1 + y(x)^2\right) \cdot 2x$$

Beispiel 2.
$$y' = 6x \cdot y$$

Nach der Variablentrennung

$$\frac{dy}{dx} = 6xy \quad \Longrightarrow \quad \frac{1}{y}\,dy = 6x\,dx$$

und anschließender Integration

$$\int \frac{1}{y}\,dy = \int 6x\,dx + C \quad \Longrightarrow \quad \ln|y| = 3x^2 + C$$

lösen wir nach y auf:

$$y(x) = \pm e^{3x^2 + C} \quad (C \in \mathbb{R} \text{ beliebige Konstante})$$

Partikuläre Lösungen sind dann z. B. $y(x) = e^{3x^2-5}$ oder $y(x) = -e^{3x^2+1}$. Eine weitere Lösung ist $y \equiv 0$, denn $y' \equiv 0 = 6x \cdot 0$, und diese ist in der allgemeinen Lösung nicht enthalten. Somit ist $y \equiv 0$ eine singuläre Lösung!

Beispiel 3.

$$y' = (\cos x - 1) \cdot y^2$$

ist ebenfalls eine DGl mit getrennten Variablen:

$$\frac{dy}{dx} = (\cos x - 1) \cdot y^2$$

$$\frac{1}{y^2}\, dy = (\cos x - 1)\, dx \quad \Big| \quad \int \ldots$$

$$-\frac{1}{y} = \sin x - x + C \quad \Longrightarrow \quad y(x) = -\frac{1}{\sin x - x + C}$$

Beispiel 4. Beim Anfangswertproblem (= DGl mit Anfangsbedingung)

$$y' = \frac{3x^2}{y}, \quad y(0) = 1$$

lösen wir zunächst $\frac{dy}{dx} = \frac{3x^2}{y}$ durch Variablentrennung:

$$y\, dy = 3x^2\, dx \quad \Longrightarrow \quad \int y\, dy = \int 3x^2\, dx + C \quad \Longrightarrow \quad \tfrac{1}{2} y^2 = x^3 + C$$

Hieraus folgt $y(x) = \pm\sqrt{2x^3 + 2C}$. Da mit C auch $2C$ eine beliebige Konstante ist, können wir $2C$ wieder durch C ersetzen. Die allgemeine Lösung lautet daher

$$y(x) = \pm\sqrt{2x^3 + C}$$

mit einer beliebigen Konstante $C \in \mathbb{R}$. Setzen wir nun die Anfangsbedingung für $x = 0$ ein:

$$1 = y(0) = \pm\sqrt{2 \cdot 0^3 + C} = \pm\sqrt{C}$$

so müssen wir die positive Wurzel und $C = 1$ wählen. Die gesuchte spezielle Lösung ist folglich die Funktion $y(x) = \sqrt{2x^3 + 1}$.

Beispiel 5. Die Differentialgleichung 1. Ordnung

$$y' = e^{x-y}$$

ist erst auf den zweiten Blick eine DGl mit getrennten Variablen, denn wir können sie in der Form $y' = e^x \cdot e^{-y}$ schreiben. Das Lösungsverfahren ergibt

$$e^y\, dy = e^x\, dx \quad \Longrightarrow \quad \int e^y\, dy = \int e^x\, dx + C \quad \Longrightarrow \quad e^y = e^x + C$$

Die allgemeine Lösung ist dann $y(x) = \ln(e^x + C)$ mit der freien Konstante C.

Freier Fall mit Luftwiderstand. Auf einen frei fallenden Körper mit der Masse m wirkt einerseits die Schwerkraft $G = m\,g$ und dazu entgegengesetzt der Luftwiderstand $F = -k\,v^2$ mit der Konstante $k = \frac{1}{2}\,c_W\,\rho\,A$. Hierbei bezeichnet c_W den formabhängigen Strömungswiderstandskoeffizienten, ρ die Dichte des umgebenden Mediums (hier: Luft) und A die Stirnfläche des fallenden Körpers. Nach dem Newtonschen Gesetz ist dann die Beschleunigung

$$m \cdot \frac{\mathrm{d}v}{\mathrm{d}t} = G + F = m\,g - k\,v^2$$

Für die Geschwindigkeit $v = v(t)$ erhalten wir eine DGl 1. Ordnung, die wir mit Variablentrennung lösen können:

$$\frac{m}{m\,g - k\,v^2}\,\mathrm{d}v = 1 \cdot \mathrm{d}t \quad \underset{\int \dots}{\Longrightarrow} \quad \frac{1}{g} \int \frac{1}{1 - \frac{k}{m\,g}\,v^2}\,\mathrm{d}v = t + C$$

Das Integral auf der linken Seite lösen wir mit der Substitution $u = \sqrt{\frac{k}{m\,g}}\,v$:

$$\frac{1}{g} \int \frac{1}{1 - \frac{k}{m\,g}\,v^2}\,\mathrm{d}v = \frac{1}{g} \cdot \sqrt{\frac{m\,g}{k}} \int \frac{1}{1 - u^2}\,\mathrm{d}u = \sqrt{\frac{m}{g\,k}}\,\operatorname{artanh} u$$

Insgesamt ergibt sich für die Geschwindigkeit

$$\sqrt{\frac{m}{g\,k}} \cdot \operatorname{artanh} \sqrt{\frac{k}{m\,g}}\,v = t + C$$

Als Anfangsbedingung wählen wir $v(0) = 0$, d. h., der Körper soll sich zum Zeitpunkt $t = 0$ in Ruhe befinden. Diese Bedingung liefert uns die Integrationskonstante

$$0 = \sqrt{\frac{m\,g}{k}} \cdot \tanh \sqrt{\frac{g\,k}{m}}\,C \quad \Longrightarrow \quad C = 0$$

und damit die spezielle Lösung der DGl

$$v(t) = \sqrt{\frac{m\,g}{k}} \cdot \tanh \sqrt{\frac{g\,k}{m}}\,t$$

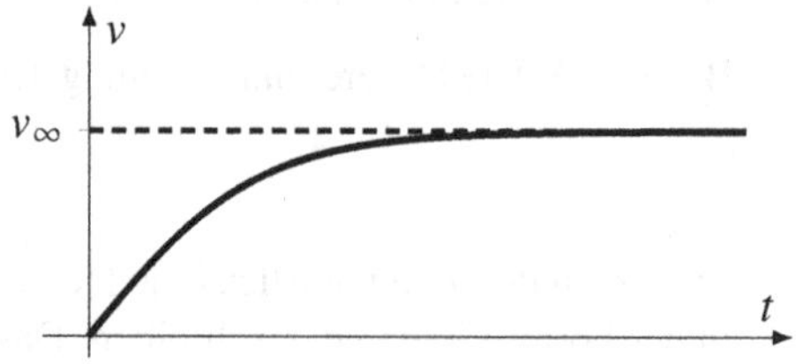

Abb. 3.3 Grenzgeschwindigkeit beim freien Fall mit Luftwiderstand

Wegen $\lim_{x \to \infty} \tanh x = 1$ geht die Fallgeschwindigkeit für $t \to \infty$ gegen einen endlichen Wert, die sogenannte *Grenzgeschwindigkeit*

$$v_\infty = \lim_{t \to \infty} v(t) = \sqrt{\frac{m\,g}{k}}$$

Als praktische Anwendung hierzu wollen wir den Radius r eines Rundkappenfallschirms ($c_W = 1{,}33$) berechnen, sodass ein Fallschirmspringer mit der Gesamtmasse $m = 80\,\mathrm{kg}$ (einschließlich Ausrüstung) in der Luft mit der Dichte $\rho = 1{,}3\,\frac{\mathrm{kg}}{\mathrm{m}^3}$ eine Sinkgeschwindigkeit von maximal $v_\infty = 5\,\frac{\mathrm{m}}{\mathrm{s}}$ erreicht. Dazu lösen wir die Formel für die Grenzgeschwindigkeit mit der Querschnittsfläche $A = r^2\pi$, also

$$v_\infty^2 = \frac{m\,g}{\frac{1}{2}\,c_W\,A\,\rho} = \frac{2\,m\,g}{c_W\,\rho\,r^2\,\pi}$$

nach r auf und erhalten

$$r = \sqrt{\frac{2\,m\,g}{c_W\,\rho\,v_\infty^2\,\pi}} = \sqrt{\frac{2\cdot 80\,\mathrm{kg}\cdot 9{,}81\,\frac{\mathrm{m}}{\mathrm{s}^2}}{1{,}33\cdot 1{,}3\,\frac{\mathrm{kg}}{\mathrm{m}^3}\cdot 25\,\frac{\mathrm{m}^2}{\mathrm{s}^2}\cdot\pi}} \approx 3{,}4\,\mathrm{m}$$

Singuläre Lösungen

Bei einer DGl mit getrennten Variablen kann es vorkommen, dass es neben der allgemeinen Lösung, die wir durch Umformen und Integrieren gefunden haben, noch andere Funktionen gibt, die darin nicht enthalten sind, aber dennoch die DGl erfüllen. So haben wir etwa bei der DGl

$$y' = (\cos x - 1)\cdot y^2$$

durch Variablentrennung die allgemeine Lösung

$$y(x) = -\frac{1}{\sin x - x + C}$$

mit einer beliebigen Konstante $C \in \mathbb{R}$ gefunden. Es gibt aber noch eine weitere Lösung, nämlich die konstante Funktion $y(x) \equiv 0$, wie man durch Einsetzen leicht bestätigt. Solche Lösungen, die nicht in der allgemeinen Lösung enthalten sind, werden *singuläre Lösungen* genannt.

Beispiel 1.

$$y' = 4\,x\sqrt{1+y}$$

Bei der Trennung der Variablen

$$\frac{\mathrm{d}y}{\sqrt{1+y}} = 4\,x\,\mathrm{d}x$$

müssen wir den Fall $1 + y = 0$ bzw. $y(x) \equiv -1$ gesondert behandeln, da wir in diesem Fall nicht teilen dürfen. Tatsächlich ist die konstante Funktion $y(x) \equiv -1$ wegen $y' = 0 = 2\,x\sqrt{1-1}$ auch eine Lösung der DGl. Die übrigen Lösungen erhalten wir mittels Variablentrennung:

$$\int \frac{dy}{\sqrt{1+y}} = \int 4x\,dx + C \quad \Longrightarrow \quad 2\sqrt{1+y} = 2x^2 + C$$

Auflösen nach y und Umbenennen von $\frac{C}{2}$ in C ergibt

$$y(x) = (x^2 + C)^2 - 1$$

mit einer beliebigen Konstante $C \in \mathbb{R}$. Die singuläre Lösung $y \equiv -1$ ist in der allgemeinen Lösung nicht enthalten, da letztere für keine Wahl von $C \in \mathbb{R}$ eine konstante Funktion ergibt!

Allgemein lässt sich feststellen: Hat die Funktion $g(y)$ in einer DGl mit getrennten Variablen $y' = f(x) \cdot g(y)$ eine Nullstelle bei y_0, dann ist die konstante Funktion $y(x) \equiv y_0$ auch eine Lösung, denn $y' \equiv 0 \equiv f(x) \cdot g(y_0)$.

Beispiel 2.

$$y' = \cos x \cdot \sin y$$

Durch Variablentrennung ergibt sich die allgemeine Lösung

$$\int \frac{1}{\sin y}\,dy = \int \cos x\,dx + C$$
$$\ln|\tan \tfrac{y}{2}| = \sin x + C$$
$$\tan \tfrac{y}{2} = \pm e^{\sin x + C} = \pm e^{C} \cdot e^{\sin x}$$
$$y(x) = 2\arctan(\pm e^{C} \cdot e^{\sin x}) + k \cdot \pi$$

mit $k \in \mathbb{Z}$, die für keinen Wert C eine konstante Funktion liefert. Aus den Nullstellen von $\sin y$ erhalten wir zusätzlich noch singuläre Lösungen, und zwar die konstanten Funktionen $y(x) \equiv k \cdot \pi$ mit $k \in \mathbb{Z}$.

Singuläre Lösungen spielen in der Praxis eine wichtige Rolle, insbesondere bei dynamischen Prozessen, da sie oftmals gewisse Gleichgewichtslagen beschreiben.

Als abschließendes Beispiel wollen wir die *logistische Differentialgleichung*

$$y' = q\,y\,(p - y)$$

untersuchen. Sie beschreibt einen Wachstumsprozess $y = y(t)$ mit der Wachstumsrate q und der Kapazitätsgrenze p. Speziell lässt sich damit das Wachstum einer Bakterienkultur in einem Nährboden begrenzter Größe nachbilden, aber auch die Erwärmung einer kalten Flüssigkeit bis zur Umgebungstemperatur. Die logistische DGl können wir mittels Variablentrennung lösen:

$$\frac{1}{y\,(p - y)}\,dy = q\,dt$$

wobei wir zur Berechnung des y-Integrals eine Partialbruchzerlegung durchführen:

$$\int \frac{1}{p} \cdot \left(\frac{1}{y} + \frac{1}{p-y} \right) dy = \int q \, dt + C$$

$$\frac{1}{p} \left(\ln |y| - \ln |p - y| \right) = q \, t + C$$

$$\ln \left| \frac{y}{p-y} \right| = p \, q \, t + p \, C$$

$$\frac{y}{p-y} = \pm e^{p \, q \, t + p \, C} = \pm e^{p C} \cdot e^{p \, q \, t}$$

Die Konstante $\pm e^{p C} \neq 0$ können wir wieder durch eine beliebige Konstante $C \neq 0$ ersetzen. Auflösen nach y liefert uns die allgemeine Lösung

$$\frac{y}{p-y} = C \cdot e^{p \, q \, t} \quad \Longrightarrow \quad y(t) = \frac{p \, C \cdot e^{p \, q \, t}}{1 + C \cdot e^{p \, q \, t}} = \frac{p \, C}{e^{-p \, q \, t} + C}$$

Zusätzlich hat diese DGl zwei singuläre Lösungen, nämlich die konstanten (bzw. zeitunabhängigen) Funktionen $y(t) \equiv p$ und $y(t) \equiv 0$. Die Nulllösung können wir in die allgemeine Lösung mit aufnehmen, indem wir die Konstante $C = 0$ zulassen, während die konstante Lösung $y(t) \equiv p$ keinem reellen Wert C zugeordnet ist (sie entspricht dem Grenzwert $C \to \infty$). Die Grafik in Abb. 3.4 zeigt verschiedene Lösungen der logistischen DGl zu unterschiedlichen Anfangswerten bei $t = 0$.

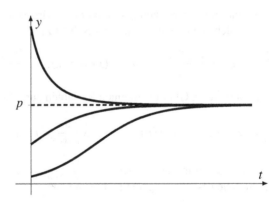

Abb. 3.4 Lösungen der logistischen DGl für verschiedene Anfangsbedingungen

3.2.2 Lösung mittels Substitution

Manche Differentialgleichungen erster Ordnung lassen sich mit Hilfe einer passenden Substitution auf eine DGl mit getrennten Variablen zurückführen. Bei einer Differentialgleichung vom Typ

$$y' = f(a \, x + b \, y + c)$$

mit reellen Konstanten a, b, c und einer beliebigen stetigen Funktion f und können wir das Argument durch $u = a \, x + b \, y + c$ ersetzen. Für $u = u(x)$ erhalten wir dann die folgende DGl mit getrennten Variablen:

$$\frac{du}{dx} = u' = a + b\,y' = a + b \cdot f(u) \quad \Longrightarrow \quad \frac{1}{a + b \cdot f(u)}\,du = dx$$

Beispiel:

$$y' = (x + y - 3)^2$$

Die Substitution $u = x + y - 3$ und anschließende Variablentrennung ergibt

$$u' = 1 + y' = 1 + (x + y - 3)^2 = 1 + u^2$$

$$\frac{du}{1 + u^2} = dx \quad \Longrightarrow \quad \arctan u = x + C$$

also $u = \tan(x + C)$. Die Rücksubstitution liefert die allgemeine Lösung

$$x + y - 3 = \tan(x + C) \quad \Longrightarrow \quad y(x) = \tan(x + C) - x + 3$$

mit der freien Integrationskonstante C.

Eine Differentialgleichung 1. Ordnung der allgemeinen Form

$$y' = f\left(\tfrac{y}{x}\right)$$

mit einer beliebigen stetigen Funktion f wird *homogene Differentialgleichung* genannt. Eine solche DGl lässt sich mit der Substitution

$$u(x) := \frac{y(x)}{x} \quad \Longrightarrow \quad y(x) = x \cdot u(x) \quad \Longrightarrow \quad y'(x) = x \cdot u'(x) + 1 \cdot u(x)$$

stets auf eine DGl mit getrennten Variablen zurückführen, denn für $u = u(x)$ gilt

$$x\,u' + u = y' = f(u) \quad \Longrightarrow \quad x \cdot \frac{du}{dx} = f(u) - u \quad \Longrightarrow \quad \frac{1}{f(u) - u}\,du = \frac{1}{x}\,dx$$

Mit der Stammfunktion $F(u) := \int \frac{1}{f(u)-u}\,du$ ergibt sich dann nach Integration beider Seiten die gesuchte allgemeine Lösung aus

$$F(u) = \ln|x| + C \quad \Longrightarrow \quad u(x) = F^{-1}(\ln|x| + C)$$

und schließlich $y(x) = x \cdot u = x \cdot F^{-1}(\ln|x| + C)$.

Beispiel 1. Zu lösen ist das Anfangswertproblem

$$y' = \frac{2\,x^3 + y^3}{x\,y^2}, \quad y(1) = 0$$

Zunächst bestimmen wir die allgemeine Lösung der Differentialgleichung

$$y' = \frac{2\,x^3 + y^3}{x\,y^2} = 2 \cdot \left(\tfrac{x}{y}\right)^2 + \frac{y}{x} = \frac{2}{\left(\tfrac{y}{x}\right)^2} + \frac{y}{x}$$

mit der Substitution $u = \frac{y}{x}$ bzw. $y = x \cdot u$. Variablentrennung ergibt

$$x \cdot u' + u = (x \cdot u)' = y' = \frac{2}{u^2} + u \quad \Longrightarrow \quad \frac{du}{dx} = \frac{2}{x\,u^2}$$

$$u^2\,du = \frac{2}{x}\,dx \quad \Longrightarrow \quad \frac{1}{3}u^3 = 2\ln|x| + C = \ln x^2 + C$$

$$y(x) = x \cdot u(x) = x \cdot \sqrt[3]{3\ln x^2 + 3\,C} = x \cdot \sqrt[3]{\ln x^6 + 3\,C}$$

Aus der Anfangsbedingung $y(1) = 0$ erhalten wir $C = 0$, und daher lautet die gesuchte spezielle Lösung

$$y(x) = x \cdot \sqrt[3]{\ln(x^6)}$$

Beispiel 2. Die Differentialgleichung

$$x\,y' = x + 2\,y$$

können wir in der Form $y' = 1 + 2\frac{y}{x}$ schreiben. Nach der Substitution $u = \frac{y}{x}$ ist

$$u' = \frac{y'x - y}{x^2} = \frac{\left(1 + 2\frac{y}{x}\right)x - y}{x^2} = \frac{1 + \frac{y}{x}}{x} = \frac{1 + u}{x}$$

und durch Trennung der Variablen erhalten wir

$$\frac{du}{1 + u} = \frac{dx}{x} \quad \Longrightarrow \quad \ln|1 + u| = \ln|x| + c = \ln|e^c x|$$

Folglich ist $1 + u = \pm e^c \cdot x$ mit einer beliebigen Konstante $c \in \mathbb{R}$. Darüber hinaus gibt es noch die singuläre Lösung $1 + u \equiv 0$. Diese Lösungen lassen sich in der Form $1 + u = C\,x$ mit einer freien Konstante $C \in \mathbb{R}$ zusammenfassen. Die Rücksubstitution führt schließlich zur allgemeinen Lösung

$$1 + \frac{y}{x} = C\,x \quad \Longrightarrow \quad y(x) = C\,x^2 - x$$

3.2.3 Anwendung: Feldlinien

Gegeben ist ein Vektorfeld in der (x, y)-Ebene mit den Komponentenfunktionen

$$\vec{F} = \vec{F}(x, y) = \begin{pmatrix} F_1(x, y) \\ F_2(x, y) \end{pmatrix}$$

Zu berechnen sind die *Feldlinien* von $\vec{F}(x, y)$, also alle differenzierbaren Kurven in der (x, y)-Ebene, deren Tangentenvektoren in jedem Kurvenpunkt die gleiche Richtung haben wie die Feldvektoren. Falls $\vec{r} = \vec{r}(t)$ mit $t \in [a, b]$ die Parameterdarstellung einer solchen Feldlinie ist, dann muss $\dot{\vec{r}}(t) = c(t) \cdot \vec{F}(\vec{r}(t))$ für alle $t \in [a, b]$ gelten, wobei $c(t) > 0$ ein ggf. von t abhängiger Skalierungsfaktor ist. Der Quotient

$$\begin{pmatrix} \dot{x}(t) \\ \dot{y}(t) \end{pmatrix} = c(t) \cdot \begin{pmatrix} F_1(x(t), y(t)) \\ F_2(x(t), y(t)) \end{pmatrix} \implies \frac{\dot{y}(t)}{\dot{x}(t)} = \frac{F_2(x(t), y(t))}{F_1(x(t), y(t))}$$

der Koordinatenfunktionen ist jedoch unabhängig von $c(t)$. Mit der Formel für das parametrische Differenzieren

$$y'(x(t)) = \frac{\dot{y}(t)}{\dot{x}(t)} = \frac{F_2(x(t), y(t))}{F_1(x(t), y(t))}$$

können wir diese Beziehung auch als Differentialgleichung 1. Ordnung

$$y' = \frac{F_2(x, y)}{F_1(x, y)}$$

schreiben, sofern wir die gesuchte Feldlinie in der Form $y = y(x)$ darstellen. Eine solche DGl lässt sich oftmals mit Variablentrennung lösen oder auf eine homogene DGl zurückführen, wie die folgenden Beispiele zeigen.

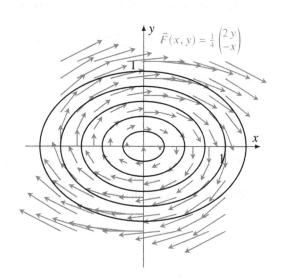

Abb. 3.5 Die Feldlinien sind konzentrische Ellipsen

Beispiel 1. Die Feldlinien des Vektorfelds

$$\vec{F}(x, y) = \frac{1}{4} \begin{pmatrix} 2y \\ -x \end{pmatrix}$$

ergeben sich aus der folgenden DGl 1. Ordnung mit getrennten Variablen:

$$\frac{dy}{dx} = \frac{-x}{2y} \implies 2y\,dy = -x\,dx \overset{\int \dots}{\implies} y^2 = -\tfrac{1}{2}x^2 + C$$

wobei C zunächst eine beliebige reelle Konstante ist. Im Fall $C < 0$ ist die rechte Seite negativ, und $y^2 = -\tfrac{1}{2}x^2 + C < 0$ ergibt keine Lösung. Für $C = 0$ bleibt nur der Punkt $(x, y) = (0, 0)$. Wir dürfen daher $C > 0$ annehmen, und mit $b = \sqrt{C}$ können wir die allgemeine Lösung in die Form

$$\frac{x^2}{(\sqrt{2}\,b)^2} + \frac{y^2}{b^2} = 1$$

bringen. Dies ist die (implizite) Funktionsgleichung einer Ellipse mit den Halbachsen $a = \sqrt{2}\,b$ in x-Richtung und b in y-Richtung, vgl. Abb. 3.5.

Beispiel 2. Die Berechnung der Feldlinien zum Vektorfeld

$$\vec{F}(x, y) = \tfrac{1}{12} \begin{pmatrix} x^2 - y^2 \\ 2\,x\,y \end{pmatrix}$$

führt auf die homogene Differentialgleichung 1. Ordnung

$$\frac{dy}{dx} = \frac{2\,x\,y}{x^2 - y^2} = \frac{2 \cdot \frac{y}{x}}{1 - \left(\frac{y}{x}\right)^2}$$

Mit der Substitution $u = \frac{y}{x}$ erhalten wir die DGl 1. Ordnung

$$x\,u' + u = (x\,u)' = y' = \frac{2\,u}{1 - u^2} \quad \Longrightarrow \quad x \cdot \frac{du}{dx} = \frac{u + u^3}{1 - u^2}$$

welche sich durch Trennung der Variablen lösen lässt:

$$\frac{1 - u^2}{u + u^3}\,du = \tfrac{1}{x}\,dx \quad \Big| \quad \int \ldots$$

$$\int \tfrac{1}{u} - \tfrac{2\,u}{1+u^2}\,du = \int \tfrac{1}{x}\,dx + C$$

$$\ln |u| - \ln |1 + u^2| = \ln |x| + C \quad \Big| \quad \mathrm{e}^{\cdots}$$

$$\left| \frac{u}{1 + u^2} \right| = \mathrm{e}^C \cdot |x|$$

Lassen wir den Betrag weg und ersetzen wir die Konstante $\pm \mathrm{e}^C$ wieder durch $C \neq 0$, dann erhalten wir die Lösungen $u = u(x)$ zunächst in der Form

$$\frac{u}{1 + u^2} = C \cdot x \quad \Longrightarrow \quad C\,x\,u^2 - u + C\,x = 0$$

Auflösen nach $u(x)$ und dann nach $y(x)$ ergibt die Funktionen

$$y(x) = x \cdot u(x) = x \cdot \frac{1 \pm \sqrt{1 - 4\,C^2\,x^2}}{2\,C\,x} = a \pm \sqrt{a^2 - x^2}$$

mit der Konstante $a = \frac{1}{2C}$. Die Feldlinien sind also Kreise mit dem Radius $r = |a|$ um den Mittelpunkt $(0, a)$ für beliebige $a \neq 0$, siehe Abb. 3.6. Darüber hinaus besitzt die DGl noch die singuläre Lösung $\frac{y}{x} = u \equiv 0$, welche zur Feldlinie $y(x) = x \cdot 0 \equiv 0$ führt, und das ist die x-Achse.

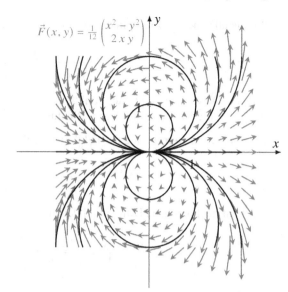

$$\vec{F}(x,y) = \frac{1}{12}\begin{pmatrix} x^2 - y^2 \\ 2\,x\,y \end{pmatrix}$$

Abb. 3.6 Die Feldlinien dieses Vektorfelds sind Kreise; ihre Mittelpunkte liegen auf der y-Achse

3.2.4 Exakte Differentialgleichungen

Eine DGl 1. Ordnung der Form

$$p(x,y) + q(x,y) \cdot y' = 0$$

mit stetigen Koeffizientenfunktionen $p(x,y)$ und $q(x,y)$ heißt *exakte (oder vollständige) Differentialgleichung*, falls es eine differenzierbare Funktion $f(x,y)$ gibt, sodass

$$\frac{\partial f}{\partial x} = p(x,y) \quad \text{und} \quad \frac{\partial f}{\partial y} = q(x,y)$$

gilt. Mithilfe der Funktion f kann man sofort auch die allgemeine Lösung der exakten DGl angeben. Hierzu löst man für eine beliebige Konstante $C \in \mathbb{R}$ die Gleichung $f(x,y) = C$ nach y auf. Diese Funktion $y = y(x)$ erfüllt dann die DGl, denn nach der Kettenregel für Funktionen mit zwei Veränderlichen ist

$$p(x,y) + q(x,y) \cdot y' = \frac{\partial f}{\partial x} + \frac{\partial f}{\partial y} \cdot y'(x) = \frac{\mathrm{d}}{\mathrm{d}x} f(x, y(x)) = \frac{\mathrm{d}}{\mathrm{d}x} C \equiv 0$$

Beispiel: Wir suchen eine Lösung für das Anfangswertproblem

$$2\,x\,y + (x^2 - y) \cdot y' = 0, \quad y(1) = -2$$

Die Differentialgleichung ist exakt (vollständig), denn zu den Koeffizienten $p(x,y) = 2\,x\,y$ und $q(x,y) = x^2 - y$ finden wir die Funktion

$$f(x,y) = x^2 y - \tfrac{1}{2} y^2 \quad \text{mit} \quad f_x = 2\,x\,y = p \quad \text{und} \quad f_y = x^2 - y = q$$

Wir können $f(x,y) = C$ als quadratische Gleichung nach y auflösen:

$$x^2 y - \tfrac{1}{2} y^2 = C \quad \Longrightarrow \quad \tfrac{1}{2} y^2 - x^2 y - C = 0 \quad \Longrightarrow \quad y = x^2 \pm \sqrt{x^4 + 2C}$$

Setzen wir hier noch die Anfangsbedingung bei $x = 1$ ein, dann soll

$$-2 = y(1) = 1^2 \pm \sqrt{1^4 + 2C} \quad \text{bzw.} \quad -3 = \pm\sqrt{1 + 2C}$$

erfüllt sein. Wir müssen also das negative Vorzeichen und $C = 4$ wählen. Die gesuchte Lösung lautet dann $y(x) = x^2 - \sqrt{x^4 + 8}$.

Zwei Fragen drängen sich bei einer DGl der Form $p(x, y) + q(x, y) \cdot y' = 0$ sofort auf: Wie lässt sich feststellen, ob die DGl exakt ist, es also eine Funktion $f(x, y)$ mit $f_x = p$ und $f_y = q$ gibt? Und wie berechnet man in diesem Fall die Funktion f? Genau diese Problemstellung ist uns im Zusammenhang mit Vektorfeldern bereits begegnet. Fassen wir die Koeffizientenfunktionen $p(x, y)$ und $q(x, y)$ als Komponenten eines Vektorfelds

$$\vec{F}(x, y) := \begin{pmatrix} p(x, y) \\ q(x, y) \end{pmatrix}$$

auf, dann ist die gesuchte Funktion $f(x, y)$ ein *Potential* zu $\vec{F}(x, y)$. Setzen wir zusätzlich voraus, dass die Funktionen $p(x, y)$ und $q(x, y)$ differenzierbar sind, dann ist das Potential eine zweimal differenzierbare Funktion, für die nach dem Satz von Schwarz $p_y = f_{xy} = f_{yx} = q_x$ gelten muss. Wir notieren: Damit $p(x, y) + q(x, y) \cdot y' = 0$ eine exakte Differentialgleichung sein kann, müssen die Koeffizientenfunktionen die

Integrabilitätsbedingung $\quad \dfrac{\partial p}{\partial y} = \dfrac{\partial q}{\partial x}$

erfüllen. Wie bei einem Vektorfeld erhält man das Potential, indem man beispielsweise $f_x = p(x, y)$ nach x integriert und die Integrationskonstante durch eine freie, nur von y abhängigen Funktion ersetzt:

$$f(x, y) = g(x, y) + C(y) \quad \text{mit} \quad g(x, y) = \int p(x, y) \, \mathrm{d}x$$

Diese noch unbekannte Funktion $C(y)$ ermittelt man anschließend aus der Gleichung

$$C'(y) = \frac{\partial (f - g)}{\partial y} = q(x, y) - \frac{\partial g}{\partial y}$$

durch Integration nach y. Hierbei ist der Ausdruck auf der rechten Seite tatsächlich eine Funktion, die nur von y abhängt, denn

$$\frac{\partial}{\partial x}\left(\frac{\partial g}{\partial y}\right) = g_{yx} = g_{xy} = \frac{\partial}{\partial y}\left(\frac{\partial g}{\partial x}\right) = \frac{\partial p}{\partial y}$$

zusammen mit der Integrabilitätsbedingung ergibt

$$\frac{\partial}{\partial x}\left(q - \frac{\partial g}{\partial y}\right) = \frac{\partial q}{\partial x} - \frac{\partial}{\partial x}\left(\frac{\partial g}{\partial y}\right) = \frac{\partial q}{\partial x} - \frac{\partial p}{\partial y} \equiv 0$$

sodass $q - \frac{\partial g}{\partial y}$ bzgl. der Veränderlichen x eine Konstante ist. Alternativ berechnet man das Potential, indem man $f_x = p(x, y)$ nach x und $f_y = q(x, y)$ nach y integriert, also

$$f(x, y) = \int p(x, y)\,dx + C_1(y)$$

$$f(x, y) = \int q(x, y)\,dy + C_2(x)$$

Anschließend bestimmt man die Integrations-„Konstanten" so, dass beide Ergebnisse übereinstimmen.

Beispiel 1. In der eingangs untersuchten Differentialgleichung

$$2xy + (x^2 - y) \cdot y' = 0$$

erfüllen die Koeffizienten $p(x, y) = 2xy$ und $q(x, y) = x^2 - y$ die Integrabilitätsbedingung $\frac{\partial p}{\partial y} = 2x = \frac{\partial q}{\partial x}$. Mit der Rechnung

$$f_x = p = 2xy \quad \Longrightarrow \quad f(x, y) = \int 2xy\,dx + C(y) = x^2 y + C(y)$$

$$x^2 - y = q = f_y = x^2 + C'(y) \quad \Longrightarrow \quad C'(y) = -y \quad \Longrightarrow \quad C(y) = -\tfrac{1}{2} y^2$$

erhält man das bereits dort angegebene Potential $f(x, y) = x^2 y - \frac{1}{2} y^2$.

Beispiel 2. Gesucht sind Lösungen der Differentialgleichung

$$(2x^3 + 6xy) \cdot y' = 5x^4 - 6x^2 y - 3y^2$$

zur Anfangsbedingung $y(1) = -1$. Diese DGl 1. Ordnung lässt sich auch in der Form

$$3y^2 + 6x^2 y - 5x^4 + (2x^3 + 6xy) \cdot y' = 0$$

schreiben. Die Koeffizientenfunktionen

$$p(x, y) = 3y^2 + 6x^2 y - 5x^4 \quad \Longrightarrow \quad \frac{\partial p}{\partial y} = 6y + 6x^2$$

$$q(x, y) = 2x^3 + 6xy \quad \Longrightarrow \quad \frac{\partial q}{\partial x} = 6x^2 + 6y$$

erfüllen die Integrabilitätsbedingung $p_y = q_x$, sodass wir im nächsten Schritt ein Potential $f(x, y)$ bestimmen können:

$$f_x = p = 3y^2 + 6x^2 y - 5x^4 \quad \Longrightarrow \quad f(x, y) = 3xy^2 + 2x^3 y - x^5 + C_1(y)$$

$$f_y = q = 2x^3 + 6xy \quad \Longrightarrow \quad f(x, y) = 2x^3 y + 3xy^2 + C_2(x)$$

Wählen wir $C_1(y) = 0$ und $C_2(x) = -x^5$, dann liefern beide Zeilen die gleiche Stammfunktion $f(x, y) = 3xy^2 + 2x^3 y - x^5$. Die allgemeine Lösung $y = y(x)$ der DGl ergibt sich aus

$$3xy^2 + 2x^3 y - x^5 = C$$

mit einer freien Konstante C. Setzen wir die Anfangsbedingung $y = -1$ bei $x = 1$ ein, dann erhalten wir $C = 3 \cdot 1 \cdot (-1)^2 + 2 \cdot 1^3 \cdot (-1) - 1^5 = 0$, sodass die gesuchte spezielle Lösung die Gleichung $3xy^2 + 2x^3y - x^5 = 0$ erfüllen muss. Auflösen nach y ergibt

$$y_{1/2}(x) = \frac{-2x^3 \pm \sqrt{4x^6 + 12x^6}}{2 \cdot 3x} = \frac{-2x^3 \pm 4x^3}{6x}$$

Von diesen *zwei* Lösungen $-x^2$ und $\frac{1}{3}x^2$ hat aber nur eine den vorgegebenen Anfangswert: $y(x) = -x^2$ ist die einzige Lösung der DGl mit $y(1) = -1$.

Beispiel 3. Zu lösen ist das Anfangswertproblem

$$(x^2y^3 - y) + (x^3y^2 - x) \cdot y' = 0, \quad y(1) = 1$$

Die Integrabilitätsbedingung ist erfüllt, denn es gilt

$$\frac{\partial}{\partial y}(x^2y^3 - y) = 3x^2y^2 - 1 = \frac{\partial}{\partial x}(x^3y^2 - x)$$

Durch Integration nach x bzw. y, also

$$f_x = x^2y^3 - y \quad \Longrightarrow \quad f(x, y) = \frac{1}{3}x^3y^3 - xy + C_1(y)$$
$$f_y = x^3y^2 - x \quad \Longrightarrow \quad f(x, y) = \frac{1}{3}x^3y^3 - xy + C_2(x)$$

wobei wir $C_1(y) = C_2(x) \equiv 0$ setzen können, erhalten wir das Potential $f(x, y) = \frac{1}{3}x^3y^3 - xy$. Die allgemeine Lösung der DGl ergibt sich dann aus

$$\frac{1}{3}x^3y^3 - xy = C$$

mit einer Konstante C, welche durch die Anfangsbedingung $y = y(1) = 1$ bei $x = 1$ festgelegt wird: $\frac{1}{3} \cdot 1^3 \cdot 1^3 - 1 \cdot 1 = C$ bzw. $C = -\frac{2}{3}$. Die gesuchte Lösung $y = y(x)$ erfüllt demnach

$$\frac{1}{3}x^3y^3 - xy = -\frac{2}{3} \quad \text{bzw.} \quad x^3y^3 - 3xy + 2 = 0$$

Die Substitution $z = xy$ führt auf die kubische Gleichung $z^3 - 3z + 2 = 0$ mit den beiden Lösungen $z_1 = 1$ und $z_2 = -2$. Lösen wir $z = xy$ nach y auf, dann erhalten wir zwei Funktionen $y_1(x) = \frac{1}{x}$ und $y_2(x) = -\frac{2}{x}$, wobei $y_2(1) = -2$ nicht die Anfangsbedingung erfüllt. Somit bleibt als Lösung nur die Funktion $y_1(x) = \frac{1}{x}$.

Der integrierende Faktor. Eine Differentialgleichung 1. Ordnung der Gestalt

$$p(x, y) + q(x, y) \cdot y' = 0 \quad \text{mit} \quad \frac{\partial p}{\partial y} \neq \frac{\partial q}{\partial x}$$

bei der die Integrabilitätsbedingung nicht erfüllt ist, kann auch nicht exakt sein. Hierfür lässt sich (zunächst) auch keine Potentialfunktion angeben, mit der man dann aus $f(x, y) = C$ die allgemeine Lösung erhält. Mit einem kleinen Trick und etwas Glück können wir die DGl dennoch in eine exakte Differentialgleichung umformen. Falls es eine Funktion

$\varphi(x, y) \neq 0$ gibt, sodass für die Funktionen

$$P(x, y) := \varphi(x, y) \cdot p(x, y) \quad \text{und} \quad Q(x, y) := \varphi(x, y) \cdot q(x, y)$$

die Gleichung $\frac{\partial P}{\partial y} = \frac{\partial Q}{\partial x}$ gilt, dann geht die Ausgangs-DGl nach Multiplikation mit $\varphi(x, y)$ über in

$$p(x, y) + q(x, y) \cdot y' = 0 \quad | \cdot \varphi(x, y)$$
$$P(x, y) + Q(x, y) \cdot y' = 0$$

Diese Differentialgleichung erfüllt die Integrabilitätsbedingung, sodass man hierzu ggf. auch ein Potential finden kann. Eine solche Funktion $\varphi(x, y)$, welche die DGl exakt macht, wird *integrierender Faktor* genannt.

Beispiel 1. Die Differentialgleichung

$$(2 x y^2 - 3 y) + (x^2 y - x) \cdot y' = 0$$

ist nicht exakt, da die Integrabilitätsbedingung nicht erfüllt ist:

$$\frac{\partial (2 x y^2 - 3 y)}{\partial y} = 4 x y - 3 \quad \text{und} \quad \frac{\partial (x^2 y - x)}{\partial x} = 2 x y - 1$$

Multiplizieren wir die DGl jedoch mit $\varphi(x, y) = x^2$, dann erhalten wir

$$(2 x^3 y^2 - 3 x^2 y) + (x^4 y - x^3) \cdot y' = 0$$

und diese Differentialgleichung genügt der Integrabilitätsbedingung:

$$\frac{\partial (2 x^3 y^2 - 3 x^2 y)}{\partial y} = 4 x^3 y - 3 x^2 = \frac{\partial (x^4 y - x^3)}{\partial x}$$

Zu den Koeffizienten lässt sich nun auch ein Potential finden:

$$f(x, y) = \tfrac{1}{2} x^4 y^2 - x^3 y \quad \Longrightarrow \quad f_x = 2 x^3 y^2 - 3 x^2 y \quad \text{und} \quad f_y = x^4 y - x^3$$

Die allgemeine Lösung der DGl ergibt sich dann aus der quadratischen Gleichung $f(x, y) = \tfrac{1}{2} x^4 y^2 - x^3 y = C$. Wir erhalten

$$y_{1/2}(x) = \frac{x^3 \pm \sqrt{x^6 + 2 C x^4}}{x^4} = \frac{x \pm \sqrt{x^2 + 2 C}}{x^2}$$

Beispiel 2. Auch die Differentialgleichung

$$(y^3 - 2 x^2 y) + (2 x y^2 - x^3) \cdot y' = 0$$

ist zunächst nicht exakt, denn

$$\frac{\partial (y^3 - 2 x^2 y)}{\partial y} = 3 y^2 - 2 x^2 \quad \text{und} \quad \frac{\partial (2 x y^2 - x^3)}{\partial x} = 2 y^2 - 3 x^2$$

Nach Multiplikation mit $\varphi(x, y) = 2\,x\,y$ erhalten wir die exakte DGl

$$(2\,x\,y^4 - 4\,x^3y^2) + (4\,x^2\,y^3 - 2\,x^4\,y) \cdot y' = 0$$

mit dem Potential $f(x, y) = x^2y^4 - x^4y^2$. Die allgemeine Lösung $y = y(x)$ ergibt sich dann aus der biquadratischen Gleichung $x^2y^4 - x^4y^2 - C = 0$.

3.2.5 Die lineare DGl 1. Ordnung

Eine *lineare Differentialgleichung 1. Ordnung* hat allgemein die Form

$$\boxed{y' + f(x) \cdot y = g(x)}$$

mit beliebigen stetigen Funktionen $f, g : D \longrightarrow \mathbb{R}$ auf einem Intervall D. Die Funktion g wird *Störfunktion* oder *Inhomogenität* der Differentialgleichung genannt. Ist $g \equiv 0$, so heißt die lineare DGl 1. Ordnung *homogen*, im Fall $g \neq 0$ *inhomogen*. Wir behandeln zunächst den einfacheren Fall $g \equiv 0$.

Die homogene lineare DGl 1. Ordnung

$$\boxed{y' + f(x) \cdot y = 0}$$

ist zugleich auch eine DGl 1. Ordnung mit getrennten Variablen, denn

$$\frac{\mathrm{d}y}{\mathrm{d}x} = -f(x) \cdot y \quad \Longrightarrow \quad \tfrac{1}{y}\,\mathrm{d}y = -f(x)\,\mathrm{d}x$$

Wir ermitteln zuerst die Stammfunktionen auf beiden Seiten:

$$\ln|y| = -\int f(x)\,\mathrm{d}x + C = -F(x) + C$$

Hieraus ergibt sich

$$|y(x)| = \mathrm{e}^{-F(x)+C} = \mathrm{e}^C \cdot \mathrm{e}^{-F(x)} \quad \text{bzw.} \quad y(x) = \pm\mathrm{e}^C \cdot \mathrm{e}^{-F(x)}$$

wobei wir zusätzlich noch die singuläre Lösung $y \equiv 0$ berücksichtigen müssen. Die Konstante $\pm\mathrm{e}^C \neq 0$ ersetzen wir wieder durch C, sodass $y(x) = C \cdot \mathrm{e}^{-F(x)}$ mit $C \neq 0$ die allgemeine Lösung ist, wobei dann $C = 0$ der singulären Lösung $y \equiv 0$ entspricht. Wir können das gesamte Lösungsverfahren auch in einer einzigen Lösungsformel zusammenfassen:

Die Lösungen der homogenen linearen DGl 1. Ordnung $y' + f(x)\,y = 0$ sind

$$y(x) = C \cdot \mathrm{e}^{-F(x)} \quad \text{mit} \quad F(x) := \int f(x)\,\mathrm{d}x \quad \text{und} \quad C \in \mathbb{R}$$

Beispiel 1. Bei der DGl

$$y' - 2x \cdot y = 0$$

ist $f(x) = -2x$ und $F(x) = -x^2$. Die allgemeine Lösung lautet daher

$$y(x) = C \cdot e^{-(-x^2)} = C \cdot e^{x^2}$$

Beispiel 2 (Zerfallsgesetz). Die Differentialgleichung $y'(t) = -\lambda \cdot y(t)$ beschreibt u. a. den Zerfall einer radioaktiven Substanz mit der Zerfallsrate λ. Hierbei handelt es sich um eine einfache homogene lineare DGl 1. Ordnung mit konstanter Koeffizientenfunktion $f(t) \equiv \lambda$ und der allgemeinen Lösung

$$F(t) = \int \lambda \, dt = \lambda t \quad \Longrightarrow \quad y(t) = C \cdot e^{-\lambda t}$$

Die inhomogene lineare DGl 1. Ordnung

$$\boxed{y' + f(x) \cdot y = g(x)}$$

lässt sich i. Allg. nicht mehr durch Variablentrennung lösen. Für $g \equiv 0$ ist jedoch die allgemeine Lösung bekannt: Sie hat die Form $y(x) = C \cdot e^{-F(x)}$ mit einer Stammfunktion $F(x)$ von $f(x)$ und einer Konstante C. Um auch im inhomogenen Fall $g \not\equiv 0$ eine Lösung zu erhalten, verwenden wir einen Ansatz, der unter dem Namen *Variation der Konstanten* bekannt ist. Wir suchen eine Lösung der Gestalt

$$y(x) = c(x) \cdot e^{-F(x)}$$

mit einer unbekannten Funktion $c(x)$ anstatt einer Konstante C. Differenzieren wir y mit der Produkt- und Kettenregel, dann ist

$$y'(x) = c'(x) \cdot e^{-F(x)} + c(x) \cdot e^{-F(x)} \cdot (-F'(x))$$
$$= c'(x) \cdot e^{-F(x)} - \underbrace{c(x) \cdot e^{-F(x)}}_{y(x)} \cdot f(x) = c'(x) \cdot e^{-F(x)} - f(x) \cdot y(x)$$

und somit

$$y'(x) + f(x) \cdot y(x) = c'(x) \cdot e^{-F(x)}$$

Andererseits soll aber $y' + f(x) \cdot y = g(x)$ gelten, und das bedeutet

$$c'(x) \cdot e^{-F(x)} = g(x) \quad \text{bzw.} \quad c'(x) = g(x) \cdot e^{F(x)}$$

Durch Integration können wir schließlich die gesuchte Funktion berechnen:

$$c(x) = C + \int g(x) \cdot e^{F(x)} \, dx$$

mit einer beliebigen Konstante C. Insgesamt ergibt sich folgende Lösungsformel:

Die allgemeine Lösung der linearen DGl 1. Ordnung $y' + f(x) \cdot y = g(x)$ ist

$$y(x) = \left(C + \int g(x) \cdot e^{F(x)} \, dx\right) \cdot e^{-F(x)} \quad \text{mit} \quad F(x) = \int f(x) \, dx$$

und einer beliebigen Integrationskonstante $C \in \mathbb{R}$.

Beispiel 1. Die Differentialgleichung

$$y' = x - y$$

ist nach der Umstellung $y' + y = x$ in „Normalform" eine inhomogene lineare DGl 1. Ordnung. Sie hat die Koeffizientenfunktion $f(x) \equiv 1$ sowie die Störfunktion $g(x) = x$. Eine Stammfunktion zu f ist $F(x) = x$, und obige Formel liefert uns die allgemeine Lösung

$$y(x) = \left(C + \int x \cdot e^x \, dx\right) \cdot e^{-x} = (C + (x - 1)\, e^x) \cdot e^{-x} = C\, e^{-x} + x - 1$$

Beispiel 2. Wir lösen die inhomogene lineare DGl 1. Ordnung

$$y' - \tan x \cdot y = \sin x \quad \text{für} \quad x \in\,]-\tfrac{\pi}{2}, \tfrac{\pi}{2}[$$

mit der Lösungsformel. Hierzu brauchen wir

$$F(x) = \int -\tan x \, dx = \ln|\cos x|$$

Auf dem Intervall $]-\tfrac{\pi}{2}, \tfrac{\pi}{2}[$ gilt $\cos x > 0$. Daher ist $F(x) = \ln(\cos x)$ und

$$e^{F(x)} = e^{\ln(\cos x)} = \cos x, \quad e^{-F(x)} = \frac{1}{e^{F(x)}} = \frac{1}{\cos x}$$

Die allgemeine Lösung der DGl lautet demnach

$$y(x) = \left(C + \int \sin x \cos x \, dx\right) \cdot \frac{1}{\cos x}$$

$$= \left(C + \tfrac{1}{2} \sin^2 x\right) \cdot \frac{1}{\cos x} = \frac{C}{\cos x} + \frac{\sin^2 x}{2 \cos x}$$

Beispiel 3. Die Differentialgleichung

$$x\, y' = x^2 - y, \quad x \in\,]0, \infty[$$

bringen wir zunächst in die Normalform $y' + \frac{1}{x} \cdot y = x$ und wenden hierauf die Lösungsformel an mit

$$F(x) = \int \frac{1}{x}\,dx = \ln x \quad \text{für} \quad x \in \,]0, \infty[$$

Aus $e^{F(x)} = e^{\ln x} = x$ und $e^{-F(x)} = \frac{1}{x}$ ergibt sich die allgemeine Lösung

$$y(x) = \left(C + \int x \cdot x\,dx\right) \cdot \frac{1}{x} = \left(C + \tfrac{1}{3}x^3\right) \cdot \frac{1}{x} = \frac{C}{x} + \tfrac{1}{3}x^2$$

Anwendung: Der RL-Stromkreis

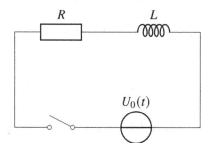

Abb. 3.7 Schaltbild eines
RL-Stromkreises

Die Reihenschaltung aus einem ohmschen Widerstand R (z. B. Glühbirne) und einer Induktivität L (z. B. Spule) mit einer zeitabhängigen Klemmenspannung $U_0(t)$ wird RL-Stromkreis genannt. Der Widerstand bewirkt gemäß dem Ohmschen Gesetz einen Spannungsabfall $U_R(t) = R \cdot I(t)$, und in der Spule wird bei einer zeitlichen Änderung des Stroms eine (Gegen-)Spannung $U_L(t) = L \cdot \frac{dI(t)}{dt}$ induziert. Das Ohmsche Gesetz und das Induktionsgesetz ergeben zusammen mit der Kirchhoffschen Maschenregel $U_L(t) + U_R(t) = U_0(t)$ eine inhomogene lineare DGl 1. Ordnung für den Strom $I(t)$, nämlich

$$L \cdot \frac{dI(t)}{dt} + R \cdot I(t) = U_0(t) \quad \text{bzw.} \quad I'(t) + \frac{R}{L} \cdot I(t) = \frac{1}{L} U_0(t)$$

mit der anliegenden Spannung $U_0(t)$ als Störfunktion. Wir berechnen zuerst

$$F(t) = \int \frac{R}{L}\,dt = \frac{R}{L} \cdot t$$

und erhalten die allgemeine Lösung der RL-Differentialgleichung

$$I(t) = \left(C + \int \frac{1}{L} U_0(t) \cdot e^{\frac{R}{L}t}\,dt\right) \cdot e^{-\frac{R}{L}t}$$

Wir betrachten noch zwei wichtige Spezialfälle aus der Elektrotechnik.

Gleichspannung: Hier ist $U_0(t) \equiv U$ eine konstante Funktion und somit

$$I(t) = \left(C + \int \frac{1}{L} U \cdot e^{\frac{R}{L}t} \, dt\right) \cdot e^{-\frac{R}{L}t} = \left(C + \frac{U}{L} \cdot \frac{L}{R} e^{\frac{R}{L}t}\right) \cdot e^{-\frac{R}{L}t} = C \cdot e^{-\frac{R}{L}t} + \frac{U}{R}$$

Da beim Einschalten, also zum Zeitpunkt $t = 0$, noch kein Strom fließt, muss

$$0 = I(0) = C \cdot e^0 + \frac{U}{R} \quad \Longrightarrow \quad C = -\frac{U}{R}$$

gelten. Aus dieser Anfangsbedingung ergibt sich die spezielle Lösung

$$I(t) = \frac{U}{R}\left(1 - e^{-\frac{R}{L}t}\right)$$

Der Strom nähert sich für $t \to \infty$ dem Wert $\frac{U}{R}$ exponentiell an, siehe Abb. 3.8. Nach einer gewissen Zeit darf man also den Strom als (nahezu) konstant annehmen: $I = \frac{U}{R}$, und das ist das Ohmsche Gesetz für den Gleichstromkreis, in welchem die Induktivität L keine Rolle mehr spielt.

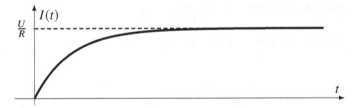

Abb. 3.8 Stromstärke im RL-Gleichstromkreis nach dem Einschalten

Wechselspannung: Ausgehend von einer anliegenden sinusförmigen Spannung $U_0(t) = \hat{U} \sin \omega t$ erhalten wir

$$I(t) = \left(C + \frac{\hat{U}}{L} \int \sin \omega t \cdot e^{\frac{R}{L}t} \, dt\right) \cdot e^{-\frac{R}{L}t}$$

Das unbestimmte Integral kann man z. B. mit partieller Integration ausrechnen:

$$\int \sin \omega t \cdot e^{\frac{R}{L}t} \, dt = \frac{1}{(\frac{R}{L})^2 + \omega^2}\left[\frac{R}{L} \sin \omega t - \omega \cos \omega t\right] e^{\frac{R}{L}t}$$

Der Ausdruck in der eckigen Klammer lässt sich noch weiter vereinfachen. Dazu rechnen wir $x = \frac{R}{L}$ und $y = \omega$ in Polarkoordinaten um: $\frac{R}{L} = r \cos \varphi$, $\omega = r \sin \varphi$ mit

$$r = \sqrt{x^2 + y^2} = \sqrt{(\tfrac{R}{L})^2 + \omega^2} \quad \text{und} \quad \varphi = \arctan \frac{y}{x} = \arctan \frac{\omega L}{R}$$

Gemäß dem Additionstheorem $\sin \alpha \cos \beta - \cos \alpha \sin \beta = \sin(\alpha - \beta)$ gilt dann

$$\int \sin(\omega t) \cdot e^{\frac{R}{L}t} \, dt = \frac{1}{(\frac{R}{L})^2 + \omega^2} \, [r \cos\varphi \cdot \sin\omega t - r \sin\varphi \cdot \cos\omega t] \, e^{\frac{R}{L}t}$$

$$= \frac{r}{(\frac{R}{L})^2 + \omega^2} \, [\sin\omega t \cos\varphi - \cos\omega t \sin\varphi] \, e^{\frac{R}{L}t}$$

$$= \frac{1}{\sqrt{(\frac{R}{L})^2 + \omega^2}} \, \sin(\omega t - \varphi) \, e^{\frac{R}{L}t}$$

Für den Strom erhalten wir somit die allgemeine Lösung

$$I(t) = C \cdot e^{-\frac{R}{L}t} + \frac{\hat{U}}{\sqrt{R^2 + (\omega L)^2}} \, \sin(\omega t - \varphi)$$

Der Strom setzt sich zusammen aus einem schnell abklingenden Anteil mit der Exponentialfunktion sowie einem Wechselstromanteil

$$\text{mit der Amplitude} \quad \hat{I} = \frac{\hat{U}}{\sqrt{R^2 + (\omega L)^2}}$$

$$\text{und der Nullphase} \quad \varphi = \arctan\frac{\omega L}{R}$$

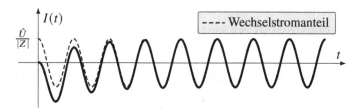

Abb. 3.9 Zeitlicher Verlauf der Stromstärke im RL-Wechselspannungskreis

Der exponentiell abfallende Stromanteil, der nur beim Einschalten (also während der Einschwingphase) einen relevanten Beitrag liefert und schon nach kurzer Zeit t vernachlässigt werden kann (siehe Abb. 3.9), wird in der Elektrotechnik meist nicht mehr berücksichtigt. Ordnet man nun der Reihenschaltung von R und L einen komplexen Widerstand $Z = R + i\,\omega L$ zu, dann lässt sich wegen

$$|Z| = \sqrt{R^2 + (\omega L)^2} \quad \text{und} \quad \arg Z = \arctan\frac{\omega L}{R}$$

der Wechselstromanteil in der folgenden einfachen Form darstellen:

$$I(t) = \frac{\hat{U}}{|Z|} \sin(\omega t - \arg Z) = \mathrm{Im}\left(\frac{\hat{U}\,e^{i\,\omega t}}{Z}\right)$$

Dieses Resultat „legitimiert" die komplexe Wechselstromrechnung: Eine Lösung der auf physikalischen Grundgesetzen beruhenden RL-Differentialgleichung kann mit dem komplexen Spannungszeiger $\underline{U}(t) = \hat{U} \cdot e^{i\,\omega t}$ und dem komplexen Stromzeiger $\underline{I}(t)$ auch über ein „Ohmsches Gesetz"

$$\underline{I}(t) = \frac{\underline{U}(t)}{\underline{Z}}$$

wie im Gleichstromkreis ermittelt werden, sofern man den komplexen Widerstand $\underline{Z} = R + i\,\omega L$ verwendet. Durch diesen Trick lassen sich viele Rechnungen in der Elektrotechnik erheblich vereinfachen.

3.2.6 Numerische Lösungsverfahren

Tritt in der Praxis eine Differentialgleichungen 1. Ordnung $y' = f(x, y)$ auf, welche keiner der allgemein lösbaren Kategorien (DGl mit getrennten Variablen, lineare DGl, exakte DGl usw.) zugeordnet werden kann, dann findet man ihre allgemeine Lösung mit etwas Glück in einer DGl-Sammlung wie z. B. im Buch von Kamke [39]. Diese Lösungen können jedoch sehr kompliziert sein und auch „höhere Funktionen" enthalten, die auf keinem Taschenrechner zur Verfügung stehen. Beispielsweise lässt sich die allgemeine Lösung der einfach aussehenden Differentialgleichung

$$y' = 1 + x^2 - y^2$$

nur unter Verwendung der *Gaußschen Fehlerfunktion* $\mathrm{erf}(x)$ geschlossen darstellen; sie lautet

$$y(x) = x + \frac{2\,e^{-x^2}}{\sqrt{\pi}\,\mathrm{erf}(x) + C}, \quad \mathrm{erf}(x) := \frac{2}{\sqrt{\pi}} \int_0^x e^{-t^2}\,dt$$

(daneben gibt es noch die singuläre Lösung $y(x) = x$). Solche höheren Funktionen, zu denen beispielsweise auch die Zylinderfunktionen gehören, sind in eigens dafür herausgegebenen Tafelwerken wie etwa in [14] zu finden, oder sie können mithilfe von Reihenentwicklungen berechnet werden (siehe Kapitel 4). Im ungünstigsten Fall wird man aber eine DGl 1. Ordnung gar nicht analytisch integrieren können, und man muss auf ein Näherungsverfahren zurückgreifen.

Es gibt etliche Methoden, mit denen man eine DGl numerisch – also näherungsweise mit einem Computer – lösen kann. Hier sollen nur drei dieser Näherungsverfahren etwas ausführlicher vorgestellt werden, und zwar das Polygonzugverfahren von Euler, das Verfahren von Heun sowie das Runge-Kutta-Verfahren.

Das Eulersche Polygonzugverfahren

wird auch als explizites Euler-Verfahren oder Streckenzugverfahren bezeichnet. Es handelt sich um das wohl einfachste Näherungsverfahren für eine DGl 1. Ordnung $y' = f(x, y)$ auf einem Intervall $x \in [a, b]$ mit einem vorgegebenen Anfangswert $y(a) = y_0$.

Beim Euler-Verfahren zerlegt man das Intervall $[a, b]$ in n Teilintervalle gleicher Länge $h := \frac{b-a}{n}$. Zunächst werden die Ableitungen der gesuchten Funktion an den Stützstellen

$x_k = a + k \cdot h$ für $k = 0, 1, \ldots, n$ durch die Differenzenquotienten

$$y'(x_k) \approx \frac{y(x_k + h) - y(x_k)}{h} = \frac{y(x_{k+1}) - y(x_k)}{h}$$

angenähert. Bezeichnen wir mit $y_k := y(x_k)$ den Funktionswert am „Knoten" x_k, dann ist

$$\frac{y_{k+1} - y_k}{h} \approx y'(x_k) = f(x_k, y_k)$$

Lösen wir diese Näherungsformel nach y_{k+1} auf, so ergibt sich schließlich

$$\boxed{y_{k+1} = y_k + h \cdot f(x_k, y_k) \quad \text{für} \quad k = 0, 1, \ldots, n - 1}$$

Mit dieser Formel kann man, ausgehend vom bereits bekannten Näherungswert $y_k = y(x_k)$ der Lösung, den Funktionswert y_{k+1} an der nachfolgenden Stützstelle berechnen. Beginnend mit dem Startwert $y_0 = y(a)$ bei $x_0 = a$ erhält man schrittweise die (genäherten) Funktionswerte $y_1, y_2, \ldots$ an den Stützstellen x_1, x_2 usw., und insbesondere ist dann y_n ein Näherungswert für die gesuchte Lösung an der Stelle $x_n = b$.

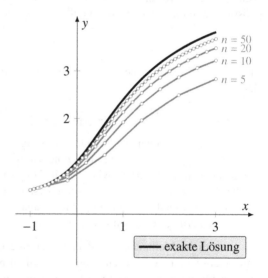

Abb. 3.10 Das Euler-Verfahren am Beispiel der DGl $y' = \frac{y}{x^2+1}$ für verschiedene Schrittweiten n

—— exakte Lösung

Beispiel: Wir wollen das Anfangswertproblem

$$y' = \frac{y}{1 + x^2} \quad \text{für} \quad x \in [-1, 3] \quad \text{mit} \quad y(-1) = 0{,}5$$

numerisch lösen. Wir unterteilen $[-1, 3]$ in $n = 5$ Teilintervalle der Länge $h = 0{,}8$. Die Berechnungsvorschrift für den Euler-Polygonzug lautet

$$y_{k+1} = y_k + 0{,}8 \cdot \frac{y_k}{1 + x_k^2}, \quad k = 0, 1, \ldots, 4$$

Wir beginnen bei $k = 0$ und bestimmen ausgehend von $y_0 = 0{,}5$ die Werte

$$y_1 = 0,5 + 0,8 \cdot \frac{0,5}{1 + (-1)^2} = 0,7$$

$$y_2 = 0,7 + 0,8 \cdot \frac{0,7}{1 + (-0,2)^2} = 1,238\ldots$$

usw. Insgesamt ergeben sich an den Stützstellen $x_k = -1 + 0,8 \cdot k$ die Näherungen

k	x_k	y_k
0	−1,0	0,50000
1	−0,2	0,70000
2	0,6	1,23846
3	1,4	1,96697
4	2,2	2,49858
5	3,0	2,84085

bei einer Rechnung mit fünf Nachkommastellen. Verbindet man die Punkte (x_k, y_k), dann entsteht ein Streckenzug (Polygonzug) wie in Abb. 3.10, welcher die exakte Lösung

$$y(x) = \tfrac{1}{2}\, e^{\frac{\pi}{4} + \arctan x} \qquad \text{(Übungsaufgabe!)}$$

mit steigendem n immer besser annähert. Beispielsweise erhält man am Endpunkt $x = 3$ bei immer mehr Teilintervallen

n	$y(3)$
5	2,84085
50	3,67755
500	3,80854
5000	3,82244

Zum Vergleich: Der Funktionswert der exakten Lösung ist $y(3) = 3,823999082\ldots$

Das Verfahren von Heun

Ist $y = y(x)$ eine Lösung der DGl 1. Ordnung $y' = f(x, y)$ auf einem Intervall $x \in [a, b]$ zu einem vorgegebenen Anfangswert $y(a) = y_0$, dann gilt für den Funktionswert $y_k := y(x_k)$ an einer Stelle $x_k \in [a, b]$ gemäß dem HDI

$$y(x_k) - y(a) = \int_a^{x_k} y'(x)\,dx \quad \Longrightarrow \quad y_k = y_0 + \int_a^{x_k} f(x, y(x))\,dx$$

Beim Verfahren von Euler wurden die Ableitungswerte $y'(x_k)$ durch Differenzenquotienten angenähert. Man erhält das Polygonzugverfahren auch auf einem anderen Weg, und zwar durch näherungsweise Berechnung des Integrals auf der rechten Seite durch die summierte Rechteckregel. Bei einer äquidistanten Zerlegung des Intervalls $[a, b]$ in n Teilintervalle der Länge $h = \frac{b-a}{n}$ sind die Stützstellen (Knoten) $x_k = a + h \cdot k$, und für die Funktionswerte $y_k := y(x_k)$ der gesuchten Lösung gilt näherungsweise

$$y_k = y_0 + \int_a^{x_k} f(x, y(x)) \, dx \approx y_0 + h \cdot \sum_{\ell=0}^{k-1} f(x_\ell, y_\ell)$$

$$\implies \quad y_{k+1} \approx y_0 + h \cdot \sum_{\ell=0}^{k} f(x_\ell, y_\ell) = \underbrace{y_0 + h \cdot \sum_{\ell=0}^{k-1} f(x_\ell, y_\ell)}_{\approx y_k} + h \cdot f(x_k, y_k)$$

also $y_{k+1} \approx y_k + h \cdot f(x_k, y_k)$ für $k = 0, 1, \ldots, n-1$. Genau dieses Ergebnis haben wir auch durch Annäherung mit dem Differenzenquotienten erhalten. Bei gleicher (kleiner) Schrittweite h liefert jedoch die *Trapezregel* in der Regel eine deutlich bessere Näherung für den Integralwert. Ersetzen wir das Integral durch die Trapezformel, dann ist

$$y(x_{k+1}) - y(x_k) = \int_{x_k}^{x_{k+1}} y'(x) \, dx = \int_{x_k}^{x_{k+1}} f(x, y(x)) \, dx$$
$$\approx \frac{h}{2} \left(f(x_k, y(x_k)) + f(x_{k+1}, y(x_{k+1})) \right)$$

oder

$$y_{k+1} \approx y_k + \frac{h}{2} \left(f(x_k, y_k) + f(x_{k+1}, y_{k+1}) \right)$$

Mit dieser Formel lässt sich jedoch y_{k+1} nicht ohne Weiteres berechnen, da der gesuchte Wert auch auf der rechten Seite im Argument der Funktion f vorkommt. Wir können aber einen Trick anwenden, der auf Karl Heun (1859 - 1929) zurückgeht: Wir nähern y_{k+1} wie beim Euler-Verfahren durch $\tilde{y}_{k+1} := y_k + h \cdot f(x_k, y_k)$ an und setzen diesen Wert in die rechte Seite der obigen Näherungsformel ein. Zur Berechnung von $\tilde{y}_{k+1}$ wird wieder nur der bereits bekannte Funktionswert y_k am vorangehenden Knoten x_k benötigt. Insgesamt lautet dann die Vorschrift beim

Verfahren von Heun: Zur numerischen Lösung der DGl $y' = f(x, y)$ auf dem Intervall $[a, b]$ mit vorgegebenem Anfangswert $y(a) = y_0 \in \mathbb{R}$ berechnet man an den Knoten $x_k := a + k \cdot h$ mit $h = \frac{b-a}{n}$ nacheinander die Werte

$$\tilde{y}_{k+1} := y_k + h \cdot f(x_k, y_k)$$
$$y_{k+1} := y_k + \frac{h}{2} \left(f(x_k, y_k) + f(x_{k+1}, \tilde{y}_{k+1}) \right)$$

für $k = 0, 1, \ldots, n-1$ und einer vorgegebenen Anzahl an Teilintervallen $n > 0$. Für die Lösung der Differentialgleichung gilt dann näherungsweise $y(x_k) \approx y_k$ an den Knoten x_k und insbesondere $y(b) = y(x_n) \approx y_n$.

Der mit dem Euler-Verfahren berechnete Schätzwert $\tilde{y}_{k+1}$ wird auch als *Prädiktor* bezeichnet, und daraus wird mit der Trapezformel der Näherungswert y_{k+1} (= *Korrektor*) ermittelt. Damit ist das Heun-Verfahren ein Beispiel für eine sogenannte *Prädiktor-Korrektor-Methode*.

Beispiel: Wir lösen das Anfangswertproblem

$$y' = \frac{y}{1 + x^2} \quad \text{für} \quad x \in [-1, 3] \quad \text{mit} \quad y(-1) = 0{,}5$$

mit dem Heun-Verfahren. Im Fall $n = 5$ (Teilintervalle) ist die Schrittweite $h = 0{,}8$. Ausgehend von $x_0 := -1$ und $y_0 := 0{,}5$ berechnen wir

$$x_{k+1} := -1 + 0{,}8 \cdot k$$
$$\tilde{y}_{k+1} := y_k + 0{,}8 \cdot f(x_k, y_k)$$
$$y_{k+1} := y_k + 0{,}4 \cdot \left(f(x_k, y_k) + f(x_{k+1}, \tilde{y}_{k+1}) \right)$$

für $k = 0, 1, 2, 3, 4$ und erhalten an den Knoten x_k die folgenden Näherungswerte y_k für die Lösung (auf fünf Nachkommastellen gerundet):

k	x_k	y_k
0	−1,0	0,50000
1	−0,2	0,86923
2	0,6	1,65586
3	1,4	2,49828
4	2,2	3,05324
5	3,0	3,40123

Vergleicht man die Ergebnisse aus dem Heun-Verfahren mit den Resultaten des Euler-Polygonzugs an der Stelle $x = 3$ bei jeweils einer Verzehnfachung der Teilintervalle n, dann ergeben sich für den Funktionswert der Lösung $y(3) = \frac{1}{2} e^{\frac{\pi}{4} + \arctan 3} = 3{,}8239990824\ldots$ die folgenden Näherungen (auf 10 Nachkommastellen genau):

n	$y(3)$ nach Euler	$y(3)$ nach Heun
10	3,2265484529	3,6962961424
100	3,7485664632	3,8225683071
1000	3,8162437760	3,8239846836
10000	3,8232213561	3,8239989383
100000	3,8239212878	3,8239990810
1000000	3,8239913027	3,8239990824

Das vorangegangene Beispiel zeigt: Multipliziert man die Anzahl Teilintervalle mit 10, dann gewinnt man beim Euler-Verfahren im Schnitt eine sichere Dezimalstelle, während man beim Verfahren von Heun etwa zwei weitere richtige Dezimalziffern erhält! In Abb. 3.11 sind die Ergebnisse beider Verfahren graphisch dargestellt.

Das klassische Runge-Kutta-Verfahren

Beim Heun-Verfahren wurde die Differentialgleichung $y'(x) = f(x, y(x))$ auf dem Intervall $[a, b]$ mit dem gegebenen Anfangswert $y(a) = y_0$ in eine „Integralgleichung"

$$y'(x) = f(x, y(x)), \quad y(a) = y_0 \quad \Longrightarrow \quad y(b) = y_0 + \int_a^b f(x, y(x))\, \mathrm{d}x$$

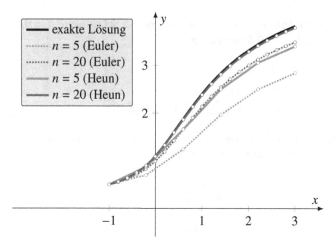

Abb. 3.11 Im Vergleich zum Eulerschen Polygonzugverfahren liefert das Verfahren von Heun bei gleicher Schrittweite eine i. Allg. bessere Näherungslösung für die DGl 1. Ordnung

umgewandelt. Dem Runge-Kutta-Verfahren liegt die Idee zugrunde, das Integral auf der rechten Seite mit der Simpsonregel anzunähern, die i. Allg. ein genaueres Resultat liefert als die Trapezformel. Dazu teilen wir das Intervall $[a, b]$ mit der Länge $h = b - a$ in der Mitte bei $c = \frac{1}{2}(a + b) = a + \frac{h}{2}$ und wenden auf die beiden gleichlangen Teilintervalle die einfache Simpsonregel an. Für eine stetige Funktion $g : [a, b] \longrightarrow \mathbb{R}$ gilt dann

$$\int_a^b g(x)\,dx \approx \frac{h}{6} \cdot \big(g(a) + 4\,g(c) + g(b)\big)$$

Setzen wir hier speziell $g(x) = f(x, y(x))$ ein, dann ist

$$y(b) \approx y_0 + \frac{h}{6}\left(f(a, y(a)) + 4\,f(c, y(c)) + f(b, y(b))\right)$$

Es gibt allerdings ein Problem: In dieser Formel kennen wir nur den vorgegebenen Anfangswert $y(a) = y_0$ der Lösung, nicht aber die Funktionswerte $y(c)$ in der Mitte bzw. $y(b)$ am rechten Rand – letzterer soll ja gerade berechnet werden! Der Wert $y(c)$ lässt sich jedoch näherungsweise bestimmen, und zwar mithilfe des Differenzenquotienten wie beim Euler-Verfahren:

$$\frac{y(c) - y(a)}{c - a} \approx y'(a) = f(a, y(a)) \underset{y(a)=y_0}{\overset{c-a=\frac{h}{2}}{\Longrightarrow}} y(c) \approx y_0 + \frac{h}{2}\,f(a, y_0)$$

Verwenden wir die Abkürzung $k_1 := f(a, y_0)$, dann gilt $y(c) \approx y_0 + \frac{h}{2}\,k_1$. Nun ist aber der Differenzenquotient auf der linken Seite auch eine Näherung für $y'(c)$, sodass

$$\frac{y(c) - y(a)}{c - a} \approx y'(c) = f(c, y(c)) \implies y(c) \approx y_0 + \frac{h}{2}\,f(c, y(c))$$

Ersetzen wir in der Funktion f auf der rechten Seite den Wert $y(c)$ durch die bereits gefundene Näherung $y_0 + \frac{h}{2}\,k_1$, dann ergibt sich $y(c) \approx y_0 + \frac{h}{2}\,f(c, y_0 + \frac{h}{2}\,k_1)$, und mit der Abkürzung $k_2 := f(c, y_0 + \frac{h}{2} k_1)$ ist $y(c) \approx y_0 + \frac{h}{2} k_2$ eine weitere Näherung für den Funktionswert in der Mitte. Wir können somit gleich *zwei* Näherungen für $f(c, y(c))$ angeben, nämlich

$$f(c, y(c)) \approx f\left(c, y_0 + \tfrac{h}{2} k_1\right) \quad \text{und} \quad f(c, y(c)) \approx f\left(c, y_0 + \tfrac{h}{2} k_2\right)$$

Wir kürzen den letzten Ausdruck mit $k_3 := f(c, y_0 + \frac{h}{2} k_2)$ ab und erhalten die beiden Näherungen $f(c, y(c)) \approx k_2$ sowie $f(c, y(c)) \approx k_3$. Es bietet sich an, mit dem arithmetischen Mittel dieser Werte zu arbeiten: $f(c, y(c)) \approx \frac{1}{2} (k_2 + k_3)$, und wir können als Zwischenergebnis die folgende Näherungsformel für $y(b)$ notieren:

$$y(b) \approx y_0 + \tfrac{h}{6} \left(f(a, y(a)) + 4 f(c, y(c)) + f(b, y(b))\right)$$
$$\approx y_0 + \tfrac{h}{6} \left(k_1 + 2 k_2 + 2 k_3 + f(b, y(b))\right)$$

Zuletzt müssen wir noch eine Näherung für $y(b)$ in $f(b, y(b))$ finden. Dazu verwenden wir wieder den Differenzenquotienten für $y'(c)$, diesmal jedoch bei a und b, sowie die Näherung $f(c, y(c)) \approx k_3$:

$$\frac{y(b) - y(a)}{b - a} \approx y'(c) = f(c, y(c)) \approx k_3 \overset{b-a=h}{\underset{y(a)=y_0}{\Longrightarrow}} y(b) \approx y_0 + h\, k_3$$

Führen wir noch die Abkürzung $k_4 := f(b, y_0 + h\, k_3)$ ein, dann ist $f(b, y(b)) \approx k_4$, und wir erhalten schließlich die Näherungsformel

$$y(b) \approx y_0 + \tfrac{h}{6}\left(k_1 + 2 k_2 + 2 k_3 + k_4\right)$$

Zusammenfassend sind für die näherungsweise Bestimmung von $y_1 := y(b)$ die folgenden Rechenschritte nötig:

$$\left.\begin{aligned}
k_1 &:= f(a, y_0) \\
k_2 &:= f(a + \tfrac{h}{2}, y_0 + \tfrac{h}{2} k_1) \\
k_3 &:= f(a + \tfrac{h}{2}, y_0 + \tfrac{h}{2} k_2) \\
k_4 &:= f(a + h, y_0 + h\, k_3)
\end{aligned}\right\} \quad y_1 \approx y_0 + \tfrac{h}{6}\left(k_1 + 2 k_2 + 2 k_3 + k_4\right)$$

Diese Näherung ist (wie die Simpsonregel) umso besser, je kleiner die Länge h des Intervalls $[a, b]$ ist. In der Praxis zerlegt man daher ein Intervall $[a, b]$ in n kleine gleichlange Teilintervalle der Länge $h = \frac{b-a}{n}$ mit den Zwischenstellen $x_k := a + h \cdot k$ für $k = 0, 1, \ldots, n$. Auf dem ersten Teilintervall $[a, x_1]$ verwendet man zur Lösung des Anfangswertproblems $y' = f(x, y)$ mit $y(a) = y_0$ die oben gefundene Formel zur Näherung des Werts $y(x_1) \approx y_1$. Mit diesem Anfangswert löst man die DGl näherungsweise auf dem nächsten Teilintervall $[x_1, x_2]$ und erhält einen Näherungswert y_2 für $y(x_2)$ usw. Sobald man also für ein $\ell \in \{0, 1, 2, \ldots, n - 1\}$ den Wert y_ℓ an der Stelle x_ℓ ermittelt hat, dann lässt sich mit

$$\left.\begin{aligned}
k_1 &:= f(x_\ell, y_\ell) \\
k_2 &:= f(x_\ell + \tfrac{h}{2}, y_\ell + \tfrac{h}{2} k_1) \\
k_3 &:= f(x_\ell + \tfrac{h}{2}, y_\ell + \tfrac{h}{2} k_2) \\
k_4 &:= f(x_\ell + h, y_\ell + h\, k_3)
\end{aligned}\right\} \quad y_{\ell+1} \approx y_\ell + \tfrac{h}{6}\left(k_1 + 2 k_2 + 2 k_3 + k_4\right)$$

ein Näherungswert $y_{\ell+1}$ für die Lösung am nachfolgenden Knoten $x_{\ell+1}$ bestimmen. Dieser Algorithmus wird **klassisches Runge-Kutta-Verfahren** genannt (nach Carl Runge und Martin Wilhelm Kutta). Die Hilfsgrößen k_1, k_2, k_3, k_4 werden als *Zwischenstufen* bezeichnet, und da es vier davon gibt, spricht man von einem *vierstufigen* Verfahren. Oftmals findet man für das klassische Runge-Kutta-Verfahren die Abkürzung *RK4*, und es lässt sich wie folgt programmtechnisch umsetzen:

```
 1: procedure RK4(f, a, b, n, y_0)
 2:     h ← (b - a)/n
 3:     for ℓ ← 0, ..., n - 1 do
 4:         x_ℓ ← a + h · k
 5:         k_1 ← f(x_ℓ, y_ℓ)
 6:         k_2 ← f(x_ℓ + h/2, y_ℓ + h/2 * k_1)
 7:         k_3 ← f(x_ℓ + h/2, y_ℓ + h/2 * k_2)
 8:         k_4 ← f(x_ℓ + h, y_ℓ + h * k_3)
 9:         y_ℓ+1 ← y_ℓ + h/6 * (k_1 + 2 * k_2 + 2 * k_3 + k_4)
10:     end for
11: end procedure
```

Die Werte y_0, y_1, y_2, $\ldots y_n$ sind die gesuchten Näherungen für die Lösung an den Stützstellen $x_0 = a, x_1, x_2, \ldots, x_n = b$.

Beispiel: Wir berechnen den Funktionswert der Lösung $y(3)$ zum Anfangswertproblem

$$y' = \frac{y}{1 + x^2} \quad \text{für} \quad x \in [-1, 3] \quad \text{mit} \quad y(-1) = 0{,}5$$

mit dem klassischen Runge-Kutta-Verfahren für verschiedene n (= Anzahl Teilintervalle) auf 15 Nachkommastellen genau:

n	$y(3)$ nach Runge-Kutta
10	3,823244024957989
100	3,823999011334512
1000	3,823999082411329
10000	3,823999082418318
100000	3,823999082418318

Bereits für $n = 1000$ erhält man hier einen auf zehn Nachkommastellen genauen Funktionswert.

Beim Runge-Kutta-Verfahren gilt die Faustregel: Verkürzt man die Schrittweite h auf ein Zehntel, dann gewinnt man im Schnitt 4 Dezimalziffern. Mit anderen Worten: Die Genauigkeit ist proportional zu h^4. Zum Vergleich: Beim Euler-Verfahren ist es eine, beim Verfahren von Heun sind es zwei Dezimalziffern.

Die hier vorgestellten Verfahren (Polygonzug, Heun-Verfahren und Runge-Kutta) gehören zu den sogenannten *Einschrittverfahren*. Dabei wird, ausgehend vom Wert y_k an einer Stelle x_k, der Funktionswert y_{k+1} der Lösung am nachfolgenden Knoten x_{k+1} angenähert. Durch Schrittweitensteuerung und Extrapolationsmethoden lassen sich diese Näherungen noch weiter verbessern. Darüber hinaus gibt es auch noch die *Mehrschrittverfahren*, welche zwei oder mehr vorangehende Werte y_k, y_{k-1} usw. bei der Berechnung von y_{k+1} berücksichtigen. Näheres hierzu findet man in den gängigen Lehrbüchern zur „Numerik", wie etwa in [32].

3.2.7 Qualitatives Lösungsverhalten

Eine Differentialgleichung 1. Ordnung in der allgemeinen expliziten Form

$$y' = f(x, y)$$

kann in der Regel nicht analytisch gelöst werden. Neben den im letzten Abschnitt erwähnten numerischen Verfahren gibt es auch eine Möglichkeit, den graphischen Verlauf der Lösungen zu skizzieren, und zwar mit dem sogenannten *Richtungsfeld*.

Ist $y = y(x)$ eine Lösung der DGl, welche durch den Punkt (x_0, y_0) in der Ebene verläuft, dann hat die Lösungskurve an der Stelle x_0 den Funktionswert $y(x_0) = y_0$ und die Steigung $y'(x_0) = f(x_0, y_0)$. Somit gibt $f(x_0, y_0)$ die Steigung der Lösungskurve durch den Punkt (x_0, y_0) an. Zeichnet man bei (x_0, y_0) einen kleinen Pfeil mit der Steigung $f(x_0, y_0)$, so zeigt dieser die Richtung der Lösung durch den gewählten Punkt an. Trägt man solche kleinen Linienelemente an mehreren Punkten in die (x, y)-Ebene ein, dann ergibt sich ein Bild vom Verlauf der „Integralkurven", also eine graphische Darstellung der allgemeinen Lösung der DGl.

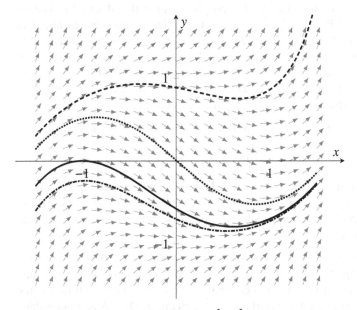

Abb. 3.12 Das Richtungsfeld der DGl $y' = x^2 + y^2 - 1$ mit verschiedenen partikulären Lösungen

Beispiel: Wir betrachten die Differentialgleichung

$$y' = x^2 + y^2 - 1$$

Hierbei handelt es sich weder um eine DGl mit getrennten Variablen noch um eine lineare DGl, sodass sich diese DGl mit unseren bisherigen Methoden nicht lösen lässt. Mit dem Richtungsfeld können wir uns jedoch einen Eindruck vom Verlauf der Lösungen verschaffen. Beispielsweise hat eine Lösungskurve durch den Punkt $(x_0, y_0) = (1, 2)$ bei $x = 1$ den Funktionswert $y(0) = 2$ und die Steigung $y'(0) = f(1, 2) = 1^2 + 2^2 - 1 = 4$. Diese wird durch einen kleinen Pfeil bei $(1, 2)$ mit der Steigung 4 angedeutet. Das Richtungsfeld beschreibt dann die Lösung der DGl als eine Art „Strömung". In Abb. 3.12 sind neben den kleinen Linienelementen noch verschiedene partikuläre Lösungen eingetragen, darunter auch eine spezielle Lösung zum Anfangswert $y(0) = 0$ und eine mit $y(-1) = 0$.

Anhand des Richtungsfelds lässt sich das qualitative Verhalten der Lösungen einer DGl studieren, insbesondere auch deren Abhängigkeit von den Anfangsbedingungen. Hierbei zeigt sich ein besonderes Phänomen, das unter dem Begriff „Schmetterlingseffekt" bekannt geworden ist: Eine sehr kleine Änderung in der Anfangsbedingung, also beim Startwert, kann einen sehr großen Einfluss auf die weitere Entwicklung der Lösung haben. Der Name Schmetterlingseffekt geht zurück auf den US-amerikanischen Meteorologen Edward N. Lorenz. Er studierte langfristige Wettervorhersagen mit einem vereinfachten Modell bestehend aus drei miteinander verbundenen Differentialgleichungen. Lorenz führte seine Rechnungen mit verschiedenen Anfangswerten durch, und obwohl diese sehr dicht beieinander lagen, wichen die Ergebnisse im weiteren Verlauf stark voneinander ab. Mit der Fragestellung „Does the Flap of a Butterfly's Wings in Brazil set off a Tornado in Texas?" prägte er den Begriff „Schmetterlingseffekt". Dieser tritt aber nicht nur in der Meteorologie auf: Viele andere Differentialgleichungen aus der Technik und den Naturwissenschaften zeigen ein solches deterministisch-chaotisches Verhalten. Derartigen Systemen ist gemeinsam, dass sehr kleine Unterschiede in den Anfangsbedingungen am anderen Ende zu großen Unterschieden führen, und dies ist letztlich auch der Grund dafür, warum Wetterprognosen über einen längeren Zeitraum nicht exakt sind.

Abb. 3.13 zeigt den Schmetterlingseffekt am Beispiel der Differentialgleichung

$$y' = \sin x + \cos y$$

Die beiden unteren Lösungen, die bei $x = -1$ dicht beieinander starten, weichen am anderen Ende stark voneinander ab. Es kann auch der umgekehrte Fall eintreten: Die mittlere Lösung erreicht nahezu den gleichen Endpunkt wie die Lösung oben mit dem weiter entfernten Anfangswert.

Ein weiteres Phänomen, das ebenfalls schon bei Differentialgleichungen erster Ordnung auftritt, ist der *Blow-up*: Selbst wenn eine Funktion $f(x, y)$ für alle $x \in [a, b]$ und $y \in \mathbb{R}$ definiert ist, kann die Lösung $y(x)$ der DGl $y' = f(x, y)$ im Intervall $[a, b]$ eine Unendlichkeitsstelle besitzen. Interpretiert man x als Zeit und $y(x)$ als Auslenkung, dann wächst in diesem Fall die Auslenkung innerhalb endlicher Zeit unbegrenzt an!

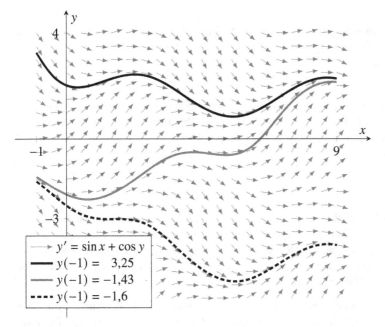

Abb. 3.13 Das Richtungsfeld der DGl $y' = \sin x + \cos y$

Beispiel: Für die DGl 1. Ordnung

$$y' = 4 \cdot \frac{1+y^2}{1+x^2}, \quad x \in [0, \infty[$$

ergibt sich durch Variablentrennung die allgemeine Lösung

$$\frac{1}{1+y^2}\, dy = \frac{4}{1+x^2}\, dx \quad \Big| \quad \int \dots$$

$$\arctan y = 4 \arctan x + C$$

$$y(x) = \tan(4 \arctan x + C)$$

mit einer beliebigen Konstante C. Da $4 \arctan x + C$ für $x \in [0, \infty[$ alle Werte in $[C, C{+}2\pi[$ durchläuft und folglich mindestens eine der Unendlichkeitsstellen $(k{+}\frac{1}{2}){\cdot}\pi$ ($k \in \mathbb{Z}$) des Tangens annimmt, gibt es zu jeder Lösung eine endliche Blow-Up-Stelle $x_0 \in [0, \infty[$ mit $y(x) \to \infty$ für $x \to x_0$.

In diesem Zusammenhang stellen sich mehrere Fragen. Wie lässt sich feststellen, ob die Lösung einer Differentialgleichung $y' = f(x, y)$ zu einer vorgegebenen Anfangsbedingung $y(a) = y_0$ auf einem gewissen Intervall $[a, b]$ existiert? Und wie „sensibel" hängen die Lösungen von den Anfangsbedingungen ab? Eine erste Antwort gibt der

Existenz- und Eindeutigkeitssatz von Picard-Lindelöf: Falls die stetige Funktion
$f : [a, b] \times \mathbb{R} \longrightarrow \mathbb{R}$ eine sogenannte *Lipschitz-Bedingung*

$$|f(x, y_1) - f(x, y_2)| \le L \cdot |y_1 - y_2|$$

für alle $x \in [a, b]$ und $y_1, y_2 \in \mathbb{R}$ mit einer Konstante $L \ge 0$ erfüllt, dann gibt es
zu einer beliebigen Stelle $x_0 \in [a, b]$ und für einen beliebigen Wert $y_0 \in \mathbb{R}$ genau
eine Lösung $y : [a, b] \longrightarrow \mathbb{R}$ zum Anfangswertproblem

$$y' = f(x, y), \quad y(x_0) = y_0$$

Im Wesentlichen besagt dieses Resultat, dass es unter den genannten Voraussetzungen
für $f(x, y)$ zu einem beliebig vorgegebenen Anfangswert $y(x_0) = y_0$ *immer genau eine*
(und auch nur eine!) Lösung der DGl $y' = f(x, y)$ auf dem *gesamten* Definitionsbereich
$[a, b]$ gibt. Insbesondere können durch einen Punkt (x_0, y_0) nicht zwei verschiedene
Lösungskurven der DGl verlaufen.

Falls $f(x, y)$ eine Lipschitz-Bedingung mit der Konstante $L \ge 0$ erfüllt, dann lässt
sich auch die Abhängigkeit der Lösungen von den Anfangswerten abschätzen. Für zwei
Lösungen $y_1(x)$ und $y_2(x)$ der DGl zu den (verschiedenen) Anfangswerten $y_1(x_0) = c_1$
und $y_2(x_0) = c_2$ ergibt sich zunächst die sogenannte *Gronwall-Ungleichung*

$$|y_1(x) - y_2(x)| \le |c_1 - c_2| \cdot e^{L|x - x_0|}, \quad x \in [a, b]$$

und daraus wegen $|x - x_0| \le b - a$ für alle $x \in [a, b]$ die Abschätzung

$$|y_1(x) - y_2(x)| \le M \cdot |c_1 - c_2| \quad \text{mit} \quad M := e^{L(b-a)}$$

Die Funktionswerte zweier Lösungen unterscheiden sich also an einer beliebigen Stelle
$x \in [a, b]$ maximal um einen Wert, der proportional mit dem Abstand der Anfangswerte
$|y_1(x_0) - y_2(x_0)|$ anwächst. Fazit: Sobald f eine Lipschitz-Bedingung erfüllt, dann kann
weder der Schmetterlingseffekt noch ein Blow-Up auftreten.

Beispiel: Bei der inhomogenen linearen Differentialgleichung 1. Ordnung

$$y' = 5x^4 + 3\cos x \cdot y, \quad x \in [0, 2]$$

erfüllt $f(x, y) = 5x^4 + 3\cos x \cdot y$ die Lipschitz-Bedingung mit $L = 3$, denn

$$|f(x, y_1) - f(x, y_2)| = 3 |\cos x| \cdot |y_1 - y_2| \le 3 \cdot |y_1 - y_2|$$

Die beiden Lösungen zu den Anfangsbedingungen $y_1(1) = 0{,}3$ bzw. $y_2(1) = 0{,}32$
unterscheiden sich dann auf dem gesamten Intervall $[0, 2]$ wegen $|x - 1| \le 1$ höchstens
um den Wert

$$|y_1(x) - y_2(x)| \le |0{,}3 - 0{,}32| \cdot e^{3|x-1|} \le 0{,}02 \cdot e^{3 \cdot 1} \approx 0{,}4$$

3.3 Lineare Differentialgleichungen 2. Ordnung

In Physik und Technik trifft man sehr häufig auf Differentialgleichungen 2. Ordnung, nicht zuletzt bedingt durch das Newtonsche Gesetz, welches die Änderung der Geschwindigkeit eines Körpers ($\rightarrow$ Beschleunigung = 2. Ableitung) mit den einwirkenden Kräften in Verbindung bringt. Andererseits dürfen wir erwarten, dass mit steigender Ordnung einer DGl auch die Methoden, die zu ihrer Lösung führen, immer komplizierter werden. Wie schon bei den DGlen 1. Ordnung gilt auch hier: Ein allgemeingültiges Lösungsverfahren für DGl 2. Ordnung gibt es nicht! Daher wollen wir uns auf einen wichtigen Spezialfall beschränken, nämlich die linearen Differentialgleichungen 2. Ordnung.

3.3.1 Die allgemeine homogene lineare DGl 2. Ordnung

Eine *homogene lineare Differentialgleichung 2. Ordnung* hat allgemein die Form

$$y'' + f(x)\, y' + g(x)\, y = 0$$

mit stetigen Funktionen f, $g : D \longrightarrow \mathbb{R}$ auf einem Intervall D. Für diese Art DGl kann man eine erste Lösung sofort angeben: $y \equiv 0$. Diese wird auch *triviale Lösung* genannt und ist in den Anwendungen meist nicht von Interesse. Die allgemeine Lösung sollte, da es sich um eine DGl zweiter Ordnung handelt, zwei unabhängige Integrationskonstanten enthalten. Ein universelles Verfahren, mit dem sich alle Lösungen dieser DGl aus dem Stegreif bestimmen lassen, ist nicht bekannt. Um die allgemeine Lösung berechnen zu können, muss wenigstens eine „nichttriviale" Lösung $y_0 \not\equiv 0$ der DGl vorliegen. In diesem Fall können wir versuchen, durch *Variation der Konstanten* alle weiteren Lösungen der DGl zu finden. Hierbei verwenden wir den Ansatz

$$y(x) = c(x) \cdot y_0(x)$$

mit einer unbekannten Funktion $c(x)$. Einsetzen in die DGl und Umsortieren nach Ableitungen von $c(x)$ ergibt

$$
\begin{aligned}
0 = y'' + f \cdot y' + g \cdot y &= (c\, y_0)'' + f \cdot (c\, y_0)' + g \cdot c\, y_0 \\
&= (c'\, y_0 + c\, y_0')' + f \cdot (c'\, y_0 + c\, y_0') + g \cdot c\, y_0 \\
&= (c''\, y_0 + c'\, y_0' + c'\, y_0' + c\, y_0'') + f \cdot (c'\, y_0 + c\, y_0') + g \cdot c\, y_0 \\
&= c \cdot (y_0'' + f\, y_0' + g\, y_0) + c' \cdot (2\, y_0' + f\, y_0) + c'' \cdot y_0
\end{aligned}
$$

Da y_0 eine Lösung der DGl ist, verschwindet der erste Summand auf der rechten Seite. Übrig bleibt eine homogene lineare DGl 1. Ordnung für die Ableitung der unbekannten Funktion $z = c'$:

$$0 = z \cdot (2\, y_0' + f\, y_0) + z' \cdot y_0 \quad \text{bzw.} \quad z' + \left(\frac{2\, y_0'}{y_0} + f \right) z = 0$$

deren Lösung wir mithilfe der Stammfunktion $F(x) = \int f(x)\, \mathrm{d}x$ angeben können:

$$\int \frac{2\,y_0'(x)}{y_0(x)} + f(x)\,dx = 2\ln|y_0(x)| + F(x) = \ln y_0(x)^2 + F(x)$$

$$\implies \quad z(x) = C_2\,e^{-(\ln y_0(x)^2 + F(x))} = C_2\,\frac{e^{-F(x)}}{e^{\ln y_0(x)^2}} = C_2\,\frac{e^{-F(x)}}{y_0(x)^2}$$

mit einer Konstante C_2. Nochmalige Integration liefert uns schließlich die gesuchte Funktion

$$c(x) = C_1 + \int z(x)\,dx = C_1 + C_2 \int \frac{e^{-F(x)}}{y_0(x)^2}\,dx$$

mit einer weiteren Konstante C_1. Zusammenfassend erhalten wir:

Ist $y_0 \not\equiv 0$ eine partikuläre Lösung der homogenen linearen DGl 2. Ordnung

$$y'' + f(x)\,y' + g(x)\,y = 0$$

dann lautet die allgemeine Lösung der DGl

$$y(x) = y_0(x) \cdot \left(C_1 + C_2 \cdot \int \frac{e^{-F(x)}}{y_0(x)^2}\,dx \right) \quad \text{mit} \quad F(x) = \int f(x)\,dx$$

sowie zwei beliebigen Konstanten C_1 und C_2.

Beispiel 1. Wir betrachten die homogene lineare DGl 2. Ordnung

$$y'' - \frac{1}{x}\,y' + \frac{1}{x^2}\,y = 0 \quad \text{für} \quad x \in\,]0, \infty[$$

Durch Probieren finden wir eine Lösung $y_0(x) = x$, und wir berechnen

$$F(x) = \int -\frac{1}{x}\,dx = -\ln x, \quad e^{-F(x)} = e^{\ln x} = x$$

$$\int \frac{e^{-F(x)}}{y_0(x)^2}\,dx = \int \frac{x}{x^2}\,dx = \ln x$$

Die allgemeine Lösung der DGl ist dann $y(x) = x \cdot (C_1 + C_2 \cdot \ln x)$ mit Konstanten C_1 und C_2.

Beispiel 2. Wir wollen die homogene lineare DGl 2. Ordnung

$$y'' - 2\tan x \cdot y' + 3\,y = 0$$

lösen und verwenden dazu die Funktion $y_0(x) = \sin x$, die wegen

$$y_0(x) = \sin x \quad \implies \quad y_0'(x) = \cos x, \quad y_0''(x) = -\sin x$$

$$y_0'' - 2\tan x \cdot y_0' + 3\,y_0 = -\sin x - 2\,\frac{\sin x}{\cos x} \cdot \cos x + 3\sin x = 0$$

eine nichttriviale Lösung der Differentialgleichung ist. Zur Berechnung der allgemeinen Lösung brauchen wir noch

$$f(x) = -2\tan x \quad\Longrightarrow\quad F(x) = \int -2\tan x \,dx = 2\ln|\cos x|$$

$$e^{-F(x)} = e^{-2\ln|\cos x|} = \frac{1}{e^{2\ln|\cos x|}} = \frac{1}{e^{\ln\cos^2 x}} = \frac{1}{\cos^2 x}$$

$$\int \frac{e^{-F(x)}}{y_0(x)^2}\,dx = \int \frac{1}{\sin^2 x \cdot \cos^2 x}\,dx = \int \frac{4}{\sin^2 2x}\,dx = -2\cot 2x$$

Die allgemeine Lösung lautet daher $y(x) = \sin x \cdot (C_1 - C_2 \cdot 2\cot 2x)$. Da mit C_2 auch $-2\,C_2$ eine beliebige Konstante ist, können wir die Lösung ebenso in der Form $y(x) = \sin x \cdot (C_1 + C_2\cot 2x)$ angeben.

Fundamentallösungen

Wir notieren zunächst eine grundlegende Eigenschaft linearer Differentialgleichungen: Sind $y_1(x)$, $y_2(x)$ zwei beliebige Lösungen und C_1, C_2 zwei beliebige Konstanten, dann ist auch die *Linearkombination*

$$y(x) = C_1\,y_1(x) + C_2\,y_2(x)$$

wieder eine Lösung der DGl, denn

$$
\begin{aligned}
&y'' + f(x)\,y' + g(x)\,y\\
&= (C_1\,y_1 + C_2\,y_2)'' + f \cdot (C_1\,y_1 + C_2\,y_2)' + g \cdot (C_1\,y_1 + C_2\,y_2)\\
&= C_1 \cdot (y_1'' + f\,y_1' + g\,y_1) + C_2 \cdot (y_2'' + f\,y_2' + g\,y_2)\\
&= C_1 \cdot 0 + C_2 \cdot 0 = 0
\end{aligned}
$$

Falls sich umgekehrt jede beliebige Lösung $y(x)$ der DGl als Linearkombination $y(x) = C_1\,y_1(x) + C_2\,y_2(x)$ zweier Lösungen y_1, y_2 mit gewissen Konstanten C_1, C_2 darstellen lässt, dann nennt man y_1, y_2 *Fundamentallösungen*, oder man sagt auch: sie bilden ein *Fundamentalsystem* der DGl. Die Besonderheit eines Fundamentalsystems ist, dass man aus nur zwei Lösungen alle anderen durch Linearkombination zusammenbauen kann.

Beispiel: Die allgemeine Lösung der DGl

$$y'' - \tfrac{1}{x}\,y' + \tfrac{1}{x^2}\,y = 0$$

ist gemäß dem obigen Beispiel 1

$$y(x) = x \cdot (C_1 + C_2 \cdot \ln x) = C_1 \cdot x + C_2 \cdot x\ln x$$

und daher bilden die beiden Lösungen $y_1(x) = x$ sowie $y_2(x) = x\ln x$ ein Fundamentalsystem.

Es stellt sich die Frage, welche Bedingung nötig ist, damit zwei vorhandene Lösungen y_1 und y_2 bereits ein Fundamentalsystem bilden. Eine Antwort liefert die folgende Aussage:

Sind $y_1 \not\equiv 0$ und $y_2 \not\equiv 0$ zwei bekannte Lösungen der homogenen linearen DGl

$$y'' + f(x)\,y' + g(x)\,y = 0$$

und ist deren Quotient $y_2(x)/y_1(x)$ *keine konstante Funktion*, also y_2 kein *konstantes Vielfaches* von y_1, dann bilden y_1, y_2 ein Fundamentalsystem der DGl, und die allgemeine Lösung lautet $y(x) = C_1 \cdot y_1(x) + C_2 \cdot y_2(x)$.

Begründung: Da wir mit $y_1 \not\equiv 0$ eine nichttriviale Lösung der DGl kennen, können wir gemäß unserer Lösungsformel (mit $y_0 = y_1$) jede andere Lösung $y(x)$ in der Form

$$y(x) = y_1(x) \cdot \left(C_1 + C_2 \cdot \int \frac{e^{-F(x)}}{y_1(x)^2}\,dx \right)$$

mit gewissen Konstanten C_1, C_2 darstellen. Da insbesondere auch y_2 eine Lösung der DGl ist, lassen sich Konstanten A und B finden, sodass

$$y_2(x) = y_1(x) \cdot \left(A + B \cdot \int \frac{e^{-F(x)}}{y_1(x)^2}\,dx \right)$$

Falls y_2 kein Vielfaches von y_1 ist, dann muss $B \neq 0$ sein, denn ansonsten wäre ja $y_2(x) = A \cdot y_1(x)$. Für das Integral in der Lösungsformel ergibt sich somit

$$\int \frac{e^{-F(x)}}{y_1(x)^2}\,dx = \frac{1}{B}\left(\frac{y_2(x)}{y_1(x)} - A \right)$$

Setzen wir diesen Ausdruck in die Formel für $y(x)$ ein, dann erhalten wir

$$y(x) = y_1(x) \cdot \left(C_1 + C_2 \cdot \frac{1}{B}\left(\frac{y_2(x)}{y_1(x)} - A \right) \right) = (C_1 - A\,C_2) \cdot y_1(x) + \tfrac{A}{B}\,C_2 \cdot y_2(x)$$

Folglich lässt sich jede Lösung $y(x)$ als Linearkombination von y_1 und y_2 darstellen.

Beispiel: Durch Probieren findet man für die homogene lineare DGl 2. Ordnung

$$y'' + \tfrac{1}{x}\,y' - \tfrac{1}{x^2}\,y = 0$$

die beiden Lösungen $y_1(x) = x$ und $y_2(x) = \frac{1}{x}$, welche wegen

$$\frac{y_2(x)}{y_1(x)} = \tfrac{1}{x^2} \not\equiv \text{const}$$

keine konstanten Vielfachen voneinander sind, sodass $y(x) = C_1 \cdot x + C_2 \cdot \frac{1}{x}$ die allgemeine Lösung der DGl ist.

Die Wronski-Determinante

Als Ergebnis aus obigen Überlegungen notieren wir, dass zwei Lösungen $y_1 \not\equiv 0$ und $y_2 \not\equiv 0$ bereits dann ein Fundamentalsystem der homogenen linearen DGl 2. Ordnung $y'' + f(x)\,y' + g(x)\,y = 0$ bilden, falls der Quotient $y_2(x)/y_1(x)$ nicht konstant ist. Das bedeutet, dass die Ableitung (Quotientenregel!)

$$\left(\frac{y_2(x)}{y_1(x)}\right)' = \frac{y_1(x) \cdot y_2'(x) - y_1'(x) \cdot y_2(x)}{y_1(x)^2}$$

nicht die Nullfunktion ist. Insbesondere darf dann die Funktion im Zähler

$$W(x) = y_1(x) \cdot y_2'(x) - y_1'(x) \cdot y_2(x)$$

nicht identisch Null sein. Diese Funktion lässt sich auch in Form einer Determinante

$$W(x) = \begin{vmatrix} y_1(x) & y_2(x) \\ y_1'(x) & y_2'(x) \end{vmatrix}$$

darstellen, und sie wird *Wronski-Determinante* genannt. Die Wronski-Determinante zweier Lösungen y_1, y_2 hat eine bemerkenswerte Eigenschaft. Ersetzen wir in

$$W'(x) = y_1'(x) \cdot y_2'(x) + y_1(x) \cdot y_2''(x) - y_1''(x) \cdot y_2(x) - y_1'(x) \cdot y_2'(x)$$
$$= y_1(x) \cdot y_2''(x) - y_1''(x) \cdot y_2(x)$$

die zweiten Ableitungen der Lösungen mithilfe der DGl durch

$$y_1''(x) = -f(x)\,y_1'(x) - g(x)\,y_1(x)$$
$$y_2''(x) = -f(x)\,y_2'(x) - g(x)\,y_2(x)$$

dann ergibt sich

$$W'(x) = y_1(x)\left(-f(x)\,y_2'(x) - g(x)\,y_2(x)\right) - \left(-f(x)\,y_1'(x) - g(x)\,y_1(x)\right)y_2(x)$$
$$= -f(x) \cdot \left(y_1(x) \cdot y_2'(x) - y_1'(x) \cdot y_2(x)\right)$$
$$= -f(x) \cdot W(x)$$

Demnach ist $W(x)$ eine Lösung der homogenen linearen DGl 1. Ordnung

$$W'(x) + f(x) \cdot W(x) = 0$$

sodass

$$W(x) = C \cdot e^{-F(x)}$$

mit einer Konstante $C \in \mathbb{R}$ gilt, und das bedeutet: Ist $W(x) \neq 0$ an *nur einer* Stelle x erfüllt, dann gilt $C \neq 0$ und folglich $W(x) \neq 0$ *für alle x*. In diesem Fall ist dann auch $y_2(x)/y_1(x)$ keine konstante Funktion. Wir fassen zusammen:

Sind y_1, y_2 zwei bekannte Lösungen der homogenen linearen DGl 2. Ordnung

$$y'' + f(x)\,y' + g(x)\,y = 0$$

auf dem Intervall $D \subset \mathbb{R}$ und ist ihre Wronski-Determinante $W(x)$ an *nur einer Stelle* $x \in D$ ungleich Null, dann bilden sie ein Fundamentalsystem der DGl.

Beispiel: Die beiden Lösungen $y_1(x) = x$ und $y_2(x) = \frac{1}{x}$ der DGl

$$y'' + \frac{1}{x}\,y' - \frac{1}{x^2}\,y = 0$$

sind ein Fundamentalsystem, denn für die Wronski-Determinante gilt

$$W(x) = \begin{vmatrix} y_1(x) & y_2(x) \\ y_1'(x) & y_2'(x) \end{vmatrix} = \begin{vmatrix} x & \frac{1}{x} \\ 1 & -\frac{1}{x^2} \end{vmatrix} = x \cdot \left(-\frac{1}{x^2}\right) - 1 \cdot \frac{1}{x} = -\frac{2}{x} \neq 0$$

Die Fundamentalmatrix

Gilt für die Wronski-Determinante $W(x_0) \neq 0$ an einer einzigen Stelle $x_0 \in D$, dann ist die zur Wronski-Determinante gehörende Matrix

$$Y(x) = \begin{pmatrix} y_1(x) & y_2(x) \\ y_1'(x) & y_2'(x) \end{pmatrix}$$

wegen $\det Y(x) = W(x) \neq 0$ für alle $x \in D$ regulär (= invertierbar). In diesem Fall wird die $(2,2)$-Matrixfunktion $Y(x)$ als *Fundamentalmatrix* der DGl bezeichnet. Man kann dann zu den Anfangsbedingungen

$$y(x_0) = a \quad \text{und} \quad y'(x_0) = b$$

sofort auch eine spezielle Lösung $y(x) = c_1 \cdot y_1(x) + c_2 \cdot y_2(x)$ angeben. Die Integrationskonstanten sind so zu bestimmen, dass

$$c_1 \cdot y_1(x_0) + c_2 \cdot y_2(x_0) = a$$
$$c_2 \cdot y_1'(x_0) + c_2 \cdot y_2'(x_0) = b$$

erfüllt ist. Es handelt sich um ein $(2,2)$-LGS für die Unbekannten c_1 und c_2, das wir auch in Matrixform schreiben können:

$$\begin{pmatrix} y_1(x_0) & y_2(x_0) \\ y_1'(x_0) & y_2'(x_0) \end{pmatrix} \cdot \begin{pmatrix} c_1 \\ c_2 \end{pmatrix} = \begin{pmatrix} a \\ b \end{pmatrix} \quad \text{bzw.} \quad Y(x_0) \cdot \begin{pmatrix} c_1 \\ c_2 \end{pmatrix} = \begin{pmatrix} a \\ b \end{pmatrix}$$

Sind y_1, y_2 zwei Fundamentallösungen der homogenen linearen DGl

$$y'' + f(x)\,y' + g(x)\,y = 0$$

auf dem Intervall $D \subset \mathbb{R}$ und ist

$$Y(x) = \begin{pmatrix} y_1(x) & y_2(x) \\ y_1'(x) & y_2'(x) \end{pmatrix}$$

die zugehörige Fundamentalmatrix, dann erhält man die spezielle Lösung der DGl
zu den Anfangsbedingungen $y(x_0) = a$ und $y'(x_0) = b$ bei $x_0 \in D$ mit

$$\begin{pmatrix} c_1 \\ c_2 \end{pmatrix} = Y(x_0)^{-1} \cdot \begin{pmatrix} a \\ b \end{pmatrix} \quad \Longrightarrow \quad y(x) = c_1 \cdot y_1(x) + c_2 \cdot y_2(x)$$

Beispiel: Zu lösen ist das Anfangswertproblem

$$y'' + \frac{1}{x}\,y' - \frac{1}{x^2}\,y = 0 \quad \text{mit} \quad y(2) = 3 \quad \text{und} \quad y'(2) = \tfrac{1}{2}$$

Wir kennen bereits die Fundamentallösungen $y_1(x) = x$ und $y_2(x) = \frac{1}{x}$. Hierzu bilden
wir die Fundamentalmatrix bei $x_0 = 2$:

$$Y(x) = \begin{pmatrix} y_1(x) & y_2(x) \\ y_1'(x) & y_2'(x) \end{pmatrix} = \begin{pmatrix} x & \frac{1}{x} \\ 1 & -\frac{1}{x^2} \end{pmatrix} \quad \Longrightarrow \quad Y(2) = \begin{pmatrix} 2 & \frac{1}{2} \\ 1 & -\frac{1}{4} \end{pmatrix}$$

und legen damit die beiden Integrationskonstanten fest:

$$\begin{pmatrix} c_1 \\ c_2 \end{pmatrix} = Y(2)^{-1} \cdot \begin{pmatrix} a \\ b \end{pmatrix} = \begin{pmatrix} \frac{1}{4} & \frac{1}{2} \\ 1 & -2 \end{pmatrix} \cdot \begin{pmatrix} 3 \\ \frac{1}{2} \end{pmatrix} = \begin{pmatrix} 1 \\ 2 \end{pmatrix}$$

Also ist $y(x) = 1 \cdot x + 2 \cdot \frac{1}{x} = x + \frac{2}{x}$ die gesuchte spezielle Lösung der DGl.

3.3.2 Die homogene DGl mit konstanten Koeffizienten

Wir untersuchen nun eine homogene lineare DGl 2. Ordnung

$$y'' + p \cdot y' + q \cdot y = 0$$

mit reellen Konstanten p und q. Hierbei handelt es sich um einen Spezialfall der im
vorigen Abschnitt behandelten allgemeinen homogenen DGl 2. Ordnung, bei der die
Koeffizienten $f(x) \equiv p$ und $g(x) \equiv q$ konstante Funktionen sind. Für eine solche DGl
können wir immer die allgemeine Lösung berechnen. Wir benötigen dazu eine erste
Lösung $y \not\equiv 0$, die wir mit dem

Ansatz $y(x) = e^{\lambda x}$

und einer noch zu bestimmenden Zahl λ suchen. Setzen wir diese und $y'(x) = \lambda\,e^{\lambda x}$ sowie $y''(x) = \lambda^2\,e^{\lambda x}$ in die DGl ein, dann soll gelten:

$$y'' + p \cdot y' + q \cdot y = \lambda^2\,e^{\lambda x} + p \cdot \lambda\,e^{\lambda x} + q \cdot e^{\lambda x} \overset{!}{=} 0$$

Wegen $e^{\lambda x} \neq 0$ können wir beide Seiten durch $e^{\lambda x}$ teilen und erhalten für die unbekannte Größe λ eine quadratische Gleichung, die sogenannte

charakteristische Gleichung $\lambda^2 + p \cdot \lambda + q = 0$

Die Lösungen dieser quadratischen Gleichung ergeben sich aus den Formeln

$$\lambda_1 = \frac{-p + \sqrt{p^2 - 4q}}{2}, \quad \lambda_2 = \frac{-p - \sqrt{p^2 - 4q}}{2}$$

Die charakteristische Gleichung hat mindestens eine und höchstens zwei reelle oder komplexe Lösungen. Diese werden auch *charakteristische Werte* der DGl genannt. Wählen wir einen Wert $\lambda = \lambda_1$ aus, dann ist $y_1(x) = e^{\lambda_1 x}$ eine erste bekannte Lösung der DGl, mit der wir dann auch die allgemeine Lösung berechnen können. Prinzipiell lässt sich also dieser DGl-Typ immer vollständig lösen.

Wir wollen nun mithilfe der charakteristischen Werte ein Fundamentalsystem der DGl angeben, wobei wir die folgenden drei Fälle unterscheiden müssen:

(1) Hat die charakteristische Gleichung zwei reelle Lösungen $\lambda_1 \neq \lambda_2$, dann sind mit $y_1(x) = e^{\lambda_1 x}$ und $y_2(x) = e^{\lambda_2 x}$ bereits zwei Lösungen bekannt, die wegen

$$\frac{y_2(x)}{y_1(x)} = \frac{e^{\lambda_2 x}}{e^{\lambda_1 x}} = e^{(\lambda_2 - \lambda_1)x} \not\equiv \text{const}$$

sogar ein Fundamentalsystem der DGl bilden.

(2) Falls für die Diskriminante der charakteristischen Gleichung $p^2 - 4q = 0$ gilt, dann erhalten wir nur einen Wert $\lambda = -\frac{p}{2}$ und somit auch nur eine Lösung $y_1(x) = e^{\lambda x}$ der DGl. Die zweite Fundamentallösung berechnen wir mit der Formel

$$y_2(x) = y_1(x) \cdot \int \frac{e^{-F(x)}}{y_1(x)^2}\,dx \quad \text{mit} \quad F(x) = \int p\,dx = p\,x$$

$$\Longrightarrow \quad y_2(x) = e^{\lambda x} \cdot \int \frac{e^{-px}}{e^{2\lambda x}}\,dx = e^{\lambda x} \cdot \int \frac{e^{-px}}{e^{-px}}\,dx = e^{\lambda x} \cdot \int 1\,dx = x\,e^{\lambda x}$$

(3) Es bleibt der Fall, dass die charakteristische Gleichung zwei konjugiert komplexe Lösungen $\lambda_{1/2} = \alpha \pm i\,\omega$ hat. Sie liefern uns zunächst nur zwei komplexwertige Funktionen, und zwar

$$z_1(x) = e^{(\alpha + i\,\omega)x} = e^{\alpha x} \cdot e^{+i\,\omega x} = e^{\alpha x}(\cos \omega x + i \sin \omega x)$$

$$z_2(x) = e^{(\alpha - i\,\omega)x} = e^{\alpha x} \cdot e^{-i\,\omega x} = e^{\alpha x}(\cos \omega x - i \sin \omega x)$$

wobei wir für die letzte Umformung jeweils die Eulersche Formel verwendet haben. Durch eine passende Linearkombination können wir daraus zwei reelle Lösungen der DGl gewinnen:

$$y_1(x) = \tfrac{1}{2} \cdot z_1(x) + \tfrac{1}{2} \cdot z_2(x) = e^{\alpha x} \cos \omega x$$

$$y_2(x) = \tfrac{1}{2i} \cdot z_1(x) - \tfrac{1}{2i} \cdot z_2(x) = e^{\alpha x} \sin \omega x$$

Diese bilden dann auch ein Fundamentalsystem, da der Quotient $\frac{y_2(x)}{y_1(x)} = \tan \omega x$ keine konstante Funktion ist.

Unsere Ergebnisse lassen sich wie folgt zusammenfassen:

Bei einer homogenen linearen Differentialgleichung 2. Ordnung

$$y'' + p \cdot y' + q \cdot y = 0$$

mit konstanten Koeffizienten löst man die charakteristische Gleichung

$$\lambda^2 + p \cdot \lambda + q = 0$$

Die allgemeine Lösung mit den Konstanten C_1 und C_2 lautet dann

- bei zwei verschiedenen reellen Nullstellen $\lambda_1 \neq \lambda_2$

$$y(x) = C_1 \cdot e^{\lambda_1 x} + C_2 \cdot e^{\lambda_2 x}$$

- bei nur einer (= doppelten) reellen Nullstelle $\lambda = -\frac{p}{2}$

$$y(x) = e^{\lambda x} (C_1 + C_2 \cdot x)$$

- bei zwei konjugiert komplexen Nullstellen $\lambda_{1/2} = \alpha \pm i \omega$

$$y(x) = e^{\alpha x} (C_1 \cdot \cos \omega x + C_2 \cdot \sin \omega x)$$

Beispiel 1: $y'' - y' - 2y = 0$

Das charakteristische Polynom $\lambda^2 - \lambda - 2 = 0$ hat zwei verschiedene reelle Nullstellen $\lambda_1 = -1$, $\lambda_2 = 2$ und liefert uns die allgemeine Lösung $y(x) = C_1 \cdot e^{-x} + C_2 \cdot e^{2x}$.

Beispiel 2: $y'' - 4y' + 4y = 0$

Das charakteristische Polynom $\lambda^2 - 4\lambda + 4 = (\lambda - 2)^2$ besitzt hier eine doppelte Nullstelle bei $\lambda = 2$. Die allgemeine Lösung der DGl ist daher $y(x) = e^{2x} (C_1 + C_2 \cdot x)$.

Beispiel 3: $y'' - 6y' + 13y = 0$

Die beiden Nullstellen des charakteristischen Polynoms $\lambda^2 - 6\lambda + 13 = 0$ sind komplex:

$$\lambda_{1/2} = \frac{6 \pm \sqrt{36 - 52}}{2} = 3 \pm 2\,\mathrm{i}$$

Aus dem Real- und Imaginärteil der charakteristischen Werte bilden wir die allgemeine Lösung $y(x) = \mathrm{e}^{3x}\,(C_1 \cos 2x + C_2 \sin 2x)$.

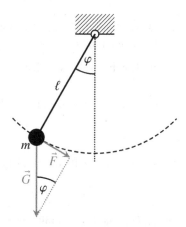

Abb. 3.14 Mathematisches
Pendel mit der Masse m und
der Länge ℓ

Beispiel 4. Das mathematische Pendel ist ein idealisiertes Pendel in der Ebene mit einer punktförmigen Masse m an einer masselosen Stange der Länge ℓ, wobei Reibungskräfte vernachlässigt werden. Auf die Masse wirkt nur die Schwerkraft $\vec{G}$ mit dem Betrag $m \cdot g$ in vertikaler Richtung. Bezeichnet $\varphi(t)$ den Auslenkwinkel zur Zeit t, dann bewegt sich das Pendel auf einer Kreisbahn um den Aufhängepunkt mit der Geschwindigkeit $v(t) = \ell \cdot \dot{\varphi}(t)$ und der Beschleunigung $a(t) = \ell \cdot \ddot{\varphi}(t)$. Die rücktreibende Kraft $\vec{F}$ längs der Kreisbahn ist der tangentiale Anteil der Schwerkraft entgegengesetzt zur Auslenkung. Diese tangentiale Komponente hat den Wert $-m\,g \sin \varphi(t)$, siehe Abb. 3.14, und aus dem Newtonschen Gesetz ergibt sich

$$m\,a(t) = -m\,g \sin \varphi(t) \quad \Longrightarrow \quad \ell \cdot \ddot{\varphi}(t) = -g \sin \varphi(t)$$

Für die Auslenkung erhalten wir zunächst eine *nichtlineare* DGl 2. Ordnung

$$\ddot{\varphi}(t) + \tfrac{g}{\ell} \sin \varphi(t) = 0$$

welche nicht mit elementaren Mitteln gelöst werden kann. Betrachtet man aber nur kleine Auslenkungen $\varphi(t)$, dann ergibt sich mit der Kleinwinkelnäherung $\sin \varphi(t) \approx \varphi(t)$ eine lineare DGl 2. Ordnung mit konstanten Koeffizienten

$$\ddot{\varphi}(t) + \tfrac{g}{\ell} \cdot \varphi(t) = 0$$

Ihre charakteristische Gleichung hat zwei imaginäre Lösungen:

$$\lambda^2 + \tfrac{g}{\ell} = 0 \quad \Longrightarrow \quad \lambda = \sqrt{-\tfrac{g}{\ell}} = \mathrm{i}\,\omega \quad \text{mit} \quad \omega = \sqrt{\tfrac{g}{\ell}}$$

Bei kleinen Auslenkungen führt das mathematische Pendel näherungsweise eine harmonische Schwingung $\varphi(t) = C_1 \cos \omega t + C_2 \sin \omega t$ durch, wobei die Kreisfrequenz $\omega = \sqrt{g/\ell}$ unabhängig von der Pendelmasse m ist.

3.3.3 Die inhomogene DGl mit konstanten Koeffizienten

In der Praxis treten vielfach inhomogene lineare DGlen 2. Ordnung

$$y'' + p \cdot y' + q \cdot y = g(x)$$

mit konstanten Koeffizienten p, q und einer stetigen *Störfunktion* $g(x)$ auf, wie etwa bei der erzwungenen gedämpften Schwingung (siehe Abschnitt 3.6.3). Im Folgenden wollen wir die allgemeine Lösung einer solchen Differentialgleichung finden.

Ausgangspunkt unserer Suche ist die folgende Beobachtung: Ist $y_0(x)$ eine bereits bekannte Lösung und $y(x)$ eine beliebige andere Lösung der inhomogenen DGl, dann erfüllt die Differenz dieser beiden Funktionen $u(x) = y(x) - y_0(x)$ die Gleichung

$$u'' + p\,u' + q\,u = (y'' - y_0'') + p\,(y' - y_0') + q\,(y - y_0)$$
$$= (y'' + p\,y' + q\,y) - (y_0'' + p\,y_0' + q\,y_0) = g(x) - g(x) = 0$$

Somit ist $u(x)$ eine Lösung der homogenen DGl $y'' + p\,y' + q\,y = 0$, für die wir ein Fundamentalsystem y_1, y_2 aus den Nullstellen des charakteristischen Polynoms zusammenstellen können. Damit lässt sich die Differenz zweier Lösungen in der Form

$$u(x) = y(x) - y_0(x) = C_1\,y_1(x) + C_2\,y_2(x)$$
$$\text{bzw.} \quad y(x) = y_0(x) + C_1\,y_1(x) + C_2\,y_2(x)$$

mit Konstanten C_1 und C_2 schreiben. Dieses Resultat wiederum bedeutet:

Ist y_0 eine *partikuläre* Lösung der inhomogenen DGl und sind y_1, y_2 zwei Fundamentallösungen der homogenen DGl ($g \equiv 0$), dann lautet die allgemeine Lösung der inhomogenen DGl

$$y(x) = y_0(x) + C_1 \cdot y_1(x) + C_2 \cdot y_2(x)$$

Wir brauchen also nur noch eine Formel (oder Methode) zur Berechnung einer einzelnen Lösung y_0 der inhomogenen DGl. Hierfür gibt es verschiedene Möglichkeiten. In vielen Lehrbüchern wird vorgeschlagen, eine partikuläre Lösung durch einen passenden Ansatz aufzusuchen. In den Formelsammlungen findet man Tabellen, die zu einer Störfunktion $g(x)$ jeweils einen passenden Lösungsansatz für y_0 angeben.

Beispiel:

$$y'' - 2\,y' + 2\,y = e^{-x}$$

Die Störfunktion ist hier vom Typ $g(x) = e^{cx}$ mit $c = -1$, wobei -1 keine Lösung der charakteristischen Gleichung $\lambda^2 - 2\lambda + 2 = 0$ ist. Aus einer Tabelle entnimmt man den Ansatz $y_0(x) = A\,e^{-x}$ für die partikuläre Lösung mit einer noch zu bestimmenden Größe A. Setzen wir diese in die DGl ein, dann ergibt

$$(A\,e^{-x})'' - 2\,(A\,e^{-x})' + 2A\,e^{-x} = e^{-x}$$
$$A\,e^{-x} + 2A\,e^{-x} + 2A\,e^{-x} = e^{-x}$$
$$5A\,e^{-x} = e^{-x}$$

den Wert $A = \frac{1}{5}$, und somit ist $y_0(x) = \frac{1}{5}e^{-x}$ eine Lösung der DGl.

Ein Nachteil dieses Verfahrens ist, dass in einer solchen Tabelle nur eine begrenzte Anzahl von Störfunktionen aufgelistet sind, wobei man auch nicht immer eine Formelsammlung zur Hand hat. Wir wollen stattdessen ein Verfahren verwenden, bei dem man zu einer beliebigen (stetigen) Störfunktion $g(x)$ eine partikuläre Lösung direkt berechnen kann. Dazu brauchen wir wieder die Nullstellen λ_1 und λ_2 der charakteristischen Gleichung $\lambda^2 + p\,\lambda + q = 0$. Eine partikuläre Lösung y_0 erhalten wir durch zweifache Integration, indem wir nacheinander die Funktionen

$$G(x) = e^{\lambda_1 x} \cdot \int g(x) \cdot e^{-\lambda_1 x}\,dx$$

$$y_0(x) = e^{\lambda_2 x} \cdot \int G(x) \cdot e^{-\lambda_2 x}\,dx$$

berechnen. Durch Einsetzen in die DGl lässt sich bestätigen, dass y_0 tatsächlich eine partikuläre Lösung zur Störfunktion $g(x)$ ist. Aus den Ableitungen

$$G'(x) = (e^{\lambda_1 x})' \cdot \int g(x) \cdot e^{-\lambda_1 x}\,dx + e^{\lambda_1 x} \cdot \left(\int g(x) \cdot e^{-\lambda_1 x}\,dx \right)'$$

$$= \lambda_1 \cdot \underbrace{e^{\lambda_1 x} \cdot \int g(x)\,e^{-\lambda_1 x}\,dx}_{G(x)} + e^{\lambda_1 x} \cdot g(x) \cdot e^{-\lambda_1 x} = \lambda_1\,G(x) + g(x)$$

$$y_0'(x) = (e^{\lambda_2 x})' \cdot \int G(x) \cdot e^{-\lambda_2 x}\,dx + e^{\lambda_2 x} \cdot \left(\int G(x) \cdot e^{-\lambda_2 x}\,dx \right)'$$

$$= \lambda_2 \cdot \underbrace{e^{\lambda_2 x} \cdot \int G(x)\,e^{-\lambda_2 x}\,dx}_{y_0(x)} + e^{\lambda_2 x} \cdot G(x) \cdot e^{-\lambda_2 x} = \lambda_2\,y_0(x) + G(x)$$

erhalten wir zunächst

$$y_0''(x) = \lambda_2 \cdot y_0'(x) + G'(x)$$
$$= \lambda_2 \cdot \left(\lambda_2\,y_0(x) + G(x) \right) + \left(\lambda_1\,G(x) + g(x) \right)$$
$$= \lambda_2^2 \cdot y_0(x) + (\lambda_1 + \lambda_2)\,G(x) + g(x)$$

Einsetzen in die linke Seite der DGl ergibt

$$y_0'' + p\,y_0' + q\,y_0 = \underbrace{\lambda_2^2 \cdot y_0 + (\lambda_1 + \lambda_2)\,G(x) + g(x)}_{y_0''(x)} + \underbrace{p\,(\lambda_2\,y_0 + G(x))}_{y_0'(x)} + q\,y_0$$

$$= (\lambda_2^2 + p\,\lambda_2 + q)\,y_0 + (p + \lambda_1 + \lambda_2)\,G(x) + g(x)$$

Da λ_2 eine Nullstelle der charakteristischen Gleichung ist, gilt $\lambda_2^2 + p\,\lambda_2 + q = 0$. Außerdem ist nach dem Satz von Vieta $\lambda_1 + \lambda_2 = -p$, sodass y_0 wegen

$$y_0'' + p\,y_0' + q\,y_0 = 0 \cdot y_0 + 0 \cdot G(x) + g(x) = g(x)$$

tatsächlich eine partikuläre Lösung der DGl ist.

Zusammenfassung: Bei einer inhomogenen linearen DGl 2. Ordnung

$$y'' + p \cdot y' + q \cdot y = g(x)$$

mit konstanten Koeffizienten löst man zuerst die charakteristische Gleichung

$$\lambda^2 + p \cdot \lambda + q = 0$$

Aus den charakteristischen Werten λ_1 und λ_2, die auch gleich oder komplex sein dürfen, erhält man anschließend eine partikuläre Lösung y_0 mit der Formel

$$G(x) = e^{\lambda_1 x} \int g(x) \cdot e^{-\lambda_1 x}\,dx$$

$$y_0(x) = e^{\lambda_2 x} \int G(x) \cdot e^{-\lambda_2 x}\,dx$$

Die allgemeine Lösung der inhomogenen DGl lautet dann

$$y(x) = y_0(x) + C_1 \cdot y_1(x) + C_2 \cdot y_2(x)$$

wobei y_1 und y_2 Fundamentallösungen der homogenen DGl ($g \equiv 0$) sind.

Beispiel 1.

$$y'' - 2\,y' = 4$$

bzw. $y'' - 2 \cdot y' + 0 \cdot y = 4$. Die charakteristische Gleichung $\lambda^2 - 2\,\lambda = 0$ liefert die Werte $\lambda_1 = 0$ und $\lambda_2 = 2$ sowie das Fundamentalsystem $y_1(x) = e^{0 \cdot x} \equiv 1$ und $y_2(x) = e^{2x}$ der homogenen DGl. Wir berechnen noch

$$G(x) = e^{0 \cdot x} \cdot \int 4 \cdot e^{-0 \cdot x}\,dx = \int 4\,dx = 4\,x$$

$$y_0(x) = e^{2 \cdot x} \cdot \int 4\,x \cdot e^{-2 \cdot x}\,dx = e^{2x} \cdot \left(-2\,x\,e^{-2x} - e^{-2x}\right) = -2\,x - 1$$

und erhalten die allgemeine Lösung $y(x) = -2\,x - 1 + C_1 + C_2 \cdot e^{2x}$.

Beispiel 2. Zu lösen ist die inhomogene DGl

$$y'' - 2y' + y = x$$

Die charakteristische Gleichung $0 = \lambda^2 - 2\lambda + 1 = (\lambda - 1)^2$ hat die doppelte Nullstelle $\lambda = 1$, sodass $y_1(x) = e^x$ und $y_2(x) = x\,e^x$ Fundamentallösungen der homogenen DGl sind. Eine partikuläre Lösung der inhomogenen DGl erhalten wir mit

$$G(x) = e^{1 \cdot x} \cdot \int x \cdot e^{-1 \cdot x}\, dx = e^x\,(-x\,e^{-x} - e^{-x}) = -x - 1$$

und

$$y_0(x) = e^{1 \cdot x} \cdot \int (-x - 1) \cdot e^{-1 \cdot x}\, dx = e^x \cdot (x + 2) \cdot e^{-x} = x + 2$$

Die allgemeine Lösung der inhomogenen DGl ist $y(x) = x + 2 + C_1 \cdot e^x + C_2 \cdot x\,e^x$.

Beispiel 3. Gesucht ist die spezielle Lösung der DGl

$$y'' + 2y' - 3y = -5\,e^{2x}$$

zur Anfangsbedingung $y(0) = 3$ und $y'(0) = 2$. Bei einem solchen Anfangswertproblem bestimmen wir zunächst die allgemeine Lösung, und legen dann die Integrationskonstanten mithilfe der Anfangswerte fest. Die charakteristische Gleichung $\lambda^2 + 2\lambda - 3 = 0$ hat die beiden reellen Nullstellen

$$\lambda_{1/2} = \frac{-2 \pm \sqrt{4 + 12}}{2} = \frac{-2 \pm 4}{2}$$

also $\lambda_1 = -3$ und $\lambda_2 = 1$. Eine partikuläre Lösung ergibt sich aus der Rechnung

$$G(x) = e^{-3x} \cdot \int -5\,e^{2x} \cdot e^{3x}\, dx = e^{-3x} \cdot \int -5\,e^{5x}\, dx = -e^{2x}$$

$$y_0(x) = e^x \cdot \int -e^{2x} \cdot e^{-x}\, dx = e^x \cdot \int -e^x\, dx = -e^{2x}$$

Zusammen mit der Lösung der homogenen DGl erhalten wir die allgemeine Lösung

$$y(x) = -e^{2x} + C_1\,e^{-3x} + C_2\,e^x$$

Wir müssen nun noch eine Lösung finden, welche die Bedingungen $y(0) = 3$ und $y'(0) = 2$ erfüllt. Setzen wir $x = 0$ in die allgemeine Lösung $y(x)$ und in ihre Ableitung

$$y'(x) = -2\,e^{2x} - 3\,C_1\,e^{-3x} + C_2\,e^x$$

ein, dann führt uns die Anfangsbedingung zum linearen Gleichungssystem

$$(1) \quad 3 = y(0) = -e^{2 \cdot 0} + C_1\,e^{-3 \cdot 0} + C_2\,e^0 = -1 + C_1 + C_2$$

$$(2) \quad 2 = y'(0) = -2\,e^{2 \cdot 0} - 3\,C_1\,e^{-3 \cdot 0} + C_2\,e^0 = -2 - 3\,C_1 + C_2$$

Wir lösen (1) nach C_2 auf und setzen $C_2 = 4 - C_1$ in (2) ein:

$$2 = -2 - 3C_1 + (4 - C_1) = 2 - 4C_1 \implies C_1 = 0, \quad C_2 = 4$$

Die spezielle Lösung des Anfangswertproblems lautet demnach $y(x) = -e^{2x} + 4e^x$.

Beispiel 4. Bei der inhomogenen DGl

$$y'' + 3y' + 2y = 5\sin 2x$$

hat die charakteristische Gleichung $\lambda^2 + 3\lambda + 2 = 0$ die reellen Lösungen $\lambda_1 = -1$ und $\lambda_2 = -2$. Das Aufsuchen einer partikulären Lösung ist in diesem Fall etwas komplizierter, da die Berechnung der Integrale ein wenig aufwändiger ist:

$$G(x) = e^{-x} \cdot \int 5\sin 2x \cdot e^x \, dx = \sin 2x - 2\cos 2x$$

$$y_0(x) = e^{-2x} \cdot \int (\sin 2x - 2\cos 2x) \cdot e^{2x} \, dx = -\tfrac{1}{4}\sin 2x - \tfrac{3}{4}\cos 2x$$

(man verwendet z. B. partielle Integration – die einzelnen Schritte wurden hier aber weggelassen). Es gibt allerdings eine Möglichkeit, die Rechnung erheblich zu vereinfachen. Dazu verwenden wir die Euler-Formel

$$5\sin 2x = \mathrm{Im}(5\,e^{2ix})$$

und berechnen die partikuläre Lösung zur komplexen Störfunktion $5\,e^{2ix}$ mit

$$G(x) = e^{-x} \cdot \int 5\,e^{2ix} \cdot e^x \, dx = 5\,e^{-x} \int e^{(1+2i)x} \, dx$$

$$= 5\,e^{-x} \cdot \tfrac{1}{1+2i} e^{(1+2i)x} = \tfrac{5}{1+2i} e^{2ix}$$

$$z_0(x) = e^{-2x} \int \tfrac{5}{1+2i} e^{2ix} \cdot e^{2x} \, dx = \tfrac{5}{2+2i} e^{-2x} \int e^{(2+2i)x} \, dx$$

$$= \tfrac{5}{1+2i} e^{-2x} \cdot \tfrac{1}{2+2i} e^{(2+2i)x} = \tfrac{5}{(1+2i)(2+2i)} e^{2ix} = -\tfrac{1+3i}{4} e^{2ix}$$

Zerlegen wir $z_0(x)$ mithilfe der Euler-Formel wieder in Real- und Imaginärteil:

$$z_0(x) = -\tfrac{1+3i}{4} (\cos 2x + i\sin 2x)$$

$$= (-\tfrac{1}{4}\cos 2x + \tfrac{3}{4}\sin 2x) + i \cdot (-\tfrac{1}{4}\sin 2x - \tfrac{3}{4}\cos 2x)$$

dann ist der Imaginärteil $y_0(x) = \mathrm{Im}\, z_0(x)$ eine partikuläre Lösung zur Störfunktion $g(x) = \mathrm{Im}(5\,e^{2ix})$, also

$$y_0(x) = -\tfrac{1}{4}\sin 2x - \tfrac{3}{4}\cos 2x$$

Zusammen mit dem Fundamentalsystem der homogenen DGl erhalten wir die allgemeine Lösung

$$y(x) = -\tfrac{1}{4}\sin 2x - \tfrac{3}{4}\cos 2x + C_1\,e^{-x} + C_2\,e^{-2x}$$

Beispiel 5. Im Fall der inhomogenen DGl

$$y'' - 2y' + 2y = e^{-x}$$

sind die Nullstellen der charakteristischen Gleichung $\lambda^2 - 2\lambda + 2 = 0$ komplex:

$$\lambda_1 = 1 + i \quad \text{und} \quad \lambda_2 = 1 - i$$

Auch in diesem Fall funktioniert die Berechnung der partikulären Lösung, denn

$$G(x) = e^{(1+i)x} \cdot \int e^{-x} \cdot e^{-(1+i)x} \, dx = e^{(1+i)x} \cdot \int e^{-(2+i)x} \, dx$$

$$= e^{(1+i)x} \cdot \frac{1}{-(2+i)} e^{-(2+i)x} = \frac{1}{-(2+i)} e^{-x}$$

$$y_0(x) = e^{(1-i)x} \cdot \int \frac{1}{-(2+i)} e^{-x} \cdot e^{-(1-i)x} \, dx = \frac{1}{-(2+i)} e^{(1-i)x} \cdot \int e^{-(2-i)x} \, dx$$

$$= \frac{1}{-(2+i)} e^{(1-i)x} \cdot \frac{1}{-(2-i)} e^{-(2-i)x} = \frac{1}{2^2 - i^2} e^{-x} = \tfrac{1}{5} e^{-x}$$

In Kombination mit den Fundamentallösungen der homogenen DGl ergibt sich schließlich die allgemeine Lösung

$$y(x) = \tfrac{1}{5} e^{-x} + e^x \cdot (C_1 \cos x + C_2 \sin x)$$

mit zwei voneinander unabhängigen Konstanten C_1 und C_2.

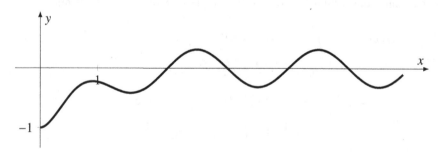

Abb. 3.15 Spezielle Lösung der DGl $y'' + 4y' + 5y = 4\cos 3x$ mit $y(0) = -1$ und $y'(0) = 0$

Beispiel 6. Wir bestimmen die allgemeine Lösung der DGl

$$y'' + 4y' + 5y = 4\cos 3x$$

Die Nullstellen der charakteristischen Gleichung $\lambda^2 + 4\lambda + 5 = 0$ sind auch hier komplex, und zwar

$$\lambda_1 = -2 + i \quad \text{und} \quad \lambda_2 = -2 - i$$

Bei der Berechnung der partikulären Lösung ist es (wie in Beispiel 4) günstig, die Störfunktion durch eine komplexe Exponentialfunktion zu ersetzen. Gemäß der Euler-Formel gilt $4\cos 3x = \text{Re}(4 e^{3ix})$. Wir berechnen die partikuläre Lösung nicht für

$4\cos 3x$, sondern für die komplexe Störfunktion $4\,e^{3\,i\,x}$ mit

$$G(x) = e^{(-2+i)x} \cdot \int 4\,e^{3\,i\,x} \cdot e^{(2-i)x}\,dx = 4\,e^{(-2+i)x} \int e^{(2+2\,i)x}\,dx$$

$$= 4\,e^{(-2+i)x}\,\tfrac{1}{2+2\,i}\,e^{(2+2\,i)x} = \tfrac{2}{1+i}\,e^{3\,i\,x}$$

$$y_0(x) = e^{(-2-i)x} \int \tfrac{2}{1+i}\,e^{3\,i\,x} \cdot e^{(2+i)x}\,dx = \tfrac{2}{1+i}\,e^{(-2-i)x} \int e^{(2+4\,i)x}\,dx$$

$$= \tfrac{2}{1+i}\,e^{(-2-i)x} \cdot \tfrac{1}{2+4\,i}\,e^{(2+4\,i)x} = \tfrac{1}{(1+i)(1+2\,i)}\,e^{3\,i\,x} = \tfrac{1}{-1+3\,i}\,e^{3\,i\,x}$$

$$= (-0{,}1 - 0{,}3\,i) \cdot (\cos 3x + i\sin 3x)$$

$$= -0{,}1\cos 3x + 0{,}3\sin 3x + i\,(-0{,}1\sin 3x - 0{,}3\cos 3x)$$

Der Realteil $-0{,}1\cos 3x + 0{,}3\sin 3x$ ist die gesuchte reelle partikuläre Lösung, die zusammen mit dem Fundamentalsystem der homogenen DGl die allgemeine Lösung

$$y(x) = -0{,}1\cos 3x + 0{,}3\sin 3x + e^{-2x}\,(C_1\cos x + C_2\sin x)$$

liefert. Aus den Anfangsbedingungen $y(0) = -1$ und $y'(0) = 0$ erhalten wir dann z. B. die Konstanten $C_1 = -0{,}9$ und $C_2 = -2{,}7$ (Übung!), siehe Abb. 3.15.

Dass man in den Beispielen 4 und 6 auf eine komplexe Störfunktion übergehen darf, lässt sich wie folgt begründen: Ist $z : D \longrightarrow \mathbb{C}$ eine Lösung der linearen DGl

$$(1)\quad z'' + p \cdot z' + q \cdot z = g(x)$$

mit $p,\,q \in \mathbb{R}$ und einer *komplexwertigen* Funktion $g(x)$, dann gilt auch

$$(2)\quad \overline{z}'' + p \cdot \overline{z}' + q \cdot \overline{z} = \overline{g(x)}$$

Für $y_1(x) := \operatorname{Re} z(x) = \tfrac{1}{2}(z + \overline{z})$ und $y_2(x) := \operatorname{Im} z(x) = \tfrac{1}{2i}(z - \overline{z})$ ergibt

$$\tfrac{1}{2}\cdot(1) + \tfrac{1}{2}\cdot(2):\quad y_1'' + p\cdot y_1' + q\cdot y_1 = \tfrac{1}{2}\left(g(x) + \overline{g(x)}\right) = \operatorname{Re} g(x)$$

$$\tfrac{1}{2i}\cdot(1) - \tfrac{1}{2i}\cdot(2):\quad y_2'' + p\cdot y_2' + q\cdot y_2 = \tfrac{1}{2i}\left(g(x) - \overline{g(x)}\right) = \operatorname{Im} g(x)$$

3.3.4 Die Eulersche Differentialgleichung

Als wichtiges Beispiel für eine homogene lineare DGl 2. Ordnung mit nicht-konstanten Koeffizienten wollen wir die sogenannte

Eulersche Differentialgleichung $\quad x^2 \cdot y'' + p\,x \cdot y' + q \cdot y = 0$

auf dem Intervall $]0, \infty[$ mit gegebenen Zahlenwerten $p, q \in \mathbb{R}$ lösen. Die Normalform dieser DGl lautet

$$y'' + \tfrac{p}{x}\cdot y' + \tfrac{q}{x^2}\cdot y = 0$$

und sie ist ein Spezialfall der allgemeinen homogenen DGl mit den Koeffizientenfunktionen $f(x) = \frac{p}{x}$ bzw. $g(x) = \frac{q}{x^2}$. Dieser DGl-Typ lässt sich vollständig lösen, und zwar ähnlich wie die DGl mit konstanten Koeffizienten. Dazu suchen wir eine erste Lösung $y \not\equiv 0$ mit dem

> **Ansatz** $y(x) = x^\sigma$

und einem noch zu bestimmenden Exponenten σ. Setzen wir diesen und $y'(x) = \sigma\, x^{\sigma-1}$ sowie $y''(x) = \sigma(\sigma - 1)\, x^{\sigma-2}$ in die DGl ein, dann soll

$$x^2 \cdot \sigma(\sigma - 1)\, x^{\sigma-2} + p\, x \cdot \sigma\, x^{\sigma-1} + q \cdot x^\sigma \overset{!}{=} 0$$

$$\implies \quad x^\sigma \cdot (\sigma^2 + (p - 1)\, \sigma + q) \overset{!}{=} 0$$

erfüllt sein. Teilen wir die Gleichung durch $x^\sigma \neq 0$, dann ergibt sich für den gesuchten Wert σ wieder eine quadratische Gleichung

$$\sigma^2 + (p - 1) \cdot \sigma + q = 0$$

mit deren Hilfe wir ein Fundamentalsystem der Eulerschen DGl berechnen wollen. Dazu müssen wir erneut die folgenden drei Fälle unterscheiden:

(1) Hat die quadratische Gleichung zwei reelle Lösungen $\sigma_1 \neq \sigma_2$, dann sind mit $y_1(x) = x^{\sigma_1}$ und $y_2(x) = x^{\sigma_2}$ bereits zwei Lösungen bekannt, und diese bilden sogar ein Fundamentalsystem wegen

$$\frac{y_2(x)}{y_1(x)} = \frac{x^{\sigma_2}}{x^{\sigma_1}} = x^{\sigma_2 - \sigma_1} \not\equiv \text{const}$$

(2) Falls die Diskriminante der quadratischen Gleichung gleich Null ist, dann erhalten wir nur einen Wert $\sigma = \frac{1}{2}(1 - p)$ und somit auch nur eine Lösung $y_1(x) = x^\sigma$ der DGl. Die zweite Fundamentallösung ergibt sich aus der Formel

$$y_2(x) = y_1(x) \cdot \int \frac{e^{-F(x)}}{y_1(x)^2}\, dx \quad \text{mit} \quad F(x) = \int \frac{p}{x}\, dx = p \ln x$$

wobei $e^{-F(x)} = e^{-p \ln x} = (e^{\ln x})^{-p} = x^{-p}$ für alle $x \in \,]0, \infty[$ gilt. Hieraus folgt

$$y_2(x) = x^\sigma \cdot \int \frac{x^{-p}}{(x^\sigma)^2}\, dx = x^\sigma \cdot \int x^{-p-2\sigma}\, dx = x^\sigma \cdot \int \frac{1}{x}\, dx = x^\sigma \cdot \ln x$$

(3) Im Fall, dass die quadratische Gleichung zwei konjugiert komplexe Lösungen $\sigma_{1/2} = \alpha \pm i\,\omega$ hat, erhalten wir aus den beiden komplexwertigen Lösungen

$$z_{1/2}(x) = x^{\alpha \pm i\omega} = (e^{\ln x})^{\alpha \pm i\omega} = e^{(\alpha \pm i\omega)\ln x} = e^{\alpha \ln x} \cdot e^{\pm i\omega \ln x}$$

$$= x^\alpha \cdot (\cos(\omega \ln x) \pm i \sin(\omega \ln x))$$

durch geeignete Linearkombinationen zwei reelle Lösungen

$$y_1(x) = \tfrac{1}{2} \cdot z_1(x) + \tfrac{1}{2} \cdot z_2(x) = x^\alpha \cos(\omega \ln x)$$
$$y_2(x) = \tfrac{1}{2i} \cdot z_1(x) - \tfrac{1}{2i} \cdot z_2(x) = x^\alpha \sin(\omega \ln x)$$

Diese bilden dann auch ein Fundamentalsystem, da der Quotient $\frac{y_2(x)}{y_1(x)} = \tan(\omega \ln x)$ keine konstante Funktion ist.

Zusammenfassung: Zur Lösung der Eulerschen Differentialgleichung

$$x^2 y'' + p\, x\, y' + q\, y = 0, \quad x \in\,]0, \infty[$$

mit den reellen Koeffizienten p und q berechnet man die Nullstellen von

$$\sigma^2 + (p - 1)\,\sigma + q = 0$$

Die allgemeine Lösung mit den Konstanten C_1 und C_2 lautet dann bei

- zwei verschiedenen reellen Nullstellen $\sigma_1 \neq \sigma_2$

$$y(x) = C_1 \cdot x^{\sigma_1} + C_2 \cdot x^{\sigma_2}$$

- einer einzigen (= doppelten) reellen Nullstelle σ

$$y(x) = x^\sigma \, (C_1 + C_2 \cdot \ln x)$$

- zwei konjugiert komplexen Nullstellen $\sigma_{1/2} = \alpha \pm i\,\omega$

$$y(x) = x^\alpha \big(C_1 \cdot \cos(\omega \ln x) + C_2 \cdot \sin(\omega \ln x)\big)$$

Beispiel 1.
$$x^2 y'' - 2\, y = 0$$

Die zugehörige quadratische Gleichung $\sigma^2 - \sigma - 2 = 0$ hat zwei verschiedene reelle Nullstellen $\sigma_1 = -1$ und $\sigma_2 = 2$; sie liefern uns die allgemeine Lösung

$$y(x) = C_1 \cdot x^{-1} + C_2 \cdot x^2 = \tfrac{C_1}{x} + C_2\, x^2$$

Beispiel 2.
$$x^2 y'' - x\, y' + y = 0 \quad \text{für} \quad x \in\,]0, \infty[$$

Die quadratische Gleichung $0 = \sigma^2 - 2\,\sigma + 1 = (\sigma - 1)^2$ hat nur eine (doppelte) Nullstelle $\sigma = 1$, und die allgemeine Lösung der DGl ist daher

$$y(x) = x\,(C_1 + C_2 \ln x)$$

Beispiel 3.
$$x^2 y'' + 5\, x\, y' + 13\, y = 0$$

Die beiden Nullstellen der charakteristischen Gleichung $\sigma^2 + 4\sigma + 13 = 0$ sind komplex:

$$\sigma_{1/2} = \frac{-4 \pm \sqrt{16 - 52}}{2} = -2 \pm 3\,\mathrm{i}$$

Aus dem Real- und Imaginärteil der charakteristischen Werte bilden wir die allgemeine Lösung

$$y(x) = x^{-2}\left(C_1 \cos(3\ln x) + C_2 \sin(3\ln x)\right)$$

3.3.5 Die inhomogene lineare DGl 2. Ordnung

hat allgemein die Form

$$y'' + f(x) \cdot y' + g(x) \cdot y = h(x)$$

mit stetigen Koeffizientenfunktionen $f(x)$ und $g(x)$ sowie einer stetigen Störfunktion $h(x)$ auf einem Intervall $D \subset \mathbb{R}$. Hierfür können wir, so wie im Fall konstanter Koeffizienten, die folgende Aussage notieren:

Ist y_0 eine *partikuläre* Lösung der inhomogenen DGl und $C_1 \cdot y_1(x) + C_2 \cdot y_2(x)$ die allgemeine Lösung der homogenen DGl ($h \equiv 0$), dann ist die allgemeine Lösung der inhomogenen DGl

$$y(x) = y_0(x) + C_1 \cdot y_1(x) + C_2 \cdot y_2(x)$$

Ist nämlich $y_0(x)$ eine schon bekannte Lösung und $y(x)$ eine beliebige andere Lösung der inhomogenen DGl, dann ergibt sich für die Differenz $u(x) = y(x) - y_0(x)$ wieder

$$
\begin{aligned}
u'' + f(x)\,u' + g(x)\,u &= (y'' - y_0'') + f(x)\,(y' - y_0') + g(x)\,(y - y_0) \\
&= (y'' + f\,y' + g\,y) - (y_0'' + f\,y_0' + g\,y_0) = h(x) - h(x) \equiv 0
\end{aligned}
$$

sodass $u(x)$ eine Lösung der homogenen DGl $y'' + f(x)\,y' + g(x)\,y = 0$ sein muss.

In der Praxis sucht man eine partikuläre Lösung zumeist durch Raten oder mit einem Ansatz, welcher der Störfunktion angepasst ist. Hat man eine solche gefunden, dann bleibt im Fall nicht-konstanter Koeffizienten noch das Problem, dass sich selbst die homogene DGl möglicherweise nicht durch eine Formel o. dgl. lösen lässt. Auch hier muss man in der Regel eine erste Fundamentallösung erraten, um dann mit der Formel aus Abschnitt 3.3.1 ein vollständiges Fundamentalsystem angeben zu können.

Beispiel 1. Wir wollen die allgemeine Lösung der inhomogenen DGl

$$x^2 y'' - 5x y' + 8 y = x^3 + 4$$

berechnen. Dazu betrachten wir zuerst die homogene (= Eulersche) DGl

$$x^2 y'' - 5 x y' + 8 y = 0$$

Die charakteristische Gleichung $\sigma^2 - 6\sigma + 8 = 0$ liefert uns die Werte $\sigma_1 = 2$ und $\sigma_2 = 4$, sodass $C_1 x^2 + C_2 x^4$ die allgemeine Lösung der homogenen Differentialgleichung ist. Die Störfunktion $h(x) = x^3 + 4$ der inhomogenen DGl ist ein Polynom. Als Ansatz für die partikuläre Lösung wählen wir eine Funktion vom gleichen Typ

$$y_0(x) = a x^3 + b \quad \Longrightarrow \quad y_0'(x) = 3 a x^2, \quad y_0''(x) = 6 a x$$

Setzen wir diese und ihre Ableitungen in die linke Seite der DGl ein, dann ergibt sich

$$x^2 y_0'' - 5 x y_0' + 8 y_0 = -a x^3 + 8 b$$

Aus dem Vergleich der rechten Seite mit der Störfunktion $x^3 + 4$ erhalten wir die Werte $a = -1$ und $b = \frac{1}{2}$. Mit $y_0(x) = -x^3 + \frac{1}{2}$ haben wir eine Lösung der inhomogenen DGl gefunden, und die allgemeine Lösung lautet dann

$$y(x) = C_1 x^2 + C_2 x^4 - x^3 + \frac{1}{2}$$

Beispiel 2. Gesucht ist die allgemeine Lösung der inhomogenen linearen DGl 2. Ordnung

$$x y'' + 2 y' + x y = 3 x$$

Durch Raten findet man die partikuläre Lösung $y_0(x) \equiv 3$ sowie als Lösung der homogenen DGl $x y'' + 2 y' + x y = 0$ die Funktion $y_1(x) = \frac{1}{x} \sin x$, denn

$$y_1'(x) = -\frac{1}{x^2} \sin x + \frac{1}{x} \cos x, \quad y_1''(x) = \frac{2}{x^3} \sin x - \frac{2}{x^2} \cos x - \frac{1}{x} \sin x$$

eingesetzt in die Differentialgleichung ergibt

$$x y_1''(x) + 2 y_1'(x) - x y_1(x) = 0$$

Zur Berechnung einer weiteren Fundamentallösung bringen wir die homogene DGl zuerst in die Normalform

$$y'' + \frac{2}{x} y' + y = 0$$

und wir brauchen eine Stammfunktion zu $f(x) = \frac{2}{x}$, also $F(x) = 2 \ln |x| = \ln x^2$. Die Anwendung der Formel

$$y_2(x) = y_1(x) \cdot \int \frac{e^{-F(x)}}{y_1(x)^2} \, dx = \frac{\sin x}{x} \int \frac{e^{-\ln x^2}}{(\frac{\sin x}{x})^2} \, dx$$

$$= \frac{\sin x}{x} \int \frac{1}{\sin^2 x} \, dx = \frac{\sin x}{x} \cdot \cot x = \frac{\cos x}{x}$$

liefert uns die zweite Fundamentallösung $y_2(x) = \frac{1}{x} \cos x$ und die allgemeine Lösung

$$y(x) = 3 + \frac{1}{x} (C_1 \sin x + C_2 \cos x)$$

3.4 Lineare DGlen dritter und höherer Ordnung

Im letzten Abschnitt haben wir lineare Differentialgleichungen 2. Ordnung und vorrangig solche mit konstanten Koeffizienten untersucht. Hierbei stellt sich die Frage, ob wir die gewonnenen Ergebnisse auch auf lineare Differentialgleichungen dritter oder höherer Ordnung mit konstanten Koeffizienten übertragen können. Eine solche DGl hat allgemein die Form

$$y^{(n)} + b_{n-1} \cdot y^{(n-1)} + \ldots + b_1 \cdot y' + b_0 \cdot y = g(x)$$

mit fest vorgegebenen Koeffizienten $b_0, b_1, \ldots, b_{n-1} \in \mathbb{R}$ und einer stetigen Störfunktion $g(x)$ auf einem Intervall $D \subset \mathbb{R}$ (ein Vorfaktor bei $y^{(n)}$ kann ggf. zuvor gekürzt werden). Im Fall $g \equiv 0$ wird die DGl homogen genannt, andernfalls spricht man von einer inhomogenen DGl. Beispielsweise ist

$$y''' - 3\,y'' - y' + 3\,y = e^x$$

eine inhomogene DGl 3. Ordnung mit konstanten Koeffizienten und

$$y^{(4)} - 2\,y'' + y = 0$$

eine homogene DGl 4. Ordnung mit konstanten Koeffizienten. Als Spezialfall betrachten wir zunächst

3.4.1 Die allgemeine Lösung der homogenen DGl

$$y^{(n)} + b_{n-1} \cdot y^{(n-1)} + \ldots + b_1 \cdot y' + b_0 \cdot y = 0$$

So wie im Fall einer DGl 2. Ordnung ist auch hier, wie man durch Einsetzen leicht überprüfen kann, die Linearkombination $y(x) = C_1\,y_1(x) + C_2\,y_2(x)$ zweier Lösungen $y_1(x)$ und $y_2(x)$ mit beliebigen Konstanten C_1 und C_2 wieder eine Lösung der DGl. Setzen wir zudem

$$y(x) = e^{\lambda x} \quad \Longrightarrow \quad y^{(k)} = \lambda^k\,e^{\lambda x} \quad \text{für} \quad k = 0, 1, 2, 3, \ldots$$

in die homogene DGl ein, dann erhalten wir aus

$$\lambda^n\,e^{\lambda x} + b_{n-1} \cdot \lambda^{n-1}\,e^{\lambda x} + \ldots + b_1 \cdot \lambda\,e^{\lambda x} + b_0 \cdot e^{\lambda x} = 0$$

nach Division durch $e^{\lambda x} \neq 0$ eine algebraische Gleichung n-ten Grades für λ, die

charakteristische Gleichung $\quad \lambda^n + b_{n-1} \cdot \lambda^{n-1} + \ldots + b_1 \cdot \lambda + b_0 = 0$

Nach dem Fundamentalsatz der Algebra besitzt diese Gleichung insgesamt n Nullstellen, die i. Allg. komplexwertig sind und auch mehrfach auftreten können. Da die Koeffizienten der charakteristischen Gleichung $b_0, b_1, \ldots, b_{n-1}$ hier als reell vorausgesetzt werden, kommen die Nullstellen nur paarweise konjugiert komplex vor, d. h., mit $\alpha + i\,\omega$ ist dann immer auch $\alpha - \mathrm{i}\,\omega$ eine Nullstelle. In diesem Fall können die beiden komplexwertigen Lösungen

$$z_1(x) = \mathrm{e}^{(\alpha+\mathrm{i}\omega)x} = \mathrm{e}^{\alpha x} \cdot \mathrm{e}^{\mathrm{i}\omega x} = \mathrm{e}^{\alpha x}(\cos \omega x + \mathrm{i} \sin \omega x)$$

$$z_2(x) = \mathrm{e}^{(\alpha-\mathrm{i}\omega)x} = \mathrm{e}^{\alpha x} \cdot \mathrm{e}^{-\mathrm{i}\omega x} = \mathrm{e}^{\alpha x}(\cos \omega x - \mathrm{i} \sin \omega x)$$

der DGl mithilfe der Eulerschen Formel und den Linearkombinationen

$$y_1(x) = \tfrac{1}{2} \cdot z_1(x) + \tfrac{1}{2} \cdot z_2(x) = \mathrm{e}^{\alpha x} \cos \omega x$$

$$y_2(x) = \tfrac{1}{2\mathrm{i}} \cdot z_1(x) - \tfrac{1}{2\mathrm{i}} \cdot z_2(x) = \mathrm{e}^{\alpha x} \sin \omega x$$

stets durch zwei reelle Lösungen ersetzt werden. Außerdem produziert jede reelle Nullstelle λ eine reellwertige Lösung $y(x) = \mathrm{e}^{\lambda x}$. Falls die charakteristische Gleichung mehrfache Nullstellen hat, dann treten die Exponentialfunktionen in der allgemeinen Lösung zusätzlich noch mit Polynomfaktoren auf. Konkret bedeutet das: Eine k-fache Nullstelle $\lambda \in \mathbb{R}$ der charakteristischen Gleichung erzeugt einen Beitrag

$$\mathrm{e}^{\lambda x} \cdot (C_1 + C_2\, x + \ldots + C_k\, x^{k-1})$$

zur allgemeinen Lösung der DGl mit beliebigen Konstanten $C_1, C_2, \ldots, C_k$. Nachdem auch die Linearkombinationen der hier aufgeführten Lösungen die DGl erfüllen, erhalten wir schließlich das folgende Resultat:

Zur Lösung einer homogenen linearen Differentialgleichung n-ter Ordnung

$$y^{(n)} + b_{n-1} \cdot y^{(n-1)} + \ldots + b_1 \cdot y' + b_0 \cdot y = 0$$

berechnet man die Nullstellen der charakteristischen Gleichung n-ten Grades

$$\lambda^n + b_{n-1} \cdot \lambda^{n-1} + \ldots + b_1 \cdot \lambda + b_0 = 0$$

Falls diese Gleichung k verschiedene Nullstellen $\lambda_1, \lambda_2, \ldots, \lambda_k$ mit den Vielfachheiten $m_1, m_2, \ldots, m_k$ besitzt, dann lautet die allgemeine Lösung der DGl

$$\begin{aligned} y(x) = \;&\mathrm{e}^{\lambda_1 x} \cdot (A_1 + A_2\, x + \ldots + A_{m_1}\, x^{m_1-1}) \\ &+ \mathrm{e}^{\lambda_2 x} \cdot (B_1 + B_2\, x + \ldots + B_{m_2}\, x^{m_2-1}) \\ &+ \mathrm{e}^{\lambda_3 x} \cdot (C_1 + C_2\, x + \ldots + C_{m_3}\, x^{m_3-1}) \\ &+ \ldots \quad (\text{usw. für alle weiteren Nullstellen}) \end{aligned}$$

Im Fall von zwei konjugiert komplexen Nullstellen $\alpha \pm \mathrm{i}\,\omega$ können die komplexen Lösungen $\mathrm{e}^{(\alpha \pm \mathrm{i}\omega)x}$ durch die reellen Lösungen $\mathrm{e}^{\alpha x} \cos \omega x$ und $\mathrm{e}^{\alpha x} \sin \omega x$ ersetzt werden.

Beispiel 1. Die homogene lineare DGl 3. Ordnung

$$y''' - y'' - 4\,y' + 4\,y = 0$$

hat die charakteristische Gleichung $\lambda^3 - \lambda^2 - 4\lambda + 4 = 0$ mit den drei reellen Nullstellen $\lambda_1 = 1, \lambda_2 = 2$ und $\lambda_3 = -2$, welche man z. B. durch Raten oder mit der Lösungsformel für die kubische Gleichung ermitteln kann. Diese Nullstellen legen dann auch die allgemeine Lösung der DGl fest:

$$y(x) = C_1 e^x + C_2 e^{2x} + C_3 e^{-2x}$$

Beispiel 2. Die homogene lineare DGl 4. Ordnung

$$y^{(4)} - 6y''' + 18y'' - 14y' - 39y = 0$$

hat die charakteristische Gleichung 4. Grades

$$\lambda^4 - 6\lambda^3 + 18\lambda^2 - 14\lambda - 39 = 0$$

Durch Raten findet man zunächst die beiden reellen Lösungen $\lambda_1 = -1$ und $\lambda_2 = 3$. Das Horner-Schema

	1	-6	18	-14	-39
$(-1)\cdot$	0	-1	7	-25	39
Σ	1	-7	25	-39	0
$3\cdot$	0	3	-12	39	
Σ	1	-4	13	0	

führt uns über die quadratische Gleichung $\lambda^2 - 4\lambda + 13 = 0$ zu den zwei restlichen Nullstellen, die hier allerdings konjugiert komplex sind:

$$\lambda_{3/4} = \frac{4 \pm \sqrt{16 - 52}}{2} = \frac{4 \pm \sqrt{-36}}{2} = \frac{4 \pm 6\sqrt{-1}}{2} = 2 \pm 3i$$

Aus den vier Nullstellen erhalten wir vier reellwertige Fundamentallösungen, die wir beliebig linear kombinieren können. Die allgemeine Lösung lautet also

$$y(x) = C_1 \cdot e^{-x} + C_2 \cdot e^{3x} + C_3 \cdot e^{2x} \cos(3x) + C_4 \cdot e^{2x} \sin(3x)$$

Beispiel 3. Zur homogenen linearen DGl 4. Ordnung

$$y^{(4)} - y = 0$$

gehört die charakteristische Gleichung $\lambda^4 - 1 = 0$ mit den vier Nullstellen

$$\lambda^2 = \pm 1 \quad \Longrightarrow \quad \lambda_1 = 1, \quad \lambda_2 = -1, \quad \lambda_3 = i, \quad \lambda_4 = -i$$

Die beiden konjugiert komplexen Nullstellen $\lambda_{3/4} = 0 \pm i$ liefern die reellen Lösungen $e^{0 \cdot x} \cos x = \cos x$ und $e^{0 \cdot x} \sin x = \sin x$, welche zusammen mit den reellen Fundamentallösungen $y_1(x) = e^{1 \cdot x}$ und $y_2(x) = e^{-1 \cdot x}$ die allgemeine Lösung

$$y(x) = C_1 e^x + C_2 e^{-x} + C_3 \cos x + C_4 \sin x$$

der DGl mit beliebigen Konstanten C_1, C_2, C_3, C_4 erzeugen.

Beispiel 4. Die homogene lineare DGl 3. Ordnung

$$y''' - 3y'' + 4y = 0$$

hat die charakteristische Gleichung

$$0 = \lambda^3 - 3\lambda^2 + 4 = (\lambda + 1)(\lambda - 2)^2$$

mit den Nullstellen $\lambda_1 = -1$ (einfach) sowie $\lambda_2 = 2$ (doppelt). Die allgemeine Lösung der DGl ist dann

$$y(x) = A e^{-x} + e^{2x}(B_1 + B_2 x)$$

mit beliebigen Konstanten A, B_1 und B_2.

3.4.2 Die allgemeine Lösung der inhomogenen DGl

$$y^{(n)} + b_{n-1} \cdot y^{(n-1)} + \ldots + b_1 \cdot y' + b_0 \cdot y = g(x)$$

Wir beginnen mit der Beobachtung, dass ähnlich wie im Fall $n = 2$ die Differenz $u(x) = y(x) - y_0(x)$ zweier Lösungen $y(x)$ und $y_0(x)$ der inhomogenen DGl eine Lösung der zugehörigen homogenen DGl ist:

$$u^{(n)} + b_{n-1} \cdot u^{(n-1)} + \ldots + b_1 \cdot u' + b_0 \cdot u = 0$$

Diese Aussage lässt sich nach Einsetzen von $u = y - y_0$ und anschließendem Umsortieren der Summe leicht bestätigen. Hieraus wiederum folgt, dass man eine beliebige Lösung $y(x)$ der inhomogenen DGl stets in der Form

$$y(x) = y_0(x) + \text{(allgemeine Lösung der homogenen DGl)}$$

darstellen kann, sofern nur *eine* partikuläre Lösung $y_0(x)$ der inhomogenen DGl bekannt ist. Diese aber lässt sich mithilfe der charakteristischen Werte aus der Störfunktion mit insgesamt n Integrationsschritten berechnen.

Zur Lösung der inhomogenen linearen Differentialgleichung n-ter Ordnung

$$y^{(n)} + b_{n-1} \cdot y^{(n-1)} + \ldots + b_1 \cdot y' + b_0 \cdot y = g(x)$$

berechnet man die n Nullstellen $\lambda_1, \lambda_2, \ldots, \lambda_n$ der charakteristischen Gleichung

$$\lambda^n + b_{n-1} \cdot \lambda^{n-1} + \ldots + b_1 \cdot \lambda + b_0 = 0$$

wobei mehrfache Nullstellen entsprechend ihrer Vielfachheit gezählt werden, und bildet damit ein Fundamentalsystem $y_1(x), y_2(x), \ldots, y_n(x)$ der homogenen DGl (also für $g \equiv 0$). Eine partikuläre Lösung $y_0(x)$ der inhomogenen DGl erhält man wie folgt durch n-fache Integration:

$$G_1(x) = e^{\lambda_1 x} \int g(x) \cdot e^{-\lambda_1 x}\, dx$$

$$G_2(x) = e^{\lambda_2 x} \int G_1(x) \cdot e^{-\lambda_2 x}\, dx$$

$$\cdots$$

$$G_n(x) = e^{\lambda_n x} \int G_{n-1}(x) \cdot e^{-\lambda_n x}\, dx =: y_0(x)$$

Die allgemeine Lösung der inhomogenen DGl lautet dann

$$y(x) = y_0(x) + C_1 \cdot y_1(x) + C_2 \cdot y_2(x) + \ldots + C_n \cdot y_n(x)$$

mit n freien Konstanten $C_1, \ldots, C_n$.

Zur Begründung dieser Formel müssen wir zeigen, dass $y_0 = G_n$ die inhomogene DGl erfüllt. Dazu legen wir $G_0(x) := g(x)$ fest und bemerken, dass jede Funktion $G_k(x)$ für $k = 1, \ldots, n$ durch eine Integration mit

$$G_k(x) = e^{\lambda_k x} \int G_{k-1}(x) \cdot e^{-\lambda_k x}\, dx$$

aus dem Vorgänger $G_{k-1}(x)$ berechnet wird. Ableiten mit der Produktregel ergibt

$$G_k'(x) = \lambda_k \cdot \underbrace{e^{\lambda_k x} \int G_{k-1}(x) \cdot e^{-\lambda_k x}\, dx}_{G_k(x)} + e^{\lambda_k x} \cdot G_{k-1}(x) \cdot e^{-\lambda_k x}$$

sodass also $G_k'(x) - \lambda_k\, G_k(x) = G_{k-1}(x)$ gilt. Mit dem „Differentialoperator" $\frac{d}{dx}$ lässt sich dieses Ergebnis auch in der Form

$$\left(\tfrac{d}{dx} - \lambda_k\right) G_k(x) = \tfrac{dG_k}{dx} - \lambda_k \cdot G_k(x) = G_{k-1}(x)$$

notieren. Zerlegt man die charakteristische Gleichung in ihre Linearfaktoren

$$\lambda^n + b_{n-1} \cdot \lambda^{n-1} + \ldots + b_1 \cdot \lambda + b_0 = (\lambda - \lambda_1)(\lambda - \lambda_2) \cdots (\lambda - \lambda_n)$$

und setzt man auf der rechten Seite anstelle von λ den Differentialoperator $\frac{d}{dx}$ ein, dann ergibt sich

$$\tfrac{d^n}{dx^n} + b_{n-1}\tfrac{d^{n-1}}{dx^{n-1}} + \ldots + b_1\tfrac{d}{dx} + b_0 = \left(\tfrac{d}{dx} - \lambda_1\right)\left(\tfrac{d}{dx} - \lambda_2\right) \cdots \left(\tfrac{d}{dx} - \lambda_n\right)$$

Wir wenden diesen Ausdruck auf die Funktion $y_0 = G_n$ an und erhalten

$$y_0^{(n)} + b_{n-1} \cdot y_0^{(n-1)} + \ldots + b_1 \cdot y_0' + b_0 \cdot y_0$$

$$= \frac{\mathrm{d}^n G_n}{\mathrm{d}x^n} + b_{n-1} \frac{\mathrm{d}^{n-1} G_n}{\mathrm{d}x^{n-1}} + \ldots + b_1 \frac{\mathrm{d}G_n}{\mathrm{d}x} + b_0 G_n$$

$$= \left(\frac{\mathrm{d}}{\mathrm{d}x} - \lambda_1\right)\left(\frac{\mathrm{d}}{\mathrm{d}x} - \lambda_2\right) \cdots \left(\frac{\mathrm{d}}{\mathrm{d}x} - \lambda_{n-1}\right)\left(\frac{\mathrm{d}}{\mathrm{d}x} - \lambda_n\right) G_n(x)$$

Dieses Vorgehen mutet zunächst etwas befremdlich an, lässt sich aber durch eine Rechnung allgemein bestätigen. Wir wollen nur den Spezialfall $n = 2$ überprüfen: Hier ist $\lambda^2 + b_1 \cdot \lambda + b_0 = (\lambda - \lambda_1)(\lambda - \lambda_2)$ und

$$\left(\frac{\mathrm{d}}{\mathrm{d}x} - \lambda_1\right)\left(\frac{\mathrm{d}}{\mathrm{d}x} - \lambda_2\right) G_2(x) = \left(\frac{\mathrm{d}}{\mathrm{d}x} - \lambda_1\right)\left(\frac{\mathrm{d}}{\mathrm{d}x} - \lambda_2\right) y_0(x) = \left(\frac{\mathrm{d}}{\mathrm{d}x} - \lambda_1\right)\left(y_0' - \lambda_2 y_0\right)$$

$$= (y_0' - \lambda_2 y_0)' - \lambda_1(y_0' - \lambda_2 y_0)$$

$$= y_0'' - (\lambda_2 + \lambda_1) y_0' + \lambda_1 \lambda_2 y_0 = y_0'' + b_1 y_0' + b_0 y_0$$

da nach dem Satz von Vieta $b_1 = -(\lambda_1 + \lambda_2)$ sowie $b_0 = \lambda_1 \cdot \lambda_2$ gilt. Kehren wir zurück zum allgemeinen Fall und ersetzen wir für $k = n, n - 1, \ldots, 1$ nacheinander $\left(\frac{\mathrm{d}}{\mathrm{d}x} - \lambda_k\right) G_k(x)$ durch $G_{k-1}(x)$, dann ergibt sich schließlich

$$y_0^{(n)} + b_{n-1} \cdot y_0^{(n-1)} + \ldots + b_1 \cdot y_0' + b_0 \cdot y_0$$

$$= \left(\frac{\mathrm{d}}{\mathrm{d}x} - \lambda_1\right)\left(\frac{\mathrm{d}}{\mathrm{d}x} - \lambda_2\right) \cdots \left(\frac{\mathrm{d}}{\mathrm{d}x} - \lambda_{n-1}\right) \underbrace{\left(\frac{\mathrm{d}}{\mathrm{d}x} - \lambda_n\right) G_n(x)}_{G_{n-1}(x)}$$

$$= \left(\frac{\mathrm{d}}{\mathrm{d}x} - \lambda_1\right)\left(\frac{\mathrm{d}}{\mathrm{d}x} - \lambda_2\right) \cdots \underbrace{\left(\frac{\mathrm{d}}{\mathrm{d}x} - \lambda_{n-1}\right) G_{n-1}(x)}_{G_{n-2}(x)} = \ldots$$

$$= \left(\frac{\mathrm{d}}{\mathrm{d}x} - \lambda_1\right)\left(\frac{\mathrm{d}}{\mathrm{d}x} - \lambda_2\right) G_2(x) = \left(\frac{\mathrm{d}}{\mathrm{d}x} - \lambda_1\right) G_1(x) = G_0(x) = g(x)$$

sodass $y_0 = G_n$ in der Tat eine partikuläre Lösung der DGl ist.

Beispiel 1. Zu lösen ist die inhomogene lineare DGl 3. Ordnung

$$y''' + 2y'' - y' - 2y = 4e^{2x}$$

Die charakteristische Gleichung $\lambda^3 + 2\lambda^2 - \lambda - 2 = 0$ hat drei reelle Nullstellen $\lambda_1 = 1$, $\lambda_2 = -1$ und $\lambda_3 = -2$. Wir berechnen zunächst eine partikuläre Lösung

$$G_1(x) = e^x \int 4e^{2x} \cdot e^{-x} \, \mathrm{d}x = 4e^{2x}$$

$$G_2(x) = e^{-x} \int 4e^{2x} \cdot e^x \, \mathrm{d}x = \tfrac{4}{3} e^{2x}$$

$$G_3(x) = e^{2x} \int \tfrac{4}{3} e^{2x} \cdot e^{2x} \, \mathrm{d}x = \tfrac{1}{3} e^{2x} = y_0(x)$$

welche dann zusammen mit der allgemeinen Lösung der homogenen DGl (siehe Abschnitt 3.4.1) die allgemeine Lösung der inhomogenen DGl ergibt:

$$y(x) = \tfrac{1}{3} e^{2x} + C_1 e^x + C_2 e^{-x} + C_3 e^{-2x}$$

Beispiel 2. Wir suchen die allgemeine Lösung der DGl 4. Ordnung

$$y^{(4)} + 5\,y''' + 6\,y'' - 4\,y' - 8\,y = 4$$

Eine erste Nullstelle der charakteristischen Gleichung

$$\lambda^4 + 5\,\lambda^3 + 6\,\lambda^2 - 4\,\lambda - 8 = 0$$

können wir raten: $\lambda_1 = 1$. Das Horner-Schema

	1	5	6	-4	-8
$1\cdot$	0	1	6	12	8
Σ	1	6	12	8	0

liefert die kubische Gleichung

$$0 = \lambda^3 + 6\,\lambda^2 + 12\,\lambda + 8 = (\lambda + 2)^3$$

und die dreifache Nullstelle $\lambda_2 = -2$. Damit berechnen wir

$$G_1(x) = e^x \int 4\,e^{-x}\,dx = -4 \quad \rightarrow \quad G_2(x) = e^{-2x} \int -4\,e^{2x}\,dx = -2$$

$$\hookrightarrow \quad G_3(x) = e^{-2x} \int -2\,e^{2x}\,dx = -1 \quad \rightarrow \quad y_0(x) = e^{-2x} \int -e^{2x}\,dx = -\tfrac{1}{2}$$

Die allgemeine Lösung der Differentialgleichung lautet also

$$y(x) = -\tfrac{1}{2} + A\,e^x + e^{-2x}\,(B_1 + B_2\,x + B_3\,x^2)$$

mit den vier freien Integrationskonstanten A, B_1, B_2, B_3.

3.5 Lineare DGlen und die Laplace-Transformation

Eine alternative Methode zur Lösung von Differentialgleichungen bietet uns die *Laplace-Transformation*. Sie übersetzt eine lineare DGl mit konstanten Koeffizienten in eine algebraische Gleichung. Bei der Laplace-Transformation wird einer stetigen und von x abhängigen Funktion $f(x)$, der sogenannten *Originalfunktion*

$$f : [0, \infty[\longrightarrow \mathbb{R}$$

eine *Bildfunktion* $\mathcal{L}\{f\}\,(t)$ zugeordnet, welche von einer anderen Veränderlichen $t \in \mathbb{R}$ abhängt. Der Funktionswert der Bildfunktion an einer Stelle $t \in \mathbb{R}$ ist definiert als uneigentliches Integral

$$\mathcal{L}\{f\}\,(t) := \int_0^\infty f(x) \cdot e^{-tx}\,dx$$

vorausgesetzt, dass der Integralwert als Grenzwert berechnet werden kann. Ein solches, von einem Parameter t abhängiges Integral wird auch *Parameterintegral* genannt (siehe Kapitel 1, Abschnitt 2.1). Damit das uneigentliche Parameterintegral für bestimmte Werte $t \in \mathbb{R}$ existiert, ist eine zusätzliche Bedingung an f erforderlich. f heißt *zulässige Funktion*, falls

$$|f(x)| \le b \cdot e^{ax}, \quad x \in [0, \infty[$$

mit gewissen Konstanten $b \ge 0$ und $a \in \mathbb{R}$ gilt. Erfüllt f diese exponentielle Wachstumsbeschränkung, dann ist die Laplace-Transformierte $\mathcal{L}\{f\}\,(t)$ mindestens für alle $t \in]a, \infty[$ definiert, denn

$$\left| \int_0^\infty f(x) \cdot e^{-tx}\,dx \right| \le \int_0^\infty b\,e^{ax} \cdot e^{-tx}\,dx = b \int_0^\infty e^{(a-t)x}\,dx = \left. \frac{b\,e^{(a-t)x}}{a-t} \right|_0^{x \to \infty}$$

wobei der Grenzwert auf der rechten Seite im Fall $t > a$ bzw. $a - t < 0$ existiert.

Anstatt $F(t) = \mathcal{L}\{f\}\,(t)$ verwendet man häufig auch die Notation

$$f(x) \quad \circ\!\!\!-\!\!\!-\!\!\bullet \quad F(t) = \mathcal{L}\{f\}\,(t)$$

Beispiel 1. Die Bildfunktion zu $f(x) = 3x + 1$ ist für $t > 0$ definiert durch

$$\mathcal{L}\{3x + 1\}\,(t) = \int_0^\infty (3x+1) \cdot e^{-tx}\,dx \quad \text{(partiell integrieren ...)}$$

$$= (3x+1) \cdot \left(-\tfrac{1}{t}e^{-tx}\right)\Big|_{x=0}^{x \to \infty} - \int_0^\infty 3 \cdot \left(-\tfrac{1}{t}e^{-tx}\right)dx$$

$$= \left(0 - (3 \cdot 0 + 1) \cdot \left(-\tfrac{1}{t}e^{-t \cdot 0}\right)\right) - \left[\tfrac{3}{t^2}e^{-tx}\right]_0^{x \to \infty} = \tfrac{1}{t} + \tfrac{3}{t^2}$$

Hierbei haben wir den Grenzwert $\lim_{x \to \infty} x^n \cdot e^{-tx} = \lim_{x \to \infty} \frac{x^n}{e^{tx}} = 0$ benutzt, der für jede Potenzfunktion x^n und jeden Zahlenwert $t > 0$ gültig ist.

Beispiel 2. Die Laplace-Transformierte der Funktion $f(x) = e^{\alpha x}$ mit einer beliebigen Zahl $\alpha \in \mathbb{R}$ ist für $t > \alpha$ definiert und hat den Wert

$$\mathcal{L}\{e^{\alpha x}\}\,(t) = \int_0^\infty e^{\alpha x} \cdot e^{-tx}\,dx = \int_0^\infty e^{(\alpha - t)x}\,dx$$

$$= \left. \frac{1}{\alpha - t}e^{(\alpha-t)x} \right|_{x=0}^{x \to \infty} = 0 - \frac{1}{\alpha - t} = \frac{1}{t - \alpha}, \quad t \in]\alpha, \infty[$$

Beispiel 3. Wir führen die Laplace-Transformation von $f(x) = \sin \omega x$ für eine beliebige Zahl $\omega \ne 0$ aus. Für die Werte $t \in]0, \infty[$ ergibt sich

$$\mathcal{L}\{\sin \omega x\}\,(t) = \int_0^\infty \sin \omega x \cdot e^{-tx}\,dx$$

$$= \left. \frac{1}{t^2 + \omega^2} e^{-tx} (-t \sin \omega x - \omega \cos \omega x) \right|_{x=0}^{x \to \infty}$$

$$= 0 - \frac{1}{t^2 + \omega^2} \cdot e^0 \cdot (0 - \omega) = \frac{\omega}{t^2 + \omega^2}$$

wobei wir die Stammfunktion zu $\sin \omega x \cdot e^{-tx}$ in einer Integraltafel finden (oder z. B. mit partieller Integration berechnen können).

Die Laplace-Transformation hat einige besondere Eigenschaften, von denen die folgenden für das Lösen einer DGl sehr nützlich sind. Für zwei zulässige Funktionen f, g und eine Konstante C gilt der

> **Linearitätssatz:** $\mathcal{L}\{f + g\}(t) = \mathcal{L}\{f\}(t) + \mathcal{L}\{g\}(t)$
> und $\mathcal{L}\{C \cdot f\}(t) = C \cdot \mathcal{L}\{f\}(t)$

Beide Aussagen folgen unmittelbar aus der Summen- bzw. Konstantenregel für bestimmte Integrale. Darüber hinaus ergibt sich für eine zulässige differenzierbare Funktion f mit zulässiger Ableitung f' nach partieller Integration

$$\mathcal{L}\{f'\}(t) = \int_0^\infty f'(x) \cdot e^{-tx}\, dx = f(x) \cdot e^{-tx}\Big|_{x=0}^{x\to\infty} - \int_0^\infty f(x) \cdot (-t)\, e^{-tx}\, dx$$

$$= (0 - f(0) \cdot e^0) + t \cdot \int_0^\infty f(x)\, e^{-tx}\, dx = -f(0) + t \cdot \mathcal{L}\{f\}(t)$$

Dieses Resultat nennt man

> **Ableitungssatz:** $\mathcal{L}\{f'\}(t) = t \cdot \mathcal{L}\{f\}(t) - f(0)$

Setzen wir in den Ableitungssatz f' anstatt f ein, dann erhalten wir im Fall einer zulässigen (= exponentiell beschränkten) zweiten Ableitung

$$\mathcal{L}\{f''\}(t) = \mathcal{L}\{(f')'\}(t) = t \cdot \mathcal{L}\{f'\}(t) - f'(0)$$
$$= t \cdot (t \cdot \mathcal{L}\{f\}(t) - f(0)) - f'(0)$$

und folglich gilt auch

> $\mathcal{L}\{f''\}(t) = t^2 \cdot \mathcal{L}\{f\}(t) - t \cdot f(0) - f'(0)$

Mit dem Linearitäts- und dem Ableitungssatz kann man in vielen Fällen die Laplace-Transformierte auch ohne das uneigentliche Integral bestimmen.

Beispiel 1. Die Bildfunktion zu $f(x) = \cos \omega x$ lässt sich mit dem Ableitungssatz aus der Bildfunktion zu $\cos \omega x = \frac{1}{\omega} \cdot (\sin \omega x)'$ wie folgt berechnen:

$$\mathcal{L}\{\cos \omega x\}(t) = \mathcal{L}\{\tfrac{1}{\omega} \cdot (\sin \omega x)'\}(t)$$
$$= \tfrac{1}{\omega}(t \cdot \mathcal{L}\{\sin \omega x\}(t) - \sin 0) = \frac{t}{\omega} \cdot \frac{\omega}{t^2 + \omega^2} = \frac{t}{t^2 + \omega^2}$$

Beispiel 2. Die Laplace-Transformierte von $f(x) = \sinh \omega x$ ergibt sich sofort aus dem Linearitätssatz, da sich diese Funktion als Linearkombination zweier Exponentialfunktionen darstellen lässt:

$$\mathcal{L}\{\sinh \omega x\}(t) = \mathcal{L}\left\{\frac{e^{\omega x} - e^{-\omega x}}{2}\right\}(t) = \tfrac{1}{2}\mathcal{L}\{e^{\omega x}\}(t) - \tfrac{1}{2}\mathcal{L}\{e^{-\omega x}\}(t)$$

$$= \frac{1}{2} \cdot \frac{1}{t - \omega} - \frac{1}{2} \cdot \frac{1}{t + \omega} = \frac{\omega}{t^2 - \omega^2}$$

In vielen Formelsammlungen findet man umfangreiche Listen mit Original- und Bildfunktionen zur Laplace-Transformation. Eine solche Liste wird auch *Korrespondenztabelle* genannt. In der folgenden kleinen Korrespondenztabelle sind einige wichtige Originalfunktionen zusammen mit ihren Laplace-Bildfunktionen aufgeführt:

Originalfunktion ○──● Bildfunktion		
$x^n e^{-\alpha x}$	○──●	$\dfrac{n!}{(t + \alpha)^{n+1}}$
$\sin \omega x$	○──●	$\dfrac{\omega}{t^2 + \omega^2}$
$\cos \omega x$	○──●	$\dfrac{t}{t^2 + \omega^2}$
$\sinh \omega x$	○──●	$\dfrac{\omega}{t^2 - \omega^2}$
$\cosh \omega x$	○──●	$\dfrac{t}{t^2 - \omega^2}$

Wir wollen im Folgenden die Laplace-Transformation nutzen, um eine spezielle Lösung der inhomogenen linearen DGl 2. Ordnung mit konstanten Koeffizienten

$$y'' + p \cdot y' + q \cdot y = g(x)$$

zu finden, welche die Anfangsbedingung $y(0) = a$, $y'(0) = b$ mit gewissen Zahlenwerten $a, b \in \mathbb{R}$ erfüllt. Dazu wenden wir auf beide Seiten der DGl die Laplace-Transformation an:

$$\mathcal{L}\{y'' + p \cdot y' + q \cdot y\}(t) = \mathcal{L}\{g(x)\}(t)$$

Gemäß dem Linearitätssatz können wir die linke Seite in eine Summe zerlegen:

$$\mathcal{L}\{y''\}(t) + p \cdot \mathcal{L}\{y'\}(t) + q \cdot \mathcal{L}\{y\}(t) = \mathcal{L}\{g(x)\}(t)$$

Wenden wir nun den Ableitungssatz für $\mathcal{L}\{y'\}(t)$ und $\mathcal{L}\{y''\}(t)$ an, so ist

$$t^2 \mathcal{L}\{y\}(t) - y'(0) - t \cdot y(0) + p \cdot (\mathcal{L}\{y\}(t) - y(0)) + q \cdot \mathcal{L}\{y\}(t) = \mathcal{L}\{g(x)\}(t)$$

Setzen wir schließlich noch die Anfangsbedingungen $y(0) = a$, $y'(0) = b$ ein und verwenden wir die *Abkürzungen*

$G(t) := \mathcal{L}\{g(x)\}(t)$	(Laplace-Transformierte der Störfunktion) sowie
$Y(t) := \mathcal{L}\{y(x)\}(t)$	(Laplace-Transformierte der gesuchten Lösung)

dann ergibt sich die Bildfunktion $Y(t)$ der gesuchten Lösung $y(x)$ aus der Gleichung

$$t^2 Y(t) - b - a\,t + p \cdot (t\,Y(t) - a) + q \cdot Y(t) = G(t)$$

Die Differentialgleichung für $y(x)$ wird demnach zu einer algebraischen Gleichung im Bildbereich:

$$(t^2 + p\,t + q)\,Y(t) - a\,(t + p) - b = G(t)$$

$$\implies \quad Y(t) = \frac{G(t) + a\,(t + p) + b}{t^2 + p\,t + q}$$

In den Anwendungen ist $G(t)$ zumeist selbst schon eine rationale Funktion, und damit auch die Laplace-Transformierte $Y(t)$. In der Praxis zerlegt man die rechte Seite mittels Partialbruchzerlegung in einfache Brüche, zu denen die Originalfunktionen bekannt sind; diese werden zusammengesetzt und liefern dann die gesuchte Lösung $y(x)$.

Beispiel 1. Gesucht ist eine spezielle Lösung der homogenen linearen DGl

$$y'' - y' - 2\,y = 0$$

zu den Anfangsbedingungen $y(0) = 3$ und $y'(0) = 0$. Hier ist $p = -1$, $q = -2$ sowie $a = 3$ und $b = 0$. Zur Störfunktion $g \equiv 0$ gehört die Bildfunktion $G(t) = \mathcal{L}\{0\}\,(t) \equiv 0$. Die Laplace-Transformation führt dann zur Bildfunktion der Lösung

$$Y(t) = \frac{0 + 3\,(t - 1) + 0}{t^2 - t - 2} = \frac{3\,t - 3}{(t + 1)(t - 2)}$$

Eine Partialbruchzerlegung der rechten Seite ergibt die Zerlegung

$$Y(t) = \frac{3\,t - 3}{(t + 1)(t - 2)} = \frac{2}{t + 1} + \frac{1}{t - 2}$$

Zu den beiden einfachen rationalen Funktionen auf der rechten Seite gehören die Originalfunktionen $2\,\mathrm{e}^{-x}$ bzw. e^{2x}, sodass also

$$\mathcal{L}\{y\}\,(t) = Y(t) = \mathcal{L}\{2\,\mathrm{e}^{-x} + \mathrm{e}^{2x}\}\,(t) \quad \implies \quad y(x) = 2\,\mathrm{e}^{-x} + \mathrm{e}^{2x}$$

die Lösung der DGl $y'' - y' - 2\,y = 0$ mit $y(0) = 3$ und $y'(0) = 0$ ist.

Beispiel 2. Wir bestimmen eine spezielle Lösung zum Anfangswertproblem

$$y'' + 2\,y' - 3\,y = -5\,\mathrm{e}^{2x}, \qquad y(0) = 3, \quad y'(0) = 2$$

mit der Laplace-Transformation, und zwar nochmals Schritt für Schritt. Aus

$$\mathcal{L}\{y'' + 2\,y' - 3\,y\}\,(t) = \mathcal{L}\{-5\,\mathrm{e}^{2x}\}\,(t)$$

ergibt sich durch Anwendung des Linearitätssatzes zunächst die Gleichung

$$\mathcal{L}\{y''\}\,(t) + 2\,\mathcal{L}\{y'\}\,(t) - 3\,\mathcal{L}\{y\}\,(t) = -5\,\mathcal{L}\{\mathrm{e}^{2x}\}\,(t)$$

Aus der Korrespondenztabelle entnehmen wir $\mathcal{L}\{e^{2x}\}(t) = \frac{1}{t-2}$, und der Ableitungssatz für y' bzw. $y'' = (y')'$ liefert

$$\mathcal{L}\{y'\}(t) = t \cdot \mathcal{L}\{y\}(t) - y(0) = t \cdot Y(t) - 3$$
$$\mathcal{L}\{y''\}(t) = t \cdot \mathcal{L}\{y'\}(t) - y'(0) = t \cdot (t \cdot Y(t) - 3) - 2$$

wobei wir die Werte $y(0)$, $y'(0)$ aus den Anfangsbedingungen und die Abkürzung $Y(t) = \mathcal{L}\{y\}(t)$ verwenden. Die Laplace-transformierte Gleichung lautet dann

$$\underbrace{t \cdot (t \cdot Y(t) - 3) - 2}_{\mathcal{L}\{y''\}(t)} + 2 \cdot \underbrace{(t \cdot Y(t) - 3)}_{\mathcal{L}\{y'\}(t)} - 3 \cdot Y(t) = -5 \cdot \frac{1}{t-2}$$

$$(t^2 + 2t - 3) \cdot Y(t) - 3t - 8 = -\frac{5}{t-2}$$

$$(t-1)(t+3) \cdot Y(t) = 3t + 8 - \frac{5}{t-2} = \frac{3t^2 + 2t - 21}{t-2}$$

$$\implies Y(t) = \frac{3t^2 + 2t - 21}{(t-1)(t-2)(t+3)}$$

für die Bildfunktion $Y(t)$ der gesuchten Lösung. Da der Nenner nur einfache Nullstellen hat, führen wir auf der rechten Seite eine Partialbruchzerlegung mit dem Ansatz

$$\frac{3t^2 + 2t - 21}{(t-1)(t-2)(t+3)} = \frac{A}{t-1} + \frac{B}{t-2} + \frac{C}{t+3}$$
$$= \frac{A(t-2)(t+3) + B(t-1)(t+3) + C(t-1)(t-2)}{(t-1)(t-2)(t+3)}$$

durch. Wir dürfen die Zähler gleichsetzen:

$$3t^2 + 2t - 21 = A(t-2)(t+3) + B(t-1)(t+3) + C(t-1)(t-2)$$

Diese Gleichung soll für alle $t \in \mathbb{R}$ erfüllt sein. Setzen wir beiderseits speziell die Nullstellen des Nenners ein, dann erhalten wir

$$
\left.
\begin{array}{llll}
t = 1: & -16 = A \cdot (-4) & \implies & A = 4 \\
t = 2: & -5 = B \cdot 5 & \implies & B = -1 \\
t = -3: & 0 = C \cdot 2 & \implies & C = 0
\end{array}
\right\}
\quad Y(t) = \frac{4}{t-1} - \frac{1}{t-2}
$$

Mithilfe einer Korrespondenztabelle und dem Linearitätssatz finden wir zu $Y(t)$ die Originalfunktion

$$y(x) = 4e^x - e^{2x}$$

und das ist auch die gesuchte spezielle Lösung unseres Anfangswertproblems. Genau dieses Ergebnis haben wir bereits in Abschnitt 3.3.3 erhalten, allerdings auf einem ganz anderen Weg: durch Berechnung einer partikulären Lösung, dann Aufstellen der allgemeinen Lösung und Einsetzen der Anfangsbedingung.

Für gewisse Störfunktionen $g(x)$ kann die Berechnung einer partikulären Lösung durch Integration sehr aufwändig werden und ggf. auch noch der Umweg über komplexe Rechnung erforderlich sein. In solchen Fällen lässt sich die DGl 2. Ordnung oftmals einfacher mithilfe der Laplace-Transformation lösen.

Beispiel: Zu berechnen ist die spezielle Lösung des Anfangswertproblems

$$y'' + 2\,y' + y = 2\cos x \quad \text{mit} \quad y(0) = 0 \quad \text{und} \quad y'(0) = 1$$

Lösung mittels Integration:

Die charakteristische Gleichung $\lambda^2 + 2\,\lambda + 1 = (\lambda + 1)^2 = 0$ hat die doppelte Nullstelle $\lambda = -1$. Bei der Berechnung der partikulären Lösung ist es günstig, die Störfunktion durch eine komplexe Exponentialfunktion zu ersetzen. Dazu nutzen wir $2\cos x = \text{Re}\left(2\,e^{ix}\right)$ und bestimmen mit den Formeln

$$G(x) = e^{-x} \int 2\,e^{ix} \cdot e^x \, dx = 2\,e^{-x} \int e^{(1+i)x} \, dx$$

$$= 2\,e^{-x} \cdot \tfrac{1}{1+i}\, e^{(1+i)x} = \tfrac{2}{1+i}\, e^{ix}$$

$$z_0(x) = e^{-x} \int \tfrac{2}{1+i}\, e^{ix} \cdot e^x \, dx = \tfrac{2}{1+i}\, e^{-x} \int e^{(1+i)x} \, dx$$

$$= \tfrac{2}{1+i}\, e^{-x} \cdot \tfrac{1}{1+i}\, e^{(1+i)x} = \tfrac{2}{(1+i)^2}\, e^{ix}$$

eine partikuläre Lösung für die Störfunktion $2\,e^{ix}$, wobei $\tfrac{2}{(1+i)^2} = \tfrac{1}{i} = -i$ gilt, sodass

$$z_0(x) = \tfrac{2}{(1+i)^2}\, e^{ix} = -i\,(\cos x + i \sin x) = \sin x - i \cos x$$

Der Realteil $y_0 = \text{Re}\,z_0(x) = \sin x$ dieser komplexen Lösung ist eine *reelle* partikuläre Lösung zur Störfunktion $2\cos x$, die zusammen mit dem Fundamentalsystem der homogenen DGl die allgemeine Lösung

$$y(x) = \sin x + e^x (C_1 + C_2\, x)$$

ergibt. Wir müssen noch die Anfangsbedingung erfüllen und brauchen dazu

$$y'(x) = \cos x + e^x (C_1 + C_2\, x) + e^x\, C_2$$

Aus $0 = y(0) = C_1$ sowie $1 = y'(0) = 1 + C_1 + C_2$ folgt $C_1 = C_2 = 0$, und daher ist die oben berechnete partikuläre Lösung $y(x) = \sin x$ bereits auch die gesuchte spezielle Lösung zu den gegebenen Anfangsbedingungen.

Lösung mit der Laplace-Trafo:

Wir bezeichnen die Bildfunktion (= Laplace-Transformierte) der gesuchten Lösung $y(x)$ mit $Y(t)$. Die Anwendung der Laplace-Transformation auf die DGl

$$\mathcal{L}\{y'' + 2\,y' + y\}\,(t) = \mathcal{L}\{2\cos x\}\,(t)$$

liefert bei Verwendung des Linearitätssatzes und des Ableitungssatzes

$$\mathcal{L}\{y''\}(t) + 2 \cdot \mathcal{L}\{y'\}(t) + \mathcal{L}\{y\}(t) = 2 \cdot \mathcal{L}\{\cos x\}(t)$$

$$\left(t^2 Y(t) - y'(0) - t \cdot y(0)\right) + 2 \cdot \left(t Y(t) - y(0)\right) + Y(t) = 2 \cdot \frac{t}{t^2+1}$$

$$(t^2 + 2t + 1) Y(t) - t y(0) - y'(0) - 2 y(0) = \frac{2t}{t^2+1}$$

Setzen wir hier die Anfangsbedingungen $y(0) = 0$ und $y'(0) = 1$ ein, dann ist

$$(t^2 + 2t + 1) Y(t) - t \cdot 0 - 1 - 2 \cdot 0 = \frac{2t}{t^2+1}$$

und somit

$$(t+1)^2 Y(t) = \frac{2t}{t^2+1} + 1 = \frac{(t+1)^2}{t^2+1} \quad \Longrightarrow \quad Y(t) = \frac{1}{t^2+1}$$

Hierzu gehört gemäß der Korrespondenztabelle die Originalfunktion $y(x) = \sin x$, die dann auch die gesuchte spezielle Lösung der DGl ist.

In den bisherigen Beispielen haben wir die Laplace-Transformation zur Lösung einer DGl 2. Ordnung benutzt. Sie lässt sich aber auch auf anderen DGl-Typen wie etwa inhomogene lineare DGlen 1. Ordnung mit konstanten Koeffizienten anwenden.

Beispiel: Zu bestimmen ist die spezielle Lösung der Differentialgleichung

$$y' + y = 2x$$

mit dem Anfangswert $y(0) = 1$. Die Anwendung der Laplace-Trafo ergibt

$$\mathcal{L}\{y' + y\}(t) = \mathcal{L}\{2x\}(t) \qquad | \text{ Ableitungssatz anwenden } \ldots$$

$$t Y(t) - y(0) + Y(t) = \frac{2}{t^2} \qquad | \text{ Anfangsbedingung einsetzen } \ldots$$

$$(t+1) Y(t) - 1 = \frac{2}{t^2} \qquad | \text{ nach } Y(t) \text{ auflösen } \ldots$$

$$\Longrightarrow \quad Y(t) = \frac{t^2 + 2}{t^2(t+1)} \qquad | \text{ Partialbruchzerlegung } \ldots$$

Für die Partialbruchzerlegung der rechten Seite benötigen wir den Ansatz

$$\frac{t^2 + 2}{t^2(t+1)} = \frac{A}{t+1} + \frac{B_1}{t} + \frac{B_2}{t^2} = \frac{A t^2 + B_1 t(t+1) + B_2(t+1)}{t^2(t+1)}$$

$$\Longrightarrow \quad t^2 + 2 = A t^2 + B_1 t(t+1) + B_2(t+1)$$

Nach dem Einsetzen der Werte $t = -1$, $t = 0$ (Nullstellen des Nenners) sowie $t = 1$ (weiterer Wert) erhalten wir

$$Y(t) = \frac{2t^2 + 1}{t^2(t+1)} = \frac{3}{t+1} - \frac{2}{t} + \frac{2}{t^2}$$

Zu den Partialbrüchen auf der rechten Seite finden wir in der Korrespondenztabelle die Originalfunktion (= spezielle Lösung)

$$y(x) = 3 \, e^{-x} - 2 + 2x$$

Das Lösen einer DGl mit der Laplace-Transformation hat Vor- und Nachteile. Ein großer Vorteil ist, dass die Berechnung der Lösung keine explizite Integration erfordert, denn das Integrieren ist in den Mechanismus bereits „eingebaut". Die Laplace-Trafo liefert sofort auch die spezielle Lösung zu einer gegebenen Anfangsbedingung. Allerdings funktioniert die hier beschriebene Methode nur für Anfangsbedingungen bei $x = 0$. Sind die Werte $y(a)$ und $y'(a)$ an einer anderen Stelle $a \neq 0$ vorgegeben, so benötigt man weitere Eigenschaften der Laplace-Transformation, wie etwa den

> **Verschiebungssatz:** $\mathcal{L}\{f(x-a)\}(t) = e^{-at} \cdot \mathcal{L}\{f(x)\}(t)$

für eine zulässige Funktion mit $f(x) = 0$ für $x < a$, welcher sich nach der Substitution $u = x - a$ aus der Integraldarstellung

$$\mathcal{L}\{f(x-a)\}(t) = \int_0^\infty f(x-a) \cdot e^{-tx} \, dx = \int_a^\infty f(x-a) \cdot e^{-tx} \, dx$$

$$= \int_0^\infty f(u) \cdot e^{-t(u+a)} \, du = e^{-ta} \int_0^\infty f(u) \cdot e^{-tu} \, du$$

ergibt. Ein weiterer Nachteil ist, dass man in gewissen Fällen die Laplace-Trafo gar nicht anwenden kann, so wie etwa bei der DGl

$$y'' - y = x^2 \, e^{\frac{1}{2}x^2}$$

Die Störfunktion $g(x) = x^2 \, e^{\frac{1}{2}x^2}$ ist hier nämlich keine zulässige Funktion, da sie nicht durch eine Exponentialfunktion $b \cdot e^{ax}$ beschränkt werden kann. Tatsächlich existiert das uneigentliche Integral

$$\int_0^\infty x^2 \, e^{\frac{1}{2}x^2} \cdot e^{-tx} \, dx$$

für *keinen* Parameterwert $t \in \mathbb{R}$, sodass man der Störfunktion $g(x)$ auch keine Bildfunktion $G(t)$ zuordnen kann. Dagegen lässt sich die allgemeine Lösung auf „klassische" Art und Weise durch Integration bestimmen. Wir brauchen dazu die Nullstellen der charakteristischen Gleichung $\lambda^2 - 1 = 0$, also $\lambda_{1/2} = \pm 1$, und berechnen zunächst

$$G(x) = e^{-x} \int x^2 \, e^{\frac{1}{2}x^2} \cdot e^x \, dx$$

Das Integral auf der rechten Seite kann zuerst umgeschrieben und dann mit partieller Integration ausgerechnet werden:

$$\int x^2 e^{\frac{1}{2}x^2} \cdot e^x \, dx = \int x e^x \cdot x e^{\frac{1}{2}x^2} \, dx = x e^x \cdot e^{\frac{1}{2}x^2} - \int (x+1) e^x \cdot e^{\frac{1}{2}x^2} \, dx$$

$$= x e^{\frac{1}{2}x^2+x} - \int \left(e^{\frac{1}{2}x^2+x}\right)' \, dx = x e^{\frac{1}{2}x^2+x} - e^{\frac{1}{2}x^2+x}$$

Somit gilt $G(x) = (x-1) e^{\frac{1}{2}x^2}$, und wir erhalten die partikuläre Lösung

$$y_0(x) = e^x \int (x-1) e^{\frac{1}{2}x^2} \cdot e^{-x} \, dx = e^x \int \left(e^{\frac{1}{2}x^2-x}\right)' \, dx = e^x \cdot e^{\frac{1}{2}x^2-x} = e^{\frac{1}{2}x^2}$$

Hieraus ergibt sich schließlich die allgemeine Lösung

$$y(x) = C_1 e^x + C_2 e^{-x} + e^{\frac{1}{2}x^2}$$

Auch wenn man sie in einzelnen Fällen nicht anwenden kann: Die Methode der Laplace-Transformation wird in vielen Bereichen aus der Ingenieurpraxis (z. B. in der Regelungstechnik) bevorzugt und zumeist auch mit Erfolg eingesetzt.

3.6 Ausführliche Anwendungsbeispiele

3.6.1 Die Differentialgleichung der Kettenlinie

Die Kettenlinie, auch Katenoide genannt, beschreibt eine frei hängende, nicht dehnbare und vollkommen biegsame Kette, die an beiden Enden befestigt ist und aufgrund ihres Eigengewichts durchhängt. Auch ein Seil oder ein dünnes Kabel lässt sich mithilfe der Kettenlinie gut abbilden.

Aus mechanischer Sicht besteht die Kette aus sehr vielen kleinen starren Kettengliedern, die durch reibungsfreie Gelenke miteinander verbunden sind. Sie nimmt eine Form an, die praktisch momentenfrei ist – es wirken nur Zugkräfte in Richtung der Kettenglieder. Für eine „ideale" Kette können wir daher die folgenden physikalischen Eigenschaften annehmen, die mit der Realität gut übereinstimmen:

- Es treten nur Zugkräfte tangential zur Kettenlinie auf
- Verformungen durch Zugkräfte werden vernachlässigt
- Außer den Zugkräften wirkt nur noch die Schwerkraft

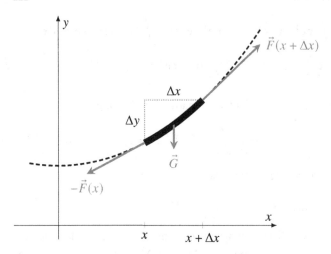

Abb. 3.16 Kräfte auf ein infinitesimales Kettenglied

Um die Kettenlinie mathematisch zu beschreiben, brauchen wir ein wenig Physik. Wir legen die Kette in ein kartesisches Koordinatensystem und suchen die Funktionsgleichung $y = y(x)$ der Katenoide. Zuerst müssen wir die Kräfte bestimmen, die auf ein „infinitesimales" Kettenglied einwirken (vgl. Abb. 3.16). An den Stellen x und $x + \Delta x$ treten die Zugkräfte $-\vec{F}(x)$ bzw. $\vec{F}(x + \Delta x)$ auf, und zwar jeweils tangential zur Kettenlinie, aber in entgegengesetzter Richtung. Zusätzlich wirkt noch die Gewichtskraft in vertikaler Richtung, also

$$\vec{G}(x) = \begin{pmatrix} 0 \\ -g \cdot m \end{pmatrix} = \begin{pmatrix} 0 \\ -g \cdot \rho \cdot L \end{pmatrix}$$

mit der (längenbezogenen) Dichte ρ und der Länge $L \approx \sqrt{\Delta x^2 + \Delta y^2}$. Die Kette ist in Ruhe, und daher muss die Summe aller Kräfte gleich Null sein (andernfalls würden die Kettenglieder nach dem Newton-Axiom beschleunigt werden). Das bedeutet:

$$\vec{G}(x) + \vec{F}(x + \Delta x) - \vec{F}(x) = \vec{o}$$

$$\vec{F}(x + \Delta x) - \vec{F}(x) = -\vec{G}(x) \approx \begin{pmatrix} 0 \\ g\,\rho\,\sqrt{\Delta x^2 + \Delta y^2} \end{pmatrix} \quad \Big| : \Delta x$$

$$\frac{1}{\Delta x} \cdot \left(\vec{F}(x + \Delta x) - \vec{F}(x) \right) = \begin{pmatrix} 0 \\ g\,\rho\,\sqrt{1 + \left(\frac{\Delta y}{\Delta x}\right)^2} \end{pmatrix}$$

Für $\Delta x \to 0$ geht der Differenzenquotient $\frac{\Delta y}{\Delta x}$ (= Sekantensteigung) in die Ableitung $y'(x)$ (= Tangentensteigung der Kettenlinie) über, und der Grenzwert auf der linken Seite kann durch die Ableitung $\vec{F}'(x)$ ersetzt werden. Zerlegen wir die Zugkraft $\vec{F}(x)$ in ihre beiden Komponenten $H(x)$ (horizontal) und $V(x)$ (vertikal), dann ergibt sich aus dem Kräftegleichgewicht

$$\vec{F}(x) = \begin{pmatrix} H(x) \\ V(x) \end{pmatrix} \quad \Longrightarrow \quad \begin{pmatrix} H'(x) \\ V'(x) \end{pmatrix} = \vec{F}'(x) = \begin{pmatrix} 0 \\ g\,\rho\,\sqrt{1 + y'(x)^2} \end{pmatrix}$$

Wir werten diese Gleichgewichtsbedingung komponentenweise aus. $H'(x) = 0$ bedeutet, dass die horizontale Komponente der Zugkraft konstant sein muss, also $H(x) \equiv H_0$. Für die vertikale Komponente wiederum gilt

$$V'(x) = g\,\rho\,\sqrt{1 + y'(x)^2}$$

Da die Zugkraft tangential zur Kettenlinie wirkt, haben wir gemäß Abb. 3.17 noch die Beziehung

$$\frac{V(x)}{H(x)} = y'(x) \quad \Longrightarrow \quad V(x) = H(x) \cdot y'(x) = H_0 \cdot y'(x)$$

Einsetzen in die Formel für $V'(x)$ liefert uns die Beziehung

$$(H_0 \cdot y'(x))' = H_0 \cdot y''(x) = g\,\rho\,\sqrt{1 + y'(x)^2}$$

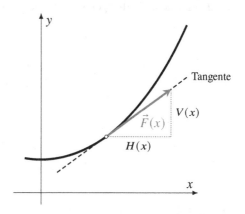

Abb. 3.17 Zugkraft $\vec{F}(x)$ tangential zur Kettenlinie

Wir erhalten schließlich die gesuchte *Differentialgleichung der Kettenlinie*:

$$y'' = b\,\sqrt{1 + (y')^2} \quad \text{mit} \quad b := \frac{g\,\rho}{H_0} \quad \text{(Biegeparameter)}$$

Es handelt sich hierbei um eine *nichtlineare* DGl 2. Ordnung, die man aber mit der Substitution $u = y'$ und Variablentrennung lösen kann. Aus

$$u' = y'' = b\sqrt{1 + (y')^2} = b\sqrt{1 + u^2}$$

ergibt sich eine DGl 1. Ordnung für die Funktion u, und zwar

$$\frac{\mathrm{d}u}{\mathrm{d}x} = b\sqrt{1 + u^2} \quad \Longrightarrow \quad \frac{\mathrm{d}u}{\sqrt{1 + u^2}} = b\,\mathrm{d}x$$

Auf beiden Seiten ermitteln wir eine Stammfunktion und lösen nach u auf:

$$\int \frac{\mathrm{d}u}{\sqrt{1+u^2}} \, \mathrm{d}u = \int b \, \mathrm{d}x + C_1$$

$$\text{arsinh } u = b\,x + C_1 \quad \Longrightarrow \quad u(x) = \sinh(b\,x + C_1)$$

Nochmaliges Integrieren von $y'(x) = u(x)$ liefert die gesuchte Funktion

$$y(x) = \int \sinh(b\,x + C_1) \, \mathrm{d}x + C_2 = \tfrac{1}{b} \cosh(b\,x + C_1) + C_2$$

mit zwei Freiheitsgraden (= Integrationskonstanten) C_1 und C_2, welche einer Verschiebung der Kette in x- und y-Richtung entspricht. Diese lassen sich mit geeigneten Anfangs- oder Randbedingungen festlegen, z. B. durch die Vorgabe der Aufhängepunkte bei $x = -a$ und $x = a$. Wir suchen hier die spezielle Lösung zur Anfangsbedingung $y(0) = c$ und $y'(0) = 0$, d. h., der Scheitelpunkt der Kettenlinie soll bei $x = 0$ liegen. In diesem Fall ist

$$0 = y'(0) = u(0) = \sinh(b \cdot 0 + C_1) = \sinh C_1 \quad \Longrightarrow \quad C_1 = 0$$

und $c = y(0) = \tfrac{1}{b} \cosh 0 + C_2$ ergibt $C_2 = c - \tfrac{1}{b}$. Abb. 3.18 zeigt verschiedene Kettenlinien mit den gleichen Aufhängepunkten, aber unterschiedlichen Biegeparametern b.

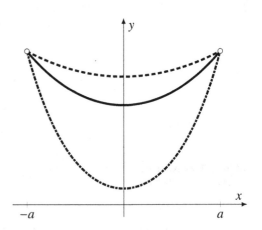

Abb. 3.18 Kettenlinien mit gleicher Aufhängung zu verschiedenen Biegeparametern

Als Alternative zur Variablentrennung können wir die DGl der Kettenlinie auch in eine homogene lineare Differentialgleichung 2. Ordnung mit konstanten Koeffizienten umformen. Für die Funktion $u(x) = y'(x)$ gilt

$$u' = b \sqrt{1+u^2} \quad | \quad \text{Quadrieren...}$$

$$(u')^2 = b^2 (1 + u^2) \quad | \quad \text{Ableiten...}$$

$$2\,u'\,u'' = b^2 \cdot 2\,u\,u' \quad | \quad \text{durch } 2\,u' \text{ teilen...}$$

$$u'' = b^2 \cdot u$$

Die Ableitung der Kettenlinie erfüllt demnach die DGl

$$u'' - b^2 \cdot u = 0$$

Die charakteristische Gleichung $\lambda^2 - b^2 = 0$ hat die beiden reellen Nullstellen $\lambda_{1/2} = \pm b$, und folglich ist die allgemeine Lösung

$$u(x) = C_1 \cdot e^{bx} + C_2 \cdot e^{-bx} \quad \text{mit Konstanten } C_1, C_2$$

eine Kombination aus zwei e-Funktionen. Durch die Anfangsbedingung $u(0) = 0$ (Scheitelpunkt im Ursprung) wird die Konstante C_2 eliminiert:

$$0 = u(0) = C_1 + C_2 \quad \Longrightarrow \quad u(x) = C_1 (e^{bx} - e^{-bx})$$

Außerdem müssen die beiden Seiten der (quadrierten) Differentialgleichung

$$(u')^2 = b^2 C_1^2 (e^{2bx} + 2 + e^{-2bx}) \quad \text{sowie}$$
$$b^2 (1 + u^2) = b^2 (1 + C_1^2 e^{2bx} - 2 C_1^2 + C_1^2 e^{-2bx})$$

übereinstimmen, und diese Bedingung liefert uns die Konstante C_1:

$$2 b^2 C_1^2 = b^2 - 2 b^2 C_1^2 \quad \Longrightarrow \quad C_1 = \tfrac{1}{2}$$

Als Lösung der DGl erhalten wir die Funktionen

$$y'(x) = u(x) = \tfrac{1}{2} (e^{bx} - e^{-bx}) = \sinh bx$$
$$\Longrightarrow \quad y(x) = \int \sinh bx \, dx = \tfrac{1}{b} \cosh bx + C$$

mit einer beliebigen Konstante $C \in \mathbb{R}$, welche die Höhe des Scheitelpunkts festlegt.

3.6.2 Das gedämpfte Federpendel

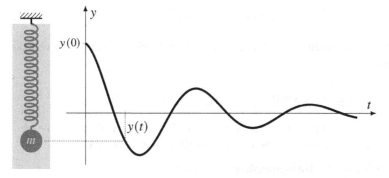

Abb. 3.19 Gedämpftes Federpendel

Das eingangs in Abschnitt 3.1.2 erwähnte Beispiel des harmonischen Oszillators ist ein einfaches Modell für eine sogenannte freie Schwingung: Eine Masse m hängt an einer Feder mit der Federkonstante D, und für die Auslenkung $y(t)$ aus der Ruhelage erhalten wir die lineare DGl 2. Ordnung mit konstanten Koeffizienten:

$$m\,y'' + D\,y = 0$$

„Reale" physikalische Systeme sind aber noch gedämpft, da sie aufgrund von Reibung immer Energie an die Umgebung abgeben. In manchen Fällen ist dies auch beabsichtigt, so etwa beim Stoßdämpfer. Ist die Reibungskraft proportional zur Geschwindigkeit, also gleich $R \cdot y'(t)$ mit einem Reibungskoeffizienten R (laminare Strömung), dann wirken auf die Masse m die folgenden zwei Kräfte ein:

• die Rückstellkraft $D \cdot y(t)$ proportional zur Auslenkung

• die Reibungskraft $R \cdot y'(t)$ proportional zur Geschwindigkeit

Beide Kräfte wirken stets entgegen der Auslenkung bzw. Geschwindigkeit, sodass nach dem Newtonschen Gesetz

$$m \cdot y'' = -R\,y' - D\,y$$

gilt. Wir erhalten eine homogene lineare DGl 2. Ordnung mit konstanten Koeffizienten, die sogenannte

Schwingungsgleichung $y'' + \frac{R}{m}\,y' + \frac{D}{m}\,y = 0$

Fehlt in dieser Kräftebilanz die Gewichtskraft $-mg$? Nein, denn diese verursacht eine Dehnung der Feder bis zur Ruhelage, aber da $y(t)$ die Auslenkung aus der Ruhelage bezeichnet, müssen wir die Gewichtskraft in der DGl nicht mehr berücksichtigen!

Zur Vereinfachung der weiteren Rechnung führt man gewisse Abkürzungen ein:

den *Dämpfungsfaktor* $\delta = \frac{R}{2m}$ und

die *Eigenkreisfrequenz* $\omega_0 = \sqrt{\frac{D}{m}}$

Die freie gedämpfte Schwingungsgleichung nimmt sodann die folgende Form an:

$$y'' + 2\,\delta\,y' + \omega_0^2\,y = 0$$

Zur Lösung dieser homogenen DGl 2. Ordnung brauchen wir die Nullstellen der charakteristischen Gleichung

$$\lambda^2 + 2\,\delta\,\lambda + \omega_0 = 0 \quad \Longrightarrow \quad \lambda_{1/2} = -\delta \pm \sqrt{\delta^2 - \omega_0^2}$$

In Abhängigkeit von den beiden positiven Werten δ und ω_0 ergeben sich typische Verhaltensweisen des Federpendels, welche man in drei Klassen einteilen kann.

Gedämpfte Schwingung (Schwingungsfall): $\delta < \omega_0$

Die Nullstellen der charakteristischen Gleichung sind komplex, also

$$\lambda_{1/2} = -\delta \pm \mathrm{i}\,\omega \quad \text{mit} \quad \omega = \sqrt{\omega_0^2 - \delta^2}$$

und daher lautet die allgemeine Lösung der Schwingungsgleichung

$$y(t) = e^{-\delta t} (C_1 \cos \omega t + C_2 \sin \omega t) = C\, e^{-\delta t} \sin(\omega t + \varphi)$$

mit beliebigen Konstanten $C_1, C_2 \in \mathbb{R}$ bzw. $C, \varphi \in \mathbb{R}$. Die Auslenkung $y(t)$ ist eine Schwingung $\sin(\omega t + \varphi)$ mit einer i. Allg. zeitlich veränderlichen Amplitude $C\, e^{-\delta t}$. Für $\delta > 0$ nimmt die Amplitude exponentiell ab (gedämpfte Schwingung, vgl. Abb. 3.20). Im Sonderfall $\delta = 0$ (keine Dämpfung) bleibt die Amplitude konstant – wir erhalten eine *harmonische Schwingung*.

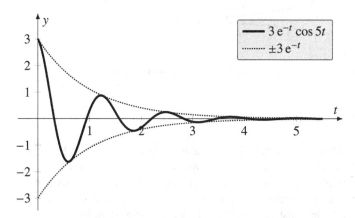

Abb. 3.20 Gedämpfte Schwingung mit exponentiell abfallender Amplitude

Aperiodisches Verhalten (Kriechfall): $\delta > \omega_0$

Die charakteristische Gleichung liefert zwei verschiedene reelle Nullstellen

$$\lambda_1 = -\delta - \sqrt{\delta^2 - \omega_0^2}, \quad \lambda_2 = -\delta + \sqrt{\delta^2 - \omega_0^2}$$

mit $\lambda_1 < \lambda_2 < 0$, und hierzu gehört die allgemeine Lösung der DGl

$$y(t) = C_1 \cdot e^{\lambda_1 t} + C_2 \cdot e^{\lambda_2 t}$$

mit beliebigen Konstanten $C_1, C_2 \in \mathbb{R}$. Eine Schwingung findet also nicht statt. Wegen $\delta > 0$ sind die beiden charakteristischen Werte λ_1, λ_2 negativ (warum?), und daher nimmt die Auslenkung exponentiell ab.

Aperiodischer Grenzfall: $\delta = \omega_0$

Die charakteristische Gleichung hat nur eine Lösung $\lambda = -\delta$ und liefert die allgemeine Lösung

$$y(t) = e^{-\delta t} (C_1 + C_2 \cdot t)$$

Auch in diesem Fall ergibt sich kein Schwingungsverhalten, siehe Abb. 3.21.

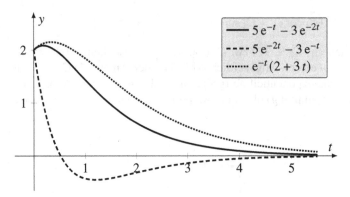

Abb. 3.21 Aperiodischer Grenzfall (gepunktet) und zwei verschiedene Kriechfälle

Anwendungsbeispiel: Stoßdämpfer

Die Radfedern eines Autos werden bei einer Zusatzbelastung von 300 kg (entspricht 75 kg oder etwa 750 N pro Rad) um 2,5 cm verformt. Wir wollen für jedes Rad einen passenden Stoßdämpfer einbauen, sodass die Radfeder nach Entlastung keine Schwingbewegung durchführt. Welchen Reibungskoeffizienten R müssen wir für den Stoßdämpfer mindestens wählen? Die Federkonstante in diesem Feder-Masse-System ist

$$D = \frac{750 \, \text{N}}{0,025 \, \text{m}} = 30000 \, \tfrac{\text{N}}{\text{m}}$$

und die Eigenkreisfrequenz erhalten wir aus der Formel

$$\omega_0^2 = \frac{30000 \, \tfrac{\text{N}}{\text{m}}}{75 \, \text{kg}} = 400 \, \tfrac{\text{N}}{\text{kg m}} = 400 \, \tfrac{\frac{\text{kg m}}{\text{s}^2}}{\text{kg m}} = 400 \, \tfrac{1}{\text{s}^2} \quad \Longrightarrow \quad \omega_0 = 20 \, \tfrac{1}{\text{s}}$$

Wir müssen R so wählen, dass für den Dämpfungsfaktor $\delta = \frac{R}{2m}$ gilt:

$$\delta \geq \omega_0 \quad \Longrightarrow \quad \frac{R}{2 \cdot 75 \, \text{kg}} \geq 20 \, \tfrac{1}{\text{s}} \quad \Longrightarrow \quad R \geq 3000 \, \tfrac{\text{kg}}{\text{s}}$$

Wir nehmen nun an, dass der Stoßdämpfer defekt ist: Der Reibungskoeffizient hat nur noch den Wert $R = 2400 \, \text{kg/s}$. Wie verhält sich das Rad, wenn es zum Zeitpunkt $t = 0$ bei einer maximalen Auslenkung von 5 cm losgelassen wird? Jetzt ist

$$\delta = \frac{2400 \, \tfrac{\text{kg}}{\text{s}}}{2 \cdot 75 \, \text{kg}} = 16 \, \tfrac{1}{\text{s}}$$

Die Schwingungsgleichung $y'' + 2 \, \delta \, y' + \omega_0^2 \, y = 0$ hat dann (dimensionslos) die Form

$$y'' + 32 \, y' + 400 \, y = 0$$

mit der charakteristischen Gleichung $\lambda^2 + 32 \, \lambda + 400 = 0$, deren Nullstellen

$$\lambda_{1/2} = \frac{-32 \pm \sqrt{32^2 - 4 \cdot 400}}{2} = \frac{-32 \pm 24\,i}{2} = -16 \pm 12\,i$$

die folgende allgemeine Lösung der Schwingungsgleichung ergeben:

$$y(t) = C_1\,e^{-16t}\cos 12\,t + C_2\,e^{-16t}\sin 12\,t$$

Aus der Anfangsbedingung $5 = y(0)$, $0 = y'(0)$ folgt $C_1 = 5$ und $C_2 = 0$. Die spezielle Lösung lautet dann (mit den richtigen Einheiten)

$$y(t) = 5\,\text{cm} \cdot e^{-16\frac{1}{s}\cdot t}\cos\left(12\,\tfrac{1}{s} \cdot t\right)$$

Das Rad schwingt also mit einer Frequenz von 12 Hz, wobei die Amplitude der Schwingung exponentiell abnimmt.

3.6.3 Erzwungene Schwingungen

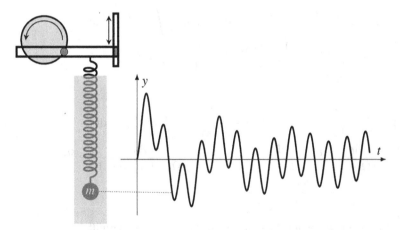

Abb. 3.22 Vorrichtung zur Erzeugung einer erzwungenen Schwingung

In vielen Anwendungen wirkt auf das gedämpfte Feder-Masse-System mit der Federkonstante D und dem Reibungskoeffizienten R zusätzlich noch eine äußere, meist zeitabhängige Kraft $F(t)$ ein, z. B. eine periodische Anregung wie in Abb. 3.22. Die Differentialgleichung für die Schwingung ergibt sich aus der Kräftebilanz

$$m\,y'' = -R\,y' - D\,y + F(t)$$
$$\text{bzw.} \quad y'' + 2\,\delta\,y' + \omega_0^2\,y = \tfrac{1}{m}\,F(t)$$

mit den konstanten Koeffizienten $\delta = \frac{R}{2m}$ und $\omega_0 = \sqrt{\frac{D}{m}}$.

Hierbei handelt es sich um eine inhomogene lineare DGl 2. Ordnung mit der (von außen einwirkenden) Beschleunigung $\frac{1}{m}F(t)$ als Störfunktion, welche wir vollständig lösen können. Als Beispiel untersuchen wir den Fall einer periodischen Anregung

$$\frac{1}{m} F(t) = A_0 \cdot \sin \Omega t$$

mit der Erregerfrequenz $\Omega > 0$ und der Amplitude $A_0 > 0$. Die DGl hat dann die Form

$$y'' + 2 \delta y' + \omega_0^2 y = A_0 \sin \Omega t$$

Wir wollen im Folgenden einen positiven Dämpfungsfaktor $\delta > 0$ voraussetzen und die Schwingungsgleichung durch komplexe Rechnung lösen (wie im Beispiel 4 in Abschnitt 3.3.3). Dazu ersetzen wir $A_0 \sin \Omega t = \mathrm{Im}(A_0 \, e^{i \Omega t})$ durch die Störfunktion $A_0 \, e^{i \Omega t}$, d. h., wir lösen die DGl

$$y'' + 2 \delta y' + \omega_0^2 y = A_0 \, e^{i \Omega t}$$

Zunächst brauchen wir die Nullstellen der charakteristischen Gleichung

$$\lambda_1 = -\delta - \sqrt{\delta^2 - \omega_0^2} \quad \text{und} \quad \lambda_2 = -\delta + \sqrt{\delta^2 - \omega_0^2}$$

und berechnen hiermit die partikuläre Lösung in zwei Schritten:

$$G(t) = e^{\lambda_1 t} \cdot \int A_0 \, e^{i \Omega t} \cdot e^{-\lambda_1 t} \, dt = A_0 \, e^{\lambda_1 t} \int e^{(i \Omega - \lambda_1) t} \, dt$$

$$= A_0 \, e^{\lambda_1 t} \cdot \frac{1}{i \Omega - \lambda_1} e^{(i \Omega - \lambda_1) t} = \frac{A_0}{i \Omega - \lambda_1} e^{i \Omega t}$$

und

$$y_0(x) = e^{\lambda_2 t} \cdot \int G(t) \cdot e^{-\lambda_2 t} \, dt = \frac{A_0}{i \Omega - \lambda_1} e^{\lambda_2 t} \int e^{(i \Omega - \lambda_2) t} \, dt$$

$$= \frac{A_0}{i \Omega - \lambda_1} e^{\lambda_2 t} \cdot \frac{1}{i \Omega - \lambda_2} e^{(i \Omega - \lambda_2) t} = \frac{A_0}{(i \Omega - \lambda_1)(i \Omega - \lambda_2)} e^{i \Omega t}$$

$$= \frac{A_0}{(\lambda_1 \lambda_2 - \Omega^2) - i \Omega (\lambda_1 + \lambda_2)} e^{i \Omega t}$$

λ_1 und λ_2 sind Lösungen der charakteristischen Gleichung, und daher gilt

$$\lambda^2 + 2 \delta \lambda + \omega_0^2 = 0 \quad \Longrightarrow \quad \lambda_1 \cdot \lambda_2 = \omega_0^2, \quad \lambda_1 + \lambda_2 = -2 \delta$$

nach dem Satz von Vieta. Somit vereinfacht sich die partikuläre Lösung zu

$$y_0(t) = \frac{A_0}{(\omega_0^2 - \Omega^2) + 2 i \delta \Omega} e^{i \Omega t}$$

Dies ist eine komplexe partikuläre Lösung der inhomogenen DGl zur komplexen Störfunktion $A_0 \, e^{i \Omega t}$. Um eine reelle Lösung zu bekommen, schreiben wir die komplexe Zahl im Nenner

$$Z = (\omega_0^2 - \Omega^2) + 2 i \delta \Omega$$

in Exponentialform um: $Z = |Z| \cdot e^{i \varphi}$ mit

$$|Z| = \sqrt{(\omega_0^2 - \Omega^2)^2 + 4\,\delta^2\Omega^2} \quad \text{und} \quad \varphi = +\arccos \frac{\omega_0^2 - \Omega^2}{|Z|}$$

(da wir $\delta > 0$ voraussetzen, ist auch Im $Z > 0$, und wir müssen bei arccos das positive Vorzeichen wählen). Hieraus folgt

$$\frac{A_0}{(\omega_0^2 - \Omega^2) + 2\,\mathrm{i}\,\delta\,\Omega} = \frac{A_0}{Z} = \frac{A_0}{|Z| \cdot \mathrm{e}^{\mathrm{i}\varphi}} = \frac{A_0}{|Z|} \cdot \mathrm{e}^{-\mathrm{i}\varphi}$$

und damit ist

$$y_0(t) = \frac{A_0}{\sqrt{(\omega_0^2 - \Omega^2)^2 + 4\,\delta^2\Omega^2}}\,\mathrm{e}^{\mathrm{i}(\Omega t - \varphi)}$$

Wir nehmen nur den Imaginärteil dieser komplexen Funktion und erhalten als *reelle* partikuläre Lösung

$$y_0(t) = \frac{A_0}{\sqrt{(\omega_0^2 - \Omega^2)^2 + 4\delta^2\Omega^2}}\,\sin(\Omega t - \varphi)$$

Die Lösungen der homogenen DGl $y_1(t)$ und $y_2(t)$ sind wegen $\delta > 0$ exponentiell abfallend (siehe die Lösungen der freien gedämpften Schwingung in Abschnitt 3.6.2). Für große t geht dann die Auslenkung über in die harmonische Schwingung $A(\Omega)\cdot\sin(\Omega t - \varphi)$ mit der Amplitude (vgl. Abb. 3.23)

$$\boxed{A(\Omega) = \frac{A_0}{\sqrt{(\omega_0^2 - \Omega^2)^2 + 4\,\delta^2\Omega^2}}}$$

Nach dem Einschwingvorgang ($t \to \infty$) führt also das gedämpfte Federpendel praktisch eine harmonische Schwingung aus, und zwar mit der gleichen Kreisfrequenz Ω wie bei der äußeren Kraft, jedoch zeitlich vor- oder nachlaufend mit der Nullphase $-\varphi$. Sowohl die Amplitude der Schwingung als auch die Nullphase hängen von der Erregerfrequenz Ω der äußeren Kraft $F(t)$ ab.

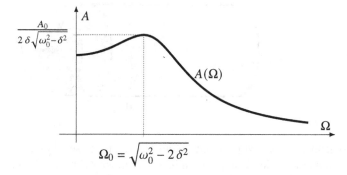

Abb. 3.23 Schwingungsamplitude A in Abhängigkeit von der Erregerfrequenz Ω

Resonanz. Wir wollen abschließend noch den Wert Ω_0 berechnen, für den die Amplitude der angeregten Schwingung maximal wird. Bei der gesuchten Frequenz $\Omega = \Omega_0$ muss der Nenner in $A(\Omega)$ minimal sein bzw.

$$f(\Omega) = (\omega_0^2 - \Omega^2)^2 + 4\,\delta^2\Omega^2$$

ein Minimum besitzen. Wir können also die Extremstelle Ω_0 mithilfe der Ableitung von $f(\Omega)$ berechnen:

$$0 = f'(\Omega) = 2\,(\omega_0^2 - \Omega^2)\cdot(-2\,\Omega) + 4\,\delta^2\cdot 2\,\Omega = -4\,\Omega\,(\omega_0^2 - \Omega^2 - 2\,\delta^2)$$

$$\implies \quad 0 = \omega_0^2 - \Omega^2 - 2\,\delta^2 \quad \text{bzw.} \quad \Omega_0 = \sqrt{\omega_0^2 - 2\,\delta^2}$$

Diesen Wert Ω_0, für den die Amplitude maximal wird, nennt man *Resonanzfrequenz*. Eine Voraussetzung für das Auftreten des Resonanzeffekts ist $\omega_0^2 - 2\,\delta^2 > 0$. Die Amplitude hat dann für $\Omega = \Omega_0$ den Wert

$$A(\Omega_0) = \frac{A_0}{\sqrt{(\omega_0^2 - \Omega_0^2)^2 + 4\,\delta^2\Omega_0^2}} = \frac{A_0}{\sqrt{(2\,\delta^2)^2 + 4\,\delta^2(\omega_0^2 - 2\,\delta^2)}} = \frac{A_0}{2\,\delta\sqrt{\omega_0^2 - \delta^2}}$$

Im ungedämpften Fall $\delta = 0$ ist die Amplitude

$$A(\Omega) = \frac{A_0}{\sqrt{(\omega_0^2 - \Omega^2)^2}} = \frac{A_0}{|\omega_0^2 - \Omega^2|}$$

Nähert sich Ω der Eigenkreisfrequenz ω_0, dann kommt es zur Resonanzkatastrophe, da dort die Amplitude $A(\Omega)$ eine Polstelle besitzt und somit für $\Omega \to \omega_0$ beliebig groß werden kann.

3.6.4 Anwendung in der Thermodynamik

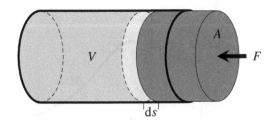

Abb. 3.24 Schematische Darstellung eines Zylinders mit einem Kolben

Wir untersuchen im Folgenden einen Zylinder mit einem Hubraum, dessen Volumen V durch einen Kolben verändert werden kann, vgl. Abb. 3.24. Dieser Zylinder soll ein ideales Gas mit der Temperatur T und dem Druck p einschließen. Der erste Hauptsatz der Thermodynamik (bzw. Satz von der Erhaltung der Energie) besagt, dass sich bei einer kleinen zu- oder abgeführten Wärmemenge dQ und bei einer am Gas verrichteten geringen Arbeit dW die innere Energie um $dU = dQ + dW$ ändert. Wir wollen annehmen, dass dW eine reine Volumenarbeit ist: Bei der Verschiebung des Kolbens mit der Querschnittsfläche A um eine kleine Strecke ds muss die Kraft $F = p \cdot A$ entgegen dem Gasdruck aufgebracht werden, und dabei ist die Arbeit

$$dW = -F \cdot ds = -p \cdot A \cdot ds = -p\, dV$$

zu verrichten, wobei dV die Volumenänderung bezeichnet (bei einer Verkleinerung des Volumens ist dV negativ, also $dW > 0$). Andererseits ist die Änderung der inneren Energie dU eines idealen Gases mit der Stoffmenge n nach den Erkenntnissen von Gay-Lussac (1778 - 1850) proportional zur Temperaturänderung dT und unabhängig von der Änderung des Volumens dV. Genauer gilt $dU = n\, c_V\, dT$, wobei c_V die molare Wärmekapazität bei konstantem Volumen ist, also diejenige Wärmemenge, die man benötigt, um ein Mol des Gases ohne Volumenänderung um ein Kelvin zu erwärmen. Daneben gibt es die molare Wärmekapazität bei konstantem Druck c_p, mit der 1 mol des idealen Gases ohne Druckänderung um 1 K erwärmt wird. Hierbei gilt $c_p > c_V$, und die Differenz dieser beiden Werte ist die *universelle Gaskonstante* $R := c_p - c_V = 8{,}3145 \frac{\text{J}}{\text{mol\,K}}$. Ein ideales Gas erfüllt auch noch die folgende Zustandsgleichung, genannt

> **Gasgleichung:** $p \cdot V = n \cdot R \cdot T$

Die Änderung der Wärmemenge im Zylinder lässt sich sodann mit dem Ausdruck

$$dQ = dU - dW = n\, c_V\, dT + p\, dV = n\, c_V\, dT + \frac{nRT}{V}\, dV$$

berechnen. Dieses totale Differential ist wie folgt zu interpretieren: Eine kleine Temperaturänderung ΔT und eine kleine Volumenänderung ΔV entsprechen einer Änderung der Wärmemenge um

$$\Delta Q \approx n\, c_V \cdot \Delta T + \frac{nRT}{V} \cdot \Delta V$$

wobei diese Näherung umso besser ist, je kleiner ΔT und ΔV sind.

Die Adiabatengleichung. Eine thermodynamische Zustandsänderung, bei der kein Wärmeaustausch mit der Umgebung stattfindet, nennt man *adiabatisch*. Hier ist

$$0 = dQ = n\, c_V\, dT + \frac{nRT}{V}\, dV \quad \Longrightarrow \quad \frac{dT}{dV} = -\frac{R}{c_V} \cdot \frac{T}{V} = \left(1 - \frac{c_p}{c_V}\right) \cdot \frac{T}{V}$$

Der Quotient $\kappa := \frac{c_p}{c_V}$ wird *Adiabatenexponent* genannt, und im Fall von Luft ist z. B. $\kappa = 1{,}4$. Für die Temperatur $T = T(V)$ in Abhängigkeit vom Volumen erhalten wir eine homogene lineare Differentialgleichung 1. Ordnung

$$\frac{dT}{dV} = \frac{1 - \kappa}{V} \cdot T$$

Diese *Adiabatengleichung* hat die allgemeine Lösung

$$T(V) = C \cdot \exp\left(\int \frac{1 - \kappa}{V}\, dV\right) = C \cdot e^{(1-\kappa)\ln V} = C \cdot V^{1-\kappa}$$

mit einer beliebigen Konstante $C > 0$. Bei einer adiabatischen Expansion oder Kompression mit einer Volumenänderung von V_1 nach V_2 ändert sich demzufolge die Temperatur von $T_1 = C \cdot V_1^{1-\kappa}$ auf $T_2 = C \cdot V_2^{1-\kappa}$, und insbesondere gilt dann für das Verhältnis der Temperaturen

$$\frac{T_1}{T_2} = \left(\frac{V_1}{V_2}\right)^{1-\kappa}$$

Der Carnot-Prozess. Kann man Wärme mit einer Maschine restlos in mechanische Arbeit umwandeln? Zur Beantwortung dieser Frage wollen wir in einem Gedankenexperiment den Zylinder als „ideale Wärmekraftmaschine" betreiben. Durch Verschiebung des Kolbens wird das Gas zunächst verdichtet, und anschließend darf das Gas unter Abgabe mechanischer Energie wieder expandieren. Im Detail führen wir die folgenden Zustandsänderungen durch: Zuerst komprimieren wir das Volumen des Zylinders bei *konstanter Temperatur* T_1 von V_1 auf V_2. Damit die Gastemperatur gleich bleibt, wird die entstehende Wärme z. B. durch Kühlung nach Außen abgegeben. Anschließend erfolgt eine adiabatische Kompression: Ohne Wärmeaustausch mit der Umgebung wird das Volumen nochmals auf V_3 verringert, wobei sich zugleich das Gas von T_1 auf T_2 erwärmt. Die beim Verschieben des Kolbens geleistete Arbeit wird im Gas als innere Energie gespeichert. Nun folgt eine isotherme Expansion: Das Volumen dehnt sich von V_3 auf V_4 aus, wobei die Temperatur durch Zuführung von Wärme konstant gehalten wird. Abschließend kehren wir durch adiabatische Expansion zum Ausgangszustand mit der Temperatur T_1 und dem Volumen V_1 zurück. Dieser nach Nicolas Carnot (1796 - 1832) benannte thermodynamische Kreisprozess lässt sich in einem T-V-Diagramm gemäß Abb. 3.25 darstellen.

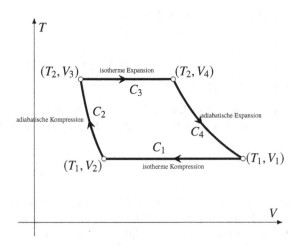

Abb. 3.25 Der Carnot-Prozess im T-V-Diagramm

Beim Carnot-Prozess wird eine gewisse Wärmemenge Q verbraucht, und diese Wärmemenge ist das Äquivalent zur mechanischen Arbeit, die das Gas beim gesamten Prozess verrichtet hat. Wir können Q berechnen, indem wir die kleinen Wärmemengen dQ entlang der geschlossenen Kurve C im T-V-Diagramm aufsummieren (integrieren):

$$Q = \oint_C dQ = \oint_C n \, c_V \, dT + \frac{nRT}{V} \, dV$$

Während der adiabatischen Zustandsänderungen entlang C_2 und C_4 ist $dQ = 0$, da kein Wärmeaustausch mit der Umgebung erfolgt, und es bleiben die Kurvenintegrale

$$Q = \int_{C_1} n \, c_V \, dT + \frac{nRT}{V} \, dV + \int_{C_3} n \, c_V \, dT + \frac{nRT}{V} \, dV$$

übrig. Bei den isothermen Zustandsänderungen längs C_1 und C_3 gilt $dT = 0$, sodass

$$Q = \int_{C_1} \frac{nRT}{V} \, dV + \int_{C_3} \frac{nRT}{V} \, dV = \int_{V_1}^{V_2} \frac{nRT_1}{V} \, dV + \int_{V_3}^{V_4} \frac{nRT_2}{V} \, dV$$

$$= nRT_1 \ln V \Big|_{V_1}^{V_2} + nRT_2 \ln V \Big|_{V_3}^{V_4} = nRT_1 \ln \frac{V_2}{V_1} + nRT_2 \ln \frac{V_4}{V_3}$$

Aus der Adiabatengleichung wiederum folgt

$$\left(\frac{V_2}{V_3}\right)^{1-\kappa} = \frac{T_1}{T_2} = \left(\frac{V_1}{V_4}\right)^{1-\kappa} \quad \Longrightarrow \quad \frac{V_2}{V_3} = \frac{V_1}{V_4} \quad \Longrightarrow \quad \frac{V_2}{V_1} = \frac{V_3}{V_4}$$

Beim gesamten Kreisprozess wurde also insgesamt die Wärmemenge

$$Q = -nRT_1 \ln \frac{V_4}{V_3} + nRT_2 \ln \frac{V_4}{V_3} = nR(T_2 - T_1) \ln \frac{V_4}{V_3}$$

in mechanische Arbeit umgewandelt, während wir längs C_3 die Wärmemenge

$$Q_{zu} = \int_{C_3} \frac{nRT_2}{V} \, dV = nRT_2 \ln \frac{V_4}{V_3}$$

zugeführt haben. Der Anteil der Nutzarbeit ist also lediglich der Wert

$$\eta := \frac{Q}{Q_{zu}} = \frac{nR(T_2 - T_1) \ln \frac{V_4}{V_3}}{nRT_2 \ln \frac{V_4}{V_3}} = 1 - \frac{T_1}{T_2} < 1$$

welcher auch *Wirkungsgrad* der Wärmekraftmaschine genannt wird. Als Konsequenz ergibt sich der zweite Hauptsatz der Thermodynamik: Wärme kann durch eine periodisch arbeitende Maschine nicht vollständig in mechanische Arbeit umgewandelt werden!

3.7 Eigenwertprobleme bei linearen DGlen

In den Anwendungen treten Randwertprobleme oftmals in Verbindung mit homogenen linearen Differentialgleichungen auf, deren Koeffizienten noch von einem Wert $\lambda \in \mathbb{R}$ abhängen, welcher *Eigenwertparameter* genannt wird. Ein sehr einfaches Beispiel und zugleich auch der Prototyp für ein solches *Eigenwertproblem* ist die Differentialgleichung 2. Ordnung

$$y'' + \lambda \cdot y = 0 \quad \text{mit} \quad y(0) = 0 \quad \text{und} \quad y(b) = 0$$

wobei die Ränder $0 < b$ fest vorgegeben sind. Offensichtlich hat diese DGl für alle Werte λ stets die Nullfunktion $y(x) \equiv 0$ als Lösung, und diese erfüllt auch die Randbedingungen. Jedoch ist diese *triviale Lösung* in der Praxis meist weniger interessant. Die Problemstellung lautet daher: Für welche Werte $\lambda \in \mathbb{R}$ besitzt das Randwertproblem eine *nichttriviale* Lösung $y \not\equiv 0$? Diese λ werden Eigenwerte genannt, und die Lösungen $y \not\equiv 0$ bezeichnet man als Eigenfunktionen zum Eigenwert λ.

Zur Berechnung der Eigenwerte im obigen Beispiel lösen wir zunächst die DGl. Im Fall $\lambda < 0$ lautet die allgemeine Lösung

$$y(x) = C_1 e^{\sqrt{-\lambda} x} + C_2 e^{-\sqrt{-\lambda} x}$$

Damit die Randbedingung $0 = y(0) = C_1 + C_2$ erfüllt ist, muss $C_2 = -C_1$ sein, und die Randbedingung bei b liefert

$$0 = y(b) = C_1 e^{\sqrt{-\lambda} b} - C_1 e^{-\sqrt{-\lambda} b} \quad \Longrightarrow \quad C_1 = C_2 = 0$$

sodass $y \equiv 0$ die einzige Lösung ist. Für $\lambda = 0$ ist $y(x) = C_1 + C_2 x$ die allgemeine Lösung, und die Randbedingungen $0 = y(0) = C_1$ sowie $0 = y(b) = C_2 \cdot b$ führen auch hier nur zur trivialen Lösung $y \equiv 0$. Eine „nichttriviale" Lösung $y \not\equiv 0$ kann es also nur für $\lambda > 0$ geben. In diesem Fall ist die allgemeine Lösung der DGl

$$y(x) = C_1 \sin \omega x + C_2 \cos \omega x \quad \text{mit} \quad \omega = \sqrt{\lambda}$$

und die Randbedingungen lauten

$$0 = y(0) = C_2, \quad 0 = y(b) = C_1 \sin \omega b$$

Da wir eine nichttriviale Lösung der DGl suchen und bereits $C_2 = 0$ erfüllt sein muss, darf nicht auch noch $C_1 = 0$ sein. Somit muss $\sin \omega b = 0$ gelten, und das bedeutet $\omega b = n \cdot \pi$ oder

$$\sqrt{\lambda} = \omega = \frac{n \cdot \pi}{b} \quad \Longrightarrow \quad \boxed{\lambda_n = \left(\frac{n \cdot \pi}{b}\right)^2 \quad \text{für} \quad n = 1, 2, 3, \ldots}$$

Das Eigenwertproblem $y'' + \lambda y = 0$ mit den sog. *Dirichlet-Randbedingungen* $y(0) = 0$ und $y(b) = 0$ (benannt nach dem deutschen Mathematiker Peter Gustav Lejeune Dirichlet 1805 - 1859) hat demnach abzählbar unendlich viele Eigenwerte $0 < \lambda_1 < \lambda_2 < \lambda_3 < \ldots$ mit $\lambda_n \to \infty$ für $n \to \infty$, und die Eigenlösungen sind die Funktionen

$$y_n(x) = C \cdot \sin \frac{n \pi x}{b} \quad \text{mit} \quad n \in \{1, 2, 3, \ldots\} \quad \text{und} \quad C \neq 0$$

Als **Anwendungsbeispiel** wollen wir den *Eulerschen Knickstab* untersuchen. Wirkt auf einen homogenen elastischen Stab mit dünnem zylindrischen Querschnitt in Richtung seiner Achse die Druckkraft F ein, vgl. Abb. 3.26, dann erfüllt die Biegelinie bei kleiner Durchbiegung näherungsweise die Differentialgleichung 2. Ordnung

$$y'' + \frac{F}{EI} \cdot y = 0$$

Abb. 3.26 Gelenkig gelagerter Stab bei verschiedenen seitlichen Druckkräften

Wir nehmen an, dass der Stab bei $x = 0$ gelenkig fest und bei $x = \ell$ gelenkig verschiebbar auf gleicher Höhe $y(0) = 0$ gelagert ist. Gesucht sind die Kräfte, bei denen der Stab nach oben oder nach unten ausknickt.

Ausgehend von einem konstanten Elastizitätsmodul E brauchen wir für den zylindrischen Stab mit dem Radius r noch das axiale Flächenträgheitsmoment $I = \pi r^4$ des Querschnitts. Damit können wir die DGl in der Form

$$y'' + \lambda \cdot y = 0 \quad \text{mit} \quad \lambda := \frac{F}{\pi E r^4}$$

notieren. Zusätzlich sollen die Randbedingungen $y(0) = 0$ und $y(\ell) = 0$ erfüllt sein. Falls der Stab ausknickt, dann hat dieses Randwertproblem eine nichttriviale Lösung (Eigenlösung) der Form $y_n(x) = C \cdot \sin \frac{n \pi x}{\ell}$ für $n \in \{1, 2, 3, \ldots\}$ und jeweils $n - 1$ Nullstellen (= „Knoten") im offenen Intervall $]0, \ell[$, wobei für die Eigenwerte und somit für die Kräfte die folgende Bedingung erfüllt sein muss:

$$\frac{F}{\pi E r^4} = \lambda_n = \left(\frac{n \cdot \pi}{\ell}\right)^2 \implies F_n = \frac{\pi^3 r^4 E}{\ell^2} \cdot n^2 \quad (n = 1, 2, 3, \ldots)$$

Um eine Biegelinie $y_n(x) \not\equiv 0$ mit $n - 1$ Knoten zu erzeugen, die bei $x = 0$ und $x = \ell$ auf gleicher Höhe eingespannt ist, braucht man eine Kraft F_n, welche bei gleichem Material und gleichbleibender Geometrie proportional zu n^2 anwächst.

Die Resultate im vorigen Beispiel sind typisch für Eigenwertprobleme bei DGl 2. Ordnung, und sie lassen sich auf allgemeinere Eigenwertprobleme der Gestalt

$$y''(x) + f(x) \, y'(x) + \big(g(x) + \lambda \cdot h(x)\big) \, y(x) = 0$$

auf einem Intervall $[a, b]$ mit den Randbedingungen

$$A_1 \cdot y(a) + A_2 \cdot y'(a) = 0$$
$$B_1 \cdot y(b) + B_2 \cdot y'(b) = 0$$

übertragen. Hierbei dürfen $f(x)$, $g(x)$ sowie $h(x) > 0$ beliebige stetige Funktionen sein, und für die Konstanten in den Randbedingungen muss lediglich $A_1^2 + A_2^2 > 0$ sowie $B_1^2 + B_2^2 > 0$ gelten. Man kann zeigen, dass ein solches *Sturm-Liouville-Eigenwertproblem* dann ebenfalls abzählbar unendlich viele Eigenwerte $0 < \lambda_1 < \lambda_2 < \lambda_3 < \ldots$ mit $\lambda_n \to \infty$ für $n \to \infty$ besitzt, wobei die Eigenlösungen $y_n(x)$ zum Eigenwert λ_n genau $n - 1$ Nullstellen im offenen Intervall $]a, b[$ haben.

Eigenwertprobleme treten aber nicht nur bei DGlen 2. Ordnung auf. Als Beispiel für eine DGl 4. Ordnung mit einem Eigenwertparameter (hier: κ) betrachten wir nochmals den Eulerschen Knickstab, jetzt aber unter anderen Randbedingungen.

Abb. 3.27 Bei $x = 0$ horizontal fest eingespannter Eulerscher Knickstab

Beispiel: Auf einen homogenen elastischen Stab, der bei $x = 0$ fest und horizontal eingespannt ist, wirke am anderen Ende bei $x = 1$ in axialer Richtung die Druckkraft F, siehe Abb. 3.27. Die Biegelinie des Stabs $y = y(x)$ erfüllt dann bei kleiner Durchbiegung annähernd die Differentialgleichung

$$y^{(4)} + \kappa^2 y'' = 0 \quad \text{mit} \quad \kappa := \sqrt{\frac{F}{E\,I}}$$

wobei E das (konstante) Elastizitätsmodul des Stabes und I das axiale Flächenträgheitsmoment seines Querschnitts ist. Zusätzlich muss diese Biegelinie den Randbedingungen

$$y(0) = y'(0) = 0 \quad \text{und} \quad y(1) = y''(1) = 0$$

genügen. Gesucht sind die Kräfte F, für die das Randwertproblem eine nichttriviale Lösung $y(x) \not\equiv 0$ besitzt.

Die charakteristische Gleichung der DGl $y^{(4)} + \kappa^2 y'' = 0$ lautet

$$0 = \lambda^4 + \kappa^2 \lambda^2 = \lambda^2(\lambda^2 + \kappa^2)$$

Sie hat eine doppelte Nullstelle bei $\lambda = 0$ sowie zwei konjugiert komplexe Nullstellen bei $\lambda = 0 \pm \kappa\,\mathrm{i}$. Hieraus ergibt sich die allgemeine Lösung

$$y(x) = \mathrm{e}^{0 \cdot x}\,(C_1 + C_2\,x) + \mathrm{e}^{0 \cdot x}\,(C_3 \cos \kappa x + C_4 \sin \kappa x)$$
$$= C_1 + C_2\,x + C_3 \cos \kappa x + C_4 \sin \kappa x$$

Für die Randbedingungen brauchen wir noch die Ableitungen

$$y'(x) = C_2 - \kappa\,C_3 \sin \kappa x + \kappa\,C_4 \cos \kappa x$$
$$y''(x) = -\kappa^2 C_3 \cos \kappa x - \kappa^2 C_4 \sin \kappa x$$

Die Randbedingungen bei $x = 0$ ergeben zunächst

$$0 = y(0) = C_1 + C_3 \quad \Longrightarrow \quad C_1 = -C_3$$
$$0 = y'(0) = C_2 + \kappa\,C_4 \quad \Longrightarrow \quad C_2 = -\kappa\,C_4$$

sodass wir die gesuchte Lösung in der Form

$$y(x) = -C_3 - \kappa\, C_4\, x + C_3 \cos \kappa x + C_4 \sin \kappa x$$

schreiben können. Die Randbedingungen bei $x = 1$ liefern dann

$$0 = y(1) = -C_3 - \kappa\, C_4 + C_3 \cos \kappa + C_4 \sin \kappa$$
$$0 = y''(1) = -\kappa^2 C_3 \cos \kappa - \kappa^2 C_4 \sin \kappa$$

Aus der letzten Gleichung erhalten wir

$$\kappa^2 C_3 \cos \kappa = -\kappa^2 C_4 \sin \kappa \quad\Longrightarrow\quad C_3 = -\frac{\sin \kappa}{\cos \kappa}\, C_4 = -\tan \kappa \cdot C_4$$

und Einsetzen in die obere Gleichung ergibt

$$0 = y(1) = \tan \kappa \cdot C_4 - \kappa\, C_4 - C_4 \sin \kappa + C_4 \sin \kappa = (\tan \kappa - \kappa)\, C_4$$

Im Fall $C_4 = 0$ ist auch $C_1 = C_2 = C_3 = 0$, und wir erhalten für die Biegelinie die triviale Lösung $y(x) \equiv 0$. Da wir eine *nichttriviale* Lösung der DGl suchen, muss $C_4 \neq 0$ gelten und somit $\tan \kappa - \kappa = 0$ bzw. $\tan \kappa = \kappa$ erfüllt sein. Diese Gleichung für den Eigenwertparameter κ lässt sich nicht mit elementaren Mitteln lösen. Das Newton-Verfahren liefert, auf fünf Nachkommastellen genau, den ersten Wert $\kappa_1 = 4{,}49341$ (Übungsaufgabe!), aus dem sich wiederum die Kraft ergibt:

$$\kappa^2 = \frac{F}{E\,I} \quad\Longrightarrow\quad F = \kappa^2 \cdot E\,I \approx 20{,}2 \cdot E\,I$$

Weitere Lösungen der Eigenwertgleichung $\tan \kappa - \kappa = 0$ sind bei $\kappa_2 = 7{,}72525$, $\kappa_3 = 10{,}90412$ usw. Auch wenn sich die Eigenwertgleichung nicht formelmäßig lösen lässt: Die Graphen der Funktionen $f(\kappa) = \tan \kappa$ und $g(\kappa) = \kappa$ haben gemäß Abb. 3.28 unendlich viele Schnittstellen $0 < \kappa_1 < \kappa_2 < \kappa_3 < \ldots \to \infty$, und die Eigenfunktionen zu diesen Eigenwerten κ_n mit $\tan \kappa_n = \kappa_n$ lauten

$$y_n(x) = -C_3 - \kappa_n\, C_4\, x + C_3 \cos \kappa_n x + C_4 \sin \kappa_n x$$
$$= \tan \kappa_n \cdot C_4 - \kappa_n C_4\, x - \tan \kappa_n \cdot C_4 \cos \kappa_n x + C_4 \sin \kappa_n x$$
$$= \kappa_n \cdot C_4 - \kappa_n C_4\, x - \kappa_n \cdot C_2 \cos \kappa_n x + C_4 \sin \kappa_n x$$
$$= \kappa_n C_4 \left(1 - x - \cos \kappa_n x + \frac{1}{\kappa_n} \sin \kappa_n x\right)$$

Ersetzen wir noch $\kappa_n\, C_4$ durch die Konstante $C \neq 0$, dann sind Eigenfunktionen

$$y_n(x) = C \left(1 - x - \cos \kappa_n x + \frac{1}{\kappa_n} \sin \kappa_n x\right)$$

Der Begriff „Eigenwert" ist uns bereits bei den Matrizen begegnet. Eine Zahl λ aus $\mathbb{R}$ (oder $\mathbb{C}$) nennt man Eigenwert der (n, n)-Matrix A, falls es einen (Eigen-)Vektor $\vec{v} \neq \vec{o}$ gibt, sodass $A \cdot \vec{v} = \lambda \cdot \vec{v}$ gilt. Nun lässt sich auch die Differentialgleichung $y'' + \lambda\, y = 0$ bzw. $-y'' = \lambda \cdot y$ in der Form

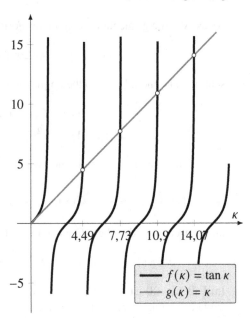

Abb. 3.28 Zur Lösung der
Eigenwertgleichung $\tan \kappa = \kappa$

$$A\,y(x) = \lambda\,y(x) \quad \text{mit} \quad A := -\frac{\mathrm{d}^2}{\mathrm{d}^2 x} = -\left(\frac{\mathrm{d}}{\mathrm{d}x}\right)^2$$

als Eigenwertaufgabe darstellen, wobei A hier ein *Differentialoperator* 2. Ordnung ist. Ähnlich wie bei einer Matrix bezeichnet man λ als Eigenwert von A, falls es eine Funktion $y(x) \not\equiv 0$ mit $y(0) = 0$ und $y(b) = 0$ gibt, welche *Eigenfunktion* genannt wird und $A\,y(x) = \lambda\,y(x)$ erfüllt. Ebenso kann man ein allgemeineres Sturm-Liouville-Problem

$$y''(x) + f(x)\,y'(x) + (g(x) + \lambda \cdot h(x))\,y(x) = 0$$

als Eigenwertproblem in der Form $A\,y(x) = \lambda\,y(x)$ notieren, wobei A den Differential-operator

$$A = -\frac{1}{h(x)}\left(\frac{\mathrm{d}^2}{\mathrm{d}^2 x} + f(x)\cdot\frac{\mathrm{d}}{\mathrm{d}x} + g(x)\right)$$

bezeichnet und die Lösung $y(x) \not\equiv 0$ noch gewisse Randbedingungen erfüllen soll.

Betrachten wir abschließend noch den Differentialoperator 1. Ordnung $A = \frac{\mathrm{d}}{\mathrm{d}x}$ ohne Anfangs- und Randbedingungen. Hier ist *jede* Zahl $\lambda \in \mathbb{C}$ ein Eigenwert von A mit der Eigenfunktion $y(x) = \mathrm{e}^{\lambda x} \not\equiv 0$, denn es gilt $A\,y(x) = \frac{\mathrm{d}}{\mathrm{d}x}\,\mathrm{e}^{\lambda x} = \lambda\,\mathrm{e}^{\lambda x} = \lambda\,y(x)$.

3.8 Variationsprobleme

3.8.1 Funktionale und Extremale

Bei den bisher betrachteten Extremwertaufgaben waren für eine differenzierbare Funktion $f : D \longrightarrow \mathbb{R}$ auf einem Intervall $D \subset \mathbb{R}$ oder einem Gebiet $D \subset \mathbb{R}^2$ die Stellen $x \in D$ gesucht, an denen f ein Extremum (Maximum oder Minimum) annimmt. Diese Extremstellen konnten durch Lösen der Gleichung $f'(x) = 0$ ausfindig gemacht werden. Es gibt aber noch einen anderen Typ von Extremwertproblemen. Viele geometrische oder physikalische Größen werden mithilfe von bestimmten Integralen berechnet. Dazu gehören z. B. die Mantelfläche und das Volumen eines von $y = y(x)$ erzeugten Rotationskörpers, oder auch die Arbeit in einem Kraftfeld längs einer Bahnkurve $y = y(x)$ in der Ebene. Hierbei stellt sich die Frage, für welche *Funktionen* y die entsprechende Größe (Mantelfläche, Volumen, Arbeit, Wirkung usw.) minimal oder maximal wird. Solche Extremwertaufgaben, bei denen eine Funktion $y = y(x)$ gesucht ist, welche einen gewissen Integralausdruck minimiert oder maximiert, nennt man Variationsprobleme. Wir betrachten hier drei typische Beispiele.

Beispiel 1. Wir suchen einen Rotationskörper, der zu vorgegebenen Radien bei $x = a$ und $x = b$ die kleinste Mantelfläche besitzt. Eine solche Fläche mit minimalem Inhalt bezeichnet man als *Minimalfläche*. Der gesuchte Rotationskörper wird von einer noch unbekannten stetig differenzierbaren Funktion $y : [a, b] \longrightarrow \mathbb{R}$ mit den zuvor festgelegten Radien $y(a) > 0$ und $y(b) > 0$ durch Drehung um die x-Achse erzeugt. Die Mantelfläche dieses Rotationskörpers berechnet man mit

$$M = \int_a^b 2\pi\, y(x) \sqrt{1 + y'(x)^2}\, \mathrm{d}x$$

Wir können unser Problem dann wie folgt formulieren: Wir suchen eine Funktion $y = y(x)$ mit vorgegebenen Randwerten $y(a)$ und $y(b)$, für die der obige Ausdruck M minimal wird!

Beispiel 2. In der Physik bezeichnet man die Differenz aus kinetischer Energie und potentieller Energie als *Lagrange-Funktion* $L = E_{\text{kin}} - E_{\text{pot}}$. Im Fall eines ungedämpften Federpendels, bei der eine Masse m an einer Feder mit der Federkonstante D hängt, ist die kinetische Energie $\frac{1}{2} m v^2$ und die potentielle Energie $\frac{1}{2} D y^2$. Hierbei bezeichnet $y = y(t)$ die Auslenkung der Masse aus der Ruhelage und $v = y'(t)$ ist ihre Geschwindigkeit zur Zeit t. Die Lagrange-Funktion des ungedämpften Federpendels ist demnach

$$L = \tfrac{1}{2} m \left(y'\right)^2 - \tfrac{1}{2} D y^2$$

Für einen bestimmten Zeitraum $t \in [0, T]$ ergibt das Integral

$$S := \int_0^T \tfrac{1}{2} m \left(y'\right)^2 - \tfrac{1}{2} D y^2 \, \mathrm{d}t$$

der Lagrange-Funktion L eine physikalische Größe namens *Wirkung* (Einheit: Energie mal Zeit). Das sogenannte *Hamiltonsche Prinzip* besagt: Das Federpendel bewegt sich so, dass die Wirkung S minimal ist.

Beispiel 3. Die *Brachistochrone* ist die Bahn, auf der sich ein Massenpunkt m allein unter dem Einfluss der Gravitationskraft am schnellsten zu einem tiefer gelegenen Endpunkt bewegt. Um diese Kurve zu finden, berechnen wir die Geschwindigkeit des Körpers in Abhängigkeit von seiner momentanen Höhe $y(x)$ mithilfe des Energieerhaltungssatzes $E_{kin} = E_{pot}$:

$$\tfrac{1}{2} m v^2 = m g (h - y) \quad \Longrightarrow \quad v = \sqrt{2 g (h - y)}$$

wobei g die Erdbeschleunigung und $y(0) = h$ die Ausgangshöhe bezeichnet. Bei $x = b$ soll der Massenpunkt auf der x-Achse ankommen: $y(b) = 0$. Über dem (infinitesimal) kleinen Abschnitt dx auf der x-Achse legt der Massenpunkt den (nahezu geradlinigen) Weg $ds = \sqrt{1 + (y')^2}\, dx$ zurück. Falls er dafür die Zeit dt braucht, dann ist

$$v = \frac{ds}{dt} \quad \Longrightarrow \quad dt = \frac{1}{v}\, ds = \frac{\sqrt{1 + y'(x)^2}}{\sqrt{2 g (h - y(x))}}\, dx$$

Addieren wir diese Zeitspannen auf, dann erhalten wir für die gesamte Durchlaufzeit von $x = 0$ bis $x = b$ den Integralwert

$$\boxed{\; T = \int_0^b \frac{\sqrt{1 + y'(x)^2}}{\sqrt{2 g (h - y(x))}}\, dx \;}$$

Gesucht ist die Funktion $y = y(x)$ mit der kleinsten Durchlaufzeit T.

Die hier aufgeführten Beispiele gehören zu einer gewissen Klasse von Variationsproblemen, welche wir im Folgenden etwas genauer untersuchen wollen. Ausgangspunkt ist eine stetige Funktion $F(u, v)$ in den beiden Veränderlichen $(u, v) \in \mathbb{R}^2$. Setzen wir für u eine stetig differenzierbare Funktion $y(x)$ und für v ihre Ableitung $y'(x)$ ein, dann erhalten wir eine stetige Funktion $f(x) = F(y(x), y'(x))$ für $x \in [a, b]$, die wir über $[a, b]$ integrieren können:

$$J = \int_a^b f(x)\, dx = \int_a^b F(y(x), y'(x))\, dx$$

Gesucht sind Funktionen $y(x)$ mit vorgegebenen Anfangs- oder Randbedingungen, für welche dieses Integral J einen minimalen oder maximalen Wert annimmt.

Beispiel 1. Bei der Minimalfläche ist der Integralwert

$$M = \int_a^b 2\pi\, y(x)\, \sqrt{1 + y'(x)^2}\, dx = \int_a^b F(y, y')\, dx$$

zu minimieren. Die Funktion $F(u, v)$ lautet hier

$$F(u, v) = 2\pi \cdot u \cdot \sqrt{1 + v^2}$$

Beispiel 2. Beim Federpendel gilt es, die Wirkung

$$S = \int_0^T \tfrac{1}{2} m \, (y')^2 - \tfrac{1}{2} D \, y^2 \, dt = \int_0^T F(y(t), y'(t)) \, dt$$

zu minimieren. In diesem Fall hat der Integrand die Form $F(y, y')$ mit

$$F(u, v) = \tfrac{1}{2} m \, v^2 - \tfrac{1}{2} D \, u^2$$

Beispiel 3. Im Fall der Brachistochrone soll das Integral

$$T = \int_0^b \frac{\sqrt{1 + (y')^2}}{\sqrt{2 g \, (h - y)}} \, dx = \int_0^b F(y, y') \, dx$$

für die Durchlaufzeit den kleinsten Wert annehmen. Hier ist

$$F(u, v) = \frac{\sqrt{1 + v^2}}{\sqrt{2 g \, (h - u)}}$$

Ist $F = F(u, y)$ eine gegebene stetige Funktion, dann weist das bestimmte Integral

$$J[y] := \int_a^b F(y(x), y'(x)) \, dx$$

jeder stetig differenzierbaren Funktion $y : [a, b] \longrightarrow \mathbb{R}$ einen Zahlenwert zu. Eine solche Zuordnung

$$\text{Funktion} \longmapsto \text{Zahl}$$

wird *Funktional* genannt. Dazu gehören beispielsweise auch die Mantelfläche und das Volumen des von $y = y(x)$ erzeugten Rotationskörpers

$$M[y] = \int_a^b 2\pi \, y(x) \sqrt{1 + y'(x)^2} \, dx \quad \text{bzw.} \quad V[y] = \int_a^b \pi \, y(x)^2 \, dx$$

Zumeist wird noch gefordert, dass die Funktionen y fest vorgegebene Anfangswerte $y(a)$, $y'(a)$ oder Randwerte $y(a)$, $y(b)$ besitzen sollen. Eine Funktion, welche alle diese genannten Bedingungen erfüllt und dabei den kleinsten bzw. größten Integralwert liefert, wird als *Extremale* bezeichnet.

3.8.2 Die Euler-Lagrange-Gleichung

Wir wollen das Variationsproblem aus dem vorigen Abschnitt noch etwas konkreter formulieren: Gesucht ist eine zweimal stetig differenzierbare Funktion (= Extremale) $y : [a, b] \longrightarrow \mathbb{R}$ mit vorgegebenen Randwerten $y(a)$ und $y(b)$, für die das bestimmte Integral (= Funktional)

$$J[y] := \int_a^b F(y(x), y'(x)) \, dx$$

zu einer gegebenen zweimal stetig differenzierbaren Funktion $F = F(u, v)$ einen *minimalen* Wert annimmt, wobei die nachfolgenden Überlegungen sinngemäß auch für das Maximum von $J[y]$ gelten. Die Voraussetzung „zweimal stetig differenzierbar" ist im Hinblick auf die bevorstehenden Umformungen erforderlich und in den Beispielen aus der Praxis in der Regel auch erfüllt.

Wir nehmen an, dass wir die gesuchte Funktion $y(x)$ mit dem kleinsten Wert $J[y]$ bereits gefunden haben. Ersetzen wir $y(x)$ in $J[y]$ durch eine andere Funktion $u(x)$, dann kann deren Integralwert nicht kleiner werden: $J[u] \geq J[y]$, da ja $J[y]$ der minimale Wert sein soll. Setzen wir in $F(u, v)$ speziell die Funktion $u(x) = y(x) + t \cdot h(x)$ zusammen mit der Ableitung $v = u' = y'(x) + t \cdot h'(x)$ ein, wobei $t \in \mathbb{R}$ ein frei wählbarer Zahlenwert und $h : [a, b] \longrightarrow \mathbb{R}$ eine beliebige stetig differenzierbare Funktion mit $h(a) = h(b) = 0$ ist, dann besitzt das Parameterintegral

$$G(t) := \int_a^b F(u(x, t), v(x, t)) \, dx = J[y + t \cdot h], \quad t \in \mathbb{R}$$

ein Minimum bei $t = 0$, denn dort ergibt sich der minimale Integralwert

$$G(0) = \int_a^b F(u(x, 0), v(x, 0)) \, dx = \int_a^b F(y(x), y'(x)) \, dx = J[y]$$

Für die Ableitung der Funktion $G : \mathbb{R} \longrightarrow \mathbb{R}$ muss dann $G'(0) = 0$ erfüllt sein! Gemäß der Leibniz-Regel für die Ableitung von Parameterintegralen gilt

$$G'(t) = \int_a^b \frac{\partial}{\partial t} F(u(x, t), v(x, t)) \, dx$$

und aus der Kettenregel für Funktionen mit zwei Veränderlichen folgt

$$\frac{\partial}{\partial t} F(u(x, t), v(x, t)) = F_u(u(x, t), v(x, t)) \cdot u_t(x, t) + F_v(u(x, t), v(x, t)) \cdot v_t(x, t)$$

$$= F_u(u(x, t), v(x, t)) \cdot h(x) + F_v(u(x, t), v(x, t)) \cdot h'(x)$$

sodass

$$\frac{\partial}{\partial t} F(u(x, t), v(x, t)) \Big|_{t=0} = F_u(u(x, 0), v(x, 0)) \cdot h(x) + F_v(u(x, 0), v(x, 0)) \cdot h'(x)$$

$$= F_u(y(x), y'(x)) \cdot h(x) + F_v(y(x), y'(x)) \cdot h'(x)$$

Setzen wir diesen Ausdruck in die Ableitung $G'(0)$ ein, dann erhalten wir

$$0 = G'(0) = \int_a^b \frac{\partial}{\partial t} F(u(x, t), v(x, t)) \Big|_{t=0} \, dx$$

$$= \int_a^b F_u(y(x), y'(x)) \cdot h(x) \, dx + \int_a^b F_v(y(x), y'(x)) \cdot h'(x) \, dx$$

Das zweite Integral lässt sich durch partielle Integration umformen in

$$\int_a^b F_v(y(x), y'(x)) \cdot h'(x) \, dx$$

$$= F_v(y(x), y'(x)) \cdot h(x) \Big|_a^b - \int_a^b \frac{d}{dx} F_v(y(x), y'(x)) \cdot h(x) \, dx$$

Wegen $h(a) = h(b) = 0$ hat der ausintegrierte Teil den Wert 0, sodass nur

$$\int_a^b F_v(y(x), y'(x)) \cdot h'(x) \, dx = - \int_a^b \frac{d}{dx} F_v(y(x), y'(x)) \cdot h(x) \, dx$$

übrig bleibt. Insgesamt erhalten wir dann aus $0 = G'(0)$ die Bedingung

$$\int_a^b F_u(y(x), y'(x)) \cdot h(x) - \frac{d}{dx} F_v(y(x), y'(x)) \cdot h(x) \, dx = 0$$

bzw. $\quad \int_a^b \left(F_u(y(x), y'(x)) - \frac{d}{dx} F_v(y(x), y'(x)) \right) \cdot h(x) \, dx = 0$

welche für *alle* stetig differenzierbaren Funktionen $h : [a, b] \longrightarrow \mathbb{R}$ mit $h(a) = h(b) = 0$ erfüllt sein muss. An dieser Stelle brauchen wir das sogenannte

Fundamentallemma der Variationsrechnung: Ist $g : [a, b] \longrightarrow \mathbb{R}$ eine stetige Funktion und gilt

$$\int_a^b g(x) \cdot h(x) \, dx = 0$$

für *jede* stetig differenzierbare Funktion $h : [a, b] \longrightarrow \mathbb{R}$ mit $h(a) = h(b) = 0$, dann muss $g \equiv 0$ die Nullfunktion sein.

Die Gültigkeit des Fundamentallemmas lässt sich wie folgt begründen. Im Fall $g \not\equiv 0$ gibt es eine Stelle $x_0 \in {]a, b[}$ mit $g(x_0) \neq 0$ – wir nehmen hier zur Vereinfachung $g(x_0) > 0$ an. Da g stetig ist, findet man auch ein offenes Intervall $]\alpha, \beta[\subset [a, b]$ um x_0 mit $g(x) > 0$ für alle $x \in {]\alpha, \beta[}$. Hierzu wiederum kann man eine stetig differenzierbare Funktion $h(x)$ konstruieren, beispielsweise

$$h(x) = \begin{cases} (x - \alpha)^4 \cdot (x - \beta)^4 & \text{für } x \in {]\alpha, \beta[} \\ 0 & \text{sonst} \end{cases}$$

für die $h(x) > 0$ auf $]\alpha, \beta[$ und $h(x) \equiv 0$ außerhalb von $]\alpha, \beta[$ gilt. Dann ist aber

$$\int_a^b g(x) \cdot h(x) \, dx = \int_\alpha^\beta g(x) \cdot h(x) \, dx > 0$$

Das Integral auf der linken Seite kann also nur dann für alle $h(x)$ gleich Null sein, wenn g die Nullfunktion ist!

Wir können das Fundamentallemma auf unser Variationsproblem anwenden, bei dem die Bedingung

$$\int_a^b \underbrace{\left(F_u(y(x), y'(x)) - \frac{\mathrm{d}}{\mathrm{d}x} F_v(y(x), y'(x)) \right)}_{g(x)} \cdot h(x)\, \mathrm{d}x = 0$$

für alle stetig differenzierbaren Funktionen $h : [a, b] \longrightarrow \mathbb{R}$ mit $h(a) = h(b) = 0$ gelten soll. Die Schlussfolgerung $g \equiv 0$ bedeutet hier, dass

$$F_u(y(x), y'(x)) - \frac{\mathrm{d}}{\mathrm{d}x} F_v(y(x), y'(x)) = 0$$

erfüllt sein muss, und das führt letztlich zu einer Differentialgleichung für die gesuchte Funktion $y(x)$. Zusammenfassend notieren wir:

Ist $F : \mathbb{R}^2 \longrightarrow \mathbb{R}$ eine zweimal stetig differenzierbare Funktion, $F = F(u, v)$, und nimmt der Integralwert

$$J[y] = \int_a^b F(y(x), y'(x))\, \mathrm{d}x$$

für die zweimal stetig differenzierbare Funktion $y : [a, b] \longrightarrow \mathbb{R}$ ein Extremum (Minimum oder Maximum) an, dann ist $y(x)$ eine Lösung der **Euler-Lagrange-Gleichung**

$$F_u(y(x), y'(x)) - \frac{\mathrm{d}}{\mathrm{d}x} F_v(y(x), y'(x)) = 0$$

Hierbei sind die partiellen Ableitungen F_u und F_v von $F = F(u, v)$ selbst wieder Funktionen von u und v, in die wir $u = y(x)$ und $v = y'(x)$ einsetzen. Da der Subtrahend in der Euler-Lagrange-Gleichung nochmal nach x abgeleitet wird, handelt es sich insgesamt um eine DGl 2. Ordnung für die Funktion $y(x)$.

Beispiel 1. Bei der Minimalfläche ist $F(u, v) = 2\pi u \sqrt{1 + v^2}$ und folglich

$$F_u = 2\pi \sqrt{1 + v^2} \quad \text{sowie} \quad F_v = \frac{2\pi u v}{\sqrt{1 + v^2}}$$

Die Euler-Lagrange-Gleichung, die zur erzeugenden Funktion der Minimalfläche führt, lautet dann

$$2\pi \sqrt{1 + (y')^2} - \frac{\mathrm{d}}{\mathrm{d}x} \left(\frac{2\pi y y'}{\sqrt{1 + (y')^2}} \right) = 0$$

Wir können diese Gleichung durch 2π teilen und den Subtrahenden mit der Quotienten- bzw. Kettenregel ableiten:

$$\frac{\mathrm{d}}{\mathrm{d}x} \left(\frac{y y'}{\sqrt{1 + (y')^2}} \right) = \ldots = \frac{(y')^4 + (y')^2 + y y''}{\left(\sqrt{1 + (y')^2} \right)^3}$$

Dann ergibt sich die – zunächst kompliziert aussehende – Differentialgleichung

$$\sqrt{1 + (y')^2} - \frac{(y')^4 + (y')^2 + y\,y''}{\left(\sqrt{1 + (y')^2}\right)^3} = 0$$

Multiplizieren wir alles mit $\left(\sqrt{1 + (y')^2}\right)^3$, dann vereinfacht sich diese DGl zu

$$(1 + (y')^2)^2 - \left((y')^4 + (y')^2 + y\,y''\right) = 0$$

und wir erhalten schließlich die folgende nichtlineare DGl zweiter Ordnung:

$$(y')^2 - y\,y'' + 1 = 0$$

Beispiel 2. Für die Wirkung beim Federpendel

$$S = \int_0^T F(y(t), y'(t))\,\mathrm{d}t \quad \text{mit} \quad F(u, v) = \tfrac{1}{2}\,m\,v^2 - \tfrac{1}{2}\,D\,u^2$$

ergibt $F_u = -D\,u$ und $F_v = m\,v$ die Euler-Lagrange-Gleichung

$$0 = F_u(y(x), y'(x)) - \frac{\mathrm{d}}{\mathrm{d}x} F_v(y(x), y'(x))$$

$$= -D\,y(x) - \frac{\mathrm{d}}{\mathrm{d}x}(m\,y'(x)) = -D\,y(x) - m\,y''(x)$$

oder kurz: $y'' + \frac{D}{m}\,y = 0$. Dies ist die bekannte lineare DGl 2. Ordnung für den harmonischen Oszillator!

So wie im Spezialfall des Federpendels (Beispiel 2) lassen sich in der Physik viele andere Bahnkurven (z. B. Planetenbahnen oder der Lichtstrahl in einem Medium) und sogar ganze Felder aus dem „Prinzip der kleinsten Wirkung" ableiten. Allgemein ist die „Variationsrechnung" die mathematische Grundlage aller physikalischen Extremalprinzipien. Sie ist der Ausgangspunkt für den sogenannten Lagrange-Formalismus der klassischen Mechanik, und man kann damit auch die Einstein-Gleichungen der allgemeinen Relativitätstheorie oder das Standardmodell der Elementarteilchen erhalten.

Fassen wir unser bisheriges Vorgehen kurz zusammen: Ausgehend von der Funktion y mit dem Minimalwert $J[y] \leq J[u]$ haben wir das Argument $u = y + t\,h$ abgeändert bzw. „variiert", und zwar mithilfe einer Veränderlichen $t \in \mathbb{R}$ und einer Funktion h, welche die Randwerte nicht verändert. Dadurch wird die Extremalaufgabe für $J[y]$ zu einer Extremstellenberechnung für die reelle Funktion $G(t) = J[y + t\,h]$, und aus der Bedingung $G'(0) = 0$ folgt dann letztlich die Euler-Lagrange-Gleichung. Auf diesen Trick, nämlich durch Variation der Extremalen von J eine DGl für die gesuchte Funktion y zu erhalten, geht auch der Name *Variationsproblem* zurück.

Die Euler-Lagrange-Gleichung zu einem Variationsproblem ist eine (i. Allg. nichtlineare) DGl 2. Ordnung, die sich in der Regel nicht analytisch lösen lässt. In gewissen Spezialfällen aber – und dazu gehören auch unsere bisher betrachteten Beispiele – kann man die Euler-Lagrange-DGl weiter vereinfachen. Man braucht hierfür allerdings sogenannte *Erhaltungsgrößen*, welche im nachfolgenden Abschnitt eingeführt werden.

3.8.3 Erhaltungsgrößen (Invarianten)

Bei unserem Variationsproblem haben wir vorausgesetzt, dass der Integrand im Funktional

$$J[y] = \int_a^b F(y(x), y'(x)) \, dx$$

die Form $F(y, y')$ mit einer (mindestens) zweimal stetig differenzierbaren Funktion $F = F(u, v)$ hat. Für die gesuchte Extremale $y = y(x)$ erhielten wir die Euler-Lagrange-Gleichung

$$F_u(y, y') - \frac{d}{dx} F_v(y, y') = 0$$

Gemäß der Produktregel und der zweidimensionalen Kettenregel ist dann

$$\frac{d}{dx}\left(y' \cdot F_v(y, y') - F(y, y')\right) = y'' \cdot F_v(y, y') + y' \cdot \frac{d}{dx}F_v(y, y') - \frac{d}{dx}F(y, y')$$

$$= y'' \cdot F_v(y, y') + y' \cdot \frac{d}{dx}F_v(y, y') - \underbrace{\left(F_u(y, y') \cdot y' + F_v(y, y') \cdot y''\right)}_{\text{Kettenregel}}$$

$$= y' \cdot \frac{d}{dx}F_v(y, y') - F_u(y, y') \cdot y'$$

Setzen wir in die letzte Zeile die Euler-Lagrange-Gleichung

$$\frac{d}{dx} F_v(y, y') = F_u(y, y')$$

ein, dann ergibt sich

$$\frac{d}{dx}\left(y' \cdot F_v(y, y') - F(y, y')\right) = y' \cdot F_u(y, y') - F_u(y, y') \cdot y' \equiv 0$$

Die Funktion in der Klammer auf der linken Seite muss demnach eine Konstante E sein, und das führt uns zur

> **Beltrami-Identität:** $y' \cdot F_v(y, y') - F(y, y') \equiv E$

In der Physik nennt man einen solchen Ausdruck auch *Erhaltungsgröße* oder *Invariante*. Physikalische Erhaltungsgrößen sind beispielsweise die Gesamtenergie, der Gesamtdrehimpuls eines mechanischen Systems oder die Gesamtladung. So ist etwa beim Federpendel mit $F(u, v) = \frac{1}{2} m v^2 - \frac{1}{2} D u^2$ und $F_v = m v$ die Erhaltungsgröße

$$E = y' \cdot F_v(y, y') - F(y, y')$$

$$= y' \cdot m y' - \left(\frac{1}{2} m (y')^2 - \frac{1}{2} D y^2\right)$$

$$= \frac{1}{2} m (y')^2 + \frac{1}{2} D y^2$$

die Summe aus kinetischer und potentieller Energie, also die Gesamtenergie des Systems. Im Fall der Euler-Lagrange-Gleichung lässt sich mit der Beltrami-Identität die ursprüngliche DGl 2. Ordnung auf eine DGl 1. Ordnung reduzieren, da die linke Seite nur y und y' enthält (und auch nicht nochmal abgeleitet wird). Der frei wählbare Wert E

entspricht dabei einer ersten Integrationskonstante. Mit dieser Erkenntnis wollen wir uns jetzt den beiden noch verbliebenen Problemen zuwenden, nämlich der Berechnung einer Minimalfläche bzw. einer Kurve mit schnellster Durchlaufzeit.

Minimalflächen. Das Problem, den Rotationskörper mit der kleinsten Mantelfläche bei gegebenen Radien an den Stellen $x = a$ und $x = b$ zu finden, führte uns zur Euler-Lagrange-Gleichung

$$(y')^2 - y\,y'' + 1 = 0$$

Diese nichtlineare DGl 2. Ordnung wurde bisher noch nicht gelöst. Wir verwenden dazu $F(u, v) = 2\pi u\sqrt{1 + v^2}$ sowie als „erstes Integral" die Erhaltungsgröße

$$y' \cdot F_v(y, y') - F(y, y') = y' \cdot \frac{2\pi y\,y'}{\sqrt{1 + (y')^2}} - 2\pi y\sqrt{1 + (y')^2}$$

$$= 2\pi y \left(\frac{(y')^2}{\sqrt{1 + (y')^2}} - \frac{1 + (y')^2}{\sqrt{1 + (y')^2}} \right) = -\frac{2\pi y}{\sqrt{1 + (y')^2}}$$

Dieser Ausdruck soll eine konstante Funktion sein, sodass

$$-\frac{2\pi y}{\sqrt{1 + (y')^2}} \equiv E$$

mit einer Konstante $E \in \mathbb{R}$ gelten muss. Eine erste Lösung können wir sofort angeben: die konstante Funktion $y(x) \equiv -\frac{E}{2\pi}$. Die Rotationsflächen hierzu sind Zylinder, sofern $y(a) = y(b)$ als Randbedingung vorgegeben ist. Im Fall $E \neq 0$ gibt es aber noch weitere Lösungen. Durch Einführung einer neuen Konstante $b = -\frac{2\pi}{E}$ erhalten wir zunächst

$$b\,y = \sqrt{1 + (y')^2} \quad \Longrightarrow \quad b^2 y^2 = 1 + (y')^2$$

und daraus schließlich eine DGl mit getrennten Variablen

$$\frac{\mathrm{d}y}{\mathrm{d}x} = y' = \sqrt{b^2 y^2 - 1} \quad \text{bzw.} \quad \frac{1}{\sqrt{b^2 y^2 - 1}}\,\mathrm{d}y = 1\,\mathrm{d}x$$

die wir durch Integration der beiden Seiten wie folgt lösen können:

$$\tfrac{1}{b}\operatorname{arcosh} b\,y = x + c \quad \Longrightarrow \quad y(x) = \tfrac{1}{b}\cosh(b\,x + C)$$

Hierbei sind $b \neq 0$ und $C := bc \in \mathbb{R}$ zwei beliebige Konstanten. Die gesuchte Funktion ist demnach eine *Kettenlinie*, und der dazugehörige Rotationskörper wird *Katenoid* genannt.

Beispiel: Wir suchen einen Rotationskörper mit den Radien $y(0) = 4$ bei $x = 0$ und $y(3) = 2$ bei $x = 3$, der die kleinste Mantelfläche besitzt. Diese Minimalfläche wird erzeugt von einer Kettenlinie der Form $y(x) = \tfrac{1}{b}\cosh(b\,x + C)$, wobei wir die Werte b und C aus den Randbedingungen

$$(1) \quad \tfrac{1}{b}\cosh C = y(0) = 4 \quad \text{und} \quad (2) \quad \tfrac{1}{b}\cosh(3\,b + C) = y(3) = 2$$

ermitteln können. Lösen wir (1) nach b auf: $b = \frac{1}{4}\cosh C$, und setzen wir diesen
Ausdruck in (2) ein, dann ergibt sich die Gleichung

$$\cosh\left(\tfrac{3}{4}\cosh C + C\right) - \tfrac{1}{2}\cosh C = 0$$

für C, welche nur numerisch gelöst werden kann. Das *Newton-Verfahren* liefert gleich
zwei Lösungen, und zwar (auf vier Nachkommastellen genau) die Werte $C_1 = -1{,}3375$
und $C_2 = -2{,}3555$. Die zugehörigen Extremalen sind

$$y_1(x) = 1{,}9646\ \cosh(0{,}5090\,x - 1{,}3375)$$
$$y_2(x) = 0{,}7522\ \cosh(1{,}3298\,x - 2{,}3555)$$

Abb. 3.8.3 zeigt die gefundenen Rotationskörper: links zu $y_1(x)$ und rechts zu $y_2(x)$.
Die Berechnung der zugehörigen Mantelflächen ergibt die Werte $M[y_1] = 64{,}6543$
sowie $M[y_2] = 68{,}1007$.

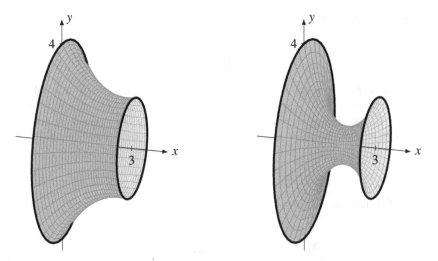

Abb. 3.29 Unter allen Rotationskörpern um die x-Achse mit den Radien $r = 4$ bei $x = 0$ und $r = 2$
bei $x = 3$ gibt es solche mit lokal minimaler Mantelfläche. Hierbei handelt es sich um Rotationskörper,
welche durch Drehung der Kettenlinie um die x-Achse entstehen.

In obigem Beispiel haben wir auf der Suche nach einer Minimalfläche gleich zwei mögliche Funktionen gefunden. Wie ist dieses Ergebnis mit *zwei* Lösungen zu interpretieren?
Die Euler-Lagrange-Gleichung liefert uns Funktionen $y(x)$ mit einem „lokalen" Minimum des Funktionals $J[y]$. Ändert man y bei gleichbleibenden Randwerten ein wenig
ab, dann erhält man Funktionen u mit $J[u] \geq J[y]$. So wie man mit $f'(x) = 0$ die
lokalen Extremstellen einer reellen Funktion findet, ergeben sich aus der Euler-Lagrange-
Gleichung auch nur die *lokalen Extremalen* eines Funktionals – in der Regel gibt es
mehrere davon! Eine Minimalfläche ist dann allgemein eine Fläche im Raum, welche
lokal (= kleinen Veränderungen gegenüber) minimalen Flächeninhalt hat. Beispielsweise
nehmen Seifenhäute, die bei $x = a$ und $x = b$ über zwei kreisförmige Drähte gespannt

sind, die Form von Minimalflächen an, wobei es auch hier mehrere Möglichkeiten gibt. In Abb. 3.8.3 haben beide Rotationskörper bzgl. geringen Variationen die kleinste Mantelfläche, wobei der linke Rotationskörper insgesamt die kleinere Mantelfläche hat und im Fall einer Seifenhaut stabiler wäre als der rechte.

Die Katenoide. Wir haben in Abschnitt 3.6.1 die Kettenlinie (= Katenoide) als Lösung einer Differentialgleichung 2. Ordnung erhalten, welche sich aus dem Gleichgewicht der Kräfte auf ein infinitesimal kleines Kettenglied ergab. Man kann die Aufgabe, die Form einer idealen (= frei durchhängenden, nicht dehnbaren und vollkommen biegsamen) Kette zu bestimmen, auch als Variationsproblem formulieren.

Wird eine Kette an beiden Enden bei $x = a$ bzw. $x = b$ aufgehängt und losgelassen, dann formt sie sich so aus, dass ihre gesamte potentielle Energie minimal wird. Wir nehmen an, dass die Kette eine konstante Querschnittsfläche A und eine konstante (längenbezogene) Dichte ρ hat. Wir zerlegen die Kette wieder in infinitesimal kleine Kettenglieder mit der Länge $\Delta \ell = \sqrt{(\Delta x)^2 + (\Delta y)^2}$ und der Masse $\Delta m = \rho \cdot A \cdot \Delta \ell$. Der Funktionswert $y = y(x)$ ist zugleich die Höhe des Kettenelements, das an der Stelle x folglich die potentielle Energie

$$\Delta W = \Delta m \cdot g \cdot y = g \, \rho \, A \cdot y \cdot \sqrt{1 + \left(\frac{\Delta y}{\Delta x}\right)^2} \, \Delta x$$

besitzt. Summieren wir diese Energieanteile auf und verfeinern wir die Zerlegung immer weiter ($\Delta x \to 0$), dann ergibt sich die gesamte potentielle Energie der Kette zu

$$W = \int_a^b g \, \rho \, A \cdot y \sqrt{1 + \left(\frac{dy}{dx}\right)^2} \, dx = g \, \rho \, A \int_a^b y(x) \sqrt{1 + y'(x)^2} \, dx$$

Die Kettenlinie ist also eine Funktion $y = y(x)$, für die das Funktional $W = W[y]$ minimal wird. Wir haben dieses Variationsproblem im Prinzip schon gelöst: Bei der Minimalfläche war zu fest vorgegebenen Radien an den Stellen $x = a$ bzw. $x = b$ ein Rotationskörper mit der kleinsten Mantelfläche gesucht, wobei die erzeugende Funktion $y : [a, b] \longrightarrow \mathbb{R}$ eine Extremale der Mantelfläche

$$M[y] = 2\pi \int_a^b y(x) \sqrt{1 + y'(x)^2} \, dx$$

ist. Da sich W und M nur um einen konstanten Faktor unterscheiden, sind die Funktionen, welche einen Rotationskörper mit minimaler Mantelfläche erzeugen, zugleich auch die Funktionen, welche eine frei durchhängende Kette beschreiben.

Die Brachistochrone. Abschließend wollen wir noch die *Brachistochrone* berechnen, also die schnellste Bahn von einem Punkt $y(0) = h > 0$ auf der y-Achse zu einem auf der x-Achse gelegenen Punkt $x = b > 0$. Um die Auswahl der möglichen Extremalen etwas einzuschränken, suchen wir hier speziell eine monoton fallende Bahnkurve. Das zu minimierende Funktional ist die Durchlaufzeit

$$T = \int_0^b \frac{\sqrt{1 + (y')^2}}{\sqrt{2\,g\,(h - y)}} \, dx = \int_0^b F(y, y') \, dx$$

für eine zweimal stetig differenzierbare Funktion $y = y(x)$ mit der Anfangsbedingung $y(0) = h$ und der Nebenbedingung $y' \leq 0$. Die Euler-Lagrange-Gleichung ergibt für

$$F(u,v) = \frac{\sqrt{1+v^2}}{\sqrt{2\,g\,(h-u)}} \qquad \Longrightarrow \qquad F_v = \frac{v}{\sqrt{1+v^2}\cdot\sqrt{2\,g\,(h-u)}}$$

eine relativ komplizierte nichtlineare DGl 2. Ordnung, deren Lösungen wir jedoch mithilfe der Erhaltungsgröße $E = y'\cdot F_v(y,y') - F(y,y')$ finden können. Wir setzen in die konstante Funktion

$$E = y'\cdot F_v(y,y') - F(y,y') = y'\cdot\frac{y'}{\sqrt{1+(y')^2}\cdot\sqrt{2\,g\,(h-y)}} - \frac{\sqrt{1+(y')^2}}{\sqrt{2\,g\,(h-y)}}$$

$$= -\frac{1}{\sqrt{1+(y')^2}\cdot\sqrt{2\,g\,(h-y)}}$$

bei $x = b$ den Höhenwert $y(b) = 0$ ein und erhalten

$$E = -\frac{1}{\sqrt{1+y'(b)^2}\cdot\sqrt{2\,g\,(h-0)}} = -\frac{1}{\sqrt{4\,r\,g}}$$

mit der Konstante $r := \frac{1}{2}\,h\,(1+y'(b)^2)$, sodass sich

$$-\frac{1}{\sqrt{1+(y')^2}\cdot\sqrt{2\,g\,(h-y)}} = -\frac{1}{\sqrt{4\,r\,g}} \qquad \Longrightarrow \qquad \sqrt{1+(y')^2} = \sqrt{\frac{2\,r}{h-y}}$$

ergibt. Wir lösen diese DGl 1. Ordnung nach y' auf:

$$\frac{\mathrm{d}y}{\mathrm{d}x} = y' = \pm\sqrt{\frac{2\,r}{h-y}-1} = \pm\sqrt{\frac{2\,r-(h-y)}{h-y}}$$

Da $y' \le 0$ gelten soll, müssen wir das negative Vorzeichen wählen. Wir erhalten eine DGl mit getrennten Variablen

$$-\sqrt{\frac{h-y}{2\,r-h+y}}\,\mathrm{d}y = 1\,\mathrm{d}x \qquad \Longrightarrow \qquad \int -\sqrt{\frac{h-y}{2\,r-h+y}}\,\mathrm{d}y = x+C$$

Zur Berechnung des Integrals verwenden wir die Substitution

$$y = h - 2\,r\sin^2 u \qquad \Longrightarrow \qquad \mathrm{d}y = -4\,r\sin u\cos u\,\mathrm{d}u$$

und erhalten auf der linken Seite die Stammfunktion

$$\int -\sqrt{\frac{h-y}{2\,r-h+y}}\,\mathrm{d}y = 4\,r\int\sqrt{\frac{2\,r\sin^2 u}{2\,r\,(1-\sin^2 u)}}\cdot\sin u\cos u\,\mathrm{d}u$$

$$= 4\,r\int\sqrt{\frac{\sin^2 u}{\cos^2 u}}\cdot\sin u\cos u\,\mathrm{d}u = 4\,r\int\sin^2 u\,\mathrm{d}u = 2\,r\,(u-\sin u\cos u)$$

Insgesamt ergibt sich als Lösung für die Brachistochrone

$$x = 2\,r\,(u - \sin u \cos u) - C \quad \text{und} \quad y = h - 2\,r\sin^2 u$$

mit dem Parameter u, wobei C zunächst eine beliebige Konstante ist. Setzen wir $u = 0$ ein, dann ist $y(0) = h$ die Ausgangshöhe, welche die Bahnkurve bei $x = 0$ annehmen soll, sodass $0 = x(0) = C$ gelten muss. Es bleibt noch zu klären, um welche Art Kurve es sich bei der Brachistochrone handelt. Mit den Additionstheoremen $2\sin u \cos u = \sin 2u$ und $2\sin^2 u = 1 - \cos 2u$ können wir die Parameterdarstellung auch in die Form

$$x(u) = r\,(2u - 2\sin u \cos u) = r\,(2u - \sin 2u)$$

$$y(u) = h - r \cdot 2\sin^2 u = h - r\,(1 - \cos 2u)$$

bringen. Ersetzen wir schließlich $2u$ durch t, dann ergibt sich als Lösung eine auf den Kopf gestellte und um h nach oben verschobene Zykloide mit der Parameterdarstellung

$$x(t) = r\,(t - \sin t), \quad y(t) = h - r\,(1 - \cos t), \quad t \in [0, \beta]$$

wobei der Radius r der Zykloide sowie der Endwert β für den Parameterbereich durch die Bedingungen $x(\beta) = b$ und $y(b) = 0$ festgelegt werden müssen. Die gesamte Durchlaufzeit T lässt sich schließlich durch parametrisches Differenzieren und Anwendung der Substitutionsregel berechnen. Aus

$$y'(x(t)) = \frac{\dot{y}(t)}{\dot{x}(t)} \quad \text{und} \quad \dot{x}(t) = \frac{\mathrm{d}x}{\mathrm{d}t} \quad \Longrightarrow \quad \mathrm{d}x = \dot{x}(t)\,\mathrm{d}t$$

erhalten wir für T den Wert

$$T = \int_0^b \frac{\sqrt{1 + y'(x)^2}}{\sqrt{2\,g\,(h - y(x))}}\,\mathrm{d}x = \int_0^\beta \frac{\sqrt{1 + \left(\frac{\dot{y}(t)}{\dot{x}(t)}\right)^2}}{\sqrt{2\,g\,(h - y(t))}}\,\dot{x}(t)\,\mathrm{d}t$$

$$= \int_0^\beta \sqrt{\frac{\dot{x}(t)^2 + \dot{y}(t)^2}{2\,g\,(h - y(t))}}\,\mathrm{d}t = \int_0^\beta \sqrt{\frac{r^2\,(2 - 2\cos t)}{2\,g\,r\,(1 - \cos t)}}\,\mathrm{d}t$$

$$= \int_0^\beta \sqrt{\frac{r}{g}}\,\mathrm{d}t = \beta \cdot \sqrt{\frac{r}{g}}$$

Beispiel: Wir wollen die schnellste Verbindung von der Höhe $h = 1$ m bei $x = 0$ zu einem Punkt am Boden in $b = 1$ m Entfernung bestimmen. Rechnen wir zunächst ohne Einheiten, dann suchen wir die Brachistochrone von $A = (0, 1)$ nach $B = (1, 0)$. Hier ist $h = 1$, und am Endpunkt soll gelten

$$1 = x(\beta) = r\,(\beta - \sin \beta) \quad \Longrightarrow \quad r = \frac{1}{\beta - \sin \beta}$$

$$0 = y(\beta) = 1 - r(1 - \cos \beta) \quad \Longrightarrow \quad 1 - \cos \beta = \tfrac{1}{r} = \beta - \sin \beta$$

Die letzte Gleichung lässt sich in der Form $\beta - \sin \beta + \cos \beta - 1 = 0$ schreiben und nur numerisch lösen, z. B. mit dem Newton-Verfahren. Dieses liefert $\beta = 2{,}412$ auf drei Nachkommastellen genau sowie den Wert

$$r = \frac{1}{\beta - \sin\beta} = 0{,}573$$

Folglich ist die Zykloide

$$x(t) = 0{,}573\,(t - \sin t), \quad y(t) = 1 - 0{,}573\,(1 - \cos t), \quad 0 \le t \le 2{,}412$$

mit der Durchlaufzeit

$$T = 2{,}412 \cdot \sqrt{\frac{0{,}573\,\mathrm{m}}{9{,}81\,\frac{\mathrm{m}}{\mathrm{s^2}}}} = 0{,}583\,\mathrm{s}$$

die schnellste Verbindung von $(0, 1)$ nach $(1, 0)$. Die Berechnung der Durchlaufzeiten für vier weitere Bahnen (siehe Abb. 3.30) mit dem gleichen Anfangs- und Endpunkt ergibt

Kurve	Zeit (in s)
$f_1(x) = \sqrt{1 - x}$	0,776
$f_2(x) = 1 - x$	0,639
$f_3(x) = 1 - \sqrt{x}$	0,584
$f_4(x) = (1 - x)^2$	0,595

und bestätigt, dass die Zykloide in 0,583 s am schnellsten durchlaufen wird.

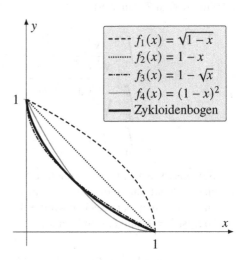

Abb. 3.30 Fünf verschiedene Bahnen von $(0, 1)$ nach $(1, 0)$ – auf der Zykloide geht es am schnellsten!

3.8.4 Allgemeinere Variationsprobleme

Wir haben bisher Funktionen (= Extremale) y gesucht, für die das Integral (= Funktional)

$$J[y] := \int_a^b F(y(x), y'(x)) \, \mathrm{d}x$$

minimal bzw. maximal wird. Bei einer erweiterten Klasse von Variationsproblemen sind Integrale der Form

$$J[y] := \int_a^b F(x, y(x), y'(x)) \, \mathrm{d}x$$

zu minimieren oder zu maximieren. Der Integrand $F = F(x, u, v)$ in $J[y]$ hängt hier zusätzlich noch explizit von x ab, also nicht nur indirekt über $u = y(x)$ und $v = y'(x)$. Ein Beispiel für ein solches Funktional ist

$$J[y] := \int_0^1 x^2 + y'(x)^2 \, \mathrm{d}x \overset{!}{=} \text{Minimum}$$

Variationsaufgaben dieser Art lassen sich ebenfalls auf DGlen 2. Ordnung zurückführen. Bezeichnet $y(x)$ das gesuchte Extremal und $h : [a, b] \longrightarrow \mathbb{R}$ eine beliebige stetig differenzierbare Funktion mit $h(a) = h(b) = 0$, dann gilt im Fall eines Minimums

$$J[y + t \cdot h] \geq J[y] \quad \text{für alle} \quad t \in \mathbb{R} \quad \Longrightarrow \quad \frac{\mathrm{d}}{\mathrm{d}t} J[y + t h] \Big|_{t=0} = 0$$

Den Ausdruck

$$\delta J[y](h) := \frac{\mathrm{d}}{\mathrm{d}t} J[y + t h] \Big|_{t=0} = \int_a^b \left(F_u(x, y, y') - \frac{\mathrm{d}}{\mathrm{d}x} F_v(x, y, y') \right) \cdot h(x) \, \mathrm{d}x$$

bezeichnet man als *erste Variation* des Funktionals $J[y]$ in Richtung der Funktion $h(x)$. Man kann die erste Variation interpretieren als „Richtungsableitung" von J, allerdings nicht in Richtung eines Vektors (wie in Kapitel 1, Abschnitt 1.2.6), sondern in Richtung einer Funktion h. Die Forderung, dass $J[y]$ für die Funktion $y(x)$ minimal (oder maximal) wird, führt dann zur Bedingung $\delta J[y](h) = 0$ für alle stetig differenzierbaren Funktionen h auf $[a, b]$ mit $h(a) = h(b) = 0$, und das Fundamentallemma der Variationsrechnung wiederum führt zur Euler-Lagrange-Gleichung. Zusammenfassend gilt:

Ist $F = F(x, u, v)$ eine zweimal stetig differenzierbare Funktion, und nimmt der Integralwert

$$J[y] = \int_a^b F(x, y(x), y'(x)) \, \mathrm{d}x$$

für die zweimal stetig differenzierbare Funktion $y : [a, b] \longrightarrow \mathbb{R}$ mit vorgegebenen Randwerten $y(a)$ und $y(b)$ ein Extremum (Minimum oder Maximum) an, dann ist $y(x)$ eine Lösung der *Euler-Lagrange-Gleichung*

$$F_u(x, y, y') - \frac{\mathrm{d}}{\mathrm{d}x} F_v(x, y, y') = 0$$

Falls der Integrand in $J[y]$ auch noch explizit von x abhängt, dann bleiben die Euler-Lagrange-Gleichung also weiterhin gültig. Die Beltrami-Identität gilt hier i. Allg.

aber nicht mehr, und das bedeutet: Eine Erhaltungsgröße, welche die Euler-Lagrange-Gleichung unmittelbar in eine DGl 1. Ordnung überführt und somit deutlich vereinfacht, lässt sich hier in der Regel nicht angeben.

Eine noch allgemeinere Klasse von Variationsproblemen enthält neben x, $y(x)$ und $y'(x)$ auch höhere Ableitungen der gesuchten Funktion:

$$J[y] := \int_a^b F(x, y, y', y'', \ldots, y^{(n)}) \, dx \overset{!}{=} \text{minimal (oder maximal)}$$

Die Euler-Lagrange-Gleichung hierzu ist eine DGl der Ordnung $2n$. Schließlich treten in der Praxis gelegentlich Variationsprobleme für *mehrere* gesuchte Funktionen $y_1, \ldots, y_n$ auf. Lösungsverfahren zu Aufgabenstellungen dieser Art findet man in den Lehrbüchern zur Variationsrechnung (siehe z. B. [22], Band V).

3.9 Variationsmethoden bei linearen DGlen

3.9.1 Das Verfahren von Ritz

Eine inhomogene lineare Differentialgleichung 2. Ordnung hat allgemein die Form

$$y'' + f(x) \cdot y' + g(x) \cdot y = h(x), \quad x \in [a, b]$$

wobei im Folgenden vorausgesetzt werden soll, dass die Koeffizientenfunktionen $f(x)$, $g(x)$ und die Störfunktion $h(x)$ beliebig oft differenzierbare Funktionen auf einem Intervall $[a, b]$ sind. Wir suchen speziell eine Lösung dieser DGl zu den *Dirichlet-Randbedingungen*

$$y(a) = \alpha \quad \text{und} \quad y(b) = \beta$$

mit vorgegebenen Werten α, $\beta \in \mathbb{R}$. Dieses Randwertproblem lässt sich in der Regel nicht analytisch lösen, da es keine Formel zur Berechnung der allgemeinen Lösung für die lineare DGl 2. Ordnung gibt. Wir können jedoch das Randwertproblem für die Differentialgleichung in ein Variationsproblem für einen passenden Integralausdruck umwandeln und damit ein Näherungsverfahren für die Lösung konstruieren. Diese „Variationsmethode" wird auch *Verfahren von Ritz* genannt (benannt nach dem Schweizer Mathematiker und Physiker Walter Ritz 1878 - 1909), und es bildet die Grundlage für die Finite-Elemente-Methode (FEM).

Zuerst wollen wir die DGl in eine besondere Form bringen. Ist $F(x) = \int f(x) \, dx$ eine Stammfunktion zu $f(x)$ und multiplizieren wir beide Seiten der DGl mit der Funktion $p(x) := e^{F(x)}$, dann erhalten wir

$$e^{F(x)} \cdot y'' + f(x) \, e^{F(x)} \cdot y' + g(x) \, e^{F(x)} \cdot y = h(x) \, e^{F(x)}$$

$$p(x) \cdot y'' + p'(x) \cdot y' + g(x) \, e^{F(x)} \cdot y = h(x) \, e^{F(x)} \quad | \cdot (-1)$$

$$- (p(x) \cdot y'(x))' - g(x) \, e^{F(x)} \cdot y(x) = -h(x) \, e^{F(x)}$$

$$\implies \quad -(p(x) \, y'(x))' + q(x) \cdot y(x) = r(x)$$

wobei $q(x) := -g(x)\,e^{F(x)}$ und $r(x) := -h(x)\,e^{F(x)}$. Eine inhomogene lineare DGl 2. Ordnung lässt sich unter den eingangs genannten Voraussetzungen also immer in die sogenannte *selbstadjungierte Form*

$$-\frac{d}{dx}\big(p(x) \cdot y'(x)\big) + q(x) \cdot y(x) = r(x)$$

umwandeln, wobei p, q, $r : [a,b] \longrightarrow \mathbb{R}$ glatte Funktionen sind und $p(x) > 0$ für alle $x \in [a,b]$ gilt[2].

Beispiel 1. Wir wollen die inhomogene lineare Differentialgleichung 2. Ordnung

$$y'' - y' + e^{2x}\,y = -2\,e^{4x}$$

in die selbstadjungierte Form überführen. Hier ist $f(x) \equiv -1$, und $F(x) = -x$ ist eine Stammfunktion zu $f(x)$. Multiplizieren wir beide Seiten der DGl zuerst mit $p(x) = e^{F(x)} = e^{-x}$ und anschließend mit -1:

$$\underbrace{e^{-x} \cdot y'' - e^{-x} \cdot y'}_{(e^{-x} \cdot y')'} + e^{x} \cdot y = -2\,e^{3x} \quad \big| \cdot (-1)$$

dann erhalten wir die zur Ausgangsgleichung äquivalente selbstadjungierte DGl

$$-\frac{d}{dx}\big(e^{-x}y'(x)\big) - e^{x}\,y(x) = 2\,e^{3x}$$

Beispiel 2. Die homogene lineare Differentialgleichung 2. Ordnung

$$y'' + \frac{2}{x+1} \cdot y' - y = 2 - x, \quad x \in [0,1]$$

soll in die selbstadjungierte Form gebracht werden. Dazu brauchen wir eine Stammfunktion zu $f(x) = \frac{2}{x+1}$, und zwar

$$F(x) = \int \frac{2}{x+1}\,dx = 2\ln(x+1) \quad \Longrightarrow \quad p(x) = e^{2\ln(x+1)} = (x+1)^2$$

Nach Multiplikation mit $(x+1)^2$ erhalten wir die DGl

$$\underbrace{(x+1)^2 \cdot y'' + 2\,(x+1) \cdot y'}_{((x+1)^2 \cdot y')'} - (x+1)^2 \cdot y = (x+1)^2(2-x)$$

und schließlich die dazu äquivalente selbstadjungierte Form

$$-\frac{d}{dx}\big((x+1)^2 y'(x)\big) + (x+1)^2 y(x) = x^3 - 3\,x - 2$$

---

[2] Der Begriff „selbstadjungiert" soll hier nicht weiter erläutert werden; eine Erklärung findet man z. B. bei Kamke [39] in Band I, Teil A, Abschnitt 17.5.

Wir dürfen im weiteren Verlauf also von einem Randwertproblem der Form

$$-\frac{\mathrm{d}}{\mathrm{d}x}\left(p(x) \cdot y'(x)\right) + q(x) \cdot y(x) = r(x), \qquad y(a) = \alpha, \quad y(b) = \beta$$

mit glatten Funktionen p, q, $r : [a, b] \longrightarrow \mathbb{R}$ und $p(x) > 0$ für alle $x \in [a, b]$ ausgehen. Dies ist aber genau die Euler-Lagrange-Gleichung zum Variationsproblem

$$J[y] := \int_a^b \tfrac{1}{2}\, p(x)\, y'(x)^2 + \tfrac{1}{2}\, q(x)\, y(x)^2 - r(x)\, y(x)\, \mathrm{d}x \overset{!}{=} \text{Extremum}$$

wie man leicht nachprüfen kann: Der Integrand in diesem Funktional hat die Form

$$F(x, u, v) := \tfrac{1}{2}\, p(x)\, v^2 + \tfrac{1}{2}\, q(x)\, u^2 - r(x)\, u \quad \text{mit} \quad u = y(x) \quad \text{und} \quad v = y'(x)$$

Setzen wir in die partiellen Ableitungen

$$F_u(x, u, v) = 0 + \tfrac{1}{2}\, q(x) \cdot 2\, u - r(x) \cdot 1 = q(x) \cdot u - r(x)$$
$$F_v(x, u, v) = \tfrac{1}{2} \cdot p(x) \cdot 2\, v + 0 - 0 = p(x) \cdot v$$

die Funktionen $u = y$ und $v = y'$ ein, dann ist die Euler-Lagrange-Gleichung

$$0 = F_u(x, y, y') - \frac{\mathrm{d}}{\mathrm{d}x} F_v(x, y, y') = q(x) \cdot y(x) - r(x) - \frac{\mathrm{d}}{\mathrm{d}x}\left(p(x) \cdot y'(x)\right)$$

genau unsere DGl in selbstadjungierter Form! Fassen wir unsere bisherigen Ergebnisse zusammen:

Sind p, q, $r : [a, b] \longrightarrow \mathbb{R}$ glatte Funktionen mit $p(x) > 0$ für alle $x \in [a, b]$, und nimmt das Funktional

$$J[y] := \int_a^b \tfrac{1}{2}\, p(x)\, y'(x)^2 + \tfrac{1}{2}\, q(x)\, y(x)^2 - r(x)\, y(x)\, \mathrm{d}x$$

für eine zweimal stetig differenzierbare Funktion $y : [a, b] \longrightarrow \mathbb{R}$ bei vorgegebenen Randwerten $y(a) = \alpha$ und $y(b) = \beta$ ein Extremum (Minimum oder Maximum) an, dann ist $y(x)$ eine Lösung des Randwertproblems

$$-\frac{\mathrm{d}}{\mathrm{d}x}\left(p(x) \cdot y'(x)\right) + q(x) \cdot y(x) = r(x), \quad y(a) = \alpha, \quad y(b) = \beta$$

Im Folgenden wollen wir den Zusammenhang mit dem Variationsproblem nutzen, um eine Näherung für die Lösung des Randwertproblems zu finden. Beim *Verfahren von Ritz* sucht man eine Näherungslösung der Form

$$\tilde{y}(x) = \varphi_0(x) + c_1 \cdot \varphi_1(x) + \ldots + c_n \cdot \varphi_n(x) = \varphi_0(x) + \sum_{k=1}^{n} c_k \varphi_k(x)$$

mit vorgegebenen „Ansatzfunktionen" $\varphi_0(x)$, $\varphi_1(x)$, $\ldots$, $\varphi_n(x)$ und freien Parametern (Zahlenwerten) $c_1, \ldots, c_n \in \mathbb{R}$. Wir setzen lediglich voraus, dass die Ansatzfunktionen auf $[a, b]$ stückweise stetig differenzierbar sind und

$$\varphi_0(a) = \alpha, \quad \varphi_0(b) = \beta, \qquad \varphi_k(a) = \varphi_k(b) = 0 \quad \text{für} \quad k = 1, \ldots, n$$

erfüllen. In diesem Fall genügt die Näherungslösung den Randbedingungen des Variationsproblems, denn

$$\tilde{y}(a) = \varphi_0(a) + \sum_{k=1}^{n} c_k \cdot 0 = \alpha \quad \text{und} \quad \tilde{y}(b) = \varphi_0(b) + \sum_{k=1}^{n} c_k \cdot 0 = \beta$$

Nun sind nur noch die freien Parameter $c_1, \ldots, c_n$ zu berechnen. Diese werden so festgelegt, dass das Funktional $J[\tilde{y}]$ einen Extremwert annimmt. Beim Ritzschen Verfahren sucht man also das Extremal von J nicht unter den zweimal differenzierbaren Funktionen, sondern im „Raum" der Funktionen $\tilde{y}(x) = \varphi_0(x) + \sum_{k=0}^{n} c_k \cdot \varphi_k(x)$. Aus dem Variationsproblem für die Funktion y wird dann ein Extremalproblem für die n Variablen $c_1, \ldots, c_n$. Dazu setzen wir $\tilde{y}(x)$ und die Ableitung

$$\tilde{y}'(x) = \varphi_0'(x) + c_1 \cdot \varphi_1'(x) + \ldots + c_n \cdot \varphi_n'(x) = \varphi_0'(x) + \sum_{k=1}^{n} c_k \varphi_k'(x)$$

in den Integralausdruck J ein und erhalten

$$J(c_1, \ldots, c_n) := \int_a^b \frac{1}{2} p(x) \left(\varphi_0'(x) + \sum_{k=1}^{n} c_k \varphi_k'(x) \right)^2 +$$

$$+ \frac{1}{2} q(x) \left(\varphi_0(x) + \sum_{k=1}^{n} c_k \varphi_k(x) \right)^2 - r(x) \left(\varphi_0(x) + \sum_{k=1}^{n} c_k \varphi_k(x) \right) dx$$

Für diese Funktion in den Veränderlichen $c_1, \ldots, c_n$ suchen wir ein Minimum oder Maximum. Dort müssen alle partiellen Ableitungen verschwinden:

$$0 = \frac{\partial J}{\partial c_i} = \int_a^b \frac{1}{2} p(x) \cdot 2 \left(\varphi_0'(x) + \sum_{k=1}^{n} c_k \varphi_k'(x) \right) \cdot \varphi_i'(x) +$$

$$+ \frac{1}{2} q(x) \cdot 2 \left(\varphi_0(x) + \sum_{k=1}^{n} c_k \varphi_k(x) \right) \cdot \varphi_i(x) - r(x) \varphi_i(x) \, dx$$

für $i = 1, \ldots, n$. Diese Gleichungen können wir wie folgt umstellen:

$$\sum_{k=1}^{n} \left(\int_a^b p(x) \varphi_i'(x) \varphi_k'(x) + q(x) \varphi_i(x) \varphi_k(x) \, dx \right) \cdot c_k$$

$$= \int_a^b r(x) \varphi_i(x) - p(x) \varphi_i'(x) \varphi_0'(x) - q(x) \varphi_i(x) \varphi_0(x) \, dx$$

Mit den Abkürzungen

$$a_{ik} := \int_a^b p(x)\,\varphi_i'(x)\,\varphi_k'(x) + q(x)\,\varphi_i(x)\,\varphi_k(x)\,\mathrm{d}x$$

$$b_i := \int_a^b r(x)\,\varphi_i(x) - p(x)\,\varphi_i'(x)\,\varphi_0'(x) - q(x)\,\varphi_i(x)\,\varphi_0(x)\,\mathrm{d}x$$

erhalten wir schließlich n lineare Gleichungen $\sum_{k=1}^n a_{ik} \cdot c_k = b_i$ für $i = 1, \ldots n$ mit den Unbekannten $c_1, \ldots, c_n$, welche man z. B. mit dem Gauß-Eliminationsverfahren lösen kann. Insgesamt ergibt sich dann der folgende Ablauf für das

Näherungsverfahren von Ritz: Zu lösen sei ein Randwertproblem mit einer linearen DGl 2. Ordnung in selbstadjungierter Form und Dirichlet-Randbedingungen

$$-\frac{\mathrm{d}}{\mathrm{d}x}\left(p(x) \cdot y'(x)\right) + q(x) \cdot y(x) = r(x), \quad y(a) = \alpha, \quad y(b) = \beta$$

wobei $p, q, r : [a, b] \longrightarrow \mathbb{R}$ glatte Koeffizientenfunktionen sind und $p(x) > 0$ für alle $x \in [a, b]$ vorausgesetzt wird. Hierzu berechnet man eine Näherungslösung

$$\tilde{y}(x) = \varphi_0(x) + c_1 \cdot \varphi_1(x) + \ldots + c_n \cdot \varphi_n(x)$$

in mehreren Schritten:

(1) Zuerst wählt man stückweise stetig differenzierbare „Ansatzfunktionen" $\varphi_0(x)$, $\varphi_1(x), \ldots, \varphi_n(x)$ auf dem Intervall $[a, b]$ mit den Randwerten

$$\varphi_0(a) = \alpha, \quad \varphi_0(b) = \beta \quad \text{und}$$
$$\varphi_k(a) = \varphi_k(b) = 0 \quad (k = 1, \ldots, n)$$

(2) Anschließend bestimmt man (ggf. durch numerische Integration mit einem Computer) für alle $i, k = 1, \ldots, n$ die Zahlenwerte

$$a_{ik} := \int_a^b p(x)\,\varphi_i'(x)\,\varphi_k'(x) + q(x)\,\varphi_i(x)\,\varphi_k(x)\,\mathrm{d}x$$

$$b_i := \int_a^b r(x)\,\varphi_i(x) - p(x)\,\varphi_i'(x)\,\varphi_0'(x) - q(x)\,\varphi_i(x)\,\varphi_0(x)\,\mathrm{d}x$$

(3) Schließlich ermittelt man (z. B. mit dem Gauß-Jordan-Verfahren) die noch unbekannten Parameterwerte $c_1, \ldots, c_n$ durch Lösen des linearen (n, n)-LGS

$$\sum_{k=1}^n a_{ik} \cdot c_k = b_i \quad (i = 1, \ldots, n)$$

Wir wollen als Beispiel das Randwertproblem (RWP)

$$y'' - 4y = 2 - 4x, \quad y(-1) = 0, \quad y(2) = 3$$

näherungsweise mit dem Verfahren von Ritz lösen. Zuerst bringen wir die DGl in die *selbstadjungierte Form*:

$$-(y')' + 4y = 4x - 2, \qquad y(-1) = 0, \quad y(2) = 3$$

Die Koeffizienten $p(x) \equiv 1$ und $q(x) \equiv 4$ sind hier konstante Funktionen, während die Störfunktion $r(x) = 4x - 2$ eine lineare Funktion ist. Das vorliegende RWP lässt sich sogar analytisch lösen. Wir berechnen nachfolgend zwei Näherungslösungen mit unterschiedlichen Ansatzfunktionen und, vorneweg zum Vergleich, die

Exakte Lösung. Es handelt sich um eine inhomogene lineare Differentialgleichung 2. Ordnung mit konstanten Koeffizienten in der Normalform $y'' - 4y = 2 - 4x$ und der charakteristischen Gleichung $\lambda^2 - 4 = 0$. Die charakteristischen Werte $\lambda_1 = -2$ und $\lambda_2 = 2$ liefern zusammen mit der partikulären Lösung

$$G(x) = e^{-2x} \int (2 - 4x) e^{2x} \, dx = 2 - 2x$$

$$y_0(x) = e^{2x} \int (2 - 2x) e^{-2x} \, dx = x - \tfrac{1}{2}$$

die allgemeine Lösung $y(x) = x - \tfrac{1}{2} + C_1 e^{-2x} + C_2 e^{2x}$. Die gesuchte spezielle Lösung soll zusätzlich noch die Randbedingungen

$$0 = y(-1) = -\tfrac{3}{2} + C_1 e^2 + C_2 e^{-2} \quad \Longrightarrow \quad e^2 C_1 + e^{-2} C_2 = \tfrac{3}{2}$$
$$3 = y(2) = \tfrac{3}{2} + C_1 e^{-4} + C_2 e^4 \quad \Longrightarrow \quad e^{-4} C_1 + e^2 C_2 = \tfrac{3}{2}$$

erfüllen. Aus diesem linearen Gleichungssystem ergeben sich die Integrationskonstanten

$$C_1 = \frac{3}{2\,(e^2 + e^{-4})} \approx 0{,}2025, \quad C_2 = \frac{3}{2\,(e^4 + e^{-2})} \approx 0{,}0274$$

und schließlich die exakte Lösung des Randwertproblems

$$y(x) = x - \tfrac{1}{2} + \frac{3}{2\,(e^2 + e^{-4})} \, e^{-2x} + \frac{3}{2\,(e^4 + e^{-2})} \, e^{2x}$$

Für das Ritz-Verfahren verwenden wir die einfache (lineare) Ansatzfunktion $\varphi_0(x) = x + 1$ mit $\varphi_0(-1) = 0$ und $\varphi_0(2) = 3$. Zusätzlich brauchen wir noch n weitere Ansatzfunktionen mit den Randwerten $\varphi_k(-1) = \varphi_k(2) = 0$ für $k = 1, \ldots, n$. Bei der Auswahl dieser Funktionen haben wir verschiedene Möglichkeiten.

Näherung A. Wir können Polynome nehmen, welche an den Randpunkten bei $x = -1$ und $x = 2$ verschwinden, z. B. im Fall $n = 3$ (siehe Abb. 3.31)

$$\varphi_1(x) := (x+1)(2-x) = -x^2 + x + 2$$
$$\varphi_2(x) := (x+1)\,(\tfrac{1}{2} - x)\,(2-x) = x^3 - \tfrac{3}{2}x^2 - \tfrac{3}{2}x + 1$$
$$\varphi_3(x) := (x+1)\,x\,(x-1)\,(x-2) = x^4 - 2x^3 - x^2 + 2x$$

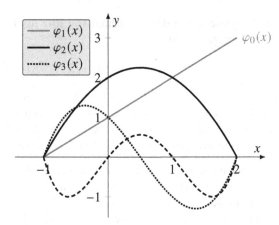

Abb. 3.31 Neben $\varphi_0(x) =$ $1+x$ werden bei der Näherung A noch drei Polynome als Ansatzfunktionen gewählt

Die Koeffizienten des $(3, 3)$-LGS erhalten wir durch Integration aus

$$a_{ik} := \int_{-1}^{2} \varphi_i'(x)\, \varphi_k'(x) + 4\,\varphi_i(x)\, \varphi_k(x)\, dx$$

$$b_i := \int_{-1}^{2} (4x - 2)\, \varphi_i(x) - \varphi_i'(x)\, \varphi_0'(x) - 4\,\varphi_i(x)\, \varphi_0(x)\, dx$$

für $i, k = 1, 2, 3$. Beispielsweise ist dann

$$a_{12} = \int_{-1}^{2} \varphi_1'(x)\, \varphi_2'(x) + 4\,\varphi_1(x)\, \varphi_2(x)\, dx$$

$$= \int_{-1}^{2} -4x^5 + 10x^4 + 2x^3 - 13x^2 - 8x + \tfrac{13}{2}\, dx = 0$$

$$a_{33} = \int_{-1}^{2} \varphi_3'(x)\, \varphi_3'(x) + 4\,\varphi_3(x)\, \varphi_3(x)\, dx = \ldots = \tfrac{612}{35}$$

$$b_1 = \int_{-1}^{2} 6x^2 - 4x - 13\, dx = -27$$

Insgesamt ergibt sich für die gesuchten freien Parameter das LGS

$$\begin{pmatrix} \frac{207}{5} & 0 & -\frac{144}{35} \\ 0 & \frac{3159}{140} & 0 \\ -\frac{144}{35} & 0 & \frac{612}{35} \end{pmatrix} \cdot \begin{pmatrix} c_1 \\ c_2 \\ c_3 \end{pmatrix} = \begin{pmatrix} -27 \\ 0 \\ \frac{27}{5} \end{pmatrix}$$

mit der Lösung $c_1 = -\tfrac{7}{11}$, $c_2 = 0$, $c_3 = \tfrac{7}{44}$. Die Näherungslösung lautet also

$$\tilde{y}_1(x) = \varphi_0(x) - \tfrac{7}{11} \cdot \varphi_1(x) + 0 \cdot \varphi_2(x) + \tfrac{7}{44} \cdot \varphi_3(x)$$

$$= 1 + x - \tfrac{7}{11}(x + 1)(2 - x) + \tfrac{7}{44}(x + 1)\,x\,(1 - x)(2 - x)$$

Diese ist links in Abb. 3.33 zusammen mit der exakten Lösung zu sehen.

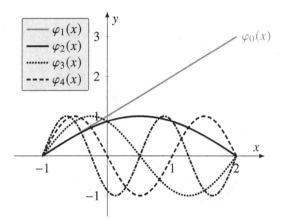

Abb. 3.32 Die Näherung B verwendet für das Ritzsche Verfahren $n = 4$ trigonometrische Funktionen

Näherung B. Anstelle von Polynomen lassen sich auch trigonometrische Funktionen verwenden, so wie etwa die $n = 4$ Ansatzfunktionen

$$\varphi_k(x) := \sin \frac{k\pi(x+1)}{3}, \quad k = 1, 2, 3, 4$$

welche $\varphi_k(-1) = \varphi_k(2) = 0$ erfüllen (vgl. Abb. 3.32). Die Berechnung der Koeffizienten a_{ik} und b_i führt auf das LGS

$$\begin{pmatrix} 6 + \frac{1}{6}\pi^2 & 0 & 0 & 0 \\ 0 & 6 + \frac{2}{3}\pi^2 & 0 & 0 \\ 0 & 0 & 6 + \frac{3}{2}\pi^2 & 0 \\ 0 & 0 & 0 & 6 + \frac{8}{3}\pi^2 \end{pmatrix} \cdot \begin{pmatrix} c_1 \\ c_2 \\ c_3 \\ c_4 \end{pmatrix} = \begin{pmatrix} -\frac{36}{\pi} \\ 0 \\ -\frac{12}{\pi} \\ 0 \end{pmatrix}$$

welches aufgrund der Diagonalform sofort gelöst werden kann: Wir erhalten die Parameterwerte

$$c_1 = -\frac{216}{\pi(\pi^2+36)}, \quad c_2 = 0, \quad c_3 = -\frac{8}{\pi(\pi^2+4)}, \quad c_4 = 0$$

und schließlich als Näherung für die Lösung des Randwertproblems die Funktion (siehe Abb. 3.33 rechts)

$$\tilde{y}_2(x) = 1 + x - \frac{216}{\pi(\pi^2+36)} \cdot \varphi_1(x) - \frac{8}{\pi(\pi^2+4)} \cdot \varphi_3(x)$$
$$= 1 + x - \frac{216}{\pi(\pi^2+36)} \sin \frac{\pi(x+1)}{3} + \frac{8}{\pi(\pi^2+4)} \sin \pi(x+1)$$

Beim Ritzschen Verfahren lassen sich die Koeffizienten a_{ik} und b_i i. Allg. nicht mit einer Stammfunktion bestimmen – zur Berechnung dieser Werte benutzt man meist ein numerisches Integrationsverfahren wie z. B. die Gauß-Quadratur oder die summierte Simpsonregel. Je mehr Ansatzfunktionen man verwendet, umso besser wird in der Regel die Näherungslösung, wobei im Gegenzug das zu lösende lineare Gleichungssystem immer größer wird. Man wird daher die einzelnen Zwischenrechnungen (numerische Quadratur bzw. Gauß-Elimination) einem Computer übertragen. Beim LGS im Ritz-

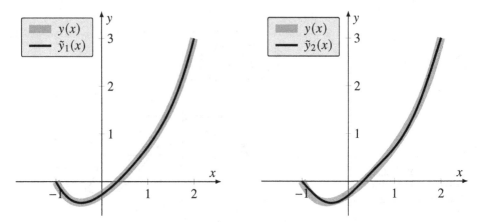

Abb. 3.33 Vor der exakten Lösung $y(x)$ des Randwertproblems $-y'' + 4y = 4x - 2$ mit $y(-1) = 0$ und $y(2) = 3$ (breite Kurve) sind hier die berechneten Lösungen $\tilde{y}_1(x)$ (links) und $\tilde{y}_2(x)$ (rechts) zu den polynomialen bzw. trigonometrischen Ansatzfunktionen aus den Näherungen A und B eingezeichnet

Verfahren gibt es noch eine Besonderheit: In der Formel für a_{ik} darf man die Indizes i und k auch vertauschen:

$$a_{ik} = \int_a^b p(x)\,\varphi_i'(x)\,\varphi_k'(x) + q(x)\,\varphi_i(x)\,\varphi_k(x)\,\mathrm{d}x$$

$$= \int_a^b p(x)\,\varphi_k'(x)\,\varphi_i'(x) + q(x)\,\varphi_k(x)\,\varphi_i(x)\,\mathrm{d}x = a_{ki}$$

Das lineare Gleichungssystem für die unbekannten Parameter $c_1, \ldots, c_n$

$$\sum_{k=1}^n a_{ik}\cdot c_k = b_i \quad (i = 1, \ldots n)$$

hat dann in der Matrixform $A \cdot \vec{c} = \vec{b}$ eine symmetrische Koeffizientenmatrix $A = (a_{ik}) = A^{\mathrm{T}}$. Diese ist oftmals auch noch positiv definit ($\to$ alle Eigenwerte sind positiv) oder „dünn besetzt" ($\to$ viele Einträge sind 0). Hierfür wurden in der numerischen Mathematik spezielle Lösungsmethoden wie etwa die Cholesky-Zerlegung oder das SOR-Verfahren entwickelt, welche effektiver sind als das klassische Gauß-(Jordan-)Eliminationsverfahren.

Die Güte der Näherungslösung wird natürlich auch von der Form der Ansatzfunktionen beeinflusst. Im Beispiel zu Abb. 3.33 liefern die drei Polynome eine bessere Näherungslösung als die vier trigonometrischen Funktionen. Die Auswahl geeigneter Ansatzfunktionen ist eine Aufgabe, die Erfahrung voraussetzt. In der Praxis verwendet man (wie in unserem Beispiel) für $\varphi_0(x)$ zumeist eine *lineare Funktion* mit $\varphi_0(a) = \alpha$ und $\varphi_0(b) = \beta$, und das ist $\varphi_0(x) = \alpha + \frac{\beta - \alpha}{b - a}\,(x - a)$. Da man die Berechnung der Näherungslösung in der Regel mit einem Computer durchführen wird, geht man bei der Auswahl der übrigen Ansatzfunktionen $\varphi_k(x)$ mit $\varphi_k(a) = \varphi_k(b) = 0$ ebenfalls einen einfachen Weg: Man wählt sehr viele, aber möglichst einfache stückweise stetig differenzierbare Ansatzfunktionen $\varphi_k(x)$, die jeweils nur auf einem kleinen Teilintervall von $[a, b]$ von Null verschieden sind und ansonsten identisch verschwinden: $\varphi_k(x) \neq 0$ gilt dann nur auf einem sehr kleinen Intervall. Solche Funktionen mit kleiner „Nichtnullstellenmenge" bezeichnet man als *finite Elemente*, und das Verfahren von Ritz wird dann zur *Finite-Elemente-Methode* (Abk.: FEM). In Abb. 3.34 wurde das RWP $-y'' + 4y = 4x - 2$ mit $y(-1) = 0$ und $y(2) = 3$ näherungsweise durch die Finite-Elemente-Methode gelöst. Hierbei wurden neben $\varphi_0(x) = 1 + x$ noch $n = 5$ stückweise lineare finite Elemente in Form von sogenannten *Hütchenfunktionen* gewählt, und das Ritz-Verfahren liefert in diesem Fall als Näherungslösung auch wieder eine stückweise lineare Funktion.

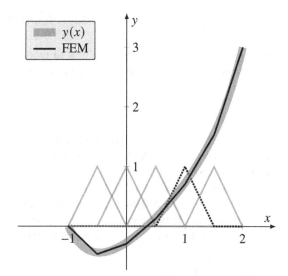

Abb. 3.34 Die näherungsweise FEM-Lösung der DGl $-y'' + 4y = 4x - 2$ zu den Randbedingungen $y(-1) = 0$ und $y(2) = 3$ wurde mittels finiter Elemente in Form von Hütchenfunktionen berechnet

3.9.2 Randeigenwertprobleme

Das Verfahren von Ritz ist eine Methode, mit der man u. a. ein Randwertproblem der Gestalt

$$-\frac{\mathrm{d}}{\mathrm{d}x}\left(p(x) \cdot y'(x)\right) + q(x) \cdot y(x) = r(x), \qquad y(a) = \alpha, \quad y(b) = \beta$$

näherungsweise lösen kann. Hierbei sind $p, q, r : [a, b] \longrightarrow \mathbb{R}$ glatte Funktionen, und es wird $p(x) > 0$ für $x \in [a, b]$ vorausgesetzt. Bei der DGl handelt es sich um eine inhomogene lineare Differentialgleichung 2. Ordnung in selbstadjungierter Form mit der Störfunktion $r(x)$.

In den Anwendungen treten oftmals auch Randwertprobleme vom Typ

$$-\frac{\mathrm{d}}{\mathrm{d}x}\left(p(x) \cdot y'(x)\right) + q(x) \cdot y(x) = \lambda \cdot w(x) \cdot y(x), \quad y(a) = y(b) = 0$$

auf, wobei $\lambda \in \mathbb{R}$ (oder $\lambda \in \mathbb{C}$) ein noch unbekannter Zahlenwert und $w : [a, b] \longrightarrow \mathbb{R}$ eine vorgegebene „Gewichtsfunktion" mit $w(x) > 0$ für $x \in [a, b]$ ist. Im Vergleich zu einem gewöhnlichen Randwertproblem ändert sich hier auch die Aufgabenstellung:

Gesucht sind sowohl die Zahlen λ, für welche das RWP eine *nichttriviale* Lösung besitzt, als auch die zugehörigen Lösungen $y \neq 0$, die man dann als *Eigenfunktionen* zum *Eigenwert* λ bezeichnet. Wir haben uns in 3.7 bereits mit Eigenwertproblemen bei DGlen befasst und festgestellt, dass die Lösungen zu einem Eigenwert λ nicht eindeutig sind: Mit $y(x)$ ist auch jede konstante Vielfache $C \cdot y(x)$ für $C \neq 0$ eine Eigenfunktion zu λ, wie man durch Einsetzen leicht bestätigt. In den Anwendungen sucht man deshalb nach Eigenfunktionen, die zumeist noch eine Nebenbedingung erfüllen, wie z. B.

$$y'(a) = 1 \quad \text{oder} \quad \int_a^b w(x)\, y(x)^2 \,dx = 1$$

Wir wollen nun das Ritzsche Verfahren so modifizieren, dass sich damit auch Randeigenwertprobleme lösen lassen. Dazu schreiben wir die DGl wie folgt um:

$$-\frac{d}{dx}\big(p(x) \cdot y'(x)\big) + \big(q(x) - \lambda\, w(x)\big) \cdot y(x) = 0$$

In dieser Form handelt es sich um eine *homogene* DGl ($r(x) \equiv 0$), wobei der Koeffizient vor $y(x)$ auch noch von der Unbekannten λ abhängt. Als Ansatzfunktion $\varphi_0(x)$, welche die Randbedingungen $\varphi_0(a) = 0$ und $\varphi_0(b) = 0$ erfüllt, können wir hier einfach die Nullfunktion $\varphi_0(x) \equiv 0$ auf $[a, b]$ wählen. Zusätzlich müssen wir n Ansatzfunktionen $\varphi_1(x) \neq 0, \ldots, \varphi_n(x) \neq 0$ mit den Randwerten $\varphi_k(a) = 0$ und $\varphi_k(b) = 0$ für $k = 1, \ldots, n$ festlegen. Die Koeffizienten $c_1, \ldots, c_n$ der gesuchten Näherungslösung erhält man dann durch Lösen des LGS $A \cdot \vec{c} = \vec{o}$ mit den Koeffizienten

$$a_{ik} = \int_a^b p(x)\, \varphi_i'(x)\, \varphi_k'(x) + \big(q(x) - \lambda\, w(x)\big)\, \varphi_i(x)\, \varphi_k(x)\, dx$$

$$= \underbrace{\int_a^b p(x)\, \varphi_i'(x)\, \varphi_k'(x) + q(x)\, \varphi_i(x)\, \varphi_k(x)\, dx}_{u_{ik}} - \lambda \underbrace{\int_a^b w(x)\, \varphi_i(x)\, \varphi_k(x)\, dx}_{w_{ik}}$$

(wegen $r(x) \equiv 0$ und $\varphi_0 \equiv 0$ ist hier die rechte Seite $\vec{b} = \vec{o}$). Mit den symmetrischen Matrizen $U := (u_{ik})$ und $W := (w_{ik})$ können wir das LGS auch in Matrixform

$$(U - \lambda\, W) \cdot \vec{c} = \vec{o}$$

schreiben. Da wir eine nichttriviale Lösung suchen, dürfen nicht alle Werte $c_1, \ldots, c_n$ zugleich Null sein. Das LGS $(U - \lambda\, W) \cdot \vec{c} = \vec{o}$ soll also eine Lösung $\vec{c} \neq \vec{o}$ haben, und dafür muss die Matrix $U - \lambda\, W$ *singulär* sein bzw. $\det(U - \lambda\, W) = 0$ gelten. Folglich liefern uns die Nullstellen des Polynoms

$$P(\lambda) := \det(U - \lambda\, W)$$

näherungsweise Eigenwerte zum Randeigenwertproblem, und die Komponenten $c_1, \ldots, c_n$ eines Lösungsvektors $\vec{c}$ führen zur Näherung $\tilde{y}(x) = \sum_{k=1}^{n} c_k \cdot \varphi_k(x)$ für die Eigenfunktion. Fassen wir zusammen:

Zu einem Randeigenwertproblem für eine lineare Differentialgleichung 2. Ordnung in selbstadjungierter Form mit homogenen Randbedingungen

$$-\frac{\mathrm{d}}{\mathrm{d}x}\left(p(x) \cdot y'(x)\right) + q(x) \cdot y(x) = \lambda \cdot w(x) \cdot y(x), \quad y(a) = y(b) = 0$$

wobei $p, q, w : [a, b] \longrightarrow \mathbb{R}$ glatte Koeffizientenfunktionen sind und $p(x) > 0$, $w(x) > 0$ für alle $x \in [a, b]$ gelten soll, berechnet man die Eigenwerte und Eigenfunktionen näherungsweise mit folgenden Schritten:

(1) Zuerst wählt man n stückweise stetig differenzierbare Ansatzfunktionen $\varphi_k(x)$ auf dem Intervall $[a, b]$ mit $\varphi_k(a) = \varphi_k(b) = 0$ für $k = 1, \ldots, n$.

(2) Anschließend bestimmt man (z. B. durch numerische Quadratur) für alle $i, k = 1, \ldots, n$ die Zahlenwerte

$$u_{ik} := \int_a^b p(x)\,\varphi_i'(x)\,\varphi_k'(x) + q(x)\,\varphi_i(x)\,\varphi_k(x)\,\mathrm{d}x$$

$$w_{ik} := \int_a^b w(x)\,\varphi_i(x)\,\varphi_k(x)\,\mathrm{d}x$$

Die Nullstellen des Polynoms $\det(U - \lambda\,W)$ sind dann näherungsweise Eigenwerte des Randwertproblems, und jeder Lösungsvektor $\vec{c} \neq \vec{o}$ des LGS $(U - \lambda\,W) \cdot \vec{c} = \vec{o}$ mit den Komponenten $c_1, \ldots, c_n$ erzeugt die Näherungslösung $\tilde{y}(x) = c_1 \cdot \varphi_1(x) + \ldots + c_n \cdot \varphi_n(x)$ für die zu λ gehörigen Eigenfunktionen.

Beispiel: Wir testen das Ritzsche Verfahren am Beispiel der Randwertaufgabe

$$(2 + x)\,y'' + y' + \lambda\,y = 0, \quad y(0) = y(2) = 0$$

Gesucht sind die Eigenwerte $\lambda \in \mathbb{R}$, für welche die DGl eine nichttriviale Lösung $y \not\equiv 0$ (= Eigenlösung) mit den vorgegebenen Randwerten $y(0) = y(2) = 0$ besitzt. Dieses Randeigenwertproblem lässt sich zwar auch analytisch behandeln, aber die Rechnung ist kompliziert, und die Lösung kann nicht mit elementaren Funktionen dargestellt werden – man braucht dafür „Zylinderfunktionen". Wir wollen deshalb eine Näherungslösung ermitteln, und hierfür bringen wir das Randeigenwertproblem zunächst in die selbstadjungierte Form

$$-\frac{\mathrm{d}}{\mathrm{d}x}\left((2 + x) \cdot y'(x)\right) + 0 \cdot y(x) = \lambda \cdot 1 \cdot y(x), \quad y(0) = y(2) = 0$$

Die Koeffizientenfunktionen sind $p(x) = 2 + x$ und $q(x) \equiv 0$, und die Gewichtsfunktion ist hier $w(x) \equiv 1$. Als Ansatzfunktionen wählen wir drei Polynome

$$\varphi_1(x) = x\,(x - 2), \quad \varphi_2(x) = x\,(x - 1)\,(x - 2), \quad \varphi_3(x) = x^2(x - 2)^2$$

vom Grad 2 bis 4, welche ebenfalls die Randbedingungen $\varphi_k(0) = \varphi_k(2) = 0$ für $k = 1, 2, 3$ erfüllen. Die Berechnung der Einträge

$$u_{13} = \int_0^2 (2 + x) \cdot \varphi_1'(x) \cdot \varphi_3'(x) + 0 \cdot \varphi_1(x) \cdot \varphi_3(x) \, dx$$

$$= \int_0^2 8x^5 - 16x^4 - 24x^3 + 64x^2 - 32x \, dx = -\tfrac{32}{5}$$

$$w_{22} = \int_0^2 1 \cdot \varphi_2(x)^2 \, dx = \int_0^2 x^2 (x-1)^2 (x-2)^2 \, dx = \tfrac{16}{105}$$

usw. führt dann zu den symmetrischen Matrizen

$$U = \begin{pmatrix} 8 & \frac{16}{15} & -\frac{32}{5} \\ \frac{16}{15} & \frac{24}{5} & -\frac{32}{105} \\ -\frac{32}{5} & -\frac{32}{105} & \frac{256}{35} \end{pmatrix}, \quad W = \begin{pmatrix} \frac{16}{15} & 0 & -\frac{32}{35} \\ 0 & \frac{16}{105} & 0 \\ -\frac{32}{35} & 0 & \frac{256}{315} \end{pmatrix}$$

und zum charakteristischen Polynom

$$P(\lambda) = \det(U - \lambda W) = \begin{vmatrix} 8 - \frac{16}{15}\lambda & \frac{16}{15} & -\frac{32}{35} + \frac{32}{35}\lambda \\ \frac{16}{15} & \frac{24}{5} - \frac{16}{105}\lambda & -\frac{32}{105} \\ -\frac{32}{5} + \frac{32}{35}\lambda & -\frac{32}{105} & \frac{256}{35} - \frac{256}{315}\lambda \end{vmatrix}$$

$$= 79{,}3565 - 14{,}7287\,\lambda + 0{,}544895\,\lambda^2 - 0{,}0047177\,\lambda^3$$

mit den drei Nullstellen

$$\lambda_1 = 7{,}17333, \quad \lambda_2 = 29{,}8996, \quad \lambda_3 = 78{,}4271$$

(alle Dezimalzahlen wurden auf sechs gültige Ziffern gerundet). Wir wählen aus dieser Liste den kleinsten Eigenwert $\lambda_1 = 7{,}17333$ aus und bestimmen dazu die Eigenvektoren als Lösungen des LGS

$$(U - 7{,}17333\,W) \cdot \vec{c} = \vec{o} \quad \Longrightarrow \quad \vec{c} = \mu \cdot \begin{pmatrix} -1 \\ 0{,}301617 \\ 0{,}168666 \end{pmatrix}$$

(gerundet auf 6 gültige Dezimalziffern) mit einem freien Parameter $\mu \in \mathbb{R}$. Zum Eigenwert $\lambda_1 = 7{,}17333$ gibt es demnach unendlich viele Eigenlösungen

$$\tilde{y}(x) = \mu \cdot \big(-1 \cdot \varphi_1(x) + 0{,}301617 \cdot \varphi_2(x) + 0{,}168666 \cdot \varphi_3(x) \big)$$

$$= \mu \, (2{,}60323\,x - 1{,}23019\,x^2 - 0{,}373046\,x^3 + 0{,}168666\,x^4)$$

Indem wir noch eine Nebenbedingung wie z. B. $\tilde{y}(1) = 1$ vorgeben, erhalten wir die spezielle Lösung

$$\tilde{y}(x) = 2{,}22753\,x - 1{,}05264\,x^2 - 0{,}31921\,x^3 + 0{,}14432\,x^4$$

Diese Näherungslösung für die Eigenfunktion zum genäherten Eigenwert $\lambda_1 = 7{,}17333$ ist neben den Ansatzfunktionen in Abb. 3.35 zu sehen.

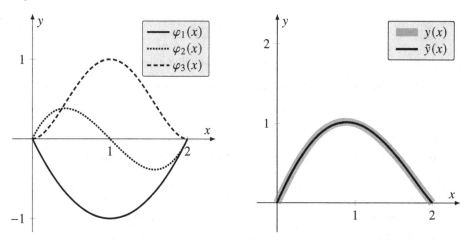

Abb. 3.35 Das Randeigenwertproblem $(2 + x) y'' + y' + \lambda y = 0$ mit $y(0) = y(2) = 0$ wurde hier näherungsweise mit den drei Ansatzfunktionen (Polynomen) im Bild links gelöst. Das rechte Bild zeigt die berechnete Lösung $\tilde{y}(x)$ mit $\tilde{y}(1) = 1$ zum (genäherten) Eigenwert $\lambda_1 = 7{,}17333$. Zum Vergleich ist im Hintergrund die exakte Lösung zum tatsächlichen Eigenwert $\lambda_1 = 7{,}1688353\ldots$ als breite Kurve gezeichnet.

Aufgaben zu Kapitel 3

Aufgabe 3.1. Geben Sie zu den folgenden DGlen jeweils die Ordnung an:

(i) $\quad y^{(4)} = e^x \cdot (y')^4$ (ii) $\quad y^4 = e^x \cdot (y')^4$

(iii) $\quad y''' + \sin x \cdot y' = 1$ (iv) $\quad y' \cdot y'' - x^4 \cdot y^3 = \cos x$

Aufgabe 3.2. Wir untersuchen die Differentialgleichung zweiter Ordnung

$$y'' + y = 0$$

a) Zeigen Sie: $y(x) = C_1 \cdot \sin x + C_2 \cdot \cos x$ mit beliebigen Konstanten $C_1, C_2 \in \mathbb{R}$ sind Lösungen der DGl.

b) Zeigen Sie, dass auch $y(x) = C_1 \cdot \sin(x + C_2)$ mit $C_1, C_2 \in \mathbb{R}$ die DGl erfüllen.

c) Ermitteln Sie die Lösung zu den Anfangsbedingungen $y(0) = -1$, $y'(0) = 2$.

d) Bestimmen Sie alle Lösungen für die Randbedingungen $y(0) = 0$, $y(\pi) = 0$.

e) Gibt es eine Lösung, welche die Randbedingungen $y(0) = 1$, $y(\pi) = 1$ erfüllt?

Aufgabe 3.3. Gegeben ist die Differentialgleichung 1. Ordnung

$$y' = \frac{y}{x} - y^2$$

a) Überprüfen Sie durch Einsetzen, dass die Funktionen

$$y(x) = \frac{2x}{x^2 + C}$$

mit beliebigen Konstanten $C \in \mathbb{R}$ diese Differentialgleichung lösen.

b) Neben der allgemeinen Lösung aus a) gibt es noch eine *konstante Funktion* als singuläre Lösung. Welche ist das?

Aufgabe 3.4.

a) Geben Sie die allgemeine Lösung der folgenden DGlen 1. Ordnung an:

(i) $y' = e^{-x}(1 + y^2)$ (ii) $y' = \dfrac{2xy}{1 + x^2}$ (iii) $y' \cdot \cos y = \dfrac{1}{2\sqrt{x}}$

b) Bestimmen Sie die Lösungen zu den folgenden Anfangswertproblemen:

(i) $y' = 2x \cdot e^{-y}, \quad y(0) = 1$ (ii) $y \cdot y' = e^{2x}, \quad y(0) = 2$

Aufgabe 3.5. Lösen Sie folgenden DGlen durch jeweils eine passende Substitution:

a) $y' = \sin^2(1 + x - y)$ b) $x^2 y' = (x - y) \cdot y$ c) $y' = \dfrac{y^2 - x^2}{2xy}, \quad x \in\,]0, \infty[$

Hinweis: Prüfen Sie zuerst, welche der Ersetzungen $u = ax + by + c$ oder $u = \frac{y}{x}$ zum Ziel führt, und lösen Sie dann die DGl für $u = u(x)$ mit Variablentrennung.

Aufgabe 3.6. Zeigen Sie, dass die folgenden Differentialgleichungen *exakt* sind, und geben Sie jeweils die allgemeine Lösung sowie die spezielle Lösung mit $y(0) = 2$ an!

a) $1 + e^x y^2 + 2e^x y y' = 0$ b) $(y - x) \cdot y' = y$

Aufgabe 3.7. Geben Sie für die folgenden lineare DGlen 1. Ordnung die allgemeine Lösung und – falls möglich – auch die spezielle Lösung zur Anfangsbedingung $y(0) = 1$ an:

a) $y' + 2xy = 0$ c) $y' - \cos x \cdot y = \cos x$

b) $y' - y = x$ d) $x^2 y' + 2xy + 1 = 0$

Aufgabe 3.8. Das Aufladen eines Kondensators mit der Kapazität C in einem Stromkreis mit dem ohmschen Widerstand R und der Spannungsquelle $U_0(t)$ (vgl. Abb. 3.36) wird beschrieben durch die Differentialgleichung

$$RC \cdot \frac{\mathrm{d}U}{\mathrm{d}t} + U(t) = U_0(t)$$

Bestimmen Sie den zeitlichen Verlauf der Kondensatorspannung $U(t)$ bei *konstanter äußerer Spannung* $U_0(t) \equiv U_0$ für den Fall $U(0) = 0$ (keine Spannung am Kondensator zur Zeit $t = 0$).

Aufgabe 3.9. Bestimmen Sie für die Differentialgleichungen 1. Ordnung

a) $y' - 4x\sqrt{y} = 0$ die Lösung zur Anfangsbedingung $y(0) = 0$

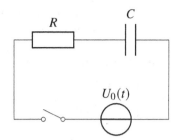

Abb. 3.36 Schaltbild zum
RC-Stromkreis in Aufgabe 3.8

b) $y' = y + e^x$ die Lösung mit dem Anfangswert $y(0) = 1$

c) $x \cdot y' = 2 - y$ *alle* Lösungen auf dem Intervall $]0, \infty[$

d) $y \cdot y' = 2 - x$ die spezielle Lösung mit $y(1) = 2$

Entscheiden Sie zunächst, um welchen DGl-Typ es sich jeweils handelt, und wenden Sie dann das passende Lösungsverfahren an!

Aufgabe 3.10. Skizzieren Sie das Richtungsfeld der folgenden Differentialgleichungen 1. Ordnung und zeichnen Sie die Lösungskurve für die angegebene Anfangsbedingung ein:

$$a) \quad y' = y, \quad y(0) = 1 \qquad\qquad b) \quad y' = \frac{y}{x}, \quad y(-1) = \tfrac{1}{2}$$

Aufgabe 3.11.

a) Gegeben ist die Differentialgleichung

$$x\,y'' + 2\,y' - x\,y = 0$$

Zeigen Sie, dass die beiden Funktionen

$$y_1(x) = \tfrac{1}{x} \cdot \sinh x \quad \text{und} \quad y_2(x) = \tfrac{1}{x} \cdot \cosh x$$

die DGl lösen und ein Fundamentalsystem bilden.

b) Zeigen Sie, dass $y_1(x) = x$ eine Lösung der DGl 2. Ordnung

$$y'' + \tfrac{2}{x} \cdot y' - \tfrac{2}{x^2} \cdot y = 0$$

ist, und bestimmen Sie damit die allgemeine Lösung der DGl.

c) Zeigen Sie, dass $y_1(x) = \sin x$ die Differentialgleichung

$$y'' - 2\tan x \cdot y' + 3\,y = 0$$

löst, und ermitteln Sie damit die allgemeine Lösung der DGl.

Aufgabe 3.12. Geben Sie für die Differentialgleichung 2. Ordnung

$$x\,y'' + y' = 2, \quad x \in]0, \infty[$$

die allgemeine Lösung sowie die spezielle Lösung zur Anfangsbedingung $y(1) = 2$, $y'(1) = 3$ an. *Tipp*: Bringen Sie die DGl durch Substitution auf eine DGl 1. Ordnung.

Aufgabe 3.13. Berechnen Sie die speziellen Lösungen der Differentialgleichungen

a) $y'' + 4y' + 3y = 0$

b) $y'' + 4y' + 4y = 0$

c) $y'' + 4y' + 5y = 0$

jeweils zu den Anfangsbedingungen $y(0) = 2$ und $y'(0) = 0$.

Aufgabe 3.14. Berechnen Sie jeweils die allgemeine Lösung zu den DGlen

a) $y'' + 4y' + 3y = 3x + 1$

b) $y'' + 4y' + 4y = e^{-2x}$

c) $y'' + 4y' + 5y = 5$

Hinweis: Sie können die (Zwischen-)Ergebnisse aus Aufgabe 3.13 „recyceln"!

Aufgabe 3.15. Gesucht sind für die linearen Differentialgleichungen 2. Ordnung

a) $y'' - 4y' + 3y = e^{2x}$ die spezielle Lösung mit $y(0) = -1$, $y'(0) = 2$

b) $y'' - 1 = y + 2e^x$ die allgemeine Lösung

c) $y'' - y' - 2y = 0$ die spezielle Lösung mit $y(0) = 0$ und $y'(0) = 3$

d) $y'' - 2y' + y = 2$ die Lösung mit den Randwerten $y(0) = 2$, $y(1) = 2$

e) $y'' + 2y' + 5y = 4e^{-x}$ die Lösung mit den Anfangswerten $y(0) = y'(0) = 0$

Aufgabe 3.16. Zu lösen ist das Anfangswertproblem

$$y'' + 4y = 2, \qquad y(0) = 0, \quad y'(0) = 0$$

a) Berechnen Sie zuerst die allgemeine Lösung der Differentialgleichung, und bestimmen Sie dann mithilfe der Anfangsbedingungen die Integrationskonstanten!

b) Zeigen Sie, dass auch $y(x) = \sin^2 x$ die Anfangswertaufgabe löst, und vergleichen Sie mit a) – zu welcher trigonometrischen Formel führt dieses Ergebnis?

Aufgabe 3.17. Ermitteln Sie die allgemeinen Lösungen zu den Eulerschen DGlen

a) $x^2 y'' + x y' - 4y = 0$ b) $y'' - \frac{5}{x} y' + \frac{10}{x^2} y = 0$

Aufgabe 3.18. Gesucht ist die Lösung der inhomogenen Eulerschen DGl

$$x^2 y'' - 3x y' + 4y = 2x - 4$$

zur Anfangsbedingung $y(1) = y'(1) = 0$. Gehen Sie wie folgt vor:

a) Zeigen Sie durch Einsetzen, dass $y_0(x) = 2x - 1$ eine partikuläre Lösung ist.

b) Bestimmen Sie die allgemeine Lösung der homogenen DGl $x^2 y'' - 3xy' + 4y = 0$.

c) Ermitteln Sie mithilfe von a), b) die allgemeine Lösung der inhomogenen DGl!

d) Berechnen Sie mit der allgemeinen Lösung aus c) die spezielle Lösung.

Aufgabe 3.19. Geben Sie zu den folgenden linearen Differentialgleichungen höherer Ordnung mit konstanten Koeffizienten jeweils die allgemeine Lösung an:

a) $\quad y^{(4)} - 5y''' + 7y'' + 3y' - 10y = 0$

b) $\quad y^{(5)} - y^{(4)} + 3y''' - 3y'' - 4y' + 4y = 0$

c) $\quad y''' - 7y' + 6y = 5e^{2x}$

d) $\quad y^{(4)} - 4y''' + 6y'' - 4y' + y = 2 + 4e^{3x}$

Aufgabe 3.20. Berechnen Sie die spezielle Lösung des Anfangswertproblems

$$y'' - 2y' + 2y = \sin x - 2\cos x, \qquad y(0) = 0, \quad y'(0) = 1$$

sowohl durch Integration (mit partikulärer und allgemeiner Lösung) als auch mithilfe der Laplace-Transformation. *Tipp:* Zeigen Sie

$$\sin x - 2\cos x = \text{Im}\left((1 - 2\,i) \cdot e^{ix}\right)$$

und führen Sie die Berechnung der partikulären Lösung mit einer komplexen Störfunktion durch!

Aufgabe 3.21. Für die Eulersche Differentialgleichung

$$x^2 y'' + x y' = \lambda \cdot y, \quad x \in [1, e]$$

mit dem Eigenwertparameter $\lambda \in \mathbb{R}$ suchen wir nichttriviale Lösungen, welche die Randbedingungen $y(1) = 0$ und $y(e) = 0$ erfüllen.

a) Zeigen Sie, dass es in den Fällen $\lambda > 0$ und $\lambda = 0$ keine Lösung $y(x) \not\equiv 0$ zu dieser Randwertaufgabe gibt.

b) Berechnen Sie die allgemeine Lösung der DGl für den Fall $\lambda = -\omega^2 < 0$.

c) Zeigen Sie, dass es für $\lambda = -\omega^2 < 0$ genau dann eine Lösung $y(x) \not\equiv 0$ gibt, falls $\lambda = -k^2\pi^2$ mit einer natürlichen Zahl $k \in \{1, 2, 3, 4, \ldots\}$ gilt.

d) Geben Sie die Eigenlösungen $y(x) \not\equiv 0$ zu den Eigenwerten $\lambda_k = -k^2\pi^2$ an.

Aufgabe 3.22. Die Bogenlänge einer stetig differenzierbaren Funktion $y : [0, 4] \longrightarrow \mathbb{R}$ berechnet man bekanntlich mit der Formel

$$L[y] = \int_0^4 \sqrt{1 + y'(x)^2}\, dx$$

Begründen Sie mit der Euler-Lagrange-Gleichung, dass die *kürzeste Verbindung* zwischen den Punkten $(0, 1)$ und $(4, 2)$ die Gerade $y(x) = 1 + \frac{1}{4} x$ ist. Gehen Sie wie folgt vor:

a) Zeigen Sie, dass das Variationsproblem

$$L[y] = \int_0^4 F(y, y') \, dx \quad \text{mit} \quad F(u, v) = \sqrt{1 + v^2}$$

auf die folgende Differentialgleichung führt:

$$\frac{d}{dx} \left(\frac{y'}{\sqrt{1 + (y')^2}} \right) = 0$$

b) Überprüfen Sie durch Ableiten

$$\frac{d}{dx} \left(\frac{y'}{\sqrt{1 + (y')^2}} \right) = \frac{y''}{\left(\sqrt{1 + (y')^2} \right)^3}$$

c) Folgern Sie aus a) und b), dass $y(x) = C_1 \cdot x + C_2$ die allgemeine Lösung der Euler-Lagrange-Gleichung ist, und geben Sie die spezielle Lösung zum Randwertproblem $y(0) = 1$, $y(4) = 2$ an!

Aufgabe 3.23. Die Lagrange-Funktion $L = E_{\text{kin}} - E_{\text{pot}}$, also die Differenz aus kinetischer und potentieller Energie, ist beim *freien Fall*

$$L(t) = \frac{1}{2} m \, y'(t)^2 - m \, g \, y(t)$$

Hierbei ist m die Masse des Körpers, $y(t)$ dessen Höhe zur Zeit t und $y'(t)$ die Geschwindigkeit. Falls T die gesamte Fallzeit bezeichnet, dann ist die Wirkung

$$S[y] := \int_0^T L(t) \, dt = \int_0^T \frac{1}{2} m \, (y')^2 - m \, g \, y \, dt$$

Gemäß dem Hamiltonschen „Prinzip der kleinsten Wirkung" fällt der Körper so, dass die Größe $S[y]$ einen minimalen Wert annimmt. Zeigen Sie mithilfe der Euler-Lagrange-Gleichung, dass beim freien Fall mit den Anfangsbedingungen $y(0) = h$ und $y'(0) = 0$ der Körper zur Zeit t die Höhe $y(t) = h - \frac{1}{2} g \, t^2$ hat.

Aufgabe 3.24. Gegeben ist das Randwertproblem (RWP)

$$-y'' + y = 2x, \qquad y(0) = y(2) = 1$$

a) Bestimmen Sie die exakte (= analytische) Lösung!

b) Ermitteln Sie mit dem Ritz-Verfahren eine Näherungslösung. Verwenden Sie dazu die Ansatzfunktionen $\varphi_0(x) \equiv 1$, $\varphi_1(x) = x^2 - 2x$, $\varphi_2(x) = x^3 - 3x^2 + 2x$.

Kapitel 4

Reihenentwicklungen

Die mathematische Beschreibung physikalischer bzw. technischer Abläufe (z. B. im RL-Stromkreis oder beim gedämpften Federpendel) führte uns zu den Differentialgleichungen, deren Lösungen aus elementaren Funktionen wie etwa e^x und/oder trigonometrischen Funktionen zusammengesetzt sind. Sobald eine Funktionsvorschrift für die Lösung vorliegt, kann sie vom Computer graphisch dargestellt oder an einzelnen Stellen ausgewertet werden. Doch *wie* berechnet eigentlich der Computer Funktionswerte wie $e^{0,3}$ oder $\sin 1,5$ auf acht oder mehr Stellen genau? Der Prozessor eines Computers beherrscht im Wesentlichen nur die vier Grundrechenarten Addition, Subtraktion sowie Multiplikation und Division. Es muss also ein Verfahren geben, mit dem man mathematische Funktionen allein durch Anwendung von Grundrechenarten auswerten kann. Dieser Zusammenhang wird durch Potenzreihen hergestellt. Eine Potenzreihe sieht formal aus wie ein Polynom

$$a_0 + a_1 x + a_2 x^2 + a_3 x^3 + a_4 x^4 + a_5 x^5 + \ldots$$

mit dem Unterschied, dass die Summe nicht abbricht. Solche Summen mit unendlich vielen Summanden werden unendliche Reihen genannt, die wir vorab etwas genauer untersuchen wollen. Wie sich später herausstellt, lassen sich Potenzreihen nicht nur zur Berechnung von Funktionswerten verwenden, sondern auch zur Bestimmung von Grenzwerten oder bei der Integration bzw. der Lösung von Differentialgleichungen erfolgreich einsetzen. Für $2L$-periodische Funktionen wiederum bietet sich eine andere Art von Reihendarstellung an: die Fourier-Reihe

$$a_0 + a_1 \cos \tfrac{\pi x}{L} + b_1 \sin \tfrac{\pi x}{L} + a_2 \cos \tfrac{2\pi x}{L} + b_2 \sin \tfrac{2\pi x}{L} + \ldots$$

Sie setzt sich zusammen aus Sinus-/Kosinusfunktionen und ermöglicht es uns, periodische Signale in ihre Grund- und Oberschwingungen zu zerlegen.

4.1 Unendliche Reihen

4.1.1 Grundbegriffe und Beispiele

Als einführendes Beispiel betrachten wir die Zahlenfolge $(a_n) = (1, \frac{1}{2}, \frac{1}{4}, \frac{1}{8}, \frac{1}{16}, \ldots)$ mit den Folgengliedern $a_n = \frac{1}{2^n}$ für $n \in \mathbb{N}$. Bezeichnen wir mit S_k die Summe der ersten Folgenglieder a_0, a_1, a_2 usw. bis einschließlich a_k, dann erhalten wir nacheinander die Werte

© Springer-Verlag GmbH Deutschland, ein Teil von Springer Nature 2022
H. Schmid, *Mathematik für Ingenieurwissenschaften: Vertiefung*,
https://doi.org/10.1007/978-3-662-65526-9_4

$$S_0 = a_0 \qquad\qquad\qquad\qquad\qquad\qquad = 1$$
$$S_1 = a_0 + a_1 = 1 + \tfrac{1}{2} \qquad\qquad\qquad\quad = 1{,}5$$
$$S_2 = a_0 + a_1 + a_2 = 1 + \tfrac{1}{2} + \tfrac{1}{4} \qquad\quad = 1{,}75$$
$$S_3 = a_0 + a_1 + a_2 + a_3 = 1 + \tfrac{1}{2} + \tfrac{1}{4} + \tfrac{1}{8} = 1{,}875$$
$$\vdots$$
$$S_{100} = a_0 + a_1 + a_2 + a_3 + a_4 + \ldots + a_{100} = 1{,}9999\ldots$$

usw. Dabei stellen wir fest: Obwohl die Anzahl der Summanden immer weiter steigt, bleiben die Summen beschränkt. Sie nähern sich sogar einem Wert an, nämlich der Zahl 2. Diese Beobachtung lässt sich auch graphisch bestätigen. Dazu teilen wir die Strecke von 0 bis 2 in der Mitte, teilen die rechte Strecke wieder in der Mitte, dann erneut nur den rechten Teil mittig usf. Bei diesem Verfahren wird also nur immer die rechte Strecke in der Mitte geteilt. Nach vier Teilungen ergibt sich

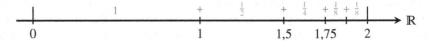

Setzen wir den Teilungsprozess in dieser Art und Weise fort, dann können wir die Strecke der Länge 2 theoretisch in unendlich viele Strecken mit den Längen $1, \tfrac{1}{2}, \tfrac{1}{4}, \tfrac{1}{8}, \tfrac{1}{16}$ usw. zerlegen, deren Gesamtsumme dann genau 2 ergeben muss:

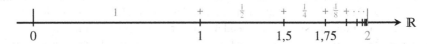

Die Summen der Folgenglieder von a_0 bis a_k kann man auch für eine beliebige andere Folge $(a_n)_{n=0}^{\infty}$ bilden:

$$S_k = a_0 + a_1 + \ldots + a_k = \sum_{n=0}^{k} a_n$$

Es entsteht eine neue Zahlenfolge $(S_k)_{k=0}^{\infty}$, die sogenannte Folge der *Partialsummen*, die man auch als *unendliche Reihe* bezeichnet. Hierfür schreibt man kurz

$$(S_k) = \sum_{n=0}^{\infty} a_n = a_0 + a_1 + a_2 + a_3 + \ldots$$

Das Symbol $\sum_{n=0}^{\infty} a_n$ steht zunächst nur für die Folge der Partialsummen und (noch) nicht für einen tatsächlichen Summenwert von Zahlen. Der Index n kann auch bei einer beliebigen anderen natürlichen Zahl beginnen, also z. B. $\sum_{n=1}^{\infty} a_n$. In der unendlichen Reihe wird der Summand a_n das n-te Reihenglied genannt.

Unendliche Reihen treten bereits auch beim alltäglichen Rechnen auf. So lässt sich etwa die Zahl $\tfrac{1}{3}$ nur durch einen unendlichen Dezimalbruch $\tfrac{1}{3} = 0{,}\overline{3}$ darstellen, und diese Schreibweise steht abkürzend für

$$0{,}\overline{3} = 0{,}3333\ldots = 3 \cdot \tfrac{1}{10} + 3 \cdot \tfrac{1}{100} + 3 \cdot \tfrac{1}{1000} + 3 \cdot \tfrac{1}{10000} + \ldots = \sum_{n=1}^{\infty} \frac{3}{10^n}$$

Ebenso ist $\frac{321}{99} = 3,\overline{24} = 3 + \sum_{n=1}^{\infty} \frac{24}{100^n}$, oder allgemein:

> Jeder unendliche Dezimalbruch ist eine unendliche Reihe.

Im Folgenden seien noch drei weitere wichtige Beispiele für unendliche Reihen genannt:

(1) Die **geometrische Reihe** für eine Zahl $q \in \mathbb{R}$ hat die Form

$$\sum_{n=0}^{\infty} q^n = 1 + q + q^2 + q^3 + q^4 + q^5 + \ldots$$

Das Einführungsbeispiel $\sum_{n=0}^{\infty} \left(\frac{1}{2}\right)^n = \sum_{n=0}^{\infty} \frac{1}{2^n} = 1 + \frac{1}{2} + \frac{1}{4} + \frac{1}{8} + \ldots$ ist eine geometrische Reihe mit $q = \frac{1}{2}$.

(2) Bei der **harmonischen Reihe**

$$\sum_{n=1}^{\infty} \frac{1}{n} = 1 + \frac{1}{2} + \frac{1}{3} + \frac{1}{4} + \frac{1}{5} + \frac{1}{6} + \ldots$$

sind die Reihenglieder die Kehrwerte der natürlichen Zahlen $n = 1, 2, 3, \ldots$

(3) Die **alternierende harmonische Reihe**

$$\sum_{n=0}^{\infty} (-1)^n \cdot \frac{1}{n+1} = 1 - \frac{1}{2} + \frac{1}{3} - \frac{1}{4} + \frac{1}{5} - \frac{1}{6} \pm \ldots$$

ist ähnlich aufgebaut wie die harmonische Reihe, wobei die Summanden aber ständig das Vorzeichen wechseln.

4.1.2 Konvergenz und Divergenz

Im Beispiel mit der geometrischen Reihe $\sum_{n=0}^{\infty} \left(\frac{1}{2}\right)^n$ nähert sich die Folge der Partialsummen für $n \to \infty$ dem Wert 2 immer mehr an. Es macht Sinn, dieser unendlichen Reihe den Summenwert 2 zuzuordnen. Allgemein nennt man eine unendliche Reihe $\sum_{n=0}^{\infty} a_n$ *konvergent*, falls die Folge

$$S_k = \sum_{n=0}^{k} a_n = a_0 + a_1 + a_2 + \ldots + a_k$$

der Partialsummen einen Grenzwert S besitzt:

$$S = \lim_{k \to \infty} S_k = \lim_{k \to \infty} \sum_{n=0}^{k} a_n$$

In diesem Fall heißt S der *Summenwert* der unendlichen Reihe, und man schreibt:

$$S = \sum_{n=0}^{\infty} a_n = a_0 + a_1 + a_2 + a_3 + \dots$$

Hat die Folge der Partialsummen (S_k) keinen Grenzwert, dann nennt man die unendliche Reihe $\sum_{n=0}^{\infty} a_n$ *divergent*. Beispielsweise steigen die Partialsummen der unendlichen Reihe $\sum_{n=0}^{\infty} 2^n = 1 + 2 + 4 + 8 + 16 + \dots$ unbegrenzt an, sodass diese Reihe divergent ist und auch keinen Summenwert besitzt.

Die geometrische Reihe

Wir zeigen, dass die geometrische Reihe $\sum_{n=0}^{\infty} q^n = 1+q+q^2+q^3+q^4+\dots$ für Zahlenwerte $|q| < 1$ konvergent und für $|q| \geq 1$ divergent ist, wobei wir im Konvergenzfall $|q| < 1$ auch den Summenwert bestimmen wollen. Beginnen wir zunächst mit dem Spezialfall $q = 1$, also $a_n = 1^n = 1$:

$$\sum_{n=0}^{\infty} 1^n = 1 + 1 + 1 + 1 + \dots$$

hat sicher keinen Grenzwert, da die Folge der Partialsummen $S_k = k + 1$ unbeschränkt wächst. Wir betrachten nun den Fall $q \neq 1$ und berechnen die Partialsummen $S_k = 1 + q + q^2 + q^3 + \dots + q^k$ mit dem folgenden Trick:

$$
\begin{aligned}
S_k &= 1 + q + q^2 + q^3 + \dots + q^k && \quad \Big| \cdot q \\
\implies \quad q \cdot S_k &= \phantom{1 + {}} q + q^2 + q^3 + \dots + q^k + q^{k+1} \\
\hline
S_k - q \cdot S_k &= 1 - q^{k+1}
\end{aligned}
$$

Bei der Differenz fallen alle Summanden bis auf den ersten in der oberen Zeile und den letzen in der zweiten Zeile weg. Hieraus folgt $(1 - q) S_k = 1 - q^{k+1}$, und damit gilt:

$$S_k = \boxed{\, 1 + q + q^2 + q^3 + \dots + q^k = \frac{1 - q^{k+1}}{1 - q} \,}$$

Diese Formel wird übrigens auch in der Rentenrechnung verwendet, um z. B. den Endwert einer nachschüssigen Rente zu ermitteln.

Bei einer geometrischen Reihe können wir also die Partialsummen in geschlossener Form angeben. Im Fall $|q| < 1$ gilt $\lim_{k \to \infty} q^{k+1} = 0$ und somit auch

$$S = \lim_{k \to \infty} S_k = \lim_{k \to \infty} \frac{1 - q^{k+1}}{1 - q} = \frac{1 - 0}{1 - q} = \frac{1}{1 - q}$$

Daher ist die geometrische Reihe für $|q| < 1$ konvergent mit dem Summenwert S. Ist dagegen $q = -1$ oder $|q| > 1$, dann existiert $\lim_{k \to \infty} q^{k+1}$ nicht, also auch nicht der Grenzwert $\lim_{k \to \infty} S_k$, und die Reihe ist divergent. Zusammenfassend notieren wir:

Die geometrische Reihe ist nur für $|q| < 1$ konvergent, und in diesem Fall kann ihr Summenwert mit der **geometrischen Summenformel** berechnet werden:

$$\sum_{n=0}^{\infty} q^n = 1 + q + q^2 + q^3 + q^4 + q^5 + \ldots = \frac{1}{1-q}$$

Das einführende Beispiel war eine geometrische Reihe mit $q = \frac{1}{2}$ bzw. $a_n = \left(\frac{1}{2}\right)^n$. Wir können jetzt mit der Summenformel den „experimentell" gefundenen Reihenwert rechnerisch bestätigen:

$$\sum_{n=0}^{\infty} \frac{1}{2^n} = \sum_{n=0}^{\infty} \left(\frac{1}{2}\right)^n = \frac{1}{1 - \frac{1}{2}} = 2$$

Die harmonische Reihe

$$\sum_{n=1}^{\infty} \frac{1}{n} = 1 + \frac{1}{2} + \frac{1}{3} + \frac{1}{4} + \frac{1}{5} + \frac{1}{6} + \ldots$$

ist ähnlich wie die geometrische Reihe mit $|q| < 1$ eine unendliche Reihe, bei der die Summanden immer kleiner werden. Die Frage, ob diese Reihe konvergiert oder nicht, können wir mithilfe der Integralrechnung beantworten.

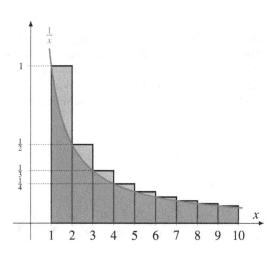

Abb. 4.1 Zur Konvergenz bzw. Divergenz der harmonischen Reihe

Dazu vergleichen wir die Partialsummen S_k der harmonischen Reihe mit der Fläche unter dem Graphen von $f(x) = \frac{1}{x}$ über dem Intervall $[1, k + 1]$ (siehe Abb. 4.1 für den Fall $k = 9$). Zwischen den natürlichen Zahlen n und $n+1$ ist $f(x) = \frac{1}{x} \leq \frac{1}{n}$ für $x \in [n, n+1]$, und die gesamte Fläche demnach kleiner als die Summe der Rechtecksflächen

$$\int_1^{k+1} \frac{1}{x}\,dx \leq 1 \cdot 1 + 1 \cdot \frac{1}{2} + 1 \cdot \frac{1}{3} + \ldots + 1 \cdot \frac{1}{k} = 1 + \frac{1}{2} + \frac{1}{3} + \ldots + \frac{1}{k} = S_k$$

Hieraus ergibt sich

$$S_k \geq \int_1^{k+1} \frac{1}{x} \, dx = \ln x \Big|_1^{k+1} = \ln(k+1) - \ln 1 = \ln(k+1)$$

und beispielsweise erhalten wir für die Partialsumme

$$S_{100000} = \sum_{n=1}^{100000} \frac{1}{n} = 1 + \frac{1}{2} + \frac{1}{3} + \ldots + \frac{1}{100000} = 12{,}090146\ldots$$

ein Summenwert, der größer ist als $\ln 100001 \approx 11{,}5$. Wegen $\ln(k+1) \to \infty$ gilt dann auch $S_k \to \infty$ für $k \to \infty$, sodass die Folge der Partialsummen (S_k) unbegrenzt anwächst. Dies wiederum bedeutet:

> Die harmonische Reihe $\sum_{n=1}^{\infty} \frac{1}{n} = 1 + \frac{1}{2} + \frac{1}{3} + \frac{1}{4} + \ldots$ ist divergent.

Die alternierende harmonische Reihe

Die harmonische Reihe hat keinen endlichen Summenwert, obwohl die Summanden $a_n = \frac{1}{n}$ immer kleiner werden. Wir betrachten nun die alternierende harmonische Reihe mit Vorzeichenwechsel

$$\sum_{n=0}^{\infty} \frac{(-1)^n}{n+1} = 1 - \frac{1}{2} + \frac{1}{3} - \frac{1}{4} + \frac{1}{5} - \frac{1}{6} \pm \ldots$$

Diese unendliche Reihe ist konvergent, wie die Darstellung der Partialsummen S_k in Abb. 4.2 zeigt. Die Reihenglieder werden betragsmäßig immer kleiner, und der Vorzeichenwechsel bewirkt, dass die Partialsummen etwa um den Wert 0,69 pendeln und sich dieser Zahl immer mehr annähern. Wir werden später (in Abschnitt 4.2) zeigen, dass $0{,}69314718\ldots = \ln 2$ der exakte Summenwert der alternierenden harmonischen Reihe ist!

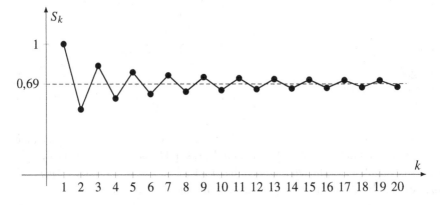

Abb. 4.2 Zur Konvergenz der alternierenden harmonischen Reihe

4.1.3 Konvergenzkriterien

Damit eine unendliche Reihe $\sum_{n=0}^{\infty} a_n$ konvergiert, muss $\lim_{n \to \infty} a_n = 0$ gelten, also (a_n) eine Nullfolge sein (was wir hier ohne Begründung festhalten wollen). Die Umkehrung dieser Aussage gilt i. Allg. nicht: Aus $\lim_{n \to \infty} a_n = 0$ folgt nicht automatisch die Konvergenz der Reihe, wie das Beispiel der harmonischen Reihe zeigt. Treten unendliche Reihen in Anwendungen auf, dann sind die folgenden Fragen zu klären:

• Ist eine gegebene unendliche Reihe $\sum_{n=0}^{\infty} a_n$ konvergent?

• Falls ja, was ist der Summenwert dieser unendlichen Reihe?

In der Praxis spielen eigentlich nur konvergente Reihen eine wichtige Rolle. Um zu prüfen, ob eine gegebene unendliche Reihe $\sum_{n=0}^{\infty} a_n$ konvergiert oder nicht, stehen verschiedene *Konvergenzkriterien* zur Auswahl. Im Folgenden werden das Quotientenkriterium, das Integralkriterium und das Leibniz-Kriterium vorgestellt. Weitere solcher Kriterien (Wurzelkriterium, Vergleichskriterium usw.) findet man in den Formelsammlungen. Liegt eine konvergente Reihe vor, dann möchte man auch ihren Summenwert bestimmen. Die Berechnung des exakten Reihenwerts ist in den meisten Fällen jedoch sehr schwierig und kann oftmals nur näherungsweise oder über Umwege ausgeführt werden (z. B. mit Potenzreihen, vgl. nächster Abschnitt).

Wir beginnen mit der Überprüfung der Konvergenz und starten mit dem

Quotientenkriterium: Existiert der Grenzwert

$$q = \lim_{n \to \infty} \left| \frac{a_{n+1}}{a_n} \right|$$

dann ist die unendliche Reihe $\sum_{n=0}^{\infty} a_n$ im Fall $q < 1$ konvergent und im Fall $q > 1$ divergent. Für $q = 1$ hat man keine Aussage über Konvergenz/Divergenz.

Das Quotientenkriterium ergibt sich im Wesentlichen aus der Konvergenz bzw. Divergenz der geometrischen Reihe, denn für große k ist näherungsweise

$$\left| \frac{a_{k+1}}{a_k} \right| \approx q \quad \Longrightarrow \quad |a_{k+1}| \approx |a_k| \cdot q$$

$$\left| \frac{a_{k+2}}{a_{k+1}} \right| \approx q \quad \Longrightarrow \quad |a_{k+2}| \approx |a_{k+1}| \cdot q \approx |a_k| \cdot q^2$$

$$\left| \frac{a_{k+3}}{a_{k+2}} \right| \approx q \quad \Longrightarrow \quad |a_{k+3}| \approx |a_{k+2}| \cdot q \approx |a_k| \cdot q^3 \quad \text{usw.}$$

sodass sich die Reihe bei steigendem Index immer mehr einer geometrischen Reihe annähert, deren Basiswert q über Konvergenz oder Divergenz entscheidet:

$$\sum_{n=0}^{\infty} |a_n| \approx \underbrace{|a_0| + \ldots + |a_{k-1}|}_{\text{endliche Summe}} + |a_k| \cdot \underbrace{(1 + q + q^2 + q^3 + \ldots)}_{\text{geometrische Reihe}}$$

Beispiel 1. Die unendliche Reihe $\sum_{n=0}^{\infty} \frac{n+1}{2^n}$ ist konvergent, denn mit

$$a_n = \frac{n+1}{2^n} \quad \Longrightarrow \quad a_{n+1} = \frac{(n+1)+1}{2^{n+1}}$$

gilt für den Quotienten zweier aufeinanderfolgender Reihenglieder

$$\lim_{n \to \infty} \left| \frac{a_{n+1}}{a_n} \right| = \lim_{n \to \infty} \frac{\frac{n+2}{2^{n+1}}}{\frac{n+1}{2^n}} = \lim_{n \to \infty} \frac{n+2}{2\,(n+1)} = \tfrac{1}{2} < 1$$

Beispiel 2. Die Reihe $\sum_{n=0}^{\infty} \frac{1}{n!}$ ist nach dem Quotientenkriterium konvergent:

$$\lim_{n \to \infty} \left| \frac{a_{n+1}}{a_n} \right| = \lim_{n \to \infty} \frac{\frac{1}{(n+1)!}}{\frac{1}{n!}} = \lim_{n \to \infty} \frac{n!}{(n+1)!} = \lim_{n \to \infty} \frac{1}{n+1} = 0 < 1$$

Beispiel 3. Die unendliche Reihe $\sum_{n=1}^{\infty} \frac{(-3)^n}{n^2}$ ist gemäß dem Quotientenkriterium divergent, denn

$$\lim_{n \to \infty} \left| \frac{a_{n+1}}{a_n} \right| = \lim_{n \to \infty} \left| \frac{\frac{(-3)^{n+1}}{(n+1)^2}}{\frac{(-3)^n}{n^2}} \right| = \lim_{n \to \infty} \frac{3\,n^2}{(1+n)^2} = 3 > 1$$

Leibniz-Kriterium. Eine alternierende Reihe mit Vorzeichenwechsel

$$\sum_{n=0}^{\infty} (-1)^n a_n = a_0 - a_1 + a_2 - a_3 \pm \ldots$$

und einer monoton fallenden Nullfolge (a_n) ist stets konvergent.

Eine unendliche Reihe, welche die Voraussetzungen des Leibniz-Kriteriums erfüllt, ist beispielsweise die alternierende harmonische Reihe

$$\sum_{n=0}^{\infty} (-1)^n \cdot \tfrac{1}{n+1} = 1 - \tfrac{1}{2} + \tfrac{1}{3} - \tfrac{1}{4} \pm \ldots$$

mit der monoton fallenden Nullfolge $a_n = \frac{1}{n+1}$, aber auch die unendliche Reihe

$$\sum_{n=0}^{\infty} (-1)^n \cdot \tfrac{1}{\sqrt{n+1}} = 1 - \tfrac{1}{\sqrt{2}} + \tfrac{1}{\sqrt{3}} - \tfrac{1}{\sqrt{4}} \pm \ldots$$

Die Konvergenz einer alternierenden unendlichen Reihe $\sum_{n=0}^{\infty} (-1)^n a_n$ ergibt sich ähnlich wie bei der alternierenden harmonischen Reihe: Die Partialsummen pendeln aufgrund des Vorzeichenwechsels um einen Summenwert S und nähern sich diesem wegen der betragsmäßig immer kleiner werdenden Reihenglieder immer mehr an – wie in Abb. 4.2.

Integralkriterium: Ist $a_n = f(n)$ für alle $n \geq 1$ mit einer stetigen, monoton fallenden Funktion $f : [1, \infty[\longrightarrow [0, \infty[$ und existiert

- das uneigentliche Integral $\int_1^\infty f(x)\,\mathrm{d}x$, dann ist $\sum_{n=0}^\infty a_n$ konvergent.
- das uneigentliche Integral $\int_1^\infty f(x)\,\mathrm{d}x$ *nicht*, so ist $\sum_{n=0}^\infty a_n$ divergent.

Das Integralkriterium lässt sich anschaulich begründen, indem man so wie in Abb. 4.1 oder Abb. 4.3 die Partialsummen

$$S_k = a_1 + a_2 + \ldots + a_k = a_1 \cdot 1 + a_2 \cdot 1 + a_3 \cdot 1 + \ldots + a_k \cdot 1$$

als eine Summe von Rechtecksflächen interpretiert und mit der Fläche $\int_1^\infty f(x)\,\mathrm{d}x$ unter bzw. über dem Graphen von f vergleicht.

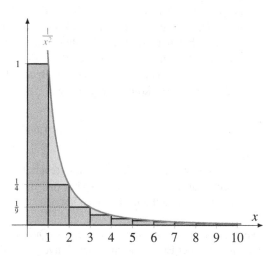

Abb. 4.3 Zur Konvergenz der Reihe $\sum_{n=1}^\infty \frac{1}{n^2}$

Beispiel 1. Die unendliche Reihe $\sum_{n=1}^\infty \frac{1}{\sqrt{n}}$ ist divergent, denn wegen

$$\int_1^b \frac{1}{\sqrt{x}}\,\mathrm{d}x = 2\sqrt{x}\,\Big|_1^b = 2\sqrt{b} - 2 \to \infty \quad (b \to \infty)$$

existiert das uneigentliche Integral für $f(n) = \frac{1}{\sqrt{n}} = a_n$ nicht.

Beispiel 2. Wir untersuchen die Konvergenz der Reihe $\sum_{n=1}^\infty \frac{1}{n^2}$ zuerst mit dem Quotientenkriterium:

$$\lim_{n \to \infty} \left| \frac{a_{n+1}}{a_n} \right| = \lim_{n \to \infty} \frac{\frac{1}{(n+1)^2}}{\frac{1}{n^2}} = \lim_{n \to \infty} \left(\frac{n}{n+1} \right)^2 = \lim_{n \to \infty} \frac{1}{(1 + \frac{1}{n})^2} = 1$$

Es liefert keine Aussage. Wir können hier aber das Integralkriterium erfolgreich anwenden, denn es gilt

$$a_n = \frac{1}{n^2} = f(n)$$

mit der monoton fallenden Funktion $f(x) = \frac{1}{x^2}$, und das uneigentliche Integral

$$\int_1^\infty \frac{1}{x^2}\,dx = \lim_{b\to\infty} \int_1^b \frac{1}{x^2}\,dx = \lim_{b\to\infty} -\frac{1}{x}\Big|_1^b = \lim_{b\to\infty}\left(1 - \tfrac{1}{b}\right) = 1$$

existiert. Folglich ist die Reihe konvergent. Wie der Flächenvergleich in Abb. 4.3 zeigt, gilt für den Grenzwert

$$\sum_{n=1}^\infty \frac{1}{n^2} = 1 + 1\cdot\frac{1}{2^2} + 1\cdot\frac{1}{3^2} + 1\cdot\frac{1}{4^2} + \ldots \le 1 + \int_1^\infty \frac{1}{x^2}\,dx \le 1 + 1 = 2$$

Geschichtlicher Hintergrund. Mit der unendlichen Reihe aller reziproken Quadratzahlen beschäftigte sich bereits 1644 der italienische Mathematiker Pietro Mengoli. Die Frage, welchen exakten Summenwert diese Reihe besitzt, konnte er jedoch nicht beantworten. Nachdem der Mathematiker Jakob Bernoulli aus Basel von dieser Angelegenheit erfuhr und ebenfalls keine Lösung fand, wurde sie ab 1689 als *Basler Problem* bekannt. Mehrere Mathematiker versuchten daraufhin vergeblich, diesen Summenwert zu finden. Erst Leonhard Euler, ebenfalls ein Mathematiker aus Basel und ein Schüler von Jakob Bernoullis Bruder Johann, gelang es, das Problem im Jahr 1735 zu lösen. Er konnte zeigen, dass

$$\sum_{n=1}^\infty \frac{1}{n^2} = 1{,}644934\ldots = \frac{\pi^2}{6}$$

gilt, und er veröffentlichte dieses Resultat in seinem Werk „De Summis Serierum Reciprocarum". Wir werden später (in Abschnitt 4.5.1) diesen Summenwert mithilfe einer Fourier-Reihe nachweisen können.

Welches der oben genannten Kriterien (Quotienten-, Leibniz- oder Integralkriterium) letztlich zu einer Entscheidung über Konvergenz oder Divergenz führt, hängt maßgeblich von der Form der Reihenglieder a_n ab. Falls n im Exponenten oder in einer Fakultät vorkommt (z. B. in der Form 2^n oder $n!$), dann ist häufig das Quotientenkriterium anwendbar. Enthält a_n jedoch nur Potenzen von n (z. B. n^3 oder $\sqrt{n}$), so versucht man es besser mit dem Integralkriterium.

Wir wenden uns nun dem Problem zu, den Summenwert einer unendlichen Reihe zu bestimmen. Ein nützliches Hilfsmittel hierbei sind die Potenzreihen, mit denen wir uns im folgenden Abschnitt etwas genauer befassen wollen.

4.2 Potenzreihen

4.2.1 Grundbegriffe und Beispiele

Eine *Potenzreihe* ist eine unendliche Reihe der Form

$$P(x) = \sum_{n=0}^{\infty} a_n x^n = a_0 + a_1 x + a_2 x^2 + a_3 x^3 + \ldots$$

mit vorgegebenen Werten $a_n \in \mathbb{R}$ und einer Variable x, für die wir im Prinzip eine beliebige Zahl einsetzen können. Die Größen $a_0, a_1, a_2, \ldots$ nennt man die *Koeffizienten* der Potenzreihe.

Beispiel 1. Wir können die geometrische Reihe auch als Potenzreihe

$$P(x) = \sum_{n=0}^{\infty} x^n = 1 + x + x^2 + x^3 + x^4 + \ldots$$

auffassen, indem wir x anstatt q schreiben, wobei alle Koeffizienten $a_n = 1$ sind.

Beispiel 2. Eine quadratische Funktion lässt sich ebenfalls als Potenzreihe

$$P(x) = a_0 + a_1 x + a_2 x^2 = \sum_{n=0}^{\infty} a_n x^n$$

darstellen. Hier ist $a_n = 0$ für alle $n \geq 3$, und man sagt in diesem Fall, dass die Potenzreihe bei $n = 2$ abbricht.

Beispiel 3. Die Potenzreihe

$$P(x) = \sum_{n=1}^{\infty} \frac{2n-1}{3^n} x^n = \frac{1}{3} x + \frac{3}{9} x^2 + \frac{5}{27} x^3 + \frac{7}{81} x^4 + \frac{9}{243} x^5 + \ldots$$

hat die Koeffizienten $a_n = \frac{2n-1}{3^n}$ für $n = 1, 2, 3, \ldots$ Nach dem Einsetzen einer Zahl für x erhalten wir eine unendliche Reihe. Beispielsweise ergibt sich im Fall $x = -0{,}5$ die konvergente Reihe

$$P(-0{,}5) = \sum_{n=1}^{\infty} \frac{2n-1}{3^n} \cdot (-0{,}5)^n = -\frac{1}{3} \cdot 0{,}5 + \frac{3}{9} \cdot 0{,}5^2 - \frac{5}{27} \cdot 0{,}5^3 \pm \ldots$$

$$= -0{,}10204\ldots \quad \left(= -\frac{5}{49} \right)$$

während $x = 3$ eine offensichtlich divergente Reihe liefert:

$$P(3) = \sum_{n=1}^{\infty} \frac{2n-1}{3^n} \cdot 3^n = \sum_{n=1}^{\infty} (2n - 1) = 1 + 3 + 5 + 7 + 9 + \ldots \to \infty$$

Eine Potenzreihe ist eine unendliche Reihe, bei der das n-te Reihenglied $a_n x^n$ neben dem gegebenen Vorfaktor a_n noch die n-te Potenz der Veränderlichen x enthält. Der Summenwert der Potenzreihe, falls diese konvergiert, hängt dann ebenfalls von x ab. Aufgrund ihrer Form kann man eine Potenzreihe als „Polynom vom Grad ∞" auffassen. Ein etwas allgemeinerer Potenzreihentyp ist

$$P(x) = \sum_{n=0}^{\infty} a_n (x - x_0)^n = a_0 + a_1 (x - x_0) + a_2 (x - x_0)^2 + a_3 (x - x_0)^3 + \dots$$

mit dem sog. *Entwicklungspunkt* $x_0 \in \mathbb{R}$. Mittels der Substitution $z = x - x_0$ kommt man aber wieder zur anfangs genannten speziellen Form $P(z) = \sum_{n=0}^{\infty} a_n z^n$ zurück.

Beispiel: Eine Potenzreihe mit dem Entwicklungspunkt $x_0 = 1$ ist

$$P(x) = \sum_{n=0}^{\infty} \frac{(-1)^n}{n+1} (x - 1)^n = 1 - \tfrac{1}{2}(x-1) + \tfrac{1}{3}(x-1)^2 - \tfrac{1}{4}(x-1)^3 \pm \dots$$

Bei allen formalen Gemeinsamkeiten gibt es einen entscheidenden Unterschied zwischen Polynomen und Potenzreihen. Während ein Polynom für jede Zahl x einen Funktionswert liefert, konvergiert eine Potenzreihe in der Regel nur für bestimmte x-Werte.

4.2.2 Der Konvergenzbereich

Die Menge aller $x \in \mathbb{R}$, für die $\sum_{n=0}^{\infty} a_n x^n$ konvergiert, nennt man *Konvergenzbereich* der Potenzreihe. Bei $x = 0$ konvergiert jede Potenzreihe, denn

$$\sum_{n=0}^{\infty} a_n \cdot 0^n = a_0 + 0 + 0 + 0 + \dots = a_0$$

und damit gehört $x = 0$ immer zum Konvergenzbereich.

Allgemein gilt: Zu jeder Potenzreihe $P(x) = \sum_{n=0}^{\infty} a_n x^n$ gibt es eine Zahl $0 \le r \le \infty$, genannt *Konvergenzradius*, mit der Eigenschaft, dass $P(x)$ für $|x| < r$ konvergiert und für $|x| > r$ divergiert. Hierbei bedeutet $r = \infty$, dass die Potenzreihe für alle $x \in \mathbb{R}$ konvergiert. Bei $x = \pm r$ ist sowohl Konvergenz als auch Divergenz möglich und muss durch Konvergenzkriterien separat geprüft werden. Der Konvergenzbereich einer Potenzreihe setzt sich dann zusammen aus dem Intervall $]-r, r[$ und ggf. den Randpunkten $x = -r$ bzw. $x = r$. Für eine Potenzreihe $\sum_{n=0}^{\infty} a_n x^n$ lässt sich r mit der folgenden Formel berechnen:

$$\textbf{Konvergenzradius} \quad r = \lim_{n \to \infty} \left| \frac{a_n}{a_{n+1}} \right|$$

Hinter dieser Formel verbirgt sich im Wesentlichen die Aussage über die Konvergenz bzw. Divergenz der geometrischen Reihe, und sie lässt sich im Fall $a_n > 0$ wie folgt plausibel machen: Ab einem großen Indexwert k ist näherungsweise

$$\frac{a_k}{a_{k+1}} \approx r \quad \Longrightarrow \quad a_{k+1} \approx \frac{a_k}{r}$$

$$\frac{a_{k+1}}{a_{k+2}} \approx r \quad \Longrightarrow \quad a_{k+2} \approx \frac{a_{k+1}}{r} \approx \frac{a_k}{r^2}$$

$$\frac{a_{k+2}}{a_{k+3}} \approx r \quad \Longrightarrow \quad a_{k+3} \approx \frac{a_{k+2}}{r} \approx \frac{a_k}{r^3} \quad \text{usw.}$$

und somit können wir die Potenzreihe zerlegen in

$$\sum_{n=0}^{\infty} a_n x^n \approx \underbrace{a_0 + \ldots + a_{k-1} x^{k-1}}_{\text{endliche Summe}} + \underbrace{a_k x^k \cdot \left(1 + \tfrac{x}{r} + \left(\tfrac{x}{r}\right)^2 + \left(\tfrac{x}{r}\right)^3 + \ldots\right)}_{\text{geometrische Reihe mit } q = \frac{x}{r}}$$

Der Anteil mit der geometrischen Reihe konvergiert für $\left|\frac{x}{r}\right| < 1$ bzw. $|x| < r$ und divergiert für $|x| > r$. Obige Aussage zum Konvergenzbereich sowie die Formel für den Konvergenzradius ergibt sich im Übrigen auch aus dem Quotientenkriterium, denn für die unendliche Reihe $\sum_{n=0}^{\infty} a_n x^n$ ist

$$q = \lim_{n \to \infty} \left| \frac{a_{n+1} x^{n+1}}{a_n x^n} \right| = |x| \cdot \lim_{n \to \infty} \left| \frac{a_{n+1}}{a_n} \right| = |x| \cdot \frac{1}{r}$$

Die Reihe konvergiert für $q < 1$ bzw. $|x| < r$, und sie divergiert im Fall $q > 1$ bzw. $|x| > r$.

Beispiel 1. Die geometrische Reihe $P(x) = \sum_{n=0}^{\infty} x^n = 1 + x + x^2 + x^3 + x^4 + \ldots$ hat den Konvergenzradius $r = 1$. Sie konvergiert nur für $|x| < 1$, und daher ist $]{-1}, 1[$ der Konvergenzbereich dieser Potenzreihe.

Beispiel 2. Die Potenzreihe

$$P(x) = \sum_{n=0}^{\infty} \frac{(-1)^n}{n+1} x^n = 1 - \tfrac{1}{2} x + \tfrac{1}{3} x^2 - \tfrac{1}{4} x^3 + \tfrac{1}{5} x^4 - \tfrac{1}{6} x^5 \pm \ldots$$

mit den Koeffizienten $a_n = \frac{(-1)^n}{n+1}$ hat den Konvergenzradius

$$r = \lim_{n \to \infty} \left| \frac{a_n}{a_{n+1}} \right| = \lim_{n \to \infty} \left| \frac{\frac{(-1)^n}{n+1}}{\frac{(-1)^{n+1}}{n+2}} \right| = \lim_{n \to \infty} \left| -\frac{n+2}{n+1} \right| = \lim_{n \to \infty} \frac{1 + \frac{2}{n}}{1 + \frac{1}{n}} = 1$$

Sie konvergiert für $x \in]{-1}, 1[$ und divergiert im Fall $|x| > 1$. Wir müssen noch die Randpunkte $x = \pm 1$ untersuchen:

$$P(1) = 1 - \tfrac{1}{2} + \tfrac{1}{3} - \tfrac{1}{4} + \tfrac{1}{5} - \tfrac{1}{6} \pm \ldots$$

$$P(-1) = 1 + \tfrac{1}{2} + \tfrac{1}{3} + \tfrac{1}{4} + \tfrac{1}{5} + \tfrac{1}{6} + \ldots$$

Bei $x = 1$ wird die Potenzreihe zur alternierenden harmonischen Reihe und ist demnach konvergent. Setzen wir $x = -1$ ein, dann ergibt sich die harmonische Reihe, und folglich ist $P(-1)$ divergent. Insgesamt ist dann $]{-1}, 1]$ der Konvergenzbereich der Potenzreihe $P(x)$.

Beispiel 3. Die Potenzreihe

$$P(x) = \sum_{n=0}^{\infty} \frac{n^2}{2^n} x^n = \frac{1}{2} x + x^2 + \frac{9}{8} x^3 + x^4 + \frac{25}{32} x^5 + \frac{9}{16} x^5 + \dots$$

mit $a_n = \frac{n^2}{2^n}$ für $n = 0, 1, 2, \dots$ besitzt den Konvergenzradius

$$r = \lim_{n\to\infty} \left| \frac{a_n}{a_{n+1}} \right| = \lim_{n\to\infty} \frac{\frac{n^2}{2^n}}{\frac{(n+1)^2}{2^{n+1}}} = \lim_{n\to\infty} 2 \left(\frac{n}{n+1} \right)^2 = 2$$

Sie konvergiert für $x \in {]}{-}2, 2{[}$ und divergiert für $|x| > 2$. An den Randpunkten $x = -2$ und $x = 2$ des Konvergenzintervalls sind die unendlichen Reihen

$$P(-2) = \sum_{n=0}^{\infty} \frac{n^2}{2^n} (-2)^n = \sum_{n=0}^{\infty} (-1)^n n^2 = -1 + 4 - 9 + 16 - 25 \pm \dots$$

$$P(2) = \sum_{n=0}^{\infty} \frac{n^2}{2^n} \cdot 2^n = \sum_{n=0}^{\infty} n^2 = 1 + 4 + 9 + 16 + 25 + 36 + 49 + \dots$$

beide divergent, da die Reihenglieder keine Nullfolge bilden, und daher ist der Konvergenzbereich das offene Intervall ${]}{-}2, 2{[}$.

Beispiel 4. Die Potenzreihe

$$P(x) = \sum_{n=0}^{\infty} \frac{1}{n!} x^n = 1 + x + \frac{1}{2} x^2 + \frac{1}{6} x^3 + \frac{1}{24} x^4 + \frac{1}{120} x^5 + \frac{1}{720} x^6 + \dots$$

mit den Koeffizienten $a_n = \frac{1}{n!}$ konvergiert für alle $x \in \mathbb{R}$, denn hier ist

$$r = \lim_{n\to\infty} \left| \frac{a_n}{a_{n+1}} \right| = \lim_{n\to\infty} \frac{\frac{1}{n!}}{\frac{1}{(n+1)!}} = \lim_{n\to\infty} \frac{(n+1)!}{n!} = \lim_{n\to\infty} n + 1 = \infty$$

Beispiel 5. Bei der Potenzreihe

$$P(x) = \sum_{n=0}^{\infty} n! \, x^n = 1 + x + 2 x^2 + 6 x^3 + 24 x^4 + 120 x^5 + \dots$$

mit $a_n = n!$ ergibt sich der Konvergenzradius

$$r = \lim_{n\to\infty} \left| \frac{a_n}{a_{n+1}} \right| = \lim_{n\to\infty} \frac{n!}{(n+1)!} = \lim_{n\to\infty} \frac{1}{n+1} = 0$$

Demnach divergiert diese Potenzreihe für $|x| > 0$, und da $P(0)$ stets konvergiert, besteht der Konvergenzbereich hier nur aus dem Punkt $x = 0$.

Beispiel 6. Für die Potenzreihe

$$P(x) = \sum_{n=1}^{\infty} \frac{1}{n^2} x^n = x + \frac{1}{4} x^2 + \frac{1}{9} x^3 + \frac{1}{16} x^4 + \frac{1}{25} x^5 + \dots$$

mit den Koeffizienten $a_n = \frac{1}{n^2}$ gilt

$$r = \lim_{n \to \infty} \left| \frac{a_n}{a_{n+1}} \right| = \lim_{n \to \infty} \frac{\frac{1}{n^2}}{\frac{1}{(n+1)^2}} = \lim_{n \to \infty} \frac{(n+1)^2}{n^2} = \lim_{n \to \infty} \left(1 + \frac{1}{n} \right)^2 = 1$$

Somit ist $P(x)$ für $x \in \,]-1, 1[$ konvergent und für $|x| > 1$ divergent. Wir untersuchen die Potenzreihe noch an den Rändern $x = \pm 1$ des Konvergenzintervalls. Für $x = 1$ ist

$$P(1) = \sum_{n=1}^{\infty} \frac{1}{n^2} = 1 + \frac{1}{4} + \frac{1}{9} + \frac{1}{16} + \frac{1}{25} + \frac{1}{36} + \dots$$

konvergent nach dem Integralkriterium und

$$P(-1) = \sum_{n=1}^{\infty} \frac{(-1)^n}{n^2} = -1 + \frac{1}{4} - \frac{1}{9} + \frac{1}{16} - \frac{1}{25} \pm \dots$$

ist konvergent nach dem Leibniz-Kriterium. Die Potenzreihe ist also in beiden Randpunkten konvergent, und folglich hat sie den Konvergenzbereich $[-1, 1]$.

Beispiel 7. Die Potenzreihe

$$P(x) = \sum_{n=1}^{\infty} \frac{1}{\sqrt{n}} x^n = x + \frac{1}{\sqrt{2}} x^2 + \frac{1}{\sqrt{3}} x^3 + \frac{1}{2} x^4 + \frac{1}{\sqrt{5}} x^5 + \frac{1}{\sqrt{6}} x^6 + \dots$$

mit den Koeffizienten $a_n = \frac{1}{\sqrt{n}}$ besitzt den Konvergenzradius

$$r = \lim_{n \to \infty} \left| \frac{a_n}{a_{n+1}} \right| = \lim_{n \to \infty} \frac{\sqrt{n+1}}{\sqrt{n}} = \lim_{n \to \infty} \sqrt{1 + \frac{1}{n}} = 1$$

Sie konvergiert für $x \in \,]-1, 1[$ und divergiert für $|x| > 1$. An den Randpunkten $x = \pm 1$ des Konvergenzbereichs müssen wir die Potenzreihe separat auf Konvergenz oder Divergenz prüfen. Für $x = 1$ ist

$$P(1) = \sum_{n=1}^{\infty} \frac{1}{\sqrt{n}} = 1 + \frac{1}{\sqrt{2}} + \frac{1}{\sqrt{3}} + \frac{1}{\sqrt{4}} + \frac{1}{\sqrt{5}} + \dots$$

eine unendliche Reihe, auf die wir das Integralkriterium mit $f(x) = \frac{1}{\sqrt{x}}$ anwenden können. Das uneigentliche Integral

$$\int_1^{\infty} \frac{1}{\sqrt{x}} \, dx = 2\sqrt{x} \Big|_1^{x \to \infty} = \lim_{x \to \infty} 2\sqrt{x} - 2$$

existiert nicht, und daher ist $P(1)$ divergent. Im Fall $x = -1$ ergibt

$$P(-1) = \sum_{n=1}^{\infty} \frac{1}{\sqrt{n}} \cdot (-1)^n = -1 + \frac{1}{\sqrt{2}} - \frac{1}{\sqrt{3}} + \frac{1}{\sqrt{4}} - \frac{1}{\sqrt{5}} \pm \ldots$$

eine alternierende Reihe mit der monoton fallenden Nullfolge $\frac{1}{\sqrt{n}}$, und somit ist $P(-1)$ konvergent nach dem Leibniz-Kriterium. Zusammenfassend erhalten wir für den Konvergenzbereich von $P(x)$ das halboffene Intervall $[-1, 1[$.

4.2.3 Rechnen mit Potenzreihen

Als Konsequenz aus dem vorigen Abschnitt notieren wir: Eine Potenzreihe

$$P(x) = \sum_{n=0}^{\infty} a_n x^n = a_0 + a_1 x + a_2 x^2 + a_3 x^3 + \ldots$$

ist mindestens auf dem offenen Intervall $]-r, r[$ konvergent, falls r ihren Konvergenzradius bezeichnet. Dort liefert die Potenzreihe einen Summenwert $P(x)$, der von $x \in]-r, r[$ abhängt. Wir können daher eine Potenzreihe auch als Funktion

$$P :]-r, r[\longrightarrow \mathbb{R}, \quad x \longmapsto \sum_{n=0}^{\infty} a_n x^n$$

auffassen. Eine Potenzreihe, als Funktion betrachtet, kann differenziert und integriert werden. Hierbei gelten die folgenden Regeln:

Eine Potenzreihe $P(x) = \sum_{n=0}^{\infty} a_n x^n$ mit dem Konvergenzradius r ist eine differenzierbare Funktion auf dem Intervall $]-r, r[$. Ihre Ableitung

$$P'(x) = a_1 + 2 a_2 x + 3 a_3 x^2 + 4 a_4 x^3 + \ldots = \sum_{n=0}^{\infty} (n+1) a_{n+1} x^n$$

ist wieder eine Potenzreihe mit dem gleichen Konvergenzradius r. Auch die Stammfunktionen zu $P(x)$ sind Potenzreihen, nämlich

$$\int P(x)\, dx = C + a_0 x + \frac{a_1}{2} x^2 + \frac{a_2}{3} x^3 + \ldots = C + \sum_{n=1}^{\infty} \frac{a_{n-1}}{n} x^n$$

mit der freien Konstante $C \in \mathbb{R}$, und sie haben ebenfalls den Konvergenzradius r.

Nach obiger Aussage, die hier ohne Begründung angegeben ist, darf eine Potenzreihe gliedweise abgeleitet bzw. integriert werden, wobei der Konvergenzradius erhalten bleibt. Damit sehen Potenzreihen nicht nur formal aus wie Polynome (vom Grad ∞), sondern sie verhalten sich innerhalb des Konvergenzbereichs auch wie Polynome. Kurzum:

Potenzreihen werden wie Polynome differenziert und integriert.

Beispiel 1. Für die Potenzreihe $P(x) = \sum_{n=0}^{\infty} x^n$ ist der Summenwert (= Funktionswert) bekannt. Es handelt sich um eine geometrische Reihe mit $q = x$, sodass nach der geometrischen Summenformel

$$P(x) = \sum_{n=0}^{\infty} x^n = 1 + x + x^2 + x^3 + \ldots = \frac{1}{1-x}$$

gilt, wobei der Konvergenzbereich $]-1, 1[$ zugleich auch der Definitionsbereich der Funktion $P(x)$ ist. Wir differenzieren nun die beiden Ausdrücke für $P(x)$: die Potenzreihe gliedweise wie ein Polynom, und den Summenwert mithilfe der Quotientenregel. Beide Ergebnisse müssen übereinstimmen, sodass also gilt:

$$P'(x) = 1 + 2x + 3x^2 + 4x^3 + \ldots = \left(\frac{1}{1-x}\right)' = \frac{1}{(1-x)^2}$$

Der Konvergenzradius bleibt beim Ableiten erhalten, und daraus ergibt sich die Summenformel

$$\sum_{n=0}^{\infty} (n+1)x^n = \frac{1}{(1-x)^2}, \quad x \in \ ]-1, 1[$$

Setzen wir hier z. B. $x = \frac{1}{2}$ ein, dann ist der Summenwert der unendlichen Reihe

$$\sum_{n=0}^{\infty} \frac{n+1}{2^n} = \frac{1}{(1 - \frac{1}{2})^2} = 4$$

Wir können auch eine Stammfunktion zu $P(x)$ auf zwei verschiedenen Wegen berechnen, nämlich durch gliedweise Integration der Potenzreihe oder durch Integration der Funktion $\frac{1}{1-x}$:

$$\int P(x)\,\mathrm{d}x = C + x + \tfrac{1}{2}x^2 + \tfrac{1}{3}x^3 + \tfrac{1}{4}x^4 + \ldots = \int \frac{1}{1-x}\,\mathrm{d}x = -\ln|1-x|$$

mit einer Konstante C, wobei die integrierte Potenzreihe den Konvergenzradius $r = 1$ wie die ursprüngliche Potenzreihe besitzt. Hieraus folgt

$$C + \sum_{n=1}^{\infty} \frac{1}{n}x^n = -\ln(1-x) \quad \text{für} \quad x \in \ ]-1, 1[$$

Einsetzen von $x = 0$ liefert die Konstante $C + 0 + 0 + \ldots = -\ln 1$ und somit $C = -\ln 1 = 0$. Als Ergebnis notieren wir eine Potenzreihendarstellung für den natürlichen Logarithmus, nämlich

$$\ln(1-x) = -\sum_{n=1}^{\infty} \frac{1}{n}x^n = -x - \tfrac{1}{2}x^2 - \tfrac{1}{3}x^3 - \tfrac{1}{4}x^4 - \ldots$$

Speziell für $x = -1$ ergibt sich daraus der Summenwert der alternierenden harmonischen Reihe:

$$\ln 2 = 1 - \tfrac{1}{2} + \tfrac{1}{3} - \tfrac{1}{4} + \tfrac{1}{5} - \tfrac{1}{6} \pm \ldots = 0{,}69314718\ldots$$

Beispiel 2. Setzen wir $q = -x^2$ in die geometrische Reihe ein, dann erhalten wir die Reihenentwicklung der Funktion

$$\frac{1}{1+x^2} = \frac{1}{1-(-x^2)} = \sum_{n=0}^{\infty} (-x^2)^n = \sum_{n=0}^{\infty} (-1)^n x^{2n} = 1 - x^2 + x^4 - x^6 \pm \ldots$$

Integration der Funktion bzw. der Potenzreihe ergibt

$$\arctan x = \int \frac{1}{1+x^2}\,dx = \int 1 - x^2 + x^4 - x^6 \pm \ldots \, dx$$

$$= C + x - \tfrac{1}{3}x^3 + \tfrac{1}{5}x^5 - \tfrac{1}{7}x^7 \pm \ldots$$

Setzen wir $x = 0$ ein, dann muss $\arctan 0 = C + 0 + 0 + \ldots$ gelten und somit $C = 0$ sein. Als Resultat unserer Überlegungen können wir schließlich eine Potenzreihenentwicklung für den Arkustangens angeben:

$$\arctan x = x - \tfrac{1}{3}x^3 + \tfrac{1}{5}x^5 - \tfrac{1}{7}x^7 \pm \ldots = \sum_{n=0}^{\infty} \frac{(-1)^n}{2n+1} x^{2n+1}$$

Einsetzen von $x = 1$ liefert den Summenwert $\arctan 1 = \tfrac{\pi}{4}$, und wir erhalten die *Leibniz-Reihe*

$$\frac{\pi}{4} = 1 - \frac{1}{3} + \frac{1}{5} - \frac{1}{7} + \frac{1}{9} - \frac{1}{11} \pm \ldots$$

Bemerkung. Neben den bereits genannten unendlichen Reihen

$$\frac{\pi}{4} = \sum_{n=0}^{\infty} \frac{(-1)^n}{2n+1} = 1 - \frac{1}{3} + \frac{1}{5} - \frac{1}{7} + \frac{1}{9} \mp \ldots \quad \text{(Gottfried Wilhelm Leibniz 1682)}$$

$$\frac{\pi^2}{6} = \sum_{n=1}^{\infty} \frac{1}{n^2} = 1 + \frac{1}{2^2} + \frac{1}{3^2} + \frac{1}{4^2} + \frac{1}{5^2} + \ldots \quad \text{(Leonhard Euler 1735)}$$

gibt es noch weitere und mitunter kurios anmutende Reihen, bei denen die Kreiszahl π im Summenwert auftritt. Hierzu gehören auch die sehr schnell konvergierenden Reihen

$$\frac{\sqrt{8}}{9801} \sum_{n=0}^{\infty} \frac{(4n)! \cdot (1103 + 26390\,n)}{(n!)^4 \cdot 396^{4n}} = \frac{1}{\pi} \quad \text{(Srinivasa Ramanujan 1914)}$$

$$\sum_{n=0}^{\infty} \frac{(-1)^n}{4^n} \left(\frac{2}{4n+1} + \frac{2}{4n+2} + \frac{1}{4n+3} \right) = \pi \quad \text{(Bailey, Borwein \& Plouffe 1996)}$$

4.3 Maclaurin-Reihen

Wie wir nun wissen, kann man Potenzreihen auch als Funktionen auffassen, die (beliebig oft) differenzierbar sind. Im letzten Beispiel haben wir durch Integration einer geometrischen Reihe – eher zufällig – eine Darstellung der Funktion $\arctan x$ als Potenzreihe entdeckt. Damit stellt sich die Frage, ob es auch zu anderen elementaren Funktionen wie e^x oder $\sin x$ eine passende Potenzreihe gibt, und falls ja, wie man diese Reihendarstellung systematisch berechnen kann.

4.3.1 Die Maclaurin-Reihe einer Funktion

Gegeben ist eine beliebig oft differenzierbare Funktion $f : \,]-r, r[\, \longrightarrow \mathbb{R}$, und wir nehmen an, dass f eine Potenzreihenentwicklung besitzt. Es gelte also

$$f(x) = \sum_{n=0}^{\infty} a_n x^n = a_0 + a_1 x + a_2 x^2 + a_3 x^3 + \dots \quad \text{für} \quad x \in \,]-r, r[$$

mit gewissen Koeffizienten a_n, die noch zu bestimmen sind. Hierzu bilden wir fortgesetzt die Ableitungen auf beiden Seiten:

$$f(x) = a_0 + a_1 \cdot x + a_2 \cdot x^2 + a_3 \cdot x^3 + a_4 \cdot x^4 + a_5 \cdot x^5 + a_6 \cdot x^6 + \dots$$
$$f'(x) = a_1 + 2 \cdot a_2 \cdot x + 3 \cdot a_3 \cdot x^2 + 4 \cdot a_4 \cdot x^3 + 5 \cdot a_5 \cdot x^4 + 6 \cdot a_6 \cdot x^5 + \dots$$
$$f''(x) = 2 \cdot a_2 + 3 \cdot 2 \cdot a_3 \cdot x + 4 \cdot 3 \cdot a_4 \cdot x^2 + 5 \cdot 4 \cdot a_5 \cdot x^3 + 6 \cdot 5 \cdot a_6 \cdot x^4 + \dots$$
$$f'''(x) = 3 \cdot 2 \cdot a_3 + 4 \cdot 3 \cdot 2 \cdot a_4 \cdot x + 5 \cdot 4 \cdot 3 \cdot a_5 \cdot x^2 + 6 \cdot 5 \cdot 4 \cdot a_6 \cdot x^3 + \dots$$
$$f^{(4)}(x) = 4 \cdot 3 \cdot 2 \cdot a_4 + 5 \cdot 4 \cdot 3 \cdot 2 \cdot a_5 \cdot x + 6 \cdot 5 \cdot 4 \cdot 3 \cdot a_6 \cdot x^2 + \dots$$
$$f^{(5)}(x) = 5 \cdot 4 \cdot 3 \cdot 2 \cdot a_5 + 6 \cdot 5 \cdot 4 \cdot 3 \cdot 2 \cdot a_6 \cdot x + 7 \cdot 6 \cdot 5 \cdot 4 \cdot 3 \cdot a_7 \cdot x^2 + \dots$$

usw. Setzen wir in diese Ableitungen den Wert $x = 0$ ein, dann fallen jeweils alle Summanden bis auf den ersten weg, und wir erhalten

$$\begin{aligned}
f(0) &= & a_0 &= 0! \cdot a_0 \\
f'(0) &= & a_1 &= 1! \cdot a_1 \\
f''(0) &= & 2 \cdot a_2 &= 2! \cdot a_2 \\
f'''(0) &= & 3 \cdot 2 \cdot a_3 &= 3! \cdot a_3 \\
f^{(4)}(0) &= & 4 \cdot 3 \cdot 2 \cdot a_4 &= 4! \cdot a_4 \\
f^{(5)}(0) &= 5 \cdot 4 \cdot 3 \cdot 2 \cdot a_5 &= 5! \cdot a_5
\end{aligned}$$

oder allgemein: $f^{(n)}(0) = n! \cdot a_n$ für alle $n \in \mathbb{N}$. Die Koeffizienten der Potenzreihe sind also eindeutig bestimmt, und sie können mit der Formel

$$a_n = \frac{1}{n!} f^{(n)}(0)$$

berechnet werden – vorausgesetzt, die Potenzreihenentwicklung von f um $x = 0$ existiert. Zusammenfassend notieren wir:

Die Potenzreihenentwicklung einer beliebig oft differenzierbaren Funktion

$$f(x) = \sum_{n=0}^{\infty} \frac{f^{(n)}(0)}{n!} x^n, \quad x \in \,]-r, r[$$

mit der Entwicklungsstelle 0 nennt man *Maclaurin-Reihe* von f.

Beispiel 1. Die *Exponentialreihe* = Reihenentwicklung von e^x ergibt sich aus

$$f^{(n)}(x) = e^x \quad \Longrightarrow \quad f^{(n)}(0) = 1$$

für alle n, und damit ist $a_n = \frac{1}{n!}$ bzw.

$$e^x = \sum_{n=0}^{\infty} \frac{1}{n!} x^n = 1 + x + \frac{1}{2} x^2 + \frac{1}{6} x^3 + \frac{1}{24} x^4 + \dots$$

Der Konvergenzradius dieser Potenzreihe ist ∞, d. h., sie konvergiert für alle $x \in \mathbb{R}$. Insbesondere ergibt sich für $x = 1$ die Eulersche Zahl e selbst als Summenwert der unendlichen Reihe

$$e = \sum_{n=0}^{\infty} \frac{1}{n!} x^n = 1 + 1 + \frac{1}{2!} + \frac{1}{3!} + \frac{1}{4!} + \dots = 2{,}71828\dots$$

Beispiel 2. Die *Sinusreihe* ist die Reihenentwicklung der Funktion $\sin x$:

$$
\begin{array}{rcl|rcl}
f(x) & = & \sin x & f(0) & = & 0 \\
f'(x) & = & \cos x & f'(0) & = & 1 \\
f''(x) & = & -\sin x & f''(0) & = & 0 \\
f'''(x) & = & -\cos x & f'''(0) & = & -1 \\
f^{(4)}(x) & = & \sin x & f^{(4)}(0) & = & 0
\end{array}
$$

Die Ableitungen wiederholen sich im 4er-Zyklus, und daher ist allgemein

$$f^{(n)}(0) = \begin{cases} 0, \text{ falls } n \text{ gerade} \\ 1, \text{ falls } n = 1,\, 5,\, 9,\, 13,\, \dots \\ -1, \text{ falls } n = 3,\, 7,\, 11,\, 15,\, \dots \end{cases}$$

Somit sind die Koeffizienten der Maclaurin-Reihe mit geradzahligem Index gleich Null, und die Koeffizienten mit einem ungeraden Index haben abwechselnd das Vorzeichen $\pm$. Wir können also die Potenzreihe von $\sin x$ in der Form

$$\sin x = x - \frac{1}{3!} x^3 + \frac{1}{5!} x^5 - \frac{1}{7!} x^7 \pm \dots = \sum_{n=0}^{\infty} \frac{(-1)^n}{(2n+1)!} x^{2n+1}$$

schreiben. Wir wollen auch noch den Konvergenzradius der Sinusreihe berechnen. Hierfür benutzt man normalerweise die Formel

$$r = \lim_{n \to \infty} \left| \frac{a_n}{a_{n+1}} \right|$$

Bei der berechneten Sinusreihe ist aber jeder zweite Koeffizient gleich Null, also entweder $a_n = 0$ oder $a_{n+1} = 0$. Die Formel für den Konvergenzradius kann nicht sofort angewendet werden! Wir bringen deshalb die Sinusreihe in die Form

$$\sin x = x \left(1 - \tfrac{1}{3!} x^2 + \tfrac{1}{5!} x^4 - \tfrac{1}{7!} x^6 \pm \ldots \right)$$

und ersetzen $z = x^2$. Die Potenzreihe in der Klammer können wir umschreiben auf

$$P(z) = 1 - \tfrac{1}{3!} z + \tfrac{1}{5!} z^2 - \tfrac{1}{7!} z^3 \pm \ldots = \sum_{n=0}^{\infty} \frac{(-1)^n}{(2n+1)!} z^n$$

mit den Koeffizienten $a_n = \frac{(-1)^n}{(2n+1)!} \neq 0$. Der Konvergenzradius von $P(z)$ ist jetzt

$$r = \lim_{n \to \infty} \left| \frac{a_n}{a_{n+1}} \right| = \lim_{n \to \infty} \left| \frac{\frac{(-1)^n}{(2n+1)!}}{\frac{(-1)^{n+1}}{(2n+3)!}} \right| = \lim_{n \to \infty} \left| \frac{(-1)^n \cdot (2n+3)!}{(-1)^{n+1} \cdot (2n+1)!} \right|$$

$$= \lim_{n \to \infty} (2n+2)(2n+3) = \infty$$

Also konvergiert $P(z)$ für alle $z = x^2$, und somit konvergiert auch die Sinusreihe für alle $x \in \mathbb{R}$.

Beispiel 3. Die Potenzreihe zur Funktion $\sinh x$ erhalten wir mit

$$\begin{array}{ll|ll}
f(x) & = \sinh x & f(0) & = 0 \\
f'(x) & = \cosh x & f'(0) & = 1 \\
f''(x) & = \sinh x & f''(0) & = 0
\end{array}$$

Die Ableitungen wiederholen sich hier im 2er-Zyklus, sodass allgemein gilt:

$$f^{(n)}(0) = \begin{cases} 0, & \text{falls } n \text{ gerade} \\ 1, & \text{falls } n \text{ ungerade} \end{cases}$$

Die Maclaurin-Reihe zu $\sinh x$ lautet dann

$$\sinh x = x + \frac{1}{3!} x^3 + \frac{1}{5!} x^5 + \frac{1}{7!} x^7 + \ldots = \sum_{n=0}^{\infty} \frac{1}{(2n+1)!} x^{2n+1}$$

Sie sieht aus wie die Sinusreihe, nur ohne Vorzeichenwechsel, und konvergiert wie die Sinusreihe für alle $x \in \mathbb{R}$.

Beispiel 4. Für die Reihenentwicklung von $f(x) = \frac{1}{\sqrt{1-x}}$ berechnen wir

$$
\begin{array}{lll}
f(x) &=& (1-x)^{-\frac{1}{2}} \\
f'(x) &=& \frac{1}{2}\cdot(1-x)^{-\frac{3}{2}} \\
f''(x) &=& \frac{1}{2}\cdot\frac{3}{2}\cdot(1-x)^{-\frac{5}{2}} \\
f'''(x) &=& \frac{1}{2}\cdot\frac{3}{2}\cdot\frac{5}{2}\cdot(1-x)^{-\frac{7}{2}} \\
f^{(4)}(x) &=& \frac{1}{2}\cdot\frac{3}{2}\cdot\frac{5}{2}\cdot\frac{7}{2}\cdot(1-x)^{-\frac{9}{2}}
\end{array}
\qquad
\begin{array}{lll}
f(0) &=& 1 \\
f'(0) &=& \frac{1}{2} \\
f''(0) &=& \frac{1\cdot3}{2\cdot2} \\
f'''(0) &=& \frac{1\cdot3\cdot5}{2\cdot2\cdot2} \\
f^{(4)}(0) &=& \frac{1\cdot3\cdot5\cdot7}{2\cdot2\cdot2\cdot2}
\end{array}
$$

$$
\text{allgemein:} \qquad f^{(n)}(0) \;=\; \frac{1\cdot3\cdot5\cdots(2n-1)}{2\cdot2\cdot2\cdots2}
$$

Hieraus erhalten wir die Koeffizienten

$$
a_n = \frac{f^{(n)}(0)}{n!} = \frac{1\cdot3\cdot5\cdots(2n-1)}{2\cdot4\cdot6\cdots(2n)}
$$

und damit die Potenzreihe

$$
\frac{1}{\sqrt{1-x}} = 1 + \frac{1}{2}x + \frac{1\cdot3}{2\cdot4}x^2 + \frac{1\cdot3\cdot5}{2\cdot4\cdot6}x^3 + \frac{1\cdot3\cdot5\cdot7}{2\cdot4\cdot6\cdot8}x^4 + \dots
$$

Aus

$$
a_{n+1} = \frac{1\cdot3\cdot5\cdots(2n-1)\cdot(2n+1)}{2\cdot4\cdot6\cdots(2n)\cdot(2n+2)} = a_n \cdot \frac{2n+1}{2n+2} \quad\Longrightarrow\quad \frac{a_n}{a_{n+1}} = \frac{2n+2}{2n+1}
$$

ergibt sich schließlich der Konvergenzradius dieser Potenzreihe:

$$
r = \lim_{n\to\infty}\left|\frac{a_n}{a_{n+1}}\right| = \lim_{n\to\infty}\frac{2n+2}{2n+1} = 1
$$

Beispiel 5. Eine Verallgemeinerung der Potenzreihe aus dem letzten Beispiel ist die *Binomialreihe*, also die Reihenentwicklung von $(1+x)^\alpha$ zu einem beliebigen Exponenten $\alpha \in \mathbb{R}$. Hier gilt

$$
\begin{array}{lll}
f(x) &=& (1+x)^\alpha \\
f'(x) &=& \alpha(1+x)^{\alpha-1} \\
f''(x) &=& \alpha(\alpha-1)(1+x)^{\alpha-2} \\
f'''(x) &=& \alpha(\alpha-1)(\alpha-2)(1+x)^{\alpha-3}
\end{array}
\qquad
\begin{array}{lll}
f(0) &=& 1 \\
f'(0) &=& \alpha \\
f''(0) &=& \alpha(\alpha-1) \\
f'''(0) &=& \alpha(\alpha-1)(\alpha-2)
\end{array}
$$

und allgemein
$$
f^{(n)}(0) = \alpha(\alpha-1)(\alpha-2)\cdots(\alpha-n+1)
$$

sodass die Koeffizienten der Maclaurin-Reihe zu $(1+x)^\alpha$

$$
a_n = \frac{f^{(n)}(0)}{n!} = \frac{\alpha(\alpha-1)(\alpha-2)\cdots(\alpha-n+1)}{1\cdot2\cdot3\cdots(n-1)\cdot n} =: \binom{\alpha}{n}
$$

die Binomialkoeffizienten „α über n" sind. Wir kennen diese Binomialkoeffizienten bereits aus dem binomischen Lehrsatz – dort allerdings kommen sie nur mit natürlichen Zahlen α vor. Wir können jetzt die Binomialreihe in der Form

$$(1 + x)^\alpha = \sum_{n=0}^{\infty} \binom{\alpha}{n} x^n \quad \text{mit} \quad \binom{\alpha}{0} := 1$$

notieren und wollen nun noch ihren Konvergenzradius bestimmen. Dazu müssen wir zwei Fälle unterscheiden:

(1) Ist α eine natürliche Zahl, so gilt $a_n = 0$ für alle Koeffizienten $n > \alpha$, denn

$$a_n = \binom{\alpha}{n} = \frac{\alpha(\alpha - 1)(\alpha - 2) \cdots (\alpha - n + 1)}{1 \cdot 2 \cdot 3 \cdots (n - 1) \cdot n}$$

enthält ab dem Index $n > \alpha$ im Zähler den Faktor 0. Die Potenzreihe $(1 + x)^\alpha$ ist dann für $\alpha \in \mathbb{N}$ eine *endliche Reihe*, die für *alle* $x \in \mathbb{R}$ konvergiert, und sie liefert uns auch die bekannte binomische Formel

$$(1 + x)^\alpha = 1 + \binom{\alpha}{1} x + \binom{\alpha}{2} x^2 + \binom{\alpha}{3} x^3 + \ldots + x^\alpha$$

(2) Ist α keine natürliche Zahl, so gilt $a_n \neq 0$ für alle $n \in \mathbb{N}$, und für den Konvergenzradius ergibt sich der Wert

$$r = \lim_{n \to \infty} \left| \frac{a_n}{a_{n+1}} \right| = \lim_{n \to \infty} \left| \frac{\binom{\alpha}{n}}{\binom{\alpha}{n+1}} \right| = \lim_{n \to \infty} \left| \frac{\frac{\alpha(\alpha-1)(\alpha-2)\cdots(\alpha-n+1)}{1 \cdot 2 \cdot 3 \cdots (n-1) \cdot n}}{\frac{\alpha(\alpha-1)(\alpha-2)\cdots(\alpha-n+1)(\alpha-n)}{1 \cdot 2 \cdot 3 \cdots (n-1) \cdot n \cdot (n+1)}} \right|$$

$$= \lim_{n \to \infty} \left| \frac{n+1}{\alpha - n} \right| = \lim_{n \to \infty} \left| \frac{1 + \frac{1}{n}}{\frac{\alpha}{n} - 1} \right| = |-1| = 1$$

Die Binomialreihe konvergiert demnach für $|x| < 1$ und evtl. für $x = \pm 1$.

Als Spezialfälle enthält die allgemeine Binomialreihe die geometrische Reihe

$$\frac{1}{1 + x} = (1 + x)^{-1} = \sum_{n=0}^{\infty} \binom{-1}{n} x^n = 1 - x + x^2 - x^3 \pm \ldots = \sum_{n=0}^{\infty} (-1)^n x^n$$

sowie die Reihenentwicklung für die Quadratwurzel von $1 + x$ für $x \in \,]-1, 1[$:

$$\sqrt{1 + x} = (1 + x)^{\frac{1}{2}} = \sum_{n=0}^{\infty} \binom{\frac{1}{2}}{n} x^n = 1 + \tfrac{1}{2} x - \tfrac{1}{8} x^2 + \tfrac{1}{16} x^3 - \tfrac{5}{128} x^4 \pm \ldots$$

Beispielsweise erhält man hier den Faktor vor x^4 mit der Rechnung

$$\binom{\frac{1}{2}}{4} = \frac{\frac{1}{2} \left(\frac{1}{2} - 1\right) \left(\frac{1}{2} - 2\right) \left(\frac{1}{2} - 3\right)}{1 \cdot 2 \cdot 3 \cdot 4} = \frac{\frac{1}{2} \left(-\frac{1}{2}\right) \left(-\frac{3}{2}\right) \left(-\frac{5}{2}\right)}{1 \cdot 2 \cdot 3 \cdot 4} = -\frac{5}{128}$$

4.3.2 Alternative Berechnung von Reihen

Die Formel für den n-ten Reihenkoeffizienten $a_n = \frac{1}{n!} f^{(n)}(0)$ benutzt man in der Praxis nur dann, wenn man die n-te Ableitung der Funktion leicht angeben kann (so wie bei der Exponential- oder Sinusreihe), ansonsten lediglich zur Berechnung der ersten zwei, drei oder vier Reihenglieder. Da die höheren Ableitungen einer Funktion oft nur mühsam auszurechnen sind, kann man alternativ auch die folgenden Verfahren zur Reihenentwicklung verwenden.

Umformen einer bereits bekannten Potenzreihe

Da sich eine Funktion f zumeist aus elementaren Funktionen wie z. B. rationalen Funktionen, Exponentialfunktionen oder trigonometrischen Funktionen zusammensetzt, erhalten wir die Reihendarstellung von f wesentlich einfacher durch Anpassen einer schon bekannten Potenzreihe: der geometrischen Reihe, Exponentialreihe, Sinusreihe usw.

Beispiel 1. Die Reihenentwicklung der Funktion $f(x) = \frac{2x}{x^2-1}$ lässt sich auf die geometrische Reihe mit $q = x^2$ zurückführen:

$$
\begin{aligned}
\frac{2x}{x^2-1} &= -2x \cdot \frac{1}{1-x^2} \\
&= -2x \cdot (1 + x^2 + x^4 + x^6 + x^8 + \ldots) \\
&= -2x - 2x^3 - 2x^5 - 2x^7 - 2x^9 - \ldots
\end{aligned}
$$

oder in Kurzform

$$
\frac{2x}{x^2-1} = -2x \cdot \frac{1}{1-x^2} = -2x \cdot \sum_{n=0}^{\infty} (x^2)^n = \sum_{n=0}^{\infty} -2x^{2n+1}
$$

Beispiel 2. Wir wollen die Funktion $f(x) = 1 - e^{-2x}$ in eine Potenzreihe entwickeln. Zunächst bestimmen wir die Reihenentwicklung zu e^{-2x}, indem wir $-2x$ in die Exponentialreihe einsetzen:

$$
e^{-2x} = \sum_{n=0}^{\infty} \frac{1}{n!} (-2x)^n = \sum_{n=0}^{\infty} \frac{(-2)^n}{n!} x^n = 1 - \frac{2^1}{1!} x + \frac{2^2}{2!} x^2 - \frac{2^3}{3!} x^3 \pm \ldots
$$

Hieraus ergibt sich die gesuchte Potenzreihe mit der Umformung

$$
\begin{aligned}
1 - e^{-2x} &= 1 - \left(1 - \frac{2^1}{1!} x + \frac{2^2}{2!} x^2 - \frac{2^3}{3!} x^3 + \frac{2^4}{4!} x^4 \mp \ldots\right) \\
&= \frac{2^1}{1!} x - \frac{2^2}{2!} x^2 + \frac{2^3}{3!} x^3 - \frac{2^4}{4!} x^4 \pm \ldots = \sum_{n=1}^{\infty} -\frac{(-2)^n}{n!} x^n \\
&= 2x - 2x^2 + \tfrac{4}{3} x^3 - \tfrac{2}{3} x^4 + \tfrac{4}{15} x^5 \mp \ldots
\end{aligned}
$$

Differenzieren/Integrieren einer bekannten Potenzreihe

Eine Potenzreihe zu $f(x) = \arctan x$ haben wir durch Integration der geometrischen Reihe mit $q = -x^2$ erhalten. Diese Methode lässt sich auch auf andere Funktionen übertragen, wie die folgenden Beispiele zeigen.

Beispiel 1. Die Maclaurin-Reihe für $\cos x$ ergibt sich durch Ableiten der Sinusreihe

$$\cos x = (\sin x)' = \left(x - \frac{1}{3!} x^3 + \frac{1}{5!} x^5 - \frac{1}{7!} x^7 \pm \ldots \right)'$$

$$= 1 - \frac{1}{3!} \cdot 3 x^2 + \frac{1}{5!} \cdot 5 x^4 - \frac{1}{7!} \cdot 7 x^7 \pm \ldots$$

$$= 1 - \frac{1}{2!} x^2 + \frac{1}{4!} x^4 - \frac{1}{6!} x^6 \pm \ldots$$

Die Kosinusreihe (= Potenzreihe zu $\cos x$) lautet demnach

$$\cos x = 1 - \frac{1}{2!} x^2 + \frac{1}{4!} x^4 - \frac{1}{6!} x^6 \pm \ldots = \sum_{n=0}^{\infty} \frac{(-1)^n}{(2n)!} x^{2n}$$

welche für alle $x \in \mathbb{R}$ konvergiert, da der Konvergenzradius beim Ableiten unverändert bleibt.

Beispiel 2. Ähnlich wie $\arctan x$ lässt sich auch $\operatorname{artanh} x$ auf das Integral einer geometrischen Reihe zurückführen, und zwar mit $q = x^2$:

$$\operatorname{artanh} x = \int \frac{1}{1 - x^2} \, dx = \int 1 + x^2 + x^4 + x^6 \pm \ldots \, dx$$

$$= C + x + \tfrac{1}{3} x^3 + \tfrac{1}{5} x^5 + \tfrac{1}{7} x^7 + \ldots$$

wobei $0 = \operatorname{artanh} 0 = C + 0 + 0 + \ldots$ den Wert $C = 0$ liefert. Folglich ist

$$\operatorname{artanh} x = x + \tfrac{1}{3} x^3 + \tfrac{1}{5} x^5 + \tfrac{1}{7} x^7 + \ldots = \sum_{n=0}^{\infty} \frac{1}{2n+1} x^{2n+1}$$

Beispiel 3. Ersetzen wir in der Potenzreihe

$$\frac{1}{\sqrt{1 - x}} = 1 + \frac{1}{2} x + \frac{1 \cdot 3}{2 \cdot 4} x^2 + \frac{1 \cdot 3 \cdot 5}{2 \cdot 4 \cdot 6} x^3 + \ldots$$

die Veränderliche x durch x^2, so erhalten wir die Reihenentwicklung

$$\frac{1}{\sqrt{1 - x^2}} = 1 + \frac{1}{2} x^2 + \frac{1 \cdot 3}{2 \cdot 4} x^4 + \frac{1 \cdot 3 \cdot 5}{2 \cdot 4 \cdot 6} x^6 + \ldots$$

die wir zur Berechnung der Maclaurin-Reihe von $\arcsin x$ benutzen:

$$\arcsin x = \int \frac{1}{\sqrt{1-x^2}}\, dx = \int 1 + \frac{1}{2}x + \frac{1\cdot 3}{2\cdot 4}x^4 + \frac{1\cdot 3\cdot 5}{2\cdot 4\cdot 6}x^6 + \ldots\, dx$$

$$= C + x + \frac{1}{2}\cdot\frac{x^3}{3} + \frac{1\cdot 3}{2\cdot 4}\cdot\frac{x^5}{5} + \frac{1\cdot 3\cdot 5}{2\cdot 4\cdot 6}\cdot\frac{x^7}{7} + \ldots$$

Einsetzen von $x = 0$ auf beiden Seiten liefert $\arcsin 0 = C + 0 + 0 + \ldots$ bzw. $C = 0$ und damit

$$\arcsin x = x + \frac{1}{2\cdot 3}x^3 + \frac{1\cdot 3}{2\cdot 4\cdot 5}x^5 + \frac{1\cdot 3\cdot 5}{2\cdot 4\cdot 6\cdot 7}x^7 + \ldots$$

Am Beispiel der Funktion $f(x) = \cosh x$ können wir nochmals die unterschiedlichen Methoden zur Bestimmung einer Potenzreihenentwicklung veranschaulichen:

(a) **Anwendung der Koeffizientenformel**: Die Ableitungen

$$
\begin{array}{l|l}
f(x) = \cosh x & f(0) = 1 \\
f'(x) = \sinh x & f'(0) = 0 \\
f''(x) = \cosh x & f''(0) = 1
\end{array}
$$

wiederholen sich im 2er-Zyklus und liefern allgemein die Werte

$$f^{(n)}(0) = \begin{cases} 1, \text{ falls } n \text{ gerade} \\ 0, \text{ falls } n \text{ ungerade} \end{cases}$$

sodass

$$\cosh x = 1 + \frac{1}{2!}x^2 + \frac{1}{4!}x^4 + \frac{1}{6!}x^6 + \ldots = \sum_{n=0}^{\infty} \frac{1}{(2n)!}x^{2n}$$

(b) **Ableiten einer bekannten Potenzreihe**: Wegen $\cosh x = (\sinh x)'$ ist

$$\cosh x = \left(\frac{1}{1!}x^1 + \frac{1}{3!}x^3 + \frac{1}{5!}x^5 + \frac{1}{7!}x^7 + \ldots\right)'$$

$$= \frac{1}{1!}\cdot 1 x^0 + \frac{1}{3!}\cdot 3 x^2 + \frac{1}{5!}\cdot 5 x^4 + \frac{1}{7!}\cdot 7 x^6 + \ldots$$

$$= 1 + \frac{1}{2!}x^2 + \frac{1}{4!}x^4 + \frac{1}{6!}x^6 + \ldots = \sum_{n=0}^{\infty} \frac{1}{(2n)!}x^{2n}$$

(c) **Integrieren einer bekannten Potenzreihe**: Aus $\cosh x = \int \sinh x\, dx$ folgt

$$\cosh x = \int \frac{1}{1!}x^1 + \frac{1}{3!}x^3 + \frac{1}{5!}x^5 + \frac{1}{7!}x^7 + \ldots\, dx$$

$$= C + \frac{1}{1!\cdot 2}\cdot x^2 + \frac{1}{3!\cdot 4}\cdot x^4 + \frac{1}{5!\cdot 6}\cdot x^6 + \frac{1}{7!\cdot 8}\cdot x^8 + \ldots$$

$$= C + \frac{1}{2!}x^2 + \frac{1}{4!}x^4 + \frac{1}{6!}x^6 + \frac{1}{8!}x^8 + \ldots$$

Die Integrationskonstante erhalten wir mit $\cosh 0 = C+0+0+\ldots$ bzw. $C = \cosh 0 = 1$, und demnach ergibt sich die gleiche Potenzreihe wie in (a) und (b).

(d) **Umformen bekannter Potenzreihen**: Die Hyperbelfunktion $\cosh x$ ist definiert durch

$$\cosh x = \tfrac{1}{2}\,(e^x + e^{-x})$$

Indem wir die beiden Exponentialreihen

$$e^x = 1 + x + \frac{1}{2!}x^2 + \frac{1}{3!}x^3 + \frac{1}{4!}x^4 + \frac{1}{5!}x^5 + \ldots \quad \text{und}$$

$$e^{-x} = 1 - x + \frac{1}{2!}x^2 - \frac{1}{3!}x^3 + \frac{1}{4!}x^4 - \frac{1}{5!}x^5 \pm \ldots$$

addieren, erhalten wir wieder das bekannte Ergebnis

$$\cosh x = \tfrac{1}{2}\,(e^x + e^{-x}) = 1 + \frac{1}{2!}x^2 + \frac{1}{4!}x^4 + \frac{1}{6!}x^6 + \ldots$$

4.3.3 Die Taylor-Reihe einer Funktion

Die Maclaurin-Reihe liefert uns zu einer beliebig oft differenzierbaren Funktion f die Potenzreihe im Entwicklungspunkt 0, und das ist

$$f(x) = \sum_{n=0}^{\infty} \frac{f^{(n)}(0)}{n!}\,x^n, \quad x \in \,]-r, r[$$

Manche Funktionen lassen sich aber nur unvollständig oder gar nicht als Maclaurin-Reihe darstellen, falls z. B. f bei $x = 0$ gar nicht definiert ist (so wie etwa im Fall $f(x) = \ln x$) oder der Konvergenzbereich der Maclaurin-Reihe kleiner ist als der maximale Definitionsbereich von f. Beispielsweise ist

$$\frac{1}{1+x^2} = \frac{1}{1-(-x^2)} = \sum_{n=0}^{\infty}(-x^2)^n = 1 - x^2 + x^4 - x^6 \pm \ldots$$

eine auf ganz $\mathbb{R}$ definierte Funktion, aber die Maclaurin-Reihe auf der rechten Seite hat nur den Konvergenzbereich $|x| < 1$. Falls sich f für gewisse x-Werte nicht als Maclaurin-Reihe darstellen lässt, dann kann man auch einen anderen Entwicklungspunkt wählen.

Die Potenzreihenentwicklung einer beliebig oft differenzierbaren Funktion

$$f(x) = \sum_{n=0}^{\infty} \frac{f^{(n)}(x_0)}{n!}\,(x - x_0)^n, \quad x \in \,]x_0 - r, x_0 + r[$$

mit der Entwicklungsstelle $x_0 \in \mathbb{R}$ heißt *Taylor-Reihe* von f bei x_0.

Die Maclaurin-Reihe einer Funktion ist die Taylor-Reihe im Entwicklungspunkt $x_0 = 0$. Umgekehrt erhält man die Taylor-Reihe von f bei x_0 als Maclaurin-Reihe der Funktion $g(x) = f(x + x_0)$, denn wegen $g^{(n)}(x) = f^{(n)}(x + x_0)$ gilt $g^{(n)}(0) = f^{(n)}(x_0)$ für alle $n \in \mathbb{N}$, und aus

$$g(x) = \sum_{n=0}^{\infty} \frac{g^{(n)}(0)}{n!} x^n = \sum_{n=0}^{\infty} \frac{f^{(n)}(x_0)}{n!} x^n$$

folgt dann

$$f(x) = g(x - x_0) = \sum_{n=0}^{\infty} \frac{f^{(n)}(x_0)}{n!} (x - x_0)^n$$

Wir können demnach alle bisher gewonnenen Ergebnisse und Erkenntnisse von den Maclaurin-Reihen unmittelbar auf Taylor-Reihen übertragen.

Beispiel 1. Die Taylor-Reihe von $f(x) = e^x$ bei $x_0 = 1$ ist

$$f(x) = \sum_{n=0}^{\infty} \frac{e}{n!} (x - 1)^n, \quad x \in \mathbb{R}$$

denn es gilt $f^{(n)}(x) = e^x$ und somit $f^{(n)}(1) = e^1 = e$ für alle $n \in \mathbb{N}$.

Beispiel 2. Wir bestimmen die Taylor-Reihe von $f(x) = \ln x$ bei $x_0 = 1$. Dafür benötigen wir $f(1) = 0$ sowie die Ableitungen

$$
\begin{array}{rcl|rcl}
f'(x) & = & \frac{1}{x} & f'(1) & = & 1 \\
f''(x) & = & -\frac{1}{x^2} & f''(1) & = & -1 \\
f'''(x) & = & \frac{2}{x^3} & f'''(1) & = & 2 \\
f^{(4)}(x) & = & -\frac{2 \cdot 3}{x^4} & f^{(4)}(1) & = & -2 \cdot 3 \\
f^{(5)}(x) & = & \frac{2 \cdot 3 \cdot 4}{x^5} & f^{(5)}(1) & = & 2 \cdot 3 \cdot 4 \\
\cdots & & & \cdots
\end{array}
$$

Allgemein ist dann für alle natürlichen Zahlen $n > 0$

$$f^{(n)}(1) = (-1)^{n-1} \cdot (n-1)! \quad \Longrightarrow \quad \frac{f^{(n)}(1)}{n!} = \frac{(-1)^{n-1} \cdot (n-1)!}{n!} = \frac{(-1)^{n-1}}{n}$$

Hieraus ergibt sich die Reihenentwicklung von $\ln x$ an der Stelle $x_0 = 1$:

$$\ln x = (x - 1) - \frac{1}{2}(x - 1)^2 + \frac{1}{3}(x - 1)^3 \mp \ldots = \sum_{n=1}^{\infty} \frac{(-1)^{n-1}}{n} (x - 1)^n$$

Den Konvergenzradius dieser Potenzreihe erhalten wir mit

$$a_n = \frac{(-1)^{n-1}}{n} \quad \Longrightarrow \quad a_{n+1} = \frac{(-1)^n}{n+1}$$

aus der Formel

$$r = \lim_{n \to \infty} \left| \frac{a_n}{a_{n+1}} \right| = \lim_{n \to \infty} \left| -\frac{n+1}{n} \right| = 1$$

Sie konvergiert demnach für $|x - 1| < 1$ bzw. für alle $x \in \,]0, 2[$. Damit ist dann beispielsweise

$$\ln 1{,}5 = 0{,}5 - \tfrac{1}{2} \cdot 0{,}5^2 + \tfrac{1}{3} \cdot 0{,}5^3 - \tfrac{1}{4} \cdot 0{,}5^4 \pm \ldots = 0{,}405465 \ldots$$

Historische Notiz. Die Potenzreihenentwicklung einer Funktion um $x_0 = 0$ ist benannt nach Colin Maclaurin (1698 - 1746), einem Mathematiker und Geophysiker aus Schottland. Die Maclaurin-Reihe ist ein Spezialfall der Taylor-Reihe, welche bereits 1715 vom englischen Mathematiker Brook Taylor (1685 - 1731) veröffentlicht wurde, jedoch mit einer – aus heutiger Sicht – umständlichen Begründung. Maclaurin hat „seine" Reihe also nicht selbst gefunden, aber in seiner *Treatise of Fluxions* von 1742 nutzte er für die Herleitung der Koeffizienten die heute übliche Methode: fortgesetztes Ableiten und Einsetzen von $x = 0$.

4.3.4 Ausblick: Analytische Funktionen

Bei der Berechnung der Maclaurin- oder Taylor-Reihe haben wir vorausgesetzt, dass die Funktion $f(x)$ eine Reihenentwicklung besitzt. Tatsächlich aber lässt sich nicht jede Funktion als Potenzreihe darstellen. Beispielsweise sind für die Funktion

$$f(x) = \begin{cases} e^{-\frac{1}{x^2}}, & \text{falls } x \neq 0 \\ 0, & \text{falls } x = 0 \end{cases}$$

alle Ableitungen $f^{(n)}(0) = 0$, sodass nach der Koeffizientenformel für die Maclaurin-Reihe $a_n = 0$ für alle n gelten sollte. Dann müsste aber $f(x) = \sum_{n=0}^{\infty} 0 \cdot x^n \equiv 0$ die Nullfunktion sein, im Widerspruch zu $f(x) > 0$ für $x \neq 0$ (siehe Abb. 4.4). Folglich kann die hier angegebene Funktion keine Potenzreihenentwicklung um $x_0 = 0$ besitzen! Allgemein nennt man eine Funktion, die sich bei $x_0 = 0$ oder an einer anderen Stelle $x_0 \in \mathbb{R}$ in eine Potenzreihe entwickeln lässt, *analytisch* im Punkt x_0. Viele elementare Funktionen wie z. B. e^x oder $\cos x$ sind analytische Funktionen auf ganz $\mathbb{R}$ und somit durch Potenzreihen beliebig genau berechenbar.

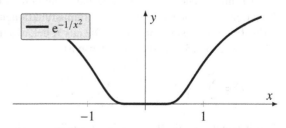

Abb. 4.4 Eine Funktion, die keine Maclaurin-Reihe besitzt

Potenzreihen kann man für reelle x, aber auch für komplexe Argumente definieren. In diesem Fall hat eine Potenzreihe um den Entwicklungspunkt $z_0 = 0$ die Form

$$P(z) = \sum_{n=0}^{\infty} a_n z^n = a_0 + a_1 z + a_2 z^2 + a_3 z^3 + \dots$$

mit vorgegebenen Koeffizienten $a_n \in \mathbb{C}$, wobei $z \in \mathbb{C}$ zunächst eine beliebige komplexe Zahl sein darf. Wie im Reellen stellt man fest: Zu jeder Potenzreihe $P(z) = \sum_{n=0}^{\infty} a_n z^n$ gibt es eine Zahl $0 \le r \le \infty$ mit der Eigenschaft, dass $P(z)$ für $|z| < r$ konvergiert und für $|z| > r$ divergiert. Nun lässt sich auch erklären, warum die Zahl r Konvergenz*radius* genannt wird: Die Menge der Zahlen $z \in \mathbb{C}$ mit $|z| < r$ entspricht in der Gaußschen Zahlenebene einer Kreisscheibe um den Ursprung 0 mit dem Radius r!

Beispiel 1. Die geometrische Reihe ist für alle $z \in \mathbb{C}$ mit $|z| < 1$ konvergent, und sie hat den Summenwert

$$\sum_{n=0}^{\infty} z^n = \frac{1}{1-z}, \quad \text{z. B.} \quad \sum_{n=0}^{\infty} \left(\tfrac{1}{2} + \tfrac{i}{2} \right)^n = \frac{1}{1 - \left(\tfrac{1}{2} + \tfrac{i}{2} \right)} = \frac{2}{1-i} = 1 + i$$

Für komplexe Zahlen mit $|z| \ge 1$ ist die geometrische Reihe dagegen stets divergent.

Beispiel 2. Die Potenzreihe

$$P(z) = \sum_{n=0}^{\infty} \frac{1}{n!} z^n$$

hat den Konvergenzradius $r = \infty$, konvergiert also für alle $z \in \mathbb{C}$, und der Summenwert ist (wie in $\mathbb{R}$) die Exponentialfunktion e^z. Beispielsweise gilt dann

$$P(i\pi) = \sum_{n=0}^{\infty} \frac{(i\pi)^n}{n!} = e^{i\pi} = -1$$

Ganz allgemein nennt man eine komplexe Funktion $f : D \longrightarrow \mathbb{C}$ mit $D \subset \mathbb{C}$ analytisch im Punkt $z_0 \in D$, falls sie in einem kleinen Kreis um z_0 definiert ist und dort durch eine Potenzreihe

$$f(z) = \sum_{n=0}^{\infty} a_n (z - z_0)^n$$

dargestellt werden kann. Ist f in jedem Punkt aus dem Definitionsbereich analytisch, dann heißt f analytische Funktion. Viele elementare Funktionen wie etwa Polynome, rationale Funktionen, Exponential- und Logarithmusfunktionen, trigonometrische Funktionen und Arkusfunktionen sind analytisch. Die aus $\mathbb{R}$ bekannten Potenzreihendarstellungen gelten dann genauso in $\mathbb{C}$, und beispielsweise ist

$$e^z = \sum_{n=0}^{\infty} \frac{1}{n!} z^n, \quad \sin z = \sum_{n=0}^{\infty} \frac{(-1)^n}{(2n+1)!} z^{2n+1}, \quad \arctan z = \sum_{n=0}^{\infty} \frac{(-1)^n}{2n+1} z^{2n+1}$$

Somit bietet uns die Potenzreihendarstellung nicht nur die Möglichkeit, alle gängigen Funktionen beliebig genau zu berechnen, sondern sie auch für komplexe Argumente $z \in \mathbb{C}$ zu definieren.

4.4 Potenzreihen-Anwendungen

4.4.1 Die Berechnung von Funktionswerten

Zu den wichtigsten Anwendungen von Potenzreihen gehört sicherlich die Berechnung von Funktionswerten wie z. B. $e^{-0,5}$, $\sin 0,3$ oder $\ln 1,2$. Diese werden vom Taschenrechner bzw. Computer mit der zugehörigen Potenzreihe (Maclaurin- oder Taylor-Reihe) bis zur gewünschten Genauigkeit angenähert. So liefert etwa die Sinusreihe den exakten Wert

$$\sin 0,3 = 0,3 - \tfrac{1}{3!} \cdot 0,3^3 + \tfrac{1}{5!} \cdot 0,3^5 - \tfrac{1}{7!} \cdot 0,3^7 \pm \ldots = 0,2955202066\ldots$$

Brechen wir die unendliche Reihe bei $0,3^5$ ab und lassen wir die Summanden mit den höheren Potenzen weg, dann ergibt sich die bereits sehr gute Näherung

$$\sin 0,3 \approx 0,3 - \tfrac{1}{6} \cdot 0,3^3 + \tfrac{1}{120} \cdot 0,3^5 = 0,29552025$$

Ebenso können wir $\ln 1,2$ mit der in Abschnitt 4.2.3 gefundenen Reihenentwicklung

$$\ln(1 - x) = - \sum_{n=1}^{\infty} \tfrac{1}{n} x^n = -x - \tfrac{1}{2} x^2 - \tfrac{1}{3} x^3 - \tfrac{1}{4} x^4 - \ldots$$

durch Einsetzen von $x = -0,2$ und Abbrechen der Potenzreihe bestimmen:

$$\ln 1,2 = - \sum_{n=1}^{\infty} \tfrac{1}{n} \cdot (-0,2)^n = 0,2 - \tfrac{1}{2} \cdot 0,2^2 + \tfrac{1}{3} \cdot 0,2^3 - \tfrac{1}{4} \cdot 0,2^4 + \tfrac{1}{5} \cdot 0,2^5 \mp \ldots$$

$$\approx 0,2 - \tfrac{1}{2} \cdot 0,04 + \tfrac{1}{3} \cdot 0,008 - \tfrac{1}{4} \cdot 0,0016 = 0,18226\overline{6}$$

Auch in diesem Fall ergibt sich eine gute Übereinstimmung mit dem exakten Wert $\ln 1,2 = 0,18232155\ldots$

Ohne Potenzreihen wäre eine präzise Berechnung von Funktionswerten kaum möglich. Wir können aber nicht nur einzelne Funktionswerte mit beliebiger Genauigkeit ermitteln, sondern auch die Funktion selbst durch ein Polynom annähern. Beispielsweise liefert der Anfang der Maclaurin-Reihe von

$$\sin x = x - \tfrac{1}{3!} x^3 + \tfrac{1}{5!} x^5 - \tfrac{1}{7!} x^7 \pm \ldots \approx x - \tfrac{1}{6} x^3 + \tfrac{1}{120} x^5$$

ein Polynom 5. Grades, das für betragsmäßig „kleine" Argumente $x \approx 0$ bereits eine sehr gute Näherung für die Funktion $\sin x$ liefert, siehe Abb. 4.5.

4.4.2 Approximation durch Taylor-Polynome

Allgemein hat die k-te Partialsumme der Taylor-Reihe einer Funktion $f : D \longrightarrow \mathbb{R}$ im Entwicklungspunkt $x_0 \in D$ die Form

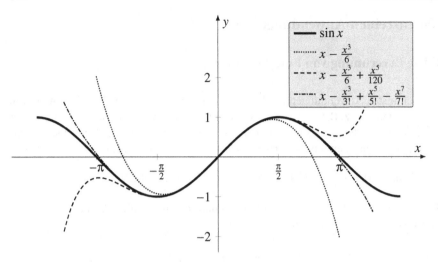

Abb. 4.5 Annäherung der Sinusfunktion durch (Taylor-)Polynome

$$T_k(x) = f(x_0) + f'(x_0)(x - x_0) + \frac{f''(x_0)}{2}(x - x_0)^2 + \ldots + \frac{f^{(k)}(x_0)}{k!}(x - x_0)^k$$

Hierbei handelt es sich um ein Polynom vom Grad k, welches als k-tes *Taylor-Polynom* von f bei x_0 bezeichnet wird. Wählt man speziell $x_0 = 0$, dann vereinfacht sich das Taylor-Polynom k-ten Grades zu

$$T_k(x) = f(x_0) + f'(x_0)\,x + \frac{f''(x_0)}{2}\,x^2 + \ldots + \frac{f^{(k)}(x_0)}{k!}\,x^k = \sum_{n=0}^{k} \frac{f^{(n)}(x_0)}{n!}\,x^n$$

Während die Taylor-Reihe bei einer analytischen Funktion den *exakten* Funktionswert

$$f(x) = \sum_{n=0}^{\infty} \frac{f^{(n)}(x_0)}{n!}(x - x_0)^n$$

liefert, muss man in der Praxis die unendliche Reihe nach einer gewissen Anzahl von Summanden abbrechen. Lässt man die Summanden mit Potenzen höher als x^k weg, so erhalten wir nur noch eine Näherung bzw. *Approximation* durch das k-te Taylor-Polynom

$$f(x) \approx T_k(x)$$

Hierbei stellt sich die Frage, wie gut diese Näherung ist. Die Antwort liefert uns eine sog. *Restgliedabschätzung*. Kennen wir eine obere Schranke für die $(k + 1)$-te Ableitung, gilt also

$$|f^{(k+1)}(x)| \leq M \quad \text{für alle} \quad x \in [x_0 - r, x_0 + r] \subset D$$

dann können wir den Fehler wie folgt abschätzen:

$$|f(x) - T_k(x)| \leq \frac{M}{(k+1)!}\,r^{k+1} \quad \text{für alle} \quad x \in [x_0 - r, x_0 + r]$$

Beispiel 1. Brechen wir die Exponentialreihe bei x^5 ab, so erhalten wir die Approximation der Funktion $f(x) = e^x$ durch ein Polynom 5. Grades

$$e^x = 1 + x + \tfrac{1}{2!} x^2 + \tfrac{1}{3!} x^3 + \tfrac{1}{4!} x^4 + \tfrac{1}{5!} x^5 + \tfrac{1}{6!} x^6 + \ldots$$

$$\approx 1 + x + \tfrac{1}{2!} x^2 + \tfrac{1}{3!} x^3 + \tfrac{1}{4!} x^4 + \tfrac{1}{5!} x^5 = T_5(x)$$

Wie „gut" wird die Exponentialfunktion durch das Taylor-Polynom vom Grad 5 im Intervall $[-0,3; 0,3]$ angenähert? Wir schätzen den Fehler $|e^x - T_5(x)|$ mit obiger Restgliedformel ab, wobei wir neben $x_0 = 0$, $r = 0,3$ und $k = 5$ noch eine obere Grenze für die 6. Ableitung benötigen. Aufgrund der Monotonie der e-Funktion ist

$$|f^{(6)}(x)| = |e^x| \le e^{0,3} \quad \text{für alle} \quad x \in [-0,3; 0,3]$$

und demnach $M = e^{0,3} \approx 1,35$ eine passende obere Schranke. Hieraus folgt

$$|e^x - T_5(x)| \le \tfrac{1,35}{(5+1)!} \cdot 0,3^{5+1} = \tfrac{1,35}{6!} \cdot 0,3^6 \approx 0,000001367$$

Der Abbruch der Exponentialreihe bei $k = 5$ macht sich im Intervall $-0,3 \le x \le 0,3$ also erst in der 6. Nachkommastelle bemerkbar!

Beispiel 2. Wir nähern die Funktion $f(x) = \sin x$ durch

$$\sin x \approx x - \tfrac{1}{6} x^3, \quad x \in [-0,5; 0,5]$$

an, also durch das 3. Taylor-Polynom bei $x_0 = 0$. Wegen $f^{(4)}(x) = \sin x$ ist $|f^{(4)}(x)| \le 1$ für $x \in [-0,5; 0,5]$ und damit $M = 1$ eine obere Schranke für die 4. Ableitung. Der Fehler ist dann maximal

$$\tfrac{1}{4!} \cdot 0,5^4 = 0,0026$$

Bei $\sin x$ ist das 3. zugleich auch das 4. Taylor-Polynom (warum?), sodass wir eine noch bessere Fehlerabschätzung angeben können: $|f^{(5)}(x)| = |\cos x| \le 1$, und daher ist der Fehler sogar maximal nur

$$\tfrac{1}{5!} \cdot 0,5^5 = 0,00026$$

Zur Begründung der oben angegebenen Restgliedformel halten wir $x \in [x_0 - r, x_0 + r]$ fest und verwenden den HDI in der Form

$$\int_{x_0}^{x} f'(t)\, \mathrm{d}t = f(x) - f(x_0) \quad \Longrightarrow \quad f(x) = f(x_0) + \int_{x_0}^{x} f'(t) \cdot 1\, \mathrm{d}t$$

Die Integrationsvariable ist hier t, und wegen $\frac{\mathrm{d}}{\mathrm{d}t}(t - x) \equiv 1$ ist $t - x$ eine Stammfunktion zum konstanten Faktor $t \equiv 1$. Partielle Integration ergibt

$$\int_{x_0}^{x} f'(t) \cdot 1\, \mathrm{d}t = f'(t) \cdot (t - x) \Big|_{t=x_0}^{t=x} - \int_{x_0}^{x} f''(t) \cdot (t - x)\, \mathrm{d}t$$

$$= f'(x_0) \cdot (x - x_0) + \int_{x_0}^{x} f''(t) \cdot (x - t)\, \mathrm{d}t$$

Nochmalige partielle Integration mit der Stammfunktion $-\frac{1}{2}(x-t)^2$ zu $x-t$ liefert

$$\int_{x_0}^{x} f''(t) \cdot (x-t)\, dt = -f''(t) \cdot \tfrac{1}{2}(x-t)^2 \Big|_{t=x_0}^{t=x} + \int_{x_0}^{x} f'''(t) \cdot \tfrac{1}{2}(x-t)^2\, dt$$

$$= \tfrac{f''(x_0)}{2}(x-x_0)^2 + \tfrac{1}{2}\int_{x_0}^{x} f'''(t) \cdot (x-t)^2\, dt$$

Insgesamt können wir die gegebene Funktion $f(x)$ wie folgt zerlegen:

$$f(x) = \underbrace{f(x_0) + f'(x_0)(x-x_0) + \tfrac{f''(x_0)}{2}(x-x_0)^2}_{T_2(x)} + \tfrac{1}{2}\int_{x_0}^{x} f'''(t) \cdot (x-t)^2\, dt$$

Setzt man die partielle Integration in dieser Art und Weise fort, so ist

$$f(x) = T_k(x) + \tfrac{1}{k!}\int_{x_0}^{x} f^{(k+1)}(t) \cdot (x-t)^k\, dt = T_k(x) + R_k(x)$$

Das Restglied $R_k(x)$ lässt sich für $x \in [x_0, x_0 + r]$ abschätzen durch

$$|R_k(x)| \le \tfrac{1}{k!}\int_{x_0}^{x} |f^{(k+1)}(t) \cdot |x-t|^k\, dt \le \tfrac{1}{k!}\int_{x_0}^{x} M \cdot (x-t)^k\, dt$$

$$= -\tfrac{M}{k!}\cdot\tfrac{1}{k+1}(x-t)^{k+1}\Big|_{t=x_0}^{t=x} = \tfrac{M}{(k+1)!}(x-x_0)^{k+1} \le \tfrac{M}{(k+1)!}r^{k+1}$$

und ebenso erhalten wir im Fall $x \in [x_0 - r, x_0]$ die Abschätzung

$$|R_k(x)| \le \tfrac{1}{k!}\int_{x}^{x_0} |f^{(k+1)}(t)| \cdot |x-t|^k\, dt \le \tfrac{1}{k!}\int_{x}^{x_0} M \cdot (t-x)^k\, dt$$

$$= \tfrac{M}{k!}\cdot\tfrac{1}{k+1}(t-x)^{k+1}\Big|_{t=x}^{t=x_0} = \tfrac{M}{(k+1)!}(x_0-x)^{k+1} \le \tfrac{M}{(k+1)!}r^{k+1}$$

4.4.3 Integration durch Reihenentwicklung

Potenzreihen verwendet man oftmals auch zur Integration von Funktionen, deren Stammfunktionen nicht durch eine der üblichen Methoden (Substitution, partielle Integration, Partialbruchzerlegung) bestimmt werden können. Tatsächlich lässt sich zu vielen – auch relativ einfachen – Integranden wie beispielsweise

$$\sqrt{1-x^3}, \quad \frac{\sin x}{x}, \quad e^{-x^2}, \quad \dots$$

kein geschlossener Ausdruck für die Stammfunktion angeben. Wir können diese Integranden jetzt aber in eine Potenzreihe entwickeln und gliedweise integrieren. Für die Stammfunktion ergibt sich dann wieder eine Potenzreihe, mit der sich nach Einsetzen der Grenzen ein bestimmtes Integral beliebig genau berechnen lässt.

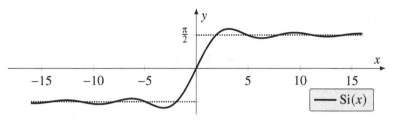

Abb. 4.6 Der Integralsinus

Beispiel 1. Der *Integralsinus* $\mathrm{Si}(x)$ (Sinus integralis) ist die Stammfunktion zu $\frac{\sin x}{x}$ mit $\mathrm{Si}(0) = 0$, also definiert durch

$$\mathrm{Si}(x) := \int \frac{\sin x}{x}\,\mathrm{d}x \quad \text{und} \quad \mathrm{Si}(0) := 0$$

Für diese Funktion wollen wir eine Potenzreihenentwicklung angeben, die man dann beispielsweise in einem Taschenrechner oder Computerprogramm implementieren könnte. Zunächst brauchen wir eine Reihenentwicklung des Integranden. Aus der Sinusreihe

$$\sin x = x - \frac{1}{3!}x^3 + \frac{1}{5!}x^5 - \frac{1}{7!}x^7 + \frac{1}{9!}x^9 \mp \ldots$$

erhalten wir, indem wir durch x teilen, die Potenzreihe zu

$$\frac{\sin x}{x} = 1 - \frac{1}{3!}x^2 + \frac{1}{5!}x^4 - \frac{1}{7!}x^6 + \frac{1}{9!}x^8 \mp \ldots$$

Gliedweise Integration liefert uns die Reihendarstellung

$$\int \frac{\sin x}{x}\,\mathrm{d}x = C + x - \frac{1}{3! \cdot 3}x^3 + \frac{1}{5! \cdot 5}x^5 - \frac{1}{7! \cdot 7}x^7 \pm \ldots$$

welche wie die Sinusreihe für alle $x \in \mathbb{R}$ konvergiert. Die Forderung $\mathrm{Si}(0) = 0 = C + 0 + 0 + \ldots$ legt die Integrationskonstante $C = 0$ fest, und wir erhalten die Potenzreihendarstellung

$$\mathrm{Si}(x) = x - \frac{1}{3! \cdot 3}x^3 + \frac{1}{5! \cdot 5}x^5 - \frac{1}{7! \cdot 7}x^7 \pm \ldots$$

Beispielsweise ist dann der Funktionswert

$$\mathrm{Si}(0{,}5) = 0{,}5 - \frac{1}{3! \cdot 3} \cdot 0{,}5^3 + \frac{1}{5! \cdot 5} \cdot 0{,}5^5 - \frac{1}{7! \cdot 7} \cdot 0{,}5^7 \pm \ldots = 0{,}4931 \ldots$$

Der Graph des Integralsinus ist in Abb. 4.6 dargestellt. Für $x \to \infty$ ergibt sich übrigens als Grenzwert von $\mathrm{Si}(x)$ der in Kapitel 2, Abschnitt 2.3.4 berechnete Wert des Dirichlet-Integrals:

$$\lim_{x \to \infty} \mathrm{Si}(x) = \int_0^\infty \frac{\sin x}{x}\,\mathrm{d}x = \frac{\pi}{2}$$

und ebenso $\lim_{x \to -\infty} \mathrm{Si}(x) = -\frac{\pi}{2}$.

Beispiel 2. Zur Berechnung des bestimmten Integrals

$$\int_0^1 \mathrm{e}^{-x^2}\,\mathrm{d}x$$

ersetzen wir in der Exponentialreihe

$$\mathrm{e}^x = \sum_{n=0}^{\infty} \frac{1}{n!} x^n = 1 + x + \frac{1}{2!} x^2 + \frac{1}{3!} x^3 + \frac{1}{4!} x^4 + \frac{1}{5!} x^5 + \dots$$

die Veränderliche x durch den Ausdruck $-x^2$, sodass

$$\mathrm{e}^{-x^2} = 1 - x^2 + \frac{1}{2!} x^4 - \frac{1}{3!} x^6 + \frac{1}{4!} x^8 - \frac{1}{5!} x^{10} \pm \dots$$

Gliedweise Integration dieser Potenzreihe ergibt

$$\int_0^1 \mathrm{e}^{-x^2}\,\mathrm{d}x = \int_0^1 1 - x^2 + \frac{1}{2!} x^4 - \frac{1}{3!} x^6 + \frac{1}{4!} x^8 - \frac{1}{5!} x^{10} \pm \dots\,\mathrm{d}x$$

$$= \left(x - \frac{1}{3} x^3 + \frac{1}{2! \cdot 5} x^5 - \frac{1}{3! \cdot 7} x^7 + \frac{1}{4! \cdot 9} x^9 - \frac{1}{5! \cdot 11} x^{11} \pm \dots \right)\Big|_0^1$$

$$= \left(1 - \frac{1}{3} + \frac{1}{2! \cdot 5} - \frac{1}{3! \cdot 7} + \frac{1}{4! \cdot 9} - \frac{1}{5! \cdot 11} \pm \dots \right) - (0 - 0 + 0 - 0 \pm \dots)$$

$$= 1 - \frac{1}{3} + \frac{1}{2! \cdot 5} - \frac{1}{3! \cdot 7} + \frac{1}{4! \cdot 9} - \frac{1}{5! \cdot 11} + \frac{1}{6! \cdot 13} - \frac{1}{7! \cdot 15} \pm \dots$$

Möchte man den Integralwert z. B. nur auf vier Nachkommastellen genau angeben, dann können wir die unendliche Reihe an einer passenden Stelle abbrechen – hier nach sieben Summanden, da die nachfolgenden Nenner ab $7! \cdot 15 = 75600$ die vierte Nachkommastelle nicht mehr beeinflussen. Wir erhalten

$$\int_0^1 \mathrm{e}^{-x^2}\,\mathrm{d}x \approx 1 - \frac{1}{3} + \frac{1}{10} - \frac{1}{42} + \frac{1}{216} - \frac{1}{1320} + \frac{1}{9360} \approx 0{,}7468$$

Eine genauere Berechnung unter Hinzunahme weiterer Summanden ergibt den Integralwert $0{,}746824133\dots$

Beispiel 3. Die *Gaußsche Fehlerfunktion* ist definiert durch

$$\mathrm{erf}(x) := \frac{2}{\sqrt{\pi}} \int_0^x \mathrm{e}^{-t^2}\,\mathrm{d}t$$

Wir gehen ähnlich vor wie im letzten Beispiel und ersetzen in der Exponentialreihe die Veränderliche durch den Ausdruck $-t^2$:

$$\mathrm{e}^{-t^2} = 1 - t^2 + \frac{1}{2!} t^4 - \frac{1}{3!} t^6 + \frac{1}{4!} t^8 - \frac{1}{5!} t^{10} \pm \dots$$

Durch gliedweise Integration dieser Potenzreihe erhalten wir zunächst

$$\int_0^x e^{-t^2}\, dt = \left(t - \tfrac{1}{3} t^3 + \tfrac{1}{2!\cdot 5} t^5 - \tfrac{1}{3!\cdot 7} t^7 + \tfrac{1}{4!\cdot 9} t^9 \mp \ldots\right)\Big|_0^x$$

$$= x - \tfrac{1}{3} x^3 + \tfrac{1}{2!\cdot 5} x^5 - \tfrac{1}{3!\cdot 7} x^7 + \tfrac{1}{4!\cdot 9} x^9 - \tfrac{1}{5!\cdot 11} x^{11} \pm \ldots$$

Multiplizieren wir dieses Resultat noch mit dem Faktor $\frac{2}{\sqrt{\pi}}$, dann ergibt sich für die Fehlerfunktion die Reihendarstellung

$$\mathrm{erf}(x) = \tfrac{2}{\sqrt{\pi}} \left(x - \tfrac{1}{3} x^3 + \tfrac{1}{2!\cdot 5} x^5 - \tfrac{1}{3!\cdot 7} x^7 + \tfrac{1}{4!\cdot 9} x^9 - \tfrac{1}{5!\cdot 11} x^{11} \pm \ldots\right)$$

welche (wie die Exponentialfunktion auch) für alle $x \in \mathbb{R}$ konvergiert. Mit dem Ergebnis aus Beispiel 2 ist dann z. B. $\mathrm{erf}(1) \approx \frac{2}{\sqrt{\pi}} \cdot 0{,}7468 = 0{,}8427$. Das bereits bekannte uneigentliche Integral

$$\int_{-\infty}^{\infty} e^{-t^2}\, dt = \sqrt{\pi} \underset{\text{Symmetrie}}{\Longrightarrow} \int_0^{\infty} e^{-t^2}\, dt = \tfrac{1}{2}\sqrt{\pi}$$

liefert schließlich noch die folgende Aussage über das asymptotische Verhalten der Fehlerfunktion:

$$\lim_{x \to \infty} \mathrm{erf}(x) = \tfrac{2}{\sqrt{\pi}} \int_0^{\infty} e^{-t^2}\, dt = \tfrac{2}{\sqrt{\pi}} \cdot \tfrac{1}{2}\sqrt{\pi} = 1$$

Der Funktionsverlauf der Fehlerfunktion auf dem Intervall $[-3, 3]$ ist in Abb. 4.7 zu sehen.

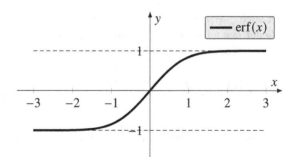

Abb. 4.7 Die Gauß-Fehlerfunktion $\mathrm{erf}(x)$

4.4.4 Die Berechnung von Grenzwerten

Aus der Reihendarstellung gewinnt man leicht auch eine bekannte Formel zur Berechnung von Grenzwerten: die Regel von L'Hospital. Damit lassen sich Grenzwerte, die auf „unbestimmte Ausdrücke" der Form $\frac{0}{0}$ führen, sehr bequem berechnen.

Gegeben sind zwei analytische Funktionen f, $g : D \longrightarrow \mathbb{R}$ mit $0 \in D$ und $f(0) = g(0) = 0$, die sich beide in eine Potenzreihe um 0 entwickeln lassen. Der Ausdruck $\frac{f(x)}{g(x)}$ ist für

$x = 0$ nicht definiert. Wir wollen daher prüfen, ob zumindest der Grenzwert

$$\lim_{x \to 0} \frac{f(x)}{g(x)}$$

existiert. Hierzu ersetzen wir die beiden Funktionen durch ihre Maclaurin-Reihen und erhalten für den Quotienten

$$\frac{f(x)}{g(x)} = \frac{f(0) + f'(0)\,x + \frac{f''(0)}{2!}\,x^2 + \frac{f'''(0)}{3!}\,x^3 + \ldots}{g(0) + g'(0)\,x + \frac{g''(0)}{2!}\,x^2 + \frac{g'''(0)}{3!}\,x^3 + \ldots}$$

$$= \frac{f'(0) + \frac{f''(0)}{2!}\,x + \frac{f'''(0)}{3!}\,x^2 + \ldots}{g'(0) + \frac{g''(0)}{2!}\,x + \frac{g'''(0)}{3!}\,x^2 + \ldots}$$

wobei wir $f(0) = g(0) = 0$ entfernt und anschließend den Faktor x gekürzt haben. Beim Grenzübergang $x \to 0$ verschwinden alle Terme bis auf $f'(0)$ und $g'(0)$, sodass

$$\lim_{x \to 0} \frac{f(x)}{g(x)} = \frac{f'(0)}{g'(0)} \quad \text{im Fall} \quad g'(0) \neq 0$$

gilt. Da f' und g' stetige Funktionen sind, können wir $\frac{f'(0)}{g'(0)}$ wieder als Grenzwert notieren. Das ist dann die berühmte *Grenzwertformel von L'Hospital*:

$$\boxed{\lim_{x \to 0} \frac{f(x)}{g(x)} = \lim_{x \to 0} \frac{f'(x)}{g'(x)} \quad \text{für} \quad f(0) = g(0) = 0 \quad \text{und} \quad g'(0) \neq 0}$$

Ist auch $f'(0) = g'(0) = 0$, dann erhält man für den Grenzwert mit den Ableitungen wieder einen unbestimmten Ausdruck. In diesem Fall können wir aber den Quotienten von $f(x)$ und $g(x)$ noch weiter umformen:

$$\frac{f(x)}{g(x)} = \frac{f'(0) + \frac{f''(0)}{2!}\,x + \frac{f'''(0)}{3!}\,x^2 + \ldots}{g'(0) + \frac{g''(0)}{2!}\,x + \frac{g'''(0)}{3!}\,x^2 + \ldots} = \frac{\frac{f''(0)}{2!} + \frac{f'''(0)}{3!}\,x + \frac{f^{(4)}(0)}{4!}\,x^2 + \ldots}{\frac{g''(0)}{2!} + \frac{g'''(0)}{3!}\,x + \frac{g^{(4)}(0)}{4!}\,x^2 + \ldots}$$

welcher für $x \to 0$ im Fall $g''(0) \neq 0$ den Grenzwert

$$\lim_{x \to 0} \frac{f(x)}{g(x)} = \frac{\frac{f''(0)}{2!} + 0 + 0 + \ldots}{\frac{g''(0)}{2!} + 0 + 0 + \ldots} = \frac{f''(0)}{g''(0)}$$

liefert. Das bedeutet: Ist $f(0) = g(0) = 0$ und $f'(0) = g'(0) = 0$, aber $g''(0) \neq 0$, dann dürfen wir wegen

$$\lim_{x \to 0} \frac{f(x)}{g(x)} = \lim_{x \to 0} \frac{f'(x)}{g'(x)} = \lim_{x \to 0} \frac{f''(x)}{g''(x)}$$

erneut die Regel von L'Hospital anwenden! Im Fall $f''(0) = g''(0) = 0$ müssen wir dann nochmals ableiten usw. In der Praxis berechnet man also einen Grenzwert, indem man die L'Hospital-Regel so oft anwendet, bis für $x = 0$ ein Ausdruck mit einem Nenner ungleich Null entsteht.

Die Grenzwertformel von L'Hospital lässt sich mit Potenzreihen nicht nur anschaulich begründen. Durch eine Reihenentwicklung des Zählers und des Nenners kann man in vielen Fällen sogar auf die Anwendung der Formel von L'Hospital verzichten und den Grenzwert sofort berechnen.

Beispiel 1. Wir wollen den Grenzwert $\lim_{x \to 0} \frac{\sin 2x}{3x}$ bestimmen. Mithilfe der Sinusreihe können wir den Zähler in die Potenzreihe

$$\sin 2x = 2x - \frac{1}{3!} (2x)^3 + \frac{1}{5!} (2x)^5 - \frac{1}{7!} (2x)^7 \pm \dots$$

entwickeln. Teilen wir diese durch $3x$, dann erhalten wir die Potenzreihe

$$\frac{\sin 2x}{3x} = \frac{2}{3} - \frac{2^3}{3 \cdot 3!} x^2 + \frac{2^5}{3 \cdot 5!} x^4 - \frac{2^7}{3 \cdot 7!} x^6 \pm \dots$$

welche für $x \to 0$ den folgenden Grenzwert ergibt:

$$\lim_{x \to 0} \frac{\sin 2x}{3x} = \frac{2}{3} - 0 + 0 - 0 \pm \dots = \frac{2}{3}$$

Beispiel 2. Zu berechnen ist der Grenzwert

$$\lim_{x \to 0} \frac{x \cdot e^x - x}{1 - \cos x}$$

Sowohl für den Zähler als auch für den Nenner können wir eine Potenzreihendarstellung angeben:

$$x \cdot e^x - x = x \cdot \left(1 + x + \frac{1}{2!} x^2 + \frac{1}{3!} x^3 + \dots \right) - x = x^2 + \frac{1}{2!} x^3 + \frac{1}{3!} x^4 + \dots$$

$$1 - \cos x = 1 - \left(1 - \frac{1}{2!} x^2 + \frac{1}{4!} x^4 - \frac{1}{6!} x^6 \pm \dots \right) = \frac{1}{2!} x^2 - \frac{1}{4!} x^4 + \frac{1}{6!} x^6 \mp \dots$$

Bilden wir den Quotienten dieser Reihen, dann können wir x^2 kürzen und erhalten

$$\frac{x \cdot e^x - x}{1 - \cos x} = \frac{x^2 + \frac{1}{2!} x^3 + \frac{1}{3!} x^4 + \dots}{\frac{1}{2!} x^2 - \frac{1}{4!} x^4 + \frac{1}{6!} x^6 \mp \dots} = \frac{1 + \frac{1}{2!} x + \frac{1}{3!} x^2 + \dots}{\frac{1}{2!} - \frac{1}{4!} x^2 + \frac{1}{6!} x^4 \pm \dots}$$

Schließlich lässt sich der gesuchte Grenzwert für $x \to 0$ ermitteln:

$$\lim_{x \to 0} \frac{x \cdot e^x - x}{1 - \cos x} = \frac{1 + 0 + 0 + \dots}{\frac{1}{2!} - 0 + 0 \mp \dots} = \frac{1}{\frac{1}{2}} = 2$$

4.4.5 Eine Begründung der Euler-Formel

Die *Eulersche Formel* spielt eine zentrale Rolle in der Mathematik; sie wird aber auch in der Physik und in den Ingenieurwissenschaften (Stichwort: komplexe Wechselstromrechnung) häufig gebraucht. Mithilfe von Potenzreihen lässt sich nun eine relativ einfache

Begründung dieser Eulerschen Formel angeben. Ersetzen wir in der Exponentialreihe die Veränderliche x durch $i\varphi$, so ergibt sich

$$e^{i\varphi} = 1 + i\varphi + \tfrac{1}{2!}(i\varphi)^2 + \tfrac{1}{3!}(i\varphi)^3 + \tfrac{1}{4!}(i\varphi)^4 + \tfrac{1}{5!}(i\varphi)^5 + \tfrac{1}{6!}(i\varphi)^6 + \tfrac{1}{7!}(i\varphi)^7 + \dots$$

Zusammen mit $i^2 = -1$, $i^3 = -i$, $i^4 = 1$, $i^5 = i$ usw. erhalten wir die Potenzreihe

$$e^{i\varphi} = 1 + i\,\varphi - \tfrac{1}{2!}\,\varphi^2 - \tfrac{i}{3!}\,\varphi^3 + \tfrac{1}{4!}\,\varphi^4 + \tfrac{i}{5!}\,\varphi^5 - \tfrac{1}{6!}\,\varphi^6 - \tfrac{i}{7!}\,\varphi^7 \pm \dots$$

Sortieren wir schließlich diese Potenzreihe nach reellen und rein imaginären Anteilen, dann finden wir dort die Potenzreihen von $\cos\varphi$ bzw. $\sin\varphi$ wieder:

$$e^{i\varphi} = \underbrace{\left(1 - \tfrac{1}{2!}\,\varphi^2 + \tfrac{1}{4!}\,\varphi^4 - \tfrac{1}{6!}\,\varphi^6 \pm \dots\right)}_{\cos\varphi} + i \cdot \underbrace{\left(\varphi - \tfrac{1}{3!}\,\varphi^3 + \tfrac{1}{5!}\,\varphi^5 - \tfrac{1}{7!}\,\varphi^7 \pm \dots\right)}_{\sin\varphi}$$

und somit gilt

$$e^{i\varphi} = \cos\varphi + i\sin\varphi \quad \text{für alle} \quad \varphi \in \mathbb{R}$$

In der modernen Mathematik werden elementare Funktionen wie etwa die Exponentialfunktion e^x, die Hyperbelfunktionen oder die trigonometrischen Funktionen $\sin x$ bzw. $\cos x$ von Anfang an als Potenzreihen festgelegt. Aus den *Definitionen*

$$e^x := \sum_{n=0}^{\infty} \tfrac{1}{n!}\,x^n, \quad \sin x := \sum_{n=0}^{\infty} \tfrac{(-1)^n}{(2n+1)!}\,x^{2n+1}, \quad \cosh x := \sum_{n=0}^{\infty} \tfrac{1}{(2n)!}\,x^{2n} \quad \text{usw.}$$

und den Rechenregeln für Potenzreihen ergeben sich dann schnell auch die grundlegenden Beziehungen zwischen diesen Funktionen wie etwa $(\sin x)' = \cos x$, $\sin 2x = 2\sin x \cos x$ oder eben die Eulersche Formel, die dann gleich mit Einführung der elementaren Funktionen einen Zusammenhang zwischen der Exponentialfunktion und den trigonometrischen Funktionen herstellt.

4.4.6 Der Umfang einer Ellipse

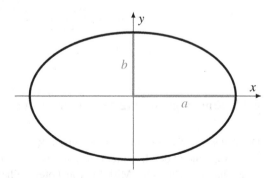

Abb. 4.8 Ellipse mit den Halbachsen a und b

Als ein weiteres (und etwas anspruchsvolleres) Beispiel wollen wir den Umfang einer Ellipse mit den Halbachsen $a > b$ berechnen, vgl. Abb. 4.8. Die Parameterdarstellung der Ellipse lautet

$$x(t) = a\cos t, \quad y(t) = b\sin t, \quad t \in [0, 2\pi]$$

Für die Berechnung der Bogenlänge brauchen wir den Ausdruck

$$\dot{x}(t)^2 + \dot{y}(t)^2 = a^2\sin^2 t + b^2\cos^2 t = a^2(1 - \cos^2 t) + b^2\cos^2 t$$
$$= a^2 - (a^2 - b^2)\cos^2 t$$

Verwenden wir hier als Abkürzung eine Größe namens *Exzentrizität*

$$\varepsilon := \sqrt{1 - \tfrac{b^2}{a^2}} \quad \Longrightarrow \quad a^2\varepsilon^2 = a^2\left(1 - \tfrac{b^2}{a^2}\right) = a^2 - b^2$$

dann gilt $\dot{x}(t)^2 + \dot{y}(t)^2 = a^2(1 - \varepsilon^2\cos^2 t)$, und der Umfang der Ellipse ist

$$L = \int_0^{2\pi} \sqrt{\dot{x}(t)^2 + \dot{y}(t)^2}\, dt = a\int_0^{2\pi} \sqrt{1 - \varepsilon^2\cos^2 t}\, dt$$

Dieses Integral ist im Fall $0 < \varepsilon < 1$ nicht elementar berechenbar, also nicht mit Integrationsmethoden zu bestimmen. Wir können den Integranden jedoch in eine Reihe entwickeln. Dazu setzen wir in die bereits bekannte Wurzelreihe

$$\sqrt{1 + x} = 1 + \tfrac{1}{2}x - \tfrac{1}{2\cdot 4}x^2 + \tfrac{1\cdot 3}{2\cdot 4\cdot 6}x^3 - \tfrac{1\cdot 3\cdot 5}{2\cdot 4\cdot 6\cdot 8}x^4 \pm \ldots$$

den Wert $x = -\varepsilon^2\cos^2 t$ ein und erhalten mit

$$\sqrt{1 - \varepsilon^2\cos^2 t} = 1 - \tfrac{1}{2}\varepsilon^2\cos^2 t - \tfrac{1}{2\cdot 4}\varepsilon^4\cos^4 t - \tfrac{1\cdot 3}{2\cdot 4\cdot 6}\varepsilon^6\cos^6 t - \ldots$$

für das Integral zur Berechnung des Ellipsenumfangs die Reihe

$$\int_0^{2\pi} \sqrt{1 - \varepsilon^2\cos^2 t}\, dt = \int_0^{2\pi} 1\, dt - \tfrac{1}{2}\varepsilon^2 \int_0^{2\pi} \cos^2 t\, dt -$$
$$- \tfrac{1}{2\cdot 4}\varepsilon^4 \int_0^{2\pi} \cos^4 t\, dt - \tfrac{1\cdot 3}{2\cdot 4\cdot 6}\varepsilon^6 \int_0^{2\pi} \cos^6 t\, dt - \ldots$$

Unter Verwendung der Formel

$$\int_0^{2\pi} \cos^{2n} t\, dt = \frac{1\cdot 3\cdot 5\cdots(2n-1)}{2\cdot 4\cdot 6\cdots(2n)} \cdot 2\pi$$

für $n > 0$ ergibt sich schließlich

$$L = a\left(2\pi - \tfrac{1}{2}\varepsilon^2 \cdot \tfrac{1}{2} \cdot 2\pi - \tfrac{1}{2\cdot 4}\varepsilon^4 \cdot \tfrac{1\cdot 3}{2\cdot 4} \cdot 2\pi - \tfrac{1\cdot 3}{2\cdot 4\cdot 6}\varepsilon^6 \cdot \tfrac{1\cdot 3\cdot 5}{2\cdot 4\cdot 6} \cdot 2\pi - \ldots\right)$$
$$= 2\pi a\left(1 - \left(\tfrac{1}{2}\right)^2\varepsilon^2 - \tfrac{1}{3}\left(\tfrac{1\cdot 3}{2\cdot 4}\right)^2\varepsilon^4 - \tfrac{1}{5}\left(\tfrac{1\cdot 3\cdot 5}{2\cdot 4\cdot 6}\right)^2\varepsilon^6 - \tfrac{1}{7}\left(\tfrac{1\cdot 3\cdot 5\cdot 7}{2\cdot 4\cdot 6\cdot 8}\right)^2\varepsilon^8 - \ldots\right)$$

Für $\varepsilon = 0$ wird die Ellipse zum Kreis mit dem Radius $r = a = b$, und wir erhalten die bekannte Formel für den Kreisumfang $L = 2\pi r$. Im Fall $0 < \varepsilon < 1$ gibt es keine geschlossene Formel – der Umfang kann nur über die Potenzreihe mit ε ermittelt werden. Beispielsweise hat eine Ellipse mit den Halbachsen $a = 5$ und $b = 4$ die Exzentrizität $\varepsilon = 0{,}6$ und den Umfang

$$L = 10\,\pi \left(1 - \left(\tfrac{1}{2}\right)^2 \cdot 0{,}6^2 - \tfrac{1}{3}\left(\tfrac{1\cdot 3}{2\cdot 4}\right)^2 \cdot 0{,}6^4 - \tfrac{1}{5}\left(\tfrac{1\cdot 3\cdot 5}{2\cdot 4\cdot 6}\right)^2 \cdot 0{,}6^6 - \ldots\right)$$

$$= 10\,\pi \cdot 0{,}90277992\ldots \approx 9{,}0278\,\pi \approx 28{,}36$$

Aus den Potenzreihen für den Ellipsenumfang lassen sich jedoch auch praxistaugliche Näherungsformeln gewinnen, die dann z. B. in Formelsammlungen nachgeschlagen werden können. Im Fall einer kleinen Exzentrizität $\varepsilon \approx 0$ ist die Ellipse „fast" ein Kreis, und hierfür gilt dann in guter Näherung $L \approx (a + b)\,\pi$.

4.4.7 Anwendungsbeispiel: Die Klothoide

Die *Klothoide* (oder Cornu-Spirale, benannt nach Marie Alfred Cornu) ist eine ebene Kurve, die vor allem im Straßen- und Eisenbahnbau Anwendung findet. Da ihre Krümmung proportional mit dem zurückgelegten Weg ansteigt, wird sie als Übergangsbogen zwischen geraden Trassen eingesetzt, was wiederum zu einer ruckfreien Fahrt führt. Beispielsweise sind Autobahnausfahrten oder Schienenabzweigungen gemäß dem Teilstück einer Klothoide geformt. Verlässt nun etwa ein Fahrzeug die Autobahn mit konstanter Geschwindigkeit und dreht der Kraftfahrer sein Lenkrad mit gleichbleibender Winkelgeschwindigkeit, dann folgt er genau dem Verlauf einer Klothoide. Wir wollen diese und weitere Eigenschaften der Klothoide im Folgenden rechnerisch überprüfen.

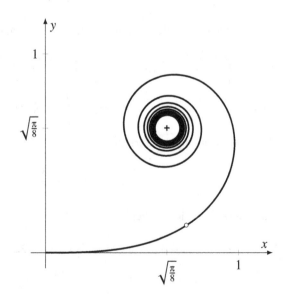

Abb. 4.9 Die Klothoide (hier mit $a = 1$) windet sich unendlich oft um den mit einem Kreuz markierten Konvergenzpunkt. Zusätzlich ist der Kurvenpunkt zum Parameterwert $t = \tfrac{3}{4}$ eingezeichnet.

Die Parameterform der Klothoide lautet

$$x(t) = a \int_0^t \cos u^2 \, du, \quad y(t) = a \int_0^t \sin u^2 \, du, \quad t \ge 0$$

mit einer vorgegebenen Konstante $a > 0$. Abb. 4.9 zeigt eine Klothoide für den Wert $a = 1$, wobei andere Werte $a > 0$ die Kurve nur skalieren. Die beiden Integrale in dieser Parameterdarstellung lassen sich nicht elementar berechnen. Sie werden oft auch als *Fresnel-Integrale* bezeichnet und mit

$$C(t) := \int_0^t \cos u^2 \, du \quad \text{und} \quad S(t) := \int_0^t \sin u^2 \, du$$

abgekürzt. Ähnlich wie z. B. beim Integralsinus handelt es sich hierbei um „höhere" bzw. „transzendente" Funktionen, welche nur mit einem Näherungsverfahren oder mit Potenzreihen beliebig genau bestimmt werden können. Im Gegensatz zu den Koordinatenfunktionen lassen sich aber deren Ableitungen relativ leicht berechnen, denn nach dem HDI ist

$$\dot{x}(t) = a \cos t^2 \quad \text{und} \quad \dot{y}(t) = a \sin t^2 \quad \Longrightarrow \quad \dot{\vec{r}}(t) = a \cdot \begin{pmatrix} \cos t^2 \\ \sin t^2 \end{pmatrix}$$

Interpretiert man nun den Parameter $t \in [0, \infty[$ als Zeit, dann wird die Klothoide mit der konstanten Geschwindigkeit

$$\vec{v}(t) = |\dot{\vec{r}}(t)| = \sqrt{a^2(\cos^2 t^2 + \sin^2 t^2)} = \sqrt{a^2 \cdot 1} = a$$

durchlaufen. Der Beschleunigungsvektor

$$\vec{a}(t) = \ddot{\vec{r}}(t) = a \cdot \begin{pmatrix} -2t \sin t^2 \\ 2t \cos t^2 \end{pmatrix} = 2 a t \cdot \begin{pmatrix} -\sin t^2 \\ \cos t^2 \end{pmatrix} \perp \dot{\vec{r}}(t)$$

steht wie bei einer Kreisbewegung immer senkrecht auf dem Geschwindigkeitsvektor, wobei hier jedoch der Betrag der Beschleunigung $a(t) = |\vec{a}(t)| = 2 a t$ linear mit der Zeit anwächst.

Wir wollen die Koordinaten des Kurvenpunkts zum Parameter $t = \frac{3}{4}$, also

$$x(0{,}75) = a \cdot C(0{,}75) \quad \text{und} \quad y(0{,}75) = a \cdot S(0{,}75)$$

auf vier Nachkommastellen genau bestimmen. Dazu entwickeln wir die Integranden in Potenzreihen und integrieren gliedweise bis zur gewünschten Genauigkeit. Setzen wir $x = u^2$ zuerst in die Kosinusreihe ein, dann ergibt sich

$$\cos u^2 = 1 - \tfrac{1}{2!}(u^2)^2 + \tfrac{1}{4!}(u^2)^4 - \tfrac{1}{6!}(u^2)^6 + \tfrac{1}{8!}(u^2)^8 \mp \ldots$$

$$= 1 - \tfrac{1}{2} u^4 + \tfrac{1}{24} u^8 - \tfrac{1}{720} u^{12} + \tfrac{1}{40320} u^{16} \mp \ldots \quad \Big| \int_0^t \ldots du$$

$$\Longrightarrow \quad C(t) = t - \tfrac{1}{10} t^5 + \tfrac{1}{216} t^9 - \tfrac{1}{9360} t^{13} + \tfrac{1}{685440} t^{17} \mp \ldots$$

Im Rahmen der vorgegebenen Genauigkeit dürfen wir für $t = 0{,}75$ die Summanden nach t^{13} weglassen und erhalten

$$C(0{,}75) \approx 0{,}75 - \tfrac{1}{10} \cdot 0{,}75^5 + \tfrac{1}{216} \cdot 0{,}75^9 - \tfrac{1}{9360} \cdot 0{,}75^{13} \approx 0{,}7266$$

Auf die gleiche Art und Weise erhalten wir $S(0{,}75)$, indem wir $x = u^2$ in die Sinusreihe einsetzen:

$$\sin u^2 = u^2 - \tfrac{1}{3!}(u^2)^3 + \tfrac{1}{5!}(u^2)^5 - \tfrac{1}{7!}(u^2)^7 \pm \ldots$$

$$= u^2 - \tfrac{1}{6}u^6 + \tfrac{1}{120}u^{10} - \tfrac{1}{5040}u^{14} \pm \ldots \quad \Big| \quad \int_0^t \ldots \mathrm{d}u$$

$$\implies \quad S(t) = \tfrac{1}{3}t^3 - \tfrac{1}{42}t^7 + \tfrac{1}{1320}t^{11} - \tfrac{1}{70560}t^{15} \pm \ldots$$

und dann für $t = 0{,}75$ die Summanden nach t^{15} vernachlässigen:

$$S(0{,}75) \approx \tfrac{1}{3} \cdot 0{,}75^3 - \tfrac{1}{42} \cdot 0{,}75^7 + \tfrac{1}{1320} \cdot 0{,}75^{11} - \tfrac{1}{70560} \cdot 0{,}75^{15} \approx 0{,}1375$$

Somit hat der gesuchte Kurvenpunkt die Koordinaten $(0{,}7266\,a;\, 0{,}1375\,a)$. Zuletzt wollen wir noch im Fall $a = 1$ den sogenannten *Konvergenzpunkt* für $t \to \infty$ berechnen, welcher in Abb. 4.9 mit einem Kreuz markiert ist. Dieser hat die Koordinaten

$$x = \int_0^\infty \cos t^2 \, \mathrm{d}t \quad \text{und} \quad y = \int_0^\infty \sin t^2 \, \mathrm{d}t$$

Da sich die Stammfunktionen nicht mit elementaren Methoden ermitteln lassen, brauchen wir einen Trick: Für die (achsensymmetrische) Gaußsche Glockenkurve haben wir bereits das uneigentliche Integral

$$\int_{-\infty}^\infty \mathrm{e}^{-x^2} \, \mathrm{d}x = \sqrt{\pi} \quad \implies \quad \int_0^\infty \mathrm{e}^{-x^2} \, \mathrm{d}x = \frac{\sqrt{\pi}}{2}$$

berechnet (siehe Kapitel 2, Abschnitt 2.3.4). Setzen wir $t = \frac{1+\mathrm{i}}{\sqrt{2}}\,x$, dann gilt einerseits

$$\frac{\mathrm{d}t}{\mathrm{d}x} = \frac{1+\mathrm{i}}{\sqrt{2}} \quad \implies \quad \mathrm{d}t = \frac{1+\mathrm{i}}{\sqrt{2}}\,\mathrm{d}x$$

und andererseits $t^2 = \frac{(1+\mathrm{i})^2}{2}\,x^2 = \mathrm{i}\,x^2$. Aus der Substitutionsregel ergibt sich

$$\int_0^\infty \mathrm{e}^{\mathrm{i}\,t^2} \, \mathrm{d}t = \int_0^\infty \mathrm{e}^{\mathrm{i}\cdot\mathrm{i}\,x^2} \cdot \frac{1+\mathrm{i}}{\sqrt{2}} \, \mathrm{d}x = \frac{1+\mathrm{i}}{\sqrt{2}} \int_0^\infty \mathrm{e}^{-x^2} \, \mathrm{d}x = \frac{1+\mathrm{i}}{\sqrt{2}} \cdot \frac{\sqrt{\pi}}{2} = \sqrt{\tfrac{\pi}{8}} + \mathrm{i}\sqrt{\tfrac{\pi}{8}}$$

Nutzen wir hier noch die Eulersche Formel $\mathrm{e}^{\mathrm{i}\,t^2} = \cos t^2 + \mathrm{i}\sin t^2$, dann ist

$$\int_0^\infty \cos t^2 \, \mathrm{d}t + \mathrm{i}\int_0^\infty \sin t^2 \, \mathrm{d}t = \sqrt{\tfrac{\pi}{8}} + \mathrm{i}\sqrt{\tfrac{\pi}{8}}$$

Ein Vergleich der Real- und Imaginärteile auf beiden Seiten ergibt

$$\int_0^\infty \cos t^2 \, \mathrm{d}t = \int_0^\infty \sin t^2 \, \mathrm{d}t = \sqrt{\tfrac{\pi}{8}} = 0{,}6266\ldots$$

Damit hat der gesuchte Konvergenzpunkt die Koordinaten $x = y = \sqrt{\frac{\pi}{8}}$.

4.4.8 Anhang: Eine kleine Reihentafel

Die folgende Tabelle enthält die Reihenentwicklungen für verschiedene elementare Funktionen. Alle diese Potenzreihen einschließlich ihrer Konvergenzbereiche haben wir in den vorhergehenden Abschnitten auf verschiedenen Wegen erhalten.

$f(x)$	Reihenentwicklung	Konv.	Herkunft
$\dfrac{1}{1-x}$	$= \sum\limits_{n=0}^{\infty} x^n = 1 + x + x^2 + x^3 + x^4 + \ldots$	$]-1, 1[$	Geometrische Reihe
e^x	$= \sum\limits_{n=0}^{\infty} \dfrac{1}{n!} x^n = 1 + x + \frac{1}{2} x^2 + \frac{1}{6} x^3 + \frac{1}{24} x^4 + \ldots$	$]-\infty, \infty[$	Maclaurin-Reihe
$\sin x$	$= \sum\limits_{n=0}^{\infty} \dfrac{(-1)^n}{(2n+1)!} x^{2n+1} = x - \frac{1}{6} x^3 + \frac{1}{120} x^5 \mp \ldots$	$]-\infty, \infty[$	Maclaurin-Reihe
$\cos x$	$= \sum\limits_{n=0}^{\infty} \dfrac{(-1)^n}{(2n)!} x^{2n} = 1 - \frac{1}{2} x^2 + \frac{1}{24} x^4 - \frac{1}{720} x^6 \pm \ldots$	$]-\infty, \infty[$	Ableitung von $\sin x$
$\dfrac{1}{\sqrt{1-x}}$	$= 1 + \dfrac{1}{2} x + \dfrac{1 \cdot 3}{2 \cdot 4} x^2 + \dfrac{1 \cdot 3 \cdot 5}{2 \cdot 4 \cdot 6} x^3 + \ldots$	$]-1, 1[$	Maclaurin-Reihe
$\sqrt{1+x}$	$= \sum\limits_{n=0}^{\infty} \binom{\frac{1}{2}}{n} x^n = 1 + \frac{1}{2} x - \frac{1}{8} x^2 + \frac{1}{16} x^3 - \frac{5}{128} x^4 \pm \ldots$	$]-1, 1[$	Binomialreihe
$\arctan x$	$= \sum\limits_{n=0}^{\infty} \dfrac{(-1)^n}{2n+1} x^{2n+1} = x - \frac{1}{3} x^3 + \frac{1}{5} x^5 - \frac{1}{7} x^7 \pm \ldots$	$]-1, 1[$	Integration von $\frac{1}{1+x^2}$
$\arcsin x$	$= x + \dfrac{1}{2} \cdot \dfrac{x^3}{3} + \dfrac{1 \cdot 3}{2 \cdot 4} \cdot \dfrac{x^5}{5} + \dfrac{1 \cdot 3 \cdot 5}{2 \cdot 4 \cdot 6} \cdot \dfrac{x^7}{7} + \ldots$	$]-1, 1[$	Integration von $\frac{1}{\sqrt{1-x}}$
$\ln x$	$= \sum\limits_{n=1}^{\infty} \dfrac{(-1)^{n-1}}{n} (x-1)^n = (x-1) - \frac{1}{2}(x-1)^2 \pm \ldots$	$]0, 2[$	Taylor-Reihe bei 1
$\sinh x$	$= \sum\limits_{n=0}^{\infty} \dfrac{1}{(2n+1)!} x^{2n+1} = x + \frac{1}{6} x^3 + \frac{1}{120} x^5 + \ldots$	$]-\infty, \infty[$	Maclaurin-Reihe
$\cosh x$	$= \sum\limits_{n=0}^{\infty} \dfrac{1}{(2n)!} x^{2n} = 1 + \frac{1}{2} x^2 + \frac{1}{24} x^4 + \frac{1}{720} x^6 + \ldots$	$]-\infty, \infty[$	Ableitung von $\sinh x$
$\text{Si}(x)$	$= x - \dfrac{1}{3! \cdot 3} \cdot x^3 + \dfrac{1}{5! \cdot 5} \cdot x^5 - \dfrac{1}{7! \cdot 7} \cdot x^7 \pm \ldots$	$]-\infty, \infty[$	Reihenintegration
$\text{erf}(x)$	$= \dfrac{2}{\sqrt{\pi}} \left(x - \dfrac{1}{3} x^3 + \dfrac{1}{2! \cdot 5} x^5 - \dfrac{1}{3! \cdot 7} x^7 \pm \ldots \right)$	$]-\infty, \infty[$	Reihenintegration

4.5 Fourier-Reihen und Fourier-Transformation

4.5.1 Fourier-Reihen periodischer Funktionen

Eine reelle Funktion $f : \mathbb{R} \longrightarrow \mathbb{R}$ lässt sich auf ganz unterschiedliche Art und Weise in einfachere Funktionen zerlegen. So wird etwa bei der Potenzreihendarstellung um den Entwicklungspunkt $x_0 = 0$ die Funktion

$$f(x) = \sum_{n=0}^{\infty} a_n x^n \quad \text{(Maclaurin-Reihe)}$$

aus Potenzfunktionen x^n zusammengesetzt, wobei die Koeffizienten mit der Formel $a_n = \frac{1}{n!} f^{(n)}(0)$ berechnet werden können. Hierbei ist allerdings zu beachten, dass man nur *glatte* (= beliebig oft differenzierbare) Funktionen f in eine Potenzreihe entwickeln kann.

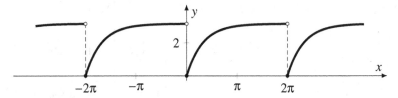

Abb. 4.10 Eine stückweise stetige 2π-periodische Funktion

Wir wollen nun voraussetzen, dass f eine stückweise stetige 2π-periodische Funktion

$$f : \mathbb{R} \longrightarrow \mathbb{R} \quad \text{mit} \quad f(x + 2\pi) = f(x) \quad \text{für alle} \quad x \in \mathbb{R}$$

ist. Für eine solche Funktion ist die Potenzreihenentwicklung ungeeignet, da einerseits die Funktionen x^n selbst nicht periodisch sind und andererseits f i. Allg. auch nicht differenzierbar ist, vgl. Abb. 4.10. Anstelle von Potenzfunktionen wollen wir deshalb periodische Funktionen für die Reihendarstellung verwenden, und dafür bieten sich z. B. die trigonometrischen Funktionen Sinus und Kosinus an. Wir suchen also eine Reihenentwicklung von f der Gestalt

$$f(x) = \sum_{n=0}^{\infty} a_n \cos(nx) + b_n \sin(nx)$$

mit Vorfaktoren a_n und b_n, die noch zu bestimmen sind. Da für $n = 0$ die Funktion $\sin(nx) \equiv 0$ verschwindet, können wir den Summanden $b_0 \sin(0x)$ auch gleich weglassen. Der periodische Reihenansatz für f lautet dann

$$f(x) = a_0 + \sum_{n=1}^{\infty} a_n \cos(nx) + b_n \sin(nx)$$

oder ausgeschrieben

$$f(x) = a_0 + a_1 \cos x + b_1 \sin x + a_2 \cos 2x + b_2 \sin 2x$$
$$+ a_3 \cos 3x + b_3 \sin 3x + a_4 \cos 4x + b_4 \sin 4x + \ldots$$

mit den noch unbekannten Koeffizienten $a_n, b_n \in \mathbb{R}$. Einen solchen Ausdruck bezeichnet man als *Fourier-Reihe*. Für die Berechnung der *Fourier-Koeffizienten* a_n und b_n benötigen wir die folgenden Formeln, genannt

Orthogonalitätsrelationen:

$$\int_{-\pi}^{\pi} \sin(nx) \cdot \sin(mx) \, dx = \begin{cases} 0, & \text{im Fall } m \neq n \\ \pi, & \text{für } m = n > 0 \\ 0, & \text{für } m = n = 0 \end{cases}$$

$$\int_{-\pi}^{\pi} \cos(nx) \cdot \cos(mx) \, dx = \begin{cases} 0, & \text{im Fall } m \neq n \\ \pi, & \text{für } m = n > 0 \\ 2\pi, & \text{für } m = n = 0 \end{cases}$$

$$\int_{-\pi}^{\pi} \sin(nx) \cdot \cos(mx) \, dx = 0 \quad \text{für alle} \quad m, n \in \mathbb{N}$$

Diese Integralwerte ergeben sich aus den trigonometrischen Formeln für Produkte von Sinus- und/oder Kosinusfunktionen. Im Fall $n \neq m$ gilt

$$\int_{-\pi}^{\pi} \sin(nx) \cdot \sin(mx) \, dx = \int_{-\pi}^{\pi} \frac{\cos(n-m)x - \cos(n+m)x}{2} \, dx$$
$$= \frac{1}{2} \left(\frac{\sin(n-m)x}{n-m} - \frac{\sin(n+m)x}{n+m} \right) \Big|_{-\pi}^{\pi} = 0$$

$$\int_{-\pi}^{\pi} \cos(nx) \cdot \cos(mx) \, dx = \int_{-\pi}^{\pi} \frac{\cos(n-m)x + \cos(n+m)x}{2} \, dx$$
$$= \frac{1}{2} \left(\frac{\sin(n-m)x}{n-m} + \frac{\sin(n+m)x}{n+m} \right) \Big|_{-\pi}^{\pi} = 0$$

$$\int_{-\pi}^{\pi} \sin(nx) \cdot \cos(mx) \, dx = \int_{-\pi}^{\pi} \frac{\sin(n-m)x + \sin(n+m)x}{2} \, dx$$
$$= \frac{1}{2} \left(-\frac{\cos(n-m)x}{n-m} - \frac{\cos(n+m)x}{n+m} \right) \Big|_{-\pi}^{\pi} = 0$$

da die Stammfunktionen jeweils 2π-periodisch sind und somit bei $x = \pm\pi$ den gleichen Funktionswert liefern. Falls $n = m > 0$, dann ist in den obigen Formeln $\cos(n-m)x \equiv 1$ und $\sin(n-m)x \equiv 0$. Außerdem gilt $n + m = 2n$, sodass wir für das gemischte Produkt

$$\int_{-\pi}^{\pi} \sin(nx) \cdot \cos(nx) \, dx = \int_{-\pi}^{\pi} \frac{\sin(2nx)}{2} \, dx = \frac{\cos(2nx)}{4n} \Big|_{-\pi}^{\pi} = 0$$

erhalten, und für die übrigen Integrale mit $n = m > 0$ finden wir die Werte

$$\int_{-\pi}^{\pi} \sin(nx) \cdot \sin(nx)\,dx = \int_{-\pi}^{\pi} \frac{1 - \cos(2nx)}{2}\,dx = \frac{1}{2}\left(x - \frac{\sin(2nx)}{2n}\right)\Bigg|_{-\pi}^{\pi} = \pi$$

$$\int_{-\pi}^{\pi} \cos(nx) \cdot \cos(nx)\,dx = \int_{-\pi}^{\pi} \frac{1 + \cos(2nx)}{2}\,dx = \frac{1}{2}\left(x + \frac{\sin(2nx)}{2n}\right)\Bigg|_{-\pi}^{\pi} = \pi$$

Im Sonderfall $n = m = 0$ ist schließlich $\cos(nx) \equiv \cos(mx) \equiv 1$, sodass

$$\int_{-\pi}^{\pi} \cos(nx) \cdot \cos(mx)\,dx = \int_{-\pi}^{\pi} 1\,dx = 2\pi$$

Die noch übrigen Integrale haben wegen $\sin(nx) \equiv 0$ den Wert 0.

Der Begriff „Orthogonalitätsrelationen" geht zurück auf folgenden Zusammenhang mit dem Skalarprodukt zweier Vektoren:

$$\vec{a} \cdot \vec{b} = \begin{pmatrix} a_1 \\ \vdots \\ a_n \end{pmatrix} \cdot \begin{pmatrix} b_1 \\ \vdots \\ b_n \end{pmatrix} := a_1 \cdot b_1 + a_2 \cdot b_2 + \ldots + a_n \cdot b_n = \sum_{k=1}^{n} a_k \cdot b_k$$

ist definiert als Summe der Produkte gleich indizierter Einträge. Diese Formel gilt für $n = 2$ und $n = 3$ sowie in höheren Dimensionen. Man kann nun auch jede stückweise stetige Funktion $f : [-\pi, \pi] \longrightarrow \mathbb{R}$ als eine Art Vektor auffassen mit den (unendlich vielen) Einträgen $f(x)$, $x \in [-\pi, \pi]$. Ein dazu passendes Skalarprodukt ergibt sich aus der Formel für $\vec{a} \cdot \vec{b}$, indem man die Summe durch das Integral ersetzt: Für zwei Funktionen $f, g : [-\pi, \pi] \longrightarrow \mathbb{R}$ definiert man

$$f \cdot g := \int_{-\pi}^{\pi} f(x) \cdot g(x)\,dx$$

Gemäß dieser Festlegung ist dann z. B. für $f(x) = \cos 2x$ und $g(x) = \sin 3x$ das Skalarprodukt

$$f \cdot g = \int_{-\pi}^{\pi} \cos 2x \cdot \sin 3x\,dx = 0$$

So wie man im Fall $\vec{a} \cdot \vec{b} = 0$ von orthogonalen Vektoren spricht, werden auch zwei Funktionen mit $f \cdot g = 0$ als orthogonal bezeichnet. In diesem Sinne sind dann die Funktionen $\cos 2x$ und $\sin 3x$ zueinander orthogonal.

Historische Notiz. Die Fourier-Reihen bildeten den Ausgangspunkt für ein neues mathematisches Teilgebiet, die sogenannte „Funktionalanalysis", welche sich mit Vektorräumen von Funktionen und dem Integral als Skalarprodukt befasst. Die Fourier-Reihen selbst sind benannt nach dem französischen Mathematiker und Physiker Jean Baptiste Joseph Fourier (1768 - 1830), der diese Reihenentwicklung mit trigonometrischen Funktionen erstmals 1822 in seinem Werk „Analytische Theorie der Wärme" zur Lösung der Gleichungen für die Wärmeausbreitung in Festkörpern verwendete. Später stellte sich heraus, dass sich Reihenentwicklungen auch nach anderen „orthogonalen Funktionen" (z. B. Besselfunktionen oder orthogonalen Polynomen, siehe Kapitel 6, Abschnitt 6.2.6) erfolgreich beim Lösen gewisser Differentialgleichungen aus der Physik einsetzen lassen.

Wir nutzen im Folgenden die Orthogonalitätsrelationen zwischen den trigonometrischen Funktionen zur Berechnung der noch unbekannten Werte a_m und b_m in der Fourier-Reihe

$$f(x) = a_0 + \sum_{n=1}^{\infty} a_n \cos(nx) + b_n \sin(nx)$$

Dazu multiplizieren wir die Funktion $f(x)$ zunächst mit $\cos(mx)$ und integrieren über $[-\pi, \pi]$. Wir erhalten:

$$\int_{-\pi}^{\pi} f(x) \cos(mx)\, dx = \int_{-\pi}^{\pi} \sum_{n=0}^{\infty} a_n \cos(nx) \cos(mx) + b_n \sin(nx) \cos(mx)\, dx$$

$$= \sum_{n=0}^{\infty} a_n \int_{-\pi}^{\pi} \cos(nx) \cos(mx)\, dx + \sum_{n=0}^{\infty} b_n \int_{-\pi}^{\pi} \sin(nx) \cos(mx)\, dx$$

Aufgrund der Orthogonalitätsrelationen fallen alle Reihenglieder bis auf den Summanden mit dem Vorfaktor a_m weg, sodass nur

$$\int_{-\pi}^{\pi} f(x) \cos(mx)\, dx = \begin{cases} a_0 \cdot 2\pi, & \text{falls } m = 0 \\ a_m \cdot \pi, & \text{falls } m > 0 \end{cases}$$

übrig bleibt. Ebenso können wir die Fourier-Koeffizienten b_m für $m > 0$ berechnen, indem wir $f(x)$ mit $\sin(mx)$ multiplizieren und über $[-\pi, \pi]$ integrieren:

$$\int_{-\pi}^{\pi} f(x) \sin(mx)\, dx = \int_{-\pi}^{\pi} \sum_{n=0}^{\infty} a_n \cos(nx) \sin(mx) + b_n \sin(nx) \sin(mx)\, dx$$

$$= \sum_{n=0}^{\infty} a_n \int_{-\pi}^{\pi} \cos(nx) \sin(mx)\, dx + \sum_{n=0}^{\infty} b_n \int_{-\pi}^{\pi} \sin(nx) \sin(mx)\, dx$$

Auch hier verbleibt wegen der Orthogonalitätsrelationen nur jeweils ein Summand

$$\int_{-\pi}^{\pi} f(x) \sin(mx)\, dx = b_m \cdot \pi \quad \text{für} \quad m > 0$$

Auflösen nach a_m bzw. b_m ergibt schließlich die folgenden

Formeln zur Berechnung der Fourier-Koeffizienten:

$$a_0 = \frac{1}{2\pi} \int_{-\pi}^{\pi} f(x)\, dx, \quad \text{und für } n = 1, 2, 3, \dots$$

$$a_n = \frac{1}{\pi} \int_{-\pi}^{\pi} f(x) \cos(nx)\, dx, \quad b_n = \frac{1}{\pi} \int_{-\pi}^{\pi} f(x) \sin(nx)\, dx$$

Die Rechnung vereinfacht sich in einigen Fällen:

• Ist f achsensymmetrisch zur y-Achse, dann ist $b_n = 0$ für alle $n \in \mathbb{N}$.

• Ist f punktsymmetrisch zum Ursprung, so gilt $a_n = 0$ für alle $n \in \mathbb{N}$.

Falls nämlich f symmetrisch zur y-Achse ist, dann gilt $f(-x) = f(x)$, und der Integrand $f(x) \sin(nx)$ ist symmetrisch zum Ursprung, sodass das Integral von $-\pi$ bis π in der Formel für b_n den Wert Null ergibt. Im Fall einer punktsymmetrischen Funktion ist auch $f(x) \cos(nx)$ punktsymmetrisch und somit $a_n = 0$ für alle n.

Obige Aussage bleibt auch dann noch gültig, falls die Punkt- oder Achsensymmetrie in abzählbar vielen Ausnahmepunkten (z. B. an einzelnen Sprungstellen) nicht erfüllt ist, da sich ein Integralwert nicht ändert, wenn man den Integranden an endlich vielen Stellen durch andere Funktionswerte ersetzt.

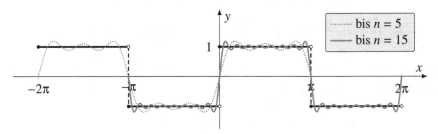

Abb. 4.11 2π-periodische Rechteckschwingung

Beispiel 1. Wir untersuchen eine *Rechteckschwingung*, welche durch

$$f(x) = \begin{cases} -1, & \text{falls } x \in [-\pi, 0[\\ 1, & \text{falls } x \in [0, \pi[\end{cases}$$

definiert ist und 2π-periodisch auf ganz $\mathbb{R}$ fortgesetzt wird, siehe Abb. 4.11. Die Funktion ist (bis auf die abzählbar vielen Stellen $k \cdot \pi$ für $k \in \mathbb{Z}$) symmetrisch zum Ursprung, sodass also $a_n = 0$ für alle n gilt, und die restlichen Fourier-Koeffizienten sind

$$b_n = \frac{1}{\pi} \int_{-\pi}^{\pi} f(x) \sin(nx)\, dx = \frac{1}{\pi} \int_{-\pi}^{0} -\sin(nx)\, dx + \frac{1}{\pi} \int_{0}^{\pi} \sin(nx)\, dx$$

$$= \frac{1}{\pi} \cdot \left. \frac{\cos(nx)}{n} \right|_{-\pi}^{0} + \frac{1}{\pi} \left(-\frac{\cos(nx)}{n} \right) \Big|_{0}^{\pi} = \frac{2 - 2\cos n\pi}{n\pi}$$

Im Fall einer geraden Zahl $n \in \mathbb{N}$ ist $\cos n\pi = 1$ und somit $b_n = 0$. Falls dagegen n ungerade ist, dann gilt $\cos n\pi = -1$ und folglich $b_n = \frac{4}{n\pi}$. Die Fourier-Reihe zu f hat demnach die Form

$$f(x) = \frac{4}{\pi} \sin x + \frac{4}{3\pi} \sin 3x + \frac{4}{5\pi} \sin 5x + \frac{4}{7\pi} \sin 7x + \dots$$

$$= \frac{4}{\pi} \left(\sin x + \frac{\sin 3x}{3} + \frac{\sin 5x}{5} + \frac{\sin 7x}{7} + \frac{\sin 9x}{9} + \dots \right)$$

Beispiel 2. Die Funktion $f(x) = |2 \sin x|$ für $x \in \mathbb{R}$ entspricht z. B. dem Spannungsverlauf einer *Zweiweg-Gleichrichtung* in der Elektrotechnik. Da die Funktion achsensymmetrisch ist (siehe Abb. 4.12), gilt $b_n = 0$ für alle $n \in \mathbb{N}$. Die Fourier-Koeffizienten der Kosinus-Anteile sind

$$a_0 = \frac{1}{2\pi} \int_{-\pi}^{\pi} |2 \sin x| \, dx = 2 \cdot \frac{1}{2\pi} \int_{0}^{\pi} 2 \sin x \, dx = -\frac{2}{\pi} \cos x \Big|_0^{\pi} = \frac{4}{\pi}$$

und im Fall $n > 0$

$$a_n = \frac{1}{\pi} \int_{-\pi}^{\pi} |2 \sin x| \cdot \cos(nx) \, dx = 2 \cdot \frac{1}{\pi} \int_{0}^{\pi} 2 \sin x \cdot \cos(nx) \, dx$$

wobei wir hier wieder die Achsensymmetrie des Integranden zur Beseitigung des Betrags benutzt haben. Für $n = 1$ ist dann

$$a_1 = 2 \cdot \frac{1}{\pi} \int_{0}^{\pi} 2 \sin x \cos x \, dx = \frac{2}{\pi} \int_{0}^{\pi} \sin 2x \, dx = -\frac{1}{\pi} \cos 2x \Big|_0^{\pi} = 0$$

und im Fall $n > 1$ verwenden wir (so wie bei den Orthogonalitätsrelationen) ein Additionstheorem zur Vereinfachung des Integranden:

$$2 \sin x \cdot \cos(nx) = \sin(n+1)x - \sin(n-1)x$$

Damit gilt für $n > 1$

$$
\begin{aligned}
a_n &= 2 \cdot \frac{1}{\pi} \int_{0}^{\pi} \sin(n+1)x - \sin(n-1)x \, dx \\
&= \frac{2}{\pi} \left(-\frac{\cos(n+1)x}{n+1} + \frac{\cos(n-1)x}{n-1} \right) \Big|_0^{\pi} \\
&= \frac{2}{\pi} \left(-\frac{\cos(n+1)\pi}{n+1} + \frac{\cos(n-1)\pi}{n-1} \right) - \frac{2}{\pi} \left(-\frac{\cos 0}{n+1} + \frac{\cos 0}{n-1} \right)
\end{aligned}
$$

Falls n eine ungerade Zahl ist, dann gilt $\cos(n+1)\pi = \cos(n-1) = 1$, und wir erhalten $a_n = 0$. Ist n eine gerade Zahl, so ergibt sich $\cos(n+1)\pi = \cos(n-1) = -1$ und

$$a_n = \frac{4}{\pi} \left(\frac{1}{n+1} - \frac{1}{n-1} \right) = -\frac{8}{\pi \, (n^2 - 1)}$$

Damit lautet die gesuchte Fourier-Reihe

$$|2 \sin x| = \frac{4}{\pi} - \frac{8}{\pi} \left(\frac{\cos 2x}{3} + \frac{\cos 4x}{15} + \frac{\cos 6x}{35} + \frac{\cos 8x}{63} + \ldots \right)$$

Wir betrachten nun den allgemeineren Fall, dass $f : \mathbb{R} \longrightarrow \mathbb{R}$ eine Funktion mit der Periode $2L > 0$ ist, sodass also

$$f(x + 2L) = f(x) \quad \text{für alle } x \in \mathbb{R}$$

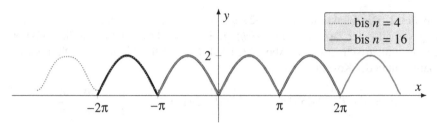

Abb. 4.12 Partialsummen der Fourier-Reihe zu $f(x) = |2 \sin x|$

gilt. Hierbei ist $L > 0$ eine beliebige reelle Zahl. Auch für eine solche Funktion können wir eine Fourier-Reihe angeben. Bilden wir nämlich die Funktion $g(t) = f\left(\frac{L}{\pi} \cdot t\right)$, dann gilt $g(t + 2\pi) = f\left(\frac{L}{\pi} \cdot t + 2L\right) = f\left(\frac{L}{\pi} \cdot t\right) = g(t)$, und somit ist $g : \mathbb{R} \longrightarrow \mathbb{R}$ eine 2π-periodische Funktion, die wir in eine Fourier-Reihe entwickeln können:

$$g(t) = \sum_{n=0}^{\infty} a_n \cos(nt) + b_n \sin(nt) \quad \text{mit} \quad a_0 = \frac{1}{2\pi} \int_{-\pi}^{\pi} g(t) \, dt \quad \text{und}$$

$$a_n = \frac{1}{\pi} \int_{-\pi}^{\pi} g(t) \cdot \cos(nt) \, dt, \quad b_n = \frac{1}{\pi} \int_{-\pi}^{\pi} g(t) \cdot \sin(nt) \, dt \quad (n > 0)$$

Mithilfe der Substitution $x = \frac{L}{\pi} \cdot t$ bzw. $t = \frac{\pi x}{L}$ und $f(x) = g\left(\frac{\pi x}{L}\right)$ sowie $dt = \frac{\pi}{L} \cdot dx$ lassen sich die Integrale für die Fourier-Koeffizienten wie folgt umformen:

$$a_0 = \frac{1}{2\pi} \int_{-L}^{L} g\left(\frac{\pi x}{L}\right) \cdot \frac{\pi}{L} \, dx = \frac{1}{2L} \int_{-L}^{L} f(x) \, dx$$

$$a_n = \frac{1}{\pi} \int_{-L}^{L} g\left(\frac{\pi x}{L}\right) \cdot \cos \frac{n\pi x}{L} \cdot \frac{\pi}{L} \, dx = \frac{1}{L} \int_{-L}^{L} f(x) \cdot \cos \frac{n\pi x}{L} \, dx$$

$$b_n = \frac{1}{\pi} \int_{-L}^{L} g\left(\frac{\pi x}{L}\right) \cdot \sin \frac{n\pi x}{L} \cdot \frac{\pi}{L} \, dx = \frac{1}{L} \int_{-L}^{L} f(x) \cdot \sin \frac{n\pi x}{L} \, dx$$

Zusammenfassend notieren wir:

Eine stückweise stetige $2L$-periodische Funktion $f : \mathbb{R} \longrightarrow \mathbb{R}$, wobei $L > 0$ eine beliebige Zahl ist, lässt sich durch eine Fourier-Reihenentwicklung der Form

$$f(x) = a_0 + \sum_{n=1}^{\infty} a_n \cos \frac{n\pi x}{L} + b_n \sin \frac{n\pi x}{L}$$

darstellen. Die Fourier-Koeffizienten können wie folgt berechnet werden:

$$a_0 = \frac{1}{2L} \int_{-L}^{L} f(x)\,dx, \quad \text{und für } n = 1, 2, 3, \dots$$

$$a_n = \frac{1}{L} \int_{-L}^{L} f(x) \cos \frac{n\pi x}{L}\,dx, \quad b_n = \frac{1}{L} \int_{-L}^{L} f(x) \sin \frac{n\pi x}{L}\,dx$$

Die Berechnung vereinfacht sich in den folgenden Fällen:

- Ist f achsensymmetrisch zur y-Achse, dann ist $b_n = 0$ für alle n
- Ist f punktsymmetrisch zum Ursprung, so gilt $a_n = 0$ für alle n

Man erhält auch dann noch $b_n = 0$ bzw. $a_n = 0$, falls die entsprechende Symmetrie von f in abzählbar vielen Ausnahmepunkten nicht erfüllt ist.

Achtung: Ist die Funktion f nur stückweise stetig und wird f durch eine Fourier-Reihe angenähert, dann bilden sich an den Unstetigkeitsstellen sogenannte *Überschwinger* aus, die auch dann nicht verschwinden, wenn man die Anzahl der Summanden erhöht. Diese Erscheinung wird als *Gibbssches Phänomen* bezeichnet, benannt nach dem amerikanischen Physiker Josiah Willard Gibbs, und sie macht ca. 9% der Sprunghöhe in beide Richtungen aus (der exakte Wert ist $\frac{1}{\pi} \text{Si}(\pi) - \frac{1}{2} \approx 0{,}08949$, wobei $\text{Si}(x)$ den Integralsinus bezeichnet). Ist also h die Sprunghöhe von f bei x_0, dann ändern sich die Funktionswerte der Fourier-Reihe bei x_0 um einen Wert von ca. $1{,}18 \cdot h$.

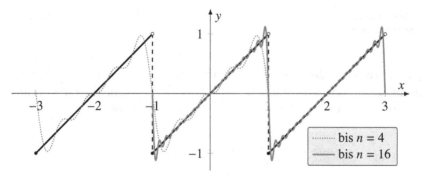

Abb. 4.13 Fourier-Analyse der Sägezahnfunktion

Beispiel 1. Die periodisch auf ganz $\mathbb{R}$ fortgesetzte *Sägezahnkurve* mit $f(x) = x$ für $x \in [-1, 1[$ (siehe Abb. 4.13) hat die Periode 2. Hier ist also $L = 1$, und die Funktion ist symmetrisch zum Ursprung, sodass $a_n = 0$ für alle $n \in \mathbb{N}$ gilt. Die restlichen Fourier-Koeffizienten erhalten wir mittels partieller Integration aus

$$b_n = \int_{-1}^{1} x \sin(n\pi x)\,dx = x \left(-\frac{\cos(n\pi x)}{n\pi} \right) \Big|_{-1}^{1} + \int_{-1}^{1} \frac{\cos(n\pi x)}{n\pi}\,dx$$

$$= -\frac{2\cos n\pi}{n\pi} + \left[\frac{\sin(n\pi x)}{(n\pi)^2} \right]_{-1}^{1} = -\frac{2 \cdot (-1)^n}{n\pi} + \frac{0}{(n\pi)^2} = \frac{2 \cdot (-1)^{n+1}}{n\pi}$$

Die Fourier-Analyse der Sägezahnkurve ergibt

$$f(x) = \frac{2}{\pi}\left(\sin \pi x - \frac{\sin 2\pi x}{2} + \frac{\sin 3\pi x}{3} - \frac{\sin 4\pi x}{4} + \frac{\sin 5\pi x}{5} \mp \dots\right)$$

Abb. 4.13 zeigt die Sägezahnfunktion mit der Fourier-Reihe bis einschließlich der Reihenglieder für $n = 4$ (gepunktet) bzw. $n = 16$ (grau). Dort ist bereits das Gibbssche Phänomen, also das Überschwingen an den Sprungstellen, gut zu erkennen. Dieses Verhalten ist in Abb. 4.14 noch deutlicher zu sehen: Bei der Sägezahnkurve ist die Sprunghöhe 2, sodass die Fourier-Reihe an den Sprungstellen einen Spitzenwert von ca. $\pm 1{,}18$ erreicht. Das Gibbssche Phänomen tritt z. B. auch bei der Rechteckschwingung in Abb. 4.11 auf.

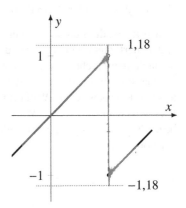

Abb. 4.14 Gibbs-Phänomen
bei der Sägezahnfunktion

Beispiel 2. Wir setzen die quadratische Funktion $f(x) = 4x^2$ für $x \in [-\frac{1}{2}, \frac{1}{2}]$ periodisch auf ganz $\mathbb{R}$ fort, siehe Abb. 4.15. Diese Funktion ist 1-periodisch ($L = \frac{1}{2}$) und symmetrisch zur y-Achse, sodass $b_n = 0$ für alle n gilt. Weiter ist

$$a_0 = \frac{1}{2 \cdot \frac{1}{2}} \int_{-\frac{1}{2}}^{\frac{1}{2}} 4x^2 \, dx = \frac{4}{3}x^3 \Big|_{-\frac{1}{2}}^{\frac{1}{2}} = \frac{1}{3}$$

und die restlichen Fourier-Koeffizienten ergeben sich für $n > 0$ durch partielle Integration

$$\begin{aligned}
a_n &= \frac{1}{\frac{1}{2}} \int_{-\frac{1}{2}}^{\frac{1}{2}} 4x^2 \cos \frac{n\pi x}{\frac{1}{2}} \, dx = 8 \int_{-\frac{1}{2}}^{\frac{1}{2}} x^2 \cos(2n\pi x) \, dx \\
&= \frac{4}{n\pi} x^2 \sin(2n\pi x) + \frac{4}{(n\pi)^2} x \cos(2n\pi x) - \frac{2}{(n\pi)^3} \sin(2n\pi x) \Big|_{-\frac{1}{2}}^{\frac{1}{2}} \\
&= \frac{4\cos(n\pi)}{(n\pi)^2} = \frac{4 \cdot (-1)^n}{n^2 \pi^2}
\end{aligned}$$

Die Fourier-Reihe von f hat somit die Form

$$f(x) = \frac{1}{3} + \frac{4}{\pi^2} \sum_{n=1}^{\infty} \frac{(-1)^n}{n^2} \cos(2n\pi x)$$

$$= \frac{1}{3} + \frac{4}{\pi^2} \left(-\cos(2\pi x) + \frac{\cos(4\pi x)}{2^2} - \frac{\cos(6\pi x)}{3^2} + \frac{\cos(8\pi x)}{4^2} \mp \dots \right)$$

Setzen wir in $f(x)$ und in die Fourier-Reihe den Wert $x = \frac{1}{2}$ ein, dann ergibt sich wegen $\cos(n\pi) = (-1)^n$ die Reihendarstellung

$$1 = 4 \cdot \left(\tfrac{1}{2}\right)^2 = f\left(\tfrac{1}{2}\right) = \frac{1}{3} + \frac{4}{\pi^2} \sum_{n=1}^{\infty} \frac{(-1)^n}{n^2} \cos(n\pi) = \frac{1}{3} + \frac{4}{\pi^2} \sum_{n=1}^{\infty} \frac{1}{n^2}$$

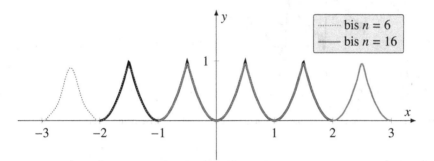

Abb. 4.15 1-periodisch fortgesetzte quadratische Funktion

Die letzte Zeile im vorigen Beispiel können wir auch wie folgt umschreiben:

$$\frac{2}{3} = \frac{4}{\pi^2} \sum_{n=1}^{\infty} \frac{1}{n^2} \quad \Longrightarrow \quad \boxed{\sum_{n=1}^{\infty} \frac{1}{n^2} = \frac{2 \cdot \pi^2}{3 \cdot 4} = \frac{\pi^2}{6}}$$

Wir erhalten auf diesem Weg die bereits bei den unendlichen Reihen am Ende von Abschnitt 4.1.3 erwähnte Summenformel für das „Basler Problem"!

Die Zerlegung einer stückweise stetigen periodischen Funktion (z. B. eines Signals) mit der Periode $2L > 0$ in eine unendliche Reihe von Sinus- und Kosinusfunktionen

$$f(x) = a_0 + \sum_{n=1}^{\infty} a_n \cos(\omega_n x) + b_n \sin(\omega_n x)$$

mit den Kreisfrequenzen $\omega_n = \frac{n\pi}{L}$ ($n = 1, 2, 3, \dots$) bezeichnet man als *Fourier-Analyse*. Die Umkehrung, also das Aufsummieren von Kosinus- bzw. Sinusfunktionen mit vorgegebenen Amplituden a_n und b_n und ganzzahligen Vielfachen einer Kreisfrequenz $\frac{\pi}{L}$ zu einer unendlichen Reihe, nennt man *Fourier-Synthese*. Bricht man die Reihenentwicklung ab und lässt man die Summanden für $n > N$ weg, dann liefert

$$f(x) \approx a_0 + \sum_{n=1}^{N} a_n \cos \frac{n\pi x}{L} + b_n \sin \frac{n\pi x}{L}$$

eine Näherung für die Funktion f, die mit steigendem Index N immer besser wird. In Abb. 4.16 sind die Teilschwingungen $\frac{2}{n\pi}(-1)^{n+1}\sin(n\pi x)$ der 2-periodischen Sägezahnkurve für $n = 1$ bis $n = 9$ skizziert (siehe auch Abb. 4.13). Addiert man diese Schwingungen, so erhält man eine gute Näherung für die Sägezahnfunktion.

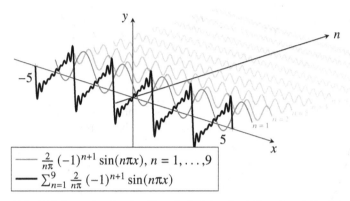

$$\begin{array}{|l|} \hline \rule{0pt}{2.5ex}\text{---}\;\; \frac{2}{n\pi}(-1)^{n+1}\sin(n\pi x),\; n = 1, \ldots, 9 \\ \text{---}\;\; \sum_{n=1}^{9} \frac{2}{n\pi}(-1)^{n+1}\sin(n\pi x) \\ \hline \end{array}$$

Abb. 4.16 Approximation der Sägezahnfunktion durch Grund- und Oberschwingungen

In der Literatur findet man für die Fourier-Reihe oftmals auch den Ansatz

$$f(x) = \frac{a_0}{2} + \sum_{n=1}^{\infty} a_n \cos \frac{n\pi x}{L} + b_n \sin \frac{n\pi x}{L}$$

In diesem Fall ist

$$a_0 = \frac{1}{L} \int_{-L}^{L} f(x)\, \mathrm{d}x = \frac{1}{L} \int_{-L}^{L} f(x) \cos \frac{0\pi x}{L}\, \mathrm{d}x$$

sodass man alle a_n mit einer einheitlichen Formel berechnen kann.

4.5.2 Die spektrale Form einer Fourier-Reihe

Eine stückweise stetige $2L$-periodische Funktion $f : \mathbb{R} \longrightarrow \mathbb{R}$ lässt sich mit der Fourier-Analyse in eine (unendliche) Summe von Sinus- und Kosinusschwingungen mit den Kreisfrequenzen $\omega_n = \frac{n\pi}{L}$ entwickeln. Hierbei wird ein (z. B. zeitlicher) periodischer Vorgang in eine Grundschwingung ($n = 1$) und unendlich viele Oberschwingungen zerlegt. Die Fourier-Koeffizienten entsprechen dann den Anteilen der einzelnen Frequenzen, die in der Funktion f enthalten sind. Da zu jeder Kreisfrequenz ω_n zwei Funktionen gehören, nämlich $\cos(\omega_n x)$ und $\sin(\omega_n x)$, muss der entsprechende Frequenzanteil eine Kombination aus den beiden Werte a_n und b_n sein. Um einen passenden Amplitudenwert A_n zu finden, der beide Funktionen berücksichtigt, fassen wir die Kosinus- und

Sinusfunktionen mit der Kreisfrequenz ω_n zu einer einzigen Kosinusfunktion mit Phasenverschiebung zusammen. Grundlage dafür ist das Additionstheorem

$$A_n \cos(\omega_n x - \varphi_n) = A_n \cos \varphi_n \cdot \cos(\omega_n x) + A_n \sin \varphi_n \cdot \sin(\omega_n x)$$

welches die beiden Summanden der Fourier-Reihe zur Kreisfrequenz ω_n, also

$$a_n \cos(\omega_n x) + b_n \sin(\omega_n x)$$

kombiniert. Ein Vergleich mit dem obigen Additionstheorem ergibt

$$a_n = A_n \cos \varphi_n \quad \text{und} \quad b_n = A_n \sin \varphi_n$$

Hieraus folgt

$$a_n^2 + b_n^2 = A_n^2(\cos^2 \varphi_n + \sin^2 \varphi_n) = A_n^2$$

und

$$\frac{a_n}{A_n} = \frac{A_n \cos \varphi_n}{A_n} = \cos \varphi_n$$

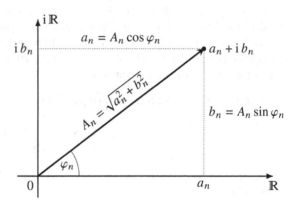

Abb. 4.17 Zur Umrechnung in die spektrale Form

Die Werte A_n (Betrag) und φ_n (Winkel bzw. Phase) entsprechen demnach genau den Polarkoordinaten des Punkts (a_n, b_n) in $\mathbb{R}^2$ bzw. der komplexen Zahl $a_n + i b_n$ in der Gaußschen Zahlenebene, siehe Abb. 4.17. Wir können somit die aus $\mathbb{C}$ bekannten Umrechnungsformeln von der kartesischen Form in die Polarform nutzen. Vereinbart man wie üblich, dass der Hauptwert der Phase im Bereich $]-\pi, \pi]$ liegen soll, dann wird das Vorzeichen von φ_n durch das Vorzeichen von b_n festgelegt:

$$A_n = \sqrt{a_n^2 + b_n^2} \quad \text{und} \quad \varphi_n = \begin{cases} + \arccos \frac{a_n}{A_n}, & \text{falls } b_n \geq 0 \\ - \arccos \frac{a_n}{A_n}, & \text{falls } b_n < 0 \end{cases}$$

Zusammenfassend erhalten wir:

Die Fourier-Reihe einer $2L$-periodischen Funktion

$$f(x) = a_0 + \sum_{n=1}^{\infty} a_n \cos \tfrac{n\pi x}{L} + b_n \sin \tfrac{n\pi x}{L}$$

lässt sich auch in der sogenannten *spektralen Form*

$$f(x) = A_0 + \sum_{n=1}^{\infty} A_n \cos(\tfrac{n\pi x}{L} - \varphi_n)$$

darstellen. Hierbei ist $A_0 = a_0$, und im Fall $n > 0$ berechnet man

$$A_n = \sqrt{a_n^2 + b_n^2} \quad \text{und} \quad \varphi_n = \begin{cases} + \arccos \tfrac{a_n}{A_n}, & \text{falls } b_n \geq 0 \\ - \arccos \tfrac{a_n}{A_n}, & \text{falls } b_n < 0 \end{cases}$$

In der spektralen Form wird eine periodische Funktion $f : \mathbb{R} \longrightarrow \mathbb{R}$ mit Periodenlänge $2L > 0$ zerlegt in eine Reihe von Kosinusschwingungen mit den Kreisfrequenzen $\omega_n = \tfrac{n\pi}{L}$, den Amplituden A_n und den Phasenverschiebungen φ_n. Die Gesamtheit der Werte A_n wird auch als *Amplitudenspektrum*, die Menge der Werte φ_n als *Phasenspektrum* bezeichnet. Die graphische Darstellung dieser Spektren liefert uns eine Übersicht zu den in f enthaltenen Schwingungsanteilen.

Beispiel 1. Für die Rechteckschwingung mit

$$f(x) = \begin{cases} -1, & \text{falls } x \in [-\pi, 0[\\ 1, & \text{falls } x \in [0, \pi[\end{cases}$$

welche 2π-periodisch auf ganz $\mathbb{R}$ fortgesetzt wird, haben wir die Fourier-Reihe bereits berechnet:

$$f(x) = \frac{4}{\pi} \sin x + \frac{4}{3\pi} \sin 3x + \frac{4}{5\pi} \sin 5x + \ldots$$

Hier ist $a_n = 0$ und damit $A_n = b_n = \frac{4}{n\pi}$ für ungerade n sowie $A_n = 0$ für gerade n. Die Phasen sind hier einheitlich $\varphi_n = + \arccos 0 = \frac{\pi}{2}$ für alle ungeraden $n \in \mathbb{N}$. Die spektrale Form der Fourier-Reihe mit den Kreisfrequenzen $\omega_n = n$ lautet also

$$f(x) = \frac{4}{\pi} \cos(x - \tfrac{\pi}{2}) + \frac{4}{3\pi} \cos(3x - \tfrac{\pi}{2}) + \frac{4}{5\pi} \cos(5x - \tfrac{\pi}{2}) + \ldots$$

Abb. 4.18 zeigt das Amplitudenspektrum und das Phasenspektrum der Rechteck-schwingung. Bei den Kreisfrequenzen mit $A_n = 0$ haben wir die Phasen $\varphi_n = 0$ eingetragen. Weil aber die zugehörigen Kosinusfunktionen in der Fourier-Reihe gar nicht vorkommen, hätten wir bei den geraden n auch einen anderen Wert, z. B. $\frac{\pi}{2}$, für φ_n nehmen können.

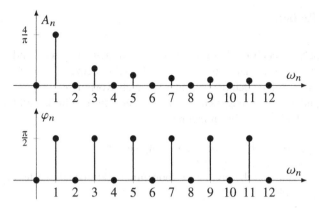

Abb. 4.18 Amplitudenspektrum (oben) und Phasenspektrum (unten) der Rechteckschwingung

Beispiel 2. Die quadratische Funktion $f(x) = 4x^2$, $x \in [-\frac{1}{2}, \frac{1}{2}]$, periodisch auf ganz $\mathbb{R}$ fortgesetzt, hat die Fourier-Reihe

$$f(x) = \frac{1}{3} - \frac{4}{\pi^2} \cos(2\pi x) + \frac{4}{\pi^2} \cdot \frac{\cos(4\pi x)}{2^2} - \frac{4}{\pi^2} \cdot \frac{\cos(6\pi x)}{3^2} \pm \ldots$$

Die Amplituden sind hier $A_0 = \frac{1}{3}$ und $A_n = |a_n| = \frac{4}{n^2\pi^2}$ für $n > 0$. Die Phasen ergeben sich aus

$$\varphi_n = +\arccos \frac{a_n}{A_n} = \arccos(-1)^n$$

und sind daher $\varphi_n = 0$ für gerade n bzw. $\varphi_n = \pi$ für ungerade n. Bei den Kreisfrequenzen $\omega_n = 2\pi n$ erhalten wir die in Abb. 4.19 dargestellten Spektren.

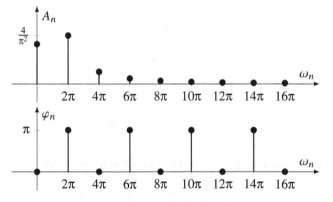

Abb. 4.19 Amplituden-/Phasenspektrum einer periodisch fortgesetzten quadratischen Funktion

4.5.3 Komplexe Fourier-Reihen

Die Fourier-Reihe einer $2L$-periodischen Funktion setzt sich zusammen aus Sinus- und Kosinusschwingungen mit den Amplituden a_n bzw. b_n bei den Kreisfrequenzen $\omega_n = \frac{n\pi}{L}$. Alternativ können wir die Fourier-Reihe auch in spektraler Form als Kosinusschwingungen mit den Amplituden A_n und den Phasen φ_n schreiben. Zwischen diesen Größen gibt es im Bereich der komplexen Zahlen einen Zusammenhang:

$$a_n + \mathrm{i}\, b_n = A_n \cdot \mathrm{e}^{\mathrm{i}\varphi_n} \quad \text{bzw.} \quad a_n - \mathrm{i}\, b_n = A_n \cdot \mathrm{e}^{-\mathrm{i}\varphi_n}$$

Die Funktion Kosinus wiederum kann durch komplexe Exponentialfunktionen dargestellt werden. Aus den Eulerschen Formeln

$$\mathrm{e}^{\mathrm{i}z} = \cos z + \mathrm{i}\sin z \quad \text{und} \quad \mathrm{e}^{-\mathrm{i}z} = \cos z - \mathrm{i}\sin z$$

erhalten wir durch Addition die bekannte Beziehung

$$\mathrm{e}^{\mathrm{i}z} + \mathrm{e}^{-\mathrm{i}z} = 2\cos z \quad \Longrightarrow \quad \cos z = \tfrac{1}{2}\left(\mathrm{e}^{\mathrm{i}z} + \mathrm{e}^{-\mathrm{i}z}\right)$$

und speziell für $z = \omega_n x - \varphi_n$ mit $\omega_n = \frac{n\pi}{L}$ gilt dann

$$\cos(\omega_n x - \varphi_n) = \tfrac{1}{2}\left(\mathrm{e}^{\mathrm{i}(\omega_n x - \varphi_n)} + \mathrm{e}^{-\mathrm{i}(\omega_n x - \varphi_n)}\right)$$

Wir setzen diesen Ausdruck in die spektrale Form der Fourier-Reihe von f ein:

$$f(x) = A_0 + \sum_{n=1}^{\infty} A_n \cos(\omega_n x - \varphi_n) = A_0 + \sum_{n=1}^{\infty} A_n \cdot \tfrac{1}{2}\left(\mathrm{e}^{\mathrm{i}(\omega_n x - \varphi_n)} + \mathrm{e}^{-\mathrm{i}(\omega_n x - \varphi_n)}\right)$$

$$= A_0 + \sum_{n=1}^{\infty} \tfrac{1}{2} A_n\, \mathrm{e}^{-\mathrm{i}\varphi_n} \cdot \mathrm{e}^{\mathrm{i}\omega_n x} + \tfrac{1}{2} A_n\, \mathrm{e}^{\mathrm{i}\varphi_n} \cdot \mathrm{e}^{-\mathrm{i}\omega_n x}$$

Mit den komplexwertigen Koeffizienten $c_0 := A_0 = a_0$ sowie

$$c_n := \tfrac{1}{2} A_n\, \mathrm{e}^{-\mathrm{i}\varphi_n} = \tfrac{1}{2}(a_n - \mathrm{i}\, b_n) \quad \text{und} \quad c_{-n} := \tfrac{1}{2} A_n\, \mathrm{e}^{\mathrm{i}\varphi_n} = \tfrac{1}{2}(a_n + \mathrm{i}\, b_n)$$

lässt sich die Reihenentwicklung von f in der komplexen Form

$$f(x) = c_0 + \sum_{n=1}^{\infty} c_n\, \mathrm{e}^{\mathrm{i}\frac{n\pi x}{L}} + \sum_{n=1}^{\infty} c_{-n}\, \mathrm{e}^{-\mathrm{i}\frac{n\pi x}{L}} = \sum_{n=-\infty}^{\infty} c_n\, \mathrm{e}^{\mathrm{i}\frac{n\pi x}{L}}$$

schreiben. Aus den Formeln zur Berechnung von a_n und b_n ergibt sich schließlich

$$c_n = \frac{1}{2L} \int_{-L}^{L} f(x)\left(\cos \tfrac{n\pi x}{L} - \mathrm{i}\sin \tfrac{n\pi x}{L}\right) \mathrm{d}x = \frac{1}{2L} \int_{-L}^{L} f(x) \cdot \mathrm{e}^{-\mathrm{i}\frac{n\pi x}{L}}\, \mathrm{d}x$$

$$c_{-n} = \frac{1}{2L} \int_{-L}^{L} f(x)\left(\cos \tfrac{n\pi x}{L} + \mathrm{i}\sin \tfrac{n\pi x}{L}\right) \mathrm{d}x = \frac{1}{2L} \int_{-L}^{L} f(x) \cdot \mathrm{e}^{\mathrm{i}\frac{n\pi x}{L}}\, \mathrm{d}x$$

$$c_0 = \frac{1}{2L} \int_{-L}^{L} f(x)\, \mathrm{d}x = \frac{1}{2L} \int_{-L}^{L} f(x) \cdot \mathrm{e}^{-\mathrm{i}\frac{0\pi x}{L}}\, \mathrm{d}x$$

Die Koeffizienten c_n und c_{-n}, welche hier noch mit einem Index $n \in \mathbb{N}$ durchnummeriert sind, können auch zu Vorfaktoren c_k mit $k \in \mathbb{Z}$ zusammengefasst und dann mit einer einheitlichen Formel berechnet werden.

Für eine stückweise stetige $2L$-periodische Funktion $f : \mathbb{R} \longrightarrow \mathbb{R}$ ist

$$f(x) = \sum_{k=-\infty}^{\infty} c_k \, e^{i \frac{k\pi x}{L}}$$

die *komplexe Fourier-Reihe* zu f mit den komplexwertigen Koeffizienten

$$c_k = \frac{1}{2L} \int_{-L}^{L} f(x) \cdot e^{-i \frac{k\pi x}{L}} \, dx \quad \text{für alle} \quad k \in \mathbb{Z}$$

Umgekehrt kann man aus den Werten c_n sofort auch die Koeffizienten a_n und b_n der reellen Fourier-Reihe erhalten, denn es gilt $a_n - i \, b_n = 2 \, c_n$ und damit

$$a_n = 2 \operatorname{Re}(c_n) \quad \text{und} \quad b_n = -2 \operatorname{Im}(c_n) \quad \text{für} \quad n = 1, 2, 3, \ldots$$

Außerdem ist $a_0 = c_0$.

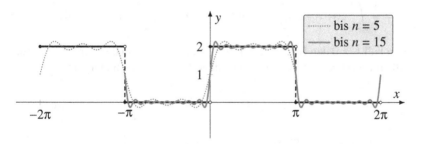

Abb. 4.20 Fourier-Analyse der 2π-periodischen Rechteckfunktion

Beispiel 1. Wir bestimmen die Fourier-Reihe der Rechteckfunktion

$$f(x) = \begin{cases} 0, & \text{falls } x \in [-\pi, 0[\\ 2, & \text{falls } x \in [0, \pi[\end{cases}$$

die mit der Periode 2π auf ganz $\mathbb{R}$ fortgesetzt wird (siehe Abb. 4.20). Hier ist $L = \pi$, und die komplexen Fourier-Koeffizienten sind im Fall $k \neq 0$

$$c_k = \frac{1}{2\pi} \int_{-\pi}^{\pi} f(x) \cdot e^{-ikx} \, dx = \frac{1}{2\pi} \int_{0}^{\pi} 2 \, e^{-ikx} \, dx = \frac{1}{\pi} \cdot \left. \frac{e^{-ikx}}{-ik} \right|_{0}^{\pi} = \frac{e^0 - e^{-ik\pi}}{ik\pi}$$

Wegen $e^{-ik\pi} = \cos k\pi - i \sin k\pi = \cos k\pi = (-1)^k$ erhalten wir

$$c_k = \frac{1 - (-1)^k}{ik\pi} = \begin{cases} 0, & \text{falls } k \neq 0 \text{ gerade} \\ -\frac{2i}{k\pi} & \text{im Fall } k \text{ ungerade} \end{cases}$$

Schließlich brauchen wir noch den Wert

$$c_0 = \frac{1}{2\pi} \int_{-\pi}^{\pi} f(x)\, dx = \frac{1}{2\pi} \int_0^{\pi} 2\, dx = 1$$

Hiernach sind die reellen Koeffizienten $a_0 = c_0 = 1$ und $a_n = 2\operatorname{Re}(c_n) = 0$ für $n > 0$ sowie

$$b_n = -2\operatorname{Im}(c_n) = \begin{cases} 0, & \text{falls } n > 0 \text{ gerade} \\ \frac{4}{n\pi} & \text{für ungerade } n \in \mathbb{N} \end{cases}$$

Die reelle Fourier-Reihe der gegebenen Rechteckfunktion lautet dann

$$f(x) = 1 + \frac{4}{\pi}\left(\sin x + \frac{\sin 3x}{3} + \frac{\sin 5x}{5} + \frac{\sin 7x}{7} + \dots\right)$$

Beispiel 2. Die Betragsfunktion $f(x) = |x|$ für $x \in [-1, 1[$, welche 2-periodisch auf ganz $\mathbb{R}$ fortgesetzt wird (vgl. Abb. 4.21), hat wegen $L = 1$ und aufgrund der Achsensymmetrie des Integranden die komplexen Fourier-Koeffizienten

$$c_0 = \frac{1}{2} \int_{-1}^{1} |x|\, dx = 2 \cdot \frac{1}{2} \int_0^1 x\, dx = \frac{1}{2}, \quad c_k = \frac{1}{2} \int_{-1}^{1} |x| \cdot e^{-ik\pi x}\, dx$$

Um auch im Fall $k \neq 0$ den Betrag beseitigen zu können, verwenden wir $|x| = -x$ für $x \in [-1, 0]$ sowie $|x| = x$ für $x \in [0, 1]$. Damit zerlegen wir das Integral in

$$c_k = \frac{1}{2} \int_{-1}^{1} |x| \cdot e^{-ik\pi x}\, dx = \frac{1}{2} \int_{-1}^{0} -x \cdot e^{-ik\pi x}\, dx + \frac{1}{2} \int_0^1 x \cdot e^{-ik\pi x}\, dx$$

Mit der Stammfunktion $\int x\, e^{ax}\, dx = \frac{ax-1}{a^2} e^{ax}$ und $a = -ik\pi$ ergibt sich

$$c_k = -\frac{1}{2} \frac{-ik\pi x - 1}{(-ik\pi)^2} e^{-ik\pi x}\Big|_{-1}^{0} + \frac{1}{2} \frac{-ik\pi x - 1}{(-ik\pi)^2} e^{-ik\pi x}\Big|_0^1$$

$$= -\frac{1}{2}\left(\frac{1}{k^2\pi^2} e^0 - \frac{1 - ik\pi}{k^2\pi^2} e^{ik\pi}\right) + \frac{1}{2}\left(\frac{1 + ik\pi}{k^2\pi^2} e^{-ik\pi} - \frac{1}{k^2\pi^2} e^0\right)$$

Hierbei ist $e^{\pm ik\pi} = (e^{\pm i\pi})^k = (-1)^k$, sodass

$$c_k = -\frac{1}{2}\left(\frac{1}{k^2\pi^2} - \frac{1 - ik\pi}{k^2\pi^2}(-1)^k\right) + \frac{1}{2}\left(\frac{1 + ik\pi}{k^2\pi^2}(-1)^k - \frac{1}{k^2\pi^2}\right)$$

$$= \frac{(-1)^k - 1}{k^2\pi^2} = \begin{cases} 0, & \text{falls } k \neq 0 \text{ gerade} \\ -\frac{2}{k^2\pi^2}, & \text{falls } k \text{ ungerade} \end{cases}$$

Die komplexen Koeffizienten sind alle reell, und folglich gilt $b_n = -2\operatorname{Im}(c_n) = 0$ für alle $n \in \mathbb{N}$. Außerdem ist $a_0 = \frac{1}{2}$ und

$$a_n = 2\,\mathrm{Re}(c_n) = \begin{cases} 0 & \text{für gerade } n \neq 0 \\ -\frac{4}{n^2\pi^2} & \text{für ungerade } n \end{cases}$$

Somit ist die gesuchte Fourier-Reihe

$$|x| = \frac{1}{2} - \frac{4}{\pi^2}\left(\cos x + \frac{\cos 3x}{3^2} + \frac{\cos 5x}{5^2} + \frac{\cos 7x}{7^2} + \dots\right)$$

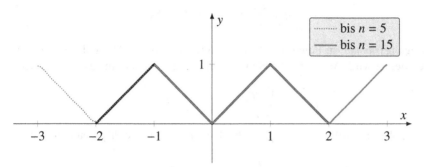

Abb. 4.21 Fourier-Analyse der Betragsfunktion (2-periodisch fortgesetzt)

4.5.4 Die Fourier-Transformation

Wir haben uns bisher mit stückweise stetigen periodischen Funktionen $f : \mathbb{R} \longrightarrow \mathbb{R}$ und ihren Fourier-Reihen befasst. Auch zu einer Funktion f, die zunächst nur auf dem Intervall $[-L, L]$ definiert ist, können wir eine Fourier-Reihe angeben, sofern wir nur f periodisch auf ganz $\mathbb{R}$ fortsetzen! Indem wir nun die Intervallgrenzen $\pm L$ immer weiter ausdehnen bzw. die Periodenlänge $2L$ immer größer werden lassen, kommen wir für $L \to \infty$ zu Funktionen $f :]-\infty, \infty[\longrightarrow \mathbb{R}$, die dann nicht mehr periodisch sein müssen. Wie aber verändert sich die Darstellung der Fourier-Reihe bzw. die Berechnung der Fourier-Koeffizienten bei diesem Grenzübergang $L \to \infty$?

Im Fall einer komplexen Fourier-Reihe

$$f(x) = \sum_{k=-\infty}^{\infty} c_k\, \mathrm{e}^{\mathrm{i}\omega_k x} \quad \text{mit} \quad \omega_k = \frac{k\pi}{L}$$

für eine stückweise stetige $2L$-periodische Funktion $f : \mathbb{R} \longrightarrow \mathbb{R}$ berechnet man die Koeffizienten mit der Formel

$$c_k = \frac{1}{2L} \int_{-L}^{L} f(x) \cdot \mathrm{e}^{-\mathrm{i}\omega_k x}\,\mathrm{d}x \quad \text{für} \quad k \in \mathbb{Z}$$

Definieren wir die Funktion $F(\omega)$ durch das Parameterintegral

$$F(\omega) := \int_{-L}^{L} f(x) \cdot e^{-i\omega x}\, dx, \quad \omega \in \mathbb{R}$$

dann lassen sich die Koeffizienten der Fourier-Reihe in der Form

$$c_k = \tfrac{1}{2L} \cdot F(\omega_k) = \tfrac{1}{2\pi} \cdot F(\omega_k) \cdot \tfrac{\pi}{L}$$

darstellen. Hierbei ist $\Delta\omega := \omega_{k+1} - \omega_k = \frac{(k+1)\pi}{L} - \frac{k\pi}{L} = \frac{\pi}{L}$ der (immer gleiche) Abstand zweier benachbarter Kreisfrequenzen. Mit den Stützstellen $\omega_k = \frac{\pi}{L} \cdot k$ entspricht dann die Fourier-Reihe

$$f(x) = \frac{1}{2\pi} \sum_{k=-\infty}^{\infty} F(\omega_k) \cdot e^{i\omega_k x} \cdot \Delta\omega$$

einer *Zerlegungssumme* zur Funktion $F(\omega)$, wobei für $L \to \infty$ der Abstand der Stützstellen immer kleiner wird: $\Delta\omega \to 0$. Die Fourier-Reihe geht dann über in das uneigentliche Integral

$$f(x) = \frac{1}{2\pi} \int_{-\infty}^{\infty} F(\omega) \cdot e^{i\omega x}\, d\omega$$

und auch die Werte $F(\omega)$ sind für $L \to \infty$ durch ein uneigentliche Parameterintegral

$$F(\omega) := \int_{-\infty}^{\infty} f(x) \cdot e^{-i\omega x}\, dx$$

zu bestimmen. Damit dieses uneigentliche Integral für alle $\omega \in \mathbb{R}$ existiert, müssen wir zusätzlich voraussetzen, dass $f : \mathbb{R} \longrightarrow \mathbb{R}$ eine stückweise stetige Funktion mit $\int_{-\infty}^{\infty} |f(x)|\, dx < \infty$ ist. Für eine solche *integrable Funktion* ist wegen $|e^{-i\omega x}| = 1$

$$\left| \int_{-\infty}^{\infty} f(x) \cdot e^{-i\omega x}\, dx \right| \le \int_{-\infty}^{\infty} |f(x)| \cdot |e^{-i\omega x}|\, dx = \int_{-\infty}^{\infty} |f(x)|\, dx < \infty$$

und somit $F(\omega)$ stets ein endlicher Wert. Zusammenfassend notieren wir:

Für eine stückweise stetige Funktion $f : \mathbb{R} \longrightarrow \mathbb{R}$ mit $\int_{-\infty}^{\infty} |f(x)|\, dx < \infty$ ist die *Fourier-Transformierte* $F : \mathbb{R} \longrightarrow \mathbb{R}$ definiert durch

$$F(\omega) := \int_{-\infty}^{\infty} f(x) \cdot e^{-i\omega x}\, dx \quad \text{für alle} \quad \omega \in \mathbb{R}$$

Umgekehrt kann man mithilfe von $F(\omega)$ die Funktion f rekonstruieren:

$$f(x) = \frac{1}{2\pi} \int_{-\infty}^{\infty} F(\omega) \cdot e^{i\omega x}\, d\omega$$

ergibt den Funktionswert $f(x)$ an allen Stellen $x \in \mathbb{R}$, in denen f stetig ist.

Aufgrund der Beziehung

$$F(\omega) = \int_{-\infty}^{\infty} f(x) \cdot e^{-i\omega x}\, dx \quad \Longleftrightarrow \quad f(x) = \frac{1}{2\pi} \int_{-\infty}^{\infty} F(\omega) \cdot e^{i\omega x}\, d\omega$$

wird das Integral auf der rechten Seite auch als die *inverse Fourier-Transformation* zu $F(\omega)$ bezeichnet.

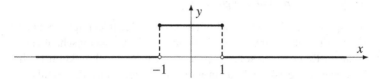

Abb. 4.22 Ein einzelner Rechteckimpuls

Beispiel 1. Der einzelne *Rechteckimpuls*

$$f(x) = \begin{cases} 1, & \text{falls } |x| \leq 1 \\ 0, & \text{falls } |x| > 1 \end{cases}$$

in Abb. 4.22 mit der Höhe 1 und der Breite 2 hat die Fourier-Transformierte

$$F(\omega) = \int_{-\infty}^{\infty} f(x) \cdot e^{-i\omega x} \, dx = \int_{-1}^{1} 1 \cdot e^{-i\omega x} \, dx = \frac{e^{-i\omega x}}{-i\omega} \Big|_{x=-1}^{x=1}$$

$$= \frac{2}{\omega} \cdot \frac{e^{i\omega} - e^{-i\omega}}{2i} = 2 \cdot \frac{\sin \omega}{\omega} \quad \text{für} \quad \omega \neq 0$$

wobei im Sonderfall $\omega = 0$

$$F(0) = \int_{-\infty}^{\infty} f(x) \cdot e^{0} \, dx = \int_{-1}^{1} 1 \, dx = 2 = \lim_{\omega \to 0} 2 \cdot \frac{\sin \omega}{\omega}$$

gilt. Die Fourier-Transformierte von f ist dann die stetige Funktion

$$F(\omega) = 2 \cdot \frac{\sin \omega}{\omega}, \quad \omega \in \mathbb{R} \setminus \{0\} \quad \text{mit} \quad F(0) := \lim_{\omega \to 0} F(\omega) = 2$$

Diese Spektralfunktion $F(\omega)$ zu $f(x)$ ist in Abb. 4.23 zu sehen.

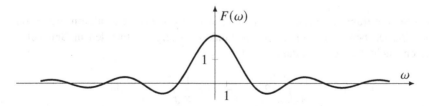

Abb. 4.23 Fourier-Transformierte (Spektralfunktion) des Rechteckimpulses

Bei einer $2L$-periodischen Funktion $f : \mathbb{R} \longrightarrow \mathbb{R}$ setzt sich die Fourier-Reihe zusammen aus komplexen Exponentialfunktionen $c_k \cdot e^{i\omega_k x}$ mit den komplexen Amplituden c_k und den *diskreten* Kreisfrequenzen $\omega_k = k \cdot \frac{\pi}{L}$ für $k \in \mathbb{Z}$. Man spricht deshalb auch von einem *diskreten Spektrum.* Im Fall einer nicht-periodischen (integrablen) Funktion erhalten wir ein *kontinuierliches Spektrum*: Alle Kreisfrequenzen $\omega \in \mathbb{R}$ sind vertreten, wobei $F(\omega)$ den Beitrag einer Frequenz ω am gesamten Spektrum misst. Aus diesem Grund wird die Fourier-Transformierte auch *Spektralfunktion* genannt.

Wir wollen uns am Beispiel eines $2L$-periodisch fortgesetzten Rechteckimpulses nochmals den Übergang vom diskreten zum kontinuierlichen Spektrum veranschaulichen. Berechnet man die Fourier-Reihe einer solchen periodischen Rechteckfunktion (siehe Abb. 4.24 unten) für verschiedene Werte L, dann wird mit ansteigender Periodenlänge das Spektrum der Kreisfrequenzen $\omega_k = \frac{k\pi}{L}$ immer dichter, und die diskreten Amplitudenwerte $F(\omega_k)$ gehen für $L \rightarrow \infty$ über in eine kontinuierliche Funktion $F(\omega)$, $\omega \in \mathbb{R}$. Dieses Verhalten ist in Abb. 4.24 oben dargestellt.

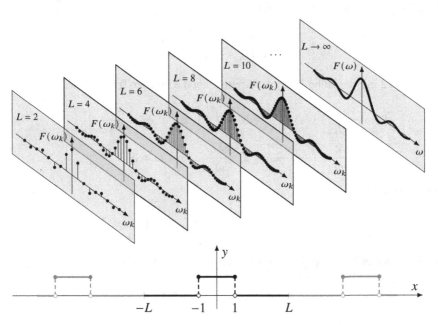

Abb. 4.24 Vom diskreten zum kontinuierlichen Spektrum am Beispiel des $2L$-periodisch fortgesetzten Rechteckimpuls

Sobald die Spektralfunktion bekannt ist, können wir umgekehrt die Funktionswerte von f an allen Stellen berechnen, in denen die Funktion stetig ist. Für den in Beispiel 1 untersuchten Rechteckimpuls ist dann z. B. bei $x = 0$

$$1 = f(0) = \frac{1}{2\pi} \int_{-\infty}^{\infty} 2 \cdot \frac{\sin \omega}{\omega}\, d\omega = \frac{1}{\pi} \int_{-\infty}^{\infty} \frac{\sin \omega}{\omega}\, d\omega$$

Multiplizieren wir diese Gleichung mit π, dann ergibt sich beiläufig das schon in Kapitel 2, Abschnitt 2.3.4 berechnete *Dirichlet-Integral*

$$\int_{-\infty}^{\infty} \frac{\sin \omega}{\omega}\, d\omega = \pi$$

Dies ist ein uneigentliches Integral, welches sich nicht mit einer Stammfunktion bestimmen lässt, da $\frac{\sin \omega}{\omega}$ nicht formelmäßig integriert werden kann!

Im Fall einer *achsensymmetrischen* Funktion $f : \mathbb{R} \longrightarrow \mathbb{R}$ ist (so wie im Beispiel 1) die Fourier-Transformierte $F(\omega)$ stets eine reelle Funktion. Zum Nachweis dieser Aussage zerlegen wir das Integral für $F(\omega)$ in

$$F(\omega) = \int_{-\infty}^{0} f(x) \cdot e^{-i\omega x}\, dx + \int_{0}^{\infty} f(x) \cdot e^{-i\omega x}\, dx$$

Das erste Integral auf der rechten Seite kann mit der Substitution $u = -x$ und wegen der Achsensymmetrie $f(-u) = f(u)$ wie folgt umgeschrieben werden:

$$\int_{-\infty}^{0} f(x) \cdot e^{-i\omega x}\, dx = - \int_{\infty}^{0} f(-u) \cdot e^{i\omega u}\, du = \int_{0}^{\infty} f(u) \cdot e^{i\omega u}\, du$$

Schreiben wir hier wieder x statt u, dann ergibt sich

$$F(\omega) = \int_{0}^{\infty} f(x) \cdot e^{i\omega x}\, dx + \int_{0}^{\infty} f(x) \cdot e^{-i\omega x}\, dx$$
$$= \int_{0}^{\infty} 2 f(x) \cdot \frac{e^{i\omega x} + e^{-i\omega x}}{2}\, dx = 2 \int_{0}^{\infty} f(x) \cdot \cos(\omega x)\, dx \in \mathbb{R}$$

Im Allgemeinen jedoch ist $F(\omega)$ eine komplexwertige Funktion, wie das folgende Beispiel zeigt:

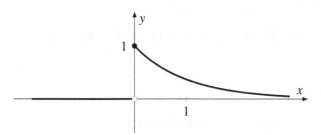

Abb. 4.25 Einseitig abfallende Exponentialfunktion

Beispiel 2. Die einseitig abfallende Exponentialfunktion aus Abb. 4.25 mit

$$f(x) = \begin{cases} e^{-\alpha x}, & \text{falls } x \geq 0 \\ 0, & \text{falls } x < 0 \end{cases}$$

und einer Konstante $\alpha > 0$ hat die Fourier-Transformierte

$$F(\omega) = \int_{0}^{\infty} e^{-\alpha x} \cdot e^{-i\omega x}\, dx = \int_{0}^{\infty} e^{-(\alpha + i\omega)x}\, dx$$
$$= \frac{e^{-(\alpha + i\omega)x}}{-(\alpha + i\omega)} \Big|_{0}^{x \to \infty} = 0 - \frac{e^{-(\alpha + i\omega)\cdot 0}}{-(\alpha + i\omega)} = \frac{1}{\alpha + i\omega}$$

Die Spektralfunktion $F(\omega)$ ist hier also komplexwertig. Ihr Betrag

$$|F(\omega)| = \left| \frac{1}{\alpha + i\,\omega} \right| = \frac{1}{\sqrt{\alpha^2 + \omega^2}}$$

ist die reelle Funktion in Abb. 4.26, und sie repräsentiert das Amplitudenspektrum der Funktion $f(x)$.

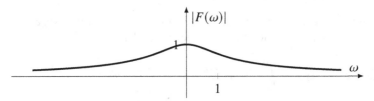

Abb. 4.26 Amplitudenspektrum der einseitig abfallenden Exponentialfunktion mit $\alpha = 1$

Anstelle von $F(\omega)$ schreibt man gelegentlich auch $\mathcal{F}\{f\}(\omega)$. Die Fourier-Transformation wird in der Praxis oftmals zur Lösung von Differentialgleichungen benutzt, ähnlich wie die Laplace-Transformation. Tatsächlich gibt es zwischen diesen beiden sogenannten *Integraltransformationen* eine enge Beziehung. Für eine stückweise stetige Funktion $f : [0, \infty[\longrightarrow \mathbb{R}$ ist die Laplace-Transformation definiert durch

$$\mathcal{L}\{f\}(t) = \int_0^\infty f(x) \cdot e^{-tx}\,dx$$

Setzen wir hier für t die imaginäre Zahl $i\,\omega$ ein und wird die Funktion f mit $f(x) = 0$ für $x < 0$ auf ganz $\mathbb{R}$ fortgesetzt, dann ist

$$\mathcal{F}\{f\}(\omega) = \int_0^\infty f(x) \cdot e^{-i\omega x}\,dx = \mathcal{L}\{f\}(i\,\omega)$$

Umgekehrt ergibt sich für $\omega = -i\,t$ wegen $-i\,\omega = -t$ die Formel

$$\mathcal{F}\{f\}(-i\,t) = \int_0^\infty f(x) \cdot e^{-tx}\,dx = \mathcal{L}\{f\}(t)$$

Lässt man also bei der Fourier- bzw. Laplace-Transformation auch komplexe Argumente zu, dann beschreiben beide im Prinzip die gleiche Integraltransformation! Warum nimmt man dann nicht gleich nur die Fourier-Transformation? Einer der Gründe ist die Menge der zulässigen Funktionen: Bei der Fourier-Transformation wird vorausgesetzt, dass die Funktion f integrabel auf ganz $\mathbb{R}$ ist, also $\int_{-\infty}^\infty |f(x)|\,dx < \infty$ gilt, während bei der Laplace-Transformation die Funktion f für $x \to \infty$ auch exponentiell ansteigen darf, dafür aber auf dem Intervall $]-\infty, 0[$ konstant gleich 0 sein muss.

Wir wollen hier exemplarisch das Anfangswertproblem

$$y'' - 4y = 3\,e^{-|x|}, \quad x \in \mathbb{R}$$

mithilfe der Fourier-Transformation lösen. So wie bei der Laplace-Transformation gibt es auch für die Fourier-Transformation einen Ableitungssatz

$$\mathcal{F}\{y'\}\,(\omega) = \mathrm{i}\,\omega \cdot \mathcal{F}\{y\}\,(\omega)$$
$$\implies \quad \mathcal{F}\{y''\}\,(\omega) = \mathrm{i}\,\omega \cdot \mathcal{F}\{y'\}\,(\omega) = -\omega^2\,\mathcal{F}\{y\}\,(\omega)$$

und einen Linearitätssatz, sodass

$$\mathcal{F}\{y'' - 4\,y\}\,(\omega) = \mathcal{F}\{y''\}\,(\omega) - 4 \cdot \mathcal{F}\{y\}\,(\omega)$$
$$= -(\omega^2 + 4) \cdot \mathcal{F}\{y\}\,(\omega)$$

gilt. Wenden wir auf beide Seiten der DGl die Fourier-Transformation an, dann soll

$$\mathcal{F}\{y'' - 4\,y\}\,(\omega) = \mathcal{F}\{3\,\mathrm{e}^{-|x|}\}(\omega)$$
$$-(\omega^2 + 4) \cdot \mathcal{F}\{y\}\,(\omega) = 3\,\mathcal{F}\{\mathrm{e}^{-|x|}\}(\omega)$$
$$\implies \quad \mathcal{F}\{y\}\,(\omega) = -\frac{3}{\omega^2 + 4}\,\mathcal{F}\{\mathrm{e}^{-|x|}\}(\omega)$$

erfüllt sein. Wir benutzen die Abkürzung $Y(\omega) = \mathcal{F}\{y\}\,(\omega)$ und entnehmen einer Korrespondenztabelle (oder dem Ergebnis von Aufgabe 4.19) die Fourier-Transformierte

$$\mathcal{F}\{\mathrm{e}^{-|x|}\}(\omega) = \frac{2}{\omega^2 + 1}$$

Die Fourier-Transformierte der gesuchten Lösung ist demnach die Bildfunktion

$$Y(\omega) = -\frac{6}{(\omega^2 + 1)(\omega^2 + 4)} = \frac{2}{\omega^2 + 4} - \frac{2}{\omega^2 + 1}$$

Mithilfe einer Korrespondenztabelle (bzw. mit Aufgabe 4.19) lässt sich zu dieser Bildfunktion die Originalfunktion

$$\frac{2}{\omega^2 + 4} - \frac{2}{\omega^2 + 1} = \frac{1}{2} \cdot \frac{2 \cdot 2}{\omega^2 + 2^2} - \frac{2 \cdot 1}{\omega^2 + 1}$$
$$= \tfrac{1}{2}\,\mathcal{F}\{\mathrm{e}^{-2|x|}\}(\omega) - \mathcal{F}\{\mathrm{e}^{-|x|}\}(\omega)$$
$$= \mathcal{F}\{\tfrac{1}{2}\,\mathrm{e}^{-2|x|} - \mathrm{e}^{-|x|}\}(\omega)$$

finden, sodass $y(x) = \frac{1}{2}\,\mathrm{e}^{-2|x|} - \mathrm{e}^{-|x|}$ die Differentialgleichung löst.

Wir haben bei unserem Beispiel eine spezielle Lösung der DGl erhalten, ohne dass wir eine Anfangsbedingung vorgeben mussten. Die Fourier-Transformation liefert uns diejenige Lösung $y(x)$ der DGl, welche auf ganz $\mathbb{R}$ differenzierbar und integrabel ist, wobei mit $\int_{-\infty}^{\infty} |y(x)|\,\mathrm{d}x < \infty$ eine Art Randbedingung erfüllt wird. Im Gegensatz zur Laplace-Transformation ist hier also keine zusätzliche Anfangsbedingung nötig.

Aufgaben zu Kapitel 4

Aufgabe 4.1. (Unendliche Reihen)

a) Berechnen Sie die ersten fünf Partialsummen der unendlichen Reihe

$$\sum_{n=0}^{\infty} 0{,}1^n$$

Versuchen Sie zuerst, den exakten Summenwert zu erraten, und überprüfen Sie dann Ihr Ergebnis mit der Summenformel für die geometrische Reihe.

b) Geben Sie für die folgenden unendlichen Reihen das *Bildungsgesetz*, also eine Formel für die Reihenglieder a_n an:

   (i) $1 + \frac{1}{3} + \frac{1}{5} + \frac{1}{7} + \frac{1}{9} + \ldots$

   (ii) $-\frac{2}{3} + \frac{4}{3^2} - \frac{6}{3^3} + \frac{8}{3^4} - \frac{10}{3^5} \pm \ldots$

   (iii) $\frac{1 \cdot 2}{1} - \frac{2 \cdot 3}{2} + \frac{3 \cdot 4}{4} - \frac{4 \cdot 5}{8} + \frac{5 \cdot 6}{16} \mp \ldots$

c) Berechnen Sie den Summenwert der unendlichen Reihe

$$\sum_{n=1}^{\infty} \frac{1}{n(n+1)} = \frac{1}{2} + \frac{1}{6} + \frac{1}{12} + \frac{1}{20} + \ldots$$

Anleitung: Bestimmen Sie mithilfe der Zerlegung $\frac{1}{n(n+1)} = \frac{1}{n} - \frac{1}{n+1}$ eine Formel für die Partialsumme $S_k = a_1 + a_2 + \ldots + a_k$.

Aufgabe 4.2. Prüfen Sie, welche der folgenden unendlichen Reihen konvergieren:

   (i) $\displaystyle\sum_{n=0}^{\infty} \frac{n+2}{4^n}$ (ii) $\displaystyle\sum_{n=0}^{\infty} \frac{1}{2n+1}$ (iii) $\displaystyle\sum_{n=1}^{\infty} \frac{2}{n^3}$

   (iv) $\displaystyle\sum_{n=0}^{\infty} \frac{(-1)^n}{n^4}$ (v) $\displaystyle\sum_{n=0}^{\infty} \frac{n^2}{3^n}$ (vi) $\displaystyle\sum_{n=0}^{\infty} \frac{2^n}{n!}$

   (vii) $\displaystyle\sum_{n=1}^{\infty} \frac{1}{\sqrt[3]{n}}$ (viii) $\displaystyle\sum_{n=1}^{\infty} \frac{(-1)^n}{\sqrt[3]{n}}$ (ix) $\displaystyle\sum_{n=0}^{\infty} (-1)^n \frac{n}{3n-1}$

Aufgabe 4.3. (Konvergenzbereich)

a) Bestimmen Sie den Konvergenzradius und Konvergenzbereich der Potenzreihen

   (i) $P(x) = \displaystyle\sum_{n=1}^{\infty} \frac{1}{n^2} x^n$ (ii) $P(x) = \displaystyle\sum_{n=0}^{\infty} n\, x^n$ (iii) $P(x) = \displaystyle\sum_{n=0}^{\infty} \frac{(-2)^n}{n+1} x^n$

b) Geben Sie zu den Potenzreihen aus a) jeweils das Polynom fünften Grades an, das durch Abbruch der Reihe bei $n = 5$ entsteht, und verwenden Sie diese Polynome, um einen Näherungswert für $P(0{,}1)$ zu berechnen.

Aufgabe 4.4. Geben Sie die Ableitungen der folgenden Potenzreihen an:

$$\text{(i)} \quad P(x) = \sum_{n=0}^{\infty} \frac{1}{n!} x^n \qquad \text{(ii)} \quad P(x) = \sum_{n=1}^{\infty} \frac{1}{n} x^n$$

Um welche Funktion handelt es sich bei der Ableitung $P'(x)$ in (ii)?

Aufgabe 4.5.

a) Entwickeln Sie die Funktion $f(x) = \frac{1}{2-4x}$ in eine Potenzreihe um 0.

b) Geben Sie den Konvergenzbereich dieser Reihenentwicklung an!

c) Bestimmen Sie mithilfe von a) und b) die Potenzreihe zu $\frac{1}{(1-2x)^2}$ einschließlich ihres Konvergenzradius (*Tipp*: Ableiten).

Aufgabe 4.6. Es soll der Summenwert der unendlichen Reihe

$$\sum_{n=1}^{\infty} \frac{1}{n \cdot 2^n} = \tfrac{1}{2} + \tfrac{1}{8} + \tfrac{1}{24} + \tfrac{1}{64} + \tfrac{1}{160} + \ldots = \ln 2$$

durch eine Rechnung nachgewiesen werden. Gehen Sie wie folgt vor:

(i) Ermitteln Sie die Koeffizienten der Potenzreihenentwicklung

$$\frac{1}{2-x} = \sum_{n=0}^{\infty} a_n x^n$$

Tipp: Maclaurin-Reihe, oder besser: Umformen der geometrischen Reihe!

(ii) Zeigen Sie, dass der Konvergenzradius dieser Potenzreihe $r = 2$ ist.

(iii) Durch gliedweise Integration der Reihe erhält man die Stammfunktion

$$-\ln|2 - x| = \int \frac{1}{2-x} \, dx = C + \sum_{n=1}^{\infty} \frac{a_{n-1}}{n} x^n, \quad x \in \,]-2, 2[$$

Bestimmen Sie die Konstante C durch Einsetzen von $x = 0$.

(iv) Begründen Sie durch Einsetzen von $x = 1$ den angegebenen Summenwert.

Aufgabe 4.7.

a) Entwickeln Sie die Funktion

$$f(x) = \sin 2x$$

in eine Potenzreihe um 0 und geben Sie den Konvergenzbereich an.
Tipp: Der Konvergenzradius der Sinusreihe ist $r = \infty$.

b) Ermitteln Sie mit dem Ergebnis aus a) die Reihenentwicklung von

$$g(x) = \sin^2 x$$

um 0 und geben Sie den Konvergenzradius dieser Potenzreihe an!
Hinweis: Was ist die Ableitung der Funktion $g(x)$?

c) Bestimmen Sie das Näherungspolynom 4. Grades für $\sin^2 x$ bei 0.

Aufgabe 4.8.

a) Geben Sie zu den folgenden Funktionen die Potenzreihenentwicklungen um 0 an:

$$\text{(i)} \quad f(x) = \frac{2x}{3+x} \qquad \text{(ii)} \quad f(x) = \frac{e^x - 1}{x} \qquad \text{(iii)} \quad f(x) = 1 - x^2 \cos x$$

Hinweis: Der einfachste Weg ist die Umformung einer bereits bekannten Reihe!

b) Ermitteln Sie mithilfe der Exponentialreihe die Maclaurin-Reihe zu $\sinh x$.

c) Begründen Sie mit der Potenzreihe zu $\ln(1 - x)$ die Reihenentwicklung

$$\ln \frac{1-x}{1+x} = -2x - \tfrac{2}{3}x^3 - \tfrac{2}{5}x^5 - \tfrac{2}{7}x^7 - \dots \quad \text{für} \quad |x| < 1$$

Aufgabe 4.9. Ermitteln Sie die Taylor-Reihen der Funktionen

a) $\quad f(x) = \sin x \quad$ um den Entwicklungspunkt $x_0 = \frac{\pi}{4}$

b) $\quad f(x) = -\frac{1}{x} \quad$ um den Entwicklungspunkt $x_0 = 1$

Aufgabe 4.10. Wir wollen die Funktion $f(x) = \cosh x$ (Kettenlinie) im Intervall $[-1, 1]$ durch Polynome annähern.

a) Bestimmen Sie die Näherungspolynome von Grad $k = 2$, $k = 3$ sowie $k = 4$, und geben Sie jeweils eine Abschätzung für den Fehler auf dem Intervall $[-1, 1]$ an!

b) Welchen Grad muss das Näherungspolynom mindestens haben, damit der Fehler auf $[-1, 1]$ garantiert kleiner ist als 10^{-5}?

Aufgabe 4.11. Das bestimmte Integral

$$\int_0^1 \cos \sqrt{x}\, dx$$

soll näherungsweise mithilfe einer Potenzreihe berechnet werden.

a) Geben Sie eine Potenzreihenentwicklung für den Integranden $\cos \sqrt{x}$ an.

b) Ermitteln Sie eine Stammfunktion durch Integration der Potenzreihe.

c) Berechnen Sie das obige bestimmte Integral auf vier Dezimalstellen genau.

d) Bestimmen Sie den *exakten* Integralwert durch partielle Integration von

$$\int_0^1 \cos \sqrt{x}\, dx = \int_0^1 2\sqrt{x} \cdot \frac{1}{2\sqrt{x}} \cos \sqrt{x}\, dx$$

und vergleichen Sie das Ergebnis mit dem Näherungswert aus c).

Aufgabe 4.12.

a) Begründen Sie die Potenzreihenentwicklung

$$\frac{e^x - 1}{x} = 1 + \frac{1}{2!}\,x + \frac{1}{3!}\,x^2 + \frac{1}{4!}\,x^3 + \frac{1}{5!}\,x^4 + \dots$$

und geben Sie das Bildungsgesetz sowie den Konvergenzbereich an!

b) Berechnen Sie mit der Potenzreihe aus a) das Integral

$$\int_0^1 \frac{e^x - 1}{x}\,dx$$

auf drei Nachkommastellen genau.

c) Bestimmen Sie mithilfe von a) den Grenzwert $\lim_{x \to 0} \frac{e^x - 1}{x}$.

Aufgabe 4.13. Das bestimmte Integral

$$\int_{\frac{1}{2}}^1 \sin(x^3)\,dx$$

lässt sich nicht analytisch mithilfe elementarer Integrationsmethoden (Aufsuchen einer Stammfunktion) berechnen. Ermitteln Sie eine Reihendarstellung des Integranden und geben Sie damit den Integralwert auf vier Nachkommastellen genau an!

Aufgabe 4.14. Berechnen Sie sowohl mit der Formel von L'Hospital als auch durch Reihenentwicklung die Grenzwerte

$$(i) \quad \lim_{x \to 0} \frac{1 - \cos x}{x \sin x} \qquad (ii) \quad \lim_{x \to 0} \frac{1 - 2e^x + (x + 1)^2}{x^3}$$

Aufgabe 4.15. Für die 2π-periodische *Sägezahnkurve* in Abb. 4.27 mit

$$f(x) = -\tfrac{1}{2}x \quad \text{für} \quad x \in [-\pi, \pi[\qquad \text{(periodisch fortgesetzt)}$$

soll eine Fourier-Analyse durchgeführt werden.

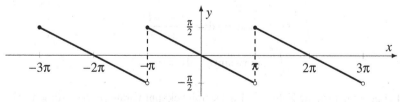

Abb. 4.27 Sägezahnkurve mit Sprungstellen

a) Begründen Sie durch Berechnung der Fourier-Koeffizienten

$$f(x) = \sum_{n=1}^{\infty} \frac{(-1)^n}{n} \sin(nx)$$

Die folgenden Integrale für $n \neq 0$ könnten dabei nützlich sein:

$$\int x \sin(nx)\, dx = \frac{\sin(nx)}{n^2} - \frac{x \cos(nx)}{n}$$

$$\int x \cos(nx)\, dx = \frac{\cos(nx)}{n^2} + \frac{x \sin(nx)}{n}$$

b) Geben Sie die spektrale Form der Fourier-Reihe bis einschließlich $n = 5$ an!

c) Skizzieren Sie das Amplituden- und Phasenspektrum von $f(x)$ bis $n = 5$.

Aufgabe 4.16. Die 2π-periodische Funktion, welche im Intervall $[-\pi, \pi[$ die Werte

$$f(x) = \begin{cases} 2\sin x, & \text{falls } x \in [0, \pi[\\ 0, & \text{falls } x \in [-\pi, 0[\end{cases}$$

annimmt, tritt z. B. in der Elektrotechnik als sogenannte *Einweg-Gleichrichtung* auf und ist in Abb. 4.28 dargestellt.

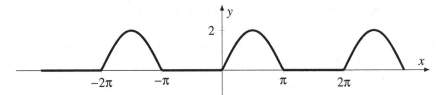

Abb. 4.28 Einweg-Gleichrichtung der Sinuskurve

a) Berechnen Sie den Anfang der Fourier-Reihe bis $n = 8$, also bis einschließlich der Summanden $\cos(8x)$ und $\sin(8x)$. Hierbei dürfen die Integrale

$$\int \sin^2 x\, dx = \tfrac{1}{2}(x - \sin x \cos x)$$

$$\int_0^\pi \sin x \cdot \cos(nx)\, dx = \frac{1 + (-1)^n}{1 - n^2}$$

$$\int_0^\pi \sin x \cdot \sin(nx)\, dx = 0$$

für eine beliebige natürliche Zahl $n > 1$ als schon bekannt vorausgesetzt werden.

b) Skizzieren Sie das Amplituden- und Phasenspektrum von $f(x)$ bis $n = 8$.

c) Kann bei der Fourier-Synthese von $f(x)$ ein Gibbssches Phänomen auftreten?

d) Bestimmen Sie mit a) durch eine passende Phasenverschiebung die Fourier-Reihe zu der in Abb. 4.29 dargestellten 2π-periodischen Funktion.

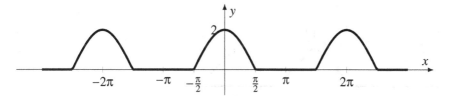

Abb. 4.29 Einweg-Gleichrichtung der Funktion $\cos x$

Aufgabe 4.17. Gegeben ist die in Abb. 4.30 dargestellte Rechteckschwingung $f(x)$.

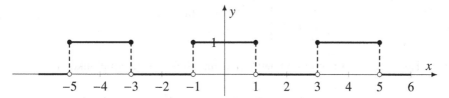

Abb. 4.30 Periodische Rechteckfunktion

a) Begründen Sie mithilfe einer Fourier-Analyse die Reihendarstellung

$$f(x) = \tfrac{1}{2} + \sum_{n=1}^{\infty} \frac{2 \sin \frac{n\pi}{2}}{n\pi} \cdot \cos \frac{n\pi x}{2}$$

b) Ist bei der Fourier-Synthese von $f(x)$ ein Gibbssches Phänomen zu erwarten?

c) Bestimmen Sie – ohne lange Rechnung und mithilfe von a) – die Fourier-Reihe zur 4-periodischen Funktion in Abb. 4.31.

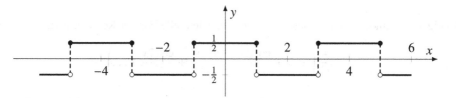

Abb. 4.31 Periodische Rechteckschwingung

Aufgabe 4.18. Der „Sägezahnimpuls" $f : \mathbb{R} \longrightarrow \mathbb{R}$ ist definiert durch

$$f(x) = \begin{cases} 1 + x, & \text{falls } x \in [-1, 0[\\ 1 - x, & \text{falls } x \in [0, 1[\end{cases}$$

und $f(x) = 0$ außerhalb von $[-1, 1[$. Mit $\tilde{f}(x)$ bezeichnen wir die 2-periodische Fortsetzung zu $f(x)$ von $x \in [-1, 1[$ auf ganz $\mathbb{R}$, siehe Abb. 4.32 (die periodische „Sägezahnkurve" ist dort gepunktet gezeichnet).

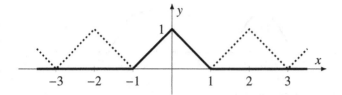

Abb. 4.32 Sägezahnimpuls und periodische Sägezahnkurve (gepunktet)

a) Zeigen Sie: Die Fourier-Transformierte für den Sägezahnimpuls $f(x)$ lautet

$$F(\omega) = \begin{cases} 2 \cdot \frac{1 - \cos \omega}{\omega^2} & \text{für } \omega \neq 0 \\ 1 & \text{für } \omega = 0 \end{cases}$$

Tipp: Ist $f : \mathbb{R} \longrightarrow \mathbb{R}$ achsensymmetrisch, dann gilt für die Spektralfunktion

$$F(\omega) = \int_{-\infty}^{\infty} f(x) \cdot e^{-i\omega x}\, dx = 2 \int_{0}^{\infty} f(x) \cdot \cos(\omega x)\, dx$$

Das folgende bestimmte Integral darf hier als bekannt vorausgesetzt werden:

$$\int_{0}^{1} (1 - x) \cdot \cos(\omega x)\, dx = \frac{1 - \cos \omega}{\omega^2} \quad \text{für} \quad \omega \in \mathbb{R} \setminus \{0\}$$

b) Berechnen Sie die komplexe Fourier-Reihe für die Sägezahnkurve $\tilde{f}(x)$.

Tipp: Wegen $f(x) = 0$ für $|x| > 1$ ist hier

$$\int_{-1}^{1} f(x) \cdot e^{-ik\pi x}\, dx = \int_{-\infty}^{\infty} f(x) \cdot e^{-ik\pi x}\, dx = F(k\pi)$$

c) Zeigen Sie mithilfe von b), dass $\tilde{f}(x)$ die folgende reelle Fourier-Reihe besitzt:

$$\frac{1}{2} + \frac{4}{\pi^2}\left(\cos x + \frac{\cos 3x}{3^2} + \frac{\cos 5x}{5^2} + \frac{\cos 7x}{7^2} + \ldots\right)$$

Aufgabe 4.19. Überprüfen Sie die Fourier-Transformierte der zweiseitig abfallenden Exponentialfunktion

$$\mathcal{F}\{e^{-\alpha|x|}\}(\omega) = \frac{2\alpha}{\omega^2 + \alpha^2}$$

wobei $\alpha > 0$ eine gegebene Zahl ist.

Kapitel 5
Mehrdimensionale Integrale II

5.1 Integralsätze in der Ebene

5.1.1 Einführung und Grundbegriffe

Der *Hauptsatz der Differential- und Integralrechnung* (HDI) besagt

$$\int_a^b f'(x)\,\mathrm{d}x = f(b) - f(a)$$

falls $f : [a, b] \longrightarrow \mathbb{R}$ eine stetig differenzierbare Funktion in *einer* Variable ist. Man kann also das bestimmte Integral der Ableitung $f'(x)$ allein mit den Funktionswerten von $f(x)$ am Rand des Intervalls $[a, b]$ berechnen. Nun stellt sich die Frage, ob es eine entsprechende Aussage auch für Funktionen mit zwei Veränderlichen $f(x, y)$ gibt. Eine solche Funktion ist auf einem Bereich B in der (x, y)-Ebene definiert, und das bestimmte Integral von f über B ist das Flächenintegral (oder Doppelintegral)

$$\iint_B f(x, y)\,\mathrm{d}A$$

Für gewöhnlich bezeichnet man die *Randkurve* des Bereichs B mit dem Symbol ∂B. Damit können wir unser Problem auch so formulieren: Lässt sich das Flächenintegral einer „Ableitung" von $z = f(x, y)$ über einem Bereich $B \subset \mathbb{R}^2$ durch die Funktionswerte von f am Rand ∂B von B bestimmen? Und falls ja: Wie sieht dieser Zusammenhang aus?

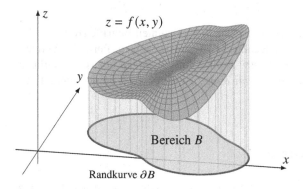

Abb. 5.1 Eine Funktion f über dem Bereich B mit der Randkurve ∂B

© Springer-Verlag GmbH Deutschland, ein Teil von Springer Nature 2022
H. Schmid, *Mathematik für Ingenieurwissenschaften: Vertiefung*,
https://doi.org/10.1007/978-3-662-65526-9_5

Verallgemeinerungen des HDI für Funktionen mit zwei Veränderlichen gibt es tatsächlich. Sie werden *Integralsätze* genannt. Im Vergleich zum HDI ist ihre Formulierung allerdings um einiges schwieriger, zumal es nicht nur eine, sondern zwei partielle Ableitungen gibt und der Rand nicht durch zwei einzelne Punkte, sondern durch eine geschlossene Kurve in $\mathbb{R}^2$ beschrieben wird. In kompakter Form lautet der nach George Green (1793 - 1841) benannte

> **Integralsatz von Green:** $\displaystyle\iint_B \nabla \times \vec{F}\, dA = \oint_{\partial B} \vec{F} \cdot d\vec{r}$

wobei auf der rechten Seite das Kurvenintegral eines Vektorfelds

$$\vec{F} = \vec{F}(x,y) = \begin{pmatrix} F_1(x,y) \\ F_2(x,y) \end{pmatrix}, \quad (x,y) \in B$$

über die geschlossene Randkurve ∂B des Bereichs B steht, und im Flächenintegral auf der linken Seite wird integriert über die sogenannte

> **Rotation** des Vektorfelds $\vec{F}$: $\displaystyle\nabla \times \vec{F} = \frac{\partial F_2}{\partial x} - \frac{\partial F_1}{\partial y}$

Für die Rotation (oder kurz: den „Rotor") des Vektorfelds schreibt man auch rot $\vec{F}$. Im Integralsatz von Green übernimmt also die Rotation rot $\vec{F} = \nabla \times \vec{F}$ die Rolle der Ableitung, und das Vektorfeld $\vec{F}$ ist die „Stammfunktion", welche über den Rand des Bereichs B integriert wird. Eine Variante davon ist der

> **Integralsatz von Gauß:** $\displaystyle\iint_B \nabla \cdot \vec{F}\, dA = \oint_{\partial B} \vec{F} \cdot d\vec{n}$

mit dem sogenannten *Flussintegral* auf der rechten Seite und der

> **Divergenz** des Vektorfelds $\vec{F}$: $\displaystyle\nabla \cdot \vec{F} = \frac{\partial F_1}{\partial x} + \frac{\partial F_2}{\partial y}$

welche auch mit div $\vec{F} = \nabla \cdot \vec{F}$ notiert wird. Alle hier genannten Begriffe (Rotation, Divergenz, Flussintegral usw.) sowie die technischen Voraussetzungen (Form des Bereichs B, Umlaufrichtung der Randkurve ∂B usw.) sollen im Folgenden etwas ausführlicher diskutiert werden. Anschließend werden wir einige Anwendungen dieser Integralsätze kennenlernen.

5.1.2 Der Integralsatz von Green

Wir wollen eine Beziehung zwischen dem Flächenintegral auf einem Normalbereich B und dem Kurvenintegral auf der Randkurve ∂B von B herstellen. Dazu setzen wir voraus, dass sich der Rand ∂B wie in Abb. 5.2 durch zwei Kurven in Parameterform

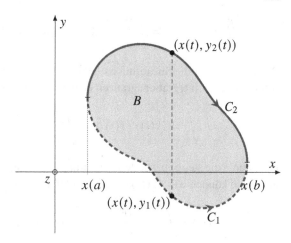

Abb. 5.2 Randkurve in Parameterform

$$C_1: \quad x = x(t), \quad y = y_1(t), \quad t \in [a, b]$$
$$C_2: \quad x = x(t), \quad y = y_2(t), \quad t \in [a, b]$$

mit einem gemeinsamen Parameterbereich und einer gemeinsamen Koordinate $x(t)$, aber mit zwei Funktionen $y_1(t) \leq y_2(t)$ beschreiben lässt. Die Kurven C_1 und C_2 bilden den unteren bzw. oberen Rand des Bereichs B. Bei der Definition eines Normalbereichs in Kapitel 2, Abschnitt 2.3.2 haben wir diese Begrenzung in der Form $c(x) \leq d(x)$ mit $x \in [a, b]$ notiert; die Funktionen $c(x)$ und $d(x)$ werden jetzt durch Kurven in Parameterdarstellung ersetzt. Zur Vereinfachung der Rechnung gehen wir zudem davon aus, dass die Kurven C_1, C_2 glatt und ihre Koordinatenfunktionen demnach stetig differenzierbar sind.

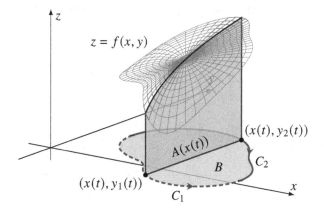

Abb. 5.3 Schnittfläche bei $x = x(t)$ parallel zur (y, z)-Ebene

Ist nun $f : B \longrightarrow \mathbb{R}$ eine gegebene stetige Funktion, dann können wir für jeden Parameterwert $t \in [a, b]$ gemäß Abb. 5.3 die Schnittfläche $A(x)$ bei $x = x(t)$ parallel zur y-z-Ebene bilden und damit das Flächenintegral von f über B berechnen:

$$\iint_B f(x,y)\,\mathrm{d}A = \int_{x(a)}^{x(b)} A(x)\,\mathrm{d}x \quad \text{mit} \quad A(x(t)) = \int_{y_1(t)}^{y_2(t)} f(x(t),y)\,\mathrm{d}y$$

Wenden wir hier die Substitutionsregel mit $x = x(t)$ und $\dot{x}(t) = \frac{\mathrm{d}x}{\mathrm{d}t}$ bzw. $\mathrm{d}x = \dot{x}(t)\,\mathrm{d}t$ an, wobei auch die Integrationsgrenzen ersetzt werden müssen, dann ergibt sich

$$\int_a^b A(x(t)) \cdot \dot{x}(t)\,\mathrm{d}t = \int_{x(a)}^{x(b)} A(x)\,\mathrm{d}x = \iint_B f(x,y)\,\mathrm{d}A$$

Falls nun f die stetige partielle y-Ableitung einer Funktion $F_1(x,y)$ ist, also $f(x,y) = \frac{\partial F_1}{\partial y}$ gilt, dann können wir $A(x(t))$ nach dem HDI sofort ausrechnen:

$$A(x(t)) = \int_{y_1(t)}^{y_2(t)} \frac{\partial F_1}{\partial y}(x(t),y)\,\mathrm{d}y = F_1(x(t),y_2(t)) - F_1(x(t),y_1(t))$$

und für das Flächenintegral erhalten wir das bestimmte Integral

$$\iint_B \frac{\partial F_1}{\partial y}(x,y)\,\mathrm{d}A = \int_a^b \left(F_1(x(t),y_2(t)) - F_1(x(t),y_1(t))\right) \cdot \dot{x}(t)\,\mathrm{d}t$$

Dieses Ergebnis lässt sich, wie wir nachfolgend sehen werden, auch als Kurvenintegral des Vektorfelds

$$\vec{F}_1(x,y) = \begin{pmatrix} F_1(x,y) \\ 0 \end{pmatrix}$$

längs ∂B darstellen. Für die geschlossene Randkurve von B müssen wir allerdings noch eine Umlaufrichtung festlegen. Man vereinbart, dass die Randkurve ∂B von B im mathematisch positiven Sinn durchlaufen wird, sodass also B stets auf der linken Seite von ∂B liegt. Dann ist $\partial B = C_1 + (-C_2)$, und das bedeutet: Wir umlaufen den Rand von B, indem wir nach dem Durchlauf von C_1 über die Kurve C_2 in entgegengesetzter Richtung zum Ausgangspunkt zurückkehren (siehe Abb. 5.4).

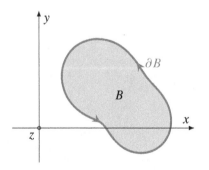

Abb. 5.4a Zerlegung der Randkurve ∂B ...

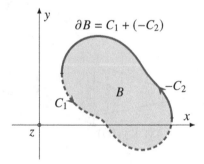

Abb. 5.4b ... in die Teilkurven C_1 und $-C_2$

Nach den Rechenregeln für Kurvenintegrale dürfen wir das Randintegral über ∂B in

$$\oint_{\partial B} \vec{F}_1(\vec{r}) \cdot d\vec{r} = \oint_{C_1} \vec{F}_1(\vec{r}) \cdot d\vec{r} + \oint_{-C_2} \vec{F}_1(\vec{r}) \cdot d\vec{r} = \oint_{C_1} \vec{F}_1(\vec{r}) \cdot d\vec{r} - \oint_{C_2} \vec{F}_1(\vec{r}) \cdot d\vec{r}$$

zerlegen. Setzen wir hier die Parameterdarstellungen von C_1 und C_2 ein, dann ergibt

$$\oint_{\partial B} \vec{F}_1(\vec{r}) \cdot d\vec{r} = \int_a^b \begin{pmatrix} F_1(x(t), y_1(t)) \\ 0 \end{pmatrix} \cdot \begin{pmatrix} \dot{x}(t) \\ \dot{y}_1(t) \end{pmatrix} dt - \int_a^b \begin{pmatrix} F_1(x(t), y_2(t)) \\ 0 \end{pmatrix} \cdot \begin{pmatrix} \dot{x}(t) \\ \dot{y}_2(t) \end{pmatrix} dt$$

$$= \int_a^b F_1(x(t), y_1(t)) \cdot \dot{x}(t)\, dt - \int_a^b F_1(x(t), y_2(t)) \cdot \dot{x}(t)\, dt$$

den negativen Wert des obigen Flächenintegrals! Als Zwischenergebnis notieren wir:

$$\boxed{\oint_{\partial B} \begin{pmatrix} F_1(\vec{r}) \\ 0 \end{pmatrix} \cdot d\vec{r} = - \iint_B \frac{\partial F_1}{\partial y}(x, y)\, dA}$$

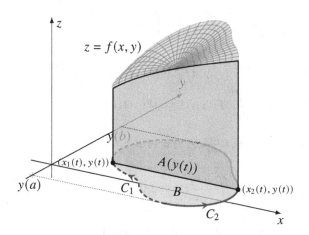

Abb. 5.5 Schnittfläche bei $y = y(t)$ parallel zur (x, z)-Ebene

Alternativ lässt sich der Normalbereich B auch von links und von rechts durch zwei Kurven C_1 und C_2 eingrenzen. Ausgehend von den Parameterdarstellungen

$$C_1: \quad x = x_1(t), \quad y = y(t), \quad t \in [a, b]$$
$$C_2: \quad x = x_2(t), \quad y = y(t), \quad t \in [a, b]$$

mit $x_1(t) \leq x_2(t)$ und einer gemeinsamen Koordinatenfunktion $y(t)$ auf einem gemeinsamen Parameterbereich können wir für einen festen Parameterwert $t \in [a, b]$ die Schnittfläche bei $y = y(t)$ parallel zur x-z-Ebene von $x = x_1(t)$ bis $x = x_2(t)$ bilden. Die Inhalte dieser Schnittflächen (siehe Abb. 5.5)

$$A(y) = A(y(t)) = \int_{x_1(t)}^{x_2(t)} f(x, y(t))\, dx$$

werden bei der Berechnung des Flächenintegrals von $y = y(a)$ bis $y = y(b)$ integriert:

$$\iint_B f(x, y)\,\mathrm{d}A = \int_{y(a)}^{y(b)} A(y)\,\mathrm{d}y = \int_a^b A(y(t)) \cdot \dot{y}(t)\,\mathrm{d}t$$

wobei wir zuletzt wieder die Substitutionsregel mit $y = y(t)$ und $\mathrm{d}y = \dot{y}(t)\,\mathrm{d}t$ benutzt haben. Im Fall, dass $f = \frac{\partial F_2}{\partial x}$ die stetige partielle Ableitung einer Funktion $F_2(x, y)$ nach x ist, erhalten wir gemäß dem HDI für die Schnittfläche den Inhalt

$$A(y(t)) = \int_{x_1(t)}^{x_2(t)} \frac{\partial F_2}{\partial x}(x, y(t))\,\mathrm{d}x = F_2(x_2(t), y(t)) - F_2(x_1(t), y(t))$$

und das Flächenintegral der Funktion $z = \frac{\partial F_2}{\partial x}(x, y)$ über B ergibt den Wert

$$\iint_B \frac{\partial F_2}{\partial x}(x, y)\,\mathrm{d}A = \int_a^b F_2(x_2(t), y(t)) \cdot \dot{y}(t)\,\mathrm{d}t - \int_a^b F_2(x_1(t), y(t)) \cdot \dot{y}(t)\,\mathrm{d}t$$

Die Randkurve von B ist $\partial B = (-C_1) + C_2$, und daher liefert das Kurvenintegral

$$\oint_{\partial B} \begin{pmatrix} 0 \\ F_2(\vec{r}) \end{pmatrix} \cdot \mathrm{d}\vec{r} = -\oint_{C_1} \begin{pmatrix} 0 \\ F_2(\vec{r}) \end{pmatrix} \cdot \mathrm{d}\vec{r} + \oint_{C_2} \begin{pmatrix} 0 \\ F_2(\vec{r}) \end{pmatrix} \cdot \mathrm{d}\vec{r}$$

$$= -\int_a^b \begin{pmatrix} 0 \\ F_2(x_1(t), y(t)) \end{pmatrix} \cdot \begin{pmatrix} \dot{x}_1(t) \\ \dot{y}(t) \end{pmatrix} \mathrm{d}t + \int_a^b \begin{pmatrix} 0 \\ F_2(x_2(t), y(t)) \end{pmatrix} \cdot \begin{pmatrix} \dot{x}_2(t) \\ \dot{y}(t) \end{pmatrix} \mathrm{d}t$$

$$= -\int_a^b F_2(x_1(t), y(t)) \cdot \dot{y}(t)\,\mathrm{d}t + \int_a^b F_2(x_2(t), y(t)) \cdot \dot{y}(t)\,\mathrm{d}t$$

den gleichen Wert wie das Flächenintegral von $\frac{\partial F_2}{\partial x}(x, y)$ über B:

$$\boxed{\oint_{\partial B} \begin{pmatrix} 0 \\ F_2(\vec{r}) \end{pmatrix} \cdot \mathrm{d}\vec{r} = \iint_B \frac{\partial F_2}{\partial x}(x, y)\,\mathrm{d}A}$$

Abschließend können wir unsere Zwischenresultate auf das Vektorfeld

$$\vec{F}(x, y) = \begin{pmatrix} F_1(x, y) \\ F_2(x, y) \end{pmatrix} = \begin{pmatrix} 0 \\ F_2(x, y) \end{pmatrix} + \begin{pmatrix} F_1(x, y) \\ 0 \end{pmatrix}$$

anwenden, indem wir die Kurven- bzw. Flächenintegrale wie folgt zerlegen und wieder zusammensetzen:

$$\oint_{\partial B} \vec{F}(\vec{r}) \cdot \mathrm{d}\vec{r} = \oint_{\partial B} \left(\begin{pmatrix} 0 \\ F_2(\vec{r}) \end{pmatrix} + \begin{pmatrix} F_1(\vec{r}) \\ 0 \end{pmatrix} \right) \cdot \mathrm{d}\vec{r} = \oint_{\partial B} \begin{pmatrix} 0 \\ F_2(\vec{r}) \end{pmatrix} \cdot \mathrm{d}\vec{r} + \oint_{\partial B} \begin{pmatrix} F_1(\vec{r}) \\ 0 \end{pmatrix} \cdot \mathrm{d}\vec{r}$$

$$= \iint_B \frac{\partial F_2}{\partial x}(x, y)\,\mathrm{d}A - \iint_B \frac{\partial F_1}{\partial y}(x, y)\,\mathrm{d}A = \iint_B \left(\frac{\partial F_2}{\partial x} - \frac{\partial F_1}{\partial y} \right) \mathrm{d}A$$

Der Integrand im Flächenintegral auf der rechten Seite ist die **Rotation** von $\vec{F}(x, y)$:

$$(\nabla \times \vec{F})(x, y) := \frac{\partial F_2}{\partial x}(x, y) - \frac{\partial F_1}{\partial y}(x, y) \quad \text{mit} \quad \vec{F}(x, y) = \begin{pmatrix} F_1(x, y) \\ F_2(x, y) \end{pmatrix}$$

Falls die Komponenten $F_1(x, y)$ und $F_2(x, y)$ des Vektorfelds stetig differenzierbar sind, dann ist $\nabla \times \vec{F} : B \longrightarrow \mathbb{R}$ eine stetige Funktion, und wir erhalten den

Integralsatz von Green: Für ein Vektorfeld $\vec{F} = \vec{F}(x, y)$ mit zwei stetig differenzierbaren Komponenten auf einem Normalbereich $B \subset \mathbb{R}^2$, dessen Randkurve ∂B glatt ist und im mathematisch positiven Sinn durchlaufen wird, gilt

$$\iint_B (\nabla \times \vec{F})(x, y) \, dA = \oint_{\partial B} \vec{F}(\vec{r}) \cdot d\vec{r}$$

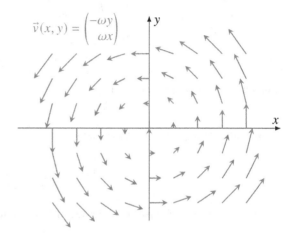

Abb. 5.6 Ein Strömungsfeld mit konstanter Winkelgeschwindigkeit ω

Die Rotation eines Vektorfelds wird oft auch mit rot $\vec{F} = \nabla \times \vec{F}$ abgekürzt. Der Name „Rotation" geht zurück auf den folgenden physikalischen Zusammenhang: Eine Flüssigkeit, welche überall mit der konstanten Winkelgeschwindigkeit ω rotiert (siehe Abb. 5.6), erzeugt ein Strömungsfeld mit den ortsabhängigen Geschwindigkeiten

$$\vec{v}(x, y) = \begin{pmatrix} -\omega y \\ \omega x \end{pmatrix} \implies (\mathrm{rot}\,\vec{v})(x, y) = \frac{\partial(\omega x)}{\partial x} - \frac{\partial(-\omega y)}{\partial y} = \omega + \omega = 2\omega$$

Die Rotation des Strömungsfelds ist also proportional zur Winkelgeschwindigkeit eines mitschwimmenden Körpers. Entsprechend lässt sich auch bei einem anderen ortsabhängigen Vektorfeld $\vec{F}(x, y)$ die Größe $(\mathrm{rot}\,\vec{F})(x, y) = (\nabla \times \vec{F})(x, y)$ als „lokale Wirbelstärke" an der Stelle (x, y) interpretieren. In Abb. 5.7 ist ein Vektorfeld in der (x, y)-Ebene zusammen mit seiner Rotation graphisch dargestellt. Die Verwirbelung von $\vec{F}(x, y)$ ist im Ursprung O (dem „Wirbelzentrum") am größten, und deshalb hat die Funktion $(\nabla \times \vec{F})(x, y)$ dort auch ihr Maximum.

Mit dem Greenschen Integralsatz kann man das Kurvenintegral eines Vektorfelds auf das Flächenintegral seiner Rotation (oder umgekehrt) zurückführen.

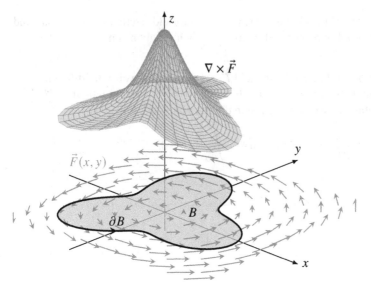

Abb. 5.7 Ein Vektorfeld $\vec{F}$ und seine Rotation $\nabla \times \vec{F}$

Beispiel: Wir wollen das Vektorfeld

$$\vec{F}(x, y) = \begin{pmatrix} x^2 y \\ x - x\, y^2 \end{pmatrix}$$

längs des Einheitskreises C in der (x, y)-Ebene integrieren. Mit

$$C: \quad x(t) = \cos t, \quad y(t) = \sin t, \quad t \in [0, 2\pi]$$

können wir das Kurvenintegral von $\vec{F}(x, y)$ über C in Parameterform berechnen:

$$\oint_C \vec{F}(\vec{r}) \cdot d\vec{r} = \int_0^{2\pi} \begin{pmatrix} x(t)^2 \cdot y(t) \\ x(t) - x(t) \cdot y(t)^2 \end{pmatrix} \cdot \begin{pmatrix} \dot{x}(t) \\ \dot{y}(t) \end{pmatrix} dt$$

$$= \int_0^{2\pi} \begin{pmatrix} \cos^2 t \cdot \sin t \\ \cos t - \cos t \cdot \sin^2 t \end{pmatrix} \cdot \begin{pmatrix} -\sin t \\ \cos t \end{pmatrix} dt$$

$$= \int_0^{2\pi} \cos^2 t - 2 \sin^2 t \cos^2 t \; dt$$

$$= \tfrac{1}{4} t + \tfrac{1}{4} \sin 2t + \tfrac{1}{16} \sin 4t \Big|_0^{2\pi} = \tfrac{\pi}{2}$$

Die Stammfunktion in der letzten Zeile lässt sich z. B. mit partieller Integration finden, aber die Berechnung ist relativ aufwändig. Bezeichnet nun B die Kreisscheibe, welche von $C = \partial B$ umschlossen wird, dann sollte wegen

$$\nabla \times \vec{F} = \frac{\partial (x - x\, y^2)}{\partial x} - \frac{\partial (x^2 y)}{\partial y} = 1 - y^2 - x^2$$

nach dem Integralsatz von Green auch

$$\oint_C \vec{F}(\vec{r}) \cdot d\vec{r} = \iint_B (\nabla \times \vec{F})(x, y)\, dA = \iint_B 1 - x^2 - y^2\, dA = \frac{\pi}{2}$$

gelten. Tatsächlich haben wir genau dieses Resultat bereits erhalten: Es ist das Volumen des Rotationsparaboloids über der Einheitskreisscheibe (siehe Beispiel 1 in Kapitel 2, Abschnitt 2.3.2).

Greensche Bereiche

Bei der Begründung des Greenschen Satzes war der Einfachheit halber ein Normalbereich B mit glatter Randkurve ∂B vorausgesetzt. Der Integralsatz von Green lässt sich aber auch auf wesentlich kompliziertere Integrationsbereiche anwenden.

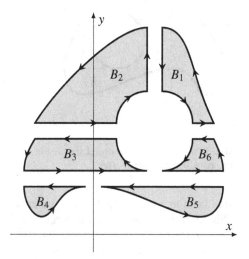

Abb. 5.8 Normalbereiche mit stückweise glatten Randkurven

Zunächst kann man zeigen, dass der Integralsatz für Normalbereiche mit einer *stückweise* glatten Randkurve gilt. Hierbei handelt es sich um Bereiche wie in Abb. 5.8, deren Ränder an einer oder mehreren Stellen geknickt sein dürfen. In diesem Fall ist das Randintegral die Summe der Kurvenintegrale längs der glatten Teilkurven (vgl. Abb. 2.12b). Lassen sich wiederum mehrere Normalbereiche $B_1, \ldots, B_n$ so wie in Abb. 5.9 zu einem einzigen Bereich B zusammensetzen, dann gilt nach dem Greenschen Integralsatz für Normalbereiche zunächst

$$\iint_B (\nabla \times \vec{F})(x, y)\, dA = \sum_{k=1}^n \iint_{B_k} (\nabla \times \vec{F})(x, y)\, dA = \sum_{k=1}^n \oint_{\partial B_k} \vec{F}(\vec{r}) \cdot d\vec{r}$$

Bei der Summe der Kurvenintegrale werden alle *inneren* Randkurven (also jene, die einen Teilbereich B_k begrenzen, aber nicht zur Randkurve von B gehören) immer genau zweimal durchlaufen, und zwar jeweils in entgegengesetzter Richtung. Diese Kurvenintegrale heben sich dann gegenseitig auf (vgl. Abb. 2.12a), und es bleiben nur die Kurvenintegrale längs der Begrenzungskurven von B übrig. Im Beispiel Abb. 5.9 sind das die Kurven C_1 und C_2, die zusammen den Rand von $B = B_1 \cup \ldots \cup B_6$ bilden, und es gilt

$$\iint_B (\nabla \times \vec{F})(x, y)\, \mathrm{d}A = \oint_{C_1} \vec{F}(\vec{r}) \cdot \mathrm{d}\vec{r} + \oint_{C_2} \vec{F}(\vec{r}) \cdot \mathrm{d}\vec{r} = \oint_{\partial B} \vec{F}(\vec{r}) \cdot \mathrm{d}\vec{r}$$

Hierbei ist noch der Umlaufsinn der einzelnen Berandungen zu beachten: Die Kurven werden so durchlaufen, dass der eingeschlossene Bereich stets auf der linken Seite liegt. In Abb. 5.9 haben deshalb auch die Randkurven C_1 (außen) und C_2 (um das Loch) verschiedene Umlaufrichtungen.

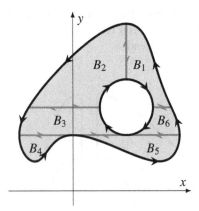 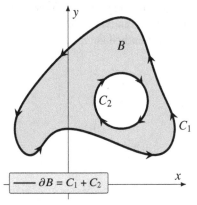

Abb. 5.9a Die sechs Normalbereiche aus Abb. 5.8 lassen sich zusammensetzen ...

Abb. 5.9b ... zu einem einzigen Integrationsbereich mit Loch und zwei Randkurven

Man kann nun auch umgekehrt argumentieren: Für einen Integrationsbereich B wie in Abb. 5.9, der in einzelne Normalbereiche aufgeteilt werden kann, gilt der Greensche Integralsatz. Deshalb wird eine Menge $B \subset \mathbb{R}^2$, die sich in ein oder mehrere Normalbereiche mit stückweise glatten Randkurven zerlegen lässt, als *Greenscher Bereich* bezeichnet. Der Rand ∂B eines Greenschen Bereichs setzt sich in der Regel aus mehreren getrennten Kurven zusammen, die alle so zu durchlaufen sind, dass B immer auf der linken Seite liegt. In einer allgemeineren Fassung lautet nun der

Integralsatz von Green: Ist $\vec{F} = \vec{F}(x, y)$ ein Vektorfeld mit stetig differenzierbaren Komponenten auf einem *Greenschen Bereich B* in der (x, y)-Ebene, dann gilt

$$\iint_B (\nabla \times \vec{F})(x, y)\, \mathrm{d}A = \oint_{\partial B} \vec{F}(\vec{r}) \cdot \mathrm{d}\vec{r}$$

5.1.3 Anwendungen des Greenschen Satzes

Der Integralsatz von Green wird in der Geometrie, der Physik und in der Technik für ganz unterschiedliche Zwecke genutzt. Einige dieser Anwendungen sollen im Folgenden vorgestellt werden.

Flächenberechnung mit Kurvenintegralen

Für das Vektorfeld

$$\vec{F}(x, y) = \begin{pmatrix} -\frac{1}{2} y \\ \frac{1}{2} x \end{pmatrix} \implies (\nabla \times \vec{F})(x, y) = \frac{\partial(\frac{1}{2} x)}{\partial x} - \frac{\partial(-\frac{1}{2} y)}{\partial y} = \frac{1}{2} - (-\frac{1}{2}) = 1$$

auf einem Normalbereich B mit glatter Randkurve ∂B liefert uns der Integralsatz von Green den Flächeninhalt

$$A = \iint_B 1 \, \mathrm{d}A = \oint_{\partial B} \begin{pmatrix} -\frac{1}{2} y \\ \frac{1}{2} x \end{pmatrix} \cdot \mathrm{d}\vec{r} = \frac{1}{2} \int_a^b x(t) \cdot \dot{y}(t) - y(t) \cdot \dot{x}(t) \, \mathrm{d}t$$

von B. Hierbei sind $x(t)$ und $y(t)$ für $t \in [a, b]$ die stetig differenzierbaren Koordinatenfunktionen der Randkurve $C = \partial B$. Der Flächeninhalt lässt sich demnach allein durch „Umfahren" der Berandung bestimmen. Obiges Ergebnis ist bekannt als die

Sektorformel von Leibniz: Ein Normalbereich $B \subset \mathbb{R}^2$, der von einer glatten Randkurve $C = \partial B$ mit den Koordinatenfunktionen $x(t)$ und $y(t)$ für $t \in [a, b]$ eingegrenzt wird, hat den Flächeninhalt

$$A = \frac{1}{2} \int_a^b x(t) \cdot \dot{y}(t) - y(t) \cdot \dot{x}(t) \, \mathrm{d}t$$

Beispiel: Wir wollen diese Formel verwenden, um den Flächeninhalt der Ellipse

$$x(t) = a \cos t, \quad y(t) = b \sin t, \quad t \in [0, 2\pi]$$

mit den Halbachsen $a > 0$ in x-Richtung und $b > 0$ in Richtung y zu berechnen. Mit $\dot{x}(t) = -a \sin t$ und $\dot{y}(t) = b \cos t$ ergibt sich das bekannte Ergebnis

$$A = \frac{1}{2} \int_0^{2\pi} a \cos t \cdot b \cos t - b \sin t \cdot (-a \sin t) \, \mathrm{d}t$$

$$= \frac{1}{2} \int_0^{2\pi} ab \cos^2 t + ab \sin^2 t \, \mathrm{d}t = \frac{1}{2} \int_0^{2\pi} ab \, \mathrm{d}t = \frac{ab}{2} \cdot t \Big|_0^{2\pi} = ab\pi$$

Wegunabhängigkeit von Kurvenintegralen

Ein stetig differenzierbares Vektorfeld $\vec{F}(x, y)$ auf einem Gebiet $D \subset \mathbb{R}^2$ heißt *wirbelfrei*, wenn $(\text{rot } \vec{F})(x, y) = 0$ für alle $(x, y) \in D$ erfüllt ist, wobei

$$(\text{rot } \vec{F})(x, y) = 0 \iff \frac{\partial F_1}{\partial y}(x, y) = \frac{\partial F_2}{\partial x}(x, y)$$

Für eine geschlossene Kurve $C = \partial B$ um einen Normalbereich $B \subset D$ mit glattem Rand ist dann nach dem Integralsatz von Green stets

$$\oint_C \vec{F}(\vec{r}) \cdot d\vec{r} = \iint_B (\text{rot } \vec{F})(x, y) \, dA = 0$$

Dieses Resultat lässt sich noch etwas verallgemeinern, sofern das Gebiet D, in dem sich die geschlossene Kurve C befindet, gewisse Voraussetzungen erfüllt. Um diese angeben zu können, brauchen wir zwei weitere Begriffe.

Eine geschlossene Kurve, die sich selbst weder schneidet noch berührt (also ohne „Doppelpunkte" ist), nennt man *einfach geschlossen*. Ein Gebiet $D \subset \mathbb{R}^2$ heißt *einfach zusammenhängend*, wenn man jede einfach geschlossene Kurve innerhalb von D auf einen einzigen Punkt zusammenziehen kann. Salopp gesagt hat ein einfach zusammenhängendes Gebiet keine Löcher! Beispielsweise ist das Gebiet D in Abb. 5.10a einfach zusammenhängend, D in Abb. 5.10b dagegen nicht. Auch die obere Halbebene $H = \{(x, y) \in \mathbb{R}^2 \mid y > 0\}$, eine beliebige offene Kreisscheibe in $\mathbb{R}^2$ (ohne Rand) sowie die gesamte (x, y)-Ebene sind einfach zusammenhängende Gebiete.

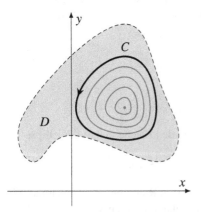 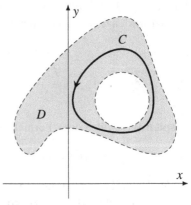

Abb. 5.10a D ist einfach zusammenhängend (jede einfach geschlossenen Kurve C lässt sich in D auf einen Punkt zusammenziehen)

Abb. 5.10b Gebiete mit einem Loch im Inneren sind nicht einfach zusammenhängend (die Kurve C lässt sich nicht zusammenziehen)

Wir können nun die folgende Aussage notieren, wobei wir aus Platzgründen auf eine Begründung verzichten müssen:

Für eine stückweise glatte geschlossene Kurve C in einem einfach zusammenhängenden Gebiet $D \subset \mathbb{R}^2$ und für ein wirbelfreies Vektorfeld $\vec{F}(x, y)$ auf D gilt

$$\oint_C \vec{F}(\vec{r}) \cdot d\vec{r} = 0$$

Dieses Ergebnis führt wiederum zu weiteren bemerkenswerten Resultaten. Sind C_1 und C_2 zwei glatte Kurven in einem einfach zusammenhängenden Gebiet D mit dem gleichen Anfangs- und Endpunkt, dann ist $C := C_1 + (-C_2)$ eine geschlossene Kurve, und somit gilt für jedes wirbelfreie Vektorfeld

$$0 = \oint_C \vec{F}(\vec{r}) \cdot d\vec{r} = \oint_{C_1} \vec{F}(\vec{r}) \cdot d\vec{r} - \oint_{C_2} \vec{F}(\vec{r}) \cdot d\vec{r}$$

$$\implies \quad \oint_{C_1} \vec{F}(\vec{r}) \cdot d\vec{r} = \oint_{C_2} \vec{F}(\vec{r}) \cdot d\vec{r}$$

Das Kurvenintegral hängt in diesem Fall also nur vom Anfangs- und Endpunkt, nicht aber vom Verlauf der Kurve ab. Das bedeutet:

Auf einem einfach zusammenhängenden Gebiet $D \subset \mathbb{R}^2$ ist das Kurvenintegral eines wirbelfreien Vektorfelds wegunabhängig.

Zugleich bedeutet rot $\vec{F} = 0$ aber auch, dass das Vektorfeld die Integrabilitätsbedingung erfüllt, welche eine notwendige Bedingung dafür ist, dass $\vec{F}(x, y)$ ein Potential besitzt. Die Wirbelfreiheit bzw. Integrabilitätsbedingung allein reicht jedoch nicht aus – auch der Definitionsbereich D muss „passen", wie Beispiel 4 in Abschnitt 2.2.3 zeigt. Tatsächlich genügt es aber, dass der Definitionsbereich einfach zusammenhängend ist:

Ein wirbelfreies Vektorfeld $\vec{F}(x, y)$ mit $(\mathrm{rot}\,\vec{F})(x, y) \equiv 0$ auf einem einfach zusammenhängenden Gebiet $D \subset \mathbb{R}^2$ ist konservativ, besitzt also eine Potential $f(x, y)$ mit $\vec{F}(x, y) = (\mathrm{grad}\, f)(x, y)$.

Das Faradaysche Induktionsgesetz

Wir betrachten eine geschlossene Drahtschleife ∂S, welche einen Bereich S in der (x, y)-Ebene umschließt und senkrecht (in z-Richtung) von einem zeitlich veränderlichen Magnetfeld $B(x, y, t)$ durchflossen wird, siehe Abb. 5.11. Die Größe

$$\Phi(t) = \iint_S B(x, y, t)\, dA$$

ist der magnetische Fluss durch die von der Drahtschleife umschlossene Fläche zur Zeit t. Michael Faraday stellte 1831 in seinen Experimenten fest, dass die *zeitliche Änderung*

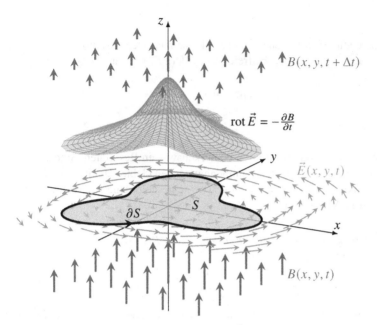

Abb. 5.11 Das zeitlich veränderliche Magnetfeld $\vec{B}$ induziert einen Strom in ∂S

des magnetischen Flusses eine Spannung in der Leiterschleife induziert:

$$U(t) = -\frac{d\Phi}{dt} = -\frac{d}{dt} \iint_S B(x,y,t)\,dA = \iint_S -\frac{\partial B}{\partial t}(x,y,t)\,dA$$

Andererseits entspricht die elektrische Spannung zugleich der Energie (Arbeit) des induzierten elektrischen Feldes $\vec{E}(x,y,t)$ entlang der Drahtschleife ∂S, sodass auch

$$U(t) = \int_{\partial S} \vec{E}(\vec{r},t) \cdot d\vec{r} = \iint_S \operatorname{rot} \vec{E}(x,y,t)\,dA$$

gelten muss, wobei wir zuletzt noch den Greenschen Integralsatz verwendet haben. Ein
Vergleich der Integranden ergibt eine Beziehung zwischen $\vec{B}$ und $\vec{E}$, welche

---

Faradaysches Induktionsgesetz $\quad \operatorname{rot} \vec{E} = -\dfrac{\partial B}{\partial t}$

---

genannt wird. Die (negative) zeitliche Änderung eines Magnetfelds entspricht also der
Rotation des induzierten elektrischen Felds. In Abb. 5.11 ist ein solches orts- und zeitab-
hängiges Magnetfeld senkrecht zur (x,y)-Ebene skizziert, welches sich im Zeitraum von
t bis $t + \Delta t$ abschwächt. Die Änderungsrate

$$\frac{\partial B}{\partial t}(x,y,t) \approx \frac{B(x,y,t+\Delta t) - B(x,y,t)}{\Delta t}$$

ist hier eine negative Funktion, und es wird ein elektrisches Feld mit der Rotation rot $\vec{E}$ = $-\frac{\partial B}{\partial t}$ > 0 induziert. Das elektrische Feld $\vec{E}(x, y, t)$ „rotiert" bei dieser Situation im Gegenuhrzeigersinn, und das wiederum entspricht genau der *Lenzschen Regel*.

Funktionsweise eines Polarplanimeters

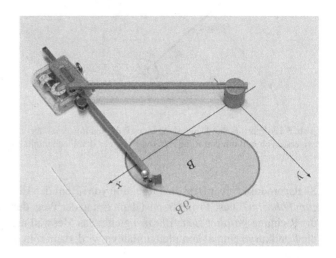

Abb. 5.12 Polarplanimeter

Ein Planimeter ist ganz allgemein ein Messinstrument, das den Flächeninhalt einer krummlinig begrenzten Fläche allein durch Umfahren der Randkurve bestimmen kann. Ein *Polarplanimeter* ist ein spezielles Planimeter bestehend aus zwei Armen, die gelenkig miteinander verbunden sind, wobei der erste Arm durch den „Pol" fixiert ist und der zweite Arm den Fahrstift trägt, mit dem der Rand umfahren wird. Am Fahrarm ist ein Messrad montiert, dessen Drehachse parallel zum Fahrarm verläuft (vgl. Abb. 5.12). Es registriert die Bewegung des Fahrstifts *senkrecht* zum Fahrarm und zeigt nach einem kompletten Umlauf den Flächeninhalt an.

Dieser Mechanismus beruht letztlich auf dem Integralsatz von Green. Wir wollen die Funktionsweise eines Polarplanimeters nachprüfen und gehen im Folgenden davon aus, dass der Pol im Ursprung O liegt. Zur Vereinfachung der Rechnung nehmen wir zusätzlich an, dass beide Arme die gleiche Länge $a > 0$ haben, und dass das Messrad wie in Abb. 5.13 am Ende des Fahrarms angebracht ist, sodass es zugleich als Fahrstift dient.

Befindet sich das Messrad im Kurvenpunkt (x, y), dann ergibt

$$\vec{F}(x, y) = \begin{pmatrix} F_1(x, y) \\ F_2(x, y) \end{pmatrix} = \frac{1}{2a} \begin{pmatrix} -y - x\sqrt{\frac{4a^2}{x^2+y^2} - 1} \\ x - y\sqrt{\frac{4a^2}{x^2+y^2} - 1} \end{pmatrix}$$

einen Vektor mit der Länge 1, welcher in der Ebene des Messrads liegt und somit orthogonal zum Fahrarm ist (eine Begründung dafür folgt im nächsten Absatz). Bewegt man nun das Messrad entlang der Kurve ∂B auf einem kleinen Wegstück $d\vec{r}$, dann ist das

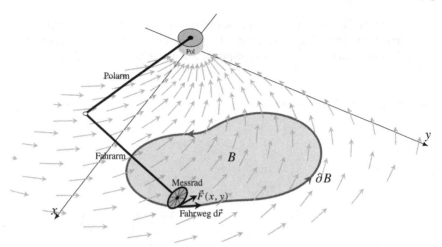

Abb. 5.13 Vereinfachte Darstellung eines Polarplanimeters: Fährt man mit dem Messrad im Gegenuhrzeigersinn einmal um den Rand ∂B, dann zeigt es den Flächeninhalt des Bereichs B an

Skalarprodukt $\vec{F}(x, y) \cdot \mathrm{d}\vec{r}$ die Projektion von $\mathrm{d}\vec{r}$ auf den Einheitsvektor $\vec{F}(x, y)$ *senkrecht zum Fahrarm*. Diese Projektion ist dann genau der Weg, den das Messrad abrollt, denn in die Richtung *parallel zum Fahrarm* gleitet das Messrad nur (ohne sich zu drehen). Falls die Randkurve einmal komplett umfahren wird, dann rollt das Messrad in Summe um die Länge

$$S = \oint_{\partial B} \vec{F}(x, y) \cdot \mathrm{d}\vec{r}$$

ab. Nach dem Integralsatz von Green können wir S auch mit dem Flächenintegral

$$S = \iint_B (\nabla \times \vec{F})(x, y) \, \mathrm{d}A$$

bestimmen. Für die Rotation des „Planimeterfelds" $\vec{F}(x, y)$ ergibt sich nach einer etwas längeren Rechnung (Übung!)

$$(\nabla \times \vec{F})(x, y) = \frac{\partial F_2}{\partial x} - \frac{\partial F_1}{\partial y} = \frac{1}{a}$$

und somit

$$S = \iint_B \frac{1}{a} \, \mathrm{d}A = \frac{1}{a} \cdot \iint_B 1 \, \mathrm{d}A = \frac{1}{a} \cdot A$$

wobei A der gesuchte Flächeninhalt des Bereichs B ist. Folglich gilt $A = a \cdot S$, und das bedeutet: A ist proportional zu den Umdrehungen des Messrads.

Konstruktion des Planimeterfelds. Das oben angegebene Vektorfeld $\vec{F}(x, y)$ senkrecht zum Fahrarm ergibt sich aus den folgenden Überlegungen: In Polarkoordinaten ist $(x, y) = (r \cos \varphi, r \sin \varphi)$ mit dem Abstand r zum Ursprung und dem Winkel φ zur x-Achse, siehe Abb. 5.14. Das Planimeter hat zwei Arme mit gleicher Länge a. Sie bilden zusammen mit der Strecke r ein gleichseitiges Dreieck. Aus dem Kosinussatz $a^2 = r^2 + a^2 - 2 r a \cdot \cos \alpha$

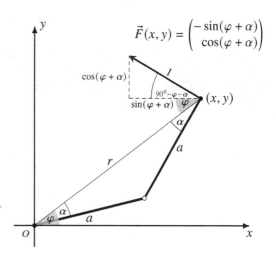

Abb. 5.14 Zur Konstruktion des Planimeterfelds

folgt

$$\cos\alpha = \frac{r}{2a} \quad \text{und} \quad \sin\alpha = \sqrt{1-\cos^2\alpha} = \sqrt{1-\left(\frac{r}{2a}\right)^2}$$

Die Komponenten des gesuchten Vektors $\vec{F}(x,y)$ senkrecht zum Fahrarm mit der Länge 1 sind dann gemäß Abb. 5.14 und nach Anwendung der Additionstheoreme

$$-\sin(\varphi + \alpha) = -\sin\varphi \cdot \cos\alpha - \cos\varphi \cdot \sin\alpha$$

$$= -\frac{y}{r} \cdot \frac{r}{2a} - \frac{x}{r} \cdot \sqrt{1-\left(\frac{r}{2a}\right)^2} = -\frac{y}{2a} - \frac{x}{2a} \cdot \sqrt{\left(\frac{2a}{r}\right)^2 - 1}$$

$$\cos(\varphi + \alpha) = \cos\varphi \cdot \cos\alpha - \sin\varphi \cdot \sin\alpha$$

$$= \frac{x}{r} \cdot \frac{r}{2a} - \frac{y}{r} \cdot \sqrt{1-\left(\frac{r}{2a}\right)^2} = \frac{x}{2a} - \frac{y}{2a} \cdot \sqrt{\left(\frac{2a}{r}\right)^2 - 1}$$

Setzt man hier noch $r^2 = x^2 + y^2$ ein, dann ergibt sich das genannte Vektorfeld.

5.1.4 Das Flussintegral

Bewegt man sich in einem ortsunabhängigen Vektorfeld $\vec{F}$ entlang eines geraden Wegstücks $\Delta\vec{r}$, dann ist bekanntlich die verrichtete Arbeit das Skalarprodukt

$$W = \vec{F} \cdot \Delta\vec{r} = |\vec{F}| \cdot |\Delta\vec{r}| \cdot \cos \sphericalangle(\vec{F}, \Delta\vec{r})$$

Insbesondere gilt $W = 0$ im Fall $\vec{F} \perp \Delta\vec{r}$ und $W = |\vec{F}| \cdot |\Delta\vec{r}|$, falls $\vec{F}$ und $\Delta\vec{r}$ die gleiche Richtung haben. Nun können wir $\vec{F}$ auch interpretieren als Geschwindigkeit einer strömenden Flüssigkeit, und wir wollen hierzu eine physikalische Größe namens „Fluss" einführen. Bezeichnet $\Delta\vec{n}$ den um 90° im Uhrzeigersinn gedrehten Vektor $\Delta\vec{r}$, also den Normalenvektor nach rechts mit gleicher Länge wie $\Delta\vec{r}$ (vgl. Abb. 5.15), dann nennt man das Skalarprodukt

$$\Phi = \vec{F} \cdot \Delta \vec{n} = |\vec{F}| \cdot |\Delta \vec{n}| \cdot \cos \sphericalangle (\vec{F}, \Delta \vec{n}) = |\vec{F}| \cdot |\Delta \vec{r}| \cdot \sin \sphericalangle (\vec{F}, \Delta \vec{r})$$

den *Fluss* von $\vec{F}$ durch die (gerichtete) Strecke $\Delta \vec{r}$. Im Fall $\vec{F} \parallel \Delta \vec{r}$ ist $\sin \sphericalangle (\vec{F}, \Delta \vec{r}) = 0$, und somit gilt $\Phi = 0$; ansonsten ist $\Phi \neq 0$. Das Vorzeichen von Φ gibt zugleich die Richtung von $\vec{F}$ bzgl. $\Delta \vec{r}$ an: Bei $\Phi < 0$ zeigt die Strömung aus Sicht von $\Delta \vec{r}$ nach links, bei $\Phi > 0$ dagegen nach rechts.

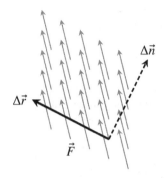

Abb. 5.15 Fluss durch $\Delta \vec{r}$

Das Flussintegral hat seinen Ursprung in einer ähnlichen Fragestellung, die uns auch schon zum Kurvenintegral geführt hat: Wie berechnet man in einem *ortsabhängigen* Strömungsfeld $\vec{F}(x, y)$ den Fluss Φ durch eine *krummlinige* Kurve C?

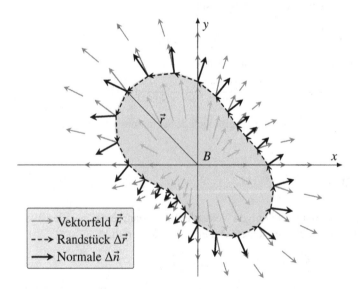

Abb. 5.16 Fluss durch eine Randkurve

Wir setzen voraus, dass $C = \partial B$ der glatte Rand eines Normalbereichs B ist. Zur Berechnung von Φ zerlegt man den Rand, welcher im mathematisch positiven Sinn umlaufen wird, gemäß Abb. 5.16 in viele kleine gerade Wegstücke $\Delta \vec{r}$ und nimmt an, dass das Vektorfeld $\vec{F}$ vom Startpunkt $\vec{r} = \vec{r}(t)$ bis zum Endpunkt einer solchen Strecke $\Delta \vec{r}$ konstant ist. Dreht man $\Delta\vec{r}$ um 90° im Uhrzeigersinn, dann ergibt

$$\Delta\vec{r} = \begin{pmatrix} \Delta x \\ \Delta y \end{pmatrix} \implies \Delta\vec{n} = R(-90°) \cdot \Delta\vec{r} = \begin{pmatrix} \Delta y \\ -\Delta x \end{pmatrix} = \Delta t \cdot \begin{pmatrix} \frac{\Delta y}{\Delta t} \\ -\frac{\Delta x}{\Delta t} \end{pmatrix} \approx \Delta t \cdot \begin{pmatrix} \dot{y}(t) \\ -\dot{x}(t) \end{pmatrix}$$

den Normalenvektor $\Delta\vec{n}$, welcher vom Bereich B aus stets nach außen zeigt. Das Skalarprodukt $\Delta\Phi = \vec{F}(\vec{r}) \cdot \Delta\vec{n}$ ist der Fluss von $\vec{F}$ bei $\vec{r}$ durch den Weg $\Delta\vec{r}$, und der gesamte Fluss durch die Randkurve dann näherungsweise die Summe

$$\Phi \approx \sum \vec{F}(\vec{r}) \cdot \Delta\vec{n} = \sum \vec{F}(\vec{r}(t)) \cdot \begin{pmatrix} \dot{y}(t) \\ -\dot{x}(t) \end{pmatrix} \Delta t$$

Bei einer Verfeinerung der Zerlegung $\Delta t \to 0$ erhält man den exakten Wert des Flusses, wobei die Summe auf der rechten Seite in ein bestimmtes Integral übergeht:

$$\Phi = \oint_C \vec{F}(\vec{r}) \cdot d\vec{n} := \int_a^b \vec{F}(\vec{r}(t)) \cdot \begin{pmatrix} \dot{y}(t) \\ -\dot{x}(t) \end{pmatrix} dt$$

Für ein stetiges Vektorfeld $\vec{F} = \vec{F}(x, y)$ und einen Normalbereich B mit glatter Randkurve $C = \partial B$, welche durch

$$\vec{F}(x, y) = \begin{pmatrix} F_1(x, y) \\ F_2(x, y) \end{pmatrix} \quad \text{und} \quad C : x = x(t),\ y = y(t),\ t \in [a, b]$$

beschrieben werden, ist das **Flussintegral** von $\vec{F}$ durch C wie folgt definiert:

$$\oint_C \vec{F}(\vec{r}) \cdot d\vec{n} := \int_a^b \begin{pmatrix} F_1(x(t), y(t)) \\ F_2(x(t), y(t)) \end{pmatrix} \cdot \begin{pmatrix} \dot{y}(t) \\ -\dot{x}(t) \end{pmatrix} dt$$

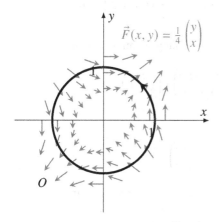

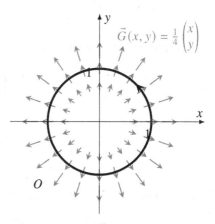

Abb. 5.17a Fluss der Vektorfelder $\vec{F}$ ...   **Abb. 5.17b** ... und $\vec{G}$ durch den Einheitskreis

Beispiel: Für die beiden Vektorfelder

$$\vec{F}(x, y) = \tfrac{1}{4}\begin{pmatrix} y \\ x \end{pmatrix} \quad \text{und} \quad \vec{G}(x, y) = \tfrac{1}{4}\begin{pmatrix} x \\ y \end{pmatrix}$$

aus Abb. 5.17 wollen wir jeweils das Flussintegral durch den Einheitskreis

$$C: \quad x(t) = \cos t, \quad y(t) = \sin t, \quad t \in [0, 2\pi]$$

berechnen. Die „Übersetzung" der Flussintegrale in bestimmte Integrale liefert

$$\oint_C \vec{F}(\vec{r}) \cdot d\vec{n} = \int_0^{2\pi} \tfrac{1}{4}\begin{pmatrix} y(t) \\ x(t) \end{pmatrix} \cdot \begin{pmatrix} \dot{y}(t) \\ -\dot{x}(t) \end{pmatrix} dt = \int_0^{2\pi} \tfrac{1}{4}\begin{pmatrix} \sin t \\ \cos t \end{pmatrix} \cdot \begin{pmatrix} \cos t \\ \sin t \end{pmatrix} dt$$

$$= \int_0^{2\pi} \tfrac{1}{4}\sin t \cos t + \tfrac{1}{4}\cos t \sin t \, dt = \int_0^{2\pi} \tfrac{1}{4}\sin 2t \, dt$$

$$= \tfrac{1}{8}\cos 2t \Big|_0^{2\pi} = 0$$

$$\oint_C \vec{G}(\vec{r}) \cdot d\vec{n} = \int_0^{2\pi} \tfrac{1}{4}\begin{pmatrix} x(t) \\ y(t) \end{pmatrix} \cdot \begin{pmatrix} \dot{y}(t) \\ -\dot{x}(t) \end{pmatrix} dt = \int_0^{2\pi} \tfrac{1}{4}\begin{pmatrix} \cos t \\ \sin t \end{pmatrix} \cdot \begin{pmatrix} \cos t \\ \sin t \end{pmatrix} dt$$

$$= \int_0^{2\pi} \tfrac{1}{4}\cos^2 t + \tfrac{1}{4}\sin^2 t \, dt = \int_0^{2\pi} \tfrac{1}{4}\, dt = \tfrac{1}{4}\cdot 2\pi = \tfrac{\pi}{2}$$

5.1.5 Der Integralsatz von Gauß

Für ein stetig differenzierbares Vektorfeld $\vec{F} = \vec{F}(x, y)$ und einen Normalbereich B mit glatter Randkurve $C = \partial B$, welche durch

$$\vec{F}(x, y) = \begin{pmatrix} F_1(x, y) \\ F_2(x, y) \end{pmatrix} \quad \text{und} \quad C : x = x(t), \; y = y(t), \; t \in [a, b]$$

gegeben sind, berechnet man das Kurvenintegral von $\vec{F}$ längs C mit der Formel

$$\oint_C \vec{F}(\vec{r}) \cdot d\vec{r} := \int_a^b \begin{pmatrix} F_1(x(t), y(t)) \\ F_2(x(t), y(t)) \end{pmatrix} \cdot \begin{pmatrix} \dot{x}(t) \\ \dot{y}(t) \end{pmatrix} dt$$

und der Integralsatz von Green besagt

$$\iint_B \frac{\partial F_2}{\partial x} - \frac{\partial F_1}{\partial y} \, dA = \oint_{\partial B} \begin{pmatrix} F_1 \\ F_2 \end{pmatrix} \cdot d\vec{r}$$

Durch Umbenennen der Komponenten $F_1 \to -F_2$ und $F_2 \to F_1$ erhalten wir

$$\iint_B \frac{\partial F_1}{\partial x} - \frac{\partial(-F_2)}{\partial y} \, dA \underset{\text{Green}}{=} \oint_{\partial B} \begin{pmatrix} -F_2 \\ F_1 \end{pmatrix} \cdot d\vec{r}$$

Das Kurvenintegral können wir mithilfe der Parameterdarstellung als bestimmtes Integral schreiben, sodass

$$\iint_B \frac{\partial F_1}{\partial x} + \frac{\partial F_2}{\partial y} \, \mathrm{d}A = \int_a^b \begin{pmatrix} -F_2(x(t), y(t)) \\ F_1(x(t), y(t)) \end{pmatrix} \cdot \begin{pmatrix} \dot{x}(t) \\ \dot{y}(t) \end{pmatrix} \mathrm{d}t$$

gilt. Der Integrand im Flächenintegral auf der linken Seite ist die **Divergenz**

$$(\operatorname{div} \vec{F})(x, y) = (\nabla \cdot \vec{F})(x, y) := \frac{\partial F_1}{\partial x}(x, y) + \frac{\partial F_2}{\partial y}(x, y)$$

des Vektorfelds $\vec{F}(x, y)$, und das Skalarprodukt im Integral rechts kann in

$$\begin{pmatrix} -F_2 \\ F_1 \end{pmatrix} \cdot \begin{pmatrix} \dot{x} \\ \dot{y} \end{pmatrix} = -F_2 \cdot \dot{x} + F_1 \cdot \dot{y} = F_1 \cdot \dot{y} + F_2 \cdot (-\dot{x}) = \begin{pmatrix} F_1 \\ F_2 \end{pmatrix} \cdot \begin{pmatrix} \dot{y} \\ -\dot{x} \end{pmatrix}$$

umgeformt werden. Insgesamt ergibt sich dann

$$\iint_B (\nabla \cdot \vec{F})(x, y) \, \mathrm{d}A = \int_a^b \begin{pmatrix} F_1(x(t), y(t)) \\ F_2(x(t), y(t)) \end{pmatrix} \cdot \begin{pmatrix} \dot{y}(t) \\ -\dot{x}(t) \end{pmatrix} \mathrm{d}t$$

Auf der rechten Seite erscheint das Flussintegral von $\vec{F}(x, y)$ durch die Randkurve ∂B des Bereichs B. Dieses Resultat ist bekannt als der

Integralsatz von Gauß: Für ein Vektorfeld $\vec{F} = \vec{F}(x, y)$ mit stetig differenzierbaren Komponenten auf einem Normalbereich B in der (x, y)-Ebene, dessen Rand ∂B glatt ist und im mathematisch positiven Sinn durchlaufen wird, gilt

$$\iint_B (\nabla \cdot \vec{F})(x, y) \, \mathrm{d}A = \oint_{\partial B} \vec{F}(\vec{r}) \cdot \mathrm{d}\vec{n}$$

Die Divergenz wird auch „Quellstärke" des Vektorfelds genannt und mit dem Symbol $\operatorname{div} \vec{F} = \nabla \cdot \vec{F} = \frac{\partial F_1}{\partial x} + \frac{\partial F_2}{\partial y}$ notiert. In Abb. 5.18 ist ein Vektorfeld $\vec{F} = \vec{F}(x, y)$ und seine Divergenz skizziert. Interpretiert man dieses Vektorfeld als Geschwindigkeitsfeld einer idealen (= inkompressiblen und reibungsfreien) Flüssigkeit, dann besagt der Gauß-Integralsatz: Die Summe aller Quellen im Bereich B (= Flächenintegral der Divergenz) entspricht dem Strom (= Flussintegral) durch den Rand ∂B. Zu bemerken bleibt noch, dass der Integralsatz von Gauß nicht nur für Normalbereiche, sondern auch für allgemeinere Integrationsbereiche gilt. Weitere Details hierzu findet man in den einschlägigen Lehrbüchern zur „Vektoranalysis".

Der Gaußsche Integralsatz spielt z. B. in der Strömungsmechanik und in der Elektrodynamik eine wichtige Rolle – wir kommen darauf in Abschnitt 5.2.3 nochmal zurück. Unabhängig von seiner physikalischen Bedeutung können wir den Gaußschen Integralsatz auch einfach nur zur Berechnung eines Flussintegrals verwenden.

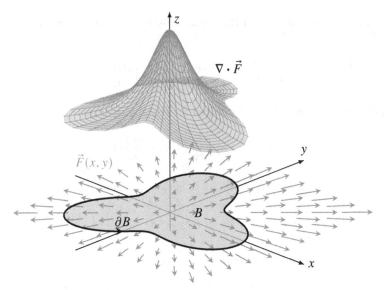

Abb. 5.18 Ein Vektorfeld $\vec{F}$ und seine Divergenz $\nabla \cdot \vec{F}$

Beispiel: Für die beiden Vektorfelder

$$\vec{F}(x, y) = \tfrac{1}{4} \begin{pmatrix} y \\ x \end{pmatrix} \quad \text{und} \quad \vec{G}(x, y) = \tfrac{1}{4} \begin{pmatrix} x \\ y \end{pmatrix}$$

haben wir im letzten Abschnitt die Flussintegrale durch den Einheitskreis

$$C: \quad x(t) = \cos t, \quad y(t) = \sin t, \quad t \in [0, 2\pi]$$

ermittelt. Bezeichnet B die Einheitskreisscheibe, die von C berandet wird, dann können wir diese Flussintegrale auch mit dem Integralsatz von Gauß bestimmen, und zwar als Flächenintegrale über B der Divergenzen

$$(\nabla \cdot \vec{F})(x, y) = \frac{\partial(\tfrac{1}{4} y)}{\partial x} + \frac{\partial(\tfrac{1}{4} x)}{\partial y} = 0 + 0 = 0$$

$$(\nabla \cdot \vec{G})(x, y) = \frac{\partial(\tfrac{1}{4} x)}{\partial x} + \frac{\partial(\tfrac{1}{4} y)}{\partial y} = \tfrac{1}{4} + \tfrac{1}{4} = \tfrac{1}{2}$$

Damit ist

$$\oint_C \vec{F}(\vec{r}) \cdot d\vec{n} = \iint_B 0 \, dA = 0 \qquad \text{und}$$

$$\oint_C \vec{G}(\vec{r}) \cdot d\vec{n} = \iint_B \tfrac{1}{2} \, dA = \tfrac{1}{2} \iint_B 1 \, dA = \tfrac{1}{2} \cdot \pi$$

wobei wir in der letzten Zeile für $\iint_B 1 \, dA$ den Flächeninhalt π des Einheitskreises eingesetzt haben.

Anwendung: Das Archimedische Prinzip

Aus der Physik ist bekannt: *Der Auftrieb eines Körpers ist genauso groß wie die Gewichtskraft des vom Körper verdrängten Mediums.* Dieses sog. *Archimedische Prinzip* ist letztlich der Grund dafür, dass Schiffe schwimmen können. Wir haben jetzt die Möglichkeit, das Archimedische Prinzip mathematisch nachzuweisen – zumindest für einen zylindrischen Körper (z. B. Holzstamm) mit der Länge ℓ und einem krummlinig begrenzten Querschnitt B in der (x, y)-Ebene, wobei $y = 0$ die Wasseroberfläche kennzeichnet.

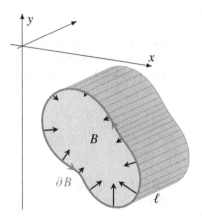

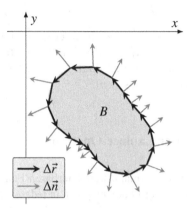

Abb. 5.19a Druckkräfte wirken senkrecht auf die Flächenelemente des eingetauchten Körpers

Abb. 5.19b Die Randkurve ∂B des Querschnitts B wird durch viele kleine gerade Wege $\Delta \vec{r}$ angenähert

Wir nehmen an, dass der Körper vollständig eingetaucht ist ($y < 0$). Der Druck in einem Medium mit der Dichte ρ hängt nach der hydrostatischen Grundgleichung nur von der Eintauchtiefe y ab: $p = -\rho \cdot g \cdot y$. Dieser erzeugt eine Kraft, die stets senkrecht zur Oberfläche des Körpers und nach innen wirkt. Zerlegen wir den Rand ∂B des Querschnitts so wie beim Flussintegral in kleine Strecken $\Delta \vec{r}$, dann können wir die Oberfläche aus kleinen Rechtecken mit der Länge ℓ und der Breite $|\Delta \vec{r}|$ zusammensetzen, vgl. Abb. 5.19a. Auf ein solches „Flächenelement" wirkt dann die Kraft

$$|\Delta \vec{F}| = p \cdot \ell \cdot |\Delta \vec{r}| \quad \text{(Druck mal Fläche)}$$

Der um $-90°$ gedrehte Vektor $\Delta \vec{r}$ ist der nach außen zeigende Normalenvektor $\Delta \vec{n}$ mit der gleichen Länge $|\Delta \vec{n}| = |\Delta \vec{r}|$, und folglich liefert $-\Delta \vec{n}$ einen nach innen zeigenden Normalenvektor zu ∂B (siehe Abb. 5.19b). Für die Kraft auf das rechteckige Flächenelement ergibt sich dann

$$\Delta \vec{F} = p \cdot \ell \cdot (-\Delta \vec{n}) = \rho \, g \, \ell \, y \cdot \Delta \vec{n}$$

Die Projektion auf den Einheitsvektor $\vec{e}_2$ in y-Richtung liefert uns die Auftriebskraft

$$\Delta F_A = \vec{e}_2 \cdot \Delta \vec{F} = \begin{pmatrix} 0 \\ 1 \end{pmatrix} \cdot (\rho \, g \, \ell \, y \cdot \Delta \vec{n}) = \begin{pmatrix} 0 \\ \rho \, g \, \ell \, y \end{pmatrix} \cdot \Delta \vec{n}$$

Wir müssen diese Auftriebskräfte über alle Randstücke $\Delta \vec{r}$ von ∂B aufsummieren: $F_A \approx \sum \Delta F_A$, und bei Verfeinerung der Unterteilung erhalten wir das Flussintegral

$$F_A = \oint_{\partial B} \begin{pmatrix} 0 \\ \rho\, g\, \ell\, y \end{pmatrix} \cdot \mathrm{d}\vec{n}$$

Mit dem Integralsatz von Gauß lässt sich schließlich das Flussintegral in ein Flächenintegral umwandeln:

$$F_A = \iint_B \frac{\partial(0)}{\partial x} + \frac{\partial(\rho\, g\, \ell\, y)}{\partial y}\, \mathrm{d}A = \iint_B \rho\, g\, \ell\, \mathrm{d}A = \rho\, g\, \ell \cdot \iint_B 1\, \mathrm{d}A = \rho\, g\, \ell \cdot A$$

wobei A den Flächeninhalt der Querschnittsfläche B bezeichnet. Das Volumen des zylindrischen Körpers ist $V = A \cdot \ell$, und die Masse der verdrängten Flüssigkeit $m = \rho \cdot V$. Damit ist die Auftriebskraft $F_A = \rho\, g\, \ell\, A = mg$ genau die Gewichtskraft der vom Körper verdrängten Flüssigkeit.

5.1.6 Der Laplace-Operator

Bei einer zweimal differenzierbaren Funktion $f : D \longrightarrow \mathbb{R}$ auf einem Gebiet $D \subset \mathbb{R}^2$ liefert uns der Gradient von f in jedem Punkt $(x, y) \in D$ einen Vektor

$$\vec{F}(x, y) = (\mathrm{grad}\, f)(x, y) = \begin{pmatrix} f_x(x, y) \\ f_y(x, y) \end{pmatrix}$$

Dabei ist $\vec{F} = \mathrm{grad}\, f$ ein differenzierbares Vektorfeld auf dem Gebiet D, und die Divergenz dieses *Gradientenfelds* ergibt eine skalare (= reellwertige) Funktion

$$(\mathrm{div}\, \vec{F})(x, y) = \mathrm{div}(\mathrm{grad}\, f) = \frac{\partial f_x}{\partial x} + \frac{\partial f_y}{\partial y} = \frac{\partial^2 f}{\partial x^2} + \frac{\partial^2 f}{\partial y^2}$$

Die Summe der beiden reinen partiellen Ableitungen zweiter Ordnung nach x bzw. y bezeichnet man als

$$\textbf{Laplace-Operator} \quad (\Delta f)(x, y) := f_{xx} + f_{yy} = \frac{\partial^2 f}{\partial x^2} + \frac{\partial^2 f}{\partial y^2}$$

Der Laplace-Operator (benannt nach Pierre Simon Laplace 1749 - 1827, einem französischen Mathematiker und Physiker) ordnet jeder zweimal differenzierbaren Funktion $z = f(x, y)$ die Divergenz ihres Gradientenfelds zu.

Beispiel 1. Im Fall der Funktion $f(x, y) = x^2 \sin y + 3\, \mathrm{e}^{-y}$ ist

$$f_x = 2\,x \sin y \quad \text{und} \quad f_y = x^2 \cos y - 3\, \mathrm{e}^{-y}$$

$$\Longrightarrow \quad f_{xx} = 2 \sin y, \quad f_{yy} = -x^2 \sin y + 3\, \mathrm{e}^{-y}$$

und somit $\Delta f = f_{xx} + f_{yy} = (2 - x^2) \sin y + 3\, \mathrm{e}^{-y}$

Beispiel 2. $f(x, y) = x^2 + 3xy - 2y^2$ hat die partiellen Ableitungen

$$f_x = 2x + 3y \quad \text{und} \quad f_y = 3x - 4y \quad \Longrightarrow \quad f_{xx} \equiv 2 \quad \text{und} \quad f_{yy} \equiv -4$$

Hier ist $\Delta f \equiv 2 + (-4) = -2$ eine konstante Funktion.

Normalenableitung und Greensche Formel

Falls $f : D \longrightarrow \mathbb{R}$ eine zweimal differenzierbare Funktion auf einem Gebiet $D \subset \mathbb{R}^2$ und $B \subset D$ ein Normalbereich mit der glatten Randkurve

$$\partial B : \quad x = x(t), \quad y = y(t), \quad t \in [a, b]$$

ist, welche im mathematisch positiven Sinn (= Gegenuhrzeigersinn) durchlaufen wird, dann liefert uns der um 90° im Uhrzeigersinn gedrehte Tangentenvektor

$$R(-90°) \cdot \dot{\vec{r}}(t) = \begin{pmatrix} 0 & 1 \\ -1 & 0 \end{pmatrix} \cdot \begin{pmatrix} \dot{x}(t) \\ \dot{y}(t) \end{pmatrix} = \begin{pmatrix} \dot{y}(t) \\ -\dot{x}(t) \end{pmatrix}$$

für jeden Parameterwert t einen Normalenvektor, welcher vom Gebiet aus nach außen zeigt. Die Länge dieses Normalenvektors ist

$$\sqrt{\dot{y}(t)^2 + (-\dot{x}(t))^2} = \sqrt{\dot{x}(t)^2 + \dot{y}(t)^2} = |\dot{\vec{r}}(t)|$$

Indem wir $R(-90°) \cdot \dot{\vec{r}}(t)$ normieren, erhalten wir für jeden Kurvenpunkt $\vec{r}(t)$ den **nach außen gerichteten Einheitsnormalenvektor**

$$\vec{N}(t) := \frac{1}{\sqrt{\dot{x}(t)^2 + \dot{y}(t)^2}} \begin{pmatrix} \dot{y}(t) \\ -\dot{x}(t) \end{pmatrix}$$

an die Randkurve ∂B. Wenden wir auf das Gradientenfeld $\vec{F}(x, y) = (\text{grad } f)(x, y)$ der Funktion $z = f(x, y)$ den Gaußschen Integralsatz an, dann ergibt sich

$$\iint_B \text{div}(\text{grad } f)(x, y) \, dA = \oint_{\partial B} (\text{grad } f)(\vec{r}) \cdot d\vec{n}$$

$$= \int_a^b (\text{grad } f)(x(t), y(t)) \cdot \begin{pmatrix} \dot{y}(t) \\ -\dot{x}(t) \end{pmatrix} dt$$

$$= \int_a^b (\text{grad } f)(x(t), y(t)) \cdot \vec{N}(t) \cdot \sqrt{\dot{x}(t)^2 + \dot{y}(t)^2} \, dt$$

Das Skalarprodukt des Gradientenvektors mit einem Vektor $\vec{a}$ ist bekanntlich die Ableitung von f in Richtung $\vec{a}$ an der Stelle $\vec{r}(t)$ (siehe Kapitel 1, Abschnitt 1.2.6). Speziell bezeichnet man dann die Richtungsableitung von f bei $\vec{r}(t)$ nach $\vec{N}(t)$ als

(äußere) Normalenableitung $\quad \dfrac{\partial f}{\partial \vec{N}}(\vec{r}(t)) := (\operatorname{grad} f)(x(t), y(t)) \cdot \vec{N}(t)$

Mit dieser Abkürzung können wir das oben gefundene Resultat in der Form

$$\iint_B \operatorname{div}(\operatorname{grad} f)(x, y)\, dA = \int_a^b \frac{\partial f}{\partial \vec{N}}(\vec{r}(t)) \cdot \sqrt{\dot{x}(t)^2 + \dot{y}(t)^2}\, dt$$

notieren. Beachten wir noch, dass der Integrand auf der linken Seite der Laplace-Operator von f ist und auf der rechten Seite ein skalares Kurvenintegral steht, dann ergibt sich die

Greensche Formel: $\quad \iint_B (\Delta f)(x, y)\, dA = \oint_{\partial B} \frac{\partial f}{\partial \vec{N}}(\vec{r})\, ds$

Beispiel: Für die Funktion $f(x, y) = x^2 + y^2$ ist der Laplace-Operator die konstante Funktion $(\Delta f)(x, y) = 2 + 2 \equiv 4$. Bezeichnet $B = \{(x, y) \in \mathbb{R}^2 \mid x^2 + y^2 \le 1\}$ den Einheitskreis mit dem Flächeninhalt $A = 1^2 \cdot \pi = \pi$ und der Randkurve $\partial B = \{(x, y) \in \mathbb{R}^2 \mid x^2 + y^2 = 1\}$, welche entgegen dem Uhrzeigersinn durchlaufen wird, dann hat das skalare Kurvenintegral der Normalenableitung von f den Wert

$$\oint_{\partial B} \frac{\partial f}{\partial \vec{N}}(\vec{r})\, ds = \iint_B (\Delta f)(x, y)\, dA = \iint_B 4\, dA = 4 \cdot A = 4\pi$$

Weitere Beziehungen dieser Art findet man in den Büchern zur Vektoranalysis, und tatsächlich handelt es sich bei der obigen Greenschen Formel nur um den Spezialfall der allgemeineren *Greenschen Identitäten*

$$\iint_B g \cdot \Delta f + (\operatorname{grad} g) \cdot (\operatorname{grad} f)\, dA = \oint_{\partial B} g \cdot \frac{\partial f}{\partial \vec{N}}\, ds$$

$$\iint_B g \cdot \Delta f + f \cdot \Delta g\, dA = \oint_{\partial B} g \cdot \frac{\partial f}{\partial \vec{N}} - f \cdot \frac{\partial g}{\partial \vec{N}}\, ds$$

mit $g \equiv 1$. Diese Formeln braucht man u. a. zur Berechnung von Potentialen in der Elektrostatik, zur Formulierung der Strömungsgleichungen in der Fluidmechanik oder bei der Lösung von partiellen Differentialgleichungen (z. B. mit Finite-Elemente-Methoden).

Laplace in Polarkoordinaten

Falls das Flächenintegral von Δf nicht in kartesischen Koordinaten, sondern in Polarkoordinaten bestimmt werden soll, dann ist es sinnvoll, auch gleich den Laplace-Operator von $z = f(x, y) = f(r\cos\varphi, r\sin\varphi)$ in Polarkoordinaten zu berechnen. Um den passenden Ausdruck zu finden, wenden wir die zweidimensionale Kettenregel an:

$$\frac{\partial f}{\partial r} = \frac{\partial f}{\partial x} \cdot \frac{\partial x}{\partial r} + \frac{\partial f}{\partial y} \cdot \frac{\partial y}{\partial r} = \quad f_x \cdot \cos\varphi + f_y \cdot \sin\varphi$$

$$\frac{\partial f}{\partial \varphi} = \frac{\partial f}{\partial x} \cdot \frac{\partial x}{\partial \varphi} + \frac{\partial f}{\partial y} \cdot \frac{\partial y}{\partial \varphi} = -f_x \cdot r\sin\varphi + f_y \cdot r\cos\varphi$$

Die zweite Ableitung von f nach r ist dann

$$\frac{\partial^2 f}{\partial r^2} = \frac{\partial}{\partial r}\left(f_x \cdot \cos\varphi + f_y \cdot \sin\varphi\right) = \frac{\partial f_x}{\partial r} \cdot \cos\varphi + \frac{\partial f_y}{\partial r} \cdot \sin\varphi$$

Auf der rechten Seite verwenden wir für die Ableitungen nach r die obige Formel für $\frac{\partial f}{\partial r}$, aber mit f_x bzw. f_y anstelle von f:

$$\frac{\partial f_x}{\partial r} = f_{xx} \cdot \cos\varphi + f_{xy} \cdot \sin\varphi \quad \text{und} \quad \frac{\partial f_y}{\partial r} = f_{yx} \cdot \cos\varphi + f_{yy} \cdot \sin\varphi$$

$$\implies \quad \frac{\partial^2 f}{\partial r^2} = \left(f_{xx} \cdot \cos\varphi + f_{xy} \cdot \sin\varphi\right) \cdot \cos\varphi + \left(f_{yx} \cdot \cos\varphi + f_{yy} \cdot \sin\varphi\right) \cdot \sin\varphi$$

Mit dem Satz von Schwarz $f_{yx} = f_{xy}$ können wir dieses Resultat weiter vereinfachen:

$$\frac{\partial^2 f}{\partial r^2} = \cos^2\varphi \cdot f_{xx} + 2\sin\varphi\cos\varphi \cdot f_{xy} + \sin^2\varphi \cdot f_{yy}$$

Auf ähnliche Art und Weise erhalten wir für die zweite Ableitung nach φ:

$$\frac{\partial^2 f}{\partial \varphi^2} = \frac{\partial}{\partial \varphi}\left(-f_x \cdot r\sin\varphi + f_y \cdot r\cos\varphi\right)$$

$$= -\frac{\partial f_x}{\partial \varphi} \cdot r\sin\varphi - f_x \cdot r\cos\varphi + \frac{\partial f_y}{\partial \varphi} \cdot r\cos\varphi - f_y \cdot r\sin\varphi$$

$$= -\left(-f_{xx} \cdot r\sin\varphi + f_{xy} \cdot r\cos\varphi\right) \cdot r\sin\varphi - f_x \cdot r\cos\varphi$$

$$+ \left(-f_{yx} \cdot r\sin\varphi + f_{yy} \cdot r\cos\varphi\right) \cdot r\cos\varphi - f_y \cdot r\sin\varphi$$

$$= r^2\left(\sin^2\varphi \cdot f_{xx} - 2\sin\varphi\cos\varphi \cdot f_{xy} + \cos^2\varphi \cdot f_{yy}\right) - r \cdot \left(f_x \cdot \cos\varphi + f_y \cdot \sin\varphi\right)$$

Hieraus ergibt sich

$$\frac{\partial^2 f}{\partial r^2} + \frac{1}{r}\frac{\partial f}{\partial r} + \frac{1}{r^2}\frac{\partial^2 f}{\partial \varphi^2} = \left(\cos^2\varphi + \sin^2\varphi\right)f_{xx} + \left(\sin^2\varphi + \cos^2\varphi\right)f_{yy}$$

Auf der rechten Seite bleibt $f_{xx} + f_{yy}$ übrig, und das ist Δf. Somit lautet die Darstellung für den **Laplace-Operator in Polarkoordinaten**

$$(\Delta f)(r;\varphi) = \frac{\partial^2 f}{\partial r^2} + \frac{1}{r}\frac{\partial f}{\partial r} + \frac{1}{r^2}\frac{\partial^2 f}{\partial \varphi^2}$$

Beispiel: Für die Funktion $z = f(r;\varphi) = r^2 \sin\varphi$ gilt in Polarkoordinaten

$$\Delta f = 2\sin\varphi + \frac{1}{r} \cdot 2r\sin\varphi + \frac{1}{r^2} \cdot r^2(-\sin\varphi) = 3\sin\varphi$$

und über der Kreisscheibe B um O mit Radius 1 ist das Flächenintegral

$$\iint_B (\Delta f)(r; \varphi) \, dA = \int_0^{2\pi} \left(\int_0^1 3 \sin \varphi \cdot r \, dr \right) d\varphi = \int_0^{2\pi} \tfrac{3}{2} r^2 \sin \varphi \Big|_{r=0}^{r=1} d\varphi$$

$$= \int_0^{2\pi} \tfrac{3}{2} \sin \varphi \, d\varphi = 0$$

5.2 Volumen- und Oberflächenintegrale

Wir haben uns bisher mit dem Flächenintegral einer Funktion $f(x, y)$ über einem Bereich B in der (x, y)-Ebene befasst. Gehen wir in den dreidimensionalen Raum, dann gibt es zwei verschiedene Verallgemeinerungen dieses Integralbegriffs, welche im Folgenden kurz vorgestellt werden sollen.

5.2.1 Volumenintegrale

Zu einer stetigen Funktion $f(x, y, z)$ mit drei Veränderlichen aus einem räumlichen Bereich $B \subset \mathbb{R}^3$, welche z. B. die Dichte- oder Temperaturverteilung in einem Quader B beschreibt, kann man ein *Volumenintegral* bilden und durch dreifache Integration berechnen. Als Beispiel wollen wir das Volumenintegral der Funktion

$$f(x, y, z) = (4 y + \sin x) \cdot e^z$$

über dem Quader $B = [0, \pi] \times [-1, 1] \times [0, 2]$ bestimmen. Hierfür müssen wir drei ineinander verschachtelte Integrale berechnen, wobei die Reihenfolge der Integration keine Rolle spielt. Wir beginnen im innersten Integral mit der Integration nach $x \in [0, \pi]$ und behandeln die übrigen Variablen $y \in [-1, 1]$ sowie $z \in [0, 2]$ zunächst als Konstanten:

$$\iiint_B (4 y + \sin x) \, e^z \, dV = \int_0^2 \left(\int_{-1}^1 \left(\int_0^\pi 4 \, y \, e^z + \sin x \cdot e^z \, dx \right) dy \right) dz$$

$$= \int_0^2 \left(\int_{-1}^1 4 x \, y \, e^z - \cos x \cdot e^z \Big|_{x=0}^{x=\pi} dy \right) dz$$

$$= \int_0^2 \left(\int_{-1}^1 4 \pi \, y \, e^z + 2 \, e^z \, dy \right) dz$$

Anschließend integrieren wir wie beim Flächenintegral nach $y \in [-1, 1]$, wobei wir z konstant halten, und im letzten Schritt ist dann nur noch ein bestimmtes Integral nach z zu ermitteln. Die weitere Rechnung für das Volumenintegral sieht also wie folgt aus:

$$\iiint_B (4y + \sin x)\, e^z \, dV = \int_0^2 \left(2\pi y^2 e^z + 2y e^z \Big|_{y=-1}^{y=1} \right) dz$$

$$= \int_0^2 4 e^z \, dz = 4 e^z \Big|_{z=0}^{z=2} = 4\,(e^2 - 1)$$

Falls B kein Quader ist, sondern ein räumlicher Bereich, der durch gekrümmte Flächen begrenzt wird wie etwa eine Kugel oder ein Zylinder, dann muss man die Randflächen bei der Berechnung des Volumenintegrals mit berücksichtigen und die Integrationsgrenzen im Dreifachintegral entsprechend anpassen. Beispielsweise kann man die Einheitskugel um O mit Radius 1 ähnlich wie den Einheitskreis als Normalbereich schreiben:

$$B = \left\{ (x, y, z) \in \mathbb{R}^2 \,\middle|\, x \in [-1, 1] \text{ und } -\sqrt{1 - x^2} \le y \le \sqrt{1 - x^2} \right.$$
$$\left. \text{und } -\sqrt{1 - x^2 - y^2} \le z \le \sqrt{1 - x^2 - y^2} \right\}$$

Das Volumenintegral der Funktion $w = f(x, y, z)$ über der Einheitskugel B lässt sich dann wie folgt bestimmen:

$$\iiint_B f(x, y, z)\, dV = \int_{-1}^1 \left(\int_{-\sqrt{1-x^2}}^{\sqrt{1-x^2}} \left(\int_{-\sqrt{1-x^2-y^2}}^{\sqrt{1-x^2-y^2}} f(x, y, z)\, dz \right) dy \right) dx = \ldots$$

Krummlinige Koordinaten

Die praktische Berechnung eines „Dreifachintegrals" mit variablen Grenzen kann sehr aufwändig werden. In einem solchen Fall ist es oftmals günstiger, mit krummlinigen Koordinaten zu arbeiten. Lässt sich der Bereich $B \subset \mathbb{R}^3$ durch die Punkte mit den stetig differenzierbaren Koordinatenfunktionen

$$x = x(u, v, w), \quad y = y(u, v, w), \quad z = z(u, v, w)$$

und $(u, v, w) \in [u_1, u_2] \times [v_1, v_2] \times [w_1, w_2]$ darstellen, dann braucht man für die Integration in diesen Koordinaten (u, v, w) so wie beim Flächenintegral noch die Jacobi-Determinante bzw.

$$\textbf{Funktionaldeterminante} \quad \det \frac{\partial(x, y, z)}{\partial(u, v, w)} := \begin{vmatrix} \frac{\partial x}{\partial u} & \frac{\partial x}{\partial v} & \frac{\partial x}{\partial w} \\ \frac{\partial y}{\partial u} & \frac{\partial y}{\partial v} & \frac{\partial y}{\partial w} \\ \frac{\partial z}{\partial u} & \frac{\partial z}{\partial v} & \frac{\partial z}{\partial w} \end{vmatrix}$$

Der Ausdruck

$$dV = \left| \det \frac{\partial(x, y, z)}{\partial(u, v, w)} \right| dw\, dv\, du$$

entspricht dann dem Volumen eines infinitesimal kleinen Parallelotops, welches im Raum von den krummlinigen Koordinatenlinien ähnlich wie in Abb. 2.28 (nur dreidimensional) erzeugt wird. Das Volumenintegral von $f(x, y, z) = f(u, v, w)$ berechnet man schließlich mit der Formel

$$\iiint_B f(x,y,z)\,dV = \int_{u_1}^{u_2} \int_{v_1}^{v_2} \int_{w_1}^{w_2} f(u,v,w) \cdot \left| \det \frac{\partial(x,y,z)}{\partial(u,v,w)} \right| dw\,dv\,du$$

In der Praxis verwendet man häufig Kugel- oder Zylinderkoordinaten. Daher wollen wir uns die Integration in diesen krummlinigen Koordinaten noch etwas genauer ansehen.

Kugelkoordinaten. Bei einer Funktion $f(x,y,z) = f(r)$, welche nur vom Abstand

$$r = \sqrt{x^2 + y^2 + z^2}$$

des Punktes (x,y,z) zum Ursprung O abhängt, ist es meist sinnvoll, in *Kugelkoordinaten* zu arbeiten. Ein Punkt $P \in \mathbb{R}^3$ wird hier durch die Koordinaten $(r; \theta; \varphi)$ mit dem Abstand $r \in [0, \infty[$ zum Ursprung und den beiden Winkelwerten $\theta \in [0, \pi]$ (Breitengrad zur positiven z-Achse) sowie $\varphi \in [0, 2\pi[$ (Längengrad zur positiven x-Achse) beschrieben, siehe Abb. 5.20.

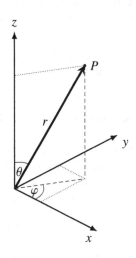

Abb. 5.20 Ein Punkt P in Kugelkoordinaten $(r; \theta; \varphi)$

Zwischen den kartesischen Koordinaten (x,y,z) und den Kugelkoordinaten $(r; \theta; \varphi)$ besteht der Zusammenhang

$$x(r; \theta; \varphi) = r \sin\theta \cos\varphi$$
$$y(r; \theta; \varphi) = r \sin\theta \sin\varphi$$
$$z(r; \theta; \varphi) = r \cos\theta$$

und für die zugehörige Funktionaldeterminate ergibt sich nach einer etwas längeren Rechnung (z. B. durch Anwendung der Sarrus-Regel)

$$\det \frac{\partial(x,y,z)}{\partial(r; \theta; \varphi)} = \begin{vmatrix} \frac{\partial x}{\partial r} & \frac{\partial x}{\partial \theta} & \frac{\partial x}{\partial \varphi} \\ \frac{\partial y}{\partial r} & \frac{\partial y}{\partial \theta} & \frac{\partial y}{\partial \varphi} \\ \frac{\partial z}{\partial r} & \frac{\partial z}{\partial \theta} & \frac{\partial z}{\partial \varphi} \end{vmatrix} = \begin{vmatrix} \sin\theta\cos\varphi & r\cos\theta\cos\varphi & -r\sin\theta\sin\varphi \\ \sin\theta\sin\varphi & r\cos\theta\sin\varphi & r\sin\theta\cos\varphi \\ \cos\theta & -r\sin\theta & 0 \end{vmatrix} = r^2 \sin\theta$$

Beispiel: Wir wollen für eine Vollkugel B mit dem Radius $R = 2$, bei der die Dichte gemäß der Funktion

$$\rho(x, y, z) = \frac{1}{4 + x^2 + y^2 + z^2} = \frac{1}{4 + r^2}$$

vom Mittelpunkt O nach außen hin abnimmt, die Gesamtmasse m bestimmen, und dazu verwenden wir die Formel

$$m = \iiint_B \rho(x, y, z)\, dV = \iiint_B \frac{1}{4 + x^2 + y^2 + z^2}\, dV$$

Der Integrationsbereich B lässt sich in Kugelkoordinaten beschreiben durch

$$(r; \theta; \varphi) \in [0, 2] \times [0, \pi] \times [0, 2\pi]$$

Mit der Funktionaldeterminante erhalten wir für das Volumenintegral den Wert

$$
\begin{aligned}
m &= \int_0^2 \int_0^\pi \int_0^{2\pi} \frac{1}{4 + r^2} \cdot r^2 \sin\theta\, d\varphi\, d\theta\, dr \\
&= \int_0^2 \int_0^\pi \int_0^{2\pi} \frac{r^2}{4 + r^2} \sin\theta \cdot \varphi \Big|_{\varphi=0}^{\varphi=2\pi}\, d\varphi\, d\theta\, dr \\
&= \int_0^2 \int_0^\pi \frac{2\pi r^2}{4 + r^2} \sin\theta\, d\theta\, dr = \int_0^2 -\frac{2\pi r^2}{4 + r^2} \cos\theta \Big|_{\theta=0}^{\theta=\pi}\, dr \\
&= \int_0^2 \frac{4\pi r^2}{4 + r^2}\, dr = 4\pi \left(r - 2 \arctan \tfrac{r}{2}\right) \Big|_{r=0}^{r=2} = 8\pi - 2\pi^2 \approx 5{,}39
\end{aligned}
$$

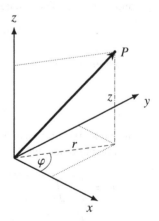

Abb. 5.21 Ein Punkt P in Zylinderkoordinaten $(r; \varphi, z)$

Zylinderkoordinaten. Bei *radialsymmetrischen* Funktionen, die nur vom Abstand zum Ursprung O abhängen, geht man oftmals zu Kugelkoordinaten über. Dagegen verwendet man bei *axialsymmetrischen* Funktionen, welche sich allein auf den Abstand zur z-Achse beziehen, häufig *Zylinderkoordinaten* $(r; \varphi, z)$. Hier ist r nicht mehr der Abstand zu O, sondern der Abstand eines Punktes von der z-Achse, also $r = \sqrt{x^2 + y^2}$. Im Prinzip handelt es sich bei Zylinderkoordinaten um Polarkoordinaten in der (x, y)-Ebene, welche um die kartesische z-Koordinate erweitert wurden, siehe Abb. 5.21. Aus den Beziehungen

$$x(r; \varphi, z) = r \cos \varphi$$
$$y(r; \varphi, z) = r \sin \varphi$$
$$z(r; \varphi, z) = z$$

ergibt sich sogleich die Funktionaldeterminate

$$\det \frac{\partial(x, y, z)}{\partial(r; \varphi, z)} = \begin{vmatrix} \frac{\partial x}{\partial r} & \frac{\partial x}{\partial \varphi} & \frac{\partial x}{\partial z} \\ \frac{\partial y}{\partial r} & \frac{\partial y}{\partial \varphi} & \frac{\partial y}{\partial z} \\ \frac{\partial z}{\partial r} & \frac{\partial z}{\partial \varphi} & \frac{\partial z}{\partial z} \end{vmatrix} = \begin{vmatrix} \cos \varphi & -r \sin \varphi & 0 \\ \sin \varphi & r \cos \varphi & 0 \\ 0 & 0 & 1 \end{vmatrix} = r$$

Beispiel: Das axiale Massenträgheitsmoment eines massiven Körpers B mit der Dichteverteilung $\rho = \rho(x, y, z)$ bzgl. der z-Achse lässt sich allgemein mit der Formel

$$J_z = \iiint_B \rho(x, y, z) \cdot (x^2 + y^2) \, dV$$

berechnen. Wir wollen speziell das Trägheitsmoment eines homogenen Kegels mit der konstanten Dichte ρ, dem Radius R und der Höhe h ermitteln. Dazu setzen wir den Mittelpunkt des Grundkreises in den Ursprung der (x, y)-Ebene, siehe Abb. 5.22. Dieser Kegel lässt sich in kartesischen Koordinaten durch

$$0 \leq z \leq h \cdot \left(1 - \frac{\sqrt{x^2 + y^2}}{R}\right)$$

und in Zylinderkoordinaten mit $r = \sqrt{x^2 + y^2}$ etwas einfacher durch die Grenzen

$$0 \leq r \leq R, \quad 0 \leq \varphi \leq 2\pi \quad \text{und} \quad 0 \leq z \leq h \cdot \left(1 - \frac{r}{R}\right)$$

beschreiben. Damit bietet es sich an, das Volumenintegral

$$J_z = \iiint_B \rho \cdot r^2 \, dV$$

in Zylinderkoordinaten zu bestimmen, wofür wir die oben berechnete Funktionaldeterminante brauchen:

$$J_z = \int_0^R \int_0^{2\pi} \int_0^{h(1-\frac{r}{R})} \rho \, r^2 \cdot r \, dz \, d\varphi \, dr = \int_0^R \int_0^{2\pi} \rho \, r^3 \cdot z \Big|_{z=0}^{z=h(1-\frac{r}{R})} d\varphi \, dr$$

$$= \int_0^R \int_0^{2\pi} \rho \, r^3 \cdot h \left(1 - \frac{r}{R}\right) d\varphi \, dr = \int_0^R \rho \, h \left(r^3 - \frac{r^4}{R}\right) \cdot \varphi \Big|_{\varphi=0}^{\varphi=2\pi} dr$$

$$= \int_0^R 2\pi \rho \, h \left(r^3 - \frac{r^4}{R}\right) dr = 2\pi \rho \, h \left(\tfrac{1}{4} r^4 - \tfrac{1}{5R} r^5\right)\Big|_{r=0}^{r=R} = \tfrac{1}{10} \pi \rho \, h R^4$$

oder $J_z = \frac{3}{10} m R^2$, wobei $m = \rho \cdot V = \rho \cdot \frac{1}{3} R^2 \pi h$ die Masse des Kegels ist.

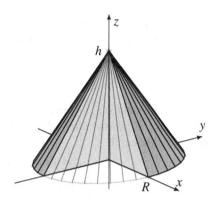

Abb. 5.22 Kegel mit Höhe h
und Radius R

Anwendungen des Volumenintegrals gibt es in Physik und Technik zahlreich. So kann man etwa die Masse m eines Körpers B mit der Dichte $\rho = \rho(x, y, z)$ durch

$$m = \iiint_B \rho(x, y, z) \, \mathrm{d}V$$

berechnen. Ist speziell $\rho(x, y, z) = 1$, so entspricht die Masse wertmäßig dem Volumen des Körpers. Wir erhalten dann eine Formel für das Volumen von B:

$$V = \iiint_B 1 \, \mathrm{d}V$$

Mit dem Volumenintegral lassen sich z. B. auch das axiale Massenträgheitsmoment

$$J_z = \iiint_B \rho(x, y, z) \cdot (x^2 + y^2) \, \mathrm{d}V$$

bezüglich der der z-Achse oder die x-Koordinate des Schwerpunkts

$$x_S = \frac{1}{m} \iiint_B x \cdot \rho(x, y, z) \, \mathrm{d}V$$

eines inhomogenen, nicht notwendig rotationssymmetrischen Körpers bestimmen.

5.2.2 Oberflächenintegrale

Für ein räumliches Vektorfeld $\vec{F} = \vec{F}(x, y, z)$ und für eine Fläche S im Raum mit der Parameterdarstellung

$$S: \quad \vec{r}(u,v) = \begin{pmatrix} x(u,v) \\ y(u,v) \\ z(u,v) \end{pmatrix}, \quad (u,v) \in D \subset \mathbb{R}^2$$

lässt sich auch ein sogenanntes *Oberflächenintegral* einführen. Dazu benötigt man für jeden Wert (u,v) aus dem Parameterbereich D den Vektor

$$\vec{n}(u,v) := \frac{\partial \vec{r}}{\partial u} \times \frac{\partial \vec{r}}{\partial v}$$

welcher im Punkt $\vec{r}(u,v)$ senkrecht auf der Fläche S steht, siehe Abb. 5.23 (bzw. Abb. 1.47). Das *Oberflächenintegral* des Vektorfelds $\vec{F}(\vec{r})$ über S ist dann allgemein definiert als Flächenintegral

$$\boxed{\iint_S \vec{F}(\vec{r}) \cdot \mathrm{d}\vec{A} := \iint_D \vec{F}(\vec{r}(u,v)) \cdot \vec{n}(u,v)\, \mathrm{d}A}$$

und wird, falls der Parameterbereich speziell ein Rechteck $D = [a,b] \times [c,d]$ ist, berechnet mit dem Doppelintegral

$$\iint_S \vec{F}(\vec{r}) \cdot \mathrm{d}\vec{A} = \int_c^d \int_a^b \vec{F}(\vec{r}(u,v)) \cdot \vec{n}(u,v)\, \mathrm{d}u\, \mathrm{d}v$$

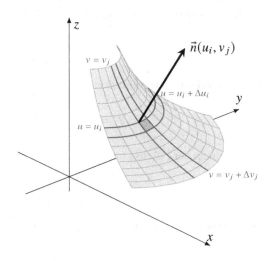

Abb. 5.23 Eine Fläche S in Parameterdarstellung

Auch das Oberflächenintegral hat einen physikalischen Ursprung, und zwar im Problem, den Fluss einer Strömung $\vec{F} = \vec{F}(x,y,z)$ durch eine Fläche S zu berechnen. Betrachten wir zunächst den Spezialfall, dass $\vec{F}$ ein konstantes Vektorfeld sowie S ein von den Vektoren $\vec{a}$ und $\vec{b}$ in $\mathbb{R}^3$ aufgespanntes Parallelogramm ist. Bekanntlich liefert $\vec{A} = \vec{a} \times \vec{b}$ einen Normalenvektor zu S, dessen Länge zugleich dem Flächeninhalt des Parallelogramms entspricht. Die Größe $\Phi := \vec{F} \cdot \vec{A}$ heißt *Fluss* von $\vec{F}$ durch S und kann auch mit

$$\Phi = |\vec{F}| \cdot |\vec{A}| \cdot \cos \sphericalangle (\vec{F}, \vec{A})$$

berechnet werden. Der Fluss ist sowohl zum Betrag der Strömung als auch zur Größe der Fläche proportional und zudem abhängig vom Winkel zwischen $\vec{F}$ und S. Falls $\vec{F}$ parallel zur Fläche fließt, dann ist wegen $\cos \sphericalangle (\vec{F}, \vec{A}) = 0$ auch der Fluss Φ gleich 0; im Fall, dass $\vec{F}$ senkrecht durch S strömt, wird Φ betragsmäßig maximal.

Soll nun allgemeiner der Fluss eines ortsabhängigen Vektorfelds $\vec{F} = \vec{F}(x, y, z)$ durch eine gekrümmte Fläche S berechnet werden, dann wird man S in viele kleine Parallelogramme zerlegen. Dabei gehen wir wie üblich vor: Im Parameterintervall $[a, b]$ wählen wir Zwischenstellen $a = u_0 < u_1 < u_2 < \ldots < u_m = b$ und in $[c, d]$ Zwischenstellen $c = v_0 < v_1 < v_2 < \ldots < v_n = d$. Die Kurven

$$\vec{r}(u, v_j) = \begin{pmatrix} x(u, v_j) \\ y(u, v_j) \\ z(u, v_j) \end{pmatrix}, \quad u \in [a, b] \quad \text{und} \quad \vec{r}(u_i, v) = \begin{pmatrix} x(u_i, v) \\ y(u_i, v) \\ z(u_i, v) \end{pmatrix}, \quad v \in [c, d]$$

bilden für $i = 0, \ldots, m$ und $j = 0, \ldots, n$ ein Netz aus krummlinigen Koordinatenlinien, welche die Fläche S wie in Abb. 5.23 näherungsweise in kleine Parallelogramme zerlegen. Ein solches Parallelogramm wird am Punkt $\vec{r}(u_i, v_j)$ von den Vektoren

$$\Delta \vec{u}_{ij} = \vec{r}(u_i + \Delta u_i, v_j) - \vec{r}(u_i, v_j) \approx \Delta u_i \cdot \frac{\partial \vec{r}}{\partial u}(u_i, v_j)$$

$$\Delta \vec{v}_{ij} = \vec{r}(u_i, v_j + \Delta v_j) - \vec{r}(u_i, v_j) \approx \Delta v_j \cdot \frac{\partial \vec{r}}{\partial v}(u_i, v_j)$$

aufgespannt, wobei $\Delta u_i = u_{i+1} - u_i$ und $\Delta v_j = v_{j+1} - v_j$ die Abstände der Zwischenstellen im jeweiligen Parameterbereich bezeichnen. Der Kreuzprodukt-Vektor

$$\Delta \vec{A}_{ij} = \Delta \vec{u}_{ij} \times \Delta \vec{v}_{ij} \approx \Delta u_i \Delta v_j \cdot \vec{n}(u_i, v_j)$$

zeigt in die Richtung des Normalenvektors $\vec{n}(u_i, v_j)$, und seine Länge entspricht dem Flächeninhalt des von $\Delta \vec{u}_{ij}$ und $\Delta \vec{v}_{ij}$ aufgespannten Parallelogramms. Der *Fluss* des Vektorfelds durch das Parallelogramm ist dann (näherungsweise) das Skalarprodukt

$$\Delta \Phi_{ij} \approx \vec{F}(\vec{r}(u_i, v_j)) \cdot \Delta \vec{A}_{ij}$$

des „Strömungsvektors" $\vec{F}$ bei $\vec{r}(u_i, v_j)$ mit dem Normalenvektor $\Delta \vec{A}_{ij}$, und der gesamte Fluss des Vektorfelds durch die Fläche S (näherungsweise) die Summe aller dieser Teilflüsse

$$\Phi \approx \sum_{i=0}^{m-1} \sum_{j=0}^{n-1} \vec{F}(\vec{r}(u_i, v_j)) \cdot \Delta \vec{A}_{ij} \approx \sum_{i=0}^{m-1} \sum_{j=0}^{n-1} \vec{F}(\vec{r}(u_i, v_j)) \cdot \vec{n}(u_i, v_j) \, \Delta u_i \, \Delta v_j$$

welche bei gleichmäßiger Verfeinerung in das oben genannte Oberflächenintegral übergeht. Damit das Oberflächenintegral ermittelt werden kann und unabhängig von der Parameterdarstellung ist, muss die Fläche S noch gewisse Glattheitsbedingungen erfüllen. Insbesondere müssen die Koordinatenfunktionen hinreichend glatt sein, sodass sich die Normalenvektoren $\vec{n}(u, v)$ berechnen lassen.

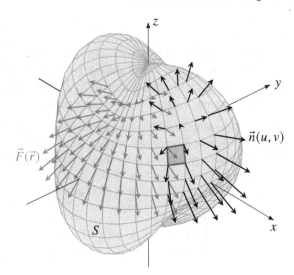

Abb. 5.24 Die geschlossene Fläche S mit den Normalenvektoren $\vec{n}(u, v) = \vec{r}_u \times \vec{r}_v$ und einem kleinen, grau eingefärbten Oberflächenelement wird von einem Vektorfeld $\vec{F}(\vec{r})$ durchströmt

Die Notation $\vec{F}(\vec{r}) \cdot d\vec{A}$ im Oberflächenintegral kann man – ähnlich wie beim Flussintegral in der Ebene – physikalisch interpretieren als Fluss des ortsabhängigen Vektorfelds $\vec{F} = \vec{F}(\vec{r})$ durch ein infinitesimales Oberflächenelement von S, welches bei $\vec{r} = \vec{r}(u, v)$ durch den Normalenvektor $d\vec{A} = \vec{n}(u, v)\, du\, dv$ repräsentiert wird. Summiert (integriert) man alle diese Skalarprodukte auf, dann ist

$$\Phi := \iint_S \vec{F}(\vec{r}) \cdot d\vec{A}$$

der gesamte *Fluss* von $\vec{F}$ durch die Fläche S. Das (vektorielle) Oberflächenintegral wird deshalb auch als *Flussintegral* bezeichnet. Falls S eine geschlossene Fläche wie in Abb. 5.24 ist, dann verwendet man für das Oberflächenintegral die Schreibweise

$$\oiint_S \vec{F}(\vec{r}) \cdot d\vec{A}$$

Beispiel: Eine Punktladung q im Ursprung O erzeugt an der Stelle mit dem Ortsvektor $\vec{r}$ ein elektrisches Feld

$$\vec{E}(\vec{r}) = \frac{q}{4\,\pi\,\varepsilon_0\,|\vec{r}|^3} \cdot \vec{r}$$

wobei $\varepsilon_0 \approx 8{,}854 \cdot 10^{-12}\,\frac{\text{F}}{\text{m}}$ die *Dielektrizitätskonstante* bezeichnet. Wir wollen den elektrischen Fluss dieser Punktladung q durch die Kugelschale S um O mit dem fest vorgegebenen Radius $R > 0$ berechnen. Die Kugeloberfläche S kann durch die Parameterdarstellung

$$\vec{r}(\theta, \varphi) = \begin{pmatrix} R \sin\theta \cos\varphi \\ R \sin\theta \sin\varphi \\ R \cos\theta \end{pmatrix}$$

mit dem Längengrad $\varphi \in [0, 2\pi]$, dem Breitengrad $\theta \in [0, \pi]$ und dem festen Radius $r = R$ beschrieben werden. In diesen Kugelkoordinaten sind die Normalenvektoren

$$\vec{n}(\theta; \varphi) = \frac{\partial \vec{r}}{\partial \theta} \times \frac{\partial \vec{r}}{\partial \varphi} = \begin{pmatrix} R\cos\theta\cos\varphi \\ R\cos\theta\sin\varphi \\ -R\sin\theta \end{pmatrix} \times \begin{pmatrix} -R\sin\theta\sin\varphi \\ R\sin\theta\cos\varphi \\ 0 \end{pmatrix}$$

$$= \begin{pmatrix} R^2\sin^2\theta\cos\varphi \\ R^2\sin^2\theta\sin\varphi \\ R^2\sin\theta\cos\theta \end{pmatrix} = R\sin\theta \cdot \vec{r}(\theta;\varphi)$$

und die elektrischen Feldvektoren lassen sich wegen $|\vec{r}(\theta;\varphi)| = R$ in der Form

$$\vec{E}(\vec{r}(\theta;\varphi)) = \frac{q}{4\pi\varepsilon_0 |\vec{r}(\theta;\varphi)|^3} \cdot \vec{r}(\theta;\varphi) = \frac{q}{4\pi\varepsilon_0 R^3} \cdot \vec{r}(\theta;\varphi)$$

darstellen. Damit ist der elektrische Fluss durch die Kugelschale S

$$\Phi = \oiint_S \vec{E}(\vec{r}) \cdot d\vec{A} = \int_0^{2\pi} \int_0^\pi \vec{E}(\vec{r}(\theta;\varphi)) \cdot \vec{n}(\theta;\varphi)\, d\theta\, d\varphi$$

$$= \int_0^{2\pi} \int_0^\pi \frac{q}{4\pi\varepsilon_0 R^3} \cdot \underbrace{\vec{r}(\theta;\varphi) \cdot \vec{r}(\theta;\varphi)}_{R^2} \cdot R\sin\theta\, d\theta\, d\varphi$$

$$= \int_0^{2\pi} \int_0^\pi \frac{q}{4\pi\varepsilon_0} \sin\theta\, d\theta\, d\varphi = \int_0^{2\pi} -\frac{q}{4\pi\varepsilon_0}\cos\theta \Big|_{\theta=0}^{\theta=\pi} d\varphi$$

$$= \int_0^{2\pi} \frac{q}{2\pi\varepsilon_0}\, d\varphi = \frac{q}{2\pi\varepsilon_0} \cdot \varphi \Big|_{\varphi=0}^{\varphi=2\pi} = \frac{q}{\varepsilon_0}$$

unabhängig vom Radius R!

Neben dem vektoriellen Oberflächenintegral, das für ein Vektorfeld $\vec{F} = \vec{F}(x,y,z)$ auf einer Fläche S im Raum mit der Parameterdarstellung

$$S: \quad \vec{r}(u,v) = \begin{pmatrix} x(u,v) \\ y(u,v) \\ z(u,v) \end{pmatrix}, \quad (u,v) \in D \subset \mathbb{R}^2$$

und den Normalenvektoren

$$\vec{n}(u,v) := \frac{\partial \vec{r}}{\partial u} \times \frac{\partial \vec{r}}{\partial v}$$

definiert ist, gibt es auch noch ein *skalares Oberflächenintegral* für eine reelle Funktion $f : S \longrightarrow \mathbb{R}$, nämlich

$$\boxed{\iint_S f(\vec{r})\, dA := \iint_D f(\vec{r}(u,v)) \cdot |\vec{n}(u,v)|\, du\, dv}$$

Der Ausdruck $dA = |\vec{n}(u,v)|\, du\, dv$, welcher auch als „infinitesimales Oberflächenele-ment" von S bezeichnet wird, entspricht dem Flächeninhalt des Parallelogramms, das im Punkt $\vec{r}(u,v)$ von den Vektoren $\vec{r}(u+du,v) - \vec{r}(u,v)$ und $\vec{r}(u,v+dv) - \vec{r}(u,v)$ (siehe die graue Fläche in Abb. 5.23) eingeschlossen wird. Summiert bzw. integriert man alle diese Flächeninhalte auf, dann ergibt sich im Spezialfall $f \equiv 1$ der Flächeninhalt A von S:

$$A = \iint_S 1 \, dA$$

Beispiel: Die Oberfläche S einer Kugel mit dem Radius $R > 0$ lässt sich in der Form

$$\vec{r}(\theta; \varphi) = \begin{pmatrix} R \sin\theta \cos\varphi \\ R \sin\theta \sin\varphi \\ R \cos\theta \end{pmatrix}$$

mit den Kugelkoordinaten $\varphi \in [0, 2\pi]$ und $\theta \in [0, \pi]$ darstellen. Im letzten Beispiel haben wir bereits die Normalenvektoren

$$\vec{n}(\theta; \varphi) = \frac{\partial \vec{r}}{\partial \theta} \times \frac{\partial \vec{r}}{\partial \varphi} = R \sin\theta \cdot \begin{pmatrix} R \sin\theta \cos\varphi \\ R \sin\theta \sin\varphi \\ R \cos\theta \end{pmatrix}$$

berechnet. Um den Inhalt der Kugeloberfläche zu ermitteln, brauchen wir noch deren Längen

$$|\vec{n}(\theta; \varphi)| = R \sin\theta \cdot R = R^2 \sin\theta$$

Für den Flächeninhalt von S ergibt sich schließlich der Wert

$$A = \oiint_S 1 \, dA = \int_0^{2\pi} \int_0^{\pi} 1 \cdot |\vec{n}(\theta; \varphi)| \, d\theta \, d\varphi = \int_0^{2\pi} \int_0^{\pi} R^2 \sin\theta \, d\theta \, d\varphi$$

$$= \int_0^{2\pi} R^2 \cos\theta \Big|_{\theta=0}^{\theta=\pi} d\varphi = \int_0^{2\pi} 2R^2 \, d\varphi = 2R^2 \cdot \varphi \Big|_{\varphi=0}^{\varphi=2\pi} = 2R^2 \cdot 2\pi$$

und das ist die bekannte Formel $A = 4\pi R^2$ für den Inhalt der Kugeloberfläche zum Radius R.

5.2.3 Integralsätze im Raum

Wir haben in Abschnitt 5.1.2 eine Beziehung zwischen Flächen- und Kurvenintegralen gefunden: den Integralsatz von Green. Er stellt eine Beziehung zwischen dem Kurvenintegral eines Vektorfelds längs einer Randkurve und dem Flächenintegral seiner Rotation über dem eingeschlossenen Bereich her. Ein entsprechender Zusammenhang besteht auch zwischen dem Oberflächenintegral und dem Kurvenintegral entlang der Randkurve. Das ist der klassische

Integralsatz von Stokes: $\iint_S (\nabla \times \vec{F})(\vec{r}) \cdot d\vec{A} = \oint_{\partial S} \vec{F}(\vec{r}) \cdot d\vec{r}$

Hierbei ist $\vec{F} = \vec{F}(x, y, z)$ ein stetig differenzierbares Vektorfeld und S ein Flächenstück im Raum mit der Randkurve ∂S. Die Fläche und ihr Rand müssen hinreichend glatt sein. Zusätzlich müssen ihre Orientierungen aufeinander abgestimmt sein, und zwar wie folgt: Ist die Fläche durch eine Parameterdarstellung $\vec{r}(u, v)$ gegeben, dann erhält man mit $\vec{n}(u, v) := \vec{r}_u \times \vec{r}_v$ die Normaleneinheitsvektoren $\vec{N}(u, v) := \frac{1}{|\vec{n}(u,v)|} \cdot \vec{n}(u, v)$ zu S. Auf derjenigen Seite, von der die Normaleneinheitsvektoren wegführen, ist die Randkurve so zu umlaufen, dass das Flächenstück stets auf der linken Seite der Randkurve liegt. Die Normaleneinheitsvektoren legen demnach die „Oberseite" der Fläche S fest, und der Rand ∂S ist dann bei einem Blick von oben auf die Fläche im mathematisch positiven Sinn (= entgegen dem Uhrzeigersinn) zu umlaufen.

In Abb. 5.25 ist einer dieser Normaleneinheitsvektoren $\vec{N}$ eingezeichnet und die obere Seite des Flächenstücks S hell dargestellt. Die Randkurve ∂S wird beim Blick von oben im Gegenuhrzeigersinn durchlaufen.

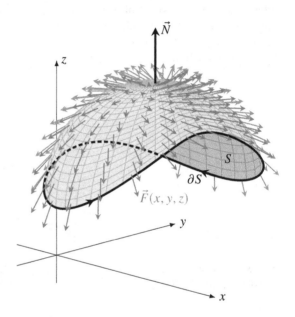

Abb. 5.25 Zum Integralsatz von Stokes

Anders als in der Ebene ist die *Rotation* (oder der „Wirbel") eines Vektorfelds im Raum selbst wieder ein Vektorfeld, welches definiert ist durch

$$\vec{F}(x,y,z) = \begin{pmatrix} F_1(x,y,z) \\ F_2(x,y,z) \\ F_3(x,y,z) \end{pmatrix} \implies \operatorname{rot}\vec{F} = \nabla \times \vec{F} = \begin{pmatrix} \frac{\partial F_3}{\partial y} - \frac{\partial F_2}{\partial z} \\ \frac{\partial F_1}{\partial z} - \frac{\partial F_3}{\partial x} \\ \frac{\partial F_2}{\partial x} - \frac{\partial F_1}{\partial y} \end{pmatrix}$$

Der nach dem irischen Mathematiker und Physiker Sir George Stokes (1819 - 1903) benannte Integralsatz spielt eine wichtige Rolle u. a. in der Elektrodynamik. Beispielsweise lässt sich das Faradaysche Induktionsgesetz auch für Felder im Raum formulieren und mit dem Stokesschen Integralsatz neu interpretieren. In der sog. „differentiellen Form" besagt das Induktionsgesetz, dass jede zeitliche Änderung eines Magnetfelds $\vec{B}$ ein elektrisches Gegenfeld gemäß

$$\operatorname{rot}\vec{E} = -\frac{\partial \vec{B}}{\partial t}$$

erzeugt. Die Rotation des induzierten elektrischen Felds entspricht also der negativen zeitlichen Änderung des magnetischen Flusses. Ist nun S ein Flächenstück mit dem Rand ∂S, dann ergibt sich aus dem Satz von Stokes das Induktionsgesetz in der „Integralform"

$$\oint_{\partial S} \vec{E}(\vec{r}) \cdot d\vec{r} = \iint_S (\nabla \times \vec{E})(\vec{r}) \cdot d\vec{A} = - \iint_S \frac{\partial \vec{B}}{\partial t} \cdot d\vec{A}$$

Die elektrische „Zirkulation" längs der Randkurve ∂S ist demnach gleich der negativen zeitlichen Änderung des magnetischen Flusses durch die Fläche S.

Integralsätze wie der von Stokes werden hauptsächlich für theoretische Überlegungen in Physik und Technik verwendet, aber gelegentlich auch zur Berechnung eines Integrals benutzt, denn ein Kurvenintegral lässt sich in der Regel einfacher berechnen als ein Oberflächenintegral.

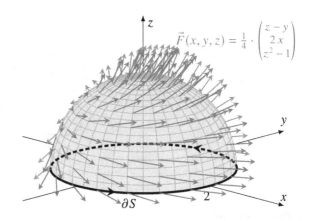

Abb. 5.26 Vektorfeld auf der oberen Halbkugel mit $R = 2$

Beispiel: Gegeben ist das in Abb. 5.26 graphisch dargestellte Vektorfeld

$$\vec{F}(x, y, z) = \tfrac{1}{4} \cdot \begin{pmatrix} z - y \\ 2x \\ z^2 - 1 \end{pmatrix}$$

auf der Halbkugel S um O mit Radius 2 im oberen Halbraum ($z \geq 0$). Die Rotation von $\vec{F}$ ist das (hier konstante) Vektorfeld

$$\nabla \times \vec{F} = \tfrac{1}{4} \cdot \begin{pmatrix} \frac{\partial(z^2-1)}{\partial y} - \frac{\partial(2x)}{\partial z} \\ \frac{\partial(z-y)}{\partial z} - \frac{\partial(z^2-1)}{\partial x} \\ \frac{\partial(2x)}{\partial x} - \frac{\partial(z-y)}{\partial y} \end{pmatrix} = \tfrac{1}{4} \cdot \begin{pmatrix} 0 - 0 \\ 1 - 0 \\ 2 - (-1) \end{pmatrix} = \tfrac{1}{4} \cdot \begin{pmatrix} 0 \\ 1 \\ 3 \end{pmatrix}$$

Zur Beschreibung der Fläche S verwenden wir die Parameterdarstellung

$$\vec{r}(\theta; \varphi) = \begin{pmatrix} 2\sin\theta\cos\varphi \\ 2\sin\theta\sin\varphi \\ 2\cos\theta \end{pmatrix}, \quad (\varphi, \theta) \in [0, 2\pi] \times [0, \tfrac{\pi}{2}]$$

In diesen Kugelkoordinaten mit festem Wert $r = 2$ sind die Normalenvektoren

$$\vec{n}(\theta; \varphi) = \frac{\partial \vec{r}}{\partial \theta} \times \frac{\partial \vec{r}}{\partial \varphi} = \begin{pmatrix} 2\cos\theta\cos\varphi \\ 2\cos\theta\sin\varphi \\ -2\sin\theta \end{pmatrix} \times \begin{pmatrix} -2\sin\theta\sin\varphi \\ 2\sin\theta\cos\varphi \\ 0 \end{pmatrix} = \begin{pmatrix} 4\sin^2\theta\cos\varphi \\ 4\sin^2\theta\sin\varphi \\ 4\sin\theta\cos\theta \end{pmatrix}$$

Damit können wir das Oberflächenintegral in ein Doppelintegral umwandeln:

$$\iint_S (\nabla \times \vec{F})(\vec{r}) \cdot d\vec{A} = \int_0^{\frac{\pi}{2}} \int_0^{2\pi} \frac{1}{4} \begin{pmatrix} 0 \\ 1 \\ 3 \end{pmatrix} \cdot \begin{pmatrix} 4\sin^2\theta\cos\varphi \\ 4\sin^2\theta\sin\varphi \\ 4\sin\theta\cos\theta \end{pmatrix} d\varphi \, d\theta$$

$$= \int_0^{\frac{\pi}{2}} \int_0^{2\pi} \sin^2\theta\sin\varphi + 3\sin\theta\cos\theta \, d\varphi \, d\theta$$

und wir erhalten den Integralwert

$$\iint_S (\nabla \times \vec{F})(\vec{r}) \cdot d\vec{A} = \int_0^{\frac{\pi}{2}} -\sin^2\theta\cos\varphi + 3\sin\theta\cos\theta \cdot \varphi \Big|_{\varphi=0}^{\varphi=2\pi} d\theta$$

$$= \int_0^{\frac{\pi}{2}} 6\pi\sin\theta\cos\theta \, d\theta = 3\pi\sin^2\theta \Big|_{\theta=0}^{\theta=\frac{\pi}{2}} = 3\pi$$

Wir vergleichen diesen Wert mit dem Kurvenintegral von $\vec{F}$ längs der Randkurve zu S. Die Randkurve ∂S ist der Kreis um O in der (x, y)-Ebene mit dem Radius 2, den wir in Parameterform mit

$$\vec{r}(t) = \begin{pmatrix} 2\cos t \\ 2\sin t \\ 0 \end{pmatrix} \implies \dot{\vec{r}}(t) = \begin{pmatrix} -2\sin t \\ 2\cos t \\ 0 \end{pmatrix}, \quad t \in [0, 2\pi]$$

darstellen können. Damit erhalten wir für das Kurvenintegral

$$\iint_{\partial S} \vec{F}(\vec{r}) \cdot d\vec{r} = \int_0^{2\pi} \vec{F}(\vec{r}(t)) \cdot \dot{\vec{r}}(t) \, dt = \int_0^{2\pi} \frac{1}{4} \begin{pmatrix} z(t) - y(t) \\ 2x(t) \\ z(t)^2 - 1 \end{pmatrix} \cdot \begin{pmatrix} \dot{x}(t) \\ \dot{y}(t) \\ \dot{z}(t) \end{pmatrix} dt$$

$$= \int_0^{2\pi} \frac{1}{4} \begin{pmatrix} -2\sin t \\ 4\cos t \\ -1 \end{pmatrix} \cdot \begin{pmatrix} -2\sin t \\ 2\cos t \\ 0 \end{pmatrix} dt$$

$$= \int_0^{2\pi} \frac{1}{4} \cdot (4\sin^2 t + 8\cos^2 t + 0) \, dt = \int_0^{2\pi} 1 + \cos^2 t \, dt$$

$$= \frac{3}{2}t + \frac{1}{2}\sin t \cos t \Big|_0^{2\pi} = 3\pi$$

den gleichen Wert wie beim zuvor berechneten Oberflächenintegral, und genau dies ist die Aussage des Satzes von Stokes.

Auch der Greensche Integralsatz ist ein Spezialfall des Satzes von Stokes, wie die folgenden Überlegungen zeigen. Ein Vektorfeld in der (x, y)-Ebene

$$\vec{F}(x, y) = \begin{pmatrix} F_1(x, y) \\ F_2(x, y) \end{pmatrix}$$

lässt sich durch Hinzunahme der dritten Komponente $F_3(x, y) \equiv 0$ zu einem Vektorfeld im Raum machen. Wir bezeichnen diese „Fortsetzung" des Vektorfelds nach $\mathbb{R}^3$ mit $\vec{G}(x, y, z)$. Da die Komponentenfunktionen F_1 und F_2 nicht von z abhängen, gilt $\frac{\partial F_1}{\partial z} = \frac{\partial F_2}{\partial z} \equiv 0$ und somit

$$\vec{G}(x, y, z) = \begin{pmatrix} F_1(x, y) \\ F_2(x, y) \\ 0 \end{pmatrix} \implies \nabla \times \vec{G} = \begin{pmatrix} \frac{\partial 0}{\partial y} - \frac{\partial F_2}{\partial z} \\ \frac{\partial F_1}{\partial z} - \frac{\partial 0}{\partial x} \\ \frac{\partial F_2}{\partial x} - \frac{\partial F_1}{\partial y} \end{pmatrix} = \begin{pmatrix} 0 \\ 0 \\ \frac{\partial F_2}{\partial x} - \frac{\partial F_1}{\partial y} \end{pmatrix}$$

Ein Integrationsgebiet B in der (x, y)-Ebene, welches durch stetig differenzierbare Koordinatenfunktionen

$$x = x(u, v), \quad y = y(u, v) \quad \text{mit} \quad u \in [a, b] \quad \text{und} \quad v \in [c, d]$$

beschrieben wird, kann auch als ebene Fläche im Raum mit der z-Koordinate $z(u, v) = 0$ interpretiert werden. Dabei ist

$$B: \quad \vec{r}(u, v) = \begin{pmatrix} x(u, v) \\ y(u, v) \\ 0 \end{pmatrix} \quad \text{mit} \quad (u, v) \in [a, b] \times [c, d]$$

eine Parameterdarstellung von B in $\mathbb{R}^3$, und die Normalenvektoren sind

$$\vec{n}(u, v) = \frac{\partial \vec{r}}{\partial u} \times \frac{\partial \vec{r}}{\partial v} = \begin{pmatrix} \frac{\partial x}{\partial u} \\ \frac{\partial y}{\partial u} \\ 0 \end{pmatrix} \times \begin{pmatrix} \frac{\partial x}{\partial v} \\ \frac{\partial y}{\partial v} \\ 0 \end{pmatrix} = \begin{pmatrix} 0 \\ 0 \\ \frac{\partial x}{\partial u} \cdot \frac{\partial y}{\partial v} - \frac{\partial x}{\partial v} \cdot \frac{\partial y}{\partial u} \end{pmatrix} = \begin{pmatrix} 0 \\ 0 \\ \det \frac{\partial(x, y)}{\partial(u, v)} \end{pmatrix}$$

Bei der letzten Umformung haben wir die Funktionaldeterminante

$$\frac{\partial x}{\partial u} \cdot \frac{\partial y}{\partial v} - \frac{\partial x}{\partial v} \cdot \frac{\partial y}{\partial u} = \begin{vmatrix} \frac{\partial x}{\partial u} & \frac{\partial x}{\partial v} \\ \frac{\partial y}{\partial u} & \frac{\partial y}{\partial v} \end{vmatrix} = \det \frac{\partial(x, y)}{\partial(u, v)}$$

der Koordinatenfunktionen $x = x(u, v)$ und $y = y(u, v)$ eingesetzt. Wir gehen im Folgenden davon aus, dass die Funktionaldeterminante überall positiv ist und somit der Normalenvektor $\vec{n}(u, v)$ stets „nach oben" zeigt. Gemäß der Vereinbarung über die Orientierung des Flächenstücks B beim Satz von Stokes muss dann die Randkurve ∂B entgegen dem Uhrzeigersinn, d. h., im mathematisch positiven Sinn, umlaufen werden. Nach dem Stokesschen Integralsatz gilt nun

$$\iint_B (\nabla \times \vec{G})(\vec{r}) \cdot \mathrm{d}\vec{A} = \oint_{\partial B} \vec{G}(\vec{r}) \cdot \mathrm{d}\vec{r}$$

wobei sich das Oberflächenintegral auf der linken Seite wie folgt berechnen lässt:

$$\iint_B (\nabla \times \vec{G})(\vec{r}) \cdot d\vec{A} = \int_a^b \int_c^d (\nabla \times \vec{G})(\vec{r}(u,v)) \cdot \vec{n}(u,v)\, dv\, du$$

$$= \int_a^b \int_c^d \begin{pmatrix} 0 \\ 0 \\ \frac{\partial F_2}{\partial x} - \frac{\partial F_1}{\partial y} \end{pmatrix} \cdot \begin{pmatrix} 0 \\ 0 \\ \det \frac{\partial(x,y)}{\partial(u,v)} \end{pmatrix} dv\, du$$

$$= \int_a^b \int_c^d \left(\frac{\partial F_2}{\partial x} - \frac{\partial F_1}{\partial y} \right) \cdot \det \frac{\partial(x,y)}{\partial(u,v)}\, dv\, du$$

Das Doppelintegral in der letzten Zeile ist das Flächenintegral von $\nabla \times \vec{F} = \frac{\partial F_2}{\partial x} - \frac{\partial F_1}{\partial y}$ über dem Bereich B in den krummlinigen Koordinaten $x = x(u,v)$ und $y = y(u,v)$. Wir notieren

$$\iint_B (\nabla \times \vec{G})(\vec{r}) \cdot d\vec{A} = \iint_B (\nabla \times \vec{F})(x,y)\, dA$$

Zur Berechnung des Kurvenintegrals längs ∂B brauchen wir eine Parameterdarstellung der Randkurve von B. Da diese in der (x,y)-Ebene verläuft, hat sie die Parameterform

$$\partial B: \quad \vec{r}(t) = \begin{pmatrix} x(t) \\ y(t) \\ 0 \end{pmatrix}, \quad t \in [\alpha, \beta]$$

und wir erhalten

$$\oint_{\partial B} \vec{G}(\vec{r}) \cdot d\vec{r} = \int_\alpha^\beta \vec{G}(x(t), y(t), 0) \cdot \begin{pmatrix} \dot{x}(t) \\ \dot{y}(t) \\ 0 \end{pmatrix} dt = \int_\alpha^\beta \begin{pmatrix} F_1(x(t), y(t)) \\ F_2(x(t), y(t)) \\ 0 \end{pmatrix} \cdot \begin{pmatrix} \dot{x}(t) \\ \dot{y}(t) \\ 0 \end{pmatrix} dt$$

$$= \int_\alpha^\beta \begin{pmatrix} F_1(x(t), y(t)) \\ F_2(x(t), y(t)) \end{pmatrix} \cdot \begin{pmatrix} \dot{x}(t) \\ \dot{y}(t) \end{pmatrix} dt = \oint_{\partial B} \vec{F}(\vec{r}) \cdot d\vec{r}$$

Fassen wir alles zusammen, dann reduziert sich der Integralsatz von Stokes

$$\iint_B (\nabla \times \vec{F})(x,y)\, dA = \iint_B (\nabla \times \vec{G})(\vec{r}) \cdot d\vec{A} \overset{\text{Stokes}}{=} \oint_{\partial B} \vec{G}(\vec{r}) \cdot d\vec{r} = \oint_{\partial B} \vec{F}(\vec{r}) \cdot d\vec{r}$$

für ein Vektorfeld in der (x,y)-Ebene auf den Integralsatz von Green!

Neben dem Stokesschen Integralsatz gibt es im Raum $\mathbb{R}^3$ auch eine Version für den

Integralsatz von Gauß: $\displaystyle\iiint_B (\nabla \cdot \vec{F})(x,y)\, dV = \oiint_{\partial B} \vec{F}(\vec{r}) \cdot d\vec{A}$

Dieser wiederum stellt eine Verbindung her zwischen dem Volumenintegral der *Divergenz* (= „Quellstärke")

$$\operatorname{div} \vec{F} = \nabla \cdot \vec{F} := \frac{\partial F_1}{\partial x} + \frac{\partial F_2}{\partial y} + \frac{\partial F_3}{\partial z}$$

und dem Oberflächenintegral des Vektorfelds über der Randfläche ∂B des Integrationsbereichs $B \subset \mathbb{R}^3$.

Beispiel: Zu berechnen ist der Fluss des Vektorfelds

$$\vec{F}(x,y,z) = \begin{pmatrix} 5x - y \\ x^2 + z \\ 2 - 3z \end{pmatrix} \quad \Longrightarrow \quad \Phi = \oiint_{\partial B} \vec{F}(\vec{r}) \cdot \mathrm{d}\vec{A}$$

durch die Oberfläche ∂B der Kugel B um O mit dem Radius 3. Die Berechnung eines solchen Oberflächenintegrals ist allgemein etwas schwierig, aber in diesem speziellen Fall können wir den Integralsatz von Gauß nutzen. Die Divergenz des Vektorfelds

$$\nabla \cdot \vec{F} = \frac{\partial(5x - y)}{\partial x} + \frac{\partial(x^2 + z)}{\partial y} + \frac{\partial(2 - 3z)}{\partial z} = 5 + 0 + (-3) = 2$$

ist hier eine konstante Funktion, und nach dem Gaußschen Integralsatz gilt

$$\Phi = \oiint_{\partial B} \vec{F} \cdot \mathrm{d}\vec{A} = \iiint_{B} \nabla \cdot \vec{F}\, \mathrm{d}V = \iiint_{B} 2\, \mathrm{d}V = 2 \cdot \iiint_{B} 1\, \mathrm{d}V = 2 \cdot V$$

wobei $V = \frac{4}{3} \cdot 3^3 \cdot \pi = 36\,\pi$ das Volumen der Kugel ist. Damit ergibt sich für den Fluss der Wert $\Phi = 72\,\pi$.

Der Gaußsche Integralsatz ist für die gesamte Physik, vor allem aber auch für die Strömungsmechanik und die Elektrotechnik, von großem theoretischen Nutzen. Damit kann man z. B. die Erhaltung von Masse, Impuls und Energie in einem beliebigen Volumen erklären: Das Integral der Divergenz entspricht der Summe aller Quellen eines Vektorfeldes in einem Volumen V, und diese Größe ist proportional zum Durchfluss (= Oberflächenintegral) der gesamten Strömung durch die Hülle dieses Volumens. Als konkretes Beispiel sei hier das *Gaußsche Gesetz* der Elektrostatik im Vakuum genannt. Die elektrische Raumladungsdichte $\rho = \rho(x,y,z)$ ist proportional zur Quellstärke (Divergenz) der elektrischen Feldstärke: $\rho = \varepsilon_0 \operatorname{div} \vec{E}$ mit $\varepsilon_0 \approx 8{,}854 \cdot 10^{-12}\,\frac{\mathrm{F}}{\mathrm{m}}$ (Dielektrizitätskonstante), und gemäß dem Integralsatz von Gauß ist dann der gesamte elektrische Fluss Φ durch die geschlossene Oberfläche ∂B eines Volumens B proportional zur Gesamtladung Q im Inneren von B:

$$\Phi = \oiint_{\partial B} \vec{E} \cdot \mathrm{d}\vec{A} = \iiint_{B} \operatorname{div} \vec{E}\, \mathrm{d}V = \iiint_{B} \frac{1}{\varepsilon_0} \rho(x,y,z)\, \mathrm{d}V = \frac{1}{\varepsilon_0} Q$$

Als weitere Anwendung des Gauß-Integralsatzes wollen wir uns noch eine räumliche Variante der Greenschen Formel erarbeiten. Für eine skalare Funktion $f : B \longrightarrow \mathbb{R}$ mit $f = f(x,y,z)$ auf einem Bereich $B \subset \mathbb{R}^3$ ist der Gradient ein Vektorfeld mit drei Komponenten

$$\vec{F}(x,y,z) = (\operatorname{grad} f)(x,y,z) = \begin{pmatrix} f_x \\ f_y \\ f_z \end{pmatrix}$$

Die Anwendung der Divergenz auf dieses Gradientenfeld ergibt den *Laplace-Operator* von f:

$$\Delta f := \operatorname{div}(\operatorname{grad} f) = \frac{\partial f_x}{\partial x} + \frac{\partial f_y}{\partial y} + \frac{\partial f_z}{\partial z} = \frac{\partial^2 f}{\partial x^2} + \frac{\partial^2 f}{\partial y^2} + \frac{\partial^2 f}{\partial z^2}$$

Wir gehen davon aus, dass wir die Oberfläche ∂B des Bereichs B mithilfe einer Parameterdarstellung

$$\partial B: \quad \vec{r}(u,v) = \begin{pmatrix} x(u,v) \\ y(u,v) \\ z(u,v) \end{pmatrix}, \quad (u,v) \in D \subset \mathbb{R}^2$$

beschreiben können, wobei die Normalenvektoren

$$\vec{n}(u,v) := \frac{\partial \vec{r}}{\partial u} \times \frac{\partial \vec{r}}{\partial v}$$

wie in Abb. 5.24 nach außen zeigen sollen (andernfalls müsste man das Vorzeichen von $\vec{n}(u,v)$ umkehren, indem man z. B. die Koordinaten vertauscht: $\vec{r}_u \times \vec{r}_v = -\vec{r}_v \times \vec{r}_u$, oder indem man die Durchlaufrichtung einer Koordinate ändert). Die auf Länge 1 normierten Vektoren

$$\vec{N}(u,v) := \frac{1}{|\vec{n}(u,v)|} \cdot \vec{n}(u,v)$$

bilden dann das sogenannte *äußere Normaleneinheitsfeld* zur Fläche ∂B. Gemäß dem Integralsatz von Gauß in $\mathbb{R}^3$ ist dann

$$\iiint_B \Delta f \, dV = \iiint_B \operatorname{div}(\operatorname{grad} f) \, dV = \oiint_{\partial B} (\operatorname{grad} f)(\vec{r}) \cdot d\vec{A}$$

$$= \iint_D (\operatorname{grad} f)(\vec{r}(u,v)) \cdot \vec{n}(u,v) \, du \, dv$$

$$= \iint_D (\operatorname{grad} f)(\vec{r}(u,v)) \cdot \vec{N}(u,v) \cdot |\vec{n}(u,v)| \, du \, dv$$

Ähnlich wie in der Ebene ist das Skalarprodukt im Integranden hier die

äußere Normalenableitung $\quad \dfrac{\partial f}{\partial \vec{N}}(\vec{r}(u,v)) := (\operatorname{grad} f)(\vec{r}(u,v)) \cdot \vec{N}(u,v)$

also die Ableitung von f in Richtung des äußeren Einheitsnormalenvektors $\vec{N}$ an der Stelle $\vec{r} = \vec{r}(u,v)$ auf der Fläche S. Mit dieser Abkürzung ergibt sich

$$\iiint_B \Delta f \, dV = \iint_D \frac{\partial f}{\partial \vec{N}}(\vec{r}(u,v)) \cdot |\vec{n}(u,v)| \, du \, dv$$

Der Ausdruck auf der rechten Seite ist das skalare Oberflächenintegral der äußeren Normalenableitung $\frac{\partial f}{\partial \vec{N}}$, und wir erhalten schließlich die

Greensche Formel: $\quad \iiint_B (\Delta f)(x,y,z) \, dV = \oiint_{\partial B} \dfrac{\partial f}{\partial \vec{N}}(\vec{r}) \, dA$

5.3 Integrale komplexer Funktionen

5.3.1 Komplexe Kurvenintegrale

Bei einer komplexen Funktion lässt sich die Ableitung genau wie bei einer reellen Funktion mithilfe des Differentialquotienten als Grenzwert von Differenzenquotienten berechnen. Was aber ist eine sinnvolle Definition für das *Integral* einer komplexen Funktion? Im Fall einer reellen Funktion ist das bestimmte Integral auf einem Intervall $[a, b] \subset \mathbb{R}$ als Grenzwert von Zerlegungssummen definiert. Dieses Konzept können wir auf eine komplexe Funktion f übertragen, wobei wir das Intervall $[a, b]$ durch eine glatte Kurve C von $A \in \mathbb{C}$ nach $B \in \mathbb{C}$ ersetzen. Wir gehen im Folgenden von einer stetigen Funktion $f : G \longrightarrow \mathbb{C}$ auf einem Gebiet $G \subset \mathbb{C}$ aus und nehmen an, dass die Kurve C in G durch eine Parameterdarstellung

$$C : \quad z(t) = x(t) + \mathrm{i}\, y(t), \quad t \in [a, b]$$

beschrieben wird, wobei $x(t)$ und $y(t)$ stetig differenzierbare Funktionen mit $\dot{\vec{r}}(t) \neq \vec{o}$ für alle $t \in \,]a, b[$ sind. Ähnlich wie bei der Einführung des vektoriellen Kurvenintegrals in Kapitel 2, Abschnitt 2.2.2 zerlegen wir den Parameterbereich $[a, b]$ in n Teilintervalle $a = t_0 < t_1 < \ldots < t_n = b$ mit den Längen $\Delta t_k = t_{k+1} - t_k$ für $k = 0, \ldots, n - 1$. Diese Stützstellen im Parameterbereich ergeben dann einzelne Punkte $z_k := z(t_k)$ auf der Kurve C, deren Differenz wir mit $\Delta z_k := z_{k+1} - z_k$ bezeichnen (siehe Abb. 5.27).

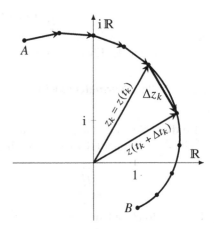

Abb. 5.27 Zerlegung einer Kurve in der GZE

So wie bei der Definition des bestimmten Integrals einer reellen Funktion kann man die Zerlegungssummen $\sum_{k=0}^{n-1} f(z_k)\,\Delta z_k$ bilden und zeigen, dass der Grenzwert

$$\int_C f(z)\,\mathrm{d}z := \lim_{n \to \infty} \sum_{k=0}^{n-1} f(z_k)\,\Delta z_k$$

bei gleichmäßiger Verfeinerung existiert und unabhängig von der speziellen Wahl der Stützstellen ist (gleichmäßige Verfeinerung bedeutet, dass der Maximalwert aller Abstände $|\Delta z_k|$ für $n \to \infty$ gegen Null geht). Dieser Grenzwert heißt *komplexes Kurvenintegral* von f längs der Kurve C.

Die Berechnung eines komplexen Kurvenintegrals mittels Zerlegungssummen ist (wie im Reellen) sehr aufwändig. Daher suchen wir zuerst einen Weg, auf dem man den Integralwert in der Praxis einfacher bestimmen kann. Ausgehend von

$$
\begin{aligned}
\Delta z_k = z_{k+1} - z_k &= \frac{z(t_k + \Delta t_k) - z(t_k)}{\Delta t_k} \cdot \Delta t_k \\
&= \left(\frac{x(t_k + \Delta t_k) - x(t_k)}{\Delta t_k} + \mathrm{i} \cdot \frac{y(t_k + \Delta t_k) - y(t_k)}{\Delta t_k} \right) \cdot \Delta t_k \\
&\approx (\dot{x}(t_k) + \mathrm{i} \cdot \dot{y}(t_k)) \cdot \Delta t_k = \dot{z}(t_k) \, \Delta t_k
\end{aligned}
$$

erhalten wir

$$
\sum_{k=0}^{n-1} f(z_k) \, \Delta z_k \approx \sum_{k=0}^{n-1} f(z(t_k)) \cdot \dot{z}(t_k) \, \Delta t_k
$$

Diese Näherung wird bei gleichmäßiger Verfeinerung der Zerlegung immer genauer, und für $n \to \infty$ gehen die Summen in Integrale über:

$$
\int_C f(z) \, \mathrm{d}z = \int_a^b f(z(t)) \cdot \dot{z}(t) \, \mathrm{d}t
$$

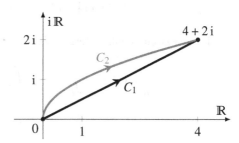

Abb. 5.28 Zwei verschiedene Wege in der GZE von 0 nach $4 + 2\,\mathrm{i}$

Beispiel 1. Wir berechnen das komplexe Kurvenintegral der Funktion $f(z) = z^3$ längs verschiedener Kurven von 0 nach $4 + 2\,\mathrm{i}$, vgl. Abb. 5.28. Die erste „Kurve" ist die Strecke

$$
C_1 : \quad z(t) = 4\,t + 2\,\mathrm{i}\,t, \quad t \in [0, 1]
$$

Die Ableitung $\dot{z}(t) \equiv 4 + 2\,\mathrm{i}$ ist hier eine konstante Funktion, und es gilt

$$
\int_{C_1} f(z) \, \mathrm{d}z = \int_0^1 (4\,t + 2\,\mathrm{i}\,t)^3 \cdot (4 + 2\,\mathrm{i}) \, \mathrm{d}t = \int_0^1 (4 + 2\,\mathrm{i})^4 \cdot t^3 \, \mathrm{d}t
$$

$$
= (4 + 2\,\mathrm{i})^4 \cdot \tfrac{1}{4} t^4 \Big|_0^1 = \tfrac{1}{4} (4 + 2\,\mathrm{i})^4 = -28 + 96\,\mathrm{i}
$$

Als zweite Kurve wählen wir den Parabelbogen mit der Parameterform

$$
C_2 : \quad z(t) = t^2 + \mathrm{i}\,t, \quad t \in [0, 2]
$$

In diesem Fall ist $\dot{z}(t) = 2t + i$ und somit

$$
\begin{aligned}
\int_{C_2} z^3 \, dz &= \int_0^2 (t^2 + i t)^3 \cdot (2t + i) \, dt \\
&= \int_0^2 (2t^7 - 9t^5 + t^3) + i(7t^6 - 5t^4) \, dt \\
&= \left(\tfrac{1}{4} t^8 - \tfrac{3}{2} t^6 + \tfrac{1}{4} t^4 \right) + i(t^7 - t^5) \Big|_0^2 = -28 + 96\, i
\end{aligned}
$$

Beispiel 2. Wir berechnen die komplexen Kurvenintegrale der beiden Funktionen $f_1(z) = z^2$ und $f_2(z) = \frac{1}{z}$ entlang dem Einheitskreis um 0 mit der Parameterform

$$
K: \quad z(t) = \cos t + i \sin t, \quad t \in [0, 2\pi]
$$

Hier ist $\dot{z}(t) = -\sin t + i \cos t = i(\cos t + i \sin t)$ für alle $t \in [0, 2\pi]$. Zur Berechnung des Integrals von $f_1(z)$ längs K nutzen wir die Formel von Moivre:

$$
\begin{aligned}
\int_K f_1(z) \, dz &= \int_K z^2 \, dz = \int_0^{2\pi} (\cos t + i \sin t)^2 \cdot i(\cos t + i \sin t) \, dt \\
&= i \int_0^{2\pi} (\cos t + i \sin t)^3 \, dt = i \int_0^{2\pi} \cos 3t + i \sin 3t \, dt \\
&= i \left(\tfrac{1}{3} \sin 3t - \tfrac{i}{3} \cos 3t \right) \Big|_0^{2\pi} = i \cdot (0 - \tfrac{i}{3}) - i \cdot (0 - \tfrac{i}{3}) = 0
\end{aligned}
$$

Für die zweite Funktion ergibt sich der Integralwert

$$
\begin{aligned}
\int_K f_2(z) \, dz &= \int_K \tfrac{1}{z} \, dz = \int_0^{2\pi} \frac{1}{\cos t + i \sin t} \cdot i(\cos t + i \sin t) \, dt \\
&= \int_0^{2\pi} i \, dt = i\,t \Big|_0^{2\pi} = 2\pi i
\end{aligned}
$$

Alternativ können wir den Einheitskreis gemäß der Eulerschen Formel auch mit der Parameterdarstellung $z(t) = \cos t + i \sin t = e^{i t}$ und $\dot{z}(t) = i e^{i t}$ für $t \in [0, 2\pi]$ beschreiben. In diesem Fall vereinfacht sich die Rechnung etwas, so wie bei

$$
\begin{aligned}
\int_K z^3 \, dz &= \int_0^{2\pi} (e^{i t})^3 \cdot i e^{i t} \, dt = i \int_0^{2\pi} e^{4 i t} \, dt = \tfrac{1}{4} e^{4 i t} \Big|_0^{2\pi} \\
&= \tfrac{1}{4} e^{8 i \pi} - \tfrac{1}{4} e^0 = \tfrac{1}{4} - \tfrac{1}{4} = 0
\end{aligned}
$$

Beispiel 3. Wir berechnen das komplexe Kurvenintegral von $f(z) = e^z$ längs der Strecke S von $2 - i$ nach $2 + 3i$. Diese Strecke lässt sich in Parameterform mit

$$
S: \quad z(t) = 2 + i t, \quad t \in [-1, 3]
$$

beschreiben, wobei dann $\dot{z}(t) \equiv i$ und $e^{z(t)} = e^{2+i t} = e^2 \cdot e^{i t} = e^2 (\cos t + i \sin t)$ gilt. Somit ist

$$\int_S e^z \, dz = \int_{-1}^{3} e^{z(t)} \cdot \dot{z}(t) \, dt = \int_{-1}^{3} e^{2+it} \cdot i \, dt = i \, e^2 \int_{-1}^{3} \cos t + i \sin t \, dt$$

$$= i \, e^2 (\sin t - i \cos t) \Big|_{-1}^{3} = e^2 (\cos t + i \sin t) \Big|_{-1}^{3} = e^{2+it} \Big|_{-1}^{3}$$

$$= e^{2+3i} - e^{2-i}$$

Wir können dieses Ergebnis auch in der folgenden Form notieren:

$$\int_S e^z \, dz = e^z \, \Big|_{z=2-i}^{z=2+3i}$$

5.3.2 Der Integralsatz von Cauchy

Bei den im letzten Abschnitt berechneten komplexen Integralen lassen sich gewisse Phänomene beobachten, die wir bereits von den vektoriellen Kurvenintegralen her kennen: In Beispiel 1 ist das Kurvenintegral unabhängig vom Weg, in Beispiel 2 sind die Ringintegrale von z^2 und z^3 gleich Null, und in Beispiel 3 können wir den Integralwert auch mittels einer Stammfunktion berechnen. Dies ist kein Zufall: Es gibt eine Beziehung zwischen komplexen und vektoriellen Kurvenintegralen, mit der sich die genannten Effekte allgemein nachweisen lassen. Ausgangspunkt ist der

Integralsatz von Cauchy: Ist $w = f(z)$ eine komplex differenzierbare Funktion auf dem einfach zusammenhängenden Gebiet $G \subset \mathbb{C}$, dann gilt für jede geschlossene glatte Kurve C in G

$$\oint_C f(z) \, dz = 0$$

Einfach zusammenhängende Gebiete in $\mathbb{C}$ sind beispielsweise die linke Halbebene $H = \{z \in \mathbb{C} \mid \operatorname{Re} z < 0\}$, jede offene Kreisscheibe in $\mathbb{C}$ (ohne Rand) und auch die gesamte GZE, nicht aber z. B. die Menge $\mathbb{C} \setminus \{0\}$, denn hier lässt sich u. a. der Einheitskreis nicht auf einen Punkt zusammenziehen. Wir gehen weiterhin davon aus, dass die Kurve C durch eine Parameterdarstellung

$$C: \quad z(t) = x(t) + i \, y(t), \quad t \in [a, b]$$

mit stetig differenzierbaren Koordinatenfunktionen gegeben ist. Zum Nachweis des Cauchy-Integralsatzes zerlegen wir die komplexe Funktion f in ihren Real- und Imaginärteil gemäß

$$f(z) = f(x + i \, y) = u(x, y) + i \, v(x, y)$$

Mit der Ableitung $\dot{z}(t) = \dot{x}(t) + i \, \dot{y}(t)$ können wir das Integral wie folgt umformen (aus Platzgründen lassen wir das Argument t bei $x = x(t)$ und $y = y(t)$ weg):

$$\oint_C f(z)\,dz = \int_a^b f(z(t)) \cdot \dot{z}(t)\,dt = \int_a^b \big(u(x,y) + \mathrm{i}\,v(x,y)\big) \cdot (\dot{x} + \mathrm{i}\,\dot{y})\,dt$$

$$= \int_a^b u(x,y) \cdot \dot{x} - v(x,y) \cdot \dot{y}\,dt + \mathrm{i} \int_a^b v(x,y) \cdot \dot{x} + u(x,y) \cdot \dot{y}\,dt$$

$$= \int_a^b \begin{pmatrix} u(x,y) \\ -v(x,y) \end{pmatrix} \cdot \begin{pmatrix} \dot{x} \\ \dot{y} \end{pmatrix} dt + \mathrm{i} \int_a^b \begin{pmatrix} v(x,y) \\ u(x,y) \end{pmatrix} \cdot \begin{pmatrix} \dot{x} \\ \dot{y} \end{pmatrix} dt$$

Mit Einführung der beiden Vektorfelder

$$\vec{U}(x,y) := \begin{pmatrix} u(x,y) \\ -v(x,y) \end{pmatrix} \quad \text{und} \quad \vec{V}(x,y) := \begin{pmatrix} v(x,y) \\ u(x,y) \end{pmatrix}$$

lässt sich das komplexe Kurvenintegral durch die vektoriellen Kurvenintegrale

$$\oint_C f(z)\,dz = \oint_C \vec{U}(\vec{r}) \cdot d\vec{r} + \mathrm{i} \oint_C \vec{V}(\vec{r}) \cdot d\vec{r}$$

darstellen. Zur Vereinfachung nehmen wir schließlich noch an, dass die glatte Kurve C einen Normalbereich (oder Greenschen Bereich) B umschließt, sodass also $C = \partial B$ die Randkurve von B ist. Nach dem Greenschen Integralsatz gilt dann

$$\int_C f(z)\,dz = \iint_B (\mathrm{rot}\,\vec{U})(x,y)\,dA + \mathrm{i} \iint_B (\mathrm{rot}\,\vec{V})(x,y)\,dA$$

Da f eine komplex differenzierbare Funktion ist, folgt aus den Cauchy-Riemannschen Differentialgleichungen wiederum

$$\frac{\partial u}{\partial x} = \frac{\partial v}{\partial y} \quad \Longrightarrow \quad (\mathrm{rot}\,\vec{V})(x,y) = \frac{\partial u}{\partial x} - \frac{\partial v}{\partial y} \equiv 0$$

$$\frac{\partial v}{\partial x} = -\frac{\partial u}{\partial y} \quad \Longrightarrow \quad (\mathrm{rot}\,\vec{U})(x,y) = -\frac{\partial v}{\partial x} - \frac{\partial u}{\partial y} \equiv 0$$

und wir erhalten

$$\int_C f(z)\,dz = \iint_B 0\,dA + \mathrm{i} \iint_B 0\,dA = 0$$

Dass die hier genannten Eigenschaften (G einfach zusammenhängend, f komplex differenzierbar) tatsächlich auch nötig sind, zeigen die folgenden Beispiele.

Beispiel 1. Die Funktion $f(z) = \bar{z}$ ist auf ganz $\mathbb{C}$ definiert, aber nicht komplex differenzierbar. Für den Einheitskreis C um 0, welcher durch die Parameterdarstellung $z(t) = \cos t + \mathrm{i}\sin t$ für $t \in [0, 2\pi]$ beschrieben werden kann, ist

$$\oint_C f(z)\,dz = \int_0^{2\pi} \overline{z(t)} \cdot \dot{z}(t)\,dt = \int_0^{2\pi} (\cos t - \mathrm{i}\sin t) \cdot (-\sin t + \mathrm{i}\cos t)\,dt$$

$$= \int_0^{2\pi} 0 + \mathrm{i}(\cos^2 t + \sin^2 t)\,dt = \int_0^{2\pi} \mathrm{i}\,dt = \mathrm{i}\,t \Big|_0^{2\pi} = 2\,\pi\,\mathrm{i} \neq 0$$

Das komplexe Kurvenintegral einer nicht-differenzierbaren Funktion längs einer geschlossenen Kurve kann also auch einen Wert ungleich Null annehmen!

Beispiel 2. Die Funktion $f(z) = \frac{1}{z}$ ist zwar komplex differenzierbar, aber nur auf $\mathbb{C} \setminus \{0\}$ definiert. Das Gebiet $\mathbb{C} \setminus \{0\}$ ist wegen des Lochs bei $z = 0$ nicht einfach zusammenhängend. Für den Einheitskreis C um 0 mit $z(t) = \cos t + i \sin t$ für $t \in [0, 2\pi]$ gilt dann

$$\oint_C f(z)\,dz = \int_0^{2\pi} \frac{1}{z(t)} \cdot \dot{z}(t)\,dt = \int_0^{2\pi} \frac{1}{\cos t + i \sin t} \cdot (-\sin t + i \cos t)\,dt$$

$$= \int_0^{2\pi} \frac{1}{\cos t + i \sin t} \cdot i\,(\cos t + i \sin t)\,dt = \int_0^{2\pi} i\,dt = 2\,\pi\,i \neq 0$$

Obwohl hier der Integrand differenzierbar ist, ergibt sich ein Integralwert ungleich 0.

Als erste Konsequenz aus dem Cauchy-Integralsatz notieren wir:

> Auf einem einfach zusammenhängenden Gebiet $G \subset \mathbb{C}$ ist das Kurvenintegral einer komplex differenzierbaren Funktion $f : G \longrightarrow \mathbb{C}$ wegunabhängig.

Sind nämlich C_1 und C_2 zwei glatte Kurven mit dem gleichen Anfangs- und Endpunkt, dann ist $C := C_1 + (-C_2)$ eine geschlossene Kurve in G und folglich

$$0 = \oint_C f(z)\,dz = \oint_{C_1} f(z)\,dz - \oint_{C_2} f(z)\,dz \quad\Longrightarrow\quad \oint_{C_1} f(z)\,dz = \oint_{C_2} f(z)\,dz$$

Zu zwei beliebigen Punkte A und B aus dem einfach zusammenhängenden Gebiet $G \subset \mathbb{C}$ liefert also jede glatte Kurve in der GZE, welche A und B verbindet, den gleichen Integralwert, weshalb wir auch

$$\int_A^B f(z)\,dz := \int_C f(z)\,dz \quad (C = \text{beliebige glatte Kurve von } A \text{ nach } B)$$

schreiben dürfen, da es nicht auf den Weg *zwischen* A und B ankommt!

Beispiel: Die Funktion $f(z) = z^3$ ist auf dem einfach zusammenhängenden Gebiet $G = \mathbb{C}$ komplex differenzierbar. Für jeden glatten Weg von $A = 0$ nach $B = 4 + 2\,i$ ist dann

$$\int_0^{4+2\,i} z^3\,dz = -28 + 96\,i$$

Diesen Integralwert haben wir sowohl für die Strecke C_1 als auch für den Parabelbogen C_2 von A nach B gemäß Abb. 5.28 erhalten, wobei dort die Kurvenintegrale durch Einsetzen der Parameterdarstellungen berechnet wurden.

Auch beim komplexen Integral

$$\int_{2-i}^{2+3\,i} e^z\,dz = e^z \Big|_{2-i}^{2+3\,i} = e^{2+3\,i} - e^{2-i}$$

kommt es nicht auf den Weg zwischen $A = 2 - i$ und $B = 2 + 3i$ an. Wir haben diesen Wert in Abschnitt 5.3.1 durch Integration längs der Strecke von A nach B gewonnen und festgestellt, dass sich dieser Integralwert so wie im Reellen durch Auswertung der Stammfunktion e^z an den Endpunkten der Kurve berechnen lässt. Dieses Resultat lässt sich auf andere komplexe Funktionen verallgemeinern.

5.3.3 Komplexe Stammfunktionen

Eine Funktion $F : G \longrightarrow \mathbb{C}$ heißt *Stammfunktion* zu $f : G \longrightarrow \mathbb{C}$, falls F auf dem Gebiet $G \subset \mathbb{C}$ komplex differenzierbar ist und $F'(z) = f(z)$ für alle $z \in G$ gilt. Wir notieren:

Ist F eine Stammfunktion zu $f : G \longrightarrow \mathbb{C}$ auf dem Gebiet $G \subset \mathbb{C}$ und C eine glatte Kurve in G mit dem Anfangspunkt $A \in \mathbb{C}$ und dem Endpunkt $B \in \mathbb{C}$, dann gilt

$$\int_C f(z)\,dz = F(B) - F(A) = F(z)\Big|_A^B$$

Zur Begründung dieser Aussage zerlegen wir die komplexe Funktion f wieder in ihren Real- und Imaginärteil gemäß

$$f(z) = f(x + iy) = u(x, y) + i\,v(x, y)$$

und wählen eine Parametrisierung $z(t) = x(t) + i\,y(t)$ der Kurve C mit $t \in [a, b]$. In diesem Fall ist $A = x(a) + i\,y(a)$ der Anfangspunkt und $B = x(b) + i\,y(b)$ der Endpunkt der Kurve. Wie beim Nachweis des Cauchy-Integralsatzes können wir das komplexe Kurvenintegral in ein vektorielles umwandeln:

$$\int_C f(z)\,dz = \int_a^b \begin{pmatrix} u(x,y) \\ -v(x,y) \end{pmatrix} \cdot \begin{pmatrix} \dot{x} \\ \dot{y} \end{pmatrix} dt + i \int_a^b \begin{pmatrix} v(x,y) \\ u(x,y) \end{pmatrix} \cdot \begin{pmatrix} \dot{x} \\ \dot{y} \end{pmatrix} dt$$

Ist nun $F(z) = F(x + iy) = U(x, y) + i\,V(x, y)$ eine Stammfunktion zu f, dann gilt nach den Cauchy-Riemannschen Differentialgleichungen für die Ableitung von F

$$u + i\,v = f(z) = F'(z) = U_x + i\,V_x = V_y - i\,U_y$$

mit $u = U_x = V_y$ und $v = V_x = -U_y$. Hieraus folgt, dass

$$\begin{pmatrix} u \\ -v \end{pmatrix} = \begin{pmatrix} U_x \\ U_y \end{pmatrix} = \operatorname{grad} U \quad \text{und} \quad \begin{pmatrix} v \\ u \end{pmatrix} = \begin{pmatrix} V_x \\ V_y \end{pmatrix} = \operatorname{grad} V$$

konservative Vektorfelder mit den Potentialen $U(x, y)$ bzw. $V(x, y)$ sind. Die Kurvenintegrale können demnach durch Auswertung der Potentiale an den Endpunkten der Kurve berechnet werden:

$$\int_C f(z)\,\mathrm{d}z = \int_C (\operatorname{grad} U)(\vec{r}) \cdot \mathrm{d}\vec{r} + \mathrm{i} \int_C (\operatorname{grad} V)(\vec{r}) \cdot \mathrm{d}\vec{r}$$

$$= U(x,y)\Big|_A^B + \mathrm{i}\,V(x,y)\Big|_A^B = F(z)\Big|_A^B = F(B) - F(A)$$

So wie bei den reellen Funktionen lässt sich auch ein komplexes Integral am einfachsten mithilfe einer Stammfunktion berechnen.

Beispiel 1. Eine Stammfunktion zu $f(z) = z^3$ ist $F(z) = \frac{1}{4} z^4$. Das komplexe Kurvenintegral von z^3 längs einer beliebigen glatten Kurve von 0 nach $4 + 2\,\mathrm{i}$ ist dann

$$\int_0^{4+2\,\mathrm{i}} z^3\,\mathrm{d}z = \frac{1}{4} z^4 \Big|_0^{4+2\,\mathrm{i}} = \frac{1}{4}\,(4 + 2\,\mathrm{i})^4 - 0 = -28 + 96\,\mathrm{i}$$

Beispiel 2. Wir berechnen das komplexe Kurvenintegral der Funktion $f(z) = \sin z$, welche auf ganz $\mathbb{C}$ definiert und differenzierbar ist, längs der Strecke S von $2\,\mathrm{i}$ nach $\pi + 2\,\mathrm{i}$. Mit der Stammfunktion $F(z) = -\cos z$ zu $\sin z$ ergibt sich

$$\int_{2\,\mathrm{i}}^{\pi+2\,\mathrm{i}} \sin z\,\mathrm{d}z = -\cos z \Big|_{2\,\mathrm{i}}^{\pi+2\,\mathrm{i}} = -\cos(\pi + 2\,\mathrm{i}) + \cos 2\,\mathrm{i}$$

Wegen $\cos 2\,\mathrm{i} = \cosh 2$ und (vgl. Aufgabe 1.18.b)

$$\cos(\pi + 2\,\mathrm{i}) = \cos\pi \cdot \cosh 2 + \mathrm{i}\sin\pi \cdot \sinh 2 = -\cosh 2$$

gilt schließlich

$$\int_{2\,\mathrm{i}}^{\pi+2\,\mathrm{i}} \sin z\,\mathrm{d}z = 2\cosh 2 = \mathrm{e}^2 + \mathrm{e}^{-2}$$

Die Stammfunktion einer komplexen Funktion entspricht also dem Potential eines Vektorfelds, und speziell gilt dann auch für eine Funktion $f(z)$ mit der Stammfunktion $F(z)$ und für eine geschlossene Kurve mit dem gleichen Anfangs- und Endpunkt $B = A$

$$\oint_C f(z)\,\mathrm{d}z = F(z)\Big|_A^A = F(A) - F(A) = 0$$

Für eine komplex-differenzierbare Funktion $f : G \longrightarrow \mathbb{C}$ auf einem einfach zusammenhängenden Gebiet $G \subset \mathbb{C}$ kann man, ausgehend von einem beliebigen Punkt $z_0 \in G$, eine Stammfunktion mit dem komplexen Kurvenintegral wie folgt berechnen:

$$F(z) = \int_{z_0}^z f(z)\,\mathrm{d}z = \int_C f(z)\,\mathrm{d}z$$

wobei C eine beliebige glatte Kurve von z_0 nach z ist, beispielsweise die Strecke mit der Parameterdarstellung $z(t) = z_0 + t(z - z_0)$ mit $t \in [0, 1]$ (sofern diese ganz in G liegt). Wir wollen von dieser Formel allerdings keinen Gebrauch machen und verweisen für weitere Einzelheiten auf die Fachliteratur zur „Funktionentheorie".

5.3.4 Die Cauchy-Integralformel

Wir wollen abschließend noch ein bemerkenswertes Resultat für holomorphe Funktionen notieren: die Cauchy-Integralformel. Sie ist für theoretische Überlegungen wie auch für praktische Anwendungen gleichermaßen wichtig.

Ist $w = f(z)$ eine komplex-differenzierbare Funktion auf einem einfach zusammenhängenden Gebiet $G \subset \mathbb{C}$ und C eine einfach geschlossene glatte Kurve, welche einmal im mathematisch positiven Sinn umlaufen wird, dann gilt für jeden Punkt z_0 im Inneren von C die

$$\textbf{Integralformel von Cauchy:} \quad f(z_0) = \frac{1}{2\pi i} \oint_C \frac{f(z)}{z - z_0} \, dz$$

Dieses Ergebnis, welches 1831 von Augustin-Louis Cauchy erstmals veröffentlicht wurde, besagt im Wesentlichen, dass die Werte einer holomorphen Funktion im Inneren der Kurve C bereits vollständig durch die Funktionswerte *auf* der Kurve festgelegt sind – nur diese gehen ja in das komplexe Kurvenintegral auf der rechten Seite ein!

Zum Nachweis der Cauchy-Integralformel wollen wir zuerst zeigen, dass wir die Kurve C durch einen Kreis um $z_0 \in G$ ersetzen dürfen, siehe Abb. 5.29a, wobei wir den Radius r so klein wählen, dass dieser Kreis K vollständig in G liegt und ebenfalls im Uhrzeigersinn umlaufen wird. Dazu verbinden wir die beiden Kurven C und K wie in Abb. 5.29b durch eine Strecke S. Dann ist $C + S + (-K) + (-S)$ eine geschlossene Kurve in G, welche sich innerhalb von $G \setminus \{z_0\}$ auf einen Punkt zusammenziehen lässt.

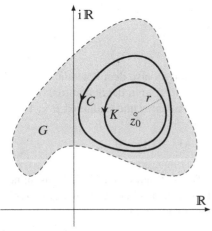
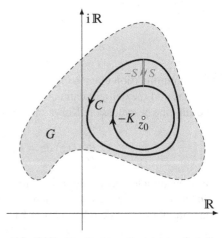

Abb. 5.29a Die Kurve C und der Kreis K mit dem Radius r umschließen den Punkt z_0

Abb. 5.29b Der Punkt z_0 liegt jetzt außerhalb der geschlossenen Kurve $C + S + (-K) + (-S)$

Da die Funktion $g(z) := \frac{f(z)}{z - z_0}$ auf $G \setminus \{z_0\}$ holomorph ist, gilt nach dem Cauchy-Integralsatz und den Rechenregeln für Kurvenintegrale

$$0 = \oint_{C+S+(-K)+(-S)} g(z) \, dz = \int_C g(z) \, dz + \int_S g(z) \, dz - \int_K g(z) \, dz - \int_S g(z) \, dz$$

Die Integrale längs S und $-S$ heben sich gegenseitig auf, und übrig bleibt nur

$$0 = \int_C g(z)\,dz - \int_K g(z)\,dz \quad \Longrightarrow \quad \oint_C \frac{f(z)}{z - z_0}\,dz = \oint_K \frac{f(z)}{z - z_0}\,dz$$

Für den Kreis um z_0 mit Radius r verwenden wir die Parameterdarstellung $z(t) = z_0 + r(\cos t + i \sin t) = z_0 + r\,e^{it}$ mit $t \in [0, 2\pi]$. Dann ist $\dot{z}(t) = i\,r\,e^{it}$ und

$$\oint_K \frac{f(z)}{z - z_0}\,dz = \int_0^{2\pi} \frac{f(z_0 + r\,e^{it})}{z_0 + r\,e^{it} - z_0} \cdot i\,r\,e^{it}\,dt = i \int_0^{2\pi} f(z_0 + r\,e^{it})\,dt$$

Fassen wir unsere bisherigen Ergebnisse zusammen, dann gilt

$$\oint_C \frac{f(z)}{z - z_0}\,dz = \oint_K \frac{f(z)}{z - z_0}\,dz = i \int_0^{2\pi} f(z_0 + r\,e^{it})\,dt$$

Der Integralwert längs C hängt nicht vom Kreisradius r ab, den wir somit beliebig klein wählen können. Im Grenzfall $r \to 0$ geht der Integrand auf der rechten Seite in die Konstante $f(z_0 + 0 \cdot e^{it}) = f(z_0)$ über, und wir erhalten

$$\oint_C \frac{f(z)}{z - z_0}\,dz = i \int_0^{2\pi} f(z_0)\,dt = i \cdot f(z_0) \cdot t \Big|_0^{2\pi} = 2\,\pi\,i \cdot f(z_0)$$

Teilen wir die Gleichung durch $2\,\pi\,i$, dann ergibt sich die Integralformel von Cauchy!

Anwendung: Dynamischer Auftrieb

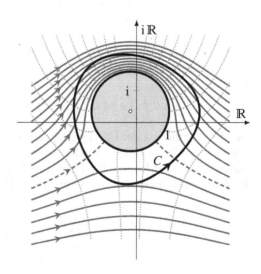

Abb. 5.30 Eine einfach geschlossene Kurve C um den Querschnitt des Zylinders

Als Anwendungsbeispiel wollen wir einen (sehr langen) Zylinder untersuchen, der von einer idealen Flüssigkeit senkrecht zur Zylinderachse umströmt wird, wobei das Fluid zusätzlich in Rotation um den Zylinder versetzt wird. In Kapitel 1, Abschnitt 1.6.3 haben wir die Strom- und Äquipotentiallinien berechnet. Nun wollen wir zeigen, dass auf den Zylinder eine Auftriebskraft senkrecht zur Parallelströmung wirkt. Dazu nehmen wir wieder an, dass der Querschnitt des Zylinders ein Kreis mit dem Mittelpunkt bei $z_0 \in \mathbb{C}$ und dem Radius $R > 0$ ist, wobei sich die Strömungsverhältnisse sowohl senkrecht zur GZE als auch mit der Zeit nicht ändern. Das Geschwindigkeitsfeld einer solchen stationären Strömung lässt sich dann mit der Funktion

$$v(z) = v_\infty - \frac{v_\infty R^2}{(z - z_0)^2} - \frac{\mathrm{i}\, \Gamma}{2\,\pi\,(z - z_0)}$$

beschreiben – der komplexe Zeiger $v(z)$ entspricht hierbei dem Geschwindigkeitsvektor des Teilchens an einer Stelle z außerhalb des Kreises. Nach dem Gesetz von Kutta-Joukowski wirkt auf den Zylinder eine Auftriebskraft

$$F_A = -\rho\, \ell\, v_\infty \cdot \oint_C v(z)\, \mathrm{d}z$$

wobei ρ die konstante Dichte der Flüssigkeit, ℓ die Länge (= Spannweite) des Zylinders, v_∞ die Geschwindigkeit der Parallelströmung (ohne Zirkulation, also weit entfernt vom Zylinder) und C eine einfach geschlossene Kurve ist, welche den Querschnitt des Zylinders einmal im mathematisch positiven Sinn umläuft (siehe Abb. 5.30). Die Größe

$$\oint_C v(z)\, \mathrm{d}z$$

wird auch als *Zirkulation* des Geschwindigkeitsfelds $v(z)$ bezeichnet. Zur Berechnung der Auftriebskraft zerlegen wir die Zirkulation in drei Integrale

$$\oint_C v(z)\, \mathrm{d}z = v_\infty \oint_C 1\, \mathrm{d}z - v_\infty R^2 \oint_C \frac{1}{(z - z_0)^2}\, \mathrm{d}z - \frac{\mathrm{i}\, \Gamma}{2\,\pi} \oint_C \frac{1}{z - z_0}\, \mathrm{d}z$$

Zwei dieser Kurvenintegrale können wir sofort auswerten. Die konstante Funktion $f(z) \equiv 1$ ist holomorph auf ganz $\mathbb{C}$, und daher gilt nach dem Integralsatz bzw. der Integralformel von Cauchy

$$\oint_C 1\, \mathrm{d}z = 0 \quad \text{und} \quad \oint_C \frac{1}{z - z_0}\, \mathrm{d}z = 2\,\pi\,\mathrm{i} \cdot 1 = 2\,\pi\,\mathrm{i}$$

Bei der Begründung der Cauchy-Integralformel haben wir bereits gezeigt, dass es nicht auf die spezielle Form der (einfach geschlossenen) Kurve C ankommt. Daher können wir das Integral in der Mitte z. B. entlang dem Kreis um z_0 mit dem Radius $r > R$ und der Parameterdarstellung $z(t) = z_0 + r\, \mathrm{e}^{\mathrm{i}t}$ mit $t \in [0, 2\pi]$ berechnen:

$$\oint_C \frac{1}{(z - z_0)^2}\, \mathrm{d}z = \int_0^{2\pi} \frac{1}{(z_0 + r\, \mathrm{e}^{\mathrm{i}t} - z_0)^2} \cdot r\, \mathrm{i}\, \mathrm{e}^{\mathrm{i}t}\, \mathrm{d}t$$

$$= \frac{\mathrm{i}}{r} \int_0^{2\pi} \mathrm{e}^{-\mathrm{i}t}\, \mathrm{d}t = \frac{\mathrm{i}}{r} \cdot \frac{1}{-\mathrm{i}}\, \mathrm{e}^{-\mathrm{i}t} \Big|_0^{2\pi} = -\frac{1}{r} \left(\mathrm{e}^{-2\pi\,\mathrm{i}} - \mathrm{e}^0 \right) = 0$$

Für die Zirkulation erhalten wir dann den Wert

$$\oint_C v(z)\,dz = v_\infty \cdot 0 - v_\infty R^2 \cdot 0 - \frac{i\,\Gamma}{2\pi} \cdot 2\pi i = \Gamma$$

(in Kapitel 1, Abschnitt 1.6.3 wurde die Größe Γ bereits als Zirkulation eingeführt). Insgesamt wirkt auf den umströmten Zylinder eine Auftriebskraft

$$\boxed{F_A = \rho\,\ell\,v_\infty\,\Gamma}$$

Im Kern besagt diese Formel, dass ein rotierender runder Körper (Kugel oder Zylinder) in einer Parallelströmung eine Kraft senkrecht zur Anströmung erfährt. Dieses als Magnus-Effekt (nach Heinrich Gustav Magnus 1802-1870) bekannte Phänomen tritt beispielsweise beim Fußballspielen auf: ein mit Effet geschossener Ball hat eine bogenförmige Flugbahn. Der Magnus-Effekt wird beim sogenannten *Flettner-Rotor* als Schiffsantrieb eingesetzt, und er wird letztlich auch zum Abheben eines Flugzeugs gebraucht: Die asymmetrische Form der Tragflügel und der Anstellwinkel erzeugen einen Luftwirbel (Zirkularströmung) entgegen der Anfahrrichtung (Parallelströmung), wobei der Magnus-Effekt eine Auftriebskraft bewirkt.

Aufgaben zu Kapitel 5

Aufgabe 5.1. Zu berechnen ist das Volumen eines abgeschrägten Zylinders, welcher von der Funktion

$$f(x,y) = 1 - x$$

über der Kreisscheibe B um O mit Radius 1 begrenzt wird, siehe Abb. 5.31.

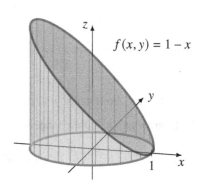

Abb. 5.31 Abgeschrägter Zylinder über dem Einheitskreis

Der Rand von B ist der Einheitskreis

$$\partial B: \quad x(t) = \cos t, \quad y(t) = \sin t, \quad t \in [0, 2\pi]$$

a) Zeigen Sie, dass $f(x,y)$ die Rotation des folgenden Vektorfelds ist:

$$f(x,y) = (\nabla \times \vec{F})(x,y) \quad \text{mit} \quad \vec{F}(x,y) = \begin{pmatrix} x \cdot y \\ x + y^2 \end{pmatrix}$$

b) Berechnen Sie mit dem Integralsatz von Green das Volumen des Körpers

$$V = \iint_B 1 - x\, dA$$

Hinweis: $\int \cos^2 t\, dt = \frac{1}{2} t + \sin t \cos t$

Aufgabe 5.2. Die Ellipse um O mit den Halbachsen $a = 3$ und $b = 2$ (siehe Abb. 5.32) lässt sich mit der Parameterdarstellung

$$C: \quad x(t) = 3 \cos t, \quad y(t) = 2 \sin t, \quad t \in [0, 2\pi]$$

beschreiben. Darüber hinaus sind die folgenden zwei Vektorfelder in der (x, y)-Ebene gegeben:

$$\vec{F}(x, y) = -\frac{1}{4} \begin{pmatrix} x + 1 \\ y - 1 \end{pmatrix} \quad \text{und} \quad \vec{G}(x, y) = -\frac{1}{6} \begin{pmatrix} 3y \\ 2x \end{pmatrix}$$

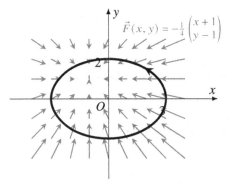

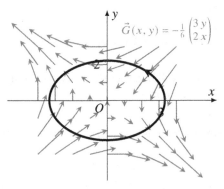

Abb. 5.32a Ellipse in $\vec{F}(x, y)$ ...   **Abb. 5.32b** ... und im Vektorfeld $\vec{G}(x, y)$

a) Geben Sie die Rotation und die Divergenz dieser Vektorfelder an.

b) Begründen Sie – ohne lange Rechnung – mit den Integralsätzen

$$\oint_C \vec{F}(x, y) \cdot d\vec{r} = 0 \quad \text{und} \quad \oint_C \vec{G}(x, y) \cdot d\vec{n} = 0$$

c) Berechnen Sie direkt mit der Parameterdarstellung der Ellipse die Werte

$$\Phi = \oint_C \vec{F}(x, y) \cdot d\vec{n} \quad \text{und} \quad W = \oint_C \vec{G}(x, y) \cdot d\vec{r}$$

d) Bestimmen Sie die Werte Φ und W mit Gauß und Green. Verwenden Sie dabei den Flächeninhalt $A = a \cdot b \cdot \pi$ der Ellipse.

Aufgabe 5.3. Mit einem sogenannten *Momentenplanimeter* kann man für einen Bereich B die folgenden drei Kurvenintegrale allein durch Umfahren der Randkurve ∂B auf rein mechanischem Weg ermitteln:

$$a = \oint_{\partial B} \begin{pmatrix} 0 \\ x \end{pmatrix} \cdot d\vec{r}, \quad b = \oint_{\partial B} \begin{pmatrix} 0 \\ x^2 \end{pmatrix} \cdot d\vec{r} \quad \text{und} \quad c = \oint_{\partial B} \begin{pmatrix} 0 \\ x^3 \end{pmatrix} \cdot d\vec{r}$$

Bestimmen Sie mit diesen Werten a, b und c die folgenden Kenngrößen für B:

(i)   den Flächeninhalt $\qquad\qquad\qquad A = \iint_B 1 \, dA$

(ii) die x-Koordinate des Schwerpunkts $\quad x_S = \dfrac{1}{A} \iint_B x \, dA$

(iii) das axiale Flächenträgheitsmoment $\quad J_y = \iint_B x^2 \, dA$

Aufgabe 5.4. Für den (Normal-)Bereich B in Abb. 5.33 mit der glatten Randkurve ∂B ist nur der Flächeninhalt $A = 2$ bekannt. Berechnen Sie mithilfe der Sätze von Green und Gauß die Kurvenintegrale

$$\oint_{\partial B} \begin{pmatrix} x - 2y \\ y + 2x \end{pmatrix} \cdot d\vec{r} \quad \text{und} \quad \oint_{\partial B} \begin{pmatrix} x - 2y \\ y + 2x \end{pmatrix} \cdot d\vec{n}$$

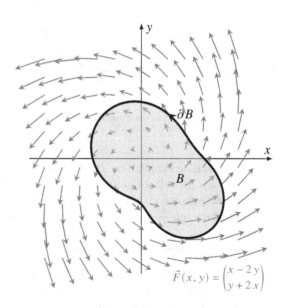

Abb. 5.33 Ein Normalbereich B mit dem Flächeninhalt $A = 2$ im Vektorfeld $\vec{F}(x, y)$

$$\vec{F}(x, y) = \begin{pmatrix} x - 2y \\ y + 2x \end{pmatrix}$$

Aufgabe 5.5. (Potential und Flussintegral)

a) Begründen Sie die folgende Aussage: Ist $\vec{F}(x, y)$ ein konservatives Vektorfeld mit dem zweimal differenzierbaren Potential $f(x, y)$ und ist $B \subset \mathbb{R}^2$ ein Normalbereich mit einem glatten Rand ∂B, der im mathematisch positiven Sinn durchlaufen wird, dann gilt

$$\oint_{\partial B} \vec{F}(\vec{r}) \cdot d\vec{n} = \iint_B (\Delta f)(x,y)\, dA$$

wobei $\Delta f := \mathrm{div}(\mathrm{grad}\, f) = f_{xx} + f_{yy}$.

b) Bestimmen Sie ein Potential zum Vektorfeld

$$\vec{F}(x,y) = \begin{pmatrix} F_1(x,y) \\ F_2(x,y) \end{pmatrix} = \begin{pmatrix} 0,2\,x + 0,3\,y \\ 0,3\,x - 0,4\,y \end{pmatrix}$$

und berechnen Sie mit der Formel in a) das Flussintegral $\oint_C \vec{F}(\vec{r}) \cdot d\vec{n}$, wobei C der Einheitskreis um O ist, vgl. Abb. 5.34. *Hinweis:* C ist der Rand der Kreisscheibe B um O mit Radius 1.

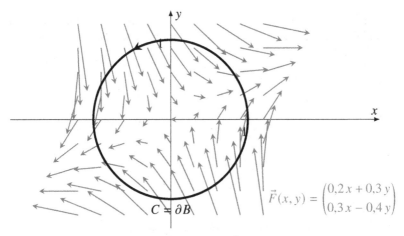

Abb. 5.34 Zu berechnen ist das Flussintegral von $\vec{F}(x,y)$ durch den Einheitskreis

Aufgabe 5.6. Eine Funktion $u : D \longrightarrow \mathbb{R}$ auf einem Gebiet $D \subset \mathbb{R}^2$ heißt *harmonische Funktion*, falls $\Delta u \equiv 0$ auf ganz D gilt. Begründen Sie mithilfe der Greenschen Formel die folgende Aussage für eine harmonische Funktion u: Ist C ein Kreis in D und ist die Normalenableitung $\frac{\partial u}{\partial \vec{N}}$ längs C eine konstante Funktion, dann gilt $\frac{\partial u}{\partial \vec{N}} \equiv 0$ auf C.

Aufgabe 5.7. (Integralsätze im Raum)

a) Zeigen Sie, dass für eine zweimal differenzierbare Funktion $f = f(x,y,z)$ und für ein Vektorfeld $\vec{F} = \vec{F}(x,y,z)$ mit drei je zweimal differenzierbaren Komponenten die folgenden Eigenschaften gelten:

$$\mathrm{rot}(\mathrm{grad}\, f) \equiv \vec{o} \quad \text{und} \quad \mathrm{div}(\mathrm{rot}\, \vec{F}) \equiv 0$$

b) Eine differenzierbare Funktion $f = f(x,y,z)$ mit $\vec{F} = \mathrm{grad}\, f$ wird *Potential* des Vektorfelds $\vec{F} = \vec{F}(x,y,z)$ genannt. Zeigen Sie: Falls das differenzierbare Vektorfeld

$\vec{F}$ ein Potential besitzt, dann ist $\vec{F}$ *wirbelfrei*: rot $\vec{F} \equiv \vec{o}$, und für die (glatte) Randkurve einer Fläche $S \subset \mathbb{R}^3$ ist stets

$$\oint_{\partial S} \vec{F}(\vec{r}) \cdot \mathrm{d}\vec{r} = 0$$

c) Gilt $\vec{F} = \mathrm{rot}\,\vec{G}$ mit einem differenzierbaren Vektorfeld $\vec{G} = \vec{G}(x, y, z)$, dann heißt $\vec{G}$ *Vektorpotential* zum Vektorfeld $\vec{F} = \vec{F}(x, y, z)$. Begründen Sie: Falls das differenzierbare Vektorfeld $\vec{F}$ ein Vektorpotential besitzt, dann ist $\vec{F}$ *quellenfrei*: div $\vec{F} \equiv 0$, und für die (glatte) Oberfläche eines Bereichs $B \subset \mathbb{R}^3$ gilt immer

$$\oiint_{\partial B} \vec{F}(\vec{r}) \cdot \mathrm{d}\vec{A} = 0$$

Hinweise: Verwenden Sie bei a) den Satz von Schwarz; zum Nachweis von b) und c) können Sie die Aussage a) und die Integralsätze im Raum nutzen!

Aufgabe 5.8. Ein elektrostatisches Feld $\vec{E} = \vec{E}(\vec{r})$ im Raum $\mathbb{R}^3$ ist ein konservatives Feld, besitzt also ein Potential: $\vec{E} = \mathrm{grad}\,U$. Nach der ersten Maxwell-Gleichung (= Gaußsches Gesetz) gilt andererseits

$$\mathrm{div}\,\vec{E} = \frac{1}{\varepsilon}\,\rho(\vec{r})$$

mit der ortsabhängigen Ladungsdichte $\rho = \rho(\vec{r})$. Die Gesamtladung in einem Bereich $B \subset \mathbb{R}^3$ mit der (glatten) Oberfläche ∂B ist dann

$$Q = \iiint_B \rho(x, y, z)\,\mathrm{d}V$$

Begründen Sie mit der Greenschen Formel, dass

$$\oiint_{\partial B} \frac{\partial U}{\partial \vec{N}}(\vec{r})\,\mathrm{d}A = \frac{1}{\varepsilon}\,Q$$

Aufgabe 5.9. Zu berechnen sind die komplexen Kurvenintegrale

$$\text{(i)} \quad \int_{2\mathrm{i}}^{2+\mathrm{i}} 3\,(z^2 + \mathrm{i})\,\mathrm{d}z \qquad \text{(ii)} \quad \int_{2\mathrm{i}}^{2+\mathrm{i}} \frac{1}{z^2}\,\mathrm{d}z$$

in der oberen Halbebene $G = \{z \in \mathbb{C} \mid \mathrm{Im}(z) > 0\}$ der GZE.

a) Begründen Sie kurz, dass G ein einfach zusammenhängendes Gebiet in $\mathbb{C}$ ist.

b) Zeigen Sie, dass die Integranden komplex differenzierbare Funktionen in G sind (*Hinweis:* Überprüfen Sie die Cauchy-Riemannschen Differentialgleichungen).

c) Bestimmen Sie die Integralwerte (i) und (ii) durch Aufsuchen und Auswerten einer Stammfunktion.

Aufgabe 5.10. Bestimmen Sie das komplexe Kurvenintegral

$$\int_C \frac{1}{2}\,(z + \overline{z})\,\mathrm{d}z$$

auf zwei unterschiedlichen Wegen C von $2\,\mathrm{i}$ nach $2 + \mathrm{i}$, und zwar

a) entlang der Strecke $z(t) = 2\,\mathrm{i} + (2 - \mathrm{i})\,t$ mit $t \in [0, 1]$

b) längs des Ellipsenbogens $z(t) = 2 \sin t + \mathrm{i}\,(\cos t + 1)$ für $t \in [0, \frac{\pi}{2}]$

Begründen Sie mit a) und b), dass $f(z) = \frac{1}{2}\,(z + \overline{z})$ *nicht* differenzierbar auf dem (einfach zusammenhängenden) Gebiet $\mathbb{C}$ sein kann!

Aufgabe 5.11. Bestimmen Sie mit der Cauchy-Integralformel

$$\text{a)} \quad \oint_K \frac{e^z}{z}\,\mathrm{d}z \qquad \text{b)} \quad \oint_K \frac{z^3 + 4\,\mathrm{i}}{2\,(z - 1)}\,\mathrm{d}z \qquad \text{c)} \quad \oint_K \frac{1}{z^2 + 1}\,\mathrm{d}z$$

wobei K den Kreis um $z = 1 + \mathrm{i}$ mit dem Radius $r = 2$ bezeichnet.

Kapitel 6
Differentialgleichungen II

6.1 Lineare Differentialgleichungssysteme

6.1.1 Einführung und Beispiele

Die mathematische Beschreibung eines physikalischen Modells führt oftmals auf ein System von mehreren Differentialgleichungen mit mehreren gesuchten Funktionen, wobei die Gleichungen untereinander *gekoppelt* sind. Eine einfache, aber wichtige Unterklasse bilden die sogenannten *homogenen linearen Differentialgleichungssysteme erster Ordnung mit konstanten Koeffizienten*. Ihre allgemeine Form lautet

$$y_1'(x) = a_{11} \cdot y_1(x) + a_{12} \cdot y_2(x) + \ldots + a_{1n} \cdot y_n(x)$$
$$y_2'(x) = a_{21} \cdot y_1(x) + a_{22} \cdot y_2(x) + \ldots + a_{2n} \cdot y_n(x)$$
$$\vdots$$
$$y_n'(x) = a_{n1} \cdot y_1(x) + a_{n2} \cdot y_2(x) + \ldots + a_{nn} \cdot y_n(x)$$

mit gegebenen Zahlenwerten $a_{ij} \in \mathbb{R}$ und gesuchten Funktionen $y_1(x), \ldots, y_n(x)$ auf einem Intervall D. Zahlreiche Probleme aus Mathematik, Physik und Technik lassen sich auf solche Differentialgleichungssysteme (im Folgenden kurz: DGl-Systeme) zurückführen, wie die folgenden Beispiele zeigen:

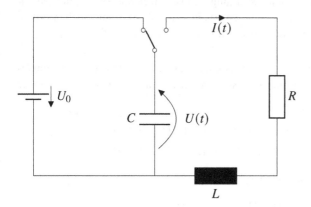

Abb. 6.1 Elektrisches Schaltbild zum RLC-Schwingkreis

Beispiel 1. Ein elektrischer Reihenschwingkreis, auch RLC-Schwingkreis genannt, ist eine Reihenschaltung bestehend aus einem ohmschen Widerstand R, einer Induktivität L (z. B. Spule) und einem Kondensator mit Kapazität C, siehe Abb. 6.1.

© Springer-Verlag GmbH Deutschland, ein Teil von Springer Nature 2022
H. Schmid, *Mathematik für Ingenieurwissenschaften: Vertiefung*,
https://doi.org/10.1007/978-3-662-65526-9_6

Der Kondensator wird zuerst aufgeladen und dann durch den Umschalter von der Spannungsquelle getrennt. Die Ladung des Kondensators lässt sich mit der Formel $Q = C \cdot U$ berechnen. Eine Entladung des Kondensators bewirkt im rechten Stromkreis den Stromfluss

$$I(t) = \frac{dQ}{dt} = C \cdot \frac{dU}{dt} \quad \text{bzw.} \quad \frac{dU}{dt} = \frac{1}{C} \cdot I(t)$$

proportional zur Spannungsänderung am Kondensator. Die zeitliche Änderung des Stroms wiederum induziert in der Spule eine Spannung $L \cdot \frac{dI}{dt}$. Gemäß dem Ohmschen Gesetz gibt es am Widerstand noch einen Spannungsabfall $R \cdot I(t)$. Da am rechten Stromkreis keine externe Spannung anliegt, gilt nach der Kirchhoffschen Regel

$$U(t) + L \cdot \frac{dI}{dt} + R \cdot I(t) = 0$$

Für die zeitabhängige Kondensatorspannung $U(t)$ und den Spulenstrom $I(t)$ erhalten wir somit zwei gekoppelte Differentialgleichungen:

$$U'(t) = \frac{1}{C} \cdot I(t)$$
$$I'(t) = -\frac{1}{L} \cdot U(t) - \frac{R}{L} \cdot I(t)$$

Beispiel 2. Wir betrachten ein gekoppeltes Federpendel mit den Massen m_1 und m_2, welche an Federn mit den Konstanten D_1 und D_2 befestigt und durch eine Feder D_{12} miteinander verbunden sind (vgl. Abb. 6.2). Werden die Körper in horizontaler Richtung aus ihren Ruhelagen ausgelenkt, dann bewirken die Federkräfte eine Beschleunigung in entgegengesetzter Richtung und versetzen das System in Schwingung. Im Folgenden soll das Schwingungsverhalten der Massen untersucht werden, wobei wir Reibungskräfte und die Schwerkraft vernachlässigen wollen.

Bezeichnen wir mit $s_1(t)$ bzw. $s_2(t)$ die Auslenkungen der Massen aus ihren Ruhelagen zur Zeit t, dann ergeben sich aus dem Newton-Axiom und dem Hookschen Gesetz die Bewegungsgleichungen

$$m_1 \cdot \ddot{s}_1(t) = -D_1 \cdot s_1(t) - D_{12} \cdot (s_1(t) - s_2(t))$$
$$m_2 \cdot \ddot{s}_2(t) = -D_2 \cdot s_2(t) - D_{12} \cdot (s_2(t) - s_1(t))$$

oder, nach Umstellung der Gleichungen,

$$\ddot{s}_1(t) = -\frac{D_1 + D_{12}}{m_1} \cdot s_1(t) + \frac{D_{12}}{m_1} \cdot s_2(t)$$
$$\ddot{s}_2(t) = \frac{D_{12}}{m_2} \cdot s_1(t) - \frac{D_2 + D_{12}}{m_2} \cdot s_2(t)$$

Hierbei handelt es sich um ein DGl-System 2. Ordnung, da zweite Ableitungen der gesuchten Funktionen $s_1(t)$ und $s_2(t)$ vorkommen. Durch einen kleinen Trick können diese Gleichungen allerdings in ein DGl-System erster Ordnung umgewandelt werden. Dazu verwenden wir die Funktionen

$$y_1(t) = s_1(t), \quad y_2(t) = s_2(t), \quad y_3(t) = \dot{s}_1(t), \quad y_4(t) = \dot{s}_2(t)$$

Nun sind y_1 bzw. y_2 die Auslenkungen und y_3 bzw. y_4 die Geschwindigkeiten der Massen. Dann ist

$$\dot{y}_1(t) = y_3(t), \quad \dot{y}_2(t) = y_4(t), \quad \dot{y}_3(t) = \ddot{s}_1(t), \quad \dot{y}_4(t) = \ddot{s}_2(t)$$

und wir erhalten insgesamt vier gekoppelte Differentialgleichungen erster Ordnung für die Funktionen y_1, y_2, y_3, y_4:

$$\dot{y}_1(t) = y_3(t)$$
$$\dot{y}_2(t) = y_4(t)$$
$$\dot{y}_3(t) = -\frac{D_1 + D_{12}}{m_1} \cdot y_1(t) + \frac{D_{12}}{m_1} \cdot y_2(t)$$
$$\dot{y}_4(t) = \frac{D_{12}}{m_2} \cdot y_1(t) - \frac{D_2 + D_{12}}{m_2} \cdot y_2(t)$$

Sie bilden ein homogenes lineares DGl-System mit konstanten Koeffizienten.

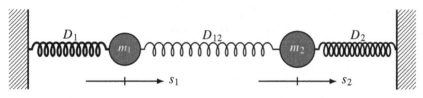

Abb. 6.2 Gekoppeltes Federpendel

Beispiel 3. Eine homogene lineare Differentialgleichung 3. Ordnung mit konstanten Koeffizienten für *eine* gesuchte Funktion $y(x)$ hat allgemein die Form

$$y'''(x) + a \cdot y''(x) + b \cdot y'(x) + c \cdot y(x) = 0$$

mit festen Zahlenwerten a, b, c. Auch eine solche DGl lässt sich als System erster Ordnung schreiben. Mit den Funktionen

$$y_1(x) = y(x), \quad y_2(x) = y'(x), \quad y_3(x) = y''(x)$$

ergibt sich nämlich

$$y_1'(x) = y_2(x)$$
$$y_2'(x) = y_3(x)$$
$$y_3'(x) = -c \cdot y_1(x) - b \cdot y_2(x) - a \cdot y_3(x)$$

Beispiel 4. Wir wollen die Feldlinien des Vektorfelds

$$\vec{F} = \vec{F}(x, y) = \frac{1}{4} \begin{pmatrix} x - y \\ x + y \end{pmatrix}$$

in Abb. 6.3 berechnen, also diejenigen Kurven, deren Tangentenvektoren in jedem Punkt der (x, y)-Ebene die gleiche Richtung haben wie die Feldvektoren. Für die gesuchten Kurven $\vec{r} = \vec{r}(t)$ mit $t \in [a, b]$ muss dann $\dot{\vec{r}}(t) = c(t) \cdot \vec{F}(\vec{r}(t))$ mit einem Skalierungsfaktor $c(t) > 0$ erfüllt sein. Bei einer geeigneten Wahl der Parameterdarstellung fällt auch noch der Skalierungsfaktor weg: Nach der Umparametrisierung $u(t) = \int_a^t c(s)\,\mathrm{d}s$ und Anwendung der Kettenregel ist

$$c(t) \cdot \vec{F}(\vec{r}) = \frac{\mathrm{d}\vec{r}}{\mathrm{d}t} = \frac{\mathrm{d}u}{\mathrm{d}t} \cdot \frac{\mathrm{d}\vec{r}}{\mathrm{d}u} = c(t) \cdot \frac{\mathrm{d}\vec{r}}{\mathrm{d}u} \implies \frac{\mathrm{d}\vec{r}}{\mathrm{d}u} = F(\vec{r}(u))$$

sodass wir gleich $c(t) \equiv 1$ annehmen dürfen! Die Feldlinien erhalten wir dann aus der Bedingung $\dot{\vec{r}}(t) = \vec{F}(\vec{r}(t))$, oder ausführlicher

$$\begin{pmatrix} \dot{x}(t) \\ \dot{y}(t) \end{pmatrix} = \dot{\vec{r}}(t) = \vec{F}(\vec{r}(t)) = \frac{1}{4} \begin{pmatrix} x(t) - y(t) \\ x(t) + y(t) \end{pmatrix}$$

Die Koordinatenfunktionen der gesuchten Feldlinien erfüllen somit ein homogenes lineares DGl-System 1. Ordnung mit konstanten Koeffizienten

$$\dot{x}(t) = \tfrac{1}{4}\, x(t) - \tfrac{1}{4}\, y(t)$$
$$\dot{y}(t) = \tfrac{1}{4}\, x(t) + \tfrac{1}{4}\, y(t)$$

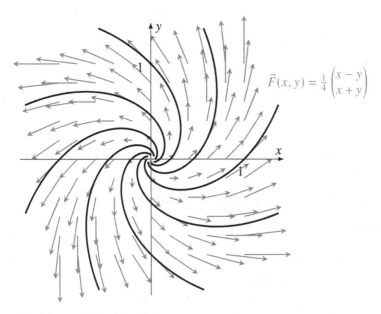

$$\vec{F}(x, y) = \frac{1}{4} \begin{pmatrix} x - y \\ x + y \end{pmatrix}$$

Abb. 6.3 Vektorfeld mit Feldlinien

Ähnlich wie bei den linearen Gleichungssystemen kann man auch bei DGl-Systemen die Matrixschreibweise verwenden, um sie in eine einfachere bzw. übersichtlichere Form zu bringen. Für das DGl-System

$$y_1'(x) = a_{11} \cdot y_1(x) + a_{12} \cdot y_2(x) + \ldots + a_{1n} \cdot y_n(x)$$
$$y_2'(x) = a_{21} \cdot y_1(x) + a_{22} \cdot y_2(x) + \ldots + a_{2n} \cdot y_n(x)$$
$$\vdots$$
$$y_n'(x) = a_{n1} \cdot y_1(x) + a_{n2} \cdot y_2(x) + \ldots + a_{nn} \cdot y_n(x)$$

definieren wir

$$A = \begin{pmatrix} a_{11} & a_{12} & \cdots & a_{1n} \\ a_{21} & a_{22} & \cdots & a_{2n} \\ \vdots & \vdots & \ddots & \vdots \\ a_{n1} & a_{n2} & \cdots & a_{nn} \end{pmatrix} \quad \text{und} \quad \vec{y}(x) = \begin{pmatrix} y_1(x) \\ y_2(x) \\ \vdots \\ y_n(x) \end{pmatrix}$$

Die (n, n)-Matrix A wird *Koeffizientenmatrix* des DGl-Systems genannt, und die Lösungen werden in einem Lösungsvektor, der Vektorfunktion $\vec{y}(x)$, zusammengefasst. Dann ist

$$\vec{y}'(x) = \begin{pmatrix} y_1'(x) \\ \vdots \\ y_n'(x) \end{pmatrix} = \begin{pmatrix} a_{11}\, y_1(x) + \ldots + a_{1n}\, y_n(x) \\ \vdots \\ a_{n1}\, y_1(x) + \ldots + a_{nn}\, y_n(x) \end{pmatrix} = A \cdot \vec{y}(x)$$

Ein homogenes lineares Differentialgleichungssystem mit konstanter Koeffizientenmatrix hat demnach die

Matrixform: $\vec{y}'(x) = A \cdot \vec{y}(x)$

Für die eingangs genannten Beispiele erhält man die folgenden Matrixdarstellungen:

Beispiel 1. Beim RLC-Reihenschwingkreis ergibt sich für den Lösungsvektor

$$\vec{y}(t) = \begin{pmatrix} U(t) \\ I(t) \end{pmatrix}$$

das homogene lineare DGl-System erster Ordnung in Matrixform

$$\vec{y}'(t) = \begin{pmatrix} 0 & \frac{1}{C} \\ -\frac{1}{L} & -\frac{R}{L} \end{pmatrix} \cdot \vec{y}(t)$$

Beispiel 2. Das DGl-System für das gekoppelte Federpendel mit zwei gleichen Massen $m_1 = m_2 = m$ und drei gleichen Federn $D_1 = D_2 = D_{12}$ lautet

$$\dot{y}_1(t) = y_3(t)$$
$$\dot{y}_2(t) = y_4(t)$$
$$\dot{y}_3(t) = -\frac{2D}{m} \cdot y_1(t) + \frac{D}{m} \cdot y_2(t)$$
$$\dot{y}_4(t) = \frac{D}{m} \cdot y_1(t) - \frac{2D}{m} \cdot y_2(t)$$

Mit der Abkürzung $\omega^2 := \frac{D}{m}$ hat das DGl-System die Matrixform

$$\dot{\vec{y}}(t) = \begin{pmatrix} 0 & 0 & 1 & 0 \\ 0 & 0 & 0 & 1 \\ -2\omega^2 & \omega^2 & 0 & 0 \\ \omega^2 & -2\omega^2 & 0 & 0 \end{pmatrix} \cdot \vec{y}(t)$$

Beispiel 3. Einer homogenen linearen Differentialgleichung 3. Ordnung mit konstanten Koeffizienten

$$y'''(x) + a \cdot y''(x) + b \cdot y'(x) + c \cdot y(x) = 0$$

lässt sich ein $(3, 3)$-Differentialgleichungssystem in Matrixform zuordnen:

$$\vec{y}'(x) = \begin{pmatrix} 0 & 1 & 0 \\ 0 & 0 & 1 \\ -c & -b & -a \end{pmatrix} \cdot \vec{y}(x)$$

Die Koeffizientenmatrix wird hier auch *Begleitmatrix* der DGl 3. Ordnung genannt.

Beispiel 4. Zur Berechnung der Feldlinien des Vektorfelds

$$\vec{F} = \vec{F}(x, y) = \tfrac{1}{4} \begin{pmatrix} x - y \\ x + y \end{pmatrix}$$

müssen wir das folgende $(2, 2)$-Differentialgleichungssystem mit konstanter Koeffizientenmatrix lösen:

$$\dot{\vec{r}}(t) = \tfrac{1}{4} \begin{pmatrix} 1 & -1 \\ 1 & 1 \end{pmatrix} \cdot \vec{r}(t)$$

In der Matrixform zeigt sich jetzt eine gewisse Ähnlichkeit zur homogenen linearen DGl 1. Ordnung für eine einzelne gesuchte Funktion

$$y'(x) = a \cdot y(x)$$

mit einer Zahl $a \in \mathbb{R}$. Die allgemeine Lösung dieser DGl ist $y(x) = C \cdot e^{ax}$ mit einer beliebigen Konstante $C \in \mathbb{R}$. Wir verwenden dieses Resultat als „Blaupause" für unser DGl-System: Wir suchen eine Lösung der Gestalt

$$\vec{y}(x) = e^{\lambda x} \cdot \vec{v}$$

mit einer Zahl λ und einem konstanten Vektor $\vec{v}$ (anstatt einer konstanten Zahl C). Setzen wir diesen Ansatz in das DGl-System ein:

$$\vec{y}'(x) = \lambda \cdot e^{\lambda x} \cdot \vec{v} \quad \text{und} \quad A \cdot \vec{y}(x) = e^{\lambda x} \cdot (A \cdot \vec{v})$$

dann müssen die noch unbekannte Zahl λ und der gesuchte Vektor $\vec{v}$ die Gleichung

$$\lambda \cdot e^{\lambda x} \cdot \vec{v} = e^{\lambda x} \cdot (A \cdot \vec{v}) \quad \big| : e^{\lambda x} \neq 0$$
$$\implies \quad \lambda \cdot \vec{v} = A \cdot \vec{v}$$

erfüllen, und das bedeutet: Der Vektor $\vec{v}$ wird durch die Matrix A auf ein λ-faches von sich selbst abgebildet. Ein Vektor, der diese Bedingung erfüllt, lässt sich sofort finden. Es ist der Nullvektor $\vec{v} = \vec{o}$, denn $A \cdot \vec{o} = \vec{o} = \lambda \cdot \vec{o}$ für eine beliebige Zahl λ. Der Nullvektor liefert die Lösung $\vec{y}(x) = e^{\lambda x} \cdot \vec{o} \equiv \vec{o}$ des DGl-Systems und damit die Nullfunktionen

$$y_1(x) = y_2(x) = \ldots = y_n(x) \equiv 0$$

Diese Lösung nennt man *triviale Lösung*. Sie spielt in der Praxis keine so große Rolle, da sie oft nur eine unveränderliche Ruhelage beschreibt. Beim gekoppelten Federpendel beispielsweise entspricht die triviale Lösung dem Fall, dass die Massen für alle Zeiten t in der Ausgangsposition bleiben ($\rightarrow$ keine Auslenkungen), und beim RLC-Schwingkreis dem Fall, dass am Kondensator keine Spannung anliegt und durch die Spule kein Strom fließt.

6.1.2 Eigenwerte und Eigenlösungen

Es stellt sich also die Frage, ob es neben der trivialen Lösung noch weitere Lösungen der homogenen DGl gibt. Dazu müssen wir einen Vektor $\vec{v} \neq \vec{o}$ und eine Zahl λ finden, sodass $A \cdot \vec{v} = \lambda \cdot \vec{v}$ gilt. Für eine solche Vektor-Zahl-Kombination, die zu einer Matrix A gehört, ihr also „zu eigen ist", führt man einen neuen Begriff ein:

> $\vec{v} \neq o$ heißt *Eigenvektor* der (n, n)-Matrix A zum *Eigenwert* $\lambda \in \mathbb{C}$, falls $A \cdot \vec{v} = \lambda \cdot \vec{v}$ gilt.

Eigenvektoren spielen auch in der analytischen Geometrie eine wichtige Rolle: Bei Anwendung einer linearen Abbildung (z. B. Drehung, Spiegelung, Projektion usw.) mit der Transformationsmatrix A werden gewisse Vektoren nur gestreckt oder gestaucht, ohne ihre Richtung zu verändern. Diese bilden dann die Richtungsvektoren der Geraden oder Ebenen, welche auf sich selbst abgebildet werden, also bei Anwendung von A nicht verändert werden. Damit kann man dann u. a. Drehachsen, Spiegelebenen oder Projektionsebenen berechnen. Bei DGl-Systemen wiederum liefern uns die Eigenwerte und Eigenvektoren die gesuchten nichttrivialen Lösungen:

> Ist $\vec{v} \neq \vec{o}$ ein Eigenwert der Koeffizientenmatrix A zum Eigenwert λ, dann ist
>
> $$\vec{y}(x) = e^{\lambda x} \cdot \vec{v}$$
>
> eine nichttriviale Lösung des Differentialgleichungssystems $\vec{y}'(x) = A \cdot \vec{y}(x)$.

Zur Berechnung der Eigenwerte und -vektoren einer (n, n)-Matrix A müssen wir eine Zahl λ und zugleich einen Vektor $\vec{v} \neq 0$ finden, sodass $A \cdot \vec{v} = \lambda \cdot \vec{v}$ gilt. Dabei handelt es sich um ein lineares Gleichungssystem in Matrixform, bei dem auf der rechten Seite neben dem gesuchten Vektor $\vec{v}$ auch noch der unbekannte Wert λ auftritt. Zunächst bringen wir das LGS in eine Form, bei der $\vec{v}$ nur auf der linken Seite erscheint:

$$A \cdot \vec{v} = \lambda \cdot \vec{v} \quad \Longrightarrow \quad A \cdot \vec{v} - \lambda \cdot \vec{v} = \vec{o} \quad \text{(Nullvektor)}$$

Bezeichnet E die (n, n)-Einheitsmatrix, dann ist $\vec{v} = E \cdot \vec{v}$, und wir können das LGS in der Form

$$A \cdot \vec{v} - \lambda \cdot E \cdot \vec{v} = \vec{o} \quad \text{bzw.} \quad (A - \lambda E) \cdot \vec{v} = \vec{o}$$

mit der Koeffizientenmatrix $A - \lambda E$ schreiben, welche den unbekannten Eigenwert enthält. Dieses LGS hat genau dann eine Lösung $\vec{v} \neq \vec{o}$, wenn die Matrix $A - \lambda E$ nicht regulär ist (andernfalls gibt es nur die triviale Lösung $\vec{v} = \vec{o}$). Damit also λ ein Eigenwert von A ist, muss $\det(A - \lambda E) = 0$ gelten. Wir müssen demnach die Nullstellen von

$$p_A(\lambda) := \det(A - \lambda E)$$

suchen. Bei diesem Ausdruck handelt es sich um ein Polynom vom Grad n in der Veränderlichen λ. Man nennt $p_A(\lambda)$ das *charakteristische Polynom* der Matrix A.

Die Eigenwerte einer (n, n)-Matrix A sind genau die Nullstellen des charakteristischen Polynoms $p_A(\lambda) = \det(A - \lambda E)$. Die Eigenvektoren von A zum Eigenwert λ sind dann die Lösungen $\vec{v} \neq \vec{o}$ des linearen Gleichungssystems $(A - \lambda E) \cdot \vec{v} = \vec{o}$.

Im Fall einer $(2, 2)$-Koeffizientenmatrix ist

$$A = \begin{pmatrix} a_{11} & a_{12} \\ a_{21} & a_{22} \end{pmatrix} \quad \text{und} \quad E = \begin{pmatrix} 1 & 0 \\ 0 & 1 \end{pmatrix}$$

Das charakteristische Polynom ist hier eine quadratische Funktion

$$p_A(\lambda) = \begin{vmatrix} a_{11} - \lambda & a_{12} \\ a_{21} & a_{22} - \lambda \end{vmatrix} = (a_{11} - \lambda) \cdot (a_{22} - \lambda) - a_{12} \cdot a_{21}$$

$$= \lambda^2 - (a_{11} + a_{22}) \cdot \lambda + a_{11}a_{22} - a_{12}a_{21}$$

mit zwei reellen oder komplexen Nullstellen $\lambda_{1/2}$ (= Eigenwerte von A). Entsprechend ist das charakteristische Polynom einer (n, n)-Matrix ein Polynom vom Grad n, welches nach dem Fundamentalsatz der Algebra (Vielfache mitgezählt) genau n reelle oder komplexe Nullstellen besitzt und somit ebenso viele Eigenwerte von A liefert.

Beispiel: Zu lösen ist das DGl-System

$$\begin{aligned} y_1'(x) &= y_1(x) + 2 y_2(x) \\ y_2'(x) &= 2 y_1(x) - 2 y_2(x) \end{aligned}$$

Wir schreiben das System zunächst in Matrixform um:

$$\vec{y}'(x) = A \cdot \vec{y}(x) \quad \text{mit} \quad \vec{y}(x) = \begin{pmatrix} y_1(x) \\ y_2(x) \end{pmatrix} \quad \text{und} \quad A = \begin{pmatrix} 1 & 2 \\ 2 & -2 \end{pmatrix}$$

Die Koeffizientenmatrix A hat das charakteristische Polynom

$$p_A(\lambda) = \begin{vmatrix} 1 - \lambda & 2 \\ 2 & -2 - \lambda \end{vmatrix} = (1 - \lambda)(-2 - \lambda) - 4 = \lambda^2 + \lambda - 6$$

mit den Nullstellen $\lambda_1 = 2$ und $\lambda_2 = -3$. Zu diesen beiden Eigenwerten von A müssen wir noch die Eigenvektoren bestimmen. Im Fall $\lambda = 2$ lautet das LGS

$$(A - 2E) \cdot \vec{v} = \vec{o} \quad \text{bzw.} \quad \begin{pmatrix} 1-2 & 2-0 \\ 2-0 & -2-2 \end{pmatrix} \cdot \begin{pmatrix} v_1 \\ v_2 \end{pmatrix} = \begin{pmatrix} 0 \\ 0 \end{pmatrix}$$

(der Eigenwert wird nur von den Diagonalelementen subtrahiert) und somit

$$\begin{pmatrix} -1 & 2 \\ 2 & -4 \end{pmatrix} \cdot \begin{pmatrix} v_1 \\ v_2 \end{pmatrix} = \begin{pmatrix} 0 \\ 0 \end{pmatrix}$$

Die untere Zeile ist ein Vielfaches der oberen Zeile, und daher bleibt nur die Zeile $-v_1 + 2v_2 = 0$. Wir können eine Komponente frei wählen, z. B.

$$v_2 = C \quad \Longrightarrow \quad v_1 = 2C \quad \Longrightarrow \quad \vec{v} = \begin{pmatrix} 2C \\ C \end{pmatrix} = C \cdot \begin{pmatrix} 2 \\ 1 \end{pmatrix}$$

Mit dem Eigenwert $\lambda = 2$ und den dazugehörigen Eigenvektoren lässt sich jetzt auch eine Lösung des DGl-Systems angeben. Sie lautet:

$$\begin{pmatrix} y_1(x) \\ y_2(x) \end{pmatrix} = \vec{y}(x) = e^{2x} \cdot \begin{pmatrix} 2C \\ C \end{pmatrix} = \begin{pmatrix} 2C \cdot e^{2x} \\ C \cdot e^{2x} \end{pmatrix} \quad (C \text{ beliebige Konstante})$$

Wir berechnen noch die Eigenvektoren zum Eigenwert $\lambda = -3$ mithilfe des LGS

$$(A + 3E) \cdot \vec{v} = \vec{o} \quad \text{bzw.} \quad \begin{pmatrix} 4 & 2 \\ 2 & 1 \end{pmatrix} \cdot \begin{pmatrix} v_1 \\ v_2 \end{pmatrix} = \begin{pmatrix} 0 \\ 0 \end{pmatrix}$$

Auch hier ist die untere Zeile ein Vielfaches der oberen Zeile, und es bleibt nur eine Gleichung $4v_1 + 2v_2 = 0$ für zwei Unbekannte. Wir können wieder eine Komponente frei wählen, z. B.

$$v_1 = C, \quad v_2 = -2C \quad \Longrightarrow \quad \vec{v} = \begin{pmatrix} C \\ -2C \end{pmatrix} = C \cdot \begin{pmatrix} 1 \\ -2 \end{pmatrix}$$

Diese Eigenvektoren liefern uns weitere Lösungen des DGl-Systems, nämlich

$$\begin{pmatrix} y_1(x) \\ y_2(x) \end{pmatrix} = \vec{y}(x) = e^{-3x} \cdot \begin{pmatrix} C \\ -2C \end{pmatrix} = \begin{pmatrix} C \cdot e^{-3x} \\ -2C \cdot e^{-3x} \end{pmatrix} \quad (C \text{ beliebige Konstante})$$

Wir wollen für dieses letzte Resultat noch die Probe machen. Es ist

$$y_1'(x) = -3C \cdot e^{-3x} = y_1(x) + 2y_2(x)$$
$$y_2'(x) = 6C \cdot e^{-3x} = 2y_1(x) - 2y_2(x)$$

Wie das Beispiel zeigt, sind die Eigenvektoren von A nicht eindeutig: Wählt man zum Eigenwert λ von A *einen* Eigenvektor $\vec{v} \neq \vec{o}$ aus, dann ist auch $C \cdot \vec{v}$ für eine beliebige Zahl $C \neq 0$ wieder ein Eigenvektor von A zum Eigenwert λ, denn

$$A \cdot (C \cdot \vec{v}) = C \cdot (A \cdot \vec{v}) = C \cdot (\lambda \cdot \vec{v}) = \lambda \cdot (C \cdot \vec{v})$$

Insbesondere sind dann auch $\vec{y}(x) = C \cdot e^{\lambda x} \cdot \vec{v}$ für $C \neq 0$ Lösungen des DGl-Systems $\vec{y}'(x) = A \cdot \vec{y}(x)$. Lässt man schließlich noch die Zahl $C = 0$ als Faktor zu, dann erhält man die triviale Lösung $\vec{y}(x) \equiv \vec{o}$. Als Zwischenergebnis notieren wir:

> Ist $\vec{v}$ ein beliebiger Eigenwert der Matrix A zum Eigenwert λ, dann ergibt
> $$\vec{y}(x) = C\,e^{\lambda x} \cdot \vec{v}$$
> für eine beliebige Zahl C eine Lösung des DGl-Systems $\vec{y}'(x) = A \cdot \vec{y}(x)$.

Für homogene lineare DGl-Systeme gilt darüber hinaus das sogenannte

> **Superpositionsprinzip**: Sind $\vec{y}_1(x)$ und $\vec{y}_2(x)$ zwei beliebige Lösungen zum DGl-System $\vec{y}'(x) = A \cdot \vec{y}(x)$, dann ist auch deren *Linearkombination*
> $$\vec{y}(x) = C_1 \cdot \vec{y}_1(x) + C_2 \cdot \vec{y}_2(x)$$
> mit beliebigen Konstanten C_1 und C_2 wieder eine Lösung des DGl-Systems.

Die Begründung dieser Aussage ist relativ einfach:

$$\begin{aligned}
\vec{y}'(x) &= C_1 \cdot \vec{y}_1'(x) + C_2 \cdot \vec{y}_2'(x) \\
&= C_1 \cdot A \cdot \vec{y}_1(x) + C_2 \cdot A \cdot \vec{y}_2(x) \\
&= A \cdot (C_1 \cdot \vec{y}_1(x) + C_2 \cdot \vec{y}_2(x)) = A \cdot \vec{y}(x)
\end{aligned}$$

Mithilfe des Superpositionsprinzips wollen wir nun zu einem homogenen linearen DGl-System die allgemeine Lösung angeben. Wir setzen voraus, dass die Koeffizientenmatrix A genau n verschiedene Eigenwerte $\lambda_1, \ldots, \lambda_n$ besitzt. Zu jedem dieser Eigenwerte können wir aus dem LGS $(A - \lambda_k E) \cdot \vec{v}_k = \vec{o}$ einen Eigenvektor $\vec{v}_k \neq \vec{o}$ bestimmen. Dann sind die Vektorfunktionen

$$\vec{y}_k(x) = C_k\,e^{\lambda_k x} \cdot \vec{v}_k$$

mit frei wählbaren Konstanten C_k allesamt Lösungen des DGl-Systems, die wir nach dem Superpositionsprinzip auch noch addieren dürfen. Insgesamt ergibt sich:

> Falls die Koeffizientenmatrix A genau n verschiedene Eigenwerte $\lambda_1, \ldots, \lambda_n$ besitzt und $\vec{v}_1, \ldots, \vec{v}_n$ zugehörige Eigenvektoren sind, dann ist
> $$\vec{y}(x) = C_1\,e^{\lambda_1 x} \cdot \vec{v}_1 + C_2\,e^{\lambda_2 x} \cdot \vec{v}_2 + \ldots + C_n\,e^{\lambda_n x} \cdot \vec{v}_n$$
> mit beliebigen Konstanten $C_1, \ldots, C_n$ die allgemeine Lösung des DGl-Systems
> $$\vec{y}'(x) = A \cdot \vec{y}(x)$$

Beispiel: Für das DGl-System

$$y'_1(x) = y_1(x) + 2y_2(x)$$
$$y'_2(x) = 2y_1(x) - 2y_2(x)$$

haben wir bereits die Eigenwerte $\lambda_1 = 2$ und $\lambda_2 = -3$ sowie dazu passende Eigenvektoren berechnet. Die allgemeine Lösung dieses Systems lautet dann

$$\vec{y}(x) = C_1 e^{2x} \cdot \begin{pmatrix} 2 \\ 1 \end{pmatrix} + C_2 e^{-3x} \cdot \begin{pmatrix} 1 \\ -2 \end{pmatrix}$$

und somit

$$y_1(x) = 2C_1 \cdot e^{2x} + C_2 \cdot e^{-3x}$$
$$y_2(x) = C_1 \cdot e^{2x} - 2C_2 \cdot e^{-3x}$$

6.1.3 Komplexe Eigenwerte

Die Eigenwerte einer (n, n)-Matrix A sind die Nullstellen des charakteristischen Polynoms $p_A(\lambda)$ und somit die Lösungen einer algebraischen Gleichung n-ten Grades. Nach dem Fundamentalsatz der Algebra hat eine solche Gleichung genau n Nullstellen (Vielfachheiten mitgezählt), allerdings nur im Bereich der komplexen Zahlen $\mathbb{C}$. Bei einer quadratischen Matrix, selbst wenn diese nur reelle Einträge hat, müssen wir mit komplexen Eigenwerten rechnen.

Beispiel: Das DGl-System

$$y'_1(x) = -y_1(x) + 5y_2(x)$$
$$y'_2(x) = -2y_1(x) - 3y_2(x)$$

hat die Koeffizientenmatrix

$$A = \begin{pmatrix} -1 & 5 \\ -2 & -3 \end{pmatrix}$$

und das charakteristische Polynom

$$p_A(\lambda) = \begin{vmatrix} -1-\lambda & 5 \\ -2 & -3-\lambda \end{vmatrix} = (-1-\lambda)(-3-\lambda) + 10 = \lambda^2 + 4\lambda + 13$$

Die Eigenwerte von A sind dann die Nullstellen

$$\lambda_{1/2} = \frac{-4 \pm \sqrt{16-52}}{2} = \frac{-4 \pm 6\sqrt{-1}}{2} = -2 \pm 3i$$

und somit beide komplex. Wir müssen nun noch jeweils einen Eigenvektor zu diesen Eigenwerten berechnen. Im Fall $\lambda_1 = -2 - 3i$ lautet das LGS

$$(A - (-2 - 3\,\mathrm{i}) \cdot E) \cdot \vec{v} = \vec{o} \quad \text{bzw.} \quad \begin{pmatrix} 1+3\,\mathrm{i} & 5 \\ -2 & -1+3\,\mathrm{i} \end{pmatrix} \cdot \begin{pmatrix} v_1 \\ v_2 \end{pmatrix} = \begin{pmatrix} 0 \\ 0 \end{pmatrix}$$

Die Koeffizientenmatrix dieses LGS hat ebenfalls komplexe Einträge, wobei die untere Zeile das $(-0{,}2+0{,}6\,\mathrm{i})$-fache der oberen Zeile ist und weggelassen werden kann. Daher genügt es, die obere Zeile zu lösen:

$$(1 + 3\,\mathrm{i}) \cdot v_1 + 5 \cdot v_2 = 0$$

Wir können eine Komponente frei wählen, z. B. $v_1 = -5$, und erhalten dann für die andere Komponente $v_2 = 1 + 3\,\mathrm{i}$, sodass also

$$\vec{v} = \begin{pmatrix} -5 \\ 1+3\,\mathrm{i} \end{pmatrix}$$

ein Eigenvektor von A zum Eigenwert $-2 - 3\,\mathrm{i}$ ist. Auf die gleiche Art und Weise ergibt sich zum Eigenwert $\lambda = -2 + 3\,\mathrm{i}$ für die Eigenvektoren ein LGS

$$(A - (-2 + 3\,\mathrm{i}) \cdot E) \cdot \vec{v} = \vec{o} \quad \text{bzw.} \quad \begin{pmatrix} 1-3\,\mathrm{i} & 5 \\ -2 & -1-3\,\mathrm{i} \end{pmatrix} \cdot \begin{pmatrix} v_1 \\ v_2 \end{pmatrix} = \begin{pmatrix} 0 \\ 0 \end{pmatrix}$$

mit komplexen Koeffizienten und Rang 1 (die untere Zeile ist ein Vielfaches der oberen Zeile), wobei wir aus der ersten Gleichung $(1 - 3\,\mathrm{i}) \cdot v_1 + 5\,v_2 = 0$ mit der freien Wahl $v_1 = -5$ den folgenden Eigenvektor erhalten:

$$\vec{v} = \begin{pmatrix} -5 \\ 1-3\,\mathrm{i} \end{pmatrix}$$

Mit den beiden Eigenwerten und den dazugehörigen Eigenvektoren lautet dann die allgemeine Lösung des DGl-Systems

$$\vec{y}(x) = C_1\, e^{(-2-3\mathrm{i})x} \cdot \begin{pmatrix} -5 \\ 1+3\,\mathrm{i} \end{pmatrix} + C_2\, e^{(-2+3\mathrm{i})x} \cdot \begin{pmatrix} -5 \\ 1-3\,\mathrm{i} \end{pmatrix}$$

mit komplexwertigen Vektoren und komplexen Argumenten in der e-Funktion sowie mit zwei freien Konstanten C_1 und C_2, die ebenfalls komplexe Zahlen sein dürfen.

Dass die Eigenwerte und Eigenvektoren der Matrix A in diesem Beispiel konjugiert komplex sind, ist kein Zufall. Bei einer (n, n)-Matrix mit *reellen* Einträgen treten die Eigenwerte immer konjugiert komplex auf. Ist nämlich $\lambda = \alpha + \mathrm{i}\,\omega$ ein komplexer Eigenwert von A und $\vec{v} = \vec{a} + \mathrm{i}\,\vec{w}$ ein Eigenvektor von A zum Eigenwert λ mit komplexen Komponenten, dann gilt

$$A \cdot (\vec{a} + \mathrm{i}\,\vec{w}) = (\alpha + \mathrm{i}\,\omega) \cdot (\vec{a} + \mathrm{i}\,\vec{w})$$

Aus den Rechenregeln für konjugiert komplexe Zahlen

$$\overline{z_1 + z_2} = \overline{z_1} + \overline{z_2} \quad \text{und} \quad \overline{z_1 \cdot z_2} = \overline{z_1} \cdot \overline{z_2}$$

ergibt sich für das Eigenwertproblem bei einer reellen Matrix wegen $\overline{A} = A$:

$$\overline{A \cdot (\vec{a} + i\,\vec{w})} = \overline{(\alpha + i\,\omega) \cdot (\vec{a} + i\,\vec{w})}$$

$$\overline{A} \cdot \overline{(\vec{a} + i\,\vec{w})} = \overline{(\alpha + i\,\omega)} \cdot \overline{(\vec{a} + i\,\vec{w})}$$

$$A \cdot (\vec{a} - i\,\vec{w}) = (\alpha - i\,\omega) \cdot (\vec{a} - i\,\vec{w})$$

sodass auch $\overline{\lambda} = \alpha - i\,\omega$ ein Eigenwert von A und $\vec{a} - i\,\vec{w}$ ein Eigenvektor zu $\overline{\lambda}$ ist.

Wie die nachfolgenden Überlegungen zeigen, kann man mit diesem Resultat und durch geschickte Anwendung des Superpositionsprinzips bei einem DGl-System mit reeller Koeffizientenmatrix auch im Fall komplexer Eigenwerte rein reelle Lösungen konstruieren. Zunächst stellen wir fest, dass ein komplexer Eigenwert $\lambda_1 = \alpha + i\,\omega$ zu einem komplexwertigen Eigenvektor $\vec{v}_1 = \vec{a} + i\,\vec{w}$ und letztlich auch zu einer komplexwertigen Lösung

$$\vec{z}_1(x) = e^{(\alpha+i\omega)x} \cdot (\vec{a} + i\,\vec{w})$$

führt. Nun wissen wir bereits, dass auch $\lambda_2 = \alpha - i\,\omega$ ein Eigenwert mit dem Eigenvektor $\vec{v}_2 = \vec{a} - i\,\vec{w}$ ist, und hieraus ergibt sich eine zweite komplexe Lösung

$$\vec{z}_2(x) = e^{(\alpha-i\omega)x} \cdot (\vec{a} - i\,\vec{w})$$

Unter Verwendung der Euler-Formel

$$e^{\alpha x \pm i\omega x} = e^{\alpha x} \cdot e^{\pm i\omega x} = e^{\alpha x}\,(\cos(\omega x) \pm i \sin(\omega x))$$

lassen sich beide Lösungen wie folgt in Real- und Imaginärteil zerlegen:

$$e^{(\alpha \pm i\omega)x} \cdot (\vec{a} \pm i\,\vec{w}) = e^{\alpha x}\,(\cos(\omega x) \pm i \sin(\omega x)) \cdot (\vec{a} \pm i\,\vec{w})$$

$$= e^{\alpha x}\,(\cos(\omega x) \cdot \vec{a} - \sin(\omega x) \cdot \vec{w}) \pm i \cdot e^{\alpha x}\,(\sin(\omega x) \cdot \vec{a} + \cos(\omega x) \cdot \vec{w})$$

Mithilfe des Superpositionsprinzips erhalten wir schließlich die reellen Lösungen

$$\vec{y}_1(x) = \tfrac{1}{2} \cdot \vec{z}_1(x) + \tfrac{1}{2} \cdot \vec{z}_2(x) = e^{\alpha x}\,(\cos(\omega x) \cdot \vec{a} - \sin(\omega x) \cdot \vec{w})$$

$$\vec{y}_2(x) = \tfrac{1}{2i} \cdot \vec{z}_1(x) - \tfrac{1}{2i} \cdot \vec{z}_2(x) = e^{\alpha x}\,(\sin(\omega x) \cdot \vec{a} + \cos(\omega x) \cdot \vec{w})$$

Ist $\lambda = \alpha + i\,\omega$ ein komplexer Eigenwert der reellen Koeffizientenmatrix A mit dem Eigenvektor $\vec{v} = \vec{a} + i\,\vec{w}$, dann sind

$$\vec{y}_1(x) = e^{\alpha x}\,(\cos(\omega x) \cdot \vec{a} - \sin(\omega x) \cdot \vec{w})$$

$$\vec{y}_2(x) = e^{\alpha x}\,(\sin(\omega x) \cdot \vec{a} + \cos(\omega x) \cdot \vec{w})$$

zwei reelle Lösungen des homogenen linearen DGl-Systems $\vec{y}'(x) = A \cdot \vec{y}(x)$.

Beispiel 1. Für das DGl-System

$$\begin{aligned} y_1'(x) &= -y_1(x) + 5\,y_2(x) \\ y_2'(x) &= -2\,y_1(x) - 3\,y_2(x) \end{aligned}$$

haben wir bereits den Eigenwert $\lambda = -2 + 3\,\mathrm{i}$ und dazu den Eigenvektor

$$\vec{v} = \begin{pmatrix} -5 \\ 1 - 3\,\mathrm{i} \end{pmatrix} = \begin{pmatrix} -5 \\ 1 \end{pmatrix} + \mathrm{i} \begin{pmatrix} 0 \\ -3 \end{pmatrix}$$

für die Koeffizientenmatrix berechnet. Hieraus ergeben sich die reellen Lösungen

$$\vec{y}_1(x) = \mathrm{e}^{-2x} \left(\cos 3x \cdot \begin{pmatrix} -5 \\ 1 \end{pmatrix} - \sin 3x \cdot \begin{pmatrix} 0 \\ -3 \end{pmatrix} \right) = \begin{pmatrix} -5\,\mathrm{e}^{-2x} \cos 3x \\ \mathrm{e}^{-2x} \cos 3x + 3\,\mathrm{e}^{-2x} \sin 3x \end{pmatrix}$$

$$\vec{y}_2(x) = \mathrm{e}^{-2x} \left(\sin 3x \cdot \begin{pmatrix} -5 \\ 1 \end{pmatrix} + \cos 3x \cdot \begin{pmatrix} 0 \\ -3 \end{pmatrix} \right) = \begin{pmatrix} -5\,\mathrm{e}^{-2x} \sin 3x \\ \mathrm{e}^{-2x} \sin 3x - 3\,\mathrm{e}^{-2x} \cos 3x \end{pmatrix}$$

Durch Superposition erhalten wir den allgemeinen Lösungsvektor

$$\vec{y}(x) = C_1 \cdot \begin{pmatrix} -5\,\mathrm{e}^{-2x} \cos 3x \\ \mathrm{e}^{-2x} \cos 3x + 3\,\mathrm{e}^{-2x} \sin 3x \end{pmatrix} + C_2 \cdot \begin{pmatrix} -5\,\mathrm{e}^{-2x} \sin 3x \\ \mathrm{e}^{-2x} \sin 3x - 3\,\mathrm{e}^{-2x} \cos 3x \end{pmatrix}$$

mit beliebigen (reellen) Konstanten C_1 und C_2, dessen Komponenten dann die gesuchten Lösungsfunktionen des DGl-Systems liefern:

$$y_1(x) = -5\,\mathrm{e}^{-2x} \left(C_1 \cos 3x + C_2 \sin 3x \right)$$

$$y_2(x) = \mathrm{e}^{-2x} \left((C_1 - 3\,C_2) \cos 3x + (3\,C_1 + C_2) \sin 3x \right)$$

Beispiel 2. Die Berechnung der Feldlinien des Vektorfelds

$$\vec{F}(x, y) = \tfrac{1}{4} \begin{pmatrix} x - y \\ x + y \end{pmatrix}$$

führte uns auf das $(2, 2)$-Differentialgleichungssystem

$$\dot{\vec{r}}(t) = \begin{pmatrix} \tfrac{1}{4} & -\tfrac{1}{4} \\ \tfrac{1}{4} & \tfrac{1}{4} \end{pmatrix} \cdot \vec{r}(t)$$

Die Eigenwerte der Koeffizientenmatrix sind die Lösungen von

$$p_A(\lambda) = \begin{vmatrix} \tfrac{1}{4} - \lambda & -\tfrac{1}{4} \\ \tfrac{1}{4} & \tfrac{1}{4} - \lambda \end{vmatrix} = \left(\tfrac{1}{4} - \lambda \right)^2 + \tfrac{1}{16} = 0$$

und somit konjugiert komplex: $\lambda = \tfrac{1}{4}\,(1 \pm \mathrm{i})$. Der Eigenvektor

$$\vec{v} = \begin{pmatrix} 1 \\ -\mathrm{i} \end{pmatrix} = \begin{pmatrix} 1 \\ 0 \end{pmatrix} + \mathrm{i} \begin{pmatrix} 0 \\ -1 \end{pmatrix}$$

zum Eigenwert $\lambda = \tfrac{1}{4} + \tfrac{1}{4}\,\mathrm{i}$ ergibt die beiden Fundamentallösungen

$$\vec{r}_1(t) = \mathrm{e}^{\frac{t}{4}} \begin{pmatrix} \cos \tfrac{t}{4} \\ \sin \tfrac{t}{4} \end{pmatrix} \quad \text{und} \quad \vec{r}_2(t) = \mathrm{e}^{\frac{t}{4}} \begin{pmatrix} \sin \tfrac{t}{4} \\ -\cos \tfrac{t}{4} \end{pmatrix}$$

Die allgemeine Lösung $\vec{r}(t) = C_1 \cdot \vec{r}_1(t) + C_2 \cdot \vec{r}_2(t)$ dieses DGl-Systems liefert uns die gesuchten Feldlinien des Vektorfelds $\vec{F}(x, y)$. Hierbei handelt es sich um logarithmische Spiralen; in Abb. 6.3 sind mehrere dieser Feldlinien zu verschiedenen Werten C_1 und C_2 eingezeichnet.

6.1.4 Anfangsbedingungen

Die allgemeine Lösung eines DGl-Systems $\vec{y}'(x) = A \cdot \vec{y}(x)$ mit einer (n, n)-Matrix enthält n freie Integrationskonstanten $C_1, \ldots, C_n$. In der Praxis sucht man zumeist nur eine spezielle Lösung, die neben der Differentialgleichung noch gewisse Anfangsbedingungen erfüllt. Hierbei sollen die Funktionswerte der gesuchten Lösungen $y_1(x), \ldots, y_n(x)$ an einer Stelle $x = a$ die vorgegebenen Werte

$$y_1(a) = b_1, \quad y_2(a) = b_2, \quad \ldots, \quad y_n(a) = b_n$$

annehmen. Falls nun die Koeffizientenmatrix A genau n verschiedene Eigenwerte $\lambda_1, \ldots, \lambda_n$ besitzt und $\vec{v}_1, \ldots, \vec{v}_n$ zugehörige Eigenvektoren sind, dann ist

$$\vec{y}(x) = C_1 \, e^{\lambda_1 x} \cdot \vec{v}_1 + C_2 \, e^{\lambda_2 x} \cdot \vec{v}_2 + \ldots + C_n \, e^{\lambda_n x} \cdot \vec{v}_n$$

die allgemeine Lösung des DGl-Systems. Setzt man hier $x = a$ ein, so erhält man ein lineares Gleichungssystem für die Konstanten C_1 bis C_n:

$$\vec{y}(a) = C_1 \, e^{\lambda_1 a} \cdot \vec{v}_1 + \ldots + C_n \, e^{\lambda_n a} \cdot \vec{v}_n = \begin{pmatrix} b_1 \\ \vdots \\ b_n \end{pmatrix}$$

Beispiel 1. Für das Differentialgleichungssystem

$$\begin{aligned} y_1'(x) &= y_1(x) + 2\,y_2(x) \\ y_2'(x) &= 2\,y_1(x) - 2\,y_2(x) \end{aligned}$$

mit der allgemeinen Lösung (siehe Abschnitt 6.1.2)

$$\begin{aligned} y_1(x) &= 2\,C_1 \cdot e^{2x} + C_2 \cdot e^{-3x} \\ y_2(x) &= C_1 \cdot e^{2x} - 2\,C_2 \cdot e^{-3x} \end{aligned}$$

soll die spezielle Lösung zu den Anfangsbedingungen $y_1(0) = 4$ und $y_2(0) = -3$ ermittelt werden. Wir setzen $x = 0$ in die allgemeine Lösung ein:

$$\begin{aligned} 4 &= y_1(0) = 2\,C_1 \cdot e^{2 \cdot 0} + C_2 \cdot e^{-3 \cdot 0} = 2\,C_1 + C_2 \\ -3 &= y_2(0) = C_1 \cdot e^{2 \cdot 0} - 2\,C_2 \cdot e^{-3 \cdot 0} = C_1 - 2\,C_2 \end{aligned}$$

Dieses Gleichungssystem liefert $C_1 = 1$, $C_2 = 2$ und die spezielle Lösung

$$y_1(x) = 2\,e^{2x} + 2\,e^{-3x}$$
$$y_2(x) = e^{2x} - 4\,e^{-3x}$$

Beispiel 2. Wir wollen für das DGl-System

$$y_1'(x) = -y_1(x) + 5\,y_2(x)$$
$$y_2'(x) = -2\,y_1(x) - 3\,y_2(x)$$

die spezielle Lösung zu den Anfangsbedingungen $y_1(0) = 5$ und $y_2(0) = 2$ bestimmen. Im vorigen Abschnitt wurde bereits die allgemeine Lösung

$$y_1(x) = -5\,e^{-2x}\,(C_1 \cos 3x + C_2 \sin 3x)$$
$$y_2(x) = e^{-2x}\big((C_1 - 3\,C_2)\cos 3x + (3\,C_1 + C_2)\sin 3x\big)$$

berechnet. Setzen wir hier die Stelle $x = 0$ ein, dann ergibt sich

$$y_1(0) = -5\,e^0\,(C_1 \cos 0 + C_2 \sin 0) = -5\,C_1$$
$$y_2(0) = e^0\big((C_1 - 3\,C_2)\cos 0 + (3\,C_1 + C_2)\sin 0\big) = C_1 - 3\,C_2$$

Aus diesem linearen Gleichungssystem ergeben sich die Werte $C_1 = -1$ und

$$C_1 - 3\,C_2 = 2 \quad \Longrightarrow \quad 3\,C_2 = C_1 - 2 = -3 \quad \Longrightarrow \quad C_2 = -1$$

Die gesuchte spezielle Lösung lautet also

$$y_1(x) = 5\,e^{-2x}(\cos 3x + \sin 3x)$$
$$y_2(x) = e^{-2x}\,(2 \cos 3x - 4 \sin 3x)$$

6.1.5 Mehrfache Eigenwerte

Wir haben bisher vorausgesetzt, dass die (n, n)-Koeffizientenmatrix A des DGl-Systems $\vec{y}'(x) = A \cdot \vec{y}(x)$ lauter verschiedene Eigenwerte $\lambda_1, \ldots, \lambda_n$ besitzt. Das charakteristische Polynom kann aber auch mehrfache (doppelte, dreifache usw.) Nullstellen haben. Hier müssen wir im Wesentlichen zwei Fälle unterscheiden. Ist λ ein Eigenwert von A der Vielfachheit $k > 1$ und hat das LGS $(A - \lambda E) \cdot \vec{v} = \vec{o}$ *genau* k freie Parameter, dann besitzen die Eigenvektoren $\vec{v}$ von A zum Eigenwert λ die Form

$$\vec{v} = C_1 \cdot \vec{v}_1 + C_2 \cdot \vec{v}_2 + \ldots + C_k \cdot \vec{v}_k$$

mit frei wählbaren Konstanten $C_1, \ldots, C_k$ und linear unabhängigen Vektoren $\vec{v}_1, \ldots, \vec{v}_k$. Diese liefern eine Lösung mit k freien Integrationskonstanten, und zwar

$$\vec{y}(x) = e^{\lambda x} \cdot \vec{v} = e^{\lambda x}(C_1 \cdot \vec{v}_1 + C_2 \cdot \vec{v}_2 + \ldots + C_k \cdot \vec{v}_k)$$

Beispiel: Das DGl-System in Matrixform

$$\vec{y}'(x) = \begin{pmatrix} -3 & 4 & -4 \\ -4 & 5 & -4 \\ 2 & -2 & 3 \end{pmatrix} \cdot \vec{y}(x)$$

hat das charakteristische Polynom

$$p_A(\lambda) = \begin{vmatrix} -3-\lambda & 4 & -4 \\ -4 & 5-\lambda & -4 \\ 2 & -2 & 3-\lambda \end{vmatrix}$$

$$= \lambda^3 - 5\lambda^2 + 7\lambda - 3 = (\lambda-3)(\lambda-1)^2$$

Somit ist $\lambda_1 = 3$ ein einfacher und $\lambda_{2/3} = 1$ ein doppelter Eigenwert der Koeffizientenmatrix A. Das LGS zum Eigenwert $\lambda = 3$ liefert die Eigenvektoren

$$(A - 3E) \cdot \vec{v} = \begin{pmatrix} -6 & 4 & -4 \\ -4 & 2 & -4 \\ 2 & -2 & 0 \end{pmatrix} \cdot \vec{v} = \vec{o} \quad \Longrightarrow \quad \vec{v} = C_1 \cdot \begin{pmatrix} 2 \\ 2 \\ -1 \end{pmatrix}$$

mit dem freien Parameter C_1. Beim doppelten Eigenwert $\lambda = 1$ hat das LGS

$$(A - E) \cdot \vec{v} = \begin{pmatrix} -4 & 4 & -4 \\ -4 & 4 & -4 \\ 2 & -2 & 2 \end{pmatrix} \cdot \vec{v} = \vec{o}$$

den Rang 1, erlaubt also zwei freie Parameter C_2 und C_3, sodass

$$\vec{v} = C_2 \cdot \begin{pmatrix} 1 \\ 1 \\ 0 \end{pmatrix} + C_3 \cdot \begin{pmatrix} 0 \\ 1 \\ 1 \end{pmatrix}$$

Die allgemeine Lösung des Differentialgleichungssystems lautet dann

$$\vec{y}(x) = C_1 \, e^{3x} \cdot \begin{pmatrix} 2 \\ 2 \\ -1 \end{pmatrix} + C_2 \, e^x \cdot \begin{pmatrix} 1 \\ 1 \\ 0 \end{pmatrix} + C_3 \, e^x \cdot \begin{pmatrix} 0 \\ 1 \\ 1 \end{pmatrix}$$

Im Allgemeinen hat die Lösung des LGS $(A - \lambda E) \cdot \vec{v} = \vec{o}$ bei einem Eigenwert λ der Vielfachheit $k > 1$ jedoch *weniger* als k freie Parameter. Wie bestimmt man in diesem Fall eine Lösung des DGl-Systems mit k freien Integrationskonstanten? Wir wollen hier exemplarisch den Fall untersuchen, dass λ eine doppelte Nullstelle von $p_A(\lambda)$ und somit ein Eigenwert von A der Vielfachheit 2 ist, wobei das LGS $(A - \lambda E) \cdot \vec{v} = \vec{o}$ den Rang 1 und folglich nur einen freien Parameter in der Lösung hat. Wir brauchen hier neben dem

Eigenvektor $\vec{v} \neq \vec{o}$ von A zum Eigenwert λ noch einen Lösungsvektor $\vec{w} \neq \vec{o}$ zum LGS

$$(A - \lambda E) \cdot \vec{w} = \vec{v}$$

Das DGl-System $\vec{y}'(x) = A \cdot \vec{y}(x)$ besitzt dann neben der Lösung $e^{\lambda x} \cdot \vec{v}$ noch die zweite Fundamentallösung

$$\vec{y}(x) = e^{\lambda x}(x \cdot \vec{v} + \vec{w})$$

denn nach der Produktregel und wegen $A \cdot \vec{w} = \lambda \cdot \vec{w} + \vec{v}$ gilt

$$\vec{y}'(x) = \lambda e^{\lambda x}(x \cdot \vec{v} + \vec{w}) + e^{\lambda x} \cdot \vec{v} = e^{\lambda x}(x \cdot \lambda \cdot \vec{v} + \lambda \cdot \vec{w} + \vec{v})$$

$$= e^{\lambda x}(x \cdot A \cdot \vec{v} + A \cdot \vec{w}) = A \cdot e^{\lambda x}(x \cdot \vec{v} + \vec{w}) = A \cdot \vec{y}(x)$$

Beispiel 1. Das DGl-System

$$\begin{aligned} y_1'(x) &= y_1(x) - 2\,y_2(x) \\ y_2'(x) &= 2\,y_1(x) - 3\,y_2(x) \end{aligned}$$

können wir zunächst in Matrixform schreiben:

$$\vec{y}'(x) = A \cdot \vec{y}(x) \quad \text{mit} \quad \vec{y}(x) = \begin{pmatrix} y_1(x) \\ y_2(x) \end{pmatrix} \quad \text{und} \quad A = \begin{pmatrix} 1 & -2 \\ 2 & -3 \end{pmatrix}$$

Die Koeffizientenmatrix A hat das charakteristische Polynom

$$p_A(\lambda) = \begin{vmatrix} 1 - \lambda & -2 \\ 2 & -3 - \lambda \end{vmatrix} = (1 - \lambda)(-3 - \lambda) + 4 = \lambda^2 + 2\lambda + 1 = (\lambda + 1)^2$$

mit der doppelten Nullstelle $\lambda_{1/2} = -1$. Die Matrix A besitzt also nur einen Eigenwert $\lambda = -1$, und einen Eigenvektor dazu erhalten wir aus dem LGS

$$(A - (-1) \cdot E) \cdot \vec{v} = \vec{o} \quad \text{bzw.} \quad \begin{pmatrix} 2 & -2 \\ 2 & -2 \end{pmatrix} \cdot \begin{pmatrix} v_1 \\ v_2 \end{pmatrix} = \begin{pmatrix} 0 \\ 0 \end{pmatrix}$$

mit dem Rang 1. Wir können die zweite Zeile weglassen und eine Komponente frei wählen, z. B. $v_1 = 2$. Aus der ersten Zeile $2v_1 - 2v_2 = 0$ folgt $v_2 = v_1 = 2$ und somit eine erste Lösung des DGl-Systems

$$\vec{v} = \begin{pmatrix} 2 \\ 2 \end{pmatrix} \quad \Longrightarrow \quad \vec{y}_1(x) = e^{\lambda x} \cdot \vec{v} = e^{-x} \cdot \begin{pmatrix} 2 \\ 2 \end{pmatrix}$$

Für eine weitere Lösung brauchen wir einen Vektor $\vec{w}$, der das LGS $(A + E) \cdot \vec{w} = \vec{v}$ erfüllt:

$$\begin{pmatrix} 2 & -2 \\ 2 & -2 \end{pmatrix} \cdot \begin{pmatrix} w_1 \\ w_2 \end{pmatrix} = \begin{pmatrix} 2 \\ 2 \end{pmatrix} \quad \Longrightarrow \quad \vec{w} = \begin{pmatrix} 2 \\ 1 \end{pmatrix}$$

Dieser Vektor liefert uns eine zweite Fundamentallösung

$$\vec{y}_2(x) = e^{\lambda x}(x \cdot \vec{v} + \vec{w}) = e^{-x} \cdot \begin{pmatrix} 2x + 2 \\ 2x + 1 \end{pmatrix}$$

Die allgemeine Lösung ist dann nach dem Superpositionsprinzip

$$\vec{y}(x) = C_1 \cdot \vec{y}_1(x) + C_2 \cdot \vec{y}_1(x)$$

$$= C_1 e^{-x} \cdot \begin{pmatrix} 2 \\ 2 \end{pmatrix} + C_2 e^{-x} \cdot \begin{pmatrix} 2x+2 \\ 2x+1 \end{pmatrix}$$

$$= e^{-x} \begin{pmatrix} 2(C_1 + C_2) + 2C_2 x \\ 2C_1 + C_2 + 2C_2 x \end{pmatrix}$$

mit beliebigen reellen Konstanten C_1 und C_2.

Beispiel 2. Bei einem *Torsionsschwinger* sind auf einer frei drehbaren (und nahezu masselosen) Welle mit der Torsionsfederzahl c zwei Scheiben mit den Massenträgheitsmomenten J (Scheibe 1) bzw. $\frac{1}{3} J$ (Scheibe 2) befestigt, siehe Abb. 6.4. Für die Auslenkwinkel $\varphi_1(t)$ und $\varphi_2(t)$ der beiden Scheiben zur Zeit t ergibt sich aus dem Momentengleichgewicht ein DGl-System 2. Ordnung

$$J \cdot \ddot{\varphi}_1(t) = -c \cdot \varphi_1(t) + c \cdot \varphi_2(t)$$
$$\tfrac{1}{3} J \cdot \ddot{\varphi}_2(t) = c \cdot \varphi_1(t) - c \cdot \varphi_2(t)$$

Definieren wir die Funktionen

$$y_1(t) = \varphi_1(t), \quad y_2(t) = \varphi_2(t), \quad y_3(t) = \dot{\varphi}_1(t), \quad y_4(t) = \dot{\varphi}_2(t)$$

wobei y_1 bzw. y_2 die Auslenkwinkel und y_3 bzw. y_4 die Winkelgeschwindigkeiten der Scheiben sind, dann ist

$$\dot{y}_1(t) = y_3(t), \quad \dot{y}_2(t) = y_4(t), \quad \dot{y}_3(t) = \ddot{\varphi}_1(t), \quad \dot{y}_4(t) = \ddot{\varphi}_2(t)$$

und wir erhalten insgesamt vier gekoppelte Differentialgleichungen erster Ordnung für die Funktionen y_1, y_2, y_3, y_4:

$$\dot{y}_1(t) = y_3(t)$$
$$\dot{y}_2(t) = y_4(t)$$
$$\dot{y}_3(t) = -\tfrac{c}{J} \cdot y_1(t) + \tfrac{c}{J} \cdot y_2(t)$$
$$\dot{y}_4(t) = \tfrac{3c}{J} \cdot y_1(t) - \tfrac{3c}{J} \cdot y_2(t)$$

Hierbei handelt es sich um ein homogenes lineares DGl-System mit konstanten Koeffizienten, welches mit der Abkürzung $\omega^2 := \frac{4c}{J}$ in der Matrixform

$$\dot{\vec{y}}(t) = \begin{pmatrix} 0 & 0 & 1 & 0 \\ 0 & 0 & 0 & 1 \\ -\tfrac{1}{4}\omega^2 & \tfrac{1}{4}\omega^2 & 0 & 0 \\ \tfrac{3}{4}\omega^2 & -\tfrac{3}{4}\omega^2 & 0 & 0 \end{pmatrix} \cdot \vec{y}(t)$$

geschrieben werden kann. Das charakteristische Polynom der Koeffizientenmatrix ist dann (nach einer etwas längeren Rechnung)

$$p_A(\lambda) = \begin{vmatrix} -\lambda & 0 & 1 & 0 \\ 0 & -\lambda & 0 & 1 \\ -\frac{1}{4}\,\omega^2 & \frac{1}{4}\,\omega^2 & -\lambda & 0 \\ \frac{3}{4}\,\omega^2 & -\frac{3}{4}\,\omega^2 & 0 & -\lambda \end{vmatrix} = \lambda^4 + \omega^2\lambda^2 = \lambda^2(\lambda^2 + \omega^2)$$

Es gibt also zwei konjugiert komplexe Eigenwerte $\lambda_{1/2} = \pm i\,\omega$, die ein ungedämpftes Schwingungsverhalten beschreiben (siehe Beispiel 2 im nächsten Abschnitt), sowie einen doppelten reellen Eigenwert $\lambda_{3/4} = 0$. Wir erhalten einen Eigenvektor $\vec{v} \neq \vec{o}$ zum doppelten Eigenwert 0 aus dem LGS $(A - 0 \cdot E) \cdot \vec{v} = \vec{o}$ bzw. $A \cdot \vec{v} = \vec{o}$, also beispielsweise

$$\begin{pmatrix} 0 & 0 & 1 & 0 \\ 0 & 0 & 0 & 1 \\ -\frac{1}{4}\,\omega^2 & \frac{1}{4}\,\omega^2 & 0 & 0 \\ \frac{3}{4}\,\omega^2 & -\frac{3}{4}\,\omega^2 & 0 & 0 \end{pmatrix} \cdot \vec{v} = \begin{pmatrix} 0 \\ 0 \\ 0 \\ 0 \end{pmatrix} \implies \vec{v} = \begin{pmatrix} 1 \\ 1 \\ 0 \\ 0 \end{pmatrix}$$

Zusätzlich brauchen wir noch einen Vektor $\vec{w} \neq \vec{o}$ mit $(A - 0 \cdot E) \cdot \vec{w} = \vec{v}$, z. B.

$$\vec{w} = \begin{pmatrix} 0 \\ 0 \\ 1 \\ 1 \end{pmatrix} \implies \begin{pmatrix} 0 & 0 & 1 & 0 \\ 0 & 0 & 0 & 1 \\ -\frac{1}{4}\,\omega^2 & \frac{1}{4}\,\omega^2 & 0 & 0 \\ \frac{3}{4}\,\omega^2 & -\frac{3}{4}\,\omega^2 & 0 & 0 \end{pmatrix} \cdot \vec{w} = \begin{pmatrix} 1 \\ 1 \\ 0 \\ 0 \end{pmatrix} = \vec{v}$$

Somit hat der nicht-schwingende Anteil der Lösung die Form

$$\begin{pmatrix} \varphi_1(t) \\ \varphi_2(t) \\ \dot{\varphi}_1(t) \\ \dot{\varphi}_2(t) \end{pmatrix} = \vec{y}(t) = C_1\,e^{0 \cdot t} \cdot \vec{v} + C_2\,e^{0 \cdot t} \cdot (t\,\vec{v} + \vec{w}) = \begin{pmatrix} C_1 + C_2\,t \\ C_1 + C_2\,t \\ C_2 \\ C_2 \end{pmatrix}$$

Die Auslenkwinkel $\varphi_1(t) = \varphi_2(t) = C_1 + C_2\,t$ sind hier für alle Zeiten t gleich. Genauer: Ausgehend von der gleichen Anfangsauslenkung $\varphi_1(0) = \varphi_2(0) = C_1$ rotieren die beiden Scheiben gemeinsam und ohne gegenseitige Verdrehung mit der gleichen konstanten Winkelgeschwindigkeit $\dot{\varphi}_1(t) = \dot{\varphi}_2(t) = C_2$.

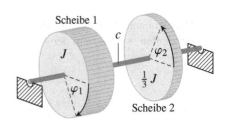

Abb. 6.4 Torsionsschwinger
mit zwei Scheiben

6.1.6 Qualitatives Lösungsverhalten

Fassen wir unsere bisherigen Ergebnisse kurz zusammen: Bei einem DGl-System

$$\vec{y}'(x) = A \cdot \vec{y}(x)$$

in Matrixform mit einer reellen (n, n)-Koeffizientenmatrix A erhält man die Lösungen mithilfe der Eigenwerte von A, also den Nullstellen des charakteristischen Polynoms $p_A(\lambda) = \det(A - \lambda \cdot E)$. Hierzu muss man eine algebraische Gleichung n-ten Grades in λ lösen. Zusammen mit den zugehörigen Eigenvektoren $\vec{v}$ von A lässt sich dann die allgemeine Lösung aus Vektorfunktionen der Form $e^{\lambda x} \cdot \vec{v}$ durch Superposition zusammenbauen.

Allein die Eigenwerte geben aber schon Auskunft über das *qualitative* Verhalten der Lösungen. Bei einem reellen Eigenwert λ enthält die Lösung (je nach Vorzeichen) einen exponentiell ansteigenden oder abfallenden Anteil mit dem Faktor $e^{\lambda x}$. Im Fall komplexer Eigenwerte $\lambda = \alpha \pm i\,\omega$, die bei einer reellen Matrix immer paarweise konjugiert komplex auftreten, umfasst die Lösung Funktionen der Form $e^{\alpha x} \cos \omega x$ und/oder $e^{\alpha x} \sin \omega x$. Hierbei handelt es sich um Schwingungen mit der Frequenz $\frac{\omega}{2\pi}$ (die Frequenz ist der Kehrwert der Periodenlänge) und einer exponentiell veränderlichen Amplitude $e^{\alpha x}$. Die allgemeine Lösung des DGl-Systems ist dann nach dem Superpositionsprinzip eine Überlagerung aller dieser partikulären Lösungen.

In der Praxis genügt es oftmals zu prüfen, ob ein Schwingungsverhalten vorliegt, und in diesem Fall die Frequenzen der einzelnen beteiligten Schwingungen zu bestimmen. Diese werden *Eigenschwingungen* des Systems genannt. Die allgemeine Lösung ist dann eine Überlagerung dieser (exponentiell gedämpften oder angeregten) Schwingungen zuzüglich der nicht-oszillierenden (exponentiell ansteigenden oder abfallenden) Anteile.

Beispiel 1. Das DGl-System für den RLC-Reihenschwingkreis lautet

$$\vec{y}'(t) = \begin{pmatrix} 0 & \frac{1}{C} \\ -\frac{1}{L} & -\frac{R}{L} \end{pmatrix} \cdot \vec{y}(t) \quad \text{mit} \quad \vec{y}(t) = \begin{pmatrix} U(t) \\ I(t) \end{pmatrix}$$

Die Koeffizientenmatrix hat hier das charakteristische Polynom

$$p_A(\lambda) = \begin{vmatrix} -\lambda & \frac{1}{C} \\ -\frac{1}{L} & -\frac{R}{L} - \lambda \end{vmatrix} = \lambda^2 + \frac{R}{L} \cdot \lambda + \frac{1}{LC}$$

dessen Nullstellen die Eigenwerte der Koeffizientenmatrix sind:

$$\lambda_{1/2} = \frac{-\frac{R}{L} \pm \sqrt{\left(\frac{R}{L}\right)^2 - \frac{4}{LC}}}{2} = -\frac{R}{2L} \pm \sqrt{\left(\frac{R}{2L}\right)^2 - \frac{1}{LC}}$$

Der Schwingfall tritt erst dann ein, wenn die Diskriminante negativ ist:

$$\left(\frac{R}{L}\right)^2 - \frac{4}{LC} < 0 \quad \text{bzw.} \quad R < 2\sqrt{\frac{L}{C}}$$

Dann ist

$$\lambda_{1/2} = -\delta \pm \mathrm{i}\,\omega \quad \text{mit} \quad \delta = \tfrac{R}{2L} \quad \text{und} \quad \omega = \sqrt{\tfrac{1}{LC} - \left(\tfrac{R}{2L}\right)^2}$$

Der Wert δ wird *Dämpfungsfaktor* genannt, und ω nennt man *Eigenkreisfrequenz* der Schwingung. Die Schwingung selbst hat die Frequenz $f = \tfrac{\omega}{2\pi}$, wobei die Amplituden von Spannung und Strom mit dem Faktor $\mathrm{e}^{-\delta t}$ exponentiell abfallen.

Damit bei einem Reihenschwingkreis mit $L = 2\,\mathrm{mH}$ und $C = 20\,\mu\mathrm{F}$ der Schwingfall eintritt, darf der Widerstand R maximal den Wert

$$R < 2\sqrt{\frac{2 \cdot 10^{-3}\,\mathrm{H}}{20 \cdot 10^{-6}\,\mathrm{F}}} = 20\,\Omega$$

haben. Im Fall $R = 0{,}016\,\Omega$ (z. B. reiner Leiterwiderstand) ist

$$\delta = \frac{0{,}016\,\Omega}{2 \cdot 2 \cdot 10^{-3}\,\mathrm{H}} = 4\,\mathrm{s}^{-1}$$

$$\omega = \sqrt{\frac{1}{2 \cdot 10^{-3}\,\mathrm{H} \cdot 20 \cdot 10^{-6}\,\mathrm{F}} - \left(\frac{0{,}016\,\Omega}{2 \cdot 2 \cdot 10^{-3}\,\mathrm{H}}\right)^2} \approx 5000\,\mathrm{s}^{-1}$$

Hierbei schwingen Spannung und Strom mit der Frequenz $f = \tfrac{\omega}{2\pi} \approx 796\,\mathrm{Hz}$.

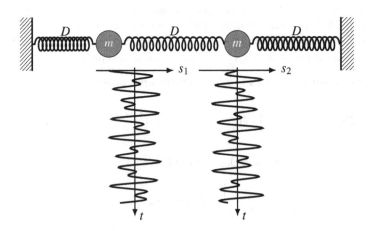

Abb. 6.5 Gekoppeltes Federpendel mit zwei gleichen Massen

Beispiel 2. Bei einem gekoppelten Federpendel mit zwei gleichen Massen $m_1 = m_2 = m$ und drei gleichen Federn $D_1 = D_2 = D_{12}$ ist das DGl-System

$$\dot{\vec{y}}(t) = \begin{pmatrix} 0 & 0 & 1 & 0 \\ 0 & 0 & 0 & 1 \\ -2\omega^2 & \omega^2 & 0 & 0 \\ \omega^2 & -2\omega^2 & 0 & 0 \end{pmatrix} \cdot \vec{y}(t)$$

und dem Wert $\omega^2 := \frac{D}{m}$ zu lösen. Das charakteristische Polynom kann man z. B. durch Transponieren der Determinante und anschließender Entwicklung nach der ersten Spalte berechnen:

$$p_A(\lambda) = \begin{vmatrix} -\lambda & 0 & 1 & 0 \\ 0 & -\lambda & 0 & 1 \\ -2\omega^2 & \omega^2 & -\lambda & 0 \\ \omega^2 & -2\omega^2 & 0 & -\lambda \end{vmatrix} = \begin{vmatrix} -\lambda & 0 & -2\omega^2 & \omega^2 \\ 0 & -\lambda & \omega^2 & -2\omega^2 \\ 1 & 0 & -\lambda & 0 \\ 0 & 1 & 0 & -\lambda \end{vmatrix}$$

$$= -\lambda \cdot \begin{vmatrix} -\lambda & \omega^2 & -2\omega^2 \\ 0 & -\lambda & 0 \\ 1 & 0 & -\lambda \end{vmatrix} + 1 \cdot \begin{vmatrix} 0 & -2\omega^2 & \omega^2 \\ -\lambda & \omega^2 & -2\omega^2 \\ 1 & 0 & -\lambda \end{vmatrix}$$

$$= -\lambda \cdot (-\lambda^3 - 2\,\omega^2\lambda) + 1 \cdot (3\,\omega^2 + 2\,\omega^2\lambda^2) = \lambda^4 + 4\,\omega^2\lambda^2 + 3\,\omega^4$$

Es hat vier rein imaginäre Nullstellen

$$\lambda_{1/2} = \pm\,\mathrm{i}\,\omega \quad \text{und} \quad \lambda_{3/4} = \pm\,\mathrm{i}\sqrt{3}\,\omega$$

Das System führt also überlagerte Schwingungen aus mit den Eigenfrequenzen

$$\frac{\omega}{2\pi} \quad \text{und/oder} \quad \frac{\sqrt{3}\,\omega}{2\pi}$$

Beispiel 3. Beim Torsionsschwinger aus Beispiel 2 in Abschnitt 6.1.5 erhielten wir als Nullstellen der charakteristischen Gleichung neben einem doppelten reellen Eigenwert $\lambda = 0$ die beiden konjugiert komplexen Eigenwerte $\lambda_{1/2} = \pm\mathrm{i}\,\omega$ mit $\omega := 2\sqrt{\frac{c}{J}}$. Die nicht-oszillierende Lösung ist die gemeinsame Drehung mit der Achse, und diese wird überlagert von einer ungedämpften Schwingung der Scheiben, wobei die Imaginärteile der komplexen Eigenwerte die Frequenzen der Schwingungsanteile liefern, hier: $f = \frac{\omega}{2\pi} = \frac{1}{\pi}\sqrt{\frac{c}{J}}$.

Beispiel 4. Einer homogenen linearen Differentialgleichung 3. Ordnung mit konstanten Koeffizienten

$$y'''(x) + a \cdot y''(x) + b \cdot y'(x) + c \cdot y(x) = 0$$

lässt sich ein $(3, 3)$-Differentialgleichungssystem in Matrixform zuordnen:

$$\vec{y}'(x) = \begin{pmatrix} 0 & 1 & 0 \\ 0 & 0 & 1 \\ -c & -b & -a \end{pmatrix} \cdot \vec{y}(x)$$

Die Eigenwerte der Begleitmatrix ergeben sich aus der Gleichung

$$0 = \begin{vmatrix} -\lambda & 1 & 0 \\ 0 & -\lambda & 1 \\ -c & -b & -a-\lambda \end{vmatrix} = -\lambda \cdot \begin{vmatrix} -\lambda & 1 \\ -b & -a-\lambda \end{vmatrix} - c \cdot \begin{vmatrix} 1 & 0 \\ -\lambda & 1 \end{vmatrix}$$

$$= -\lambda \cdot (\lambda^2 + a\,\lambda + b) - c \cdot 1 = -\lambda^3 - a\,\lambda^2 - b\,\lambda - c$$

oder
$$\lambda^3 + a\,\lambda^2 + b\,\lambda + c = 0$$

Diese ist die schon bekannte *charakteristische Gleichung* der DGl 3. Ordnung.

6.1.7 Die Fundamentalmatrix

Die allgemeine Lösung eines DGl-Systems

$$\vec{y}'(x) = A \cdot \vec{y}(x)$$

lässt sich auch in kompakter Form darstellen. Wir setzen wieder voraus, dass die Koeffizientenmatrix A genau n verschiedene Eigenwerte $\lambda_1, \dots, \lambda_n$ mit den Eigenvektoren $\vec{v}_1$, $\dots, \vec{v}_n$ besitzt. Fassen wir die Fundamentallösungen

$$\vec{y}_1(x) = e^{\lambda_1 x} \cdot \vec{v}_1, \quad \vec{y}_2(x) = e^{\lambda_2 x} \cdot \vec{v}_2, \quad \dots, \quad \vec{y}_n(x) = e^{\lambda_n x} \cdot \vec{v}_n$$

als Spaltenvektoren einer Matrix $Y(x)$ auf, sodass also

$$\begin{aligned} Y(x) &:= \left(\vec{y}_1(x) \mid \vec{y}_2(x) \mid \cdots \mid \vec{y}_n(x) \right) \\ &= \left(e^{\lambda_1 x}\,\vec{v}_1 \mid e^{\lambda_2 x}\,\vec{v}_2 \mid \cdots \mid e^{\lambda_n x}\,\vec{v}_n \right) \end{aligned}$$

gilt, dann können wir die allgemeine Lösung auch als Matrixprodukt schreiben:

$$\vec{y}(x) = C_1 \cdot e^{\lambda_1 x}\,\vec{v}_1 + C_2 \cdot e^{\lambda_2 x}\,\vec{v}_2 + \dots + C_n \cdot e^{\lambda_n x}\,\vec{v}_n$$

$$= \left(e^{\lambda_1 x}\,\vec{v}_1 \mid e^{\lambda_2 x}\,\vec{v}_2 \mid \cdots \mid e^{\lambda_n x}\,\vec{v}_n \right) \cdot \begin{pmatrix} C_1 \\ C_2 \\ \vdots \\ C_n \end{pmatrix}$$

oder kurz: $\vec{y}(x) = Y(x) \cdot \vec{c}$ mit einem beliebigen Vektor $\vec{c}$. In der Matrix $Y(x)$ sind demnach alle Lösungen des DGl-Systems „gespeichert", und sie wird daher auch *Fundamentalmatrix* genannt. Man kann zeigen, dass diese Matrixfunktion $Y(x)$ für jedes $x \in \mathbb{R}$ regulär ist. Sucht man nun noch eine Lösung speziell zur Anfangsbedingung $\vec{y}(a) = \vec{b}$, dann erhält man ein lineares Gleichungssystem in Matrixform:

$$Y(a) \cdot \vec{c} = \vec{y}(a) = \vec{b} \quad \Longrightarrow \quad \vec{c} = Y(a)^{-1} \cdot \vec{b}$$

Beispiel: Die allgemeine Lösung des DGl-Systems

$$\begin{aligned} y_1'(x) &= y_1(x) + 2\,y_2(x) \\ y_2'(x) &= 2\,y_1(x) - 2\,y_2(x) \end{aligned}$$

lautet

$$\vec{y}(x) = C_1\,e^{2x} \cdot \begin{pmatrix} 2 \\ 1 \end{pmatrix} + C_2\,e^{-3x} \cdot \begin{pmatrix} 1 \\ -2 \end{pmatrix}$$

Die Fundamentalmatrix dieses Systems ist dann

$$Y(x) = \begin{pmatrix} 2\,e^{2x} & e^{-3x} \\ e^{2x} & -2\,e^{-3x} \end{pmatrix}$$

und somit kann man jede Lösung in der Form

$$y(x) = Y(x) \cdot \vec{c} = \begin{pmatrix} 2\,e^{2x} & e^{-3x} \\ e^{2x} & -2\,e^{-3x} \end{pmatrix} \cdot \begin{pmatrix} C_1 \\ C_2 \end{pmatrix}$$

mit einem beliebigen Vektor $\vec{c}$ schreiben. Die spezielle Lösung zu den Anfangsbedingungen $y_1(0) = 4$ und $y_2(0) = -3$ ergibt sich dann aus dem linearen Gleichungssystem in Matrixform

$$Y(0) \cdot \vec{c} = \vec{y}(0) = \begin{pmatrix} 4 \\ -3 \end{pmatrix} \quad \text{mit} \quad Y(0) = \begin{pmatrix} 2 & 1 \\ 1 & -2 \end{pmatrix}$$

sodass

$$\begin{pmatrix} C_1 \\ C_2 \end{pmatrix} = \vec{c} = Y(0)^{-1} \cdot \begin{pmatrix} 4 \\ -3 \end{pmatrix} = \begin{pmatrix} 0{,}4 & 0{,}2 \\ 0{,}2 & -0{,}4 \end{pmatrix} \cdot \begin{pmatrix} 4 \\ -3 \end{pmatrix} = \begin{pmatrix} 1 \\ 2 \end{pmatrix}$$

Dieses Verfahren funktioniert gleichermaßen bei einer Koeffizientenmatrix mit komplexen Eigenwerten. Die Fundamentalmatrix sowie das LGS zur Bestimmung einer speziellen Lösung haben hier jedoch komplexe Einträge.

Beispiel: Für das DGl-System

$$\begin{aligned} y_1'(x) &= -y_1(x) + 5\,y_2(x) \\ y_2'(x) &= -2\,y_1(x) - 3\,y_2(x) \end{aligned}$$

sind die Eigenwerte $\lambda_1 = -2 - 3\,\mathrm{i}$, $\lambda_2 = -2 + 3\,\mathrm{i}$ und dazu die Eigenvektoren

$$\vec{v}_1 = \begin{pmatrix} -5 \\ 1+3\,\mathrm{i} \end{pmatrix}, \quad \vec{v}_2 = \begin{pmatrix} -5 \\ 1-3\,\mathrm{i} \end{pmatrix}$$

aus Abschnitt 6.1.2 bekannt. Hieraus ergibt sich die Fundamentalmatrix

$$Y(x) = \begin{pmatrix} -5\,e^{(-2-3\,\mathrm{i})x} & -5\,e^{(-2+3\,\mathrm{i})x} \\ (1+3\,\mathrm{i})\,e^{(-2-3\,\mathrm{i})x} & (1-3\,\mathrm{i})\,e^{(-2+3\,\mathrm{i})x} \end{pmatrix}$$

Diese hat bei $x = 0$ die Einträge

$$Y(0) = \begin{pmatrix} -5 & -5 \\ 1+3\,\mathrm{i} & 1-3\,\mathrm{i} \end{pmatrix} \implies Y(0)^{-1} = \frac{1}{\det Y(0)} \begin{pmatrix} 1-3\,\mathrm{i} & 5 \\ -1-3\,\mathrm{i} & -5 \end{pmatrix}$$

wobei $\det Y(0) = -5 \cdot (1-3\,\mathrm{i}) - (-5) \cdot (1+3\,\mathrm{i}) = 30\,\mathrm{i}$. Suchen wir speziell eine Lösung zu den Anfangsbedingungen

$$y_1(0) = 5 \quad \text{und} \quad y_2(0) = 2$$

dann ergibt der Vektor

$$\vec{c} = Y(0)^{-1} \cdot \begin{pmatrix} 5 \\ 2 \end{pmatrix} = \frac{1}{30\,i} \begin{pmatrix} 1-3\,i & 5 \\ -1-3\,i & -5 \end{pmatrix} \cdot \begin{pmatrix} 5 \\ 2 \end{pmatrix} = \begin{pmatrix} \frac{15-15\,i}{30\,i} \\ \frac{-15-15\,i}{30\,i} \end{pmatrix} = \begin{pmatrix} \frac{-1-i}{2} \\ \frac{-1+i}{2} \end{pmatrix}$$

Die Lösung zu den gegebenen Anfangsbedingungen lautet dann

$$\vec{y}(x) = \frac{-1-i}{2}\, e^{(-2-3\,i)x} \cdot \begin{pmatrix} -5 \\ 1+3\,i \end{pmatrix} + \frac{-1+i}{2}\, e^{(-2+3\,i)x} \cdot \begin{pmatrix} -5 \\ 1-3\,i \end{pmatrix}$$

$$= e^{(-2-3\,i)x} \cdot \begin{pmatrix} \frac{5}{2}+\frac{5}{2}\,i \\ 1-2\,i \end{pmatrix} + e^{(-2-3\,i)x} \cdot \begin{pmatrix} \frac{5}{2}-\frac{5}{2}\,i \\ 1+2\,i \end{pmatrix}$$

Mithilfe der Eulerschen Formel:

$$e^{(-2\pm 3\,i)x} = e^{-2x}\,(\cos 3x \pm i \sin 3x)$$

erhalten wir nach Ausmultiplizieren die reelle Lösung

$$\vec{y}(x) = e^{-2x}\,(\cos 3x - i \sin 3x) \cdot \begin{pmatrix} \frac{5}{2}+\frac{5}{2}\,i \\ 1-2\,i \end{pmatrix} + e^{-2x}\,(\cos 3x + i \sin 3x) \cdot \begin{pmatrix} \frac{5}{2}-\frac{5}{2}\,i \\ 1+2\,i \end{pmatrix}$$

$$= e^{-2x} \begin{pmatrix} 5\cos 3x + 5\sin 3x \\ 2\cos 3x - 4\sin 3x \end{pmatrix}$$

Die Fundamentalmatrix $Y(x)$ besitzt einige außergewöhnliche Eigenschaften. Notiert man das DGl-System in Matrixform $\vec{y}\,'(x) = A \cdot \vec{y}(x)$ und bezeichnet $Y'(x)$ die Ableitung der Matrixfunktion, bei der man die einzelnen Einträge nach x ableitet, dann ist die Fundamentalmatrix eine Lösung der *Matrixdifferentialgleichung*

$$Y'(x) = A \cdot Y(x)$$

Falls $Y(x)$ an *einer* Stelle $x \in \mathbb{R}$ regulär ist, dann gilt $\det Y(x) \neq 0$ für *alle* $x \in \mathbb{R}$. Man nennt $W(x) := \det Y(x)$ die *Wronski-Matrix* des DGl-Systems. Diese Funktion wiederum ist eine Lösung der homogenen DGl 1. Ordnung

$$W'(x) = \operatorname{spur} A \cdot W(x)$$

wobei $\operatorname{spur} A = a_{11} + a_{22} + \ldots + a_{nn}$ die Spur der Matrix A bezeichnet. Insbesondere gilt dann $W(x) = C \cdot e^{\operatorname{spur} A \cdot x}$ mit einer Konstante $C \neq 0$. Eine Begründung dieser Aussagen findet man in nahezu jedem Lehrbuch über Differentialgleichungen. Bemerkenswert ist, dass sich die hier genannten Eigenschaften der Fundamentalmatrix auch auf homogene DGl-Systeme

$$\vec{y}\,'(x) = A(x) \cdot \vec{y}(x)$$

mit einer i. Allg. nicht-konstanten (n,n)-Matrixfunktion $A(x)$ auf einem Intervall D übertragen lassen. Eine (n,n)-Matrixfunktion $Y(x)$ heißt Fundamentalmatrix dieses DGl-

Systems, wenn $Y(x)$ die Matrixdifferentialgleichung $Y'(x) = A(x) \cdot Y(x)$ erfüllt und $Y(x)$ an mindestens einer Stelle $x \in D$ regulär ist. Die Wronski-Determinante $W(x) := \det Y(x)$ löst dann die homogene DGl 1. Ordnung $W'(x) = \text{spur } A(x) \cdot W(x)$, und folglich gilt

$$\det Y(x) = W(x) = C \cdot e^{\int \text{spur } A(x) \, dx}$$

mit einer Konstante $C \neq 0$. Wegen $\det Y(x) \neq 0$ ist dann $Y(x)$ für *alle* $x \in D$ regulär. Die allgemeine Lösung des DGl-Systems lässt sich in der Form $\vec{y}(x) = Y(x) \cdot \vec{c}$ mit einem Vektor $\vec{c}$ darstellen, und für jede Stelle $a \in D$ kann man eine spezielle Lösung zur Anfangsbedingung $\vec{y}(a) = \vec{b}$ mit der folgenden Formel berechnen:

$$Y(a) \cdot \vec{c} = \vec{y}(a) = \vec{b} \quad \Longrightarrow \quad \vec{c} = Y(a)^{-1} \cdot \vec{b}$$

6.1.8 Inhomogene Systeme

Wir haben bisher nur homogene lineare DGl-Systeme der Form

$$y_1'(x) = a_{11} \cdot y_1(x) + a_{12} \cdot y_2(x) + \ldots + a_{1n} \cdot y_n(x)$$
$$y_2'(x) = a_{21} \cdot y_1(x) + a_{22} \cdot y_2(x) + \ldots + a_{2n} \cdot y_n(x)$$
$$\vdots$$
$$y_n'(x) = a_{n1} \cdot y_1(x) + a_{n2} \cdot y_2(x) + \ldots + a_{nn} \cdot y_n(x)$$

mit konstanten Koeffizienten betrachtet. Treten auf der rechten Seite zusätzlich noch Störfunktionen $b_1(x), \ldots, b_n(x)$ auf, dann erhält man ein *inhomogenes DGl-System*

$$y_1'(x) = a_{11} \cdot y_1(x) + a_{12} \cdot y_2(x) + \ldots + a_{1n} \cdot y_n(x) + b_1(x)$$
$$y_2'(x) = a_{21} \cdot y_1(x) + a_{22} \cdot y_2(x) + \ldots + a_{2n} \cdot y_n(x) + b_2(x)$$
$$\vdots$$
$$y_n'(x) = a_{n1} \cdot y_1(x) + a_{n2} \cdot y_2(x) + \ldots + a_{nn} \cdot y_n(x) + b_n(x)$$

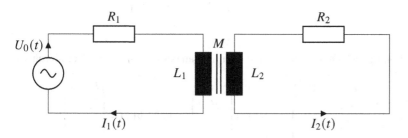

Abb. 6.6 Elektrisches Schaltbild eines Transformators

Beispiel 1. Ein *Transformator* setzt sich zusammen aus zwei Spulen, die in der Regel über einen Ferrit- bzw. Eisenkern miteinander verbunden sind, siehe Abb. 6.6.

Am Primärstromkreis links liege eine zeitabhängige Spannung $U_0(t)$ an, z. B. eine sinusförmige Wechselspannung.

Bezeichnen wir mit L_1 bzw. L_2 die Selbstinduktivität der Spulen im Primär- bzw. Sekundärstromkreis und mit M die Gegeninduktivität, dann erhält man aus den Kirchhoff-Regeln für die Spannungen ein inhomogenes lineares Differentialgleichungssystem für die Ströme $I_1(t)$ bzw. $I_2(t)$ im Primär- und Sekundärstromkreis:

$$(1) \quad R_1 \cdot I_1(t) + L_1 \cdot \frac{dI_1}{dt} + M \cdot \frac{dI_2}{dt} = U_0(t)$$

$$(2) \quad R_2 \cdot I_2(t) + L_2 \cdot \frac{dI_2}{dt} + M \cdot \frac{dI_1}{dt} = 0$$

Durch elementare Zeilenumformungen können wir das DGl-System in die Form

$$L_2 \cdot (1) - M \cdot (2): \quad N \cdot I_1'(t) + R_1 L_2 \cdot I_1(t) - R_2 M \cdot I_2(t) = L_2 U_0(t)$$

$$L_1 \cdot (2) - M \cdot (1): \quad N \cdot I_2'(t) - R_1 M \cdot I_1(t) + R_2 L_1 \cdot I_2(t) = -M U_0(t)$$

bringen, wobei wir die Abkürzung $N := L_1 L_2 - M^2$ verwenden. In unserer Standardschreibweise ist schließlich

$$(1) \quad I_1'(t) = -\frac{R_1 L_2}{N} I_1(t) + \frac{R_2 M}{N} I_2(t) + \frac{L_2 U_0(t)}{N}$$

$$(2) \quad I_2'(t) = \frac{R_1 M}{N} I_1(t) - \frac{R_2 L_1}{N} I_2(t) - \frac{M U_0(t)}{N}$$

Beispiel 2. Eine „skalare" inhomogene lineare Differentialgleichung 2. Ordnung mit konstanten Koeffizienten und einer stetigen Störfunktion

$$y''(x) + p \cdot y'(x) + q \cdot y(x) = g(x)$$

lässt sich als inhomogenes DGl-System erster Ordnung umschreiben. Dazu führen wir die Funktionen $y_1(x) = y(x)$ sowie $y_2(x) = y'(x)$ ein und erhalten

$$y_1'(x) = y_2(x)$$

$$y_2'(x) = -q \cdot y_1(x) - p \cdot y_2(x) + g(x)$$

Auch ein inhomogenes DGl-Systeme lässt sich in Matrixform darstellen. Definieren wir

$$A = \begin{pmatrix} a_{11} & a_{12} & \cdots & a_{1n} \\ a_{21} & a_{22} & \cdots & a_{2n} \\ \vdots & \vdots & \ddots & \vdots \\ a_{n1} & a_{n2} & \cdots & a_{nn} \end{pmatrix}, \quad \vec{y}(x) = \begin{pmatrix} y_1(x) \\ y_2(x) \\ \vdots \\ y_n(x) \end{pmatrix} \quad \text{und} \quad \vec{b}(x) = \begin{pmatrix} b_1(x) \\ b_2(x) \\ \vdots \\ b_n(x) \end{pmatrix}$$

dann gilt

$$\vec{y}'(x) = \begin{pmatrix} y_1'(x) \\ \vdots \\ y_n'(x) \end{pmatrix} = \begin{pmatrix} a_{11}\,y_1(x) + \ldots + a_{1n}\,y_n(x) \\ \vdots \\ a_{n1}\,y_1(x) + \ldots + a_{nn}\,y_n(x) \end{pmatrix} + \begin{pmatrix} b_1(x) \\ \vdots \\ b_n(x) \end{pmatrix} = A \cdot \vec{y}(x) + \vec{b}(x)$$

Zur Lösung eines solchen inhomogenen DGl-Systems berechnet man zuerst eine Fundamentalmatrix $Y(x)$ des zugehörigen homogenen DGl-Systems $\vec{y}'(x) = A \cdot \vec{y}(x)$. Die allgemeine Lösung des inhomogenen DGl-Systems lautet dann

$$\vec{y}(x) = Y(x) \cdot \left(\vec{c} + \int Y(x)^{-1} \cdot \vec{b}(x)\,dx \right), \quad \vec{c} = \begin{pmatrix} C_1 \\ \vdots \\ C_n \end{pmatrix}$$

wobei $\vec{c}$ ein beliebiger Vektor mit n Komponenten (= Integrationskonstanten) ist. Wir wollen hier nur kurz begründen, dass diese Vektorfunktionen tatsächlich Lösungen des DGl-Systems sind. Dazu bilden wir die Ableitung und verwenden $Y'(x) = A \cdot Y(x)$ sowie die Produktregel, welche auch für das Produkt von Matrixfunktionen gilt:

$$\vec{y}'(x) = Y'(x) \cdot \left(\vec{c} + \int Y(x)^{-1} \cdot \vec{b}(x)\,dx \right) + Y(x) \cdot \left(\vec{0} + Y(x)^{-1} \cdot \vec{b}(x) \right)$$

$$= A \cdot \underbrace{Y(x) \cdot \left(\vec{c} + \int Y(x)^{-1} \cdot \vec{b}(x)\,dx \right)}_{\vec{y}(x)} + \vec{0} + \underbrace{Y(x) \cdot Y(x)^{-1}}_{E} \cdot \vec{b}(x)$$

$$= A \cdot \vec{y}(x) + \vec{b}(x)$$

Beispiel: Zu berechnen ist die allgemeine Lösung des DGl-Systems

$$\begin{aligned} y_1'(x) &= y_1(x) + 2\,y_2(x) - 2\,e^{-x} \\ y_2'(x) &= 2\,y_1(x) - 2\,y_2(x) + 4\,e^{-x} \end{aligned}$$

oder, in Matrixform,

$$\vec{y}'(x) = \begin{pmatrix} 1 & -2 \\ 2 & -2 \end{pmatrix} \cdot \vec{y}(x) + \begin{pmatrix} -2\,e^{-x} \\ 4\,e^{-x} \end{pmatrix}$$

Eine Fundamentalmatrix des homogenen Systems kennen wir bereits:

$$Y(x) = \begin{pmatrix} 2\,e^{2x} & e^{-3x} \\ e^{2x} & -2\,e^{-3x} \end{pmatrix} \implies Y(x)^{-1} = \begin{pmatrix} \frac{2}{5}\,e^{-2x} & \frac{1}{5}\,e^{-2x} \\ \frac{1}{5}\,e^{3x} & -\frac{2}{5}\,e^{3x} \end{pmatrix}$$

Wir bestimmen zunächst

$$\int Y(x)^{-1} \cdot \vec{b}(x)\,dx = \int \begin{pmatrix} \frac{2}{5}\,e^{-2x} & \frac{1}{5}\,e^{-2x} \\ \frac{1}{5}\,e^{3x} & -\frac{2}{5}\,e^{3x} \end{pmatrix} \cdot \begin{pmatrix} -2\,e^{-x} \\ 4\,e^{-x} \end{pmatrix}\,dx$$

$$= \int \begin{pmatrix} 0 \\ -2\,e^{2x} \end{pmatrix}\,dx = \begin{pmatrix} 0 \\ -e^{2x} \end{pmatrix}$$

und erhalten damit die allgemeine Lösung

$$\vec{y}(x) = Y(x) \cdot \left(\vec{c} + \int Y(x)^{-1} \cdot \vec{b}(x)\, dx \right)$$

$$= \begin{pmatrix} 2\,e^{2x} & e^{-3x} \\ e^{2x} & -2\,e^{-3x} \end{pmatrix} \cdot \left(\begin{pmatrix} C_1 \\ C_2 \end{pmatrix} + \begin{pmatrix} 0 \\ -e^{2x} \end{pmatrix} \right) = \begin{pmatrix} 2\,C_1\,e^{2x} + C_2\,e^{-3x} - e^{-x} \\ C_1\,e^{2x} - 2\,C_2\,e^{-3x} + 2\,e^{-x} \end{pmatrix}$$

6.2 Spezielle Differentialgleichungen

In der Technik und in den Naturwissenschaften, vor allem in der Physik, treten gewisse Klassen von homogenen linearen Differentialgleichungen zweiter Ordnung immer wieder und in ganz unterschiedlichen Zusammenhängen auf. Hierzu gehören beispielsweise auch die folgenden DGl-Typen:

(1) Die **Laguerre-Differentialgleichung**

$$x \cdot y'' + (1 - x) \cdot y' + k \cdot y = 0$$

ist benannt nach dem französischen Mathematiker Edmond Laguerre (1834 - 1886). Sie besitzt für $k = 0, 1, 2, \ldots$ Polynomlösungen, die sogenannten *Laguerre-Polynome*; diese werden in der Quantenmechanik zur Lösung der Schrödinger-Gleichung für das Wasserstoffatom gebraucht, siehe Abschnitt 6.3.6.

(2) Die **Besselsche Differentialgleichung**

$$x^2 \cdot y'' + x \cdot y' + (x^2 - k^2) \cdot y = 0$$

nach Friedrich Wilhelm Bessel (1784 - 1846) beschreibt die Eigenschwingungen einer kreisförmigen Membran (siehe Abschnitt 6.3.5), die Ausbreitung von Wasserwellen in runden Behältern, die Wärmeleitung in einem Stab, die Intensität der Lichtbeugung an kreisförmigen Löchern uvm. Die Lösungen der Besselschen DGl heißen *Besselfunktionen* oder *Zylinderfunktionen*.

(3) Die **Hermitesche Differentialgleichung**

$$y'' - x \cdot y' + k \cdot y = 0$$

ist nach Charles Hermite (1822 - 1901) benannt. Sie findet Anwendung u. a. in der Quantenmechanik und bei Finite-Elemente-Methoden.

(4) Die **Legendre-Differentialgleichung**

$$(1 - x^2) \cdot y'' - 2 x \cdot y' + k\,(k + 1) \cdot y = 0$$

nach Adrien-Marie Legendre (1752 - 1833) spielt eine wichtige Rolle in der Elektrodynamik, in der Quantenmechanik und in der Geophysik. Ihre Lösungen nennt man *Legendre-Funktionen* oder *Kugelfunktionen*.

(5) Die **Tschebyschow-Differentialgleichung** trägt den Namen des russischen Mathematikers Pafnuti Lwowitsch Tschebyschow (1821 - 1894). Sie hat die Form

$$(1 - x^2) \cdot y'' - x \cdot y' + k^2 \cdot y = 0$$

Ihre Lösungen werden bei der Polynominterpolation und bei der numerischen Integration (Gauß-Quadratur) verwendet.

In den obigen Beispielen ist k jeweils eine fest vorgegebene und zumeist natürliche Zahl. Die Lösungen dieser Differentialgleichungen spielen eine wichtige Rolle in Mathematik, Physik und Technik. Aufgrund ihrer Bedeutung werden sie *spezielle Funktionen* genannt. Viele dieser speziellen Funktionen lassen sich nicht mithilfe elementarer Funktionen (Potenzen, $\sin x$, e^x usw.) darstellen, und sie werden deshalb auch als „höhere" bzw. „transzendente" Funktionen bezeichnet.

Bei allen eingangs genannten Differentialgleichungen sind die Koeffizientenfunktionen *nicht konstant*, und eine universelle Lösungsformel, mit der man die allgemeine Lösung einer DGl mit variablen Koeffizienten allein durch Integration berechnen kann, ist nicht bekannt. Nur in gewissen Sonderfällen lassen sich die Lösungen als geschlossener Ausdruck angeben. So besitzt beispielsweise die Legendre-DGl für jede natürliche Zahl $k \in \mathbb{N}$ Polynomlösungen, und das sind die *Legendre-Polynome*

$$P_k(x) = \frac{1}{2^k \cdot k!} \cdot \frac{d^k}{dx^k}(x^2 - 1)^k$$

oder beliebige Vielfache davon.

Beispiel: Für $k = 2$ ist das Legendre-Polynom

$$P_2(x) = \frac{1}{2^2 \cdot 2!} \cdot \frac{d^2}{dx^2}(x^2 - 1)^2 = \tfrac{1}{8} \cdot (x^4 - 2x^2 + 1)'' = \tfrac{3}{2}x^2 - \tfrac{1}{2}$$

und damit auch $y(x) = 2\,P_2(x) = 3x^2 - 1$ eine Lösung der Legendre-DGl

$$(1 - x^2) \cdot y''(x) - 2x \cdot y'(x) + 6\,y(x) = 0$$

Für $k = 3$ ergibt sich das Legendre-Polynom 3. Grades

$$P_3(x) = \frac{1}{2^3 \cdot 3!} \cdot \frac{d^3}{dx^2}(x^2 - 1)^3 = \tfrac{1}{48} \cdot (x^6 - 3x^4 + 3x^2 - 1)''' = \tfrac{5}{2}x^3 - \tfrac{3}{2}x$$

und damit erfüllt auch $y(x) = 2\,P_3(x) = 5x^3 - 3x$ die Legendre-DGl

$$(1 - x^2) \cdot y''(x) - 2x \cdot y'(x) + 12\,y(x) = 0$$

Auf ähnliche Art und Weise erhält man für Differentialgleichungen vom Legendre-Typ die in der nachfolgenden Tabelle eingetragenen Polynomlösungen:

Differentialgleichung	Polynomlösung
$(1 - x^2)\, y'' - 2\, x\, y' + 0\, y = 0$	$P_0(x) = 1$
$(1 - x^2)\, y'' - 2\, x\, y' + 2\, y = 0$	$P_1(x) = x$
$(1 - x^2)\, y'' - 2\, x\, y' + 6\, y = 0$	$P_2(x) = \frac{1}{2}\left(3 x^2 - 1\right)$
$(1 - x^2)\, y'' - 2\, x\, y' + 12\, y = 0$	$P_3(x) = \frac{1}{2}\left(5 x^3 - 3 x\right)$
$(1 - x^2)\, y'' - 2\, x\, y' + 20\, y = 0$	$P_4(x) = \frac{1}{8}\left(35 x^4 - 30 x^2 + 3\right)$
$(1 - x^2)\, y'' - 2\, x\, y' + 30\, y = 0$	$P_5(x) = \frac{1}{8}\left(63 x^5 - 70 x^3 + 15 x\right)$
$(1 - x^2)\, y'' - 2\, x\, y' + 42\, y = 0$	$P_6(x) = \frac{1}{16}\left(231 x^6 - 315 x^4 + 105 x^2 - 5\right)$

Im Allgemeinen darf man keine geschlossene Formel für die Lösungen einer DGl 2. Ordnung erwarten. Dafür gibt es aber einen eleganten Ausweg, und das ist ...

6.2.1 Der Potenzreihenansatz

Wir suchen eine Lösung $y(x)$ einer DGl z. B. der Form $y'' + f(x)\, y' + g(x)\, y = 0$, welche eine Reihenentwicklung

$$y(x) = a_0 + a_1\, x + a_2\, x^2 + a_3\, x^3 + \ldots = \sum_{n=0}^{\infty} a_n\, x^n$$

mit den noch unbekannten Koeffizienten a_n besitzt. Die Ableitungen von $y(x)$ sind dann ebenfalls wieder Potenzreihen, denn

$$y'(x) = \sum_{n=0}^{\infty} n\, a_n\, x^{n-1} = a_1 + 2\, a_2\, x + 3\, a_3\, x^2 + \ldots = \sum_{n=0}^{\infty} (n + 1)\, a_{n+1}\, x^n$$

$$y''(x) = \sum_{n=0}^{\infty} (n + 1)\, n\, a_{n+1}\, x^{n-1} = \sum_{n=0}^{\infty} (n + 2)(n + 1)\, a_{n+2}\, x^n$$

Setzen wir die Potenzreihen der gesuchten Funktion $y(x)$ und ihrer Ableitungen in die DGl ein, dann ergibt sich wieder eine Potenzreihe, deren Koeffizienten alle gleich 0 sein müssen. Aus dieser Bedingung, die dann in der Regel zu einer sogenannten *Rekursionsformel* führt, können wir die gesuchten Koeffizienten a_n bestimmen, wobei die „Startwerte" a_0 und/oder a_1 zumeist frei gewählt werden können (und den freien Integrationskonstanten entsprechen). Wir wollen dieses Verfahren zunächst an zwei einfachen DGlen mit konstanten Koeffizienten ausprobieren.

Beispiel 1. Für die DGl 1. Ordnung $y' - y = 0$ ergibt der Koeffizientenvergleich

$$0 = \sum_{n=0}^{\infty} (n + 1)\, a_{n+1}\, x^n - \sum_{n=0}^{\infty} a_n\, x^n = \sum_{n=0}^{\infty} \left((n + 1)\, a_{n+1} - a_n\right) x^n$$

die Bedingung $(n + 1) a_{n+1} = a_n$ für alle n, und wir erhalten die Rekursionsformel

$$a_{n+1} = \tfrac{1}{n+1} a_n \quad \text{für} \quad n = 0, 1, 2, 3, \ldots$$

Den Wert $a_0 = C$ können wir frei wählen, und mit der Rekursionsformel auf der rechten Seite lässt sich dann a_{n+1} aus a_n berechnen:

$$a_1 = a_0 = C, \quad a_2 = \tfrac{1}{2} a_1 = \tfrac{1}{2} C, \quad a_3 = \tfrac{1}{3} a_2 = \tfrac{1}{3 \cdot 2} C, \quad a_4 = \tfrac{1}{4} a_3 = \tfrac{1}{4 \cdot 3 \cdot 2} C$$

oder allgemein: $a_n = \tfrac{1}{n!} C$ für alle $n \in \mathbb{N}$. Damit lautet die gesuchte Lösung

$$y(x) = \sum_{n=0}^{\infty} \tfrac{C}{n!} x^n = C \cdot \sum_{n=0}^{\infty} \tfrac{1}{n!} x^n = C \cdot e^x$$

Beispiel 2. Für die DGl 2. Ordnung $y'' + y = 0$ erhalten wir zunächst

$$0 = \sum_{n=0}^{\infty} (n + 2)(n + 1) a_{n+2} x^n + \sum_{n=0}^{\infty} a_n x^n$$

$$= \sum_{n=0}^{\infty} \big((n + 2)(n + 1) a_{n+2} + a_n \big) x^n$$

und daraus die Rekursionsformel

$$a_{n+2} = -\frac{1}{(n + 2)(n + 1)} \cdot a_n \quad \text{für} \quad n = 0, 1, 2, 3, \ldots$$

Beginnen wir mit $a_0 = 1$ und $a_1 = 0$, dann ergeben sich die Werte

$$a_2 = -\tfrac{1}{2 \cdot 1} \cdot 1 = -\tfrac{1}{2!}, \quad a_4 = -\tfrac{1}{4 \cdot 3} \cdot (-\tfrac{1}{2!}) = +\tfrac{1}{4!},$$
$$a_6 = -\tfrac{1}{6 \cdot 5} \cdot \tfrac{1}{4!} = -\tfrac{1}{6!}, \quad a_8 = +\tfrac{1}{8!}, \quad \ldots$$

sowie $a_n = 0$ für alle *ungeraden* n. Diese Koeffizienten gehören zur Lösung

$$y(x) = 1 - \tfrac{1}{2!} x^2 + \tfrac{1}{4!} x^4 - \tfrac{1}{6!} x^6 \pm \ldots = \cos x$$

Legen wir stattdessen $a_0 = 0$ und $a_1 = 1$ am Anfang fest, dann sind

$$a_3 = -\tfrac{1}{3 \cdot 2} \cdot 1 = -\tfrac{1}{3!}, \quad a_5 = -\tfrac{1}{5 \cdot 4} \cdot (-\tfrac{1}{3!}) = \tfrac{1}{5!},$$
$$a_7 = -\tfrac{1}{7 \cdot 6} \cdot \tfrac{1}{5!} = -\tfrac{1}{7!}, \quad a_9 = +\tfrac{1}{9!}, \quad \ldots$$

die weiteren Koeffizienten, und es gilt $a_n = 0$ für *geradzahlige n*. Diese liefern

$$y(x) = x - \tfrac{1}{3!} x^3 + \tfrac{1}{5!} x^5 - \tfrac{1}{7!} x^7 \pm \ldots = \sin x$$

Eine beliebige Wahl der Startwerte $a_0 = A$ und $a_1 = B$ ergibt schließlich die bereits bekannte allgemeine Lösung $y(x) = A \cos x + B \sin x$ mit $A, B \in \mathbb{R}$.

6.2.2 Die Kummersche Differentialgleichung

Als Beispiel für eine DGl 2. Ordnung mit variablen Koeffizienten wollen wir die homogene lineare Differentialgleichung 2. Ordnung

$$x \cdot y''(x) + (b - x) \cdot y'(x) + c \cdot y(x) = 0$$

mit einem Potenzreihenansatz lösen. Dieser Typ DGl ist benannt nach Ernst Eduard Kummer (1810 - 1893). Ein wichtiger Spezialfall der Kummerschen Differentialgleichung ist die Laguerre-Differentialgleichung mit $b = 1$ und $c = k$ (siehe Einleitung zu Abschnitt 6.2). Auch die Schrödinger-Gleichung für das Wasserstoffatom kann letztlich auf eine Kummersche Differentialgleichung zurückgeführt werden.

Wir betrachten zunächst den allgemeinen Fall, wobei $b > 0$ und c zwei vorgegebene (aber beliebige) reelle Zahlen sind. Setzen wir

$$x \cdot y''(x) = \sum_{n=0}^{\infty} (n + 1)\, n\, a_{n+1}\, x^n \quad \text{und}$$

$$(b - x) \cdot y'(x) = \sum_{n=0}^{\infty} (n + 1)\, b\, a_{n+1}\, x^n - \sum_{n=0}^{\infty} n\, a_n\, x^n$$

in die DGl ein, dann erhalten wir

$$\sum_{n=0}^{\infty} \big((n + 1)(n + b)\, a_{n+1} + (c - n)\, a_n \big) \cdot x^n = 0$$

Damit $y(x)$ die DGl löst, müssen alle Koeffizienten dieser Potenzreihe gleich Null sein, und das bedeutet

$$(n + 1)(n + b)\, a_{n+1} + (c - n)\, a_n = 0 \quad \text{für alle} \quad n \in \mathbb{N}$$

Hierbei dürfen wir a_0 frei wählen, und können dann die restlichen Koeffizienten mit der folgenden Rekursionsformel berechnen:

$$\boxed{a_{n+1} = \frac{n - c}{(n + 1)(n + b)} \cdot a_n \quad \text{für} \quad n = 0, 1, 2, 3, \dots}$$

Beispiel 1. Die DGl 2. Ordnung

$$x \cdot y''(x) + (1 - x) \cdot y'(x) - 2 \cdot y(x) = 0$$

ist eine Kummersche Differentialgleichung mit $b = 1$ und $c = -2$. Die Rekursionsformel zur Berechnung der Koeffizienten lautet hier

$$a_{n+1} = \frac{n + 2}{(n + 1)^2} \cdot a_n$$

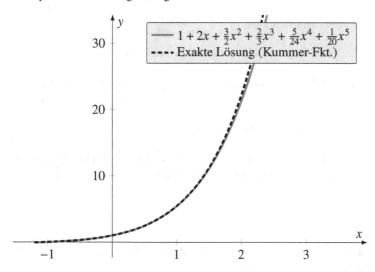

Abb. 6.7 Zur Lösung der Kummer-DGl mit $b = 1$ und $c = -2$

Mit der Wahl $a_0 = 1$ erhalten wir die weiteren Koeffizienten

$$a_1 = \tfrac{2}{1^2} \cdot 1 = 2, \quad a_2 = \tfrac{3}{2^2} \cdot 2 = \tfrac{3}{2}, \quad a_3 = \tfrac{4}{3^2} \cdot \tfrac{3}{2} = \tfrac{2}{3}, \quad \ldots$$

und schließlich die gesuchte Lösung $y(x)$ als Potenzreihe:

$$y(x) = 1 + 2x + \tfrac{3}{2} x^2 + \tfrac{2}{3} x^3 + \tfrac{5}{24} x^4 + \tfrac{1}{20} x^5 + \ldots$$

Bricht man die Potenzreihe bei $n = 5$ ab, dann erhält man ein Polynom 5. Grades

$$y(x) \approx 1 + 2x + \tfrac{3}{2} x^2 + \tfrac{2}{3} x^3 + \tfrac{5}{24} x^4 + \tfrac{1}{20} x^5$$

welches für x nahe bei 0 eine sehr gute Näherung für die exakte Lösung ist, siehe Abb. 6.7. Gelegentlich kann man aus der Potenzreihe auch wieder einen geschlossenen Ausdruck für die Lösung rekonstruieren. Für die oben berechneten Koeffizienten im Fall $b = 1$ und $c = -2$ ergibt sich das Bildungsgesetz

$$a_n = \frac{n+1}{n!} \quad \text{für} \quad n = 1, 2, 3, \ldots$$

Andererseits besitzt die Funktion

$$e^x + x\, e^x = \sum_{n=0}^{\infty} \tfrac{1}{n!} x^n + \sum_{n=0}^{\infty} \tfrac{1}{n!} x^{n+1} = 1 + \sum_{n=1}^{\infty} \tfrac{1}{n!} x^n + \sum_{n=1}^{\infty} \tfrac{1}{(n-1)!} x^n$$

$$= 1 + \sum_{n=1}^{\infty} \left(\tfrac{1}{n!} + \tfrac{n}{n!} \right) x^n = 1 + \sum_{n=1}^{\infty} \tfrac{n+1}{n!} x^n$$

exakt die gleiche Potenzreihenentwicklung, sodass $y(x) = (1+x)\, e^x$ eine Lösung der Kummerschen DGl für $b = 1$ und $c = -2$ ist.

Beispiel 2. Bei der Kummerschen DGl

$$x \cdot y''(x) + (1 - x) \cdot y'(x) + 2 \cdot y(x) = 0$$

ist $b = 1$ und $c = 2$. Die Rekursionsformel $a_{n+1} = \frac{n-2}{(n+1)^2} \cdot a_n$ zusammen mit $a_0 = 2$ liefert die Koeffizienten

$$a_1 = \frac{-2}{1^2} \cdot 2 = -4, \quad a_2 = \frac{-1}{2^2} \cdot (-4) = 1, \quad a_3 = \frac{0}{3^2} \cdot 1 = 0, \quad a_4 = \frac{1}{4^2} \cdot 0 = 0$$

und schließlich $a_n = 0$ für $n \geq 5$. Damit gilt $a_n = 0$ für alle $n \geq 3$. Die Potenzreihe bricht also bei $n = 2$ ab, und als Lösung erhalten wir das quadratische Polynom

$$y(x) = x^2 - 4x + 2$$

Aus der Rekursionsformel für die Koeffizienten der Potenzreihe lassen sich nun auch weitere Eigenschaften der Lösung ableiten.

(1) Falls $c = k$ eine natürliche Zahl ist, dann gilt für $n = k$

$$a_{k+1} = \frac{k - c}{(k + 1)(k + b)} \cdot a_k = 0 \quad \Longrightarrow \quad a_n = 0 \quad \text{für} \quad n > k$$

Die Potenzreihe bricht bei $n = k$ ab, und die Lösung ist demnach ein Polynom vom Grad k. Indem man den Startwert a_0 geeignet wählt, ergibt sich $a_k = 1$, und das bedeutet:

> Im Fall $c = k \in \mathbb{N}$ besitzt die Kummersche DGl als Lösung ein normiertes Polynom vom Grad k.

(2) Ist $c \notin \mathbb{N}$, dann bricht die Potenzreihe nicht ab, und für große n gilt

$$\frac{n - c}{(n + 1)(n + b)} = \frac{1}{n + 1} \cdot \frac{1 - \frac{c}{n}}{1 + \frac{b}{n}} \approx \frac{1}{n + 1} \quad \Longrightarrow \quad a_{n+1} \approx \frac{1}{n + 1} \cdot a_n$$

Die Koeffizienten erfüllen näherungsweise die Rekursionsformel der DGl $y' = y$ mit der Lösung $y(x) = C\,e^x$, und man kann zeigen, dass auch hier die Lösung exponentiell anwächst. Eine genauere Untersuchung ergibt die folgende Aussage:

> Im Fall $c \notin \mathbb{N}$ besitzt jede Lösung der Kummerschen DGl die *asymptotische Entwicklung* $y(x) \approx C\,e^x\,x^{-(b+c)}$ für $x \to \infty$.

(3) Im Spezialfall $c = -b$ ergibt sich für $a_0 = C$ aus der Rekursionsformel

$$a_{n+1} = \frac{n - (-b)}{(n + 1)(n + b)} \cdot a_n = \frac{1}{n + 1} \cdot a_n$$

die Lösung $y(x) = C\,e^x$. Wie man durch Einsetzen leicht prüft, gilt tatsächlich

$$x \cdot (e^x)'' + (b - x) \cdot (e^x)' - b \cdot y(x) = x\,e^x + (b - x) \cdot e^x - b \cdot y(x) \equiv 0$$

Zu beachten ist, dass wir mit dem Potenzreihenansatz nur eine von zwei linear unabhängigen Fundamentallösungen der Kummerschen DGl ermittelt haben. Sobald man aber *eine* nichttriviale Lösung gefunden hat, kann man im Prinzip alle weiteren Lösungen mit der Formel aus Kapitel 3, Abschnitt 3.3.1 erhalten.

Wir betrachten den Spezialfall $b = 1$ und $c = k \in \mathbb{N}$ noch etwas genauer. In diesem Fall geht die Kummersche DGl über in die *Laguerre-Differentialgleichung*

$$x \cdot y'' + (1 - x) \cdot y' + k \cdot y = 0$$

Wie wir bereits wissen, besitzt diese DGl als Lösung ein normiertes Polynom vom Grad k, welches wir in der Form

$$L_k(x) = \sum_{n=0}^{k} a_n x^n = a_0 + a_1 x + \ldots + a_k x^k$$

notieren können, wobei sich die Koeffizienten mit der oben genannten Rekursionsformel für $b = 1$ wie folgt berechnen lassen:

$$a_{n+1} = \frac{n - k}{(n + 1)(n + 1)} \cdot a_n = \frac{n - k}{(n + 1)^2} \cdot a_n$$

Wählt man $a_0 = (-1)^k \cdot k!$ als „Startwert", dann ergibt sich der führende Koeffizient $a_k = 1$. Diese *normierte* Polynomlösung $L_k(x)$ bezeichnet man als *Laguerre-Polynom* vom Grad k.

Beispiel: Zur Berechnung einer Lösung der Laguerre-DGl

$$x\,y'' + (1 - x)\,y' + 3\,y = 0 \qquad \text{(hier ist } k = 3\text{)}$$

wählen wir $a_0 = -3! = -6$ und berechnen daraus die Koeffizienten

$$n = 0: \quad a_1 = \frac{0-3}{1^2} \cdot (-6) = 18$$

$$n = 1: \quad a_2 = \frac{1-3}{2^2} \cdot 18 = -9$$

$$n = 2: \quad a_3 = \frac{2-3}{3^2} \cdot (-9) = 1$$

$$n = 3: \quad a_4 = \frac{3-3}{3^2} \cdot 1 = 0$$

Alle weiteren Koeffizienten a_n mit $n \geq 4$ sind dann ebenfalls gleich 0. Folglich besitzt die Laguerre-DGl für $k = 3$ ein Polynom als Lösung, und zwar das Laguerre-Polynom 3. Grades

$$L_3(x) = x^3 - 9\,x^2 + 18\,x - 6$$

Dass diese Funktion tatsächlich eine Lösung ist, lässt sich durch Einsetzen in die DGl leicht bestätigen.

Es bleibt noch zu bemerken, dass man die Laguerre-Polynome auch auf einem ganz anderen Weg berechnen kann, nämlich mit der *Rodrigues-Formel*

$$L_k(x) = (-1)^k \, e^x \cdot \frac{d^k}{dx^k}\left(x^k \, e^{-x}\right) \quad \text{für} \quad k = 0, 1, 2, 3, \ldots$$

Beispiel: Das oben berechnete Laguerre-Polynom 3. Grades erhält man alternativ mit den Ableitungen

$$L_3(x) = (-1)^3 \, e^x \cdot \frac{d^3}{dx^3}\left(x^3 \, e^{-x}\right) = -e^x \cdot \left(x^3 \, e^{-x}\right)'''$$

$$= -e^x \cdot \left(3x^2 \, e^{-x} - x^3 \, e^{-x}\right)'' = -e^x \cdot \left(6x \, e^{-x} - 6x^2 \, e^{-x} + x^3 \, e^{-x}\right)'$$

$$= -e^x \cdot \left(6 \, e^{-x} - 18x \, e^{-x} + 9x^2 \, e^{-x} - x^3 \, e^{-x}\right) = x^3 - 9x^2 + 18x - 6$$

Schließlich gibt es auch im Fall $b = m + 1$, $c = k$ mit $k, m \in \mathbb{N}$ Polynomlösungen der Kummerschen DGl

$$x \cdot y''(x) + (m + 1 - x) \cdot y'(x) + k \cdot y(x) = 0$$

und das sind die *zugeordneten Laguerre-Polynome*

$$L_k^m(x) = (-1)^k \, x^{-m} \, e^x \cdot \frac{d^k}{dx^k}\left(x^{k+m} \, e^{-x}\right) \quad \text{für} \quad k, m \in \mathbb{N}$$

oder beliebige Vielfache davon.

Beispiel: Bei der Kummerschen Differentialgleichung

$$x \cdot y''(x) + (4 - x) \cdot y'(x) + 2\, y(x) = 0$$

ist $b = 4 = 3 + 1$ und $c = 2$, also $m = 3$ und $k = 2$, sodass wir mit den zugeordneten Laguerre-Polynomen sofort eine Lösung angeben können:

$$L_2^3(x) = (-1)^2 \, x^{-3} \, e^x \cdot \frac{d^2}{dx^2}\left(x^5 \, e^{-x}\right) = x^{-3} \, e^x \cdot \left(5x^4 \, e^{-x} - x^5 \, e^{-x}\right)'$$

$$= x^{-3} \, e^x \cdot \left(20x^3 \, e^{-x} - 10x^4 \, e^{-x} + x^5 \, e^{-x}\right) = x^2 - 10x + 20$$

6.2.3 Die Besselsche Differentialgleichung

ist eine weitere wichtige und in der Praxis häufiger auftretende homogene lineare DGl 2. Ordnung mit veränderlichen Koeffizienten. Sie hat allgemein die Form

$$x^2 \cdot y''(x) + x \cdot y'(x) + (x^2 - k^2) \cdot y(x) = 0$$

mit einer Konstante $k \in \mathbb{N}$. Sie wurde benannt nach dem deutschen Mathematiker und Astronomen Friedrich Wilhelm Bessel, der diese DGl 1824 bei der Untersuchung planetarischer Störungen ausführlich studiert hat, obwohl sie schon früher auch in anderen Bereichen der Physik auftrat, z. B. bei Daniel Bernoulli, der 1738 die Schwingungen schwerer Ketten erforschte, oder 1822 bei Joseph Fourier, der damit die Wärmeausbreitung in einem Zylinder beschrieb.

Wir wollen die Besselsche DGl mit einem Potenzreihenansatz lösen. Dazu setzen wir die Reihenentwicklungen

$$x^2 \cdot y''(x) = \sum_{n=0}^{\infty} n\,(n-1)\,a_n x^n = \sum_{n=2}^{\infty} n\,(n-1)\,a_n x^n$$

$$x \cdot y'(x) = \sum_{n=0}^{\infty} n\,a_n x^n = a_1 x + \sum_{n=2}^{\infty} n\,a_n x^n$$

$$(x^2 - k^2) \cdot y(x) = \sum_{n=0}^{\infty} a_n x^{n+2} - \sum_{n=0}^{\infty} k^2 a_n x^n$$

$$= -k^2 a_0 - k^2 a_1 x + \sum_{n=2}^{\infty} (a_{n-2} - k^2 a_n)\,x^n$$

mit den noch unbekannten Koeffizienten a_n in die DGl ein und erhalten

$$-k^2 a_0 + (1 - k^2)\,a_1 x + \sum_{n=2}^{\infty} \big((n^2 - k^2)\,a_n + a_{n-2}\big)x^n = 0$$

Hieraus ergibt sich eine Rekursionsformel zur Berechnung der a_n, welche auch noch vom Wert der natürlichen Zahl $k \in \{0, 1, 2, 3, \dots\}$ abhängt. Werfen wir zunächst einen Blick auf die Spezialfälle $k = 0$ und $k = 1$.

(a) Im Fall $\underline{k = 0}$ vereinfacht sich die Reihenentwicklung zu

$$a_1 x + \sum_{n=2}^{\infty} \big(n^2 a_n + a_{n-2}\big)x^n = 0$$

Es folgt $a_1 = 0$, und die Rekursionsvorschrift lautet

$$a_n = -\frac{a_{n-2}}{n^2} \quad \text{für} \quad n = 2, 3, 4, \dots$$

Somit muss auch $a_n = 0$ für alle ungeraden n gelten. Andererseits können wir a_0 frei wählen und z. B. $a_0 = 1$ nehmen. Dann liefert

$$a_2 = -\frac{1}{2^2}, \quad a_4 = -\frac{a_2}{4^2} = +\frac{1}{(2 \cdot 4)^2}, \quad a_6 = -\frac{a_4}{6^2} = -\frac{1}{(2 \cdot 4 \cdot 6)^2}, \quad \dots$$

die Potenzreihenentwicklung der **Besselfunktion nullter Ordnung**

$$\boxed{\,J_0(x) = 1 - \frac{1}{4}x^2 + \frac{1}{64}x^4 - \frac{1}{2304}x^6 + \frac{1}{147456}x^8 \mp \dots\,}$$

(b) Im Fall $\underline{k = 1}$ lautet der Potenzreihenansatz

$$-a_0 + \sum_{n=2}^{\infty} \left((n^2 - 1) a_n + a_{n-2} \right) \cdot x^n = 0$$

Hier muss $a_0 = 0$ gelten und die Rekursionsvorschrift

$$a_n = \frac{a_{n-2}}{1 - n^2} \quad \text{für} \quad n = 2, 3, 4, \ldots$$

erfüllt sein. Damit ist auch $a_n = 0$ für alle geraden n, und die freie Wahl $a_1 = \frac{1}{2}$ führt zu den Koeffizienten

$$a_3 = \frac{\frac{1}{2}}{1 - 3^2} = -\frac{1}{16}, \quad a_5 = \frac{a_3}{1 - 5^2} = \frac{1}{384}, \quad a_7 = \frac{a_5}{1 - 7^2} = -\frac{1}{18432}, \quad \ldots$$

der Potenzreihenentwicklung für die **Besselfunktion erster Ordnung**

$$\boxed{J_1(x) = \frac{1}{2} x - \frac{1}{16} x^3 + \frac{1}{384} x^5 - \frac{1}{18432} x^7 \pm \ldots}$$

Auf ähnliche Art und Weise findet man Potenzreihenlösungen der Besselschen DGl zu den natürlichen Zahlen $k > 1$. Im allgemeinen Fall ergibt sich $a_n = 0$ für alle $n < k$, und mit der Wahl von $a_k = \frac{1}{2^k}$ erhält man die Rekursionsvorschrift

$$a_n = \frac{a_{n-2}}{k^2 - n^2} \quad \text{für} \quad n = k + 1, \ k + 2, \ k + 3, \ \ldots$$

Hieraus wiederum ergibt sich eine Formel, mit der man den n-ten Koeffizienten a_n auch direkt berechnen kann, sodass wir schließlich die Reihenentwicklung

$$\boxed{J_k(x) = \sum_{n=0}^{\infty} \frac{(-1)^n}{n! \cdot (n + k)!} \left(\frac{x}{2} \right)^{2n+k}}$$

notieren können. Diese Lösung wird *Besselfunktion* (oder *Zylinderfunktion*) erster Gattung der Ordnung k genannt, und z. B. ist dann

$$J_2(x) = \sum_{n=0}^{\infty} \frac{(-1)^n}{n! \cdot (n + 2)!} \left(\frac{x}{2} \right)^{2n+2} = \frac{1}{8} x^2 - \frac{1}{96} x^4 + \frac{1}{3072} x^6 \mp \ldots$$

Die Besselfunktionen für $k = 0$, $k = 1$ und $k = 2$ sind in Abb. 6.8 dargestellt.

Man kann zeigen, dass die Potenzreihe zu $J_k(x)$ für alle $x \in \mathbb{R}$ konvergiert und somit $J_k(x)$ auf ganz $\mathbb{R}$ eine Lösung der Besselschen DGl ist. Daneben gibt es noch eine zweite Fundamentallösung $Y_k(x)$, welche als Besselfunktion zweiter Gattung (oder als Weber-Funktion bzw. Neumann-Funktion) bezeichnet wird. Im Gegensatz zu $J_k(x)$ besitzt diese eine Unendlichkeitsstelle bei $x = 0$, ist dort also nicht definiert, und deshalb spielt sie in der Praxis auch keine so große Rolle. Die allgemeine Lösung der Besselschen

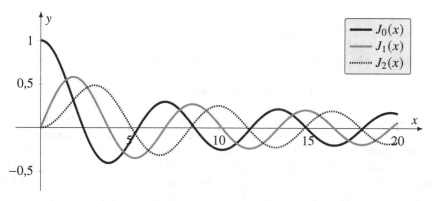

Abb. 6.8 Die Besselfunktionen der Ordnungen 0, 1 und 2

Differentialgleichung k-ter Ordnung lautet dann

$$y(x) = C_1 \cdot J_k(x) + C_2 \cdot Y_k(x)$$

mit beliebigen Konstanten C_1 und C_2. Es sei an dieser Stelle daran erinnert, dass wir die Besselsche DGl bereits auf einem anderen Weg gelöst haben, nämlich in Kapitel 2, Abschnitt 2.1 mithilfe eines Parameterintegrals. Das Ergebnis dieser Überlegungen war die *Integraldarstellung*

$$J_k(t) := \frac{1}{\pi} \int_0^\pi \cos(t \sin x - n x)\,\mathrm{d}x, \quad t \in [0, \infty[$$

6.2.4 Die Hermitesche Differentialgleichung

hat zu einer vorgegebenen natürlichen Zahl $k \in \mathbb{N}$ die Form

$$y''(x) - x \cdot y'(x) + k \cdot y(x) = 0$$

Sie lässt sich ebenfalls mit einem Potenzreihenansatz lösen. Setzen wir

$$x \cdot y'(x) = \sum_{n=0}^\infty n\, a_n x^n, \quad k \cdot y(x) = \sum_{n=0}^\infty k\, a_n x^n \quad \text{und}$$

$$y''(x) = \sum_{n=0}^\infty n(n-1)\, a_n x^{n-2} = \sum_{n=0}^\infty (n+2)(n+1)\, a_{n+2} x^n$$

in die DGl ein, dann ergibt sich aus der Reihendarstellung

$$\sum_{n=0}^\infty \big((n+2)(n+1)\, a_{n+2} + (k-n)\, a_n\big) x^n = 0$$

die folgende Rekursionsformel für die Koeffizienten:

$$a_{n+2} = \frac{n-k}{(n+1)(n+2)} \cdot a_n \quad \text{für} \quad n = 0, 1, 2, 3, \ldots$$

Speziell für $n = k$ ist dann $a_{k+2} = 0 \cdot a_k = 0$ und somit auch

$$a_{k+4} = 0, \quad a_{k+6} = 0, \quad a_{k+8} = 0, \quad \ldots$$

Im Fall, dass k eine gerade Zahl ist, gilt demnach $a_n = 0$ für alle geradzahligen $n > k$. Wählen wir dazu noch $a_0 = 1$ und $a_1 = 0$, dann ist $a_n = 0$ für alle ungeraden n. Die Potenzreihe bricht bei $n = k$ ab, und wir erhalten als Lösung ein Polynom vom Grad k. Falls k eine ungerade Zahl ist, dann gilt $a_n = 0$ für alle ungeradzahligen $n > k$. Legen wir hier $a_0 = 0$ und $a_1 = 1$ fest, dann ist $a_n = 0$ für alle geraden n, und die Lösung ist ebenfalls wieder ein Polynom vom Grad k.

Beispiel 1.

$$y'' - x\, y' + 3\, y = 0$$

Hier ist $k = 3$. Wir setzen $a_0 = 0$ und $a_1 = 1$ in die Rekursionsformel

$$a_{n+2} = \frac{n-3}{(n+1)(n+2)} \cdot a_n \quad \text{für} \quad n = 0, 1, 2, 3, \ldots$$

ein und erhalten $a_2 = 0$, $a_3 = -\frac{1}{3}$ sowie $a_4 = a_5 = a_6 = \ldots = 0$. Der Potenzreihenansatz liefert uns als Lösung der DGl ein Polynom vom Grad 3, nämlich

$$y(x) = x - \tfrac{1}{3}\, x^3$$

Beispiel 2. Bei

$$y'' - x\, y' + 4\, y = 0$$

handelt es sich um eine Hermitesche DGl mit $k = 4$. Wir wählen $a_0 = 1$ und $a_1 = 0$. Dann ergibt die Rekursionsformel

$$a_{n+2} = \frac{(n-4)}{(n+1)(n+2)} \cdot a_n \quad \text{für} \quad n = 0, 1, 2, 3, \ldots$$

nacheinander die Koeffizienten $a_2 = -2$, $a_3 = 0$, $a_4 = \frac{1}{3}$ sowie $a_n = 0$ für alle $n > 4$. Damit löst das Polynom 4. Grades

$$y(x) = \tfrac{1}{3}\, x^4 - 2\, x^2 + 1$$

die oben genannte Differentialgleichung.

Da mit $y(x)$ auch alle konstanten Vielfache $C \cdot y(x)$ Lösungen der homogenen linearen DGl sind, kann man die hier gefundenen Polynomlösungen vom Grad k zusätzlich noch normieren, sodass der führende Koeffizient bei x^k gleich 1 ist. Die normierte Polynomlösung $H_k(x) = x^k + \ldots$ der Hermiteschen DGl wird als *Hermite-Polynom* vom Grad k bezeichnet. Im Beispiel 1 ist $H_3(x) = -3 \cdot y(x) = x^3 - 3x$, und in Beispiel 2 ergibt sich $H_4(x) = 3 \cdot y(x) = x^4 - 6x^2 + 3$. In der folgenden Tabelle sind die ersten acht Hermite-Polynome für die Werte $k = 0, 1, \ldots, 7$ notiert:

Differentialgleichung	Polynomlösung
$y'' - x\,y' = 0$	$H_0(x) \equiv 1$
$y'' - x\,y' + y = 0$	$H_1(x) = x$
$y'' - x\,y' + 2\,y = 0$	$H_2(x) = x^2 - 1$
$y'' - x\,y' + 3\,y = 0$	$H_3(x) = x^3 - 3\,x$
$y'' - x\,y' + 4\,y = 0$	$H_4(x) = x^4 - 6\,x^2 + 3$
$y'' - x\,y' + 5\,y = 0$	$H_5(x) = x^5 - 10\,x^3 + 15\,x$
$y'' - x\,y' + 6\,y = 0$	$H_6(x) = x^6 - 15\,x^4 + 45\,x^2 - 15$
$y'' - x\,y' + 7\,y = 0$	$H_7(x) = x^7 - 21\,x^5 + 105\,x^3 - 105\,x$

Bei den speziellen Differentialgleichungen eines bestimmten Typs findet man oftmals auch einen bemerkenswert einfachen Zusammenhang zwischen ihren Lösungen. So gelten etwa für die Hermite-Polynome die Rekursionsformeln

$$H_{k+1}(x) = x \cdot H_k(x) - k \cdot H_{k-1}(x)$$

mit denen man aus den schon bekannten Lösungen $H_{k-1}(x)$ und $H_k(x)$ das Hermite-Polynom vom Grad $k + 1$ berechnen kann.

Beispiel: Mit dem Potenzreihenansatz und anschließender Normierung haben wir die Hermite-Polynome

$$H_3(x) = x^3 - 3\,x \quad \text{und} \quad H_4(x) = x^4 - 6\,x^2 + 3$$

vom Grad 3 und 4 ermitteln. Durch Anwendung der Rekursionsformel lässt sich daraus das Hermite-Polynom 5. Grades

$$\begin{aligned}
H_5(x) &= x \cdot H_4(x) - 4 \cdot H_3(x) \\
&= x^5 - 6\,x^3 + 3\,x - 4\,x^3 + 12\,x \\
&= x^5 - 10\,x^3 + 15\,x
\end{aligned}$$

bestimmen, welches die Hermitesche DGl $y'' - x\,y' + 5\,y = 0$ für $k = 5$ löst.

Sobald man einen speziellen DGl-Typ genauer untersucht und Lösungen gefunden hat, kann man die Resultate oftmals auf artverwandte DGlen übertragen. Ersetzt man z. B. in den Hermite-Polynomen die Variable x durch $\sqrt{2}\,x$, dann erfüllen die Funktionen $y(x) = C \cdot H_k(\sqrt{2}\,x)$ mit den Ableitungen

$$y'(x) = C \cdot \sqrt{2}\,H_k'(\sqrt{2}\,x) \quad \text{und} \quad y''(t) = C \cdot 2\,H_k''(\sqrt{2}\,x)$$

die Differentialgleichung

$$y'' - 2xy + 2ky = 0$$

wobei $k \in \mathbb{N}$ und $C \in \mathbb{R}$ eine beliebige Konstante ist. Wie man durch Einsetzen leicht bestätigt, ist nämlich

$$\begin{aligned}
&y''(x) - 2xy'(x) + 2ky(x) \\
&= C \cdot 2H_k''(\sqrt{2}x) - 2x \cdot C \cdot \sqrt{2}H_k'(\sqrt{2}x) + 2k \cdot C \cdot H_k(\sqrt{2}x) \\
&= 2C\left(H_k''(\sqrt{2}x) - \sqrt{2}xH_k'(\sqrt{2}x) + kH_k(\sqrt{2}x)\right) \quad | \quad \text{Subst. } t = \sqrt{2}x \\
&= 2C\underbrace{\left(H_k''(t) - tH_k'(t) + kH_k(t)\right)}_{= 0 \quad \text{(Hermite-DGl)}} = 2 \cdot 0 = 0
\end{aligned}$$

Wählt man speziell den Vorfaktor $C = (\sqrt{2})^k$, dann erhalten wir zu den Differentialgleichungen in der nachfolgenden Übersicht die Polynomlösungen $h_k(x) = (\sqrt{2})^k \cdot H_k(\sqrt{2}x)$:

Differentialgleichung	Polynomlösung
$y'' - 2xy' = 0$	$h_0(x) \equiv 1$
$y'' - 2xy' + 2y = 0$	$h_1(x) = 2x$
$y'' - 2xy' + 4y = 0$	$h_2(x) = 4x^2 - 2$
$y'' - 2xy' + 6y = 0$	$h_3(x) = 8x^3 - 12x$
$y'' - 2xy' + 8y = 0$	$h_4(x) = 16x^4 - 48x^2 + 12$
$y'' - 2xy' + 10y = 0$	$h_5(x) = 32x^5 - 160x^3 + 120x$

Diese werden ebenfalls Hermite-Polynome genannt, und auch sie können durch eine Rekursionsformel berechnet werden. Es gilt

$$h_{k+1}(x) = 2x \cdot h_k(x) - 2k \cdot h_{k-1}(x)$$

6.2.5 Die Tschebyschow-Differentialgleichung

hat für eine natürliche Zahl $k \in \mathbb{N}$ allgemein die Form

$$(1 - x^2) \cdot y''(x) - x \cdot y'(x) + k^2 \cdot y(x) = 0$$

Wir wollen diese DGl zunächst mit einem Potenzreihenansatz lösen. Ausgehend von

$$y(x) = a_0 + a_1 x + a_2 x^2 + a_3 x^3 + \ldots = \sum_{n=0}^{\infty} a_n x^n$$

$$\implies y'(x) = a_1 + 2 a_2 x + 3 a_3 x^2 + 4 a_4 x^3 + 5 a_5 x^4 + \ldots$$

mit den noch unbekannten Koeffizienten a_n berechnen wir die Ausdrücke

$$x y'(x) = a_1 x + 2 \cdot a_2 x^2 + 3 \cdot a_3 x^3 + 4 \cdot a_4 x^4 + \ldots = \sum_{n=0}^{\infty} n a_n x^n$$

$$y''(x) = 2 \cdot a_2 + 3 \cdot 2 \cdot a_3 x + 4 \cdot 3 \cdot a_4 x^2 + \ldots = \sum_{n=0}^{\infty} (n+2)(n+1) a_{n+2} x^n$$

$$x^2 y''(x) = 2 \cdot a_2 x^2 + 3 \cdot 2 \cdot a_3 x^3 + 4 \cdot 3 \cdot a_4 x^4 + \ldots = \sum_{n=0}^{\infty} n (n-1) a_n x^n$$

und setzen diese in die Tschebyschow-Differentialgleichung ein:

$$(1 - x^2) y'' - x y' + k^2 y = y'' - x^2 y'' - x y' + k^2 y$$

$$= \sum_{n=0}^{\infty} (n+2)(n+1) a_{n+2} x^n - \sum_{n=0}^{\infty} n (n-1) a_n x^n - \sum_{n=0}^{\infty} n a_n x^n + \sum_{n=0}^{\infty} k^2 a_n x^n$$

$$= \sum_{n=0}^{\infty} \left((n+2)(n+1) a_{n+2} + (k^2 - n^2) a_n \right) x^n$$

Die Koeffizienten vor x^n müssen alle gleich Null sein, und hieraus ergibt sich die Rekursionsformel

$$a_{n+2} = \frac{n^2 - k^2}{(n+2)(n+1)} a_n \quad \text{für} \quad n = 0, 1, 2, 3, \ldots$$

wobei wir die Koeffizienten a_0 und a_1 frei wählen können. Für $n = k$ wird der Zähler in dieser Formel gleich Null, sodass die Koeffizienten $a_{k+2} = a_{k+4} = a_{k+6} = \ldots = 0$ alle „verschwinden". Durch die geschickte Wahl der Anfangswerte a_0 und a_1 erhalten wir stets eine Polynomlösung. Falls k eine gerade Zahl ist, dann setzen wir $a_0 = (-1)^{k/2}$ und $a_1 = 0$. Diese Festlegung ergibt $a_n = 0$ für alle ungeraden n, und es gilt $a_n = 0$ für alle geraden Indizes $n > k$, sodass die Potenzreihe genau bei $n = k$ abbricht – die Lösung ist ein Polynom vom Grad k. Im Fall, dass k eine ungerade Zahl ist, wählen wir $a_0 = 0$ und $a_1 = (-1)^{(k-1)/2} \cdot k$. Diese Wahl liefert $a_n = 0$ für alle geraden n und für alle ungeraden Indexwerte $n > k$, sodass wir wieder ein Polynom vom Grad k erhalten. Die hier konstruierten Polynomlösungen der Tschebyschow-DGl werden *Tschebyschow-Polynome* genannt und mit $T_k(x)$ bezeichnet (genauer: $T_k(x)$ sind die Tschebyschow-Polynome *erster Art*; es gibt auch noch Tschebyschow-Polynome zweiter Art, siehe Aufgabe 6.14).

Beispiel: Das Tschebyschow-Polynom 5. Grades ergibt sich aus den Anfangswerten $a_0 = 0$ und $a_1 = (-1)^{4/2} \cdot 5 = (-1)^2 \cdot 5 = 5$ mit der Rekursionsformel

$$a_{n+2} = \frac{n^2 - 5^2}{(n+2)(n+1)} a_n \quad \text{für} \quad n = 0, 1, 2, 3, \ldots$$

Setzen wir $n = 0$ bis $n = 5$ ein, dann erhalten wir die Koeffizienten

$$n = 0: \quad a_2 = \frac{0^2 - 5^2}{2 \cdot 1} a_0 = \frac{-25}{2} \cdot 0 = 0$$

$$n = 1: \quad a_3 = \frac{1^2 - 5^2}{3 \cdot 2} a_1 = \frac{-24}{6} \cdot 5 = -20$$

$$n = 2: \quad a_4 = \frac{2^2 - 5^2}{4 \cdot 3} a_2 = \frac{-21}{12} \cdot 0 = 0$$

$$n = 3: \quad a_5 = \frac{3^2 - 5^2}{5 \cdot 4} a_3 = \frac{-16}{20} \cdot (-20) = 16$$

$$n = 4: \quad a_6 = \frac{4^2 - 5^2}{6 \cdot 5} a_4 = \frac{-9}{30} \cdot 0 = 0$$

$$n = 5: \quad a_7 = \frac{5^2 - 5^2}{7 \cdot 6} a_5 = \frac{0}{42} \cdot 16 = 0$$

und schließlich $a_n = 0$ für alle $n > 5$. Folglich ist $T_5(x) = 16 x^5 - 20 x^3 + 5 x$ eine Lösung der Tschebyschow-DGl $(1 - x^2) y'' - x y' + 25 y = 0$.

Die Berechnung weiterer Polynomlösungen führt zur folgenden Tabelle:

Differentialgleichung	Polynomlösung
$(1 - x^2) y'' - x y' = 0$	$T_0(x) \equiv 1$
$(1 - x^2) y'' - x y' + y = 0$	$T_1(x) = x$
$(1 - x^2) y'' - x y' + 4 y = 0$	$T_2(x) = 2 x^2 - 1$
$(1 - x^2) y'' - x y' + 9 y = 0$	$T_3(x) = 4 x^3 - 3 x$
$(1 - x^2) y'' - x y' + 16 y = 0$	$T_4(x) = 8 x^4 - 8 x^2 + 1$
$(1 - x^2) y'' - x y' + 25 y = 0$	$T_5(x) = 16 x^5 - 20 x^3 + 5 x$
$(1 - x^2) y'' - x y' + 36 y = 0$	$T_6(x) = 32 x^6 - 48 x^4 + 18 x^2 - 1$
$(1 - x^2) y'' - x y' + 49 y = 0$	$T_7(x) = 64 x^7 - 112 x^5 + 56 x^3 - 7 x$

Ähnlich wie bei den Hermite-Polynomen gibt es auch für die Tschebyschow-Polynome eine Rekursionsformel. Sie lautet

$$T_{k+1}(x) = 2 x \cdot T_k(x) - T_{k-1}(x)$$

Ausgehend von $T_0(x) \equiv 1$ und $T_1(x) = x$ erhält man daraus alle weiteren Tschebyschow-Polynome, z. B.

$$T_2(x) = 2 x \cdot T_1(x) - T_0(x) = 2 x^2 - 1$$

$$T_3(x) = 2 x \cdot T_2(x) - T_1(x) = 2 x \cdot (2 x^2 - 1) - x = 4 x^3 - 3 x$$

$$T_4(x) = 2 x \cdot (4 x^3 - 3 x) - (2 x^2 - 1) = 8 x^4 - 8 x^2 + 1$$

Schließlich lässt sich die allgemeine Lösung der Tschebyschow-DGl sogar in geschlossener Form darstellen. Eine erste nichttriviale Lösung ist $y(x) = \cos(k \arccos x)$ mit den Ableitungen

$$y'(x) = -\sin(k \arccos x) \cdot (k \arccos x)' = \sin(k \arccos x) \cdot k \, (1 - x^2)^{-\frac{1}{2}}$$

$$y''(x) = -\cos(k \arccos x) \cdot k^2 \, (1 - x^2)^{-1} + \sin(k \arccos x) \cdot k \, x \, (1 - x^2)^{-\frac{3}{2}}$$

Wie man durch Einsetzen leicht nachprüft, ist dann $(1 - x^2) \, y'' - x \, y' + k^2 \, y = 0$ erfüllt. Auf die gleiche Art und Weise kann man nachprüfen, dass auch $y(x) = \sin(k \arccos x)$ eine Lösung der Tschebyschow-DGl ist, welche im Fall $k > 0$ auch kein konstantes Vielfaches der Funktion $\cos(k \arccos x)$ ist und folglich eine zweite Fundamentallösung bildet. Damit lautet im Fall $k = 1, 2, 3, \ldots$ die allgemeine Lösung der Tschebyschowschen Differentialgleichung

$$y(x) = C_1 \cos(k \arccos x) + C_2 \sin(k \arccos x)$$

mit beliebigen Konstanten C_1 und C_2. In dieser allgemeinen Lösung müssen dann auch die Tschebyschow-Polynome enthalten sein, und tatsächlich gilt

$$\boxed{T_k(x) = \cos(k \arccos x) \quad \text{für} \quad k = 0, 1, 2, 3, \ldots}$$

wie man durch Anwendung der Formel für den Kosinus des k-fachen Winkels nachweisen kann. Speziell im Fall $k = 2$ ist $\cos 2\varphi = 2 \cos^2 \varphi - 1$ und somit

$$T_2(x) = \cos(2 \arccos x) = 2 \cos^2(\arccos x) - 1 = 2 x^2 - 1$$

Für $k = 3$ können wir die Formel für den dreifachen Winkel verwenden und erhalten

$$\cos 3\varphi = 4 \cos^3 \varphi - 3 \cos \varphi \quad \big| \quad \varphi := \arccos x$$

$$\cos(3 \arccos x) = 4 \cos^3(\arccos x) - 3 \cos(\arccos x) = 4 x^3 - 3 x$$

Zu beachten ist, dass die Darstellung $T_k(x) = \cos(k \arccos x)$ nur für $x \in [-1, 1]$ gilt, da dieses Intervall der maximale Definitionsbereich der Funktion Arkuskosinus ist. Für viele Anwendungen (z. B. bei der numerischen Quadratur) ist aber gerade dieser Bereich interessant, und wir wollen mit der geschlossenen Formel für die Tschebyschow-Polynome abschließend den folgenden Integralwert berechnen:

$$\int_{-1}^{1} T_m(x) \cdot T_n(x) \cdot \frac{1}{\sqrt{1 - x^2}} \, dx$$

Wir setzen $T_m(x) = \cos(m \arccos x)$ bzw. $T_n(x) = \cos(n \arccos x)$ ein und berechnen das Integral mithilfe der Substitution

$$t = \arccos x \quad \Longrightarrow \quad \frac{dt}{dx} = -\frac{1}{\sqrt{1 - x^2}} \quad \Longrightarrow \quad dx = -\sqrt{1 - x^2} \, dt$$

Ersetzen wir noch die Grenzen $t(-1) = \arccos(-1) = \pi$ und $t(1) = \arccos 1 = 0$, dann erhalten wir

$$\int_{-1}^{1} T_m(x) \cdot T_n(x) \cdot \frac{1}{\sqrt{1-x^2}} \, dx = \int_{\pi}^{0} \frac{\cos(mt) \cdot \cos(nt)}{\sqrt{1-x^2}} \cdot \left(-\sqrt{1-x^2}\right) dt$$

$$= \int_{0}^{\pi} \cos(mt) \cdot \cos(nt) \, dt$$

Ein Integral dieses Typs ist uns bereits begegnet, und zwar bei der Berechnung der Koeffizienten einer Fourier-Reihe in Kapitel 4, Abschnitt 4.5.1. Die schon bekannte Stammfunktion im Fall $n \neq m$ ergibt

$$\int_{0}^{\pi} \cos(mt) \cdot \cos(nt) \, dt = \frac{1}{2} \left(\frac{\sin(n-m)t}{n-m} + \frac{\sin(n+m)t}{n+m} \right) \bigg|_{0}^{\pi} = 0$$

und damit ist

$$\int_{-1}^{1} T_m(x) \cdot T_n(x) \cdot \frac{1}{\sqrt{1-x^2}} \, dx = 0$$

für alle natürlichen Zahlen $m \neq n$. Die Tschebyschow-Polynome erfüllen *Orthogonalitätsrelationen* ähnlich wie die trigonometrischen Funktionen mit dem Unterschied, dass hier zusätzlich noch die *Gewichtsfunktion* $\frac{1}{\sqrt{1-x^2}}$ im Integranden enthalten ist.

6.2.6 Spezielle Funktionen – ein Überblick

In den vorhergehenden Abschnitten haben wir verschiedene Differentialgleichungen untersucht und ihre Lösungen mithilfe eines Potenzreihenansatzes ermittelt. Hierbei handelte es sich um Differentialgleichungen, die in unterschiedlichen Zusammenhängen immer wieder auftreten, und deren Lösungen $y = y(x)$ in den Anwendungen häufiger gebraucht werden. Zumeist sollen diese Lösungen auch noch bestimmte Anfangsbedingungen erfüllen und z. B. bei $x = 0$ den Funktionswert $y(0) = 0$ oder $y(0) = 1$ annehmen oder einfach nur bei $x = 0$ definiert sein. Diese Lösungen werden aufgrund ihrer praktischen Bedeutung als *spezielle Funktionen* bezeichnet. Neben den hier genannten Beispielen (Bessel- und Kummer-Funktionen, Legendre-, Laguerre-, Hermite- und Tschebyschow-Polynome) gibt es noch eine Vielzahl weiterer solcher speziellen Funktionen wie etwa die Airy-Funktionen $Ai(x)$ als Lösung der Differentialgleichung $y'' - x \cdot y = 0$ oder die Tschebyschow-Polynome zweiter Art $U_n(x)$ als Polynomlösungen der Differentialgleichung

$$(1 - x^2) \, y'' - 3 x \, y' + k \, (k+2) \, y = 0$$

für $k \in \mathbb{N}$ (siehe Aufgabe 6.14 für $k = 4$). Tatsächlich sind uns aber auch früher schon verschiedene spezielle Funktionen begegnet. Jene, die als Parameterintegral definiert sind und nicht elementar integriert werden können, wie z. B. die Gamma-Funktion (vgl. Kapitel 2, Abschnitt 2.1)

$$\Gamma(t) := \int_{0}^{\infty} x^{t-1} \, e^{-x} \, dx$$

oder solche, die als Stammfunktion einer Funktion definiert sind und nicht in geschlossener Form integriert werden können wie etwa der Integralsinus

$$\mathrm{Si}(x) := \int_0^x \frac{\sin t}{t} \, dt$$

oder die Gaußsche Fehlerfunktion $\mathrm{erf}(x)$ (siehe Kapitel 4, Abschnitt 4.4.3). Schließlich gibt es noch spezielle Funktionen, die von Anfang an als Potenzreihe definiert sind. Dazu gehört beispielsweise die (Riemannsche) Zeta-Funktion

$$\zeta(x) = \sum_{n=1}^{\infty} \frac{1}{n^x}$$

deren Funktionswerte nur für einzelne Argumente in geschlossener Form angegeben werden können, so z. B.

$$\zeta(2) = \sum_{n=1}^{\infty} \frac{1}{n^2} = \frac{\pi^2}{6}$$

Für die elementaren Funktionen e^x, $\sqrt{x}$, $\sin x$, ... gibt es eine Vielzahl an Rechenregeln: Potenzgesetze, Additionstheoreme usw. Auch bei den hier genannten „höheren Funktionen" lassen sich Beziehungen angeben, die für jeden Funktionstyp charakteristisch sind und deshalb *Funktionalgleichungen* genannt werden. Beispielsweise gelten für die Gamma-Funktion die Funktionalgleichungen

$$\Gamma(x+1) = x \cdot \Gamma(x) \quad \text{und} \quad \Gamma(x) \cdot \Gamma(1-x) = \frac{\pi}{\sin \pi x}$$

Viele spezielle Funktionen erfüllen sogenannte *Orthogonalitätsrelationen*. Bei der Berechnung der Fourier-Reihe haben wir z. B.

$$\int_0^{\pi} \sin(nx) \cdot \sin(mx) \, dx = 0$$

für zwei beliebige natürliche Zahlen $m \neq n$ nachgewiesen. Ähnliche Aussagen findet man auch für die Laguerre-Polynome $L_n(x)$, die Hermite-Polynome $H_n(x)$, die Legendre-Polynome $P_n(x)$ sowie für die Tschebyschow-Polynome $T_n(x)$. Dort gilt

$$\int_{-1}^{1} P_m(x) \cdot P_n(x) \, dx = 0, \quad \int_0^{\infty} L_m(x) \cdot L_n(x) \cdot e^{-x} \, dx = 0,$$

$$\int_{-\infty}^{\infty} H_m(x) \cdot H_n(x) \cdot e^{-\frac{1}{2}x^2} \, dx = 0, \quad \int_{-1}^{1} T_m(x) \cdot T_n(x) \cdot \frac{1}{\sqrt{1-x^2}} \, dx = 0$$

für beliebige natürliche Zahlen $m \neq n$. Aus diesem Grund werden die Polynomlösungen der Laguerre-, Hermite-, Tschebyschow- und Legendre-Differentialgleichung auch als *orthogonale Polynome* bezeichnet. Sie besitzen noch eine Reihe weiterer bemerkenswerter Eigenschaften. So lassen sich alle hier genannten Orthogonalpolynome vom Grad k als k-te Ableitungen gewisser Funktionsausdrücke berechnen, z. B.

$$L_k(x) = (-1)^k e^x \cdot \frac{d^k}{dx^k}\left(x^k\, e^{-x}\right)$$

$$H_k(x) = (-1)^k e^{x^2/2} \cdot \frac{d^k}{dx^k}\left(e^{-x^2/2}\right)$$

$$P_k(x) = \frac{1}{2^k\, k!} \cdot \frac{d^k}{dx^k}(x^2 - 1)^k$$

Geschlossene Darstellungen dieser Art werden *Rodrigues-Formeln* genannt (nach dem französischen Mathematiker Olinde Rodrigues 1795 - 1851). Den Orthogonalpolynomen vom Grad k gemeinsam ist auch die Eigenschaft, dass sie sich mithilfe von *Rekursionsformeln* aus den orthogonalen Polynomen niedrigeren Grades herleiten lassen, z. B.

$$L_{k+1}(x) = (2k + 1 - x) \cdot L_k(x) + k^2 \cdot L_{k-1}(x)$$
$$H_{k+1}(x) = x \cdot H_k(x) - k \cdot H_{k-1}(x)$$
$$T_{k+1}(x) = 2x \cdot T_k(x) - T_{k-1}(x)$$

Eine solche Rekursionsformel gibt es übrigens auch für die Besselfunktionen:

$$J_{k+1}(x) = \frac{2}{x} \cdot J_k(x) - J_{k-1}(x)$$

Alle hier aufgezählten Eigenschaften sowie eine Vielzahl weiterer Beziehungen und noch mehr spezielle Funktionen findet man in der umfangreichen Sammlung „Formeln und Sätze für die speziellen Funktionen der mathematischen Physik" [15]. Im Gegensatz zu den elementaren Funktionen $\sin x$, e^x usw. sind die speziellen Funktionen in der Regel nicht mehr auf einem Taschenrechner verfügbar. Man muss sie bei Bedarf selbst auf einem Rechner implementieren und beispielsweise durch ihre Potenzreihe bis zur gewünschten Genauigkeit annähern. Manchmal können ihre Funktionswerte auch aus einem Tabellenbuch wie etwa den „Tafeln höherer Funktionen" [14] entnommen werden. Für eine weitergehende Einführung in das Thema „spezielle Differentialgleichungen" seien abschließend noch die Bücher [45] und [23] empfohlen.

6.3 Partielle Differentialgleichungen

Die mathematische Beschreibung eines physikalischen oder chemischen Prozesses führt oftmals auf eine Bestimmungsgleichung für eine Funktion, die von mehreren Variablen (z. B. vom Ort x und der Zeit t) abhängt, und in der auch partielle Ableitungen der gesuchten Funktion nach mehreren Veränderlichen auftreten. Eine solche Gleichung nennt man *partielle Differentialgleichung* (Abkürzung: PDG), im Gegensatz zu einer *gewöhnlichen* Differentialgleichung, die nur Ableitungen nach *einer* Variable enthält.

Viele grundlegenden Zusammenhänge in den Naturwissenschaften lassen sich als partielle Differentialgleichungen formulieren. Dazu gehören die Navier-Stokes-Gleichungen in der Strömungsmechanik, die Maxwell-Gleichungen in der Elektrodynamik, die Gleichungen der Magnetohydrodynamik, die Schrödinger-Gleichung in der Quantenmechanik und auch die Einstein-Gleichungen in der allgemeinen Relativitätstheorie. Partielle Differentialgleichungen sind (und bleiben) Gegenstand der aktuellen Forschung. Daher kann dieser Abschnitt nur einen allerersten Einblick in dieses umfangreiche Teilgebiet der Mathematik bieten, zumal uns auch die Werkzeuge aus der Funktionalanalysis und der Funktionentheorie fehlen, die für eine tiefergehende Untersuchung nötig wären. Eine weiterführende Einführung in das Thema PDG bieten u. a. die Lehrbücher [22] (Band VI), [33] sowie [42].

6.3.1 Einführung und Grundbegriffe

Ein einfaches Beispiel für eine PDG ist die sogenannte *Wärmeleitungsgleichung*

$$\frac{\partial u}{\partial t} - a \cdot \frac{\partial^2 u}{\partial x^2} = 0, \quad x \in [0, L]$$

Sie beschreibt die zeitliche Entwicklung der Temperatur $u(x,t)$ in einem dünnen Stab der Länge L am Ort x zur Zeit t, wobei $a > 0$ die Temperaturleitfähigkeit bezeichnet, also eine gegebene (materialabhängige) Konstante ist. Mit der gleichen partiellen Differentialgleichung lässt sich auch die Diffusion einer Flüssigkeit in einem dünnen, langen Rohr beschreiben. Bei der Diffusion werden Konzentrationsunterschiede ausgeglichen, wobei in diesem Kontext a ein Maß für die Beweglichkeit der Teilchen ist und Diffusionskoeffizient genannt wird.

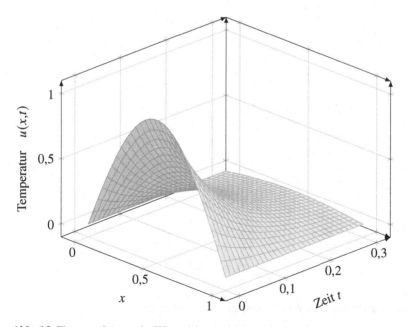

Abb. 6.9 Eine erste Lösung der Wärmeleitungsgleichung für $L = 1$

Wie man durch Einsetzen leicht bestätigen kann, ist die Funktion

$$u(x,t) = u_0 + e^{-a\pi^2 t} \sin \pi x$$

mit einer Konstante u_0 eine Lösung der Wärmeleitungsgleichung (Diffusionsgleichung), denn

$$\frac{\partial u}{\partial x} = \mathrm{e}^{-a\pi^2 t} \cdot \pi \cos \pi x, \quad \frac{\partial^2 u}{\partial x^2} = -\mathrm{e}^{-a\pi^2 t} \cdot \pi^2 \sin \pi x$$

$$\implies \frac{\partial u}{\partial t} = -a\,\pi^2\,\mathrm{e}^{-a\pi^2 t} \sin \pi x = a \cdot \frac{\partial^2 u}{\partial x^2}$$

Die hier angegebene Funktion ist aber nur eine von mehreren möglichen Lösungsarten, und zwar eine, welche zusätzlich noch die *Randbedingung* $u(0,t) = u(1,t) = u_0$ für alle $t \geq 0$ erfüllt. Im Fall der Wärmeausbreitung entspricht diese Lösung dem Temperaturverlauf in einem Stab mit der Länge $L = 1$ bei einer Anfangstemperatur $u(x,0) = u_0 + \sin \pi x$, welche an den Stabenden stets auf die konstante Temperatur u_0 gekühlt wird. Im Lauf der Zeit t fällt die Temperatur im Stabinneren dann mit dem Faktor $\mathrm{e}^{-a\pi^2 t}$ exponentiell ab, wie in Abb. 6.9 zu sehen ist. Eine Lösung ganz anderer Art beschreibt den Temperaturverlauf eines Stabes, der zum Zeitpunkt $t = 0$ in der Mitte bei $x = \frac{1}{2}$ stark erhitzt wurde. Sie hat die Form

$$u(x,t) = \frac{1}{\sqrt{t}}\,\mathrm{e}^{-(x-\frac{1}{2})^2/(4at)}$$

Wie Abb. 6.10 zeigt, gleicht sich hier die Wärme im Stab schnell aus.

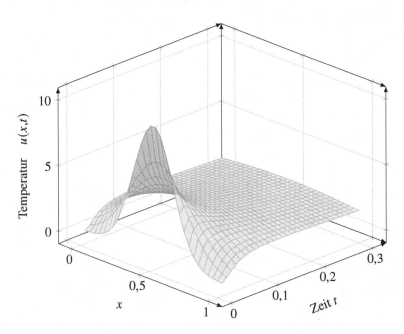

Abb. 6.10 Eine weitere Lösung der Wärmeleitungsgleichung im Fall $L = 1$

Im Folgenden sollen einige grundlegende Eigenschaften partieller Differentialgleichungen vorgestellt werden. Da man es in der Praxis vorwiegend mit PDGen 2. Ordnung zu tun hat, wollen wir exemplarisch die Wellengleichung als Vertreter dieses PDG-Typs etwas genauer betrachten, und zwar in unterschiedlichen Varianten und mit verschiedenen

Randbedingungen. Da es für PDGen 2. Ordnung keine allgemeinen Lösungsverfahren gibt, müssen wir uns bei der analytischen Lösung auf gewisse Spezialfälle beschränken. Es schließt sich noch ein Abschnitt über die numerische Behandlung mit der Methode der finiten Differenzen an. Die hier aufgezeigten Methoden lassen sich dann auf andere Typen partieller Differentialgleichungen übertragen, beispielsweise die eingangs erwähnte Wärmeleitungsgleichung (siehe die Aufgaben 6.16 bis 6.18).

6.3.2 Die eindimensionale Wellengleichung

Ein mathematisches Modell, das uns zur Wellengleichung führt, beschreibt ein elastisches Seil, welches an zwei Enden im Abstand L fest eingespannt ist und in vertikaler Richtung ausgelenkt wird. Die Spannkräfte versetzen das Seil in Schwingungen. Wir wollen die Auslenkung $u(x, t)$ am Ort x in Abhängigkeit von der Zeit t bestimmen.

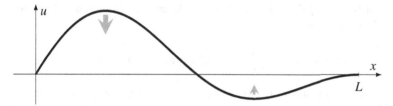

Abb. 6.11 Schwingung eines elastischen Seils

Aus mechanischer Sicht besteht das elastische Seil aus vielen kleinen Federn, die durch reibungsfreie Gelenke miteinander verbunden sind. Es nimmt eine Form an, die praktisch momentenfrei ist, und daher wirken nur Spannkräfte in Richtung des Seils. Für ein „ideales" elastisches Seil dürfen wir demnach von den folgenden physikalischen Bedingungen ausgehen, die auch mit der Realität gut übereinstimmen sollten:

- Es treten nur Spannkräfte $\vec{F}(x)$ tangential zur Seillinie auf.
- Die Spannkräfte sind betragsmäßig konstant: $|\vec{F}(x)| = F_0$ für $x \in [0, L]$.
- Außer den Zugkräften wirkt nur noch eine konstante Streckenlast q.

Zusätzlich wollen wir annehmen, dass die vertikale Auslenkung „klein" ist. Für die mathematische Beschreibung legen wir das Seil in ein kartesisches Koordinatensystem, wobei das Seil bei $x = 0$ und $x = L$ fest auf gleicher Höhe $u = 0$ eingespannt ist. Es muss also $u(0, t) = 0$ und $u(L, t) = 0$ für alle Zeiten t gelten.

Nun bestimmen wir mithilfe von Abb. 6.12 die Kräfte, die auf ein infinitesimales Seilelement wirken. Die beiden Komponenten der tangentialen Zugkraft $-\vec{F}(x)$ am linken Ende des Elements bei x ergeben sich aus dem (konstanten) Betrag der Kraft F_0 und dem Steigungswinkel α des Seils:

$$-\vec{F}(x) = \begin{pmatrix} -F_0 \cos \alpha \\ -F_0 \sin \alpha \end{pmatrix}$$

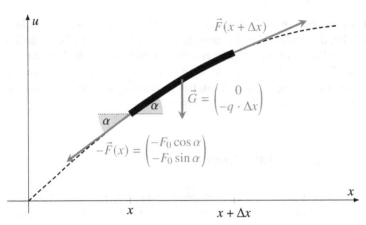

Abb. 6.12 Kräfte auf ein Seilelement

Nach unseren Annahmen soll der Steigungswinkel α klein sein. In diesem Fall dürfen wir die Kleinwinkelnäherungen

$$\sin \alpha \approx \tan \alpha = \frac{\partial u}{\partial x}(x, t) \quad \text{und} \quad \cos \alpha \approx 1$$

nutzen, und für die Zugkraft an der Stelle x erhalten wir näherungsweise den Vektor

$$-\vec{F}(x) = \begin{pmatrix} -F_0 \\ -F_0 \cdot \frac{\partial u}{\partial x}(x, t) \end{pmatrix}$$

Ebenso ergibt sich für die entgegengesetzt wirkende Spannkraft bei $x + \Delta x$, also am rechten Ende des Seilelements, der Vektor

$$\vec{F}(x + \Delta x) = \begin{pmatrix} F_0 \\ F_0 \cdot \frac{\partial u}{\partial x}(x + \Delta x, t) \end{pmatrix}$$

Schließlich wirkt auf das kleine Seilelement noch eine Gewichtskraft $\vec{G}$, nämlich das Eigengewicht. Wir nehmen an, dass diese durch eine Streckenlast $-q \cdot \Delta x$ hervorgerufen wird und nur in vertikaler Richtung wirkt. Die gesamte Kraft auf das Seilelement ist dann die Summe

$$-\vec{F}(x) + \vec{F}(x + \Delta x) + \vec{G}$$

$$\approx \begin{pmatrix} -F_0 \\ -F_0 \cdot \frac{\partial u}{\partial x}(x, t) \end{pmatrix} + \begin{pmatrix} F_0 \\ F_0 \cdot \frac{\partial u}{\partial x}(x + \Delta x, t) \end{pmatrix} + \begin{pmatrix} 0 \\ -q \cdot \Delta x \end{pmatrix}$$

$$= \begin{pmatrix} 0 \\ F_0 \cdot \frac{\partial u}{\partial x}(x + \Delta x, t) - F_0 \cdot \frac{\partial u}{\partial x}(x, t) - q \cdot \Delta x \end{pmatrix}$$

In x-Richtung gibt es keine Kraftkomponente, sodass das Seilelement nur in vertikaler Richtung beschleunigt wird, und zwar näherungsweise mit der Kraft

$$F_0 \cdot \left(\frac{\partial u}{\partial x}(x + \Delta x, t) - \frac{\partial u}{\partial x}(x, t) \right) - q \cdot \Delta x$$

welche nach dem Newtonschen Gesetz zugleich auch das Produkt Masse mal Beschleunigung des Seilelements ist:

$$\Delta m \cdot \frac{\partial^2 u}{\partial t^2}(x, t) = F_0 \cdot \left(\frac{\partial u}{\partial x}(x + \Delta x, t) - \frac{\partial u}{\partial x}(x, t) \right) - q \cdot \Delta x$$

Vernachlässigen wir die vertikale Auslenkung des Seilelements längs Δx, dann ist seine Masse $\Delta m = A \cdot \Delta x \cdot \rho$ bei konstanter Dichte ρ und konstantem Querschnitt A. Teilen wir obige Gleichung durch Δm, dann lautet die Gleichgewichtsbedingung

$$\frac{\partial^2 u}{\partial t^2}(x, t) = \frac{F_0}{A \cdot \rho} \cdot \frac{\frac{\partial u}{\partial x}(x + \Delta x, t) - \frac{\partial u}{\partial x}(x, t)}{\Delta x} - \frac{q}{A \cdot \rho}$$

Für $\Delta x \to 0$ geht der Differenzenquotient mit der ersten Ableitung auf der rechten Seite in die zweite Ableitung nach x über:

$$\lim_{\Delta x \to 0} \frac{\frac{\partial u}{\partial x}(x + \Delta x, t) - \frac{\partial u}{\partial x}(x, t)}{\Delta x} = \frac{\partial^2 u}{\partial x^2}(x, t)$$

Verwenden wir noch die Abkürzungen

$$c = \sqrt{\frac{F_0}{A \cdot \rho}}, \quad b = \frac{q}{A \cdot \rho} \quad \text{sowie} \quad u_{tt} = \frac{\partial^2 u}{\partial t^2} \quad \text{und} \quad u_{xx} = \frac{\partial^2 u}{\partial x^2}$$

als verkürzte Schreibweise für die partiellen Ableitungen, dann ergibt sich schließlich die partielle Differentialgleichung

$$u_{tt} = c^2 \cdot u_{xx} - b$$

für die Auslenkung $u = u(x, t)$ des Seils in Abhängigkeit vom Ort x und der Zeit t. Diese Gleichung für die unbekannte Funktion $u = u(x, t)$ enthält zweite partielle Ableitungen (hier nach x und t), sodass es sich um eine partielle Differentialgleichung *zweiter Ordnung* handelt.

Falls sich das Seil in einem Medium wie etwa Luft oder Wasser bewegt, dann hat man zusätzlich noch einen Strömungswiderstand, der die Bewegung dämpft. Nimmt man eine laminare Strömung an, so ist die Reibungskraft proportional zur Geschwindigkeit u_t eines Seilelements und dieser entgegengesetzt. Der Proportionalitätsfaktor wird (ähnlich wie bei der gedämpften Schwingung eines Federpendels) durch eine sogenannte *Dämpfungskonstante* $2\,\delta$ beschrieben. Insgesamt lautet dann die Wellengleichung für das gedämpfte Seil mit Last

$$u_{tt} + 2\,\delta\,u_t = c^2 \cdot u_{xx} - b$$

Im Fall $b \equiv 0$ heißt die PDG homogen, andernfalls nennt man sie inhomogen.

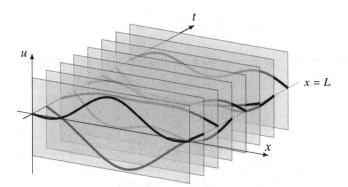

Abb. 6.13 Die Auslenkungen des Seils zu verschiedenen Zeiten

Neben der PDG, welche sich aus dem Newton-Gesetz ergibt, haben wir auch noch eine Randbedingung an die gesuchte Lösung, nämlich

$$u(0,t) = u(L,t) = 0 \quad \text{für alle} \quad t \in \mathbb{R}$$

Nicht zuletzt spielt die Ausgangsform des Seils eine entscheidende Rolle für dessen weitere zeitliche Entwicklung. Diese wird durch die Anfangsbedingung $u(x, 0) = u_0(x)$ für $t = 0$ und $x \in [0, L]$ mit einer vorgegebenen Funktion $u_0(x)$ festgelegt.

6.3.3 Analytische Lösungen der Wellengleichung

Wir suchen im Folgenden nach Möglichkeiten, eine exakte Lösung der PDG zu bestimmen. Dazu beginnen wir mit einem Spezialfall.

Stationäre Lösung und Homogenisierung

Wir wollen zunächst eine *stationäre* (= zeitunabhängige) Lösung $w(x,t) = w(x)$ der inhomogenen PDG ermitteln. In diesem Fall gilt $w_{tt} = w_t = 0$ und somit auch

$$0 = w_{tt} + 2\delta w_t = c^2 \cdot w_{xx} - b \quad \Longrightarrow \quad w_{xx} = w''(x) = \frac{b}{c^2}$$

woraus sich die Lösung

$$w(x) = \frac{b}{2c^2} x^2 + a_1 x + a_2$$

mit zwei beliebigen Konstanten a_1 und a_2 ergibt. Diese stationäre Lösung soll aber auch die Randbedingungen $w(0) = w(L) = 0$ erfüllen, wodurch die beiden Konstanten festgelegt werden:

$$0 = w(0) = a_2, \quad 0 = w(L) = \frac{b}{2c^2} \cdot L^2 + a_1 \cdot L + 0 \quad \Longrightarrow \quad a_1 = -\frac{bL}{2c^2}$$

Insgesamt ist dann

$$w(x) = \frac{b}{2c^2}\, x\,(x - L) \quad \text{mit} \quad w(0) = 0 \quad \text{und} \quad w(L) = 0$$

eine *partikuläre* (= einzelne) Lösung der inhomogenen PDG, welche unabhängig von der Zeit t ist. Aus physikalischer Sicht entspricht diese stationäre Lösung dem ruhenden und parabelförmig durchhängenden elastischen Seil gemäß Abb. 6.14.

Abb. 6.14 Stationäre Lösung der Wellengleichung

Mit der gefundenen Lösung $w(x)$ lässt sich nun auch das inhomogene Problem vereinfachen. Ist nämlich u eine beliebige andere Lösung der inhomogenen PDG und bilden wir die Differenz $v = u - w$, dann gilt

$$v_{tt} + 2\,\delta\,v_t = (u_{tt} - w_{tt}) + 2\,\delta \cdot (u_t - w_t) = (u_{tt} + 2\,\delta\,u_t) - (w_{tt} + 2\,\delta\,w_t)$$

$$= (c^2 \cdot u_{xx} - b) - (c^2 \cdot w_{xx} - b) = c^2 \cdot (u_{xx} - w_{xx}) = c^2 \cdot v_{xx}$$

Demnach ist v eine Lösung der homogenen PDG $v_{tt} + 2\,\delta\,v_t = c^2 \cdot v_{xx}$. Es genügt also, die allgemeine Lösung v der homogenen PDG zu kennen, denn mit $u = v + w$ erhalten wir die allgemeine Lösung der inhomogenen PDG. Wir konzentrieren uns daher im Folgenden auf die Lösung der **homogenen PDG**

$$v_{tt} + 2\,\delta\,v_t = c^2 \cdot v_{xx}$$

Die Lösung nach d'Alembert

Im *ungedämpften Fall* $\delta = 0$ können wir die allgemeine Lösung der homogenen PDG $v_{tt} = c^2 \cdot v_{xx}$ direkt angeben. Sie lautet

$$v(x, t) = f(x + c\,t) + g(x - c\,t)$$

mit *beliebigen* zweimal differenzierbaren Funktionen $f, g : \mathbb{R} \longrightarrow \mathbb{R}$, denn es ist

$$v_{xx} = f''(x + c\,t) + g''(x - c\,t), \quad v_{tt} = c^2 f(x + c\,t) + c^2 g''(x - c\,t) = c^2 \cdot v_{xx}$$

Diese Lösung der homogenen PDG wurde um 1750 vom französischen Mathematiker Jean-Baptiste le Rond d'Alembert (1717 - 1783) gefunden. Dass es nicht noch weitere Lösungen geben kann, wird erst nach einer Koordinatentransformation ersichtlich. In den Koordinaten $\xi = x + c\,t$ und $\eta = x - c\,t$ ist

$$x = \frac{\xi + \eta}{2} \quad \text{und} \quad t = \frac{\xi - \eta}{2\,c}$$

Aus der Kettenregel für partielle Ableitungen folgt zunächst

$$v_\xi = \frac{\partial v}{\partial \xi} = \frac{\partial v}{\partial x} \cdot \frac{\partial x}{\partial \xi} + \frac{\partial v}{\partial t} \cdot \frac{\partial t}{\partial \xi} = v_x \cdot \tfrac{1}{2} + v_t \cdot \tfrac{1}{2c}$$

Der Satz von Schwarz und die PDG wiederum ergeben

$$v_{\xi\eta} = \frac{\partial(v_\xi)}{\partial \eta} = \frac{\partial v_\xi}{\partial x} \cdot \frac{\partial x}{\partial \eta} + \frac{\partial v_\xi}{\partial t} \cdot \frac{\partial t}{\partial \eta}$$

$$= \frac{\partial}{\partial x}\left(v_x \cdot \tfrac{1}{2} + v_t \cdot \tfrac{1}{2c}\right) \cdot \tfrac{1}{2} + \frac{\partial}{\partial t}\left(v_x \cdot \tfrac{1}{2} + v_t \cdot \tfrac{1}{2c}\right) \cdot \left(-\tfrac{1}{2c}\right)$$

$$= \tfrac{1}{4} v_{xx} + \tfrac{1}{4c} \cdot \underbrace{(v_{tx} - v_{xt})}_{0 \text{ (Schwarz)}} - \tfrac{1}{4c^2} v_{tt} = \tfrac{1}{4c^2} \cdot \underbrace{(c^2 v_{xx} - v_{tt})}_{0 \text{ (PDG)}} = 0$$

Wegen $v_{\xi\eta} = 0$ ist dann $v_\xi = \varphi(\xi)$ mit einer beliebigen differenzierbaren Funktion $\varphi : \mathbb{R} \to \mathbb{R}$ unabhängig von η, und die Integration nach ξ liefert

$$v(\xi, \eta) = \int \varphi(\xi)\, d\xi + g(\eta) = f(\xi) + g(\eta)$$

wobei $f, g : \mathbb{R} \longrightarrow \mathbb{R}$ zwei beliebige zweimal differenzierbaren Funktionen sind.

Im Fall der inhomogenen Wellengleichung $u_{tt} = c^2 u_{xx} - b$ müssen wir noch die stationäre Lösung $w(x)$ addieren. Die allgemeine Lösung im ungedämpften Fall hat dann die Form

$$u(x, t) = f(x + c\,t) + g(x - c\,t) + \tfrac{b}{2c^2} x\,(x - L)$$

Hierbei handelt es sich um eine Überlagerung aus der stationären Lösung mit einer sich nach links bewegenden Funktion $f(x + c\,t)$ und einer nach rechts laufenden Funktion $g(x - c\,t)$. Insbesondere zeigt dieses Ergebnis auch, dass bei einer PDG *freie Funktionen* (und nicht nur freie Konstanten, so wie bei einer gewöhnlichen DGl) auftreten. Die Lösung soll aber noch die Randbedingungen erfüllen, und das ist $u(0, t) = 0$ sowie $u(L, t) = 0$ für alle Zeiten t. Setzen wir $x = 0$ in die allgemeine Lösung ein, dann muss

$$0 = u(0, t) = f(c\,t) + g(-c\,t) + 0 \quad \Longrightarrow \quad g(-c\,t) = -f(c\,t)$$

gelten. Schreiben wir $z = c\,t$, so ist $g(-z) = -f(z)$ für alle $z \in \mathbb{R}$ und daher

$$u(x, t) = f(x + c\,t) - f(c\,t - x) + \tfrac{b}{2c^2} x\,(x - L)$$

Zusätzlich haben wir noch die Randbedingung bei $x = L$, nämlich

$$0 = u(L, t) = f(L + c\,t) - f(c\,t - L) + 0 \quad \Longrightarrow \quad f(c\,t - L) = f(L + c\,t)$$

Setzen wir hier $z = c\,t - L$, dann können wir diese Forderung an f in der Form $f(z) = f(z + 2L)$ für alle $z \in \mathbb{R}$ notieren, und das bedeutet: f muss eine $2L$-periodische Funktion sein. Zusammenfassend erhalten wir für unser Randwertproblem das folgende Ergebnis:

Die **allgemeine Lösung** der *ungedämpften* Wellengleichung $u_{tt} = c^2 u_{xx} - b$, welche zusätzlich die Randbedingung $u(0, t) = u(L, t) = 0$ erfüllt, lautet

$$u(x, t) = f(x + ct) - f(ct - x) + \frac{b}{2c^2} x (x - L)$$

Hierbei ist $f : \mathbb{R} \longrightarrow \mathbb{R}$ eine beliebige zweimal differenzierbare $2L$-periodische Funktion.

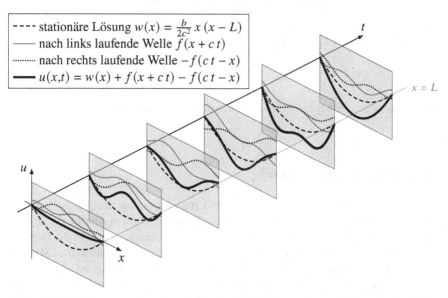

- - - - stationäre Lösung $w(x) = \frac{b}{2c^2} x (x - L)$
—— nach links laufende Welle $f(x + ct)$
········· nach rechts laufende Welle $-f(ct - x)$
——— $u(x,t) = w(x) + f(x + ct) - f(ct - x)$

Abb. 6.15 Die Lösung von d'Alembert beschreibt die Schwingung eines elastischen Seils als Überlagerung der stationären Lösung mit einer nach rechts und einer nach links laufenden Welle

Um eine spezielle Lösung zu erhalten, müssen wir letztlich auch noch die Funktion f festlegen. Dazu brauchen wir neben der Randbedingung $0 = u(0, t) = u(L, t)$ eine Anfangsbedingung wie z. B.

die Auslenkung des Seils zur Zeit $t = 0$: $u(x, 0) = u_0(x)$

und überall die Anfangsgeschwindigkeit $u_t(x, 0) = 0$

Aus der Bedingung für die Anfangsgeschwindigkeit

$$0 = \frac{\partial u}{\partial t}(x, 0) = c\, f'(x + c \cdot 0) - c\, f'(c \cdot 0 - x) + 0 \implies 0 = f'(x) - f'(-x)$$

ergibt sich nach Integration $0 = f(x) + f(-x)$ oder $f(-x) = -f(x)$. Folglich kann f nur eine ungerade Funktion (punktsymmetrisch zum Ursprung) sein. Setzen wir dieses Ergebnis zusammen mit $t = 0$ in die allgemeine Lösung ein:

$$u_0(x) = u(x, 0) = f(x) - f(-x) + \frac{b}{2c^2} x (x - L) = 2 f(x) + \frac{b}{2c^2} x (x - L)$$

und lösen wir nach $f(x)$ auf, dann ergibt sich schließlich die Funktion

$$f(x) = \tfrac{1}{2}\left(u_0(x) - \tfrac{b}{2c^2}\,x\,(x - L)\right)$$

welche punktsymmetrisch und $2L$-periodisch auf $\mathbb{R}$ fortgesetzt werden muss.

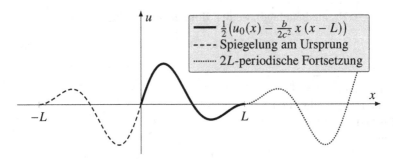

Abb. 6.16 Konstruktion der Wellenfunktion aus den Anfangs- und Randbedingungen

Der Separationsansatz von Bernoulli

Eine Alternative zur Lösung von d'Alembert und zugleich ein universelleres Verfahren zur Lösung einer PDG ist die Trennung der Veränderlichen. Diesem Ansatz, der auf den Schweizer Mathematiker Daniel Bernoulli (1700 - 1782) zurückgeht, liegt die folgende Idee zugrunde: Betrachtet man die Bewegung des eingespannten elastischen Seils, so führt jedes Seilelement an einer festen Stelle x eine gedämpfte Schwingung aus – ähnlich wie bei einem Federpendel, wobei aber die Amplitude der Schwingung von x abhängt. Wir suchen daher eine Lösung der homogenen PDG

$$v_{tt} + 2\,\delta\,v_t = c^2 \cdot v_{xx}$$

welche die spezielle Form

$$v(x, t) = A(x) \cdot y(t)$$

besitzt. Bei diesem Produktansatz ist die Amplitude $A(x)$ eine rein ortsabhängige Funktion, während $y(t)$ nur von der Zeit abhängt. Die partiellen Ableitungen von v sind dann

$$v_t = A(x) \cdot y'(t), \quad v_{tt} = A(x) \cdot y''(t), \quad v_{xx} = A''(x) \cdot y(t)$$

Da die Funktionen $A(x)$ und $y(t)$ jeweils nur von einer Veränderlichen abhängen, dürfen wir deren Ableitungen mit Strichen kennzeichnen. Setzen wir diese in die homogene PDG ein, so ist

$$v_{tt} + 2\,\delta\,v_t = c^2 \cdot v_{xx}$$

$$A(x) \cdot y''(t) + 2\,\delta\,A(x) \cdot y'(t) = c^2 A''(x) \cdot y(t) \quad \big|: A(x) \,\big|: y(t)$$

$$\implies \quad \frac{y''(t) + 2\,\delta\,y'(t)}{y(t)} = \frac{c^2 A''(x)}{A(x)}$$

Nach der Umformung zeigt sich, dass die linke Seite der Gleichung nicht von x abhängt, sodass auch die rechte Seite eine konstante Funktion bzgl. x sein muss. Diese Konstante auf der rechten Seite ist wiederum unabhängig von t, sodass auch die linke Seite nicht von t abhängen darf. Insgesamt müssen dann beide Seiten die gleiche, von x und t unabhängige Konstante λ ergeben:

$$\frac{y''(t) + 2\,\delta\,y'(t)}{y(t)} = \lambda = \frac{c^2 A''(x)}{A(x)}$$

Mit dem Produktansatz „zerfällt" die PDG in zwei gewöhnliche Differentialgleichungen 2. Ordnung

$$(1) \quad c^2 A''(x) = \lambda\,A(x) \qquad \text{und} \qquad (2) \quad y''(t) + 2\,\delta\,y'(t) = \lambda\,y(t)$$

wobei zusätzlich die Randbedingungen $0 = A(0) \cdot y(t) = A(L) \cdot y(t)$ für alle t erfüllt sein sollen. Entweder ist dann $y(t) = 0$ für alle Zeiten t, oder im Fall $y \not\equiv 0$ muss $0 = A(0) = A(L)$ gelten. Falls wir $y \equiv 0$ wählen, dann ist $v(x, t) \equiv 0$ die „triviale Lösung" der homogenen Wellengleichung, die letztlich zur bekannten stationären Lösung $u = 0 + w = w$ der inhomogenen PDG führt. Im Folgenden suchen wir deshalb eine nichttriviale Lösung der Form $v(x, t) = A(x) \cdot y(t) \not\equiv 0$, bei der dann insbesondere $y \not\equiv 0$ gilt.

Ortsabhängigkeit. Wir lösen zunächst die DGl (1) in der Normalform

$$A'' - \tfrac{\lambda}{c^2}\,A = 0$$

Hierbei handelt es sich um eine homogene lineare DGl 2. Ordnung mit konstanten Koeffizienten, wie sie typischerweise auch beim harmonischen Oszillator auftritt. Betrachten wir zuerst den Fall $\lambda > 0$, dann lautet die allgemeine Lösung der DGl

$$A(x) = C_1\,e^{-\alpha x} + C_2\,e^{\alpha x} \quad \text{mit} \quad \alpha = \frac{\sqrt{\lambda}}{c}$$

Wegen $0 = A(0) = C_1 + C_2$ ist $C_2 = -C_1$ und somit

$$0 = A(L) = C_1\,e^{-\alpha L} - C_1\,e^{\alpha L} \quad \Longrightarrow \quad C_1 = C_2 = 0 \quad \Longrightarrow \quad A \equiv 0$$

Falls $\lambda = 0$, dann ist die allgemeine Lösung $A(x) = C_1 + C_2\,x$, und die Randbedingungen $0 = A(0) = C_1$ sowie $0 = A(L) = C_2 \cdot L$ liefern $A \equiv 0$. Für $\lambda \geq 0$ erhalten wir also stets $A \equiv 0$ und damit auch $v(x, t) = A(x) \cdot y(t) \equiv 0$. Eine „nichttriviale" Lösung gibt es nur für $\lambda < 0$. In diesem Fall ist die allgemeine Lösung der DGl (1)

$$A(x) = C_1 \sin \omega x + C_2 \cos \omega x \quad \text{mit} \quad \omega = \frac{\sqrt{-\lambda}}{c}$$

und die Randbedingungen ergeben $0 = A(0) = C_2$ sowie $0 = A(L) = C_1 \sin \omega L$. Im Fall $C_1 = 0$ würden wir wieder nur die triviale Lösung erhalten, und daher gilt

$$0 = A(L) = C_1 \sin \omega L \quad \overset{C_1 \neq 0}{\Longrightarrow} \quad \boxed{\omega = \frac{k \cdot \pi}{L}}$$

mit einer beliebigen Zahl $k \in \mathbb{Z}$. Die ortsabhängige Amplitude hat somit die Form

$$A(x) = C \cdot \sin \frac{k\pi x}{L}$$

mit $k \in \mathbb{Z}$ und einer beliebigen Konstante $C \in \mathbb{R}$. Wir können uns hierbei auf die Werte $k \in \{1, 2, 3, \ldots\}$ beschränken, da ein negativer Wert k nur das Vorzeichen der Funktion ändert, was sich auch durch den Vorzeichenwechsel $-C$ erreichen lässt, und $k = 0$ die gleiche Lösung wie $C = 0$ liefert. Wir haben dieses Ergebnis übrigens schon in Kapitel 3, Abschnitt 3.7 gefunden: Die DGl $A''(x) + \omega^2 A(x) = 0$ und die Randbedingungen $A(0) = A(L) = 0$ bilden ein Eigenwertproblem, welches nur für $\omega_k = \frac{k \cdot \pi}{L}$ eine nichttriviale Lösung besitzt.

Zeitabhängigkeit. Wir wollen jetzt auch die DGl (2) für den Zeitanteil lösen, wobei wir nur den Fall $\lambda < 0$ untersuchen müssen (für $\lambda \geq 0$ ist $A(x) \equiv 0$ und damit $v(x, t) \equiv 0$). Aus der Ortsabhängigkeit ergibt sich die Bedingung

$$\frac{\sqrt{-\lambda}}{c} = \omega_k = \frac{k\pi}{L} \quad \Longrightarrow \quad \lambda = -\left(\frac{k\pi c}{L}\right)^2$$

mit einer natürlichen Zahl $k \in \{1, 2, 3, \ldots\}$. Die DGl (2) hat dann die Form

$$y''(t) + 2\delta y'(t) + \left(\tfrac{k\pi c}{L}\right)^2 y(t) = 0$$

und das wiederum ist die bekannte homogene lineare DGl 2. Ordnung eines gedämpften Federpendels. Wir betrachten hier nur den Fall einer kleinen Dämpfung $0 \leq \delta < \frac{\pi c}{L}$. Dann lautet die allgemeine Lösung dieser Schwingungsgleichung (siehe Kapitel 3, Abschnitt 3.6.2):

$$y(t) = e^{-\delta t} \left(A \cos \Omega_k t + B \cos \Omega_k t\right) \quad \text{mit} \quad \Omega_k := \sqrt{\left(\tfrac{k\pi c}{L}\right)^2 - \delta^2}$$

sowie beliebigen Konstanten A und B. Bringen wir nun noch Zeit- und Ortsabhängigkeit zusammen, so ergeben sich für die homogene PDG $v_{tt} + 2\delta v_t = c^2 \cdot v_{xx}$ die Lösungen

$$v(x, t) = C \sin \frac{k\pi x}{L} \cdot e^{-\delta t} \left(A \cos \Omega_k t + B \sin \Omega_k t\right)$$

mit $k = 1, 2, 3, \ldots$ und beliebigen Konstanten A, B, C. Da wir die Werte A und B schon frei wählen dürfen, können wir ohne Einschränkung der allgemeinen Lösung immer auch $C = 1$ setzen.

Superposition. Eine besondere Eigenschaft der homogenen PDG ist, dass die Summe von zwei (oder mehreren) Lösungen ebenfalls wieder eine Lösung der PDG ergibt. Sind nämlich v und $\tilde{v}$ zwei Lösungen der PDG, dann ist $v_{tt} + 2\delta v_t = c^2 \cdot v_{xx}$ sowie $\tilde{v}_{tt} + 2\delta \tilde{v}_t = c^2 \cdot \tilde{v}_{xx}$ erfüllt, und es gilt

$$(v + \tilde{v})_{tt} + 2\delta \cdot (v + \tilde{v})_t = (v_{tt} + 2\delta v_t) + (\tilde{v}_{tt} + 2\delta \tilde{v}_t)$$
$$= c^2 \cdot v_{xx} + c^2 \cdot \tilde{v}_{xx} = c^2 \cdot (v + \tilde{v})_{xx}$$

Wir können demnach die bisher erhaltenen Lösungen addieren (= überlagern), und das bedeutet:

Die inhomogene PDG $u_{tt} + 2\delta u_t = c^2 \cdot u_{xx} - b$ hat die allgemeine Lösung

$$u(x,t) = \frac{b}{2c^2} x(x-L) + \sum_{k=1}^{\infty} \sin \frac{k\pi x}{L} \cdot e^{-\delta t} \left(A_k \cos \Omega_k t + B_k \sin \Omega_k t \right)$$

mit den Kreisfrequenzen $\Omega_k = \sqrt{\left(\frac{k\pi c}{L}\right)^2 - \delta^2}$ und freien Konstanten A_k, B_k.

Als Spezialfall betrachten wir die ungedämpfte Wellengleichung noch etwas genauer. Hier ist $\delta = 0$ und $\Omega_k = \frac{k\pi c}{L}$, sodass wir aus dem Separationsansatz zunächst die Lösungen

$$v(x,t) = \sin \frac{k\pi x}{L} \cdot \left(A_k \cos \frac{k\pi c t}{L} + B_k \sin \frac{k\pi c t}{L} \right)$$

für $k = 1, 2, 3, \ldots$ mit beliebigen Konstanten A_k und B_k erhalten. Derartige Funktionen bezeichnet man als *stehende Wellen*, und die allgemeine Lösung ergibt sich wieder durch Superposition:

Die inhomogene PDG $u_{tt} = c^2 \cdot u_{xx} - b$ (ohne Dämpfung) hat die Lösung

$$u(x,t) = \frac{b}{2c^2} x(x-L) + \sum_{k=1}^{\infty} \sin \frac{k\pi x}{L} \cdot \left(A_k \cos \frac{k\pi c t}{L} + B_k \sin \frac{k\pi c t}{L} \right)$$

mit beliebigen Konstanten A_k und B_k.

Falls in dieser Summe nur endlich viele Werte A_k und B_k ungleich Null sind, dann ist die Lösung eine Überlagerung endlich vieler stehender Wellen so wie in Abb. 6.17. Im Allgemeinen aber dürfen auch unendlich viele Werte A_k und B_k ungleich Null sein, und in diesem Fall ergibt die obige Formel eine Fourier-Reihe.

Zur Auswahl einer speziellen Lösung brauchen wir auch hier wieder eine Anfangsbedingung, beispielsweise die Anfangsgeschwindigkeit $u_t(x,0) = 0$ an jeder Stelle $x \in [0,L]$ sowie die Auslenkung $u_0(x)$ des Seils zur Zeit $t = 0$. Nach der Umformung

$$u_0(x) = u(x,0) = \frac{b}{2c^2} x(x-L) + \sum_{k=1}^{\infty} A_k \sin \frac{k\pi x}{L}$$

$$\implies \sum_{k=1}^{\infty} A_k \sin \frac{k\pi x}{L} = u_0(x) - \frac{b}{2c^2} x(x-L)$$

steht auf der linken Seite eine Fourier-Reihe, deren Koeffizienten A_k sich mit einer Fourier-Analyse der Funktion auf der rechten Seite berechnen lassen. Dazu muss man aber

$$f(x) := u_0(x) - \frac{b}{2c^2} x(x-L)$$

ähnlich wie bei der d'Alembert-Lösung im vorigen Abschnitt punktsymmetrisch und $2L$-periodisch auf ganz $\mathbb{R}$ fortsetzen. In diesem Fall sind für $k = 1, 2, 3, \ldots$ die gesuchten Fourier-Koeffizienten

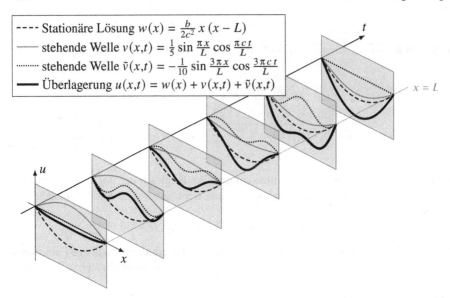

Abb. 6.17 Eine Überlagerung der stationären Lösung mit zwei stehenden Wellen führt zu einer Lösung der Wellengleichung

$$A_k = \frac{1}{L} \int_{-L}^{L} f(x) \cdot \sin \frac{k\pi x}{L} \, dx = \frac{2}{L} \int_{0}^{L} f(x) \cdot \sin \frac{k\pi x}{L} \, dx$$

$$= \frac{2}{L} \int_{0}^{L} \cdot \left(u_0(x) - \frac{b}{2c^2} x \, (x - L) \right) \cdot \sin \frac{k\pi x}{L} \, dx$$

Ebenso erhält man aus $u_t(x, 0) = 0$ durch eine Fourier-Analyse die Werte $B_k = 0$ für alle $k \in \mathbb{N}$. Die spezielle Lösung zur oben genannten Anfangsbedingung lautet dann

$$u(x, t) = \frac{b}{2c^2} x \, (x - L) + \sum_{k=1}^{\infty} A_k \sin \frac{k\pi x}{L} \cdot \cos \frac{k\pi c t}{L}$$

6.3.4 Die Finite-Differenzen-Methode

Fassen wir unsere bisherigen Erkenntnisse kurz zusammen: Die Auslenkung $u(x, t)$ eines elastischen Seils mit Last und Dämpfung erfüllt die Wellengleichung

$$u_{tt} + 2 \delta u_t = c^2 \cdot u_{xx} - b$$

Im ungedämpften Fall ($\delta = 0$) haben wir mit der Formel von d'Alembert einen geschlossenen Ausdruck für die Lösung gefunden. Falls $\delta \neq 0$ gilt, dann führt die Separation nach Bernoulli zu einer allgemeinen Lösung in Form einer unendlichen Fourier-Reihe. Falls nun, wie es in den Anwendungen oft der Fall ist, aus der allgemeinen Lösung eine spezielle Lösung ausgewählt werden muss, die gewissen Rand- und Anfangsbedingungen wie z. B.

$$u(0,t) = u(L,t) = 0 \quad \text{und} \quad u(x,0) = f(x), \quad \tfrac{\partial u}{\partial t}(x,0) = g(x)$$

mit gegebenen Funktionen f, $g : [0, L] \longrightarrow \mathbb{R}$ genügt, dann lässt sich dieses Problem kaum mehr analytisch lösen. Noch komplizierter wird die Aufgabenstellung, wenn beispielsweise die Last ortsabhängig ist und/oder äußere Kräfte wie etwa eine periodische Anregung hinzukommen. Man greift in der Praxis dann häufig auf ein numerisches Verfahren zurück. Dazu gehört beispielsweise die *Finite-Elemente-Methode*, aber auch die *Finite-Differenzen-Methode* (Abk.: FDM), die am Beispiel des gedämpften elastischen Seils im Folgenden vorgestellt werden soll.

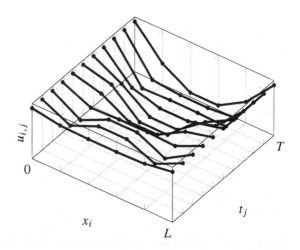

Abb. 6.18 Auslenkungen $u_{i,j}$ des Seils an einzelnen Gitterpunkten (x_i, t_j)

Anstatt den kontinuierlichen Verlauf von $u(x,t)$ für $x \in [0,L]$ und $t \in [0,T]$ zu berechnen, ermitteln wir die Auslenkung nur an diskreten Stellen in der (x,t)-Ebene. Hierzu unterteilen wir das x-Intervall $[0,L]$ gleichmäßig in m Teilintervalle mit der Länge $\Delta x = \frac{L}{m}$ und den $m+1$ Stützstellen $x_i = i \cdot \Delta x$ für $i = 0, \ldots, m$. Ebenso zerlegen wir das Zeitintervall $[0,T]$ gleichmäßig in n Teile der Länge $\Delta t = \frac{T}{n}$ mit den Zeitschritten $t_j = j \cdot \Delta t$ für $j = 0, \ldots, n$. Insgesamt haben wir dann im Rechteck $[0,L] \times [0,T]$ ein Gitter mit den Kreuzungspunkten (x_i, t_j) erzeugt, und wir wollen die Funktionswerte $u_{i,j} = u(x_i, t_j)$ an den Gitterpunkten bestimmen (siehe Abb. 6.18). Zu diesem Zweck müssen wir die partiellen Ableitungen in der PDG durch Ausdrücke ersetzen, welche nur die Funktionswerte an den Gitterpunkten enthalten. Damit sollen dann die Werte u zum Zeitpunkt t_{j+1} aus den Funktionswerten zu den Zeiten t_j bzw. t_{j-1} berechnet werden, und zwar so wie in Abb. 6.19 dargestellt.

Bei der Berechnung der Ableitung haben wir aus dem Differenzenquotienten durch Grenzwertbildung $\Delta x \to 0$ den Differentialquotienten ermittelt. Nun gehen wir den umgekehrten Weg und ersetzen die Ableitungen erster und zweiter Ordnung für kleine Δx näherungsweise durch Differenzenquotienten.

Zentrale Differenzenquotienten

Wir wollen für eine (beliebig oft) differenzierbaren Funktion $f : D \longrightarrow \mathbb{R}$ die Ableitungen $f'(x)$ und $f''(x)$ an einer Stelle $x \in D$ durch die Funktionswerte an den Stellen $f(x)$ und $f(x \pm \Delta x)$ annähern. Den passenden Ausdruck suchen wir mithilfe der Taylor-Reihe von f bei x, und das ist

$$f(x + \Delta x) = f(x) + f'(x)\,\Delta x + \tfrac{1}{2} f''(x)\,\Delta x^2 + \tfrac{1}{6} f'''(x)\,\Delta x^3 + \ldots$$

Ein Abbruch der Reihenentwicklung nach der 2. Ableitung ergibt die Näherung

$$(1) \quad f(x + \Delta x) \approx f(x) + f'(x)\,\Delta x + \tfrac{1}{2} f''(x)\,\Delta x^2$$

Ersetzen wir Δx in (1) durch $-\Delta x$, dann erhalten wir entsprechend

$$(2) \quad f(x - \Delta x) \approx f(x) - f'(x)\,\Delta x + \tfrac{1}{2} f''(x)\,\Delta x^2$$

Bilden wir die Summe bzw. Differenz von (1) und (2), so ist

$$(1) + (2) \quad f(x + \Delta x) + f(x - \Delta x) \approx 2\,f(x) + f''(x)\,\Delta x^2$$
$$(1) - (2) \quad f(x + \Delta x) - f(x - \Delta x) \approx 2\,f'(x)\,\Delta x$$

Lösen wir diese zwei Zeilen nach $f'(x)$ bzw. $f''(x)$ auf, dann haben wir die gewünschten Näherungsformeln gefunden:

Die **zentralen Differenzenquotienten** einer zweimal differenzierbaren Funktion sind die Näherungen für die Ableitungen

$$f'(x) \approx \frac{f(x + \Delta x) - f(x - \Delta x)}{2\,\Delta x}$$
$$f''(x) \approx \frac{f(x + \Delta x) + f(x - \Delta x) - 2\,f(x)}{\Delta x^2}$$

Bei der ersten Ableitung könnte man stattdessen auch die einfacheren Näherungen

$$f'(x) \approx \frac{f(x + \Delta x) - f(x)}{\Delta x} \qquad \text{(Vorwärts-Differenzenquotient)}$$
$$f'(x) \approx \frac{f(x) - f(x - \Delta x)}{\Delta x} \qquad \text{(Rückwärts-Differenzenquotient)}$$

verwenden. Allerdings stellt sich bei einer genaueren Untersuchung heraus, dass der zentrale Differenzenquotienten bei gleichem Δx einen besseren Näherungswert für die Ableitung liefert.

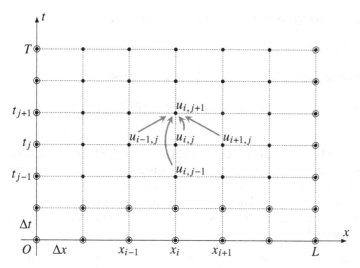

Abb. 6.19 Berechnung der Auslenkung zur Zeit t_{j+1} aus den Zeiten t_j und t_{j-1}

Diskretisierung

Wir nähern nun die partiellen Ableitungen in der PDG

$$u_{tt} + 2\delta u_t = c^2 \cdot u_{xx} - b$$

durch zentrale Differenzenquotienten an. Hierbei ist

$$u_t(x_i, t_j) \approx \frac{u(x_i, t_j + \Delta t) - u(x_i, t_j - \Delta t)}{2\Delta t} = \frac{u_{i,j+1} - u_{i,j-1}}{2\Delta t}$$

und für die zweiten Ableitungen notieren wir die Näherungen

$$u_{xx}(x_i, t_j) \approx \frac{u(x_i + \Delta x, t_j) + u(x_i - \Delta x, t_j) - 2u(x_i, t_j)}{\Delta x^2} = \frac{u_{i+1,j} + u_{i-1,j} - 2u_{i,j}}{\Delta x^2}$$

$$u_{tt}(x_i, t_j) \approx \frac{u(x_i, t_j + \Delta t) + u(x_i, t_j - \Delta t) - 2u(x_i, t_j)}{\Delta t^2} = \frac{u_{i,j+1} + u_{i,j-1} - 2u_{i,j}}{\Delta t^2}$$

Einsetzen in die PDG ergibt die Gleichung

$$\frac{u_{i,j+1} + u_{i,j-1} - 2u_{i,j}}{\Delta t^2} + 2\delta \cdot \frac{u_{i,j+1} - u_{i,j-1}}{2\Delta t} = c^2 \cdot \frac{u_{i+1,j} + u_{i-1,j} - 2u_{i,j}}{\Delta x^2} - b$$

Multiplizieren wir beide Seiten mit Δt^2 und verwenden wir als Abkürzung die

Courant-Zahl $\quad \alpha = c\,\dfrac{\Delta t}{\Delta x}$

(benannt nach Richard Courant 1888 - 1972), dann ergibt sich zunächst

$$u_{i,j+1} + u_{i,j-1} - 2u_{i,j} + \delta\,\Delta t\,(u_{i,j+1} - u_{i,j-1}) = \alpha^2\,(u_{i+1,j} + u_{i-1,j} - 2u_{i,j}) - b\,\Delta t^2$$

Die linke Seite dieser Gleichung können wir weiter zusammenfassen:

$$(1 + \delta \, \Delta t) \, u_{i,j+1} + (1 - \delta \, \Delta t) \, u_{i,j-1} - 2 \, u_{i,j} = \alpha^2 \, (u_{i+1,j} + u_{i-1,j} - 2 \, u_{i,j}) - b \, \Delta t^2$$

Auflösen der obigen Gleichung nach $u_{i,j+1}$ ergibt das **Differenzenschema**

$$u_{i,j+1} = \frac{2 \, (1 - \alpha^2) \, u_{i,j} + \alpha^2 (u_{i+1,j} + u_{i-1,j}) - (1 - \delta \, \Delta t) \, u_{i,j-1} - b \, \Delta t^2}{1 + \delta \, \Delta t}$$

Was genau bedeutet diese Formel? Falls wir die Auslenkungen an den Stützstellen x_i für alle $i = 0, \ldots, m$ zu den Zeiten t_{j-1} und t_j kennen, dann können wir die Auslenkungen bei den inneren Stützstellen x_i für $i = 1, \ldots, m - 1$ zum nächsten Zeitschritt t_{j+1} berechnen. Dafür brauchen wir aber noch die Funktionswerte $u_{0,j}$ und $u_{m,j}$ am Rand sowie die Startwerte $u_{i,0}$ und $u_{i,1}$ zu den Zeiten $t = 0$ bzw. $t = \Delta t$. Diese werden durch Anfangs- und Randbedingungen festgelegt.

Die Auslenkungen in den Gitterpunkten bei $t = 0$ sowie für $x = 0$ und $x = L$ erhalten wir unmittelbar aus den Anfangs-/Randbedingungen

$$u(0,t) = 0 \implies u_{0,j} = u(0, t_j) = 0$$
$$u(L,t) = 0 \implies u_{m,j} = u(L, t_j) = 0$$
$$u(x,0) = f(x) \implies u_{i,0} = u(x_i, 0) = f(x_i)$$

Zur Berechnung der Werte $u_{i,1}$ verwenden wir den Vorwärts-Differenzenquotienten

$$\frac{u_{i,1} - u_{i,0}}{\Delta t} = \frac{u(x_i, \Delta t) - u(x_i, 0)}{\Delta t} \approx \frac{\partial u}{\partial t}(x_i, 0) = g(x_i)$$

zusammen mit einer vorgegebenen Anfangsgeschwindigkeit $g(x)$, sodass wir schließlich die Auslenkung nach dem ersten Zeitschritt mit der Formel

$$u_{i,1} = u_{i,0} + g(x_i) \cdot \Delta t = f(x_i) + g(x_i) \cdot \Delta t$$

berechnen können. In Abb. 6.19 sind die Gitterpunkte, an denen die Auslenkung mithilfe von Anfangs- und Randbedingungen vorzugeben sind, mit einem Kreis markiert. An allen anderen Stellen können die Funktionswerte dann mit dem Differenzenschema ermittelt werden. Die hier aufgelisteten Berechnungsschritte lassen sich unmittelbar in ein Computerprogramm übertragen. Ein Pseudocode für die Lösung der Wellengleichung könnte etwa wie folgt aussehen:

Bei der **Finite-Differenzen-Methode** für die partielle Differentialgleichung

$$u_{tt} + 2 \, \delta \, u_t = c^2 \cdot u_{xx} - b, \quad (x,t) \in [0, L] \times [0, T]$$

mit den Randbedingungen $u(0,t) = u(L,t) = 0$ und den Anfangsbedingungen $u(x,0) = f(x)$, $u_t(x,0) = g(x)$ berechnet man die Auslenkungen $u_{i,j} = u(x_i, t_j)$ in den Gitterpunkten $(x_i, t_j) = (i \cdot \Delta x, j \cdot \Delta t)$ $(i = 0, \ldots, m; \ j = 0, \ldots, n)$ durch die Anweisungen

$\alpha := c \cdot \frac{\Delta t}{\Delta x}$

for $j = 0, \ldots, n$ **do**
   $u_{0,j} = 0$
   $u_{m,j} = 0$
end for
for $i = 1, \ldots, m - 1$ **do**
   $u_{i,0} = f(i \cdot \Delta x)$
   $u_{i,1} = f(i \cdot \Delta x) + \Delta t \cdot g(i \cdot \Delta x)$
end for
for $j = 1, \ldots, n - 1$ **do**
   for $i = 1, \ldots, m - 1$ **do**
$$u_{i,j+1} = \frac{2(1 - \alpha^2)u_{i,j} + \alpha^2(u_{i+1,j} + u_{i-1,j}) - (1 - \delta \Delta t)u_{i,j-1} - b\,\Delta t^2}{1 + \delta \Delta t}$$
   end for
end for

Damit das Verfahren stabil ist und sinnvolle Werte liefert, muss die Courant-Zahl $\alpha \leq 1$ erfüllen. Das bedeutet, dass die zeitliche Schrittweite maximal den Wert $\Delta t = \alpha \cdot \frac{\Delta x}{c} \leq \frac{\Delta x}{c}$ haben darf! Diese Einschränkung nennt man *Courant-Friedrichs-Lewy (CFL) Bedingung*. Auf Fragen zur Stabilität und Konvergenz der FDM kann hier aus Platzgründen nicht näher eingegangen werden – diese werden in der einschlägigen Literatur zur numerischen Behandlung partieller Differentialgleichungen besprochen.

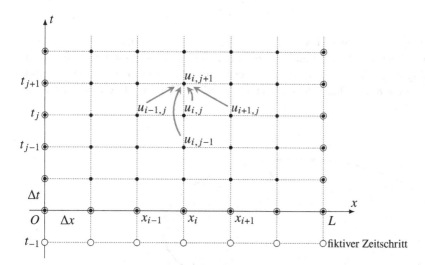

Abb. 6.20 Die Finite-Differenzen-Methode mit fiktivem Zeitschritt

In der Praxis werden die Werte $u_{i,1}$ in der Regel auch nicht mit dem Vorwärts-Differenzenquotienten berechnet, sondern man wendet das Differenzenschema für $j = 1$ an. Dazu braucht man allerdings in der Formel

$$(1 + \delta \Delta t)\,u_{i,1} + (1 - \delta \Delta t)\,u_{i,-1} - 2\,u_{i,0} = \alpha^2(u_{i+1,0} + u_{i-1,0} - 2\,u_{i,0}) - b\,\Delta t^2$$

auch noch die Werte $u_{i,-1}$. Diese erhalten wir aus dem zentralen Differenzenquotienten für die Anfangsgeschwindigkeit mit einem sogenannten „fiktiven Zeitschritt"

$$g(x_i) = u_t(x_i, 0) = \frac{u_{i,1} - u_{i,-1}}{2\,\Delta t} \implies u_{i,-1} = u_{i,1} - 2\,\Delta t \cdot g(x_i)$$

Nach dem Einsetzen in obige Formel ergibt sich

$$2\,u_{i,1} - 2\,\Delta t\,(1 - \delta\,\Delta t)\,g(x_i) - 2\,u_{i,0} = \alpha^2(u_{i+1,0} + u_{i-1,0} - 2\,u_{i,0}) - b\,\Delta t^2$$

sodass wir die Werte $u_{i,1}$ wie folgt berechnen können:

$$u_{i,1} = (1 - \alpha^2)\,u_{i,0} + \tfrac{1}{2}\alpha^2(u_{i+1,0} + u_{i-1,0}) + \Delta t\,(1 - \delta\,\Delta t)\,g(x_i) - \tfrac{1}{2}\,b\,\Delta t^2$$

6.3.5 Die zweidimensionale Wellengleichung

Das zweidimensionale Gegenstück zum elastischen Seil ist die elastische Membran. Hier hat man neben x noch eine zusätzliche Ortskoordinate y. Die Auslenkung der ungedämpften Membran $u = u(x, y, t)$ in Abhängigkeit von der Zeit t wird beschrieben durch die partielle Differentialgleichung

$$u_{tt} = c^2\left(u_{xx} + u_{yy}\right)$$

oder kurz: $u_{tt} = c^2\,\Delta u$, wobei $\Delta u = u_{xx} + u_{yy}$ den zweidimensionalen Laplace-Operator bezeichnet. Auch hier braucht man zur Auswahl einer Lösung zusätzlich Anfangs- und Randbedingungen. Wir betrachten im Folgenden den Fall einer kreisrunden Membran mit dem Radius R, die über den gesamten Rand auf der Höhe $u = 0$ fest eingespannt ist.

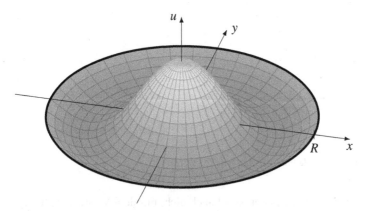

Abb. 6.21 Schwingende kreisförmige Membran

Aufgrund der Kreisform ist es sinnvoll, die Auslenkung u der Membran nicht in kartesischen Koordinaten (x, y), sondern in Polarkoordinaten $(r; \varphi)$ zu beschreiben. Der Laplace-Operator hat in diesen Koordinaten gemäß Abschnitt Kapitel 5, Abschnitt 5.1.6

die Form

$$(\Delta u)(r; \varphi) = \frac{\partial^2 u}{\partial r^2} + \frac{1}{r}\frac{\partial u}{\partial r} + \frac{1}{r^2}\frac{\partial^2 u}{\partial \varphi^2}$$

und die PDG $u_{tt} = c^2\,\Delta u$ für die Auslenkung $u = u(r; \varphi, t)$ geht über in

$$u_{tt} = c^2\big(u_{rr} + \tfrac{1}{r}\,u_r + \tfrac{1}{r^2}\,u_{\varphi\varphi}\big)$$

Wir suchen hier speziell eine radialsymmetrische Lösung $u = u(r, t)$, die nicht vom Winkel φ abhängt. In diesem Fall ist $u_{\varphi\varphi} = 0$, und die PDG vereinfacht sich zu

$$u_{tt} = c^2\big(u_{rr} + \tfrac{1}{r}\,u_r\big)$$

Zur Lösung dieser PDG wählen wir einen Separationsansatz

$$u(r, t) = A(r) \cdot z(t)$$

Einsetzen in die PDG ergibt

$$A(r) \cdot z''(t) = c^2\big(A''(r) \cdot z(t) + \tfrac{1}{r}\,A'(r) \cdot z(t)\big)$$
$$\implies \quad \frac{z''(t)}{c^2 z(t)} = \frac{1}{A(r)}\big(A''(r) + \tfrac{1}{r}\,A'(r)\big)$$

Die linke Seite hängt nur von der Zeit t, die rechte Seite nur vom Abstand r ab. Beide Seiten müssen daher eine von (r, t) unabhängige Konstante λ sein:

$$\frac{z''(t)}{c^2 z(t)} = \lambda = \frac{A''(r) + \tfrac{1}{r}\,A'(r)}{A(r)}$$

sodass die PDG wieder in zwei gewöhnliche Differentialgleichungen zerfällt:

(1) $z''(t) = c^2\lambda\,z(t)$ und   (2) $A''(r) + \tfrac{1}{r}\,A'(r) = \lambda\,A(r)$

wobei der „Radialanteil" $A(r)$ noch die Randbedingung $A(R) = 0$ erfüllen muss. Die DGl (1) ist die Differentialgleichung des harmonischen Oszillators; sie liefert nur im Fall $\lambda < 0$ eine zeitlich periodische Lösung – andernfalls würde $z(t)$ linear oder exponentiell ansteigen. Wir können daher $\lambda = -k^2$ setzen und die Differentialgleichungen in der Form

(1) $z''(t) + c^2 k^2 z(t) = 0$ und   (2) $r\,A''(r) + A'(r) + r\,k^2 A(r) = 0$

schreiben. Zur Lösung der DGl (2) setzen wir $A(r) = y(x)$ mit einer unbekannten Funktion y und $x = kr$. Mit $A'(r) = k\,y'(x)$ und $A''(r) = k^2 y''(x)$ folgt dann aus

$$0 = r\,A''(r) + A'(r) + r\,k^2 A(r) = rk^2 y''(x) + k\,y'(x) + rk^2 y(x) \quad | \cdot r$$
$$0 = (rk)^2 y''(x) + rk\,y'(x) + (rk)^2 y(x) = x^2 y''(x) + x\,y'(x) + x^2 y(x)$$

dass $y(x)$ eine Lösung der Besselschen Differentialgleichung nullter Ordnung sein muss. Die bei $x = 0$ beschränkten Lösungen sind die Vielfachen der Zylinderfunktionen $y(x) = C\,J_0(x)$, vgl. Abschnitt 6.2.3, und somit gilt

$$A(r) = y(kr) = C \cdot J_0(kr), \quad r \in [0, R]$$

mit einer beliebigen Konstante $C \in \mathbb{R}$ und der Besselfunktion nullter Ordnung J_0.

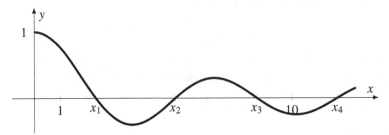

Abb. 6.22 Die Besselfunktion $J_0(x)$ mit den ersten vier Nullstellen

Aufgrund der Randbedingung $0 = A(R) = C \cdot J_0(kR)$ ist k so zu wählen, dass $x = kR$ eine Nullstelle der Besselfunktion J_0 ist. Die ersten Nullstellen von $J_0(x)$ sind, gerundet auf vier Nachkommastellen, bei

$$x_1 = 2{,}4048, \quad x_2 = 5{,}5201, \quad x_3 = 8{,}6537, \quad x_4 = 11{,}7915, \quad \ldots$$

(siehe Abb. 6.22). Hieraus ergeben sich die Konstanten $k_n = \frac{x_n}{R}$, mit denen wir nun auch die DGl (1) vollständig lösen können:

$$z''(t) + c^2 k_n^2 z(t) = 0 \quad \Longrightarrow \quad z(t) = A_n \cos(c k_n t) + B_n \sin(c k_n t)$$

Bringen wir den Radialanteil und den Zeitanteil gemäß dem Produktansatz zusammen, dann erhalten wir als Lösungen

$$u(r, t) = C_n J_0 \left(\tfrac{x_n r}{R} \right) \cdot \left(A_n \cos \tfrac{c x_n t}{R} + B_n \sin \tfrac{c x_n t}{R} \right)$$

mit den Nullstellen $x_1, x_2, \ldots$ der Besselfunktion $J_0(x)$, wobei sich die Konstante C_n mit A_n bzw. B_n kombinieren lässt.

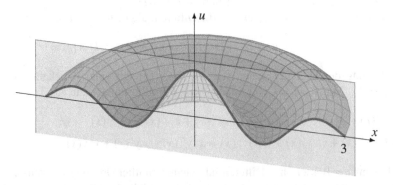

Abb. 6.23 Schwingende Membran mit $R = 3$

Zusammengefasst erhalten wir verschiedene radialsymmetrische Lösungen der zweidimensionalen Wellengleichung

$$n = 1 : \quad u(r,t) = J_0\left(\tfrac{2{,}4048\,r}{R}\right) \cdot \left(A_1 \cos \tfrac{2{,}4048\,c\,t}{R} + B_1 \sin \tfrac{2{,}4048\,c\,t}{R}\right)$$

$$n = 2 : \quad u(r,t) = J_0\left(\tfrac{5{,}5201\,r}{R}\right) \cdot \left(A_2 \cos \tfrac{5{,}5201\,c\,t}{R} + B_2 \sin \tfrac{5{,}5201\,c\,t}{R}\right)$$

$$n = 3 : \quad u(r,t) = J_0\left(\tfrac{8{,}6537\,r}{R}\right) \cdot \left(A_3 \cos \tfrac{8{,}6537\,c\,t}{R} + B_3 \sin \tfrac{8{,}6537\,c\,t}{R}\right)$$

usw. Abb. 6.23 zeigt die radialsymmetrische Lösung für x_3 zum Radius $R = 3$, und in Abb. 6.24 ist die zeitliche Entwicklung des Querschnitts dargestellt. Es sei an dieser Stelle nochmal darauf hingewiesen, dass wir hier nur einzelne radialsymmetrische Lösungen berechnet haben. Durch Überlagerung (Superposition) dieser Schwingungen entstehen weitere Lösungen, und es gibt auch noch Lösungen, die nicht radialsymmetrisch sind. Die Schwingungsgleichung für die Membran im Detail zu besprechen, würde jedoch den Rahmen dieses Buchs sprengen.

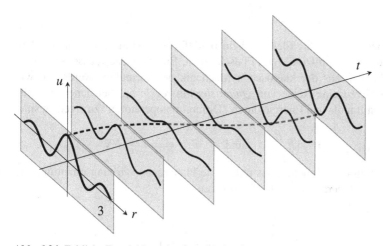

Abb. 6.24 Zeitliche Entwicklung des Querschnitts für x_3

6.3.6 Die Schrödinger-Gleichung

Abschließend wollen wir – als ein etwas komplizierteres Beispiel für eine partielle Differentialgleichungen und zugleich als Anwendungsbeispiel für spezielle Funktionen – das Wasserstoffatom mit einem Proton im Kern und einem Elektron etwas genauer untersuchen. Das klassische Atommodell von Niels Bohr aus dem Jahr 1913 beschreibt das Wasserstoffatom ähnlich wie ein Planetensystem: das Proton (Sonne) wird vom Elektron (Planet) auf einer Kreisbahn umlaufen. Viele physikalische Effekte und auch chemische Bindungen ließen sich damit jedoch nicht erklären. Das Bohrsche Atommodell wurde 1926 durch ein quantenmechanisches Modell ersetzt, das von Erwin Schrödinger entwickelt wurde und in seinen Grundzügen hier kurz vorgestellt werden soll.

Beginnen wir zunächst mit der klassischen Beschreibung. Das Elektron ist hier ein Teilchen mit der Masse m_e und der Ladung $e < 0$, welches sich um den Kern des Wasserstoffatoms (positive Ladung $-e$) bewegt. Seine Gesamtenergie $E_{ges} = E_{kin} + E_{pot}$ setzt sich zusammen aus der kinetischen Energie

$$E_{kin} = \tfrac{1}{2} m_e \cdot v^2 = \tfrac{1}{2} m_e \cdot (\vec{v} \cdot \vec{v}) = \frac{\vec{p} \cdot \vec{p}}{2 m_e}$$

wobei $\vec{p} = m_e \, \vec{v}$ den Impuls des Elektrons bezeichnet, und der potentiellen Energie

$$E_{pot} = \frac{-e \cdot e}{4 \pi \varepsilon_0 \, r}$$

welche sich aus dem Coulomb-Gesetz ergibt. Hierbei ist r der Abstand des Elektrons zum Kern und ε_0 die Dielektrizitätskonstante des Vakuums. Das Coulomb-Potential hängt also nur vom Kernabstand r ab. Für die Gesamtenergie des Elektrons erhalten wir dann

$$E_{ges} = \frac{\vec{p} \cdot \vec{p}}{2 m_e} - \frac{e^2}{4 \pi \varepsilon_0 \, r}$$

In der Quantenmechanik ist das Elektron kein punktförmiges Teilchen mehr, sondern es wird durch eine *Wellenfunktion* $\psi(\vec{r}, t)$ beschrieben. Entsprechend mussten auch die Bewegungsgleichungen aus der klassischen Mechanik neu formuliert werden. Erwin Schrödinger gab hierzu eine Reihe von *Quantisierungsregeln* an, bei denen u. a. die klassischen Größen Impuls und Energie durch „Differentialoperatoren" zu ersetzen sind, und zwar

$$E_{ges} \quad \Longleftrightarrow \quad i\hbar \frac{\partial}{\partial t} \quad \text{und} \quad \vec{p} \quad \Longleftrightarrow \quad -i\hbar \nabla$$

Hierbei ist i die imaginäre Einheit, $\hbar$ das reduzierte Plancksche Wirkungsquantum, und ∇ steht für den Nabla-Operator bzw. den Gradienten

$$\nabla = \begin{pmatrix} \frac{\partial}{\partial x} \\[4pt] \frac{\partial}{\partial y} \\[4pt] \frac{\partial}{\partial z} \end{pmatrix} \quad \Longrightarrow \quad \nabla \psi = \begin{pmatrix} \frac{\partial \psi}{\partial x} \\[4pt] \frac{\partial \psi}{\partial y} \\[4pt] \frac{\partial \psi}{\partial z} \end{pmatrix}$$

Die Wellenfunktion $\psi(\vec{r}, t) = \psi(x, y, z, t)$ ist komplexwertig, und für einen räumlichen Bereich $B \subset \mathbb{R}^3$ liefert das Volumenintegral

$$\iiint_B |\psi(x, y, z, t)|^2 \, dV$$

gemäß der „Kopenhagener Deutung" die *Aufenthaltswahrscheinlichkeit*, das Teilchen zur Zeit t im Gebiet B zu finden. Insbesondere muss dann die *Normierungsbedingung*

$$\iiint_{\mathbb{R}^3} |\psi(x, y, z, t)|^2 \, dV = 1$$

erfüllt sein, denn die Wahrscheinlichkeit, das Teilchen *irgendwo* im Raum zu finden, ist 1 (oder 100%). Weil das Elektron im H-Atom kein punktförmiges Teilchen mehr ist, sondern eine „stehende Welle", die sich über den gesamten Raum erstreckt, kann man $|\psi(x, y, z, t)|^2$ auch als *Dichteverteilung* des Elektrons zur Zeit t interpretieren.

Mit den Quantisierungsregeln ergibt sich nun für die Energie der Wellenfunktion

$$i\hbar \frac{\partial}{\partial t} \psi = -\frac{\hbar^2}{2\,m_e} (\nabla \cdot \nabla)\, \psi - \frac{e^2}{4\,\pi\,\varepsilon_0\, r} \cdot \psi$$

Der formal als „Skalarprodukt" notierte Ausdruck $\nabla \cdot \nabla$ steht für den *Laplace-Operator*

$$\Delta := \nabla \cdot \nabla = \begin{pmatrix} \frac{\partial}{\partial x} \\ \frac{\partial}{\partial y} \\ \frac{\partial}{\partial z} \end{pmatrix} \cdot \begin{pmatrix} \frac{\partial}{\partial x} \\ \frac{\partial}{\partial y} \\ \frac{\partial}{\partial z} \end{pmatrix} = \frac{\partial^2}{\partial^2 x} + \frac{\partial^2}{\partial y^2} + \frac{\partial^2}{\partial z^2}$$

sodass

$$\Delta\psi = \frac{\partial^2\psi}{\partial^2 x} + \frac{\partial^2\psi}{\partial y^2} + \frac{\partial^2\psi}{\partial z^2}$$

die Summe aller zweiten partiellen Ableitungen von ψ ergibt. Schließlich erhalten wir für die Wellenfunktion des Elektrons im Wasserstoffatom die

Schrödinger-Gleichung: $\quad i\hbar \cdot \dfrac{\partial\psi}{\partial t} + \dfrac{\hbar^2}{2\,m_e} \cdot \Delta\psi + \dfrac{e^2}{4\,\pi\,\varepsilon_0\, r} \cdot \psi = 0$

Hierbei handelt es sich um eine partielle Differentialgleichung zweiter Ordnung für die gesuchte Wellenfunktion $\psi(x, y, z, t)$ mit vier Veränderlichen. Derartige Gleichungen kann man in der Regel nicht mehr analytisch (formelmäßig) lösen, sodass man auf numerische Verfahren angewiesen ist. Beispielsweise lassen sich die Lösungen der quantenmechanischen Gleichungen für zwei- und mehratomige Moleküle (z. B. H_2, H_2O usw.) nicht in geschlossener Form darstellen. Die Schrödinger-Gleichung für das *Wasserstoffatom* kann man jedoch lösen. Dazu sind aber mehrere Schritte nötig. Mit dem Ansatz

$$\psi(\vec{r}, t) = e^{-\frac{i\,t\,E}{\hbar}} \cdot \Psi(\vec{r})$$

für eine noch unbekannte Zahl E bringt man die Schrödinger-Gleichung zuerst in eine zeitunabhängige Form. Wegen

$$i\hbar \cdot \frac{\partial\psi}{\partial t} = i\hbar \cdot \frac{-i\,E}{\hbar} \cdot e^{-\frac{i\,t\,E}{\hbar}} \cdot \Psi(\vec{r}) = E \cdot e^{-\frac{i\,t\,E}{\hbar}} \cdot \Psi(\vec{r}) = E \cdot \psi$$

ist E ein Eigenwert des Energieoperators $i\hbar \frac{\partial}{\partial t}$. Setzen wir diesen Ausdruck in die Schrödinger-Gleichung ein:

$$e^{-\frac{i\,t\,E}{\hbar}} \cdot \left(E \cdot \Psi + \frac{\hbar^2}{2\,m_e} \cdot \Delta\Psi + \frac{e^2}{4\,\pi\,\varepsilon_0\, r} \cdot \Psi \right) = 0$$

und multiplizieren wir beide Seiten mit $e^{\frac{i\,t\,E}{\hbar}} \cdot \frac{2\,m_e}{\hbar^2} \cdot r^2 \cdot \frac{1}{\Psi}$, dann ergibt sich

$$r^2 \frac{\Delta\Psi}{\Psi} + \frac{2\,m_e E}{\hbar^2} \cdot r^2 + \frac{2\,m_e e^2}{4\,\pi\,\varepsilon_0\,\hbar^2} \cdot r = 0$$

Zur weiteren Vereinfachung der Gleichung führen wir die folgenden beiden Größen ein:

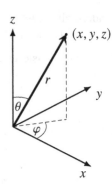

$$A = \sqrt{-\frac{2\,m_e E}{\hbar^2}} \quad \text{und} \quad B = \frac{m_e e^2}{4\,\pi\,\varepsilon_0\,\hbar^2}$$

(hierbei ist B der Kehrwert des Bohrschen Radius $0{,}529 \cdot 10^{-10}$m). Wir erhalten dann die *stationäre Schrödinger-Gleichung* in der Form

$$r^2 \frac{\Delta\Psi}{\Psi} - A^2 r^2 + 2\,B\,r = 0$$

Aufgrund der Kugelsymmetrie des Coulomb-Potentials ist es günstig, den zeitunabhängigen Anteil der Wellenfunktion $\Psi = \Psi(r;\theta;\varphi)$ in *Kugelkoordinaten*

$$(x, y, z) = (r\cos\varphi\sin\theta, r\sin\varphi\sin\theta, r\cos\theta)$$

darzustellen und auch den Laplace-Operator auf Kugelkoordinaten umzuschreiben:

$$\Delta\Psi = \frac{1}{r^2} \cdot \frac{\partial}{\partial r}\left(r^2 \frac{\partial\Psi}{\partial r}\right) + \frac{1}{r^2\sin\theta} \cdot \frac{\partial}{\partial\theta}\left(\sin\theta\,\frac{\partial\Psi}{\partial\theta}\right) + \frac{1}{r^2\sin^2\theta} \cdot \frac{\partial^2\Psi}{\partial\varphi^2}$$

(siehe Kapitel 5, Abschnitt 5.1.6). Zur Lösung der stationären Schrödinger-Gleichung verwenden wir den Separationsansatz

$$\Psi(r;\theta;\varphi) = R(r) \cdot Y(\theta,\varphi)$$

d. h., die gesuchte Lösung „zerfällt" in ein Produkt von zwei Funktionen, wobei der Radialanteil $R(r)$ nur vom Abstand r zum Kern und $Y(\theta, \varphi)$ nur von den Winkelkoordinaten θ (Azimutalwinkel) bzw. φ (Polarwinkel) abhängt. Wendet man auf dieses Produkt den Laplace-Operator in Kugelkoordinaten an, dann gilt

$$\Delta\Psi = \frac{1}{r^2} \cdot \frac{\partial}{\partial r}\left(r^2 \frac{\partial R}{\partial r}\right) \cdot Y + \frac{1}{r^2\sin\theta} \cdot R \cdot \frac{\partial}{\partial\theta}\left(\sin\theta\,\frac{\partial Y}{\partial\theta}\right) + \frac{1}{r^2\sin^2\theta} \cdot R \cdot \frac{\partial^2 Y}{\partial\varphi^2}$$

Multiplizieren wir dieses Resultat noch mit $\frac{r^2}{\Psi} = \frac{r^2}{R \cdot Y}$, so ergibt sich

$$r^2 \frac{\Delta\Psi}{\Psi} = \frac{1}{R} \cdot \frac{\partial}{\partial r}\left(r^2 \frac{\partial R}{\partial r}\right) + \frac{1}{\sin\theta \cdot Y} \cdot \frac{\partial}{\partial\theta}\left(\sin\theta\,\frac{\partial Y}{\partial\theta}\right) + \frac{1}{\sin^2\theta \cdot Y} \cdot \frac{\partial^2 Y}{\partial\varphi^2}$$

Nun setzen wir diesen Ausdruck in die stationäre Schrödinger-Gleichung ein, wobei wir die Anteile mit Y auf die rechte Seite bringen:

$$\frac{1}{R} \cdot \frac{\partial}{\partial r}\left(r^2 \frac{\partial R}{\partial r}\right) - A^2 r^2 + 2\,B\,r = -\frac{1}{\sin\theta \cdot Y} \cdot \frac{\partial}{\partial\theta}\left(\sin\theta\,\frac{\partial Y}{\partial\theta}\right) - \frac{1}{\sin^2\theta \cdot Y} \cdot \frac{\partial^2 Y}{\partial\varphi^2}$$

Die linke Seite hängt nur vom Abstand r und die rechte Seite nur von den Winkelkoordinaten φ bzw. θ ab. Hält man r fest, dann muss auch die rechte Seite eine von (θ, φ)

unabhängige Konstante sein, und umgekehrt ist für feste Werte φ und θ die linke Seite eine von r unabhängige Konstante. Die partielle Differentialgleichung zerfällt dann ähnlich wie beim Separationsansatz von Bernoulli (siehe Abschnitt 6.3.3) in zwei Gleichungen

$$\frac{1}{R} \cdot \frac{\partial}{\partial r}\left(r^2 \frac{\partial R}{\partial r}\right) - A^2 r^2 + 2\,B\,r = \lambda$$

$$\frac{1}{\sin\theta \cdot Y} \cdot \frac{\partial}{\partial\theta}\left(\sin\theta \frac{\partial Y}{\partial\theta}\right) + \frac{1}{\sin^2\theta \cdot Y} \cdot \frac{\partial^2 Y}{\partial\varphi^2} = -\lambda$$

mit einer gemeinsamen, aber noch unbekannten Kopplungskonstante λ. Die Gleichung für den Winkelanteil lässt sich mit dem Ansatz

$$Y(\theta, \varphi) = \Theta(\theta) \cdot \Phi(\varphi)$$

noch weiter separieren:

$$\frac{1}{\sin\theta \cdot \Theta \cdot \Phi} \cdot \frac{\partial}{\partial\theta}\left(\sin\theta \frac{\partial\Theta}{\partial\theta}\right) \cdot \Phi + \frac{1}{\sin^2\theta \cdot \Theta \cdot \Phi} \cdot \Theta \cdot \frac{\partial^2\Phi}{\partial\varphi^2} = -\lambda \quad\Big|\cdot \sin^2\theta$$

$$\frac{\sin\theta}{\Theta} \cdot \frac{\partial}{\partial\theta}\left(\sin\theta \frac{\partial\Theta}{\partial\theta}\right) + \frac{1}{\Phi} \cdot \frac{\partial^2\Phi}{\partial\varphi^2} = -\lambda \cdot \sin^2\theta$$

$$\frac{\sin\theta}{\Theta} \cdot \frac{d}{d\theta}\left(\sin\theta \frac{d\Theta}{d\theta}\right) + \lambda \cdot \sin^2\theta = -\frac{1}{\Phi} \cdot \frac{d^2\Phi}{d\varphi^2}$$

Hier hängt die linke Seite nur noch von θ, die rechte Seite nur von φ ab. Beide Seiten müssen demnach die gleiche Konstante ergeben, und das bedeutet:

$$\frac{\sin\theta}{\Theta} \cdot \frac{d}{d\theta}\left(\sin\theta \frac{d\Theta}{d\theta}\right) + \lambda \cdot \sin^2\theta = \mu \quad \text{und} \quad \frac{1}{\Phi} \cdot \frac{d^2\Phi}{d\varphi^2} = -\mu$$

Wir haben bisher die (partielle) Schrödinger-Gleichung für die Wellenfunktion des Elektrons im H-Atom in drei gewöhnliche DGlen 2. Ordnung zerlegt, und das sind

(1) die **Radialgleichung** für die Abhängigkeit vom Abstand r:

$$\frac{d}{dr}\left(r^2 \frac{dR}{dr}\right) + \left(-A^2 r^2 + 2\,B\,r - \lambda\right) R = 0$$

(2) die **Polargleichung** für die Abhängigkeit vom Polarwinkel θ:

$$\sin\theta \cdot \frac{d}{d\theta}\left(\sin\theta \frac{d\Theta}{d\theta}\right) + \left(\lambda \cdot \sin^2\theta - \mu\right) \Theta = 0$$

(3) die **azimutale Gleichung** für die Abhängigkeit vom Azimutalwinkel θ:

$$\frac{d^2\Phi}{d\varphi^2} + \mu \cdot \Phi = 0$$

Da die Funktionen $R(r)$, $\Theta(\theta)$ und $\Phi(\varphi)$ jeweils nur noch von einer Koordinate abhängen, haben wir die partiellen Ableitungen durch gewöhnliche Ableitungen ersetzt. In den Gleichungen sind λ, μ und E noch unbekannte Konstanten, die aus den physikalischen Randbedingungen zu bestimmen sind. Beispielsweise müssen die Winkelanteile 2π-periodisch sein, und die Radialfunktion $R(r)$ soll für $r \to \infty$ beschränkt bleiben.

Die DGl für $\Phi(\varphi)$ können wir sofort lösen. Wir suchen eine Funktion, welche

$$\frac{d^2\Phi}{d\varphi^2} + \mu \cdot \Phi = 0$$

erfüllt und 2π-periodisch ist: $\Phi(\varphi + 2\pi) = \Phi(\varphi)$. Dazu muss $\mu = m^2$ mit einer ganzen Zahl $m \in \mathbb{Z}$ sein. Die Lösungen sind dann die reellen Funktionen

$$\Phi(\varphi) = C_1 \cdot \cos(m\varphi) \quad \text{und} \quad \Phi(\varphi) = C_2 \cdot \sin(m\varphi)$$

mit Konstanten $C_1, C_2 \in \mathbb{R}$, oder noch allgemeiner die komplexen Funktionen $\Phi(\varphi) = C \cdot e^{\pm im\varphi}$ mit beliebigen Konstanten $C \in \mathbb{C}$.

Lösung der Polargleichung

Die Differentialgleichung für $\Theta(\theta)$ mit $\mu = m^2$ lässt sich zunächst in die Form

$$\sin^2\theta \cdot \Theta'' + \sin\theta\cos\theta \cdot \Theta' + (\lambda \cdot \sin^2\theta - m^2) \cdot \Theta = 0 \quad \big| : \sin^2\theta$$

$$\Theta'' + \frac{\cos\theta}{\sin\theta} \cdot \Theta' + \left(\lambda - \frac{m^2}{\sin^2\theta}\right) \cdot \Theta = 0$$

bringen. Zur Lösung dieser gewöhnlichen DGl 2. Ordnung verwendet man den Ansatz

$$\Theta(\theta) = P(\cos\theta) \quad \Longrightarrow \quad \Theta'(\theta) = -\sin\theta \cdot P'(\cos\theta)$$

$$\text{und} \quad \Theta''(\theta) = -\cos\theta \cdot P'(\cos\theta) + \sin^2\theta \cdot P''(\cos\theta)$$

Einsetzen in die DGl ergibt

$$\sin^2\theta \cdot P''(\cos\theta) - 2\cos\theta \cdot P'(\cos\theta) + \left(\lambda - \frac{m^2}{\sin^2\theta}\right) P(\cos\theta) = 0$$

oder mit $\sin^2\theta = 1 - \cos^2\theta$

$$(1 - \cos^2\theta) \cdot P''(\cos\theta) - 2\cos\theta \cdot P'(\cos\theta) + \left(\lambda - \frac{m^2}{1 - \cos^2\theta}\right) P(\cos\theta) = 0$$

In der letzten Gleichung können wir $x = \cos\theta$ substituieren und erhalten

$$\boxed{(1 - x^2) \cdot P''(x) - 2x \cdot P'(x) + \left(\lambda - \frac{m^2}{1 - x^2}\right) P(x) = 0}$$

Diese DGl heißt **assoziierte Legendre-Differentialgleichung**. Eine genauere Untersuchung zeigt, dass es nur dann eine beschränkte Lösung (ohne Unendlichkeitsstelle bei ± 1) gibt, wenn $\lambda = \ell\,(\ell + 1)$ gilt und ℓ eine natürliche Zahl mit $\ell \geq |m| \geq 0$ ist. Ihre Lösungen sind die sogenannten *assoziierten Legendre-Funktionen*

$$P_\ell^m(x) = (1 - x^2)^{|m|/2} \cdot \frac{\mathrm{d}^{|m|+\ell}}{\mathrm{d}x^{|m|+\ell}}(1 - x^2)^\ell$$

oder beliebige Vielfache davon. Im Übrigen ist $P_\ell^{-m}(x) = P_\ell^m(x)$.

Beispiel: Für $\ell = 2$ und $m = 0$ ist die Legendre-Funktion

$$P_2^0(x) = (1 - x^2)^{0/2} \cdot \frac{\mathrm{d}^{0+2}}{\mathrm{d}x^{0+2}}(1 - x^2)^2 = \frac{\mathrm{d}^2}{\mathrm{d}x^2}(1 - x^2)^2 = 12\,x^2 - 4$$

ein Polynom, welches die Legendre-DGl für $\lambda = 2 \cdot 3$ und $m^2 = 0$ löst, also

$$(1 - x^2) \cdot P''(x) - 2\,x \cdot P'(x) + 6\,P(x) = 0$$

erfüllt. Im Fall $\ell = 3$ und $m = 2$ ist

$$P_3^2(x) = (1 - x^2)^{2/2} \cdot \frac{\mathrm{d}^{2+3}}{\mathrm{d}x^{2+3}}(1 - x^2)^2$$

$$= (1 - x^2) \cdot \frac{\mathrm{d}^5}{\mathrm{d}x^5}(1 - x^2)^3 = 720\,x^3 - 720\,x$$

eine Polynomlösung (Legendre-Polynom) für die DGl

$$(1 - x^2) \cdot P''(x) - 2\,x \cdot P'(x) + \left(12 - \tfrac{4}{1-x^2}\right) P(x) = 0$$

mit $\lambda = 3 \cdot 4 = 12$ und $m^2 = 4$.

Nachdem nun die Lösungen der Azimutal- und Polargleichung bekannt sind, können wir damit auch die Lösungen für den Winkelanteil der Schrödinger-Gleichung zusammenstellen. Es sind die sogenannten

Kugelflächenfunktionen $Y_\ell^m(\theta, \varphi) = P_\ell^m(\cos\theta) \cdot \mathrm{e}^{\mathrm{i}m\varphi}$

wobei die natürliche Zahl ℓ als *Bahnquantenzahl* oder *Nebenquantenzahl* bezeichnet wird, und $m \in \{-\ell, -\ell+1, \ldots, \ell\}$ eine ganze Zahl ist, die man *magnetische Quantenzahl* nennt. Aus einer solchen komplexwertigen Kugelflächenfunktion wiederum ergeben sich mit

$$\mathrm{Re}\,Y_\ell^m(\theta, \varphi) = P_\ell^m(\cos\theta) \cdot \cos(m\varphi)$$
$$\mathrm{Im}\,Y_\ell^m(\theta, \varphi) = P_\ell^m(\cos\theta) \cdot \sin(m\varphi)$$

zwei reelle Lösungen für den Winkelanteil der Schrödinger-Gleichung. Diese lassen sich graphisch in Kugelkoordinaten darstellen, indem man für die Winkel (θ, φ) einen Punkt im Abstand $r = |\,\mathrm{Re}\,Y_\ell^m(\theta, \varphi)|$ bzw. $r = |\,\mathrm{Im}\,Y_\ell^m(\theta, \varphi)|$ von O zeichnet und das Vorzeichen von $\mathrm{Re}\,Y_\ell^m(\theta, \varphi)$ bzw. $\mathrm{Im}\,Y_\ell^m(\theta, \varphi)$ durch unterschiedliche Farben kenntlich macht.

Abb. 6.25a $Y_2^0(\theta, \varphi) = P_2^0(\cos\theta)$ 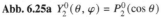   **Abb. 6.25b** Der Realteil von $Y_3^1(\theta, \varphi)$

Beispiel: In Abb. 6.25 ist links die Kugelflächenfunktion

$$Y_2^0(\theta, \varphi) = P_2^0(\cos\theta) \cdot e^0 = 12\cos^2\theta - 4$$

dargestellt, und auf der rechten Seite

$$\mathrm{Re}\, Y_3^1(\theta, \varphi) = P_3^1(\cos\theta) \cdot \cos 2\varphi = (720\cos^3\theta - 720\cos\theta) \cdot \cos 2\varphi$$

wobei negative Werte dunkel und positive Werte hell eingezeichnet sind.

Diese hantelförmigen Kugelflächenfunktionen deuten tendenziell bereits die Umrisse einer „Elektronenwolke" an, aber die Dichte der Wellenfunktion hängt auch vom Kernabstand r ab. Dazu brauchen wir noch die

Lösung der Radialgleichung

Die Differentialgleichung

$$\frac{\mathrm{d}}{\mathrm{d}r}\left(r^2\,\frac{\mathrm{d}R}{\mathrm{d}r}\right) + \left(-A^2 r^2 + 2Br - \ell(\ell+1)\right)R = 0$$

lässt sich mit dem Ansatz $R(r) = r^\ell \cdot e^{-Ar} \cdot y(2Ar)$ und einer noch unbekannten Funktion y weiter vereinfachen. Zunächst ist

$$r^2\,\frac{\mathrm{d}R}{\mathrm{d}r} = \ell\, r^{\ell+1}\, e^{-Ar}\, y(2Ar) - A\, r^{\ell+2}\, e^{-Ar}\, y(2Ar) + 2A\, r^{\ell+2}\, e^{-Ar}\, y'(2Ar)$$

Nochmaliges Ableiten und Einsetzen in die DGl ergibt nach einer längeren Rechnung

$$0 = \frac{\mathrm{d}}{\mathrm{d}r}\left(r^2\,\frac{\mathrm{d}R}{\mathrm{d}r}\right) + \left(-A^2r^2 + 2B\,r - \ell\,(\ell+1)\right)R$$

$$= 4A^2r^{\ell+2}\,\mathrm{e}^{-Ar}\,y''(2Ar) + \left(4A\,(\ell+1) - 4A^2r\right)\cdot r^{\ell+1}\,\mathrm{e}^{-Ar}\,y'(2Ar)$$

$$+ \left(2B - 2A\,(\ell+1)\right)\cdot r^{\ell+1}\cdot\mathrm{e}^{-Ar}\cdot y(2Ar)$$

Teilen wir diese Gleichung durch $2A\,r^{\ell+1}\,\mathrm{e}^{-Ar}$, dann bleibt

$$2Ar\cdot y''(2Ar) + (2\ell+2-2Ar)\cdot y'(2Ar) + \left(\tfrac{B}{A}-\ell-1\right)\cdot y(2Ar) = 0$$

übrig. Mit der neuen Variablen $x = 2Ar$ können wir diese DGl auch in der Form

$$x\cdot y''(x) + (2\ell+2-x)\cdot y'(x) + \left(\tfrac{B}{A}-\ell-1\right)\cdot y(x) = 0$$

schreiben. Hierbei handelt es sich um eine **Kummersche Differentialgleichung**

$$\boxed{x\cdot y''(x) + (b-x)\cdot y'(x) + c\cdot y(x) = 0}$$

mit $b = 2\ell+2$ und $c = \frac{B}{A}-\ell-1$. Falls c *keine* natürliche Zahl ist, dann besitzt obige DGl eine Lösung mit dem asymptotischen Verhalten $y(x) \approx C\cdot\mathrm{e}^x\cdot x^{-(b+c)}$ für $x\to\infty$, sodass auch

$$R(r) = r^\ell\,\mathrm{e}^{-Ar}\cdot y(2Ar) \approx r^\ell\,\mathrm{e}^{-Ar}\cdot C\,\mathrm{e}^{2Ar}\,r^{-B/A-\ell-1} = C\cdot r^{-B/A-1}\cdot\mathrm{e}^{Ar}\to\infty$$

für $r\to\infty$ immer weiter anwächst. Dies wiederum würde bedeuten, dass die Dichte des Elektrons mit steigendem Abstand zum Kern immer mehr zunimmt, im Widerspruch zur physikalischen Beobachtung, dass sich das Elektron eher in einem gewissen Bereich um den Kern konzentriert. Insbesondere würde dann auch die Normierungsbedingung für die Wellenfunktion nicht erfüllt werden können! Damit $R(r)$ für $r\to\infty$ beschränkt bleibt bzw. sogar abnimmt, muss $c\in\mathbb{N}$ gelten und damit auch $\frac{B}{A}-\ell-1$ eine natürliche Zahl sein. Hieraus folgt, dass der Quotient $\frac{B}{A} = n$ eine natürliche Zahl mit $n > \ell$ ist:

$$n = \frac{B}{A} \implies n^2 = \frac{B^2}{A^2} = -\frac{m_e e^4}{32\,\pi^2\varepsilon_0^2\,\hbar^2\cdot E} = -\frac{13{,}6\,\mathrm{eV}}{E}$$

Für die Energieeigenwerte des Elektrons im Wasserstoffatom erhalten wir die Formel

$$\boxed{E_n = -\frac{13{,}6\,\mathrm{eV}}{n^2} \quad \text{mit} \quad n = 0,1,2,3,\dots}$$

wobei n als *Hauptquantenzahl* bezeichnet wird. Die Lösungen der Kummerschen DGl

$$x\cdot y''(x) + (2\ell+2-x)\cdot y'(x) + (n-\ell-1)\cdot y(x) = 0$$

mit $b = 2\ell+1+1$ und $c = n-\ell-1$ sind dann die *zugeordneten Laguerre-Polynome* $y(x) = L_{n-\ell-1}^{2\ell+1}(x)$, siehe Abschnitt 6.2.2. Als Lösung der Radialgleichung können wir schließlich die folgende Funktion notieren:

$$R(r) = r^{\ell}\, e^{-Ar}\, L_{n-\ell-1}^{2\ell+1}(2Ar)$$

Zusammenfassung der Resultate

Für die analytische Lösung der Schrödinger-Gleichung haben wir verschiedene Ansätze verwendet. Setzen wir die Teillösungen gemäß

$$\psi(r;\theta;\varphi,t) = e^{-\frac{itE}{\hbar}} \cdot \Psi(r;\theta;\varphi) = e^{-\frac{itE}{\hbar}} \cdot R(r) \cdot Y(\theta,\varphi)$$

zusammen, dann erhalten wir für das Elektron im H-Atom die Wellenfunktionen

$$\psi(r;\theta;\varphi,t) = C \cdot e^{-\frac{itE_n}{\hbar}} \cdot r^{\ell}\, e^{-Ar} \cdot L_{n-\ell-1}^{2\ell+1}(2Ar) \cdot \underbrace{P_{\ell}^{m}(\cos\theta) \cdot e^{im\varphi}}_{Y_{\ell}^{m}(\theta,\varphi)}$$

mit einer freien Konstante $C \in \mathbb{C}$. Hierbei bezeichnet

- $E_n = -\frac{13,6\,\text{eV}}{n^2}$ den Energieeigenwert zur Hauptquantenzahl $n = 1, 2, 3, \ldots$

- $\ell \in \{0, 1, 2, \ldots, n-1\}$ die Nebenquantenzahl (Bahnquantenzahl)

- $m \in \{-\ell, -\ell+1, \ldots, \ell\}$ die magnetische Quantenzahl

Zu jeder Hauptquantenzahl $n = 1, 2, 3, \ldots$ gibt es dann pro Bahnquantenzahl $\ell \in \{0, 1, 2, \ldots, n-1\}$ insgesamt $2\ell+1$ Wellenfunktionen mit unterschiedlicher magnetischer Quantenzahl $m \in \{-\ell, -\ell+1, \ldots, \ell\}$. Eine Wellenfunktion selbst besteht aus Potenzfunktionen, Exponentialfunktionen, Laguerre-Polynomen und Legendre-Funktionen. Die Konstante C ist noch so zu bestimmen, dass die Normierungsbedingung

$$\iiint_{\mathbb{R}^3} |\psi(x,y,z,t)|^2\, dV = \int_0^{\infty} \int_0^{2\pi} \int_0^{\pi} |\psi(r;\theta;\varphi,t)|^2 \cdot r^2 \sin\theta\, d\varphi\, d\theta\, dr = 1$$

erfüllt ist. Diese *Normierungskonstanten* kann man berechnen, und man findet sie z. B. in den Büchern zur Quantenmechanik. Die Wellenfunktionen zu den Quantenzahlen (ℓ, m, n) bezeichnet man als *Orbitale*. Die Hauptquantenzahl n legt die „Schale" fest und gibt das Energieniveau des Elektrons an. Die Nebenquantenzahl ℓ bestimmt die Form des Orbitals: $\ell = 0$ nennt man s-Orbital, im Fall $\ell = 1$ spricht man vom p-Orbital usw. Beim 3p-Orbital ist z. B. $n = 3$ und $\ell = 1$.

Als abschließendes Beispiel wollen wir das 6d-Orbital mit $n = 6$, $\ell = 2$ und $m = 0$ berechnen. Die Wellenfunktion lautet wegen $e^{0i\varphi} \equiv 1$

$$\psi(r;\theta;\varphi,t) = C \cdot e^{-\frac{itE_6}{\hbar}} \cdot r^2\, e^{-Ar} \cdot L_3^5(2Ar) \cdot P_2^0(\cos\theta)$$

mit $E_6 = -\frac{13,6\,\text{eV}}{6^2} = -0,378\,\text{eV} = -6,0552 \cdot 10^{-20}\,\text{J}$. Die Werte

$$m_e = 9,1094 \cdot 10^{-31}\,\text{kg} \quad \text{und} \quad \hbar = 1,0546 \cdot 10^{-34}\,\text{J s}$$

ergeben die Konstante $A = \frac{B}{n} = \frac{B}{6}$ bzw.

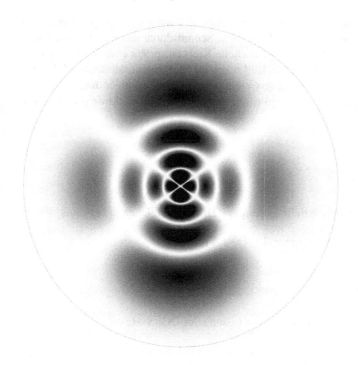

Abb. 6.26 Dichteverteilung der Elektronenwolke im 6d-Orbital

$$A = \sqrt{-\frac{2\,m_e E_6}{\hbar^2}} = 0{,}315 \cdot 10^{10}\ \tfrac{1}{\mathrm{m}}$$

Das zugeordnete Laguerre-Polynom

$$L_3^5(x) = (-1)^3\,x^{-5}\,\mathrm{e}^x \cdot \frac{\mathrm{d}^3}{\mathrm{d}x^3}\left(x^8\,\mathrm{e}^{-x}\right) = x^3 - 24\,x^2 + 168\,x - 336$$

ist eine Lösung der Kummerschen DGl

$$x \cdot y''(x) + (6 - x) \cdot y'(x) + 3 \cdot y(x) = 0$$

und die Legendre-Funktion (bzw. das Legendre-Polynom)

$$P_2^0(x) = (1 - x^2)^0 \cdot \frac{\mathrm{d}^2}{\mathrm{d}x^2}(1 - x^2)^2 = 12\,x^2 - 4$$

eine Lösung der Legendre-Differentialgleichung

$$(1 - x^2) \cdot P''(x) - 2\,x \cdot P'(x) + 6\,P(x) = 0$$

Aufgrund von $\left|\mathrm{e}^{-\frac{i\,t E_6}{\hbar}}\right| = 1$ erhalten wir für die „Dichte" der Wellenfunktion

$$|\psi(r;\theta;\varphi,t)|^2 = |C|^2 \cdot r^4\,\mathrm{e}^{-2Ar} \cdot L_3^5(2Ar)^2 \cdot P_2^0(\cos\theta)^2$$

Diese ist im Fall der magnetischen Quantenzahl $m = 0$ auch unabhängig von φ und damit rotationssymmetrisch um die z-Achse. Ein Schnitt durch das 6d-Elektron ergibt die Dichteverteilung in Abb. 6.26. Der gestrichelte Kreis entspricht einer Kugel mit dem Radius $5 \cdot 10^{-9}$ m bzw. 5 Nanometer. Das Bild zeigt eine Momentaufnahme des Elektrons, welches wie eine Art Wolke mal dichtere (= dunklere) und mal weniger dichte Bereiche besitzt. In den hellen radialen bzw. ringförmigen Gebieten ist das Elektron praktisch gar nicht anzutreffen.

Aufgaben zu Kapitel 6

Aufgabe 6.1. Geben Sie die spezielle Lösung des Differentialgleichungssystems

$$y_1'(x) = 3\,y_1(x) + 4\,y_2(x)$$
$$y_2'(x) = 4\,y_1(x) - 3\,y_2(x)$$

zu den Anfangsbedingungen $y_1(0) = 5$ und $y_2(0) = 0$ an.

Aufgabe 6.2. Bestimmen Sie die allgemeine Lösung des DGl-Systems

$$\vec{y}'(x) = \begin{pmatrix} 4 & -3 \\ 3 & 4 \end{pmatrix} \cdot \vec{y}(x)$$

Aufgabe 6.3. Gegeben ist das homogene lineare Differentialgleichungssystem

$$y_1'(x) = 5\,y_1(x) - 4\,y_2(x)$$
$$y_2'(x) = 3\,y_1(x) - 2\,y_2(x)$$

a) Berechnen Sie die Eigenwerte und Eigenvektoren der Koeffizientenmatrix.

b) Geben Sie die allgemeine Lösung dieses Differentialgleichungssystems an.

c) Bestimmen Sie die spezielle Lösung mit $y_1(0) = 2$ und $y_2(0) = 1$.

Aufgabe 6.4. Zeigen Sie mithilfe einer qualitativen Analyse, dass

a) die Lösungen eines DGl-Systems

$$y_1'(x) = a\,y_1(x) - b\,y_2(x)$$
$$y_2'(x) = b\,y_1(x) + a\,y_2(x)$$

mit reellen Koeffizienten $a \in \mathbb{R}$, $b \neq 0$ nur aus oszillierenden Funktionen der Form $e^{\alpha x}\sin(\omega x)$ und/oder $e^{\alpha x}\cos(\omega x)$ zusammengesetzt sind, und geben Sie die Werte α sowie ω an.

b) ein DGl-System $\vec{y}'(x) = A \cdot \vec{y}(x)$ mit einer reellen $(3,3)$-Koeffizientenmatrix A stets eine nicht-oszillierende Lösung der Form $\vec{y}(x) = e^{\lambda x} \cdot \vec{v}$ mit einer Zahl $\lambda \in \mathbb{R}$ und einem Vektor $\vec{v} \neq \vec{o}$ besitzt!

Aufgabe 6.5. Zu lösen ist das $(3,3)$-Differentialgleichungssystem

$$
\begin{aligned}
y_1'(x) &= -y_1(x) && + 2\,y_3(x) \\
y_2'(x) &= 2\,y_1(x) - && y_2(x) \\
y_3'(x) &= && 2\,y_2(x) - y_3(x)
\end{aligned}
$$

a) Geben Sie das DGl-System in Matrix-Form $\vec{y}\,'(x) = A \cdot \vec{y}(x)$ an.

b) Zeigen Sie: $p_A(\lambda) = -\lambda^3 - 3\,\lambda^2 - 3\,\lambda + 7$

   Tipp: Berechnen Sie $\det(A - \lambda E)$ z. B. durch Entwicklung nach der ersten Spalte.

c) Bestimmen Sie die Eigenwerte der Matrix A (die Eigenvektoren werden nicht benötigt).

d) Beschreiben Sie den qualitativen Verlauf der Lösungen dieses DGl-Systems.

Aufgabe 6.6. Eine Masse m hängt an einer Feder mit der Federkonstante D und bewegt sich vertikal in einem Medium mit dem Reibungskoeffizienten R. Die Auslenkung $y(t)$ aus der Ruhelage wird bekanntlich durch die Schwingungsgleichung

$$
y''(t) + 2\delta \cdot y'(t) + \omega_0^2 \cdot y(t) = 0 \qquad \text{mit} \quad \delta = \frac{R}{2\,m} \quad \text{und} \quad \omega_0 = \sqrt{\frac{D}{m}}
$$

beschrieben. Formulieren Sie diese DGl 2. Ordnung als DGl-System erster Ordnung mit $y_1(t) = y(t)$ und $y_2(t) = y'(t)$. Bestimmen Sie dann die Werte δ, für die das System in Schwingung versetzt werden kann.

Aufgabe 6.7. Bestimmen Sie eine Fundamentalmatrix $Y(x)$ zum DGl-System

$$
\begin{aligned}
y_1'(x) &= 5\,y_1(x) - 4\,y_2(x) \\
y_2'(x) &= 3\,y_1(x) - 2\,y_2(x)
\end{aligned}
$$

und berechnen Sie mithilfe von $Y(0)^{-1}$ die spezielle Lösung zu den Anfangsbedingungen $y_1(0) = 2$ und $y_2(0) = 1$.

Aufgabe 6.8. Gesucht ist eine Lösung des inhomogenen linearen DGl-Systems

$$
\begin{aligned}
y_1'(x) &= -y_1(x) - 2\,y_2(x) + 2\,e^x \\
y_2'(x) &= 2\,y_1(x) + 4\,y_2(x) - 3
\end{aligned}
$$

zu den Anfangsbedingungen $y_1(0) = 3$ und $y_2(0) = -1$. Gehen Sie wie folgt vor:

a) Bestimmen Sie eine Fundamentalmatrix für das homogene DGl-System.

b) Ermitteln Sie mit a) die allgemeine Lösung des inhomogenen DGl-Systems.

c) Berechnen Sie durch Einsetzen der Anfangsbedingung die spezielle Lösung.

Aufgabe 6.9. Die folgenden Differentialgleichungen 2. Ordnung

a) $(x^2 - 1)\,y'' + x\,y' - y = 0$

b) $x^2\,y'' + x\,y' + (x^2 - 1)\,y = 0$

c) $(x^2 - 1)\, y'' + 2x \cdot y' - 6\, y = 0$

d) $x\, y'' - x^2\, y' + 3\, x\, y = 0$

e) $x\, y'' - (4 + x)\, y' + 3\, y = 0$

lassen sich jeweils einem speziellen DGl-Typ zuordnen. Welche dieser DGl ist eine Legendre-, Bessel-, Hermite-, Tschebyschow- bzw. Kummer-DGl?

Aufgabe 6.10. Zeigen Sie, dass die Kummersche DGl

$$x \cdot y'' + (3 - x)\, y' + 3\, y = 0$$

eine Polynomlösung mit $y(0) = -1$ besitzt. *Tipp*: Die Polynomlösung hat die Form $y(x) = C \cdot L_k^m(x)$. Bestimmen Sie k, m und das zugeordnete Laguerre-Polynom $L_k^m(x)$.

Aufgabe 6.11. Zu lösen ist das Anfangswertproblem

$$x \cdot y'' + y' + y = 0 \quad \text{mit} \quad y(0) = 1$$

a) Berechnen Sie die Lösung mit einem Potenzreihenansatz bis einschließlich $n = 5$.

b) Zeigen Sie, dass $y(x) = J_0(2\sqrt{x})$ eine Lösung dieser Anfangswertaufgabe ist. *Hinweis*: $J_0(x)$ bezeichnet die Besselfunktion nullter Ordnung, also die Lösung der DGl $t^2\, u'' + t\, u' + t^2\, u = 0$ mit $J_0(0) = 1$.

Aufgabe 6.12. Gegeben ist die Differentialgleichung 2. Ordnung

$$x^2 \cdot y'' + x \cdot y' + (a^2 x^2 - 1)\, y = 0$$

mit einer Zahl $a \in \mathbb{R} \setminus \{0\}$. Zeigen Sie, dass $y(x) = C \cdot J_1(ax)$ mit einer beliebigen Konstante C eine Lösung ist, wobei $J_1(x)$ die Besselfunktion erster Ordnung bezeichnet, und das ist eine Lösung der DGl

$$t^2 \cdot u'' + t \cdot u' + (t^2 - 1)\, u = 0$$

Aufgabe 6.13. Gesucht ist eine Lösung der *inhomogenen* linearen DGl 2. Ordnung

$$x\, y'' - y' + x\, y = x^3$$

a) Überprüfen Sie durch eine Rechnung: $y(x)$ ist genau dann eine Lösung der homogenen DGl $x\, y'' - y' + x\, y = 0$, wenn $u(x) = \frac{1}{x}\, y(x)$ die Besselsche DGl

$$x^2\, u''(x) + x\, u'(t) + (x^2 - 1)\, u(t) = 0$$

erster Ordnung erfüllt. *Tipp*: Setzen Sie $y(x) = x \cdot u(x)$ in die homogene DGl ein.

b) Die Funktionen $J_1(x)$ (Besselfunktion erster Ordnung) und $Y_1(x)$ (Neumann-Funktion erster Ordnung) bilden ein Fundamentalsystem dieser Besselschen DGl erster Ordnung. Wie lautet dann die allgemeine Lösung von $x\, y'' - y' + x\, y = 0$?

c) Zeigen Sie, dass $y_0(x) = x^2$ eine partikuläre Lösung der inhomogenen DGl ist.

d) Geben Sie mit b) und c) die allgemeine Lösung dieser inhomogenen DGl an!

Aufgabe 6.14. Zeigen Sie, dass die Differentialgleichung

$$(1 - x^2)\, y'' - 3\,x\,y' + 24\,y = 0$$

eine Polynomlösung besitzt. Verwenden Sie dazu einen Potenzreihenansatz $y(x) = \sum_{n=0}^{\infty} a_n x^n$ mit $a_0 = 1$ und $a_1 = 0$.

Aufgabe 6.15. Gesucht ist für die homogene lineare DGl 2. Ordnung mit nicht-konstanten Koeffizienten

$$y'' + 2\,x\,y' + 2\,y = 0$$

die spezielle Lösung mit den Anfangswerten $y(0) = 1$ und $y'(0) = 0$. Dieses Anfangswertproblem lässt sich mit verschiedenen Methoden gelöst werden.

a) Berechnen Sie die Lösung mit einem Potenzreihenansatz!

b) Zeigen Sie: Falls $y(x)$ eine Lösung der Anfangswertaufgabe ist, dann muss $z(x) = y'(x) + 2\,x\,y(x)$ die Nullfunktion sein (*Tipp*: $z(x)$ ableiten und die Anfangswerte einsetzen). Berechnen Sie anschließend aus $z(x) \equiv 0$ einen geschlossenen Ausdruck für die gesuchte Lösung der DGl.

Partielle Differentialgleichungen

Neben der Wellengleichung gibt es noch viele weitere partielle Differentialgleichungen, die eine wichtige Rolle in Physik und Technik spielen. Eine PDG, welche die Wärmeausbreitung in einem Stab (oder auch die Diffusion einer Flüssigkeit in einem Rohr) der Länge L in Abhängigkeit von der Zeit $t \geq 0$ beschreibt, ist die eindimensionale homogene *Wärmeleitungsgleichung* (*Diffusionsgleichung*)

$$u_t = a \cdot u_{xx}$$

mit einer Konstante $a > 0$, welche als Temperaturleitfähigkeit (bzw. als Diffusionskoeffizient) bezeichnet wird. Diese PDG soll in den nachfolgenden vier Aufgaben untersucht werden.

Aufgabe 6.16. Zeigen Sie, dass die Funktionen

(i) $\quad u(x,t) = \cos x \cdot e^{-at}$ (ii) $\quad u(x,t) = \sin(x - 2at) \cdot e^{-x}$

(iii) $\quad u(x,t) = \dfrac{e^{-x^2/(4at)}}{\sqrt{t}}$ (iv) $\quad u(x,t) = \operatorname{erf}\left(\dfrac{x}{\sqrt{4at}}\right)$

alle die PDG $u_t = a \cdot u_{xx}$ erfüllen!

Hinweis: In (iv) bezeichnet $\operatorname{erf}(x)$ die *Gaußsche Fehlerfunktion*, und das ist

$$\operatorname{erf}(x) = \frac{2}{\sqrt{\pi}} \int e^{-x^2}\, dx$$

(ein geschlossener Ausdruck lässt sich für diese Stammfunktion nicht angeben).

Aufgabe 6.17. (Superposition)

Gegeben sind zwei Lösungen $u_1(x, t)$ und $u_2(x, t)$ der Wärmeleitungsgleichung. Zeigen Sie, dass dann auch jede Linearkombination

$$u(x, t) = C_1 \cdot u_1(x, t) + C_2 \cdot u_2(x, t)$$

mit beliebigen Konstanten C_1 und C_2 wieder eine Lösung der PDG ergibt!

Aufgabe 6.18. (Separationsansatz)

a) Zerlegen Sie die Wärmeleitungsgleichung mit dem Separationsansatz $u(x, t) = A(x) \cdot y(t)$ in zwei gewöhnliche Differentialgleichungen. Wie lautet die allgemeine Lösung für den Zeitanteil $y(t)$?

b) Geben Sie mit dem Ergebnis aus a) eine Lösung der Wärmeleitungsgleichung zur Anfangstemperatur $u(x, 0) = \sin \frac{\pi x}{L}$ an.

Aufgabe 6.19. (Finite-Differenzen-Methode)

Die Wärmeleitungsgleichung soll näherungsweise mit der Finite-Differenzen-Methode gelöst werden. Dazu wird das x-Intervall $[0, L]$ und das Zeitintervall $[0, T]$ gleichmäßig in Teilintervalle der Länge Δx bzw. Δt unterteilt, siehe Abb. 6.27. Die Funktionswerte an den Gitterpunkten (x_i, t_j) im Rechteck $[0, L] \times [0, T]$ werden mit $u(x_i, t_j) = u_{i,j}$ abgekürzt.

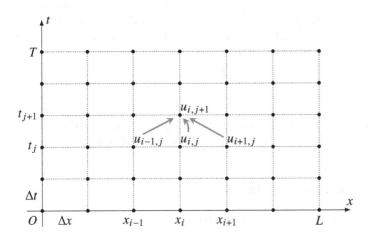

Abb. 6.27 Gitter zur FDM für die Wärmeleitungsgleichung

a) Begründen Sie mit der Linearisierung $f(t + \Delta t) \approx f(t) + f'(t) \, \Delta t$ die Näherung

$$u_t(x_i, t_j) \approx \frac{u_{i,j+1} - u_{i,j}}{\Delta t}$$

b) Geben Sie eine Formel an, mit der man den Funktionswert $u_{i,j+1}$ bei x_i zur Zeit $t_{j+1} = t_j + \Delta t$ aus den Funktionswerten zur Zeit t_j berechnen kann. Verwenden Sie als

Näherung für $u_{xx}(x_i, t_j)$ den zentralen Differenzenquotienten

$$u_{xx}(x_i, t_j) \approx \frac{u(x_i + \Delta x, t_j) + u(x_i - \Delta x, t_j) - 2u(x_i, t_j)}{\Delta x^2} = \frac{u_{i+1,j} + u_{i-1,j} - 2u_{i,j}}{\Delta x^2}$$

c) Welche $u_{i,j}$ müssen vorgegeben werden, sodass man damit alle weiteren Funktionswerte berechnen kann? Erstellen Sie eine Grafik für das Gitter so wie in Abb. 6.27 und
markieren Sie dort die erforderlichen Anfangs- und Randbedingungen!

Aufgabe 6.20. (Biegeschwingung)

Eine *freie Biegeschwingung* beschreibt die Schwingung eines homogenen elastischen
Balkens der Länge $L > 0$, auf den keine Streckenlast einwirkt. Wir setzen voraus, dass der
Balken eine konstante Querschnittsfläche A mit dem Flächenträgheitsmoment I besitzt,
und dass er aus einem Material mit konstanter Dichte ρ und dem Elastizitätsmodul E
besteht. Die Biegelinie $u = u(x, t)$ des Balkens in Abhängigkeit vom Ort x und der Zeit t
erfüllt die partielle Differentialgleichung

$$(1) \quad \frac{\partial^4 u}{\partial x^4} + c^2 \cdot \frac{\partial^2 u}{\partial t^2} = 0, \quad x \in [0, L] \quad \text{und} \quad t \geq 0$$

mit dem konstanten Faktor $c := \sqrt{\frac{\rho A}{EI}}$. Wir wollen hier speziell einen *Kragbalken* untersuchen, der bei $x = 0$ gelenkig gelagert und bei $x = L$ waagerecht eingespannt ist,
und zwar jeweils auf Höhe $u = 0$ (siehe Abb. 6.28). Die Lösung dieser PDG muss dann
zusätzlich noch vier Randbedingungen erfüllen:

$$(2) \quad u(0, t) = 0, \quad \frac{\partial^2 u}{\partial x^2}(0, t) = 0, \quad u(L, t) = 0, \quad \frac{\partial u}{\partial x}(L, t) = 0$$

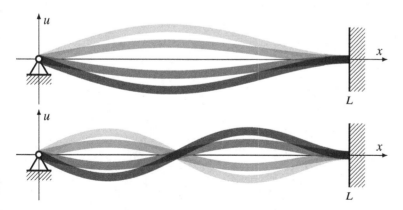

Abb. 6.28 Im Bild oben ist die einfachste Form der freien Biegeschwingung eines Kragbalkens zu sehen
(es zeigt den Balken zu vier verschiedenen Zeiten). Bei der Balkenschwingung im unteren Bild tritt
bereits ein erster „Knoten" auf.

a) Zeigen Sie, dass die PDG (1) mit dem Separationsansatz

$$u(x,t) = y(x) \cdot \big(\alpha \sin(\omega t) + \beta \cos(\omega t)\big)$$

auf die gewöhnliche Differentialgleichung 4. Ordnung

$$(3) \quad y''''(x) - \kappa^4 \, y(x) = 0 \quad \text{mit} \quad \kappa^4 = \omega^2 c^2$$

führt, und geben Sie die allgemeine Lösung dieser DGl an.

b) Begründen Sie: Ist $u(x,t) \not\equiv 0$ eine *nichttriviale Lösung* vom Typ a), welche auch die Randbedingungen (2) erfüllt, dann gilt für die ortsabhängige Amplitude

$$(4) \quad y(0) = 0, \quad y''(0) = 0, \quad y(L) = 0, \quad y'(L) = 0$$

Kapitel 7

Stochastik

Kann man Zufall vorhersagen? Mit dieser Frage beschäftigt sich die Stochastik (altgriechisch für „Kunst des Vermutens"), ein mathematisches Teilgebiet, das einerseits den Begriff „Wahrscheinlichkeit" zu einer Rechengröße macht, und sich andererseits in der Statistik mit der Bewertung von Daten befasst. Dass die Methoden der Stochastik funktionieren, lässt sich regelmäßig anhand von zuverlässigen Wahl- oder Wirtschaftsprognosen feststellen. Doch wozu braucht man Wahrscheinlichkeitsrechnung in der Technik? Tatsächlich spielt der Zufall bei vielen Problemen aus der Ingenieurpraxis eine Rolle: Wie wirken sich zufällig Störungen auf den Materialfluss in einem Fertigungsprozess aus? Wie findet man zu gegebenen fehlerbehafteten Messdaten eine passende Funktionsvorschrift? Diese und ähnliche Fragen wollen wir im Folgenden mit den Werkzeugen aus der Stochastik beantworten. Zuerst aber brauchen wir ein passendes Modell für das Rechnen mit Wahrscheinlichkeiten.

7.1 Zufallsversuche und Wahrscheinlichkeiten

7.1.1 Der Begriff Wahrscheinlichkeit

Ein *Zufallsexperiment* ist ein Versuch, der unter gleichen Bedingungen beliebig oft durchgeführt werden kann und zufällige Werte aus einer Menge

$$\Omega = \{\omega_1, \omega_2, \omega_3, \ldots\}$$

liefert. Ω heißt *Ergebnismenge*, und eine beliebige Teilmenge $A \subset \Omega$ nennt man *Ereignis*. Die Elemente von Ω bezeichnet man als *Elementarereignisse*.

> **Beispiel 1.** Das Werfen eines Würfels ist ein Zufallsexperiment mit der Ergebnismenge (= Augenzahlen des Würfels) $\Omega = \{1, 2, 3, 4, 5, 6\}$. Das Ereignis $A = \{5\}$ entspricht dem Wurf der Augenzahl 5 (Elementarereignis), während $A = \{2, 4, 6\}$ das Ereignis „Wurf einer geraden Augenzahl" ist.

> **Beispiel 2.** Das Werfen von drei Münzen mit jeweils zwei Seiten a (Kopf) und b (Zahl) ist ein Zufallsexperiment mit der Ergebnismenge
>
> $$\Omega = \{aaa, aab, aba, abb, baa, bab, bba, bbb\}$$
>
> Die Menge $A = \{aba\}$ ist das Ereignis „1. Münze = Kopf, 2. = Zahl, 3. = Kopf". Das Ereignis „nur einmal Kopf" entspricht der Menge $A = \{abb, bab, bba\}$.

© Springer-Verlag GmbH Deutschland, ein Teil von Springer Nature 2022
H. Schmid, *Mathematik für Ingenieurwissenschaften: Vertiefung*,
https://doi.org/10.1007/978-3-662-65526-9_7

Wir wollen nun den Ereignissen eines Zufallsexperiments Zahlenwerte zuordnen, welche die Wahrscheinlichkeit ihres Auftretens beschreiben. Dazu betrachten wir die folgenden Versuche:

(1) Bei einem *Laplace-Experiment* ist Ω eine endliche Menge, und alle Elementarereignisse sind gleich wahrscheinlich. In diesem Fall nennt man

$$P(A) = \frac{\text{Anzahl Elemente in } A}{\text{Anzahl Elemente in } \Omega}$$

die *Wahrscheinlichkeit* für das Ereignis $A \subset \Omega$. Beim Werfen eines Würfels ist beispielsweise

$$P(\{5\}) = \tfrac{1}{6}, \quad P(\{2,4,6\}) = \tfrac{3}{6} = 0{,}5$$

(2) Bei einem *Nadelexperiment* ist Ω eine Fläche in der Ebene, und man lässt „blind" eine Nadel senkrecht auf die Fläche Ω fallen. Die Wahrscheinlichkeit, eine Teilmenge A von Ω zu treffen, ist

$$P(A) = \frac{\text{Fläche von } A}{\text{Fläche von } \Omega}$$

(3) In einen Kreis mit dem Flächeninhalt 1 wird ein Sektor a mit der Fläche q eingetragen und der übrige Sektor mit b bezeichnet. Dreht man den Kreis wie ein Glücksrad, dann ist die Wahrscheinlichkeit, auf den Sektor a zu zeigen, der Wert q. Ein solches Experiment mit zwei Ergebnisse $\Omega = \{a,\, b\}$ und der Erfolgswahrscheinlichkeit q wird *Bernoulli-Experiment* genannt.

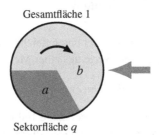

Gesamtfläche 1

Sektorfläche q

Alle hier aufgeführten Zufallsexperimente und Wahrscheinlichkeiten fügen sich ein in das nach dem sowjetischen Mathematiker Andrei Nikolajewitsch Kolmogorow (1903 - 1987) benannte

Wahrscheinlichkeitsmodell von Kolmogorow: Den Teilmengen A (= Ereignissen) von Ω (= Ergebnismenge) ordnet man Zahlen $0 \leq P(A) \leq 1$ zu, sodass $P(\Omega) = 1$ gilt und die folgende Summenregel erfüllt ist:

$$P(A \cup B) = P(A) + P(B) \quad \text{im Fall} \quad A \cap B = \emptyset$$

Dann ist $P(A)$ die *Wahrscheinlichkeit* für das Eintreten des Ereignisses A.

Die Summenregel ergibt sich aus folgender Überlegung: Sind A und B zwei Ereignisse, dann ist die Vereinigungsmenge $A \cup B$ das Ereignis, bei dem A oder B (oder beides) eintritt. Im Fall, dass die Schnittmenge $A \cap B = \emptyset$ die leere Menge ist, kann *entweder A oder B* eintreten. Solche Ereignisse, die keine Elemente gemeinsam haben, nennt man *unvereinbar*, und nur in diesem Fall addieren sich die Wahrscheinlichkeiten.

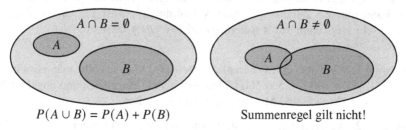

| $P(A \cup B) = P(A) + P(B)$ | Summenregel gilt nicht! |

Beispiele: Beim Nadelexperiment mit zwei getrennten Flächen $A \cap B = \emptyset$ können wir bei $A \cup B$ die einzelnen Flächenanteile bzgl. Ω addieren, und diese Summe entspricht dann der Wahrscheinlichkeit, eine der beiden Flächen zu treffen. Beim Werfen eines Würfels dürfen wir das Ereignis „gerade Augenzahl" $\{2, 4, 6\}$ auch in zwei unvereinbare Ereignisse $A = \{2, 4\}$ und $B = \{6\}$ zerlegen. Wegen $A \cap B = \emptyset$ ist

$$P(\{2, 4, 6\}) = P(\{2, 4\} \cup \{6\}) = P(\{2, 4\}) + P(\{6\}) = \tfrac{2}{6} + \tfrac{1}{6} = 0{,}5$$

Aus der Summenregel ergeben sich nun leicht die folgenden Aussagen:

- Für ein Ereignis $A \subset \Omega$ ist die Komplementmenge $\overline{A} = \Omega \setminus A$ das Ereignis „A tritt nicht ein". Die Ereignisse A und $\overline{A}$ sind unvereinbar, sodass

$$1 = P(\Omega) = P(A \cup \overline{A}) = P(A) + P(\overline{A}) \quad \Longrightarrow \quad P(\overline{A}) = 1 - P(A)$$

Insbesondere ist $\overline{\Omega} = \emptyset$ und somit $P(\emptyset) = 1 - P(\Omega) = 1 - 1 = 0$ die Wahrscheinlichkeit dafür, dass gar kein Ereignis ($A = \emptyset$) eintritt.

- Besteht das Ereignis $A = \{\omega_1, \omega_2, \ldots\}$ aus den (verschiedenen) Elementarereignissen ω_k, dann setzt sich $A = \{\omega_1\} \cup \{\omega_2\} \cup \ldots$ aus lauter unvereinbaren Ereignissen zusammen, da $\{\omega_1\} \cap \{\omega_2\} = \emptyset$ usw. gilt. Nach der Summenregel ist dann

$$P(A) = P(\{\omega_1\}) + P(\{\omega_2\}) + \ldots$$

Ein Ereignis mit $P(A) = 1$ heißt *fast sicher*, und im Fall $P(A) = 0$ nennt man das Ereignis *fast unmöglich*.

Beispiel: Besteht bei einem Nadelexperiment die Menge A nur aus einem einzigen Punkt, so ist die Fläche von A gleich 0 und damit auch $P(A) = 0$. Demnach ist es *fast unmöglich* (aber nicht völlig ausgeschlossen), mit einer zufällig geworfenen Nadel einen vorgegebenen Punkt zu treffen.

Eine wichtige Aussage, welche die „Wahrscheinlichkeitstheorie" mit der Praxis verbindet, ist das

Gesetz der großen Zahlen: Wird ein Zufallsexperiment sehr oft wiederholt, dann tritt das Ereignis A näherungsweise mit der Häufigkeit bzw. Rate $P(A)$ auf. Genauer: Führt man ein Zufallsexperiment N Mal durch und ist die Anzahl N der Versuche sehr groß, dann tritt A näherungsweise $N \cdot P(A)$ Mal auf.

Beispiel 1. Wirft man einen (fairen!) Würfel 1000 Mal, so sollte man etwa in $1000 \cdot P(\{2,4,6\}) = 1000 \cdot 0,5 = 500$ Fällen eine gerade Augenzahl und ungefähr $1000 \cdot P(\{5\}) = 1000 \cdot \frac{1}{6} \approx 167$ Mal die Augenzahl 5 erhalten.

Beispiel 2. Während einer Serienfertigung von Bauteilen werden $N = 2000$ Proben entnommen. Davon sind 59 Teile fehlerhaft. Bei der Fehlerprüfung handelt es sich um ein Bernoulli-Experiment mit der Ergebnismenge $\Omega = \{a, b\}$, wobei a für „Bauteil i.O." (Erfolg) und b für ein fehlerhaftes Teil steht. Die Wahrscheinlichkeit $P(\{b\})$ bzw. $P(b)$ für ein fehlerhaftes Bauteil kann dann nach dem Gesetz der großen Zahlen berechnet werden:

$$2000 \cdot P(b) \approx 59 \quad \Longrightarrow \quad P(b) \approx \frac{59}{2000} = 0,0295 \cong 3\%$$

Die Wahrscheinlichkeit für ein fehlerfreies Teil ist demnach

$$P(a) = P(\Omega \setminus \{b\}) = 1 - 0,0295 = 0,9705 \cong 97\%$$

Als Nächstes wollen wir eine etwas kompliziertere Frage beantworten: Wie groß ist die Wahrscheinlichkeit, dass eine Packung mit 50 Bauteilen höchstens zwei fehlerhafte Teile enthält?

7.1.2 Mehrstufige Zufallsversuche

Wir führen zwei Zufallsexperimente Ω_1 und Ω_2 unabhängig voneinander (bzw. nacheinander) durch und notieren die Ergebnisse getrennt. Diese beiden Versuche kann man zu einem einzigen *zweistufigen* Zufallsexperiment mit der Ergebnismenge

$$\Omega = \{(\omega_1, \omega_2) \mid \omega_1 \in \Omega_1,\ \omega_2 \in \Omega_2\} = \Omega_1 \times \Omega_2$$

zusammenfassen. Für zwei Ereignisse A_1 aus Ω_1 und A_2 aus Ω_2 entspricht die Menge

$$A = A_1 \times A_2 = \{(\omega_1, \omega_2) \mid \omega_1 \in A_1,\ \omega_2 \in A_2\}$$

dem Ereignis A_1 im ersten Versuch und A_2 im zweiten Versuch. Mit welcher Wahrscheinlichkeit tritt das Ereignis A ein? Wir betrachten dazu die folgenden Beispiele:

Beispiel 1. Beim Werfen zweier Würfel mit $\Omega_1 = \Omega_2 = \{1, 2, 3, 4, 5, 6\}$ suchen wir die Wahrscheinlichkeit für das Ereignis $A_1 = $ „Augenzahl 2 bis 4 im ersten Wurf" und dann $A_2 = $ „Augenzahl ungleich 1 im zweiten Wurf". Der zweistufige Versuch Ω besteht aus den 36 Kombinationen $(1, 1) \ldots (6, 6)$, die alle gleich wahrscheinlich sind, und das

Ereignis $A = A_1 \times A_2$ aus den folgenden 15 grau hinterlegten Elementarereignissen:

$$
\begin{array}{cccccc}
(1,1) & (1,2) & (1,3) & (1,4) & (1,5) & (1,6) \\
(2,1) & (2,2) & (2,3) & (2,4) & (2,5) & (2,6) \\
(3,1) & (3,2) & (3,3) & (3,4) & (3,5) & (3,6) \\
(4,1) & (4,2) & (4,3) & (4,4) & (4,5) & (4,6) \\
(5,1) & (5,2) & (5,3) & (5,4) & (5,5) & (5,6) \\
(6,1) & (6,2) & (6,3) & (6,4) & (6,5) & (6,6)
\end{array}
$$

Für A ergibt sich bei diesem Laplace-Experiment die Wahrscheinlichkeit $P(A) = \frac{15}{36}$. Wir erhalten diesen Wert auch durch Multiplikation der Wahrscheinlichkeiten aus dem 1. und 2. Versuch:

$$P(A) = P(\{2,3,4\}) \cdot P(\{2,3,4,5,6\}) = \tfrac{3}{6} \cdot \tfrac{5}{6} = \tfrac{15}{36}$$

Beispiel 2. Wir lassen eine Nadel senkrecht auf das Rechteck $\Omega = [0,8] \times [0,5]$ in der (x,y)-Ebene fallen und wollen das kleine Rechteck $A = [2,5] \times [1,3]$ treffen, siehe Abb. 7.1. Die Wahrscheinlichkeit beträgt $P(A) = \frac{6}{40}$ gemäß dem Anteil der Fläche A an Ω. Wir können dieses Nadelexperiment auch als zweistufigen Versuch auffassen. Wir wollen einen Punkt (x,y) treffen, bei dem unabhängig voneinander die Ereignisse $x \in [2,5]$ und $y \in [1,3]$ eintreten. Die Wahrscheinlichkeiten dieser Ereignisse sind $P([2,5]) = \frac{3}{8}$ für x und $P([1,3]) = \frac{2}{5}$ für y entsprechend den Anteilen an den Seitenlängen. Auch hier gilt wieder

$$P(A) = P([2,5]) \cdot P([1,3]) = \tfrac{3}{8} \cdot \tfrac{2}{5} = \tfrac{6}{40}$$

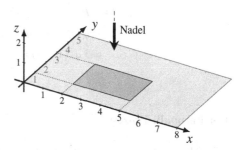

Abb. 7.1 Ein Nadelexperiment über einem Rechteck

Bei einem zweistufigen Zufallsexperiment $\Omega = \Omega_1 \times \Omega_2$ berechnet man die Wahrscheinlichkeit für das Ereignis $A = A_1 \times A_2$ (also A_1 im 1. Versuch und A_2 im 2. Versuch) mit der Produktregel

$$P(A) = P(A_1 \times A_2) = P(A_1) \cdot P(A_2)$$

Die Produktregel lässt sich durch das Gesetz der großen Zahlen motivieren: Führt man das zweistufige Zufallsexperiment N Mal durch (N sehr groß), so tritt A_1 im ersten Versuch näherungsweise $N \cdot P(A_1)$ Mal auf, und von diesen Versuchen dann $N \cdot P(A_1) \cdot P(A_2)$ Mal auch das Ereignis A_2 im zweiten Versuch. Man kann dieses Resultat auf drei oder mehr voneinander unabhängige Zufallsexperimente übertragen. Die Wahrscheinlichkeiten für die einzelnen Ereignisse A_1 im 1. Versuch, A_2 im 2. Versuch, A_3 im 3. Versuch usw. werden multipliziert:

$$P(A) = P(A_1) \cdot P(A_2) \cdot P(A_3) \cdots$$

Beispiel: Wir werfen drei Würfel unabhängig voneinander (oder einen Würfel dreimal nacheinander). Wie groß ist die Wahrscheinlichkeit für *genau* zwei Sechsen? Jeder Würfel einzeln betrachtet entspricht einem Bernoulli-Versuch mit den Elementarereignissen a = Augenzahl 6 (Erfolg) und b = Augenzahl ungleich 6 (kein Erfolg). Die Erfolgswahrscheinlichkeit ist $q = \frac{1}{6}$, die Wahrscheinlichkeit für keinen Erfolg

$$P(\{b\}) = P(\Omega \setminus \{a\}) = 1 - \tfrac{1}{6} = \tfrac{5}{6}$$

Bei drei Würfen ist die Ergebnismenge

$$\Omega = \{a,b\} \times \{a,b\} \times \{a,b\} = \{aaa, aab, aba, abb, baa, bab, bba, bbb\}$$

wobei wir z. B. das Elementarereignis (b,a,a) = „Augenzahl 6 beim 2. und 3. Wurf" mit baa abkürzen. Die Wahrscheinlichkeit für baa ist dann nach der Produktregel

$$P(baa) = P(b) \cdot P(a) \cdot P(a) = (1-q) \cdot q \cdot q = q^2(1-q)$$

Genau zweimal die Augenzahl 6 (unabhängig von der Reihenfolge) entspricht dem Ereignis $A = \{aab, aba, baa\}$. Gemäß der Summenregel gilt nun

$$
\begin{aligned}
P(A) &= P(aab) + P(aba) + P(baa) \\
&= q \cdot q \cdot (1-q) + q \cdot (1-q) \cdot q + (1-q) \cdot q \cdot q \\
&= 3\,q^2(1-q) = 3 \cdot (\tfrac{1}{6})^2 \cdot \tfrac{5}{6} = \tfrac{15}{216} \approx 0{,}07 \,\hat{=}\, 7\%
\end{aligned}
$$

Der Bernoulli-Prozess

Wir führen jetzt ein Bernoulli-Experiment $\{a,b\}$ mit der Erfolgswahrscheinlichkeit q insgesamt n Mal unabhängig voneinander durch. Dieser n-stufige Versuch wird Bernoulli-Kette oder *Bernoulli-Prozess* genannt. Ein auch für die Praxis wichtiges Resultat lautet:

Die Wahrscheinlichkeit, bei einem n-stufigen Bernoulli-Prozess mit der Erfolgswahrscheinlichkeit q pro Versuch insgesamt k Mal Erfolg zu haben, ist

$$\binom{n}{k} \cdot q^k \cdot (1-q)^{n-k}$$

Zur Berechnung der Wahrscheinlichkeit brauchen wir die *Binomialkoeffizienten*, welche definiert sind durch

$$\binom{n}{k} := \frac{n\,(n-1)\,(n-2)\cdots(n-k+1)}{1\cdot 2\cdot 3\cdots k} = \frac{n!}{k!\cdot(n-k)!}$$

sodass beispielsweise

$$\binom{7}{3} = \frac{7\cdot 6\cdot 5}{1\cdot 2\cdot 3} = \frac{210}{6} = 35, \quad \binom{6}{4} = \frac{6\cdot 5\cdot 4\cdot 3}{1\cdot 2\cdot 3\cdot 4} = \frac{360}{24} = 15$$

Zur Begründung der obigen Formel notieren wir die Ergebnismenge Ω mit den 2^n Elementarereignissen in der Form $aa\cdots a$, $ba\cdots a$, $ab\cdots a$ usw. bis $bb\cdots b$. Diese entsprechen den Summanden im Produkt

$$(a+b)^n = (a+b)\cdot(a+b)\cdots(a+b)$$
$$= aa\cdots a + ba\cdots b + ab\cdots a + \ldots + bb\cdots b$$

falls man die Faktoren nicht umsortiert, so wie z. B. im Fall $n=3$:

$$(a+b)^3 = (a+b)\cdot(a+b)\cdot(a+b) = (a+b)\cdot(aa+ba+ab+bb)$$
$$= aaa + baa + aba + bba + aab + bab + abb + bbb$$

Zum Ereignis „k Mal Erfolg" gehören alle Summanden, in denen a genau k Mal als Faktor auftritt, also alle Summanden, die dem Ausdruck $a^k\cdot b^{n-k}$ entsprechen. Wie viele solcher Summanden es gibt, verrät uns der binomische Lehrsatz

$$(a+b)^n = \sum_{k=0}^{n} \binom{n}{k} \cdot a^k \cdot b^{n-k}$$

und beispielsweise im Fall $n=3$:

$$(a+b)^3 = \binom{3}{0}a^3 + \binom{3}{1}a^2 b + \binom{3}{2}a\,b^2 + \binom{3}{3}b^3 = a^3 + 3\,a^2 b + 3\,a\,b^2 + b^3$$

Folglich gibt es $\binom{n}{k}$ unvereinbare Elementarereignisse mit genau k Mal Erfolg. Die Wahrscheinlichkeit für jedes dieser Elementarereignisse ist immer gleich, nämlich nach der Produktregel $q^k\cdot(1-q)^{n-k}$, und gemäß der Summenregel ist dann

$$\binom{n}{k}\cdot q^k \cdot (1-q)^{n-k}$$

die Wahrscheinlichkeit für einen k-maligen Erfolg bei n unabhängigen Versuchen.

Beispiel 1. Das Werfen von drei Würfeln mit dem Ziel, die Augenzahl „6" zu erhalten, ist ein dreistufiger Bernoulli-Prozess mit der Erfolgswahrscheinlichkeit $q = \frac{1}{6}$ pro Wurf. Die Wahrscheinlichkeit, genau zwei Sechsen zu würfeln, ist

$$\binom{3}{2}\cdot\left(\tfrac{1}{6}\right)^2\cdot\left(\tfrac{5}{6}\right)^{3-2} = \tfrac{3\cdot 2}{1\cdot 2}\cdot\tfrac{1}{36}\cdot\tfrac{5}{6} = \tfrac{15}{216} \quad \text{(wie schon bekannt)}$$

Beispiel 2. Beim Werfen einer Münze werten wir Kopf als Erfolg. Die Erfolgswahrscheinlichkeit ist $q = \frac{1}{2}$. Die Wahrscheinlichkeit, beim Werfen von 6 Münzen genau 4 Mal Kopf zu erhalten, beträgt

$$\binom{6}{4} \cdot \left(\tfrac{1}{2}\right)^4 \cdot \left(1 - \tfrac{1}{2}\right)^2 = 15 \cdot 0{,}5^4 \cdot 0{,}5^2 = 0{,}234\ldots$$

Beispiel 3. Die Wahrscheinlichkeit für *ein* fehlerhaftes Bauteil bei einer Produktion betrage 3%. Mit welcher Wahrscheinlichkeit sind dann bei einer Menge von 50 Teilen genau zwei bzw. höchstens zwei Teile fehlerhaft? Wir interpretieren die Prüfung eines Bauteils als Bernoulli-Experiment $\Omega = \{a, b\}$, wobei a einem fehlerfreien Teil (Erfolg) und b einem fehlerhaften Teil entspricht. Die Erfolgswahrscheinlichkeit ist $q = 0{,}97$. Das Bernoulli-Experiment wird 50-mal unabhängig voneinander durchgeführt. Die Wahrscheinlichkeit, kein einziges fehlerhaftes Teil (also 50 fehlerfreie Bauteile bzw. 50 Mal Erfolg) zu erhalten, beträgt

$$\binom{50}{50} \cdot 0{,}97^{50} \cdot 0{,}03^0 = 0{,}2181$$

Die Wahrscheinlichkeit für genau ein fehlerhaftes Teil (oder 49 Teile i.O.) ist

$$\binom{50}{49} \cdot 0{,}97^{49} \cdot 0{,}03^1 = 0{,}3372$$

und die Wahrscheinlichkeit für genau zwei fehlerhafte (bzw. 48 fehlerfreie) Teile

$$\binom{50}{48} \cdot 0{,}97^{48} \cdot 0{,}03^2 = 0{,}2555$$

Folglich ist die Wahrscheinlichkeit für *höchstens zwei* fehlerhafte Teile gemäß der Summenregel
$$0{,}2181 + 0{,}3372 + 0{,}2555 \approx 0{,}81 \quad (\hat{=} 81\%)$$

und die Wahrscheinlichkeit für *mehr als zwei* fehlerhafte Bauteile $1 - 0{,}81 \approx 0{,}19$.

7.1.3 Bedingte Wahrscheinlichkeiten

In den Anwendungen tritt oftmals die folgende Fragestellung auf: Wie groß ist die Wahrscheinlichkeit für ein Ereignis A unter der Bedingung, dass (zuvor) ein anderes Ereignis B eingetreten ist? Diese *bedingte Wahrscheinlichkeit* wird mit dem Symbol $P(A \mid B)$ notiert, wobei $A \mid B$ in „A unter der Bedingung B" zu übersetzen ist.

Im Fall $P(B) = 0$ ist das Ereignis B fast unmöglich, und gleiches gilt dann für A unter der Bedingung B, sodass wir in diesem Fall sofort auch $P(A \mid B) = 0$ notieren dürfen. Wir können daher $P(B) > 0$ voraussetzen, und dann lässt sich die bedingte Wahrscheinlichkeit mit der folgenden Formel berechnen:

$$P(A \mid B) = \frac{P(A \cap B)}{P(B)}$$

Diese Regel kann durch ein Nadelexperiment veranschaulicht werden. Wir fragen: Wie groß ist die Wahrscheinlichkeit, innerhalb einer Gesamtfläche Ω mit Flächeninhalt 1 eine Fläche A zu treffen unter der Bedingung, dass die Nadel auch im Feld B gelandet ist? In diesem Fall reduziert sich die Grundmenge auf die Teilfläche $B \subset \Omega$ mit dem Flächeninhalt $P(B)$, und davon wiederum ist der gemeinsame Teil mit A zu treffen, also die Schnittmenge $A \cap B$, sodass

$$P(A \mid B) = \frac{\text{Schnittfläche von } A \text{ und } B}{\text{Flächeninhalt von } B} = \frac{P(A \cap B)}{P(B)}$$

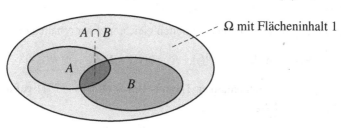

Eine ähnliche Schlussfolgerung ergibt sich bei einem Laplace-Experiment mit einer endlichen Ergebnismenge Ω. Ein Elementarereignis in A, das unter der Bedingung B eintritt, liegt in der Schnittmenge $A \cap B$. Ersetzt man die Grundgesamtheit Ω durch die Ereignismenge B, dann ist

$$P(A \mid B) = \frac{\text{Anzahl Elemente in } A \cap B}{\text{Anzahl Elemente in } B} = \frac{\frac{\text{Anzahl Elemente in } A \cap B}{\text{Anzahl Elemente in } \Omega}}{\frac{\text{Anzahl Elemente in } B}{\text{Anzahl Elemente in } \Omega}} = \frac{P(A \cap B)}{P(B)}$$

Beispiel: Wie groß ist die Wahrscheinlichkeit, eine gerade Zahl zu würfeln unter der Bedingung, dass die Augenzahl ungleich 6 ist? Wir notieren mit $A = \{2, 4, 6\}$ das Ereignis „gerade Augenzahl" und mit $B = \{1, 2, 3, 4, 5\}$ das Ereignis „Augenzahl nicht 6". Dann ist $A \cap B = \{2, 4\}$ und somit

$$P(A \mid B) = \frac{P(A \cap B)}{P(B)} = \frac{\frac{2}{6}}{\frac{5}{6}} = \frac{2}{5}$$

Man kann auch umgekehrt fragen: Wie groß ist die Wahrscheinlichkeit, eine Augenzahl ungleich 6 zu würfeln unter der Bedingung, dass die Augenzahl gerade ist? Behalten wir die Bezeichnungen für A und B bei, dann ist jetzt die Wahrscheinlichkeit $P(B \mid A)$ gesucht, und mit $B \cap A = \{2, 4\} = A \cap B$ ergibt sich

$$P(B \mid A) = \frac{P(B \cap A)}{P(A)} = \frac{\frac{2}{6}}{\frac{3}{6}} = \frac{2}{3}$$

Wie dieses Beispiel zeigt, gilt im Allgemeinen $P(A \mid B) \neq P(B \mid A)$. Im Spezialfall $A \cap B = \emptyset$ sind die Ereignisse A und B unvereinbar. Hier ist $P(A \cap B) = P(\emptyset) = 0$ und somit auch $P(A \mid B) = 0 = P(B \mid A)$.

Ein Problem, das ebenfalls häufiger in der Praxis auftritt, lautet: Wie kann man die Wahrscheinlichkeit $P(B \mid A)$, also für „B unter der Bedingung A" berechnen, falls die Wahrscheinlichkeit $P(A \mid B)$ für „A unter der Bedingung B" bekannt ist? Wir notieren zunächst für die bedingten Wahrscheinlichkeiten die Formeln

$$P(A \mid B) = \frac{P(A \cap B)}{P(B)} \quad \Longrightarrow \quad P(A \mid B) \cdot P(B) = P(A \cap B)$$

$$P(B \mid A) = \frac{P(B \cap A)}{P(A)} \quad \Longrightarrow \quad P(B \mid A) \cdot P(A) = P(B \cap A)$$

Da $A \cap B = B \cap A$ gilt, sind die rechten Seiten gleich, und wir erhalten den

Satz von Bayes: $\quad P(A \mid B) \cdot P(B) = P(B \mid A) \cdot P(A)$

welche vom englischen Mathematiker Thomas Bayes (1701 - 1761) gefunden wurde. Auflösen nach $P(B \mid A)$ ergibt

$$P(B \mid A) = \frac{P(A \mid B) \cdot P(B)}{P(A)}$$

Zur Berechnung von $P(B \mid A)$ braucht man also neben $P(A \mid B)$ auch noch die Wahrscheinlichkeiten $P(A)$ und $P(B)$ für die Ereignisse A bzw. B ohne Bedingungen.

Beispiel: In obigem Würfelbeispiel mit $A = \{2, 4, 6\}$ und $B = \{1, 2, 3, 4, 5\}$ wurde zunächst $P(A \mid B) = \frac{2}{5}$ berechnet, wobei $P(A) = \frac{1}{2}$ und $P(B) = \frac{5}{6}$ gilt. Die Wahrscheinlichkeit $P(B \mid A)$ lässt sich dann auch mit dem Satz von Bayes ermitteln:

$$P(B \mid A) = \frac{\frac{2}{5} \cdot \frac{5}{6}}{\frac{1}{2}} = \frac{2}{3}$$

Sind für ein Ereignis A nur die bedingten Wahrscheinlichkeiten $P(A \mid B)$ und $P(A \mid \overline{B})$ bekannt, also die beiden Wahrscheinlichkeiten für „A unter der Bedingung B" und für A unter der Bedingung, dass B *nicht* eingetreten ist, dann kann man daraus die sogenannte *totale Wahrscheinlichkeit* $P(A)$ von A rekonstruieren. Es ist nämlich

$$A = (A \cap B) \cup (A \cap \overline{B})$$

Da die beiden Ereignisse $A \cap B$ und $A \cap \overline{B}$ unvereinbar sind (es kann nicht gleichzeitig A unter den Bedingung B und *nicht* B eintreten), gilt nach der Summenregel

$$P(A) = P(A \cap B) + P(A \cap \overline{B}) = \frac{P(A \cap B)}{P(B)} \cdot P(B) + \frac{P(A \cap \overline{B})}{P(\overline{B})} \cdot P(\overline{B})$$

Ersetzen wir hier die Brüche durch bedingte Wahrscheinlichkeiten, dann erhalten wir den

Satz von der totalen Wahrscheinlichkeit:

$$P(A) = P(A \mid B) \cdot P(B) + P(A \mid \overline{B}) \cdot P(\overline{B})$$

wobei wir hier zusätzlich noch $P(\overline{B}) = 1 - P(B)$ einsetzen können.

Beispiel 1. Für die Bestückung von Platinen stehen zwei Fertigungsautomaten, B_1 und B_2, zur Verfügung. Im Bestückungsautomaten B_1 werden 60% der Platinen produziert, in B_2 der Rest. Zusätzlich ist bekannt: B_1 produziert 2% Ausschussteile, während 5% der Platinen aus B_2 defekt sind. Wir berechnen zunächst die Gesamt-Wahrscheinlichkeit, ein Ausschussteil zu erhalten. Es sind $P(B_1) = 0{,}6$ und $P(B_2) = P(\overline{B_1}) = 1 - 0{,}6 = 0{,}4$ die Wahrscheinlichkeiten dafür, dass ein Teil in B_1 bzw. B_2 gefertigt wurden. Bezeichnen wir mit A das Ereignis, ein Ausschussteil zu erhalten, dann kennen wir zunächst die Werte

$$P(A \mid B_1) = 0{,}02 \quad \text{und} \quad P(A \mid \overline{B_1}) = P(A \mid B_2) = 0{,}05$$

Der Satz von der totalen Wahrscheinlichkeit liefert uns den Wert

$$P(A) = P(A \mid B_1) \cdot P(B_1) + P(A \mid \overline{B_1}) \cdot P(\overline{B_1}) = 0{,}02 \cdot 0{,}6 + 0{,}05 \cdot 0{,}4 = 0{,}032$$

sodass insgesamt 3,2% der Bauteile defekt sind. Wir fragen noch: Wie groß ist die Wahrscheinlichkeit dafür, dass ein Ausschussteil im Automaten B_1 bestückt wurde? Für dieses Ereignis „Bestückung in B_1 unter der Bedingung Ausschussteil" gilt dann nach der Bayes-Formel

$$P(B_1 \mid A) = \frac{P(A \mid B_1) \cdot P(B_1)}{P(A)} = \frac{0{,}02 \cdot 0{,}6}{0{,}032} = \tfrac{3}{8} \cong 37{,}5\%$$

Beispiel 2. In einer Produktionslinie befindet sich eine Kamera, welche defekte Bauteile erkennen soll. Wir betrachten die folgenden Ereignisse:

$$A = \text{die Kamera gibt Alarm,}$$
$$D = \text{das Bauteil ist defekt.}$$

Wir wollen wissen, wie verlässlich die Qualitätskontrolle ist, und bestimmen dazu die Wahrscheinlichkeit, dass ein Bauteil defekt ist unter der Bedingung, dass die Kamera einen Alarm meldet. Gesucht ist also der Wert $P(D \mid A)$. In einem vorhergehenden Test wurde festgestellt, dass die Kamera bei einem defekten Bauteil mit einer Wahrscheinlichkeit von 96% einen Alarm auslöst, während sie mit einer Wahrscheinlichkeit von 2% einen Fehlalarm meldet, also einen Alarm auslöst, obwohl das Bauteil gar nicht defekt ist. Wir kennen demnach die beiden Werte

$$P(A \mid D) = 0{,}96 \quad \text{und} \quad P(A \mid \overline{D}) = 0{,}02$$

Weiterhin sei bekannt, dass 0,5% der Bauteile defekt sind, also $P(D) = 0,005$ gilt. Wir nutzen den Satz von Bayes und lösen zunächst nach $P(D \mid A)$ auf:

$$P(D \mid A) \cdot P(A) = P(A \mid D) \cdot P(D) \quad \Longrightarrow \quad P(D \mid A) = \frac{P(A \mid D) \cdot P(D)}{P(A)}$$

Der einzige noch unbekannte Größe ist $P(A)$, also die Wahrscheinlichkeit dafür, dass die Kamera (unabhängig vom Zustand des Bauteils) einen Alarm auslöst. Dieser lässt sich mit $P(\overline{D}) = 1 - P(D) = 0,005$ und dem Satz von der totalen Wahrscheinlichkeit berechnen:

$$P(A) = P(A \mid D) \cdot P(D) + P(A \mid \overline{D}) \cdot P(\overline{D}) = 0,96 \cdot 0,005 + 0,02 \cdot 0,995 = 0,0247$$

Insgesamt gilt dann

$$P(D \mid A) = \frac{P(A \mid D) \cdot P(D)}{P(A)} = \frac{0,96 \cdot 0,005}{0,0247} \approx 0,194$$

Wir erhalten ein verblüffendes Ergebnis: Nur jedes fünfte Bauteil, bei dem die Qualitätskontrolle einen Fehler meldet, ist tatsächlich auch defekt!

Wie lässt sich dieses Resultat erklären? Da es deutlich weniger defekte als fehlerfreie Teile gibt, ist es auch weniger wahrscheinlich, bei einem Alarm ein defektes Teil zu erhalten. Damit die Qualitätskontrolle verlässlicher wird, muss man die Genauigkeit $P(A \mid D)$ beim Erkennen defekter Bauteile erhöhen und/oder die Wahrscheinlichkeit für einen Fehlalarm $P(A \mid \overline{D})$ reduzieren.

Beispielsweise ergeben sich im Fall $P(A \mid D) = 0,97$ und $P(A \mid \overline{D}) = 0,01$ die Werte

$$P(A) = P(A \mid D) \cdot P(D) + P(A \mid \overline{D}) \cdot P(\overline{D})$$
$$= 0,97 \cdot 0,005 + 0,01 \cdot 0,995 = 0,0148$$

$$\Longrightarrow \quad P(D \mid A) = \frac{P(A \mid D) \cdot P(D)}{P(A)} = \frac{0,97 \cdot 0,005}{0,0148} \approx 0,328$$

sodass hier immerhin jedes dritte (und nicht jedes fünfte) Bauteil bei einer Fehlermeldung der Kamera auch defekt ist!

Zwei Ereignisse A und B nennt man (stochastisch) *unabhängig*, falls die Wahrscheinlichkeit, dass beide Ereignisse eintreten, gleich dem Produkt ihrer Einzelwahrscheinlichkeiten ist: $P(A \cap B) = P(A) \cdot P(B)$.

Beispiel: Wir werfen einen Würfel und betrachten die Ereignisse $A = \{2, 4, 6\}$ für eine gerade Augenzahl sowie $B = \{1, 2, 3, 4\}$ für eine Augenzahl kleiner als 5. Diese Ereignisse sind stochastisch unabhängig, denn

$$P(A) = \tfrac{1}{2}, \quad P(B) = \tfrac{2}{3}, \quad P(A \cap B) = P(\{2, 4\}) = \tfrac{1}{3} = P(A) \cdot P(B)$$

Dagegen sind A und das Ereignis $B' = \{1, 2, 3\}$ für eine Augenzahl kleiner als 4 stochastisch abhängig, denn

$$P(A) = \tfrac{1}{2}, \quad P(B') = \tfrac{1}{2}, \quad P(A \cap B') = P(\{2\}) = \tfrac{1}{6} \neq P(A) \cdot P(B)$$

Die Unabhängigkeit zweier Ereignisse lässt sich auch mittels bedingter Wahrscheinlichkeiten beschreiben. Im Fall $P(B) > 0$ gilt für unabhängige Ereignisse

$$P(A \mid B) = \frac{P(A \cap B)}{P(B)} = \frac{P(A) \cdot P(B)}{P(B)} = P(A)$$

und dies bedeutet: Die Wahrscheinlichkeit für das Ereignis A ist unabhängig davon, ob das Ereignis B eingetreten ist oder nicht. Im Fall $P(A) > 0$ ergibt der Satz von Bayes

$$P(B \mid A) = \frac{P(A \mid B) \cdot P(B)}{P(A)} = \frac{P(A) \cdot P(B)}{P(A)} = P(B)$$

dass dann auch die Wahrscheinlichkeit für das Ereignis B unabhängig vom Eintreten des Ereignisses A ist. Im Übrigen sind die Begriffe *unabhängig* und *unvereinbar* zu trennen. Für zwei Ereignisse $A, B \subset \Omega$ gilt die

- *Summenregel* $P(A \cup B) = P(A) + P(B)$, falls sie unvereinbar sind ($A \cap B = \emptyset$);
- *Produktregel* $P(A \cap B) = P(A) \cdot P(B)$, falls sie stochastisch unabhängig sind.

Wie wir bereits wissen, gibt es eine Produktregel auch bei einem zweistufigen Zufallsversuch. Es gilt $P(A_1 \times A_2) = P(A_1) \cdot P(A_2)$ unter der Voraussetzung, dass die beiden Ereignisse A_1 und A_2 zu zwei voneinander unabhängigen Zufallsversuchen gehören.

7.2 Zufallsgrößen und Verteilungen

7.2.1 Zufallsgrößen

In der Praxis sind die Ergebnisse eines Zufallsexperiments oft mit Zahlenwerten verbunden. Solche Werte nennt man *Zufallsgrößen*, oder allgemein: Eine Zufallsgröße X ordnet den Elementarereignissen $\omega \in \Omega$ reelle Zahlen $X(\omega) \in \mathbb{R}$ zu.

Beispiel: Beim Werfen zweier Würfel kann z. B. $X \in \{2, \ldots, 12\}$ die Augensumme sein oder $X \in \{0, 1, 2\}$ die Anzahl der geworfenen Sechsen. Einem Bernoulli-Experiment $\Omega = \{a, b\}$ kann man die Zufallsgröße $X(a) = 1$ bei Erfolg und $X(b) = 0$ (Misserfolg) zuordnen.

Ist X eine Zufallsgröße, dann interessiert man sich in der Regel für eine der folgenden zwei Ereignisse:

(1) X nimmt einen vorgegebenen Wert $c \in \mathbb{R}$ an, oder

(2) X liegt in einem vorgegebenen Intervall $[a, b]$.

Beide Ereignisse entsprechen jeweils gewissen Teilmengen der Ergebnismenge Ω. Im Fall (1) ist es $A_1 = \{\omega \in \Omega \mid X(\omega) = c\}$, und bei (2) die Menge $A_2 = \{\omega \in \Omega \mid X(\omega) \in$

$[a, b]\}$. Diese Ereignisse treten jeweils mit einer bestimmten Wahrscheinlichkeit auf. Die Wahrscheinlichkeit $P(A_1)$ für das Ereignis (1) bezeichnet man mit $P(X = c)$, und die Wahrscheinlichkeit $P(A_2)$ für das Ereignis (2) wird mit $P(a \le X \le b)$ oder $P(X \in [a, b])$ notiert.

> **Beispiel 1.** Wir werfen zwei Würfel (36 Elementarereignisse) und bezeichnen mit X die Augensumme. Das Ereignis $X = 4$ entspricht der Menge $A = \{(1, 3), (2, 2), (3, 1)\}$. Hierbei gilt $P(A) = \frac{3}{36} = \frac{1}{12}$, und somit ist die Wahrscheinlichkeit für das Auftreten der Augenzahl 4 der Wert $P(X = 4) = \frac{1}{12}$.

> **Beispiel 2.** Falls X beim Werfen dreier Münzen (8 Elementarereignisse) die Münzen mit Kopf a zählt, dann gilt z. B. $P(X = 2) = P(\{aab, aba, baa\}) = \frac{3}{8}$.

Das Ergebnis aus dem letzten Beispiel kann man auch allgemeiner formulieren. Bei einer Bernoulli-Kette mit n unabhängigen Versuchen und einer Erfolgswahrscheinlichkeit q je Versuch ist die Gesamtzahl der Erfolge ebenfalls eine Zufallsgröße X. Das Resultat aus dem vorigen Abschnitt können wir wie folgt schreiben:

$$P(X = k) = \binom{n}{k} \cdot q^k \cdot (1 - q)^{n-k}$$

Wir wollen uns ein Bild von der Verteilung einer Zufallsgröße X machen. Dabei muss man zwischen diskreten und stetigen Verteilungen unterscheiden.

7.2.2 Diskrete Verteilungen

Eine *diskrete Verteilung* gehört zu einer Zufallsgröße X, die nur endlich viele (oder abzählbar viele) reelle Werte $x_1, x_2, x_3, \ldots$ annehmen kann, und sie beschreibt die Wahrscheinlichkeiten $p_k = P(X = x_k)$ für das Auftreten der Werte $x_k \in \mathbb{R}$. Tragen wir die Punkte (x_k, p_k) in ein Koordinatensystem ein, so erhalten wir eine graphische Darstellung wie in Abb. 7.2

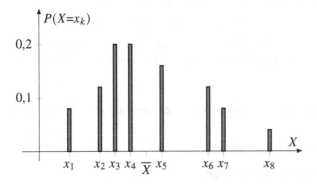

Abb. 7.2 Diskrete Wahrscheinlichkeitsverteilung

Beispiel: Die Augensumme X zweier Würfel ist eine Zufallsgröße, welche die Werte $2, 3, \ldots, 12$ annehmen kann. Für die Augensumme $X = 2 = 1 + 1$ gibt es unter den insgesamt 36 Elementarereignissen nur eine Möglichkeit, nämlich die Augenkombination $(1, 1)$, sodass $P(X = 2) = \frac{1}{36}$ gilt. Die Augensumme $X = 3$ lässt sich durch zwei Elementarereignisse $(1, 2)$ und $(2, 1)$ erreichen, $X = 4$ durch drei Ereignisse usw. Für die Augensumme $X = 7$ gibt es die meisten Möglichkeiten, nämlich 6 Kombinationen $(1, 6)$, $(2, 5)$, ..., $(6, 1)$, und damit ist $P(X = 7) = \frac{6}{36} = \frac{1}{6}$. Von $X = 8$ bis $X = 12 = 6 + 6$ sinkt die Wahrscheinlichkeit wieder ab auf den Wert $P(X = 12) = \frac{1}{36}$. Insgesamt ergibt sich als Bild eine sog. „Dreiecksverteilung" gemäß Abb. 7.3.

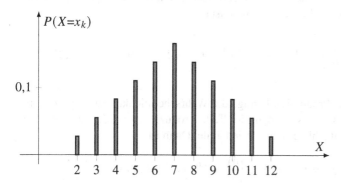

Abb. 7.3 Dreiecksverteilung

Alternativ können wir die Wahrscheinlichkeiten p_k auch als „Massen" an den Stellen x_k auffassen:

Die Wahrscheinlichkeit dafür, dass X irgendeinen dieser Werte x_k annimmt, ist

$$P(X \in \{x_1, x_2, x_3, \ldots\}) = p_1 + p_2 + p_3 + \ldots = 1$$

Im Bild mit der Massenverteilung handelt es sich um einen Körper mit der Gesamtmasse 1. Hierbei gilt: Je größer die Wahrscheinlichkeit p_k ist, umso mehr „Gewicht" hat der Zufallswert x_k.

Der Erwartungswert einer diskreten Zufallsgröße

Wir wollen nun eine Art Mittelwert für die Zufallsgröße X bestimmen. Dabei sind neben den Werten x_k auch deren Wahrscheinlichkeiten p_k zu berücksichtigen. Eine geeignete Berechnungsvorschrift liefert uns die Physik. Interpretiert man nämlich die Wahrscheinlichkeiten als Massenverteilung eines Körpers, dann ist ein sinnvoller Mittelwert die

x-Koordinate des Schwerpunkts. Dieser liegt bei einer Gesamtmasse (= Gesamtwahrscheinlichkeit) 1 an der Stelle

$$\overline{X} := x_1 \cdot p_1 + x_2 \cdot p_2 + x_3 \cdot p_3 + \ldots = \sum_k x_k p_k$$

Die Zahl $\overline{X}$ heißt *Erwartungswert* der Zufallsgröße X, und man schreibt dafür auch $E(X) = \overline{X}$ oder $\mu = \overline{X}$.

Beispiel 1. Beim Würfeln ist die Augenzahl X eine Zufallsgröße, und die Elementarereignisse $X = 1$ bis $X = 6$ haben die gleiche Wahrscheinlichkeit $p_k = P(X = k) = \frac{1}{6}$. Der Erwartungswert für die Augensumme ist dann

$$\overline{X} = \sum_{k=1}^{6} k \cdot \frac{1}{6} = 1 \cdot \frac{1}{6} + 2 \cdot \frac{1}{6} + 3 \cdot \frac{1}{6} + 4 \cdot \frac{1}{6} + 5 \cdot \frac{1}{6} + 6 \cdot \frac{1}{6} = \frac{21}{6} = 3{,}5$$

Beispiel 2. Bei einer Produktion betrage die Wahrscheinlichkeit für ein fehlerfreies Teil 90% oder $q = 0{,}9$. Es werden vier Teile produziert, und die Zufallsgröße X bezeichne die Gesamtzahl der fehlerfreien Teile. Dann ist

$$p_0 = P(X = 0) = \binom{4}{0} \cdot 0{,}9^0 \cdot 0{,}1^4 = 0{,}0001$$

$$p_1 = P(X = 1) = \binom{4}{1} \cdot 0{,}9^1 \cdot 0{,}1^3 = 0{,}0036$$

$$p_2 = P(X = 2) = \binom{4}{2} \cdot 0{,}9^2 \cdot 0{,}1^2 = 0{,}0486$$

$$p_3 = P(X = 3) = \binom{4}{3} \cdot 0{,}9^3 \cdot 0{,}1^1 = 0{,}2916$$

$$p_4 = P(X = 4) = \binom{4}{4} \cdot 0{,}9^4 \cdot 0{,}1^0 = 0{,}6561$$

mit dem Erwartungswert

$$\overline{X} = \sum_{k=0}^{4} k \cdot p_k$$

$$= 0 \cdot 0{,}0001 + 1 \cdot 0{,}0036 + 2 \cdot 0{,}0486 + 3 \cdot 0{,}2916 + 4 \cdot 0{,}6561$$

$$= 3{,}6$$

sodass bei der Produktion im Mittel 3,6 Teile fehlerfrei sind.

Dass der Erwartungswert 3,6 im letzten Beispiel gleich $4 \cdot 0{,}9$ ist, ist kein Zufall, wie die folgende Aussage zeigt.

Führt man einen Bernoulli-Versuch $\Omega = \{a, b\}$ mit der Erfolgswahrscheinlichkeit q insgesamt n Mal durch, dann erhält man für die Zufallsgröße $X =$ „Anzahl Erfolge" eine *Binomialverteilung*

$$P(X = k) = \binom{n}{k} \cdot q^k \cdot (1 - q)^{n-k} =: B(k \mid n; q)$$

mit dem Erwartungswert $\overline{X} = n \cdot q$.

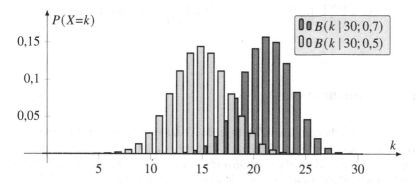

Abb. 7.4 Binomialverteilung für $n = 30$ und verschiedene Erfolgswahrscheinlichkeiten q

Für den Nachweis des Erwartungswerts in obiger Aussage brauchen wir einen kleinen rechnerischen Trick. Gemäß dem binomischen Lehrsatz ist

$$\sum_{k=0}^{n} \binom{n}{k} x^k y^{n-k} = (x + y)^n$$

Wir differenzieren beide Seiten partiell nach x und erhalten

$$\frac{\partial}{\partial x} \sum_{k=0}^{n} \binom{n}{k} x^k y^{n-k} = \frac{\partial}{\partial x} (x + y)^n$$

$$\sum_{k=0}^{n} \binom{n}{k} k\, x^{k-1} y^{n-k} = n\, (x + y)^{n-1} \quad \mid \cdot x$$

$$\sum_{k=0}^{n} k \cdot \binom{n}{k} x^k y^{n-k} = n\, x\, (x + y)^{n-1}$$

Setzen wir speziell $x = q$ und $y = 1 - q$ auf beiden Seiten ein, dann ergibt sich

$$\sum_{k=0}^{n} k \cdot \binom{n}{k} q^k (1 - q)^{n-k} = n\, q\, (q + 1 - q)^{n-1} = n\, q$$

Auf der linken Seite steht genau der Erwartungswert $\overline{X}$ der binomialverteilten Zufallsgröße X, sodass

$$\overline{X} = \sum_{k=0}^{n} k \cdot P(X = k) = \sum_{k=0}^{n} k \cdot \binom{n}{k} q^k (1 - q)^{n-k} = n\,q$$

Beispiel: Wir werfen 30 „faire" Münzen ($q = 0{,}5$) mit den Seiten 1 (Erfolg) und 0 (kein Erfolg). Die Summe der Erfolge X ist eine binomialverteilte Zufallsgröße mit dem Erwartungswert $\overline{X} = 30 \cdot 0{,}5 = 15$, welcher hier zugleich auch der wahrscheinlichste Wert ist mit

$$P(X = 15) = \binom{30}{15} \cdot 0{,}5^{15} \cdot (1 - 0{,}5)^{30-15} = \binom{30}{15} \cdot 0{,}5^{30} \approx 0{,}144 \,\widehat{=}\, 14{,}4\%$$

7.2.3 Stetige Verteilungen

Eine *stetige Verteilung* gehört zu einer Zufallsgröße X, die Werte x aus einem Intervall D wie z. B. $D = [0, 1]$ oder $D = \mathbb{R}$ annehmen darf. Sie wird durch eine stetige Funktion $p : D \longrightarrow \mathbb{R}$ mit $p \geq 0$ beschrieben, die man *Dichtefunktion* oder *Wahrscheinlichkeitsdichte* nennt. Die graphische Darstellung einer solchen stetigen Verteilung zeigt Abb. 7.5.

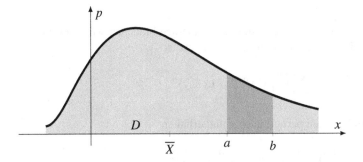

Abb. 7.5 Stetige Wahrscheinlichkeitsverteilung über einem Intervall D

Die Wahrscheinlichkeit, dass X im Intervall $[a, b] \subset D$ liegt, ist der Wert

$$P(X \in [a, b]) = \int_{a}^{b} p(x)\,\mathrm{d}x$$

Hierfür schreibt man auch $P(a \leq X \leq b)$. Für die Gesamtfläche unter der Kurve muss

$$P(X \in D) = \int_{D} p(x)\,\mathrm{d}x = 1$$

gelten, da $X \in D$ ein sicheres Ereignis ist. Demnach ist $P(a \leq X \leq b)$ der Anteil der von $p(x)$ über $[a, b]$ begrenzten Fläche an der Gesamtfläche 1. Bei einer stetigen Verteilung wird also die Wahrscheinlichkeit für das Ereignis $X \in [a, b]$ wie bei einem Nadelexperiment berechnet.

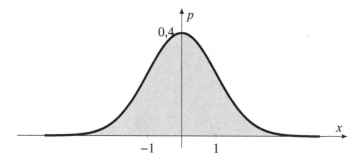

Abb. 7.6 Die Wahrscheinlichkeitsdichte der Standardnormalverteilung

Beispiel 1. Die *Standardnormalverteilung* besitzt die Wahrscheinlichkeitsdichte

$$p(x) = \varphi(x) := \frac{1}{\sqrt{2\pi}}\, e^{-\frac{1}{2}x^2}, \quad x \in \mathbb{R}$$

Sie ist in Abb. 7.6 graphisch dargestellt. Der Vorfaktor $1/\sqrt{2\pi}$ ist nötig, damit die Gesamtwahrscheinlichkeit den Wert 1 hat. Mit der Substitution $x = \sqrt{2}\,t$ gilt nämlich

$$\int_{-\infty}^{\infty} \frac{1}{\sqrt{2\pi}}\, e^{-\frac{1}{2}x^2}\, dx = \frac{1}{\sqrt{2\pi}} \int_{-\infty}^{\infty} e^{-t^2} \cdot \sqrt{2}\, dt$$

$$= \frac{1}{\sqrt{\pi}} \int_{-\infty}^{\infty} e^{-t^2}\, dt = \frac{1}{\sqrt{\pi}} \cdot \sqrt{\pi} = 1$$

wobei wir in der letzten Zeile das Gauß-Integral aus Abschnitt 2.3.4 verwendet haben. Eine „standardnormalverteilte" Zufallsgröße X nimmt Werte aus ganz $\mathbb{R}$ an. Die Wahrscheinlichkeit dafür, dass dieser Wert im Intervall $[-1, 3]$ liegt, beträgt dann

$$P(-1 \leq X \leq 3) = \int_{-1}^{3} \frac{1}{\sqrt{2\pi}}\, e^{-\frac{1}{2}x^2}\, dx \approx 0{,}84$$

oder 84%. Da man eine Stammfunktion zu $e^{-\frac{1}{2}x^2}$ nicht formelmäßig angeben kann, muss man diesen Wert aus einer Tabelle entnehmen oder z. B. das Integral mit einer Potenzreihe berechnen.

Beispiel 2. Die *Exponentialverteilung* zum Parameter $\lambda > 0$ hat die Dichtefunktion (siehe Abb. 7.7)

$$p(x) = \lambda e^{-\lambda x}, \quad x \in [0, \infty[$$

Die Gesamtwahrscheinlichkeit ist auch hier, wie gefordert,

$$\int_0^\infty \lambda\, e^{-\lambda x}\, dx = -e^{-\lambda x}\, \Big|_0^{x\to\infty} = 0 - (-e^0) = 1$$

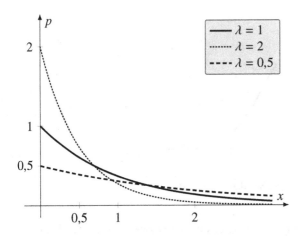

Abb. 7.7 Exponentialverteilungen zu unterschiedlichen Parametern λ

Im Gegensatz zur diskreten Verteilung beschreibt die Zahl $p(c)$ bei einer stetigen Verteilung *nicht* die Wahrscheinlichkeit dafür, dass der Fall $X = c$ eintritt. Wegen $P(X = c) = \int_c^c p(x)\, dx = 0$ ist es (wie beim Nadelexperiment) fast unmöglich, dass X einen einzelnen Wert $c \in \mathbb{R}$ annimmt! Insbesondere sind bei einer stetigen Verteilung dann auch die Wahrscheinlichkeiten $P(a \leq X < b)$ und $P(a \leq X \leq b)$ gleich, denn $P(X = b) = 0$ zusammen mit der Summenregel ergibt

$$P(a \leq X \leq b) = P(X \in [a,b]) = P(X \in [a,b[\,\cup\{b\})$$
$$= P(X \in [a,b[) + P(X = b) = P(a \leq X < b) + 0$$

Der Erwartungswert einer stetigen Zufallsgröße

Auch einer stetigen Zufallsgröße kann man einen Erwartungswert $\overline{X} = E(X) = \mu$ zuordnen. Hierzu interpretieren wir $p : D \longrightarrow [0,\infty[$ als (veränderliche) Dichte einer kontinuierlichen Massenverteilung und nehmen als Erwartungswert die x-Koordinate des Schwerpunkts. Falls sich die Zufallsgröße X über das Intervall D verteilt, dann entspricht $\int_D p(x)\, dx = 1$ der „Gesamtmasse", und die x-Koordinate des Schwerpunkts befindet sich an der Stelle

$$\overline{X} := \int_D x \cdot p(x)\, dx$$

Den Erwartungswert einer kontinuierlichen Verteilung bestimmt man also ähnlich wie den Erwartungswert einer diskreten Verteilung $\overline{X} = \sum x_k \cdot p_k$, nur dass man hier die

Summe durch das Integral ersetzen muss. Falls X beliebige Werte aus $\mathbb{R}$ annehmen kann, dann berechnet man entsprechend das (uneigentliche) Integral

$$\overline{X} = \int_{-\infty}^{\infty} x \cdot p(x)\,\mathrm{d}x$$

Beispiel 1. Die Standardnormalverteilung ist symmetrisch zur y-Achse und hat folglich den Erwartungswert $\overline{X} = 0$ (eine Berechnung des Integrals ist nicht nötig).

Beispiel 2. Der Erwartungswert der Exponentialverteilung zum Parameter $\lambda > 0$ ergibt sich durch partielle Integration:

$$\overline{X} = \int_0^{\infty} x \cdot \lambda\,\mathrm{e}^{-\lambda x}\,\mathrm{d}x = -x \cdot \mathrm{e}^{-\lambda x}\,\Big|_0^{x \to \infty} + \int_0^{\infty} 1 \cdot \mathrm{e}^{-\lambda x}\,\mathrm{d}x$$

$$= 0 + \left(-\tfrac{1}{\lambda}\,\mathrm{e}^{-\lambda x}\right)\Big|_0^{x \to \infty} = \tfrac{1}{\lambda}$$

Die Verteilungsfunktion

Bei einer stetigen Zufallsgröße X, die Werte aus einem Intervall D, z. B. $D =]\alpha, \beta[$ annehmen kann, ist die Wahrscheinlichkeit, dass X unterhalb der Grenze x bleibt,

$$F(x) := P(X \le x), \quad x \in D$$

Diese Werte $F(x)$ definieren die *Verteilungsfunktion* $F : D \longrightarrow \mathbb{R}$ der Zufallsgröße X. Da ein Wahrscheinlichkeitswert im Bereich $[0, 1]$ liegt, gilt stets $0 \le F(x) \le 1$ für alle $x \in D$. Mit steigender Obergrenze $x \in D$ wächst die Wahrscheinlichkeit für $X \le x$ immer weiter an (oder sie bleibt konstant), und daher ist F eine monoton steigende Funktion. Für $x \to \beta$ geht der Wert $P(X \le x)$ schließlich in $P(X \in D) = 1$ über, sodass $\lim_{x \to \beta} F(x) = 1$ gelten muss. Andererseits ergibt sich für $x \to \alpha$ der Grenzwert $\lim_{x \to \alpha} F(x) = P(X \in \emptyset) = 0$. Der typische Verlauf einer Verteilungsfunktion bei einer stetigen Zufallsgröße $X \in \mathbb{R}$ ist in Abb. 7.8 skizziert.

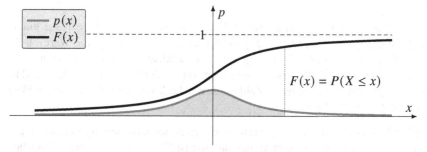

Abb. 7.8 Verteilungsfunktion $F(x)$ und Wahrscheinlichkeitsdichte $p(x)$

Falls die Verteilungsfunktion $F(x)$ zu einer Zufallsgröße $X \in D = \,]\alpha, \beta[$ bekannt ist, dann lässt sich für zwei Werte $a < b$ in D gemäß der Summenregel

$$P(X \leq b) = P(X \in \,]\alpha, a] \cup \,]a, b]) = P(X \leq a) + P(X \in \,]a, b])$$
$$\implies P(X \in [a, b]) = P(X \in \,]a, b]) = P(X \leq b) - P(X \leq a)$$

die folgende Formel zur Berechnung der Wahrscheinlichkeit für $X \in [a, b]$ ableiten:

$$P(a \leq X \leq b) = F(b) - F(a)$$

Ist speziell X eine stetig verteilte Zufallsgröße und bezeichnet $p : D \longrightarrow [0, \infty[$ die Wahrscheinlichkeitsdichte von X, dann gilt auch

$$F(x) = P(X \leq x) = \int_\alpha^x p(t)\, dt$$

sodass hier die Verteilungsfunktion $F(x)$ zugleich eine Stammfunktion (Integralfunktion) zu $p(x)$ mit $\lim_{x \to \alpha} F(x) = 0$ ist.

Beispiel 1. Bei einer Exponentialverteilung zum Parameter $\lambda > 0$ mit der Dichtefunktion $p(x) = \lambda\, e^{-\lambda x}$ für $x \in [0, \infty[$ ist die Verteilungsfunktion

$$F(x) = \int_0^x \lambda\, e^{-\lambda t}\, dt = -e^{-\lambda t}\,\Big|_0^x = -e^{-\lambda x} - (-e^0) = 1 - e^{-\lambda x}$$

Beispiel 2. Die Verteilungsfunktion zur Standardnormalverteilung

$$\varphi(x) = \frac{1}{\sqrt{2\pi}}\, e^{-\frac{1}{2}x^2}, \quad x \in \mathbb{R}$$

ist das sogenannte *Gaußsche Fehlerintegral*

$$\Phi(x) := \frac{1}{\sqrt{2\pi}} \int_{-\infty}^x e^{-\frac{1}{2}t^2}\, dt, \quad x \in \mathbb{R}$$

das im Abschnitt 7.4.1 noch eine wichtige Rolle spielen wird.

Für eine Zahl $q \in [0, 1]$ und eine stetige Verteilung $p : D \longrightarrow [0, \infty[$ auf einem Intervall D ist das *Quantil* der Ordnung q (oder kurz: q-Quantil) derjenige Wert $c \in D$, für den $P(X \leq c) = q$ bzw. $F(c) = q$ gilt. Die Zufallsgröße X liegt dann mit der Wahrscheinlichkeit q unterhalb dieses Schwellenwerts c. Für eine Zufallsgröße $X \in \mathbb{R}$ ist z. B. das 25%-Quantil diejenige reelle Zahl c, für welche X mit einer Wahrscheinlichkeit von 25% unterhalb von c liegt.

Beispiel: Wir wollen das 75%-Quantil für die Exponentialverteilung mit dem Parameter $\lambda = 1$ berechnen. Die Verteilungsfunktion ist $F(x) = 1 - e^{-x}$, und wir suchen den Wert $c \in [0, \infty[$, für den $P(X \leq c) = F(c) = 0{,}75$ gilt:

$$1 - e^{-c} = 0{,}75 \implies e^{-c} = 0{,}25 \implies c = -\ln 0{,}25 \approx 1{,}386$$

Eine mit dem Parameter $\lambda = 1$ exponentialverteilte Zufallsgröße X liegt demnach mit einer Wahrscheinlichkeit von 75% im Bereich von 0 bis 1,386.

7.2.4 Varianz und Standardabweichung

Im Fall einer diskreten Verteilung ist der Erwartungswert ein Mittelwert für die Zahlen x_k, welche eine Zufallsgröße X annehmen kann, wobei man zusätzlich noch die Wahrscheinlichkeiten für das Auftreten $p_k = P(X = x_k)$ der einzelnen Zahlen berücksichtigt. Interpretiert man diese Wahrscheinlichkeiten als Massen p_k an den Orten x_k, dann entspricht der Erwartungswert $\overline{X}$ dem Schwerpunkt der Verteilung. Der Erwartungswert ist eine wichtige Kennzahl für eine Zufallsgröße, aber er enthält keine Informationen über die *Form* der Verteilung. Die folgenden zwei Beispiele beschreiben Zufallsgrößen mit dem gleichen Erwartungswert, aber sehr unterschiedlicher Verteilung der Zahlen.

Beispiel 1. Beim Würfeln ist die Augenzahl X eine Zufallsgröße, bei der alle Werte gleich wahrscheinlich sind:

$$P(X = k) = \tfrac{1}{6} \quad \text{für alle} \quad k \in \{1, 2, 3, 4, 5, 6\}$$

Der Erwartungswert dieser *Gleichverteilung* ist $\overline{X} = 3{,}5$.

Beispiel 2. Wir werfen sieben Münzen und nehmen als Zufallsgröße X die Anzahl der Münzen mit „Kopf". X ist binomialverteilt mit den Wahrscheinlichkeiten

$$P(X = k) = \binom{7}{k} \cdot (\tfrac{1}{2})^k \cdot (\tfrac{1}{2})^{7-k} = \tfrac{1}{128} \binom{7}{k}, \quad k \in \{0, 1, 2, 3, 4, 5, 6, 7\}$$

Der Erwartungswert dieser Binomialverteilung ist ebenfalls $\overline{X} = 7 \cdot \tfrac{1}{2} = 3{,}5$.

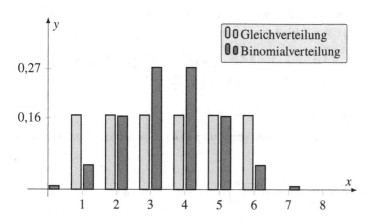

Abb. 7.9 Zwei unterschiedliche Zufallsgrößen mit gleichem Erwartungswert

Was uns noch fehlt, ist eine Kennzahl für die Form der Verteilung. Diese Zahl, genannt *Standardabweichung* ΔX, soll ein Maß für die Streuung der Zufallsgröße X um den Erwartungswert $\overline{X}$ sein. Je weiter die mit der Wahrscheinlichkeit gewichtete Zufallsgröße um den Erwartungswert verstreut ist, umso größer muss der Wert ΔX sein. Auch hier werden wir in der Physik fündig. Interpretieren wir die Wahrscheinlichkeitsverteilung als Masseverteilung eines Körpers und legen wir eine Drehachse durch $\overline{X}$ senkrecht zur x-Achse, dann können wir das Trägheitsmoment des Körpers bzgl. dieser Achse berechnen. Das Trägheitsmoment hat die gewünschten Eigenschaften: Je weiter die Massen um die Drehachse verteilt sind, umso größer wird das Trägheitsmoment – so wie beispielsweise auch das Trägheitsmoment eines homogenen Vollzylinders kleiner ist als das eines Hohlzylinders mit gleichem Durchmesser und gleicher Masse. Aus praktischen Gründen wird nicht die Standardabweichung ΔX, sondern ihr Quadrat $(\Delta X)^2$ als „Trägheitsmoment" der Wahrscheinlichkeitsverteilung festgelegt. Diese Größe $(\Delta X)^2$ heißt *Varianz*. Im Fall einer diskreten Verteilung X mit dem Erwartungswert $\overline{X}$ ist die Varianz

$$(\Delta X)^2 := \sum_k (x_k - \overline{X})^2 \, p_k$$

und für eine stetige Verteilung mit der Dichtefunktion $p : D \longrightarrow [0, \infty[$ und dem Erwartungswert $\overline{X}$ gilt dementsprechend

$$(\Delta X)^2 := \int_D (x - \overline{X})^2 \, p(x) \, \mathrm{d}x$$

So wie man bei einer Zufallsgröße X verschiedene Schreibweisen $\mu = \overline{X} = E(X)$ für den Erwartungswert findet, verwendet man in der Literatur auch für die Varianz und für die Standardabweichung unterschiedliche Notationen. Anstelle von $(\Delta X)^2$ schreibt man oftmals $\mathrm{Var}(X)$, und für die Standardabweichung wird häufig das Symbol σ anstelle von ΔX benutzt.

Beispiel 1. Die Gleichverteilung $p_k = P(X = k) = \frac{1}{6}$ für $k \in \{1, 2, 3, 4, 5, 6\}$ mit dem Erwartungswert $\overline{X} = 3{,}5$ hat die Varianz

$$(\Delta X)^2 = (1 - 3{,}5)^2 \cdot \tfrac{1}{6} + (2 - 3{,}5)^2 \cdot \tfrac{1}{6} + (3 - 3{,}5)^2 \cdot \tfrac{1}{6} + (4 - 3{,}5)^2 \cdot \tfrac{1}{6}$$
$$+ (5 - 3{,}5)^2 \cdot \tfrac{1}{6} + (6 - 3{,}5)^2 \cdot \tfrac{1}{6} = \tfrac{17{,}5}{6}$$

und demnach die Standardabweichung $\Delta X = 1{,}71$.

Beispiel 2. Die Varianz der Binomialverteilung $B(k \mid n; q)$ beträgt allgemein (ohne Begründung)

$$(\Delta X)^2 = \sum_{k=0}^{n} (k - n\,q)^2 \cdot \binom{n}{k} q^k \, (1 - q)^{n-k} = n\,q\,(1 - q)$$

Im speziellen Fall $P(X = k) = B(k \mid 7; 0{,}5)$ (z. B. Anzahl Kopf bei 7 Münzen) ist die Varianz $(\Delta X)^2 = 7 \cdot 0{,}5 \cdot 0{,}5 = 1{,}75$ und die Standardabweichung $\Delta X = \sqrt{1{,}75} = 1{,}32$. Dieser Wert ist kleiner als die Standardabweichung aus Beispiel 1, sodass hier die Zufallsgröße weniger weit um den Erwartungswert 3,5 gestreut ist als bei der Gleichverteilung mit dem gleichen Erwartungswert.

Beispiel 3. Die Standardnormalverteilung besitzt, wie man durch partieller Integration bestätigen kann, die Varianz

$$(\Delta X)^2 = \int_{-\infty}^{\infty} (x-0)^2 \frac{1}{\sqrt{2\pi}} e^{-\frac{1}{2}x^2} dx = -\frac{1}{\sqrt{2\pi}} \int_{-\infty}^{\infty} x \cdot \left(e^{-\frac{1}{2}x^2}\right)' dx$$

$$= -\frac{1}{\sqrt{2\pi}} \cdot x\, e^{-\frac{1}{2}x^2} \Big|_{x\to-\infty}^{x\to\infty} + \frac{1}{\sqrt{2\pi}} \cdot \int_{-\infty}^{\infty} 1 \cdot e^{-\frac{1}{2}x^2} dx$$

$$= (0-0) + \frac{1}{\sqrt{2\pi}} \cdot \sqrt{2\pi} = 1$$

und sie hat demnach auch die Standardabweichung $\Delta X = 1$.

Beispiel 4. Die Varianz der Exponentialverteilung $p(x) = \lambda\, e^{-\lambda x}$ für $x \in [0, \infty[$ mit dem Erwartungswert $\overline{X} = \frac{1}{\lambda}$ erhalten wir aus der Rechnung

$$(\Delta X)^2 = \int_0^{\infty} \left(x - \frac{1}{\lambda}\right)^2 \cdot \lambda\, e^{-\lambda x} dx = -\left(x^2 + \frac{1}{\lambda^2}\right) e^{-\lambda x} \Big|_0^{x\to\infty} = \frac{1}{\lambda^2}$$

Damit ist $\Delta X = \frac{1}{\lambda}$ die Standardabweichung der Exponentialverteilung.

Die Tschebyschow-Ungleichung

Die Standardabweichung ist nicht nur eine Maßzahl für die Form der Verteilung, sondern sie liefert uns auch eine bemerkenswert einfache Abschätzung für die Aufenthaltswahrscheinlichkeit einer Zufallsgröße.

Ist X eine beliebige Zufallsgröße mit dem Erwartungswert μ und der Standardabweichung σ, dann liegt X mit einer Wahrscheinlichkeit von

- mindestens 93% im Intervall $[\mu - 4\sigma, \mu + 4\sigma]$
- mindestens 75% im Intervall $[\mu - 2\sigma, \mu + 2\sigma]$
- mindestens 50% im Intervall $[\mu - \frac{\sigma}{\sqrt{2}}, \mu + \frac{\sigma}{\sqrt{2}}]$

Diese Aussage gibt symmetrische Bereiche um den Erwartungswert an, in denen die Zufallsgröße X mit einer bestimmten Mindestwahrscheinlichkeit zu finden ist. Die hier angegebenen Intervalle sind unabhängig von der Form der Verteilung!

Wir wollen obige Aussage am Beispiel einer stetigen Zufallsgröße $X \in \mathbb{R}$ begründen. Lassen wir im Integral den Bereich $[\mu - \alpha, \mu + \alpha]$ weg, so ergibt sich die Abschätzung

$$\sigma^2 = \int_{-\infty}^{\infty} (x-\mu)^2 p(x)\,dx \geq \int_{-\infty}^{\mu-\alpha} (x-\mu)^2 p(x)\,dx + \int_{\mu+\alpha}^{\infty} (x-\mu)^2 p(x)\,dx$$

Außerhalb des Intervalls $[\mu - \alpha, \mu + \alpha]$ gilt $(x - \mu)^2 \geq \alpha^2$, und daher ist

$$\sigma^2 \geq \alpha^2 \left(\int_{-\infty}^{\mu - \alpha} p(x)\,dx + \int_{\mu + \alpha}^{\infty} p(x)\,dx \right) = \alpha^2 \left(1 - \int_{\mu - \alpha}^{\mu + \alpha} p(x)\,dx \right)$$

$$\implies P(X \in [\mu - \alpha, \mu + \alpha]) = \int_{\mu - \alpha}^{\mu + \alpha} p(x)\,dx \geq 1 - \frac{\sigma^2}{\alpha^2}$$

Die Abschätzung in der letzten Zeile für die Wahrscheinlichkeit, dass X im Intervall $[\mu - \alpha, \mu + \alpha]$ liegt, nennt man

Tschebyschow-Ungleichung: $P(X \in [\mu - \alpha, \mu + \alpha]) \geq 1 - \dfrac{\sigma^2}{\alpha^2}$

Setzen wir hier z. B. $\alpha = 4\sigma$ ein, dann ergibt sich

$$P(X \in [\mu - 4\sigma, \mu + 4\sigma]) \geq 1 - \frac{\sigma^2}{(4\sigma)^2} = \frac{15}{16} > 0{,}93$$

Beispiel: Wir werfen 16 Münzen und zählen mit der Zufallsgröße X die Anzahl der Münzen mit „Kopf" (bei einer Erfolgswahrscheinlichkeit $q = 0{,}5$ pro Münze). Der Erwartungswert ist $\mu = \overline{X} = 16 \cdot 0{,}5 = 8$ und die Varianz $(\Delta X)^2 = 16 \cdot 0{,}5 \cdot (1 - 0{,}5) = 4$, also $\sigma = \Delta X = 2$. Mit einer Wahrscheinlichkeit von mindestens 75% erhalten wir dann zwischen $\mu - 2\,\sigma = 4$ und $\mu + 2\,\sigma = 12$ Mal „Kopf".

Die oben genannten Intervalle lassen sich allein aus den Größen μ (Erwartungswert) und σ (Standardabweichung) berechnen, und sie gelten für alle Verteilungen von X. Falls die genaue Verteilung von X bekannt ist, dann kann man die angegebenen Intervalle in der Regel nochmals erheblich einschränken bzw. die Wahrscheinlichkeit dafür, dass X in einem bestimmten Intervall liegt, noch deutlich erhöhen.

Beispiel: Bei der Standardnormalverteilung mit der Dichte

$$p(x) = \frac{1}{\sqrt{2\pi}}\, e^{-\frac{1}{2}x^2}$$

ist $\mu = 0$ und $\sigma = 1$. Gemäß der Tschebyschow-Abschätzung ist dann die Zufallsgröße mit einer Wahrscheinlichkeit von mindestens 75% im Intervall $[-2, 2]$ zu finden. Tatsächlich aber ist

$$P(X \in [-2, 2]) = \int_{-2}^{2} \frac{1}{\sqrt{2\pi}}\, e^{-\frac{1}{2}x^2}\,dx = 0{,}9545$$

und damit liegt X sogar mit einer Wahrscheinlichkeit von über 95% im Bereich $[-2, 2]$ um den Erwartungswert 0. Wegen

$$\int_{-1,15}^{1,15} \frac{1}{\sqrt{2\pi}}\, e^{-\frac{1}{2}x^2}\,dx = 0{,}74986 \approx 0{,}75$$

wiederum ist das 75%-Intervall bei der Standardnormalverteilung wesentlich kleiner als $[-2, +2]$, nämlich $[-1{,}15, +1{,}15]$.

Der Verschiebungssatz

Es gibt auch eine alternative Formel, *Verschiebungssatz* genannt, mit der wir die Varianz einer Zufallsgröße X berechnen können. Im Fall einer diskret verteilten Zufallsgröße $X \in \{x_1, x_2, \ldots\}$ ist

$$(\Delta X)^2 = \left(\sum_k x_k^2 \, p_k \right) - \overline{X}^2$$

und falls $X \in D$ eine stetig verteilte Zufallsgröße ist, dann gilt entsprechend

$$(\Delta X)^2 = \int_D x^2 p(x) \, dx - \overline{X}^2$$

Wir wollen diese Formel hier nur für eine diskrete Verteilung begründen. Nach unserer Festlegung als „Trägheitsmoment" einer Massenverteilung ist zunächst

$$(\Delta X)^2 = \sum_k (x_k - \overline{X})^2 \, p_k = \sum_k \left(x_k^2 - 2 x_k \, \overline{X} + \overline{X}^2 \right) p_k$$

$$= \left(\sum_k x_k^2 \, p_k \right) - 2 \overline{X} \cdot \sum_k x_k \, p_k + \overline{X}^2 \cdot \sum_k p_k$$

Wegen $\sum_k x_k \, p_k = \overline{X}$ und $\sum_k p_k = 1$ gilt dann

$$(\Delta X)^2 = \left(\sum_k x_k^2 \, p_k \right) - 2 \overline{X} \cdot \overline{X} + \overline{X}^2 \cdot 1 = \left(\sum_k x_k^2 \, p_k \right) - \overline{X}^2$$

Wir können die Summe $\sum_k x_k^2 \, p_k$ für eine diskrete Verteilung auch interpretieren als Erwartungswert für die Zufallsgröße $X^2 = X \cdot X$, bei der die Werte x_k^2 mit den Wahrscheinlichkeiten p_k (wie bei x_k) auftreten. Ebenso ist $\int_D x^2 p(x) \, dx$ der Erwartungswert für X^2 bei einer stetig verteilten Zufallsgröße X. Zusammen mit dem Erwartungswert $E(X) = \overline{X}$ für X lässt sich das obige Ergebnis wie folgt vereinheitlichen:

$$(\Delta X)^2 = E(X^2) - E(X)^2$$

Beispiel: Für die Gleichverteilung mit $p_k = \frac{1}{6}$ bei $X = x_k \in \{1, 2, 3, 4, 5, 6\}$ haben wir den Erwartungswert $\overline{X} = 3{,}5$ und die Varianz $(\Delta X)^2 = \frac{17{,}5}{6}$ bereits ermittelt.

Wir können die Varianz alternativ mit dem Verschiebungssatz gemäß der Formel

$$(\Delta X)^2 = \left(\sum_{k=1}^{6} x_k^2\, p_k\right) - 3{,}5^2 = \left(\sum_{k=1}^{6} k^2 \cdot \tfrac{1}{6}\right) - 3{,}5^2$$

$$= (1^2 + 2^2 + 3^2 + 4^2 + 5^2 + 6^2) \cdot \tfrac{1}{6} - 12{,}25 = \tfrac{91}{6} - 12{,}25$$

berechnen und erhalten auch auf diesem Weg $(\Delta X)^2 = \tfrac{17{,}5}{6}$.

Tatsächlich verbirgt sich hinter dem Verschiebungssatz der *Satz von Steiner* aus der Mechanik. Dieser besagt: Ist das Trägheitsmoment J_S für die Drehachse durch den Massenmittelpunkt (Schwerpunkt) bekannt, so kann das Trägheitsmoment J_0 für die dazu parallele Drehachse durch den Ursprung mit der Formel $J_0 = J_S + m \cdot d^2$ berechnet werden, wobei m die Gesamtmasse des starren Körpers und d der Abstand seines Massenmittelpunktes vom Ursprung ist. Die physikalischen Größen J_S, J_0, m und d lassen sich in Kenngrößen für die Zufallsgröße X übersetzen. Fassen wir X als Verteilung der Massen p_k an den Orten x_k mit der Gesamtmasse $m = \sum_k p_k = 1$ auf, dann ist $J_0 = \sum_k x_k^2\, p_k$ das Trägheitsmoment für die Drehachse durch den Ursprung. Der Schwerpunkt hat die x-Koordinate $\overline{X}$ und vom Ursprung den Abstand $d = |\overline{X}|$. Das Trägheitsmoment für die Drehachse durch den Schwerpunkt ist die Varianz $J_S = \sum_k (x_k - \overline{X})^2\, p_k = (\Delta X)^2$. Aus dem Satz von Steiner folgt dann

$$(\Delta X)^2 = J_S = J_0 - m \cdot d^2 = \left(\sum_k x_k^2\, p_k\right) - 1 \cdot \overline{X}^2$$

7.2.5 Stichproben und empirische Varianz

Eine diskrete Zufallsgröße X kann endlich viele oder sogar abzählbar unendlich viele Werte annehmen, wobei die exakte (bzw. theoretische) Wahrscheinlichkeitsverteilung von X in der Praxis meist nicht bekannt ist. In diesem Fall arbeitet man mit Stichproben. Man führt das Zufallsexperiment insgesamt N Mal durch, wobei die Anzahl N der Versuche hinreichend groß ist, und erhält dabei n *unterschiedliche* Werte $x_1, x_2, \ldots, x_n$, wobei x_k insgesamt q_k Mal vorkommt. Dann gilt $q_1 + q_2 + \ldots + q_n = N$, und die Wahrscheinlichkeit p_k für das Auftreten des Werts x_k ist nach dem Gesetz der großen Zahlen näherungsweise die relative Häufigkeit $p_k \approx \tfrac{q_k}{N}$. Der Erwartungswert $\overline{X}$ der Zufallsgröße lässt sich dann gut mit dem arithmetischen Mittel

$$\overline{X} \approx \sum_{k=1}^{n} x_k \cdot \frac{q_k}{N} = \frac{x_1 \cdot q_1 + x_2 \cdot q_2 + \ldots + x_n \cdot q_n}{N} =: \overline{x}$$

abschätzen. Da von den ursprünglich N Werten einer für die Abschätzung des Erwartungswerts „verloren" geht, verwendet man in der Praxis anstelle der *Stichprobenvarianz*

$$(\Delta X)^2 \approx \sum_{k=1}^{n} (x_k - \overline{x})^2 \cdot \frac{q_k}{N} = \frac{1}{N} \sum_{k=1}^{n} (x_k - \overline{x})^2\, q_k$$

oftmals die sogenannte *korrigierte Stichprobenvarianz*

$$\frac{1}{N-1} \sum_{k=1}^{n} (x_k - \overline{x})^2 \, q_k$$

mit dem Vorfaktor $\frac{1}{N-1}$ anstatt $\frac{1}{N}$. Passend dazu unterscheidet man bei einer Stichprobe mit den Werten $x_1, x_2, \ldots, x_n$ und den Häufigkeiten $q_1, q_2, \ldots, q_n$ dann auch zwischen der *empirischen Standardabweichung*

$$s := \sqrt{\frac{1}{N} \sum_{k=1}^{n} (x_k - \overline{x})^2 \, q_k} \quad \text{mit} \quad \overline{x} = \frac{1}{N} \sum_{k=1}^{n} x_k \, q_k$$

und der *korrigierten Standardabweichung*

$$s^* := \sqrt{\frac{1}{N-1} \sum_{k=1}^{n} (x_k - \overline{x})^2 \, q_k}$$

Beispiel: Auf einem Fließband werden Bauteile angeliefert. Wir bezeichnen mit X die Anzahl der Teile, die in einer Minute eintreffen. X ist eine diskrete Zufallsgröße, die (theoretisch) alle Werte aus $\mathbb{N} = \{0, 1, 2, 3, \ldots\}$ annehmen kann. In einer Stichprobe zählen wir die Bauteile, die innerhalb von einer Minute ankommen. Diese Stichprobe führen wir 40 Mal durch, und wir notieren die folgenden Daten:

x_k	0	1	2	3	4	5	6
q_k	5	12	9	9	3	1	1

Hier ist $N = 40$, und wir erhalten $n = 7$ unterschiedliche Werte $x_1 = 0$ bis $x_7 = 6$, wobei z. B. $q_4 = 9$ unter $x_4 = 3$ bedeutet, dass es insgesamt 9 Ein-Minuten-Intervalle gab, in denen genau 3 Bauteile angeliefert wurden, und bei 5 Messungen ($q_1 = 5$) kam innerhalb einer Minute gar kein Bauteil ($x_1 = 0$) an. Der arithmetische Mittelwert

$$\overline{x} = \frac{0 \cdot 5 + 1 \cdot 12 + 2 \cdot 9 + 3 \cdot 9 + 4 \cdot 3 + 5 \cdot 1 + 6 \cdot 1}{40} = \frac{80}{40} = 2$$

ist ein Schätzwert für den Erwartungswert der Zufallsgröße X, d. h., wir erwarten im Schnitt 2 Bauteile pro Minute. Die Stichprobenvarianz

$$\frac{1}{40} \sum_{k=1}^{7} (x_k - 2)^2 \, q_k = \frac{4 \cdot 5 + 1 \cdot 12 + 0 \cdot 9 + 1 \cdot 9 + 4 \cdot 3 + 9 \cdot 1 + 16 \cdot 1}{40} = 1{,}95$$

führt schließlich zur empirischen Standardabweichung $s = \sqrt{1{,}95} \approx 1{,}4$.

Da aus den Messdaten auch der Erwartungswert $\overline{x}$ ermittelt werden muss, wird bei der Berechnung der *korrigierten* Größen die Anzahl der Datensätze um Eins reduziert, sodass man hier von nur 39 Datensätzen ausgeht. Die korrigierte Stichprobenvarianz $\frac{1}{39} \sum_{k=1}^{7} (x_k - 2)^2 \, q_k = 2$ und die korrigierte Standardabweichung $s^* = \sqrt{2} \approx 1{,}41$ sind beide etwas größer als ihre nicht-korrigierten Werte.

In der Literatur zur Statistik sind die Begriffe Stichprobenvarianz und empirische bzw. korrigierte Standardabweichung nicht einheitlich festgelegt. Daher sollte man stets prüfen, welcher der Faktoren $\frac{1}{N}$ oder $\frac{1}{N-1}$ bei der Berechnung der Varianz bzw. der Standardabweichung zugrunde gelegt wird. Für große N wird der Unterschied allerdings immer kleiner, und es gilt $s = \sqrt{1 - 1/N} \cdot s^* \approx s^*$. Wir werden im Folgenden, falls nicht anders angegeben, den Vorfaktor $\frac{1}{N}$ bei der Berechnung einer Stichprobenvarianz verwenden.

7.3 Poisson-Prozesse und Warteschlangen

7.3.1 Der Poisson-Prozess

Ein *Poisson-Prozess* (benannt nach dem französischen Physiker und Mathematiker Siméon Denis Poisson 1781 - 1840) beschreibt Ereignisse, die im Laufe der Zeit spontan und unabhängig voneinander auftreten. Damit lassen sich z. B. eingehende Kundenaufträge bei einer Produktion, die Anlieferung von Teilen an einem Hochregallager, Störfälle in der Fertigung, aber auch der Zerfall einer radioaktiven Substanz, der Verkehrsfluss auf einer Landstraße oder das Auftreten von Blitzen bei einem Gewitter beschreiben.

Ein Poisson-Prozess mit der *Ereignisrate* λ geht von den folgenden Annahmen aus: In einem *kleinen* Zeitintervall $[t_0, t_0 + \Delta t]$

- findet höchstens ein Ereignis statt (Seltenheit);

- ist die Ereignis-Wahrscheinlichkeit $q = \lambda \cdot \Delta t$ proportional zu Δt;

- hängt die Wahrscheinlichkeit q für ein Ereignis nur von Δt ab, nicht aber vom Startpunkt t_0 der Beobachtung (Gedächtnislosigkeit).

Beispiel: In einer Fertigungsanlage treten pro Jahr (= 300 Arbeitstage) etwa 180 Störfälle auf, also im Schnitt $180/300 = 0{,}6$ Störungen pro Tag. Bei 10 Arbeitsstunden entspricht dies einer Ereignisrate von $\lambda = 0{,}06$ Störfällen pro Stunde. Die Wahrscheinlichkeit für das Auftreten eines Störfalls beträgt dann $q = 0{,}06 \cdot \Delta t$ für eine kleine Zeitspanne Δt. Beispielsweise ergibt $\Delta t = 3\,\text{h}$ den Wert $q = 0{,}06 \cdot 3 = 0{,}18$, und das bedeutet: Die Wahrscheinlichkeit für einen Störfall in den nächsten 3 Stunden (gemessen ab einem beliebigen Zeitpunkt) liegt bei 18%. Im übrigen sind die Voraussetzungen des Poisson-Prozesses hier erfüllt, da eine Störung eher selten auftritt, und die Störfälle meist unterschiedliche, voneinander unabhängige Ursachen haben.

Wir betrachten nun einen Poisson-Prozess mit der Ereignisrate λ über einen gewissen Zeitraum $[0, t]$ und bestimmen dafür

- die Wahrscheinlichkeit für genau k Ereignisse,

- den Erwartungswert für die Anzahl der Ereignisse,

- und die mittlere Wartezeit zwischen zwei Ereignissen.

Hierzu unterteilen wir den Zeitraum $[0, t]$ in n kleine Zeitintervalle der Länge $\Delta t = \frac{t}{n}$, vgl. Abb. 7.10. Falls n hinreichend groß gewählt ist, dann findet in jedem dieser

Zeitabschnitte gemäß unseren Annahmen höchstens ein Ereignis statt, und die Ereignisse in verschiedenen Zeitintervallen treten unabhängig voneinander auf.

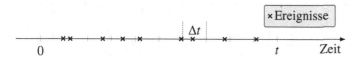

Abb. 7.10 Unterteilung der Zeitspanne $[0, t]$ in viele kleine Zeitabschnitte

Unsere Messung der Ereignisse erfüllt somit die Voraussetzungen einer n-stufigen Bernoulli-Kette, und die Gesamtzahl X der Ereignisse in $[0, t]$ ist demnach eine Zufallsgröße mit Binomialverteilung. Die Wahrscheinlichkeit für k Ereignisse lautet dann

$$P(X = k) = \binom{n}{k} \cdot q^k \cdot (1 - q)^{n-k}$$

und für *kein* Ereignis in $[0, t]$ erhalten wir den Wert

$$P(X = 0) = \binom{n}{0} \cdot q^0 \cdot (1 - q)^{n-0} = (1 - q)^n$$

Setzen wir hier $q = \lambda \cdot \Delta t = \frac{\lambda t}{n}$ ein, dann ergibt sich

$$P(X = 0) = \left(1 - \frac{\lambda t}{n}\right)^n$$

Um sicherzustellen, dass pro Zeitspanne Δt höchstens ein Ereignis stattfindet, müssen wir bei unserer Beobachtung Δt ggf. verkleinern bzw. n noch größer wählen, siehe Abb. 7.11.

Abb. 7.11 Eine noch feinere Unterteilung des Beobachtungszeitraums $[0, t]$

Idealerweise betrachten wir deshalb gleich den Grenzfall $n \to \infty$. Die Wahrscheinlichkeit dafür, dass im Zeitraum $[0, t]$ *kein Ereignis* stattfindet, ist jetzt

$$P(X = 0) = \lim_{n \to \infty} \left(1 - \frac{\lambda t}{n}\right)^n = e^{-\lambda t}$$

wobei wir die Grenzwertformel für die Exponentialfunktion $e^x = \lim_{n \to \infty} \left(1 + \frac{x}{n}\right)^n$ benutzt haben. Eine ähnliche, aber etwas kompliziertere Rechnung liefert uns die Wahrscheinlichkeit für das Auftreten von k Ereignissen:

$$P(X = k) = \lim_{n \to \infty} \binom{n}{k} \left(\frac{\lambda t}{n}\right)^k \left(1 - \frac{\lambda t}{n}\right)^{n-k}$$

$$= \lim_{n \to \infty} \frac{n\,(n-1)\,(n-2)\cdots(n-k+1)}{k!} \cdot \frac{(\lambda t)^k}{n^k} \cdot \left(1 - \frac{\lambda t}{n}\right)^n \left(1 - \frac{\lambda t}{n}\right)^{-k}$$

$$= \frac{(\lambda t)^k}{k!} \cdot \lim_{n \to \infty} \underbrace{\left(\frac{n}{n} \cdot \frac{n-1}{n} \cdot \frac{n-2}{n} \cdots \frac{n-k+1}{n}\right)}_{\to\, 1\cdot1\cdot1\cdots1 = 1} \cdot \underbrace{\left(1 - \frac{\lambda t}{n}\right)^n}_{\to\, e^{-\lambda t}} \underbrace{\left(1 - \frac{\lambda t}{n}\right)^{-k}}_{\to\, 1^{-k} = 1}$$

Wir fassen zusammen:

Bei einem Poisson-Prozess mit der Ereignisrate λ ergibt sich für die Zufallsgröße X = „Anzahl Ereignisse" im vorgegebenen Zeitintervall $[0, t]$ die *Poisson-Verteilung*

$$P(X = k) = \frac{(\lambda t)^k}{k!}\, e^{-\lambda t} \quad \text{für} \quad k = 0, 1, 2, 3, \ldots$$

mit dem Erwartungswert $\overline{X} = \lambda t$.

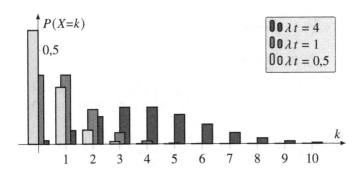

Abb. 7.12 Die Poisson-Verteilung für verschiedene Parameterwerte

Die Poisson-Verteilung ist eine diskrete Wahrscheinlichkeitsverteilung, welche im Wesentlichen vom Produkt λt abhängt. Abb. 7.12 zeigt die Poisson-Verteilungen für einige ausgewählte Werte λt. Den Erwartungswert für die Anzahl der Ereignisse erhalten wir aus der Umformung

$$\overline{X} = \sum_{k=0}^{\infty} k \cdot P(X = k) = \sum_{k=1}^{\infty} k \cdot \frac{(\lambda t)^k}{k!}\, e^{-\lambda t}$$

$$= \lambda t \cdot e^{-\lambda t} \cdot \sum_{k=1}^{\infty} \frac{(\lambda t)^{k-1}}{(k-1)!} = \lambda t \cdot e^{-\lambda t} \cdot \sum_{k=0}^{\infty} \frac{(\lambda t)^k}{k!} = \lambda t$$

wobei wir zuletzt noch die Exponentialreihe $\sum_{k=0}^{\infty} \frac{(\lambda t)^k}{k!} = e^{\lambda t}$ benutzt haben.

Beispiel 1. Bei einer Fertigung werden im Schnitt zwei Bauteile pro Minute angeliefert. Die Ereignisrate beträgt hier also $\lambda = 2$ Teile/min. Die Wahrscheinlichkeit dafür, dass nach t Minuten genau k Teile angeliefert werden, ist

$$P(X = k) = \frac{(2\,t)^k}{k!}\,\mathrm{e}^{-2\cdot t}$$

Insbesondere ist dann die Wahrscheinlichkeit für $X = k$ Teile nach $t = 1$ Minute

k	0	1	2	3	4	5	...
$P(X = k) = \frac{2^k}{k!}\,\mathrm{e}^{-2}$	0,14	0,27	0,27	0,18	0,09	0,03	...

und bei einem Zeitraum von $t = 1{,}5$ Minuten ergibt sich

k	0	1	2	3	4	5	...
$P(X = k) = \frac{3^k}{k!}\,\mathrm{e}^{-3}$	0,05	0,15	0,22	0,22	0,17	0,10	...

Beispiel 2. Der radioaktive Zerfall von Caesium-137 (Cs-137) erfolgt mit einer Rate von $\lambda = 0{,}0231$ Zerfällen pro Jahr. Die Wahrscheinlichkeit dafür, dass innerhalb von t Jahren kein Zerfall auftritt, beträgt $P(X = 0) = \mathrm{e}^{-0{,}0231 \cdot t}$. Bei einer (großen) Anfangsmenge N_0 Nuklide wird das Zufallsexperiment „Kernzerfall" insgesamt N_0 Mal durchgeführt. Nach dem Gesetz der großen Zahlen bleiben dann nach t Jahren noch

$$N(t) = N_0 \cdot P(X = 0) = N_0 \cdot \mathrm{e}^{-0{,}0231 \cdot t}$$

Nuklide Cs-137 übrig. Dieses Resultat deckt sich mit dem bekannten Zerfallsgesetz aus der Atomphysik.

Wartezeiten. Wir bezeichnen mit T die Wartezeit auf das erste (oder nächste) Ereignis bei einem Poisson-Prozess mit der Rate λ. Die Wartezeit T ist eine Zufallsgröße, die Werte aus dem Intervall $[0, \infty[$ annehmen kann. Für einen gegebenen Zeitpunkt t bedeutet $T > t$, dass innerhalb des Zeitraums $[0, t]$ kein Ereignis eintritt, sodass

$$P(T > t) = P(X = 0) = \mathrm{e}^{-\lambda t}$$

Umgekehrt besagt $0 \leq T \leq t$, dass in $[0, t]$ mindestens ein Ereignis aufgetreten ist, und das heißt

$$P(0 \leq T \leq t) = P(X > 0) = 1 - P(X = 0) = 1 - \mathrm{e}^{-\lambda t} = -\mathrm{e}^{-\lambda x}\Big|_0^t = \int_0^t \lambda\,\mathrm{e}^{-\lambda x}\,\mathrm{d}x$$

Die Wahrscheinlichkeit für $T \in [0, t]$ entspricht also der Fläche unter $\lambda\,\mathrm{e}^{-\lambda x}$ über dem Intervall $[0, t]$. Demnach ist $\lambda\,\mathrm{e}^{-\lambda x}$ die Dichtefunktion der Zufallsgröße T. Die Wartezeit T ist folglich *exponentialverteilt*, und der Erwartungswert ist die

$$\boxed{\textbf{mittlere Wartezeit}\quad \overline{T} = \tfrac{1}{\lambda}}$$

In obigem Beispiel 1 mit der Ereignisrate $\lambda = 2$ Teile/min ist die mittlere Wartezeit $\overline{T} = 0{,}5$ Minuten pro Bauteil.

7.3.2 Modell eines Ankunftsstroms

Zufällig ankommenden Aufträge bei einer Fertigung oder einem Verkehrsfluss lassen sich in guter Näherung als Poisson-Prozess mit einer Ankunftsrate λ darstellen. Die Poisson-Verteilung der Zufallsgröße X = „Ankünfte im Zeitraum $[0, t]$" haben wir bereits als Grenzwert der Binomialverteilung erhalten. Es gibt aber noch einen zweiten Weg, der uns ebenfalls zur Poisson-Verteilung führt, und welcher uns bei der Modellierung einer Bedienstation im nächsten Abschnitt nützlich sein wird.

Wir bezeichnen mit $p_k(t)$ die Wahrscheinlichkeit für k Ankünfte im Zeitraum $[0, t]$. Gemäß den Annahmen für den Poisson-Prozess gibt es in einem kleinen Zeitraum $[t, t + \Delta t]$ höchstens eine Ankunft (Seltenheit) mit der Wahrscheinlichkeit $\lambda \cdot \Delta t$, welche unabhängig vom Zeitpunkt t der Beobachtung ist (Gedächtnislosigkeit). Damit wir nach der Zeit $t + \Delta t$ genau k Ankünfte zählen, muss genau eines der folgenden zwei Ereignisse eintreten:

(a) In $[0, t]$ kamen k Aufträge an, im Intervall $[t, t + \Delta t]$ gibt es keine Ankunft;

(b) In $[0, t]$ kamen $k - 1$ Aufträge, in $[t, t + \Delta t]$ kommt genau ein Auftrag an.

Der Fall, dass zwei oder mehr Ereignisse in $[t, t + \Delta t]$ eintreten, wird aufgrund der „Seltenheit" vernachlässigt.

Zur Berechnung der Ankunftswahrscheinlichkeit $p_k(t)$ müssen wir noch die Fälle $k = 0$ und $k > 0$ unterscheiden.

Fall $k = 0$. Hier kommt nur die Möglichkeit (a) in Frage. Die Wahrscheinlichkeit für keine Ankunft in $[0, t]$ ist $p_0(t)$, und die Wahrscheinlichkeit für keine Ankunft in $[t, t + \Delta t]$ ist $1 - \lambda \cdot \Delta t$. Die Ereignisse in $[0, t]$ und $[t, t + \Delta t]$ sind wegen der „Gedächtnislosigkeit" des Poisson-Prozesses voneinander unabhängig, und daher dürfen wir die Wahrscheinlichkeiten gemäß der Produktregel multiplizieren:

$$p_0(t + \Delta t) = p_0(t) \cdot (1 - \lambda \, \Delta t)$$

Durch Umstellen der Formel erhalten wir den Differenzenquotienten

$$\frac{p_0(t + \Delta t) - p_0(t)}{\Delta t} = -\lambda \cdot p_0(t)$$

wobei die linke Seite für $\Delta t \to 0$ in die Ableitung übergeht. Hieraus ergibt sich die homogene lineare DGl

$$p_0'(t) = -\lambda \cdot p_0(t) \quad \Longrightarrow \quad p_0(t) = C \cdot e^{-\lambda t}$$

mit einer Integrationskonstante C, die wir aus einer geeigneten Anfangsbedingung erhalten. „Fast sicher" ist zum Zeitpunkt $t = 0$ noch kein Ereignis eingetreten, und das bedeutet $p_0(0) = 1$. Hieraus ergibt sich $C = 1$ und das bereits bekannte Ergebnis $P(X = 0) = p_0(t) = e^{-\lambda t}$.

Fall $k > 0$. Jetzt ist sowohl (a) als auch (b) möglich, wobei die beiden Ereignisse unvereinbar sind (es kann nur eine der zwei Möglichkeiten eintreten). Daher dürfen wir die Wahrscheinlichkeiten für (a) und (b) nach der Summenregel addieren und erhalten

$$p_k(t + \Delta t) = p_k(t) \cdot (1 - \lambda \Delta t) + p_{k-1}(t) \cdot \lambda \Delta t$$

Auch hier können wir die Gleichung wie folgt umformen:

$$\frac{p_k(t + \Delta t) - p_k(t)}{\Delta t} = -\lambda \cdot p_k(t) + \lambda \cdot p_{k-1}(t)$$

$$\Delta t \to 0: \quad p_k'(t) = -\lambda \cdot p_k(t) + \lambda \cdot p_{k-1}(t)$$

Für $k = 1$ ergibt sich mit $p_0(t) = e^{-\lambda t}$ die inhomogene lineare DGl 1. Ordnung

$$p_1'(t) = -\lambda \cdot p_1(t) + \lambda e^{-\lambda t}$$

$$\implies \quad p_1(t) = \left(C + \int \lambda e^{-\lambda t} \cdot e^{\lambda t} \, dt \right) \cdot e^{-\lambda t} = (C + \lambda t) e^{-\lambda t}$$

Da eine Ankunft genau zum Zeitpunkt $t = 0$ fast unmöglich ist, muss $p_1(0) = 0$ und demnach $C = 0$ sein, also $p_1(t) = \lambda t \cdot e^{-\lambda t}$ gelten. Auf die gleiche Art und Weise erhält man die Wahrscheinlichkeiten für $k > 1$, und insgesamt ist dann

$$p_k(t) = \frac{(\lambda t)^k}{k!} e^{-\lambda t} \quad \text{für} \quad k = 0, 1, 2, 3, \ldots$$

Genau dieses Resultat haben wir auch im letzten Abschnitt erhalten – auf einem ganz anderen Weg, nämlich als Grenzwert $n \to \infty$ der Binomialverteilung.

7.3.3 Modell einer Bedienstation

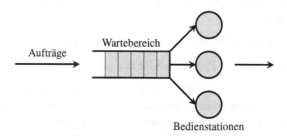

Materialflussplanung ist die Analyse bzw. Optimierung des Materialflusses in der Produktion, und zwar vom Auftragseingang bzw. der Warenlieferung zu den Bedienstationen (z. B. Fertigung, Kommissionierung) bis zur Auslieferung der Ware. Zwei wichtige Fragen sind:

- Wie schnell können Aufträge bearbeitet werden?
- Wie wirken sich Störungen im Betriebsablauf aus?

Das Problem ist, dass Aufträge meist in zufällig verteilten Zeitabständen ankommen, und sie werden in den Bedienstationen nicht in konstanter Zeit abgefertigt. Durch die ungleichmäßigen Ankunfts- und Bedienzeiten entstehen Wartezeiten an den Bedienstationen, und Aufträge müssen dann ggf. zurückgestellt werden. Ein Ziel der Materialflussplanung ist es, die Wartezeiten an einzelnen Bedienstationen zu ermitteln und durch geeignet dimensionierte Pufferzonen einen kontinuierlichen Materialfluss zu gewährleisten.

Das mathematische Werkzeug der Materialflussplanung ist die *Bedientheorie* (oder *Warteschlangentheorie*). Bei der Modellierung eines Bedienbereiches sind gewisse Größen zu berücksichtigen, welche in der *Kendall-Notation* $A/B/e/c/D$ aufgelistet sind und folgende Bedeutung haben:

A = Typ des Ankunftsprozesses, z. B. Poisson-Prozess

B = Typ des Bedienprozesses, z. B. deterministisch

e = Anzahl identischer Bedieneinheiten ($e > 0$)

c = Kapazität (Plätze) der Warteschlange, ggf. ∞

D = Abfertigungsdisziplin, z. B. FIFO, LIFO, ...

Mehrere einzelne Bedienstationen können dann wieder zu *Bediennetzen* ausgedehnt werden. Die Bedientheorie verwendet man bei der Produktionsplanung, aber auch zur Analyse von IT-Netzwerken, Telekommunikationssystemen, Verkehrswegen usw.

Im Folgenden soll als einfaches, aber wichtiges Grundmodell eine Bedienstation vom Typ $M/M/1/\infty/$FIFO untersucht werden. Hierbei steht der Buchstabe M für „memoryless" – den gedächtnislosen Poisson-Prozess. Wir nehmen also an, dass die Aufträge gemäß einem Poisson-Prozess ankommen und auch nach einem Poisson-Prozess verarbeitet werden. Außerdem soll es nur eine Bedieneinheit geben, der Wartebereich (theoretisch) unbegrenzt sein, und die Aufträge werden nach dem FIFO-Prinzip (first in – first out) bearbeitet. Unser Ziel ist es, eine Wahrscheinlichkeitsverteilung für die Anzahl Aufträge im System (= Bedienstation mit Wartebereich) anzugeben. Darüber hinaus wollen wir die mittlere Warteschlangenlänge sowie die mittleren Verweilzeit eines Auftrags berechnen. Dazu nehmen wir an, dass

• der Eingang ein Poisson-Prozess mit Ankunftsrate λ und

• die Bedienung ein Poisson-Prozess mit Bedienrate μ ist.

Wir bezeichnen mit $p_k(t)$ die Wahrscheinlichkeit, dass zur Zeit t genau k Aufträge im System sind. Zunächst untersuchen wir den Fall $k > 0$. Damit nach einer kleinen Zeitspanne Δt ebenfalls wieder (oder immer noch) k Aufträge vorhanden sind, muss im Zeitintervall $[t, t + \Delta t]$ eine der folgenden Situationen eintreten:

	zur Zeit t im System	innerhalb von $[t, t + \Delta t]$ ...
(1)	$k - 1$ Aufträge	kommt einer an und keiner wird bedient
(2)	k Aufträge	kommt keiner an, keiner wird bedient
(3)	k Aufträge	kommt einer an, ein *anderer* wird bedient
(4)	$k + 1$ Aufträge	kommt keiner an, einer wird bedient

Die Fälle, dass zwei oder mehr Aufträge ankommen oder bedient werden, dürfen vernachlässigt werden – ebenso die Möglichkeit, dass ein und derselbe Auftrag in einer kleinen Zeitspanne Δt ankommt und gleich bedient wird. Insgesamt haben wir für $k > 0$ vier unvereinbare Situationen mit jeweils voneinander unabhängigen Ereignissen bis zum Zeitpunkt t und im Zeitintervall $[t, t + \Delta t]$. Die Wahrscheinlichkeit für eine bzw. keine Ankunft während Δt ist $\lambda \Delta t$ bzw. $1 - \lambda \Delta t$, und der Wert $\mu \Delta t$ bzw. $1 - \mu \Delta t$ gibt die Wahrscheinlichkeit für eine bzw. keine Abfertigung an.

Ähnlich wie beim Poisson-Prozess können wir die Wahrscheinlichkeiten für die unvereinbaren Ereignisse (1) – (4) gemäß der Summenregel addieren sowie die Wahrscheinlichkeiten der unabhängigen Ereignisse in $[0, t]$ bzw. in $[t, t + \Delta t]$ nach der Produktregel multiplizieren:

$$p_k(t + \Delta t) = p_{k-1}(t) \cdot \lambda \Delta t \cdot (1 - \mu \Delta t) + p_k(t) \cdot (1 - \lambda \Delta t) \cdot (1 - \mu \Delta t)$$
$$+ p_k(t) \cdot \lambda \Delta t \cdot \mu \Delta t + p_{k+1}(t) \cdot (1 - \lambda \Delta t) \cdot \mu \Delta t$$

Nach Umformung und Division durch Δt erhalten wir die Gleichung

$$\frac{p_k(t + \Delta t) - p_k(t)}{\Delta t}$$
$$= \lambda (1 - \mu \Delta t) p_{k-1}(t) - (\lambda + \mu - 2 \lambda \mu \Delta t) p_k(t) + \mu (1 - \lambda \Delta t) p_{k+1}(t)$$

Beim Grenzübergang $\Delta t \to 0$ ergibt sich eine Differentialgleichung

$$p'_k(t) = \lambda p_{k-1}(t) - (\lambda + \mu) p_k(t) + \mu p_{k+1}(t)$$

Der Fall $k = 0$ (kein Auftrag zum Zeitpunkt t) muss gesondert behandelt werden. Hier können nur die Situationen (2) und (4) eintreten, und mit Sicherheit wird bei (2) keiner bedient. Damit ist

$$p_0(t + \Delta t) = p_0(t) \cdot (1 - \lambda \Delta t) \cdot 1 + p_1(t) \cdot (1 - \lambda \Delta t) \cdot \mu \Delta t$$
$$\implies \quad \frac{p_0(t + \Delta t) - p_0(t)}{\Delta t} = -\lambda p_0(t) + \mu (1 - \lambda \Delta t) p_1(t)$$

und für $\Delta t \to 0$ ergibt sich $p'_0(t) = -\lambda p_0(t) + \mu p_1(t)$.

Insgesamt erhalten wir für die gesuchten Wahrscheinlichkeiten ein System von unendlich vielen Differentialgleichungen 1. Ordnung, und zwar für

$$k = 0 : \quad p'_0(t) = -\lambda p_0(t) + \mu p_1(t)$$
$$k > 0 : \quad p'_k(t) = \lambda p_{k-1}(t) - (\lambda + \mu) p_k(t) + \mu p_{k+1}(t)$$

Die Lösung dieser Differentialgleichungen ist schwierig. Wir suchen daher eine *stationäre Lösung*, bei der die Wahrscheinlichkeiten nicht mehr von der Zeit abhängen: $p_k(t) \equiv p_k \in \mathbb{R}$, und das bedeutet $p'_k(t) = 0$ für alle k. Eine solche stationäre Lösung beschreibt oftmals einen Gleichgewichtszustand, den ein System für große Zeiten t einnimmt, nachdem alle Einschwingvorgänge abgeschlossen sind. Aus dem Differentialgleichungssystem wird dann ein lineares Gleichungssystem

$$k = 0: \quad 0 = -\lambda\, p_0 + \mu\, p_1 \quad \Longrightarrow \quad p_1 = \tfrac{\lambda}{\mu}\, p_0$$

$$k > 0: \quad 0 = \lambda\, p_{k-1} - (\lambda + \mu)\, p_k + \mu\, p_{k+1}$$

und die gesuchten zeitunabhängigen Lösungen sind

$$p_k = \left(\tfrac{\lambda}{\mu}\right)^k p_0 \quad \text{für} \quad k = 1, 2, 3, \ldots$$

wie man durch Einsetzen in obige lineare Gleichung für $k > 0$ bestätigt:

$$\lambda\, p_{k-1} - (\lambda + \mu)\, p_k + \mu\, p_{k+1} = \lambda \cdot \left(\tfrac{\lambda}{\mu}\right)^{k-1} p_0 - (\lambda + \mu) \cdot \left(\tfrac{\lambda}{\mu}\right)^k p_0 + \mu \cdot \left(\tfrac{\lambda}{\mu}\right)^{k+1} p_0$$

$$= \left(\tfrac{\lambda^k}{\mu^{k-1}} - \tfrac{\lambda^{k+1}}{\mu^k} - \tfrac{\lambda^k}{\mu^{k-1}} + \tfrac{\lambda^{k+1}}{\mu^k}\right) p_0 = 0 \cdot p_0 = 0$$

Diese Lösungen hängen nur vom Verhältnis $\rho := \tfrac{\lambda}{\mu}$ ab. Der Quotient ρ heißt *Auslastung* des Systems. Der noch unbekannte Wert p_0 ergibt sich aus der „Normierungsbedingung", die besagt, dass die Summe aller Wahrscheinlichkeiten $p_k = \rho^k \cdot p_0$ den Wert

$$1 = \sum_{k=0}^{\infty} p_k = p_0 \sum_{k=0}^{\infty} \rho^k$$

ergeben muss. Die Summe auf der rechten Seite ist eine *geometrische Reihe*, welche nur für $\rho < 1$ konvergiert und dann den Summenwert

$$\sum_{k=0}^{\infty} \rho^k = \frac{1}{1 - \rho}$$

hat. Aus $1 = p_0 \cdot \tfrac{1}{1-\rho}$ folgt $p_0 = 1 - \rho$ und damit $p_k = \rho^k(1 - \rho)$ für alle $k \in \mathbb{N}$.

Bei einer $M/M/1/\infty$/FIFO-Bedienstation mit der Auslastung $\rho = \tfrac{\lambda}{\mu} < 1$ ergibt sich für die Zufallsgröße $X =$ „Anzahl Aufträge im System" im stationären Fall die *geometrische Verteilung*

$$P(X = k) = \rho^k(1 - \rho) \quad \text{mit dem Erwartungswert} \quad \overline{X} = \frac{\rho}{1 - \rho}$$

Abb. 7.13 zeigt die geometrische Verteilung der Anzahl Aufträge X für unterschiedliche Werte ρ. Die dazugehörigen Erwartungswerte sind als Punkte markiert. Die Formel für den Erwartungswert $\overline{X}$ erhalten wir mit

$$\overline{X} = \sum_{k=0}^{\infty} k \cdot p_k = \sum_{k=0}^{\infty} k \cdot \rho^k(1 - \rho) = \rho\,(1 - \rho) \cdot \sum_{k=0}^{\infty} k\, \rho^{k-1}$$

$$= \rho\,(1 - \rho) \cdot \left(\sum_{k=0}^{\infty} \rho^k\right)' = \rho\,(1 - \rho) \cdot \left(\frac{1}{1 - \rho}\right)' = \rho\,(1 - \rho) \cdot \frac{1}{(1 - \rho)^2} = \frac{\rho}{1 - \rho}$$

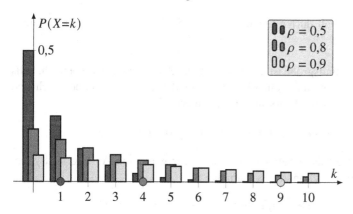

Abb. 7.13 Geometrische Verteilung für verschiedene Werte ρ

wobei wir zur Berechnung des Reihenwerts die Ableitung der geometrischen Summenformel verwendet haben.

Nachdem wir nun die Verteilung der Anzahl Aufträge im System (= Bedienstation einschließlich Wartebereich) kennen, können wir noch weitere Kenngrößen berechnen. Zunächst bestimmen wir die Wahrscheinlichkeit dafür, dass im gesamten System maximal n Aufträge vorhanden sind. Hierzu müssen wir die Wahrscheinlichkeiten $P(X = k)$ für $k = 0$ bis $k = n$ aufsummieren, wobei wir die Summenformel für die endliche geometrische Reihe verwenden:

$$P(X \leq n) = \sum_{k=0}^{n} P(X = k) = \sum_{k=0}^{n} \rho^k (1 - \rho) = (1 - \rho) \sum_{k=0}^{n} \rho^k = (1 - \rho) \cdot \frac{1 - \rho^{n+1}}{1 - \rho}$$

sodass also gilt:

$$P(X \leq n) = 1 - \rho^{n+1} \quad \Longrightarrow \quad P(X > n) = 1 - P(X \leq n) = \rho^{n+1}$$

Beispiel: Ein Kommissionierbereich, kann im Schnitt 40 Aufträge pro Stunde bearbeiten, und es kommen durchschnittlich 32 Aufträge pro Stunde an. Die Auslastung beträgt $\rho = \frac{32}{40} = 0,8$. In der gesamten Bedienstation sind im Mittel

$$\overline{X} = \frac{0,8}{1 - 0,8} = 4$$

Aufträge, aber mit einer Wahrscheinlichkeit von immerhin

$$P(X > 4) = 0,8^5 \approx 0,33$$

oder etwa 33% befinden sich auch mehr als 4 Aufträge im System! Sind im gesamten System 9 Plätze vorhanden und sollen diese mit einer Wahrscheinlichkeit von 80% ausreichend sein, dann darf die Auslastung höchstens

$$0,8 = P(X \leq 9) = 1 - \rho^{10} \quad \Longrightarrow \quad \rho = \sqrt[10]{0,2} = 0,85$$

sein, und in diesem Fall dürfen maximal $\lambda = 0,85 \cdot 40 = 34$ Aufträge pro Stunde ankommen.

Eine weitere wichtige Zufallsgröße ist die Anzahl W der Aufträge im Wartebereich. Falls $k > 0$ Aufträge warten, dann muss einer bereits in Bearbeitung sein, und demnach sind $k + 1$ Aufträge im System. Die Wahrscheinlichkeit hierfür ist

$$P(W = k) = P(X = k + 1) = \rho^{k+1}(1 - \rho) \quad \text{für} \quad k > 0$$

Ist der Wartebereich leer, dann befindet sich kein oder genau ein Auftrag im System (wobei dieser eine Auftrag schon in Bearbeitung ist):

$$P(W = 0) = P(X \leq 1) = 1 - \rho^2$$

Der Erwartungswert von W, also die *mittlere Warteschlangenlänge*, ist

$$\overline{W} = \sum_{k=0}^{\infty} k \cdot P(W = k) = \sum_{k=1}^{\infty} k \cdot \rho^{k+1}(1 - \rho) = \rho \cdot \sum_{k=0}^{\infty} k \cdot \rho^{k}(1 - \rho) = \rho \cdot \overline{X}$$

und somit gilt

$$\overline{W} = \rho \cdot \overline{X} = \frac{\rho^2}{1 - \rho}$$

Beispiel: In der Kommissionierstation mit der Auslastung $\rho = 0,8$ befinden sich im Mittel $\overline{X} = 4$ Aufträge, wobei die durchschnittliche Warteschlangenlänge $\overline{W} = 0,8 \cdot 4 = 3,2$ Aufträge beträgt.

Abschließend soll noch die *mittlere Verweilzeit* $\overline{V}$ der Aufträge im System bestimmt werden. Bezeichnet

$\quad B(t)$ die Anzahl der bedienten Aufträge und

$\quad A(t)$ die Anzahl der eingegangenen Aufträge

innerhalb des Zeitraums $[0, t]$, dann ist die Differenz $X(t) = A(t) - B(t)$ genau die Anzahl der Aufträge im System zum Zeitpunkt t. Dabei ist $X(t)$ eine „Stufenfunktion", welche die Aufträge zur Zeit t zählt und demnach nur Werte aus $\mathbb{N}$ annehmen kann. Hierfür ergibt sich eine graphische Darstellung wie in Abb. 7.14.

Wir wollen zunächst die Summe der Verweilzeiten aller Aufträge bis zum Zeitpunkt t bestimmen. In der Beispiel-Grafik sind zwischen den Zeiten t_4 und t_5 genau 3 Aufträge im System, welche zusammen die Zeit $3 \cdot (t_5 - t_4)$ verweilen, und das ist genau die Fläche unter $X(t)$ über dem Zeitintervall $[t_4, t_5]$. Auf ähnliche Art und Weise erhält man die Verweilzeiten aller Aufträge für die übrigen Zeiträume $[t_1, t_2]$, $[t_2, t_3]$ usw. Die Summe der Verweilzeiten aller Aufträge bis zum Zeitpunkt t ist dann die Fläche unter der Stufenfunktion $X(t)$, welche man in der Form

$$V(t) = \int_0^t X(u) \, du$$

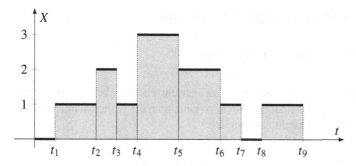

Abb. 7.14 Anzahl Aufträge im System zur Zeit t

notieren kann. Teilen wir diese Größe durch die Anzahl der eingegangenen Aufträge $A(t)$ bzw. durch die gemessene Zeit t, so erhalten wir für große Zeiten $t \to \infty$ die Durchschnittswerte

$$\overline{V} = \lim_{t \to \infty} \frac{V(t)}{A(t)} \qquad \text{(mittlere Verweilzeit eines Auftrags im System)}$$

$$\overline{X} = \lim_{t \to \infty} \frac{V(t)}{t} \qquad \text{(mittlere Anzahl der Aufträge im System)}$$

Soll das System langfristig im Gleichgewicht sein, dann müssen diese Grenzwerte existieren, und in diesem Fall gilt auch

$$\overline{X} = \lim_{t \to \infty} \frac{V(t)}{t} = \lim_{t \to \infty} \frac{V(t)}{A(t)} \cdot \frac{A(t)}{t} = \lim_{t \to \infty} \frac{V(t)}{A(t)} \cdot \lim_{t \to \infty} \frac{A(t)}{t} = \overline{V} \cdot \lim_{t \to \infty} \frac{A(t)}{t}$$

wobei der Quotient

$$\lambda = \lim_{t \to \infty} \frac{A(t)}{t} = \lim_{t \to \infty} \frac{\text{Anzahl Ankünfte bis } t}{\text{Gemessene Zeit } t}$$

wiederum die mittlere Ankunftsrate der Aufträge für sehr große Zeiten t ist. Zwischen den Größen $\overline{V}$, $\overline{X}$ und λ gibt es also eine Beziehung, die 1961 erstmals von John D. C. Little nachgewiesen wurde, und das ist

Littles Gesetz: $\overline{X} = \overline{V} \cdot \lambda$

Beispiel: Bei der zuvor untersuchten Kommissionierstation beträgt die mittlere Ankunftsrate $\lambda = 32$ Aufträge pro Stunde, und die mittlere Anzahl ist $\overline{X} = 4$ Aufträge. Die durchschnittliche Verweilzeit eines Auftrags ist dann

$$\overline{V} = \frac{\overline{X}}{\lambda} = \frac{4}{32} = \tfrac{1}{8} \text{ Stunden}$$

bzw. $\overline{V} = 7{,}5$ Minuten.

7.4 Normalverteilung und Ausgleichsrechnung

7.4.1 Der Grenzwertsatz von Moivre-Laplace

Führt man einen Bernoulli-Versuch mit einer Erfolgswahrscheinlichkeit q pro Versuch insgesamt n Mal unabhängig voneinander durch, so kann man die Wahrscheinlichkeit für k Erfolge durch die Binomialverteilung darstellen:

$$P(X = k) = B(k \mid n; q) = \binom{n}{k} \cdot q^k \cdot (1 - q)^{n-k}$$

Mit steigender Anzahl n werden die Binomialkoeffizienten immer größer, und ihre Berechnung wird immer schwieriger – selbst für den Taschenrechner. Beispielsweise kann der Binomialkoeffizient $\binom{2000}{50}$ von einem gewöhnlichen Taschenrechner i. Allg. schon nicht mehr ermittelt werden. Einen Ausweg bietet uns der Grenzwertsatz von Moivre-Laplace. Er besagt, dass sich die Binomialverteilung für große n immer mehr der *Normalverteilung* (oder Gauß-Verteilung, nach Carl Friedrich Gauß) annähert. Hierbei handelt es sich nicht um die Standard-Normalverteilung, sondern um eine allgemeinere Form der Normalverteilung mit der Dichtefunktion

$$\varphi(x) = \frac{1}{\sigma\sqrt{2\pi}}\, e^{-\frac{1}{2}\left(\frac{x-\mu}{\sigma}\right)^2}$$

wobei μ hier der Erwartungswert und σ die Standardabweichung der Normalverteilung sind. Es gilt dann der

Grenzwertsatz von Moivre-Laplace (lokale Version): Die Wahrscheinlichkeit für k Erfolge bei einer Bernoulli-Kette mit der Erfolgswahrscheinlichkeit q pro Versuch und einer sehr großen Anzahl n von Versuchen lässt sich näherungsweise durch eine Normalverteilung

$$P(X = k) \approx \frac{1}{\sigma\sqrt{2\pi}}\, e^{-\frac{1}{2}\left(\frac{k-\mu}{\sigma}\right)^2}$$

mit dem Erwartungswert $\mu = n\,q$ und der Standardabweichung $\sigma = \sqrt{n\,q\,(1-q)}$ berechnen. In der Praxis verwendet man diese Näherungsformel ab $\sigma > 3$ (Laplace-Bedingung).

In Abb. 7.15 ist die Binomialverteilung für $n = 100$ dargestellt, und dort lässt sich bereits der Übergang zur Normalverteilung gut erkennen. Der Grenzwertsatz kann aber auch mathematisch exakt bewiesen werden. Eine strenge Begründung dieser Formel ist allerdings sehr aufwändig, und wir wollen sie daher nur im Spezialfall $q = 0{,}5$ (Bernoulli-Kette mit 50%-Erfolgswahrscheinlichkeit, z. B. Münzwurf) plausibel machen. In diesem Fall ist $\mu = \frac{n}{2}$ und $\sigma^2 = n \cdot \frac{1}{2} \cdot (1 - \frac{1}{2}) = \frac{n}{4}$ sowie

$$p_k := P(X = k) = \binom{n}{k} \cdot 0{,}5^k \cdot 0{,}5^{n-k} = \binom{n}{k} \cdot 0{,}5^n = \frac{n!}{k! \cdot (n-k)!} \cdot 0{,}5^n$$

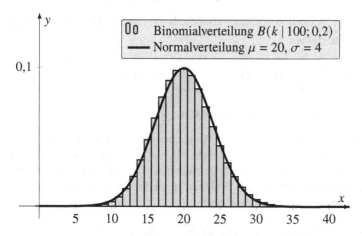

Abb. 7.15 Von der Binomialverteilung zur Normalverteilung

Wir untersuchen die Funktion $f(k) := \ln p_k$. Es ist

$$f(k+1) - f(k) = \ln p_{k+1} - \ln p_k = \ln \frac{p_{k+1}}{p_k} = \ln \frac{n-k}{k+1} = \ln \frac{1 - \frac{2k+1-n}{n+1}}{1 + \frac{2k+1-n}{n+1}}$$

Auf der linken Seite können wir die Differenz der Funktionswerte $f(k+1) - f(k)$ (= Sekantensteigung im Abstand 1) näherungsweise durch die Ableitung $f'(k)$ ersetzen. Auf der rechten Seite verwenden wir die Näherung

$$\ln \frac{1-x}{1+x} = -2x - \tfrac{2}{3} x^3 - \tfrac{2}{5} x^5 - \ldots \approx -2x \quad \text{für} \quad x \approx 0$$

(siehe Aufgabe 4.8) mit $x = \frac{2k+1-n}{n+1}$ und erhalten

$$f'(k) \approx -2 \cdot \frac{2k+1-n}{n+1} = -\frac{k+0{,}5 - \frac{n}{2}}{\frac{n}{4} + 0{,}25} = -\frac{k+0{,}5 - \mu}{\sigma^2 + 0{,}25}$$

Aufgrund der betragsmäßig großen Werte $k - \mu$ und σ^2 können wir die Zahlen 0,5 und 0,25 auch vernachlässigen, sodass

$$f'(k) \approx -\frac{k-\mu}{\sigma^2} \overset{\int \ldots \mathrm{d}k}{\implies} f(k) = -\frac{1}{2} \frac{(k-\mu)^2}{\sigma^2} + c$$

mit einer Konstante c gilt. Schließlich ist dann

$$p_k = e^{f(k)} = e^c \cdot e^{-\frac{1}{2}\left(\frac{k-\mu}{\sigma}\right)^2} = C \cdot e^{-\frac{1}{2}\left(\frac{k-\mu}{\sigma}\right)^2}$$

mit einer noch unbekannten Konstante $C > 0$, welche wir aus der Bedingung

$$1 = \sum_{k=0}^{\infty} p_k \approx \int_{-\infty}^{\infty} p(k) \, \mathrm{d}k = C \cdot \int_{-\infty}^{\infty} e^{-\frac{1}{2}\left(\frac{k-\mu}{\sigma}\right)^2} \, \mathrm{d}k$$

für die Gesamtwahrscheinlichkeit bestimmen können. Nach der Substitution $u = \frac{k-\mu}{\sqrt{2}\,\sigma}$ lässt sich nämlich das Integral auf

$$1 = C \cdot \sqrt{2}\,\sigma \int_{-\infty}^{\infty} e^{-u^2}\,du \quad \text{mit} \quad \int_{-\infty}^{\infty} e^{-u^2}\,du = \sqrt{\pi}$$

umschreiben, und daher ist die gesuchte Konstante $C = \frac{1}{\sigma\sqrt{2\pi}}$.

Beispiel: Bei einer Produktion betrage die Wahrscheinlichkeit für *ein* fehlerhaftes Teil 4% oder $q = 0,04$. Wie groß ist die Wahrscheinlichkeit, bei einer Produktion von 2000 Stück genau 80 bzw. 90 fehlerhafte Teile zu haben? Die Fehlerprüfung ist eine Bernoulli-Kette, wobei der „Erfolg" das Ereignis ist, ein fehlerhaftes Teil zu finden. Erwartungswert und Standardabweichung sind

$$\mu = 2000 \cdot 0,04 = 80, \quad \sigma = \sqrt{2000 \cdot 0,04 \cdot 0,96} = 8,76\ldots > 3$$

Folglich gilt

$$P(X = 80) \approx \frac{1}{8,76 \cdot \sqrt{2\pi}} \cdot e^0 \approx 0,0455$$

$$P(X = 90) \approx \frac{1}{8,76 \cdot \sqrt{2\pi}} \cdot e^{-0,651} \approx 0,0237$$

Auch für die Wahrscheinlichkeit, dass X in einem Intervall $[a, b]$ liegt, gibt es eine Näherungsformel. Wir brauchen dazu eine spezielle Funktion, und zwar das *Gaußsche Fehlerintegral*

$$\Phi(x) := \frac{1}{\sqrt{2\pi}} \int_{-\infty}^{x} e^{-\frac{1}{2}u^2}\,du, \quad x \in \mathbb{R}$$

Das Integral selbst lässt sich nicht als geschlossene Formel mithilfe einer Stammfunktion darstellen, sondern kann nur durch eine Potenzreihe berechnet werden. Es genügt aber, $\Phi(x)$ für Werte $x \geq 0$ zu kennen, denn aufgrund der Achsensymmetrie und wegen der Gesamtfläche 1 ist (vgl. Abb. 7.16)

$$\frac{1}{\sqrt{2\pi}} \int_{-\infty}^{-x} e^{-\frac{1}{2}u^2}\,du = \frac{1}{\sqrt{2\pi}} \int_{x}^{\infty} e^{-\frac{1}{2}u^2}\,du = 1 - \frac{1}{\sqrt{2\pi}} \int_{-\infty}^{x} e^{-\frac{1}{2}u^2}\,du$$

Hieraus folgt

$$\Phi(-x) = 1 - \Phi(x) \quad \text{für} \quad x \geq 0$$

Insbesondere muss dann $\Phi(0) = 1 - \Phi(0)$ oder $\Phi(0) = 0,5$ sein, und wir können $\Phi(x)$ auch mit dem Integral

$$\Phi(x) = 0,5 + \frac{1}{\sqrt{2\pi}} \int_{0}^{x} e^{-\frac{1}{2}u^2}\,du$$

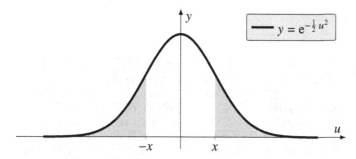

Abb. 7.16 Zur Symmetrie des Gauß-Fehlerintegrals

bestimmen. In dieser Form lässt sich $\Phi(x)$ als Potenzreihe integrieren. Dazu setzen wir $x = -\frac{1}{2}u^2$ in die Exponentialreihe ein:

$$e^x = \sum_{n=0}^{\infty} \frac{1}{n!}x^n = 1 + x + \frac{1}{2!}x^2 + \frac{1}{3!}x^3 + \frac{1}{4!}x^4 + \frac{1}{5!}x^5 + \dots$$

$$\implies \quad e^{-\frac{1}{2}u^2} = 1 - \frac{1}{2}u^2 + \frac{1}{2!\cdot 4}u^4 - \frac{1}{3!\cdot 8}u^6 + \frac{1}{4!\cdot 16}u^8 - \frac{1}{5!\cdot 32}u^{10} \pm \dots$$

$$= 1 - \frac{1}{2}u^2 + \frac{1}{8}u^4 - \frac{1}{48}u^6 + \frac{1}{384}u^8 - \frac{1}{3840}u^{10} \pm \dots$$

Gliedweise Integration dieser Potenzreihe ergibt

$$\int_0^x e^{-\frac{1}{2}u^2}\,du = \left(u - \frac{1}{2\cdot 3}u^3 + \frac{1}{8\cdot 5}u^5 - \frac{1}{48\cdot 7}u^7 + \frac{1}{384\cdot 9}u^9 - \frac{1}{3840\cdot 11}u^{11} \pm \dots\right)\Big|_0^x$$

$$= x - \frac{1}{6}x^3 + \frac{1}{40}x^5 - \frac{1}{336}x^7 + \frac{1}{3456}x^9 - \frac{1}{42240}x^{11} \pm \dots$$

Beispielsweise ist dann

$$\int_0^1 e^{-\frac{1}{2}u^2}\,du = 1 - \frac{1}{6} + \frac{1}{40} - \frac{1}{336} + \frac{1}{3456} - \frac{1}{42240} \pm \dots = 0{,}8556\dots$$

und somit gilt auf vier Nachkommastellen genau

$$\Phi(1) = 0{,}5 + \frac{1}{\sqrt{2\pi}} \cdot 0{,}8556\dots = 0{,}8413$$

In der Praxis ist es nicht nötig, die Gaußsche Fehlerfunktion mittels einer Potenzreihe zu berechnen, da $\Phi(x)$ in zahlreichen Formelsammlungen tabelliert ist. Für viele Zwecke dürften bereits die Werte in Tab. 7.1 ausreichend sein, wobei für die Argumente x außerhalb des Bereichs $[0, 4]$ die Näherungen

$$\Phi(x) \approx 0 \quad \text{für} \quad x \leq -4 \quad \text{und} \quad \Phi(x) \approx 1 \quad \text{für} \quad x \geq 4$$

verwendet werden können. Mithilfe der Gauß-Fehlerfunktion lässt sich nun auch die Wahrscheinlichkeit für das Auffinden einer binomialverteilten Zufallsgröße X im Intervall $[a, b]$ abschätzen.

x	0	1	2	3	4	5	6	7	8	9
0,0	0,50000	0,50399	0,50798	0,51197	0,51595	0,51994	0,52392	0,52790	0,53188	0,53586
0,1	0,53983	0,54380	0,54776	0,55172	0,55567	0,55962	0,56356	0,56749	0,57142	0,57535
0,2	0,57926	0,58317	0,58706	0,59095	0,59483	0,59871	0,60257	0,60642	0,61026	0,61409
0,3	0,61791	0,62172	0,62552	0,62930	0,63307	0,63683	0,64058	0,64431	0,64803	0,65173
0,4	0,65542	0,65910	0,66276	0,66640	0,67003	0,67364	0,67724	0,68082	0,68439	0,68793
0,5	0,69146	0,69497	0,69847	0,70194	0,70540	0,70884	0,71226	0,71566	0,71904	0,72240
0,6	0,72575	0,72907	0,73237	0,73565	0,73891	0,74215	0,74537	0,74857	0,75175	0,75490
0,7	0,75804	0,76115	0,76424	0,76730	0,77035	0,77337	0,77637	0,77935	0,78230	0,78524
0,8	0,78814	0,79103	0,79389	0,79673	0,79955	0,80234	0,80511	0,80785	0,81057	0,81327
0,9	0,81594	0,81859	0,82121	0,82381	0,82639	0,82894	0,83147	0,83398	0,83646	0,83891
1,0	0,84134	0,84375	0,84614	0,84849	0,85083	0,85314	0,85543	0,85769	0,85993	0,86214
1,1	0,86433	0,86650	0,86864	0,87076	0,87286	0,87493	0,87698	0,87900	0,88100	0,88298
1,2	0,88493	0,88686	0,88877	0,89065	0,89251	0,89435	0,89617	0,89796	0,89973	0,90147
1,3	0,90320	0,90490	0,90658	0,90824	0,90988	0,91149	0,91309	0,91466	0,91621	0,91774
1,4	0,91924	0,92073	0,92220	0,92364	0,92507	0,92647	0,92785	0,92922	0,93056	0,93189
1,5	0,93319	0,93448	0,93574	0,93699	0,93822	0,93943	0,94062	0,94179	0,94295	0,94408
1,6	0,94520	0,94630	0,94738	0,94845	0,94950	0,95053	0,95154	0,95254	0,95352	0,95449
1,7	0,95543	0,95637	0,95728	0,95818	0,95907	0,95994	0,96080	0,96164	0,96246	0,96327
1,8	0,96407	0,96485	0,96562	0,96638	0,96712	0,96784	0,96856	0,96926	0,96995	0,97062
1,9	0,97128	0,97193	0,97257	0,97320	0,97381	0,97441	0,97500	0,97558	0,97615	0,97670
2,0	0,97725	0,97778	0,97831	0,97882	0,97932	0,97982	0,98030	0,98077	0,98124	0,98169
2,1	0,98214	0,98257	0,98300	0,98341	0,98382	0,98422	0,98461	0,98500	0,98537	0,98574
2,2	0,98610	0,98645	0,98679	0,98713	0,98745	0,98778	0,98809	0,98840	0,98870	0,98899
2,3	0,98928	0,98956	0,98983	0,99010	0,99036	0,99061	0,99086	0,99111	0,99134	0,99158
2,4	0,99180	0,99202	0,99224	0,99245	0,99266	0,99286	0,99305	0,99324	0,99343	0,99361
2,5	0,99379	0,99396	0,99413	0,99430	0,99446	0,99461	0,99477	0,99492	0,99506	0,99520
2,6	0,99534	0,99547	0,99560	0,99573	0,99585	0,99598	0,99609	0,99621	0,99632	0,99643
2,7	0,99653	0,99664	0,99674	0,99683	0,99693	0,99702	0,99711	0,99720	0,99728	0,99736
2,8	0,99744	0,99752	0,99760	0,99767	0,99774	0,99781	0,99788	0,99795	0,99801	0,99807
2,9	0,99813	0,99819	0,99825	0,99831	0,99836	0,99841	0,99846	0,99851	0,99856	0,99861
3,0	0,99865	0,99869	0,99874	0,99878	0,99882	0,99886	0,99889	0,99893	0,99896	0,99900
3,1	0,99903	0,99906	0,99910	0,99913	0,99916	0,99918	0,99921	0,99924	0,99926	0,99929
3,2	0,99931	0,99934	0,99936	0,99938	0,99940	0,99942	0,99944	0,99946	0,99948	0,99950
3,3	0,99952	0,99953	0,99955	0,99957	0,99958	0,99960	0,99961	0,99962	0,99964	0,99965
3,4	0,99966	0,99968	0,99969	0,99970	0,99971	0,99972	0,99973	0,99974	0,99975	0,99976
3,5	0,99977	0,99978	0,99978	0,99979	0,99980	0,99981	0,99981	0,99982	0,99983	0,99983
3,6	0,99984	0,99985	0,99985	0,99986	0,99986	0,99987	0,99987	0,99988	0,99988	0,99989
3,7	0,99989	0,99990	0,99990	0,99990	0,99991	0,99991	0,99992	0,99992	0,99992	0,99992
3,8	0,99993	0,99993	0,99993	0,99994	0,99994	0,99994	0,99994	0,99995	0,99995	0,99995
3,9	0,99995	0,99995	0,99996	0,99996	0,99996	0,99996	0,99996	0,99996	0,99997	0,99997

Tabelle 7.1 Das Gaußsche Fehlerintegral $\Phi(x)$ für die Werte $0 \leq x \leq 3{,}99$. Die Spalten entsprechen der zweiten Nachkommastelle von x. Aus der Zeile mit $x = 1{,}2$ und der Spalte 4 entnimmt man z. B. den Wert $\Phi(1{,}24) = 0{,}89251$. Zur Berechnung von $\Phi(x)$ für $x < 0$ verwendet man die Formel $\Phi(-x) = 1 - \Phi(x)$, und für $x > 3{,}99$ die Näherung $\Phi(x) \approx 1$.

Grenzwertsatz von Moivre-Laplace (Integralversion): Für eine Bernoulli-Kette mit der Erfolgswahrscheinlichkeit q pro Versuch und einer sehr großen Anzahl n von Versuchen ist näherungsweise (im Fall $\sigma > 3$)

$$P(a \leq X \leq b) \approx \Phi\left(\frac{b-\mu}{\sigma}\right) - \Phi\left(\frac{a-\mu}{\sigma}\right)$$

wobei $\mu = nq$ und $\sigma = \sqrt{nq(1-q)}$.

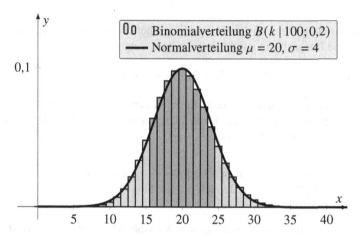

Abb. 7.17 Zur Integralversion des Grenzwertsatzes

Obige Näherungsformel ergibt sich aus folgender Überlegung: Die Binomialverteilung ist eine Treppenfunktion, welche die Fläche unter der Normalverteilung für große n gut ausfüllt, siehe Abb. 7.17, und daher gilt

$$P(a \leq X \leq b) = \sum_{k=a}^{b} P(X = k) \approx \frac{1}{\sigma\sqrt{2\pi}} \int_a^b e^{-\frac{1}{2}\left(\frac{x-\mu}{\sigma}\right)^2} dx$$

Mit der Substitution $u = \frac{x-\mu}{\sigma}$ können wir das Integral auf der rechten Seite schließlich umformen in

$$P(a \leq X \leq b) \approx \frac{1}{\sqrt{2\pi}} \int_{u(a)}^{u(b)} e^{-\frac{1}{2}u^2} du$$

$$= \frac{1}{\sqrt{2\pi}} \int_{-\infty}^{u(b)} e^{-\frac{1}{2}u^2} du - \frac{1}{\sqrt{2\pi}} \int_{-\infty}^{u(a)} e^{-\frac{1}{2}u^2} du$$

$$= \Phi(u(b)) - \Phi(u(a))$$

Beispiel: Bei einer Produktion betrage die Wahrscheinlichkeit für ein fehlerhaftes Teil 4% oder $q = 0{,}04$. Wie groß ist die Wahrscheinlichkeit, bei einer Produktion von 2000 Stück mehr als 100 fehlerhafte Teile zu haben? Erwartungswert und Varianz sind

$$\mu = 2000 \cdot 0{,}04 = 80, \quad \sigma = \sqrt{2000 \cdot 0{,}04 \cdot 0{,}96} \approx 8{,}76$$

und damit gilt nach Moivre-Laplace sowie nach Tab. 7.1 näherungsweise

$$P(0 \leq X \leq 100) \approx \Phi\left(\frac{100 - 80}{8{,}76}\right) - \Phi\left(\frac{0 - 80}{8{,}76}\right)$$

$$= \Phi(2{,}28) - \Phi(-9{,}13) = 0{,}9887$$

Die Wahrscheinlichkeit für $X > 100$ liegt demnach bei $1 - 0{,}9887 = 0{,}0113$ oder ca. 1%.

Abschließend wollen wir noch einen wichtigen Spezialfall betrachten. Für $a = \mu - 2\sigma$ und $b = \mu + 2\sigma$ ergibt die Integralform von Moivre-Laplace stets den Wert

$$P(\mu - 2\sigma \leq X \leq \mu + 2\sigma) \approx \Phi(2) - \Phi(-2) = 0{,}9545 > 0{,}95$$

Mit diesem Resultat kann man für eine Bernoulli-Kette und eine große Zahl n an Versuchen sofort eine Aussage über die Anzahl der Erfolge machen – man braucht dazu lediglich die beiden Werte $\mu = n\,q$ und $\sigma = \sqrt{n\,q\,(1 - q)}$.

Bei einer Bernoulli-Kette mit vielen Versuchen liegt die Anzahl der Erfolge mit einer Wahrscheinlichkeit von über 95% im Bereich $\mu - 2\sigma$ bis $\mu + 2\sigma$.

Beispiel: Bei einer Produktion von 2000 Teilen mit der Wahrscheinlichkeit $q = 0{,}04$ für *ein* fehlerhaftes Teil ist $\mu = 80$ und $\sigma = 8{,}76$. Mit einer Wahrscheinlichkeit von über 95% gibt es dann bei 2000 Teilen zwischen $80 - 2 \cdot 8{,}76 = 62$ (abgerundet) und $80 + 2 \cdot 8{,}76 = 98$ (aufgerundet) fehlerhafte Teile.

Eine Verallgemeinerung von Moivre-Laplace ist der **zentrale Grenzwertsatz**. Er besagt, dass eine Summe $X = X_1 + X_2 + X_3 + \ldots$ sehr vieler „gleichberechtigter" Zufallsgrößen X_k näherungsweise eine Normalverteilung ergibt. Daher tritt die Normalverteilung in Natur und Technik sehr häufig auf.

7.4.2 Die Methode der kleinsten Quadrate

In der Praxis ist die Abhängigkeit einer Größe y von x oftmals nur in Form einer Wertetabelle gegeben:

x_1	x_2	x_3	$\ldots$	x_n
y_1	y_2	y_3	$\ldots$	y_n

Diese Zahlen können z. B. physikalische oder technische Messwerte sein. Hinter einer solchen „Datenpunktwolke" verbirgt sich ein Zusammenhang $y = f(x)$, wobei die Funktionsvorschrift f in der Regel nicht formelmäßig bekannt ist. Dennoch möchte man die

Werte $y = f(x)$ auch für dazwischenliegende Stellen bestimmen oder wenigstens gut abschätzen können.

Falls eine analytische Beschreibung von f nicht vorliegt, kann man versuchen, die Punkte durch eine möglichst glatte Kurve zu verbinden. Dies ist die Idee der *Polynominterpolation*, bei der man ein Polynom exakt durch die Datenpunkte legt, welches dann als Ersatz für f an den Zwischenstellen ausgewertet wird. Es stellt sich aber heraus, dass die Interpolationspolynome mit wachsender Datenmenge und zunehmendem Grad instabil werden, also zwischen den zu interpolierenden Punkten stark oszillieren (dieses Verhalten ist bekannt als „Runges Phänomen").

Ein weiteres Problem ist, dass die Werte (x_k, y_k) aus der Tabelle in der Regel auch noch mit Messfehlern behaftet sind. Selbst wenn man theoretisch die zugrunde liegende Beschreibung $y = f(x)$ kennt, würde der Graph von f nicht durch die Punkte (x_k, y_k) verlaufen. Die *Ausgleichsrechnung* verfolgt daher ein anderes Ziel. Zu einer Wertetabelle wird eine Funktion $f(x)$ eines bestimmten Typs (Polynom, Exponentialfunktion, trigonometrische Funktion usw.) gesucht, die „möglichst nahe" an den Datenpunkten verläuft. Dabei setzt man f aus vorgegebenen Funktionen und freien Parametern zusammen. Häufig verwendet man für die zu berechnende *Ausgleichsfunktion* $f(x)$ eine „Linearkombination" der Form

$$f(x) = c_1 \cdot f_1(x) + \ldots + c_m \cdot f_m(x)$$

wie beispielsweise

$$f(x) = c_1 + c_2 \cdot x + c_3 \cdot x^2 \quad \text{(quadratische Funktion)}$$
$$f(x) = c_1 \cdot e^x + c_2 \quad \text{(Exponentialfunktion)}$$
$$f(x) = c_1 \cdot \sin x + c_2 \cdot \cos x \quad \text{(trigonometrische Funktion)}$$

mit vorgegebenen Funktionen $f_1(x), \ldots, f_m(x)$ und freien Parametern $c_1, \ldots, c_m$. Die Grundfunktionen $f_k(x)$ legt man so fest, dass sie qualitativ zu den Daten passen. Da hier die zu berechnende Funktion eine Linearkombination der Parameter c_k ist, spricht man von *linearer Regression*. Bei einer nichtlinearen Regression dürfen die noch unbekannten Koeffizienten z. B. auch im Argument einer Funktion vorkommen, so wie beispielsweise bei $f(x) = c_1 \cdot e^{c_2 x}$ oder bei $f(x) = \sin(c_1 x + c_2)$.

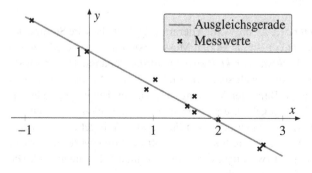

Abb. 7.18 Ausgleichsgerade

Beispiel 1. Die Messpunkte in Abb. 7.18 lassen sich gut durch eine Gerade ausgleichen, also durch eine lineare Funktion der Form $f(x) = c_1 + c_2 \cdot x$.

Beispiel 2. Die graphische Darstellung der Messergebnisse

x_k	−0,95	−0,18	−0,12	0,14	0,54	1,32	2	2,48	2,65	2,84
y_k	−0,91	−0,64	−0,54	−0,4	−0,13	0,78	2,6	5,02	5,89	7,35

in Abb. 7.19 zeigt einen Zusammenhang zwischen x_k und y_k, welcher sich weniger gut durch eine lineare Funktion darstellen lässt. Besser geeignet ist eine Ausgleichsfunktion der Form $f(x) = c_1 + c_2 \cdot e^x$.

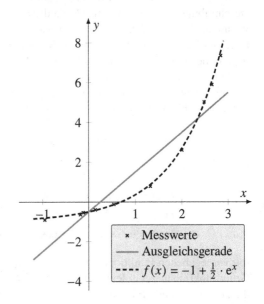

Abb. 7.19 Lineare und exponentielle Ausgleichskurve

Beispiel 3. Die Daten in Abb. 7.20 gehören offenbar zu einer periodischen Funktion (mit Periode 2π). Hier ist für die Ausgleichsfunktion ein Ansatz der Form $f(x) = c_1 \cdot \sin x + c_2 \cdot \cos x$ sinnvoll.

Die noch unbekannten Parameter $c_1, \ldots, c_m$ werden derart festgelegt, dass die Summe der Quadrate aller Abweichungen $(f(x_k) - y_k)^2$ an den Messpunkten minimal wird. Dieses Verfahren wird folglich auch *Methode der kleinsten Quadrate* genannt. Hinter dieser Methode verbirgt sich die Idee, die „wahrscheinlichste" aller möglichen Funktionen einer bestimmten Form zu finden. Bei einer Messung sind zu den Eingangsgrößen x_1, $\ldots, x_n$ die Messwerte $y_1, \ldots, y_n$ gegeben, und zwischen diesen Zahlen vermuten wir einen Zusammenhang $y_k = f(x_k)$ mit einer gewissen Funktion f. Wir gehen davon aus, dass die Messfehler $y_k - f(x_k)$ normalverteilt sind ($\rightarrow$ zentraler Grenzwertsatz), wobei die Funktionswerte $\mu_k = f(x_k)$ die Erwartungswerte der einzelnen Messungen sind. Die Wahrscheinlichkeit für den Messwert y_k ist dann

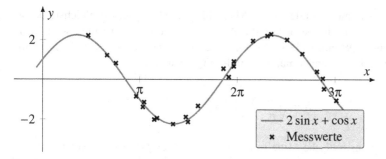

Abb. 7.20 Ausgleich mit einer trigonometrischen Funktion

$$P(Y = y_k) = C \cdot e^{-\frac{1}{2}\left(\frac{y_k - \mu_k}{\sigma}\right)^2} \quad \text{mit} \quad C = \frac{1}{\sigma\sqrt{2\pi}}$$

und einer (von den Messdaten unabhängigen) Standardabweichung $\sigma > 0$. Da die Messwerte y_k das Ergebnis voneinander unabhängiger Versuche sind, ergibt sich für die gesamte Messreihe $y_1, \ldots, y_n$ nach der Produktregel die Wahrscheinlichkeit

$$P(Y = y_1) \cdots P(Y = y_n) = C\, e^{-\frac{1}{2}\left(\frac{y_1 - \mu_1}{\sigma}\right)^2} \cdots C\, e^{-\frac{1}{2}\left(\frac{y_n - \mu_n}{\sigma}\right)^2}$$

$$= C^n \cdot e^{-\frac{1}{2\sigma^2}\left((y_1 - \mu_1)^2 + \ldots + (y_n - \mu_n)^2\right)}$$

Diese Wahrscheinlichkeit wird maximal, falls die Summe der Quadrate im Exponenten ein Minimum annimmt:

$$(y_1 - \mu_1)^2 + \ldots + (y_n - \mu_n)^2 = \sum_{k=1}^{n}(y_k - f(x_k))^2 \stackrel{!}{=} \text{Min}$$

Ein solcher Ausdruck wird *Fehlerquadratsumme* (Abkürzung: FQS) genannt. Falls nun die Ausgleichsfunktion eine *Linearkombination* der Form

$$f(x) = c_1 \cdot f_1(x) + \ldots + c_m \cdot f_m(x)$$

mit vorgegebenen Funktionen $f_1(x), \ldots, f_m(x)$ und freien Parametern $c_1, \ldots, c_m$ ist, dann ergibt sich für die Fehlerquadratsumme

$$\varphi(c_1, \ldots, c_m) = \sum_{k=1}^{n}\left(f(x_k) - y_k\right)^2$$

eine Funktion in den Variablen $c_1, \ldots, c_m$. Wir bestimmen die Werte c_k so, dass die Funktion φ ein Minimum hat, und dort müssen alle partiellen Ableitungen verschwinden:

$$\frac{\partial \varphi}{\partial c_i} = 0 \quad \text{für} \quad i = 1, \ldots, m$$

Hierbei handelt es sich um ein lineares Gleichungssystem für m Unbekannte, das man beispielsweise mit dem Gauß-Algorithmus lösen kann.

Die Fehlerquadratsumme ist zugleich eine Maßzahl für die Güte der Ausgleichsfunktion: je kleiner, umso besser. Hierbei gehen die Abweichungen vom Erwartungswert $f(x_k)$ quadratisch in die FQS ein, sodass größere Differenzen $f(x_k) - y_k$ stärker „bestraft" werden. In der Praxis verwendet man anstatt der FQS den Wert

$$S = \sqrt{\frac{1}{n} \cdot \sum_{k=1}^{n} \left(f(x_k) - y_k\right)^2}$$

Die Zahl S ist der quadratische Mittelwert aller Messfehler $f(x_k) - y_k$. Solche Abweichungen werden bei einer linearen Regression als *Residuen* bezeichnet. Dementsprechend heißt S^2 auch *Residualvarianz*, und S selbst wird *Standardabweichung* genannt.

Beispiel: Gegeben sind die Messwerte

x_k	-1	0	2	3
y_k	1	-1	3	4

Wir bestimmen eine lineare Ausgleichsfunktion $f(x) = c_1 + c_2 \cdot x$ mit den noch unbekannten Koeffizienten c_1 und c_2. Die Grundfunktionen sind hier $f_1(x) = 1$ und $f_2(x) = x$. Die Fehlerquadratsumme dazu lautet

$$\varphi(c_1, c_2) = (f(-1) - 1)^2 + (f(0) + 1)^2 + (f(2) - 3)^2 + (f(3) - 4)^2$$
$$= (c_1 - c_2 - 1)^2 + (c_1 + 1)^2 + (c_1 + 2c_2 - 3)^2 + (c_1 + 3c_1 - 4)^2$$
$$= 4c_1^2 + 8c_1c_2 - 14c_1 + 14c_2^2 - 34c_2 + 27$$

welche für die gesuchten Parameter c_1 und c_2 minimal werden soll. Dazu müssen die beiden partiellen Ableitungen

$$\frac{\partial\varphi}{\partial c_1} = 8c_1 + 8c_2 - 14 \quad \text{und} \quad \frac{\partial\varphi}{\partial c_2} = 8c_1 + 28c_2 - 34$$

gleich Null sein. Wir erhalten das lineare Gleichungssystem

$$(1) \quad 0 = 8c_1 + 8c_2 - 14$$
$$(2) \quad 0 = 8c_1 + 28c_2 - 34$$

mit der Lösung $c_1 = \frac{3}{4}$ und $c_2 = 1$. Die Ausgleichsgerade lautet also $f(x) = \frac{3}{4} + x$, und die Standardabweichung ist

$$S = \sqrt{\tfrac{1}{4} \cdot \left((-0{,}25 - 1)^2 + (0{,}75 + 1)^2 + (2{,}75 - 3)^2 + (3{,}75 - 4)^2\right)} = 1{,}09$$

Bei einer großen Datenmenge wird die Minimierung der FQS per Hand sehr aufwändig. Die hier gezeigten Schritte lassen sich jedoch in ein Rechenschema übertragen, dass dann auch von einem Computer durchgeführt werden kann.

Ein Rechenschema für die lineare Regression

Zu einer Wertetabelle (Messreihe)

x_1	x_2	x_3	$\ldots$	x_n
y_1	y_2	y_3	$\ldots$	y_n

suchen wir eine Ausgleichsfunktion der Form

$$f(x) = c_1 \cdot f_1(x) + \ldots + c_m \cdot f_m(x)$$

mit fest vorgegebenen Funktionen $f_1(x), \ldots, f_m(x)$ und Parametern $c_1, \ldots, c_m$ (Regressionskoeffizienten), die noch zu bestimmen sind. Dazu berechnen wir die Funktionswerte an den Stützstellen

x	x_1	x_2	$\ldots$	x_n
$f_1(x)$	$f_1(x_1)$	$f_1(x_2)$	$\ldots$	$f_1(x_n)$
$f_2(x)$	$f_2(x_1)$	$f_2(x_2)$	$\ldots$	$f_2(x_n)$
$\vdots$	$\vdots$	$\vdots$		$\vdots$
$f_m(x)$	$f_m(x_1)$	$f_m(x_2)$	$\ldots$	$f_m(x_n)$

und fassen die grau hinterlegten Felder zur sogenannten *Designmatrix F* zusammen. Anschließend berechnet man

$$A = F \cdot F^{\mathrm{T}}, \quad \vec{b} = F \cdot \begin{pmatrix} y_1 \\ \vdots \\ y_n \end{pmatrix}$$

und löst das (m, m)-LGS $A \cdot \vec{c} = \vec{b}$ mit dem Gauß-Verfahren. Die gesuchten Parameter sind dann die Einträge $c_1, \ldots, c_m$ im Lösungsvektor $\vec{c}$. Zur Bewertung der Ausgleichsfunktion, insbesondere zum Vergleich mit anderen in Frage kommenden Funktionen, benötigt man noch die Standardabweichung

$$S = \sqrt{\frac{1}{n} \cdot \sum_{k=1}^{n} \left(f(x_k) - y_k \right)^2}$$

Beispiel 1. Gegeben sind die Messwerte

x_k	-1	0	2	3
y_k	1	-1	3	4

Wir suchen eine *Ausgleichsgerade* $f(x) = c_1 + c_2 x$ mit den vorgegebenen Funktionen $f_1(x) = 1$, $f_2(x) = x$ und den freien Parametern c_1, c_2. Aus der Tabelle

x	-1	0	2	3
1	1	1	1	1
x	-1	0	2	3

entnehmen wir die Designmatrix

$$F = \begin{pmatrix} 1 & 1 & 1 & 1 \\ -1 & 0 & 2 & 3 \end{pmatrix} \implies F^T = \begin{pmatrix} 1 & -1 \\ 1 & 0 \\ 1 & 2 \\ 1 & 3 \end{pmatrix}, \quad \vec{y} = \begin{pmatrix} 1 \\ -1 \\ 3 \\ 4 \end{pmatrix}$$

und bilden damit die Matrix A sowie den Vektor $\vec{b}$:

$$A = F \cdot F^T = \begin{pmatrix} 4 & 4 \\ 4 & 14 \end{pmatrix}, \quad \vec{b} = F \cdot \vec{y} = \begin{pmatrix} 7 \\ 17 \end{pmatrix}$$

Das lineare Gleichungssystem $A \cdot \vec{c} = \vec{b}$ lösen wir mit dem Gauß-Verfahren:

$$
\begin{array}{llcc|c}
(1) & 4 & 4 & 7 & \\
(2) & 4 & 14 & 17 & \big| - (1) \\
\hline
(1) & 4 & 4 & 7 & \\
(2) & 0 & 10 & 10 & \\
\end{array}
$$

Die Lösungen sind $c_2 = 1$ und $c_1 = 0{,}75$. Die gesuchte Ausgleichsfunktion ist demnach $f(x) = \frac{3}{4} + x$ mit der (bereits bekannten) Standardabweichung $S = 1{,}09$.

Beispiel 2. Zu den Daten aus Beispiel 1 wollen wir die quadratische Ausgleichsfunktion $f(x) = c_1 + c_2 x + c_3 x^2$ mit $f_1(x) = 1$, $f_2(x) = x$, $f_3(x) = x^2$ und den freien Parametern c_1, c_2, c_3 bestimmen. Aus der Tabelle

x	-1	0	2	3
1	1	1	1	1
x	-1	0	2	3
x^2	1	0	4	9

ergibt sich zunächst die Designmatrix

$$F = \begin{pmatrix} 1 & 1 & 1 & 1 \\ -1 & 0 & 2 & 3 \\ 1 & 0 & 4 & 9 \end{pmatrix} \implies F^T = \begin{pmatrix} 1 & -1 & 1 \\ 1 & 0 & 0 \\ 1 & 2 & 4 \\ 1 & 3 & 9 \end{pmatrix}, \quad \vec{y} = \begin{pmatrix} 1 \\ -1 \\ 3 \\ 4 \end{pmatrix}$$

und damit bilden wir

$$A = F \cdot F^T = \begin{pmatrix} 4 & 4 & 14 \\ 4 & 14 & 34 \\ 14 & 34 & 98 \end{pmatrix}, \quad \vec{b} = F \cdot \vec{y} = \begin{pmatrix} 7 \\ 17 \\ 49 \end{pmatrix}$$

Das lineare Gleichungssystem $A \cdot \vec{c} = \vec{b}$ lösen wir wieder mit dem (verkürzten) Gauß-Rechenschema:

(1)	4	4	14	7	
(2)	4	14	34	17	$\mid - (1)$
(3)	14	34	98	49	$\mid - 3,5 \cdot (1)$
(2)	0	10	20	10	
(3)	0	20	49	24,5	$\mid - 2 \cdot (2)$
(3)	0	0	9	4,5	

Die Lösung $c_3 = 0,5$ und $c_2 = c_1 = 0$ liefert die Ausgleichsparabel $f(x) = \frac{1}{2} x^2$. Sie hat die Standardabweichung

$$S = \sqrt{\frac{1}{4} \cdot \sum_{k=1}^{4} \left(\frac{1}{2} x_k^2 - y_k \right)^2}$$

$$= \sqrt{\frac{1}{4} \cdot \left((0,5 - 1)^2 + (0 + 1)^2 + (2 - 3)^2 + (4,5 - 4)^2 \right)} = 0,79$$

und passt damit „besser" zu den Daten als die lineare Ausgleichsgerade $f(x) = \frac{3}{4} + x$ mit der Standardabweichung $S = 1,09$ (siehe Abb. 7.21).

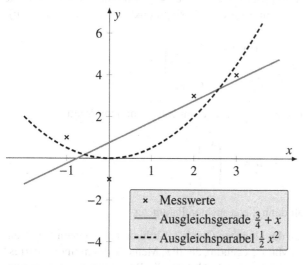

Abb. 7.21 Ausgleichsgerade und Ausgleichsparabel

Abschließend soll noch eine Begründung für dieses Rechenschema nachgereicht werden. Bei der linearen Regression suchen wir eine Ausgleichsfunktion der Form

$$f(x) = c_1 \cdot f_1(x) + \ldots + c_m \cdot f_m(x) = \sum_{j=1}^{m} c_j \, f_j(x)$$

mit den unbekannten Größen $c_1, \ldots, c_m$. Die Fehlerquadratsumme lautet

$$\varphi(c_1, \ldots, c_m) = \sum_{k=1}^{n} (f(x_k) - y_k)^2 = \sum_{k=1}^{n} \left(\sum_{j=1}^{m} c_j \, f_j(x_k) - y_k \right)^2$$

Beim Minimum müssen alle partiellen Ableitungen verschwinden:

$$0 = \frac{\partial \varphi}{\partial c_i} = \sum_{k=1}^{n} 2 \cdot \left(\sum_{j=1}^{m} c_j \, f_j(x_k) - y_k \right) \cdot f_i(x_k)$$

für $i = 1, \ldots, m$. Wir teilen durch 2 und stellen die Summen um. Dann ergibt sich das lineare Gleichungssystem

$$\sum_{j=1}^{m} \left(\sum_{k=1}^{n} f_i(x_k) \, f_j(x_k) \right) c_j = \sum_{k=1}^{n} f_i(x_k) \cdot y_k$$

Mit den Koeffizienten und der rechten Seite

$$a_{ij} = \sum_{k=1}^{n} f_i(x_k) \, f_j(x_k) \quad \text{und} \quad b_i = \sum_{k=1}^{n} f_i(x_k) \cdot y_k$$

lässt sich dieses LGS auch in der Matrixform $A \cdot \vec{c} = \vec{b}$ schreiben. Dabei sind die Koeffizienten a_{ij} von A genau die Einträge des Matrixprodukts $F \cdot F^{\mathrm{T}}$ mit der (m, n)-Designmatrix

$$F = \begin{pmatrix} f_1(x_1) & \cdots & f_1(x_n) \\ \vdots & & \vdots \\ f_m(x_1) & \cdots & f_m(x_n) \end{pmatrix}$$

aus dem Rechenschema. Die rechte Seite $\vec{b}$ wiederum entspricht dem Produkt

$$\vec{b} = F \cdot \begin{pmatrix} y_1 \\ \vdots \\ y_n \end{pmatrix}$$

und der Lösungsvektor $\vec{c}$ enthält dann die gesuchten Parameter.

Geschichtliches. Die „Methode der kleinsten Quadrate" erhielt ihren Namen vom französischen Mathematiker Adrien-Marie Legendre, der die „Méthode des moindres carrés" erstmals 1805 im Anhang zu einem kleinen Buch über die Berechnung von Kometenbahnen veröffentlichte. Als Entdecker gilt jedoch Carl Friedrich Gauß, der bereits 1795 zur Einsicht kam, wie man die mit Fehlern behafteten Messungen möglichst gut ausgleicht. Durch die Minimierung der Fehlerquadratsumme konnte er 1801 die Bahn des Zwergplaneten Ceres sehr genau bestimmen. Erst 1809 publizierte auch Gauß seine Methode der kleinsten Quadrate in einem Buch über Himmelsmechanik nebst dem heute nach ihm benannten Gaußschen Eliminationsverfahren. In der Folgezeit hat Gauß das Verfahren weiter verbessert, und er verwendete es u. a. bei der Vermessung des Königreichs Hannover. Ungeachtet seiner vielen mathematischen Entdeckungen schätzte er selbst die Methode der kleinsten Quadrate als eine seiner wichtigsten Erkenntnisse ein, und obgleich er nicht gerne Vorlesungen hielt, soll er dieses Thema doch sehr gerne angekündigt haben.

7.4.3 Der Korrelationskoeffizient

Mit der Methode der kleinsten Quadrate kann man zu den Daten aus einer Wertetabelle eine Ausgleichsfunktion $y = f(x)$ berechnen, die sich aus beliebig vorgegebenen elementaren Funktionen (z. B. Potenzen oder trigonometrische Funktionen) zusammensetzt. Prinzipiell kann man also auch zu einer beliebigen (endlichen) Menge von (x, y)-Wertepaaren stets eine *Ausgleichsgerade* $f(x) = c_1 x + c_2$ angeben. Die Frage ist nur, ob diese Ausgleichsgerade zu den Daten „passt". Nützlich wäre eine Kennzahl, anhand derer man feststellen kann, ob zwischen zwei Größen x und y tendenziell ein linearer Zusammenhang besteht oder nicht. Eine solche Zahl gibt es – sie wird *Korrelationskoeffizient* genannt. Für eine Wertetabelle (Messreihe) mit n Wertepaaren

x	x_1	x_2	x_3	$\ldots$	x_n
y	y_1	y_2	y_3	$\ldots$	y_n

berechnet man zuerst die Mittelwerte

$$\overline{x} = \frac{1}{n} \sum_{k=1}^{n} x_k \quad \text{und} \quad \overline{y} = \frac{1}{n} \sum_{k=1}^{n} y_k$$

sowie die empirischen Standardabweichungen

$$s_x = \sqrt{\frac{1}{n} \sum_{k=1}^{n} (x_k - \overline{x})^2} \quad \text{und} \quad s_y = \sqrt{\frac{1}{n} \sum_{k=1}^{n} (y_k - \overline{y})^2}$$

Für die Wertepaare (x_k, y_k) definiert man sodann die

(empirische) Kovarianz $\quad s_{xy} := \frac{1}{n} \sum_{k=1}^{n} (x_k - \overline{x})(y_k - \overline{y})$

Diese Größe wird manchmal auch mit $\text{Cov}(x, y) = s_{xy}$ notiert. Setzt man hier für y_k die Werte x_k ein, also $y_k = x_k$ für alle k, dann ist $s_{xx} = \frac{1}{n} \sum_{k=1}^{n} (x_k - \overline{x})^2 = s_x^2$ die empirische Varianz der Messgröße x, und ebenso ist $s_{yy} = s_y^2$ die empirische Varianz von y. Aus den drei Zahlen s_{xy} sowie s_x und s_y ergibt sich schließlich der

$$\textbf{(empirische) Korrelationskoeffizient} \quad r_{xy} := \frac{s_{xy}}{s_x \cdot s_y}$$

Dieser Zahlenwert gibt den Grad des linearen Zusammenhangs zwischen x_k und y_k an:

Für n Wertepaare $(x_1, y_1), \ldots, (x_n, y_n)$ mit $s_x, s_y > 0$ ist stets $-1 \le r_{xy} \le 1$, und es gilt $r_{xy} = \pm 1$ genau dann, wenn *alle* Punkte (x_k, y_k) auf *einer* gemeinsamen Geraden liegen.

Zur Begründung dieser Aussage braucht man im Wesentlichen nur die Ungleichung $a^2 \ge 0$ für alle $a \in \mathbb{R}$ sowie die binomische Formel:

$$0 \le \sum_{k=1}^{n} \left(\frac{x_k - \overline{x}}{s_x} \pm \frac{y_k - \overline{y}}{s_y} \right)^2$$

$$= \frac{\sum_k (x_k - \overline{x})^2}{s_x^2} \pm 2 \cdot \frac{\sum_k (x_k - \overline{x})(y_k - \overline{y})}{s_x \cdot s_y} + \frac{\sum_k (y_k - \overline{y})^2}{s_y^2}$$

$$= \frac{n \cdot s_x^2}{s_x^2} \pm 2 \cdot \frac{n \cdot s_{xy}}{s_x \cdot s_y} + \frac{n \cdot s_y^2}{s_y^2} = 2n \cdot (1 \pm r_{xy})$$

Aus $1 + r_{xy} \ge 0$ folgt $r_{xy} \ge -1$, und $1 - r_{xy} \ge 0$ ergibt $r_{xy} \le +1$. Im Fall $r_{xy} = 1$ ist

$$\sum_{k=1}^{n} \left(\frac{x_k - \overline{x}}{s_x} - \frac{y_k - \overline{y}}{s_y} \right)^2 = 2n \cdot (1 - r_{xy}) = 0$$

Somit müssen in der Summe alle Quadrate gleich 0 sein, und das bedeutet:

$$\frac{x_k - \overline{x}}{s_x} - \frac{y_k - \overline{y}}{s_y} = 0 \quad \Longrightarrow \quad y_k = \frac{s_y}{s_x}(x_k - \overline{x}) + \overline{y} \quad \text{für} \quad k = 1, \ldots, n$$

Demnach liegen die Punkte (x_k, y_k) allesamt auf der Geraden $y = \frac{s_y}{s_x}(x - \overline{x}) + \overline{y}$. Falls $r_{xy} = -1$ gilt, dann erhält man entsprechend

$$\frac{x_k - \overline{x}}{s_x} + \frac{y_k - \overline{y}}{s_y} = 0 \quad \Longrightarrow \quad y_k = -\frac{s_y}{s_x}(x_k - \overline{x}) + \overline{y} \quad \text{für alle } k$$

Obige Aussage lässt folgenden Schluss zu: Im Fall $r_{xy} = \pm 1$ besteht zwischen x und y ein exakt linearer Zusammenhang, sodass die lineare Ausgleichsfunktion auch genau durch die Punkte (x_k, y_k) verläuft. Je weiter sich $r_{xy} \in [-1, 1]$ von ± 1 entfernt, umso weniger wahrscheinlich ist ein linearer Zusammenhang. Für $r_{xy} = 0$ sollte schließlich zwischen x und y keine lineare Abhängigkeit mehr erkennbar sein. Insgesamt ist also der Korrelationskoeffizient eine Maßzahl für die Güte des linearen Zusammenhangs.

Wir wollen abschließend noch eine fertige Formel für die Regressionsgerade angeben. Dazu suchen wir für die Wertepaare $(x_1, y_1), \ldots, (x_n, y_n)$ eine Ausgleichsfunktion der Form $f(x) = c_1 \cdot x + c_2 = c_1 \cdot f_1(x) + f_2(x)$ mit $f_1(x) = x$ und $f_2(x) \equiv 1$. Aus der Wertetabelle

x	x_1	x_2	$\dots$	x_n
$f_1(x)$	x_1	x_2	$\dots$	x_n
$f_2(x)$	1	1	$\dots$	1

und der grau hinterlegten Designmatrix erhalten wir die Koeffizientenmatrix

$$A = F \cdot F^{\mathrm{T}} = \begin{pmatrix} x_1 & x_2 & \cdots & x_n \\ 1 & 1 & \cdots & 1 \end{pmatrix} \cdot \begin{pmatrix} x_1 & 1 \\ x_2 & 1 \\ \vdots & \vdots \\ x_n & 1 \end{pmatrix} = \begin{pmatrix} \sum_k x_k^2 & \sum_k x_k \\ \sum_k x_k & n \end{pmatrix}$$

sowie

$$\vec{b} = F \cdot \vec{y} = \begin{pmatrix} x_1 & x_2 & \cdots & x_n \\ 1 & 1 & \cdots & 1 \end{pmatrix} \cdot \begin{pmatrix} y_1 \\ y_2 \\ \vdots \\ y_n \end{pmatrix} = \begin{pmatrix} \sum_k x_k y_k \\ \sum_k y_k \end{pmatrix}$$

Hierbei gilt $\sum_{k=1}^{n} x_k = n\,\overline{x}$ und $\sum_{k=1}^{n} y_k = n\,\overline{y}$. Die Umformung

$$n \cdot s_{xy} = \sum_{k=1}^{n} (x_k - \overline{x})(y_k - \overline{y}) = \sum_{k=1}^{n} (x_k y_k - x_k \overline{y} - y_k \overline{x} + \overline{x}\,\overline{y})$$

$$= \sum_{k=1}^{n} x_k y_k - \overline{y} \sum_{k=1}^{n} x_k - \overline{x} \sum_{k=1}^{n} y_k + n \cdot \overline{x}\,\overline{y}$$

$$= \sum_{k=1}^{n} x_k y_k - \overline{y} \cdot n\,\overline{x} - \overline{x} \cdot n\,\overline{y} + n \cdot \overline{x}\,\overline{y} = \sum_{k=1}^{n} x_k y_k - n \cdot \overline{x}\,\overline{y}$$

führt zu den Formeln

$$\sum_{k} x_k y_k = n\,(s_{xy} + \overline{x} \cdot \overline{y}) \overset{y_k = x_k}{\Longrightarrow} \sum_{k} x_k^2 = n\,(s_{xx} + \overline{x} \cdot \overline{x}) = n\,(s_x^2 + \overline{x}^2)$$

Damit lässt sich die Matrix A und der Vektor $\vec{b}$ wie folgt schreiben:

$$A = \begin{pmatrix} n\,(s_x^2 + \overline{x}^2) & n\,\overline{x} \\ n\,\overline{x} & n \end{pmatrix}, \quad \vec{b} = \begin{pmatrix} n\,(s_{xy} + \overline{x}\,\overline{y}) \\ n\,\overline{y} \end{pmatrix}$$

Die Matrix A hat die Determinante $\det A = n^2 s_x^2$. Vorausgesetzt, dass nicht alle Werte x_k gleich dem Mittelwert $\overline{x}$ sind (was bereits bei zwei verschiedenen x-Werten der Fall ist), gilt $s_x^2 \neq 0$, und die Matrix A ist invertierbar. Wir können dann die gesuchten Koeffizienten der linearen Ausgleichsfunktion direkt mit der Lösungsformel für LGS berechnen:

$$\begin{pmatrix} c_1 \\ c_2 \end{pmatrix} = A^{-1} \cdot \vec{b} = \frac{1}{n^2 s_x^2} \begin{pmatrix} n & -n\,\overline{x} \\ -n\,\overline{x} & n\,(s_x^2 + \overline{x}^2) \end{pmatrix} \cdot \begin{pmatrix} n\,(s_{xy} + \overline{x}\,\overline{y}) \\ n\,\overline{y} \end{pmatrix} = \frac{1}{s_x^2} \begin{pmatrix} s_{xy} \\ -s_{xy}\,\overline{x} + s_x^2\,\overline{y} \end{pmatrix}$$

Zusammenfassend notieren wir:

Die Ausgleichsgerade zu n Wertepaaren $(x_1, y_1), \ldots, (x_n, y_n)$ mit $s_x > 0$ ist

$$y = \frac{s_{xy}}{s_x^2}(x - \overline{x}) + \overline{y} = r_{xy} \cdot \frac{s_y}{s_x}(x - \overline{x}) + \overline{y}$$

Wir untersuchen im Folgenden nochmals die Beispiele aus Abschnitt 7.4.2 auf lineare Korrelation. Zu beachten ist, dass ein Wert $|r_{xy}| \approx 1$ auf einen linearen Zusammenhang hindeutet, während $r_{xy} \approx 0$ eine lineare Abhängigkeit eher ausschließt. Dennoch kann es im Fall $r_{xy} \approx 0$ zwischen den Größen x und y einen *nichtlinearen* Zusammenhang $y = f(x)$ geben, etwa eine exponentielle Abhängigkeit wie z. B. $y = e^x$.

Beispiel 1. Gegeben ist die Wertetabelle

x_k	-1	0	2	3
y_k	1	-1	3	4

Wir berechnen zuerst die Kenngrößen

$$\overline{x} = \tfrac{1}{4}(-1 + 0 + 2 + 3) = 1, \quad \overline{y} = \tfrac{1}{4}(1 - 1 + 3 + 4) = 1{,}75$$

$$s_x = \sqrt{\tfrac{1}{4}\left((-1-1)^2 + (0-1)^2 + (2-1)^2 + (3-1)^2\right)} = \sqrt{2{,}5}$$

$$s_y = \sqrt{\tfrac{1}{4}\left((1-1{,}75)^2 + (-1-1{,}75)^2 + (3-1{,}75)^2 + (4-1{,}75)^2\right)} = 1{,}75$$

$$s_{xy} = \tfrac{1}{4}\left((-2) \cdot (-0{,}75) + (-1) \cdot (-2{,}25) + 1 \cdot 1{,}25 + 2 \cdot 2{,}25\right) = 2{,}5$$

Der Korrelationskoeffizient ist mit

$$r_{xy} = \frac{2{,}5}{\sqrt{2{,}5} \cdot 1{,}75} \approx 0{,}904$$

schon etwas von 1 entfernt, sodass ein linearer Zusammenhang nicht zu erwarten ist und gemäß Abb. 7.21 auch nicht vorliegt. Dennoch kann man die Ausgleichsgerade berechnen:

$$y = \frac{2{,}5}{\sqrt{2{,}5}^2} \cdot (x - 1) + 1{,}75 = x + 0{,}75$$

Sie wurde bereits im letzten Abschnitt mit dem Rechenschema zur linearen Regression ermittelt.

Beispiel 2. Für die Messwerte aus Abb. 7.22

x_k	$-0{,}90$	$-0{,}04$	$0{,}89$	$1{,}03$	$1{,}52$	$1{,}63$	$1{,}63$	$2{,}00$	$2{,}64$	$2{,}70$
y_k	$1{,}47$	$1{,}00$	$0{,}43$	$0{,}58$	$0{,}18$	$0{,}09$	$0{,}33$	$-0{,}02$	$-0{,}46$	$-0{,}39$

ist gerundet auf drei Nachkommastellen (bitte nachrechnen!)

$$\overline{x} = 1{,}31, \quad \overline{y} = 0{,}32, \quad s_x = 1{,}067, \quad s_y = 0{,}564, \quad s_{xy} = -0{,}595$$

Der Korrelationskoeffizient

$$r_{xy} = \frac{-0,595}{1,067 \cdot 0,564} = -0,989 \approx -1$$

deutet auf einen linearen Zusammenhang hin, und die Ausgleichsgerade lautet

$$y = -\frac{0,595}{1,067^2} \cdot (x - 1,31) + 0,32 = -0,523\,x + 1$$

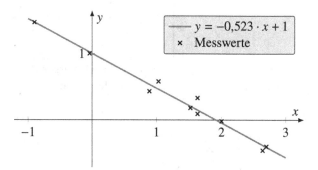

Abb. 7.22 Wertepaare mit nahezu linearem Zusammenhang

Beispiel 3. Für die Wertetabelle

x_k	−0,95	−0,18	−0,12	0,14	0,54	1,32	2	2,48	2,65	2,84
y_k	−0,91	−0,64	−0,54	−0,4	−0,13	0,78	2,6	5,02	5,89	7,35

welche in Abb. 7.23 graphisch dargestellt ist, ergibt sich mit $r_{xy} = 0,936$ ein Korrelationskoeffizient, welcher betragsmäßig etwas weiter von 1 entfernt ist als in Beispiel 2. Die Daten lassen sich weniger gut durch eine Gerade ausgleichen. Wie Abb. 7.19 zeigt, liegt hier wohl eher ein exponentieller Zusammenhang vor.

Beispiel 4. Die Wertepaare, welche der graphischen Darstellung in Abb. 7.24 zugrunde liegen, haben einen Korrelationskoeffizienten $r_{xy} = 0,251$. Hier ist kein linearer Zusammenhang mehr zu erwarten, und die dazu berechnete (grau eingezeichnete) Ausgleichsgerade passt auch nicht zu den Daten.

Noch ein abschließender Hinweis: Die Bezeichnungen für die empirischen Standardabweichungen s_x, s_y usw. werden sowohl in der Literatur als auch auf verschiedenen Taschenrechner-Modellen nicht einheitlich verwendet. Wir benutzen hier beispielsweise die Notation

$$s_x = \sqrt{\frac{1}{n} \sum_{k=1}^{n} (x_k - \bar{x})^2}$$

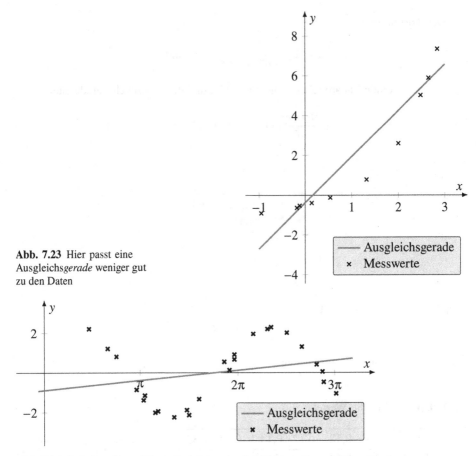

Abb. 7.23 Hier passt eine Ausgleichs*gerade* weniger gut zu den Daten

Abb. 7.24 Zwischen diesen Werten besteht augenscheinlich kein linearer Zusammenhang

Auf einigen Taschenrechnern wird diese Größe mit σ_x bezeichnet. Der dort mit s_x angegebene Wert ist dann ggf. die (in unserer Schreibweise) korrigierte Standardabweichung

$$s_x^* = \sqrt{\frac{1}{n-1} \sum_{k=1}^{n} (x_k - \overline{x})^2}$$

Man sollte also stets prüfen, welche Definitionen den statistischen Kenngrößen zugrunde liegen. Mit einem technisch-wissenschaftlichen Taschenrechner lassen sich in der Regel die Werte $\overline{x}$, $\overline{y}$, $\sum xy$ usw. sehr bequem berechnen. Aus diesen Daten kann man dann z. B. mit der Formel $s_{xy} = \frac{1}{n} \sum_k x_k y_k - \overline{x}\,\overline{y}$ relativ leicht auch die empirische Kovarianz ermitteln.

Aufgaben zu Kapitel 7

Aufgabe 7.1. In einem Gerät sind zwei voneinander unabhängige Komponenten A und B verbaut. Die Fehlerquote von A beträgt 2%, die Fehlerquote von B ist 5%. Es werden Kartons mit jeweils 10 Geräten ausgeliefert. Wie groß ist die Wahrscheinlichkeit dafür, dass in einem solchen 10er-Karton

a) bei mehr als einem Gerät die Komponente A defekt ist?

b) bei höchstens zwei Geräten die Komponente B defekt ist?

c) alle Geräte fehlerfrei sind?

Aufgabe 7.2. Eine Firma stellt – in getrennten Fertigungsprozessen – Schrauben und Muttern her. Die Fehlerquote pro Schraube beträgt 3%, die Fehlerquote für eine Mutter ist 2%. Es werden Packungen ausgeliefert, in denen jeweils 25 Schrauben und Muttern enthalten sind.

a) Berechnen Sie für $k = 0$, $k = 1$ und $k = 2$ die Wahrscheinlichkeiten dafür, dass in der Packung genau k Schrauben bzw. k Muttern defekt sind.

b) Wie groß ist die Wahrscheinlichkeit dafür, dass in der Packung insgesamt höchstens zwei Einzelteile (Schrauben und/oder Muttern) fehlerhaft sind?

Aufgabe 7.3. Zum Abschluss der Fertigung werden bei einem Gerätehersteller die Gehäuse maschinell lackiert, allerdings gelingt dies nur zu 90% fehlerfrei. Eine optische Kontrolle soll Fehlstellen im Lack erkennen, welche dann manuell nachzubessern sind. Bei dieser Kontrollvorrichtung werden jedoch nur 80% aller fehlerfreien Gehäuse (= iO-Teile) auch als fehlerfrei (= ok-Teil) erkannt, während 5% der fehlerhaften Gehäuse (= nicht-iO-Teile) fälschlicherweise die Qualitätskontrolle als „ok-Teile" passieren. Mit welcher Wahrscheinlichkeit

a) werden die Gehäuse von der optischen Kontrolle insgesamt als ok-Teil gemeldet?

b) ist ein Gehäuse, bei dem die optische Kontrolle „ok" meldet, tatsächlich auch iO?

c) ist ein Gehäuse, das die optische Kontrolle als „ok" einstuft, nicht in Ordnung?

Aufgabe 7.4. In einem Tauchbad wird ein Kupferdraht mit einer Lackschicht überzogen. Anschließend wird der Draht auf Fehlstellen geprüft. Auf 100 m lackiertem Draht werden 20 Fehlstellen gezählt. Begründen Sie kurz, warum und wie sich die Fehlerprüfung als Poisson-Prozess beschreiben lässt, und berechnen Sie damit die Wahrscheinlichkeit dafür, dass sich auf *einem Meter* Draht

a) genau k Fehlstellen befinden ($0 \leq k \leq 5$)

b) mehr als zwei Fehlstellen befinden

Wie viele Fehlstellen pro Meter sind am wahrscheinlichsten? Wie groß ist der erwartete Abstand zwischen den Fehlstellen?

Aufgabe 7.5. Bei einer Produktion wird gezählt, wie viele Teile in einer festgelegten Zeitspanne von 5 Minuten gefertigt werden. Eine Beobachtung ergibt die folgende Tabelle:

k	0	1	2	3	4	5	6	7	≥ 8
A_k	69	135	136	85	48	18	7	2	0

Hierbei bezeichnet A_k die Anzahl der 5-Minuten-Intervalle, in denen k Teile hergestellt wurden.

a) Erstellen Sie für die Anzahl X der innerhalb von 5 Minuten gefertigten Teile eine Tabelle mit den relativen Häufigkeiten und schätzen Sie damit den Erwartungswert $\overline{X}$ ab.

b) Prüfen Sie, ob es sich hierbei um einen Poisson-Prozess handelt. Ermitteln Sie dazu aus den gegebenen Daten die Fertigungsrate λ und vergleichen Sie die Ergebnisse aus a) mit den Werten der Poisson-Verteilung.

c) Wie groß ist die Wahrscheinlichkeit, dass pro Zeitabschnitt mehr als 4 Teile hergestellt werden?

d) Wie groß ist die Wahrscheinlichkeit, dass in *einer Stunde* 25 bis 30 Teile gefertigt werden?

Aufgabe 7.6. In einem Kommissionierbereich werden Kartons gemäß einem Auftragszettel befüllt. Der Kommissionierer kann im Schnitt 40 Kartons pro Stunde verarbeiten, und im Schnitt kommen 36 Kartons pro Stunde an. Sowohl für den Auftragseingang als auch für die Kommissionierung kann ein Poisson-Prozess angenommen werden. Vor der Kommissionierstation befindet sich eine Pufferzone, die hier als unbegrenzt angenommen werden darf.

a) Berechnen Sie für $0 \leq k \leq 6$ die Wahrscheinlichkeit dafür, dass genau k Kartons in der Station sind.

b) Was ist der Erwartungswert für die Anzahl Kartons im Pufferbereich?

c) Wie lange befindet sich ein Karton durchschnittlich in der Station?

d) Mit welcher Bedienrate muss der Kommissionierer arbeiten, damit im Wartebereich durchschnittlich 4 Plätze belegt sind?

Aufgabe 7.7. Vor einem Hochregallager befindet sich eine Pufferstrecke für Teile, die auf ihre Einlagerung warten. Aktuell gibt es 9 Warteplätze, aber an dieser Pufferzone sind häufiger Rückstaus zu beobachten. Um den Pufferbereich vor dem Lager ausreichend zu dimensionieren, wird zuerst eine Messung durchgeführt. Es werden die Anzahl A_k der Ein-Minuten-Intervalle gezählt, in denen k Teile eingelagert werden. Die Messung ergibt

k	0	1	2	3	4	5	≥ 6
A_k	66	74	40	15	4	1	0

Beispielsweise wurde 15 mal beobachtet, dass während einer Minute genau drei Teile eingelagert wurden.

a) Erstellen Sie für die Anzahl k der eingelagerten Teile pro Minute eine Häufigkeitsverteilung und bestimmen Sie den Erwartungswert.

b) Begründen Sie durch einen Wertevergleich, dass es sich beim Einlagern um einen Poisson-Prozess mit der Rate $\mu = 1{,}1$ Teile/min handelt.

c) Wie groß ist die Wahrscheinlichkeit dafür, dass in 5 Minuten höchstens 3 Teile eingelagert werden?

d) Am Hochregallager kommt im Schnitt ein Teil pro Minute an (für die Ankünfte kann ebenfalls ein Poisson-Prozess angenommen werden). Wie viele Teile befinden sich durchschnittlich in der Pufferzone vor dem Hochlager? Wie lange sollte demnach die Pufferstrecke mindestens sein?

Aufgabe 7.8. Nach der Fertigung eines Geräts erfolgt eine Qualitätskontrolle. Dabei werden die Geräte in die Güteklassen A (einwandfrei), B (Mängelexemplar) und C (fehlerhaft) eingeteilt. Erfahrungsgemäß gehört ein Produkt mit einer Wahrscheinlichkeit von 80% zur Güteklasse A und mit 10% zur Güteklasse B. Wie groß ist die Wahrscheinlichkeit dafür, dass bei einer Tagesproduktion von 400 Stück

a) zwischen 300 und 330 Stück fehlerfrei sind?

b) höchstens 50 Mängelexemplare vorhanden sind?

c) mehr als 40 fehlerhafte Geräte produziert wurden?

Hinweis: Entnehmen Sie die Werte für das Gauß-Fehlerintegral aus Tab. 7.1 oder einer Formelsammlung.

Aufgabe 7.9. Beim Einschalten eines defekten Netzteils treten Spannungsschwankungen auf. Die Spannung hat den Erwartungswert 230 V und eine Streuung (= Standardabweichung σ) von 5 V.

a) Wie groß ist die Wahrscheinlichkeit dafür, dass die Spannung einen für das Gerät kritischen Wert von 240 V übersteigt?

b) Wie groß darf die Streuung σ maximal sein, damit die Wahrscheinlichkeit für ein Überschreiten der kritischen Spannung (= 240 V) höchstens 5% beträgt?

Aufgabe 7.10. Gegeben sind die Wertepaare

x_k	−2	−1	0	1	2
y_k	3	0	0	2	5

Bestimmen Sie mit der Methode der kleinsten Quadrate

a) eine lineare Ausgleichsfunktion $f(x) = c_1 + c_2 \cdot x$

b) eine Ausgleichsparabel der Form $f(x) = c_1 + c_2 \cdot x^2$

Welche dieser beiden Ausgleichsfunktionen nähert die Messwerte besser an?

Aufgabe 7.11. Berechnen Sie zu den Daten aus Aufgabe 7.10 die quadratische Ausgleichsfunktion der Form

$$f(x) = c_1 + c_2 \cdot x + c_3 \cdot x^2$$

sowie die dazugehörige Standardabweichung S.

Aufgabe 7.12. Gegeben sind die Messwerte

x_k	0	1	1	2
y_k	−5	−3	−1	7

a) Bestimmen Sie die Ausgleichsparabel der Form $f(x) = c_1 + c_2 x^2$ und die dazugehörige Standardabweichung.

b) Ermitteln Sie die Ausgleichsfunktion der Form $g(x) = c_1 + c_2 \cdot 3^x$. Passt diese Funktion „besser" zu den Messwerten?

Aufgabe 7.13. Gegeben ist die Wertetabelle

x_k	−2	0	1	3	5	6	8
y_k	1	2	3	4	5	6	7

Begründen Sie mit dem Korrelationskoeffizienten, dass zwischen diesen Daten in sehr guter Näherung ein linearer Zusammenhang der Form $y = a x + b$ besteht, und geben Sie die Ausgleichsgerade zu diesen Wertepaaren an!

Lösungsvorschläge

Lösungen zu Kapitel 1

Aufgabe 1.1. Das Argument des Logarithmus muss positiv sein, und der Radikand unter der Wurzel darf nicht negativ werden. Es muss also

$$\text{(i)} \quad 4 > \sqrt{25 - x^2 - y^2} \qquad \text{und} \qquad \text{(ii)} \quad 25 - x^2 - y^2 > 0$$

gelten. Die Bedingung (i) können wir in der Form $16 > 25 - x^2 - y^2$ bzw. $x^2 + y^2 > 9$ notieren, und die Bedingung (ii) ergibt $x^2 + y^2 < 25$. Damit haben wir insgesamt

$$9 < x^2 + y^2 < 25 \quad \text{bzw.} \quad 3 < \sqrt{x^2 + y^2} < 5$$

Der Abstand der Punkte (x, y) von O muss demnach größer als 3 und kleiner als 5 sein. Hierbei handelt es sich um einen Kreisring um O mit den Radien 3 und 5 ohne den Rand, siehe Abb. L.1a.

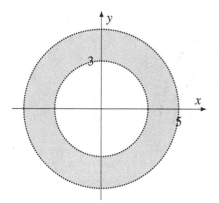 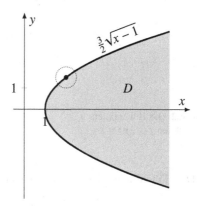

Abb. L.1a Der maximale Definitionsbereich der Funktion aus Aufgabe 1.1

Abb. L.1b ... und für f in Aufgabe 1.2

Aufgabe 1.2. Der Radikand darf nicht negativ werden, sodass

$$9(x - 1) - 4y^2 \geq 0 \quad \text{bzw.} \quad |y| \leq \tfrac{3}{2}\sqrt{x - 1}$$

für alle Punkte $(x, y) \in D \subset \mathbb{R}^2$ erfüllt sein muss. Hierbei handelt es sich um den in Abb. L.1b eingezeichneten Bereich D innerhalb der Parabel einschließlich der Randkurve. Diese Menge ist kein Gebiet. Sie ist zwar zusammenhängend, da zwei Punkte aus diesem Bereich immer durch eine stetige Kurve (sogar eine Strecke) in D verbunden werden

© Springer-Verlag GmbH Deutschland, ein Teil von Springer Nature 2022
H. Schmid, *Mathematik für Ingenieurwissenschaften: Vertiefung*,
https://doi.org/10.1007/978-3-662-65526-9_8

können, aber sie ist nicht offen, da es zu den Punkten auf der Randkurve (Parabel) keine Kreisscheibe gibt, die vollständig in D liegt.

Aufgabe 1.3.

a) Die Gleichung der Höhenlinie zum Niveau c lautet

$$c = x \cdot y \quad \Longrightarrow \quad y = \frac{c}{x}$$

Hierbei handelt es sich im Fall $c \neq 0$ um eine Hyperbel. Die Höhenlinien zum Niveau $c = 0$ sind die Koordinatenachsen, denn dort ist $x = 0$ und/oder $y = 0$, sodass $f(x, y) = 0$ gilt, siehe Abb. L.2.

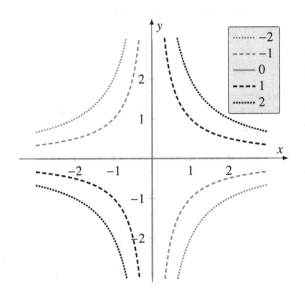

Abb. L.2 Die Höhenlinien der Funktion $f(x, y) = x \, y$

b) Die Höhenlinien dieser Funktion sind wegen

$$c = \frac{y}{x^2 + 1} \quad \Longrightarrow \quad y = c \cdot (x^2 + 1)$$

für ein Niveau $c \neq 0$ unterschiedlich gestreckte Parabeln (vgl. Abb. L.3), und im Fall $c = 0$ entartet die Höhenlinie zu einer Geraden, nämlich der x-Achse.

Aufgabe 1.4. Wir berechnen zuerst die beiden partiellen Ableitungen

$$f_x = \frac{3 \, x^2}{y + 3}, \quad f_y = -\frac{x^3}{(y + 3)^2}$$

und setzen dort den Punkt $(x_0, y_0) = (2, 1)$ ein:

$$f_x(2, 1) = \frac{12}{4} = 3, \quad f_y(2, 1) = -\frac{8}{16} = -0{,}5$$

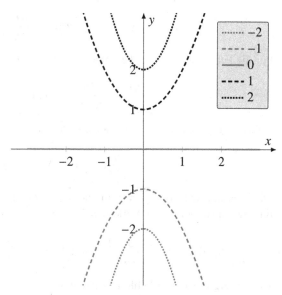

Abb. L.3 Die Niveaulinien
zur Funktion $f(x, y) = \frac{y}{x^2+1}$

Zusammen mit $f(2, 1) = \frac{8}{4} = 2$ ergeben diese Werte die Tangentialebene

$$z = 2 + 3\,(x - 2) - \tfrac{1}{2}\,(y - 1)$$

Aufgabe 1.5. Beim partiellen Ableiten nach x wird y wie eine Konstante behandelt, und umgekehrt wird bei der partiellen y-Ableitung x als Konstante betrachtet.

(i) $f(x, y) = 1 + 3\,x^2 - 5\,y + x\,y^4$:

$$f_x = 0 + 3 \cdot 2\,x - 0 + 1 \cdot y^4 = 6\,x + y^4$$
$$f_y = 0 + 0 - 5 \cdot 1 + x \cdot 4\,y^3 = 4\,x\,y^3 - 5$$

(ii) $f(x, y) = x^5 \sin y + y^2\,e^{3x-y}$:

$$f_x = 5\,x^4 \sin y + y^2\,e^{3x-y} \cdot 3 = 5\,x^4 \sin y + 3\,y^2\,e^{3x-y}$$
$$f_y = x^5 \cos y + 2\,y \cdot e^{3x-y} + y^2 \cdot e^{3x-y} \cdot (-1) = x^5 \cos y + (2\,y - y^2)\,e^{3x-y}$$

(iii) $f(x, y) = (x - y)^3 + \ln(x^2 + y^4)$:

$$f_x = 3\,(x - y)^2 + \frac{2\,x}{x^2 + y^4} \quad \text{und} \quad f_y = -3\,(x - y)^2 + \frac{4\,y^3}{x^2 + y^4}$$

Aufgabe 1.6. Die Dichte eines Körpers erhält man mit der Formel $\rho = \frac{m}{V}$, wobei $V = \frac{4}{3}\,r^3\pi = \frac{1}{6}\,a^3\,\pi$ das Volumen einer Kugel ist. Die Dichte ist somit eine Funktion der beiden Veränderlichen a und m:

$$\rho(a,m) = \frac{6\,m}{\pi\,a^3}$$

Für die Fehlerabschätzung benötigen wir die partiellen Ableitungen

$$\frac{\partial \rho}{\partial a} = -\frac{18\,m}{\pi\,a^4} \quad \text{und} \quad \frac{\partial \rho}{\partial m} = \frac{6}{\pi\,a^3}$$

Nähern wir $\rho(a,m)$ durch die Tangentialebene an, so ergibt sich

$$\Delta\rho \approx \frac{\partial \rho}{\partial a}(a_0, m_0) \cdot \Delta a + \frac{\partial \rho}{\partial m}(a_0, m_0) \cdot \Delta m$$

Die Messung wird bei $a_0 = 9\,\text{cm}$ und $m_0 = 3000\,\text{g}$, also im Punkt $(a_0, m_0) = (9, 3000)$ durchgeführt. Dort ist $\rho(9, 3000) = 7{,}8595\,\frac{\text{g}}{\text{cm}^3}$ sowie

$$\frac{\partial \rho}{\partial a}(9, 3000) = -\frac{18 \cdot 3000}{\pi \cdot 9^4} = -2{,}62 \quad \text{und} \quad \frac{\partial \rho}{\partial m}(9, 3000) = \frac{6}{\pi \cdot 9^3} = 0{,}00262$$

Hieraus ergibt sich die Fehlerabschätzung

$$\Delta\rho \approx -2{,}62 \cdot \Delta a + 0{,}00262 \cdot \Delta m$$

Die Messfehler sind vorzeichenbehaftet, und daher ist der maximale Fehler

$$|\Delta\rho| \leq 2{,}62 \cdot |\Delta a| + 0{,}00262 \cdot |\Delta m| = 2{,}62 \cdot 0{,}01 + 0{,}00262 \cdot 5 = 0{,}0393$$

Insgesamt erhalten wir für die Dichte von Eisen den Wert $\rho = 7{,}8595 \pm 0{,}0393\,\frac{\text{g}}{\text{cm}^3}$.

Aufgabe 1.7.

a) Wir berechnen zuerst die partiellen Ableitungen

$$f_x = \mathrm{e}^x + (x + 3\,y^2)\,\mathrm{e}^x = (1 + x + 3\,y^2)\,\mathrm{e}^x, \quad f_y = 6\,y\,\mathrm{e}^x$$

Der Gradientenvektor von f an der Stelle $(0, 1)$ ist dann

$$(\operatorname{grad} f)(0, 1) = \binom{f_x(0, 1)}{f_y(0, 1)} = \binom{4}{6}$$

Die lokalen Extremstellen erhalten wir aus den Gleichungen

$$0 = f_x = (1 + x + 3\,y^2)\,\mathrm{e}^x$$
$$0 = f_y = 6\,y\,\mathrm{e}^x \quad \Longrightarrow \quad y = 0$$

Aus der ersten Gleichung folgt dann $0 = (1 + x)\,\mathrm{e}^x$ bzw. $x = -1$, und daher ist $(x, y) = (-1, 0)$ die einzige mögliche Extremstelle.

b) Aus den beiden partiellen Ableitungen

$$f_x = (2 + y^2) \cdot \sin x \quad \text{und} \quad f_y = 2\,y \cdot (2 - \cos x)$$

erhalten wir den folgenden Gradientenvektor bei $(0, 1)$:

$$(\text{grad } f)(0, 1) = \begin{pmatrix} f_x(0, 1) \\ f_y(0, 1) \end{pmatrix} = \begin{pmatrix} 0 \\ 2 \end{pmatrix}$$

Wegen $2 + y^2 > 0$ und $2 - \cos x > 0$ ergeben sich aus den Gleichungen

$$0 = f_x = (2 + y^2) \cdot \sin x \quad \Longrightarrow \quad \sin x = 0$$
$$0 = f_y = 2y \cdot (2 - \cos x) \quad \Longrightarrow \quad y = 0$$

als mögliche lokale Extremstellen die Punkte $(x, y) = (k\pi, 0)$ für $k \in \mathbb{Z}$.

c) Die partiellen Ableitungen dieser Funktion sind

$$f_x = -\frac{3y^2 - 1}{(x^4 + 2)^2} \cdot 4x^3, \quad f_y = \frac{6y}{x^4 + 2}$$

und sie liefern bei $(0, 1)$ den Gradientenvektor

$$(\nabla f)(0, 1) = \begin{pmatrix} f_x(0, 1) \\ f_y(0, 1) \end{pmatrix} = \begin{pmatrix} 0 \\ 3 \end{pmatrix}$$

Die lokalen Extremstellen erhalten wir aus den Gleichungen

$$0 = f_y = \frac{6y}{x^4 + 2} \quad \Longrightarrow \quad y = 0$$
$$0 = f_x = -\frac{3 \cdot 0^2 - 1}{(x^4 + 2)^2} \cdot 4x^3 \quad \Longrightarrow \quad x = 0$$

Damit hat f nur eine mögliche Extremstelle, und zwar bei $(0, 0)$.

Aufgabe 1.8.

a) Gemäß der mehrdimensionalen Kettenregel gilt

$$g'(t) = f_x(x(t), y(t)) \cdot \dot{x}(t) + f_y(x(t), y(t)) \cdot \dot{y}(t)$$

wobei hier $f_x = 3x^2 y + y^3$, $f_y = x^3 + 3xy^2$ und $\dot{x}(t) = -2\sin t$, $\dot{y}(t) = 2\cos t$ einzusetzen sind. Somit ist

$$g'(t) = (24\cos^2 t \sin t + 8\sin^3 t) \cdot (-2\sin t) + (8\cos^3 t + 24\cos t \sin^2 t) \cdot 2\cos t$$
$$= 16(\cos^4 t - \sin^4 t)$$

b) Setzen wir die Koordinatenfunktionen in $f(x, y)$ ein, dann ist

$$g(t) = f(2\cos t, 2\sin t) = 16\cos^3 t \sin t + 16\sin^3 t \cos t$$
$$= 16\sin t \cos t (\cos^2 t + \sin^2 t) = 8\sin 2t$$

und folglich $g'(t) = 16\cos 2t$.

Beide Rechnungen führen tatsächlich zum gleichen Ergebnis, denn

$$\cos^4 t - \sin^4 t = (\cos^2 t - \sin^2 t)(\cos^2 t + \sin^2 t) = \cos 2t \cdot 1$$

Aufgabe 1.9. Hier ist

$$\operatorname{grad} f = \begin{pmatrix} 3x^2 - 2y \\ -2x \end{pmatrix} \quad \Longrightarrow \quad (\operatorname{grad} f)(-1, 3) = \begin{pmatrix} -3 \\ 2 \end{pmatrix}$$

und somit gilt

$$\frac{\partial f}{\partial \vec{a}}(-1, 3) = (\operatorname{grad} f)(-1, 3) \cdot \begin{pmatrix} 2 \\ 1 \end{pmatrix} = \begin{pmatrix} -3 \\ 2 \end{pmatrix} \cdot \begin{pmatrix} 2 \\ 1 \end{pmatrix} = -4$$

Aufgabe 1.10.

a) Um Fallunterscheidungen beim Vorzeichen zu vermeiden, lösen wir die Nebenbedingung $y^2 - 2x = 1$ nach x auf: $x = \frac{1}{2}(y^2 - 1)$, und setzen diesen Ausdruck in $f(x, y)$ ein. Wir erhalten dann eine Funktion

$$F(y) := 4x^2 - 2y + y^2 + 3 = 4 \cdot \frac{1}{4}(y^2 - 1)^2 - 2y + y^2 + 3$$
$$= y^4 - y^2 - 2y + 4$$

welche nur noch von y abhängt. Die Nullstellen der Ableitung $F'(y) = 4y^3 - 2y - 2$ sind die Lösungen der kubischen Gleichung $2y^3 - y - 1 = 0$. Wir können eine Lösung $y = 1$ raten, und das Horner-Schema

	2	0	-1	-1
$1 \cdot$	0	2	2	1
Σ	2	2	1	0

führt auf die quadratische Gleichung $2y^2 + 2y + 1 = 0$ ohne weitere reelle Nullstellen. Für $y \to \pm\infty$ wächst die Funktion $F(y)$ unbegrenzt an, sodass bei $y = 1$ das lokale und zugleich globale Minimum von $F(y)$ ist. Aus der Nebenbedingung ergibt sich schließlich die Koordinate $x = \frac{1}{2}(1^2 - 1) = 0$. Somit befindet sich das gesuchte Minimum an der Stelle $(x, y) = (0, 1)$.

b) Zu berechnen ist das Minimum von $f(x, y) = 4x^2 - 2y + y^2 + 3$ unter der Nebenbedingung $g(x, y) = 1$ mit der Funktion $g(x, y) = y^2 - 2x$. Der Ansatz

$$(\operatorname{grad} f)(x, y) = \lambda \cdot (\operatorname{grad} g)(x, y) \quad \Longrightarrow \quad \begin{pmatrix} 8x \\ -2 + 2y \end{pmatrix} = \lambda \cdot \begin{pmatrix} -2 \\ 2y \end{pmatrix}$$

mit dem Lagrange-Multiplikator $\lambda \in \mathbb{R}$ ergibt die Koordinaten

$$(1) \qquad 8x = -2\lambda \quad \Longrightarrow \quad x = -\tfrac{1}{4}\lambda$$

$$(2) \qquad 2y - 2 = 2\lambda y \quad \Longrightarrow \quad y = \tfrac{1}{1-\lambda}$$

Setzen wir diese in die Nebenbedingung ein, dann erhalten wir

$$1 = y^2 - 2x = \left(\frac{1}{1-\lambda}\right)^2 + \tfrac{1}{2}\lambda = \frac{\lambda^3 - 2\lambda^2 + \lambda + 2}{2(\lambda-1)^2}$$

$$\implies \quad \lambda^3 - 4\lambda^2 + 5\lambda = 0$$

Diese kubische Gleichung besitzt nur eine reelle Lösung $\lambda = 0$. Aus (1) und (2) folgt $(x, y) = (0, 1)$ als einzige mögliche lokale Extremstelle. Im Gegensatz zu a) lässt sich hier aber nicht sofort sagen, welcher Art diese Extremstelle ist. Erst ein Blick auf den Funktionsgraphen in Abb. L.4 zeigt, dass bei $(0, 1)$ ein globales Minimum von $f(x, y)$ über der Parabel $y^2 - 2x = 1$ ist.

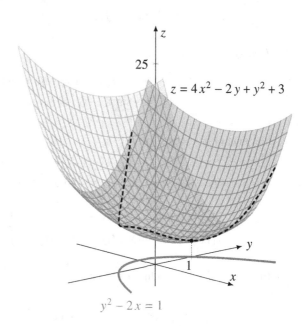

Abb. L.4 Extremstelle der Funktion aus Aufgabe 1.10 über der Parabel $y^2 - 2x = 1$

Aufgabe 1.11. Gesucht ist der Kreispunkt $Q = (x, y)$ mit dem maximalen Abstand von $P = (8, 5)$. Dort hat die Funktion $f(x, y) = (x - 8)^2 + (y - 5)^2$ ein Maximum unter der Nebenbedingung $g(x, y) = 25$ mit $g(x, y) := (x - 2)^2 + (y + 3)^2$. Aus dem Ansatz

$$(\nabla f)(x, y) = \lambda \cdot (\nabla g)(x, y) \quad \implies \quad \begin{pmatrix} 2(x-8) \\ 2(y-5) \end{pmatrix} = \lambda \cdot \begin{pmatrix} 2(x-2) \\ 2(y+3) \end{pmatrix}$$

mit dem unbekannten Lagrange-Multiplikator $\lambda \in \mathbb{R}$ folgt

$$(1) \quad 2(x-8) = 2\lambda(x-2) \quad \implies \quad x = \frac{8-2\lambda}{1-\lambda}$$

$$(2) \quad 2(y-5) = 2\lambda(y+3) \quad \implies \quad y = \frac{5+3\lambda}{1-\lambda}$$

Zudem soll der Punkt (x, y) auf dem Kreis liegen, sodass

$$25 = (x-2)^2 + (y+3)^2 = \left(\tfrac{6}{1-\lambda}\right)^2 + \left(\tfrac{8}{1-\lambda}\right)^2 = \tfrac{100}{(1-\lambda)^2} \quad\Longrightarrow\quad (1-\lambda)^2 = 4$$

erfüllt sein muss. Diese quadratische Gleichung hat zwei reelle Lösungen $\lambda_1 = 3$ und $\lambda_2 = -1$. Mit (1) und (2) erhalten wir die Koordinaten $(x_1, y_1) = (-1, -7)$ sowie $(x_2, y_2) = (5, 1)$. Gemäß Abb. 1.54 ist $Q = (-1, -7)$ der Kreispunkt mit dem größten Abstand von P, während der diametrale Punkt $Q' = (5, 1)$ den kleinsten Abstand von P hat.

Aufgabe 1.12.

a) $f(x, y) = e^x \cdot \sin y$:

$$f_x = e^x \sin y, \quad f_y = e^x \cos y$$
$$f_{xx} = e^x \sin y, \quad f_{xy} = f_{yx} = e^x \cos y, \quad f_{yy} = -e^x \sin y$$

b) $f(x, y) = \sin x + \cosh y$:

$$f_x = \cos x, \quad f_y = \sinh y$$
$$f_{xx} = -\sin x, \quad f_{xy} = f_{yx} \equiv 0, \quad f_{yy} = \cosh y$$

c) Für $f(x, y) = x^3 \cos y$ gilt

$$f_x = 3x^2 \cos y, \quad f_y = -x^3 \sin y \quad\Longrightarrow\quad (\operatorname{grad} f)(1, 0) = \begin{pmatrix} 3 \\ 0 \end{pmatrix}$$

$$\left. \begin{array}{ll} f_{xx} = 6x \cos y, & f_{xy} = -3x^2 \sin y \\ f_{yx} = -3x^2 \sin y, & f_{yy} = -x^3 \cos y \end{array} \right\} \quad H_f(1, 0) = \begin{pmatrix} 6 & 0 \\ 0 & -1 \end{pmatrix}$$

d) Im Fall $f(x, y) = y^2 + \ln x + e^{xy}$ ist

$$f_x = \tfrac{1}{x} + y\,e^{xy}, \quad f_y = 2y + x\,e^{xy} \quad\Longrightarrow\quad (\nabla f)(1, 0) = \begin{pmatrix} 1 \\ 1 \end{pmatrix}$$

$$\left. \begin{array}{ll} f_{xx} = -\tfrac{1}{x^2} + y^2 e^{xy}, & f_{xy} = e^{xy} + x\,y\,e^{xy} \\ f_{yx} = e^{xy} + x\,y\,e^{xy}, & f_{yy} = 2 + x^2 e^{xy} \end{array} \right\} \quad H_f(1, 0) = \begin{pmatrix} -1 & 1 \\ 1 & 3 \end{pmatrix}$$

Beobachtung: In allen Fällen ist $f_{xy} = f_{yx}$. Diese Beispiele bestätigen nochmals den Satz von Schwarz, der besagt, dass bei den gemischten partiellen Ableitungen die Reihenfolge der Variablen, nach denen differenziert wird, keine Rolle spielt.

Aufgabe 1.13. Wir berechnen zuerst die partiellen Ableitungen bzw. den Gradienten

$$f_x = 6x + 2(y-2) \quad \text{und} \quad f_y = 2x + 2y$$

$$\Longrightarrow \quad \operatorname{grad} f = \begin{pmatrix} f_x \\ f_y \end{pmatrix} = \begin{pmatrix} 6x + 2y - 4 \\ 2x + 2y \end{pmatrix}$$

Die möglichen Extremstellen erhalten wir aus dem Gleichungssystem

$$(1) \quad 0 = f_x = 6x + 2y - 4$$
$$(2) \quad 0 = f_y = 2x + 2y$$

Aus (2) folgt $y = -x$, und Einsetzen in (1) ergibt die Gleichung

$$6x + 2(-x) - 4 = 0 \quad \Longrightarrow \quad 4x - 4 = 0 \quad \Longrightarrow \quad x = 1, \quad y = -1$$

Damit ist $(1, -1)$ die einzige mögliche Extremstelle von f. Weitere Informationen liefern uns die zweiten Ableitungen. Aus

$$f_{xx} = 6, \quad f_{xy} = 2 = f_{yx}, \quad f_{yy} = 2$$

erhalten wir die (hier konstante) Hesse-Matrix

$$H_f = \begin{pmatrix} f_{xx} & f_{yx} \\ f_{xy} & f_{yy} \end{pmatrix} = \begin{pmatrix} 6 & 2 \\ 2 & 2 \end{pmatrix}$$

Wegen $f_{xx} = 6 > 0$ und $\det H_f = 8 > 0$ ist bei $(1, -1)$ ein lokales Minimum von f.

Aufgabe 1.14. Wir brauchen zuerst die partiellen Ableitungen 1. Ordnung

$$f_x = y - 2x^2 \quad \text{und} \quad f_y = x - \tfrac{1}{2}y$$

a) Ein Richtungsvektor der maximalen Funktionsänderung ist der Gradient

$$(\text{grad } f)(0, 1) = \begin{pmatrix} f_x(0, 1) \\ f_y(0, 1) \end{pmatrix} = \begin{pmatrix} 1 \\ -\tfrac{1}{2} \end{pmatrix}$$

b) Die Extremstellen und Sattelpunkte erhalten wir aus dem Gleichungssystem

$$(1) \quad 0 = f_x = y - 2x^2$$
$$(2) \quad 0 = f_y = x - \tfrac{1}{2}y$$

Aus (2) folgt $y = 2x$, und Einsetzen in (1) ergibt die quadratische Gleichung

$$2x - 2x^2 = 0 \quad \Longrightarrow \quad 2x(1 - x) = 0 \quad \Longrightarrow \quad x_1 = 0, \quad x_2 = 1$$

Damit sind bei $(0, 0)$ und $(1, 2)$ die möglichen Extremstellen von f. Mit

$$f_{xx} = -4x, \quad f_{xy} = 1 = f_{yx}, \quad f_{yy} = -\tfrac{1}{2}$$

bilden wir nun die Hesse-Matrix

$$H_f(x, y) = \begin{pmatrix} -4x & 1 \\ 1 & -\tfrac{1}{2} \end{pmatrix}$$

An den oben berechneten potentiellen Extremstellen ist

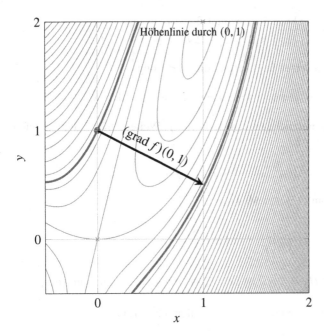

Abb. L.5 Höhenprofil der Funktion aus Aufgabe 1.14

$$H_f(0,0) = \begin{pmatrix} 0 & 1 \\ 1 & -\frac{1}{2} \end{pmatrix} \quad \text{und} \quad H_f(1,2) = \begin{pmatrix} -4 & 1 \\ 1 & -\frac{1}{2} \end{pmatrix}$$

1. Möglichkeit: Wir bestimmen jeweils die Eigenwerte der Hesse-Matrix.

(i) An der Stelle $(x, y) = (0, 0)$ haben die Eigenwerte

$$0 = \begin{vmatrix} 0 - \lambda & 1 \\ 1 & -\frac{1}{2} - \lambda \end{vmatrix} = \lambda^2 + \frac{1}{2}\lambda - 1 \quad \Longrightarrow \quad \lambda_{1/2} = \frac{-1 \pm \sqrt{17}}{4}$$

verschiedene Vorzeichen, sodass bei $(0, 0)$ ein Sattelpunkt ist.

(ii) Im Punkt $(x, y) = (1, 2)$ sind die Eigenwerte

$$0 = \begin{vmatrix} -4 - \lambda & 1 \\ 1 & -\frac{1}{2} - \lambda \end{vmatrix} = \lambda^2 + \frac{9}{2}\lambda + 1 \quad \Longrightarrow \quad \lambda_{1/2} = \frac{-9 \pm \sqrt{65}}{4}$$

beide negativ, und daher ist bei $(1, 2)$ ein lokales Maximum.

2. Möglichkeit: Wir überprüfen f_{xx} und die Determinante der Hesse-Matrix.

(i) An der Stelle $(x, y) = (0, 0)$ ist ein Sattelpunkt wegen

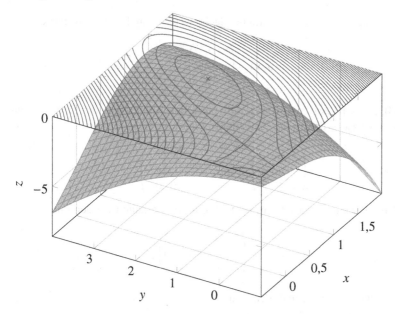

Abb. L.6 Graphische Darstellung der Funktion aus Aufgabe 1.14

$$\det H_f(0,0) = \begin{vmatrix} 0 & 1 \\ 1 & -\frac{1}{2} \end{vmatrix} = -1 < 0$$

(ii) Im Punkt $(x, y) = (1, 2)$ befindet sich ein lokales Maximum, denn

$$f_{xx}(1, 2) = -4 < 0 \quad \text{und} \quad \begin{vmatrix} -4 & 1 \\ 1 & -\frac{1}{2} \end{vmatrix} = 2 - 1 = 1 > 0$$

In Abb. L.6 ist die Funktion $f(x, y)$ mit Höhenlinien dargestellt und das lokale Maximum an der Stelle $(1, 2)$ mit einem Kreuz markiert:

Aufgabe 1.15. Es gibt höchstens vier verschiedene partielle Ableitungen 3. Ordnung

$$f_{xxx}, \quad f_{xxy} = f_{xyx} = f_{yxx}, \quad f_{xyy} = f_{yxy} = f_{yyx}, \quad f_{yyy}$$

und für die vierten partiellen Ableitungen gilt

$$f_{xxxy} = f_{xxyx} = f_{xyxx} = f_{yxxx}$$
$$f_{xxyy} = f_{xyxy} = f_{xyyx} = f_{yxyx} = f_{yxxy} = f_{yyxx}$$
$$f_{xyyy} = f_{yxyy} = f_{yyxy} = f_{yyyx}$$

Zusammen mit f_{xxxx} und f_{yyyy} hat man maximal fünf unterschiedliche partielle Ableitungen 4. Ordnung.

Aufgabe 1.16. Die Punkte auf der Schraubenfläche werden durch die Ortsvektoren

$$\vec{r}(u,v) = \begin{pmatrix} v\cos u \\ v\sin u \\ 2u \end{pmatrix}$$

mit $(u,v) \in [0,2\pi] \times [0,\infty[$ beschrieben. Die partiellen Ableitungen der Koordinatenfunktionen nach u bzw. v liefern die Tangentenvektoren $\vec{r}_u$ längs $v = $ const bzw. $\vec{r}_v$ bei $u = $ const:

$$\vec{r}_u = \begin{pmatrix} -v\sin u \\ v\cos u \\ 2 \end{pmatrix} \quad \text{und} \quad \vec{r}_v = \begin{pmatrix} \cos u \\ \sin u \\ 0 \end{pmatrix}$$

a) Setzen wir die Parameterwerte $(u,v) = (\pi,2)$ ein, dann erhalten wir den Punkt

$$\vec{r}(\pi,2) = \begin{pmatrix} 2\cos\pi \\ 2\sin\pi \\ 2\pi \end{pmatrix} = \begin{pmatrix} -2 \\ 0 \\ 2\pi \end{pmatrix}$$

auf der Schraubenfläche sowie die Tangentenvektoren

$$\vec{r}_u(\pi,2) = \begin{pmatrix} -2\sin\pi \\ 2\cos\pi \\ 2 \end{pmatrix} = \begin{pmatrix} 0 \\ -2 \\ 2 \end{pmatrix} \quad \text{und} \quad \vec{r}_v(\pi,2) = \begin{pmatrix} \cos\pi \\ \sin\pi \\ 0 \end{pmatrix} = \begin{pmatrix} -1 \\ 0 \\ 0 \end{pmatrix}$$

Die Gleichung der Tangentialebene im Punkt $(-2,0,2\pi)$ lautet somit

$$TE : \begin{pmatrix} -2 \\ 0 \\ 2\pi \end{pmatrix} + \lambda_1 \cdot \begin{pmatrix} 0 \\ -2 \\ 2 \end{pmatrix} + \lambda_2 \cdot \begin{pmatrix} -1 \\ 0 \\ 0 \end{pmatrix}$$

b) Ein Normalenvektor ergibt sich aus dem Vektorprodukt

$$\vec{n} = \vec{r}_u \times \vec{r}_v = \begin{pmatrix} -v\sin u \\ v\cos u \\ 2 \end{pmatrix} \times \begin{pmatrix} \cos u \\ \sin u \\ 0 \end{pmatrix} = \begin{pmatrix} -2\sin u \\ 2\cos u \\ -v\sin^2 u - v\cos^2 u \end{pmatrix} = \begin{pmatrix} -2\sin u \\ 2\cos u \\ -v \end{pmatrix}$$

Dieser hat die Länge

$$|\vec{n}(u,v)| = \sqrt{4\sin^2 u + 4\cos^2 u + v^2} = \sqrt{4 + v^2}$$

Durch Normierung erhalten wir den Normaleneinheitsvektor

$$\vec{N}(u,v) = \frac{1}{|\vec{n}(u,v)|} \cdot \vec{n}(u,v) = \frac{1}{\sqrt{4+v^2}} \begin{pmatrix} -2\sin u \\ 2\cos u \\ -v \end{pmatrix}$$

Aufgabe 1.17. Aus dem binomischen Lehrsatz für $n = 4$ zusammen mit den Potenzen $i^2 = -1$, $i^3 = -i$ und $i^4 = 1$ folgt

$$z^4 = (x + iy)^4 = x^4 + 4 \cdot x^3 \cdot iy + 6 \cdot x^2 \cdot (iy)^2 + 4 \cdot x \cdot (iy)^3 + (iy)^4$$
$$= x^4 + 4ix^3y - 6x^2y^2 - 4ixy^3 + y^4$$
$$= (x^4 - 6x^2y^2 + y^4) + i \cdot (4x^3y - 4xy^3)$$

Der Realteil $u(x, y) = x^4 - 6x^2y^2 + y^4$ und der Imaginärteil $v(x, y) = 4x^3y - 4xy^3$ erfüllen die Cauchy-Riemannschen Differentialgleichungen

$$\frac{\partial u}{\partial x} = 4x^3 - 12xy^2 = \frac{\partial v}{\partial y} \quad \text{und} \quad \frac{\partial v}{\partial x} = 12x^2y - 4y^3 = -\frac{\partial u}{\partial y}$$

Die Ableitung der Funktion $f(z) = z^4$ lautet demnach

$$f'(z) = u_x + iv_x = 4(x^3 - 3xy^2) + 4i(3x^2y - y^3)$$
$$= 4\left(x^3 + 3 \cdot x^2 \cdot iy + 3 \cdot x \cdot (iy)^2 + (iy)^3\right)$$
$$= 4(x + iy)^3 = 4z^3$$

Aufgabe 1.18.

a) Mithilfe der komplexen Exponentialfunktion und der Euler-Formel erhalten wir

$$\cos(x + iy) = \frac{e^{i(x+iy)} + e^{-i(x+iy)}}{2} = \frac{e^{-y+ix} + e^{y-ix}}{2}$$
$$= \tfrac{1}{2}\left(e^{-y}(\cos x + i\sin x) + e^y(\cos x - i\sin x)\right)$$
$$= \cos x \cdot \frac{e^y + e^{-y}}{2} - i\sin x \cdot \frac{e^y - e^{-y}}{2}$$

und somit $\cos(x + iy) = \cos x \cosh y - i\sin x \sinh y$.

b) Gemäß a) ist $f(x + iy) = \cos(x + iy) = u(x, y) + iv(x, y)$ mit $u(x, y) = \cos x \cosh y$ und $v(x, y) = -\sin x \sinh y$. Wegen

$$\frac{\partial u}{\partial x} = -\sin x \cosh y = \frac{\partial v}{\partial y} \quad \text{und} \quad \frac{\partial v}{\partial x} = -\cos x \sinh y = \frac{\partial u}{\partial y}$$

sind die Cauchy-Riemannschen Differentialgleichungen erfüllt, und es gilt

$$f'(z) = \frac{\partial u}{\partial x}(x, y) + i\frac{\partial v}{\partial x}(x, y)$$
$$= -\sin x \cosh y - i\cos x \sinh y = -\sin(x + iy) = -\sin z$$

Alternativ können wir auch die Kettenregel auf $e^{\pm iz}$ anwenden, und zusammen mit $\frac{1}{i} = -i$ ergibt sich

$$(\cos z)' = \left(\frac{e^{iz} + e^{-iz}}{2}\right)' = \frac{e^{iz} \cdot i + e^{-iz} \cdot (-i)}{2} = -\frac{e^{iz} - e^{-iz}}{2i} = -\sin z$$

Aufgabe 1.19. Falls die Funktion total differenzierbar ist, dann ist die totale Ableitung zugleich der Gradient von f an der Stelle $(1, 2)$:

$$\operatorname{grad} f = \begin{pmatrix} 2\,y \\ 2\,x \end{pmatrix} \quad \Longrightarrow \quad f'(1,2) = (\operatorname{grad} f)(1,2) = \begin{pmatrix} 4 \\ 2 \end{pmatrix}$$

Wir müssen noch zeigen, dass

$$\lim_{\Delta\vec{r} \to \vec{o}} \frac{|f(\vec{r}_0 + \Delta\vec{r}) - f(\vec{r}_0) - \vec{a} \cdot \Delta\vec{r}|}{|\Delta\vec{r}|} = 0$$

für die Vektoren

$$\vec{r}_0 = \begin{pmatrix} 1 \\ 2 \end{pmatrix}, \quad \Delta\vec{r} = \begin{pmatrix} \Delta x \\ \Delta y \end{pmatrix} \quad \text{und} \quad \vec{a} = \begin{pmatrix} 4 \\ 2 \end{pmatrix}$$

gilt. Dazu berechnen wir

$$f(\vec{r}_0 + \Delta\vec{r}) - f(\vec{r}_0) - \vec{a} \cdot \Delta\vec{r} = f(1 + \Delta x, 2 + \Delta y) - f(1,2) - \begin{pmatrix} 4 \\ 2 \end{pmatrix} \cdot \begin{pmatrix} \Delta x \\ \Delta y \end{pmatrix}$$

$$= 1 + 2\,(1 + \Delta x)\,(2 + \Delta y) - 5 - (4 \cdot \Delta x + 2 \cdot \Delta y) = 2\,\Delta x\,\Delta y$$

Gemäß der binomischen Ungleichung ist

$$|2 \cdot \Delta x \cdot \Delta y| \le 2 \cdot \tfrac{1}{2}\,(\Delta x^2 + \Delta y^2) = \Delta x^2 + \Delta y^2 = |\Delta\vec{r}|^2$$

und somit gilt für $(\Delta x, \Delta y) \to (0, 0)$ bzw. für $\Delta\vec{r} \to \vec{o}$

$$\frac{|f(\vec{r}_0 + \Delta\vec{r}) - f(\vec{r}_0) - \vec{a} \cdot \Delta\vec{r}|}{|\Delta\vec{r}|} \le \frac{\Delta x^2 + \Delta y^2}{\sqrt{\Delta x^2 + \Delta y^2}} = \sqrt{\Delta x^2 + \Delta y^2} \to 0$$

Lösungen zu Kapitel 2

Aufgabe 2.1.

a) Wir müssen beim Integrieren zwei Fälle unterscheiden. Ist $t = -1$, dann existiert das uneigentliche Integral *nicht*, denn es gilt

$$\int_1^b x^{-1}\,\mathrm{d}x = \int_1^b \tfrac{1}{x}\,\mathrm{d}x = \ln x \Big|_1^b = \ln b \to \infty \quad \text{für} \quad b \to \infty$$

Im Fall $t \ne -1$ existiert das uneigentliche Integral

$$\int_1^\infty x^t\,\mathrm{d}x = \lim_{b \to \infty} \int_1^b x^t\,\mathrm{d}x = \lim_{b \to \infty} \frac{x^{t+1}}{t+1}\Big|_1^b = \lim_{b \to \infty} \frac{b^{t+1}}{t+1} - \frac{1}{n+1}$$

nur, wenn $t + 1 < 0$ bzw. $t < -1$ erfüllt ist; andernfalls steigt der Integralwert für $b \to \infty$ unbegrenzt an. Demnach ist $D =]-\infty, -1[$ der Definitionsbereich dieses Parameterintegrals.

b) Für einen Parameterwert $t < -1$ ergibt der Grenzwert aus a) den Integralwert

$$F(t) = \int_1^\infty x^t \, dx = \lim_{b \to \infty} \left(\frac{b^{t+1}}{t+1} - \frac{1}{t+1} \right) = -\frac{1}{t+1}$$

c) Wir wenden die Leibniz-Regel an, und dazu müssen wir den Integranden partiell nach t ableiten:

$$\frac{\partial}{\partial t} x^t = \frac{\partial}{\partial t} e^{t \ln x} = e^{t \ln x} \cdot \ln x = x^t \ln x$$

$$\implies \quad F'(t) = \int_1^\infty x^t \ln x \, dx \quad \text{für} \quad t < -1$$

Andererseits können wir auch gleich den Integralwert aus a) ableiten:

$$F'(t) = \left(-\frac{1}{t+1} \right)' = \frac{1}{(t+1)^2}$$

Ein Vergleich der beiden Resultate liefert die angegebene Formel.

Aufgabe 2.2.

a) Gemäß der Leibniz-Regel ist

$$y'(t) = \int_0^1 \frac{\partial}{\partial t} e^{tx} \, dx = \int_0^1 x \, e^{tx} \, dx$$

$$y''(t) = \int_0^1 \frac{\partial}{\partial t} x \, e^{tx} \, dx = \int_0^1 x^2 \, e^{tx} \, dx$$

b) Wir ersetzen die Ableitungen durch die Parameterintegrale aus a) und erhalten

$$t \cdot y''(t) + (2 - t) \cdot y'(t) - y(t)$$

$$= t \cdot \int_0^1 x^2 \, e^{tx} \, dx + (2 - t) \cdot \int_0^1 x \, e^{tx} \, dx - \int_0^1 e^{tx} \, dx$$

$$= \int_0^1 t \cdot x^2 \, e^{tx} + (2 - t) \cdot x \, e^{tx} - e^{tx} \, dx = \int_0^1 e^{tx} \left(t \, (x^2 - x) + 2x - 1 \right) dx$$

c) Nach der Produktregel gilt

$$\frac{\partial}{\partial x} e^{tx} (x^2 - x) = t \, e^{tx} \cdot (x^2 - x) + e^{tx} \cdot (2x - 1)$$

$$= e^{tx} \left(t \, (x^2 - x) + 2x - 1 \right)$$

d) Setzen wir die Ableitung aus c) in das Integral b) ein, dann ergibt sich

$$t \cdot y''(t) + (2 - t) \cdot y'(t) - y(t) = \int_0^1 e^{tx} \left(t \left(x^2 - x \right) + 2x - 1 \right) dx$$

$$= \int_0^1 \frac{\partial}{\partial x} e^{tx} (x^2 - x) \, dx = e^{tx} (x^2 - x) \Big|_{x=0}^{x=1} = e^t \cdot 0 - e^0 \cdot 0 = 0$$

e) Wir können den Integralwert auch direkt berechnen. Im Fall $t \neq 0$ ist

$$y(t) = \int_0^1 e^{tx} \, dx = \frac{1}{t} e^{tx} \Big|_{x=0}^{x=1} = \frac{e^t - 1}{t}$$

und für $t = 0$ liefert das Integral den Wert $y(0) = \int_0^1 e^0 \, dx = \int_0^1 1 \, dx = 1$.

Ergänzung: Obwohl wir bei der Berechnung von $y(t)$ eine Fallunterscheidung vornehmen müssen, ist die Funktion $y : \mathbb{R} \longrightarrow \mathbb{R}$ stetig bei $t = 0$, denn es gilt $\lim_{t \to 0} y(t) = \lim_{t \to 0} \frac{e^t - 1}{t} = 1 = y(0)$.

Aufgabe 2.3. Für den Einheitskreis wählen wir die Parameterdarstellung

$$C: \quad x(t) = 1 + \cos t, \quad y(t) = \sin t, \quad t \in [0, 2\pi]$$

Die gesuchte Mantelfläche ist das Kurvenintegral

$$M = \int_C f(x, y) \, ds = \int_0^{2\pi} f(1 + \cos t, \sin t) \cdot \sqrt{\dot{x}(t)^2 + \dot{y}(t)} \, dt$$

$$= \int_0^{2\pi} (1 + \sin t \cdot e^{-1 - \cos t}) \cdot \sqrt{\sin^2 t + \cos^2 t} \, dt = \int_0^{2\pi} 1 + \sin t \cdot e^{-1 - \cos t} \, dt$$

wegen $\sqrt{\sin^2 t + \cos^2 t} = 1$. Mit der Substitution $u = -1 - \cos t$, $\frac{du}{dx} = \sin t$ ergibt sich

$$\int \sin t \cdot e^{-1 - \cos t} \, dt = \int \sin t \cdot e^u \cdot \frac{1}{\sin t} \, du = \int e^u \, du = e^u = e^{-1 - \cos t}$$

sodass

$$M = t + e^{-1 - \cos t} \Big|_0^{2\pi} = (2\pi + e^{-2}) - (0 + e^{-2}) = 2\pi$$

Aufgabe 2.4. Ein Kurvenintegral wird mit

$$W = \int_C \vec{F}(\vec{r}) \cdot d\vec{r} = \int_a^b \vec{F}(x(t), y(t)) \cdot \begin{pmatrix} \dot{x}(t) \\ \dot{y}(t) \end{pmatrix} dt$$

in ein bestimmtes Integral „übersetzt". In diese Formel müssen wir die Komponenten des Vektorfelds sowie die Koordinatenfunktionen der Kurve einsetzen.

a) Für das Vektorfeld $\vec{F}(x, y)$ ist

$$W = \int_0^1 \begin{pmatrix} 2x(t) \\ 4y(t) \end{pmatrix} \cdot \begin{pmatrix} \dot{x}(t) \\ \dot{y}(t) \end{pmatrix} dt = \int_0^1 \begin{pmatrix} 2(1-t) \\ 4t \end{pmatrix} \cdot \begin{pmatrix} -1 \\ 1 \end{pmatrix} dt$$

$$= \int_0^1 -2(1-t) + 4t \, dt = \int_0^1 6t - 2 \, dt = (3t^2 - 2t) \Big|_0^1 = 1$$

und beim Vektorfeld $\vec{G}(x, y)$ ergibt sich

$$W = \int_0^1 \begin{pmatrix} y(t) \\ -x(t) \end{pmatrix} \cdot \begin{pmatrix} \dot{x}(t) \\ \dot{y}(t) \end{pmatrix} dt = \int_0^1 \begin{pmatrix} t \\ t-1 \end{pmatrix} \cdot \begin{pmatrix} -1 \\ 1 \end{pmatrix} dt$$

$$= \int_0^1 -t + (t-1) \, dt = \int_0^1 -1 \, dt = -t \Big|_0^1 = -1$$

b) Im Vektorfeld $\vec{F}(x, y)$ ist

$$W = \int_0^{\pi/2} \begin{pmatrix} 2x(t) \\ 4y(t) \end{pmatrix} \cdot \begin{pmatrix} \dot{x}(t) \\ \dot{y}(t) \end{pmatrix} dt = \int_0^{\pi/2} \begin{pmatrix} 2\cos t \\ 4\sin t \end{pmatrix} \cdot \begin{pmatrix} -\sin t \\ \cos t \end{pmatrix} dt$$

$$= \int_0^{\pi/2} 2\cos t \cdot (-\sin t) + 4\sin t \cdot \cos t \, dt = \int_0^{\pi/2} 2\sin t \cos t \, dt$$

$$= \int_0^{\pi/2} \sin 2t \, dt = -\tfrac{1}{2}\cos 2t \Big|_0^{\frac{\pi}{2}} = \left(-\tfrac{1}{2}\cos \pi - (-\tfrac{1}{2}\cos 0)\right) = 1$$

und für das Vektorfeld $\vec{G}(x, y)$ gilt

$$W = \int_0^{\frac{\pi}{2}} \begin{pmatrix} y(t) \\ -x(t) \end{pmatrix} \cdot \begin{pmatrix} \dot{x}(t) \\ \dot{y}(t) \end{pmatrix} dt = \int_0^{\frac{\pi}{2}} \begin{pmatrix} \sin t \\ -\cos t \end{pmatrix} \cdot \begin{pmatrix} -\sin t \\ \cos t \end{pmatrix} dt$$

$$= \int_0^{\frac{\pi}{2}} -\sin^2 t - \cos^2 t \, dt = \int_0^{\frac{\pi}{2}} -1 \, dt = -t \Big|_0^{\frac{\pi}{2}} = -\frac{\pi}{2}$$

c) Die Kurven aus a) und b) haben den gleichen Anfangs- und Endpunkt – nur ihre *Form* ist unterschiedlich (Strecke bzw. Parabelbogen). Beim Vektorfeld $\vec{G}(x, y)$ ist das Kurvenintegral *wegabhängig*, denn es hängt vom Verlauf der Kurve ab. Bei einem konservativen Vektorfeld ist aber das Kurvenintegral wegunabhängig, und daher kann $\vec{G}(x, y)$ nicht konservativ sein. Wir können hingegen versuchen, ein Potential zu $\vec{F}(x, y)$ zu finden, also eine (skalare) Funktion $f(x, y)$ mit

$$\begin{pmatrix} 2x \\ 4y \end{pmatrix} = \vec{F}(x, y) = (\text{grad } f)(x, y) = \begin{pmatrix} f_x \\ f_y \end{pmatrix}$$

Hierzu integrieren wir die obere Komponente $f_x = 2x$ nach x und erhalten zunächst $f(x, y) = x^2 + C(y)$ mit einer noch unbekannten Funktion $C(y)$, welche die zweite Gleichung $4y = f_y = 0 + C'(y)$ bzw. $C'(y) = 4y$ erfüllen muss. Eine solche Funktion ist $C(y) = 2y^2$, und daher ist $f(x, y) = x^2 + 2y^2$ ein Potential zu $\vec{F}(x, y)$. Damit lässt sich dann z. B. auch das Kurvenintegral sehr schnell berechnen:

$$\int_C \vec{F}(\vec{r}) \cdot d\vec{r} = f(0,1) - f(1,0) = (0^2 + 2 \cdot 1^2) - (1^2 + 2 \cdot 0^2) = 1$$

Aufgabe 2.5.

a) Das Vektorfeld lautet hier

$$\vec{F}(x,y) = (\operatorname{grad} f)(x,y) = \begin{pmatrix} f_x \\ f_y \end{pmatrix} = \begin{pmatrix} \frac{1}{3} x y \\ \frac{1}{6} (x^2 - 3) \end{pmatrix}$$

b) Wir brauchen eine Parameterdarstellung von C und nehmen

$$x(t) = t, \quad y(t) = 2 - t, \quad t \in [1,2]$$

mit den Ableitungen $\dot{x}(t) \equiv 1$ und $\dot{y}(t) \equiv -1$.

c) Für eine Kurve C mit der Parameterdarstellung

$$C : x = x(t), \quad y = y(t), \quad t \in [a,b]$$

und ein Vektorfeld $\vec{F}(x,y)$ berechnet man das Kurvenintegral mit

$$W = \int_C \vec{F}(\vec{r}) \cdot d\vec{r} = \int_a^b \vec{F}(x(t), y(t)) \cdot \begin{pmatrix} \dot{x}(t) \\ \dot{y}(t) \end{pmatrix} dt$$

Einsetzen in obige Formel ergibt den Wert

$$W = \int_1^2 \vec{F}(t, 2-t) \cdot \begin{pmatrix} 1 \\ -1 \end{pmatrix} dt = \int_1^2 \begin{pmatrix} \frac{1}{3} t (2-t) \\ \frac{1}{6} (t^2 - 3) \end{pmatrix} \cdot \begin{pmatrix} 1 \\ -1 \end{pmatrix} dt$$

$$= \int_1^2 \frac{1}{3} t (2-t) \cdot 1 + \frac{1}{6} (t^2 - 3) \cdot (-1) \, dt = \int_1^2 \frac{2}{3} t - \frac{1}{2} t^2 + \frac{1}{2} \, dt$$

$$= \frac{1}{3} t^2 - \frac{1}{6} t^3 + \frac{1}{2} t \Big|_1^2 = \frac{1}{3}$$

Hinweis: Die Parameterform von C ist nicht eindeutig. Wir könnten z. B. auch

$$x(t) = 1 + t, \quad y(t) = 1 - t, \quad t \in [0,1]$$

wählen – der Wert des Kurvenintegrals ändert sich dadurch aber nicht!

d) Bei einem Gradientenfeld $\vec{F}(x,y) = \operatorname{grad} f(x,y)$ ist das Kurvenintegral unabhängig von der Form der Kurve C, und es kann sofort mit den Funktionswerten des Potentials am Anfangs- und Endpunkt berechnet werden. Tatsächlich liefert

$$W = \int_C \vec{F}(x,y) \cdot d\vec{r} = f(x,y) \Big|_{(1,1)}^{(2,0)} = f(2,0) - f(1,1) = 0 - (-\tfrac{1}{3}) = \tfrac{1}{3}$$

das gleiche Ergebnis wie in c).

Aufgabe 2.6.

a) Mit $t = x$ erhalten wir für den Parabelbogen von A nach B die Parameterform

$$C: \quad x(t) = t, \quad y(t) = 2t - t^2, \quad t \in [0,2]$$

Wir berechnen damit

$$\int_C \vec{F}(\vec{r}) \cdot d\vec{r} = \int_0^2 \frac{1}{2} \begin{pmatrix} y(t) - 1 \\ 1 - x(t) \end{pmatrix} \cdot \begin{pmatrix} \dot{x}(t) \\ \dot{y}(t) \end{pmatrix} dt = \int_0^2 \frac{1}{2} \begin{pmatrix} 2t - t^2 - 1 \\ 1 - t \end{pmatrix} \cdot \begin{pmatrix} 1 \\ 2 - 2t \end{pmatrix} dt$$

$$= \int_0^2 \frac{1}{2} t^2 - t + \frac{1}{2} \, dt = \frac{1}{6} t^3 - \frac{1}{2} t^2 + \frac{1}{2} t \, \Big|_0^2 = \frac{1}{3}$$

b) Für die Kurve mit dem gleichen Weg wie bei C, welche aber in entgegengesetzter Richtung durchlaufen wird, schreibt man $-C$, und dafür können wir z. B. die Parameterform

$$-C: \quad x(t) = 2 - t, \quad y(t) = 2x(t) - x(t)^2 = 2t - t^2, \quad t \in [0,2]$$

verwenden. In diesem Fall ist

$$\int_{-C} \vec{F}(\vec{r}) \cdot d\vec{r} = \int_0^2 \frac{1}{2} \begin{pmatrix} y(t) - 1 \\ 1 - x(t) \end{pmatrix} \cdot \begin{pmatrix} \dot{x}(t) \\ \dot{y}(t) \end{pmatrix} dt = \int_0^2 \frac{1}{2} \begin{pmatrix} 2t - t^2 - 1 \\ t - 1 \end{pmatrix} \cdot \begin{pmatrix} -1 \\ 2 - 2t \end{pmatrix} dt$$

$$= \int_0^2 t - \frac{1}{2} - \frac{1}{2} t^2 \, dt = \frac{1}{2} t^2 - \frac{1}{2} t - \frac{1}{6} t^3 \, \Big|_0^2 = -\frac{1}{3}$$

genau der negative Wert von $\int_C \vec{F}(\vec{r}) \cdot d\vec{r}$ aus a).

Diese Aussage gilt aber ganz allgemein: Ändert man die Durchlaufrichtung einer Kurve, dann wechselt das Kurvenintegral sein Vorzeichen!

c) Für den Kreis um O mit dem Radius 2 wählen wir die Parameterdarstellung

$$K: \quad x(t) = 2\cos t, \quad y(t) = 2\sin t, \quad t \in [0, 2\pi]$$

Dann ist mit $\dot{x}(t) = -2\sin t$ und $\dot{y}(t) = 2\cos t$ das Kurvenintegral

$$\oint_K \vec{F}(\vec{r}) \cdot d\vec{r} = \int_0^{2\pi} \frac{1}{2} \begin{pmatrix} 2\sin t - 1 \\ 1 - 2\cos t \end{pmatrix} \cdot \begin{pmatrix} -2\sin t \\ 2\cos t \end{pmatrix} dt$$

$$= \int_0^{2\pi} \frac{1}{2} \left(-4\sin^2 t + 2\sin t + 2\cos t - 4\cos^2 t \right) dt$$

$$= \int_0^{2\pi} \sin t + \cos t - 2 \, dt = (-\cos t + \sin t - 2t) \, \Big|_0^{2\pi} = -4\pi$$

Aufgabe 2.7.

a) Wir berechnen die Ableitungen

$$\dot{x}(t) = e^t, \quad \dot{y}(t) = -e^{-t} \quad \Longrightarrow \quad \vec{r}(t) = \begin{pmatrix} e^t \\ e^{-t} \end{pmatrix}, \quad \dot{\vec{r}}(t) = \begin{pmatrix} e^t \\ -e^{-t} \end{pmatrix}$$

Im Fall $\vec{r}(t) \perp \dot{\vec{r}}(t)$ muss

$$0 = \vec{r}(t) \cdot \dot{\vec{r}}(t) = e^{2t} - e^{-2t} \quad \Longrightarrow \quad e^{4t} = 1 \quad \Longrightarrow \quad t = 0$$

gelten. Somit stehen Ortsvektor und Tangentenvektor (nur) im Anfangspunkt $A = (x(0), y(0)) = (1, 1)$ der Kurve aufeinander senkrecht.

b) Das Kurvenintegral ist das bestimmte Integral

$$\int_C \vec{F}(\vec{r}) \cdot d\vec{r} = \int_0^2 \begin{pmatrix} 2x(t)\,y(t) \\ x(t)^2 \end{pmatrix} \cdot \begin{pmatrix} \dot{x}(t) \\ \dot{y}(t) \end{pmatrix} dt = \int_0^2 \begin{pmatrix} 2 \cdot e^t \cdot e^{-t} \\ e^{2t} \end{pmatrix} \cdot \begin{pmatrix} e^t \\ -e^{-t} \end{pmatrix} dt$$

$$= \int_0^2 2e^t - e^t \, dt = e^t \Big|_0^2 = e^2 - 1 \approx 3{,}689$$

c) Wegen $\frac{\partial (2xy)}{\partial y} = 2x = \frac{\partial (x^2)}{\partial x}$ ist die Integrabilitätsbedingung erfüllt. Das gesuchte Potential muss

$$2xy = f_x \quad \Longrightarrow \quad f(x, y) = \int 2xy \, dx = x^2 y + C(y)$$

$$x^2 = f_y = x^2 + C'(y) \quad \Longrightarrow \quad C'(y) = 0$$

erfüllen, wobei dann $C(y)$ eine Konstante ist. Wählen wir speziell $C(y) = 0$, dann erhalten wir das Potential $f(x, y) = x^2 \cdot y$.

Mit diesem Potential kann man auch das Kurvenintegral in b) berechnen. Die Kurve C hat den Anfangspunkt $A = (1, 1)$ für $t = 0$ und den Endpunkt $B = (e^2, e^{-2})$ für $t = 2$. Damit ist

$$\int_C \vec{F}(\vec{r}) \cdot d\vec{r} = f(e^2, e^{-2}) - f(1, 1) = (e^2)^2 \cdot e^{-2} - 1^2 \cdot 1 = e^2 - 1$$

Aufgabe 2.8.

a) Das Kurvenintegral ist das bestimmte Integral

$$\oint_C \vec{F}(\vec{r}) \cdot d\vec{r} = \int_0^{2\pi} \frac{1}{2} \begin{pmatrix} y(t) \\ 1 - x(t) \end{pmatrix} \cdot \begin{pmatrix} \dot{x}(t) \\ \dot{y}(t) \end{pmatrix} dt = \int_0^{2\pi} \frac{1}{2} \begin{pmatrix} \cos t \\ -\sin t \end{pmatrix} \cdot \begin{pmatrix} \cos t \\ -\sin t \end{pmatrix} dt$$

$$= \int_0^{2\pi} \frac{1}{2} (\cos^2 t + \sin^2 t) \, dt = \int_0^{2\pi} \frac{1}{2} \, dt = \frac{1}{2} \cdot 2\pi = \pi$$

b) Die Feldvektoren sind hier sogar *konstante* Vielfache der Tangentenvektoren, denn

$$\vec{F}(\vec{r}(t)) = \frac{1}{2} \begin{pmatrix} y(t) \\ 1 - x(t) \end{pmatrix} = \frac{1}{2} \begin{pmatrix} \cos t \\ -\sin t \end{pmatrix} = \frac{1}{2} \cdot \dot{\vec{r}}(t)$$

Insbesondere ist dann C eine *Feldlinie* zum Vektorfeld $\vec{F}(x, y)$.

c) Wir können sogar drei Gründe angeben: Für das gegebene Vektorfeld

  (i) ist das Ringintegral $\oint_C \vec{F}(\vec{r}) \cdot d\vec{r}$ ungleich 0

  (ii) gibt es eine geschlossene Feldlinie, nämlich C

  (iii) ist die Integrabilitätsbedingung nicht erfüllt, denn

$$\frac{\partial F_1}{\partial y} = \frac{\partial\left(\frac{1}{2}y\right)}{\partial y} = +\frac{1}{2} \quad \text{und} \quad \frac{\partial F_2}{\partial x} = \frac{\partial\left(\frac{1}{2} - \frac{1}{2}x\right)}{\partial x} = -\frac{1}{2}$$

Aufgabe 2.9.

a) Das Volumen berechnen wir mit dem Doppelintegral

$$V = \iint_B e^{2x} \cdot \sin y \, dA = \int_0^1 \left(\int_0^\pi e^{2x} \cdot \sin y \, dy\right) dx = \int_0^1 -e^{2x} \cos y \,\Big|_{y=0}^{y=\pi} dx$$

$$= \int_0^1 -e^{2x} \cos \pi + e^{2x} \cos 0 \, dx = \int_0^1 2\,e^{2x}\, dx = e^{2x}\,\Big|_{x=0}^{x=1} = e^2 - 1$$

b) Die Berechnung des Bereichsintegrals ergibt das Volumen

$$V = \iint_B 2 + 3\sin x \sin y \, dA = \int_0^\pi \left(\int_0^\pi 2 + 3\sin x \sin y \, dy\right) dx$$

$$= \int_0^\pi 2y + 3\sin x\,(-\cos y)\,\Big|_{y=0}^{y=\pi} dx = \int_0^\pi 2\pi + 6\sin x \, dx$$

$$= 2\pi \cdot x - 6\cos x\,\Big|_{x=0}^{x=\pi} = 2\pi^2 + 12$$

Aufgabe 2.10. Beim Vertauschen der Integrationsreihenfolge bleibt der Wert eines Bereichsintegrals gleich, allerdings ist die Ausführung der Integration unterschiedlich aufwändig. Wir integrieren in den folgenden Beispielen innen zuerst nach y, dann nach x.

a) Wir integrieren zuerst nach y, dann nach x:

$$\int_0^1 \left(\int_0^2 x + y\,(e^x - 1)\, dy\right) dx = \int_0^1 xy + \frac{1}{2}y^2\,(e^x - 1)\,\Big|_{y=0}^{y=2} dx$$

$$= \int_0^1 2x + 2\,(e^x - 1)\, dx = x^2 + 2\,(e^x - x)\,\Big|_{x=0}^{x=1} = 2\,e - 3$$

Vertauschen der Integrationsreihenfolge:

$$\int_0^2 \left(\int_0^1 x + y\,(e^x - 1)\,dx \right) dy = \int_0^2 \tfrac{1}{2} x^2 + y\,(e^x - x) \Big|_{x=0}^{x=1} dy$$

$$= \int_0^2 \tfrac{1}{2} + y\,(e - 2)\,dy = \tfrac{1}{2} y + \tfrac{1}{2} y^2\,(e - 2) \Big|_{y=0}^{y=2} = 2\,e - 3$$

b) Integration innen nach y, außen nach x ergibt

$$\int_0^\pi \left(\int_{-1}^1 (1 - 6 y^2)(3 - \sin x)\,dy \right) dx = \int_0^\pi (y - 2 y^3)(3 - \sin x) \Big|_{y=-1}^{y=1} dx$$

$$= \int_0^\pi 2 \sin x - 6\,dx = -2 \cos x - 6 x \Big|_{x=0}^{x=\pi} = 4 - 6\,\pi$$

und umgekehrt erhalten wir das gleiche Resultat:

$$\int_{-1}^1 \left(\int_0^\pi (1 - 6 y^2)(3 - \sin x)\,dx \right) dy = \int_{-1}^1 (1 - 6 y^2)(3 x + \cos x) \Big|_{x=0}^{x=\pi} dy$$

$$= \int_{-1}^1 (3\,\pi - 2)(1 - 6 y^2)\,dy = (3\,\pi - 2)(y - 2 y^3) \Big|_{y=-1}^{y=1} = 4 - 6\,\pi$$

c) Wir integrieren innen zuerst nach y:

$$\int_0^1 \left(\int_0^1 \frac{3 y^2 - 1}{x^2 + 1}\,dy \right) dx = \int_0^1 \frac{y^3 - y}{x^2 + 1} \Big|_{y=0}^{y=1} dx = \int_0^1 0\,dx = 0$$

Integrieren wir zuerst nach x, dann wird die Berechnung viel aufwändiger:

$$\int_0^1 \left(\int_0^1 \frac{3 y^2 - 1}{x^2 + 1}\,dx \right) dy = \int_0^1 (3 y^2 - 1) \arctan x \Big|_{x=0}^{x=1} dy$$

$$= \int_0^1 (3 y^2 - 1) \cdot \tfrac{\pi}{4}\,dy = \tfrac{\pi}{4}\,(y^3 - y) \Big|_{y=0}^{y=1} = 0$$

Aufgabe 2.11.

a) Wir brauchen zunächst die partiellen Ableitungen

$$f_x = 2 x + y^2 e^x, \quad f_y = 2 y\,e^x$$

Die lokalen Extremstellen erhalten wir aus den beiden Gleichungen

$$0 = f_x = 2 x + y^2 e^x \quad \text{und}$$
$$0 = f_y = 2 y\,e^x \implies y = 0$$

Die erste Gleichung wird zu $0 = 2 x$, und daher ist $(x, y) = (0, 0)$ die einzige mögliche Extremstelle. Für die Art der Extremstelle brauchen wir die zweiten partiellen Ableitungen

$$f_{xx} = 2 + y^2 e^x, \quad f_{xy} = 2 y\,e^x = f_{yx}, \quad f_{yy} = 2\,e^x$$

sowie die Hesse-Matrix an der Stelle $(0, 0)$:

$$H_f(0, 0) = \begin{pmatrix} 2 & 0 \\ 0 & 2 \end{pmatrix}$$

Wegen $f_{xx}(0, 0) = 2 > 0$ und $\det H_f(0, 0) = 4 > 0$ ist bei $(0, 0)$ ein lokales Minimum.

b) Das Volumen berechnen wir mit dem Doppelintegral

$$V = \iint_B x^2 + y^2 e^x \, dA = \int_0^1 \left(\int_0^1 x^2 + y^2 e^x \, dy \right) dx$$

$$= \int_0^1 x^2 y + \tfrac{1}{3} y^3 e^x \Big|_{y=0}^{y=1} dx = \int_0^1 x^2 + \tfrac{1}{3} e^x \, dx = \tfrac{1}{3} x^3 + \tfrac{1}{3} e^x \Big|_0^1 = \tfrac{1}{3} e$$

Aufgabe 2.12. Beim Übergang zu Polarkoordinaten müssen wir die Funktionaldeterminante $\det \frac{\partial(x,y)}{\partial(r;\varphi)} = r$ berücksichtigen:

$$V = \iint_B f(x, y) \, dA = \int_0^R \int_0^{2\pi} f(r \cos \varphi, r \sin \varphi) \cdot r \, d\varphi \, dr$$

Hierbei ist

$$f(r \cos \varphi, r \sin \varphi) = h \cdot \left(1 - \frac{\sqrt{r^2 \cos^2 \varphi + r^2 \sin^2 \varphi}}{R} \right) = h \cdot \left(1 - \frac{r}{R} \right)$$

Das Flächenintegral

$$V = \int_0^R \int_0^{2\pi} h \cdot \left(1 - \tfrac{r}{R} \right) \cdot r \, d\varphi \, dr = \int_0^R h \cdot \left(r - \tfrac{r^2}{R} \right) \cdot \varphi \Big|_{\varphi=0}^{\varphi=2\pi} dr$$

$$= \int_0^R 2\pi h \cdot \left(r - \tfrac{r^2}{R} \right) dr = 2\pi h \cdot \left(\tfrac{1}{2} r^2 - \tfrac{r^3}{3R} \right) \Big|_{r=0}^{r=R} = \tfrac{1}{3} R^2 \pi \cdot h$$

liefert das bekannte Ergebnis für das Volumen des Kegels.

Aufgabe 2.13. Die Funktionaldeterminante zu den angegebenen Koordinaten lautet

$$\frac{\partial(x, y)}{\partial(u, v)} = \begin{pmatrix} \frac{\partial x}{\partial u} & \frac{\partial x}{\partial v} \\ \frac{\partial y}{\partial u} & \frac{\partial y}{\partial v} \end{pmatrix} = \begin{pmatrix} \cos v & -u \sin v \\ \sin v & u \cos v \end{pmatrix}$$

$$\implies \det \frac{\partial(x, y)}{\partial(u, v)} = u \cos^2 v + u \sin^2 v = u$$

Wir berechnen das Volumen mit dem Flächenintegral in den Koordinaten (u, v):

$$V = \iint_B f(x, y)\, dA = \int_0^1 \int_0^{2\pi} f(1 + u\cos v, u\sin v)\cdot u\, dv\, du$$

$$= \int_0^1 \int_0^{2\pi} \left(1 + u\sin v\cdot e^{-(1+u\cos v)}\right)\cdot u\, dv\, du$$

$$= \int_0^1 \int_0^{2\pi} u + \tfrac{1}{e}\, u^2 \sin v\, e^{-u\cos v}\, dv\, du$$

$$= \int_0^1 u v + \tfrac{1}{e}\, u\, e^{-u\cos v}\, \Big|_{v=0}^{v=2\pi}\, du = \int_0^1 2\pi u\, du = \pi u^2 \Big|_{u=0}^{u=1} = \pi$$

Das innere Integral erhält man z. B. durch die Substitution $w = -u\cos v$:

$$\int u + \tfrac{1}{e}\, u^2 \sin v\, e^{-u\cos v}\, dv = \int u\, dv + \tfrac{1}{e}\, u^2 \int \sin v\, e^{-u\cos v}\, dv$$

$$= u v + \tfrac{1}{e}\, u^2 \int \sin v\cdot e^w \cdot \frac{1}{u\sin v}\, dw = u v + \tfrac{1}{e}\, u \int e^w\, dw$$

$$= u v + \tfrac{1}{e}\, u\, e^w = u v + \tfrac{1}{e}\, u\, e^{-u\cos v}$$

Aufgabe 2.14. Der Integrationsbereich B ist die Einheitskreisscheibe um O und kann mit Hilfe von Polarkoordinaten wie folgt dargestellt werden:

$$x(r;\varphi) = r\cos\varphi, \quad y(r;\varphi) = r\sin\varphi, \quad (r;\varphi) \in [0, 1] \times [0, 2\pi]$$

Die Funktionaldeterminante der Polarkoordinaten ist $\det \frac{\partial(x,y)}{\partial(r;\varphi)} = r$, und in Polarkoordinaten lautet die Funktion $f(r;\varphi) = 1 - x = 1 - r\cos\varphi$. Damit gilt

$$V = \int_0^{2\pi} \left(\int_0^1 (1 - r\cos\varphi)\cdot r\, dr\right) d\varphi = \int_0^{2\pi} \tfrac{1}{2}\, r^2 - \tfrac{1}{3}\, r^3 \cos\varphi\, \Big|_{r=0}^{r=1}\, d\varphi$$

$$= \int_0^{2\pi} \tfrac{1}{2} - \tfrac{1}{3}\cos\varphi\, d\varphi = \tfrac{1}{2}\,\varphi - \tfrac{1}{3}\sin\varphi\, \Big|_0^{2\pi} = \pi$$

Dieses Ergebnis lässt sich übrigens auch leicht überprüfen: Der diagonal halbierte Zylinder mit Radius 1 und Höhe 2 hat das Volumen $V = \tfrac{1}{2}\cdot 1^2 \cdot \pi \cdot 2 = \pi$.

Lösungen zu Kapitel 3

Aufgabe 3.1.

(i) ist eine Differentialgleichung 4. Ordnung, da sie die vierte Ableitung $y^{(4)}$ der gesuchten Funktion enthält und keine höheren Ableitungen mehr vorkommen.

(ii) hat die Ordnung 1, denn neben der Ableitung y' tritt nur noch die vierte *Potenz* der gesuchten Funktion auf.

(iii) ist eine DGl dritter Ordnung.

(iv) hat die Ordnung 2.

Aufgabe 3.2.

a) Die Ableitungen sind

$$y'(x) = C_1 \cdot \cos x - C_2 \cdot \sin x, \qquad y''(x) = -C_1 \cdot \sin x - C_2 \cdot \cos x = -y(x)$$

und damit ist $y''(x) + y(x) = 0$, also y eine Lösung der DGl mit zwei freien Integrationskonstanten. Zur Festlegung von C_1 und C_2 brauchen wir noch Anfangs- oder Randbedingungen.

b) Mit den Ableitungen

$$y'(x) = C_1 \cdot \cos(x + C_2) \quad \text{und} \quad y''(x) = -C_1 \cdot \sin(x + C_2)$$

erhalten wir ebenfalls $y''(x) + y(x) = 0$, sodass die allgemeine Lösung der DGl auch in der Form $y(x) = C_1 \cdot \sin(x + C_2)$ dargestellt werden kann.

c) Einsetzen von $x = 0$ in die allgemeine Lösung aus a) ergibt

$$-1 = y(0) = C_1 \cdot \sin 0 + C_2 \cdot \cos 0 = C_2$$
$$2 = y'(0) = C_1 \cdot \cos 0 + C_2 \cdot \sin 0 = C_1$$

und damit ist $y(x) = 2\sin x - \cos x$ die gesuchte spezielle Lösung.

d) Wir setzen $x = 0$ und $x = \pi$ in die allgemeine Lösung ein:

$$0 = y(0) = C_1 \cdot \sin 0 + C_2 \cdot \cos 0 = C_2$$
$$0 = y(\pi) = C_1 \cdot \sin \pi + C_2 \cdot \cos \pi = -C_2$$

Die Randbedingungen sind für $C_2 = 0$ erfüllt, wobei wir $C_1 \in \mathbb{R}$ beliebig wählen können. Es gibt also unendlich viele Lösungen für diese Randbedingungen, nämlich $y(x) = C_1 \cdot \sin x$ mit einer freien Konstante C_1.

e) Einsetzen von $x = 0$ und $x = \pi$ liefert

$$1 = y(0) = C_1 \cdot \sin 0 + C_2 \cdot \cos 0 = C_2$$
$$1 = y(\pi) = C_1 \cdot \sin \pi + C_2 \cdot \cos \pi = -C_2$$

Da sich $C_2 = 1$ und $C_2 = -1$ widersprechen, gibt es *keine* Lösung, welche die angegebenen Randbedingungen erfüllt!

Aufgabe 3.3.

a) Auf der linken Seite der DGl steht die Ableitung

$$y' = \frac{2(x^2 + C) - 2x \cdot 2x}{(x^2 + C)^2} = \frac{2C - 2x^2}{(x^2 + C)^2}$$

Auf der rechten Seite ergibt sich nach Einsetzen

$$\frac{y}{x} - y^2 = \frac{2}{x^2 + C} - \frac{4x^2}{(x^2 + C)^2} = \frac{2(x^2 + C) - 4x^2}{(x^2 + C)^2} = \frac{2C - 2x^2}{(x^2 + C)^2}$$

Beide Seiten stimmen überein, und daher sind die angegebenen Funktionen Lösungen der DGl.

b) Eine weitere Lösung der DGl ist die Nullfunktion $y \equiv 0$. Sie ist nicht in der allgemeinen Lösung aus a) enthalten, da für *keine* Wahl von C die Nullfunktion entsteht. Somit ist $y \equiv 0$ eine singuläre Lösung.

Aufgabe 3.4.

a)   (i) Die allgemeine Lösung ist $y(x) = \tan(C - e^{-x})$ mit einer Konstante $C \in \mathbb{R}$, wie die folgende Rechnung zeigt:

$$\frac{dy}{dx} = e^{-x}(1 + y^2)$$

$$\frac{1}{1+y^2}\, dy = e^{-x}\, dx \quad \Big| \quad \int \ldots$$

$$\arctan y = -e^{-x} + C$$

(ii) Die allgemeine Lösung $y(x) = C(1 + x^2)$ mit der Integrationskonstante $C \in \mathbb{R}$ ergibt sich durch die Variablentrennung

$$\frac{dy}{dx} = \frac{2xy}{1+x^2}$$

$$\frac{1}{y}\, dy = \frac{2x}{1+x^2}\, dx \quad \Big| \quad \int \ldots$$

$$\ln|y| = \ln(1 + x^2) + C$$

$$|y| = e^{\ln(1+x^2)+C} = e^C \cdot (1 + x^2)$$

$$y(x) = \pm e^C \cdot (1 + x^2) = C(1 + x^2)$$

Zuletzt wurde die Konstante $\pm e^C$ wieder in C umbenannt, wobei dann $C = 0$ der *singulären Lösung* $y(x) \equiv 0$ entspricht.

(iii) Die allgemeine Lösung ist $y(x) = \arcsin(\sqrt{x} + C)$ mit $C \in \mathbb{R}$, denn

$$\frac{dy}{dx} \cdot \cos y = \frac{1}{2\sqrt{x}}$$

$$\cos y\, dy = \frac{1}{2\sqrt{x}}\, dx \quad \Big| \quad \int \ldots$$

$$\sin y = \sqrt{x} + C$$

b)   (i) Die allgemeine Lösung $y(x) = \ln(x^2 + C)$ mit $C \in \mathbb{R}$ erhalten wir aus

$$\frac{dy}{dx} = 2x \cdot e^{-y}$$

$$e^y\, dy = 2x\, dx \quad \Big| \quad \int \ldots$$

$$e^y = x^2 + C$$

Die Anfangsbedingung $1 = y(0) = \ln(0 + C)$ liefert $C = e$, und die spezielle Lösung lautet demnach $y(x) = \ln(x^2 + e)$.

(ii) Durch Trennung der Variablen ergibt sich zuerst die allgemeine Lösung

$$y \cdot \frac{dy}{dx} = e^{2x}$$

$$y \, dy = e^{2x} \, dx \quad | \quad \int \ldots$$

$$\tfrac{1}{2} y^2 = \tfrac{1}{2} e^{2x} + C$$

$$y^2 = e^{2x} + 2C \quad \Longrightarrow \quad y(x) = \pm \sqrt{e^{2x} + 2C}$$

Die Anfangsbedingung $2 = y(0) = \pm \sqrt{1 + 2C}$ liefert $C = \frac{3}{2}$, und zugleich müssen wir das positive Vorzeichen bei der Wurzel wählen. Die gesuchte spezielle Lösung ist dann

$$y(x) = \sqrt{e^{2x} + 3}$$

Aufgabe 3.5.

a) lässt sich mit der Substitution $u = 1 + x - y$ und durch Variablentrennung lösen:

$$u' = (1 + x - y)' = 1 - y' = 1 - \sin^2(1 + x - y) = 1 - \sin^2 u = \cos^2 u$$

$$\Longrightarrow \quad \frac{du}{dx} = \cos^2 u \quad \Longrightarrow \quad \frac{1}{\cos^2 u} \, du = dx \quad \overset{\int \ldots}{\Longrightarrow} \quad \tan u = x + C$$

Auflösen nach u ergibt $u = \arctan(x + C) + k \cdot \pi$ mit einem $k \in \mathbb{Z}$ (aufgrund der π-Periodizität des Tangens) und einer frei wählbaren Integrationskonstante C. Aus $1 + x - y = u$ wiederum folgt $y = 1 + x - u$, und daher ist

$$y(x) = 1 + x - \arctan(x + C) - k \cdot \pi$$

die allgemeine Lösung der DGl. Daneben gibt es noch die singulären Lösungen $u(x) \equiv (k + \frac{1}{2}) \pi$ für $k \in \mathbb{Z}$, denn auch diese konstanten Funktionen erfüllen $u'(x) \equiv 0 \equiv \cos^2 u$, und sie sind in der allgemeinen Lösung nicht enthalten. Die Rücksubstitution $y = 1 + x - u$ führt uns dann zu den folgenden singulären Lösungen der Ausgangs-DGl:

$$y(x) = 1 + x - (k + \tfrac{1}{2}) \pi \quad \text{mit} \quad k \in \mathbb{Z}$$

b) Mit der Substitution $u = \frac{y}{x}$ ergibt sich aus

$$y' = (x \cdot u)' = u + x \cdot u' \quad \text{und} \quad y' = \left(1 - \tfrac{y}{x}\right) \cdot \tfrac{y}{x} = (1 - u) \cdot u$$

eine Differentialgleichung für u, nämlich

$$u + x \cdot u' = (1 - u) \cdot u \quad \text{bzw.} \quad x \cdot \frac{du}{dx} = -u^2$$

welche wir durch Trennung der Variablen lösen können:

$$-\tfrac{1}{u^2} \, du = \tfrac{1}{x} \, dx \quad \overset{\int \ldots}{\Longrightarrow} \quad \tfrac{1}{u} = \ln |x| + C \quad \Longrightarrow \quad u(x) = \frac{1}{\ln |x| + C}$$

Die Rücksubstitution liefert uns die allgemeine Lösung

$$y(x) = x \cdot u(x) = \frac{x}{\ln|x| + C}$$

Zusätzlich haben wir noch die singuläre Lösung $u(x) \equiv 0$ bzw. $y(x) \equiv 0$.

c) können wir ebenfalls mit der Substitution $u = \frac{y}{x}$ bzw. $y = x \cdot u$ vereinfachen:

$$u + x \cdot u' = (x \cdot u)' = y' = \tfrac{1}{2}\left(\tfrac{y}{x} - \tfrac{x}{y}\right) = \tfrac{1}{2}\left(u - \tfrac{1}{u}\right)$$

$$\implies \quad x \cdot \frac{du}{dx} = \tfrac{1}{2}\left(u - \tfrac{1}{u}\right) - u = -\frac{u^2 + 1}{2u}$$

Die Differentialgleichung für $u(x)$ lässt sich durch Variablentrennung lösen:

$$\frac{2u}{u^2 + 1}\,du = -\frac{1}{x}\,dx \quad \overset{\int \cdots}{\implies} \quad \ln(1 + u^2) = -\ln|x| + c$$

wobei $|x| = x$ im Intervall $]0, \infty[$ gilt und $c \in \mathbb{R}$ eine beliebige Konstante ist. Aus

$$1 + u(x)^2 = e^{c - \ln x} = e^c \cdot e^{-\ln x} = e^c \cdot \tfrac{1}{x}$$

ergibt sich mit der neuen Konstante $C = e^c > 0$ die allgemeine Lösung

$$y(x) = x \cdot u(x) = \pm x \cdot \sqrt{\tfrac{C}{x} - 1} = \pm\sqrt{Cx - x^2}$$

Aufgabe 3.6.

a) Die DGl $1 + e^x y^2 + 2e^x y\,y' = 0$ hat die Form $p(x, y) + q(x, y) \cdot y'$ mit den Koeffizientenfunktionen $p(x, y) = 1 + e^x y^2$ und $q(x, y) = 2e^x y$. Diese erfüllen die Integrabilitätsbedingung $\frac{\partial p}{\partial y} = 2e^x y = \frac{\partial q}{\partial x}$, sodass wir versuchen können, ein Potential zu bestimmen. Aus

$$f_x = p = 1 + e^x y^2 \quad \implies \quad f(x, y) = \int 1 + e^x y^2\,dx + C(y) = x + e^x y^2 + C(y)$$

$$\text{und} \quad 2e^x y = q = f_y = 2e^x y + C'(y) \quad \implies \quad C'(y) = 0$$

erhalten wir mit $C(y) \equiv 0$ die Funktion $f(x, y) = x + e^x y^2$, welche $\frac{\partial f}{\partial x} = p(x, y)$ und $\frac{\partial f}{\partial y} = q(x, y)$ erfüllt. Lösen wir $f(x, y) = C$ nach y auf, dann ist

$$x + e^x y^2 = C \quad \implies \quad y(x) = \pm\sqrt{\frac{C - x}{e^x}}$$

die allgemeine Lösung der DGl. Zur Anfangsbedingung $2 = y(0) = \pm\sqrt{C}$ gehört das Vorzeichen $+$ und die Konstante $C = 4$, sodass $y(x) = \sqrt{(4 - x)e^{-x}}$ die gesuchte spezielle Lösung ist.

b) Wir können die DGl $(y - x) \cdot y' = y$ in der Form $y + (x - y) \cdot y' = 0$ schreiben, wobei die Koeffizienten $p(x, y) = y$ und $q(x, y) = x - y$ der Integrabilitätsbedingung genügen: $\frac{\partial p}{\partial y} = 1 = \frac{\partial q}{\partial x}$. Mit

$$f_x = p = y \quad \Longrightarrow \quad f(x,y) = \int y \, dx + C(y) = xy + C(y)$$

$$x - y = q = f_y = x + C'(y) \quad \Longrightarrow \quad C'(y) = -y \quad \Longrightarrow \quad C(y) = -\tfrac{1}{2} y^2$$

ergibt sich das Potential $f(x,y) = xy - \tfrac{1}{2} y^2$ und die allgemeine Lösung der DGl aus der quadratischen Gleichung

$$xy - \tfrac{1}{2} y^2 = C \quad \Longrightarrow \quad \tfrac{1}{2} y^2 - xy + C = 0 \quad \Longrightarrow \quad y(x) = x \pm \sqrt{x^2 - 2C}$$

Die spezielle Lösung soll $2 = y(0) = \pm\sqrt{-2C}$ erfüllen; mit dem Vorzeichen + und der Konstante $C = -2$ erhalten wir $y(x) = x + \sqrt{x^2 + 4}$.

Aufgabe 3.7.

a) ist eine homogene lineare DGl 1. Ordnung ($g \equiv 0$) mit der Koeffizientenfunktion $f(x) = 2x$. Wir berechnen eine Stammfunktion $F(x)$ zu $f(x)$ und erhalten

$$F(x) = \int 2x \, dx = x^2 \quad \Longrightarrow \quad y(x) = C \cdot e^{-F(x)} = C \cdot e^{-x^2}$$

Setzen wir in diese allgemeine Lösung die Anfangsbedingung ein:

$$1 = y(0) = C \cdot e^0 \quad \Longrightarrow \quad C = 1$$

dann ergibt sich die spezielle Lösung $y(x) = e^{-x^2}$.

b) ist eine inhomogene lineare DGl mit $f(x) \equiv -1$ und $g(x) = x$. Mit der Stammfunktion $F(x) = \int -1 \, dx = -x$ erhalten wir die allgemeine Lösung aus der Formel

$$y(x) = \left(C + \int x \cdot e^{-x} \, dx \right) \cdot e^x = (C - x e^{-x} - e^{-x}) \cdot e^x = C e^x - x - 1$$

Die Anfangsbedingung $1 = y(0) = C \cdot e^0 - 0 - 1$ liefert $C = 2$ und die spezielle Lösung $y(x) = 2 e^x - x - 1$.

c) Bei dieser inhomogenen linearen DGl ist $f(x) = -\cos x$ und $g(x) = \cos x$. Wir berechnen zuerst $F(x) = \int -\cos x \, dx = -\sin x$ und damit

$$y(x) = \left(C + \int \cos x \cdot e^{-\sin x} \, dx \right) \cdot e^{\sin x} = \left(C - e^{-\sin x} \right) \cdot e^{\sin x} = C e^{\sin x} - 1$$

Die Anfangsbedingung $1 = y(0) = C \cdot e^{\sin 0} - 1$ legt die Konstante $C = 2$ fest und führt uns zur speziellen Lösung $y(x) = 2 e^{\sin x} - 1$.

d) Vor Anwendung der Lösungsformel bringen wir die DGl zuerst in die Normalform

$$y' + \tfrac{2}{x} \cdot y = -\tfrac{1}{x^2}$$

Hierbei handelt es sich um eine inhomogene lineare DGl mit den Koeffizientenfunktionen $f(x) = \tfrac{2}{x}$ und $g(x) = -\tfrac{1}{x^2}$. Wir brauchen die Stammfunktion

$$F(x) = \int \frac{2}{x} \, dx = 2 \ln |x| = \ln x^2$$

und berechnen die allgemeine Lösung mit der Formel

$$y(x) = \left(C + \int -\frac{1}{x^2} \cdot e^{\ln x^2} \, dx \right) \cdot e^{-\ln x^2} = \left(C + \int -\frac{1}{x^2} \cdot x^2 \, dx \right) \cdot \frac{1}{x^2}$$

$$= \left(C + \int -1 \, dx \right) \cdot \frac{1}{x^2} = (C - x) \cdot \frac{1}{x^2} = \frac{C}{x^2} - \frac{1}{x}$$

Egal, welche Integrationskonstante $C \in \mathbb{R}$ wir wählen: *Keine* dieser Lösungen ist bei $x = 0$ definiert, und daher kann es auch keine spezielle Lösung geben, welche die Anfangsbedingung $y(0) = 1$ erfüllt!

Aufgabe 3.8. Bei der angegebenen DGl handelt es sich um eine inhomogene lineare Differentialgleichung 1. Ordnung, die wir zuerst in die Normalform bringen, indem wir durch RC teilen:

$$U'(t) + \frac{1}{RC} U(t) = \frac{U_0}{RC}$$

Wir setzen die Stammfunktion

$$F(t) = \int \frac{1}{RC} \, dt = \frac{t}{RC}$$

in die Lösungsformel für die lineare DGl ein und erhalten

$$U(t) = \left(A + \int \frac{U_0}{RC} \cdot e^{\frac{t}{RC}} \, dt \right) \cdot e^{-\frac{t}{RC}}$$

$$= \left(A + \frac{U_0}{RC} \cdot RC \, e^{\frac{t}{RC}} \right) \cdot e^{-\frac{t}{RC}} = A \, e^{-\frac{t}{RC}} + U_0$$

wobei wir die Integrationskonstante mit A bezeichnen, um eine Verwechslung mit der Kapazität C zu vermeiden. Im Fall $U(0) = 0$ muss $0 = A \, e^0 + U_0$ bzw. $A = -U_0$ erfüllt sein, sodass sich für die Spannung der folgende Verlauf ergibt:

$$U(t) = U_0 \left(1 - e^{-\frac{t}{RC}} \right)$$

Aufgabe 3.9.

a) ist eine DGl mit getrennten Variablen:

$$\frac{dy}{dx} = 4x\sqrt{y} \quad \Longrightarrow \quad \frac{1}{2\sqrt{y}} \, dy = 2x \, dx \quad \Longrightarrow \quad \sqrt{y} = x^2 + C$$

Achtung – es gibt auch noch die singuläre Lösung $y \equiv 0$ (sie fehlt in der allgemeinen Lösung, da wir im Fall $y \equiv 0$ nicht durch $2\sqrt{y}$ teilen dürfen). Die allgemeine Lösung lautet

$$y(x) = (x^2 + C)^2$$

mit einer Konstante $C \in \mathbb{R}$. Die Anfangsbedingung $0 = y(0) = (0+C)^2$ liefert $C = 0$. Die spezielle Lösung ist dann $y(x) = x^4$. Daneben erfüllt auch die singuläre Lösung $y \equiv 0$ die Anfangsbedingung.

b) ist eine inhomogene lineare DGl. Nach Umstellen in Normalform

$$y' - y = e^x$$

können wir die Lösungsformel anwenden: Mit $F(x) = \int -1 \, dx = -x$ ist

$$y(x) = \left(C + \int e^x \cdot e^{-x} \, dx\right) e^x = \left(C + \int 1 \, dx\right) e^x = (C + x) \, e^x$$

Die Anfangsbedingung $1 = y(0) = (C + 0) \, e^0 = C$ ergibt die Konstante $C = 1$.

c) ist ebenfalls eine lineare DGl 1. Ordnung; ihre Normalform lautet

$$y' + \frac{1}{x} y = \frac{2}{x}$$

Hier ist $f(x) = \frac{1}{x}$ und somit $F(x) = \int \frac{1}{x} \, dx = \ln x$ auf dem Intervall $]0, \infty[$ (wir dürfen den Betrag bei $\ln |x|$ weglassen). Die Lösungsformel ergibt

$$y(x) = \left(C + \int \frac{2}{x} \cdot e^{\ln x} \, dx\right) \cdot e^{-\ln x} = \left(C + \int \frac{2}{x} \cdot x \, dx\right) \cdot \frac{1}{x}$$

$$= \left(C + \int 2 \, dx\right) \cdot \frac{1}{x} = (C + 2x) \cdot \frac{1}{x} = \frac{C}{x} + 2$$

d) lässt sich durch Variablentrennung lösen:

$$y \cdot \frac{dy}{dx} = 2 - x \quad \overset{\cdot 2 \, dx}{\Longrightarrow} \quad 2 \, y \, dy = (4 - 2x) \, dx \quad \overset{\int \ldots}{\Longrightarrow} \quad y^2 = 4x - x^2 + C$$

Die allgemeine Lösung mit der Integrationskonstante $C \in \mathbb{R}$ lautet dann

$$y(x) = \pm\sqrt{4x - x^2 + C}$$

Damit die Anfangsbedingung erfüllt ist, müssen wir $C = 1$ und das Vorzeichen $+$ wählen.

Aufgabe 3.10.

a) Die exakte Lösung des Anfangswertproblems ist die Funktion $y(x) = e^x$. Das Richtungsfeld im Bereich $-2 \le x \le 2$ und $-1 \le y \le 3$ sieht wie folgt aus:

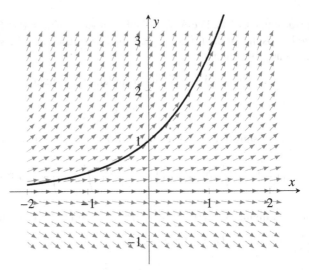

b) Auch hier kann man die exakte Lösung angeben. Es ist die Gerade durch den Ursprung $y(x) = -\frac{1}{2}x$ im Richtungsfeld.

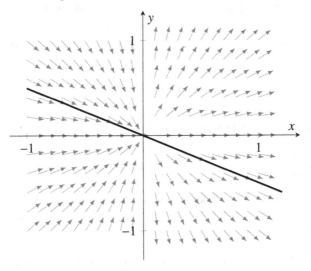

Aufgabe 3.11.

a) Wir setzen die Funktion $y_1(x) = \frac{1}{x}\sinh x$ und ihre Ableitungen

$$y_1'(x) = -\frac{1}{x^2}\sinh x + \frac{1}{x}\cosh x$$
$$y_1''(x) = \frac{2}{x^3}\sinh x - \frac{2}{x^2}\cosh x + \frac{1}{x}\sinh x$$

in die Differentialgleichung ein und erhalten

$$x\,y_1''(x) + 2\,y_1'(x) - x\,y_1(x) = 0$$

Indem wir überall $\sinh x$ und $\cosh x$ tauschen, erhalten wir das gleiche Resultat für die Funktion $y_2(x)$. Wegen $\frac{y_2(x)}{y_1(x)} = \tanh x \not\equiv$ const bilden diese beiden Lösungen bereits ein Fundamentalsystem der DGl. Alternativ kann man auch die Wronski-Determinante berechnen:

$$W(x) = y_1(x) \cdot y_2'(x) - y_2(x) \cdot y_1'(x)$$

$$= \frac{1}{x} \sinh x \cdot \left(-\frac{1}{x^2} \cosh x + \frac{1}{x} \sinh x\right) - \frac{1}{x} \cosh x \cdot \left(-\frac{1}{x^2} \sinh x + \frac{1}{x} \cosh x\right)$$

$$= \frac{1}{x^2} (\sinh^2 x - \cosh^2 x) = -\frac{1}{x^2}$$

wobei wir in der letzten Zeile den hyperbolischen Pythagoras verwendet haben. Da $W(x) \not\equiv 0$ erfüllt ist, sind $y_1(x)$ und $y_2(x)$ zwei Fundamentallösungen der Differentialgleichung. Die allgemeine Lösung lautet demnach

$$y(x) = C_1 \cdot \frac{\sinh x}{x} + C_2 \cdot \frac{\cosh x}{x}$$

b) Einsetzen von $y_1(x) = x$, $y_1'(x) \equiv 1$ und $y_1''(x) \equiv 0$ in die DGl ergibt

$$y_1'' + \frac{2}{x} \cdot y_1' - \frac{2}{x^2} \cdot y_1 = 0 + \frac{2}{x} \cdot 1 - \frac{2}{x^2} \cdot x = 0$$

Für die allgemeine Lösung brauchen wir $f(x) = \frac{2}{x}$ sowie

$$F(x) = \int \frac{2}{x} \, dx = 2 \ln|x| = \ln x^2, \quad e^{-F(x)} = e^{-\ln x^2} = \frac{1}{x^2}$$

$$\implies \quad y(x) = y_1(x) \cdot \left(C_1 + C_2 \int \frac{e^{-F(x)}}{y_1(x)^2} \, dx\right) = x \cdot \left(C_1 + C_2 \int \frac{1}{x^4} \, dx\right)$$

Die allgemeine Lösung lautet somit

$$y(x) = x \cdot \left(C_1 - C_2 \cdot \frac{1}{3x^3}\right) = C_1 x - \frac{C_2}{3x^2}$$

mit den beiden freien Integrationskonstanten C_1 und C_2. Durch Umbenennen von $-\frac{C_2}{3}$ in C_2 können wir diese auch in der Form $y(x) = C_1 x + C_2 \frac{1}{x^2}$ schreiben.

c) Einsetzen von $y_1(x) = \sin x$, $y_1'(x) = \cos x$, $y_1''(x) = -\sin x$ in die DGl liefert

$$y_1'' - 2 \tan x \cdot y_1' + 3 y_1 = -\sin x - 2 \frac{\sin x}{\cos x} \cdot \cos x + 3 \sin x = 0$$

Für die Berechnung einer zweiten Fundamentallösung brauchen wir eine Stammfunktion zu $f(x) = -2 \tan x$, also

$$F(x) = \int -2 \tan x \, dx = 2 \ln|\cos x| = \ln(\cos^2 x) \quad \implies \quad e^{-F(x)} = \frac{1}{\cos^2 x}$$

Damit ist

$$y_2(x) = y_1(x) \cdot \int \frac{e^{-F(x)}}{y_1(x)^2} \, dx = \sin x \cdot \int \frac{1}{\sin^2 x \cdot \cos^2 x} \, dx$$

$$= \sin x \cdot \int \frac{4}{\sin^2 2x} \, dx = \sin x \cdot (-2 \cot 2x)$$

Die allgemeine Lösung ist dann

$$y(x) = C_1 \cdot \sin x - C_2 \cdot 2 \sin x \cot 2x = \sin x \cdot (C_1 - 2 C_2 \cot 2x)$$

Aufgabe 3.12. Die DGl enthält nur Ableitungen von y, nicht aber y selbst. Mit der Substitution $u = y'$ ergibt sich eine inhomogene lineare DGl 1. Ordnung

$$x u' + u = 2 \qquad \text{bzw.} \qquad u' + \frac{1}{x} u = \frac{2}{x}$$

welche wir mit der folgenden Formel lösen können (da wir bei der DGl 2. Ordnung für y zwei Integrationskonstanten erwarten, schreiben wir gleich C_1):

$$F(x) = \int \frac{1}{x} \, dx = \ln x \quad \text{für} \quad x \in \,]0, \infty[\quad \Longrightarrow \quad e^{F(x)} = x, \quad e^{-F(x)} = \frac{1}{x}$$

$$u(x) = \left(C_1 + \int \frac{2}{x} \cdot x \, dx \right) \cdot \frac{1}{x} = \left(C_1 + \int 2 \, dx \right) \cdot \frac{1}{x} = (C_1 + 2x) \cdot \frac{1}{x} = \frac{C_1}{x} + 2$$

Durch Integration ergibt sich dann die allgemeine Lösung der DGl 2. Ordnung

$$y'(x) = u(x) = \frac{C_1}{x} + 2 \quad \Longrightarrow \quad y(x) = C_1 \ln x + 2x + C_2$$

mit zwei Integrationskonstanten C_1 und C_2. Wir suchen noch die Lösung für die Anfangsbedingung

$$3 = y'(1) = \frac{C_1}{1} + 2 \quad \Longrightarrow \quad C_1 = 1$$
$$2 = y(1) = C_1 \cdot 0 + 2 + C_2 \quad \Longrightarrow \quad C_2 = 0$$

Die spezielle Lösung lautet demnach $y(x) = \ln x + 2x$.

Aufgabe 3.13.

a) Die Lösungen der charakteristischen Gleichung $\lambda^2 + 4\lambda + 3 = 0$ sind $\lambda_1 = -3$ und $\lambda_2 = -1$, also beide reell. Die allgemeine Lösung lautet dann

$$y(x) = C_1 \cdot e^{-3x} + C_2 \cdot e^{-x} \quad \Longrightarrow \quad y'(x) = -3 C_1 \cdot e^{-3x} - C_2 \cdot e^{-x}$$

Einsetzen der Anfangsbedingungen

$$2 = y(0) = C_1 \cdot e^0 + C_2 \cdot e^0 = C_1 + C_2 \quad \Longrightarrow \quad C_2 = 2 - C_1$$
$$0 = y'(0) = -3 C_1 \cdot e^0 - C_2 e^0 = -3 C_1 - C_2 = -2 C_1 - 2$$

ergibt $C_1 = -1$, $C_2 = 3$ und die spezielle Lösung $y(x) = -e^{-3x} + 3 e^{-x}$.

b) Die charakteristische Gleichung $0 = \lambda^2 + 4\lambda + 4 = (\lambda + 2)^2$ hat nur eine (doppelte) Nullstelle bei $\lambda = -2$, und die allgemeine Lösung lautet in diesem Fall

$$y(x) = (C_1 + x C_2) e^{-2x} \implies y'(x) = C_2 e^{-2x} - 2(C_1 + x C_2) e^{-2x}$$

Aus den Anfangsbedingungen $2 = y(0) = C_1 \cdot e^0 = C_1$ und

$$0 = y'(0) = C_2 \cdot e^0 - 2 C_1 \cdot e^0 = C_2 - 4 \implies C_2 = 4$$

erhalten wir die spezielle Lösung $y(x) = (2 + 4x) e^{-2x}$.

c) Die Nullstellen der charakteristischen Gleichung

$$\lambda^2 + 4\lambda + 5 = 0 \implies \lambda_{1/2} = \frac{-4 \pm \sqrt{-4}}{2} = \frac{-4 \pm 2\sqrt{-1}}{2}$$

sind hier konjugiert komplex: $\lambda_{1/2} = -2 \pm i$. Die allgemeine Lösung ist

$$y(x) = e^{-2x} (C_1 \cos x + C_2 \sin x)$$
$$\implies y'(x) = -2 e^{-2x} (C_1 \cos x + C_2 \sin x) + e^{-2x} (-C_1 \sin x + C_2 \cos x)$$

Die Anfangsbedingungen $2 = y(0) = e^0 \cdot (C_1 + 0) = C_1$ und

$$0 = y'(0) = -2 e^0 \cdot C_1 + e^0 \cdot C_2 = -4 + C_2 \implies C_2 = 4$$

liefern die spezielle Lösung $y(x) = e^{-2x} (2 \cos x + 4 \sin x)$.

Aufgabe 3.14.

a) Die Nullstellen der charakteristischen Gleichung $\lambda^2 + 4\lambda + 3 = 0$ sind $\lambda_1 = -3$, $\lambda_2 = -1$. Die allgemeine Lösung der homogenen DGl ist nach Aufgabe 3.13, a)

$$y(x) = C_1 \cdot e^{-3x} + C_2 \cdot e^{-x}$$

Wir benötigen noch eine partikuläre Lösung:

$$G(x) = e^{-3x} \int (3x + 1) \cdot e^{3x} \, dx = e^{-3x} \cdot x e^{3x} = x$$

$$y_0(x) = e^{-x} \int x \cdot e^x \, dx = e^{-x} \cdot (x - 1) e^x = x - 1$$

Die allgemeine Lösung der inhomogenen DGl ist dann

$$y(x) = x - 1 + C_1 \cdot e^{-3x} + C_2 \cdot e^{-x}$$

Man erhält hier übrigens die gleiche partikuläre Lösung, wenn man die Reihenfolge der λ-Werte vertauscht: Mit $\lambda_1 = -1$ und $\lambda_2 = -3$ ergibt sich

$$G(x) = e^{-x} \int (3x+1) \cdot e^x \, dx = e^{-x} \cdot (3x-2) e^x = 3x - 2$$

$$y_0(x) = e^{-3x} \int (3x-2) \cdot e^{3x} \, dx = e^{-3x} \cdot (x-1) e^{3x} = x - 1$$

(auch hier wurden die Stammfunktionen mittels partieller Integration bestimmt).

b) Die einzige Lösung der charakteristischen Gleichung $\lambda^2 + 4\lambda + 4 = 0$ ist $\lambda = -2$ (doppelte Nullstelle), und die allgemeine Lösung der homogenen DGl lautet

$$y(x) = (C_1 + x C_2) e^{-2x}$$

Mit der partikulären Lösung $y_0(x)$ aus der Rechnung

$$G(x) = e^{-2x} \int e^{-2x} \cdot e^{2x} \, dx = e^{-2x} \cdot \int 1 \, dx = x e^{-2x}$$

$$y_0(x) = e^{-2x} \int x e^{-2x} \cdot e^{2x} \, dx = e^{-2x} \cdot \int x \, dx = \tfrac{1}{2} x^2 e^{-2x}$$

ergibt sich die allgemeine Lösung der inhomogenen DGl

$$y(x) = \tfrac{1}{2} x^2 e^{-2x} + (C_1 + x C_2) e^{-2x}$$

c) Die Nullstellen der charakteristischen Gleichung $\lambda^2 + 4\lambda + 5 = 0$ sind komplex:

$$\lambda_1 = -2 + i \quad \text{und} \quad \lambda_2 = -2 - i$$

Die Formel zur Berechnung einer partikulären Lösung liefert

$$G(x) = e^{(-2+i)x} \int 5 \cdot e^{(2-i)x} \, dx = e^{(-2+i)x} \cdot \frac{5}{2-i} e^{(2-i)x} = \frac{5}{2-i}$$

$$y_0(x) = e^{(-2-i)x} \int \frac{5}{2-i} \cdot e^{(2+i)x} \, dx = e^{(-2-i)x} \cdot \frac{5}{(2-i)(2+i)} e^{(2+i)x}$$

$$= \frac{5}{2^2 - i^2} e^0 = 1$$

wobei man diese Lösung $y_0(x) \equiv 1$ ggf. auch erraten kann. Zusammen mit dem Fundamentalsystem der homogenen DGl aus Aufgabe 3.13, c) ergibt sich die allgemeine Lösung

$$y(x) = 1 + e^{-2x} (C_1 \cos x + C_2 \sin x)$$

Aufgabe 3.15.

a) Die charakteristische Gleichung $\lambda^2 - 4\lambda + 3 = 0$ hat die reellen Nullstellen $\lambda_1 = 1$ und $\lambda_2 = 3$. Eine partikuläre Lösung zur Störfunktion $g(x) = e^x$ ergibt sich aus

$$G(x) = e^x \int e^{2x} \cdot e^{-x} \, dx = e^{2x}$$

$$y_0(x) = e^{3x} \int e^{2x} \cdot e^{-3x} \, dx = e^{3x} \int e^{-x} \, dx = -e^{2x}$$

Die allgemeine Lösung lautet dann

$$y(x) = -e^{2x} + C_1 e^x + C_2 e^{3x}$$

mit beliebigen Konstanten C_1 und C_2. Die Anfangsbedingungen für $y(x)$ und für die Ableitung

$$y'(x) = -2 e^{2x} + C_1 e^x + 3 C_2 e^{3x}$$

bei $x = 0$ legen die Integrationskonstanten fest:

$$-1 = y(0) = -1 + C_1 + C_2 \quad \Longrightarrow \quad C_1 = -C_2$$
$$2 = y'(0) = -2 + C_1 + 3 C_2 = -2 + 2 C_2 \quad \Longrightarrow \quad C_2 = 2$$

Die gesuchte spezielle Lösung ist dann $y(x) = -e^{2x} - 2 e^x + 2 e^{3x}$.

b) Die Normalform dieser inhomogenen linearen DGl 2. Ordnung ist

$$y'' - y = 2 e^x + 1$$

Sie hat die charakteristischen Werte

$$\lambda^2 - 1 = 0 \quad \Longrightarrow \quad \lambda_1 = 1 \quad \text{und} \quad \lambda_2 = -1$$

Die Berechnung der partikulären Lösung ergibt

$$G(x) = e^{-x} \int (2 e^x + 1) \cdot e^x \, dx = e^{-x}(e^{2x} + e^x) = e^x + 1$$

$$y_0(x) = e^x \int (e^x + 1) e^{-x} \, dx = e^x \int 1 + e^{-x} \, dx = x e^x - 1$$

Sie liefert uns die allgemeine Lösung der DGl:

$$y(x) = x e^x - 1 + C_1 \cdot e^x + C_2 \cdot e^{-x}$$

mit beliebigen Integrationskonstanten C_1 und C_2.

c) Es handelt sich hierbei um eine homogene lineare DGl 2. Ordnung. Die Lösungen der charakteristischen Gleichung $\lambda^2 - \lambda - 2 = 0$ sind $\lambda_1 = -1$ und $\lambda_2 = 2$. Die allgemeine Lösung der Differentialgleichung ist daher

$$y(x) = C_1 \cdot e^{-x} + C_2 \cdot e^{2x}$$

Aus der Anfangsbedingung $y(0) = 0$ folgt $C_1 = -C_2$, und Einsetzen in

$$y'(x) = -C_1 \cdot e^{-x} + 2 C_2 \cdot e^{2x} \quad \Longrightarrow \quad 3 = y'(0) = C_2 + 2 C_2 = 3 C_2$$

ergibt $C_2 = 1$, $C_1 = -1$. Die gesuchte spezielle Lösung ist dann $y(x) = e^{2x} - e^{-x}$.

d) Mit den Nullstellen der charakteristischen Gleichung

$$\lambda^2 - 2\lambda + 1 = 0 \quad \Longrightarrow \quad (\lambda - 1)^2 = 0 \quad \Longrightarrow \quad \lambda_1 = \lambda_2 = 1$$

können wir eine partikuläre Lösung berechnen:

$$G(x) = e^x \int 2 \cdot e^{-x}\, dx = e^x \cdot (-2\,e^{-x}) = -2$$

$$y_0(x) = e^x \int -2 \cdot e^{-x}\, dx = e^x \cdot 2\,e^{-x} = 2$$

Die allgemeine Lösung der Differentialgleichung ist dann

$$y(x) = 2 + C_1\,e^x + C_2\,x\,e^x$$

Die Randbedingungen legen die freien Konstanten fest:

$$2 = y(0) = 2 + C_1 \quad \Longrightarrow \quad C_1 = 0$$
$$2 = y(1) = 2 + 0 \cdot e^1 + 2\,C_2\,e^1 \quad \Longrightarrow \quad C_2 = 0$$

Die spezielle Lösung ist somit die konstante Funktion $y(x) \equiv 2$.

e) Die charakteristische Gleichung

$$\lambda^2 + 2\lambda + 5 = 0 \quad \Longrightarrow \quad \lambda_{1/2} = \frac{-2 \pm \sqrt{4 - 20}}{2} = -1 \pm 2\,i$$

hat zwei komplexe Lösungen. Mit $\lambda_1 = -1 - 2\,i$ und $\lambda_2 = -1 + 2\,i$ ergibt sich eine partikuläre Lösung aus

$$G(x) = e^{(-1-2i)x} \int 4\,e^{-x} \cdot e^{(1+2i)x}\, dx$$

$$= e^{(-1-2i)x} \int 4\,e^{2ix}\, dx = e^{(-1-2i)x} \cdot \frac{4}{2\,i}\,e^{2ix} = -2\,i\,e^{-x}$$

$$y_0(x) = e^{(-1+2i)x} \int (-2\,i\,e^{-x}) \cdot e^{(1-2i)x}\, dx$$

$$= e^{(-1+2i)x} \int -2\,i\,e^{-2ix}\, dx = e^{(-1+2i)x} \cdot e^{-2ix} = e^{-x}$$

Die allgemeine Lösung lautet dann

$$y(x) = e^{-x} + e^{-x}(C_1 \cos 2x + C_2 \sin 2x) = e^{-x}(1 + C_1 \cos 2x + C_2 \sin 2x)$$

Die Anfangsbedingung $y(0) = 0$ ergibt $0 = e^0(1 + C_1 + 0)$ und folglich $C_1 = -1$, sodass

$$y(x) = e^{-x}(1 - \cos 2x + C_2 \sin 2x) \quad \text{und}$$
$$y'(x) = -e^{-x}(1 - \cos 2x + C_2 \sin 2x) + e^{-x}(2 \sin 2x + 2\,C_2 \cos 2x)$$

gilt. Aus $0 = y'(0) = 2C_2$ folgt $C_2 = 0$, und die spezielle Lösung dieser Anfangs-wertaufgabe ist demnach die Funktion

$$y(x) = e^{-x}(1 - \cos 2x)$$

Aufgabe 3.16.

a) Die Nullstellen der charakteristischen Gleichung $\lambda^2 + 4 = 0$ sind rein imaginär: $\lambda_1 = -2\,\mathrm{i}$ und $\lambda_2 = 2\,\mathrm{i}$. Die Formel zur Berechnung einer partikulären Lösung liefert

$$G(x) = e^{-2\mathrm{i}x} \int 2 \cdot e^{2\mathrm{i}x}\,\mathrm{d}x = e^{-2\mathrm{i}x} \cdot 2 \cdot \tfrac{1}{2\mathrm{i}}\,e^{2\mathrm{i}x} = \tfrac{1}{\mathrm{i}}$$

$$y_0(x) = e^{2\mathrm{i}x} \int \tfrac{1}{\mathrm{i}} \cdot e^{-2\mathrm{i}x}\,\mathrm{d}x = e^{-2\mathrm{i}x} \cdot \tfrac{1}{\mathrm{i}} \cdot \tfrac{1}{-2\mathrm{i}}\,e^{2\mathrm{i}x} = \tfrac{1}{2}$$

(diese Lösung $y_0(x) \equiv \tfrac{1}{2}$ hätte man ggf. auch erraten können). Zusammen mit dem *reellen* Fundamentalsystem der homogenen DGl ergibt sich die allgemeine Lösung

$$y(x) = \tfrac{1}{2} + C_1 \cos(2x) + C_2 \sin(2x)$$

mit der Ableitung $y'(x) = -2C_1 \sin(2x) + 2C_2 \cos(2x)$. Setzen wir die Anfangsbe-dingungen ein:

$$0 = y(0) = \tfrac{1}{2} + C_1 \cdot 1 + C_2 \cdot 0 = \tfrac{1}{2} + C_1 \quad \Longrightarrow \quad C_1 = -\tfrac{1}{2}$$
$$0 = y'(0) = -2C_1 \cdot 0 + 2C_2 \cdot 1 = 2C_2 \quad \Longrightarrow \quad C_2 = 0$$

dann erhalten wir die spezielle Lösung $y(x) = \tfrac{1}{2} - \tfrac{1}{2}\cos(2x)$.

b) Die Funktion $y(x) = \sin^2 x$ hat nach der Ketten- und Produktregel die Ableitungen

$$y'(x) = 2\sin x \cdot \cos x$$
$$y''(x) = 2\cos x \cdot \cos x + 2\sin x \cdot (-\sin x) = 2\cos^2 x - 2\sin^2 x$$

Folglich gilt

$$y'' + 4y = 2\cos^2 x - 2\sin^2 x + 4\sin^2 x$$
$$= 2\cos^2 x + 2\sin^2 x = 2(\cos^2 x + \sin^2 x) \equiv 2$$

und somit ist $y(x) = \sin^2 x$ eine Lösung der DGl, welche ebenfalls $y(0) = y'(0) = 0$ erfüllt. Der Vergleich mit a) führt zur bekannten Formel für den doppelten Winkel beim Kosinus:

$$\sin^2 x = \tfrac{1}{2} - \tfrac{1}{2}\cos(2x) \quad \Longrightarrow \quad \cos(2x) = 1 - 2\sin^2 x$$

Aufgabe 3.17.

a) Die zugehörige charakteristische Gleichung lautet $\sigma^2 - 4 = 0$; sie hat die beiden reellen Nullstellen $\sigma_{1/2} = \pm 2$, und somit lautet die allgemeine Lösung der DGl

$$y(x) = C_1 \cdot x^{-2} + C_2 \cdot x^2 = \frac{C_1}{x^2} + C_2 x^2$$

b) Nach der Multiplikation mit x^2 ergibt sich eine Eulersche DGl in Normalform

$$x^2 y'' - 5 x y' + 10 y = 0$$

mit der charakteristischen Gleichung $\sigma^2 - 6\sigma + 10 = 0$ und zwei konjugiert komplexen Nullstellen $\sigma_{1/2} = 3 \pm i$. Folglich hat die allgemeine Lösung der DGl die Form

$$y(x) = x^3 \left(C_1 \cos(\ln x) + C_2 \sin(\ln x) \right)$$

Aufgabe 3.18.

a) Für die Funktion $y_0(x) = 2x - 1$ gilt

$$x^2 y_0'' - 3 x y_0' + 4 y_0 = x^2 \cdot 0 - 3 x \cdot 2 + 4 \cdot (2x - 1) = 2x - 4$$

und daher ist sie eine (partikuläre) Lösung der DGl.

b) Die homogene DGl $x^2 y'' - 3 x y' + 4 y$ ist eine Eulersche Differentialgleichung mit der charakteristischen Gleichung $\sigma^2 - 4\sigma + 4 = (\sigma - 2)^2 = 0$. Diese hat eine doppelte Nullstelle bei $\sigma = 2$, und daher ist

$$x^2 \left(C_1 + C_2 \ln x \right)$$

die allgemeine Lösung der homogenen DGl.

c) Addieren wir zur partikuläre Lösung a) die Lösung b) der homogenen DGl, dann erhalten wir die allgemeine Lösung der inhomogenen DGl

$$y(x) = 2x - 1 + x^2 \left(C_1 + C_2 \ln x \right)$$

d) Wir brauchen noch die Ableitung

$$y'(x) = 2 + 2 x \cdot (C_1 + C_2 \ln x) + x^2 \cdot \frac{C_2}{x} = 2 + x \left(2 C_1 + C_2 + 2 C_2 \ln x \right)$$

Einsetzen der Anfangsbedingung $y(1) = y'(1) = 0$ ergibt

$$0 = y(1) = 2 \cdot 1 - 1 + 1^2 \cdot (C_1 + C_2 \ln 1) = 1 + C_1 \quad \Longrightarrow \quad C_1 = -1$$
$$0 = y'(1) = 2 + 1 \cdot (2 C_1 + C_2 + 2 C_2 \ln 1) = C_2 \quad \Longrightarrow \quad C_2 = 0$$

und die spezielle Lösung $y(x) = 2x - 1 - x^2 = -(x - 1)^2$

Aufgabe 3.19.

a) Für die charakteristische Gleichung 4. Grades

$$\lambda^4 - 5\lambda^3 + 7\lambda^2 + 3\lambda - 10 = 0$$

können wir die Lösungen $\lambda_1 = -1$ und $\lambda_2 = 2$ raten. Nach Polynomdivision bzw. nach Anwendung des Horner-Schemas

	1	−5	7	3	−10
$(-1) \cdot$	0	−1	6	−13	10
Σ	1	−6	13	−10	0
$2 \cdot$	0	2	−8	10	
Σ	1	−4	5	0	

verbleibt die quadratische Gleichung $\lambda^2 - 4\lambda + 5 = 0$, deren Nullstellen

$$\lambda_{3/4} = \frac{4 \pm \sqrt{16 - 20}}{2} = 2 \pm i$$

konjugiert komplex sind. Mit diesen vier charakteristischen Werten können wir die allgemeine Lösung zusammenbauen:

$$y(x) = C_1 e^{-x} + C_2 e^{2x} + e^{2x} (C_3 \cos x + C_4 \sin x)$$
$$= C_1 e^{-x} + (C_2 + C_3 \cos x + C_4 \sin x) e^{2x}$$

b) Die charakteristische Gleichung ist hier eine algebraische Gleichung 5. Grades, und zwar

$$\lambda^5 - \lambda^4 + 3\lambda^3 - 3\lambda^2 - 4\lambda + 4 = 0$$

Die Lösungen $\lambda_{1/2} = \pm 1$ kann man erraten, und das Horner-Schema

	1	−1	3	−3	−4	4
$1 \cdot$	0	1	0	3	0	−4
Σ	1	0	3	0	−4	0
$(-1) \cdot$	0	−1	1	−4	4	
Σ	1	−1	4	−4	0	

führt auf die kubische Gleichung $\lambda^3 - \lambda^2 + 4\lambda - 4 = 0$, für die wir erneut eine Nullstelle raten können: $\lambda_3 = 1$. Nochmalige Anwendung des Horner-Schemas

	1	−1	4	−4
$1 \cdot$	0	1	0	4
Σ	1	0	4	0

ergibt die quadratische Gleichung $\lambda^2 + 4 = 0$ mit den zwei imaginären Lösungen $\lambda_{4/5} = \pm 2i$. Die charakteristische Gleichung hat demnach vier verschiedene Lösungen: $\lambda = +1$ doppelt sowie $\lambda = -1$ und $\lambda = \pm 2i$ jeweils einfach. Hieraus ergibt sich die allgemeine Lösung

$$y(x) = (C_1 + C_2 x) e^x + C_3 e^{-x} + C_4 \sin 2x + C_5 \cos 2x$$

c) Zuerst berechnen wir die Nullstellen der charakteristischen Gleichung $\lambda^3 - 7\lambda + 6 = 0$. Eine erste Lösung dieser kubischen Gleichung $\lambda_1 = 1$ lässt sich erraten, und das Horner-Schema

$$
\begin{array}{r|rrrr}
 & 1 & 0 & -7 & 6 \\
1\cdot & 0 & 1 & 1 & -6 \\
\hline
\Sigma & 1 & 1 & -6 & 0
\end{array}
$$

ergibt die quadratische Gleichung $\lambda^2 + \lambda - 6 = 0$ mit den weiteren Nullstellen $\lambda_2 = -3$ sowie $\lambda_3 = 2$. Aus den charakteristischen Werten können wir durch mehrmalige Integration eine partikuläre Lösung der inhomogenen DGl bestimmen:

$$G_1(x) = e^x \int 5\,e^{2x} \cdot e^{-x}\,dx = 5\,e^{2x}$$

$$G_2(x) = e^{-3x} \int 5\,e^{2x} \cdot e^{3x}\,dx = e^{2x}$$

$$y_0(x) = e^{2x} \int e^{2x} \cdot e^{-2x}\,dx = x\,e^{2x}$$

Zusammen mit dem Fundamentalsystem der homogenen DGl ergibt sich daraus die allgemeine Lösung

$$y(x) = x\,e^{2x} + C_1\,e^x + C_2\,e^{-3x} + C_3\,e^{2x}$$

d) Die charakteristische Gleichung

$$0 = \lambda^4 - 4\lambda^3 + 6\lambda^2 - 4\lambda + 1 = (\lambda - 1)^4$$

hat hier eine vierfache Nullstelle bei $\lambda = 1$. Die Formel zur Berechnung einer partikulären Lösung ergibt

$$G_1(x) = e^x \int (2 + 4\,e^{3x}) \cdot e^{-x}\,dx = -2 + 2\,e^{3x}$$

$$G_2(x) = e^x \int (-2 + 2\,e^{3x}) \cdot e^{-x}\,dx = 2 + e^{3x}$$

$$G_3(x) = e^x \int (2 + e^{3x}) \cdot e^{-x}\,dx = -2 + \tfrac{1}{2}\,e^{3x}$$

$$y_0(x) = e^x \int (-2 + \tfrac{1}{2}\,e^{3x}) \cdot e^{-x}\,dx = 2 + \tfrac{1}{4}\,e^{3x}$$

und liefert schließlich die gesuchte allgemeine Lösung der DGl:

$$y(x) = 2 + \tfrac{1}{4}\,e^{3x} + e^x \cdot (C_1 + C_2\,x + C_3\,x^2 + C_4\,x^3)$$

Aufgabe 3.20. Wir lösen das Anfangswertproblem zunächst auf dem herkömmlichen Weg über die charakteristische Gleichung und Berechnung einer partikulären Lösung mittels Integration. Die charakteristische Gleichung $\lambda^2 - 2\lambda + 2 =$ hat zwei konjugiert komplexe Nullstellen $\lambda_1 = 1 + i$ und $\lambda_2 = 1 - i$. Bei der Berechnung der partikulären

Lösung ist es günstig, auch die Störfunktion durch eine komplexe Exponentialfunktion zu ersetzen. Dazu nutzen wir die Eulersche Formel

$$(1 - 2\,\mathrm{i}) \cdot \mathrm{e}^{\mathrm{i}x} = (1 - 2\,\mathrm{i}) \cdot (\cos x + \mathrm{i}\sin x) = \cos x + 2\sin x + \mathrm{i}\,(\sin x - 2\cos x)$$

sodass $\sin x - 2\cos x = \mathrm{Im}\left((1 - 2\,\mathrm{i}) \cdot \mathrm{e}^{\mathrm{i}x}\right)$ gilt. Die Berechnung der partikulären Lösung

$$G(x) = \mathrm{e}^{(1+\mathrm{i})x} \int (1 - 2\,\mathrm{i}) \cdot \mathrm{e}^{\mathrm{i}x} \cdot \mathrm{e}^{-(1+\mathrm{i})x}\,\mathrm{d}x = (1 - 2\,\mathrm{i})\,\mathrm{e}^{(1+\mathrm{i})x} \int \mathrm{e}^{-x}\,\mathrm{d}x$$

$$= (1 - 2\,\mathrm{i})\,\mathrm{e}^{(1+\mathrm{i})x} \cdot (-\mathrm{e}^{-x}) = (-1 + 2\,\mathrm{i})\,\mathrm{e}^{\mathrm{i}x}$$

$$z_0(x) = \mathrm{e}^{(1-\mathrm{i})x} \int (-1 + 2\,\mathrm{i}) \cdot \mathrm{e}^{\mathrm{i}x} \cdot \mathrm{e}^{-(1-\mathrm{i})x}\,\mathrm{d}x = \mathrm{e}^{(1-\mathrm{i})x} \int (-1 + 2\,\mathrm{i})\,\mathrm{e}^{(-1+2\mathrm{i})x}\,\mathrm{d}x$$

$$= \mathrm{e}^{(1-\mathrm{i})x} \cdot \mathrm{e}^{(-1+2\mathrm{i})x} = \mathrm{e}^{\mathrm{i}x} = \cos x + \mathrm{i}\sin x$$

ergibt zunächst die komplexe Funktion $z_0(x) = \cos x + \mathrm{i}\sin x$, deren *Imaginärteil* $y_0(x) = \sin x$ eine *reelle* partikuläre Lösung zur Störfunktion $\sin x - 2\cos x$ liefert. Zusammen mit dem Fundamentalsystem der homogenen DGl erhalten wir die allgemeine Lösung

$$y(x) = \sin x + \mathrm{e}^x\,(C_1 \cos x + C_2 \sin x)$$

Wir müssen noch die Anfangsbedingung erfüllen, und dazu brauchen wir

$$y'(x) = \cos x + \mathrm{e}^x\,(C_1 \cos x + C_2 \sin x) + \mathrm{e}^x\,(-C_1 \sin x + C_2 \cos x)$$

Aus $0 = y(0) = C_1$ und $1 = y'(0) = 1 + C_2$ folgt $C_1 = C_2 = 0$, sodass $y(x) = \sin x$ bereits auch schon die spezielle Lösung zu den gegebenen Anfangsbedingungen ist.

Lösung mit der Laplace-Transformation:

Wir bezeichnen die Bildfunktion (= Laplace-Transformierte) von $y(x)$ mit $Y(t)$. Die Anwendung der Laplace-Transformation auf die DGl

$$\mathcal{L}\{y'' - 2\,y' + 2\,y\}\,(t) = \mathcal{L}\{\sin x - 2\cos x\}\,(t)$$

führt bei Verwendung des Linearitätssatzes zunächst auf die Gleichung

$$\mathcal{L}\{y''\}\,(t) - 2\,\mathcal{L}\{y'\}\,(t) + 2\,\mathcal{L}\{y\}\,(t) = \mathcal{L}\{\sin x\}\,(t) - 2\,\mathcal{L}\{\cos x\}\,(t)$$

$$= \frac{1}{t^2 + 1} - 2 \cdot \frac{t}{t^2 + 1} = \frac{1 - 2t}{t^2 + 1}$$

Die Anwendung des Ableitungssatzes unter Berücksichtigung der Anfangsbedingungen ergibt

$$\mathcal{L}\{y''\}\,(t) = t^2\,Y(t) - y'(0) - t \cdot y(0) = t^2\,Y(t) - 1$$
$$\mathcal{L}\{y'\}\,(t) = t\,Y(t) - y(0) = t\,Y(t)$$

Setzen wir diese Bildfunktionen zusammen mit $\mathcal{L}\{y\}\,(t) = Y(t)$ in die obige Gleichung ein, dann erhalten wir

$$t^2 Y(t) - 1 - 2 t Y(t) + 2 Y(t) = \frac{1 - 2t}{t^2 + 1}$$

$$(t^2 - 2t + 2) Y(t) - 1 = \frac{1 - 2t}{t^2 + 1}$$

$$(t^2 - 2t + 2) Y(t) = \frac{1 - 2t}{t^2 + 1} + 1 = \frac{t^2 - 2t + 2}{t^2 + 1} \quad \Big| : (t^2 - 2t + 2)$$

$$\implies Y(t) = \frac{1}{t^2 + 1} = \mathcal{L}\{\sin x\}\,(t)$$

Hierzu gehört gemäß der Korrespondenztabelle die Originalfunktion $y(x) = \sin x$, die dann auch die gesuchte spezielle Lösung der DGl ist.

Aufgabe 3.21.

a) Die charakteristische Gleichung der Eulerschen DGl

$$x^2 y'' + x y' - \lambda y = 0$$

lautet $\sigma^2 - \lambda = 0$. Im Fall $\lambda > 0$ gibt es zwei verschiedene reelle Werte $\sigma_{1/2} = \pm\alpha$ mit $\alpha := \sqrt{\lambda}$, und die allgemeine Lösung der DGl ist dann

$$y(x) = C_1 x^\alpha + C_2 x^{-\alpha}$$

Einsetzen der Randbedingungen ergibt

$$0 = y(1) = C_1 \cdot 1^\alpha + C_2 \cdot 1^{-\alpha} = C_1 + C_2 \implies C_2 = -C_1$$
$$0 = y(e) = C_1 \cdot e^\alpha - C_1 \cdot e^{-\alpha} = 2 C_1 \sinh\alpha \implies C_1 = 0$$

sodass wegen $C_1 = C_2 = 0$ nur die triviale Lösung $y(x) \equiv 0$ verbleibt.

Falls $\lambda = 0$, dann hat die charakteristische Gleichung die doppelte Nullstelle $\sigma = 0$ und die allgemeine Lösung $y(x) = C_1 + C_2 \ln x$, welche die Randbedingung $0 = y(1) = y(e)$ ebenfalls nur für $C_1 = C_2 = 0$ erfüllt. Eine nichttriviale Lösung der Randwertaufgabe kann es also höchstens im Fall $\lambda < 0$ geben.

b) Setzen wir $\lambda = -\omega^2 < 0$ voraus, dann hat die charakteristische Gleichung $\sigma^2 + \omega^2 = 0$ zwei konjugiert komplexe Nullstellen $\sigma_{1/2} = \pm\mathrm{i}\,\omega$, und folglich lautet die allgemeine Lösung der DGl

$$y(x) = C_1 \cos(\omega \ln x) + C_2 \sin(\omega \ln x)$$

c) Die Randbedingungen sind erfüllt, falls

$$0 = y(1) = C_1 \cos 0 + C_2 \sin 0 = C_1 \quad \text{und}$$
$$0 = y(e) = 0 \cdot \cos\omega + C_2 \sin\omega = C_2 \sin\omega$$

gilt. Die obere Gleichung ergibt $C_1 = 0$. Aus der unteren folgt entweder $C_2 = 0$ und damit $y(x) \equiv 0$, oder aber $\sin\omega = 0$. Da wir eine nichttriviale Lösung suchen, muss $\sin\omega = 0$ und demnach $\omega = k \cdot \pi$ mit einer Zahl $k \in \mathbb{Z}$ gelten. Da $k = 0$ wegen $-\omega^2 < 0$ ausgeschlossen ist und das Vorzeichen von k wegen $\lambda = -\omega^2$ keine Rolle spielt, können wir folgende Aussage notieren: Das Randwertproblem besitzt eine nichttriviale Lösung genau dann, wenn $\lambda = -k^2\pi^2$ mit einer beliebigen Zahl $k \in \{1, 2, 3, 4, \ldots\}$ erfüllt ist.

d) Mit $C_1 = 0$ und $C_2 = C$ können wir die Eigenlösungen aus c) zum Eigenwert $\lambda_k = -k^2\pi^2$ in der Form $y(x) = C\sin(k\,\pi\ln x)$ notieren, wobei $C \neq 0$ eine beliebige Konstante ist.

Aufgabe 3.22.

a) Die Funktion $F(u, v) = \sqrt{1 + v^2}$ hängt hier nur von v ab, sodass

$$F_u \equiv 0 \quad \text{und} \quad F_v = \frac{v}{\sqrt{1 + v^2}}$$

Die Euler-Lagrange-Gleichung zu diesem Variationsproblem lautet

$$0 = F_u(y, y') - \frac{\mathrm{d}}{\mathrm{d}x} F_v(y, y') = 0 - \frac{\mathrm{d}}{\mathrm{d}x}\left(\frac{y'}{\sqrt{1 + (y')^2}}\right)$$

b) Nach der Quotientenregel gilt

$$\left(\frac{y'}{\sqrt{1 + (y')^2}}\right)' = \frac{y'' \cdot \sqrt{1 + (y')^2} - y' \cdot \frac{y'y''}{\sqrt{1+(y')^2}}}{1 + (y')^2} = \frac{y''}{\left(\sqrt{1 + (y')^2}\right)^3}$$

c) Fassen wir die Ergebnisse aus a) und b) zusammen, dann erhalten wir

$$\frac{y''}{\left(\sqrt{1 + (y')^2}\right)^3} = \frac{\mathrm{d}}{\mathrm{d}x}\left(\frac{y'}{\sqrt{1 + (y')^2}}\right) = 0$$

Somit muss $y''(x) \equiv 0$ erfüllt sein, und folglich ist $y(x) = C_1 \cdot x + C_2$ die allgemeine Lösung der Euler-Lagrange-Gleichung. Setzen wir hier noch die Randwerte ein:

$$1 = y(0) = C_2 \quad \text{und} \quad 2 = y(4) = C_1 \cdot 4 + 1 \quad \Longrightarrow \quad C_1 = \tfrac{1}{4}$$

dann ergibt sich die spezielle Lösung $y(x) = \tfrac{1}{4}x + 1$. Diese Gerade ist die kürzeste Verbindung zwischen den Punkten $(0, 1)$ und $(4, 2)$.

Aufgabe 3.23. Wir können die Wirkung beim freien Fall in der Form

$$S[y] = \int_0^T F(y, y')\,\mathrm{d}t \quad \text{mit} \quad F(u, v) = \tfrac{1}{2}m\,v^2 - m\,g\,u$$

darstellen. Aus $F_u = -m\,g$ und $F_v = m\,v$ ergibt sich die Euler-Lagrange-Gleichung

$$0 = F_u(y, y') - \frac{\mathrm{d}}{\mathrm{d}x} F_v(y, y') = -m\,g - \frac{\mathrm{d}}{\mathrm{d}x}(m\,y') = -m\,g - m\,y''$$

oder kurz $y'' \equiv -g$. Die allgemeine Lösung hierzu lautet $y(t) = a + b\,t - \frac{1}{2}\,g\,t^2$ mit zwei freien Integrationskonstanten a und b. Setzt man nun noch die Anfangsbedingungen ein, dann erhalten wir $h = y(0) = a$ und $0 = y'(0) = b$. Die Höhe $y(t)$ in Abhängigkeit von der Zeit t wird folglich durch die Funktion $y(t) = h - \frac{1}{2}\,g\,t^2$ beschrieben.

Aufgabe 3.24.

a) Die DGl 2. Ordnung hat die Normalform $y'' - y = -2x$ und die charakteristische Gleichung $\lambda^2 - 1 = 0$ mit den Nullstellen $\lambda_1 = -1$, $\lambda_2 = 1$. Eine partikuläre Lösung zur Störfunktion $g(x) = -2x$ erhalten wir mit der Rechnung

$$G(x) = e^{-x} \int -2\,x\,e^x \,\mathrm{d}x = 2 - 2\,x$$

$$y_0(x) = e^x \int (2 - 2\,x)\,e^{-x}\,\mathrm{d}x = 2\,x$$

Somit ist $y(x) = 2x + C_1\,e^{-x} + C_2\,e^x$ die allgemeine Lösung der DGl. Die Randbedingungen führen auf ein lineares Gleichungssystem

$$1 = y(0) = C_1 + C_2 \quad \Longrightarrow \quad C_2 = 1 - C_1$$
$$1 = y(2) = 4 + C_1\,e^{-2} + C_2\,e^2 = 4 + C_1\,e^{-2} + (1 - C_1)\,e^2$$

welches die Integrationskonstanten wie folgt festlegt:

$$C_1 = \frac{3 + e^2}{e^2 - e^{-2}} \quad \text{und} \quad C_2 = -\frac{3 + e^{-2}}{e^2 - e^{-2}}$$

Die exakte Lösung des Randwertproblems lautet also

$$y(x) = 2\,x + \frac{3 + e^2}{e^2 - e^{-2}}\,e^{-x} - \frac{3 + e^{-2}}{e^2 - e^{-2}}\,e^x$$

b) Für das Verfahren von Ritz verwenden wir die konstante Funktion $\varphi_0(x) \equiv 1$, welche insbesondere auch $\varphi_0(0) = \varphi_0(2) = 1$ erfüllt. Zusätzlich benutzen wir noch die vorgegebenen $n = 2$ Ansatzfunktionen

$$\varphi_1(x) := x^2 - 2\,x$$
$$\varphi_2(x) := x^3 - 3\,x^2 + 2\,x$$

mit den Randwerten $\varphi_k(0) = \varphi_k(2) = 0$ für $k \in \{1, 2\}$. Die Koeffizienten der DGl sind die konstanten Funktionen $p(x) = q(x) \equiv 1$, und die Störfunktion ist $r(x) = 2\,x$. Zusammen mit $\varphi_0(x) \equiv 1$ und $\varphi_0'(x) \equiv 0$ erhalten wir die Koeffizienten des $(3, 3)$-LGS $A \cdot \vec{c} = \vec{b}$ durch Integration aus den Formeln

$$a_{ik} = \int_0^2 \varphi_i'(x)\,\varphi_k'(x) + \varphi_i(x)\,\varphi_k(x)\,\mathrm{d}x = a_{ki}$$

$$b_i = \int_0^2 2\,x\,\varphi_i(x) - \varphi_i(x)\,\mathrm{d}x = \int_0^2 (2\,x - 1)\,\varphi_i(x)\,\mathrm{d}x$$

für $i, k = 1, 2$. Mit den Ableitungen $\varphi_0'(x) \equiv 0$ sowie $\varphi_1'(x) = 2x - 2$ und $\varphi_2'(x) = 3x^2 - 6x + 2$ ergeben sich für die Funktionen $p(x) = q(x) \equiv 1$ und $r(x) = 2x$ die Koeffizienten

$$a_{11} = \int_0^2 (2x - 2)^2 + (x^2 - 2x)^2 \, dx = \tfrac{56}{15}$$

$$a_{12} = \int_0^2 (2x - 2)(3x^2 - 6x + 2) + (x^2 - 2x)(x^3 - 3x^2 + 2x) \, dx = 0 = a_{21}$$

$$a_{22} = \int_0^2 (3x^2 - 6x + 2)^2 + (x^3 - 3x^2 + 2x)^2 \, dx = \tfrac{184}{105}$$

sowie auf der rechten Seite

$$b_1 = \int_0^2 (2x - 1)(x^2 - 2x) \, dx = \int_0^2 2x^3 - 5x^2 + 2x \, dx = -\tfrac{4}{3}$$

$$b_2 = \int_0^2 (2x - 1)(x^3 - 3x^2 + 2x) \, dx = \int_0^2 2x^4 - 7x^3 + 7x^2 - 2x \, dx = -\tfrac{8}{15}$$

Das lineare Gleichungssystem in Matrixform

$$\begin{pmatrix} \tfrac{56}{15} & 0 \\ 0 & \tfrac{184}{105} \end{pmatrix} \cdot \begin{pmatrix} c_1 \\ c_2 \end{pmatrix} = \begin{pmatrix} -\tfrac{4}{3} \\ -\tfrac{8}{15} \end{pmatrix}$$

liefert die Parameterwerte $c_1 = -\tfrac{5}{14}$ und $c_2 = -\tfrac{7}{23}$. Die gesuchte Näherungslösung lautet dann (siehe Abb. L.7)

$$\tilde{y}(x) = \varphi_0(x) - \tfrac{5}{14} \cdot \varphi_1(x) - \tfrac{7}{23} \cdot \varphi_2(x)$$
$$= 1 - \tfrac{5}{14}(x^2 - 2x) - \tfrac{7}{23}(x^3 - 3x^2 + 2x)$$

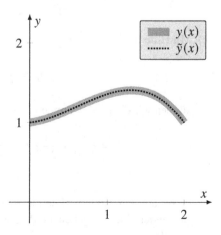

Abb. L.7 Die in b) berechnete (gepunktete) Näherungslösung $\tilde{y}(x)$ im Vergleich zur exakten Lösung $y(x)$ aus a)

Lösungen zu Kapitel 4

Aufgabe 4.1.

a) Die ersten fünf Partialsummen dieser unendlichen Reihe sind

$$
\begin{aligned}
S_0 &= 0,1^0 & &= 1 \\
S_1 &= 0,1^0 + 0,1^1 & &= 1,1 \\
S_2 &= 0,1^0 + 0,1^1 + 0,1^2 & &= 1,11 \\
S_3 &= 0,1^0 + 0,1^1 + 0,1^2 + 0,1^3 & &= 1,111 \\
S_4 &= 0,1^0 + 0,1^1 + 0,1^2 + 0,1^3 + 0,1^4 & &= 1,1111
\end{aligned}
$$

Setzt man die Summe fort, so entsteht offensichtlich der Wert

$$
\lim_{k \to \infty} S_k = 1,11111\ldots = 1,\overline{1} = \tfrac{10}{9}
$$

Da es sich bei $\sum_{n=0}^{\infty} 0,1^n$ um eine geometrische Reihe mit $q = 0,1$ handelt, kann man diesen Wert sofort auch mit der geometrischen Summenformel bestimmen:

$$
\sum_{n=0}^{\infty} 0,1^n = \frac{1}{1 - 0,1} = \tfrac{1}{0,9} = \tfrac{10}{9}
$$

b) Das Bildungsgesetz für die unendliche Reihe lautet im Fall

(i) $\quad 1 + \dfrac{1}{3} + \dfrac{1}{5} + \dfrac{1}{7} + \dfrac{1}{9} + \ldots = \displaystyle\sum_{n=0}^{\infty} \frac{1}{2n+1}$

(ii) $\quad -\dfrac{2}{3} + \dfrac{4}{3^2} - \dfrac{6}{3^3} + \dfrac{8}{3^4} - \dfrac{10}{3^5} \pm \ldots = \displaystyle\sum_{n=1}^{\infty} (-1)^n \frac{2n}{3^n}$

(iii) $\quad \dfrac{1 \cdot 2}{1} - \dfrac{2 \cdot 3}{2} + \dfrac{3 \cdot 4}{4} - \dfrac{4 \cdot 5}{8} + \dfrac{5 \cdot 6}{16} \mp \ldots = \displaystyle\sum_{n=0}^{\infty} (-1)^n \frac{(n+1)(n+2)}{2^n}$

c) Mit Hilfe der Zerlegung

$$
a_n = \frac{1}{n(n+1)} = \frac{1}{n} - \frac{1}{n+1}
$$

können wir die Partialsummen $S_k = a_1 + a_2 + \ldots + a_k$ wie folgt schreiben:

$$
\begin{aligned}
S_k &= \frac{1}{1 \cdot 2} + \frac{1}{2 \cdot 3} + \frac{1}{3 \cdot 4} + \frac{1}{4 \cdot 5} + \ldots + \frac{1}{k(k+1)} \\
&= \tfrac{1}{1} - \tfrac{1}{2} + \tfrac{1}{2} - \tfrac{1}{3} + \tfrac{1}{3} - \tfrac{1}{4} + \ldots - \tfrac{1}{k} + \tfrac{1}{k} - \tfrac{1}{k+1} = 1 - \tfrac{1}{k+1}
\end{aligned}
$$

da bis auf den ersten und den letzten Term alle anderen Summanden wegfallen. Mit steigendem Index k gehen die Partialsummen S_k über in den Grenzwert $\lim_{k \to \infty} S_k = 1$, sodass also

$$\sum_{n=1}^{\infty} \frac{1}{n(n+1)} = \frac{1}{2} + \frac{1}{6} + \frac{1}{12} + \frac{1}{20} + \ldots = 1$$

Aufgabe 4.2.

(i) Die Reihe konvergiert nach dem Quotientenkriterium, denn

$$q = \lim_{n\to\infty} \left| \frac{a_{n+1}}{a_n} \right| = \lim_{n\to\infty} \left| \frac{\frac{n+3}{4^{n+1}}}{\frac{n+2}{4^n}} \right| = \lim_{n\to\infty} \frac{n+3}{4(n+2)} = \frac{1}{4} < 1$$

Hinweis: Man erhält allgemein das Reihenglied a_{n+1}, indem man bei a_n alle n durch $n+1$ ersetzt. Im vorliegenden Fall ist dann

$$a_n = \frac{n+2}{4^n} \quad\Longrightarrow\quad a_{n+1} = \frac{(n+1)+2}{4^{n+1}} = \frac{n+3}{4^{n+1}}$$

(ii) Es gilt

$$a_n = \frac{1}{2n+1} = f(n) \quad \text{mit} \quad f(x) = \frac{1}{2x+1}$$

wobei $f(x)$ eine stetige, monoton fallende Funktion auf $[1, \infty[$ ist. Da

$$\int_1^{\infty} \frac{1}{2x+1}\, dx = \lim_{b\to\infty} \frac{1}{2} \ln|2x+1| \Big|_1^b = \lim_{b\to\infty} \frac{1}{2} \ln(2b+1)$$

nicht existiert, ist die unendliche Reihe nach dem Integralkriterium divergent.

(iii) Hier gilt $a_n = f(n)$ mit der stetigen, monoton fallenden Funktion $f(x) = \frac{2}{x^3}$. Weil das uneigentliche Integral

$$\int_1^{\infty} \frac{2}{x^3}\, dx = \lim_{b\to\infty} -\frac{1}{x^2} \Big|_1^b = \lim_{b\to\infty} 1 - \frac{1}{b^2} = 1$$

existiert, folgt aus dem Integralkriterium die Konvergenz der Reihe.

(iv) Da $a_n = \frac{1}{n^4}$ eine streng monoton fallende Nullfolge bildet, konvergiert die alternierende Reihe

$$\sum_{n=0}^{\infty} (-1)^n a_n = \sum_{n=0}^{\infty} \frac{(-1)^n}{n^4} = 1 - \frac{1}{16} + \frac{1}{81} - \frac{1}{256} \pm \ldots$$

gemäß dem Leibniz-Kriterium.

(v) Der Quotient zweier aufeinanderfolgender Glieder

$$a_n = \frac{n^2}{3^n} \quad \text{und} \quad a_{n+1} = \frac{(n+1)^2}{3^{n+1}}$$

ergibt den Grenzwert

$$q = \lim_{n \to \infty} \left| \frac{\frac{(n+1)^2}{3^{n+1}}}{\frac{n^2}{3^n}} \right| = \lim_{n \to \infty} \frac{3^n \cdot (n+1)^2}{3^{n+1} \cdot n^2} = \lim_{n \to \infty} \frac{1}{3} \left(1 + \frac{1}{n} \right)^2 = \frac{1}{3} < 1$$

und somit ist die unendliche Reihe nach dem Quotientenkriterium konvergent.

(vi) Auch diese Reihe konvergiert gemäß dem Quotientenkriterium, denn

$$a_n = \frac{2^n}{n!} \implies a_{n+1} = \frac{2^{n+1}}{(n+1)!} \quad \text{und}$$

$$q = \lim_{n \to \infty} \left| \frac{\frac{2^{n+1}}{(n+1)!}}{\frac{2^n}{n!}} \right| = \lim_{n \to \infty} \frac{2^{n+1} \cdot n!}{2^n \cdot (n+1)!} = \lim_{n \to \infty} \frac{2}{n+1} = 0 < 1$$

(vii) Für die Folgenglieder gilt $a_n = \frac{1}{\sqrt[3]{n}} = f(n)$ mit $f(x) = \frac{1}{\sqrt[3]{x}} = x^{-\frac{1}{3}}$. Hierbei ist f eine stetige, monoton fallenden Funktion, für die das uneigentliche Integral

$$\int_1^\infty x^{-\frac{1}{3}} \, dx = \lim_{b \to \infty} \frac{3}{2} x^{\frac{2}{3}} \Big|_1^b = \lim_{b \to \infty} \frac{3}{2} b^{\frac{2}{3}} - \frac{3}{2}$$

nicht existiert, und daher ist die Reihe nach dem Integralkriterium divergent.

(viii) ist im Gegensatz zu (vii) konvergent, und zwar nach dem Leibniz-Kriterium.

(ix) Es handelt sich hier zwar um eine alternierende Reihe, aber die Beträge der Reihenglieder bilden wegen $\lim_{n \to \infty} |a_n| = \lim_{n \to \infty} \frac{n}{3n-1} = \frac{1}{3}$ keine Nullfolge. Damit eine unendliche Reihe konvergieren kann, müssen ihre Glieder jedoch eine Nullfolge bilden. Daher ist

$$\sum_{n=0}^\infty (-1)^n \frac{n}{3n-1} = 0 - \frac{1}{2} + \frac{2}{5} - \frac{3}{8} + \frac{4}{11} - \frac{5}{14} \pm \ldots \quad \text{divergent}$$

Aufgabe 4.3.

a) Wir berechnen zuerst den Konvergenzradius mit der Formel $r = \lim_{n \to \infty} \left| \frac{a_n}{a_{n+1}} \right|$ und prüfen anschließend die Konvergenz in den Randpunkten $x = \pm r$.

(i) Die Potenzreihe $P(x) = \sum_{n=1}^\infty \frac{1}{n^2} x^n$ hat die Koeffizienten $a_n = \frac{1}{n^2}$, sodass

$$a_{n+1} = \frac{1}{(n+1)^2} \quad \text{(in } a_n \text{ wird } n \text{ durch } n+1 \text{ ersetzt)}$$

Hieraus folgt

$$r = \lim_{n \to \infty} \left| \frac{\frac{1}{n^2}}{\frac{1}{(n+1)^2}} \right| = \lim_{n \to \infty} \frac{(n+1)^2}{n^2} = \lim_{n \to \infty} 1 + \frac{2}{n} + \frac{1}{n^2} = 1$$

Wir müssen noch die Konvergenz am Rand überprüfen: $P(1) = \sum_{n=1}^\infty \frac{1}{n^2}$ ist konvergent (siehe Beispiel 2 zum Integralkriterium), und auch die Reihe

$P(-1) = \sum_{n=1}^{\infty} (-1)^n \frac{1}{n^2}$ ist konvergent nach dem Leibniz-Kriterium. Der Konvergenzbereich von $P(x)$ ist somit das abgeschlossene Intervall $[-1, 1]$.

(ii) $P(x) = \sum_{n=0}^{\infty} n x^n$ hat die Koeffizienten $a_n = n$ bzw. $a_{n+1} = n + 1$, und wir erhalten den Konvergenzradius

$$r = \lim_{n\to\infty} \left| \frac{n}{n+1} \right| = \lim_{n\to\infty} \frac{1}{1 + \frac{1}{n}} = 1$$

In den Randpunkten ist $P(1) = \sum_{n=0}^{\infty} n = 1 + 2 + 3 + \ldots$ divergent, und ebenso divergiert $P(-1) = \sum_{n=0}^{\infty} n \cdot (-1)^n = 1 - 2 + 3 - 4 \pm \ldots$ (die Reihenglieder bilden keine Nullfolge). Der Konvergenzbereich ist demnach das offene Intervall $]-1, 1[$.

(iii) Die Koeffizienten der Potenzreihe $P(x) = \sum_{n=0}^{\infty} \frac{(-2)^n}{n+1} x^n$ sind

$$a_n = \frac{(-2)^n}{n+1} \quad \Longrightarrow \quad a_{n+1} = \frac{(-2)^{n+1}}{n+2}$$

und der Konvergenzradius dieser Potenzreihe ist folglich

$$r = \lim_{n\to\infty} \left| \frac{\frac{(-2)^n}{n+1}}{\frac{(-2)^{n+1}}{n+2}} \right| = \lim_{n\to\infty} \left| \frac{(-2)^n (n+2)}{(-2)^{n+1} (n+1)} \right| = \lim_{n\to\infty} \left| -\frac{n+2}{2(n+1)} \right| = \frac{1}{2}$$

Also konvergiert die Potenzreihe für $|x| < \frac{1}{2}$, und sie ist divergent für $|x| > \frac{1}{2}$. Im Randpunkt $x = \frac{1}{2}$ wird

$$P\left(\tfrac{1}{2}\right) = \sum_{n=0}^{\infty} \frac{(-2)^n}{n+1} \cdot \left(\tfrac{1}{2}\right)^n = 1 - \tfrac{1}{2} + \tfrac{1}{3} - \tfrac{1}{4} \pm \ldots$$

zur alternierenden harmonischen Reihe, welche konvergiert, während

$$P\left(-\tfrac{1}{2}\right) = \sum_{n=0}^{\infty} \frac{(-2)^n}{n+1} \cdot \left(-\tfrac{1}{2}\right)^n = 1 + \tfrac{1}{2} + \tfrac{1}{3} + \tfrac{1}{4} + \ldots$$

die divergente harmonische Reihe ergibt. Insgesamt ist dann der Konvergenzbereich das halboffene Intervall $]-\frac{1}{2}, \frac{1}{2}]$.

b) Die „Näherungspolynome" vom Grad 5 lauten

(i) $\quad P(x) = \sum_{n=1}^{\infty} \frac{1}{n^2} x^n \approx x + \frac{1}{4} x^2 + \frac{1}{9} x^3 + \frac{1}{16} x^4 + \frac{1}{25} x^5$

(ii) $\quad P(x) = \sum_{n=0}^{\infty} n x^n \approx x + 2 x^2 + 3 x^3 + 4 x^4 + 5 x^5$

(iii) $\quad P(x) = \sum_{n=0}^{\infty} \frac{(-2)^n}{n+1} x^n \approx 1 - x + \frac{4}{3} x^2 - 2 x^3 + \frac{16}{5} x^4 - \frac{32}{6} x^5$

und daher ist näherungsweise

(i) $P(0,1) \approx \sum_{n=1}^{5} \frac{1}{n^2} \cdot 0,1^n = 0,1 + \frac{1}{4} \cdot 0,1^2 + \frac{1}{9} \cdot 0,1^3 + \frac{1}{16} \cdot 0,1^4 + \frac{1}{25} \cdot 0,1^5$

$= 0,102617\ldots$

(ii) $P(0,1) \approx \sum_{n=0}^{5} n \cdot 0,1^n = 0,1 + 2 \cdot 0,1^2 + 3 \cdot 0,1^3 + 4 \cdot 0,1^4 + 5 \cdot 0,1^5$

$= 0,12345$

(iii) $P(0,1) \approx \sum_{n=0}^{5} \frac{(-2)^n}{n+1} \cdot 0,1^n$

$= 1 - 0,1 + \frac{4}{3} \cdot 0,1^2 - 2 \cdot 0,1^3 + \frac{16}{5} \cdot 0,1^4 - \frac{32}{6} \cdot 0,1^5 = 0,9116$

Aufgabe 4.4.

(i) Gliedweise Differenzieren der Potenzreihe ergibt

$$P'(x) = 0 + 1 + \frac{1}{2!} \cdot 2x + \frac{1}{3!} \cdot 3x^2 + \frac{1}{4!} \cdot 4x^3 + \frac{1}{5!} \cdot 5x^4 + \ldots$$

$$= 1 + x + \frac{1}{2!}x^2 + \frac{1}{3!}x^3 + \frac{1}{4!}x^4 + \ldots = P(x)$$

Zusatz: Diese Potenzreihe ist insbesondere eine Lösung der DGl $P'(x) = P(x)$, sodass $P(x) = C\,\mathrm{e}^x$ mit einer (noch unbekannten) Konstante $C \in \mathbb{R}$ gelten muss. Setzen wir $x = 0$ ein, dann ist einerseits $P(0) = 1 + 0 + 0 + 0 + \ldots = 1$ und andererseits $P(0) = C \cdot \mathrm{e}^0 = C$. Hieraus folgt $C = 1$, sodass die angegebene Potenzreihe $P(x) = \mathrm{e}^x$ die Exponentialfunktion beschreibt.

(ii) Die Ableitung von $P(x) = \sum_{n=1}^{\infty} \frac{1}{n} x^n$ führt zur Potenzreihe

$$P'(x) = \sum_{n=1}^{\infty} \frac{1}{n} \cdot n x^{n-1} = \sum_{n=1}^{\infty} x^{n-1} = 1 + x + x^2 + x^3 + x^4 + \ldots$$

und das ist die *geometrische Reihe* mit $q = x$. Im Fall $|x| < 1$ folgt dann aus der geometrischen Summenformel

$$P'(x) = \frac{1}{1-x} \quad \Longrightarrow \quad P(x) = -\ln|1-x| + C$$

mit einer Konstante $C \in \mathbb{R}$. Der Vergleich von $P(0) = 0 + 0 + 0 + \ldots = 0$ mit $P(0) = C - \ln 1 = C$ ergibt $C = 0$, und daher ist $P(x)$ auf dem Intervall $x \in\,]-1, 1[$ die Potenzreihe zur Funktion $-\ln|1-x|$.

Aufgabe 4.5.

a) Die Umformung der geometrischen Reihe liefert

$$f(x) = \frac{1}{2-4x} = \frac{1}{2} \cdot \frac{1}{1-(2x)} = \frac{1}{2} \cdot \sum_{n=0}^{\infty} (2x)^n = \frac{1}{2} \cdot \sum_{n=0}^{\infty} 2^n \cdot x^n = \sum_{n=0}^{\infty} 2^{n-1} x^n$$

Die geometrische Reihe $\frac{1}{1-q}$ konvergiert für $|q| < 1$ und ist divergent für $|q| \geq 1$. Die hier dargestellte Reihe hat also den Konvergenzbereich $|2x| < 1$ bzw. das Intervall $]-\frac{1}{2}, \frac{1}{2}[$. Alternativ erhält man dieses Resultat auch mit der Koeffizientenformel für die Maclaurin-Reihe. Aus

$$\begin{array}{ll}
f(x) = \frac{1}{2-4x} & f(0) = \frac{1}{2} \\[2mm]
f'(x) = \frac{4}{(2-4x)^2} & f'(0) = 1 \\[2mm]
f''(x) = \frac{16 \cdot 2}{(2-4x)^3} & f''(0) = 2 \cdot 2! \\[2mm]
f'''(x) = \frac{64 \cdot 2 \cdot 3}{(2-4x)^4} & f'''(0) = 4 \cdot 3! \\[2mm]
f^{(4)}(x) = \frac{256 \cdot 2 \cdot 3 \cdot 4}{(2-4x)^5} & f^{(4)}(0) = 8 \cdot 4!
\end{array}$$

folgert man allgemein $f^{(n)}(0) = 2^{n-1} \cdot n!$ und $a_n = \frac{1}{n!} f^{(n)}(0) = 2^{n-1}$. Der Konvergenzradius ist dann

$$r = \lim_{n \to \infty} \left| \frac{a_n}{a_{n+1}} \right| = \lim_{n \to \infty} \frac{2^{n-1}}{2^n} = \lim_{n \to \infty} \frac{1}{2} = \frac{1}{2}$$

wobei man hier noch die Randpunkte $x = \pm \frac{1}{2}$ untersuchen muss:

$$\sum_{n=0}^{\infty} 2^{n-1} \cdot \left(\frac{1}{2} \right)^n = \sum_{n=0}^{\infty} \frac{1}{2} = \frac{1}{2} + \frac{1}{2} + \frac{1}{2} + \ldots \quad \text{und}$$

$$\sum_{n=0}^{\infty} 2^{n-1} \cdot \left(-\frac{1}{2} \right)^n = \sum_{n=0}^{\infty} \frac{1}{2} \cdot (-1)^n = \frac{1}{2} - \frac{1}{2} + \frac{1}{2} - \frac{1}{2} \pm \ldots$$

sind beides divergente Reihen. Daher ist der Konvergenzbereich $]-\frac{1}{2}, \frac{1}{2}[$.

b) Gliedweise Ableiten der Potenzreihe aus a) liefert

$$\frac{1}{(1-2x)^2} = \left(\frac{1}{2-4x} \right)' = \left(\sum_{n=0}^{\infty} 2^{n-1} x^n \right)' = \sum_{n=0}^{\infty} n \, 2^{n-1} \cdot x^{n-1}$$

$$= 0 + 1 \cdot 1 + 2 \cdot 2 \, x + 3 \cdot 4 \, x^2 + 4 \cdot 8 \, x^3 + 5 \cdot 16 \, x^4 + \ldots$$

$$= \sum_{n=0}^{\infty} (n+1) \, 2^n \, x^n$$

Der Konvergenzradius bleibt beim Differenzieren erhalten: $r = \frac{1}{2}$.

Aufgabe 4.6.

(i) Der einfachste Weg ist die Umformung auf eine geometrische Reihe

$$\frac{1}{2-x} = \frac{1}{2} \cdot \frac{1}{1-\frac{x}{2}} = \frac{1}{2} \sum_{n=0}^{\infty} (\tfrac{x}{2})^n = \frac{1}{2} \sum_{n=0}^{\infty} \frac{1}{2^n} x^n = \sum_{n=0}^{\infty} \frac{1}{2^{n+1}} x^n$$

mit $q = \frac{x}{2}$. Alternativ kann man die Potenzreihe auch als Maclaurin-Reihe der Funktion $f(x) = \frac{1}{2-x}$ bestimmen. Dazu brauchen wir

$$
\begin{array}{ll|ll}
f(x) & = \frac{1}{2-x} & f(0) & = 1 \\[6pt]
f'(x) & = \frac{1}{(2-x)^2} & f'(0) & = \frac{1}{2^2} \\[6pt]
f''(x) & = \frac{2}{(2-x)^3} & f''(0) & = \frac{2}{2^3} \\[6pt]
f'''(x) & = \frac{2 \cdot 3}{(2-x)^4} & f'''(0) & = \frac{2 \cdot 3}{2^4} \\[6pt]
f^{(4)}(x) & = \frac{2 \cdot 3 \cdot 4}{(2-x)^5} & f^{(4)}(0) & = \frac{2 \cdot 3 \cdot 4}{2^5}
\end{array}
$$

usw. Allgemein gilt dann $f^{(n)}(0) = \frac{n!}{2^{n+1}}$ für alle $n \in \mathbb{N}$, und somit ist wieder

$$\frac{1}{2-x} = \sum_{n=0}^{\infty} \frac{f^{(n)}(0)}{n!} x^n = \sum_{n=0}^{\infty} \frac{\frac{n!}{2^{n+1}}}{n!} x^n = \sum_{n=0}^{\infty} \frac{1}{2^{n+1}} x^n$$

(ii) Der Konvergenzradius der Potenzreihe $\sum_{n=0}^{\infty} \frac{1}{2^{n+1}} x^n$ ergibt sich entweder aus der geometrischen Reihe: $|q| = |\frac{x}{2}| < 1$ bzw. $|x| < 2$, oder wir wenden die Berechnungsformel für r an:

$$r = \lim_{n \to \infty} \left| \frac{a_n}{a_{n+1}} \right| = \lim_{n \to \infty} \left| \frac{\frac{1}{2^{n+1}}}{\frac{1}{2^{n+2}}} \right| = \lim_{n \to \infty} 2 = 2$$

(iii) Durch gliedweise Integration der Reihe erhält man die Stammfunktion

$$\int \frac{1}{2-x}\, dx = \int \sum_{n=0}^{\infty} \frac{1}{2^{n+1}} x^n\, dx = \int \frac{1}{2} + \frac{1}{2^2} x + \frac{1}{2^3} x^2 + \frac{1}{2^4} x^3 + \ldots\, dx$$

$$= C + \frac{1}{2} x + \frac{1}{2 \cdot 2^2} x^2 + \frac{1}{3 \cdot 2^3} x^3 + \frac{1}{4 \cdot 2^4} x^4 + \ldots = C + \sum_{n=1}^{\infty} \frac{1}{n \cdot 2^n} x^n$$

Andererseits gilt

$$\int \frac{1}{2-x}\, dx = -\ln|2-x|$$

Ein Vergleich der beiden Resultate liefert uns die Potenzreihenentwicklung

$$-\ln|2-x| = C + \sum_{n=1}^{\infty} \frac{1}{n \cdot 2^n} x^n$$

Setzen wir auf beiden Seiten den Wert $x = 0$ ein, dann ergibt sich

$$-\ln 2 = C + \sum_{n=1}^{\infty} \frac{1}{n \cdot 2^n} \cdot 0^n = C + 0 = C$$

(iv) Einsetzen von $x = 1$ in die Potenzreihendarstellung aus (iii) ergibt schließlich

$$0 = -\ln|2 - 1| = C + \sum_{n=1}^{\infty} \frac{1}{n \cdot 2^n} \cdot 1^n \implies \sum_{n=1}^{\infty} \frac{1}{n \cdot 2^n} = -C = \ln 2$$

Aufgabe 4.7.

a) Wir ersetzen in der Sinusreihe x durch $2x$ und erhalten

$$\sin 2x = (2x) - \frac{1}{3!}(2x)^3 + \frac{1}{5!}(2x)^5 - \frac{1}{7!}(2x)^7 \pm \ldots$$
$$= 2x - \frac{2^3}{3!}x^3 + \frac{2^5}{5!}x^5 - \frac{2^7}{7!}x^7 \pm \ldots$$

Die Sinusreihe konvergiert für alle $x \in \mathbb{R}$, also auch die hier berechnete Reihe.

b) Nach der Kettenregel ist

$$g'(x) = (\sin^2 x)' = 2\sin x \cos x = \sin 2x = f(x)$$

Wir erhalten die gesuchte Potenzreihe durch Integrieren der Reihe aus a):

$$\sin^2 x = \int \sin 2x \, dx = \int 2x - \frac{2^3}{3!}x^3 + \frac{2^5}{5!}x^5 - \frac{2^7}{7!}x^7 \pm \ldots \, dx$$
$$= C + x^2 - \frac{2^3}{3! \cdot 4}x^4 + \frac{2^5}{5! \cdot 6}x^6 - \frac{2^7}{7! \cdot 8}x^8 \pm \ldots$$
$$= C + x^2 - \frac{2^3}{4!}x^4 + \frac{2^5}{6!}x^6 - \frac{2^7}{8!}x^8 \pm \ldots$$

Einsetzen von $x = 0$ liefert den Wert $0 = \sin^2 0 = C + 0 - 0 \pm \ldots = C$, also

$$\sin^2 x = x^2 - \frac{2^3}{4!}x^4 + \frac{2^5}{6!}x^6 - \frac{2^7}{8!}x^8 \pm \ldots = \sum_{n=1}^{\infty} (-1)^{n+1} \frac{2^{2n-1}}{(2n)!} x^{2n}$$

Der Konvergenzradius ändert sich beim Integrieren nicht, und somit konvergiert auch diese Potenzreihe für alle $x \in \mathbb{R}$.

c) Für das gesuchte Näherungspolynom zu $\sin^2 x$ brechen wir die Reihe nach x^4 ab:

$$\sin^2 x \approx x^2 - \frac{2^3}{4!}x^4 = x^2 - \frac{1}{3}x^4$$

Aufgabe 4.8.

a) Wir verwenden Umformungen bekannter Reihendarstellungen, und zwar im Fall

(i) die geometrische Reihe mit $q = -\frac{x}{3}$:

$$\frac{2x}{3+x} = \frac{2x}{3} \cdot \frac{1}{1-\left(-\frac{x}{3}\right)} = \frac{2x}{3} \cdot \left(1 + \left(-\frac{x}{3}\right) + \left(-\frac{x}{3}\right)^2 + \left(-\frac{x}{3}\right)^3 + \dots\right)$$

$$= \frac{2}{3}x - \frac{2}{3^2}x^2 + \frac{2}{3^3}x^3 - \frac{2}{3^4}x^4 \pm \dots = \sum_{n=1}^{\infty} 2\frac{(-1)^{n+1}}{3^n} x^n$$

(ii) die Exponentialreihe:

$$\frac{e^x - 1}{x} = \frac{1}{x} \cdot \left(1 + x + \frac{1}{2!}x^2 + \frac{1}{3!}x^3 + \frac{1}{4!}x^4 + \dots - 1\right)$$

$$= \frac{1}{x} \cdot \left(x + \frac{1}{2!}x^2 + \frac{1}{3!}x^3 + \frac{1}{4!}x^4 + \dots\right)$$

$$= 1 + \frac{1}{2!}x + \frac{1}{3!}x^2 + \frac{1}{4!}x^3 + \dots = \sum_{n=0}^{\infty} \frac{1}{(n+1)!} x^n$$

(iii) die Kosinusreihe:

$$1 - x^2 \cos x = 1 - x^2 \cdot \left(1 - \frac{1}{2!}x^2 + \frac{1}{4!}x^4 - \frac{1}{6!}x^6 \pm \dots\right)$$

$$= 1 - x^2 + \frac{1}{2!}x^4 - \frac{1}{4!}x^6 + \frac{1}{6!}x^8 \mp \dots$$

b) Nach Definition ist

$$\sinh x = \frac{e^x - e^{-x}}{2}$$

Subtrahieren wir von der Exponentialreihe

$$e^x = 1 + x + \frac{1}{2!}x^2 + \frac{1}{3!}x^3 + \frac{1}{4!}x^4 + \frac{1}{5!}x^5 + \dots$$

die Reihenentwicklung von e^{-x}, also

$$e^{-x} = 1 + (-x) + \frac{1}{2!}(-x)^2 + \frac{1}{3!}(-x)^3 + \frac{1}{4!}(-x)^4 + \dots$$

$$= 1 - x + \frac{1}{2!}x^2 - \frac{1}{3!}x^3 + \frac{1}{4!}x^4 - \frac{1}{5!}x^5 \pm \dots$$

dann fallen die Summanden mit den geraden x-Potenzen weg, und wir erhalten

$$e^x - e^{-x} = 2x + \frac{2}{3!}x^3 + \frac{2}{5!}x^5 + \frac{2}{7!}x^7 + \dots$$

Teilen wir schließlich noch durch 2, dann ergibt sich die bekannte Potenzreihe

$$\sinh x = x + \frac{1}{3!}x^3 + \frac{1}{5!}x^5 + \frac{1}{7!}x^7 + \dots$$

c) Aus der Reihenentwicklung von $\ln(1-x)$ ergibt sich die Potenzreihe für $\ln(1+x)$, indem wir x durch $-x$ ersetzen:

$$\ln(1-x) = -x - \frac{1}{2}x^2 - \frac{1}{3}x^3 - \frac{1}{4}x^4 - \frac{1}{5}x^5 - \dots$$

$$\ln(1+x) = \quad x - \frac{1}{2}x^2 + \frac{1}{3}x^3 - \frac{1}{4}x^4 + \frac{1}{5}x^5 \mp \dots$$

Subtrahieren wir die beiden Reihen, dann ergibt sich

$$\ln \tfrac{1-x}{1+x} = \ln(1-x) - \ln(1+x) = -2x - \tfrac{2}{3}x^3 - \tfrac{2}{5}x^5 - \ldots$$

Aufgabe 4.9. Wir verwenden die Koeffizientenformel $a_n = \tfrac{1}{n!}\, f^{(n)}(x_0)$, und brauchen dazu den Funktionswert sowie die Ableitungen an der Stelle x_0.

a) Es ist

$$
\begin{array}{rcl|rcl}
f(x) & = & \sin x & f\!\left(\tfrac{\pi}{4}\right) & = & \tfrac{1}{2}\sqrt{2} \\
f'(x) & = & \cos x & f'\!\left(\tfrac{\pi}{4}\right) & = & \tfrac{1}{2}\sqrt{2} \\
f''(x) & = & -\sin x & f''\!\left(\tfrac{\pi}{4}\right) & = & -\tfrac{1}{2}\sqrt{2} \\
f'''(x) & = & -\cos x & f'''\!\left(\tfrac{\pi}{4}\right) & = & -\tfrac{1}{2}\sqrt{2} \\
f^{(4)}(x) & = & \sin x & f^{(4)}\!\left(\tfrac{\pi}{4}\right) & = & \tfrac{1}{2}\sqrt{2}
\end{array}
$$

Offensichtlich haben alle Ableitungen an der Stelle $x_0 = \tfrac{\pi}{4}$ den Wert $f^{(n)}\!\left(\tfrac{\pi}{4}\right) = \pm\tfrac{1}{2}\sqrt{2}$, wobei das Vorzeichen immer nach zweimaligem Ableiten wechselt. Wir erhalten somit die Taylor-Reihe

$$\sin x = \tfrac{\sqrt{2}}{2} + \tfrac{\sqrt{2}}{2}\left(x - \tfrac{\pi}{4}\right) - \tfrac{\sqrt{2}}{2\cdot 2!}\left(x - \tfrac{\pi}{4}\right)^2 - \tfrac{\sqrt{2}}{2\cdot 3!}\left(x - \tfrac{\pi}{4}\right)^3$$
$$+ \tfrac{\sqrt{2}}{2\cdot 4!}\left(x - \tfrac{\pi}{4}\right)^4 + \tfrac{\sqrt{2}}{2\cdot 5!}\left(x - \tfrac{\pi}{4}\right)^5 - \ldots$$

b) Hier gilt

$$
\begin{array}{rcl|rcl}
f(x) & = & -\tfrac{1}{x} & f(1) & = & -1 \\
f'(x) & = & +\tfrac{1}{x^2} & f'(1) & = & +1 \\
f''(x) & = & -\tfrac{1\cdot 2}{x^3} & f''(1) & = & -1\cdot 2 \\
f'''(x) & = & +\tfrac{1\cdot 2\cdot 3}{x^4} & f'''(1) & = & +1\cdot 2\cdot 3 \\
f^{(4)}(x) & = & -\tfrac{1\cdot 2\cdot 3\cdot 4}{x^5} & f^{(4)}(1) & = & -1\cdot 2\cdot 3\cdot 4
\end{array}
$$

usw. Die n-te Ableitung an der Stelle $x_0 = 1$ ist demnach $f^{(n)}(1) = (-1)^{n+1}\cdot n!$, und folglich lautet die gesuchte Taylor-Reihe

$$-\frac{1}{x} = \sum_{n=0}^{\infty} \frac{(-1)^{n+1}\cdot n!}{n!}\,(x-1)^n = \sum_{n=0}^{\infty}(-1)^{n+1}(x-1)^n$$
$$= -1 + (x-1) - (x-1)^2 + (x-1)^3 - (x-1)^4 \pm \ldots$$

Aufgabe 4.10. Die Maclaurin-Reihe (bzw. Taylor-Reihe bei $x_0 = 0$) der Funktion $f(x) = \cosh x$ ist bekannt:

$$\cosh x = 1 + \tfrac{1}{2!}x^2 + \tfrac{1}{4!}x^4 + \tfrac{1}{6!}x^6 + \ldots = \sum_{n=0}^{\infty} \frac{1}{(2n)!}x^{2n}$$

a) Brechen wir die Reihenentwicklung bei x^2 bzw. x^4 ab, so erhalten wir als Näherung der Kettenlinie die Taylor-Polynome

$$\cosh x \approx T_2(x) = 1 + \tfrac{1}{2}x^2 \quad \text{und} \quad \cosh x \approx T_4(x) = 1 + \tfrac{1}{2}x^2 + \tfrac{1}{24}x^4$$

Wie gut diese Polynome die Funktion $\cosh x$ annähern, können wir mithilfe der Restgliedformel abschätzen. Dazu brauchen wir neben $r = 1$ und $k = 2$ bzw. $k = 4$ noch eine Abschätzung für die Ableitungen der Ordnung $k + 1$, also

$$f'''(x) = f^{(5)}(x) = \sinh x$$

Aufgrund der Monotonie der (ungeraden) Funktion $\sinh x$ ist

$$|\sinh x| \le \sinh 1 \approx 1{,}2 =: M$$

und die Restgliedabschätzung ergibt

$$|\cosh x - T_2(x)| \le \tfrac{\sinh 1}{3!} \cdot 1^3 \le 0{,}2$$
$$|\cosh x - T_4(x)| \le \tfrac{\sinh 1}{5!} \cdot 1^5 \le 0{,}01$$

In beiden Fällen können wir die Abschätzungen nochmals verbessern. Da die Potenzreihenentwicklung von $\cosh x$ nur gerade x-Potenzen enthält, ist zugleich $T_2(x) = T_3(x)$ und $T_4(x) = T_5(x)$. Wegen

$$|f^{(4)}(x)| = |f^{(6)}(x)| = \cosh x \le \cosh 1$$

gilt dann

$$|\cosh x - T_2(x)| = |\cosh x - T_3(x)| \le \tfrac{\cosh 1}{4!} \cdot 1^4 \le 0{,}0643$$
$$|\cosh x - T_4(x)| = |\cosh x - T_5(x)| \le \tfrac{\cosh 1}{6!} \cdot 1^5 \le 0{,}0022$$

b) Wir brechen die Potenzreihe bei x^k ab, wobei k eine gerade Zahl ist, da die Reihenentwicklung von $\cosh x$ nur gerade Exponenten enthält. Für die Ableitung der Ordnung $k + 1$ gilt dann $|f^{(k+1)}(x)| = |\sinh x| \le \sinh 1$ auf $[-1, 1]$, und die Restgliedformel liefert uns die Fehlerabschätzung

$$|\cosh x - T_k(x)| \le \frac{\sinh 1}{(k + 1)!} \cdot 1^{k+1} = \frac{\sinh 1}{(k + 1)!}$$

Der Ausdruck auf der rechten Seite soll maximal 10^{-5} sein, und das entspricht der Ungleichung

$$10^{-5} \ge \frac{\sinh 1}{(k + 1)!} \quad \Longrightarrow \quad (k + 1)! \ge 10^5 \cdot \sinh 1 = 117520{,}119\ldots$$

Wir müssen mindestens $k = 8$ wählen, denn erst der Wert $(k + 1)! = 9! = 362880$ überschreitet die Untergrenze auf der rechten Seite. Die gewünschte Genauigkeit wird also erstmals durch das Taylor-Polynom vom Grad 8 erreicht, und das ist

$$\cosh x \approx T_8(x) = 1 + \tfrac{1}{2} x^2 + \tfrac{1}{24} x^4 + \tfrac{1}{720} x^6 + \tfrac{1}{40320} x^8$$

Aufgabe 4.11.

a) Zunächst brauchen wir eine Reihenentwicklung des Integranden. Aus

$$\cos x = 1 - \frac{1}{2!}x^2 + \frac{1}{4!}x^4 - \frac{1}{6!}x^6 + \frac{1}{8!}x^8 - \frac{1}{10!}x^{10} \pm \ldots$$

erhalten wir, indem wir x durch $\sqrt{x}$ ersetzen, die Potenzreihe

$$\cos \sqrt{x} = 1 - \frac{1}{2!}(\sqrt{x})^2 + \frac{1}{4!}(\sqrt{x})^4 - \frac{1}{6!}(\sqrt{x})^6 + \frac{1}{8!}(\sqrt{x})^8 \mp \ldots$$

$$= 1 - \frac{1}{2!}x + \frac{1}{4!}x^2 - \frac{1}{6!}x^3 + \frac{1}{8!}x^4 - \frac{1}{10!}x^5 \pm \ldots$$

b) Gliedweise Integration der Potenzreihe aus a) liefert uns die Stammfunktion

$$\int \cos \sqrt{x}\, dx = C + x - \frac{1}{2 \cdot 2!}x^2 + \frac{1}{3 \cdot 4!}x^3 - \frac{1}{4 \cdot 6!}x^4 + \frac{1}{5 \cdot 8!}x^5 \mp \ldots$$

Zur Berechnung des bestimmten Integrals genügt *eine* Stammfunktion, und wir können z. B. $C = 0$ wählen. Einsetzen der Grenzen $x = 0$ und $x = 1$ ergibt

$$\int_0^1 \cos \sqrt{x}\, dx = \int_0^1 x - \frac{1}{2 \cdot 2!}x^2 + \frac{1}{3 \cdot 4!}x^3 - \frac{1}{4 \cdot 6!}x^4 \pm \ldots\, dx$$

$$= x - \frac{1}{2 \cdot 2!}x^2 + \frac{1}{3 \cdot 4!}x^3 - \frac{1}{4 \cdot 6!}x^4 + \frac{1}{5 \cdot 8!}x^5 - \frac{1}{6 \cdot 10!}x^6 \pm \ldots \Big|_0^1$$

$$= \left(1 - \frac{1}{2 \cdot 2!} + \frac{1}{3 \cdot 4!} - \frac{1}{4 \cdot 6!} + \frac{1}{5 \cdot 8!} - \frac{1}{6 \cdot 10!} \pm \ldots\right) - (0 - 0 \pm \ldots)$$

$$= 1 - \frac{1}{2 \cdot 2!} + \frac{1}{3 \cdot 4!} - \frac{1}{4 \cdot 6!} + \frac{1}{5 \cdot 8!} - \frac{1}{6 \cdot 10!} \pm \ldots$$

$$= 1 - \frac{1}{4} + \frac{1}{72} - \frac{1}{2880} + \underbrace{\frac{1}{201600}}_{\text{vernachlässigbar}} \pm \ldots \approx 0{,}7635$$

c) Man kann einen geschlossenen Ausdruck für die Stammfunktion von $\cos \sqrt{x}$ angeben, aber dazu braucht man einen kleinen Trick. Nach der Umformung

$$\int \cos \sqrt{x}\, dx = \int 2\sqrt{x} \cdot \frac{1}{2\sqrt{x}} \cos \sqrt{x}\, dx$$

können wir partielle Integration anwenden mit

$$f(x) = 2\sqrt{x} \quad \Longrightarrow \quad f'(x) = \frac{1}{\sqrt{x}}$$

$$g(x) = \frac{1}{2\sqrt{x}} \cos \sqrt{x} \quad \Longrightarrow \quad G(x) = \sin \sqrt{x}$$

Wir erhalten

$$\int \cos \sqrt{x}\, dx = 2\sqrt{x} \cdot \sin \sqrt{x} - \int \frac{1}{\sqrt{x}} \cdot \sin \sqrt{x}\, dx = 2\sqrt{x} \sin \sqrt{x} + 2 \cos \sqrt{x}$$

Folglich ist der exakte Wert für das bestimmte Integral

$$\int_0^1 \cos \sqrt{x}\, dx = 2\sqrt{x} \sin \sqrt{x} + 2\cos \sqrt{x} \;\Big|_0^1$$

$$= 2\sin 1 + 2\cos 1 - 2 = 0{,}76354658\ldots$$

Aufgabe 4.12.

a) Durch Umformen der Exponentialreihe ergibt sich

$$e^x = 1 + x + \frac{1}{2!}x^2 + \frac{1}{3!}x^3 + \frac{1}{4!}x^4 + \frac{1}{5!}x^5 + \ldots$$

$$e^x - 1 = x + \frac{1}{2!}x^2 + \frac{1}{3!}x^3 + \frac{1}{4!}x^4 + \frac{1}{5!}x^5 + \ldots \quad \big| : x$$

$$\frac{e^x - 1}{x} = 1 + \frac{1}{2!}x + \frac{1}{3!}x^2 + \frac{1}{4!}x^3 + \frac{1}{5!}x^4 + \ldots = \sum_{n=0}^{\infty} \frac{1}{(n+1)!}x^n$$

Die e-Reihe konvergiert für alle $x \in \mathbb{R}$, also auch die berechnete Reihe.

b) Gliedweise Integration der Reihe a) ergibt

$$\int \frac{e^x - 1}{x}\, dx = x + \frac{1}{2!}\cdot\frac{1}{2}x^2 + \frac{1}{3!}\cdot\frac{1}{3}x^3 + \frac{1}{4!}\cdot\frac{1}{4}x^4 + \frac{1}{5!}\cdot\frac{1}{5}x^5 + \ldots$$

Einsetzen der Grenzen 0 und 1 liefert den Integralwert

$$\int_0^1 \frac{e^x - 1}{x}\, dx = 1 + \frac{1}{2!}\cdot\frac{1}{2} + \frac{1}{3!}\cdot\frac{1}{3} + \frac{1}{4!}\cdot\frac{1}{4} + \frac{1}{5!}\cdot\frac{1}{5} + \ldots$$

$$= \underbrace{1 + \frac{1}{4} + \frac{1}{18} + \frac{1}{96} + \frac{1}{600} + \frac{1}{4320}}_{\text{Näherung}} + \underbrace{\frac{1}{35280}}_{\text{weglassen}} + \ldots$$

$$\approx 1{,}318 \quad \text{(auf drei Nachkommastellen genau)}$$

c) Wir können $x = 0$ in die Potenzreihe einsetzen und erhalten sofort $\lim_{x\to 0}\frac{e^x-1}{x} = 1$.

Aufgabe 4.13. Ersetzen wir in der Sinusreihe x durch x^3, dann ist

$$\sin(x^3) = x^3 - \frac{1}{3!}(x^3)^3 + \frac{1}{5!}(x^3)^5 - \frac{1}{7!}(x^3)^7 + \frac{1}{9!}(x^3)^9 \mp \ldots$$

$$= x^3 - \frac{1}{3!}x^9 + \frac{1}{5!}x^{15} - \frac{1}{7!}x^{21} + \frac{1}{9!}x^{27} \mp \ldots$$

Gliedweise Integration dieser Potenzreihe und Einsetzen der Grenzen führt zum exakten Wert

$$\int_{\frac{1}{2}}^{1} \sin(x^3)\, dx = \left(\frac{1}{4} x^4 - \frac{1}{3! \cdot 10} x^{10} + \frac{1}{5! \cdot 16} x^{16} - \frac{1}{7! \cdot 22} x^{22} \pm \dots \right) \Big|_{0,5}^{1}$$

$$= \left(\tfrac{1}{4} \cdot 1^4 - \tfrac{1}{60} \cdot 1^{10} + \tfrac{1}{1920} \cdot 1^{16} - \tfrac{1}{110880} \cdot 1^{22} \pm \dots \right)$$

$$- \left(\tfrac{1}{4} \cdot 0,5^4 - \tfrac{1}{60} \cdot 0,5^{10} + \tfrac{1}{1920} \cdot 0,5^{16} - \tfrac{1}{110880} \cdot 0,5^{22} \pm \dots \right)$$

Die Summanden in beiden Klammern gehen relativ schnell gegen Null, und auf vier Nachkommastellen genau ist dann bereits

$$\int_{\frac{1}{2}}^{1} \sin(x^3)\, dx \approx \left(\tfrac{1}{4} - \tfrac{1}{60} + \tfrac{1}{1920} \right) - \left(\tfrac{1}{4} \cdot 0,5^4 - \tfrac{1}{60} \cdot 0,5^{10} + \tfrac{1}{1920} \cdot 0,5^{16} \right) \approx 0,2182$$

Eine genauere Berechnung unter Berücksichtigung weiterer Reihenglieder ergibt den Integralwert $0,218236513\dots$

Aufgabe 4.14.

a) Die Formel von L'Hospital müssen wir hier zweimal anwenden:

$$\lim_{x\to 0} \frac{1 - \cos x}{x \sin x} = \lim_{x\to 0} \frac{(1 - \cos x)'}{(x \sin x)'} = \lim_{x\to 0} \frac{\sin x}{\sin x + x \cos x} \quad \Big| \quad \text{wieder } \tfrac{0}{0}$$

$$= \lim_{x\to 0} \frac{(\sin x)'}{(\sin x + x \cos x)'} = \lim_{x\to 0} \frac{\cos x}{\cos x + \cos x - x \sin x} = \frac{1}{1 + 1 - 0} = 0,5$$

Alternativ können wir den Grenzwert auch durch Reihenentwicklung berechnen:

$$\lim_{x\to 0} \frac{1 - \cos x}{x \sin x} = \lim_{x\to 0} \frac{1 - \left(1 - \tfrac{1}{2!} x^2 + \tfrac{1}{4!} x^4 - \tfrac{1}{6!} x^6 \pm \dots \right)}{x \cdot \left(x - \tfrac{1}{3!} x^3 + \tfrac{1}{5!} x^5 - \tfrac{1}{7!} x^7 \pm \dots \right)}$$

$$= \lim_{x\to 0} \frac{\tfrac{1}{2!} x^2 - \tfrac{1}{4!} x^4 + \tfrac{1}{6!} x^6 \mp \dots}{x^2 - \tfrac{1}{3!} x^4 + \tfrac{1}{5!} x^6 \mp \dots} = \lim_{x\to 0} \frac{\tfrac{1}{2!} - \tfrac{1}{4!} x^2 + \tfrac{1}{6!} x^4 \mp \dots}{1 - \tfrac{1}{3!} x^2 + \tfrac{1}{5!} x^4 \mp \dots}$$

$$= \frac{\tfrac{1}{2!} - 0 + 0 - 0 \pm \dots}{1 - 0 + 0 - 0 \pm \dots} = \frac{1}{2!} = 0,5$$

b) Bei diesem Grenzwert ist die L'Hospital-Regel gleich dreimal(!) anzuwenden:

$$\lim_{x\to 0} \frac{1 - 2 e^x + (x + 1)^2}{x^3} = \lim_{x\to 0} \frac{2 + 2x + x^2 - 2 e^x}{x^3} \quad \Big| \quad \text{Fall } \tfrac{0}{0}$$

$$= \lim_{x\to 0} \frac{2 + 2x - 2 e^x}{3 x^2} = \lim_{x\to 0} \frac{2 - 2 e^x}{6 x} = \lim_{x\to 0} \frac{-2 e^x}{6} = \frac{-2 e^0}{6} = -\tfrac{1}{3}$$

Entwickeln wir den Zähler $1 - 2 e^x + (x + 1)^2 = 2 + 2x + x^2 - 2 e^x$ mithilfe der Exponentialreihe in eine Potenzreihe, dann lässt sich der Grenzwert viel einfacher berechnen:

$$\lim_{x\to 0} \frac{2 + 2x + x^2 - 2e^x}{x^3} = \lim_{x\to 0} \frac{2 + 2x + x^2 - 2\left(1 + x + \frac{1}{2!}x^2 + \frac{1}{3!}x^3 + \dots\right)}{x^3}$$

$$= \lim_{x\to 0} -\frac{2}{3!} - \frac{2}{4!}x - \frac{2}{5!}x^2 + \dots = -\frac{2}{3!} - 0 - 0 - 0 - \dots = -\frac{2}{3!} = -\frac{1}{3}$$

Aufgabe 4.15.

a) Die Funktion ist punktsymmetrisch zum Ursprung, sodass $a_n = 0$ für alle $n \in \mathbb{N}$ gilt. Weiter erhalten wir im Fall $n > 0$

$$b_n = \frac{1}{\pi} \int_{-\pi}^{\pi} -\frac{1}{2}x\sin(nx)\,dx = -\frac{1}{2\pi} \int_{-\pi}^{\pi} x\sin(nx)\,dx$$

$$= -\frac{1}{2\pi}\left(\frac{\sin(nx)}{n^2} - \frac{x\cos(nx)}{n}\right)\Big|_{-\pi}^{\pi}$$

Wegen $\sin(\pm n\pi) = 0$ und $\cos(\pm n\pi) = (-1)^n$ ist dann

$$b_n = \frac{\pi \cdot (-1)^n}{2\pi n} - \frac{(-\pi) \cdot (-1)^n}{2\pi n} = \frac{(-1)^n}{n}$$

Die Fourier-Analyse der Sägezahnkurve ergibt dann

$$f(x) = \sum_{n=1}^{\infty} \frac{(-1)^n}{n}\sin(nx)$$

$$= -\sin x + \frac{1}{2}\sin 2x - \frac{1}{3}\sin 3x + \frac{1}{4}\sin 4x - \frac{1}{5}\sin 5x \pm \dots$$

Die Partialsummen bis $n = 4$ bzw. $n = 16$ sind in Abb. L.8 skizziert.

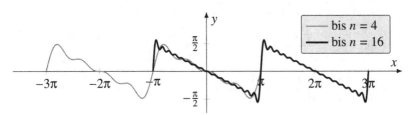

Abb. L.8 Fourier-Analyse einer 2π-periodischen Sägezahnfunktion

b) Wir erhalten die spektrale Form, indem wir die Summanden in der Fourier-Reihe a) auf Kosinusfunktionen mit Amplituden $A_n \geq 0$ und Phasenverschiebungen $\varphi_n \in \,]-\pi, \pi]$ umschreiben. Dazu verwenden wir die trigonometrischen Beziehungen $\sin(nx) = \cos(nx - \frac{\pi}{2})$ sowie $-\sin(nx) = \cos(nx + \frac{\pi}{2})$:

$$f(x) = \cos(x + \frac{\pi}{2}) + \frac{1}{2}\cos(2x - \frac{\pi}{2}) + \frac{1}{3}\cos(3x + \frac{\pi}{2})$$

$$+ \frac{1}{4}\cos(4x - \frac{\pi}{2}) + \frac{1}{5}\cos(5x + \frac{\pi}{2}) \pm \dots$$

c) Aus b) ergeben sich durch Vergleich mit $f(x) = \sum_{n=0}^{\infty} A_n \cos(nx - \varphi_n)$ die Amplitudenwerte bzw. Phasenverschiebungen

n	0	1	2	3	4	5
A_n	0	1	$\frac{1}{2}$	$\frac{1}{3}$	$\frac{1}{4}$	$\frac{1}{5}$
φ_n	0	$-\frac{\pi}{2}$	$+\frac{\pi}{2}$	$-\frac{\pi}{2}$	$+\frac{\pi}{2}$	$-\frac{\pi}{2}$

wobei wir im Fall $n = 0$ wegen $A_n = 0$ den Wert für φ_0 frei wählen konnten. Die beiden Spektren sind in Abb. L.9 graphisch dargestellt.

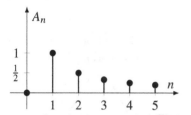

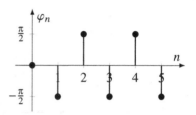

Abb. L.9a Amplitudenspektrum und   **Abb. L.9b** Phasen der Sägezahnfunktion

Aufgabe 4.16.

a) Die 2π-periodische Funktion ist weder punkt- noch achsensymmetrisch. Wir bestimmen zunächst die Koeffizienten a_0 und a_1 mit der Koeffizientenformel, wobei wir den Integrationsbereich wegen $f(x) = 0$ für $x \in [-\pi, 0[$ auf $[0, \pi]$ einschränken dürfen:

$$a_0 = \frac{1}{2\pi} \int_{-\pi}^{\pi} f(x)\, dx = \frac{1}{2\pi} \int_0^{\pi} 2 \sin x\, dx = \frac{1}{\pi} \left(-\cos x \right) \Big|_0^{\pi} = \frac{2}{\pi}$$

und

$$a_1 = \frac{1}{\pi} \int_0^{\pi} 2 \sin x \cdot \cos x\, dx = \frac{1}{\pi} \int_0^{\pi} \sin 2x\, dx = \frac{1}{2\pi} \left(-\cos 2x \right) \Big|_0^{\pi} = 0$$

Zur Berechnung der Koeffizienten a_n mit $n > 1$ nutzen wir die Integrale

$$a_n = \frac{1}{\pi} \int_{-\pi}^{\pi} f(x) \cos(nx)\, dx = \frac{2}{\pi} \int_0^{\pi} \sin x \cdot \cos(nx)\, dx = \frac{2}{\pi} \cdot \frac{1 + (-1)^n}{1 - n^2}$$

und erhalten $a_3 = a_5 = a_7 = \ldots = 0$ für alle ungeraden Indizes $n > 1$ sowie

$$a_2 = -\frac{4}{3\pi}, \quad a_4 = -\frac{4}{15\pi}, \quad a_6 = -\frac{4}{35\pi}, \quad a_8 = -\frac{4}{63\pi}, \quad \ldots$$

Die Koeffizienten b_n der Sinusanteile sind für $n > 1$ alle gleich Null wegen

$$b_n = \frac{1}{\pi} \int_{-\pi}^{\pi} f(x) \sin(nx)\, dx = \frac{2}{\pi} \int_0^{\pi} \sin x \cdot \sin(nx)\, dx = 0$$

aber im Fall $n = 1$ ergibt sich der Wert

$$b_1 = \frac{2}{\pi} \int_0^\pi \sin x \cdot \sin x \, dx = \frac{2}{\pi} \cdot \frac{1}{2} \left(x - \sin x \cos x \right) \Big|_0^\pi = 1$$

Damit beginnt die gesuchte Fourier-Reihe mit den Summanden

$$f(x) = \frac{2}{\pi} + \sin x - \frac{4}{3\pi} \cos 2x - \frac{4}{15\pi} \cos 4x - \frac{4}{35\pi} \cos 6x - \frac{4}{63\pi} \cos 8x - \ldots$$

Abb. L.10 zeigt die Partialsummen dieser trigonometrischen Reihe bis $n = 2$ bzw. $n = 8$.

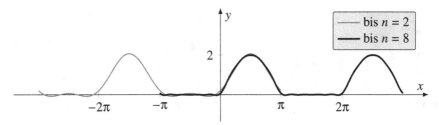

Abb. L.10 Fourier-Analyse der Einweg-Gleichrichtung

b) In der Spektraldarstellung hat die Fourier-Reihe die Summanden $A_n \cos(nx - \varphi_n)$ mit den Amplituden $A_n \geq 0$ und den Phasen $\varphi_n \in {]}-\pi, \pi]$. Wegen $\sin x = \cos(x - \frac{\pi}{2})$ und $-\cos(nx) = \cos(nx - \pi)$ besitzt $f(x)$ die spektrale Form

$$f(x) = \frac{2}{\pi} + \cos(x - \tfrac{\pi}{2}) + \frac{4}{3\pi} \cos(2x - \pi)$$
$$+ \frac{4}{15\pi} \cos(4x - \pi) + \frac{4}{35\pi} \cos(6x - \pi) + \frac{4}{63\pi} \cos(8x - \pi) + \ldots$$

Hieraus entnehmen wir die Amplitudenwerte bzw. Phasenverschiebungen

n	0	1	2	3	4	5	6	7	8
A_n	$\frac{2}{\pi}$	1	$\frac{4}{3\pi}$	0	$\frac{4}{15\pi}$	0	$\frac{4}{35\pi}$	0	$\frac{4}{63\pi}$
φ_n	0	$\frac{\pi}{2}$	π	0	π	0	π	0	π

Bei den Indizes n mit $A_n = 0$ hätte man anstatt $\varphi_n = 0$ auch einen beliebigen anderen Wert für die Phase nehmen können. Das Amplituden- und Phasenspektrum dieser Einweg-Gleichrichtung ist in Abb. L.11 dargestellt.

c) Da die Funktion $f(x)$ keine Sprungstellen hat, tritt auch kein Gibbssches Phänomen auf!

d) Bei der hier dargestellten Einweg-Gleichrichtung der Kosinusfunktion – nennen wir sie $g(x)$ – handelt es sich um die Funktion $f(x)$, welche um $\frac{\pi}{2}$ nach links verschoben ist: $g(x) = f(x + \frac{\pi}{2})$. Verwenden wir für $f(x)$ die Fourier-Reihenentwicklung aus a), dann ist

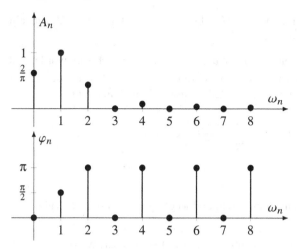

Abb. L.11 Amplituden- und Phasenspektrum der Einweg-Gleichrichtung

$$g(x) = f(x + \tfrac{\pi}{2}) = \tfrac{2}{\pi} + \sin(x + \tfrac{\pi}{2}) - \tfrac{4}{3\pi}\cos(2x + \pi) - \tfrac{4}{15\pi}\cos(4x + 2\pi)$$
$$- \tfrac{4}{35\pi}\cos(6x + 3\pi) - \tfrac{4}{63\pi}\cos(8x + 4\pi) - \dots$$

Nutzen wir die Beziehungen $\sin(x + \tfrac{\pi}{2}) = \cos x$ und $\cos(nx + \pi) = -\cos(nx)$ sowie die 2π-Periodizität von $\cos$, dann ergibt sich die Fourier-Reihe

$$g(x) = \tfrac{2}{\pi} + \cos x + \tfrac{4}{3\pi}\cos 2x - \tfrac{4}{15\pi}\cos 4x + \tfrac{4}{35\pi}\cos 6x - \tfrac{4}{63\pi}\cos 8x \pm \dots$$

Aufgabe 4.17.

a) Die Funktion ist achsensymmetrisch, und daher gilt $b_n = 0$ für alle n. Die Fourier-Reihe enthält demnach nur Kosinusanteile. Die Funktion hat die Periode $4 = 2L$ mit $L = 2$. Wir berechnen zuerst den Koeffizienten

$$a_0 = \frac{1}{2 \cdot 2} \int_{-2}^{2} f(x)\,\mathrm{d}x = \frac{1}{4} \int_{-1}^{1} 1\,\mathrm{d}x = \frac{1}{2}$$

Die übrigen a_n für $n > 0$ erhalten wir mit der Formel

$$a_n = \frac{1}{2} \int_{-2}^{2} f(x) \cos\frac{n\pi x}{2}\,\mathrm{d}x = \frac{1}{2} \int_{-1}^{1} 1 \cdot \cos\frac{n\pi x}{2}\,\mathrm{d}x = \frac{1}{2} \cdot \frac{2}{n\pi} \sin\frac{n\pi x}{2}\Big|_{-1}^{1}$$

$$= \frac{1}{n\pi}\left(\sin\frac{n\pi}{2} - \sin\frac{-n\pi}{2}\right) = \frac{1}{n\pi}\left(\sin\frac{n\pi}{2} + \sin\frac{n\pi}{2}\right) = \frac{2\sin\frac{n\pi}{2}}{n\pi}$$

Für gerade n gilt $\sin\frac{n\pi}{2} = 0$, und für ungerade n ist $\sin\frac{n\pi}{2}$ abwechselnd gleich 1 oder -1. Insbesondere ist dann

$$a_n = \begin{cases} 0 & \text{für gerade } n > 0 \\ \frac{2}{n\pi} & \text{für } n = 1, 5, 9, \dots \\ -\frac{2}{n\pi} & \text{für } n = 3, 7, 11, \dots \end{cases}$$

b) Ja, an den Sprungstellen der Funktion $f(x)$ bei $x = 2k + 1$ mit $k \in \mathbb{Z}$ tritt ein Überschwingen der Fourier-Reihe auf.

c) Es handelt sich um die Funktion aus a), die um $\frac{1}{2}$ nach unten verschoben wurde, und das ist $f(x) - \frac{1}{2}$. Wir müssen also bei der Fourier-Reihe von $f(x)$ nur den ersten Summanden weglassen, und die gesuchte Reihenentwicklung lautet dann

$$f(x) - \frac{1}{2} = \sum_{n=1}^{\infty} \frac{2 \sin \frac{n\pi}{2}}{n\pi} \cdot \cos \frac{n\pi x}{2}$$

Aufgabe 4.18.

a) Der Sägezahnimpuls ist achsensymmetrisch, und wegen $f(x) = 0$ für $x > 1$ gilt

$$F(\omega) = 2 \int_0^{\infty} f(x) \cdot \cos(\omega x)\, dx = 2 \int_0^1 (1 - x) \cdot \cos(\omega x)\, dx$$

$$= 2 \cdot \frac{1 - \cos \omega}{\omega^2} \quad \text{für} \quad \omega \neq 0 \qquad \text{(gemäß Hinweis)}$$

Den Funktionswert an der Stelle $\omega = 0$ müssen wir separat berechnen:

$$F(0) = 2 \int_0^{\infty} f(x) \cdot \cos(0 \cdot x)\, dx = 2 \int_0^1 (1 - x) \cdot 1\, dx = 1$$

Die Fourier-Transformierte $F(\omega)$ ist in Abb. L.12 graphisch dargestellt.

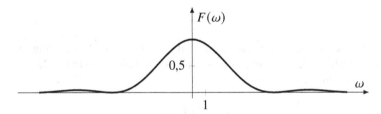

Abb. L.12 Spektralfunktion zum Sägezahnimpuls

b) Die komplexen Fourier-Koeffizienten c_k der 2-periodischen Sägezahnfunktion $\tilde{f}(x)$ können wir mithilfe der Fourier-Transformierten $F(\omega)$ von $f(x)$ berechnen, denn hier ist $L = 1$ und somit

$$c_k = \frac{1}{2} \int_{-1}^{1} f(x) \cdot e^{-ik\pi x}\, dx = \frac{1}{2} \int_{-\infty}^{\infty} f(x) \cdot e^{-ik\pi x}\, dx = \frac{1}{2} \cdot F(k\pi)$$

für alle $k \in \mathbb{Z}$. Insbesondere gilt dann $c_0 = \frac{1}{2} \cdot F(0) = \frac{1}{2}$, und im Fall $k \neq 0$ ist

$$c_k = \tfrac{1}{2} \cdot F(k\pi) = \frac{1 - \cos(k\pi)}{(k\pi)^2} = \frac{1 - (-1)^k}{(k\pi)^2}$$

$$= \begin{cases} 0 & \text{für gerade } k \in \mathbb{Z} \setminus \{0\} \\ \frac{2}{k^2\pi^2} & \text{für ungerade } k \in \mathbb{Z} \end{cases}$$

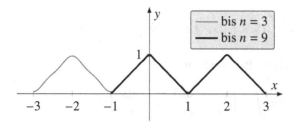

Abb. L.13 Fourier-Analyse der 2-periodischen Sägezahnfunktion

c) Da die Koeffizienten c_k der komplexen Fourier-Reihe bereits reell sind, ist $b_n = -2\,\mathrm{Im}(c_n) = 0$ für alle n. Weiter ist $a_0 = c_0 = \tfrac{1}{2}$ sowie

$$a_n = 2\,\mathrm{Re}(c_n) = \begin{cases} 0 & \text{für gerade } n > 0 \\ \frac{4}{n^2\pi^2} & \text{für ungerade } n \in \mathbb{N} \end{cases}$$

Damit ergibt sich für die Dreieckschwingung die reelle Fourier-Reihe

$$\frac{1}{2} + \frac{4}{\pi^2}\left(\cos(\pi x) + \frac{\cos(3\pi x)}{3^2} + \frac{\cos(5\pi x)}{5^2} + \frac{\cos(7\pi x)}{7^2} + \dots\right)$$

Die Partialsummen bis $n = 3$ bzw. $n = 9$ sind in Abb. L.13 zu sehen.

Aufgabe 4.19. Wegen $-|x| = x$ für $x \le 0$ und $-|x| = -x$ für $x \ge 0$ ist

$$\mathcal{F}\{e^{-\alpha|x|}\}(\omega) = \int_{-\infty}^{\infty} e^{-\alpha|x|} \cdot e^{-i\omega x}\,dx = \int_{-\infty}^{0} e^{(\alpha - i\omega)x}\,dx + \int_{0}^{\infty} e^{-(\alpha + i\omega)x}\,dx$$

$$= \frac{e^{(\alpha - i\omega)x}}{\alpha - i\omega}\Big|_{x \to -\infty}^{0} - \frac{e^{-(\alpha + i\omega)x}}{\alpha + i\omega}\Big|_{0}^{x \to \infty} = \left(\tfrac{1}{\alpha - i\omega} - 0\right) - \left(0 - \tfrac{1}{\alpha + i\omega}\right)$$

$$= \frac{(\alpha + i\omega) + (\alpha - i\omega)}{(\alpha - i\omega) \cdot (\alpha + i\omega)} = \frac{2\alpha}{\omega^2 + \alpha^2}$$

Im Gegensatz zur einseitig abfallenden Exponentialfunktion (siehe Beispiel 2 in Abschnitt 4.5.1) ist die Spektralfunktion hier sogar reellwertig.

Lösungen zu Kapitel 5

Aufgabe 5.1.

a) Es gilt $(\nabla \times \vec{F})(x, y) = \frac{\partial}{\partial x}(x + y^2) - \frac{\partial}{\partial y}(x \cdot y) = 1 - x$

b) Nach dem Integralsatz von Green kann man das Flächenintegral in ein Kurvenintegral umwandeln:

$$V = \iint_B 1 - x \, dA = \iint_B (\nabla \times \vec{F})(x, y) \, dA = \oint_{\partial B} \begin{pmatrix} x \cdot y \\ x + y^2 \end{pmatrix} \cdot d\vec{r}$$

und anschließend durch Einsetzen der Parameterdarstellung berechnen:

$$\oint_{\partial B} \begin{pmatrix} x \cdot y \\ x + y^2 \end{pmatrix} \cdot d\vec{r} = \int_0^{2\pi} \begin{pmatrix} \cos t \cdot \sin t \\ \cos t + \sin^2 t \end{pmatrix} \cdot \begin{pmatrix} -\sin t \\ \cos t \end{pmatrix} dt$$

$$= \int_0^{2\pi} -\cos t \cdot \sin^2 t + \cos^2 t + \sin^2 t \cdot \cos t \, dt$$

$$= \int_0^{2\pi} \cos^2 t \, dt = \left. (\tfrac{1}{2} t + \sin t \cos t) \right|_0^{2\pi} = \pi$$

Das Volumen $V = \pi$ des abgeschrägten Zylinders haben wir bereits in Kapitel 2, Aufgabe 2.14 über ein Flächenintegral in Polarkoordinaten erhalten!

Aufgabe 5.2.

a) Für das Vektorfeld $\vec{F}(x, y)$ ist

$$(\nabla \times \vec{F})(x, y) = \frac{\partial(-\frac{1}{4} y + \frac{1}{4})}{\partial x} - \frac{\partial(-\frac{1}{4} x - \frac{1}{4})}{\partial y} = 0 - 0 = 0$$

$$(\nabla \cdot \vec{F})(x, y) = \frac{\partial(-\frac{1}{4} x - \frac{1}{4})}{\partial x} + \frac{\partial(-\frac{1}{4} y + \frac{1}{4})}{\partial y} = -\frac{1}{4} - \frac{1}{4} = -\frac{1}{2}$$

und für das Vektorfeld $\vec{G}(x, y)$ gilt

$$(\nabla \times \vec{G})(x, y) = \frac{\partial(-\frac{2}{6} x)}{\partial x} - \frac{\partial(-\frac{3}{6} y)}{\partial y} = -\frac{2}{6} - (-\frac{3}{6}) = \frac{1}{6}$$

$$(\nabla \cdot \vec{G})(x, y) = \frac{\partial(-\frac{3}{6} y)}{\partial x} + \frac{\partial(-\frac{2}{6} x)}{\partial y} = 0 + 0 = 0$$

b) Nach dem Integralsatz von Green gilt für das Kurvenintegral von $\vec{F}$ längs C

$$\oint_C \vec{F}(x, y) \cdot d\vec{r} = \iint_B (\nabla \times \vec{F})(x, y) \, dA = \iint_B 0 \, dA = 0$$

wobei B den von der Ellipse eingeschlossenen Normalbereich bezeichnet. Ebenso ist nach dem Gaußschen Satz das Flussintegral von $\vec{G}$ durch die Ellipse

$$\oint_C \vec{G}(x,y) \cdot d\vec{n} = \iint_B (\nabla \cdot \vec{G})(x,y) \, dA = \iint_B 0 \, dA = 0$$

c) Einsetzen der Parameterdarstellung mit $\dot{x}(t) = -3\sin t$ und $\dot{y}(t) = 2\cos t$ ergibt

$$\oint_C \vec{F}(x,y) \cdot d\vec{n} = \int_0^{2\pi} -\tfrac{1}{4} \begin{pmatrix} 3\cos t + 1 \\ 2\sin t - 1 \end{pmatrix} \cdot \begin{pmatrix} 2\cos t \\ -(-3\sin t) \end{pmatrix} dt$$

$$= -\tfrac{1}{4} \int_0^{2\pi} 6\cos^2 t + 2\cos t + 6\sin^2 t - 3\sin t \, dt$$

$$= -\tfrac{1}{4} \int_0^{2\pi} 6 + 2\cos t - 3\sin t \, dt = -\tfrac{1}{4} \cdot (6t + 2\sin t + 3\cos t)\Big|_0^{2\pi} = -3\pi$$

Für das Kurvenintegral erhalten wir

$$\oint_C \vec{G}(x,y) \cdot d\vec{r} = \int_0^{2\pi} -\tfrac{1}{6} \begin{pmatrix} 3 \cdot 2\sin t \\ 2 \cdot 3\cos t \end{pmatrix} \cdot \begin{pmatrix} -3\sin t \\ 2\cos t \end{pmatrix} dt$$

$$= \int_0^{2\pi} -\tfrac{1}{6}(-18\sin^2 t + 12\cos^2 t) \, dt = \int_0^{2\pi} 3\sin^2 t - 2\cos^2 t \, dt$$

$$= \int_0^{2\pi} 3 - 5\cos^2 t \, dt = \left(3t - 5 \cdot (\tfrac{1}{2}t + \sin t \cos t)\right)\Big|_0^{2\pi} = \pi$$

wobei wir in der letzten Zeile die Stammfunktion $\int \cos^2 t \, dt = \tfrac{1}{2}t + \sin t \cos t$ verwendet haben.

d) Nach dem Integralsatz von Gauß gilt für das Flussintegral von $\vec{F}$ durch die Ellipse

$$\oint_C \vec{F}(x,y) \cdot d\vec{n} = \iint_B (\nabla \cdot \vec{F})(x,y) \, dA = \iint_B -\tfrac{1}{2} \, dA = -\tfrac{1}{2} \cdot \iint_B 1 \, dA$$

Hierbei ist $\iint_B 1 \, dA = A = 6\pi$ der Flächeninhalt der Ellipse, und somit haben wir

$$\oint_C \vec{F}(x,y) \cdot d\vec{n} = -\tfrac{1}{2} \cdot 6\pi = -3\pi$$

wie in c). Ebenso ist nach dem Satz von Green

$$\oint_C \vec{G}(x,y) \cdot d\vec{r} = \iint_B (\nabla \times \vec{G})(x,y) \, dA = \iint_B \tfrac{1}{6} \, dA = \tfrac{1}{6} \cdot \iint_B 1 \, dA = \pi$$

Aufgabe 5.3. Für die drei Vektorfelder in den Kurvenintegralen ist

$$\mathrm{rot} \begin{pmatrix} 0 \\ x \end{pmatrix} = \frac{\partial x}{\partial x} - \frac{\partial 0}{\partial y} = 1, \quad \mathrm{rot} \begin{pmatrix} 0 \\ x^2 \end{pmatrix} = \frac{\partial x^2}{\partial x} - \frac{\partial 0}{\partial y} = 2x$$

$$\text{und} \quad \mathrm{rot} \begin{pmatrix} 0 \\ x^3 \end{pmatrix} = \frac{\partial x^3}{\partial x} - \frac{\partial 0}{\partial y} = 3x^2$$

sodass nach dem Integralsatz von Green gilt:

$$a = \iint_B \text{rot} \begin{pmatrix} 0 \\ x \end{pmatrix} dA = \iint_B 1 \, dA = A$$

$$b = \iint_B \text{rot} \begin{pmatrix} 0 \\ x^2 \end{pmatrix} dA = \iint_B 2x \, dA = 2A \cdot x_S$$

$$c = \iint_B \text{rot} \begin{pmatrix} 0 \\ x^3 \end{pmatrix} dA = \iint_B 3x^2 \, dA = 3 \cdot J_y$$

Lösen wir diese Gleichungen nach den gesuchten Größen A, x_S und J_y auf, dann ist

(i) $A = a$,   (ii) $x_S = \dfrac{b}{2a}$,   (iii) $J_y = \dfrac{c}{3}$

Aufgabe 5.4. Für die Randkurve selbst ist die Parameterdarstellung nicht bekannt. Allerdings können wir mit Green und Gauß das Kurven- bzw. Flussintegral jeweils in ein Flächenintegral umwandeln. Dazu brauchen wir für das Vektorfeld

$$\vec{F}(x, y) = \begin{pmatrix} x - 2y \\ y + 2x \end{pmatrix}$$

die Rotation und die Divergenz:

$$(\nabla \times \vec{F})(x, y) = \frac{\partial(y + 2x)}{\partial x} - \frac{\partial(x - 2y)}{\partial y} = 2 - (-2) = 4$$

$$(\nabla \cdot \vec{F})(x, y) = \frac{\partial(x - 2y)}{\partial x} + \frac{\partial(y + 2x)}{\partial y} = 1 + 1 = 2$$

Aus dem Integralsatz von Green folgt dann

$$\oint_{\partial B} \begin{pmatrix} x - 2y \\ y + 2x \end{pmatrix} \cdot d\vec{r} = \iint_B (\nabla \times \vec{F})(x, y) \, dA = \iint_B 4 \, dA = 4 \iint_B 1 \, dA = 8$$

wobei $\iint_B 1 \, dA = A = 2$ der Flächeninhalt von B ist. Gleichermaßen ist nach Gauß

$$\oint_{\partial B} \begin{pmatrix} x - 2y \\ y + 2x \end{pmatrix} \cdot d\vec{n} = \iint_B (\nabla \cdot \vec{F})(x, y) \, dA = \iint_B 2 \, dA = 2 \iint_B 1 \, dA = 4$$

Aufgabe 5.5.

a) Die Divergenz des Vektorfelds $\vec{F} = \text{grad} \, f$ ist

$$\nabla \cdot \vec{F} = \frac{\partial F_1}{\partial x} + \frac{\partial F_2}{\partial y} = \frac{\partial f_x}{\partial x} + \frac{\partial f_y}{\partial y} = f_{xx} + f_{yy} = \Delta f$$

und die Aussage folgt dann unmittelbar aus dem Integralsatz von Gauß, denn

$$\oint_{\partial B} \vec{F}(\vec{r}) \cdot d\vec{n} = \iint_B (\nabla \cdot \vec{F})(x, y) \, dA = \iint_B (\Delta f)(x, y) \, dA$$

b) Das Vektorfeld $\vec{F}(x, y)$ hat das Potential $f(x, y) = 0{,}1\,x^2 + 0{,}3\,x\,y - 0{,}2\,y^2$, denn

$$f_x = 0{,}2\,x + 0{,}3\,y - 0 = F_1(x, y) \quad \text{und} \quad f_y = 0 + 0{,}3\,x - 0{,}4\,y = F_2(x, y)$$

Wegen $f_{xx} = 0{,}2$ und $f_{yy} = -0{,}4$ ist $\Delta f = -0{,}2$ eine konstante Funktion und somit

$$\oint_{\partial B} \vec{F}(\vec{r}) \cdot d\vec{n} = \iint_B -0{,}2\,dA = -0{,}2 \cdot A = -0{,}2\,\pi$$

nach a), wobei $A = 1^2 \cdot \pi$ der Flächeninhalt der Kreisscheibe B ist.

Aufgabe 5.6. Für eine Kreisscheibe B in D mit dem Rand $C = \partial B$ gilt nach der Greenschen Formel

$$\oint_C \frac{\partial u}{\partial \vec{N}}\,ds = \iint_B \Delta u\,dA = \iint_B 0\,dA = 0$$

Falls $\frac{\partial u}{\partial \vec{N}} \equiv a$ eine konstante Funktion auf C ist, dann hat das skalare Kurvenintegral längs des Kreises C mit dem Radius $r > 0$ den Wert

$$\oint_C \frac{\partial u}{\partial \vec{N}}\,ds = \int_0^{2\pi} a \cdot r\,dt = 2\pi r \cdot a$$

sodass $a = 0$ und folglich $\frac{\partial u}{\partial \vec{N}} \equiv 0$ gelten muss.

Aufgabe 5.7.

a) In beiden Fällen können wir den Satz von Schwarz anwenden. Für eine zweimal differenzierbare Funktion $f = f(x, y, z)$ gilt

$$\operatorname{rot}(\operatorname{grad} f) = \operatorname{rot} \begin{pmatrix} f_x \\ f_y \\ f_z \end{pmatrix} = \begin{pmatrix} \frac{\partial f_z}{\partial y} - \frac{\partial f_y}{\partial z} \\ \frac{\partial f_x}{\partial z} - \frac{\partial f_z}{\partial x} \\ \frac{\partial f_y}{\partial x} - \frac{\partial f_x}{\partial y} \end{pmatrix} = \begin{pmatrix} f_{zy} - f_{yz} \\ f_{xz} - f_{zx} \\ f_{yx} - f_{xy} \end{pmatrix} = \begin{pmatrix} 0 \\ 0 \\ 0 \end{pmatrix} = \vec{o}$$

und für ein Vektorfeld mit zweimal differenzierbaren Komponenten ist

$$\vec{F}(x, y, z) = \begin{pmatrix} F_1(x, y, z) \\ F_2(x, y, z) \\ F_3(x, y, z) \end{pmatrix} \implies \operatorname{rot}\vec{F} = \nabla \times \vec{F} = \begin{pmatrix} \frac{\partial F_3}{\partial y} - \frac{\partial F_2}{\partial z} \\ \frac{\partial F_1}{\partial z} - \frac{\partial F_3}{\partial x} \\ \frac{\partial F_2}{\partial x} - \frac{\partial F_1}{\partial y} \end{pmatrix}$$

$$\operatorname{div}(\operatorname{rot}\vec{F}) = \frac{\partial}{\partial x}\left(\frac{\partial F_3}{\partial y} - \frac{\partial F_2}{\partial z}\right) + \frac{\partial}{\partial y}\left(\frac{\partial F_1}{\partial z} - \frac{\partial F_3}{\partial x}\right) + \frac{\partial}{\partial z}\left(\frac{\partial F_2}{\partial x} - \frac{\partial F_1}{\partial y}\right)$$

$$= \underbrace{\frac{\partial^2 F_3}{\partial x\,\partial y} - \frac{\partial^2 F_3}{\partial y\,\partial x}}_{0} + \underbrace{\frac{\partial^2 F_2}{\partial z\,\partial x} - \frac{\partial^2 F_2}{\partial x\,\partial z}}_{0} + \underbrace{\frac{\partial^2 F_1}{\partial y\,\partial z} - \frac{\partial^2 F_1}{\partial z\,\partial y}}_{0} = 0$$

b) Falls $\vec{F}$ ein Potential f besitzt, dann ist $\vec{F} = \text{grad } f$. Nach dem Integralsatz von Stokes und dem Ergebnis aus a) gilt dann

$$\oint_{\partial S} \vec{F} \cdot d\vec{r} = \oint_{\partial S} \text{grad } f \cdot d\vec{r} = \iint_S \text{rot}(\text{grad } f) \cdot d\vec{A} = \iint_S \vec{o} \cdot d\vec{A} = 0$$

c) Ist $\vec{G}$ ein Vektorpotential zu $\vec{F}$, dann gilt $\vec{F} = \text{rot } \vec{G}$, und aus a) sowie dem Gaußschen Integralsatz folgt

$$\oiint_{\partial B} \vec{F} \cdot d\vec{A} = \oiint_{\partial B} \text{rot } \vec{G} \cdot d\vec{A} = \iiint_B \text{div}(\text{rot } \vec{G}) \, dV = \iiint_B 0 \, dV = 0$$

Aufgabe 5.8. Mit dem Potential können wir das Gaußsche Gesetz in der Form

$$\frac{1}{\varepsilon} \rho(\vec{r}) = \text{div } \vec{E} = \text{div}(\text{grad } U) = \Delta U$$

schreiben. Nach der Greenschen Formel wiederum gilt

$$\iiint_B \Delta U \, dV = \oiint_{\partial B} \frac{\partial U}{\partial \vec{N}} (\vec{r}) \, dA$$

Ersetzen wir im Integranden auf der linken Seite den Laplace-Operator des Potentials durch die Ladungsdichte, dann ergibt sich

$$\oiint_{\partial B} \frac{\partial U}{\partial \vec{N}} (\vec{r}) \, dA = \frac{1}{\varepsilon} \iiint_B \rho(x, y, z) \, dV = \frac{1}{\varepsilon} Q$$

Aufgabe 5.9.

a) Die obere Halbebene der GZE hat keine Löcher. Genauer: Jede einfach geschlossene Kurve lässt sich innerhalb von G auf einen Punkt zusammenziehen.

b) Wir schreiben die Funktionen in der Form $f(z) = f(x + iy) = u(x, y) + i\,v(x, y)$ und zeigen, dass für $u(x, y) = \text{Re } f(x + iy)$ sowie $v(x, y) = \text{Im } f(x + iy)$ die Cauchy-Riemannschen Differentialgleichungen erfüllt sind.

   (i) Hier ist

$$f(z) = f(x + iy) = 3\,(x + iy)^2 + 3i = (3x^2 - 3y^2) + i\,(6xy + 3)$$

   Mit $u(x, y) = 3x^2 - 3y^2$ und $v(x, y) = 6xy + 3$ gilt

$$\frac{\partial u}{\partial x} = 6x = \frac{\partial v}{\partial y} \quad \text{und} \quad \frac{\partial v}{\partial x} = 6y = -\frac{\partial u}{\partial y}$$

   und daher ist die Funktion $f(z) = 3\,(z^2 + i)$ holomorph.

   (ii) Nach der Umformung (Erweitern mit dem konjugiert-komplexen Nenner)

$$f(x+\mathrm{i}\,y) = \frac{1}{(x+\mathrm{i}\,y)^2} = \frac{1\cdot(x-\mathrm{i}\,y)^2}{(x+\mathrm{i}\,y)^2\cdot(x-\mathrm{i}\,y)^2}$$

$$= \frac{x^2-y^2}{(x^2+y^2)^2} + \mathrm{i}\,\frac{-2\,x\,y}{(x^2+y^2)^2} = u(x,y) + \mathrm{i}\,v(x,y)$$

ergibt sich für die partiellen Ableitungen des Real- bzw. Imaginärteils

$$\frac{\partial u}{\partial x} = \frac{6\,x\,y^2 - 2\,x^3}{(x^2+y^2)^3} = \frac{\partial v}{\partial y} \quad \text{und} \quad \frac{\partial v}{\partial x} = \frac{6\,x^2 y - 2\,y^3}{(x^2+y^2)^3} = -\frac{\partial u}{\partial y}$$

sodass auch diese Funktion komplex differenzierbar in G ist.

c) Wir versuchen zuerst, eine Stammfunktion zu erraten. Nachdem wir diese gefunden haben, ergibt sich der Integralwert durch Auswerten bei $2\,\mathrm{i}$ und $2+\mathrm{i}$.

(i) Eine Stammfunktion zu $f(z) = 3\,z^2 + 3\,\mathrm{i}$ ist $F(z) = z^3 + 3\,\mathrm{i}\,z$, und daher gilt

$$\int_{2\mathrm{i}}^{2+\mathrm{i}} 3\,(z^2+\mathrm{i})\,\mathrm{d}z = z^3 + 3\,\mathrm{i}\,z\,\Big|_{2\mathrm{i}}^{2+\mathrm{i}} = (2+\mathrm{i})^3 + 3\,\mathrm{i}\,(2+\mathrm{i}) - \big((2\,\mathrm{i})^3 - 6\big)$$

$$= (8 + 12\,\mathrm{i} - 6 - \mathrm{i}) + 6\,\mathrm{i} - 3 + 8\,\mathrm{i} + 6 = 5 + 25\,\mathrm{i}$$

(ii) Wir zeigen zunächst, dass $F(z) = -\frac{1}{z}$ eine Stammfunktion zu $f(z) = \frac{1}{z^2}$ ist. Dazu zerlegen wir

$$F(x+\mathrm{i}\,y) = -\frac{1}{x+\mathrm{i}\,y} = -\frac{x}{x^2+y^2} + \mathrm{i}\,\frac{y}{x^2+y^2} = U(x,y) + \mathrm{i}\,V(x,y)$$

Es gilt

$$\frac{\partial U}{\partial x} = \frac{x^2-y^2}{(x^2+y^2)^2} = \frac{\partial V}{\partial y} \quad \text{und} \quad \frac{\partial V}{\partial x} = \frac{2\,x\,y}{(x^2+y^2)^2} = -\frac{\partial U}{\partial y}$$

Somit ist $F(z)$ eine differenzierbare komplexe Funktion mit der Ableitung

$$F'(x+\mathrm{i}\,y) = U_x + \mathrm{i}\,V_x = \frac{x^2-y^2}{(x^2+y^2)^2} + \mathrm{i}\,\frac{-2\,x\,y}{(x^2+y^2)^2} = f(x+\mathrm{i}\,y)$$

Schließlich können wir den Integralwert berechnen:

$$\int_{2\mathrm{i}}^{2+\mathrm{i}} \frac{1}{z^2}\,\mathrm{d}z = -\frac{1}{z}\,\Big|_{2\mathrm{i}}^{2+\mathrm{i}} = -\frac{1}{2+\mathrm{i}} + \frac{1}{2\mathrm{i}} = -\frac{2-\mathrm{i}}{5} - \frac{\mathrm{i}}{2} = -0{,}4 - 0{,}3\,\mathrm{i}$$

Aufgabe 5.10. Wir notieren zunächst, dass für eine komplexe Zahl $z = x + \mathrm{i}\,y$

$$f(z) = \tfrac{1}{2}\,(z+\overline{z}) = \tfrac{1}{2}\,(x+\mathrm{i}\,y + x - \mathrm{i}\,y) = x = \operatorname{Re} z$$

gilt, und für eine glatte Kurve $C: z(t) = x(t) + \mathrm{i}\,y(t)$ mit $t \in [a,b]$ ist dann

$$\int_C \tfrac{1}{2}(z + \overline{z})\,dz = \int_a^b \operatorname{Re} z(t) \cdot \dot{z}(t)\,dt$$

a) Im Fall der Strecke $z(t) = 2\,\mathrm{i} + (2 - \mathrm{i})\,t$ mit $t \in [0, 1]$ ist $\operatorname{Re} z(t) = 2\,t$ und $\dot{z}(t) \equiv 2 - \mathrm{i}$, sodass

$$\int_C f(z)\,dz = \int_0^1 2\,t \cdot (2 - \mathrm{i})\,dt = (2 - \mathrm{i})\,t^2 \Big|_0^1 = 2 - \mathrm{i}$$

b) Entlang dem Ellipsenbogen $z(t) = 2\sin t + \mathrm{i}\,(\cos t + 1)$ für $t \in [0, \tfrac{\pi}{2}]$ gilt $\operatorname{Re} z(t) = 2\sin t$ und $\dot{z}(t) = 2\cos t - \mathrm{i}\sin t$. Hieraus folgt

$$\int_C f(z)\,dz = \int_0^{\frac{\pi}{2}} 2\sin t \cdot (2\cos t - \mathrm{i}\sin t)\,dt = \int_0^{\frac{\pi}{2}} 2\sin 2t - 2\,\mathrm{i}\sin^2 t\,dt$$

$$= -\cos 2t + \mathrm{i}\,(\sin t \cos t - t)\Big|_0^{\frac{\pi}{2}} = 2 - \tfrac{\mathrm{i}\pi}{2}$$

Wäre die Funktion $f(z) = \operatorname{Re} z$ holomorph auf ganz $\mathbb{C}$, dann müsste das komplexe Kurvenintegral nach dem Integralsatz von Cauchy wegunabhängig sein. Da aber a) und b) verschiedene Integralwerte liefern, kann f nicht differenzierbar sein! In diesem Fall können auch die Cauchy-Riemannschen Differentialgleichungen nicht erfüllt sein. In der Tat gilt für $f(x + \mathrm{i}\,y) = x = u(x, y) + \mathrm{i}\,v(x, y)$ mit $u(x, y) = x$ und $v(x, y) \equiv 0$:

$$\frac{\partial u}{\partial x} = 1, \quad \frac{\partial v}{\partial y} = 0 \quad \Longrightarrow \quad \frac{\partial u}{\partial x} \neq \frac{\partial v}{\partial y}$$

Aufgabe 5.11. Alle drei Integrale lassen sich mit der Cauchy-Integralformel

$$\oint_C \frac{f(z)}{z - z_0}\,dz = 2\,\pi\,\mathrm{i} \cdot f(z_0)$$

berechnen, wobei $f(z)$ eine holomorphe Funktion auf K und z_0 ein Punkt im Inneren von K ist.

a) Hier ist $z_0 = 0$ und $f(z) = \mathrm{e}^z$, sodass

$$\oint_K \frac{\mathrm{e}^z}{z - 0}\,dz = 2\,\pi\,\mathrm{i} \cdot \mathrm{e}^0 = 2\,\pi\,\mathrm{i}$$

b) Mit $z_0 = 1$ und $f(z) = \tfrac{1}{2}(z^3 + 4\,\mathrm{i})$ ergibt sich

$$\oint_K \frac{\tfrac{1}{2}(z^3 + 4\,\mathrm{i})}{z - 1}\,dz = 2\,\pi\,\mathrm{i} \cdot \tfrac{1}{2}(1^3 + 4\,\mathrm{i}) = -4\,\pi + \mathrm{i}\,\pi$$

c) Der Integrand hat die Form

$$\frac{1}{z^2 + 1} = \frac{1}{(z - \mathrm{i}) \cdot (z + \mathrm{i})} = \frac{f(z)}{z - \mathrm{i}} \quad \text{mit} \quad f(z) = \frac{1}{z + \mathrm{i}}$$

Achtung: Nur die Nullstelle $z_0 = i$ des Nenners liegt innerhalb des Kreises K. Da sich die andere Definitionslücke $z = -i$ außerhalb von K befindet (siehe Abb. L.14), ist die rationale Funktion $f(z)$ holomorph auf K. Gemäß der Integralformel von Cauchy gilt dann

$$\oint_K \frac{1}{z^2 + 1}\, dz = \oint_K \frac{\frac{1}{z+i}}{z - i}\, dz = 2\,\pi\,i \cdot \frac{1}{i + i} = \pi$$

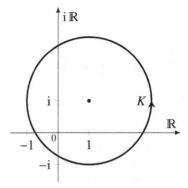

Abb. L.14 Der Kreis in der GZE um $1 + i$ mit dem Radius 2 umschließt die Punkte 0, 1 und i, nicht aber $-i$

Lösungen zu Kapitel 6

Aufgabe 6.1. Wir schreiben das System zunächst in Matrixform um:

$$\vec{y}'(x) = A \cdot \vec{y}(x) \quad \text{mit} \quad \vec{y}(x) = \begin{pmatrix} y_1(x) \\ y_2(x) \end{pmatrix} \quad \text{und} \quad A = \begin{pmatrix} 3 & 4 \\ 4 & -3 \end{pmatrix}$$

Die Koeffizientenmatrix A hat das charakteristische Polynom

$$p_A(\lambda) = \begin{vmatrix} 3 - \lambda & 4 \\ 4 & -3 - \lambda \end{vmatrix} = (3 - \lambda)(-3 - \lambda) - 16 = \lambda^2 - 25$$

mit den Nullstellen $\lambda_1 = -5$ und $\lambda_2 = 5$. Zu diesen beiden Eigenwerten von A müssen wir noch die Eigenvektoren bestimmen. Im Fall $\lambda = -5$ lautet das LGS

$$(A + 5E) \cdot \vec{v} = \vec{o} \quad \text{bzw.} \quad \begin{pmatrix} 3 + 5 & 4 \\ 4 & -3 + 5 \end{pmatrix} \cdot \begin{pmatrix} v_1 \\ v_2 \end{pmatrix} = \begin{pmatrix} 0 \\ 0 \end{pmatrix}$$

(der Eigenwert wird nur von den Diagonaleinträgen subtrahiert) und somit

$$\begin{pmatrix} 8 & 4 \\ 4 & 2 \end{pmatrix} \cdot \begin{pmatrix} v_1 \\ v_2 \end{pmatrix} = \begin{pmatrix} 0 \\ 0 \end{pmatrix}$$

Die obere Zeile ist ein Vielfaches der unteren Zeile, und daher bleibt nur die Zeile $4\,v_1 + 2\,v_2 = 0$. Bei der Lösung können wir eine Komponente frei wählen, z. B.

$$v_1 = -1 \quad \Longrightarrow \quad v_2 = 2 \quad \Longrightarrow \quad \vec{v} = \begin{pmatrix} -1 \\ 2 \end{pmatrix}$$

Mit dem Eigenwert $\lambda = -5$ und den dazugehörigen Eigenvektoren lässt sich jetzt auch eine Lösung des DGl-Systems angeben. Sie lautet:

$$\vec{y}_1(x) = e^{-5x} \cdot \begin{pmatrix} -1 \\ 2 \end{pmatrix} = \begin{pmatrix} -e^{-5x} \\ 2\,e^{-5x} \end{pmatrix}$$

Wir berechnen noch die Eigenvektoren zum Eigenwert $\lambda = 5$ mithilfe des LGS

$$(A - 5\,E) \cdot \vec{v} = \vec{o} \quad \text{bzw.} \quad \begin{pmatrix} -2 & 4 \\ 4 & -8 \end{pmatrix} \cdot \begin{pmatrix} v_1 \\ v_2 \end{pmatrix} = \begin{pmatrix} 0 \\ 0 \end{pmatrix}$$

Hier ist die untere Zeile ein Vielfaches der oberen Zeile, und es bleibt wieder nur eine Gleichung $-2\,v_1 + 4\,v_2 = 0$ für zwei Unbekannte übrig. Wir können eine Komponente frei wählen, z. B.

$$v_1 = 2 \quad \Longrightarrow \quad v_2 = 1 \quad \Longrightarrow \quad \vec{v} = \begin{pmatrix} 2 \\ 1 \end{pmatrix}$$

Dieser Eigenvektor liefern uns eine weitere „Fundamentallösung" des DGl-Systems, nämlich

$$\vec{y}_2(x) = e^{5x} \cdot \begin{pmatrix} 2 \\ 1 \end{pmatrix} = \begin{pmatrix} 2\,e^{5x} \\ e^{5x} \end{pmatrix}$$

Die allgemeine Lösung des DGl-Systems ist dann eine Linearkombination dieser beiden Fundamentallösungen

$$\vec{y}(x) = C_1 \cdot \vec{y}_1(x) + C_2 \cdot \vec{y}_2(x) = \begin{pmatrix} -C_1\,e^{-5x} + 2\,C_2\,e^{5x} \\ 2\,C_1\,e^{-5x} + C_2\,e^{5x} \end{pmatrix}$$

Die freien Integrationskonstanten C_1 und C_2 werden durch die Anfangsbedingung festgelegt:

$$\begin{pmatrix} 5 \\ 0 \end{pmatrix} = \vec{y}(0) = \begin{pmatrix} -C_1\,e^0 + 2\,C_2\,e^0 \\ 2\,C_1\,e^0 + C_2\,e^0 \end{pmatrix} = \begin{pmatrix} -C_1 + 2\,C_2 \\ 2\,C_1 + C_2 \end{pmatrix}$$

führt auf das LGS

$$0 = 2\,C_1 + C_2 \quad \Longrightarrow \quad C_2 = -2\,C_1 \quad \text{und} \quad 5 = -C_1 + 2\,C_2 = -5\,C_1$$

Es liefert die Werte $C_1 = -1$ sowie $C_2 = 2$, und damit lautet die gesuchte spezielle Lösung des DGl-Systems

$$\vec{y}(x) = \begin{pmatrix} e^{-5x} + 4\,e^{5x} \\ -2\,e^{-5x} + 2\,e^{5x} \end{pmatrix} \quad \text{bzw.} \quad \begin{aligned} y_1(x) &= e^{-5x} + 4\,e^{5x} \\ y_2(x) &= -2\,e^{-5x} + 2\,e^{5x} \end{aligned}$$

Aufgabe 6.2. Das charakteristische Polynom der Koeffizientenmatrix

$$p_A(\lambda) = \begin{vmatrix} 4 - \lambda & -3 \\ 3 & 4 - \lambda \end{vmatrix} = (4 - \lambda)^2 + 9$$

hat zwei konjugiert komplexe Nullstellen $\lambda_1 = 4 + 3\,\mathrm{i}$ und $\lambda_2 = 4 - 3\,\mathrm{i}$. Es genügt, einen Eigenvektor $\vec{v}_1 \neq \vec{o}$ zum Eigenwert λ_1 zu finden, denn dann ist der konjugiert komplexe Vektor $\vec{v}_2 = \overline{\vec{v}_1}$ ein Eigenvektor zu $\lambda_2 = \overline{\lambda_1}$. Dazu müssen wir das LGS

$$\left(A - (4 + 3\,\mathrm{i})\,E\right) \cdot \vec{v} = \vec{o} \quad \text{bzw.} \quad \begin{pmatrix} -3\,\mathrm{i} & -3 \\ 3 & -3\,\mathrm{i} \end{pmatrix} \cdot \begin{pmatrix} v_1 \\ v_2 \end{pmatrix} = \begin{pmatrix} 0 \\ 0 \end{pmatrix}$$

mit dem Rang 1 lösen, wobei wir eine Zeile (z. B. die obere) weglassen können: $3 \cdot v_1 - 3\,\mathrm{i} \cdot v_2 = 0$ wird beispielsweise von $v_1 = \mathrm{i}$ und $v_2 = 1$ erfüllt. Damit ist

$$\vec{v} = \begin{pmatrix} \mathrm{i} \\ 1 \end{pmatrix} = \begin{pmatrix} 0 \\ 1 \end{pmatrix} + \mathrm{i} \cdot \begin{pmatrix} 1 \\ 0 \end{pmatrix} = \vec{a} + \mathrm{i}\,\vec{w}$$

ein komplexer Eigenvektor zum Eigenwert $4 + 3\,\mathrm{i}$. Wir können damit zwei reelle Fundamentallösungen konstruieren:

$$\vec{y}_1(x) = \mathrm{e}^{4x} \left(\cos 3x \cdot \begin{pmatrix} 0 \\ 1 \end{pmatrix} - \sin 3x \cdot \begin{pmatrix} 1 \\ 0 \end{pmatrix} \right) = \begin{pmatrix} -\mathrm{e}^{4x} \sin 3x \\ \mathrm{e}^{4x} \cos 3x \end{pmatrix}$$

$$\vec{y}_2(x) = \mathrm{e}^{4x} \left(\sin 3x \cdot \begin{pmatrix} 0 \\ 1 \end{pmatrix} + \cos 3x \cdot \begin{pmatrix} 1 \\ 0 \end{pmatrix} \right) = \begin{pmatrix} \mathrm{e}^{4x} \cos 3x \\ \mathrm{e}^{4x} \sin 3x \end{pmatrix}$$

Durch Superposition erhalten wir den allgemeinen Lösungsvektor

$$\vec{y}(x) = C_1 \cdot \begin{pmatrix} -\mathrm{e}^{4x} \sin 3x \\ \mathrm{e}^{4x} \cos 3x \end{pmatrix} + C_2 \cdot \begin{pmatrix} \mathrm{e}^{4x} \cos 3x \\ \mathrm{e}^{4x} \sin 3x \end{pmatrix}$$

mit beliebigen (reellen) Konstanten C_1 und C_2, dessen Komponenten dann die gesuchten Lösungsfunktionen des DGl-Systems liefern:

$$y_1(x) = \mathrm{e}^{4x} \left(-C_1 \sin 3x + C_2 \cos 3x \right)$$
$$y_2(x) = \mathrm{e}^{4x} \left(C_1 \cos 3x + C_2 \sin 3x \right)$$

Aufgabe 6.3.

a) In Matrixschreibweise hat das DGl-System die Form

$$\vec{y}'(x) = A \cdot \vec{y}(x) \quad \text{mit} \quad \vec{y}(x) = \begin{pmatrix} y_1(x) \\ y_2(x) \end{pmatrix} \quad \text{und} \quad A = \begin{pmatrix} 5 & -4 \\ 3 & -2 \end{pmatrix}$$

und die Matrix A besitzt das charakteristische Polynom

$$p_A(\lambda) = \begin{vmatrix} 5 - \lambda & -4 \\ 3 & -2 - \lambda \end{vmatrix} = (5 - \lambda)(-2 - \lambda) + 12 = \lambda^2 - 3\lambda + 2$$

mit den Nullstellen (Eigenwerten) $\lambda_1 = 1$ und $\lambda_2 = 2$. Einen Eigenvektor zu $\lambda = 1$ erhalten wir aus dem LGS

$$(A - E) \cdot \vec{v} = \vec{o} \quad \text{bzw.} \quad \begin{pmatrix} 4 & -4 \\ 3 & -3 \end{pmatrix} \cdot \begin{pmatrix} v_1 \\ v_2 \end{pmatrix} = \begin{pmatrix} 0 \\ 0 \end{pmatrix}, \quad \text{z. B.} \quad \vec{v} = \begin{pmatrix} 1 \\ 1 \end{pmatrix}$$

Für $\lambda = 2$ ergibt sich ein Eigenvektor aus dem LGS

$$(A - 2E) \cdot \vec{v} = \vec{o} \quad \text{bzw.} \quad \begin{pmatrix} 3 & -4 \\ 3 & -4 \end{pmatrix} \cdot \begin{pmatrix} v_1 \\ v_2 \end{pmatrix} = \begin{pmatrix} 0 \\ 0 \end{pmatrix}, \quad \text{z. B.} \quad \vec{v} = \begin{pmatrix} 4 \\ 3 \end{pmatrix}$$

b) Die allgemeine Lösung des DGl-Systems ist eine Linearkombination der Fundamentallösungen

$$\vec{y}(x) = C_1 e^x \cdot \begin{pmatrix} 1 \\ 1 \end{pmatrix} + C_2 e^{2x} \cdot \begin{pmatrix} 4 \\ 3 \end{pmatrix} = \begin{pmatrix} C_1 e^x + 4 C_2 e^{2x} \\ C_1 e^x + 3 C_2 e^{2x} \end{pmatrix}$$

c) Die freien Konstanten C_1 und C_2 werden durch die Anfangsbedingung

$$\begin{pmatrix} 2 \\ 1 \end{pmatrix} = \vec{y}(0) = \begin{pmatrix} C_1 e^0 + 4 C_2 e^0 \\ C_1 e^0 + 3 C_2 e^0 \end{pmatrix} = \begin{pmatrix} C_1 + 4 C_2 \\ C_1 + 3 C_2 \end{pmatrix}$$

festgelegt. Das LGS besitzt die eindeutige Lösung $C_1 = -2$ und $C_2 = 1$. Die gesuchte spezielle Lösung des DGl-Systems lautet somit

$$\vec{y}(x) = \begin{pmatrix} -2 e^x + 4 e^{2x} \\ -2 e^x + 3 e^{2x} \end{pmatrix}$$

Aufgabe 6.4.

a) Die Koeffizientenmatrix besitzt das charakteristische Polynom

$$p_A(\lambda) = \begin{vmatrix} a - \lambda & -b \\ b & a - \lambda \end{vmatrix} = (a - \lambda)^2 + b^2$$

mit den Nullstellen (Eigenwerten)

$$(a - \lambda)^2 = -b^2 \quad \Longrightarrow \quad \lambda_{1/2} = a \pm b\,\mathrm{i}$$

Wegen $b \neq 0$ sind die beiden Eigenwerte konjugiert komplex mit dem Realteil $\alpha = a$ und dem Imaginärteil $\omega = b$. Die Lösungen sind dann Linearkombinationen der Funktionen $e^{ax} \sin bx$ und $e^{ax} \cos bx$.

b) Bei einer $(3, 3)$-Koeffizientenmatrix ist das charakteristische Polynom eine kubische Funktion, welche mindestens eine reelle Nullstelle $\lambda \in \mathbb{R}$ besitzt. Die zugehörige

Lösung $\vec{y}(x) = e^{\lambda x} \cdot \vec{v}$ mit einem Eigenvektor $\vec{v} \neq \vec{o}$ zu λ ist dann eine solche nicht-schwingende Funktion ohne Sinus- und Kosinusanteile.

Aufgabe 6.5.

a) Das DGl-System hat die Matrixdarstellung

$$\vec{y}'(x) = \begin{pmatrix} -1 & 0 & 2 \\ 2 & -1 & 0 \\ 0 & 2 & -1 \end{pmatrix} \cdot \vec{y}(x)$$

Das charakteristische Polynom der Koeffizientenmatrix berechnet man z. B. mit der Regel von Sarrus, oder man entwickelt die Determinante nach der ersten Spalte:

$$p_A(\lambda) = \begin{vmatrix} -1-\lambda & 0 & 2 \\ 2 & -1-\lambda & 0 \\ 0 & 2 & -1-\lambda \end{vmatrix}$$

$$= (-1-\lambda) \cdot \begin{vmatrix} -1-\lambda & 0 \\ 2 & -1-\lambda \end{vmatrix} - 2 \cdot \begin{vmatrix} 0 & 2 \\ 2 & -1-\lambda \end{vmatrix}$$

$$= (-1-\lambda) \cdot (-1-\lambda)^2 - 2 \cdot (-4) = -\lambda^3 - 3\lambda^2 - 3\lambda + 7$$

b) Die Eigenwerte von A sind die Lösungen der kubischen Gleichung

$$\lambda^3 + 3\lambda^2 + 3\lambda - 7 = 0 \quad \text{bzw.} \quad (\lambda+1)^3 - 8 = 0$$

Man kann eine Lösung raten: $\lambda_1 = 1$, und die restlichen Nullstellen erhalten wir nach Polynomdivision durch $(\lambda - 1)$ aus der quadratischen Gleichung:

$$(\lambda^3 - 3\lambda^2 - 3\lambda + 7) : (\lambda - 1) = \lambda^2 + 4\lambda + 7 = 0 \quad \Longrightarrow \quad \lambda_{2/3} = -2 \pm \sqrt{3}\,i$$

c) Die Lösungen des DGl-Systems sind Linearkombinationen der Form

$$\vec{y}(x) = e^x \vec{c}_1 + e^{-2x} \left(\cos\left(\sqrt{3}\,x\right) \vec{c}_2 + \sin\left(\sqrt{3}\,x\right) \vec{c}_3 \right)$$

wobei man die Vektoren $\vec{c}_1, \vec{c}_2, \vec{c}_3$ mithilfe der Eigenvektoren ermitteln kann.

Die allgemeine Lösung setzt sich demnach zusammen aus einem exponentiell ansteigenden Teil ohne Schwingung sowie gedämpften Schwingungen mit exponentiell abfallender Amplitude und der Frequenz $f = \frac{\sqrt{3}}{2\pi}$.

Aufgabe 6.6. Durch die Einführung einer weiteren Funktion, nämlich der Ableitung, können wir aus einer DGl 2. Ordnung für eine Funktion $y(t)$ ein DGl-System 1. Ordnung für zwei Funktionen $y_1(t) = y(t)$ und $y_2(t) = y'(t)$ machen, denn

$$y_1'(t) = y'(t) = y_2(t)$$
$$y_2'(t) = y''(t) = -\omega_0^2 \cdot y(t) - 2\delta \cdot y'(t) = -\omega_0^2 \cdot y_1(t) - 2\delta \cdot y_2(t)$$

Wir können dieses DGl-System wie folgt in Matrixform schreiben:

$$\vec{y}'(t) = \begin{pmatrix} 0 & 1 \\ -\omega_0^2 & -2\delta \end{pmatrix} \cdot \vec{y}(t)$$

und das charakteristische Polynom der Koeffizientenmatrix lautet

$$p_A(\lambda) = \begin{vmatrix} -\lambda & 1 \\ -\omega_0^2 & -2\delta - \lambda \end{vmatrix} = \lambda^2 + 2\delta \cdot \lambda + \omega_0^2$$

Die beiden Nullstellen von $p_A(\lambda)$ und damit die Eigenwerte von A

$$\lambda_{1/2} = -\delta \pm \sqrt{\delta^2 - \omega_0^2}$$

sind konjugiert komplex, falls $\delta^2 - \omega_0^2 < 0$ bzw. $|\delta| < \omega_0$ erfüllt ist, und nur in diesem Fall gibt es auch oszillierende Lösungen mit Sinus-/Kosinusschwingungen.

Aufgabe 6.7. Die allgemeine Lösung des DGl-Systems wurde bereits in Aufgabe 6.3.b) berechnet:

$$\vec{y}(x) = C_1 \, e^x \cdot \begin{pmatrix} 1 \\ 1 \end{pmatrix} + C_2 \, e^{2x} \cdot \begin{pmatrix} 4 \\ 3 \end{pmatrix} = \begin{pmatrix} C_1 \, e^x + 4 \, C_2 \, e^{2x} \\ C_1 \, e^x + 3 \, C_2 \, e^{2x} \end{pmatrix}$$

Die Fundamentalmatrix dieses Systems lautet

$$Y(x) = \begin{pmatrix} e^x & 4 \, e^{2x} \\ e^x & 3 \, e^{2x} \end{pmatrix}$$

und somit kann man jede Lösung in der Form

$$y(x) = Y(x) \cdot \vec{c} = \begin{pmatrix} e^x & 4 \, e^{2x} \\ e^x & 3 \, e^{2x} \end{pmatrix} \cdot \begin{pmatrix} C_1 \\ C_2 \end{pmatrix}$$

mit einem beliebigen Vektor $\vec{c}$ schreiben. Die spezielle Lösung zu den Anfangsbedingungen $y_1(0) = 2$ und $y_2(0) = 1$ ergibt sich aus dem linearen Gleichungssystem

$$Y(0) \cdot \vec{c} = \vec{y}(0) = \begin{pmatrix} 2 \\ 1 \end{pmatrix} \quad \text{mit} \quad Y(0) = \begin{pmatrix} 1 & 4 \\ 1 & 3 \end{pmatrix}$$

sodass

$$\vec{c} = Y(0)^{-1} \cdot \vec{y}(0) = \begin{pmatrix} -3 & 4 \\ 1 & -1 \end{pmatrix} \cdot \begin{pmatrix} 2 \\ 1 \end{pmatrix} = \begin{pmatrix} -2 \\ 1 \end{pmatrix}$$

und schließlich $C_1 = -2$, $C_2 = 1$ wie in Aufgabe 6.3.c) gilt.

Aufgabe 6.8.

a) In Matrixschreibweise hat das inhomogene lineare DGl-System die Form

$$\vec{y}'(x) = A \cdot \vec{y}(x) + \vec{b}(x) \quad \text{mit} \quad A = \begin{pmatrix} -1 & -2 \\ 2 & 4 \end{pmatrix} \quad \text{und} \quad \vec{b}(x) = \begin{pmatrix} 2\,e^x \\ -3 \end{pmatrix}$$

Die Matrix A besitzt das charakteristische Polynom

$$p_A(\lambda) = \begin{vmatrix} -1-\lambda & -2 \\ 2 & 4-\lambda \end{vmatrix} = (-1-\lambda)(4-\lambda) + 4 = \lambda^2 - 3\lambda$$

mit den Nullstellen (= Eigenwerten) $\lambda_1 = 0$ und $\lambda_2 = 3$. Einen Eigenvektor zu $\lambda = 0$ erhalten wir aus dem LGS

$$(A - 0E) \cdot \vec{v} = \vec{o} \quad \text{bzw.} \quad \begin{pmatrix} -1 & -2 \\ 2 & 4 \end{pmatrix} \cdot \begin{pmatrix} v_1 \\ v_2 \end{pmatrix} = \begin{pmatrix} 0 \\ 0 \end{pmatrix}, \quad \text{z. B.} \quad \vec{v} = \begin{pmatrix} 2 \\ -1 \end{pmatrix}$$

Für $\lambda = 3$ ergibt sich ein Eigenvektor aus dem LGS

$$(A - 3E) \cdot \vec{v} = \vec{o} \quad \text{bzw.} \quad \begin{pmatrix} -4 & -2 \\ 2 & 1 \end{pmatrix} \cdot \begin{pmatrix} v_1 \\ v_2 \end{pmatrix} = \begin{pmatrix} 0 \\ 0 \end{pmatrix}, \quad \text{z. B.} \quad \vec{v} = \begin{pmatrix} -1 \\ 2 \end{pmatrix}$$

b) Die allgemeine Lösung des DGl-Systems ist eine Linearkombination der Fundamentallösungen

$$\vec{y}(x) = C_1\,e^{0x} \cdot \begin{pmatrix} 2 \\ -1 \end{pmatrix} + C_2\,e^{3x} \cdot \begin{pmatrix} -1 \\ 2 \end{pmatrix} = \begin{pmatrix} 2\,C_1 - e^{3x}\,C_2 \\ -C_1 + 2\,e^{3x}\,C_2 \end{pmatrix}$$

$$= \begin{pmatrix} 2 & -e^{3x} \\ -1 & 2\,e^{3x} \end{pmatrix} \cdot \begin{pmatrix} C_1 \\ C_2 \end{pmatrix}$$

Aus der letzten Zeile entnehmen wir die Fundamentalmatrix

$$Y(x) = \begin{pmatrix} 2 & -e^{3x} \\ -1 & 2\,e^{3x} \end{pmatrix} \quad \Longrightarrow \quad \det Y(x) = 2 \cdot 2\,e^{3x} - (-1) \cdot (-e^{3x}) = 3\,e^{3x}$$

c) Mit der Formel für die Inverse einer $(2,2)$-Matrix

$$A = \begin{pmatrix} a & b \\ c & d \end{pmatrix} \quad \Longrightarrow \quad A^{-1} = \frac{1}{\det A} \cdot \begin{pmatrix} d & -b \\ -c & a \end{pmatrix}$$

ergibt sich zunächst

$$Y(x)^{-1} = \frac{1}{3\,e^{3x}} \begin{pmatrix} 2\,e^{3x} & e^{3x} \\ 1 & 2 \end{pmatrix}$$

Wir bestimmen damit

$$\int Y(x)^{-1} \cdot \vec{b}(x)\,dx = \int \frac{1}{3\,e^{3x}} \begin{pmatrix} 2\,e^{3x} & e^{3x} \\ 1 & 2 \end{pmatrix} \cdot \begin{pmatrix} 2\,e^x \\ -3 \end{pmatrix} dx$$

$$= \int \tfrac{1}{3} \begin{pmatrix} 4\,e^x - 3 \\ 2\,e^{-2x} - 6\,e^{-3x} \end{pmatrix} dx = \tfrac{1}{3} \begin{pmatrix} 4\,e^x - 3x \\ -e^{-2x} + 2\,e^{-3x} \end{pmatrix}$$

und erhalten die allgemeine Lösung

$$
\vec{y}(x) = Y(x) \cdot \left(\vec{c} + \int Y(x)^{-1} \cdot \vec{b}(x)\,dx \right)
$$

$$
= \begin{pmatrix} 2 & -e^{3x} \\ -1 & 2e^{3x} \end{pmatrix} \cdot \begin{pmatrix} C_1 \\ C_2 \end{pmatrix} + \begin{pmatrix} 2 & -e^{3x} \\ -1 & 2e^{3x} \end{pmatrix} \cdot \frac{1}{3} \begin{pmatrix} 4e^x - 3x \\ -e^{-2x} + 2e^{-3x} \end{pmatrix}
$$

$$
= \begin{pmatrix} 2C_1 - e^{3x} C_2 + 3e^x - 2x - \frac{2}{3} \\ -C_1 + 2e^{3x} C_2 - 2e^x + x + \frac{4}{3} \end{pmatrix}
$$

d) Einsetzen von $x = 0$ in die allgemeine Lösung

$$
\vec{y}(0) = \begin{pmatrix} 2C_1 - e^0 \cdot C_2 + 3e^0 - 2 \cdot 0 - \frac{2}{3} \\ -C_1 + 2e^0 \cdot C_2 - 2e^0 + 0 + \frac{4}{3} \end{pmatrix} = \begin{pmatrix} 2C_1 - C_2 + \frac{7}{3} \\ -C_1 + 2C_2 - \frac{2}{3} \end{pmatrix}
$$

und der Vergleich mit der Anfangsbedingung ergibt das LGS

$$
\begin{pmatrix} 2C_1 - C_2 + \frac{7}{3} \\ -C_1 + 2C_2 - \frac{2}{3} \end{pmatrix} = \vec{y}(0) = \begin{pmatrix} 3 \\ -1 \end{pmatrix} \quad \Longrightarrow \quad \begin{pmatrix} 2C_1 - C_2 \\ -C_1 + 2C_2 \end{pmatrix} = \begin{pmatrix} \frac{2}{3} \\ -\frac{1}{3} \end{pmatrix}
$$

mit der eindeutigen Lösung $C_1 = \frac{1}{3}$ und $C_2 = 0$. Die gesuchte spezielle Lösung lautet dann (in Vektorform)

$$
\vec{y}(x) = \begin{pmatrix} \frac{2}{3} - e^{3x} \cdot 0 + 3e^x - 2x - \frac{2}{3} \\ -\frac{1}{3} + 2e^{3x} \cdot 0 - 2e^x + x + \frac{4}{3} \end{pmatrix} = \begin{pmatrix} 3e^x - 2x \\ 1 + x - 2e^x \end{pmatrix}
$$

Aufgabe 6.9.

a) Nach Multiplikation mit -1 erhält man die Tschebyschow-DGl

$$
(1 - x^2)\, y'' - x\, y' + k^2 y = 0 \quad \text{mit} \quad k = 1
$$

b) ist eine Besselsche DGl $x^2 y'' + x y' + (x^2 - k^2)\, y = 0$ mit $k = 1$.

c) entspricht nach Multiplikation mit -1 der Legendre-DGl

$$
(1 - x^2)\, y'' - 2x \cdot y' + k\,(k+1)\, y = 0 \quad \text{mit} \quad k = 2
$$

d) Division durch x liefert die Hermitesche DGl $y'' - x y' + k\, y = 0$ mit $k = 3$.

e) ist eine Kummersche DGl $x y'' + (b - x)\, y'(x) + c\, y = 0$ mit $b = -4$ und $c = 3$.

Aufgabe 6.10. Diese Kummersche DGl hat die Form $x \cdot y'' + (b - x)\, y' + c\, y = 0$ mit $b = 3 = 2 + 1$ und $c = 3$. Sie besitzt Polynomlösungen, und zwar das zugeordnete Laguerre-Polynom $L_k^m(x)$ mit $k = 3$ und $m = 2$, also

$$L_3^2(x) = (-1)^3 \, x^{-2} \, e^x \cdot \frac{d^3}{dx^3} \left(x^{3+2} \, e^{-x} \right)$$

$$= -x^{-2} \, e^x \cdot \left(x^5 \, e^{-x} \right)''' = -x^{-2} \, e^x \cdot \left(5 \, x^4 \, e^{-x} - x^5 \, e^{-x} \right)''$$

$$= -x^{-2} \, e^x \cdot \left(20 \, x^3 \, e^{-x} - 10 \, x^4 \, e^{-x} + x^5 \, e^{-x} \right)'$$

$$= -x^{-2} \, e^x \cdot \left(60 \, x^2 \, e^{-x} - 60 \, x^3 \, e^{-x} + 15 \, x^4 \, e^{-x} - x^5 \, e^{-x} \right)$$

$$= x^3 - 15 \, x^2 + 60 \, x - 60$$

oder konstante Vielfache davon. Aus $y(x) = C \, (x^3 - 15 \, x^2 + 60 \, x - 60)$ und der Anfangsbedingung $-1 = y(0) = C \cdot (-60)$ ergibt sich $C = \frac{1}{60}$, und die gesuchte spezielle Polynomlösung lautet

$$y(x) = \tfrac{1}{60} \, x^3 - \tfrac{1}{4} \, x^2 + x - 1$$

Aufgabe 6.11.

a) Verwenden wir den Potenzreihenansatz

$$y(x) = a_0 + a_1 \, x + a_2 \, x^2 + a_3 \, x^3 + a_4 \, x^4 + \ldots = \sum_{n=0}^{\infty} a_n \, x^n$$

dann lautet die erste Ableitung

$$y'(x) = a_1 + 2 \, a_2 \, x + 3 \, a_3 \, x^2 + 4 \, a_4 \, x^3 + \ldots = \sum_{n=0}^{\infty} (n+1) \, a_{n+1} \, x^n$$

und die zweite Ableitung

$$y''(x) = 2 \cdot a_2 + 3 \cdot 2 \cdot a_3 \, x + 4 \cdot 3 \cdot a_4 \, x^2 + 5 \cdot 4 \cdot a_5 \, x^3 + \ldots \quad \text{bzw.}$$

$$x \, y''(x) = 2 \cdot a_2 \, x + 3 \cdot 2 \cdot a_3 \, x^2 + 4 \cdot 3 \cdot a_4 \, x^3 + 5 \cdot 4 \cdot a_5 \, x^4 + \ldots$$

oder, in kompakter Form geschrieben,

$$x \, y''(x) = \sum_{n=0}^{\infty} n \, (n+1) \, a_{n+1} \, x^n$$

Einsetzen in die DGl $x \cdot y'' + y' + y = 0$ ergibt auf der linken Seite

$$x \cdot y'' + y' + y = \sum_{n=0}^{\infty} n \, (n+1) \, a_{n+1} \, x^n + \sum_{n=0}^{\infty} (n+1) \, a_{n+1} \, x^n + \sum_{n=0}^{\infty} a_n \, x^n$$

$$= \sum_{n=0}^{\infty} \left((n+1)^2 \, a_{n+1} + a_n \right) x^n$$

Damit dieser Ausdruck Null wird, müssen alle Koeffizienten vor x^n gleich 0 sein:

$$(n+1)^2 \, a_{n+1} = -a_n \quad \text{für} \quad n = 0, 1, 2, 3, \ldots$$

Aufgrund der Anfangsbedingung ist $a_0 = y(0) = 1$ zu wählen. Alle weiteren Koeffizienten ergeben sich dann aus der Rekursionsformel

$$a_{n+1} = -\frac{1}{(n+1)^2}\, a_n \quad \text{für} \quad n = 0, 1, 2, 3, \ldots$$

Wir berechnen die Koeffizienten bis einschließlich $n = 5$:

$$n = 0: \quad a_1 = -\tfrac{1}{1^2}\, a_0 = -1$$
$$n = 1: \quad a_2 = -\tfrac{1}{2^2}\, a_1 = \tfrac{1}{4}$$
$$n = 2: \quad a_3 = -\tfrac{1}{3^2}\, a_2 = -\tfrac{1}{36}$$
$$n = 3: \quad a_4 = -\tfrac{1}{4^2}\, a_3 = \tfrac{1}{576}$$
$$n = 4: \quad a_5 = -\tfrac{1}{5^2}\, a_4 = -\tfrac{1}{14400}$$

Allgemein kann man folgern, dass $a_n = (-1)^n \cdot \frac{1}{(n!)^2}$ für alle n gilt. Bricht man bei $n = 5$ ab, dann erhält man die Näherungslösung

$$y(x) \approx 1 - x + \tfrac{1}{4}x^2 - \tfrac{1}{36}x^3 + \tfrac{1}{576}x^4 - \tfrac{1}{14400}x^5$$

b) Für die Funktion $y(x) = J_0(2\sqrt{x})$ gilt nach Kettenregel

$$y'(x) = \tfrac{1}{\sqrt{x}} \cdot J_0'(2\sqrt{x})$$

und zusammen mit der Produktregel ergibt sich die zweite Ableitung

$$y''(x) = -\frac{1}{2\sqrt{x}^3} \cdot J_0'(2\sqrt{x}) + \frac{1}{\sqrt{x}} \cdot \frac{1}{\sqrt{x}} J_0''(2\sqrt{x})$$
$$\implies \quad x \cdot y'' = -\frac{1}{2\sqrt{x}} \cdot J_0'(2\sqrt{x}) + J_0''(2\sqrt{x})$$

Setzen wir diese Ausdrücke in die linke Seite der DGl ein, dann erhalten wir

$$x \cdot y'' + y' + y = J_0''(2\sqrt{x}) + \frac{1}{2\sqrt{x}} \cdot J_0'(2\sqrt{x}) + J_0(2\sqrt{x})$$

Es bleibt zu zeigen, dass die rechte Seite dieser Gleichung Null ergibt. Da $J_0(t)$ eine Lösung der Besselschen DGl nullter Ordnung ist, gilt

$$t^2 \cdot J_0''(t) + t \cdot J_0'(t) + t^2 \cdot J_0(t) = 0 \quad \big|: t^2$$
$$J_0''(t) + \tfrac{1}{t} J_0'(t) + J_0(t) = 0$$

Setzen wir hier $t = 2\sqrt{x}$ ein, dann ist

$$J_0''(2\sqrt{x}) + \frac{1}{2\sqrt{x}} J_0'(2\sqrt{x}) + J_0(2\sqrt{x}) = 0$$

und somit $x \cdot y'' + y' + y = 0$ erfüllt.

Aufgabe 6.12. Die Ableitungen von $y(x) = C \cdot J_1(ax)$ sind

$$y'(x) = C \cdot a J_1'(ax) \quad \text{und} \quad y''(x) = C \cdot a^2 J_1''(ax)$$

Hieraus ergibt sich

$$x^2 \cdot y'' + x \cdot y' + (a^2 x^2 - 1) y$$
$$= x^2 \cdot C \cdot a^2 J_1''(ax) + x \cdot C \cdot a J_1'(ax) + (a^2 x^2 - 1) \cdot C \cdot J_1(ax)$$
$$= C \left((ax)^2 \cdot J_1''(ax) + ax \cdot J_1'(ax) + ((ax)^2 - 1) J_1(ax) \right)$$

Ersetzen wir in der Klammer den Ausdruck ax durch die Variable t, dann ist

$$x^2 \cdot y'' + x \cdot y' + (a^2 x^2 - 1) y = C \left(t^2 \cdot J_1''(t) + t \cdot J_1'(t) + (t^2 - 1) J_1(t) \right) = 0$$

da die Funktion $J_1(t)$ die Besselsche DGl $t^2 \cdot u'' + t \cdot u' + (t^2 - 1) u = 0$ erfüllt.

Aufgabe 6.13.

a) Die Ableitungen von $y(x) = x \cdot u(x)$ sind

$$y'(x) = u(x) + x \cdot u'(x) \quad \text{und}$$
$$y''(x) = u'(x) + u'(x) + x \cdot u''(x) = 2 u'(x) + x u''(x)$$

Hieraus ergibt sich

$$x \cdot y'' - y' + x \cdot y = x \cdot (2 u' + x u'') - (u + x u') + x \cdot x u$$
$$= x^2 u'' + x u' + (x^2 - 1) u$$

Folglich ist y genau dann eine Lösung der homogenen DGl $x y'' - y' + x y = 0$, wenn u eine Lösung der Besselsche Differentialgleichung erster Ordnung ist.

b) Aus a) folgt die allgemeine Lösung der homogenen DGl

$$y(x) = x \cdot (C_1 J_1(x) + C_2 Y_1(x))$$

mit beliebigen Konstanten C_1 und C_2.

c) Setzen wir $y_0(x) = x^2$ und $y_0'(x) = 2x$ sowie $y_0''(x) = 2$ in die linke Seite der DGl ein, dann ergibt sich

$$x y'' - y' + x y = 2x - 2x + x^3 = x^3$$

d) Wir müssen lediglich zur allgemeinen Lösung der homogenen DGl die partikuläre Lösung addieren und erhalten

$$y(x) = x^2 + x \cdot (C_1 J_1(x) + C_2 Y_2(x))$$

Aufgabe 6.14. Ausgehend vom Potenzreihenansatz

$$y(x) = a_0 + a_1 x + a_2 x^2 + a_3 x^3 + \ldots = \sum_{n=0}^{\infty} a_n x^n$$

mit den gesuchten Koeffizienten a_n berechnen wir zuerst die Ableitungen von $y(x)$ und erhalten die Potenzreihen

$$y'(x) = a_1 + 2 \cdot a_2 x + 3 \cdot a_3 x^2 + 4 \cdot a_4 x^3 + \ldots$$

$$x\,y'(x) = a_1 x + 2 \cdot a_2 x^2 + 3 \cdot a_3 x^3 + 4 \cdot a_4 x^4 + \ldots$$

$$y''(x) = 2 \cdot a_2 + 3 \cdot 2 \cdot a_3 x + 4 \cdot 3 \cdot a_2 x^2 + \ldots$$

$$x^2 y''(x) = 2 \cdot a_2 x^2 + 3 \cdot 2 \cdot a_3 x^3 + 4 \cdot 3 \cdot a_2 x^4 + \ldots$$

Wir können obige Reihen auch in kompakter Form schreiben:

$$x\,y'(x) = \sum_{n=0}^{\infty} n\,a_n x^n, \quad y''(x) = \sum_{n=0}^{\infty} (n+2)(n+1)\,a_{n+2} x^n$$

$$\text{und} \quad x^2 y''(x) = \sum_{n=0}^{\infty} n\,(n-1)\,a_n x^n$$

Setzen wir diese in die Differentialgleichung ein, dann gilt

$$(1 - x^2)\,y'' - 3\,x\,y' + 24\,y = y''(x) - x^2 y''(x) - 3\,x\,y'(x) + 24\,y(x)$$

$$= \sum_{n=0}^{\infty} \big((n+2)(n+1)\,a_{n+2} - n\,(n-1)\,a_n - 3\,n\,a_n + 24\,a_n\big)\,x^n$$

$$= \sum_{n=0}^{\infty} \big((n+2)(n+1)\,a_{n+2} - (n^2 + 2\,n - 24)\,a_n\big)\,x^n$$

Die Koeffizienten vor x^n müssen alle gleich Null sein, und hieraus ergibt sich

$$a_{n+2} = \frac{n^2 + 2\,n - 24}{(n+2)(n+1)}\,a_n \quad \text{für} \quad n = 0, 1, 2, 3, \ldots$$

Wir suchen eine Lösung mit $a_0 = 1$ und $a_1 = 0$. Gemäß der Rekursionsformel ist dann $a_n = 0$ für alle *ungeraden* n, und für die geradzahligen $n > 0$ erhalten wir beginnend mit $a_0 = 1$ die Werte

$$n = 0: \quad a_2 = \tfrac{-24}{2 \cdot 1}\,a_0 = -12$$

$$n = 2: \quad a_4 = \tfrac{-16}{4 \cdot 3}\,a_2 = 16$$

$$n = 4: \quad a_6 = \tfrac{0}{6 \cdot 5}\,a_4 = 0$$

$$n = 6: \quad a_8 = \tfrac{24}{8 \cdot 7}\,a_6 = 0$$

sowie schließlich $a_n = 0$ für alle $n \geq 6$. Damit sind bis auf $a_0 = 1$, $a_2 = -12$ und $a_4 = 16$ alle anderen Koeffizienten gleich Null. Die Potenzreihe wird dann zur Polynomlösung

$$y(x) = 16\,x^4 - 12\,x^2 + 1$$

Ergänzung: Man kann zeigen, dass jede Differentialgleichung der Form

$$(1 - x^2)\, y'' - 3\, x\, y' + k\,(k + 2)\, y = 0$$

mit $k \in \mathbb{N}$ eine Polynomlösung besitzt (bei der DGl in Aufgabe 6.14 ist $k = 4$). Es sind die sogenannten *Tschebyschow-Polynome zweiter Art* $U_k(x)$, die sich ausgehend von $U_0(x) \equiv 1$ und $U_1(x) = 2\,x$ mit der Rekursionsformel $U_{k+1}(x) = 2\,x\,U_k(x) - U_{k-1}(x)$ berechnen lassen. Beispielsweise erhält man für $k = 2$

$$U_2(x) = 2\,x\,U_1(x) - U_0(x) = 2\,x \cdot 2\,x - 1 = 4\,x^2 - 1 \quad \text{und}$$
$$(1 - x^2)\, U_2'' - 3\,x\,U_2' + 8\,U_2 = (1 - x^2) \cdot 8 - 3\,x \cdot 8\,x + 8 \cdot (4\,x^2 - 1) \equiv 0$$

Die nachfolgende Tabelle enthält in der rechten Spalte die Tschebyschow-Polynome für $k = 0$ bis $k = 6$, und dazu ist auf der linken Seite die zugehörige DGl zu sehen.

Differentialgleichung	Polynomlösung
$(1 - x^2)\, y'' - 3\,x\,y' = 0$	$U_0(x) \equiv 1$
$(1 - x^2)\, y'' - 3\,x\,y' + 3\,y = 0$	$U_1(x) = 2\,x$
$(1 - x^2)\, y'' - 3\,x\,y' + 8\,y = 0$	$U_2(x) = 4\,x^2 - 1$
$(1 - x^2)\, y'' - 3\,x\,y' + 15\,y = 0$	$U_3(x) = 8\,x^3 - 4\,x$
$(1 - x^2)\, y'' - 3\,x\,y' + 24\,y = 0$	$U_4(x) = 16\,x^4 - 12\,x^2 + 1$
$(1 - x^2)\, y'' - 3\,x\,y' + 35\,y = 0$	$U_5(x) = 32\,x^5 - 32\,x^3 + 6\,x$
$(1 - x^2)\, y'' - 3\,x\,y' + 48\,y = 0$	$U_6(x) = 64\,x^6 - 80\,x^4 + 24\,x^2 - 1$

Aufgabe 6.15.

a) Verwenden wir für die gesuchte Lösung $y(x)$ den Potenzreihenansatz

$$y(x) = a_0 + a_1\,x + a_2\,x^2 + a_3\,x^3 + \ldots = \sum_{n=0}^{\infty} a_n x^n$$

mit den noch unbekannten Koeffizienten a_n, dann sind die Ableitungen

$$y'(x) = a_1 + 2 \cdot a_2\,x + 3 \cdot a_3\,x^2 + 4 \cdot a_4\,x^3 + \ldots$$
$$x\,y'(x) = a_1\,x + 2 \cdot a_2\,x^2 + 3 \cdot a_3\,x^3 + 4 \cdot a_4\,x^4 + \ldots$$
$$y''(x) = 2 \cdot a_2 + 3 \cdot 2 \cdot a_3\,x + 4 \cdot 3 \cdot a_2\,x^2 + \ldots$$

Für die Summanden in der DGl erhalten wir die Reihendarstellungen

$$x\,y'(x) = \sum_{n=0}^{\infty} n\,a_n x^n \quad \text{und} \quad y''(x) = \sum_{n=0}^{\infty} (n+2)(n+1)\,a_{n+2} x^n$$

Setzen wir diese in die Differentialgleichung ein, dann ergibt sich

$$y'' + 2x\,y' + 2y = \sum_{n=0}^{\infty} \left((n+2)(n+1)\,a_{n+2} + 2\,(n+1)\,a_n\right) x^n$$

Die Koeffizienten in dieser Potenzreihe müssen alle gleich 0 sein:

$$a_{n+2} = -\frac{2}{n+2}\,a_n \quad \text{für} \quad n = 0, 1, 2, 3, \ldots$$

Für die gesuchte Lösung soll $1 = y(0) = a_0$ und $0 = y'(0) = a_1$ gelten. Aus dem Startwert $a_1 = 0$ folgt $a_n = 0$ für alle ungeraden n, und $a_0 = 1$ liefert die Koeffizienten

$$
\begin{aligned}
n = 0: \quad & a_2 = -\tfrac{2}{2}\,a_0 = & -1 \\
n = 2: \quad & a_4 = -\tfrac{2}{4}\,a_2 = & \tfrac{1}{2} \\
n = 4: \quad & a_6 = -\tfrac{2}{6}\,a_4 = & -\tfrac{1}{3\cdot 2} \\
n = 6: \quad & a_8 = -\tfrac{2}{8}\,a_6 = & \tfrac{1}{4\cdot 3\cdot 2} \\
n = 8: \quad & a_{10} = -\tfrac{2}{10}\,a_8 = & -\tfrac{1}{5\cdot 3\cdot 2}
\end{aligned}
$$

usw. Setzt man die Berechnung fort, so findet man allgemein $a_{2n} = \frac{(-1)^n}{n!}$ und

$$y(x) = 1 - \tfrac{1}{1!}\,x^2 + \tfrac{1}{2!}\,x^4 - \tfrac{1}{3!}\,x^6 + \tfrac{1}{4!}\,x^8 - \tfrac{1}{10!}\,x^{10} \pm \ldots$$

b) Falls $y(x)$ die DGl erfüllt, dann gilt für die Ableitung von $z(x) = y'(x) + 2x\,y(x)$

$$z'(x) = y''(x) + 2\,y(x) + 2x\,y'(x) = 0$$

und somit muss $z(x)$ eine konstante Funktion sein! Wegen $z(0) = y'(0) + 2\cdot 0\cdot y(0) = 0$ ist diese Konstante gleich Null, und das bedeutet:

$$y'(x) + 2x\,y(x) = 0$$

Die gesuchte Funktion erfüllt also zugleich eine homogene lineare DGl 1. Ordnung mit $f(x) = 2x$ und der Stammfunktion $F(x) = x^2$. Die allgemeine Lösung lautet dann $y(x) = C\,\mathrm{e}^{-F(x)} = C\,\mathrm{e}^{-x^2}$, wobei sich die Integrationskonstante C aus der Anfangsbedingung $1 = y(0) = C\,\mathrm{e}^0 = C$ ergibt. Somit ist

$$y(x) = \mathrm{e}^{-x^2}$$

die gesuchte Lösung. Diese entspricht der in a) gefundenen Reihenentwicklung. Setzt man nämlich $t = -x^2$ in die Exponentialreihe ein, dann erhält man

$$\mathrm{e}^t = 1 + \tfrac{1}{1!}\,t + \tfrac{1}{2!}\,t^2 + \tfrac{1}{3!}\,t^3 + \tfrac{1}{4!}\,t^4 + \ldots \quad \Big| \quad t = -x^2$$

$$\mathrm{e}^{-x^2} = 1 - \tfrac{1}{1!}\,x^2 + \tfrac{1}{2!}\,x^4 - \tfrac{1}{3!}\,x^6 + \tfrac{1}{4!}\,x^8 - \tfrac{1}{10!}\,x^{10} \pm \ldots$$

Aufgabe 6.16. Wir berechnen die partiellen Ableitungen und überprüfen die PDG.

(i) Im Fall $u(x,t) = \cos x \cdot e^{-at}$ ist

$$u_x = -\sin x \cdot e^{-at}, \quad u_{xx} = -\cos x \cdot e^{-at}$$
$$\implies u_t = \cos x \cdot (-a\,e^{-at}) = a \cdot u_{xx}$$

(ii) Für die Funktion $u(x,t) = \sin(x - 2at) \cdot e^{-x}$ gilt

$$u_x = \cos(x - 2at) \cdot e^{-x} - \sin(x - 2at) \cdot e^{-x}$$
$$u_{xx} = -2\cos(x - 2at) \cdot e^{-x}$$
$$u_t = -2a\cos(x - 2at) \cdot e^{-x} = a \cdot u_{xx}$$

(iii) Schreiben wir $u(x,t) = t^{-\frac{1}{2}}\, e^{-\frac{x^2}{4at}}$, dann ist nach der Produkt- und Kettenregel

$$u_x = -\frac{x\,t^{-\frac{3}{2}}}{2a}\, e^{-\frac{x^2}{4at}} \implies u_{xx} = \frac{x^2 - 2at}{4a^2}\, t^{-\frac{5}{2}}\, e^{-\frac{x^2}{4at}}$$
$$u_t = -\tfrac{1}{2}t^{-\frac{3}{2}}\, e^{-\frac{x^2}{4at}} + t^{-\frac{1}{2}}\, e^{-\frac{x^2}{4at}} \cdot \frac{x^2}{4at^2} = \frac{x^2 - 2at}{4a}\, t^{-\frac{5}{2}}\, e^{-\frac{x^2}{4at}} = a \cdot u_{xx}$$

(iv) Mit der Ableitung der Gauß-Fehlerfunktion $(\mathrm{erf})'(x) = \frac{2}{\sqrt{\pi}}\, e^{-x^2}$ ergibt sich

$$u_x = \frac{\partial}{\partial x}\, \mathrm{erf}\left(\frac{x}{\sqrt{4at}}\right) = \frac{2}{\sqrt{\pi}}\, e^{-\left(\frac{x}{\sqrt{4at}}\right)^2} \cdot \frac{1}{\sqrt{4at}} = \frac{t^{-\frac{1}{2}}}{\sqrt{a\pi}}\, e^{-\frac{x^2}{4at}}$$
$$u_{xx} = \frac{\partial}{\partial x}\, \frac{t^{-\frac{1}{2}}}{\sqrt{a\pi}}\, e^{-\frac{x^2}{4at}} = \frac{t^{-\frac{1}{2}}}{\sqrt{a\pi}}\, e^{-\frac{x^2}{4at}} \cdot \frac{-x}{2at} = -\frac{x\,t^{-\frac{3}{2}}}{2a\sqrt{a\pi}}\, e^{-\frac{x^2}{4at}}$$
$$u_t = \frac{\partial}{\partial t}\, \mathrm{erf}\left(\frac{x}{\sqrt{4at}}\right) = \frac{2}{\sqrt{\pi}}\, e^{-\left(\frac{x}{\sqrt{4at}}\right)^2} \cdot \frac{\partial}{\partial t}\left(\frac{x}{\sqrt{4at}}\right) = -\frac{x\,t^{-\frac{3}{2}}}{2\sqrt{a\pi}}\, e^{-\frac{x^2}{4at}} = a \cdot u_{xx}$$

Aufgabe 6.17. Nach der Summen- und Faktorregel gilt

$$\frac{\partial u}{\partial t} = C_1 \cdot \frac{\partial u_1}{\partial t} + C_2 \cdot \frac{\partial u_2}{\partial t} = C_1 \cdot a\,\frac{\partial^2 u_1}{\partial x^2} + C_2 \cdot a\,\frac{\partial^2 u_2}{\partial x^2}$$
$$= a\,\frac{\partial^2}{\partial x^2}(C_1 \cdot u_1 + C_2 \cdot u_2) = a\,\frac{\partial^2 u}{\partial x^2}$$

Aufgabe 6.18.

a) Wir suchen nach Lösungen der PDG, welche die spezielle Form

$$u(x,t) = A(x) \cdot y(t)$$

besitzen. In diesem Produktansatz ist $A(x)$ eine rein ortsabhängige Funktion, während $y(t)$ nur von der Zeit abhängt. Die partiellen Ableitungen von u sind

$$u_t = A(x) \cdot y'(t), \quad u_{xx} = A''(x) \cdot y(t)$$

Setzen wir diese in die Wärmeleitungsgleichung $u_t = a\, u_{xx}$ ein, dann ist

$$A(x) \cdot y'(t) = a\, A''(x) \cdot y(t) \quad | : A(x) \quad | : y(t)$$

$$\frac{y'(t)}{y(t)} = a\, \frac{A''(x)}{A(x)}$$

Hier hängt die linke Seite nur von t und die rechte Seite nur von x ab. Somit müssen beide Seiten die gleiche, von x und t unabhängige Konstante λ ergeben:

$$\frac{y'(t)}{y(t)} = \lambda = a\, \frac{A''(x)}{A(x)}$$

Mit dem Produktansatz zerfällt die PDG in die zwei gewöhnlichen Differentialgleichungen

$$(1) \quad y'(t) = \lambda\, y(t) \quad \text{und} \quad (2) \quad A''(x) = \frac{\lambda}{a}\, A(x)$$

Insbesondere kann man die allgemeine Lösung für den Zeitanteil sofort angeben. Sie lautet $y(t) = C \cdot e^{\lambda t}$ mit einer beliebigen Konstante C.

b) Wir suchen mit dem Produktansatz

$$u(x,t) = A(x) \cdot C\, e^{\lambda t}$$

eine Lösung, welche zusätzlich die gegebene Anfangsbedingung erfüllt:

$$\sin \frac{\pi x}{L} = u(x,0) = A(x) \cdot C\, e^0 = A(x) \cdot C$$

Wir können $C = 1$ und $A(x) = \sin \frac{\pi x}{L}$ wählen. Nun müssen wir noch die Konstante λ bestimmen:

$$\lambda = a\, \frac{A''(x)}{A(x)} = a\, \frac{-\left(\frac{\pi}{L}\right)^2 \sin \frac{\pi x}{L}}{\sin \frac{\pi x}{L}} = -\frac{a\, \pi^2}{L^2}$$

Die gesuchte Lösung lautet daher

$$u(x,t) = \sin \frac{\pi x}{L} \cdot e^{-\frac{a\pi^2 t}{L^2}}$$

Aufgabe 6.19.

a) Eine differenzierbare Funktion f kann man an einer Stelle t durch ihre Tangente annähern, sodass also $f(t+\Delta t) \approx f(t) + f'(t)\, \Delta t$ für kleine Δt gilt, und hieraus ergibt sich

$$f'(t) \approx \frac{f(t+\Delta t) - f(t)}{\Delta t}$$

Wir nutzen diesen Differenzenquotienten zur Näherung der partiellen Ableitung von u nach t:

$$u_t(x_i, t_j) \approx \frac{u(x_i, t_j + \Delta t) - u(x_i, t_j)}{\Delta t} = \frac{u_{i,j+1} - u_{i,j}}{\Delta t}$$

b) Ersetzen wir neben u_t auch die partielle Ableitung u_{xx} durch den aus Abschnitt 6.3.4 bekannten zentralen Differenzenquotienten

$$u_{xx}(x_i, t_j) \approx \frac{u(x_i + \Delta x, t_j) + u(x_i - \Delta x, t_j) - 2\,u(x_i, t_j)}{\Delta x^2}$$

$$= \frac{u_{i+1,j} + u_{i-1,j} - 2\,u_{i,j}}{\Delta x^2}$$

dann können wir die PDG in der folgenden Form schreiben:

$$\frac{u_{i,j+1} - u_{i,j}}{\Delta t} = a \cdot \frac{u_{i+1,j} + u_{i-1,j} - 2\,u_{i,j}}{\Delta x^2} \quad \big| \cdot \Delta t$$

$$u_{i,j+1} - u_{i,j} = \frac{a\,\Delta t}{\Delta x^2} \cdot (u_{i+1,j} + u_{i-1,j} - 2\,u_{i,j})$$

Auflösen der obigen Gleichung nach $u_{i,j+1}$ ergibt die Formel

$$u_{i,j+1} = u_{i,j} + \frac{a\,\Delta t}{\Delta x^2} \cdot (u_{i+1,j} + u_{i-1,j} - 2\,u_{i,j})$$

Sind die Funktionswerte in allen Stützstellen x_i zum Zeitschritt t_j bekannt, so kann man damit die Funktionswerte bei den inneren Stützstellen x_i für den nächsten Zeitschritt t_{j+1} berechnen.

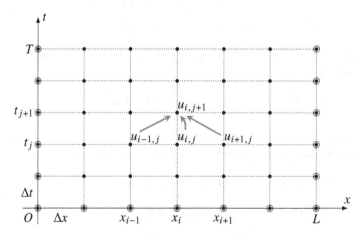

Abb. L.15 Differenzenschema für die Wärmeleitungsgleichung

c) Wie man Abb. L.15 entnimmt, müssen die Funktionswerte $u(x, t)$ in den Gitterpunkten am Rand festgelegt werden. Das sind bei einem Gitter $i = 0, \ldots, m$ und $j = 0, \ldots, n$ die Werte $u_{0,j}$ und $u_{m,j}$ sowie $u_{i,0}$. Man braucht also jeweils eine Randbedingung für die Werte $u(0, t)$ bzw. $u(1, t)$ im Fall $t > 0$ sowie eine Anfangsfunktion $u(x, 0)$ zum Zeitpunkt $t = 0$. Physikalisch bedeutet das: Wir müssen die Anfangstemperatur $u(x, 0)$ sowie für alle späteren Zeiten die Temperatur an den beiden Stabenden festlegen.

Aufgabe 6.20.

a) Setzen wir die Funktion $u(x,t) = y(x) \cdot (\alpha \sin(\omega t) + \beta \cos(\omega t))$ mit der noch unbekannten ortsabhängigen Amplitude $y(x)$ und den partiellen Ableitungen

$$\frac{\partial^4 u}{\partial x^4} = y''''(x) \cdot (\alpha \sin(\omega t) + \beta \cos(\omega t))$$

$$\frac{\partial^2 u}{\partial t^2} = y(x) \cdot (-\alpha \omega^2 \sin(\omega t) - \beta \omega^2 \cos(\omega t))$$

in die PDG ein, dann soll

$$y''''(x) \cdot (\alpha \sin(\omega t) + \beta \cos(\omega t)) + c^2 y(x) \cdot (-\alpha \sin(\omega t) - \beta \cos(\omega t)) = 0$$

$$\implies (y''''(x) - c^2 \omega^2 y(x)) \cdot (\alpha \sin(\omega t) + \beta \cos(\omega t)) = 0$$

erfüllt sein. Im Fall $\alpha = \beta = 0$ ist $u(x,t) \equiv 0$ die triviale Lösung, und wir können $y(x)$ beliebig wählen. Für eine nichttriviale Lösung gilt $\alpha \neq 0$ oder $\beta \neq 0$, und der von t abhängige zweite Faktor ist dann bis auf einzelne Werte t ungleich null. Damit die PDG für alle $t \geq 0$ erfüllt wird, muss $y''''(x) - c^2 \omega^2 y(x) = 0$ gelten. Mit der Abkürzung $\kappa^4 = \omega^2 c^2$ ergibt sich dann die genannte lineare DGl 4. Ordnung mit konstanten Koeffizienten. Diese hat die charakteristische Gleichung

$$\lambda^4 - \kappa^4 = 0$$
$$(\lambda^2 - \kappa^2) \cdot (\lambda^2 + \kappa^2) = 0$$
$$(\lambda - \kappa) \cdot (\lambda + \kappa) \cdot (\lambda - i\kappa) \cdot (\lambda + i\kappa) = 0$$

mit den vier Nullstellen $\lambda_{1/2} = \pm\kappa$ und $\lambda_{3/4} = \pm i\kappa$. Die allgemeine Lösung der linearen DGl 4. Ordnung lautet dann

$$y(x) = C_1 e^{\kappa x} + C_2 e^{-\kappa x} + C_3 \sin(\kappa x) + C_4 \cos(\kappa x)$$

b) Im Fall einer nichttrivialen Lösung ist $\alpha \neq 0$ oder $\beta \neq 0$, und somit $\alpha \sin(\omega t) + \beta \cos(\omega t) \not\equiv 0$ nicht die Nullfunktion. Damit die vier Randbedingungen

$$0 = u(0,t) = y(0) \cdot (\alpha \sin(\omega t) + \beta \cos(\omega t))$$
$$0 = \frac{\partial^2 u}{\partial x^2}(0,t) = y''(0) \cdot (\alpha \sin(\omega t) + \beta \cos(\omega t))$$
$$0 = u(L,t) = y(L) \cdot (\alpha \sin(\omega t) + \beta \cos(\omega t))$$
$$0 = \frac{\partial^2 u}{\partial x^2}(L,t) = y'(L) \cdot (\alpha \sin(\omega t) + \beta \cos(\omega t))$$

für alle Zeiten $t \geq 0$ erfüllt sind, müssen die vier Vorfaktoren bereits gleich null sein, und das bedeutet $y(0) = y''(0) = y(L) = y'(L) = 0$.

Ergänzung: Zur weiteren Auswertung der Randbedingungen braucht man neben $y(x)$ auch noch die Ableitungen:

$$y(x) = C_1 e^{\kappa x} + C_2 e^{-\kappa x} + C_3 \sin(\kappa x) + C_4 \cos(\kappa x)$$
$$y'(x) = \kappa \left(C_1 e^{\kappa x} - C_2 e^{-\kappa x} + C_3 \cos(\kappa x) - C_4 \sin(\kappa x) \right)$$
$$y''(x) = \kappa^2 \left(C_1 e^{\kappa x} + C_2 e^{-\kappa x} - C_3 \sin(\kappa x) - C_4 \cos(\kappa x) \right)$$

Setzen wir zunächst $x = 0$ ein, dann muss

$$0 = y(0) = C_1 + C_2 + C_4 \quad \Longrightarrow \quad C_4 = -C_1 - C_2$$
$$0 = y''(0) = \kappa^2 (C_1 + C_2 - C_4) = \kappa^2 \cdot 2 (C_1 + C_2)$$

gelten. Hieraus folgt $C_2 = -C_1$ und $C_4 = 0$, sodass sich aus der Randbedingung bei $x = 0$ die Lösung

$$y(x) = C_1 e^{\kappa x} - C_1 e^{-\kappa x} + C_3 \sin(\kappa x) = 2 C_1 \sinh(\kappa x) + C_3 \sin(\kappa x)$$

ergibt. Nun müssen noch die Randbedingungen bei $x = L$ erfüllt werden:

$$0 = y'(L) = 2 C_1 \kappa \cosh(\kappa L) + C_3 \kappa \cos(\kappa L) \quad \Longrightarrow \quad C_1 = -\frac{\cos(\kappa L)}{2 \cosh(\kappa L)} C_3$$
$$0 = y(L) = 2 C_1 \sinh(\kappa L) + C_3 \sin(\kappa L) = (\sin(\kappa L) - \cos(\kappa L) \tanh(\kappa L)) C_3$$

Im Fall $C_3 = 0$ sind auch die Konstanten C_1 und $C_2 = -C_1$, $C_4 = -C_1 - C_2$ alle gleich 0, sodass wir die Lösung $y(x) \equiv 0$ erhalten. Falls wir eine nichttriviale Lösung $y(x) \not\equiv 0$ finden wollen, dann muss $C_3 \neq 0$ und folglich

$$\sin(\kappa L) - \cos(\kappa L) \tanh(\kappa L) = 0 \quad \Longrightarrow \quad \tan(\kappa L) = \tanh(\kappa L)$$

gelten. Dies ist (bei fest vorgegebener Länge $L > 0$) eine Gleichung für den Parameter κ, die man nur mit einem Näherungsverfahren, beispielsweise dem Newton-Verfahren, lösen kann. Da sich aber $\tanh(\kappa L)$ mit steigendem Wert κ schnell dem Wert 1 annähert, können wir in guter Näherung

$$\tan(\kappa L) \approx 1 \quad \Longrightarrow \quad \kappa \approx \frac{\pi(k + \frac{1}{4})}{L} \quad \text{für} \quad k = 1, 2, 3, \ldots$$

annehmen. Aus diesen Werten für κ und der Beziehung $\kappa^4 = \omega^2 c^2$ lassen sich schließlich auch die „Eigenfrequenzen" $\omega = \frac{1}{c} \kappa^2$ der Balkenschwingung ermitteln.

Lösungen zu Kapitel 7

Aufgabe 7.1. Das Prüfen der Komponenten A und B in den insgesamt 10 Geräten entspricht jeweils einer Bernoulli-Kette mit 10 Versuchen.

a) Die Wahrscheinlichkeit für *eine* fehlerhafte Komponente A ist $q = 0,02$. Bezeichnet A_k das Ereignis „genau k fehlerhafte Komponenten A im 10er-Karton", dann berechnet man die Wahrscheinlichkeit für A_k mit der Formel

$$P(A_k) = \binom{10}{k} \cdot 0{,}02^k \cdot 0{,}98^{10-k}$$

Insbesondere erhalten wir die Wahrscheinlichkeiten

$$P(A_0) = 1 \cdot 0{,}02^0 \cdot 0{,}98^{10} = 0{,}817 \quad \text{für gar kein fehlerhaftes Teil } A$$
$$P(A_1) = 10 \cdot 0{,}02^1 \cdot 0{,}98^9 = 0{,}167 \quad \text{für genau ein fehlerhaftes Teil } A$$

Das Ereignis „höchstens eine defekte Komponente A" ist dann $A_0 \cup A_1$, wobei A_0 und A_1 zwei unvereinbare Ereignisse sind: $A_0 \cap A_1 = \emptyset$. Gemäß der Summenregel ergibt dann $P(A_0) + P(A_1) = 0{,}984$ die Wahrscheinlichkeit für höchstens eine fehlerhafte Komponente A, und schließlich ist dann $1 - 0{,}984 = 0{,}016$ (oder 1,6%) die Wahrscheinlichkeit für mehr als eine defekte Komponente A im Karton.

b) Wir notieren mit B_k das Ereignis „genau k fehlerhafte Teile B im 10er-Karton". Die Wahrscheinlichkeit für ein einzelnes fehlerhaftes Bauteil B ist $q = 0{,}05$, und die Wahrscheinlichkeit für genau k fehlerhafte Komponenten B im Karton demnach

$$P(B_k) = \binom{10}{k} \cdot 0{,}05^k \cdot 0{,}95^{10-k}$$

also:

$$P(B_0) = 1 \cdot 0{,}05^0 \cdot 0{,}95^{10} = 0{,}599$$
$$P(B_1) = 10 \cdot 0{,}05^1 \cdot 0{,}95^9 = 0{,}315$$
$$P(B_2) = 45 \cdot 0{,}05^2 \cdot 0{,}95^8 = 0{,}075$$

Die Summe dieser drei (unvereinbaren) Ereignisse ist dann die Wahrscheinlichkeit für höchstens zwei defekte Komponenten B im 10er-Karton:

$$P(B_0) + P(B_1) + P(B_2) = 0{,}989 \quad (\hat{=} \ 98{,}9\%)$$

c) Da die Komponenten voneinander unabhängig sind, ist die Wahrscheinlichkeit für keine Fehler bei A und B das Produkt

$$P(A_0) \cdot P(B_0) = 0{,}817 \cdot 0{,}599 = 0{,}489$$

d. h., mit einer Wahrscheinlichkeit von weniger als 50% sind alle Geräte im Karton in Ordnung.

Aufgabe 7.2. Das Prüfen der Schrauben bzw. Muttern in einer Packung lässt sich jeweils als Bernoulli-Kette mit 25 Versuchen deuten, und da die beiden Komponenten unabhängig voneinander gefertigt werden, handelt es sich insgesamt um einen zweistufigen Zufallsversuch. Wir verwenden im Folgenden die Bezeichnungen S_k bzw. M_k für die Ereignisse „genau k defekte Schrauben bzw. Muttern".

a) Die Wahrscheinlichkeit für genau k fehlerhafte Schrauben bei einer Gesamtzahl von 25 Stück ist allgemein

$$P(S_k) = \binom{25}{k} \cdot 0{,}03^k \cdot 0{,}97^{25-k}$$

und speziell für $k \in \{0, 1, 2\}$

$$P(S_0) = 1 \cdot 0{,}03^0 \cdot 0{,}97^{25} = 0{,}467$$
$$P(S_1) = 25 \cdot 0{,}03^1 \cdot 0{,}97^{24} = 0{,}361$$
$$P(S_2) = 300 \cdot 0{,}03^2 \cdot 0{,}97^{23} = 0{,}134$$

Entsprechend ist die Wahrscheinlichkeit für genau k fehlerhafte Muttern

$$P(M_k) = \binom{25}{k} \cdot 0{,}02^k \cdot 0{,}98^{25-k}$$

mit den einzelnen Werten

$$P(M_0) = 1 \cdot 0{,}02^0 \cdot 0{,}98^{25} = 0{,}603$$
$$P(M_1) = 25 \cdot 0{,}02^1 \cdot 0{,}98^{24} = 0{,}308$$
$$P(M_2) = 300 \cdot 0{,}02^2 \cdot 0{,}98^{23} = 0{,}075$$

b) Damit es höchstens zwei fehlerhaften Einzelteile in der gesamten Packung gibt, muss eines der folgenden 6 unvereinbaren Ereignisse eintreten:

Ereignis	Anzahl defekter Teile
S_0 und M_0	0
S_1 und M_0	1
S_0 und M_1	
S_2 und M_0	
S_1 und M_1	2
S_0 und M_2	

Die Wahrscheinlichkeiten dieser sechs Ereignisse sind zu addieren. Jedes Ereignis wiederum ist ein zweistufiger Zufallsversuch, bei dem die Schrauben und Muttern unabhängig voneinander getestet werden, sodass wir die Wahrscheinlichkeiten $P(S_k)$ und $P(M_k)$ multiplizieren müssen. Zusammen ergibt sich

$$P(S_0) \cdot P(M_0) + P(S_1) \cdot P(M_0) + P(S_0) \cdot P(M_1)$$
$$+ P(S_2) \cdot P(M_0) + P(S_1) \cdot P(M_1) + P(S_0) \cdot P(M_2)$$
$$\approx 0{,}871$$

Demnach sind in einer Packung mit einer Wahrscheinlichkeit von 87,1% nicht mehr als zwei Einzelteile defekt.

Aufgabe 7.3. Bei Problemen dieser Art liegt die Schwierigkeit zumeist in der richtigen Zuordnung der Werte. Sobald man die gegebenen Daten sortiert und korrekt in Wahrscheinlichkeiten übersetzt hat, ist die Lösung oft gar nicht so kompliziert. Zunächst führen wir für unsere Ereignisse passende, prägnante Bezeichnungen ein:

ok = die optische Kontrolle meldet „fehlerfrei",

iO = die Lackierung ist tatsächlich in Ordnung.

Gemäß der Aufgabenstellung haben wir dann die folgenden Wahrscheinlichkeiten:

$$P(iO) = 0{,}9, \quad P(ok \mid iO) = 0{,}8 \quad \text{und} \quad P(ok \mid \overline{iO}) = 0{,}05$$

a) Gesucht ist der Wert $P(ok)$ für die (Gesamt-)Wahrscheinlichkeit, dass die optische Kontrolle – unabhängig vom Zustand des Bauteils – fehlerfrei meldet. Wir brauchen dazu den Satz von der totalen Wahrscheinlichkeit:

$$P(ok) = P(ok \mid iO) \cdot P(iO) + P(ok \mid \overline{iO}) \cdot P(\overline{iO})$$

Hierbei ist $P(\overline{iO}) = 1 - P(iO) = 0{,}1$ die Wahrscheinlichkeit für ein Nicht-iO-Teil, sodass

$$P(ok) = 0{,}8 \cdot 0{,}9 + 0{,}05 \cdot 0{,}1 = 0{,}725$$

b) Zu berechnen ist die Wahrscheinlichkeit $P(iO \mid ok)$ für das Ereignis „iO-Teil unter der Bedingung, dass ok gemeldet wird". Diese Größe ergibt sich aus dem Satz von Bayes

$$P(iO \mid ok) \cdot P(ok) = P(ok \mid iO) \cdot P(iO)$$

$$\implies \quad P(iO \mid ok) = \frac{P(ok \mid iO) \cdot P(iO)}{P(ok)} = \frac{0{,}8 \cdot 0{,}9}{0{,}725} \approx 0{,}993$$

c) Wir können die gesuchte Wahrscheinlichkeit $P(\overline{iO} \mid ok)$, also für das Ereignis „Teil ist nicht iO unter der Bedingung, dass ok gemeldet wird", auf zwei unterschiedlichen Wegen berechnen. Nach dem Satz von Bayes gilt

$$P(\overline{iO} \mid ok) \cdot P(ok) = P(ok \mid \overline{iO}) \cdot P(\overline{iO})$$

$$\implies \quad P(\overline{iO} \mid ok) = \frac{P(ok \mid \overline{iO}) \cdot P(\overline{iO})}{P(ok)} = \frac{0{,}05 \cdot 0{,}01}{0{,}725} \approx 0{,}007$$

Es ist aber auch $P(\overline{iO} \mid ok) = 1 - P(iO \mid ok) = 1 - 0{,}993 = 0{,}007$ mit dem Wert aus b).

Aufgabe 7.4. Beim Herausziehen des Drahts deuten wir Fehlstellen als Ereignisse. Diese treten relativ selten und spontan auf, wobei die Wahrscheinlichkeit für eine Fehlstelle proportional mit der Länge des Drahts ansteigt und unabhängig von den zuvor gezählten Fehlstellen ist. Damit sind die Voraussetzungen für einen Poisson-Prozess erfüllt, wobei sich die Zählung hier nicht auf eine Zeit, sondern auf eine Länge bezieht (man könnte die Fehlerprüfung jedoch als zeitlichen Poisson-Prozess darstellen, wenn man eine konstante Geschwindigkeit des Drahts von z. B. einem Meter pro Minute zugrunde legt). Der Poisson-Prozess hat eine Ereignisrate von 20 Fehlstellen pro 100 m oder $\lambda = 0{,}2$.

Bezeichnet die Zufallsgröße X die Anzahl der Fehlstellen im Längenintervall $[0, s]$, so ist

$$P(X = k) = \frac{(0{,}2\,s)^k}{k!}\, e^{-0{,}2s} \quad \text{für} \quad k = 0, 1, 2, 3, \ldots$$

und speziell für $s = 1$ m ergibt sich

$$P(X = k) = \frac{0{,}2^k}{k!}\, e^{-0{,}2} \quad \text{für} \quad k = 0, 1, 2, 3, \ldots$$

mit den Werten

k	0	1	2	3	≥ 4
$P(X = k)$	0,819	0,164	0,016	0,001	≈ 0

Die Wahrscheinlichkeiten $P(X = k)$ für $k \geq 4$ sind vernachlässigbar klein, und am wahrscheinlichsten sind keine Fehlstellen mit rund 82%. Weiter gilt

$$P(X > 2) = 1 - \sum_{k=0}^{2} P(X = k) = 1 - (0{,}819 + 0{,}164 + 0{,}016) = 0{,}001$$

Der Erwartungswert für den Abstand (= „mittlere Wartezeit") zwischen zwei Fehlstellen ist $\overline{T} = \frac{1}{\lambda} = 5$ Meter.

Aufgabe 7.5.

a) Insgesamt wurden

$$N = 68 + 135 + 136 + 87 + 48 + 18 + 6 + 2 = 500$$

Zeitabschnitte gezählt. Die relativen Häufigkeiten der Teile pro 5-Minuten-Intervall sind $p_k = \frac{A_k}{N}$, also

k	0	1	2	3	4	5	6	7	≥ 8
p_k	0,136	0,270	0,272	0,174	0,096	0,036	0,012	0,004	0

Interpretieren wir diese Häufigkeiten gemäß dem Gesetz der großen Zahlen als Wahrscheinlichkeiten für die Zufallsgröße X = Anzahl Teile pro 5-Minuten-Intervall, so ergibt sich der Erwartungswert

$$\overline{X} = \sum_{k=0}^{7} k \cdot p_k$$
$$= 0 \cdot 0{,}136 + 1 \cdot 0{,}270 + 2 \cdot 0{,}272 + 3 \cdot 0{,}174$$
$$+ 4 \cdot 0{,}096 + 5 \cdot 0{,}036 + 6 \cdot 0{,}012 + 7 \cdot 0{,}004 = 2$$

b) Nehmen wir für die produzierten Teile eine Poisson-Verteilung mit einer – noch unbekannten – Ereignisrate λ an, dann ist der Erwartungswert für den Zeitraum $[0, t]$

die Zahl $\overline{X} = \lambda \cdot t$. Mit dem geschätzten Wert aus a) finden wir im Fall $t = 5$ (Minuten)

$$2 = \lambda \cdot 5 \quad \Longrightarrow \quad \lambda = 0,4 \text{ Teile/min}$$

Bei einem Poisson-Prozess mit der Ereignisrate $\lambda = 0,4$ ergeben sich die Wahrscheinlichkeiten für k Ereignisse bis zum Zeitpunkt $t = 5$ aus der Formel

$$P(X = k) = \frac{(0,4 \cdot 5)^k}{k!} \, e^{-0,4 \cdot 5} = \frac{2^k}{k!} \, e^{-2} \quad \text{für} \quad k = 0, 1, 2, 3, \ldots$$

Konkret erhalten wir (auf drei Nachkommastellen gerundet)

k	0	1	2	3	4	5	6	7	8
$P(X = k)$	0,135	0,271	0,271	0,180	0,090	0,036	0,012	0,003	0,001

Die berechneten Werte stimmen gut mit den Häufigkeiten aus a) überein, und daher können wir für die Fertigung einen Poisson-Prozess mit der Ereignisrate $\lambda = 0,4$ Teile pro Minute annehmen. Diesen Poisson-Prozess verwenden wir nun für die folgenden Vorhersagen der Produktionsergebnisse.

c) Aus der Tabelle in b) ergibt sich

$$P(X \le 4) = \sum_{k=0}^{4} P(X = k) = 0,135 + 0,271 + 0,271 + 0,180 + 0,090 = 0,947$$

$$\Longrightarrow \quad P(X > 4) = 1 - P(X \le 4) = 0,053$$

d. h., mit einer Wahrscheinlichkeit von 5,3% werden mehr als 4 Teile pro Minute fertiggestellt.

d) Die Wahrscheinlichkeiten für den Zeitraum von 0 bis $t = 60$ Minuten sind

$$P(X = k) = \frac{(0,4 \cdot 60)^k}{k!} \, e^{-0,4 \cdot 60} = \frac{24^k}{k!} \, e^{-24}$$

mit den Werten

k	25	26	27	28	29	30	Σ
$P(X = k)$	0,078	0,072	0,064	0,055	0,045	0,036	0,35

d. h., mit einer Wahrscheinlichkeit von 35% werden zwischen 25 und 30 Teile in einer Stunde gefertigt.

Aufgabe 7.6. Wir fassen den Kommissionierbereich auf als eine $M/M/1/\infty$/FIFO-Bedienstation. Die Ankunftsrate ist $\lambda = 36$ Kartons pro Stunde, die Bedienrate $\mu = 40$ Kartons/h. Damit ist die Auslastung der Station $\rho = \frac{\lambda}{\mu} = 0,9$.

a) Die Wahrscheinlichkeiten für $X =$ Anzahl der Kartons ergeben sich aus der geometrischen Verteilung

$$P(X = k) = (1 - \rho) \cdot \rho^k = 0,1 \cdot 0,9^k \quad \text{für} \quad k = 0, 1, 2, 3, \ldots$$

mit den Werten

k	0	1	2	3	4	5	6
$P(X = k)$	0,1	0,09	0,081	0,073	0,066	0,059	0,053

b) Der Erwartungswert für die Anzahl der gepufferten Kartons (= Länge der Warteschlange) ist

$$\overline{W} = \frac{\rho^2}{1 - \rho} = \frac{0,81}{0,1} = 8,1$$

c) Der Erwartungswert für die Anzahl Kartons in der *gesamten* Station ist $\overline{X} = \frac{\rho}{1-\rho} = 9$, und das Gesetz von Little ergibt die mittlere Verweilzeit

$$\overline{X} = \lambda \cdot \overline{V} \quad \Longrightarrow \quad \overline{V} = \frac{\overline{X}}{\lambda} = \frac{9}{36} = 0,25$$

Ein Karton befindet sich also durchschnittlich 0,25 Stunden oder 15 Minuten im Kommissionierbereich.

d) Die Auslastung der Station muss so klein sein, dass die mittlere Warteschlangenlänge höchstens $\overline{W} = 4$ ist:

$$4 = \overline{W} = \frac{\rho^2}{1 - \rho} \quad \Longrightarrow \quad \rho^2 + 4\rho - 4 = 0 \quad \Longrightarrow \quad \rho = \frac{-4 \pm \sqrt{32}}{2}$$

ergibt $\rho = 0,828$ (nur der positive Wert ist sinnvoll). Bei einer Ankunftsrate von $\lambda = 36$ Kartons pro Stunde ist die geforderte Bedienrate

$$0,828 = \rho = \frac{\lambda}{\mu} = \frac{36}{\mu} \quad \Longrightarrow \quad \mu = \frac{36}{0,828} \approx 43,5$$

Aufgabe 7.7.

a) Insgesamt wurden $N = 66 + 74 + 40 + 15 + 4 + 1 = 200$ Zeitabschnitte gezählt. Mit $p_k = \frac{A_k}{N}$ ergeben sich die Häufigkeiten

k	0	1	2	3	4	5	≥ 6
p_k	0,33	0,37	0,20	0,075	0,02	0,005	0

Für die Zufallsgröße X = Anzahl Teile pro Minute ergibt sich der Erwartungswert

$$\overline{X} = 0 \cdot 0,33 + 1 \cdot 0,37 + 2 \cdot 0,2 + 3 \cdot 0,075 + 4 \cdot 0,02 + 5 \cdot 0,005 = 1,1$$

b) Nehmen wir für den Einlagerungsprozess eine Poisson-Verteilung mit der Ereignisrate $\mu = 1,1$ an, dann sind die Wahrscheinlichkeiten für k Einlagerungen im Zeitraum $t = 1$ Minute

$$P(X = k) = \frac{1,1^k}{k!}\, e^{-1,1} \quad \text{für} \quad k = 0, 1, 2, 3, \ldots$$

k	0	1	2	3	4	5	6
$P(X = k)$	0,333	0,366	0,201	0,074	0,020	0,004	0,001

Die berechneten Werte stimmen gut mit den Häufigkeiten aus a) überein, und daher können wir für die Einlagerung einen Poisson-Prozess mit der Ereignisrate $\mu = 1,1$ Teile/min annehmen.

c) Die Wahrscheinlichkeit für k Einlagerungen im Zeitraum bis $t = 5$ Minuten ist

$$P(X = k) = \frac{(1,1 \cdot 5)^k}{k!}\, e^{-1,1 \cdot 5} = \frac{5,5^k}{k!}\, e^{-5,5}$$

Diese Formel liefert die Werte

k	0	1	2	3	Σ
$P(X = k)$	0,004	0,022	0,062	0,113	0,201

Mit einer Wahrscheinlichkeit von ca. 20% werden in 5 Minuten bis zu 3 Teile eingelagert.

d) Wir fassen den Kommissionierbereich als $M/M/1/\infty$/FIFO-Bedienstation auf. Die Ankunftsrate ist $\lambda = 1$ Teil/min, die Bedienrate $\mu = 1,1$ Teile/min. Damit ist die Auslastung der Station $\rho = \frac{\lambda}{\mu} = 0,909$, und der Erwartungswert für die Anzahl der gepufferten Teile (= Länge der Warteschlange)

$$\overline{W} = \frac{\rho^2}{1 - \rho} = \frac{0,909^2}{1 - 0,909} \approx 9,1$$

Der Pufferbereich sollte also mindestens 10 Plätze bereithalten!

Aufgabe 7.8.

a) Die Wahrscheinlichkeit für ein einzelnes Gerät der Güteklasse A beträgt 80% oder $q = 0,8$. Die Wahrscheinlichkeit, bei einer Produktion von 400 Stück zwischen 300 und 330 Geräte in Klasse A zu haben, können wir mit dem Grenzwertsatz von Moivre-Laplace abschätzen. Wir brauchen dazu den Erwartungswert und die Standardabweichung

$$\mu = 400 \cdot 0,8 = 320, \quad \sigma = \sqrt{400 \cdot 0,8 \cdot 0,2} = 8$$

Wegen $\sigma \geq 3$ dürfen wir die Binomialverteilung durch das Gaußsche Fehlerintegral annähern:

$$P(300 \leq X \leq 330) \approx \Phi\left(\frac{330 - 320}{8}\right) - \Phi\left(\frac{300 - 320}{8}\right) = \Phi(1,25) - \Phi(-2,5)$$

$$= 0,89435 - (1 - 0,99379) = 0,88814$$

Die Wahrscheinlichkeit beträgt demnach rund 89%.

b) Die Wahrscheinlichkeit für ein Mängelexemplar beträgt $q = 0,1$. Der Erwartungswert ist $\mu = 400 \cdot 0,1 = 40$, und die Standardabweichung $\sigma = \sqrt{400 \cdot 0,1 \cdot 0,9} = 6 \geq 3$. Die Wahrscheinlichkeit für maximal 50 Mängelexemplare ist dann

$$P(0 \leq X \leq 50) \approx \Phi\left(\frac{50 - 40}{6}\right) - \Phi\left(\frac{0 - 40}{6}\right)$$

$$= \Phi(1,67) - \Phi(-6,67) = 0,95254 - 0$$

und somit etwa 95%.

c) Mit der gleichen Wahrscheinlichkeit $q = 0,1$ tritt ein fehlerhaftes Gerät auf. Die Wahrscheinlichkeit für maximal 40 defekte Geräte ist

$$P(0 \leq X \leq 40) \approx \Phi\left(\frac{40 - 40}{6}\right) - \Phi\left(\frac{0 - 40}{6}\right) = \Phi(0) - \Phi(-6,67) = 0,5$$

und damit auch $P(X > 40) = 1 - 0,5 = 0,5$ oder 50%.

Aufgabe 7.9.

a) Das Einschalten des Netzteils entspricht einem Zufallsversuch, und die Spannung U ist eine Zufallsvariable. Wir führen das Zufallsexperiment sehr oft durch. Wegen $\sigma = 5 \geq 3$ dürfen wir die Bernoulli-Kette nach dem Grenzwertsatz durch die Normalverteilung annähern. Wir brauchen dann neben der Standardabweichung σ nur noch den Erwartungswert $\mu = 230$. Damit ist

$$P(0 \leq U \leq 240) \approx \Phi\left(\frac{240 - 230}{5}\right) - \Phi\left(\frac{0 - 230}{5}\right) = \Phi(2) - 0 = 0,97725$$

Die Wahrscheinlichkeit für $U > 240\,\text{V}$ ist demnach $1 - 0,97725 \approx 0,023$. In etwa 2,3% aller Einschaltvorgänge übersteigt die Spannung den kritischen Wert von 240 V.

b) Mit dem Erwartungswert $\mu = 230$ und der unbekannten Streuung σ soll

$$0,05 \geq P(U > 240) = 1 - P(0 \leq U \leq 240) \implies P(0 \leq U \leq 240) \geq 0,95$$

gelten, wobei wir nach dem Grenzwertsatz von Moivre-Laplace

$$P(0 \leq U \leq 240) \approx \Phi\left(\frac{240 - 230}{\sigma}\right) - \Phi\left(\frac{0 - 230}{\sigma}\right) \approx \Phi\left(\frac{10}{\sigma}\right) - 0$$

annähern können. Wir müssen also σ so bestimmen, dass $\Phi(\frac{10}{\sigma}) \geq 0,95$ gilt. Aus der Tabelle entnehmen wir $\Phi(x) \geq 0,95$ für $x \geq 1,65$ und damit

$$\frac{10}{\sigma} \geq 1,65 \implies \sigma \leq \frac{10}{1,65} = 6,06$$

Die Streuung der Spannung darf also höchstens bei rund 6 Volt liegen.

Aufgabe 7.10. In beiden Fällen suchen wir eine Ausgleichsfunktion der Form

$$y(x) = c_1 \cdot f_1(x) + c_2 \cdot f_2(x)$$

mit den Parametern c_1, c_2 und vorgegebenen Funktionen $f_1(x)$, $f_2(x)$. Um die beiden Ausgleichsfunktionen vergleichen zu können, müssen wir zusätzlich deren Standardabweichungen berechnen.

a) Bei der Ausgleichsgeraden ist $f_1(x) = 1$ und $f_2(x) = x$. Der gegebenen Wertetabelle entnehmen wir den Vektor $\vec{y}$, und mit den grau hinterlegten Zahlen in

x	-2	-1	0	1	2
$f_1(x)$	1	1	1	1	1
$f_2(x)$	-2	-1	0	1	2

bilden wir die Designmatrix:

$$F = \begin{pmatrix} 1 & 1 & 1 & 1 & 1 \\ -2 & -1 & 0 & 1 & 2 \end{pmatrix} \implies F^T = \begin{pmatrix} 1 & -2 \\ 1 & -1 \\ 1 & 0 \\ 1 & 1 \\ 1 & 2 \end{pmatrix}, \quad \vec{y} = \begin{pmatrix} 3 \\ 0 \\ 0 \\ 2 \\ 5 \end{pmatrix}$$

Damit ist

$$A = F \cdot F^T = \begin{pmatrix} 5 & 0 \\ 0 & 10 \end{pmatrix} \quad \text{und} \quad \vec{b} = F \cdot \vec{y} = \begin{pmatrix} 10 \\ 6 \end{pmatrix}$$

Das lineare Gleichungssystem

$$A \cdot \vec{c} = \begin{pmatrix} 5 & 0 \\ 0 & 10 \end{pmatrix} \cdot \begin{pmatrix} c_1 \\ c_2 \end{pmatrix} = \begin{pmatrix} 10 \\ 6 \end{pmatrix}$$

ergibt $c_1 = 2$ und $c_2 = 0{,}6$. Die gesuchte lineare Ausgleichsfunktion lautet somit $f(x) = 2 + 0{,}6 \cdot x$, und die Standardabweichung ist

$$S = \sqrt{\tfrac{1}{5} \cdot \left((0{,}8 - 3)^2 + (1{,}4 - 0)^2 + (2 - 0)^2 + (2{,}6 - 2)^2 + (3{,}2 - 5)^2 \right)}$$
$$= \sqrt{2{,}88} \approx 1{,}697$$

b) Bei der Ausgleichsparabel müssen wir $f_1(x) = 1$ und $f_2(x) = x^2$ wählen. Die Werte

x	-2	-1	0	1	2
$f_1(x)$	1	1	1	1	1
$f_2(x)$	4	1	0	1	4

liefern die Designmatrix

$$F = \begin{pmatrix} 1 & 1 & 1 & 1 & 1 \\ 4 & 1 & 0 & 1 & 4 \end{pmatrix} \implies F^{\mathrm{T}} = \begin{pmatrix} 1 & 4 \\ 1 & 1 \\ 1 & 0 \\ 1 & 1 \\ 1 & 4 \end{pmatrix}, \quad \vec{y} = \begin{pmatrix} 3 \\ 0 \\ 0 \\ 2 \\ 5 \end{pmatrix}$$

können wir die Matrix A sowie die rechte Seite $\vec{b}$ für das LGS berechnen:

$$A = F \cdot F^{\mathrm{T}} = \begin{pmatrix} 5 & 10 \\ 10 & 34 \end{pmatrix} \quad \text{und} \quad \vec{b} = F \cdot \vec{y} = \begin{pmatrix} 10 \\ 34 \end{pmatrix}$$

Das lineare Gleichungssystem $A \cdot \vec{c} = \vec{b}$ bzw.

$$
\begin{array}{rrr|rl}
(1) & 5 & 10 & 10 & \\
(2) & 10 & 34 & 34 & \bigm| -2 \cdot (1) \\
\hline
(1) & 5 & 10 & 10 & \\
(2) & 0 & 14 & 14 & \\
\end{array}
$$

hat die Lösung $c_1 = 0$ und $c_2 = 1$. Die gesuchte Ausgleichsparabel ist dann $f(x) = x^2$ mit der Standardabweichung

$$S = \sqrt{\tfrac{1}{5} \cdot \left((4-3)^2 + (1-0)^2 + (0-0)^2 + (1-2)^2 + (4-5)^2 \right)}$$
$$= \sqrt{0{,}8} \approx 0{,}894$$

Die Parabel passt besser zu den Daten, da die Standardabweichung der Geraden größer ist (siehe Abb. L.16).

Aufgabe 7.11. Wir führen eine lineare Regression mit einer quadratischen Funktion und drei Parametern c_1, c_2, c_3 durch. Die Ausgleichsfunktion hat die Form

$$y(x) = c_1 \cdot f_1(x) + c_2 \cdot f_2(x) + c_3 \cdot f_3(x)$$

mit den Funktionen $f_1(x) \equiv 1$, $f_2(x) = x$ und $f_3(x) = x^2$. Hier ist

x	-2	-1	0	1	2
$f_1(x)$	1	1	1	1	1
$f_2(x)$	-2	-1	0	1	2
$f_3(x)$	4	1	0	1	4

und zusammen mit den Daten aus Aufgabe 7.10 ergibt sich

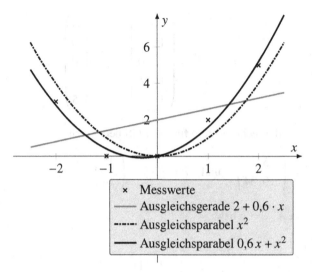

Abb. L.16 Graphische Darstellung der Ausgleichskurven in Aufgabe 7.10 und Aufgabe 7.11

$$F = \begin{pmatrix} 1 & 1 & 1 & 1 & 1 \\ -2 & -1 & 0 & 1 & 2 \\ 4 & 1 & 0 & 1 & 4 \end{pmatrix} \implies F^{\mathrm{T}} = \begin{pmatrix} 1 & -2 & 4 \\ 1 & -1 & 1 \\ 1 & 0 & 0 \\ 1 & 1 & 1 \\ 1 & 2 & 4 \end{pmatrix}, \quad \vec{y} = \begin{pmatrix} 3 \\ 0 \\ 0 \\ 2 \\ 5 \end{pmatrix}$$

Wir berechnen

$$A = F \cdot F^{\mathrm{T}} = \begin{pmatrix} 5 & 0 & 10 \\ 0 & 10 & 0 \\ 10 & 0 & 34 \end{pmatrix} \quad \text{und} \quad \vec{b} = F \cdot \vec{y} = \begin{pmatrix} 10 \\ 6 \\ 34 \end{pmatrix}$$

und erhalten die gesuchten drei Parameter aus dem $(3, 3)$-LGS $A \cdot \vec{c} = \vec{b}$, welches wir mit dem Gauß-Eliminationsverfahren lösen:

(1)	5	0	10	10	
(2)	0	10	0	6	
(3)	10	0	34	34	$\big\vert - 2 \cdot (1)$
(1)	5	0	10	10	
(2)	0	10	0	6	
(3)	0	0	14	14	

liefert die Parameter $c_3 = 1$, $c_2 = 0{,}6$ und $c_1 = 0$. Die gesuchte quadratischen Ausgleichskurve lautet demnach $f(x) = 0{,}6 \cdot x + x^2$, und sie hat die Standardabweichung

$$S = \sqrt{\tfrac{1}{5} \cdot \left((2{,}8 - 3)^2 + (0{,}4 - 0)^2 + (0 - 0)^2 + (1{,}6 - 2)^2 + (5{,}2 - 5)^2\right)}$$
$$= \sqrt{0{,}08} \approx 0{,}283$$

Aufgabe 7.12.

a) Zur Berechnung der Ausgleichsparabel führen wir eine lineare Regression mit den Funktionen $f_1(x) = 1$ und $f_2(x) = x^2$ durch. Aus der Wertetabelle und den Daten

x	0	1	1	2
1	1	1	1	1
x^2	0	1	1	4

bilden wir die Designmatrix F sowie den Vektor $\vec{y}$:

$$F = \begin{pmatrix} 1 & 1 & 1 & 1 \\ 0 & 1 & 1 & 4 \end{pmatrix} \implies F^{\mathrm{T}} = \begin{pmatrix} 1 & 0 \\ 1 & 1 \\ 1 & 1 \\ 1 & 4 \end{pmatrix}, \quad \vec{y} = \begin{pmatrix} -5 \\ -3 \\ -1 \\ 7 \end{pmatrix}$$

Damit berechnen wir die Matrix A und die rechte Seite $\vec{b}$ für das LGS:

$$A = F \cdot F^{\mathrm{T}} = \begin{pmatrix} 4 & 6 \\ 6 & 18 \end{pmatrix}, \quad \vec{b} = F \cdot \vec{y} = \begin{pmatrix} -2 \\ 24 \end{pmatrix}$$

Das lineare Gleichungssystem $A \cdot \vec{c} = \vec{b}$ liefert nach der Zeilenumformung

(1)	4	6	-2	
(2)	6	18	24	$\vert -1{,}5 \cdot (1)$
(1)	4	6	-2	
(2)	0	9	27	

die Werte $c_2 = 3$ sowie $c_1 = -5$. Die gesuchte Ausgleichsparabel ist die Funktion $f(x) = -5 + 3 \cdot x^2$ mit der Standardabweichung

$$S = \sqrt{\tfrac{1}{4} \cdot \left((-5 + 5)^2 + (-2 + 3)^2 + (-2 + 1)^2 + (7 - 7)^2\right)} = \sqrt{0{,}5} \approx 0{,}707$$

b) Wir wiederholen die Rechnung, verwenden jetzt allerdings die Ausgleichsfunktionen $g_1(x) = 1$ und $g_2(x) = 3^x$. Aus den Werten

x	0	1	1	2
1	1	1	1	1
3^x	1	3	3	9

erhalten wir die Designmatrix

$$F = \begin{pmatrix} 1 & 1 & 1 & 1 \\ 1 & 3 & 3 & 9 \end{pmatrix}$$

mit der wir die Matrix A und die rechte Seite $\vec{b}$ für das LGS berechnen:

$$A = F \cdot F^T = \begin{pmatrix} 1 & 1 & 1 & 1 \\ 1 & 3 & 3 & 9 \end{pmatrix} \cdot \begin{pmatrix} 1 & 1 \\ 1 & 3 \\ 1 & 3 \\ 1 & 9 \end{pmatrix} = \begin{pmatrix} 4 & 16 \\ 16 & 100 \end{pmatrix}$$

$$\vec{b} = F \cdot \vec{y} = \begin{pmatrix} 1 & 1 & 1 & 1 \\ 1 & 3 & 3 & 9 \end{pmatrix} \cdot \begin{pmatrix} -5 \\ -3 \\ -1 \\ 7 \end{pmatrix} = \begin{pmatrix} -2 \\ 46 \end{pmatrix}$$

Das lineare Gleichungssystem $A \cdot \vec{c} = \vec{b}$ hat hier die Form

(1)	4	16	-2	
(2)	16	100	46	$\lvert -4 \cdot (1)$
(1)	4	16	-2	
(2)	0	36	54	

Die Lösung ist $c_2 = \frac{3}{2}$ sowie $c_1 = -\frac{13}{2}$, und die gesuchte Ausgleichsfunktion lautet $g(x) = -6{,}5 + 1{,}5 \cdot 3^x$. Die Standardabweichung von $g(x)$ hat den Wert

$$S = \sqrt{\tfrac{1}{4} \cdot \left((-5+5)^2 + (-2+3)^2 + (-2+1)^2 + (7-7)^2 \right)} = \sqrt{0{,}5} \approx 0{,}707$$

wie bei a), und daher kann man anhand des Kennwerts S nicht entscheiden, welche der beiden Ausgleichskurven besser zu den angegebenen Werten passt, vgl. Abb. L.17.

Aufgabe 7.13. Aus den Kenngrößen

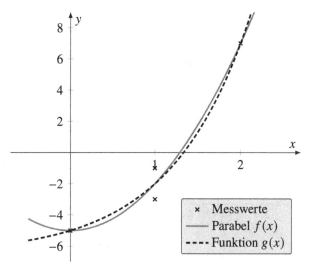

Abb. L.17 Graphische Darstellung der Ausgleichskurven zu Aufgabe 7.12

$$\bar{x} = \tfrac{1}{7}(-2 + 0 + 1 + 3 + 5 + 6 + 8) = 3$$

$$\bar{y} = \tfrac{1}{7}(1 + 2 + 3 + 4 + 5 + 6 + 7) = 4$$

$$s_x = \sqrt{\tfrac{1}{7}\left((-2-3)^2 + (0-3)^2 + \ldots + (8-3)^2\right)} = \sqrt{\tfrac{76}{7}}$$

$$s_y = \sqrt{\tfrac{1}{7}\left((1-4)^2 + (2-4)^2 + \ldots + (7-4)^2\right)} = \sqrt{\tfrac{28}{7}} = 2$$

$$s_{xy} = \tfrac{1}{7}\left((-2-3)\cdot(1-4) + (0-3)\cdot(2-4) + \ldots + (8-3)\cdot(7-4)\right) = \tfrac{46}{7}$$

ergibt sich der Korrelationskoeffizient

$$r_{xy} = \frac{\frac{46}{7}}{\sqrt{\frac{76}{7}}\cdot 2} = 0,997\ldots$$

Wegen $r_{xy} \approx 1$ liegt hier in guter Näherung ein linearer Zusammenhang zwischen den Größen x und y vor. Die Ausgleichsgerade zu diesen Wertepaaren lautet

$$y = \frac{\frac{46}{7}}{\left(\sqrt{\frac{76}{7}}\right)^2}\cdot(x-3) + 4 = \tfrac{23}{38}x + \tfrac{83}{38}$$

und ist in Abb. L.18 graphisch dargestellt. Dort ist auch der lineare Zusammenhang gut zu erkennen.

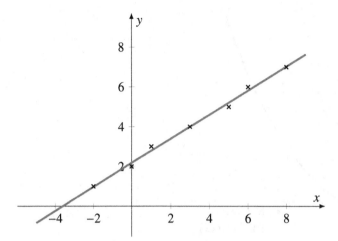

Abb. L.18 Ausgleichsgerade

Literaturverzeichnis

Mathematik – allgemeine Überblicke

1. Arens, T., Hettlich, F., Karpfinger, Ch., Kockelkorn, U., Lichtenegger, K., Stachel, H.: *Mathematik*; Springer Spektrum, Berlin / Heidelberg (4. Auflage 2018)
2. Meschkowski, H., Laugwitz, D.: *Meyers Handbuch über die Mathematik*; Bibliographisches Institut, Mannheim / Wien / Zürich (2. Auflage 1972)
3. Bronštejn, I. (Begr.), Grosche, G. (Bearb.), Zeidler, E. (Hrsg.), Semendjaew, K. A. (Begr.): *Springer-Taschenbuch der Mathematik*; Springer Spektrum, Wiesbaden (3. Auflage 2013)

Ingenieurmathematik – Einführungen

4. Dietmaier, Ch.: *Mathematik für angewandte Wissenschaften*; Springer Spektrum, Berlin / Heidelberg (2014)
5. Göllmann, L., Hübl, R., Pulham, S., Ritter, S., Schon, H., Schüffler, K, Voß, U., Vossen, G.: *Mathematik für Ingenieure: Verstehen – Rechnen – Anwenden*; Band 1: Vorkurs, Analysis in einer Variablen, Lineare Algebra, Statistik; Band 2: Analysis in mehreren Variablen, Differenzialgleichungen, Optimierung; Springer Vieweg, Berlin / Heidelberg (2017)
6. Koch, J., Stämpfle, M.: *Mathematik für das Ingenieurstudium*; Carl Hanser Verlag, München (4. Auflage 2018)
7. Rießinger, Th.: *Mathematik für Ingenieure. Eine anschauliche Einführung für das praxisorientierte Studium*; Springer Vieweg, Berlin / Heidelberg (10. Auflage 2017)
8. Rohrberg, A.: *Wegweiser durch die Mathematik*; Band 1: Elementare Mathematik; Band 2: Höhere Mathematik; Fachverlag Schiele & Schön, Berlin (3. Auflage 1961)
9. Westermann, Th.: *Mathematik für Ingenieure. Ein anwendungsorientiertes Lehrbuch*; Springer Vieweg, Berlin / Heidelberg (8. Auflage 2020)

Formelsammlungen und Tafelwerke

10. Bartsch, H.-J., Sachs, M.: *Taschenbuch mathematischer Formeln für Ingenieure und Naturwissenschaftler*; Carl Hanser Verlag, München (24. Auflage 2018)
11. Bronštejn, I., Semendjaew, K. A.: *Taschenbuch der Mathematik*; Verlag Harri Deutsch, Thun – Frankfurt/Main (24. Auflage 1989)
12. Gröbner, W., Hofreiter, N.: *Integraltafel*; Erster Teil: Unbestimmte Integrale (5. Auflage 1975); Zweiter Teil: Bestimmte Integrale (5. Auflage 1973); Springer-Verlag, Wien
13. Jarecki, U., Schulz, H.-J.: *Dubbel Mathematik. Eine kompakte Ingenieurmathematik zum Nachschlagen*; Springer-Verlag, Berlin / Heidelberg (23. Auflage 2011)
14. Jahnke, E., Emde, F., Lösch, F.: *Tafeln höherer Funktionen*; B. G. Teubner Verlagsgesellschaft, Leipzig (1966)
15. Magnus, W., Oberhettinger, F., Soni, R. P.: *Formulas and Theorems for the Special Functions of Mathematical Physics*; Springer-Verlag, Berlin / Heidelberg (3. Auflage 1966)
16. Merziger, G., Mühlbach, G., Wille, D., Wirth, Th.: *Formeln und Hilfen zur Höheren Mathematik*; Binomi Verlag (8. Auflage 2018)
17. Papula, L.: *Mathematische Formelsammlung – Für Ingenieure und Naturwissenschaftler*; Springer Vieweg, Wiesbaden (12. Auflage 2017)
18. Schulz, G.: *Formelsammlung zur praktischen Mathematik*; Sammlung Göschen Band 1110, Verlag Walter de Gruyter, Berlin (1945)

© Springer-Verlag GmbH Deutschland, ein Teil von Springer Nature 2022
H. Schmid, *Mathematik für Ingenieurwissenschaften: Vertiefung*,
https://doi.org/10.1007/978-3-662-65526-9

Vertiefung der Ingenieurmathematik

19. Ansorge, R., Oberle, H.-J., Rothe, K., Sonar, Th.: *Mathematik in den Ingenieur- und Naturwissenschaften*; Band 1: Lineare Algebra und analytische Geometrie, Differential- und Integralrechnung einer Variablen; Band 2: Differential- und Integralrechnung in mehreren Variablen, Differentialgleichungen, Integraltransformationen und Funktionentheorie; Wiley-VCH, Weinheim (5. Auflage 2020)

20. Alexits, G., Fenyö, S.: *Mathematik für Chemiker*; Akademische Verlagsgesellschaft Geest & Portig, Leipzig (1962)

21. Bärwolff, G.: *Höhere Mathematik für Naturwissenschaftler und Ingenieure*; Springer Spektrum, Berlin / Heidelberg (3. Auflage 2017)

22. Baule, B.: *Die Mathematik des Naturforschers und Ingenieurs*; Band I: Differential- und Integralrechnung (16. Auflage 1970); Band II: Ausgleichs- und Näherungsrechnung (8. Auflage 1966); Band III: Analytische Geometrie (8. Auflage 1968); Band IV: Gewöhnliche Differentialgleichungen (9. Auflage 1970); Band V: Variationsrechnung (7. Auflage 1968); Band VI: Partielle Differentialgleichungen (7. Auflage 1965); Band VII: Differentialgeometrie (6. Auflage 1965); Band VIII: Aufgabensammlung (2. Auflage 1966); Verlag S. Hirzel, Leipzig

23. Ehlotzky, F.: *Angewandte Mathematik für Physiker*; Springer-Verlag, Berlin / Heidelberg (2007)

24. Fichtenholz, G. M.: *Differential- und Integralrechnung*; Band I - III, Verlag Harri Deutsch, Frankfurt/M. (1990 - 1997)

25. Joos, G., Kaluza, Th.: *Höhere Mathematik für den Praktiker*; Johann Ambrosius Barth Verlag, Leipzig (9. Auflage 1958)

26. Rothe, R., Szabó, I., Schmeidler, W.: *Höhere Mathematik für Mathematiker, Physiker, Ingenieure*; Teil 1: Differentialrechnung und Grundformeln der Integralrechnung nebst Anwendungen (12. Auflage 1967); Teil 2: Integralrechnung / Unendliche Reihen / Vektorrechnung nebst Anwendungen (13. Auflage 1962); Teil 3: Flächen im Raume / Linienintegrale und mehrfache Integrale / Gewöhnliche Differentialgleichungen reeller Veränderlicher nebst Anwendungen (9. Auflage 1962); Teil 4, Heft 1/2: Übungsaufgaben mit Lösungen zu Teil 1 (12. Auflage 1967); Teil 4, Heft 3/4: Übungsaufgaben mit Lösungen zu Teil 2 (9. Auflage 1962); Teil 4, Heft 5/6: Übungsaufgaben mit Lösungen zu Teil 3 (8. Auflage 1966); Teil 5: Formelsammlung (6. Auflage 1962); Teil 6: Integration und Reihenentwicklung im Komplexen / Gewöhnliche und partielle Differentialgleichungen (3. Auflage 1965); Teil 7: Räumliche und ebene Potentialfunktionen / Konforme Abbildung / Integralgleichungen / Variationsrechnung (2. Auflage 1960); B. G. Teubner Verlag, Stuttgart

27. Sauer, R.: *Ingenieur-Mathematik*; Erster Band: Differential- und Integralrechnung (4. Auflage 1969); Zweiter Band: Differentialgleichungen und Funktionentheorie (3. Auflage 1968); Springer-Verlag, Berlin / Heidelberg / New York

28. Schröder, K., Reissig, G., Reissig, R. (Hrsg.): *Mathematik für die Praxis – ein Handbuch*; Band I – III, VEB Deutscher Verlag der Wissenschaften, Berlin (2. Auflage 1966)

29. Smirnow, W. I.: *Lehrbuch der höheren Mathematik*; 5 Teile in 7 Bänden; Verlag Harri Deutsch / Europa Lehrmittel (1988 - 1994)

30. Zurmühl, R.: *Praktische Mathematik für Ingenieure und Physiker*; Springer-Verlag, Berlin / Göttingen / Heidelberg (4. Auflage 1963)

Monographien zu einzelnen Themen

31. Arnold, D., Furmans, K.: *Materialfluss in Logistiksystemen*; VDI-Buch, Springer-Verlag, Berlin / Heidelberg (7. Auflage 2019)

32. Bärwolff, G.: *Numerik für Ingenieure, Physiker und Informatiker*; Springer Spektrum, Berlin / Heidelberg (3. Auflage 2020)

33. Burg, K., Haf., H., Wille, F., Meister, A.: *Partielle Differentialgleichungen und funktionalanalytische Grundlagen: Höhere Mathematik für Ingenieure, Naturwissenschaftler und Mathematiker*; Springer Vieweg, Wiesbaden (5. Auflage 2010)

34. Burg, K., Haf., H., Wille, F., Meister, A.: *Vektoranalysis: Höhere Mathematik für Ingenieure, Naturwissenschaftler und Mathematiker*; Springer Vieweg, Wiesbaden (2. Auflage 2012)

35. Burg, K., Haf., H., Wille, F., Meister, A.: *Funktionentheorie: Höhere Mathematik für Ingenieure, Naturwissenschaftler und Mathematiker*; Springer Vieweg, Wiesbaden (2. Auflage 2012)
36. Farin, G.: *Kurven und Flächen im Computer Aided Geometric Design: Eine praktische Einführung*; Vieweg-Verlag, Braunschweig / Wiesbaden (2. Auflage 1994)
37. Greuel, O., Kadner, H.: *Komplexe Funktionen und konforme Abbildungen*; Band 9 der Reihe MINÖL (Mathematik für Ingenieure, Naturwissenschaftler, Ökonomen, Landwirte), B. G. Teubner Verlagsgesellschaft, Leipzig (3. Auflage 1990)
38. Haack, W.: *Elementare Differentialgeometrie*; Lehrbücher und Monographien aus dem Gebiete der exakten Wissenschaften, Band 20, Birkhäuser Verlag, Basel (1955)
39. Kamke, E.: *Differentialgleichungen – Lösungsmethoden und Lösungen*; Band I: Gewöhnliche Differentialgleichungen (10. Auflage 1977); Band II: Partielle Differentialgleichungen erster Ordnung für eine gesuchte Funktion (6. Auflage 1979), B. G. Teubner Verlag, Stuttgart
40. Krettner, J.: *Gewöhnliche Differentialgleichungen*; J. Lindauer Verlag, München (2. Auflage 1964)
41. Lagally, M., Franz, W.: *Vorlesungen über Vektorrechnung*; Akademische Verlagsgesellschaft Geest & Portig, Leipzig (7. Auflage 1964)
42. Meinhold, P., Wagner, E.: *Partielle Differentialgleichungen*; Band 8 der Reihe MINÖL (Mathematik für Ingenieure, Naturwissenschaftler, Ökonomen, Landwirte), B. G. Teubner Verlagsgesellschaft, Leipzig (6. Auflage 1990)
43. Meyer zur Capellen, W.: *Instrumentelle Mathematik für den Ingenieur*; Verlag W. Girardet, Essen (1952)
44. Miller, M.: *Variationsrechnung*; B. G. Teubner Verlagsgesellschaft, Leipzig (1959)
45. Sieber, N., Sebastian, H. J.: *Spezielle Funktionen*; Band 12 der Reihe MINÖL (Mathematik für Ingenieure, Naturwissenschaftler, Ökonomen, Landwirte), B. G. Teubner Verlagsgesellschaft, Leipzig (3. Auflage 1988)
46. Törnig, W., Spellucci, P.: *Numerische Mathematik für Ingenieure und Physiker*; Band 1: Numerische Methoden der Algebra (2. Auflage 1988); Band 2: Numerische Methoden der Analysis (2. Auflage 1990), Springer-Verlag, Berlin / Heidelberg
47. Willers, F. A.: *Mathematische Maschinen und Instrumente*; Akademie-Verlag, Berlin (1951)
48. Willers, F. A.: *Methoden der praktischen Analysis*; Verlag Walter de Gruyter, Berlin / New York (4. Auflage 1971)

Biographien und Historisches

49. Abel, N. H., Galois, É.: *Abhandlungen über die Algebraische Auflösung der Gleichungen* (deutsch herausgegeben von H. Maser); Springer-Verlag, Berlin / Heidelberg (1889)
50. Bauschinger, J., Peters, J.: *Logarithmisch-trigonometrische Tafeln mit acht Dezimalstellen*; Band I und II, Verlag von H. R. Engelmann (J. Cramer), Weinheim (3. Auflage 1958)
51. Euler, L.: *Einleitung in die Analysis des Unendlichen*; Springer-Verlag, Berlin / Heidelberg (1983; von H. Maser kommentierte und übersetzte Ausgabe der *Introductio in analysin infinitorum* aus dem Jahr 1783)
52. Karnigel, R.: *Der das Unendliche kannte. Das Leben des genialen Mathematikers Srinivasa Ramanujan*; Vieweg-Verlag, Braunschweig / Wiesbaden (1995)
53. Mania, H.: *Gauß – Eine Biographie*; Rowohlt Verlag, Reinbek (2008)
54. Pesic, P.: *Abels Beweis*; Springer-Verlag, Berlin / Heidelberg (2005)
55. Schaefer, W.: *Vierstellige Logarithmen und Zahlentafeln*; J. Lindauer Verlag, München (3. Auflage 1972)
56. Singh, S.: *Fermats letzter Satz. Die abenteuerliche Geschichte eines mathematischen Rätsels*; Deutscher Taschenbuch-Verlag, München (2000)
57. Sonar, Th.: *3000 Jahre Analysis. Geschichte – Kulturen – Menschen*; aus der Reihe „Vom Zählstein zum Computer", Springer Spektrum, Berlin / Heidelberg (2. Auflage 2016)

Stichwortverzeichnis

© Springer-Verlag GmbH Deutschland, ein Teil von Springer Nature 2022
H. Schmid, *Mathematik für Ingenieurwissenschaften: Vertiefung*,
https://doi.org/10.1007/978-3-662-65526-9

Printed in the United States
by Baker & Taylor Publisher Services